Konstruktionselemente des Maschinenbaues

Erster Teil

Tochtermann / Bodenstein

Konstruktionselemente des Maschinenbaues

Entwerfen Gestalten Berechnen Anwendungen

Achte neubearbeitete Auflage
von F. Bodenstein

Erster Teil
(Kapitel 1–3)

Springer-Verlag Berlin Heidelberg New York 1968

Dipl.-Ing. Ferdinand Bodenstein
Professor an der Staatlichen Ingenieurschule Esslingen

Die früheren Auflagen dieses Buches erschienen unter dem Titel
„Maschinenelemente"

1. Auflage 1905
2. Auflage 1913 bearbeitet von H. Krause
3. Auflage 1920
4. Auflage 1922

5. Auflage 1930
6. Auflage 1951 bearbeitet von W. Tochtermann
7. Auflage 1956

ISBN 3-540-04361-6 Springer-Verlag Berlin-Heidelberg-New York
ISBN 0-387-04361-6 Springer-Verlag New York-Heidelberg-Berlin

Alle Rechte vorbehalten
Kein Teil dieses Buches darf ohne schriftliche Genehmigung des Springer-Verlages übersetzt oder in irgendeiner Form vervielfältigt werden. Copyright 1930 and 1951 by Springer-Verlag, Berlin/Heidelberg. © by Springer-Verlag, Berlin/Heidelberg 1956 and 1968. Printed in Germany. Library of Congress Catalog Card Number: 68-29319

Die Wiedergabe von Gebrauchsnamen, Handelsnamen, Warenbezeichnungen usw. in diesem Buche berechtigt auch ohne besondere Kennzeichnung nicht zu der Annahme, daß solche Namen im Sinne der Warenzeichen- und Markenschutz-Gesetzgebung als frei zu betrachten wären und daher von jedermann benutzt werden dürften

Vorwort zur achten Auflage

Die von meinem hochverehrten Kollegen, Herrn Professor W. Tochtermann, der leider schon am 28. Februar 1962 verstarb, zuletzt im Jahre 1956 herausgegebenen „Maschinenelemente" mußten mit seinem Einverständnis eine gründliche Neubearbeitung erfahren. Die größte Schwierigkeit bereitete dabei der Stoffumfang, der zum Verzicht auf einige Sondergebiete zwang und eine Neugliederung erforderlich machte; aus zeitlichen Gründen erfolgte eine Aufspaltung in zwei Teilbände (Kapitel 1 bis 3 und Kapitel 4 bis 6).

Da sowohl dem Charakter des Tochtermannschen Buches als auch den Vorbereitungen auf eine Konstruktionslehre durch ausführliche Behandlung von Grundlagen *und* Anwendungen Rechnung getragen wurde, erschien die Umbenennung in „Konstruktionselemente des Maschinenbaues" angebracht, zumal viele Elemente, wie Behälter, Rohrleitungen usw., zwar dem Sektor „Maschinenbau" angehören, nicht aber Teile einer „Maschine" im eigentlichen Sinne (vgl. Fußnote 4, Seite 4) sind.

Im übrigen habe ich bei der Darstellung die bewährten Grundsätze meines Vorgängers befolgt, wie sie im Vorwort zur siebenten Auflage (siehe Auszug) enthalten sind. Den Weg zu eingehenderem Studium einzelner Elemente, insbesondere ihrer theoretischen oder im Versuch ermittelten Unterlagen, sollen die zahlreichen Schrifttums- und Quellenangaben in den unmittelbar an Ort und Stelle angebrachten Fußnoten weisen.

Dem Springer-Verlag bin ich für die vorbildliche Ausstattung und vor allem für das verständnisvolle Entgegenkommen in Terminfragen zu großem Dank verpflichtet. In gleicher Weise gilt mein Dank allen Firmen, die meine Arbeit durch Überlassung von Zeichnungen und anderen Unterlagen unterstützten.

Esslingen, im Juni 1968

F. Bodenstein

Aus dem Vorwort zur siebenten Auflage

Auf zahlreichen Gebieten des Maschinenbaus haben sich neue Erkenntnisse und Anschauungen hinsichtlich zweckmäßigsten konstruktiven Aufbaus der einzelnen Maschinenelemente und ihrer Berechnung durchgesetzt. Besonders deutlich wurde der Fluß der Entwicklung auf dem Gebiet der Normung, das heute eine beherrschende Bedeutung im Maschinenbau erlangt hat.

Es war das Bestreben des Verfassers, dem Fortschritt gerecht zu werden und damit das Buch dem neuesten Stand der Technik anzupassen, füglich alles heute Wichtige und Grundlegende zu erfassen und erschöpfend darzulegen, dagegen unwichtig Gewordenes und Veraltetes auszuschalten. Richtschnur war immer, größtmögliche Klarheit und Übersicht in der Stoffbehandlung zu erreichen. Demzufolge wurden auch die wichtigsten Formeln besonders hervorgehoben und die Zahlentafeln, die bisher den Anhang des Buches bildeten, in den zugehörigen Textteil eingereiht.

Vielseitigen Wünschen entsprechend wurde der Abschnitt über das Dimensionieren von Maschinenteilen breiter als bisher fundiert, was auch für die Wälzlager, die Zahnräder und den Riementrieb notwendig war. Dabei wurde wieder auf die Durchführung möglichst vieler Rechenbeispiele besonderer Wert gelegt.

Überall da, wo heute noch eine Vielfalt von Standpunkten und Auffassungen bezüglich der Beurteilung und Erfassung verwickelter Vorgänge besteht, ist versucht worden, unter Hinweis auf die schwierigen wirklichen Verhältnisse eine Darstellung zu finden, die in verständlicher Weise die von der Praxis gesuchte und verlangte, durch die Erfahrung bestätigte Vereinfachung zeigt.

So hoffe ich, daß auch die siebente Auflage meiner Maschinenelemente einen großen Kreis junger und alter Schaffender und Suchender finden wird!

Eßlingen, im März 1956

W. Tochtermann

Inhaltsverzeichnis*

1. **Grundlagen** 1
   1.1 Begriff der Konstruktionselemente 1
   1.2 Konstruieren: Entwerfen und Gestalten 2
   1.3 Die wichtigsten Vorbedingungen (Übersicht) 3
   1.4 Normung 5
   1.5 Funktions- oder bedingungsgerechtes Gestalten 21
   1.6 Festigkeitsgerechtes Gestalten (Dimensionierung) 22
   1.7 Stoffgerechtes Gestalten 32
   1.8 Fertigungsgerechtes Gestalten 58
   1.9 Zeitgerechtes Gestalten (Formschönheit) 64

2. **Verbindungselemente** 65
   2.1 Schweißverbindungen 66
   2.2 Lötverbindungen 81
   2.3 Klebverbindungen 84
   2.4 Reibschlußverbindungen 86
   2.5 Formschlußverbindungen 104
   2.6 Nietverbindungen 124
   2.7 Schraubenverbindungen und Schraubgetriebe 132
   2.8 Elastische Verbindungen; Federn 178

3. **Gehäuse, Behälter, Rohrleitungen und Absperrvorrichtungen** ... 206
   3.1 Hohlraumformen und -begrenzungen 207
   3.2 Verschlüsse, Verbindungen und Dichtungen 214
   3.3 Behälter des Kessel- und Apparatebaues 244
   3.4 Rohrleitungen 252
   3.5 Absperr-, Sicherheits- und Regelorgane 271

Sachverzeichnis 291

Inhalt des zweiten Teiles
(Kapitel 4 — 6)

4. **Elemente der drehenden Bewegung**
   Achsen. — Wellen. — Lager. — Kupplungen.

5. **Elemente der geradlinigen Bewegung**
   Paarung von ebenen Flächen. — Rundlingspaarungen.

6. **Elemente zur Übertragung gleichförmiger Drehbewegungen**
   Formschlüssige Rädergetriebe: Zahnrädergetriebe. — Kraftschlüssige Rädergetriebe: Reibrädergetriebe. — Formschlüssige Zugmittelgetriebe: Ketten- und Zahnriemengetriebe. — Kraftschlüssige Zugmittelgetriebe: Riemen- und Rollenkeilkettengetriebe.

Sachverzeichnis

---

* Eine ausführliche Gliederung ist jedem Kapitel vorangestellt.

Berichtigung

Seite 27: In Zeile 22 **lies** $\eta_k = \dfrac{\beta_k - 1}{\alpha_k - 1}$ statt $\eta_k = \beta_{k-1}/\alpha_{k-1}$

Seite 62: Abb. 1.40 ist um 90° entgegen dem Uhrzeigersinn zu drehen

Seite 63: In der Bildunterschrift der Abb. **1.44 lies** rechts statt links

1. Grundlagen

1.1 Begriff der Konstruktionselemente	1
1.2 Konstruieren: Entwerfen und Gestalten	2
1.3 Die wichtigsten Vorbedingungen (Übersicht)	3
1.4 Normung	5
1.4.1 Grundlagen der Normung	5
1.4.2 Normzahlen, Normmaße	7
1.4.3 Oberflächenkennzeichnung und -güte	11
1.4.4 Toleranzen	14
1.4.5 Passungen	17
1.5 Funktions- oder bedingungsgerechtes Gestalten	21
1.6 Festigkeitsgerechtes Gestalten (Dimensionierung)	22
1.6.1 Grundlegende Begriffe	22
1.6.2 Ermittlung der äußeren Kräfte und Momente	24
1.6.3 Dimensionierung auf Tragfähigkeit	24
1.6.4 Dimensionierung auf Formsteifigkeit	29
1.6.5 Dimensionierung auf Arbeitsvermögen	31
1.7 Stoffgerechtes Gestalten	32
1.7.1 Allgemeine Richtlinien für die Werkstoffwahl; wichtige Begriffe	32
1.7.2 Stahl	35
1.7.3 Eisengußwerkstoffe	42
1.7.4 Leichtmetalle	46
1.7.5 Schwermetalle	47
1.7.6 Sinterwerkstoffe	53
1.7.7 Nichtmetallische Werkstoffe	54
1.8 Fertigungsgerechtes Gestalten	58
1.8.1 Gießverfahren	58
1.8.2 Umformverfahren (Schmieden, Pressen, Ziehen, Stanzen)	60
1.8.3 Spanloses Trennen	61
1.8.4 Spanabhebende Verfahren	62
1.8.5 Zusammenbau	63
1.9 Zeitgerechtes Gestalten (Formschönheit)	64

1.1 Begriff der Konstruktionselemente

Unter *Konstruktionselementen* sollen allgemein Bauteile des Maschinen- und Apparatebaus verstanden werden, die bei verschiedenen Geräten jeweils gleiche oder ähnliche Aufgaben zu erfüllen haben und daher immer wieder in gleicher oder ähnlicher Form vorkommen. Je nach den zu erfüllenden Aufgaben handelt es sich dabei um *einzelne* Bauteile (eigentliche „Elemente" wie Niete, Stifte, Bolzen, Achsen, Wellen, Federn, Griffe, Handräder, Handkurbeln, Sicherungsringe, Splinte u. ä.) oder, was weit häufiger der Fall ist, um *Bauteilgruppen*, wobei zwei oder mehrere Einzelteile funktionsmäßig zusammengehören und nach dem Zusammenbau eine Einheit bilden (Schraube—Mutter, Nut—Feder, Gleitstein—Führung, Gelenke, Lager, Kupplungen, Getriebe, Ventile, Schieber, Hähne usw.).

Viele Bauelemente, insbesondere Einzelteile, weisen auf Grund jahrelanger konstruktiver Entwicklung und Vervollkommnung heute typische Ausführungsformen auf, die die an sie gestellten Anforderungen *am besten* erfüllen; der Konstrukteur braucht hierbei nur noch die erforderliche Typen*größe* zu bestimmen. Bei den weitaus meisten Bauteilen, ihren Kombinationen und Anwendungen muß jedoch erst aus den vielen sich bietenden Möglichkeiten *die Bestlösung* herausgesucht und durchkonstruiert werden. Das im Ausbildungsbereich des Maschinenbaues heute meist noch als *Maschinen*elemente bezeichnete *Lehrfach* bietet somit die erste Gelegenheit zur Unterweisung im *Konstruieren* und stellt für die *Praxis* die Grundlage zu jeder erfolgreichen Ingenieurtätigkeit dar.

1.2 Konstruieren: Entwerfen und Gestalten

Wer konstruieren will, muß (nach A. Bock[1]) „ein technisches Gebilde (Gerät, Apparat, Werkzeug, Vorrichtung, Anlage oder auch nur eine Baugruppe oder ein Bauteil) schöpferisch und lückenlos vorausdenken und alle zweckmäßigen Unterlagen für seine stoffliche Verwirklichung schaffen" — unter Berücksichtigung des derzeitigen Standes der Technik. Am Anfang steht also die Idee oder die Aufgabenstellung mit mehr oder weniger vielen Anforderungen, für deren Erfüllung meist viele prinzipielle Lösungsmöglichkeiten zur Verfügung stehen. Das Auswählen *eines* Lösungsweges und das Schaffen aller zweckmäßigen Unterlagen, die die Wirkungsweise vollständig erkennen lassen, stellen den ersten Teilabschnitt des Konstruierens dar, den man *Entwerfen* nennt und das seinen Abschluß in einem „Entwurf" oder einer geeigneten „Gestaltungsvorlage"[2] findet. Bei dem dann folgenden oder bereits schon nebenherlaufenden zweiten Teil des Konstruierens, dem *Gestalten*, erhält dann das technische Gebilde seine endgültige Form, und es werden die für die stoffliche Verwirklichung notwendigen Unterlagen wie Zeichnungen und Listen zusammengestellt.

An eine Konstruktion, das Ergebnis des Konstruierens, werden sehr viele und hohe Anforderungen gestellt, und man wird eine Beurteilung (Kritik) nach dem Grad der Vollkommenheit, mit der die gestellten Forderungen erfüllt werden, vornehmen. Da sich die Forderungen häufig widersprechen, können sie nie alle vollkommen erfüllt werden; jede Lösung stellt einen Kompromiß dar. Nach Kesselring[3] sind zwei Hauptgruppen von Forderungen und entsprechende „Wertigkeiten" zu unterscheiden, nämlich einmal in rein technischer Hinsicht (technische Wertigkeit) und dann in bezug auf die Wirtschaftlichkeit (wirtschaftliche Wertigkeit), für die die Gestehungskosten einen Maßstab darstellen. Beide Gruppen sind eng miteinander verknüpft und beeinflussen sich gegenseitig. Zu hoch gestellte technische Anforderungen können nur durch großen Aufwand, also hohe Kosten erfüllt werden; andererseits ist es jedoch möglich, durch verbesserte Fertigungsverfahren, Verwendung geeigneter Vorrichtungen und Werkstoffe oder sonstige Rationalisierungs-

---

[1] Bock, A.: Die Begriffe Konstruieren, Entwerfen und Gestalten. Technik 10 (1955) 504—505.

[2] Hansen, F.: Kritische Betrachtungen zu häufig gebrauchten Begriffen der technischen Entwicklung. Technik 10 (1955) 468—472. — Empfehlungen für Begriffe und Bezeichnungen im Konstruktionsbereich (VDI-ADKI). Z. Konstr. 18 (1966) 390—391.

[3] Kesselring, F.: Konstruieren und Konstrukteur. VDI-Z. 81 (1937) 365—371. — Kesselring, F.: Die starke Konstruktion. VDI-Z. 86 (1942) 321—330, 749—752. — Kesselring, F.: Bewertung von Konstruktionen, Düsseldorf: Deutscher Ing.-Verlag 1951. — Kesselring, F.: Technische Kompositionslehre, Berlin/Göttingen/Heidelberg: Springer 1954. — Krumme, W.: Konstruktionserfahrungen aus dem Maschinen- und Gerätebau, München: Hanser 1951. — VDI-Richtlinien 2225 (Mai 1964): Technisch wirtschaftliches Konstruieren. Bl. 1 Anleitung und Beispiele, Bl. 2 Tabellenwerk.

maßnahmen die Kosten wesentlich zu senken und trotzdem den Grad der technischen Vollkommenheit zu steigern. Auf jeden Fall sind schon bei der Aufgabenstellung die technischen Forderungen möglichst genau festzusetzen (s. auch Abschn. 1.5).

Beim Konstruieren kann man verschiedene Wege beschreiten: Der geübte und erfahrene Konstrukteur wird das *Entwerfen nach dem Gefühl* bevorzugen; der Anfänger und Lernende neigt häufig zu einer Überschätzung des *Berechnens*; am unbestechlichsten, aber meist zu teuer und zeitraubend ist der Weg des *Versuchs*, sei es am Modell oder am naturgroßen Bauteil. Der letzte Weg ist gleichbedeutend mit dem Sammeln von Erfahrungen, also von Feststellungen über Bewähren oder Versagen. Diese sind letztlich für die Entwicklung, Änderungen, Verbesserungen und den Erfolg entscheidend.

Die Bedenken gegen das Entwerfen nach dem Gefühl bestehen darin, daß der Konstrukteur schon einen reichen Erfahrungsschatz besitzen oder eine ausgesprochene Begabung mitbringen muß. Die Schwierigkeiten des Berechnens liegen darin, daß es meistens an unsichere Voraussetzungen gebunden ist, daß häufig stark vereinfachende Annahmen gemacht werden müssen und trotzdem die Rechnungen zu verwickelt und zu umfangreich werden, so daß der Aufwand in keinem Verhältnis zum Erfolg steht. Dies ist besonders der Fall, wenn man die *Abmessungen* durch Berechnen allein bestimmen will. Es ist oft wesentlich einfacher und daher sehr zu empfehlen, zuerst zu entwerfen und dann *nach*zurechnen; ganz allgemein müssen immer *Entwerfen und Berechnen nebeneinander hergehen.*

Vor der Lösung bestimmter konstruktiver Aufgaben ist es angebracht, das auf dem betreffenden Gebiet bereits Vorhandene genau zu studieren und dessen Entwicklungsgang zu verfolgen, um den derzeitigen Stand der Technik zu erkennen und die schon von anderen gemachten Erfahrungen zu nutzen. Auf dem Gebiet der Maschinenelemente liegt eine Fülle bewährter Konstruktionen vor, und es ist eine wichtige Aufgabe für den Lernenden, genau zu prüfen, warum die einzelnen Teile gerade so gestaltet sind und inwieweit die gewählten Ausführungsformen die gestellten Anforderungen erfüllen. Es ist für die spätere Tätigkeit im Konstruktionsbüro sehr vorteilhaft, ja geradezu Voraussetzung, zu wissen, was es alles gibt, wozu es dient und wie es zur Lösung von anderen (größeren) Aufgaben evtl. in abgewandelter oder verbesserter Form verwendet werden kann.

1.3 Die wichtigsten Vorbedingungen (Übersicht)

An oberster Stelle stehen bei allen einzelnen Punkten *Sicherheit* und *Wirtschaftlichkeit*. Die Sicherheitsfragen beziehen sich sowohl auf den Betrieb (Schutz gegen Versagen), als auch auf die Handhabung und Bedienung (Arbeitssicherheit, Schutz gegen Unfälle). Wirtschaftlichkeit ist das Bestreben, mit einem minimalen Aufwand einen maximalen Erfolg zu erzielen. Zur Erfüllung dieser Hauptforderungen und überhaupt zum erfolgreichen Konstruieren sind umfangreiche Kenntnisse und Fähigkeiten auf vielen Gebieten erforderlich, von denen hier nur einige besonders hervorgehoben seien:

1. Zeichnungswesen; zeichnerisches Können und Vorstellungsvermögen. Die Zeichnung ist das wichtigste Ausdrucksmittel des Ingenieurs, sie stellt die wichtigste Fertigungsunterlage dar und leistet darüber hinaus auch bei Kalkulation, Vertrieb und am Verwendungsort bei Aufstellung und Betrieb gute Dienste. In der fertigen Zeichnung sind alle Entwicklungsgedanken enthalten. Beim Anfertigen der Zeichnung muß der Konstrukteur von den betreffenden Bauteilen, Geräten und Apparaten schon eine genaue Vorstellung ihrer Gestalt, ihres Aussehens, ihrer Funktion und ihrer Herstellung gehabt haben.

Über die Technik des Zeichnens gibt es genügend Literatur[1]; über die Organisation des Zeichnungswesens s. Fußnote [2].

2. Normung. Die Normen entstanden aus der Notwendigkeit, sich wiederholende Aufgaben nicht immer wieder neu zu lösen. Da die Normung ein wichtiger Bestandteil aller Rationalisierungsbestrebungen ist und gerade auf dem Gebiet der Konstruktionselemente eine bedeutende Rolle spielt, wird in Abschn. 1.4 ausführlicher darauf eingegangen.

3. Mechanik. Hierbei soll der Begriff sehr weit gefaßt sein[3] und sowohl die klassische Mechanik als auch das „Mechanische", also die Maschine und ihre Funktion, umfassen. Es handelt sich somit einerseits um die Lehre von den Kräften und ihren Wirkungen, die Gesetze der Statik, der Reibung, der rein zeitlich-geometrischen Bewegungsverhältnisse (Kinematik) und der Bewegungsvorgänge unter dem Einfluß von Kräften (eigentliche Dynamik oder Kinetik) und andererseits um den Aufbau von Getrieben[4]. Bezüglich einer Konstruktion enthält dieser Punkt alle *Bedingungen* der Aufgabenstellung, und wir behandeln ihn ausführlicher in Abschn. 1.5 unter funktions- oder bedingungsgerechtem Gestalten.

4. Festigkeitslehre. Sie hat die Aufgabe, die in Bauteilen auftretenden Spannungen und Verformungen zu ermitteln bzw. umgekehrt aus den für Werkstoff und Funktion zulässigen Grenzwerten die erforderlichen Abmessungen der Bauteile zu bestimmen (Dimensionierung; Abschn. 1.6); sie liefert uns also *Form*werte, wie Querschnitte, Trägheits- und Widerstandsmomente.

5. Werkstoffkunde. Die Wahl geeigneter Werkstoffe setzt die Kenntnis der Werkstoffeigenschaften voraus, insbesondere die Kenntnis der Grenzwerte, die eine hinreichende Sicherheit gewährleisten. Von besonderer Bedeutung ist das Werkstoffverhalten bei dynamischer Belastung oder in extremen Temperaturbereichen. Dem Einfluß der *Form* der Bauteile wird in der *Gestaltfestigkeit* Rechnung getragen. Das Streben nach wirtschaftlichster Stoffverwendung führt zum *Leichtbau*.

Das Gewicht und somit annähernd die Kosten eines Bauteils lassen sich in einfachen Fällen formelmäßig erfassen; P. DUFFING[5] und F. GÖTZE[6] haben gezeigt, daß in den Formeln immer drei Gruppen von Größen auftreten, die den oben angeführten Punkten 3, 4 und 5 entsprechen,

---

[1] DIN-Taschenbuch 2, Zeichnungsnormen, Berlin/Köln: Beuth-Vertrieb 1968. — TOCHTERMANN, W.: Das Maschinenzeichnen, 4. Aufl. (Samml. Göschen), Berlin: de Gruyter 1950. — VOLK, C.: Die maschinentechnischen Bauformen und das Skizzieren in Perspektive, 9. Aufl., Berlin/Göttingen/Heidelberg: Springer 1949. — VOLK, C.: Der konstruktive Fortschritt, Ein Skizzenbuch, 3. Aufl., Berlin/Göttingen/Heidelberg: Springer 1952. — VOLK, C.: Das Maschinenzeichnen des Konstrukteurs, 9. Aufl., bearb. von CH. BOUCHÉ u. W. POHL, Berlin/Göttingen/Heidelberg: Springer 1954. — BEINHOFF, W.: Das Lesen technischer Zeichnungen (Werkstattbücher H. 112), Berlin/Göttingen/Heidelberg: Springer 1954. — HOISCHEN, A.: Technisches Zeichnen, Essen: Girardet 1954. — SCHNEIDER, W.: Technisches Zeichnen für die Praxis, Braunschweig: Westermann 1956. — BACHMANN/FORBERG: Technisches Zeichnen, Stuttgart: Teubner 1966. — FRISCHHERZ/DOMEYER: Maschinenelemente in der Werkzeichnung, München: Hanser 1960. — REIMPELL/PAUTSCH/STANGENBERG: Die normgerechte technische Zeichnung für Konstruktion und Fertigung, Düsseldorf: VDI-Verlag 1967.
[2] DIN-Normenheft 7, Die Organisation des Zeichnungswesens in der Metallindustrie, Berlin/Köln: Beuth-Vertrieb 1949. — JAROSCH, V.: Die konstruktiven, betrieblichen und wirtschaftlichen Forderungen und ihre gegenseitige Beeinflussung im Rahmen einer rationellen Fertigung. VDI-Z. 102 (1960) 559—564.
[3] KRAUS, R.: Maschinengestaltung und Mechanik der Körperverbindungen in der Ingenieurausbildung. VDI-Z. 91 (1949) 655.
[4] FRANKE, R.: Vom Aufbau der Getriebe, 3. Aufl., Düsseldorf: VDI-Verlag 1958. — Nach FRANKE ist ein *Getriebe* eine Vorrichtung zur Kopplung und Umwandlung von Bewegungen und Energien beliebiger Art. Aus dem Begriff des Getriebes folgt dann: Eine *Maschine* ist ein Getriebe mit wenigstens einem mechanisch bewegten Getriebeteil.
[5] DUFFING, P.: Zur wirtschaftlichen Wahl von Werkstoff und Gestalt. VDI-Z. 87 (1943) 305.
[6] GÖTZE, F.: Grundlagen des Leichtbaus von Maschinen. Z. Konstr. 4 (1952) 16.

also den Bedingungen, der Form und dem Werkstoff. Die Herabsetzung oder Milderung der Bedingungen führt zum Bedingungsleichtbau, die Verwendung leichter bauender Formen zum Formleichtbau und die Wahl leichter bauender Werkstoffe zum Stoffleichtbau (festere Stoffe = Stahlleichtbau; leichtere Stoffe = Leichtmetalleichtbau). Näheres s. [1, 2, 3].

6. Fertigungsverfahren. Beim Entwerfen und Gestalten muß immer an die Herstellungsmöglichkeiten gedacht werden. Für die verschiedenen Fertigungsverfahren sind in Abschn. 1.8 die wichtigsten Richtlinien zusammengestellt.

7. Sinn für Formgebung. Ein technisches Gebilde soll nicht nur zweckmäßig, sondern auch formschön sein. Beide Gesichtspunkte lassen sich vereinigen; allerdings wird das Urteil über Schönheit stark vom Gefühl und von individueller Einstellung und Begabung abhängig sein.

1.4 Normung

1.4.1 Grundlagen der Normung

Normung ist nach DIN 820, Bl. 1 (Normungsarbeit, Grundbegriffe), die planmäßige, unter Beteiligung aller jeweils interessierten Kreise gemeinschaftlich durchgeführte Vereinheitlichungsarbeit auf gemeinnütziger Grundlage. Sie erstrebt eine rationelle Ordnung und ein rationelles Arbeiten in Wissenschaft, Technik, Wirtschaft und Verwaltung. Eine *Norm* ist nach KIENZLE[4] eine bestimmte von einem gewissen Personenkreis anerkannte Art, eine sich wiederholende Aufgabe zu lösen.

Diese Zielsetzung des Normungswesens wurde zuerst von einzelnen Unternehmungen verfolgt, bis am 18. Mai 1917 im Rahmen des VDI ein „Ausschuß für die Normalisierung von Bauelementen im allgemeinen Maschinenbau" gegründet wurde, der am 22. Dezember 1917 in den „Normenausschuß der deutschen Industrie" umgewandelt wurde. (Daher das Kurzzeichen DIN, *D*eutsche *I*ndustrie *N*ormen.) Da die Normungsarbeiten bald über den Bereich der Industrie hinausgingen, erfolgte im Jahre 1926 eine Umbenennung in „Deutscher Normenausschuß" (DNA). Die von diesem aufgestellten und in Form von Normblättern[5] herausgegebenen „Deutschen Normen" (DIN-Normen) bilden das „Deutsche Normenwerk". In anderen Ländern entstanden ähnlich aufgebaute nationale Normenorganisationen. Um die Normung auf eine breite internationale Basis zu stellen, wurde 1926 die internationale Vereinigung der nationalen Normenausschüsse „ISA" (International Federation of the National Standardizing Associations) gegründet. Ihre Nachfolgerin ist seit Oktober 1946 die „ISO" (International Organization for Standardization), deren Geschäfte ein Generalsekretariat mit dem Sitz in Genf führt. Der ISO gehört seit Dezember 1951 der Deutsche Normenausschuß als Mitglied an.

Dem *Inhalt* nach beziehen sich die Normen auf:

Verständigungsmittel: Begriffe, Bezeichnungen, Benennungen, Symbole, Einheiten, Formelzeichen u. dgl.

Klassifizierung: Einteilung in bestimmte Sorten, Gruppen oder Klassen.

Stufung: Typung (früher Typisierung) bestimmter Erzeugnisse nach Art, Form, Größe oder sonstigen gemeinsamen Merkmalen.

Planung: Grundlagen für Entwurf, Berechnung, Aufbau, Ausführung und Funktion von Anlagen und Erzeugnissen.

---

[1] und [2] s. Fußnoten [5] und [6] auf S. 4.

[3] KLOTH, W.: Leichtbau-Fibel, München: Neureuter 1947. — MENGERINGHAUSEN, M.: Das Prinzip des Leichtbaus und seine Bewertung in Natur und Technik. VDI-Z. 102 (1960) 523 bis 527. — BOBEK/HEISS/SCHMIDT: Stahlleichtbau von Maschinen, 2. Aufl. (Konstruktionsbücher Bd. 1), Berlin/Göttingen/Heidelberg: Springer 1955. — Leichtbau-Konstruktionen, Vorträge VDI-Tagung Braunschweig 1957, VDI-Berichte Bd. 28 (1958). — Aluminium-Taschenbuch, herausg. von der Aluminium-Zentrale e. V.

[4] KIENZLE, O.: Grenzen der Normung. VDI-Z. 92 (1950) 622.

[5] Zu beziehen durch die Beuth-Vertrieb GmbH, Berlin 30 und Köln. Über die gültigen Normblätter unterrichtet das jährlich erscheinende Normblattverzeichnis, über alle geplanten und laufenden Normungsarbeiten geben die monatlich erscheinenden „DIN-Mitteilungen" Auskunft.

Konstruktion: Gesichtspunkte und Einzelheiten für technische Gegenstände oder ihre Teile.

Abmessungen von Erzeugnissen (Maßnormen).

Stoffe: Eigenschaften, Einteilung und Verwendung.

Gütebedingungen und Prüfverfahren zum Nachweis zugesicherter und erwarteter Eigenschaften von Stoffen oder technischen Fertigerzeugnissen.

Arbeitsverfahren zum Herstellen oder Behandeln von Erzeugnissen.

Vereinbarungen über Lieferungen und Dienstleistungen.

Schutz von Leben, Gesundheit und Sachwerten: Sicherheitsvorschriften.

Ihrer *Reichweite* nach unterscheidet man *Grundnormen*, die für viele Gebiete des öffentlichen Lebens von allgemeiner, grundlegender Bedeutung sind, und *Fachnormen*, die ein bestimmtes Fachgebiet betreffen. Aber auch innerhalb eines Fachgebiets gibt es Grundnormen, die Fachgrundnormen, z. B. die uns besonders interessierenden „technischen Grundnormen".

Für das Gebiet der Konstruktionselemente sei das Schrifttum[1] besonders empfohlen. In den einzelnen Abschnitten dieses Buches werden jeweils die einschlägigen Normblattnummern angegeben, auf einige technische Grundnormen, die Normzahlen, die Normmaße, Oberflächenkennzeichnung und -güte, Toleranzen und Passungen, wird ausführlicher eingegangen, da sie für das Konstruieren von allgemeiner Bedeutung sind und die *Vorteile der Normung* besonders klar erkennen lassen:

Infolge geeigneter Stufung fallen größere Stückzahlen an, so daß Serien- oder Massenfertigung möglich, die Herstellung verbilligt und der Lagerbestand an Maschinenteilen, Werkzeugen und Lehren verringert wird; infolge absoluten Austauschbaus fällt jegliche Nacharbeit beim Zusammenbau weg, und Ersatzteile können schnell ausgewechselt werden; die Lieferfristen werden verkürzt, das Bestellwesen wird vereinfacht und die Zeichenarbeit in den Konstruktionsbüros verringert.

Da die Normungsarbeit[2] von Fachnormenausschüssen geleistet wird, deren Mitarbeiter aus der interessierten Fachwelt der Hersteller, Anwender und Verbraucher, der Behörden, der Wissenschaft und des Handels stammen, und da eine Norm bis zu ihrer Herausgabe verschiedene Arbeitsstufen durchläuft, nämlich den Normvorschlag, die Normvorlage und den Normentwurf, der der Öffentlichkeit zur Stellungnahme unterbreitet wird, ist die Gewähr gegeben, daß die Norm zum Zeitpunkt der Veröffentlichung die *Bestlösung* darstellt. Die Weiterentwicklung der Technik macht in gewissen Zeitabständen eine Überprüfung, Neubearbeitung und bei wesentlichen Änderungen eine Neuausgabe erforderlich.

Die Normen können von jedermann angewendet werden; sie sollen sich auf Grund ihrer Zweckmäßigkeit einführen, also nicht durch Zwang. Sie *können* von Behörden für verbindlich erklärt werden.

Normblattsammlungen kann man entweder laufend nach DIN-Nummern oder nach Sachgebieten ordnen; bei letzterem System bedient man sich mit Vorteil der Dezimalklassifikation[3].

---

[1] KLEIN, M.: Einführung in die DIN-Normen, Stuttgart: Teubner 1965. — DIN-Taschenbuch 1, Grundnormen für die mechanische Technik, Berlin/Köln: Beuth-Vertrieb 1967. DIN-Taschenbuch 3, Maschinenbau-Normen für Studium und Praxis, Berlin/Köln: Beuth-Vertrieb 1966.

[2] Vgl. auch DIN 820 Normungsarbeit, Grundbegriffe, Grundsätze usw.

[3] FILL, K.: Einführung in das Wesen der Dezimalklassifikation, Berlin/Köln: Beuth-Vertrieb 1957. — FRANK, O.: Handbuch der Klassifikation, Heft 1: Die Dezimalklassifikation, Berlin: Beuth-Vertrieb 1947. — HERRMANN, P.: Praktische Anwendung der Dezimalklassifikation, Klassifizierungstechnik, Berlin: Verlag d. Zentralst. f. wiss. Lit. 1953.

1.4.2 Normzahlen, Normmaße

Physikalische und somit auch technische „Größen", wie Längen-, Flächen-, Raummaße, Gewichte, Kräfte, Drehmomente, Biegemomente, Drücke, Temperaturen, Drehzahlen, Geschwindigkeiten, Beschleunigungen, Leistungen, Arbeitsvermögen, Spannungen usw., bestehen immer je aus Zahlenwert *und* Einheit. (Für eine Strecke, eine Länge, ein Maß schreibt man z. B. $l = 250$ mm.) Es ist für die Technik von großem wirtschaftlichem Vorteil, aus der unendlichen Fülle von Zahlenwerten eine Auswahl zu treffen, so daß an verschiedenen Stellen immer die gleichen Vorzugszahlen benutzt werden. Für viele praktische Fälle, insbesondere für Aufgaben der Stufung und Typung erwiesen sich die *geometrischen* Reihen mit ihren „natürlichen und zwanglosen Zahlenfolgen"[1] als besonders vorteilhaft; bei ihnen ist der Stufensprung φ, d. i. das Verhältnis eines Gliedes zum vorhergehenden, immer konstant. (Bei Additionsproblemen, wie z. B. Schachtelungs-, Lagerungs- und Verpackungsaufgaben, sind arithmetische Reihen angebracht.)

Die *Normzahlen* (Tab. 1.1) nach DIN 323, Bl. 1, sind Glieder dezimalgeometrischer Reihen, bei denen die Zehnerpotenzen 1, 10, 100 usw. festgehalten und die Zwischenbereiche in n Stufen aufgeteilt sind. Man bezeichnet die Reihen nach der Anzahl n der Glieder in einem Dezimalbereich allgemein mit R n; ausgehend von $n = 10$ ergibt sich die „Grundreihe" R 10 (Spalte 2, für die Dekade 1 bis 10) mit dem Stufensprung $\varphi_{10} = \sqrt[10]{10} = 1{,}25$. Bei der Grundreihe R 20 wird zwecks feinerer Stufung jeweils ein Glied dazwischengeschoben, so daß $\varphi_{20} = \sqrt[20]{10} = 1{,}12$; durch weiteres Einschieben ergibt sich die Grundreihe R 40 mit $\varphi_{40} = \sqrt[40]{10} = 1{,}06$. Überspringt man bei der Reihe R 10 immer ein Glied, so erhält man die Grundreihe R 5 mit $\varphi_5 = \sqrt[5]{10} = 1{,}6$. Die „Hauptwerte" in den Spalten 1 bis 4 weichen nur wenig von den „Genauwerten", die sich aus den glatten Mantissen der Briggschen Logarithmen errechnen, ab.

Für die Reihe R 10 kann man nun leicht die „einstellige Logarithmentafel" anschreiben (NZ = Normzahlen):

NZ	1	1,25	1,6	2	2,5	3,15	4	5	6,3	8	10
lg NZ	0,0	0,1	0,2	0,3	0,4	0,5	0,6	0,7	0,8	0,9	1,0

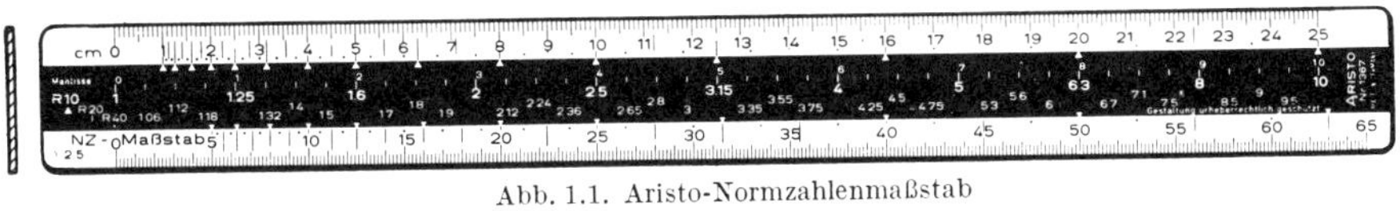

Abb. 1.1. Aristo-Normzahlenmaßstab

Für den praktischen Gebrauch eignet sich sehr gut der Aristo-Normzahlenmaßstab[2] (Abb. 1.1).

---

[1] BERG, S.: Angewandte Normzahl, Berlin: Beuth-Vertrieb 1949. — BERG, S.: Die Normzahlen, Wesen und Anwendung. VDI-Z. 92 (1950) 135—142. — BERG, S.: Die beiden Strukturen des dezimalen Zahlensystems. VDI-Z. 96 (1954) 1223. — BERG, S.: Feinere Normzahlreihen, das volldezimalgeometrische System der Normzahlen. VDI-Z. 102 (1960) 619—624. — KIENZLE, O.: Die Typnormung im Erzeugnisbild des Deutschen Maschinenbaus. VDI-Z. 91 (1949) 373. — KIENZLE, O.: Normungszahlen (Wiss. Normung Bd. 2), Berlin/Göttingen/Heidelberg: Springer 1950. — TUFFENTSAMMER, K., u. P. SCHUMACHER: Normzahlen, Die einstellige Logarithmentafel des Ingenieurs. Werkst.techn. u. Masch.bau 43 (1953) 156. — TUFFENTSAMMER, K.: Das Dezilog, eine Brücke zwischen Logarithmen, Dezibel, Neper und Normzahlen. VDI-Z. 98 (1956) 267—274. — BUX, E.: Zum gegenwärtigen Stand der Zahlennormung. VDI-Z. 99 (1957) 283/284.

[2] Hersteller und Vertrieb: Dennert & Pape, Aristo-Werke, Hamburg-Altona.

Tabelle 1.1. *Normzahlen nach DIN 323 (Febr. 1952)*

Hauptwerte				Mantisse	Naheliegende Werte
Grundreihen					
R 5	R 10	R 20	R 40		
1,00	1,00	1,00	1,00	000	π^2; $\pi/32$; g
			1,06	025	
		1,12	1,12	050	
			1,18	075	
	1,25	1,25	1,25	100	$\sqrt[3]{2}$
			1,32	125	
		1,40	1,40	150	$\sqrt{2}$
			1,50	175	
1,60	1,60	1,60	1,60	200	$\pi/2$
			1,70	225	
		1,80	1,80	250	
			1,90	275	
	2,00	2,00	2,00	300	$\pi/16$
			2,12	325	
		2,24	2,24	350	
			2,36	375	
2,50	2,50	2,50	2,50	400	
			2,65	425	
		2,80	2,80	450	
			3,00	475	
	3,15	3,15	3,15	500	π
			3,35	525	
		3,55	3,55	550	
			3,75	575	
4,00	4,00	4,00	4,00	600	
			4,25	625	
		4,50	4,50	650	
			4,75	675	
	5,00	5,00	5,00	700	$\pi/64$
			5,30	725	
		5,60	5,60	750	
			6,00	775	
6,30	6,30	6,30	6,30	800	2π
			6,70	825	
		7,10	7,10	850	
			7,50	875	
	8,00	8,00	8,00	900	$\pi/4$
			8,50	925	
		9,00	9,00	950	
			9,50	975	

1.4 Normung

Normzahlen über 10 erhält man durch Multiplikation der Normzahlen zwischen 1 und 10 mit 10, 100 usw., Normzahlen unter 1 entsprechend durch Multiplikation mit 0,1, 0,01 usw.

Für manche Fälle der Praxis sind an Stelle der Hauptwerte die sogenannten *Rundwerte*, die durch Rundung aus den Hauptwerten entstanden sind, besser geeignet. Sie werden durch den Index a besonders gekennzeichnet: R_a 5, R_a 10 und R_a 20. Sie finden u. a. Anwendung bei den *Normmaßen* (Tab. 1.2) nach DIN 3 (Febr. 1955), einer Auswahl von *Maßen* in mm, die dazu dient, die Verwendung willkürlicher Maße einzuschränken. Sie sind besonders für die Längenmaße von Konstruktionen bestimmt.

Angaben über die *Begrenzung* von Normzahlreihen werden in runden Klammern beigefügt; so bezeichnet z. B.

R 10 (125 ...) die Reihe R 10 mit dem Anfangsglied 125,
R 20 (... 450) die Reihe R 20 mit dem Endglied 450,
R 40 (75 ... 300) die Reihe R 40 mit dem Anfangsglied 75 und dem Endglied 300.

Tabelle 1.2. *Die wichtigsten zu bevorzugenden Normmaße in* mm *nach DIN 3 (Febr. 1955); Auszug**

0,1	1	10	100
	1,1	11	110
0,12	1,2	12	125
	1,4	14	140
0,16	**1,6**	**16**	**160**
	1,8	18	180
0,2	2	20	200
	2,2	22	220
0,25	**2,5**	**25**	**250**
	2,8	28	280
0,3	3,2	32	320
	3,5	36	360
0,4	**4**	**40**	**400**
	4,5	45	450
0,5	5	50	500
	5,5	56	560
0,6	**6**	**63**	**630**
	7	71	710
0,8	8	80	800
	9	90	900

* Das Normblatt DIN 3 enthält außer diesen 70 Maßen noch 87 Zwischenmaße (runde Maße).

Außer den Grundreihen sind für die praktische Anwendung die *abgeleiteten Reihen* sehr wichtig, die aus den Grundreihen dadurch entstehen, daß jeweils nur jedes 2., 3. oder 4. ... Glied benutzt wird. Die Kennzeichnung erfolgt durch die Zahlen 2, 3 oder 4 ... hinter einem Schrägstrich, also R $n/2$, R $n/3$, R $n/4$ ... Zur eindeutigen Bestimmung muß jedoch hierbei mindestens *ein* Glied (in der runden Klammer) angeführt werden:

R 10/2 (0,25 ...) enthält 1, 10 usw., ist also gleich R 5 (0,25 ...);
aber R 10/2 (0,2 ...) enthält *nicht* die Werte 1, 10 usw. (ist also nicht durch die Grundreihe R 5 ausdrückbar).

Man erhält die Stufensprünge	1,06	1,12	1,18	1,25	1,4	1,6	2	2,5	4
mit den Reihen (Grundreihen fett gedruckt)	**R 40**	R 40/2 **R 20**	R 40/3	R 40/4 R 20/2 **R 10**	R 40/6 R 20/3	R 40/8 R 20/4 R 10/2 **R 5**	R 40/12 R 20/6 R 10/3	R 40/16 R 20/8 R 10/4 R 5/2	R 40/24 R 20/12 R 10/6 R 5/3

Bezeichnet man den Stufensprung einer Grundreihe R n mit φ_n, dann ergibt sich für die abgeleitete Reihe R n/x der Stufensprung $\varphi_x = \varphi_n^x$; dies gilt auch für negative x-Werte, welche *fallende* Reihen kennzeichnen. $x = 1$ ergibt die steigende Grundreihe, $x = -1$ die fallende Grundreihe.

Bei der Anwendung der Normzahlreihen auf die Stufung technischer Erzeugnisse sind im allgemeinen die Reihen mit größerem Stufensprung (gröbere Stufung) denen mit kleinerem Stufensprung (feinere Stufung) vorzuziehen. Man erzielt damit eine Häufung der Stückzahlen je Größe, benötigt für die Fertigung weniger Vorrichtungen, Werkzeuge und Lehren, und verringert die Lagerhaltung. Es gibt jedoch auch Fälle, in denen eine zu grobe Stufung unwirtschaftlich ist, z. B. bei Geräten aus hochwertigen, teuren Werkstoffen oder bei Maschinen, bei denen die Betriebskosten sehr stark von der Größe abhängig sind.

Die Verwendung von Normzahlen für die Maße (zumindest Hauptmaße) in Konstruktionszeichnungen hat den Vorteil, daß bei einer geometrischen Vergrößerung oder Verkleinerung mit dem Stufensprung einer NZ-Reihe wieder Normzahlen auftreten und die geometrischen, statischen und dynamischen Kenngrößen nach den Gesetzen der Ähnlichkeitsmechanik[1] ebenfalls wieder Normzahlen sind, wenn für die Größen der Ausgangstype (den Mutterentwurf) Normzahlen gewählt wurden. Dies beruht darauf, daß die Produkte und Quotienten der Normzahlen sowie die Potenzen mit ganzzahligen Exponenten (oft auch die mit gebrochenen Exponenten) wieder Normzahlen sind.

Für die Bedingung, daß bei verschiedenen Typengrößen jeweils *gleiche Beanspruchungen* (gleiche Werkstoffe vorausgesetzt) und somit bei rotierenden Maschinenteilen *gleiche Umfangsgeschwindigkeiten* (bzw. bei allgemeiner Bewegung gleiche Geschwindigkeiten) auftreten, ergeben sich, wenn die Längen nach der Reihe R n/x mit Stufensprung $\varphi_L = \varphi$ gestuft sind, für die abgeleiteten Größen folgende Stufensprünge und Reihen:

Winkelbeschleunigung	φ^{-2}	R $n/-2x$
Drehzahlen, Winkelgeschwindigkeiten, Beschleunigungen	φ^{-1}	R $n/-x$
Spannungen, Geschwindigkeiten, Drücke	φ^0	konstant
Längen, Zeiten	φ	R n/x
Flächen, *Kräfte*, Leistung	φ^2	R $n/2x$
Volumen, Massen, Drehmomente, Widerstandsmomente, Arbeit, Energie	φ^3	R $n/3x$
Flächenträgheitsmomente	φ^4	R $n/4x$
Massenträgheitsmomente	φ^5	R $n/5x$

Man braucht daher bei der Aufstellung von geometrisch ähnlichen Typen für die genannten Größen nur *einen* Wert anzugeben bzw. auszurechnen und kann dann sofort die Reihen hinschreiben (s. Beispiel S. 11).

Die Zahlenrechnungen mit Normzahlen gestalten sich sehr einfach, indem man die Briggsschen Logarithmen (bei der Reihe R 10 z. B. die einstellige Logarithmentafel) benutzt.

Beispiele (Z = Zähler):

Für $d = 5$ cm

$$A = \frac{\pi d^2}{4} = \frac{3{,}15 \cdot 5^2}{4} \text{ cm}^2$$

$$\begin{aligned}\lg 3{,}15 &= 0{,}5 \\ + 2\lg 5 &= 1{,}4 \\ \hline \lg Z &= 1{,}9 \\ - \lg 4 &= 0{,}6 \\ \hline \lg A &= 1{,}3 \\ A &= 20 \text{ cm}^2\end{aligned}$$

Für $d = 2$ cm

$$I_b = \frac{\pi d^4}{64} \approx \frac{3{,}15 d^4}{63}$$

$$\begin{aligned}\lg 3{,}15 &= 0{,}5 \\ + 4\lg 2 &= 1{,}2 \\ \hline \lg Z &= 1{,}7 = 2{,}7 - 1 \\ - \lg 63 &= 1{,}8 \\ \hline \lg I_b &= 0{,}9 - 1 \\ I_b &= 0{,}8 \text{ cm}^4\end{aligned}$$

---

[1] Vgl. auch BERG, S.: Konstruieren in Größenreihen mit Normzahlen. Z. Konstr. 17 (1965) 15–21.

1.4 Normung

Beispiel: Typenreihen für Rundmaterial, Wellen

Kenngrößen			NZ-Reihen	Typenreihen					
Durchmesser	d	[mm]	R 10/2 (20 ...)	20	31,5	50	80	125	200
Querschnitt[1]	A	[cm²]	R 10/4 (3,15 ...)	3,15	8	20	50	125	315
Äquatoriales Flächenträgheitsmoment[2]	I_b	[cm⁴]	R 10/8 (0,8 ...)	0,8	5	31,5	200	1250	8000
Äquatoriales Widerstandsmoment[3]	W_b	[cm³]	R 10/6 (0,8 ...)	0,8	3,15	12,5	50	200	800
Ertragbares Biegemoment[4] bei $\sigma_{b\,zul} = 500$ kp/cm²	M_b	[mkp]	R 10/6 (4 ...)	4	16	63	250	1000	4000
Polares Widerstandsmoment[5]	W_t	[cm³]	R 10/6 (1,6 ...)	1,6	6,3	25	100	400	1600
Übertragbares Drehmoment[6] bei $\tau_{t\,zul} = 125$ kp/cm²	M_t	[mkp]	R 10/6 (2 ...)	2	8	31,5	125	500	2000

[1] $A = \dfrac{\pi d^2}{4}$. [2] $I_b = \dfrac{\pi d^4}{64} \approx \dfrac{3{,}15\,d^4}{63}$. [3] $W_b = \dfrac{\pi d^3}{32} \approx \dfrac{d^3}{10}$.

[4] $M_b = \sigma_{b\,zul}\, W_b$. [5] $W_t = \dfrac{\pi d^3}{16} \approx \dfrac{d^3}{5}$. [6] $M_t = \tau_{t\,zul}\, W_t$.

Graphische Darstellungen von Potenzfunktionen auf doppellogarithmischem Papier sind gerade Linien mit dem Exponenten als Steigungsmaß; eine Multiplikation mit einem konstanten Faktor bedeutet eine Parallelverschiebung der Geraden. Schreibt man an linear, also gleichmäßig geteilte Koordinatenachsen die Zahlenwerte von Normzahlreihen an, so sind dies logarithmisch geteilte Achsen! Die Maßstäbe (Längeneinheiten für eine Dekade) können beliebig und für Ordinaten- und Abszissenachse verschieden gewählt werden.

Einige einfache Beispiele sind in den Abb. 1.2 bis 1.4 dargestellt; bei *drei* und mehr Veränderlichen ergeben sich anschauliche Netztafeln mit äquidistanten Parallelen, wenn die gewählten Parameter nach Normzahlreihen gestuft werden (Abb. 1.3, 1.4, 2.138, 2.198, 3.4, 4.131).

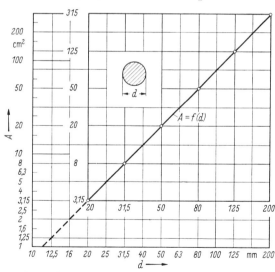

Abb. 1.2. Querschnitt A in Abhängigkeit vom Durchmesser d

1.4.3 Oberflächenkennzeichnung und -güte

Die Oberflächenkennzeichnung erfolgt in Zeichnungen heute noch nach DIN 140, Bl. 2, mit dem Ungefährzeichen und mit Dreiecken. An Oberflächen ohne jede Zeichen werden keine bestimmten Anforderungen gestellt; das Ungefährzeichen

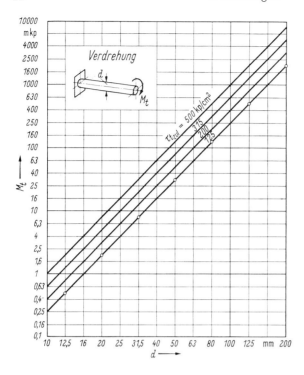

Abb. 1.3. Ermittlung des übertragbaren Drehmomentes M_t bei gegebenem Durchmesser d bzw. Ermittlung des erforderlichen Durchmessers d bei gegebenem Drehmoment M_t für verschiedene $\tau_{t\,zul}$-Werte

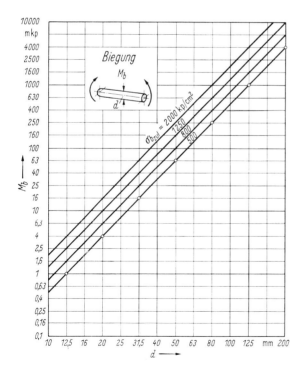

Abb. 1.4. Ermittlung des ertragbaren Biegemomentes M_b bei gegebenem Durchmesser d bzw. Ermittlung des erforderlichen Durchmessers d bei gegebenem Biegemoment M_b für verschiedene $\sigma_{b\,zul}$-Werte

kennzeichnet Flächen, an die nur die Forderungen größerer Gleichmäßigkeit und besseren Aussehens gestellt werden; durch die Dreiecke werden je nach ihrer Anzahl die höheren Anforderungen an die Güte der Oberflächen, jedoch *nicht* die Bearbeitungsverfahren bestimmt.

Eine *genauere Gütekennzeichnung* ist nur mit *Zahlen*angaben der Oberflächen*maße* möglich[1]. Hierzu sind in den Normblättern DIN 4760 bis 4764 die allgemeinen Begriffe, wie Oberflächengestalt, Gestaltabweichungen, Welligkeit, Rauheit (Rillen, Riefen, Schuppen, Kuppen), Bezugssystem und Maße für die Feingestalt festgelegt.

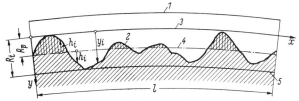

Abb. 1.5. Bezugssystem zur maßlichen Erfassung der Gestaltabweichungen nach DIN 4762, Bl. 1 (August 1960)
1 Geometrisch-ideales Profil; *2* Istprofil; *3* Bezugsprofil; *4* mittleres Profil; *5* Grundprofil; *l* Rauheitsbezugsstrecke; R_t Rauhtiefe = Abstand des Grundprofils vom Bezugsprofil; R_p Glättungstiefe = mittlerer Abstand des Bezugsprofils vom Istprofil; R_a Mittenrauhwert = arithmetisches Mittel der absoluten Beträge der Abstände h_i des Istprofils vom mittleren Profil

In Abb. 1.5 sind einige Begriffe dargestellt; die wichtigsten *Maße* sind die Rauhtiefe R_t und die Glättungstiefe R_p; letztere spielt bei Preßpassungen, Schrumpf-

Tabelle 1.3. *Zuordnung von Oberflächenzeichen und Rauhtiefen nach Vornorm DIN 3141 (März 1960)*

Oberflächen-zeichen	Rauhtiefe R_t in μm (1 μm = 0,001 mm)			
	Reihe 1	Reihe 2	Reihe 3	Reihe 4
▽	160	100	63	25
▽▽	40	25	16	10
▽▽▽	14	6,3	4	2,5
▽▽▽▽	1	1		0,4

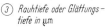

① arithmetischer Mittenrauhwert R_a in μm
② Kurzzeichen für den Oberflächencharakter nach DIN 4761, bzw. Wortangabe
③ Rauhtiefe oder Glättungstiefe in μm

Abb. 1.6. Kennzeichnung von Oberflächen
a) Oberflächenzeichen mit Wortangaben nach DIN 140, Bl. 3; b) Bezugshaken mit Wortangaben nach DIN 140, Bl. 3; c) Kennzeichnung von Oberflächen durch Rauheitsmaße nach DIN 3142

sitzen eine Rolle (s. Abschn. 2.4.5). DIN 4767 enthält die Zuordnung von Mittenrauhwert R_a zur Rauhtiefe R_t. In der Vornorm DIN 3141 sind mit Rücksicht auf verschiedene Fertigungszweige (Feinwerktechnik, allgemeiner Maschinenbau, Landmaschinenbau, Schwermaschinenbau usw.) vier Reihen für die Zuordnung von Oberflächenzeichen und Rauhtiefen angeführt (s. Tab. 1.3). Die gewählte Reihe ist auf

---

[1] SCHLESINGER, G.: Messung der Oberflächengüte, Berlin/Göttingen/Heidelberg: Springer 1951. — PERTHEN, J.: Technisches Messen, Bd. 3, Prüfen und Messen der Oberflächengestalt, München: Hanser 1949. — PERTHEN, J.: Die Oberflächen-Feingestalt, Stand der Meßtechnik. VDI-Z. 96 (1954) 855—863. — SCHMIDT, H.: Neue Oberflächenkennzeichnungen. DIN-Mitt. 39 (1960) 109—111. — NITSCHE, H.: Über die Oberflächengestalt, den Oberflächencharakter und die Erfassung der Gestaltabweichungen (Welligkeit und Rauheit). DIN-Mitt. 40 (1961) 11—15.

der Zeichnung beim Schriftfeld anzugeben (Beispiel: „Oberflächen Reihe 3 DIN 3141"). Wortangaben für Oberflächen nach DIN 140, Bl. 3, sind mit den Oberflächenzeichen zu verbinden (Abb. 1.6a), oder es sind Bezugshaken (Abb. 1.6b) zu verwenden. Die Angaben sollen den Endzustand kennzeichnen.

In DIN 3142 ist eine Kennzeichnung von Oberflächen durch Rauheitsmaße vorgesehen; als Grundsymbol soll in Übereinstimmung mit einem ISO-Vorschlag ein offener 60°-Winkel mit verlängertem rechtem Schenkel, evtl. mit Bezugslinie für Wortangaben (Abb. 1.6c), verwendet werden, an den die Zahlenwerte der Oberflächenmaße angeschrieben werden.

Über die bei verschiedenen Herstellungsverfahren erreichbaren Rauhtiefen R_t in μm gibt DIN 4766 Aufschluß; ungefähr gilt:

$R_t = 0{,}1$ bis 1 μm   Feinschleifen, Honen, Feinziehschleifen, Feinläppen, Polieren;
bis 4 μm   Läppen, Feinschleifen, Feinreiben, Schaben, Räumen, Feindrehen, Ziehen, Kaltwalzen;
bis 25 μm   Schaben, Fräsen, Schlichtdrehen, Schlichthobeln, Schlichtfeilen, Warmwalzen;
bis 160 μm   Schruppen (Drehen, Hobeln), Vorfeilen, Pressen, Feinguß, Kokillenguß.

Die *erforderliche* Oberflächengüte wird durch die *Funktion* bestimmt. Da niedrige Rauhtiefenwerte nur durch hochwertige und teure Fertigungsverfahren erzielt werden können, sind sorgfältige Überlegungen über die wirklich notwendigen Anforderungen anzustellen. Es ist ferner zu bedenken, daß die Oberflächengüte *nicht* mit der Maßgenauigkeit, also der Einhaltung der Werkstückabmessungen innerhalb der vorgeschriebenen Toleranzen, etwa nach ISO-Qualitäten (s. Abschn. 1.4.4), identisch ist; es gibt Fälle, in denen die Oberflächen hochwertig sein müssen, jedoch die Maßtoleranzen groß sein können; müssen jedoch umgekehrt sehr enge Maßtoleranzen eingehalten werden, so besteht nach den Erfahrungen der Praxis doch eine gewisse Beziehung zwischen Rauhtiefen und ISO-Qualitäten und ferner auch noch den Maßbereichen; Vorschläge für die gegenseitige Zuordnung siehe KRETSCHMER[1], DIN 4764 und VDI-Richtlinien 3219.

1.4.4 Toleranzen[2]

Die Einhaltung absolut genauer Maße ist in der Fertigung nicht möglich und für die Funktionsfähigkeit auch nicht erforderlich. Es müssen immer mehr oder weniger große Abweichungen zugelassen werden, die jedoch in den Zeichnungen eindeutig kenntlich zu machen sind. Man unterscheidet dabei

Maße ohne Toleranzangabe, s. DIN 7168, für die die werkstattübliche Genauigkeit genügt, die ein Facharbeiter ohne besonderen Aufwand je nach Fertigungs-

---

[1] KRETSCHMER, R.: Zur Kennzeichnung der Rauheit technischer Oberflächen (Zuordnung der Rauhtiefen zu ISA-Qualitäten und Flächenarten). Werkst.techn. u. Masch.bau 48 (1958) 321. — KRETSCHMER, R.: Oberflächenzeichen-Rauhtiefenzuordnung zu den Funktionen, ... DIN-Mitt. 39 (1960) 157. — VDI-Richtlinien 3219: Oberflächenrauheit und Maßtoleranz in der spanenden Fertigung.
[2] KIENZLE, O.: Das ISA-Toleranzsystem. Werkst.techn. (1935) 354. — KIENZLE, O.: Der heutige Stand der Toleranz- und Prüfsysteme für Werkstückabmessungen. Werkst.techn. (1936) 501. — LEINWEBER, P.: Toleranzen und Lehren, 5. Aufl., Berlin/Göttingen/Heidelberg: Springer 1948. — BRANDENBERGER, H.: Toleranzen, Passung und Konstruktion, Zürich: Schweizer Druck- u. Verlagsh. 1946. — SIEVRITTS, A.: Normenheft 13, Toleranzen und Passungen für Längenmaße, Berlin/Köln: Beuth-Vertrieb 1950. — MORGENROTH, E.: Bemaßen, Tolerieren und Lehren im Austauschbau, München: Hanser 1950. — TSCHOCHNER, H.: Toleranzen, Passungen, Grenzlehren, 2. Aufl., PRIEN: C. F. WINTER 1959.

1.4 Normung

verfahren und -einrichtungen einhalten kann. Es sind vier Genauigkeitsgrade „fein", „mittel", „grob" und „sehr grob" festgelegt, und in die Zeichnungen ist ein entsprechender Hinweis, z. B. „mittel DIN 7168", einzutragen. Die Abweichungen für Längenmaße, Rundungen und Winkel gibt Tab. 1.4.

Tabelle 1.4
Zulässige Abweichungen für Maße ohne Toleranzangabe nach DIN 7168 (März 1966)
Abweichungen für Längenmaße und Rundungen (Werte in mm) und für Winkel (Werte in Grad und Minuten)

	Nennmaßbereich [mm]*	Genauigkeitsgrad			
		fein	mittel	grob	sehr grob
Längen und Rundungen	bis 6	±0,05	±0,1	±0,2	±0,5
	über 6 bis 30	±0,1	±0,2	±0,5	±1
	über 30 bis 120	±0,15	±0,3	±0,8	±1,5
	über 120 bis 315	±0,2	±0,5	±1,2	±2
	über 315 bis 1000	±0,3	±0,8	±2	±3
	über 1000 bis 2000	±0,5	±1,2	±3	±4
	über 2000 bis 4000	±0,8	±2	±4	±6
	über 4000 bis 8000	—	±3	±5	±8
	über 8000 bis 12000	—	±4	±6	±10
	über 12000 bis 16000	—	±5	±7	±12
	über 16000 bis 20000	—	±6	±8	±12
Winkel	bis 10	±1°			±3°
	über 10 bis 50	±30'			±2°
	über 50 bis 120	±20'			±1°
	über 120	±10'			±30'

* bei Winkeln: Länge des kürzeren Schenkels.

DIN 7168 ist nicht anzuwenden, wenn **Normen mit besonderen Toleranzfestlegungen** bestehen, wie z. B. DIN 267 für Schrauben und Muttern, DIN 522 für Scheiben und Sicherungsbleche, DIN 1683 bis 1689 für Gußstücke, DIN 6936 bis 6945 für Stanzteile und Profile aus flachgewalztem Stahl, DIN 6946 bis 6949 für Stanzteile für Fahrzeuge, DIN 7524, 7525, 7527 für Schmiedestücke aus Stahl, DIN 9005, Bl. 3, für Gesenkschmiedestücke aus Leichtmetall, DIN 7710, Bl. 1 u. 2, für Kunststoff-Formteile und DIN 7715 für Gummiteile.

Maße, die toleriert werden müssen, weil es die Funktion erfordert oder weil sie für eine Passung bestimmt sind. Auch der Austauschbau, Zusammenbau getrennt gefertigter Teile ohne Nacharbeit, verlangt tolerierte Maße. Ferner müssen für die Aufnahme in Spannzeuge Toleranzen vorgeschrieben werden.

Die Begriffe für Maßtoleranzen sind in DIN 7182, Bl. 1, festgelegt: Als Bezugsmaß und zur Größenangabe dient das *Nennmaß N* (Abb. 1.7); die dem Nennmaß

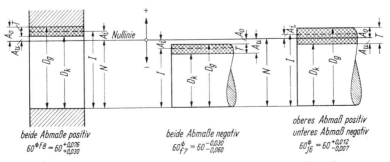

Abb. 1.7. Maße und Toleranzen bei Bohrungen und Wellen; Beispiele

entsprechende Bezugs*linie* in der bildlichen Darstellung ist die *Nullinie*; das durch Messung an einem Werkstück zahlenmäßig ermittelte Maß heißt *Istmaß I*; es ist stets mit einer Meßunsicherheit behaftet. Das *Paarungsmaß P* ist das Maß des formfehlerfreien Gegenstücks (Gutlehre), mit dem das (nicht formfehlerfreie) Werkstück ohne merklichen Kraftaufwand oder unter einer definierten Kraft gerade noch gepaart werden kann. Istmaß I und Paarungsmaß P müssen zwischen den zwei *Grenzmaßen* liegen, zwischen dem *Größtmaß* (D_g oder L_g) und dem *Kleinstmaß* (D_k oder L_k). Der Unterschied zwischen dem Größtmaß und dem Kleinstmaß heißt *Maßtoleranz* T_m (oder kurz Toleranz T). Der Unterschied zwischen Größtmaß und Nennmaß ist das *obere Abmaß* A_o, der Unterschied zwischen Kleinstmaß und Nennmaß ist das *untere Abmaß* A_u. Der Unterschied zwischen Istmaß und Nennmaß ist das Istabmaß A_i. *Paßmaß* ist ein Nennmaß, das durch ISO-Kurzzeichen oder Abmaße toleriert und meistens für eine Paarung bestimmt ist. Unter Berücksichtigung der Vorzeichen ist also

$$A_o = D_g - N$$
$$A_u = D_k - N$$
$$T = A_o - A_u = D_g - D_k$$

Die Tolerierung eines Maßes erfolgt in Zeichnungen entweder durch Angabe der Abmaße oder nach dem ISO-Toleranzsystem, DIN 7150, Bl. 1, durch Kurzzeichen (Beispiele Abb. 1.7). Das Kurzzeichen besteht jeweils aus einem Buchstaben *und* einer Zahl. Der *Buchstabe* bezeichnet die *Lage* des Toleranzfeldes; große Buchstaben werden für Innenmaße (Bohrungen) und kleine Buchstaben für Außenmaße (Wellen) verwendet. Bei den Toleranzfeldern A, B, C, D, E, F, G und k, m, n, p, r, s, t, u, v, x, y, z sind jeweils beide Abmaße positiv, sie liegen über der Nullinie, und zwar A und z am weitesten entfernt; bei den Toleranzfeldern M, N, P, R, S, T, U, V, X, Y, Z und a, b, c, d, e, f, g sind jeweils beide Abmaße negativ, sie liegen unter der Nullinie, und zwar a und Z am weitesten entfernt. Bei den H-Toleranzfeldern ist immer das obere Abmaß positiv und das untere gleich Null, bei den h-Toleranzfeldern ist immer das obere Abmaß gleich Null und das untere negativ. Bei den Toleranzfeldern J, K und j ist das obere Abmaß positiv, das untere negativ. Die *Zahl* des Kurzzeichens kennzeichnet die *Größe* der Toleranz, für die in DIN 7151 18 „Qualitäten", die Grundtoleranzenreihen IT 1 ··· IT 18 (IT = *I*SO-*T*oleranzenreihe), vorgesehen sind. Die Toleranzen sind Vielfache der Toleranzeinheit i, die von der Größe des Nennmaßes abhängig ist:

$$i = 0{,}45 \sqrt[3]{D} + 0{,}001 D \qquad (i \text{ in } \mu\text{m}, D \text{ in mm}).$$

Die Stufung erfolgt von IT 6 ab nach der Normzahlreihe R 5 mit dem Stufensprung 1,6, so daß sich für die einzelnen Qualitäten folgende Toleranzen und Anwendungsbereiche ergeben:

Qualität	1···4	5	6	7	8	9	10	11	12	13	14	15	16	17	18
Toleranzen	—	$7i$	$10i$	$16i$	$25i$	$40i$	$64i$	$100i$	$160i$	$250i$	$400i$	$640i$	$1000i$	$1600i$	$2500i$

für Lehren | überwiegend für Passungen / für Werkstücke | für gröbere Herstellungstoleranzen

Je höher also die Zahl, desto größer ist die Toleranz. *Aus Gründen der Wirtschaftlichkeit sind die Toleranzen so groß wie möglich zu wählen; maßgebend ist die Sicherung der Funktion.*

Als Meßwerkzeuge werden für die Einhaltung der Toleranzen meistens feste Grenzlehren (Grenzlehrdorne für Bohrungen und Grenzrachenlehren für Wellen) benutzt. Sie sind als Doppellehren (mit Gut- und Ausschußmaß) ausgebildet; die Gutseite muß sich mit dem Werkstück ohne merklichen Kraftaufwand paaren lassen, die Ausschußseite darf nicht darüber gehen. Die Bezugstemperatur für Meßzeuge *und* Werkstücke beträgt nach DIN 102 20 °C. Aus der Großzahlforschung ergibt sich, daß die Stückzahlen mit gleichen Istmaßen innerhalb des Toleranzfeldes das Gaußsche Häufigkeitsgesetz befolgen (Abb. 1.8), wobei das Gebiet der größten Häufigkeit *etwa* in der Mitte des Toleranzfeldes liegt, *sofern* von den vielen in der Fertigung auftretenden Einflüssen keiner besonders stark in Erscheinung

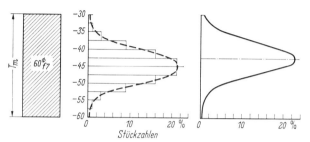

Abb. 1.8. Häufigkeitsverteilung der Istmaße über der Toleranz

tritt[1]. Bei Maschinenarbeit mit Handzustellung und bei Werkzeugabnutzung verschieben sich die Häufigkeitskurven nach der Gutseite hin. Es ist auf jeden Fall für den Konstrukteur wichtig, zu wissen, daß die Grenzwerte verhältnismäßig selten auftreten!

1.4.5 Passungen

Während die Maßtoleranzen die einzelnen Werkstücke betreffen, versteht man unter *Passungen* die Beziehung zwischen zwei *gepaarten* Teilen[2]. Die Einzelteile für eine Passung, die Paßteile, können nach dem ISO-*Toleranzsystem* an verschiedenen Stellen gefertigt und ohne Nacharbeit zusammengebaut werden; damit ist die Austauschbarkeit gewährleistet, die für wirtschaftliche Fertigung (Reihen- oder Massenfertigung, Fließfertigung) und wirtschaftliche Lagerhaltung und Ersatzteilbeschaffung Voraussetzung ist.

Die weitaus am häufigsten vorkommenden Passungen sind die *Rundpassungen* zwischen kreiszylindrischen Paßflächen (Bohrung = Außenteil, Welle = Innenteil); Passungen zwischen ebenen Paßflächen, z. B. Schlitten und Steine in Führungen, Paßfedern, Vierkante u. dgl., heißen *Flachpassungen*. Nach DIN 7182, Bl. 1, und DIN 7150, Bl. 1, unterscheidet man drei verschiedene Passungs*arten*: *Spielpassungen*, wenn nach dem Paaren der Paßteile Spiel vorhanden ist, *Preßpassungen*, wenn nach dem Paaren Pressung vorhanden ist, und *Übergangspassungen*, bei denen je nach Lage der Istmaße und Paarungsmaße nach dem Paaren Spiel *oder* Pressung vorhanden ist. Das *Spiel S* ist der Abstand zwischen den Paßflächen des Außenteils und denen des Innenteils, wenn das Istmaß des Außenteils größer ist als das des Innenteils. Je nach den Maßtoleranzen (T_W oder T_I und T_B oder T_A)[3] ist eine Schwankung des Spiels zwischen dem Größtspiel S_g und dem Kleinstspiel S_k mög-

---

[1] STRAUCH, H., u. H. HOFMANN: Toleranzen und Großzahlforschung, Werkst. u. Betrieb 79 (1946) 181—182. — SCHÜSSLER, H.: Toleranz und Einstellmaß. Werkst. u. Betrieb 80 (1947) 199—201.

[2] LEINWEBER, P.: Passung und Gestaltung, 2. Aufl., Berlin: Springer 1942. — KIENZLE, O.: Auslese-Paarung. Werkst.techn. (1942) 441. — SENNER, A.: Die ISA-Passungen in der Berufsausbildung, Stuttgart: Deva-Fachverlag 1958.

[3] Index W = Welle; Index I = Innenteil; Index B = Bohrung; Index A = Außenteil.

lich; die Differenz heißt Paßtoleranz T_p. Das *Übermaß U* ist bei einer Passung der vor dem Paaren der Paßteile bestehende Abstand zwischen den Paßflächen des Innenteils und denen des Außenteils, wenn das Istmaß des Innenteils größer ist als das des Außenteils. Die Paßtoleranz T_p ist auch hierbei der Unterschied zwischen Größtübermaß U_g und Kleinstübermaß U_k. Es ergeben sich die in Abb. 1.9 dar-

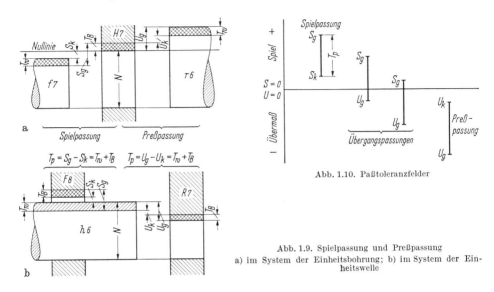

Abb. 1.9. Spielpassung und Preßpassung
a) im System der Einheitsbohrung; b) im System der Einheitswelle

Abb. 1.10. Paßtoleranzfelder

gestellten Verhältnisse; es ist immer $T_p = T_W + T_B$. In den Abb. 1.10 und 1. sind die Passungsarten durch die *Paß*toleranzfelder sowohl nach Größe als auch nach ihrer Lage zur Linie $S = 0$ und $U = 0$ dargestellt.

Nach dem ISO-System ist prinzipiell eine freizügige Paarung der verschiedenen Wellen und Bohrungen möglich; praktisch benutzt man jedoch bestimmte *Paßsysteme*, das sind planmäßig aufgebaute Reihen von Passungen mit verschiedenen Spielen und Übermaßen.

Beim *System der Einheitsbohrung*, DIN 7154, Bl. 1 u. 2, sind für alle Passungsarten die Kleinstmaße der Bohrungen gleich dem Nennmaß, alle Bohrungen werden also mit H-Toleranzfeldern ausgeführt, und die Wellen sind um die für die verlangte Passung erforderlichen Spiele oder Übermaße kleiner oder größer als die Bohrungen (Abb. 1.9a). Man benötigt hierbei weniger Bohrwerkzeuge (teure Reibahlen), weniger Bohrungslehren und weniger Aufspanndorne für die Bearbeitungsmaschinen. Schleifabsätze sind an *Wellen* leichter herzustellen als in Bohrungen. Das System der Einheitsbohrung wird bevorzugt in der Einzel- und Serienfertigung, im Werkzeugmaschinenbau, Eisenbahnfahrzeugbau und Kraftmaschinenbau.

Beim *System der Einheitswelle*, DIN 7155, Bl. 1 u. 2, sind für alle Passungsarten die Größtmaße der Wellen gleich dem Nennmaß, alle Wellen werden mit h-Toleranzfeldern ausgeführt, und die Bohrungen sind um die für die verlangte Passung erforderlichen Spiele oder Übermaße größer oder kleiner als die Wellen (Abb. 1.9b). Man kann also glatte Wellen (gezogenes Material) verwenden, und die Bearbeitungskosten sind niedriger, aber man benötigt für die Bohrungen mehrere und teure Werkzeuge. Das System der Einheitswelle wird daher in der Massenfertigung bevorzugt, ferner im Transmissionsbau, Hebezeugbau, Textilmaschinenbau, Landmaschinenbau und in der Feinwerktechnik.

1.4 Normung

In dem *Auswahlsystem* nach DIN 7157, Bl. 1 u. 2, sind nach den Erfahrungen der *Praxis* zwei Vorzugsreihen für Toleranzfelder vorgesehen (Tab. 1.5), mit dem Ziel, die Anzahl der Werkzeuge, Spannzeuge und Meßzeuge auf ein Minimum zu beschränken, und für die Passungen wird eine bestimmte Auswahl empfohlen, wobei

Tabelle 1.5. *ISO-Passungen, Toleranzfeldreihen nach DIN 7157 (Jan. 1966)*

Reihe 1	x8/u8	r6 n6	h6 h9	f7			
Reihe 2	s6	k6 j6	h11 g6	e8	d9	c11	a11
Reihe 1	H7 H8	F8 E9 D10 C11					
Reihe 2	H11 G7	A11					

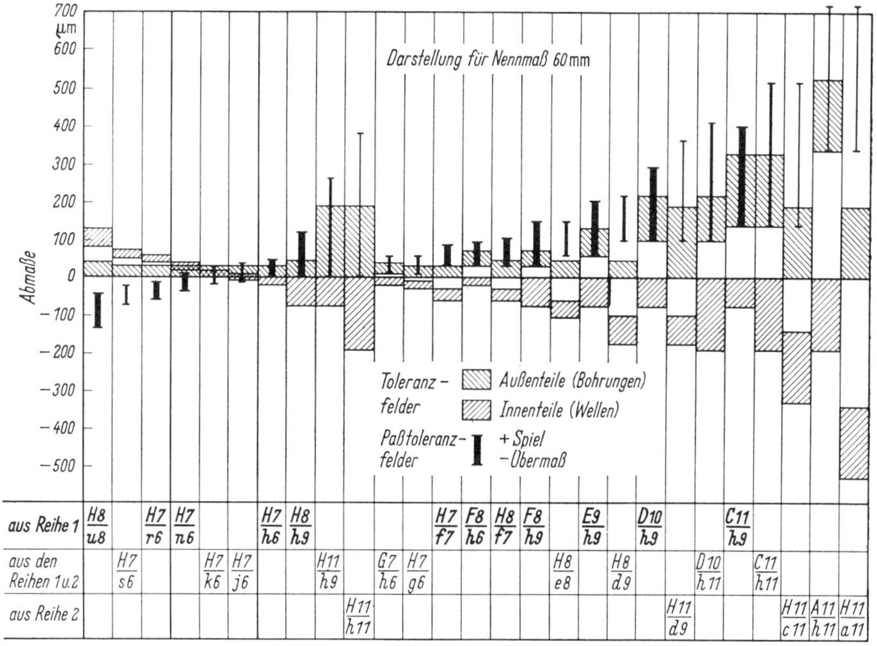

Abb. 1.11. Toleranzfelder und Paßtoleranzfelder für die Passungsauswahl nach DIN 7157

im wesentlichen die Preß- und Übergangspassungen dem System der Einheitsbohrung und die Spielpassungen dem System der Einheitswelle (teilweise auch dem der Einheitsbohrung) angehören. In Abb. 1.11 sind die empfohlenen Passungen mit den Toleranz- und Paßtoleranzfeldern wiedergegeben, die Tab. 1.6 zeigt Anwendungsbeispiele.

Die *Paß*toleranzen des ISO-Passungssystems sind bewußt verhältnismäßig groß gewählt, da nach den Gesetzen der Großzahlforschung die Häufigkeitskurve über der Paßtoleranz ein noch ausgeprägteres Maximum hat als die Häufigkeitskurven über den Maßtoleranzen der Paßteile; man kann also damit rechnen, daß die entgegengesetzten Grenzwerte der Paßteile *sehr selten* zusammentreffen und daß in den weitaus meisten Fällen sich bei der Paarung etwa das *mittlere* Spiel oder Übermaß einstellt. In Sonderfällen wird von der Auslesepaarung nach DIN 7185 Gebrauch gemacht.

Tabelle 1.6. *ISO-Passungen, Passungsauswahl nach DIN 7157 (Jan. 1966)*

	Einheits-bohrung DIN 7154	Art der Passung (DIN-Passungen nach DIN 2061)	Anwendungsbeispiele	Einheits-welle DIN 7155
Preßpassungen	H 8/x 8 u 8	Preßsitz für große Haftkraft	Naben von Zahnrädern, Laufrädern und Schwungrädern, Wellenflansche, ohne zusätzliche Sicherung durch Federn, Keile, Kerbzähne u. dgl. (bis 24 mm H 8/x 8, über 24 mm H 8/u 8)	
	H 7/s 6 H 7/r 6	Preßsitz für mittlere Haftkraft	Kupplungsnaben, Bronzekränze auf Graugußnaben, Lagerbuchsen in Gehäusen, Rädern und Schubstangen (bis 160 mm H 7/s 6, über 160 mm H 7/r 6)	
Übergangspassungen	H 7/n 6	Festsitz. Mit Presse fügen!	Zahnkränze auf Radkörpern, Bunde auf Wellen, Lagerbuchsen in Getriebekästen und Naben. Stirn- und Schneckenräder bei stoßweiser Beanspruchung mit Sicherung gegen Verdrehen. Anker auf Motorwellen	
	H 7/k 6	Haftsitz. Mit Handhammer fügbar	Riemenscheiben, Kupplungen, Zahnräder auf Wellen. Schwungräder mit Tangentkeilen. Feste Handräder und -hebel. Paßstifte	
	H 7/j 6	Schiebesitz. Mit Holzhammer oder von Hand	Öfter auszubauende oder schwierig einzubauende Riemenscheiben, Zahnräder, Handräder, Lagerbuchsen und Zentrierungen	
Spielpassungen	H 7/h 6	Gleitsitz. Von Hand noch verschiebbar!	Wechselräder auf Wellen, Pinole im Reitstock, lose Buchsen für Kolbenbolzen, Zentrierflansche für Kupplungen und Rohrleitungen, Stellringe, Säulenführungen	H 7/h 6
	H 8/h 9	Schlichtgleitsitz. Kraftlos verschiebbar!	Stellringe für Transmissionen, Handkurbeln, Zahnräder, Kupplungen, Riemenscheiben, die über Wellen geschoben werden müssen	H 8/h 9
	H 11/h 9 H 11/h 11	Geringes Spiel bei Teilen mit großer Toleranz	Teile an landwirtschaftlichen Maschinen, die auf Wellen verstiftet, festgeschraubt oder festgeklemmt werden. Distanzbuchsen, Scharnierbolzen für Feuertüren. Hebelschalter	H 11/h 9 H 11/h 11
	H 7/g 6	Enger Laufsitz. Kaum Spiel!	Ziehkeilräder, Schubkupplungen, Schieberäderblöcke, Stellstifte in Führungsbuchsen, Schubstangenlager	G 7/h 6
	H 7/f 7	Laufsitz. Merkliches Spiel!	Lager für Werkzeugmaschinen, Getriebewellen, Kurbelwellen, Nockenwellen, Reglerteile, Führungssteine	F 8/h 6
	H 8/f 7	Leichter Laufsitz. Merkliches Spiel!	Hauptlager für Kurbelwellen, Schubstangen, Kreisel- und Zahnradpumpen, Gebläsewellen. Kreuzkopf in Gleitbahn, Kolben und Kolbenschieber, Kupplungsmuffen	
	H 8/e 8	Schlichtlaufsitz. Merkliches Spiel!	Mehrfach gelagerte Wellen, Transmissions- und Vorgelegewellen, Achsbuchsen der Vorderräder an Kraftfahrzeugen	F 8/h 9

Tabelle 1.6 (Fortsetzung)

Einheits-bohrung DIN 7154	Art der Passung (DIN-Passungen nach DIN 2061)	Anwendungsbeispiele	Einheits-welle DIN 7155
H 8/d 9	Weiter Laufsitz. Reichliches Spiel!	Seilrollen, Achsbuchsen an Fahrzeugen, Lagerung von Gewindespindeln in Schlitten. Transmissionswellen. Wellen für Turbogeneratoren und Strömungsmaschinen	E 9/h 9
	Sehr reichliches Spiel!	Lager für landwirtschaftliche Maschinen und lange Wellen von Kranen. Leerlaufscheiben. Stopfbuchsenteile. Zylinderzentrierungen. Spindeln von Textilmaschinen	D 10/h 9
H 11/d 9	Sicheres Bewegungsspiel bei großer Toleranz	Abnehmbare Hebel und Kurbeln, Hebel- und Gabelbolzen, Steckschlüssel für Vierkant. Lager für Rollen und Führungen	D 10/h 11
			C 11/h 9
H 11/c 11	Großes Bewegungsspiel bei großer Toleranz	Lager bei Haushalts und landwirtschaftlichen Maschinen, Drehschalter, Schnappstifte für Schalthebel, Gabelbolzen an Bremsgestängen von Kraftfahrzeugen	C 11/h 11
H 11/ a 11	Sehr großes Bewegungsspiel!	Reglerwellen an Lokomotiven, Bremswellenlager, Feder- und Bremsgehänge, Kuppelbolzen für Lokomotiven. Bohrungen in Überwurfmuttern	A 11/h 11

(Leftmost column label: Spielpassungen)

1.5 Funktions- oder bedingungsgerechtes Gestalten

Ziel jeder Konstruktion ist die möglichst gute Erfüllung ihrer Funktion, d. h. die Erfüllung der gestellten Bedingungen[1]. Diese Bedingungen können sehr verschiedener Art sein; z. T. sind sie in Form fester Zahlenwerte durch die Aufgabenstellung genau vorgegeben, sehr oft sind sie jedoch nicht zahlenmäßig, sondern nur durch allgemeinere Begriffe ausdrückbar, wie z. B. „Bedienung", „Instandsetzung" usw., wobei die Forderungen etwa lauten: „leicht zu bedienen", „Bedienungselemente sind übersichtlich anzuordnen", „schnell zu reparieren" oder „wichtige Ersatzteile sind mitzuliefern oder auf Lager zu halten" u. ä. Hier ist also die Art der Forderung durch Beschreibung oder Angabe von Schätzwerten möglichst genau festzulegen.

Die Bedingungen werden zwar zum größten Teil vom Kunden vorgeschrieben, der *Konstrukteur muß jedoch immer die Forderungen in Art und Umfang vervollständigen*, um Mißerfolgen und Fehlschlägen vorzubeugen. Es seien daher die wesentlichsten Bedingungen stichwortartig — ohne Anspruch auf Vollständigkeit und ohne Einhaltung einer Rangfolge — aufgeführt.

1. Zahlenmäßig festlegbare Forderungen zur Erfüllung der Funktion:
Leistung, Geschwindigkeiten, Drehzahlen, zu übertragende Kräfte und Momente; Tragkraft, Hub, Spurweite, Ausladung, Spannweite, Fördermengen, Förderhöhe;

---

[1] DUFFING, P.: Zur wirtschaftlichen Wahl von Werkstoff und Gestalt. VDI-Z. 87 (1943) 305. — GÖTZE, F.: Grundlagen des Leichtbaues von Maschinen. Z. Konstr. 4 (1952) 16. — BRANDENBERGER, H.: Funktionsgerechtes Konstruieren, Zürich: Schweizer Druck- u. Verlagsh. 1957. — MATOUSEK, R.: Konstruktionslehre des allgemeinen Maschinenbaues, Berlin/Göttingen/Heidelberg: Springer 1957. — TSCHOCHNER, H.: Konstruieren und Gestalten, Essen: Girardet 1954. — WÖGERBAUER, H.: Die Technik des Konstruierens, München: Oldenbourg 1943. — MARTYRER, E.: Der Ingenieur und das Konstruieren. Z. Konstr. 12 (1960) 1—4.

Schnittgeschwindigkeiten, Spanquerschnitte, Spitzenhöhen, Drehlängen, -durchmesser usw.;
Formänderungsvorschriften: Starrheit, Steifigkeit, zulässige Durchfederungen, Eigenfrequenzen;
Abnutzung, Verschleiß, Benutzungsdauer, Lebensdauer, Genauigkeitsforderungen; Einstellbarkeit (Bereiche);
Gewichts-, Größen- und Raumvorschriften, auch im Hinblick auf Transportmöglichkeiten;
bei Behältern, Rohrleitungen und Armaturen: Inhalt oder Volumenstrom, Drücke, Temperaturen, Kenngrößen der Medien, Öffnungs- und Schließzeiten und -kräfte;
bei Getrieben: Drehmomente, Leistungen, Drehzahlstufung, Übersetzungsverhältnisse, gewünschte periodisch veränderliche Geschwindigkeiten und Beschleunigungen (Bewegungsgesetze);
bei Kupplungen: Schalthäufigkeit, Schaltzeiten, zu beschleunigende Massen;
bei Reglern und Schwungrädern: Empfindlichkeit und Ungleichförmigkeit;
bei Federn: Energiespeicherung, Maximalkraft, Federweg, Federkonstante;
bei Lagern: Axial- und Radialkräfte; Spiel; Erwärmung;
bei Fahrzeugen: Geschwindigkeiten, Beschleunigungsvermögen, Nutzlast, Leistung und Verbrauch;
bei Dampfkesseln: Dampfmenge, -druck, Überhitzungstemperatur, Heizflächen, Wirkungsgrad usw.

2. Weitere, meist nicht zahlenmäßig erfaßbare Forderungen und Einflüsse auf Funktion und Konstruktion:

Betriebssicherheit, Unfallschutzeinrichtungen, Vermeidung von Störungen und Schäden jeglicher Art;
Umwelteinflüsse: Ortsbedingungen, klimatische, chemische und Temperatureinwirkungen; geeigneter Oberflächen-, insbesondere Korrosionsschutz; Rücksicht auf Wärmedehnungen;
Umweltbeeinflussung: Vermeidung von Belästigungen durch Erschütterungen und Geräusche (Lärm);
Bedienungsanforderungen: Berücksichtigung des Verbraucherkreises, Vermeidung von Bedienungsfehlern, leichte und einfache Handhabung, Bedienungsanweisungen;
Wartung: Erhaltung der Betriebsbereitschaft, Reinigung, Schmierung, Nachstellung bei Abnutzung;
Instandsetzung: leichte Reparaturmöglichkeiten und Ersatzteilbeschaffung oder Austausch ganzer Baugruppen und Überholung im Lieferwerk;
Zugänglichkeit zu Baugruppen und Einzelteilen; Klarheit im Aufbau.

Eine Konstruktion wird *um so leichter und billiger ausgeführt werden können, je niedriger oder günstiger die Bedingungen sind.* So wird man beispielsweise immer bestrebt sein, Größtkräfte und -momente durch zeitliche oder örtliche Verteilung *herabzusetzen* oder durch geeigneten Überlastungsschutz (Brechbolzen, Überdruckventile, Platzmembranen, Rutschkupplungen, Endschalter u. ä.) zu *begrenzen.* Stoßkräfte können durch größere Dehnwege, elastische Zwischenglieder (Federn) gemindert werden. Durch geeignete Stützungen oder Einspannungen lassen sich bei gleicher Belastung die Deformationen bzw. bei gleicher zugelassener Deformation oder gleicher Belastung die Abmessungen der Bauteile (Gewichte) verringern und die Eigenschwingungszahlen verändern. Die im *Betrieb* z. B. durch Wärmedehnungen auftretenden Kräfte und Momente können durch entsprechende Vorspannung bei der *Montage* herabgesetzt oder kompensiert werden.

1.6 Festigkeitsgerechtes Gestalten (Dimensionierung)[1]
1.6.1 Grundlegende Begriffe

Mechanik, Festigkeitslehre, Elastizitätslehre, Werkstoffkunde und die Werkstoff- und Bauteilprüfung sind eng miteinander verknüpft, wie aus folgender Übersicht über *die grundlegenden Begriffe* und Bezeichnungen hervorgeht:

---
[1] Vgl. auch VDI-Richtlinien 2226: Empfehlung für die Festigkeitsberechnung metallischer Bauteile.

1.6 Festigkeitsgerechtes Gestalten (Dimensionierung)

Belastungsgrößen:

Äußere Kräfte und Momente $\quad F, K, Q, M_b, M_t,$
$\quad q =$ Streckenlast

Belastungsarten:

Statisch, zeitlich konstant	ruhend	Belastungsfall I
mit der Zeit periodisch veränder-	{ schwellend . . .	Belastungsfall II
lich, schwingend	{ wechselnd	Belastungsfall III

Beanspruchungsarten:

Zug	z	} *Kleine* Buchstaben als
Druck, Knickung, Flächenpressung	d, k, p	} Zeiger; nur erforder-
Biegung	b	} lich, wenn Beanspru-
Abscheren, Schub	a, s	} chungsart nicht aus
Verdrehung (Torsion)	t	} dem Zusammenhang hervorgeht.

Bemessungsgrößen:

Innere Kräfte = Spannungen	σ, τ	Dimensionierung auf *Tragfähigkeit*
Verformungen = Deformationen	$\Delta l, f, \alpha, \varphi$	Dimensionierung auf *Formsteifigkeit*
Arbeitsaufnahme	W	Dimensionierung auf *Arbeitsvermögen*

Festigkeitswerte (Grenzwerte):

Statische Festigkeit	$\sigma_{zB}, \sigma_{dB}, \sigma_{bB}, \tau_{tB}, \tau_{aB}$	} ruhend statisch I	} *Große* Buchstaben als Zeiger bezeichnen Grenzspannungen.
Fließgrenze	$\sigma_S, \sigma_{0,2}, \sigma_{dF}, \sigma_{bF}, \tau_{tF}$		
Elastizitätsgrenze	$\sigma_{0,01}, \sigma_{d\,0,01}$		
Zeitstandfestigkeit	$\sigma_{B/1000}, \sigma_{B/10\,000}, \sigma_{B/100\,000}$		
Dauerschwingfestigkeit	$\sigma_D = \sigma_m \pm \sigma_A$	} schwingend	} An glatten *Proben* ermittelte Grenzspannungen.
	$\tau_D = \tau_m \pm \tau_A$		
Ausschlagfestigkeit	σ_A, τ_A		
Schwellfestigkeit	$\sigma_{zSch}, \sigma_{d\,Sch}, \sigma_{b\,Sch}, \tau_{t\,Sch}$	II	
Wechselfestigkeit	$\sigma_{zdW}, \sigma_{bW}, \tau_{tW}$	III	
Gestaltfestigkeit (Dauerhaltbarkeit)	$\sigma_{DK}, \sigma_{zdWK}, \sigma_{bWK}, \tau_{tWK}$		} An gekerbten Proben oder an *Bauteilen* ermittelte Grenzspannungen.
	Formzahl α_k		
	Kerbwirkungszahl β_k		
	Kerbempfindlichkeit η_k		
	Größeneinfluß b_G		
	Oberflächeneinfluß b_O		

Sicherheit:

Vorhandene Sicherheit = $\dfrac{\text{Grenzspannung}}{\text{vorhandene Spannung}}$

$$S_\text{vorh} = \frac{\sigma_\text{Grenz}}{\sigma} \quad \text{bzw.} \quad \frac{\tau_\text{Grenz}}{\tau}$$

} Errechenbar bei gegebenen Festigkeitswerten und *gegebenen* bzw. *gewählten Abmessungen.*

Erforderliche Sicherheit S richtet sich nach
Folgen und Art des Versagens,
Festigkeitskenn- oder -grenzwert,
Voraussetzungen der Berechnung,
Erfassung von Einzeleinflüssen (prozentuale Häufigkeit der Höchstlast; Stöße, Temperatureinwirkungen usw.)

Zulässige Spannung:

$$\text{Zulässige Spannung} = \frac{\text{Grenzspannung}}{\text{Sicherheit}}$$

$$\sigma_{\text{zul}} = \frac{\sigma_{\text{Grenz}}}{S} \quad \text{bzw.} \quad \tau_{\text{zul}} = \frac{\tau_{\text{Grenz}}}{S}$$

Nach Erfahrung angenommene S-Werte und daraus ermittelte σ_{zul}- bzw. τ_{zul}-Werte ermöglichen die *Berechnung der Abmessungen* oder den *„Spannungsnachweis"*

$$\sigma \leqq \sigma_{\text{zul}}; \quad \tau \leqq \tau_{\text{zul}}$$

Zulässige Verformung:

Längenänderungen Δl
Durchbiegungen f
Neigungswinkel α an Stützstellen
Verdrehwinkel φ
Knicken und Beulen

Die Verformungen sind bei *manchen* Konstruktionen für die Funktion entscheidend und wichtiger als die auftretenden Spannungen; sie beeinflussen die erforderlichen Abmessungen (Gewicht) und das Schwingungsverhalten (Eigenfrequenzen).

1.6.2 Ermittlung der äußeren Kräfte und Momente

Die äußeren Kräfte und Momente werden nach den Regeln der Mechanik dadurch bestimmt, daß man den betrachteten Körper „freimacht", d. h. ihn von seinen Stützungen, Einspannungen, allgemeiner von benachbarten Teilen lostrennt; die von diesen Teilen auf ihn einwirkenden Kräfte und Momente werden aus den gegebenen Lasten (Einzel- oder Streckenlasten) ermittelt. Hierzu genügen bei statisch bestimmten Systemen die Gleichgewichtsbedingungen, bei statisch unbestimmten Systemen müssen die Formänderungen zu Hilfe genommen werden.

Bei dem Beispiel eines *frei aufliegenden* Trägers (Abb. 1.12) mit Einzellast F in der Mitte bildet die elastische Linie an der Lagerstelle mit der Horizontalen den Winkel α; an den Stützstellen wirken nur Auflagerkräfte $F/2$. Wird der Träger auf beiden Seiten *starr eingespannt* (Abb. 1.13), dann verläuft an den Lagerstellen die elastische Linie waagerecht, $\alpha = 0$, und es treten hier außer den Auflagerkräften $F/2$ noch die Einspannmomente $M = Fl/8$ auf. In beiden Fällen lassen sich dann leicht Biegemomenten- und Querkraftverlauf zeichnen. (Weitere Beispiele s. Tab. 1.8.)

1.6.3 Dimensionierung auf Tragfähigkeit

Die Ermittlung der auftretenden Spannungen ist Aufgabe der Festigkeitslehre. Unter Spannungen versteht man die inneren Kräfte pro Flächeneinheit, die man in einem beliebigen Querschnitt so anbringen muß, daß sie den am abgeschnittenen Teil wirkenden äußeren Kräften das Gleichgewicht halten. Spannungen *senkrecht* zur Querschnittsfläche heißen Normalspannungen (Zug-, Druck-, Biegespannungen); Spannungen, die *im* Querschnitt liegen, heißen Tangentialspannungen (Schub- und Torsionsspannungen). In einem Querschnitt gleichzeitig auftretende Normalspannungen, wie etwa Zug- *und* Biegespannungen, werden algebraisch addiert, $\sigma_{\text{res}} = \Sigma \sigma$. Wirken in einem Querschnitt gleichzeitig Normal- und Tangential-

1.6 Festigkeitsgerechtes Gestalten (Dimensionierung)

spannungen (z. B. bei Biegung *und* Torsion), so errechnet man eine *Vergleichsspannung* σ_v, durch die der mehrachsige Spannungszustand auf einen einachsigen zurückgeführt wird unter einer Annahme für die Bruchursache, z. B. nach der

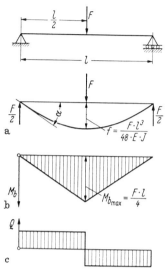

Abb. 1.12. Frei aufliegender Träger
a) freigemacht, mit äußeren Kräften und elastischer Linie; b) Biegemomentenverlauf; c) Querkraftverlauf

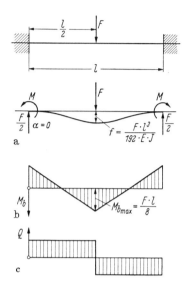

Abb. 1.13. Beidseitig eingespannter Träger
a) freigemacht, mit äußeren Kräften und Momenten sowie elastischer Linie; b) Biegemomentenverlauf; c) Querkraftverlauf

Gestaltänderungsenergie-Hypothese	Schubspannungs-Hypothese
$\sigma_v = \sqrt{\sigma^2 + 3(\alpha_0\,\tau)^2}$, wobei $\alpha_0 = \dfrac{\sigma_{\text{Grenz}}}{1{,}73\,\tau_{\text{Grenz}}}$	$\sigma_v = \sqrt{\sigma^2 + 4(\alpha_0\,\tau)^2}$, $\alpha_0 = \dfrac{\sigma_{\text{Grenz}}}{2\,\tau_{\text{Grenz}}}$.

(α_0 = Anstrengungsverhältnis).

Werden beim zweiachsigen (ebenen) Spannungszustand die aufeinander senkrecht stehenden Hauptspannungen (also in Schnittflächen, in denen $\tau = 0$ ist) mit σ_1 und σ_2 bezeichnet, so ergibt sich nach der

Gestaltänderungsenergie-Hypothese	Schubspannungs-Hypothese[1]
$\sigma_v = \sqrt{\sigma_1^2 + \sigma_2^2 - \sigma_1\sigma_2}$,	$\sigma_v = \sigma_2 - \sigma_1$.

Beim dreiachsigen Spannungszustand wird mit den Hauptspannungen σ_1, σ_2 und σ_3

$$\sigma_v = \frac{1}{\sqrt{2}}\sqrt{(\sigma_1 - \sigma_2)^2 + (\sigma_2 - \sigma_3)^2 + (\sigma_3 - \sigma_1)^2}, \qquad \sigma_v = \sigma_3 - \sigma_1;\ (\sigma_3 > \sigma_2 > \sigma_1).$$

Die Berechnung der auftretenden Spannungen setzt die Kenntnis (oder Annahme) der Abmessungen voraus. Meist wird man durch grobe Überschlagsrechnungen die Abmessungen ermitteln und *dann* die auftretenden Spannungen *genauer* berechnen. Die wichtigsten Formeln hierfür sind in Tab. 1.7, Spalte 2, zusammengestellt.

---

[1] σ_1 und σ_2 haben verschiedene Vorzeichen.

Zur Beurteilung vergleicht man die vorhandenen Spannungen mit den zulässigen ($\sigma \leqq \sigma_{zul}$; $\tau \leqq \tau_{zul}$; $\sigma_v \leqq \sigma_{zul}$) oder die vorhandene Sicherheit mit der erforderlichen ($S_{vorh} \geqq S_{erf}$). Die nach Tab. 1.7 (unten) zur Ermittlung von σ_{zul} und S_{vorh} erforderlichen Grenzspannungen $\sigma_B, \sigma_F, \sigma_D$ bzw. τ_B, τ_F und τ_D sind den Werkstoff-

Tabelle 1.7. *Dimensionierung auf Tragfähigkeit*

Beanspruchungsart	Auftretende Spannung	Erforderlicher Querschnittswert
Zug, Druck	$\sigma = F/A$	$A_{erf} = F/\sigma_{zul}$
Flächenpressung	$p_m = F/A$	$A_{erf} = F/p_{zul}$
Lochleibung	$\sigma_l = F/(s\,d)$	$(s\,d) = F/\sigma_{l\,zul}$
Biegung	$\sigma_b = M_b/W_b$	$W_{b\,erf} = M_b/\sigma_{b\,zul}$
Verdrehung	$\tau_t = M_t/W_t$	$W_{t\,erf} = M_t/\tau_{t\,zul}$
Abscheren	$\tau_a = Q/A$	$A_{erf} = Q/\tau_{a\,zul}$
	Zulässige Spannung	Sicherheitswerte
Bei Gewaltbruchgefahr	$\sigma_{zul} = \dfrac{\sigma_B}{S_B}$; $\tau_{zul} = \dfrac{\tau_B}{S_B}$	$S_B = 2{,}0 \cdots 3$
Bei Fließgefahr	$\sigma_{zul} = \dfrac{\sigma_F}{S_F}$; $\tau_{zul} = \dfrac{\tau_F}{S_F}$	$S_F = 1{,}5 \cdots 2$
Bei Dauerbruchgefahr ohne Kerbwirkung*	$\sigma_{zul} = \dfrac{\sigma_D}{S_D}$; $\tau_{zul} = \dfrac{\tau_D}{S_D}$	$S_D = 1{,}5 \cdots 3$
mit Kerbwirkung*	$\sigma_{zul} = \dfrac{\sigma_D}{\beta_k S_k}$; $\tau_{zul} = \dfrac{\tau_D}{\beta_k S_k}$	$S_k = 1{,}2 \cdots 1{,}8$

* Zwecks Berücksichtigung des Oberflächen- und des Größeneinflusses sind die σ_D-Werte mit den Beiwerten b_O und b_G zu multiplizieren (Abb. 1.13 und 1.14).

tabellen (Abschn. 1.7) oder den Dauerfestigkeitsschaubildern (Abb. 1.20 bis 1.23) zu entnehmen.

Es ist jedoch besonders darauf hinzuweisen, daß diese Dauerfestigkeitswerte nur für glatte polierte Probestäbe von etwa 10 mm Durchmesser gelten und die einfachen Formeln der Tab. 1.7 gleichmäßige oder (bei Biegung) lineare Spannungsverteilung voraussetzen. Die Einflüsse der Bauteil*größe*, der *Oberflächenbeschaffenheit* und insbesondere der *Form* können durch entsprechende Beiwerte Berücksichtigung finden, deren Ermittlung Aufgabe der *Gestaltfestigkeitslehre*[1] ist.

---

[1] THUM, A.: Die Entwicklung der Lehre von der Gestaltfestigkeit. VDI-Z. 88 (1944) 609—615. — THUM, A.: Zur Frage der Sicherheit in der Konstruktionslehre. VDI-Z. 75 (1931) 705. — THUM, A.: Zur Steigerung der Dauerfestigkeit gekerbter Konstruktionen. VDI-Z. 75 (1931) 1328—1330. — THUM, A., u. W. BAUTZ: Zur Frage der Formziffer. VDI-Z. 79 (1935) 1303—1306. — THUM, A., u. W. BAUTZ: Zeitfestigkeit. VDI-Z. 81 (1937) 1407—1412. — LEHR, E.: Wege zu einer wirklichkeitsgetreuen Festigkeitsrechnung. VDI-Z. 75 (1931) 1473. — ERKER, A.: Werkstoffausnutzung durch festigkeitsgerechtes Konstruieren. VDI-Z. 86 (1942) 385—395. — SIGWART, H.: Konstruktive Entwicklung typischer Bauelemente auf Grund ihres Festigkeitsverhaltens. Z. Konstr. 4 (1952) 65—71. — PETERSEN, C.: Die Gestaltfestigkeit von Bauteilen. VDI-Z. 94 (1952) 977—982. — THUM, A., C. PETERSEN u. O. SVENSON: Verformung, Spannung und Kerbwirkung, Düsseldorf: VDI-Verlag 1960. — SIEBEL, E.: Neue Wege der Festigkeitsrechnung. VDI-Z. 90 (1948) 135. — SIEBEL, E., u. H. O. MEUTH: Die Wirkung von Kerben bei schwingender Beanspruchung. VDI-Z. 91 (1949) 319—323. — SIEBEL, E., u. M. STIELER: Ungleichförmige Spannungsverteilung bei schwingender Beanspruchung. VDI-Z. 97 (1955) 121—126. — SIEBEL, E., u. M. PFENDER: Neue Erkenntnisse der Festigkeitsforschung. Technik 2 (1947) 117—121. — SCHAEFER, W.: Festigkeit und Formänderungsvermögen gekerbter Bauteile bei zügiger Beanspruchung. Z. Konstr. 6 (1954) 216—223.

Bei gekerbten und gelochten Bauteilen treten im Kerbgrund oder am Lochrand Spannungsspitzen auf, die ein Vielfaches der rechnerischen Nennspannung σ_n betragen und die Dauerhaltbarkeit ungünstig beeinflussen. Diese Erscheinungen, die man allgemein als *Kerbwirkung* bezeichnet, treten bei allen Änderungen und Umlenkungen des Kraftflusses auf, also bei plötzlichen Querschnittsänderungen, bei Absätzen, Bunden, Hohlkehlen, Ecken, Kanten, Rippen, Keilnuten, Bohrungen, Kröpfungen, Schweißnähten, Kraftangriffs- und -überleitungsstellen, Schrumpfungen, Nabensitzen, Nietungen, Verschraubungen u. ä.

Die Größe der durch die *Form* allein bewirkten Spannungsspitzen kann mit Hilfe der *Formzahl* α_k berechnet werden zu $\sigma_{\max} = \alpha_k \sigma_n$. Formzahlen sind rein rechnerisch[1] und experimentell[2] ermittelt worden. Die Minderung der Dauerhaltbarkeit „gekerbter" Konstruktionsteile ist jedoch nicht nur von der Form, sondern auch vom Werkstoff, insbesondere seiner Kerbempfindlichkeit abhängig. Einwandfreien Aufschluß hierüber liefert nur der Dauer*versuch* mit gekerbten Proben oder wirklichen Bauteilen. Das Verhältnis der Dauerfestigkeit des glatten Probestabs σ_D (bzw. σ_W) zur Dauerfestigkeit σ_{DK} (σ_{WK}) des gekerbten Stabes oder Bauteils bezeichnet man als *Kerbwirkungszahl* β_k, so daß also gilt

$$\boxed{\beta_k = \frac{\sigma_D}{\sigma_{DK}}}, \quad \boxed{\sigma_{DK} = \frac{\sigma_D}{\beta_k}}, \quad \boxed{\sigma_{\text{zul}} = \frac{\sigma_{DK}}{S_K} = \frac{\sigma_D}{\beta_k S_k}}.$$

Beim *Bauteil* bezeichnet man $\sigma_{DK} \approx \sigma_{WK}$ auch als „*Gestaltfestigkeit*". Zahlenwerte für β_k oder σ_{DK} sind in den einzelnen Abschnitten, soweit bekannt, angeführt.

Für den ungefähren Zusammenhang zwischen β_k und α_k benutzte THUM die Kerbempfindlichkeitsziffer $\eta_k = \beta_{k-1}/\alpha_{k-1}$, so daß sich ergibt $\beta_k = 1 + (\alpha_k - 1)\eta_k$ (vgl. Abb. 1.14). Für voll kerbempfindliche Werkstoffe (hochfeste, spröde Stähle) geht η_k gegen 1, also $\beta_k \approx \alpha_k$; für nahezu kerbunempfindliche Werkstoffe (Gußeisen) geht η_k gegen 0, also $\beta_k \approx 1$; für normale unlegierte oder niedriglegierte Baustähle ist $\eta_k = 0{,}4$ bis 0,7, für Vergütungsstähle 0,6 bis 0,8.

Eine geringere *Oberflächengüte* wirkt sich ebenfalls in einer Minderung der Dauerfestigkeit aus; der Beiwert b_O ist in Abb. 1.15 für verschiedene Rauhtiefen dargestellt. Man beachte, daß bei hochfesten Stählen die b_O-Werte niedriger sind, die Oberflächengüte also stärker ins Gewicht fällt als bei normalen Baustählen.

Der *Größeneinfluß* wird durch den Beiwert b_G der Abb. 1.16 berücksichtigt; die Dauerfestigkeit von Bauteilen mit größeren Abmessungen ist wesentlich geringer als die am 10 mm-Probestab ermittelte.

Mit den Beiwerten b_G und b_O ergibt sich also endgültig für die zulässige Spannung bei Dauerbruchgefahr:

$$\boxed{\sigma_{\text{zul}} = \frac{\sigma_D \, b_G \, b_O}{\beta_k S_k}} \quad \text{bzw.} \quad \boxed{\tau_{\text{zul}} = \frac{\tau_D \, b_G \, b_O}{\beta_k S_k}}.$$

---

[1] NEUBER, H.: Kerbspannungslehre, 2. Aufl., Berlin/Göttingen/Heidelberg: Springer 1958.
[2] PEPPLER, W.: Der Versuch als Grundlage beanspruchungsgerechter Konstruktion. VDI-Z. 94 (1952) 873—878. — HEMPEL, M.: Dauerversuche zur Schaffung von Berechnungsgrundlagen. VDI-Z. 94 (1952) 809—815, 882—887. — BERG, S.: Gestaltfestigkeitsversuche der Industrie. VDI-Z. 81 (1937) 483. — BERG, S.: Gestaltfestigkeit, Düsseldorf: VDI-Verlag 1952. — FÖPPL, L., u. H. NEUBER: Festigkeitslehre mittels Spannungsoptik, München: Oldenbourg 1935. — FÖPPL, L., u. E. MÖNCH: Praktische Spannungsoptik, 2. Aufl., Berlin/Göttingen/Heidelberg: Springer 1959. — MESMER, G.: Spannungsoptik, Berlin: Springer 1939. — KUSKE, A.: Einführung in die Spannungsoptik, Stuttgart: Wiss. Verlags-Ges. 1959.

28   1. Grundlagen

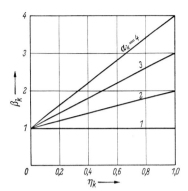

Abb. 1.14. Zusammenhang zwischen β_k und α_k

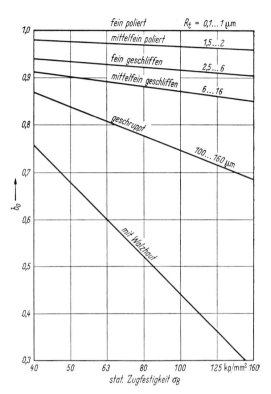

Abb. 1.15. Beiwert b_O für die Oberflächengüte

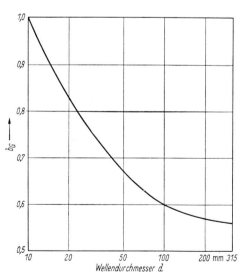

Abb. 1.16. Beiwert b_G für den Größeneinfluß

Das Ziel der Lehre von der Gestaltfestigkeit ist es, einwandfreie Unterlagen für die Bemessung von Bauteilen zu schaffen unter Berücksichtigung der Werkstoff-, Form-, Größen- und Oberflächeneinflüsse. Für den Konstrukteur ist besonders die Formgebung wichtig: Schroffe Übergänge sind zu vermeiden und durch sanfte, am besten „Entlastungsübergänge" zu ersetzen; der Kraftfluß ist von besonders gefährdeten Stellen abzudrängen, z. B. durch zusätzliche „Entlastungskerben"; Spannungsspitzen können auch durch künstlich aufgebrachte Eigenspannungen, Druckvorspannungen, wie sie beim Oberflächendrücken (Prägepolieren), bei örtlichem Härten (Brennstrahl-, Einsatz- oder Nitrierhärten) und beim Sandstrahlen mit Stahlkies auftreten, abgebaut werden.

Die Ermittlung der Abmessungen und die Wahl günstiger Querschnittsformen sind nun nach Bestimmung der *zulässigen* Werte mit den in Tab. 1.7, Spalte 3, angegebenen Formeln möglich. Bei Zug, Druck, Flächenpressung, Lochleibung und Abscheren ist jeweils nur die *Größe* des Querschnitts von Bedeutung. Bei Biegung und Verdrehung ist jedoch die *Form* des Querschnitts von besonderem Einfluß auf das erforderliche Gewicht.

Die *Form* kommt bei Bemessung auf *Tragfähigkeit* in den *Widerstandsmomenten* zum Ausdruck, die mit Hilfe von in Handbüchern enthaltenen Formeln oder Profiltafeln bestimmt werden können. Große Querschnitte mit kleinem Widerstandsmoment bedeuten unnötig großen Gewichtsaufwand, während kleine Querschnitte mit großem Widerstandsmoment zu geringem Gewichtsaufwand, zum Formleichtbau führen.

Für die Beurteilung der Güte von Querschnittsformen bezüglich des erforderlichen Gewichtsaufwandes eignen sich dimensionslose Kenngrößen[1], und zwar

bei Biegungsbeanspruchung das Verhältnis $v_{Wb} = A / \sqrt[3]{W_b^2}$ und

bei Verdrehungsbeanspruchung das Verhältnis $v_{Wt} = A / \sqrt[3]{W_t^2}$.

Je kleiner die v-Werte sind, um so geringer ist bei gleicher Belastung und gleicher zulässiger Spannung der Gewichtsaufwand. Bei Biegebeanspruchung sind Hochkantprofile und bei Verdrehungsbeanspruchung geschlossene Hohlprofile besonders günstig[2].

1.6.4 Dimensionierung auf Formsteifigkeit

Die Ermittlung der auftretenden Verformungen, die bei vielen Bauteilen zwecks Aufrechterhaltung einwandfreier Funktion bestimmte Grenzwerte nicht überschreiten dürfen, ist Aufgabe der Elastizitätslehre.

Unter der Einwirkung von *Normal*spannungen (z. B. beim Zugstab) treten Längenänderungen auf; man berechnet daraus die Längsdehnung $\varepsilon = \Delta l/l$ und die Querkontraktion $\varepsilon_q = \Delta d/d$. Das Verhältnis von Längsdehnung zur Querkontraktion heißt Poissonsche Zahl $m = \varepsilon/\varepsilon_q$; sie beträgt für Metalle etwa 3 bis 4, im Mittel 10/3 und für Gußeisen 4 bis 7. Der Zusammenhang zwischen Spannung und Dehnung wird im elastischen Bereich durch das Hookesche Gesetz wiedergegeben

$$\boxed{\sigma = E\,\varepsilon}\quad \text{mit } E = \text{Elastizitätsmodul.}$$

Unter der Wirkung von *Schub*spannungen treten an einem herausgeschnittenen Volumenelement (Würfel) Verschiebungen paralleler Flächen gegeneinander auf

---

[1] Vgl. DUFFING, P.: Zur wirtschaftlichen Wahl von Werkstoff und Gestalt. VDI-Z. 87 (1943) 305.
[2] Über Kenngrößen für die wirtschaftliche Bemessung s. auch VDI-Richtlinien 2225.

Tabelle 1.8. *Dimensionierung auf Formsteifigkeit*

Beanspruchungsart	Auftretende Formänderung	
Zug, Druck	Längenänderung	$\Delta l = \dfrac{F l}{E A}$
Biegung bei konstantem Querschnitt:	Durchbiegung	Neigungswinkel
Einzellast	$f = \dfrac{F l^3}{3 E I_b}$	$\alpha = \dfrac{F l^2}{2 E I_b}$
	$f = \dfrac{F l^3}{48 E I_b}$	$\alpha = \dfrac{F l^2}{16 E I_b}$
Streckenlast $q l = F$	$f = \dfrac{F l^3}{8 E I_b}$	$\alpha = \dfrac{F l^2}{6 E I_b}$
	$f = \dfrac{5 F l^3}{384 E I_b}$	$\alpha = \dfrac{F l^2}{24 E I_b}$
bei veränderlichem Querschnitt und beliebigen Lasten:	Zeichnerisch-numerische Ermittlung nach Abschn. 4.2.2 mit Hilfe der Grundgleichung $\Delta \alpha = \dfrac{M_{bx} \Delta x}{E I_{bx}}$	
Verdrehung	Verdrehwinkel $\varphi = \dfrac{M_t l}{G I_t}$	
Knickung Elastischer Bereich (EULER): $\sigma_k \leqq \sigma_p$ (Proportionalitätsgrenze)	Ausknicken bei Knicklast $K = \dfrac{\pi^2 E I_{\min}}{s_k^2}$ bzw. bei Knickspannung $\sigma_k = \dfrac{K}{A} = \dfrac{\pi^2 E}{\lambda^2}$, wobei s_k = freie Knicklänge (s. Abb.) $\lambda = \dfrac{s_k}{i}$ = Schlankheitsgrad	
$s_k = \quad 2l \quad l \quad 0{,}7l \quad 0{,}5l$	$i = \sqrt{I_{\min}/A}$ = Trägheitsradius	
Unelastischer Bereich (TETMAJER):	σ_k-Werte in kp/cm²	
Weicher Flußstahl $\lambda < 100$	$\sigma_k = 3100 - 11{,}4\, \lambda$	
Harter Flußstahl $\lambda < 93$	$\sigma_k = 3350 - 6{,}2\, \lambda$	
Gußeisen $\lambda < 80$	$\sigma_k = 7760 - 120\, \lambda + 0{,}53\, \lambda^2$	
Nadelholz $\lambda < 100$	$\sigma_k = 293 - 1{,}94\, \lambda$	
Knicksicherheit $S_K \geqq 5 \cdots 8$, also	$F_{\text{zul}} = \dfrac{K}{S_K}; \quad \sigma_{k\,\text{zul}} = \dfrac{\sigma_k}{S_K}$	

1.6 Festigkeitsgerechtes Gestalten (Dimensionierung)

(Abb. 1.18), und man bezeichnet den Winkel γ, um den die Seitenflächen sich neigen, als Schiebung oder Gleitung. Für die Schubspannung und die Gleitung gilt im elastischen Bereich die Beziehung

$$\boxed{\tau = G\gamma}$$ mit G = Gleit- oder Schubmodul.

Elastizitäts- und Gleitmodul sind durch die Poissonsche Zahl miteinander verknüpft; es ist

$$G = \frac{m}{2(m+1)} E,$$

so daß also mit $m = 10/3$ für *Stahl* $G = 0{,}385 E$ wird.

Mit diesen Grundgesetzen lassen sich die Formänderungen von Bauteilen berechnen; die wichtigsten Formeln sind in Tab. 1.8 zusammengestellt. Bei Biegung, Verdrehung und Knickung ist jeweils wieder eine *Form*größe, diesmal das Flächenträgheitsmoment I_b bzw. das Drillträgheitsmoment I_t ausschlaggebend. Die Formeln zur Berechnung der I-Werte sind für die verschiedensten Querschnitte in Hand- oder Tabellenbüchern zu finden. Querschnitte mit großen I-Werten liefern geringe Verformungen, oder sie erfordern bei vorgeschriebener Verformung nur geringen Gewichtsaufwand.

Als dimensionslose Kenngrößen[1] für die Güte einer Querschnittsform bezüglich Gewichtsaufwand bei Bemessung auf Formsteifigkeit können dienen

bei Biegungsbeanspruchung das Verhältnis $v_{Ib} = A/\sqrt{I_b}$,
bei Verdrehungsbeanspruchung das Verhältnis $v_{It} = A/\sqrt{I_t}$ und
bei Knickung das Verhältnis $v_{Ik} = A/\sqrt{I_{\min}}$.

Bei der zahlenmäßigen Auswertung zeigt sich auch hier, daß bei Biegung Hochkantprofile, bei Verdrehung geschlossene Hohlprofile und bei Knickung zur *x-* und *y-*Achse symmetrische Profile am günstigsten sind.

1.6.5 Dimensionierung auf Arbeitsvermögen

Ob auf Tragfähigkeit *oder* auf Formsteifigkeit gerechnet werden muß, ist von Fall zu Fall nachzuprüfen. Es gibt jedoch auch Bauteile, bei denen beide Größen, ertragbare Kraft *und* Formänderung wichtig sind, z. B. bei Stoßbeanspruchungen und bei Federn. Hier ist nämlich das Arbeitsvermögen, die Fähigkeit, Energie zu speichern, entscheidend. Da im elastischen Bereich die Kraft proportional der Verformung (Verlängerung, Verschiebung) zunimmt, ist die aufgenommene Arbeit gleich dem in Abb. 1.17 schraffierten Dreieck, also

$$\boxed{W = \tfrac{1}{2} F \Delta l}.$$

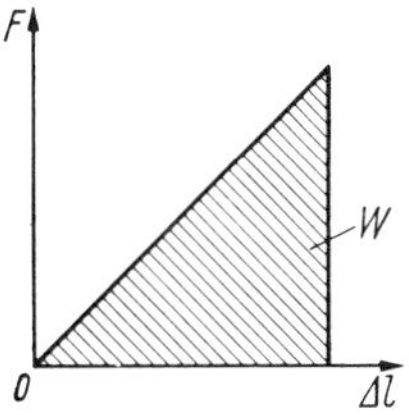

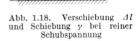

Abb. 1.17. Kraft F in Abhängigkeit von der Verlängerung Δl; Fläche gleich Arbeitsaufnahme

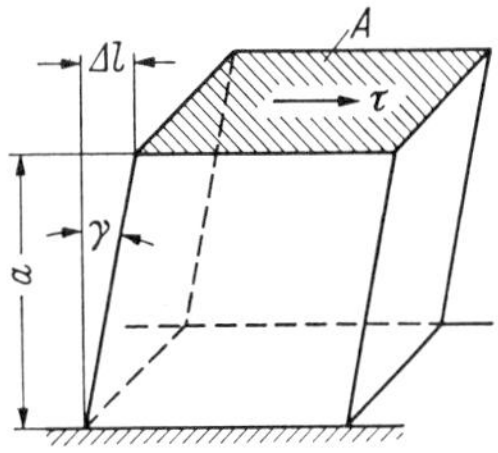

Abb. 1.18. Verschiebung Δl und Schiebung γ bei reiner Schubspannung

Bei gleichmäßig verteilter *Normal*spannung (Zug, Druck) wird also

$$W = \frac{1}{2} F \Delta l = \frac{1}{2} F \frac{\Delta l}{l} l = \frac{1}{2} \frac{F}{A} \frac{\Delta l}{l} l A = \frac{1}{2} \sigma \varepsilon V,$$

---

[1] Weitere Kenngrößen für die wirtschaftliche Bemessung sind in den VDI-Richtlinien 2225 enthalten.

wobei $V = A\,l$ das Volumen bedeutet, und mit $\varepsilon = \sigma/E$ wird

$$W = \frac{\sigma^2}{2E} V.$$

Bei reiner *Schub*spannung beträgt nach Abb. 1.18 die an einem herausgeschnittenen Volumenelement wirkende Kraft $F = \tau A$ und die Verschiebung $\Delta l = a\,\gamma$, so daß wir für die Formänderungsarbeit erhalten

$$W = \tfrac{1}{2} F\,\Delta l = \tfrac{1}{2} \tau A\,a\,\gamma = \tfrac{1}{2} \tau \gamma\,V \quad \text{und mit} \quad \gamma = \tau/G$$

$$W = \frac{\tau^2}{2G} V.$$

Da bei wirklichen Bauteilen, insbesondere Federn, die Spannungsverteilung nicht gleichmäßig ist, beträgt die Arbeitsaufnahme nur einen Bruchteil dieser Werte (vgl. Abschn. 2.8); aber sie ist immer proportional dem Quadrat der zulässigen Spannung und proportional dem Volumen und umgekehrt proportional dem Elastizitäts- bzw. Gleitmodul.

1.7 Stoffgerechtes Gestalten

1.7.1 Allgemeine Richtlinien für die Werkstoffwahl; wichtige Begriffe

Für ein stoffgerechtes Gestalten sind die verschiedensten Werkstoffeigenschaften, die sich nur teilweise zahlenmäßig durch Kenngrößen erfassen lassen, von Bedeutung. Die Werkstoff*auswahl* richtet sich letztlich wieder nach Sicherheit und Wirtschaftlichkeit, und es sind daher oft eingehende Vergleichsrechnungen durchzuführen und Überlegungen vor allem darüber anzustellen, wie sich einzelne Eigenschaften zusammen und gegeneinander auswirken. Für den Gewichtsaufwand ist z. B. nicht die Wichte γ *allein* ausschlaggebend, sondern es sind, wie wir im Festigkeitsabschnitt gesehen haben, vor allem die zulässigen Spannungen und der Elastizitäts- bzw. der Gleitmodul wichtig; diese sind aber nun je nach Bemessungsgrundlage und Beanspruchungsart verschieden miteinander verknüpft, wie Tab. 1.9 zeigt. Da das

Tabelle 1.9. *Verknüpfung der Werkstoff-Faktoren für den Gewichtsaufwand*

Beanspruchungsart	Bemessung auf		
	Tragfähigkeit	Formsteifigkeit	Arbeits- aufnahme
Zug, Druck . . .	γ/σ_{zul}	γ/E	$E\,\gamma/\sigma_{zul}^2$
Biegung	$\gamma/\sqrt[3]{\sigma_{zul}^2}$	$\gamma/\sqrt{E}$	$E\,\gamma/\sigma_{zul}^2$
Verdrehung . . .	$\gamma/\sqrt[3]{\tau_{t\,zul}^2}$	$\gamma/\sqrt{G}$	$G\,\gamma/\tau_{t\,zul}^2$
Knickung		$\gamma/\sqrt{E}$	

Verhältnis γ/E z. B. bei Stahl und Aluminium nahezu gleich ist, wird bei Zug- oder Druckbeanspruchung und bei Bemessung auf Formsteifigkeit durch Aluminium keine Gewichtsersparnis erzielt; bei Biegung und Knickung ergibt sich dagegen für $\gamma/\sqrt{E}$ bei Aluminium ein um etwa 40% niedrigerer Wert.

1.7 Stoffgerechtes Gestalten

Oft sind jedoch außer den Festigkeitsgrenzwerten, der Wichte und dem Elastizitäts- bzw. Gleitmodul noch viele andere Gesichtspunkte für die Werkstoffwahl entscheidend, die im folgenden — ohne Anspruch auf Vollständigkeit — angeführt seien:

Preis, Bearbeitbarkeit (gießbar, warm- und kaltverformbar, zerspanbar, schweißbar), Oberflächenzustand und -behandlung, Härte und Härtbarkeit, Dehnung und Zähigkeit, Kerbempfindlichkeit, Verschleißwiderstand, Gleitverhalten, Wärmeausdehnung, Wärmeleitfähigkeit, Schwingungsverhalten und Dämpfungsfähigkeit, elektrische und magnetische Eigenschaften, Rostwiderstand, Korrosionsbeständigkeit, Alterungsbeständigkeit, Verhalten in extrem hohen oder tiefen Temperaturbereichen, Formbeständigkeit, Schneidhaltigkeit (Standzeit) bei Werkzeugen.

Zu einigen dieser Punkte und zu den in Abschn. 1.6.1 genannten Festigkeitswerten (Grenzwerten) sollen hier noch einige Ergänzungen insbesondere hinsichtlich der Begriffsbestimmungen und Prüfverfahren folgen.

Im *Zugversuch* nach DIN 50145 werden ermittelt: die Zugfestigkeit $\sigma_{zB} = F_{max}/A_0$, die Streckgrenze σ_S bzw. die 0,2-Grenze $\sigma_{0,2}$, die Elastizitätsgrenze oder 0,01-Grenze $\sigma_{0,01}$ und als Maß für die Zähigkeit die Bruchdehnung $\delta_5 = \dfrac{L_B - L_0}{L_0} \cdot 100$ in Prozent, wobei $L_0 = 5d_0$, bzw. δ_{10}, wenn $L_0 = 10d_0$ mit $d_0 =$ Prüfstabdurchmesser, bzw. $d_0 = \sqrt{4/\pi}\sqrt{A_0} = 1,13\sqrt{A_0}$ bei nicht kreisförmigem Probenquerschnitt. Bei höheren Temperaturen wird nach DIN 50112 die Warmstreckgrenze bestimmt.

Der *Druckversuch* nach DIN 50106 liefert die Stauchung $\varepsilon_d = \dfrac{L_0 - L}{L_0} \cdot 100$ in Prozent und die Quetschgrenze σ_{dF}, bei spröden Werkstoffen auch die Druckfestigkeit σ_{dB}.

Der *Faltversuch* nach DIN 1605, Bl. 4, dient zum Nachweis der Biegbarkeit; für das Biegen einer Probe von der Dicke a über einen Dorn vom Durchmesser D beim Auflagenabstand $D + 3a$ ist der Biegewinkel α vorgeschrieben, bei dem auf der Zugseite keine Anrisse auftreten dürfen.

Die *Härteprüfungen* werden nach BRINELL, DIN 50351, nach ROCKWELL, DIN 50103, oder nach VICKERS, DIN 50133, durchgeführt. Die Härte ist definiert als der Widerstand, den ein Körper einem anderen von außen eindringenden härteren Körper entgegensetzt. Die Prüfkörper und Prüfbedingungen wie Prüflast und Belastungsdauer sind zu Vergleichszwecken genau festgelegt. Beim Brinell-Verfahren werden gehärtete Stahlkugeln benutzt und die Oberflächen der Eindrücke gemessen. Es ist dann die Härtezahl $HB = F/A$ in kp/mm². Beträgt der Kugeldurchmesser $D = 10$ mm, die Last $F = 30 D^2 = 3000$ kp und die Belastungsdauer 10 s, dann ist die Härtebezeichnung HB 30; bei abweichendem Durchmesser und anderer Belastungsdauer erfolgt eine entsprechende Kennzeichnung, z. B. HB/10/5-25 für $F = 10 D^2$, $D = 5$ mm, Zeit = 25 s. Beim Vickers-Verfahren (Kennzeichnung HV) wird eine Diamantpyramide mit 136° Flächenwinkel, bei Rockwell-C (HR$_c$) ein Diamantkegel mit 120° und bei Rockwell-B (HR$_b$) eine gehärtete Stahlkugel von 1/16″ Durchmesser benutzt; es werden hierbei die Eindringtiefen gemessen. Härtevergleichstafeln finden sich in DIN 50150. Bei Stahl und Stahlguß gilt für den Zusammenhang zwischen Brinell-Härte und Zugfestigkeit etwa $\sigma_{zB} \approx 0,35\,(HB\,30)$.

Im *Kerbschlagversuch* nach DIN 50115 wird die Kerbzähigkeit an einseitig gekerbten Probestäben mit festgelegten Abmessungen (DVM-Probe, ISO-Probe, VGB-Probe) ermittelt. Die zum Durchschlagen benötigte Schlagarbeit W wird im Pendelschlagwerk bestimmt und auf die Fläche des Kerbquerschnittes bezogen: Kerbzähigkeit $a_k = W/A$ in mkp/cm².

Dauerversuche werden zur Ermittlung der Zeitstandfestigkeit (statisch) und der Dauerschwingfestigkeit (dynamisch) durchgeführt. Die *Zeitstandfestigkeit*, DIN 50118, ist diejenige Beanspruchung, der das Material innerhalb einer sehr langen Zeit (z. B. 100000 Std.) ohne Bruch standhält; sie ist besonders wichtig bei Werkstoffen für hohe Temperaturen. (Als Näherungswert wurde sie in einem abgekürzten Verfahren ermittelbare DVM-Kriechgrenze nach DIN 50117 benutzt.) Die *Dauerschwingfestigkeit* wird im Dauerschwingversuch nach DIN 50100 bzw. im Umlaufbiegeversuch nach DIN 50113 mit Hilfe der Wöhler-Kurve ermittelt, indem in einer Versuchsserie an mehreren gleichwertigen Proben die bei verschiedenen Belastungen bis zum Dauerbruch ertragenen Lastwechselzahlen bestimmt werden. Unter der Dauerfestigkeit versteht man die Ausschlagsspannung, die bei bestimmter Mittelspannung σ_m auf die Dauer gerade noch ohne Bruch ertragen wird. Ist $\sigma_m = 0$, so ergibt sich die reine Wechselfestigkeit (Belastungsfall III), ist $\sigma_m = \sigma_A$, also $\sigma_u = 0$, so spricht man von Schwellfestigkeit (Belastungsfall II). Eine anschau-

34   1. Grundlagen

liche Darstellung liefert das Dauerfestigkeitsschaubild (Abb. 1.19). Zur Ermittlung der Gestaltfestigkeit (Dauerhaltbarkeit) werden Dauerschwingversuche mit gekerbten Proben oder wirklichen Bauteilen durchgeführt.

Der *Gewährleistungsumfang* kann für einzelne Werkstoffe durch Kenn*ziffern* angegeben werden, die an die Werkstoffkennzeichnung, durch einen Punkt getrennt, anzuhängen sind. Da Zugfestigkeit und Bruchdehnung fast immer garantiert werden, wurde auf eine besondere Kennziffer verzichtet; man benutzt bei Garantie

	die Kennziffer
der Streckgrenze	.1
des Falt- oder Stauchversuchs	.2
der Kerbschlagzähigkeit	.3
der Streckgrenze *und* des Falt- oder Stauchversuchs	.4
des Falt- oder Stauchversuchs *und* der Kerbschlagzähigkeit	.5
der Streckgrenze *und* der Kerbschlagzähigkeit	.6
der Streckgrenze, des Falt- oder Stauchversuchs und der Kerbschlagzähigkeit	.7
der Warmfestigkeit oder Zeitstandfestigkeit	.8
der elektrischen oder magnetischen Eigenschaften	.9

Der *Behandlungszustand* kann durch Kenn*buchstaben*, die *hinter* die Benennung zu setzen sind, angegeben werden: z. B. U = unbehandelt, K = kaltverformt, G = weichgeglüht, N = normalgeglüht, S = spannungsfrei geglüht, A = angelassen, H = gehärtet, E = einsatzgehärtet, V = vergütet.

Wärmebehandlungen dienen verschiedenen Zwecken, die Begriffsbestimmungen sind in DIN 17014 festgelegt; auf einige sei besonders hingewiesen:

Vergüten ist Härten mit anschließendem Anlassen auf *höhere* Temperatur (500 bis 600 °C) zwecks Erzielung hoher Zähigkeit, besonders Kerbschlagzähigkeit bei bestimmter Zugfestigkeit.

Einsatzhärten ist ein Härten nach vorhergegangenem Aufkohlen der Oberfläche; das Aufkohlen (Einsetzen, Zementieren) ist eine meist auf die Randzone beschränkte Kohlenstoffanreicherung, die durch Glühen bei 850 bis 900 °C in kohlenstoffabgebenden Mitteln erfolgt (feste Einsatzmittel: Holzkohle mit gelbem Blutlaugensalz; flüssige Einsatzmittel: geschmolzenes Zyankali oder Natriumzyanid; gasförmige Mittel: Leuchtgas, Azetylen und Kohlenoxyd; Die Glühdauer (mehrere Stunden) richtet sich nach der gewünschten Einsatztiefe (0,2 bis 2 mm). Der innere Teil des Werkstückes, der Kern, bleibt weich und zäh.

Nitrieren ist ein Glühen in stickstoffabgebenden Mitteln zum Erzielen einer mit Stickstoff angereicherten Oberfläche. Beim *Gasnitrieren* (Verfahren von Krupp) wird der Stahl bei 500 bis 550 °C längere Zeit einem Strom von Ammoniakgas ausgesetzt. Hierbei muß Sonderstahl benutzt werden, der etwa 1% Aluminium, ferner Chrom und Vanadium enthält. Die Schicht ist zwar nur dünn, aber sehr hart und verschleißfest, die Dauerbiegefestigkeit wird günstig beeinflußt. Da die Glühtemperaturen niedrig sind und die Abkühlung langsam erfolgt, tritt kein Verziehen der Werkstücke ein, und es ist kein Nachschleifen nach dem Härten erforderlich. Auch bei hohen Arbeitstemperaturen bleibt die Härte erhalten. Das Gasnitrieren ist aber wegen der langen Glühdauer (20 bis 120 Stunden) teuer. Beim *Badnitrieren* werden nitrierende Salzbäder mit Temperaturen von 550 bis 570 °C angewendet. Beim Nitrieren mit Kaliumcyanat (KCNO) entsteht eine *sehr* dünne „Verbindungsschicht" (10 bis 15 μm), die eine höhere Härte als der unbehandelte Stahl besitzt und einen hohen Widerstand gegen Verschleiß beim Gleiten und

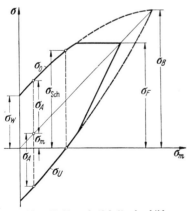

Abb. 1.19. Dauerfestigkeitsschaubild

σ_m Mittelspannung (45°-Linie); σ_A Ausschlagfestigkeit (sie nimmt mit wachsendem σ_m ab); σ_O obere Grenzspannung; σ_U untere Grenzspannung

große Sicherheit gegen Fressen und Korrosion bietet. Die darunterliegende „Diffusionszone" kann je nach Wahl der Legierung des Stahls mehr oder weniger hart sein; diese Schicht verbessert die Dauerfestigkeit bei Biegewechsel- und Torsionsbeanspruchung. Es treten keine Maßänderungen auf, und es sind alle gebräuchlichen Baustähle und auch Gußeisen verwendbar. Beim Sulf-Inuz-Verfahren (Frankreich) hat das Nitrierbad noch eine schwefelabgebende Komponente, so daß der äußerste Teil der „Verbindungsschicht" Schwefeleinlagerungen enthält, die bei Gleitbewegungen das „Einlaufen" fördern und den Reibungskoeffizienten verringern.

Brenn- und Induktionshärten: Hierbei wird durch Hochleistungsbrenner (Leuchtgas- oder Azetylen-Sauerstoff) oder Induktionsspulen die Oberfläche schnell erhitzt, so daß die Erwärmung sich nur auf die Randzone erstreckt. Es erfolgt dann das Abschrecken meist durch Wasserbrause. Die Härtetiefe beträgt etwa 1,5 bis 5 mm. Der Kern bleibt weich, der Verzug ist gering. Das Verfahren ist billig, da wenig Vorbereitungen erforderlich und die Arbeitszeiten kurz sind. Die zu verwendenden Werkstoffe müssen den für die Härtung erforderlichen Kohlenstoffgehalt bereits enthalten, so daß Kohlenstoffstähle und Stahlguß mit 0,35 bis 0,8% C, legierte Stähle, Temperguß mit mindestens 0,4% gebundenem C-Gehalt und Gußeisen mit 0,5 bis 0,8% gebundenem Kohlenstoff geeignet sind.

Die nun folgende Einzelbehandlung der gebräuchlichsten Werkstoffe stützt sich weitgehend auf die Werkstoff*normung*, die auf eine Auswahl hinzielt, um die Unzahl der Werkstoffmarken zu verringern und trotzdem die Wünsche der Verbraucher zu erfüllen. Die Werkstoffnormblätter enthalten eindeutige Bezeichnungen, Eigenschaften, Anwendungsgebiete, Lieferbedingungen und Prüfungsvorschriften[1].

1.7.2 Stahl

Stahl ist der wichtigste Konstruktionsbaustoff. Man versteht unter Stahl alles ohne Nachbehandlung schmiedbare Eisen, das sind alle Eisensorten mit einem Kohlenstoffgehalt von weniger als 1,7%.

Unlegierte Stähle enthalten an Beimengungen in der Hauptsache nur Kohlenstoff, sie werden daher auch Kohlenstoffstähle genannt; es darf jedoch ihr Gehalt an Silizium bis zu 0,5%, an Mangan bis zu 0,8%, an Aluminium oder Titan bis zu 0,1% und an Kupfer bis zu 0,25% betragen.

Der Kohlenstoffgehalt schwankt zwischen 0,06 und 0,65%. Mit steigendem C-Gehalt (bis 0,9%) nehmen Zugfestigkeit, Streckgrenze, Härte und Härtbarkeit zu, Dehnung, Zähigkeit und Tiefziehfähigkeit jedoch ab. Die Schweißbarkeit ist im allgemeinen nur bis 0,22% C gut. Silizium (bis 0,5%) steigert die Elastizitätsgrenze, vermindert jedoch die Schmiedbarkeit und die Schweißbarkeit. Phosphor verringert die Widerstandsfähigkeit gegen schlagartige Beanspruchung. Zu hoher Schwefelgehalt führt zum Reißen des Stahles in rotwarmem Zustand.

Unlegierte Stähle, die nicht für eine Wärmebehandlung bestimmt sind, werden nach ihrer Zugfestigkeit benannt: Kennzeichen St (= Stahl) mit darauffolgender Mindestzugfestigkeitszahl in kp/mm², z. B.

Baustahl mit 37 kp/mm² Mindestzugfestigkeit heißt: *St 37* bzw. St 37-1. Diese Art der Benennung gilt vor allem für die allgemeinen Baustähle nach DIN 17100 (Tab. 1.10); an das Kennzeichen St mit der Mindestzugfestigkeitszahl wird die Nummer der Gütegruppe mit einem Bindestrich angehängt. Man unterscheidet

        die Gütegruppe 1   für allgemeine Anforderungen,
        die Gütegruppe 2   für höhere Anforderungen,
        die Gütegruppe 3   besonders beruhigt für Sonderanforderungen.

Stähle für Kesselbleche, für die eine ganz kurze Bezeichnung wegen der Stempelung und Proben notwendig ist, werden folgendermaßen gekennzeichnet (s. DIN 17155, H = Hochleistungskesselblech): H I bis H IV.

---

[1] Vgl. auch DIN-Normenheft 3, Kurznamen und Werkstoffnummern der Eisenwerkstoffe in DIN-Normen und Stahl-Eisen-Werkstoffblättern, Berlin/Köln: Beuth-Vertrieb 1961. — DIN-Taschenbuch 4 A, Stahl und Eisen, und 4 B, Nichteisenmetalle, Berlin/Köln: Beuth-Vertrieb 1967.

Tabelle 1.10. *Allgemeine Baustähle nach DIN 17100 (Sept. 1966); Auswahl**

Stahlsorten der Gütegruppen			Festigkeitswerte in kp/mm²							
1	2	3	σ_B	σ_S^{**}	$\sigma_{zd\,W}$	$\sigma_z\,\text{Sch}$	$\sigma_{b\,W}$	$\sigma_b\,\text{Sch}$	$\tau_{t\,W}$	$\tau_t\,\text{Sch}$
St 33-1	St 33-2		33…50	18						
St 34-1	St 34-2		34…42	20			17		9	
St 37-1	St 37-2	St 37-3	37…45	23	12	22	17	26	10	14
St 42-1	St 42-2	St 42-3	42…50	25	13,5	24	19	30	11	16
St 50-1	St 50-2		50…60	29	18	31	24	37	14	19
		St 52-3	52…62	35	18	32	21	40	13	19
St 60-1	St 60-2		60…72	33	20	35	28	43	16	22
	St 70-2		70…85	36	23	41	32	50	19	26

** Gültig für Dicken über 16 bis 40 mm; für Dicken <16 mm erhöhen sich die Werte um 1 kp/mm²; für Dicken >40 mm (bis 100 mm) erniedrigen sie sich um 1 kp/mm².

Stahlsorte	Verwendung, üblicherweise im warmverformten Zustand bei klimatischen Temperaturen für Schmiedestücke, Formstahl, Stabstahl, Breitflachstahl, Band, Grob- und Mittelblech und das entsprechende warmverformte Halbzeug
St 33-1, St 33-2	Nur für untergeordnete Zwecke bei geringen Anforderungen.
U St 34-1 R St 34-1 U St 34-2 R St 34-2	Für Teile, von denen hohe Zähigkeit verlangt wird, z. B. Schrauben, Niete, Schrumpfringe, Gestänge, Behälter, Schweißkonstruktionen bei mäßigen Beanspruchungen. Einsatzhärtung möglich, also auch für Zapfen, Bolzen, Buchsen, Hebel usw. geeignet.
U St 37-1 R St 37-1 U St 37-2 R St 37-2 St 37-3	Üblicher Schmiedestahl für Teile ohne besondere Anforderungen an die Zähigkeit, für Preßteile, Kesselböden, Druckbehälter und ähnliche rohbleibende Teile; Flansche, Armaturen, Bolzen. Auf jede Art schweißbar. Meist verwendeter Stahl für Eisenkonstruktionen (Stahlhochbau, Brückenbau, Kranbau).
U St 42-1 R St 42-1 U St 42-2 R St 42-2 St 42-3	Für Teile, die Stößen oder wechselnden Beanspruchungen unterliegen, wie Treibstangen, Kurbeln, Wellen und Achsen, bei denen ein wesentlicher Verschleiß nicht zu befürchten ist, Preßteile, z. B. gering beanspruchte Zahnräder. Im gewalzten und geschmiedeten Zustand gut schweißbar (Schiffbau), jedoch schwer feuerschweißbar.
St 50-1 St 50-2	Höher beanspruchte Triebwerksteile, stärker belastete Wellen, gekröpfte Kurbelwellen, Spindeln, ferner Teile, die eine gewisse natürliche Härte besitzen müssen, wie Kolben, Schubstangen, Steuerhebel, Bolzen, Gewinderinge, Schrauben für Sonderzwecke, höher beanspruchte ungehärtete Zahnräder. Noch gut bearbeitbar.
St 52-3	Baustahl mit guter Schweißbarkeit, geeignet für schwingungsbeanspruchte Schweißkonstruktionen.
St 60-1 St 60-2	Wie St 50, jedoch für höhere Beanspruchungen und für Teile mit hohem Flächendruck und Gleitbeanspruchung, wie Paßstifte, Paßfedern, Keile, Zahnräder (Ritzel), Schnecken, Spindeln.
St 70-2	Für Teile mit Naturhärte, wie Nocken, Rollen, Walzen bei höchster, jedoch nicht wechselnder Beanspruchung; ferner für naturharte Werkzeuge, wie Gesenke, Ziehringe und Preßdorne.

* Das Normblatt enthält noch die Stähle R St 46-2 (nur in Dicken bis 20 mm) und St 46-3 (nur in Dicken über 20 bis 30 mm) mit $\sigma_B = 44$ bis 54 kp/mm² und $\sigma_S = 29$ kp/mm².

Eignung zum Abkanten wird durch den Buchstaben Q gekennzeichnet, z.B. UQ St 37-2,
    Stabziehen   Z   UZ St 37-2,
    Gesenkschmieden   P   UP St 37-2.

1.7 Stoffgerechtes Gestalten

Unlegierte Stähle, die für eine Wärmebehandlung bestimmt sind, werden nach ihrer chemischen Zusammensetzung benannt, und zwar

Qualitätsstähle: Kennzeichen C mit dem mittleren Kohlenstoffgehalt × 100 (Kohlenstoffkennzahl), z. B. *C 22* (Vergütungsstahl nach DIN 17200 mit 0,22% C);

Edelstähle: Kennzeichen Ck mit dem mittleren Kohlenstoffgehalt × 100, z. B. *Ck 22* (k bedeutet besonders *k*leiner Phosphor- und Schwefelgehalt).

Legierte Stähle enthalten zur Erzielung bestimmter Eigenschaften Legierungszusätze von

Aluminium Al, Chrom Cr, Kobalt Co, Kupfer Cu, Mangan Mn, Molybdän Mo, Nickel Ni, Niob Nb, Phosphor P, Schwefel S, Silizium Si, Stickstoff N, Titan Ti, Vanadium V, Wolfram W.

Stähle mit weniger als 5% Legierungsbestandteilen sind *niedriglegierte* Stähle, solche mit mehr als 5% sind *hochlegierte* Stähle. Letztere erhalten als besonderes Kennzeichen den Vorbuchstaben X; allgemein wird nach DIN 17006 bei der Bezeichnung legierter Stähle zuerst die Kohlenstoffkennzahl gesetzt, dann folgen die chemischen Symbole der Legierungsbestandteile, geordnet nach fallenden Prozentzahlen, und dann die Legierungskennzahlen, die durch Multiplikation mit den mittleren Sollprozentgehalten gebildet werden; der Multiplikator beträgt

1 bei allen hochlegierten Stählen,
4 für Cr, Co, Mn, Ni, Si, W ⎫
10 für Al, Cu, Mo, Ti, V, Nb ⎬ bei niedriglegierten Stählen.
100 für P, S, N, C ⎭

Nur diejenigen Elemente und diejenigen Legierungskennzahlen werden in die Benennung aufgenommen, die zur Kennzeichnung des Stahles bzw. zur Unterscheidung von anderen ähnlichen Stählen nötig sind.

Beispiel: 13 Cr Mo 4 4 enthält ungefähr 13/100 = 0,13% C, 4/4 = 1% Cr und 4/10 = 0,4% Mo.

Der *Kohlenstoff*gehalt der legierten Stähle liegt zwischen 0,1 und 0,5%. *Chrom* erhöht die Festigkeit und Härte bei guter Zähigkeit und wird für nichtrostende und hitzebeständige Stähle verwendet. *Nickel*stähle besitzen hohe Zugfestigkeit, Zähigkeit und Dehnung; Chrom-Nickel-Stähle sind rost- und säurebeständig, warmfest und zunderbeständig. *Molybdän* erhöht die Warmfestigkeit und verringert die Anlaßsprödigkeit, *Vanadium* steigert die Elastizitätsgrenze und Festigkeit, ohne daß die Dehnung darunter leidet. *Mangan*stähle sind besonders verschleißfest. *Wolfram* wirkt härtesteigernd und verbessert die Rostbeständigkeit.

Die *Schweißbarkeit* der niedriglegierten Stähle ist gut, besonders bei Ni-, Mo- und V-Zusätzen; auch Mn- und Si-Stähle sind bei niedrigem C-Gehalt gut schweißbar. Hochlegierte Stähle sind teils gut, teils nur bedingt schweißbar, wobei nach den Angaben der Lieferfirmen geeignete Elektroden zu wählen, bestimmte Vorwärmbedingungen einzuhalten und u. U. nach dem Schweißen besondere Wärmebehandlungen vorzunehmen sind.

Die Güte der Stähle ist von den *Herstellungsverfahren* abhängig. Der im Puddelofen in teigigem Zustand gewonnene Stahl heißt *Schweißstahl;* der nach den heute meist üblichen Erschmelzungsverfahren im flüssigen Zustand gewonnene Stahl heißt *Flußstahl;* hierbei kann die Erschmelzungsart durch Kennbuchstaben, die den Werkstoffbenennungen *voran*zustellen sind, angegeben werden; es bedeuten: B = Bessemerstahl, M = Siemens-Martin-Stahl, T = Thomasstahl, W = nach Sonderverfahren erblasener Stahl, E = Elektrostahl, Y = Sauerstoffaufblas-Stahl.

Die *Eigenschaften* des Stahles können durch Art und Umfang der Desoxydation (durch Zusatz von Mangan, Silizium oder Aluminium beim Vergießen) verbessert werden. Man spricht dann von ,,beruhigtem" oder ,,besonders beruhigtem" Stahl und kann dafür Kennbuchstaben benutzen, die ebenfalls der Benennung vorangestellt, gegebenenfalls aber hinter dem Kennbuchstaben für die Erschmelzungsart gesetzt werden; es bedeuten: U = unberuhigter Stahl, R = beruhigter Stahl,

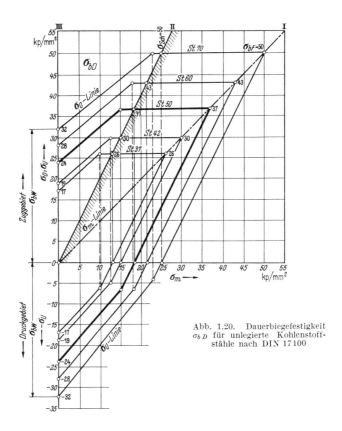

Abb. 1.20. Dauerbiegefestigkeit σ_{bD} für unlegierte Kohlenstoffstähle nach DIN 17100

RR = besonders beruhigter Stahl. Ebenso können besondere Eigenschaften durch entsprechende Kennbuchstaben bezeichnet werden, z. B. A = alterungsbeständig, L = laugenrißbeständig, S = schmelzschweißbar.

Die wichtigsten *Festigkeitswerte* und Hinweise für die *Verwendung* sind den Tab. 1.10 bis 1.12 zu entnehmen. Für die *allgemeinen Baustähle* nach DIN 17100 können auch die Dauerfestigkeitsdiagramme Abb. 1.20 bis 1.23 benutzt werden.

Die *Vergütungsstähle* nach DIN 17200 (Tab. 1.11) werden allgemein für Walzerzeugnisse, Gesenkschmiedestücke und Freiformschmiedestücke bis etwa 250 mm Durchmesser oder Dicke bei höheren Festigkeitsanforderungen, insbesondere bei Stoß- und Wechselbeanspruchung, also bei großen Zähigkeitsansprüchen, verwendet. Die Festigkeitswerte sind stark von den Querschnittsgrößen und den Anlaßtemperaturen abhängig. Einzelheiten enthält das angeführte Normblatt. Alle Stähle dieser Norm sind für die Abbrennstumpfschweißung geeignet, die Stähle C 22, Ck 22, 25 Cr Mo 4 und 30 Mn 5 auch für die Schmelz- und Widerstandsschweißung.

1.7 Stoffgerechtes Gestalten

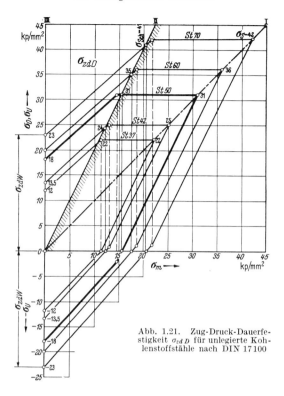

Abb. 1.21. Zug-Druck-Dauerfestigkeit σ_{zdD} für unlegierte Kohlenstoffstähle nach DIN 17100

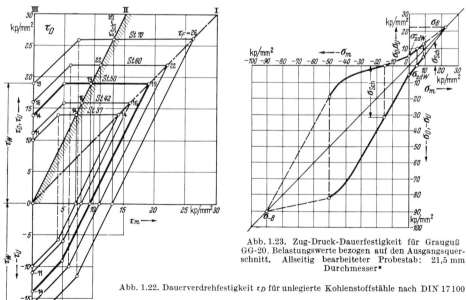

Abb. 1.23. Zug-Druck-Dauerfestigkeit für Grauguß GG-20. Belastungswerte bezogen auf den Ausgangsquerschnitt. Allseitig bearbeiteter Probestab: 21,5 mm Durchmesser*

Abb. 1.22. Dauerverdrehfestigkeit τ_D für unlegierte Kohlenstoffstähle nach DIN 17100

---

* Nach HEMPEL, M.: Gußeisen und Temperguß unter Wechselbeanspruchung. VDI-Z. 85 (1941) 290–292.

Tabelle 1.11. *Vergütungsstähle nach DIN 17200 (Dez. 1951); Auszug*

Stahlsorte*		Festigkeitswerte in kp/mm², vergütet							
Kurzname nach DIN 17006	früher	σ_B**	σ_S**	σ_{zdW}	σ_{zSch}	σ_{bW}	σ_{bSch}	τ_{tW}	τ_{tSch}
C 22 und Ck 22	StC 25.61	50 ... 60	30			23	42	16	22
C 35 und Ck 35	StC 35.61	60 ... 72	37	20	32	27	40	15	21
C 45 und Ck 45	StC 45.61	65 ... 80	40	22	32	30	42	17	22
C 60 und Ck 60	StC 60.61	75 ... 90	49			33		20	
30 Mn 5	VM 125	80 ... 95	55			39	70	26	36
37 Mn Si 5	VMS 135	90 ... 105	65			45	80	29	42
42 Mn V 7		100 ... 120	80						
34 Cr 4	VC 135	90 ... 105	65			36		20	
41 Cr 4		90 ... 105	65			50			
25 Cr Mo 4	VCMo 125	80 ... 95	55	25	39	35	52	20	27
34 Cr Mo 4	VCMo 135	90 ... 105	65	27	46	40	58	22	35
42 Cr Mo 4	VCMo 140	100 ... 120	80	40	70	53	91	31	55
30 Cr Mo V 9		125 ... 145	105			50		30	
34 Cr Ni Mo 6		110 ... 130	90			55	98	34	57
30 Cr Ni Mo 8		125 ... 145	105	38	62	55	82	32	54

* Das Normblatt enthält außer diesen noch folgende Sorten: 40 Mn 4, 50 Cr Mo 4, 36 Cr Ni Mo 4.
** Für Durchmesser über 16 bis 40 mm.

Stahlsorte	Verwendung für Walzerzeugnisse, Gesenkschmiedestücke und Freiformschmiedestücke
C 22 und Ck 22	Wellen, Gestänge, Hebel; <100 mm
C 35 und Ck 35	Flansche, Schrauben, Muttern, Bolzen, Spindeln, Achsen, größere Zahnräder
C 45 und Ck 45	Schaltstangen, Schubstangen, Kurbeln und Exzenterwellen
C 60 und Ck 60	Schienen, Federn, Federrahmen, kleinere Zahnräder (Ritzel), harte Kurbelwellen
30 Mn 5	Rollen, Achsen mittlerer Beanspruchung, Schmiedestücke; 100 ... 250 mm
37 Mn Si 5	Kurbelwellen, Schubstangen, Fräsdorne, Vorderachsen, Zahnräder
42 Mn V 7	Höher beanspruchte Kurbelwellen, Kugelbolzen
34 Cr 4	Achsen, Wellen, Zahnräder, Zylinder,
41 Cr 4	Steuerungsteile; bis 100 mm
25 Cr Mo 4	Triebwerks- und Steuerungsteile, Fräsdorne, Einlaßventile, Vorderachsen, Achsschenkel, Pleuel, Kardanwellen
34 Cr Mo 4	Hebel für Lenkungsteile, Federbügel
42 Cr Mo 4	Desgleichen bei noch höheren Beanspruchungen
30 Cr Mo V 9	
34 Cr Ni Mo 6	Für höchstbeanspruchte Teile, auch große Schmiedestücke, Wagen- und Ventilfedern
30 Cr Ni Mo 8	

Die *Einsatzstähle* nach DIN 17210 (Tab. 1.12) werden bevorzugt verwendet, wenn für die Teile eine verschleißfeste Oberfläche und ein zäher Kern verlangt werden, wenn also hohe Ansprüche an die Dauerhaltbarkeit gestellt werden. Die Stähle sind für die Abbrennstumpfschweißung und Schmelzschweißung geeignet, bei letzterer sind jedoch bei den Mn-Cr- und den Cr-Ni-Stählen besondere Vorschriftsmaßnahmen, z. B. Vorwärmen, anzuwenden. Genauere Angaben für die Wärmebehandlung zum Erzielen bestimmter Festigkeit oder bestimmten Gefügezustandes sowie für die Einsatzbehandlung enthält das Normblatt. Die Festigkeitswerte in Tab. 1.12 beziehen sich auf den Behandlungszustand „E" (im Einsatz gehärtet) im Kern.

Tabelle 1.12. *Einsatzstähle nach DIN 17210 (Jan. 1959)*

Stahlsorte Kurzname nach DIN 17006	Festigkeitswerte in kp/mm² im Kern nach Einsatzhärtung					
	σ_B	σ_S*	σ_{bW}	σ_{bSch}	τ_{tW}	τ_{tSch}
C 10 und Ck 10	42 ··· 52	25	22		12	
C 15 und Ck 15	50 ··· 65	30	27	42	17	20
15 Cr 3	60 ··· 85	40	32	56	20	25
16 Mn Cr 5	80 ··· 110	60	44	80	26	37
20 Mn Cr 5	100 ··· 130	70	44	70	27	43
15 Cr Ni 6	90 ··· 120	65	44		29	
18 Cr Ni 8	120 ··· 145	80	64	108	37	51

* Mindestwerte.

Stahlsorte	Verwendung für Teile mit harter Oberfläche und zähem Kern
C 10 und Ck 10	Kleinere Maschinenteile (Feinmechanik), Schrauben, Bolzen, Gabeln, Gelenke, Buchsen
C 15 und Ck 15	Exzenter- und Nockenwellen, Treib- und Kuppelzapfen, Kolbenbolzen, Schleifmaschinenspindeln
15 Cr 3 16 Mn Cr 5 20 Mn Cr 5	Rollen, Rollenlager, Kolbenbolzen, Nockenwellen, Spindeln Kleinere Zahnräder und Wellen im Fahrzeug- und Getriebebau Hochbeanspruchte Zahnräder mittlerer Abmessungen
15 Cr Ni 6 18 Cr Ni 8	Hochbeanspruchte Zahnräder kleinerer Abmessungen Tellerräder und Antriebsritzel im Lastfahrzeugbau, hochbeanspruchte Zahnräder und Wellen größerer Abmessungen

Die *Stähle für besondere Verwendungszwecke* werden in den einzelnen Abschnitten meist ausführlicher behandelt; hier seien nur für die wichtigsten die Normblattnummern angegeben:

Automatenstähle	DIN 1651
Schraubenstahl zum Warmstauchen	DIN 1613, Bl. 1
Schraubenstahl zum Kaltformen	DIN 1654
Warmfeste Stähle für Schrauben und Muttern	DIN 17240
Nietstähle	DIN 17110
Blanker unlegierter Stahl	DIN 1652
Kaltbandstahl	DIN 1624
Feinbleche	DIN 1623
Kesselbleche	DIN 17155
Geschweißte Stahlrohre	DIN 1626
Nahtlose Rohre aus unlegierten Stählen	DIN 1629
Nahtlose Rohre aus warmfesten Stählen	DIN 17175
Warmgeformte Stähle für Federn	DIN 17221
Kaltgewalzte Stahlbänder für Federn	DIN 17222
Federstahldraht, patentiert gezogen	DIN 17223, Bl. 1
Federstahldraht, vergütet, Ventilfedern	DIN 17223, Bl. 2
Nichtrostende Stähle für Federn	DIN 17224
Warmfeste Stähle für Federn	DIN 17225
Alterungsbeständige Stähle	DIN 17135

42 1. Grundlagen

Als *Sonderstähle* sind nun noch die hochlegierten Stähle zu nennen, und zwar die warmfesten, die hitzebeständigen, die korrosionsbeständigen und die kaltzähen Stähle.

Warmfeste Stähle werden in hohen Temperaturbereichen, also hauptsächlich im Hochdruck-Heißdampfkessel- und -turbinenbau, bei Gasturbinen, Strahlantrieben und in der Verfahrenstechnik, im chemischen Apparatebau, verwendet. Es handelt sich um hochlegierte Cr Mo-, Cr Mo W V-, Cr Ni Nb-, Cr Ni Mo Nb- und Co Cr Ni-Stähle. Das Warmfestigkeitsverhalten dieser Stähle wird durch die Zeitstandfestigkeit und die Zeitdehngrenze bei hohen Temperaturen gekennzeichnet (austenitische Stähle nach DIN 17440).

Hitzebeständige Stähle zeichnen sich durch Zunderbeständigkeit, Unempfindlichkeit gegen Temperaturwechsel und geringe Versprödungsneigung aus; sie werden für Schienen, Trommeln, Hauben, Rohre, Trag- und Förderteile im Feuerungs- und Ofenbau und im Dampfkessel- und Apparatebau verwendet. Es eignen sich für diese Zwecke Cr Al-, Cr Si-, Cr Ni Si- und Cr Ni Ti-Stähle.

Korrosionsbeständige Stähle sind die nichtrostenden und säurefesten Stähle, die in der Verfahrenstechnik, hauptsächlich für Behälter, Rohrschlangen, Rührwerke, Rohrleitungen und Armaturen, Verwendung finden. Die Stähle sind auf Cr-, Cr Mo-, Cr Ni Mo-Basis aufgebaut. In besonderen Fällen werden auch plattierte Stahlbleche benutzt, bei denen auf unlegierte oder niedriglegierte Stahlbleche als Grundwerkstoff hochwertige korrosionsbeständige Auflagewerkstoffe im Kalt- oder Warmwalzverfahren (Walzschweißen) fest aufgebracht werden. Die nichtrostenden Stähle sind in DIN 17440 genormt.

Kaltzähe Stähle sind Sonderwerkstoffe für Tieftemperaturen, wie sie in der Verfahrenstechnik und in Kälte- und Flüssiggasanlagen auftreten. Die Kerbzähigkeit normaler Stähle fällt in niedrigen Temperaturbereichen stark und steil ab; Mn-Stähle, Cr Mn-Stähle, Ni-Stähle und Cr Ni-Stähle zeichnen sich dagegen durch hohe Kaltzähigkeit und Festigkeit aus. Die Legierungszusätze sind den geforderten Temperaturbereichen entsprechend abzustimmen[1].

1.7.3 Eisengußwerkstoffe

Die *Gußwerkstoffe* verdanken ihre weite Verbreitung in erster Linie den nahezu unbegrenzten Möglichkeiten der unmittelbaren Formgebung und — bei sachgemäßer Gestaltung und Herstellung — der hohen Maßgenauigkeit und damit der Einsparung von Bearbeitung.

Die *Eisen-Kohlenstoff*-Gußwerkstoffe werden nach DIN 1690, Bl. 1, eingeteilt in Stahlguß, Temperguß, Gußeisen (Gußeisen mit Kugelgraphit und Gußeisen mit Lamellengraphit) und Sonderguß. Die genormten Bezeichnungen und die wichtigsten Festigkeitswerte sind in Tab. 1.13 zusammengestellt.

Als *Stahlguß* wird jeder Stahl bezeichnet, der im Elektro-, Siemens-Martin-Ofen oder im Konverter erzeugt, in Formen gegossen und einer Glühung unterzogen wird. Die Eigenschaften richten sich nach der Zusammensetzung und der Art der Glühbehandlung; sie sind nahezu denen entsprechender Stähle gleich. Stahlguß ist also schmiedbar und schweißbar, besitzt hohe Festigkeit, Dehnung und Zähigkeit; durch geeignete Legierungszusätze können — wie bei Stahl — Warmfestigkeit, Hitze- und Korrosionsbeständigkeit gesteigert und auch Oberflächenhärtbarkeit erzielt werden.

---

[1] Vgl. z. B. Druckschrift „Kaltzähe Nickel-Stähle" des Nickel-Informationsbüros GmbH, Düsseldorf.

1.7 Stoffgerechtes Gestalten

Tabelle 1.13. *Genormte Eisengußwerkstoffe*

Stahlguß

Werkstoff und Normblatt	Bezeichnung	Festigkeitswerte in kp/mm²					
		σ_B*	σ_S*	$\sigma_b W$	σ_b Sch	$\tau_t W$	τ_t Sch
Unlegierter Stahlguß nach DIN 1681 (Juni 1967)	GS-38	38	19	18	27	11	16,5
	GS-45	45	23	20	32	12,5	20
	GS-52	52	26	20	38	12,5	23
	GS-60	60	30	24	43	14	26,5
	GS-62	62	35	24	44	14	27
	GS-70	70	42	25	47	15	29

Werkstoff und Normblatt	Bezeichnung	σ_B*	σ_S bei [°C]				$\sigma_{B/100000}$ bei [°C]		
			20	300	400	450	500	450	500	550
Warmfester Stahlguß nach DIN 17245 (Jan. 1959)	GS-C 25	45	25	17	13	9		6,5	3,3	
	GS-22 Mo 4	45	25	21	17	14	11	20,6	11,2	3,5
	GS-22 Cr Mo 5 4	53	30	28	24	21	17	25,3	15,9	4,7
	GS-20 Mo V 5 3	50	30	28	24	22	18	23,4	13,1	6,1
	GS-20 Mo V 8 4	60	40	32	29	26	22	28,1	15,0	7,5

* Mindestwerte.

Temperguß nach DIN 1692 (Juni 1963)

	Bezeichnung	Festigkeitswerte† in kp/mm²					
		σ_B	$\sigma_{0,2}$	$\sigma_b W$	σ_b Sch	$\tau_t W$	τ_t Sch
Entkohlend geglühter (weißer) Temperguß	GTW-35	35	—	14	25	8,5	16,5
	GTW-40	40	22	17	29	10	19
	GTW-45*	45	26	18	32	11,5	21
	GTW-55*	55	36	22	40	14	26
	GTW-65**	65	43	26	47	16,5	31
	GTW-S 38***	38	20	15	27	10	18
Nicht entkohlend geglühter (schwarzer) Temperguß	GTS-35	35	20	14	26	8,5	17
	GTS-45	45	30	18	32	11,5	21
	GTS-55	55	36	22	40	14	26
	GTS-65	65	43	26	47	16,5	31
	GTS-70**	70	55	28	50	18	33

* Thermisch nachbehandelter GTW. — ** Vergütet.
*** Für Festigkeitsschweißungen ohne thermische Nachbehandlung geeignet (S = schweißbar).
† Mindestwerte bei 12 mm Probestabdurchmesser.

Gußeisen

	Bezeichnung	Festigkeitswerte in kp/mm²					
		$\sigma_z B$	σ_S	$\sigma_b W$	σ_b Sch	$\tau_t W$	τ_t Sch
Gußeisen mit Kugelgraphit nach DIN 1693 (Sept. 1961)	GGG-45	45	35				
	GGG-38	38	25	19	34	11	21
	GGG-42	42	28	20	36	12	23
	GGG-50	50	35	21	38	12,5	24
	GGG-60	60	42	24	43	14	26
	GGG-70	70	50	25	45	15	28
Gußeisen mit Lamellengraphit (Grauguß) nach DIN 1691 (Aug. 1964)	GG-10 (12)	10*	—	5,5	8	4	5,5
	GG-15 (14)	15*	—	7	13	5,5	7,5
	GG-20 (18/22)	20*	—	9	18	7	10
	GG-25 (26)	25*	—	11	22	9	12,5
	GG-30	30*	—	14	27	11	15
	GG-35	35*	—	16	32	13	17,5
	GG-40	40	—	19	36	15	20

* Bei 30 mm Rohgußdurchmesser des Probestücks und 20 mm Nenndurchmesser der Zugprobe.

Das Schwindmaß von Stahlguß ist verhältnismäßig groß (etwa 2%), so daß Neigung zu Lunkerbildung, Gußspannungen und Warmrissen besteht, sofern nicht Wanddickenunterschiede, schroffe Querschnittsübergänge und Stoffanhäufungen vermieden werden. Infolge Gasblasenbildung weisen die Oberflächen kein glattes, sondern pockennarbiges Aussehen auf. Die Wichte von Stahlguß beträgt 7,85 p/cm³, der Elastizitätsmodul 20000 bis 21500 kp/mm².

Unlegierter Stahlguß nach DIN 1681 dient allgemeinen Verwendungszwecken, z. B. für Maschinenständer, Pumpen- und Turbinengehäuse, Kreuzköpfe, Pleuelstangen, Hebel, Bremsscheiben, Ventilkörper, Zylindergehäuse und -deckel, Lagerkörper, Lagerschalen, Stirnräder, Radkörper, Zahnkränze usw. Das Normblatt enthält auch Sorten mit gewährleisteter Streckgrenze *und* Kerbschlagzähigkeit (GS-38.3, GS-45.3, GS-52.3, GS-60.3 und GS-62.3). Für den *warmfesten Stahlguß* nach DIN 17245 sind in Tab. 1.13 die Warmstreckgrenze und die Zeitstandfestigkeit in Abhängigkeit von der Temperatur angegeben. Warmfester Stahlguß findet Verwendung für Dampfturbinengehäuse, Laufräderscheiben, Leiträderscheiben, Heißdampfventile, Rohrstutzen, Rohrkrümmer u. ä. Für sehr hohe Beanspruchungen und Temperaturen über 550 °C, z. B. in modernen Wärmekraftanlagen, wird hochlegierter austenitischer Stahlguß (z. B. GX-22 Cr Ni Mo V 12, GX-10 Cr Ni Mo Nb 18 12) eingesetzt.

Temperguß nach DIN 1692 ist ein Eisen-Kohlenstoff-Gußwerkstoff, der auf Grund seiner Legierungsbestandteile graphitfrei erstarrt, bei dem also der gesamte Kohlenstoff (etwa 2,5 bis 3%) zunächst in gebundener Form als Eisenkarbid (Zementit) vorliegt. Gute Fließbarkeit und gutes Formfüllungsvermögen gewährleisten große Maßhaltigkeit und saubere Oberflächen. Der Temperrohguß wird einer Glühbehandlung unterworfen, die den restlosen Zerfall des Eisenkarbids bewirkt und zu Festigkeits- und Zähigkeitswerten führt, die denen von Stahlguß und unlegierten Stählen sehr nahekommen.

Erfolgt die Glühbehandlung in entkohlender Atmosphäre, so erhält man den *entkohlend geglühten (weißen) Temperguß GTW*, bei dem die Gefügeausbildung von der Wanddicke abhängig ist (Randzone: Ferrit; Kernzone: Perlit + Temperkohle). Er findet vorwiegend Verwendung für kleinere dünnwandige Massenartikel wie Beschlagteile, Schloßteile, Schlüssel, Griffe, Handräder, Fittings, Schraubenschlüssel, Förderketten, Bremsbacken, Lenkgehäuse, Lagerschilde u. ä. Dünnwandiger ($s < 8$ mm), gut entkohlter Temperguß (GTW-S 38) ist ohne thermische Nachbehandlung schweißbar.

Beim Glühen in nichtentkohlender (neutraler) Atmosphäre entsteht im ganzen Querschnitt *gleiches* Gefüge mit im allgemeinen ferritischer Grundmasse und kugelförmigen Temperkohleflocken; man spricht von *nicht entkohlend geglühtem (schwarzem) Temperguß GTS*. Durch besondere Art der Glühbehandlung und den Verlauf der Abkühlung bzw. nachträgliches Vergüten kann ein Gefüge aus lamellarem oder körnigem Perlit + Temperkohle erzielt werden. Diese hochfesten Tempergußsorten finden immer mehr Anwendung, u. a. im Kraftfahrzeug- und Landmaschinenbau, zumal auch schwerere Teile (bis etwa 100 kp) einwandfrei geliefert werden können. Man verwendet GTS für Getriebegehäuse, Hinterachsgehäuse, Schaltgabeln, Kipphebel, Gabelstücke für Gelenkwellen, Kurbelwellen, Bremstrommeln und vieles andere.

Alle Tempergußsorten sind gut bearbeitbar, härtbar und vergütbar; auch Oberflächenhärtung ist möglich. Schwindmaß 1 bis 2% bei GTW, 0 bis 1,5% bei GTS; Elastizitätsmodul etwa 17000 kp/mm²; Wichte 7,4 p/cm³.

Gußeisen ist ein Eisengußwerkstoff mit mehr als 1,7% Kohlenstoff (2,5 bis 4%), von dem ein größerer Teil im Gefüge als Graphit enthalten ist.

Bei gewöhnlichem Gußeisen (Grauguß) GG bzw. *Gußeisen mit Lamellengraphit* haben die Graphitausscheidungen Lamellen- oder Schuppenform, deren scharfkantige Ränder wie Kerben wirken und die Festigkeit ungünstig beeinflussen. Grauguß hat weder eine Streckgrenze noch eine nennenswerte Dehnung und ist daher für Schlagbeanspruchung ungeeignet. Trotz geringer statischer Zugfestigkeit wird Grauguß im Maschinenbau, Fahrzeugbau und in der Elektroindustrie sehr viel verwendet, da er Eigenschaften aufweist, die bei anderen Werkstoffen nicht in gleichem Maße vorhanden sind; hierzu gehören vor allem: niedriger Preis, gute Fließbarkeit und gutes Formfüllungsvermögen beim Vergießen, geringe Lunkerneigung, gute Bearbeitbarkeit, hohe Druckfestigkeit (etwa 4 mal Zugfestigkeit), verhältnismäßig hohe Dauerfestigkeit (Gestaltfestigkeit), Kerbunempfindlichkeit, ausgezeichnetes Dämpfungsvermögen, günstige Laufeigenschaften und große Verschleißfestigkeit, Korrosionsbeständigkeit und nur geringe Änderung der mechanischen Eigenschaften bei Temperaturen bis 450 °C.

Der unlegierte und niedriglegierte Grauguß ist in DIN 1691 genormt, s. Tab. 1.13, unten; der „normale" Grauguß (GG-10 bis GG-20) dient allgemeinen Konstruktionszwecken und wird bei niedrigen und mittleren Beanspruchungen verwendet: Hebel, Grundplatten, Gehäuse, Ständer, Rahmen, Lagerböcke, Zylinder, Kolben, Kolbenringe, Gleitbahnen, Laufbuchsen, Riemenscheiben, Kupplungen, Schieber- und Ventilgehäuse bei niedrigen Drücken und Temperaturen, Muffendruckrohre, Formstücke u. ä.

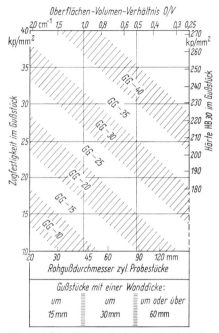

Abb. 1.24. Schaubild zur Abschätzung der Zugfestigkeit und Härte in Gußstücken aus Gußeisen mit Lamellengraphit nach DIN 1691 (August 1964)

Aus GG-25 und GG-30 werden hochbeanspruchte Teile wie Rotorsterne, Zylinder, Schwungräder, Turbinenteile, Zahnräder, Motorständer, Laufbuchsen, Kolben, Kolbenringe und Lagerschalen hergestellt. Die Sorten GG-35 und GG-40 sind Ausnahmefällen vorbehalten.

Die in der Tabelle angegebenen Zugfestigkeiten gelten für maßgebende Wanddicken von 15 bis 30 mm und 30 mm Rohgußdurchmesser oder -dicke der Proben. Für die tatsächlichen Festigkeitswerte *im Gußstück* sind die Wanddicken und die Abkühlungsverhältnisse entscheidend. Anhaltsangaben hierüber enthält das Beiblatt DIN 1691 und die daraus entnommene Abb. 1.24; das Diagramm soll dem Konstrukteur eine Abschätzung der Zugfestigkeit ermöglichen oder bei verlangter Zugfestigkeit und gegebenen Wanddicken die Auswahl der Sorte erleichtern. GG hat ein Schwindmaß von etwa 1%, eine Wichte von 7,2 bis 7,35 p/cm³, der Elastizitätsmodul schwankt zwischen 8400 (GG-15) und 15400 kp/mm² (GG-40).

Die Weiterentwicklung der Gußeisenwerkstoffe führte dazu, durch geeignete Zusätze von Alkalien, Erdalkalien, Seltenen Erden u. a. (z. B. Magnesium) unter besonderen Bedingungen den als Graphit vorliegenden Kohlenstoffanteil nahezu vollständig in weitgehend *kugeliger* Form anfallen zu lassen. Die seither unter den

Bezeichnungen „sphärolithisches Gußeisen", „Kugelgraphitguß", „duktiles Gußeisen" oder „Sphäroguß"[1] entstandenen Sorten wurden in DIN 1693 als „*Gußeisen mit Kugelgraphit*" mit dem Kurzzeichen GGG (letztes G = globular) genormt. Diese neuen Gußsorten besitzen stahlähnliche Festigkeitseigenschaften, vor allem merkliche Dehnung, Streckgrenze und Verformung vor dem Bruch, ohne allzuviel von den oben genannten Vorzügen des Gußeisens mit Lamellengraphit einzubüßen. Sie füllen die Lücke zwischen Grauguß und Stahl- bzw. Temperguß aus und werden dann verwendet, wenn die Festigkeitseigenschaften von GG nicht ausreichen und andererseits die hohen Zähigkeitswerte von GS nicht erforderlich sind. Auch preislich liegt GGG zwischen GG und GS. Die in DIN 1693 vorangestellte Sorte GGG-45 erfordert geringeren Erzeugungsaufwand als die folgenden Sorten und genügt in vielen Fällen den Ansprüchen. Die verschiedenen Eigenschaften der Sorten GGG-38 bis GGG-70 beruhen auf der Verschiedenheit des Grundgefüges; es ist bei GGG-38 und GGG-42 (und auch bei GGG-45) vorwiegend ferritisch, bei GGG-50 und GGG-60 ferritisch/perlitisch und bei GGG-70 vorwiegend perlitisch. Die mechanischen Eigenschaften sind nach Wärmebehandlung weitgehend von Wanddickenunterschieden unabhängig.

Beispiele für die Verwendung von GGG sind: Transportketten, Umlenkräder, Lüfterräder, Pumpenlaufräder, Abgasturbinengehäuse, Motorrahmen, Kompressoren, Zahnräder, Nocken, Gleitbahnen, Kurbelwellen, Kupplungsgehäuse, Schieber für Dampf- und Seewasserleitungen, Vorderachsböcke für Ackerschlepper, Walzen, große Preßstempel, Matrizen, Pflugscharen usw. Die Schwindung schwankt zwischen 0 und 2% je nach Grundgefüge und Gestalt des Gußteils, die Wichte beträgt 7,1 bis 7,3 p/cm³, der Elastizitätsmodul 16500 bis 18500 kp/mm².

Sonderguß (G...) umfaßt alle Eisen-Kohlenstoff-Gußwerkstoffe, die sich in die Werkstoffgruppen GS, GT, GG und GGG nicht oder nur schwer einordnen lassen. Hierzu gehören vor allem gegossene Eisen*legierungen* für besondere Eigenschaften, z. B. unmagnetische Werkstoffe für die Elektrotechnik, besonders verschleißfeste oder hitzebeständige oder korrosionsbeständige Sorten. Es sei hier z. B. auch auf das Meehanite[2]-Gußeisen hingewiesen, bei dem durch bestimmte „Impfungen" (mit eisenfreien Siliziden) im flüssigen Zustand und durch genaue Führung des Schmelz- und Gießvorganges bewirkt wird, daß sich eine extrem feine und gleichmäßige Graphitverteilung in einem Grundgefüge aus Perlit und Sorbit einstellt. Hohe Festigkeit, dichtes Gefüge, Härtbarkeit und Polierbarkeit, hohe Verschleißfestigkeit und bei Sonderqualitäten Hitze- und Korrosionsbeständigkeit sichern vorteilhafte Verwendung für große Werkzeugmaschinentische, -schlitten, -ständer, Schwungräder, Zahnräder, Ritzel und Schnecken, Pumpen-, Turbinen-, Schieber-, Getriebe- und Elektromotorengehäuse, Hydraulik- und Pneumatikteile, Hochdruckkolben, Bremstrommeln, Gesenke u. dgl.

Genormt sind in DIN 1694 hochlegierte austenitische Gußeisensorten, und zwar 9 Sorten GGL-... und 11 Sorten GGG-...; kaltzäh bis −196 °C ist GGG-Ni Mn 23 4.

1.7.4 Leichtmetalle

Die wichtigsten Leichtmetalle sind *Aluminium* (Wichte ∼2,6 bis 2,7 p/cm³) und *Magnesium* (Wichte ∼1,75 bis 1,8 p/cm³). Als Konstruktionswerkstoffe haben hauptsächlich Leichtmetall-*Legierungen* besondere Bedeutung gewonnen, die neben dem Vorzug der geringen Wichte noch die Vorteile beachtlicher Festigkeit und Härte,

---

[1] Handelsname, gesetzlich geschützt.
[2] Vgl. Druckschriften der Arbeitsgemeinschaft Deutscher Meehanite-Gießereien, Kontaktstelle Stuttgart.

guter Verarbeitungsfähigkeit durch Pressen, Schmieden, Walzen, Gießen, hohe Korrosionsbeständigkeit, gute Zerspanbarkeit und günstiges thermisches Verhalten (geringe Wärmeaufnahme und gutes Wärmeleitvermögen) aufweisen. Zu beachten ist jedoch der geringe Elastizitätsmodul; er beträgt bei Aluminiumlegierungen etwa 7000 kp/mm^2 und bei Magnesiumlegierungen nur etwa 4500 kp/mm^2; um genügende Steifigkeit zu erhalten, müssen daher Querschnitte mit entsprechend großen Flächenträgheitsmomenten vorgesehen werden. Trotzdem lassen sich im allgemeinen, insbesondere bei Bemessung auf Tragfähigkeit große Gewichtsersparnisse erzielen, und die Verwendung von Leichtmetallegierungen ist nicht mehr nur auf den Fahrzeug- und Flugzeugbau beschränkt, sondern weitgehend auch auf den Maschinenbau, Apparatebau und Ingenieurbau (Hoch- und Brückenbau) ausgedehnt.

In den Tab. 1.14 bis 1.17 sind die genormten Leichtmetallegierungen mit Hinweisen auf Lieferformen, Eigenschaften und Verwendung angegeben. Die Legierungselemente sind aus den Kurzzeichen der Sorten erkennbar.

Für die *Knetlegierungen* enthalten die in den Tab. 1.14 und 1.15 angegebenen, für die verschiedenen Lieferformen gültigen Normblätter ausführlich die Festigkeitswerte. Die unterschiedlichen Festigkeitswerte ein- und derselben Legierung beruhen auf der Aushärtbarkeit, d. h. einer besonderen Wärmebehandlung, nämlich Glühen mit Abschrecken in Wasser und darauffolgendem Lagern (Kaltaushärtung) bzw. Anlassen (Warmaushärtung). Die guten Formungseigenschaften der Leichtmetallegierungen ermöglichen die Anwendung des Strangpreßverfahrens, mit dem die verschiedensten Spezialprofile, sowohl offene als auch Hohlprofile, leicht und auch schon bei kleinen Mengen wirtschaftlich hergestellt werden können.

Die Festigkeitswerte der *Gußlegierungen* (Sandguß, Kokillenguß und Druckguß, Tab. 1.16 und 1.17) sind sowohl für den unbehandelten Zustand als auch für besondere Lieferzustände (geglüht und abgeschreckt, kalt- oder warmausgehärtet) den angegebenen DIN-Blättern zu entnehmen. Die gute Gießbarkeit der Leichtmetallegierungen ermöglicht die Herstellung dünnwandiger, komplizierter und — besonders bei Druckguß — maßhaltiger Gußstücke mit sauberen Oberflächen. Das Schwindmaß beträgt bei Al-Gußlegierungen etwa 1%, bei Mg-Gußlegierungen etwa 1,2%.

Die Leichtmetallegierungen können durch elektrochemische Behandlung mit anorganischen Überzügen versehen werden, die die Korrosionsbeständigkeit und die Verschleißfestigkeit erhöhen und auch dekorativen Wirkungen dienen. Am bekanntesten ist die anodische Oxydation von Al und Al-Legierungen nach dem Eloxalverfahren. Ähnliche Verfahren sind auch für Magnesiumlegierungen (Seomag-G- und Elomag-Verfahren) entwickelt worden.

Rein- und Reinstaluminium nach DIN 1712 werden wegen ihrer besonders guten Korrosions- und Säurebeständigkeit in der chemischen Industrie, der Nahrungsmittelindustrie und im Schiffbau — oft als Auflagewerkstoffe für plattierte Bleche — und wegen ihrer guten elektrischen Leitfähigkeit in der Elektrotechnik verwendet.

1.7.5 Schwermetalle

Die Schwermetalle Kupfer, Zink, Blei und Zinn finden sowohl als reine Metalle, viel mehr jedoch als Legierungen, vorwiegend für Gleitelemente und Lagerschalen, aber auch für Armaturen, Gehäuse, Behälter u. ä. Verwendung.

Kupfer zeichnet sich durch hohe Leitfähigkeit für Elektrizität und Wärme, hohe Korrosionsbeständigkeit, sehr gute Kaltverformbarkeit und Lötbarkeit aus. Entscheidend ist der Reinheitsgrad, nach dem die Sorten in DIN 1708 eingeteilt sind.

Tabelle 1.14. *Aluminiumknetlegierungen nach DIN 1725, Bl. 1 (Febr. 1967); Auszug*

Bezeichnung der Sorten Kurzzeichen	Lieferformen*							Eigenschaften**					Anwendungsgebiete***
	B	R	St	Pr	G	N	Sch	F	D	S	K	Z	
Al Mn	×	×		×		×	×	1	2	1	1	5	App, Met, Na
Al Mg 1	×	×	×	×				1	1	1	1	5	Met, Na
Al Mg 2	×	×	×	×				1	1	2	1	5	Fa, Met
Al Mg 3	×	×	×	×	×	×	×	3	1	2	1	5	App, Fa, Ing, Schi
Al Mg 5	×	×	×	×	×	×	×	4	1	3	1	3	Fa, Ing, Optik, Schi
Al Mg Mn	×	×		×			×	2	4	1	1	5	App, Fa, Ing, Schi
Al Mg 4,5 Mn	×	×	×	×	×			4	3	1	1	2	App, Fa, Ing, Schi
E-Al Mg Si			Drähte					0	0	3	2	0	Elektrotechnik
Al Mg Si 0,5		×	×	×				1	2	3	2	5	Met
Al Mg Si 1	×	×	×	×	×	×		2	3	2	2	4	Fa, Ing, Met, Na, Schi
Al Mg Si Pb		×	×					0	4	0	3	2	Drehteile (Autom.)
Al Cu Mg Pb		×	×					0	0	0	5	1	Drehteile (Autom.)
Al Cu Mg 0,5					×			3	0	0	5	0	Niete
Al Cu Mg 1	×	×	×	×	×	×		4/3	0	2^W	5	3	Fa, Fl, Ing, Ma
Al Cu Mg 2	×	×	×	×	×			4	0	2^W	5	3	Fa, Fl, Ing, Ma
Al Cu Si Mn					×			0	0	0	5	3	Fa, Fl, Ing, Ma
Al Zn Mg 1	×	×	×	×	×			2	3	2	3	3	Fa, Ing, Ma
Al Zn Mg Cu 0,5	×	×	×	×	×			5	0	0	4	3	Fl, Ma
Al Zn Mg Cu 1,5	×	×	×	×				5	0	2^W	5	2	Fa, Fl, Ing, Ma

* Abkürzungen: B = Bleche und Bänder DIN 1745, R = Rohre DIN 1746, St = Stangen und Drähte DIN 1747, Pr = Strangpreßprofile DIN 1748, G = Gesenk- und Freiformschmiedestücke DIN 1749, N = Stangen und Drähte für Niete DIN 59675, Sch = Schweißdrähte DIN 1732, Bl. 1.
** Abkürzungen: F = Formungseigenschaften (weichgeglüht), D = Anodische Oxydierbarkeit mit dekorativer Wirkung, S = Schweißbarkeit (W = Widerstandsschweißen), K = Korrosionsbeständigkeit gegen Seewasser, Z = Zerspanbarkeit.
Bewertung: 1 = sehr gut, 2 = gut bis sehr gut, 3 = gut, 4 = ausreichend, 5 = bedingt, 0 = nicht angewandt.
*** Abkürzungen: App = Apparatebau, Fa = Fahrzeugbau, Fl = Flugzeugbau, Ing = Ingenieurbau, Ma = Maschinenbau, Met = Metallwaren, Na = Nahrungsmittelindustrie, Schi = Schiffbau.

Tabelle 1.15. *Magnesiumknetlegierungen nach DIN 1729, Bl. 1 (Mai 1963)*

Bezeichnung der Sorten Kurzzeichen	Lieferformen*	Eigenschaften und Verwendung
Mg Mn 2	B R St Pr	korrosionsbeständig, gut schweißbar, leicht verformbar; Behälter, Armaturen, Preßteile
Mg Al 3 Zn	B R St Pr G	schweißbar, verformbar; Bauteile mit mittlerer mechanischer Beanspruchung bei noch guter chemischer Beständigkeit
Mg Al 6 Zn	R St Pr G	beschränkt schweißbar, verformbar; Bauteile mit mittlerer bis hoher mechanischer Beanspruchung
Mg Al 8 Zn	St Pr G	nicht schweißbar, verformbar; Bauteile mit hoher mechanischer Beanspruchung
Mg Zn 6 Zr	R St Pr G	höchste Festigkeit; Bauteile mit hoher mechanischer Beanspruchung

* Abkürzungen: B = Bleche, R = Rohre, St = Stangen, Pr = Profile, G = Gesenkschmiedestücke. Festigkeitswerte s. DIN 9715.

1.7 Stoffgerechtes Gestalten

Tabelle 1.16. *Aluminiumgußlegierungen nach DIN 1725, Bl. 2 (Juli 1959)*

	Bezeichnung der Sorten Kurzzeichen*	G	P	D	KW	KS	Z	S
Sandguß bzw. Kokillenguß*	G-Al Si 12	1	4	0	2	3	3	1
	G-Al Si 12 (Cu)	1	4	0	4	0	3	1
	G-Al Si 10 Mg	1	3	0	2	3	3	1
	G-Al Si 10 Mg (Cu)	1	3	0	4	0	3	1
	G-Al Si 5 Mg	2	2	4	1	2	2	3
	G-Al Si 5 Cu 1	2	2	5	5	0	2	2
	G-Al Si 9 (Cu)	1	3	0	5	0	3	2
	G-Al Mg 3	3	1	1	1	1	1	4
	G-Al Mg 3 (Cu)	3	1	1	3	5	1	4
	G-Al Mg 5	3	1	1	1	1	1	3
	G-Al Mg 10 ho	4	1	1	1	1	1	5
	G-Al Si 6 Cu 4	2	3	0	5	0	2	3
	G-Al Si 7 Cu 3	1	3	0	5	0	2	2
	G-Al Cu 5 Si 3	3	3	5	5	0	1	4
	G-Al Cu 4 Ti wa	4	2	0	5	0	1	5
	G-Al Cu 4 Ti Mg wa	4	2	0	5	0	2	5
Druckguß	GD-Al Si 12	1	4	0	2	3	3	4
	GD-Al Si 10 (Cu)	2	3	0	4	0	2	5
	GD-Al Si 6 Cu 3	2	3	5	5	0	2	5
	GD-Al Mg 9	3	1	4	1	1	1	0
	GD-Al Mg 8 (Cu)	3	1	4	1	0	1	0

* Bei Kokillenguß Kurzzeichen GK-...; ho = homogenisiert, wa = warmausgehärtet.
** Abkürzungen: G = Gießbarkeit, P = mechanische Polierbarkeit, D = dekorative anodische Oxydation, KW = Beständigkeit gegen Witterungseinflüsse, KS = Beständigkeit gegen Seewasser, Z = Zerspanbarkeit, S = Schweißbarkeit.
Bewertung: 1 = ausgezeichnet, 2 = sehr gut, 3 = gut, 4 = ausreichend, 5 = bedingt, 0 = nicht angewandt.

Wichte $\sim 8{,}9$ p/cm³, Elastizitätsmodul 12 500 kp/mm², Schmelzpunkt 1083 °C; Festigkeit 20 bis 24 kp/mm², bei gezogenen Drähten bis 60 kp/mm²; die Zugfestigkeit nimmt bei stärkerer Erwärmung rasch ab. Hauptanwendungsgebiete: Elektrotechnik, chemische Industrie und Wärmetechnik.

Kupferlegierungen. Die Begriffe und Bezeichnungen sind in DIN 1718 festgelegt. Danach werden Legierungen aus mindestens 50% Kupfer und dem Hauptlegierungszusatz Zink *Messing* genannt. Üblich sind Zinkgehalte bis zu 44%, daneben Bleigehalte bis zu 3% zur Verbesserung der Zerspanbarkeit. *Sondermessing* enthält außerdem an Legierungszusätzen Aluminium, Eisen, Mangan, Nickel, Silizium und Zinn. Mit *Bronzen* werden Legierungen aus mindestens 60% Kupfer und einem oder mehreren Hauptlegierungszusätzen, jedoch nicht überwiegend Zink, bezeichnet. Je nach den Hauptlegierungszusätzen unterscheidet man Zinnbronze, Aluminiumbronze, Bleibronze, Zinn-Bleibronze, Siliziumbronze, Nickelbronze usw. Bei mehreren Legierungszusätzen und

Tabelle 1.17. *Magnesiumgußlegierungen nach DIN 1729, Bl. 2 (April 1960)*

	Bezeichnung der Sorten Kurzzeichen*
Sandguß	G-Mg Al 6 Zn 3
	G-Mg Al 8 Zn 1
	G-Mg Al 8 Zn 1 ho
	G-Mg Al 9 Zn 1 ho
	G-Mg Al 9 Zn 1 wa
	G-Mg Al 9 Zn 2
Kokillenguß	GK-Mg Al 8 Zn 1
	GK-Mg Al 8 Zn 1 ho
	GK-Mg Al 9 Zn 1
	GK-Mg Al 9 Zn 1 ho
	GK-Mg Al 9 Zn 1 wa
	GK-Mg Al 9 Zn 2
Druckguß	GD-Mg Al 8 Zn 1
	GD-Mg Al 9 Zn 1
	GD-Mg Al 9 Zn 2

* ho = homogenisiert, wa = warmausgehärtet.

1. Grundlagen

Tabelle 1.18. *Kupferknetlegierungen*

Kurzzeichen neu	bisher	B	R	St	G	Pr	Hinweise auf Eigenschaften und Verwendung

Kupfer-Zink-Legierungen (Messing, Sondermessing) nach DIN 17660 (Dez. 1967)

neu	bisher	B	R	St	G	Pr	Hinweise auf Eigenschaften und Verwendung
CuZn5	Ms95	×	×	×			sehr gut kaltumformbar, gut geeignet zum Drücken, Prägen, Hämmern, Treiben
CuZn10	Ms90	×	×	×			
CuZn15	Ms85	×	×	×			Installationsteile für die Elektrotechnik, Druckmeßgeräte, Federungskörper
CuZn20	Ms80	×	×	×			
CuZn28	Ms72	×	×	×			sehr gut kaltumformbar durch Tiefziehen, Drücken, Nieten, Bördeln; plattierbar. Wärmeaustauscher
CuZn30	Ms70	×	×	×			
CuZn33	Ms67	×	×	×			besonders geeignet zum Bördeln und Kaltstauchen
CuZn36	} Ms63	×	×	×			gut kaltumformbar durch Ziehen, Drücken, Stauchen, Walzen, Gewinderollen, Prägen
CuZn37		×	×	×			
CuZn36Pb1	Ms63Pb	×	×	×			gut zerspanbar, gut kaltumformbar
CuZn36Pb3	—		×	×	×		auf Automaten gut zerspanbar, warm- und kaltumformbar
CuZn40	Ms60	×	×	×	×		gut warm- und kaltumformbar durch Biegen, Nieten, Prägen, Stauchen (Schmiedemessing)
CuZn38Pb1	Ms60Pb	×	×	×	×	×	
CuZn39Pb2		×					gut stanzbar, gut zerspanbar (Uhrenmessing)
CuZn39Pb3	} Ms58		×	×	×	×	gut warm-, gering kaltumformbar; gut zerspanbar; Formdrehteile; Graviermessing
CuZn40Pb2		×	×	×	×	×	
CuZn40Pb3					×		gut warm-, nicht kaltumformbar; Automaten-Ms.
CuZn41Pb2				×		×	bevorzugt für dünnwandige G. } sehr gut warm-, nicht kaltumformbar
CuZn44Pb2	Ms56			×		×	bevorzugt für dünnwandige Pr.
CuZn20Al	SoMs76	×	×		×		Rohre und Rohrböden für Kondensatoren und Wärmeaustauscher
CuZn28Sn	SoMs71	×					
CuZn30Al	—		×		×		sehr hohe Festigkeit, hohe statische Belastung
CuZn31Si	SoMs68		×	×	×		Lagerbuchsen, Führungen, Gleitelemente
CuZn35Ni	SoMs59	×	×	×			Apparatebau, Schiffbau
CuZn39Sn	SoMs60	×					Apparatebau, Rohrböden für Wärmeübertrager
CuZn37Al	} SoMs58Al1	×	×		×	×	Konstruktionswerkstoffe mittlerer Festigkeit, gute Witterungsbeständigkeit; für Gleitzwecke geeignet
CuZn40Al1		×	×	×	×	×	
CuZn40Al2	SoMs58Al2	×	×	×	×	×	hohe Festigkeit, Witterungs- und Gleitbeständigkeit
CuZn40Ni	} SoMs58	×	×	×	×	×	mittlere Festigkeit, aluminiumfrei, gut lötbar
CuZn40Mn		×	×	×	×	×	witterungsbeständig, Apparatebau
CuZn40MnPb	SoMs58Pb	×	×	×	×	×	Automatenlegierung mittlerer Festigkeit

Kupfer-Zinn-Legierungen (Zinnbronze) nach DIN 17662 (Dez. 1967)

neu	bisher	B	R	St	G	Pr	Hinweise auf Eigenschaften und Verwendung
CuSn2	SnBz2	×	×	×			Bänder für Metallschläuche, Rohre, Federn
CuSn6	SnBz6	×	×	×			Federn, Federrohre, Membranen, Gleitorgane
CuSn8	SnBz8	×	×	×			wie CuSn6 mit erhöhter Korrosionsbeständigkeit
CuSn6Zn	MSnBz6	×		×			Federn aller Art, Membranen

Kupfer-Aluminium-Legierungen (Alu-Bronze) nach DIN 17665 (Dez. 1967)

neu	bisher	B	R	St	G	Pr	Hinweise auf Eigenschaften und Verwendung
CuAl5	AlBz5	×	×	×			chemische Industrie, Kali-Industrie, Bergbau
CuAl8	AlBz8	×	×	×	×		chemische Industrie, säurebeständig
CuAl8Fe	AlBz8Fe	×	×	×	×		Kondensatorböden, chemischer Apparatebau
CuAl10Fe	AlBz10Fe		×	×	×		zunderbeständige Teile, Wellen, Schrauben
CuAl9Mn	AlBz9Mn		×	×	×		hochbelastete Lagerteile, Getrieberäder, Ventilsitze
CuAl10Ni	AlBz10Ni	×	×	×	×		Verschleißteile, Steuerteile für Hydraulik
CuAl11Ni	AlBz11Ni		×	×	×		höchstbelastete Lagerteile, Ventile, Verschleißteile

** Abkürzungen: B = Bleche und Bänder DIN 17670, R = Rohre DIN 17671, St = Stangen und Drähte DIN 17672, G = Gesenkschmiedestücke DIN 17673, Pr = Strangpreßprofile DIN 17674.

1.7 Stoffgerechtes Gestalten

Tabelle 1.19. *Kupfergußlegierungen*

Kurzzeichen* nach DIN	ISO	Hinweise für die Verwendung

Gußmessing und Gußsondermessing nach DIN 1709 (Jan. 1963)

DIN	ISO	Hinweise für die Verwendung
G-Ms65	G-Cu65Zn	Armaturen, Gehäuse und Teile mit guter elektrischer Leitfähigkeit
GK-Ms60	GK-Cu60Zn	Armaturen, Beschlagteile, Teile für Elektroindustrie mit metallisch
GD-Ms60	GD-Cu60Zn	blanker Oberfläche
G-SoMs F30	G-Cu55ZnMn	gut gieß- und lötbar; Hochdruckarmaturen, druckdichte Gehäuse
G-SoMs F45	G-Cu55ZnAl1	hohe Festigkeit und Dehnung; Druckmuttern, Grund- und Stopfbuchsen
G-SoMs F60	G-Cu55ZnAl2	hohe statische Festigkeit und Härte; Ventil- und Steuerungsteile; Sitze
G-SoMs F75	G-Cu55ZnAl4	sehr hohe Belastung; Spindeln für Hochdruckarmaturen; Schneckenradkränze

Gußzinnbronze und Rotguß nach DIN 1705 (Jan. 1963)

DIN	ISO	Hinweise für die Verwendung
G-SnBz14	G-CuSn14	Gleitlagerschalen ($p < 600$ kp/cm²), Gleitplatten, Gleitleisten
G-SnBz12	G-CuSn12	Kuppelstücke, Spindelmuttern, Schneckenräder (mittlere Belastung)
GZ-SnBz12	GZ-CuSn12	Gleitlager mit hohen Lastspitzen ($p < 1200$ kp/cm²); höchst-
GC-SnBz12	GC-CuSn12	beanspruchte Schnecken- und Schraubenradkränze
G-SnBz10	G-CuSn10	Armaturen, Pumpengehäuse, Wasserturbinenteile
Rg10	G-CuSn10Zn	Lagerschalen ($p < 500$ kp/cm²); Gleitelemente für niedrige Geschwindigkeiten
GZ-Rg10	GZ-CuSn10Zn	Schiffswellenbezüge, Papier- und Kalanderwalzenmäntel,
GC-Rg10	GC-CuSn10Zn	Schneckenradkränze, Spindelmuttern
Rg7	G-CuSn7ZnPb	Lagerschalen ($p < 400$ kp/cm²); Gleitelemente für mittlere Belastung
GZ-Rg7	GZ-CuSn7ZnPb	hohe Verschleißfestigkeit; gute Notlaufeigenschaften; hoch-
GC-Rg7	GC-CuSn7ZnPb	belastete Lagerbuchsen und -schalen ($p < 800$ kp/cm²)
Rg5	G-CuSn5ZnPb	Armaturen bis 225 °C; dünnwandige Gehäuse; hart und weich lötbar
GZ-Rg5	GZ-CuSn5ZnPb	Schleifringe, Ventilsitzringe, mäßig beanspruchte Gleitlager
GC-Rg5	GC-CuSn5ZnPb	

Gußaluminiumbronze und Gußmehrstoffaluminiumbronze nach DIN 1714 (Jan. 1963)

DIN	ISO	Hinweise für die Verwendung
G-AlBz9	G-CuAl9	Armaturen, chemische und Nahrungsmittelindustrie
G-FeAlBz F50	G-CuAl10Fe	säurebeständige Armaturen hoher Festigkeit
G-NiAlBz F50	G-CuAl9Ni	hohe Festigkeit bei guter Seewasser- und Säurebeständigkeit,
G-NiAlBz F60	G-CuAl10Ni	Schnecken und Schneckenräder, Zahnräder, Heißdampfarmaturen, Verschleißteile
GZ-NiAlBz F70	GZ-CuAl10Ni	
G-NiAlBz F68	G-CuAl11Ni	wie vorher und Gleitlager mit Lastspitzen ($p < 2500$ kp/cm²)
G-MnAlBz F42	G-CuAl8Mn	Sonderzwecke im Schiff- und Maschinenbau und chemischer Industrie

Gußbleibronze und Gußzinnbleibronze nach DIN 1716 (Jan. 1963)

DIN	ISO	Hinweise für die Verwendung
G-PbBz25	G-CuPb25	Verbundlager für den Verbrennungsmotorenbau
G-SnPbBz5	G-CuPb5Sn	säurebeständige Armaturen; gute Gleiteigenschaften
G-SnPbBz10	G-CuPb10Sn	hochbeanspruchte Gleitlager; sehr gute Gleiteigenschaften
G-SnPbBz15	G-CuPb15Sn	hochbeanspruchte Verbundlager, besonders gute Gleiteigenschaf-
G-SnPbBz20	G-CuPb20Sn	ten, gute Notlaufeigenschaften; korrosionsbeständige Armaturen

* G = Sandguß, GK = Kokillenguß, GD = Druckguß, GZ = Schleuderguß, GC = Strangguß.

einem Hauptlegierungszusatz spricht man von Mehrstoffbronzen, z. B. Mehrstoffzinnbronze, Mehrstoffaluminiumbronze.

Nach der Art der Verarbeitung unterscheidet man noch *Kupferknetlegierungen* für die Herstellung durch Schmieden, Pressen, Walzen oder Ziehen und *Kupfergußlegierungen* für die verschiedenen Gießverfahren (Sandguß, Kokillenguß, Druckguß, Schleuderguß, Strangguß, Formmaskenguß, Fein- oder Präzisionsguß nach dem Ausschmelzverfahren und Verbundguß für Laufschichten in Lagerschalen). Rotguß ist eine Gruppe von Gußlegierungen, die aus Kupfer, Zinn, Zink und gegebenenfalls Blei bestehen (Rotguß kann auch als Guß-Mehrstoff-Zinnbronze bezeichnet werden). Die genormten Kupferknetlegierungen sind in Tab. 1.18 zusammengestellt; die Tabelle enthält außer den Normblattnummern, den Kurzzeichen und den Lieferformen knappe Angaben über Eigenschaften und Verwendung. Bezüglich der vollständigen technischen Lieferbedingungen sei auf die in der Fußnote angegebenen DIN-Blätter hingewiesen. Die Kupfer-Nickel-Zink-Legierungen (Neusilber) sind in DIN 17663 genormt; sie zeichnen sich durch Anlaufbeständigkeit aus und werden vor allem in der Feinmechanik, Optik, Innenarchitektur und auch für Federn verwendet. Kupfer-Nickel-Legierungen nach DIN 17664 eignen sich wegen ihres ausgezeichneten Widerstandes gegen Erosion, Kavitation und Korrosion für den Apparatebau (Wärmeaustauscher, Kondensatoren, Speisewasservorwärmer, Ölkühler, Süßwasserbereiter, Klimaanlagen u. dgl.). Für die Kupfergußlegierungen gilt Tab. 1.19.

Zink wird nach DIN 1706 in verschiedenen Reinheitsgraden als Feinzink, Hüttenzink, Mischzink und Umschmelzzink geliefert. Es besitzt nur geringe Zugfestigkeit, auch im kaltverformten Zustand höchstens 15 kp/mm², und neigt zum Kriechen. Seine Wichte beträgt $\sim 7{,}1$ p/cm³, der Elastizitätsmodul 9400 kp/mm², Schmelzpunkt 420 °C. Eine unter Atmosphäreneinfluß entstehende Oberflächenschicht (Zinkhydroxyd) schützt gegen weitere Angriffe, jedoch nicht gegen kochendes Wasser, Säuren und Alkalien. Lieferformen von Reinzink sind Bleche, Bänder und Drähte.

Zinklegierungen enthalten als Legierungszusätze Aluminium und Kupfer. Es finden hauptsächlich die Feinzink*guß*legierungen DIN 1743, s. Tab. 1.20, Verwendung, vor allem als Lagerwerkstoff in Form von Buchsen und Lagerschalen oder in Verbundausführung mit Stützschalen, ferner auch für Schneckenräder und kompliziertere Gußstücke aller Art bei niedrigen Beanspruchungen (Feinwerktechnik, Fahrzeugbau, z. B. Vergasergehäuse, Armaturen u. ä.). Die Korrosionsbeständigkeit ist nicht besser als die von Reinzink.

Blei hat die hohe Wichte von 11,34 p/cm³, den niedrigen Schmelzpunkt von 327 °C und den sehr geringen Elastizitätsmodul von 1600 kp/mm². Seine Festigkeit ist sehr gering (1 bis 2 kp/mm²), ebenso seine Härte (HB = 4 kp/mm²). Es besitzt jedoch gute Korrosionsbeständigkeit und wird daher als Feinblei, Hüttenblei oder Umschmelzblei nach DIN 1719 in der chemischen Industrie für die Auskleidung von Behältern, für Rohre, Rührwerke u. dgl. verwendet, ferner für Akkumulatorenplatten und als Strahlenschutz bei der Röntgenprüfung und im Reaktorbau.

Bleilegierungen finden für Druckguß Verwendung; die hierfür genormten Sorten und Hinweise für die Verwendung enthält Tab. 1.20 nach DIN 1741. Legierungszusätze sind Antimon und Zinn. Über die Verwendung als Lagermetall s. Abschn. 4.3.1.3 (Gleitlagerwerkstoffe), als Lot s. Abschn. 2.2.1 (Lötverbindungen).

Zinn hat einen noch niedrigeren Schmelzpunkt (232 °C), eine Wichte von 7,3 p/cm³ und einen Elastizitätsmodul von 5500 kp/mm². Über den Reinheitsgrad gibt DIN 1704 Aufschluß. Wegen seiner guten Korrosionsbeständigkeit wird Zinn vorwiegend zu

Tabelle 1.20. *Zink-, Blei- und Zinngußlegierungen*

Bezeichnung der Sorten* Kurzzeichen	Hinweise für die Verwendung
Feinzinkgußlegierungen nach DIN 1743, Bl. 2 (Juni 1967)	
GD-Zn Al 4	Gußstücke aller Art, insbesondere bei höheren Anforderungen an die Maßbeständigkeit
GD-Zn Al 4 Cu 1	Gußstücke aller Art
G-Zn Al 4 Cu 3	Gußstücke aller Art, sowie Lager, Schneckenräder und andere Gleitorgane (auch Schleuderguß)
GK-Zn Al 4 Cu 3	
G-Zn Al 6 Cu 1	gießtechnisch schwierige Stücke
GK-Zn Al 6 Cu 1	
Bleidruckgußlegierungen nach DIN 1741 (Sept. 1936)	
GD-Pb 97	
GD-Pb 87	
GD-Pb 85	Gußstücke für Schwunggewichte, Pendel, Teile für Meßgeräte, Drucklettern
GD-Pb 59	
GD-Pb 46	
Zinndruckgußlegierungen nach DIN 1742 (Sept. 1936)	
GD-Sn 78	
GD-Sn 75	
GD-Sn 70	Gußstücke für Elektrizitätszähler, Gasmesser, Geschwindigkeitsmesser, sonstige Zähler, Rundfunkgeräte
GD-Sn 60	
GD-Sn 50	

* G = Sandguß, GK = Kokillenguß, GD = Druckguß, bei den Blei- und Zinngußlegierungen steht in den Normblättern die veraltete Bezeichnung Sg = Spritzguß (anstelle von GD).

Schutzüberzügen für Rohrleitungen und Apparate der Nahrungsmittelindustrie verwendet.

Zinnlegierungen als Druckgußlegierungen sind in DIN 1742 genormt; vgl. auch Tab. 1.20. Legierungszusätze sind Antimon, Kupfer und Blei. Die Zinndruckgußstücke zeichnen sich durch hohe Maßgenauigkeit und Korrosionsbeständigkeit aus. Über die Verwendung als Lagermetall s. Abschn. 4.3.1.3 (Gleitlagerwerkstoffe), als Lot s. Abschn. 2.2.1 (Lötverbindungen).

1.7.6 Sinterwerkstoffe[1]

Sinterwerkstoffe werden nach pulvermetallurgischen Verfahren hergestellt, d. h., es werden Werkstoffe in Pulverform durch Pressen vorverdichtet und durch gleichzeitiges oder nachfolgendes Erhitzen (Sintern) verfestigt. Gesinterte Maschinenteile zeichnen sich durch große Maßgenauigkeit, hohe Festigkeit und eine oft gewünschte Porosität (z. B. für Schmiermittelspeicherung) aus. Wegen hoher Herstellungskosten, die jedoch teilweise durch Einsparungen an Bearbeitungs-, Kontroll- und Montagekosten ausgeglichen werden, finden Sinterwerkstoffe hauptsächlich für kleine einbaufertige Formteile in Fahrzeugbau, Feinwerktechnik und Elektrotechnik bei hohen Stückzahlen Anwendung.

---

[1] RITZAU, G.: Neue Erfahrungen auf dem Gebiet der Sinterwerkstoffe. VDI-Z 107 (1965) 1203–1212.

Nach der Art der Grundwerkstoffe (Pulver) unterscheidet man Sinterstahl, Sintermessing, Sinterbronze und Sinteraluminium. Die mechanischen Eigenschaften der gesinterten Teile hängen von Mischungsverhältnis, Korngröße, Druck und Temperatur ab. Sintermessing und Sinterbronze haben Zugfestigkeiten bis ∼25 kp/mm², bei Sintereisen können durch Zulegieren von Kohlenstoff und/oder Kupfer Zugfestigkeiten bis 75 kp/mm² erreicht werden. Bei Verwendung für Lagerbuchsen wird nach der Sinterung kalibriert; Sintermetallager eignen sich besonders für hohe Belastungen und niedrigste Gleitgeschwindigkeiten (z. B. Pendelbewegungen). Sinteraluminium (S. A. P.) besitzt bei Oxydgehalten bis 13% eine hohe Warmfestigkeit (bei 500 °C $\sigma_B = 11$ kp/mm²; $\sigma_{0,2} = 10$ kp/mm²) und wird daher für thermisch beanspruchte Teile von Verbrennungskraftmaschinen, Gasturbinen und im Reaktorbau verwendet. Lieferformen sind Strangpreßprofile, Schmiedestücke, Bleche und Rohre.

1.7.7 Nichtmetallische Werkstoffe

Zu den zu Bauteilen verwendeten nichtmetallischen Werkstoffen gehören außer Holz vor allem die Kunststoffe und Gummi, wobei die synthetischen Kautschuksorten den „Kunststoffen" zugeordnet werden können.

Unter *Kunststoffen* versteht man ganz oder teilweise synthetisch hergestellte hochmolekulare organisch-chemische Verbindungen, die bei der Verarbeitung plastisch, im Gebrauchszustand jedoch im allgemeinen fest sind. Wegen ihres harzähnlichen Charakters werden viele solcher Stoffe auch als Kunstharze bezeichnet. Die Mannigfaltigkeit der möglichen chemischen Zusammensetzungen und der verschiedenen Herstellungsverfahren (Polykondensation, Polymerisation, Polyaddition ...) hat zu einer sehr großen Zahl von Sorten geführt, die man am besten nach ihrem *Verhalten* einteilt in:

1. Duroplaste, die sich bei Erwärmung chemisch umwandeln, dabei aushärten und nachher nicht mehr erweichen,

2. Thermoplaste, die bei Erwärmung weich werden, wobei jedoch keine chemischen Veränderungen eintreten, so daß sie beim Abkühlen in den ursprünglichen Zustand zurückkehren und bei wiederholter Erwärmung immer wieder plastisch werden,

3. Elaste, die gummi-elastisches Verhalten aufweisen.

Die wichtigsten *chemischen* Bezeichnungen, *einige* Handelsnamen, Festigkeitswerte und Anwendungshinweise sind in Tab. 1.21 zusammengestellt.

Die härtbaren Kunstharze (Duroplaste) werden meistens mit Zusätzen, den sog. Füllstoffen oder Harzträgern verarbeitet, z. B. mit Gesteinsmehl, Asbestfaser, Asbestschnur, Holzmehl, Gewebeschnitzel, Papierschnitzel, Gewebebahnen, Papierbahnen, Cellulosefaser, Glasfaser, Glasstränge, Glasgewebe u. ä.

Die *Verarbeitung* von Kunststoffen kann erfolgen durch Formpressen, Spritzpressen, Strangpressen und Spritzgießen (Begriffsbestimmungen s. DIN 16700); Halbzeuge, insbesondere Schichtpreßstoffe, können auch spanabhebend bearbeitet werden. Nach DIN 7708, Bl. 1, werden die *ungeformten* Ausgangsprodukte *Formmassen* genannt; man unterteilt sie in Preßmassen und Spritzgußmassen; die durch die spanlose Formung hergestellten Teile heißen *Formteile* (Preßteile und Spritzgußteile); die Werkstoffe, aus denen die Formteile dann bestehen, werden als *Formstoffe* (Preßstoffe und Spritzgußstoffe) bezeichnet. Die Werkstoffeigenschaften im Formteil, also die Eigenschaften des Formstoffes hängen ab von der Art der Formmasse, von den Fertigungsbedingungen beim Formen, der Gestalt des Formteils, dem Fließen der Formmasse und in Verbindung damit auch vom Gefüge im Formteil.

1.7 Stoffgerechtes Gestalten

Vor allem die mechanischen Eigenschaften sind von dem Gefüge im Formteil abhängig. Man muß also streng unterscheiden zwischen Eigenschaftsangaben für Formmasse, gekennzeichnet durch die an Normprobekörpern ermittelten Eigenschaften einerseits und den für das Formteil gültigen andererseits. Für letztere können immerhin bei geometrischer Ähnlichkeit die an Normprobekörpern ermittelten Eigenschaften einen Anhalt geben.

Um die Formmassen zu ordnen und um dem Verarbeiter den Bezug definierter Massen zu ermöglichen, sind in den DIN-Normen Typentabellen mit Mindestanforderungen für einige typische Eigenschaften aufgestellt worden. Für die typisierten Formmassen und die daraus hergestellten Teile darf das Überwachungszeichen (Firmenkennzeichen und Typzeichen) nach DIN 7702 verwendet werden. Die Überwachung wird von bestimmten Prüfanstalten[1] durchgeführt.

Normblätter für Kunststoffe:

Phenoplastpreßmassen	DIN 7708, Bl. 2, 7708, Bbl.
Aminoplastpreßmassen	DIN 7708, Bl. 3, 7708, Bbl.
Kaltpreßmassen, Bitumenpreßmassen	DIN 7708, Bl. 4
Schichtpreßstofferzeugnisse	DIN 7727
Hartpapier, Hartgewebe	DIN 7735
Vulkanfiber	DIN 7737
Polystyrolspritzgußmassen	DIN 7741, 7741, Bbl.
Celluloseacetat- (CA-) Spritzgußmassen	DIN 7742, 7742, Bbl.
Celluloseacetobutyrat- (CAB-) Spritzgußmassen	DIN 7743, 7743, Bbl.
Polycarbonatspritzgußmassen	DIN 7744, 7744, Bbl.
Polymethylmethacrylat- (PMMA-) Spritzgußmassen	DIN 7745, 7745, Bbl.
Polyesterpreßmassen	DIN 16911
Tafeln aus PVC hart (Polyvinylchlorid hart)	DIN 16927
Rohre aus PVC hart (Polyvinylchlorid hart)	DIN 8061
Stranggepreßte Profile aus PVC weich (Polyvinylchlorid weich)	DIN 16941

Die *Eigenschaften* der Kunststoffe sind je nach Herstellung und Zusammensetzung sehr verschieden. Allen gemeinsam ist die geringe Wichte (0,9 bis 2,3 p/cm³); ferner besitzen die meisten ein sehr hohes Dämpfungsvermögen. Die mechanischen Eigenschaften sind recht unterschiedlich und besonders stark von der Art der Füllstoffe abhängig. Außer den in Tab. 1.21 angeführten Festigkeitswerten (Biegung, Druck, Zug) sind in den Normblättern und sonstigen Tafelwerken über Kunststoffe noch der Elastizitäts- bzw. der Deformationsmodul, die Bruchdehnung, die Schlagzähigkeit, die Kerbschlagzähigkeit und die Kugeldruckhärte angegeben. Schlag- und Kerbschlagzähigkeit sind wesentlich geringer als bei Stahl, alle Festigkeitswerte sind stark von der Temperatur abhängig. Die elektrischen Isolationseigenschaften sind bei fast allen Sorten sehr gut, die chemische Beständigkeit ist im allgemeinen gut, bei einigen Typen hervorragend. Die Wärmeleitfähigkeit ist gering, der Wärmeausdehnungskoeffizient sehr hoch (etwa 7mal so hoch wie bei Metallen); die Wärmebeständigkeit ist auf verhältnismäßig enge Temperaturbereiche beschränkt, die obere Grenze liegt bei etwa 100 °C (nur bei Silikonen, Polytrifluormonochloräthylen und Polytetrafluoräthylen über 180 °C), die untere Grenze ist durch die Versprödung bestimmt und liegt etwa bei −30 °C (Polytetrafluoräthylen −80 °C). Für die Maßbeständigkeit ist die Quellung, die Volumenzunahme durch Wasseraufnahme, ausschlaggebend.

Ein großer Vorteil der Kunststoffe liegt in der besonderen Eignung zur Massenfertigung durch spanlose Formung; weitere Vorzüge sind saubere, glatte Oberflächen, die Möglichkeiten der Farbgebung, Lichtechtheit und besondere optische

---

[1] Bundesanstalt für Materialprüfung, Berlin-Dahlem (BAM); Staatliche Materialprüfungsanstalt, Darmstadt (MPA); Deutsches Amt für Material- und Warenprüfung, Halle (DAMW).

Tabelle 1.21. *Kunststoffe*

Chemische bzw. Normbezeichnung	Wichte γ [p/cm³]	Festigkeitswerte [kp/mm²] σ_{bB}	σ_{dB}	σ_{zB}	Handelsnamen (Auswahl)	Verwendung
Duroplaste						
Phenoplast- Typ 11, 12, 13, 15, 16 formmassen 30, 31, 32, 51, 54, 57 71, 74, 77, 83	1,8 ... 2 1,4 1,4	5 ... 7 6 ... 12 6 ... 8	10 ... 12 14 ... 20 14 ... 15	1,5 ... 2,5 2,5 ... 4 2,5 ... 6	Bakelite, Ferrozell, Phenopal, Trolit, Trolitan Z	Formteile für die Elektrotechnik und andere technische Zwecke
Aminoplast- Typ 130, 131 formmassen 150, 152, 153, 154 155, 156, 175	1,5 1,5 1,7 ... 2	7 ... 8 6 ... 8 4 ... 6	18 ... 20 17 ... 20 14 ... 18	2,5 ... 3 3 1,5 ... 2,5	Cibanoid, Melopal, Trolitan H, Ultrapas	Gebrauchsartikel und technische Formteile aller Art
Schichtpreßstoffe						
Hart- Hp 2061 ... 2064 papier Hp 2065, 2067, 2965 Hp 2068	1,3 ... 1,4 1,1 ... 1,4 1,2 ... 1,4	8 ... 15 8 8 ... 10	10 ... 15 4 ... 5 5 ... 8	7 ... 12 5 5	Pertinax, Preßzell, Trolitax	Zahnräder, Riemen- und Seilscheiben, Leitrollen, Wälzlagerkäfige, Gleitlagerschalen
Hart- Hgw 2081 ... 2083 gewebe 2091 ... 2093 Hgw 2084 ... 2086 2094 ... 2096 Hgw 2088/2089 2098/2099	1,3 ... 1,4 1,15 ... 1,4 1,15 ... 1,4	10 ... 13 8 8 ... 10	18 ... 20 4 5 ... 8	6 ... 10 5 5	Ferrozell, Novotex, Resitex, Durcoton, Dytron, Linax	
Schichtpreßholz					Lignofol, Lignofan	
Ungesättigte Polyester glasfaserverstärkt Typ 801	1,5 ... 2,5	14 ... 44	8 ... 14	7 ... 35	Gießharz S, Leguval, Palatal, Vestopal	großflächige Formteile
Epoxydharze, Gießharz mit Quarz gestreckt	1,7 ... 1,8	7 ... 10	20 ... 22	7 ... 8	Araldit, Lekutherm	Armaturen, Formkörper im Apparatebau
Silikonharze mit Glasgewebe	1,7	15	10	10		Isolierstoffe, wärmebeständig
Vulkanfiber Vf 3110 ... 3112 3130, 3140	1,2 ... 1,5	8 ... 9	15 ... 18	4,5 ... 7	Dynopas	Reibringe, Zahnräder, Dichtringe, Manschetten
Kunsthorn	~1,3	14	10	9	Galalith	Griffe, Beschläge

1.7 Stoffgerechtes Gestalten

Thermoplaste

Werkstoff	Dichte				Handelsnamen	Anwendung
Polystyrol Typ 501 und 502	1,05	9 ··· 10	10 ··· 10,5	4,5 ··· 5,5	Trolitul, Vestyron	Gerätebau, Haushaltmasch. hohe Schlagzähigkeit
Styrol-Butadien-Acrylnitril M.P.	1,12	6,5	3,9	3,5	Novodur	
Polyäthylen (weich, Hochdruck-)	0,92	—	—	1,8 ··· 2	Lupolen H	Behälter, Rohre, Flaschen, chemischer Apparatebau, Pumpen-, Ventilatorenteile
Polyäthylen (hart, Niederdruck-)	0,94	2,85	—	2,4	Hostalen G, Vestolen	
Polypropylen	0,9	4,3	11	3	Hostalen PPH, Moplen	
Polyvinylchlorid PVC hart	1,4	~10	8	5 ··· 6	Hostalit C, Vestolit	Apparatebau, Tafeln, Rohre, Dichtungen, Folien
Polyvinylchlorid PVC weich		10		5 ··· 6	Mipolam, Simrit	Formkörper, Dichtungen, Ventile und Ventilsitze
Polytetrafluoräthylen PTFE	2,1 ··· 2,3	1,8	0,7 ··· 1,3	2	Teflon, Hostaflon TF, Hostaflon C, Fluon	
Polymethacrylsäureester PMMA-Spritzgußmassen Typ 525 ··· 528	1,19	12 ··· 16	10 ··· 14	6 ··· 10	Plexiglas, Resartglas, Plexidur, Resadur, Plexigum, Resarit	Tafeln, Rohre, Verglasungen, technische Formteile
Polyamid	1,1 ··· 1,14	7 ··· 11		6 ··· 8,5	Ultramid B, A, S, Trogamid, Durethan BK, Aeternamid	technische Formteile, Zahnräder, Lagerbuchsen, Gleitstücke, Gehäuse
Polyurethan	1,21	3 ··· 5	3 ··· 9	6	Ultramid U, Durethan U	
Polycarbonat Typ 300	1,2	11 ··· 12	8	6,5	Makralon	technische Artikel, Elektroindustrie
Celluloseacetat Typ 431 ··· 435 (CA)-Spritzgußmassen	1,27 ··· 1,31	3,3 ··· 6	2,8 ··· 4,8	3 ··· 5	Cellidor, Ecaron, Trolit W	billige Kleinartikel und Gebrauchsgegenstände
Celluloseacetobutyrat (CAB)-Spritzgußmassen Typ 411 ··· 413	1,18 ··· 1,21	3,8 ··· 5,5	2,6 ··· 4,1	2,6 ··· 3,7	Cellidor B	Rohre, zähe Formteile aller Art

Elaste

Werkstoff	Dichte				Handelsnamen	Anwendung
Styrolkautschuk	0,9 ··· 1,2			2,2 ··· 2,7	Buna S, Buna SS	wie Naturkautschuk
Nitrilkautschuk	0,96			2,2 ··· 3	Butaprene N, Perbunan	quellbeständig, öl- und benzinfest
Chloroprenkautschuk	1,3			0,8 ··· 2,8	Neoprene, Sowpren	gut wärme-, öl- und fettbeständig
Polyurethankautschuk	1,26		3 ··· 6		Vulkollan, Hydrofit	hohe Abriebfestigkeit und Kerbzähigkeit
Silikonkautschuk	1,4 ··· 2			0,5 ··· 0,8	Silopren	hochhitzebeständig
Thioplast	1,6				Perduren, Thiogutt	hohe Ölbeständigkeit

Eigenschaften bei einigen Thermoplasten wie z. B. den Acrylharzen. Abriebfestigkeit und Gleitfähigkeit sind bei einigen Sorten beachtlich und ermöglichen die Verwendung für Lagerbuchsen, Lagerschalen, Gleitplatten und -bahnen, Wellendichtungen, Ventilsitze, Reibräder, Laufrollen usw.

Bei den Gummisorten sind außer der Zugfestigkeit noch wichtig: die Härte, die nach SHORE DIN 53505 gemessen wird, das elastische Verhalten, insbesondere die Dämpfung, die aus der Hysteresisschleife bestimmt wird (DIN 53510, 53511 und 53513) und die Alterung, d. h. die zeitlichen Eigenschaftsänderungen (vgl. auch Abschn. 2.8.3, Gummifedern).

1.8 Fertigungsgerechtes Gestalten

Die Gestaltung von Maschinenteilen wird stark von den verschiedenen Fertigungsverfahren beeinflußt. Auf die Verfahren selbst[1] kann hier nicht eingegangen werden; es seien vielmehr nur kurz die für den Konstrukteur wichtigsten *Gestaltungsrichtlinien* für *einige* Verfahren angeführt[2]. Schweißkonstruktionen werden bei den Verbindungselementen in Abschn. 2.1 ausführlicher behandelt.

1.8.1 Gießverfahren[3]

Bei allen Gießverfahren (Sandguß, Kokillenguß, Druckguß und Feinguß) und allen Gußwerkstoffen (Grauguß, Stahlguß, Temperguß, Schwer- und Leichtmetallguß) gelten im allgemeinen folgende Forderungen:

Verwendung einfacher Grundformen für die Modelle, Kokillen oder Dauerformen, mit möglichst gerade verlaufenden Begrenzungslinien; mehrfache Ausnutzung der Modelle (Abb. 1.25); symmetrische Gestaltung für Verwendung als Rechts- und Linksausführung; Teilung großer, sperriger Stücke (Abb. 1.26).

Vermeidung von Stoffanhäufungen, plötzlichen Querschnittsübergängen und scharfen Ecken, damit beim Erstarrungsvorgang keine Lunker (Hohlräume) und keine Gußspannungen oder gar Risse entstehen (Abb. 1.27). Unvermeidliche Lunkerbildung in solche Teile verlegen, die nachträglich entfernt werden (verlorene Köpfe, Steiger, Eingußtrichter). Genügend große Durchflußquerschnitte für den Fließvorgang beim Gießen vorsehen.

Zweckmäßige Formgebung zum Ausgleich von Spannungen beim Schwinden: gebogene Arme, konische Flächen statt ebenen Platten; evtl. Auseinandersprengen nach dem Gießen in mehrere Einzelteile, z. B. bei großen Rädern und Scheiben.

Gute, bequeme Einformmöglichkeit, genügende Aushebeschrägen vorsehen, s. DIN 1511, Hinterschneidungen und Ansteckteile vermeiden (Abb. 1.28); Teilebenen so legen, daß Einformen einfach und billig und Maßhaltigkeit (auch bei etwas versetzten Formkästen) gewährleistet. Rippenguß statt Hohlguß, wenn nicht andere Umstände glatte Wände nötig machen. Versteifungsrippen dünner als Wände ($\approx 0{,}6s$) und Rippen möglichst rechtwinklig einmünden lassen. Bei Hohlformen

---

[1] Gliederung und Begriffsbestimmung nach O. KIENZLE s. Werkst.techn. u. Masch.bau 47 (1957) 570—576 und „Stanzereitechnik AWF 5000", ferner DIN 8580.
[2] MATOUSEK, R.: Konstruktionslehre des allgemeinen Maschinenbaues, Berlin/Göttingen/Heidelberg: Springer 1957. — BRANDENBERGER, H.: Fertigungsgerechtes Konstruieren, Zürich: Schweizer Druck- u. Verlagsh. 1949. — RÖGNITZ/KÖHLER: Fertigungsgerechtes Gestalten im Maschinen- und Gerätebau, 3. Aufl., Stuttgart: Teubner 1965. — TSCHOCHNER, H.: Konstruieren und Gestalten, Essen: Girardet 1954.
[3] Konstruieren mit Gußwerkstoffen, herausg. vom Verein Deutscher Gießereifachleute und dem Verein Deutscher Ingenieure, VDI-Fachgruppe Konstruktion, 1966. — ZGV-Lehrtafeln, herausg. von der Zentrale für Gußverwendung. Erfahrungen, Untersuchungen, Erkenntnisse für das Konstruieren von Bauteilen aus Gußwerkstoffen, Düsseldorf: Gießerei-Verlag 1966.

möglichst einfache Kerne, mit sicherer Auflage, um Verlagerungen beim Gießen und damit Wanddickenunterschiede zu vermeiden (Abb. 1.29); ferner für genügende Entlüftung und für leichte Entfernbarkeit sorgen.

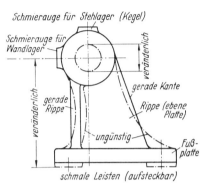

Abb. 1.25. Mehrfache Verwendung eines Gußteils
1. als Stehlager, 2. als Wandlager (um 90° drehen), jeweils mit verschiedener Höhe bzw. Ausladung

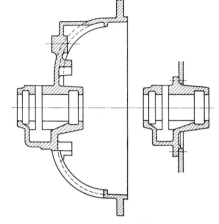

Abb. 1.26. Sperriges Gußstück
Links: Lagerschild einteilig; Herstellung und Bearbeitung teuer. Rechts: Lager abgetrennt, leichter und billiger in der Herstellung, besonders bei serienmäßiger Bearbeitung auf Spezialmaschinen

Verhinderung von Gasblasenansammlungen (unsaubere Oberflächen) durch schräge Flächen an Stelle von waagerechten (Abb. 1.30).

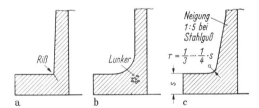

Abb. 1.27. Flanschansatz
a) scharfe Ecke, Gefahr der Rißbildung; b) zu große Abrundung, Gefahr der Lunkerbildung; c) günstige Abrundung und sanfter Übergang

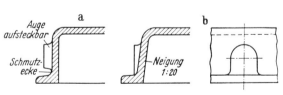

Abb. 1.28. Einformmöglichkeiten
a) Ausheben schlecht, Auge verschiebt sich leicht; b) richtige Aushebeschrägen, Ansteckteil vermieden

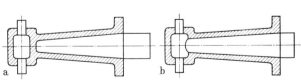

Abb. 1.29. Kernlagerung
a) zwei Kerne, der rechte neigt zur Verlagerung; b) sichere Stützung durch Kernverbindung

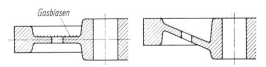

Abb. 1.30. Waagerechte Flächen vermeiden, unsaubere Oberflächen durch Gasblasen

Bei Graugußstücken ist zu beachten, daß die zulässige Druckspannung etwa dreimal so groß ist wie die zulässige Zugspannung; es sind daher Rippen und Versteifungen so zu legen, daß sie auf *Druck* beansprucht werden (Abb. 1.31); Biegungsquerschnitte sind günstig (Abb. 1.32), wenn $e_2 > e_1$, etwa $e_2 \approx 3e_1$ ist.

Über *Druckgußteile* (Spritz- und Preßguß) enthalten die VDI-Richtlinien 2501 nähere Angaben bezüglich Legierungen, Gestaltung und Wirtschaftlichkeit.

Bei *Spritzgußteilen aus thermoplastischen Kunststoffen* ist die Mindestwanddicke von der Fließweglänge abhängig; Stoffanhäufungen sind sorgfältig zu vermeiden; kompliziertere Formen sind möglich, aber teuer; es können auch Metallteile in die Gießformen eingesetzt werden. Spritzgußteile zeichnen sich durch hohe Maßgenauigkeit aus, vgl. DIN 7710, Bl. 2. Weitere Angaben enthalten die VDI-Richtlinien 2006 „Gestaltung von Spritzgußteilen aus thermoplastischen Kunststoffen".

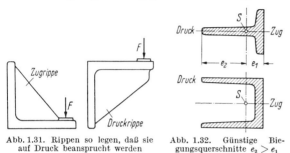

Abb. 1.31. Rippen so legen, daß sie auf Druck beansprucht werden

Abb. 1.32. Günstige Biegungsquerschnitte $e_2 > e_1$

1.8.2 Umformverfahren (Schmieden, Pressen, Ziehen, Stanzen)

Freiformschmiedestücke werden nur als Einzelteile mit sehr einfachen Formen hergestellt; Gestaltungsregeln und Beispiele enthält DIN 7522; insbesondere sind Staucharbeiten, runde Konturen, Kegelflächen, schroffe Querschnittsübergänge und scharfe Ecken zu vermeiden.

Gesenkschmiedestücke lohnen sich erst bei größeren Stückzahlen; Gestaltungsrichtlinien und zulässige Abweichungen bringen DIN 7523 und 7524 für Gesenkschmiedestücke aus Stahl und DIN 9005 für Gesenkschmiedestücke aus Leichtmetall. Besonders zu beachten sind die erforderlichen reichlichen Abschrägungen senkrechter Seitenflächen, die Wahl geeigneter, nicht zu tiefer Querschnittsformen, die Lage der Naht (möglichst in *einer* Ebene), allmähliche Querschnittsübergänge und Abrundungen.

Für *Kunststoffpreßteile* gelten im wesentlichen die gleichen Gesichtspunkte, vgl. DIN 16700 Formtechnik der Formmassen und DIN 7710, Bl. 1 Toleranzen und zulässige Abweichungen für Preßteile, ferner VDI-Richtlinien 2001 „Gestaltung von Preßteilen aus härtbaren Kunststoffen". Es sind möglichst gleiche und nicht zu große Wanddicken zu bevorzugen und Versteifungen und Randverstärkungen vorzusehen. Macht man von der Möglichkeit des Miteinpressens von Metallteilen Gebrauch, so müssen diese gegen Verdrehen und Herausziehen durch Querlöcher, Nuten, Rillen, Kerben, Bunde mit Kordelung oder Rändelung u. ä. gesichert und in den Preßwerkzeugen gut gelagert werden.

Das *Ziehen* dient zur Herstellung von Hohlkörpern durch Umformen aus ebenen Blechzuschnitten mittels Ziehstempel und entsprechendem Unterteil (Ziehring) mit oder ohne Niederhalter, meistens in mehreren Ziehstufen. Es werden runde und rechteckige Hohlkörper gezogen; wichtig sind Ziehkanten- und Ziehstempelhalbmesser sowie Innenhalbmesser der Eckenausrundung und die erreichbare Ziehtiefe gleich Höhe des Hohlkörpers.

Beim *Stanzen* erfolgt die Werkstoffumformung ebener Zuschnitte mittels Ober- und Unterstempel, meistens durch Biegen und Rollen. Für Biegeteile sind außer den Werkstoffen die Biegehalbmesser, die Blechdicken, die Zuschnittlängen und die

Schenkellängen von Bedeutung; vgl. auch DIN 6935. Versteifungen sind bei Blechkonstruktionen durch eingeprägte Rippen, Sicken, Wölbungen und Hochziehen von Rändern möglich.

1.8.3 Spanloses Trennen

Das spanlose Trennen oder Schneiden ist ein Arbeitsverfahren der Stanzereitechnik zur Herstellung von Schnitteilen (ebenen Zuschnitten) aus Blech oder Band. Im Hinblick auf die erforderlichen Schnittwerkzeuge wird man auch hier einfache

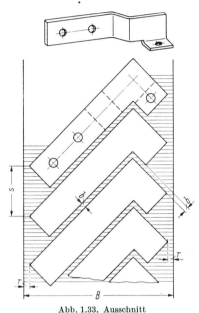

Abb. 1.33. Ausschnitt

b Stegdicke; *r* Randabstand; *s* Vorschub; *B* Band- oder Streifenbreite. Biegekanten möglichst unter 45° zur Walzrichtung

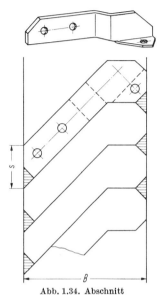

Abb. 1.34. Abschnitt

s Vorschub; *B* Band- oder Streifenbreite. Biegekanten möglichst unter 45° zur Walzrichtung

Formen bevorzugen. Beim *Ausschneiden und Lochen* ist der Schnittverlauf eine geschlossene Linie, der Schnittgrat liegt auf *einer* Seite, und die Genauigkeit der Teile ist nur von der Werkzeuggenauigkeit abhängig. Beim *Abschneiden* erfolgt das Trennen in einem offenen Linienzug, und die Genauigkeit ist von der Bandbreite und dem Vorschub abhängig; bei einseitigem Abschneiden (ohne Steg) liegt am Schnitteil der Grat einmal oben und einmal unten. Die Formgebung der Schnitteile ist in jedem Fall so vorzunehmen, daß der Abfall möglichst gering wird; d. h. am günstigsten sind Teile, die gut ineinander gelegt werden können (Abb. 1.33 bis 1.35). Häufig kann auch der Abfall wieder verwendet werden; die beste Stoffausnutzung erhält man beim *Ab*schneiden. Sollen die Zuschnitte später noch gebogen werden, so ist bei der Anordnung im Streifen auf die Walzrichtung Rücksicht zu nehmen.

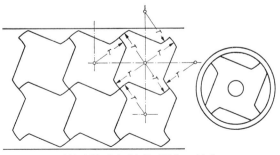

Abb. 1.35. Beispiel für Flächenschluß

1.8.4 Spanabhebende Verfahren

Von diesen ist so wenig wie nur irgend möglich Gebrauch zu machen, da sie mit großem Zeitaufwand, meist hohen Werkzeugkosten und wegen der erforderlichen Bearbeitungszugaben immer mit Werkstoffverlusten verbunden sind. Das Zerspanen ist lediglich auf Arbeitsflächen, also Paß-, Stütz- und Dichtflächen, ferner

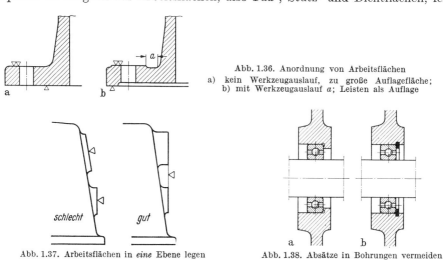

Abb. 1.36. Anordnung von Arbeitsflächen
a) kein Werkzeugauslauf, zu große Auflagefläche;
b) mit Werkzeugauslauf a; Leisten als Auflage

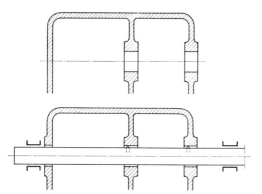

Abb. 1.37. Arbeitsflächen in *eine* Ebene legen

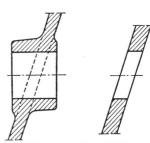

Abb. 1.38. Absätze in Bohrungen vermeiden
a) Anlageschulter; b) glatte Bohrung mit Einstich für Sicherungsring

Abb. 1.39. Durchgehende Bohrungen bevorzugen zwecks sicherer Lagerung der Bohrspindel (nach MATOUSEK)

Abb. 1.40. Bohrlöcher an schrägen Flächen; oben Verlaufen des Bohrers an der Eintrittskante und Abbrechen an der Austrittskante

Gleit-, Reib- und Wälzflächen (Lagerstellen, Gewinde, Verzahnungen) zu beschränken. Dabei sind die betreffenden Flächen möglichst klein zu halten (z. B. Abb. 1.36) und wenn irgend möglich in *eine* Ebene zu legen (Abb. 1.37). Bei Bohrungen sind Absätze zu vermeiden (Abb. 1.38); bei Getriebegehäusen sind durchgehende Bohrungen zu bevorzugen (Abb. 1.39). Für die Aufnahme der Werkstücke auf den Bearbeitungsmaschinen sind Spannmöglichkeiten vorzusehen; ein Umspannen ist möglichst zu vermeiden; auch sind Werkzeugwechsel und Sonderwerkzeuge unerwünscht. Beim Gestalten ist ferner auf den Werkzeugauslauf (z. B. Freistiche nach DIN 509 und Gewinderillen nach DIN 76, Bl. 1) zu achten. Für den Anschnitt beim Bohren (Abb. 1.40) sind zur Bohrerachse senkrechte Flächen erforderlich.

1.8.5 Zusammenbau

Für das Fügen einzelner Teile und das Zusammenbauen von Bauteilgruppen sind bei der Gestaltung zu berücksichtigen: die Art der Verbindungsmittel (s. Abschn. 2), die richtige Wahl der Passungen (Abschn. 1.4.5), die Zusammenbaufolge, eindeutige Lagensicherungen, z. B. durch Paßstifte, Paßschrauben, Keile, Zentrieransätze (Abb. 1.41 und 1.42), Vermeidung von Überbestimmungen (Abb. 1.43 und 1.44), erforderlicher Platz für Montagewerkzeuge (z. B. Schraubenschlüssel), Montageerleichterungen durch geeignete Vorrichtungen, Kegelansätze (Abb. 1.45), Führungen (Abb. 1.46), Wellenabsätze (Abb. 1.47) und schließlich leichte Ausbaumöglichkeit durch Abdrückschrauben, Abziehvorrichtungen u. ä.

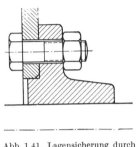

Abb. 1.41. Lagensicherung durch Zentrieransatz

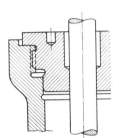

Abb. 1.42. Zentrieransatz; *Gewinde* zentriert *nicht*!

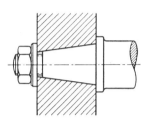

Abb. 1.43. Überbestimmte Passung

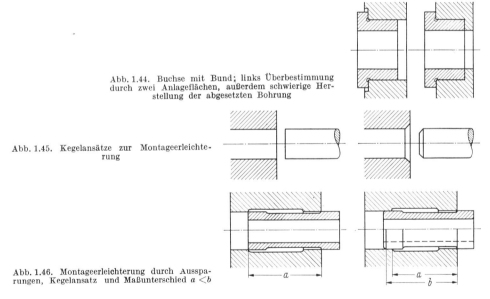

Abb. 1.44. Buchse mit Bund; links Überbestimmung durch zwei Anlageflächen, außerdem schwierige Herstellung der abgesetzten Bohrung

Abb. 1.45. Kegelansätze zur Montageerleichterung

Abb. 1.46. Montageerleichterung durch Aussparungen, Kegelansatz und Maßunterschied $a < b$

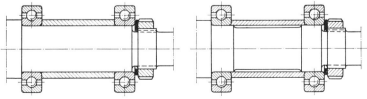

Abb. 1.47. Montageerleichterung durch Wellenabsätze

1.9 Zeitgerechtes Gestalten (Formschönheit)

Wenn für die Formgebung technischer Erzeugnisse in erster Linie die bisher behandelten Gesichtspunkte der Zweckmäßigkeit (Funktion, Werkstoff und Fertigung) maßgebend sind, so sollte doch auch der Formschönheit einige Beachtung geschenkt werden. Leider lassen sich hierfür keine strengen Gesetzmäßigkeiten aufstellen, da einmal die Vielfalt der Möglichkeiten zu groß ist und da es zweitens für gefühlsmäßig zu Empfindendes — man denke an Mode und Zeitgeschmack — keinen absoluten Maßstab gibt. Immerhin bestehen heute schon einige allgemein gültige Richtlinien, die von K. BOBEK[1] als ,,Empfehlungen für den Konstrukteur" aufgestellt und in den VDI-Richtlinien 2224 durch Bildbeispiele erläutert wurden. Danach ist z. B. die schöne Form bewußt, aber schlicht und unaufdringlich zu gestalten; die Konstruktionsteile sind im kleinstmöglichen Raum so anzuordnen, daß im ganzen ein geschlossen wirkender Körper entsteht; dabei sind große ruhige Flächen anzustreben (Einfluß von Kanten und Abrundungen); die Körperformen sollen dem Stabilitätsempfinden gerecht werden; alle Teilformen sollen eine formmäßige Verwandtschaft untereinander und mit der Gesamtform aufweisen; notwendige Teilfugen sind nicht zu verstecken oder zu unterdrücken, sondern im Gegenteil als gliedernde Elemente zu benutzen; Wiederholteile, wie Ablesegeräte oder Bedienteile, sollen formgleich und in übersichtliche Gruppen aufgeteilt sein; Zierleisten sind zu vermeiden, während Schutzleisten, Stoßkanten und Besatzleisten an Teilfugen möglich sind; Verstärkungssicken, Belüftungsschlitze, Kühlrippen u. dgl. sind auch als Formelemente zu betrachten; von Farbe, auch Mehrfarbigkeit kann als formgebendem Mittel Gebrauch gemacht werden.

---
[1] BOBEK, K.: Empfehlungen zur Formgebung technischer Erzeugnisse. Z. Konstr. 9 (1957) 486.

2. Verbindungselemente

2.1 Schweißverbindungen	66
2.1.1 Stoßarten, Nahtarten und -formen	67
2.1.2 Schweißgerechtes Gestalten	71
2.1.3 Berechnung von Schweißverbindungen	74
2.2 Lötverbindungen	81
2.2.1 Anwendung, Lote, Lötverfahren	81
2.2.2 Gestaltungsrichtlinien	82
2.2.3 Berechnung	83
2.3 Klebverbindungen	84
2.3.1 Anwendung, Vor- und Nachteile	84
2.3.2 Klebstoffe	84
2.3.3 Gestaltung	85
2.3.4 Berechnung	86
2.4 Reibschlußverbindungen	86
2.4.1 Klemmsitze	87
2.4.2 Kegelsitze	89
2.4.3 Längskeile	92
2.4.4 Reibschlußverbindungen mit federnden Zwischengliedern	94
2.4.5 Längs- und Querpreßsitze (Schrumpfverbindungen)	97
2.5 Formschlußverbindungen	104
2.5.1 Reine Mitnehmerverbindungen	104
2.5.2 Vorgespannte Formschlußverbindungen	117
2.6 Nietverbindungen	124
2.6.1 Herstellung und Gestaltung der Niete und Nietverbindungen	124
2.6.2 Berechnung von Nietverbindungen	128
2.7 Schraubenverbindungen und Schraubgetriebe	132
2.7.1 Begriff der Schraubung; Bestimmungsgrößen; Anwendungsgebiete; Herstellung	132
2.7.2 Gewindearten	135
2.7.3 Ausführungsformen genormter Befestigungsschrauben und Muttern	139
2.7.4 Schraubenwerkstoffe und Festigkeitswerte	145
2.7.5 Kräfteverhältnisse und Spannungen in Schraubenverbindungen	147
2.7.5.1 Verspannungsschaubild, Betriebskraft, maximale Schraubenkraft und Restverspannung	148
2.7.5.2 Kräfte und Drehmomente beim Anziehen (und Lösen) einer Schraubenverbindung	153
2.7.5.3 Spannungen in Schraubenverbindungen; Bemessungsgrundlagen	157
2.7.5.4 Beispiele für Befestigungsschrauben	161
2.7.6 Schraubensicherungen	164
2.7.7 Sonderausführungen und konstruktive Einzelheiten	167
2.7.8 Bewegungsschrauben, Schraubgetriebe	170
2.7.8.1 Einteilung der Schraubgetriebe, Anwendungsbeispiele	170
2.7.8.2 Kräfte, Momente, Wirkungsgrad	171
2.7.8.3 Festigkeit, Bemessung	174
2.7.8.4 Sonderausführungen: Schraubgetriebe mit Wälzkörpern	176

2.8 Elastische Verbindungen; Federn 178
   2.8.1 Eigenschaften, Anwendung, Kennlinien, Anforderungen, allgemeine Bemessungsgrundlagen 178
   2.8.2 Metallfedern 180
      2.8.2.1 Werkstoffe und Kennwerte 180
      2.8.2.2 Zug- und druckbeanspruchte Federn 184
      2.8.2.3 Biegebeanspruchte Federn 186
      2.8.2.4 Drehbeanspruchte Federn 193
   2.8.3 Gummifedern 202
      2.8.3.1 Eigenschaften des Werkstoffs Gummi 202
      2.8.3.2 Berechnung und Gestaltung von Gummifedern 205

Übersicht: Die Verbindung von Maschinenteilen kann erfolgen durch

a) *Stoffschluß*, wobei mit oder ohne Zuhilfenahme von Zusatzwerkstoffen die Teile an den Stoßstellen zu einer unlösbaren Einheit vereinigt werden (Schweiß-, Löt- und Klebverbindungen);

b) *Kraftschluß*, wobei vornehmlich durch Verspannen (Normalkräfte) in den sich berührenden Flächen Reibungskräfte (Tangentialkräfte) erzeugt werden, die den zu übertragenden Verschiebekräften entgegenwirken (Klemmsitze, Kegelsitze, Längskeile, Spannelemente, Preß- und Schrumpfsitze) und

c) *Formschluß*, wobei die Kraftübertragung über Formelemente (Nut und Feder, Bolzen und Stifte, Stellringe, Sprengringe, Sicherungsringe und -scheiben) erfolgt.

Oft sind gleichzeitig Form- *und* Kraftschluß wirksam, z. B. bei Querkeilverbindungen (vorgespannte Formschlußverbindungen) und bei Schraubenverbindungen. Bei Nietverbindungen kann es sich um Reibschluß (dichte und feste Verbindungen im Druckbehälterbau) *oder* um Formschluß (feste Verbindungen im Hoch-, Brücken- und Kranbau) handeln.

Neben diesen verhältnismäßig starren Verbindungen sind im Maschinenbau oft auch elastische, nachgiebige Verbindungen erwünscht (z. B. in Kupplungen, bei stoß- und schwingungsdämpfenden Stützungen, Maschinenfundamenten, Fahrzeugbau usw.), wobei federnde Elemente zwischengeschaltet werden.

2.1 Schweißverbindungen

Bei unlösbaren Verbindungen wird heute am häufigsten das Schweißen (*Verbindungsschweißen*) verwendet. Die Begriffe und Verfahren sind in DIN 1910 festgelegt. Danach sind die wichtigsten *Metall*schweißverfahren das Schmelzschweißen (Gas- oder Autogenschweißen; offenes, verdecktes und Schutzgas-Lichtbogenschweißen, Widerstandsschmelzschweißen) und das Preßschweißen (Gaspreßschweißen, -wulstschweißen, -abbrennschweißen; Lichtbogenpreßschweißen, Widerstandsstumpfschweißen und Widerstandspunkt- und -nahtschweißen). Ferner sind noch das aluminothermische Preßschweißen, das Gießpreßschweißen und das Feuerschweißen genannt. Für thermoplastische *Kunststoffe* werden Heißgasschweißen, Heizelementschweißen, Reibungsschweißen und dielektrisches (Hochfrequenz-) Schweißen angewendet.

Außer dem Verbindungsschweißen ist noch das *Auftragsschweißen* (DIN 1912, Bl. 3, und DIN 8522), ein Aufschweißen von Werkstoff auf ein Werkstück zum Ergänzen oder Vergrößern des Volumens oder zum Schutz gegen Korrosion und Verschleiß, zu erwähnen. Man unterscheidet dabei das „Auftragen" überwiegend bei Reparaturen mit artgleichem Werkstoff und das „Panzern" bei der Neufertigung mit artfremden Werkstoffen, die speziellen Anforderungen angepaßt werden, z. B. Chromstahllegierungen und Stellite (Kobaltlegierungen) für die Dichtflächen von Ventilen und Schiebern.

Zu den Schweißverfahren rechnet man auch das *Brennschneiden*, wobei der Werkstoff durch eine Brenngas-Sauerstoff-Flamme oder elektrisch durch Lichtbogen örtlich auf Zündtemperatur gebracht und im Sauerstoffstrahl so verbrannt wird, daß eine Schnittfuge entsteht, vgl. DIN 8522. Es dient also zum Trennen, zum wirtschaftlichen Ausschneiden nach beliebigen offenen oder geschlossenen Linienzügen, wobei evtl. gleichzeitig der für spätere Schweißverbindungen erforderliche Fugenflankenwinkel angearbeitet werden kann.

Die *Vorteile* geschweißter Konstruktionen bestehen in der vielseitigen Anwendbarkeit sowohl im Hinblick auf die Werkstoffe als auch auf die verschiedenen Fertigungszweige, in der Gewichtsersparnis, gegenüber Nietverbindungen durch Wegfall der Überlappungen, Laschen, Nietköpfe, gegenüber Gußkonstruktionen durch wesentlich geringere Wanddicken infolge besserer Ausnutzung des Werkstoffes, in geringeren Preisen, zumindest bei Einzelfertigung, durch Wegfall der Modellkosten — (bei größeren Stückzahlen ist die Gußkonstruktion oft billiger) — und vor allem in kürzeren Lieferzeiten.

Nachteilig können sich schwer erfaßbare Schrumpfspannungen und nicht immer mit Sicherheit vorauszusehender Verzug und Ungleichmäßigkeiten in der Nahtgüte auswirken, die ja von den Werkstoffen, den Schweißverfahren und der Sorgfalt der Schweißer abhängig sind. Auch der Gefahr von Sprödbrüchen infolge mehrachsiger Spannungszustände durch Überlagerung von Eigenspannungen und Belastungsspannungen kann nicht immer erfolgreich begegnet werden; die Wahl geeigneter Werkstoffe, Spannungsfreiglühen und evtl. Hämmern oder Rütteln sind Abhilfemaßnahmen.

Für die *Gütesicherung* von Schweißarbeiten sind in DIN 8563, Bl. 1 und Bl. 2, ausführlichere Angaben bezüglich Güteklassen, Befähigungsnachweise der Betriebe, technische Unterlagen, Berechnung, Werkstoffe, Konstruktion, schweißtechnische Fertigung, Prüfung und Abnahme zu finden. Besonders herausgestellt seien hier die *Güteklassen*, die durch folgende Voraussetzungen bestimmt werden:

a) Werkstoff: Schweißeignung für Verfahren und Anwendungszweck,
b) Vorbereitung: fachgerecht und überwacht,
c) Schweißverfahren: nach Werkstoffeigenschaften, Werkstückdicke und Beanspruchung der Schweißverbindung ausgewählt,
d) Schweißgut: Zusatzwerkstoff auf den Grundwerkstoff abgestimmt, geprüft bzw. zugelassen,
e) Personal: Schweißaufsichtsperson und geprüfte und bei der Arbeit überwachte Schweißer,
f) Prüfung: Nachweis fehlerfreier Ausführung (z. B. Durchstrahlungsprüfung).

Es werden dann folgende Güteklassen unterschieden:

Sondergüte: Alle Voraussetzungen nach a) bis f) und bestimmte, je nach Anwendungsgebiet unterschiedliche, weitere Voraussetzungen sind zu erfüllen.

Güteklasse I: Alle Voraussetzungen nach a) bis f) sind zu erfüllen.

Güteklasse II: Die Voraussetzungen nach a) bis e) sind zu erfüllen.

Güteklasse III (nach DIN 1912): Für die Schweißverbindungen werden keine besonderen Bedingungen hinsichtlich Prüfung und Überwachung festgelegt; es werden keine geprüften Schweißer gefordert. Die Ausführung muß aber fachgerecht sein.

2.1.1 Stoßarten, Nahtarten und -formen

Die heute maßgebenden Unterlagen enthalten DIN 1912, Bl. 1, für Schmelzschweißen und DIN 1911 für Preßschweißen. Die üblichen durch die konstruktive Anordnung der Teile zueinander bestimmten *Stoßarten* sind in Tab. 2.1 zusammen-

2. Verbindungselemente

Tabelle 2.1. *Stoßarten*

Stumpfstoß	Die Teile liegen in einer Ebene	
Überlappstoß	Die Teile überlappen sich	
Parallelstoß	Die Teile liegen breitflächig aufeinander	
T-Stoß	*Ein* Teil stößt rechtwinklig auf ein zweites	
Kreuzstoß	Zwei Teile stoßen rechtwinklig auf ein drittes	
Schrägstoß	Ein Teil stößt schräg gegen ein zweites	
Eckstoß	Zwei Teile stoßen mit ihren Enden unter beliebigem Winkel gegeneinander	
Mehrfachstoß	Drei oder mehr Teile stoßen mit ihren Enden gegeneinander	

Tabelle 2.2. *Nahtformen nach DIN 1912, Bl. 1 (Juli 1960), Schmelzschweißen*

Benennung	Sinnbild	Schnitt	Benennung	Sinnbild	Schnitt
Stumpfnähte:			*Stirnnähte:*		
Bördelnaht			Stirnflachnaht		
I-Naht			Stirnfugennaht		
V-Naht					
X-Naht			*Kehlnähte:*		
Y-Naht			Kehlnaht		
Doppel-Y-Naht			Doppelkehlnaht		
U-Naht			Ecknaht (äußere Kehlnaht)		
Doppel-U-Naht					
HV-Naht			*Sonstige Nähte* (Beispiele)*:		
K-Naht					
HY-Naht			V-Naht mit U-Naht	*	
K-Stegnaht			HV-Naht mit Doppelkehlnaht	*	
J-Naht (Jotnaht)			K-Naht mit Doppelkehlnaht	*	
Doppel-J-Naht					

* Für „sonstige Nähte" sind keine Sinnbilder festgelegt, die Nähte sind besonders darzustellen und zu bemaßen.

Tabelle 2.3. *Zusatzzeichen nach DIN 1912, Bl. 1 (Juli 1960)*

Benennung	Sinnbild	Schnitt	Benennung	Sinnbild	Schnitt
Naht eingeebnet			Übergänge bearbeitet		
Flachnaht			Wurzel ausgekreuzt, Kapplage gegengeschweißt		
Wölbnaht					
Hohlnaht			Erst bei Montage geschweißt		
Kehlnaht durchlaufend					

gestellt. Die wichtigsten *Nahtarten* sind Stumpfnähte, Stirnnähte und Kehlnähte; es ergeben sich je nach der Lage der Teile und nach Art und Umfang der Nahtvorbereitung die in Tab. 2.2 mit Sinnbildern und Schnittdarstellungen zusammengestellten Nahtformen. In den Zeichnungen können bildliche und sinnbildliche Darstellungen gewählt werden. Beispiele hierfür zeigen die Abb. 2.1 und 2.2. Die mög-

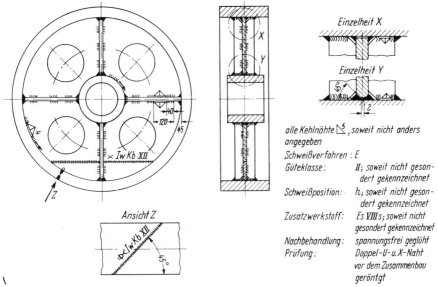

Abb. 2.1. Schweißzeichnung in *bildlicher* Darstellung nach DIN 1912. Es sind nur die Maße eingetragen, die für die Bemaßung der Schweißnähte notwendig sind. Alle übrigen Konstruktionsmaße, ferner Maßstabangaben, Positionsnummern und Oberflächenzeichen sind der Übersichtlichkeit wegen weggelassen

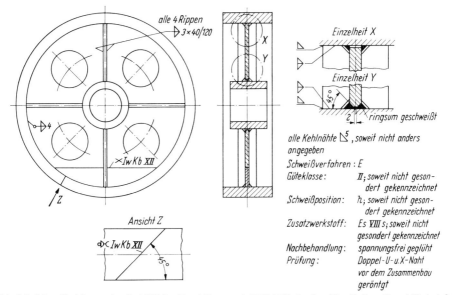

Abb. 2.2. Schweißzeichnung in *sinnbildlicher* Darstellung nach DIN 1912. In den Einzelheiten X und Y sind der besseren Verständlichkeit wegen einzelne Kehlnähte durch voll angelegten Nahtquerschnitt dargestellt. Es sind nur die für die Bemaßung der Schweißnähte notwendigen Maße eingetragen

lichen Zusatzzeichen enthält Tab. 2.3. Die Maßangaben in den Zeichnungen beziehen sich auf Nahtlängen und -dicken; als Nahtdicke wird bei Kehlnähten die Höhe des einbeschriebenen Dreiecks gerechnet. Die Schweißverfahren werden durch Kurzzeichen angegeben:

G = Gasschweißen
E = Lichtbogenschweißen
UP = Unterpulverschweißen
US = Unterschienenschweißen

SG = Schutzgas-Lichtbogenschweißen
WIG = Wolfram-Inertgas-Schweißen
MIG = Metall-Inertgas-Schweißen
Zusatz m für maschinelle Ausführung

Die Güteklassen sind, wie oben erläutert, in die Zeichnung einzutragen; ferner sind u. U. die Schweißpositionen gemäß Abb. 2.3 durch Buchstaben zu kennzeichnen:

w = Wannenlage
h = horizontal
s = vertikal, steigend

f = vertikal, fallend
q = horizontal an senkrechter Wand (quer)
ü = überkopf

Angaben für die Zusatzwerkstoffe sind DIN 1913, Bl. 1, und DIN 8554, Bl. 1, zu entnehmen. Für umhüllte Elektroden werden 6 Grundtypen angegeben:

	Kurzzeichen		Kurzzeichen
Titandioxytyp	Ti	Zellulosetyp	Ze
Erzsaurer Typ	Es	Sondertyp	So
Oxydischer Typ	Ox	Tiefeinbrandelektroden	Tf
Kalkbasischer Typ	Kb	Hocheisenpulverhaltige Elektroden	Fe

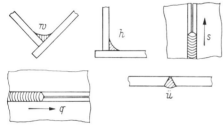

Abb. 2.3. Schweißpositionen

Für Gasschweißdrähte wird das Kurzzeichen G benutzt. Durch jeweils dahintergesetzte römische Zahlen werden die Elektrodenklassen angegeben, z. B. G II, Ti V, Es VIII.

Richtlinien für die Schweißnahtvorbereitungen und die Abmessungen der Fugenformen in Abhängigkeit von den Wanddicken enthält DIN 8551, und zwar Bl. 1 für offenes Lichtbogenschweißen, Bl. 2 für Gasschweißen, Bl. 3 für Schweißen mit Tiefeinbrandelektroden und Bl. 4 für Unterpulverschweißen, ferner DIN 2559 für Stumpfstoßverbindungen an Rohrleitungen.

Die wichtigsten Nahtarten beim Preßschweißen sind in Tab. 2.4 mit Sinnbildern und Schnittdarstellungen zusammengestellt.

Tabelle 2.4. *Nahtformen nach DIN 1911 (Okt. 1959), Preßschweißen*

Benennung	Sinnbild	Schnitt	Benennung	Sinnbild	Schnitt
Stumpfnähte:			*Überlappnähte:*		
Wulstnaht	↕		Rollennaht und Steppnaht	⊕	
Gratnaht	↨		Punktnaht (z. B. zweireihig)	●	
Quetschnaht	⊕		Buckelnaht (Rundbuckel, Langbuckel, Ringbuckel)	X	a b

a) vor, b) nach dem Schweißen.

2.1.2 Schweißgerechtes Gestalten[1]

Für Schweißkonstruktionen sind folgende Richtlinien zu beachten:
1. Möglichst vorgefertigte handelsübliche Bauteile verwenden wie Profile, Flacheisen, Rohre, Bleche (Biege- und Abkantformen), Stanz- und Ziehteile, evtl. auch

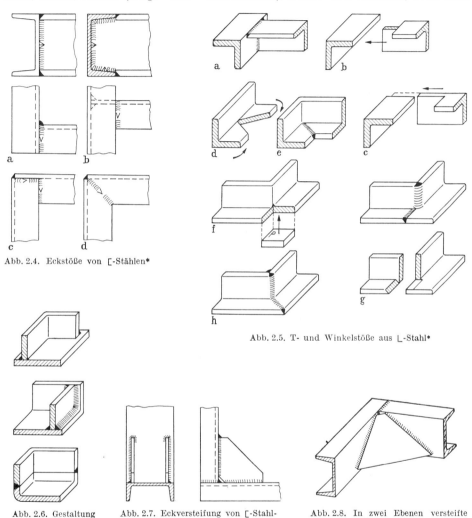

Abb. 2.4. Eckstöße von ⸦-Stählen*

Abb. 2.5. T- und Winkelstöße aus ∟-Stahl*

Abb. 2.6. Gestaltung von Behälterecken*

Abb. 2.7. Eckversteifung von ⸦-Stahlrahmen*

Abb. 2.8. In zwei Ebenen versteifte Rahmenecke*

kompliziertere Schmiede- oder Stahlgußstücke, die in Blechkonstruktionen eingeschweißt werden. Einige Beispiele sind in den Abb. 2.4 bis 2.14 dargestellt[2].

---

[1] Siehe auch VEIT, H.-J., u. H. SCHEERMANN: Schweißgerechtes Konstruieren (Fachbuchreihe Schweißtechnik Bd. 32), Düsseldorf: Dtsch. Verlag f. Schweißtechn. 1964.
[2] Abbildungen z. T. aus SCHIMPKE/HORN/RUGE: Praktisches Handbuch der gesamten Schweißtechnik, Bd. 3, 2. Aufl., Berlin/Göttingen/Heidelberg: Springer 1959.
* Abbildungen aus SCHIMPKE/HORN/RUGE: Praktisches Handbuch der gesamten Schweißtechnik, Bd. 3, 2. Aufl., Berlin/Göttingen/Heidelberg: Springer 1959.

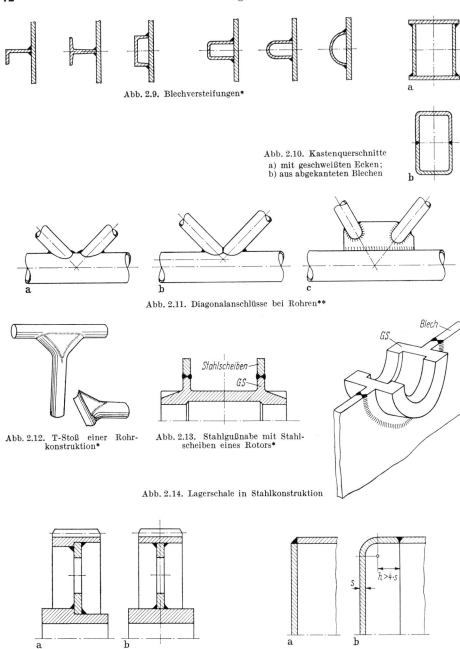

Abb. 2.9. Blechversteifungen*

Abb. 2.10. Kastenquerschnitte
a) mit geschweißten Ecken;
b) aus abgekanteten Blechen

Abb. 2.11. Diagonalanschlüsse bei Rohren**

Abb. 2.12. T-Stoß einer Rohrkonstruktion*

Abb. 2.13. Stahlgußnabe mit Stahlscheiben eines Rotors*

Abb. 2.14. Lagerschale in Stahlkonstruktion

Abb. 2.15. Geschweißtes Zahnrad
a) mit Ansätzen, Herstellung ohne Schweißvorrichtungen; b) ohne Ansätze, Herstellung mit Schweißvorrichtungen

Abb. 2.16. Behälterboden
a) ungünstige Lage der Schweißnaht; b) gepreßter Boden, Naht in zylindrischem Teil

---

* Abbildungen aus SCHIMPKE/HORN/RUGE: Praktisches Handbuch der gesamten Schweißtechnik, Bd. 3, 2. Aufl., Berlin/Göttingen/Heidelberg: Springer 1959.
** Aus Z. Schweißen und Schneiden 5 (1953) 431.

2. Einzelteile beim Schweißen sicher lagern. Bei Einzelfertigung können nach Abb. 2.15a hierzu entsprechende Ansätze vorgesehen werden; bei größeren Stückzahlen wird die Vorbearbeitung zu teuer, und es lohnen sich besondere Schweißvorrichtungen, die auch ohne Ansätze (Abb. 2.15b) die einzelnen Teile in günstiger Schweißposition halten.

3. Schweißnahtquerschnitte und Schweißnahtdicke gering halten. Durch Festigkeitsrechnung (Abschn. 2.1.3) erforderliche *Mindest*werte ermitteln. Dünne längere

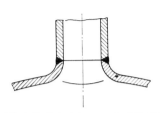

Abb. 2.17. Rohrstutzen an Aushalsung*

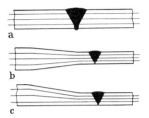

Abb. 2.18. Kraftlinienverlauf
a) beim Stumpfstoß und gleicher Wanddicke; b) und c) bei Übergängen

Nähte sind billiger als kurze mit größerer Nahtdicke. Bei Dünnblechkonstruktionen sind jedoch durchlaufende Kehlnähte zu vermeiden, es genügen meistens Heftstellen.

4. Schweißnähte ganz allgemein nicht in Gebiete höchster Beanspruchung, insbesondere die Nahtwurzel nicht in Zugzone legen. Die Schweißnaht bei einem ebenen Behälterboden nach Abb. 2.16a liegt ungünstig; besser ist die Ausführung nach Abb. 2.16b mit einem gepreßten, evtl. gewölbten Boden. Rohrstutzen mit zylindrischem Ansatz werden am besten stumpf an eine Aushalsung angeschweißt, Abb. 2.17.

5. Kraftlinieneinfluß beachten. Am günstigsten sind Stumpfnähte (Abb. 2.18), da hier die Kraftlinien praktisch geradlinig verlaufen. An Übergangsstellen von dickeren zu dünneren Querschnitten sind Schweißnähte zu vermeiden; es sind all-

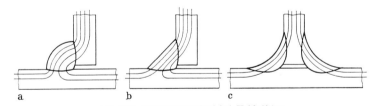

Abb. 2.19. Kraftlinienverlauf bei Kehlnähten
a) überwölbte Kehlnaht, ungünstig; b) Flachkehlnaht, günstiger; c) doppelseitige Hohlkehlnaht, sehr günstig

mähliche Übergänge im vollen Blech (Abb. 2.18b und c) vorzusehen. Die Umlenkung von Kraftlinien ist durch die Formgebung und die Nahtform günstig zu beeinflussen; bei Kehlnähten sind in dieser Hinsicht Hohlnähte am vorteilhaftesten (Abb. 2.19). Bei dynamischer Beanspruchung sind die Einbrandkerben, die Übergangsstellen vom Naht- zum Grundwerkstoff besonders schädlich; oft gelingt es, z. B. durch Entlastungsrillen o. ä., den Kraftfluß von diesen gefährdeten Stellen abzulenken.

* Aus Z. Schweißen und Schneiden 5 (1953) 429.

6. Nahtanhäufungen vermeiden; bei Nahtkreuzungen Unterbrechungen oder Aussparungen (z. B. an den Ecken von Versteifungsrippen Abb. 2.7) vorsehen. Längsnähte zylindrischer Druckbehälter versetzen, Abb. 2.20.

7. Durch Dehnungswellen, Sicken u. dgl. können Schweißspannungen ausgeglichen und Verwerfungen vermieden werden. Beispiele für Rohrverbindungen zeigt Abb. 2.21.

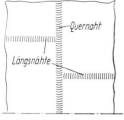

Abb. 2.20. Versetzte Längsnähte an Behälterwand

8. Günstige Schweißposition und gute Zugänglichkeit der Schweißnähte erleichtern die Herstellung. Auch die Schweißfolge ist wichtig, um Schrumpfspannungen und nachträgliches Richten einzuschränken. Es ist zu empfehlen, in Zusammenarbeit mit der Schweißwerkstatt nach deren Erfahrungen besondere Schweißpläne aufzustellen.

9. Für spanabhebende Bearbeitung sind wegen der größeren Fertigungstoleranzen bei Schweißkonstruktionen ausreichende Zugaben vorzusehen. Schweißnähte sind in zu bearbeitenden Flächen möglichst zu vermeiden; sind sie nicht zu umgehen, so ist die Naht so zu legen, daß möglichst wenig Schweißgut weggearbeitet wird (Abb. 2.22 und 2.23).

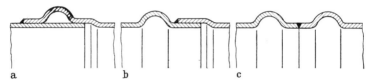

Abb. 2.21. Dehnungswellen an Rohrverbindungen zur Entlastung der Schweißnähte

Abb. 2.22. Zugabe für zu bearbeitende Flächen

Abb. 2.23. Schweißnaht an Zahnkranz zwischen den Zähnen

10. Bei Konstruktionen mit Punkt- oder Rollnahtschweißungen ist besonders auf die zur Verfügung stehenden Schweißmaschinen (Ausladung, Schweißleistung) zu achten. Beim Widerstandsstumpfschweißen müssen an der Schweißstelle die zu verbindenden Teile genau gleiche Querschnittsform haben. In Längsrichtung ist eine Zugabe für Abbrand und Stauchung vorzusehen.

2.1.3 Berechnung von Schweißverbindungen[1]

Bei Schweißkonstruktionen müssen nach den Regeln der Festigkeitslehre die Spannungen in den *Anschlußquerschnitten* (Bleche, Profile, Rohre usw.) *und* so gut wie möglich die Spannungen in den *Schweißnähten* berechnet werden. Die Unsicherheiten in der Berechnung der Nahtspannungen liegen einmal in der schon erwähnten unterschiedlichen Güte der Schweißung, ferner in den kaum erfaßbaren Schweiß-

---

[1] SCHIMPKE/HORN/RUGE: Praktisches Handbuch der gesamten Schweißtechnik, Bd. 3, 2. Aufl., Berlin/Göttingen/Heidelberg: Springer 1959. — ERKER/HERMSEN/STOLL: Gestaltung und Berechnung von Schweißkonstruktionen (Fachbuchreihe Schweißtechnik Bd. 9), Düsseldorf: Dtsch. Verlag f. Schweißtechn. 1959.

spannungen und in den unvermeidlichen Störungen des Kraftlinienverlaufs, also in den durch die Nahtformen bedingten oder durch Kerben verursachten Spannungsspitzen. Insbesondere bei dynamischer Beanspruchung ist die Dauerhaltbarkeit von Schweißverbindungen wesentlich geringer als die an Probestäben ermittelte Dauerfestigkeit des Grundwerkstoffes; sie ist stark von der konstruktiven Gestalt und der Stoß- und Nahtart abhängig.

Wenn man alle Einflüsse in einen „Verschwächungsbeiwert" v zusammenfaßt, so ergibt sich für die Berechnung der zulässigen Nahtspannung der einfache Ansatz

$$\boxed{\sigma_{\text{schw zul}} = v\,\sigma_{\text{zul}}} \quad \text{bei Normalspannungen}$$

bzw.

$$\boxed{\tau_{\text{schw zul}} = v\,\tau_{\text{zul}}} \quad \text{bei Schubspannungen.}$$

Hierin ist σ_{zul} bzw. τ_{zul} die für den betreffenden Belastungsfall zulässige Spannung des Grundwerkstoffs, also nach Abschn. 1.6.1 die Grenzspannung dividiert durch die Sicherheit.

Die *Beiwerte* v werden experimentell oder durch Vergleiche mit in der Praxis bewährten Schweißkonstruktionen ermittelt. Teilweise sind sie in Vorschriften und Normen festgelegt, bzw. es werden dort für die verschiedenen Nahtarten, Beanspruchungsarten und Lastfälle unmittelbar die zulässigen Spannungen angegeben (Stahlbau). Teilweise, insbesondere bei dynamischer Beanspruchung, wird der Beiwert v als Produkt von Einzelbeiwerten gebildet, z. B.

$$\boxed{v = v_1\,v_2}.$$

wobei v_1 einen Nahtbeiwert und v_2 einen Gütebeiwert darstellt[1].
Für den Gütebeiwert v_2 kann gesetzt werden:

Sondergüte und Güteklasse I $\quad v_2 = 1$,

Güteklasse II $\quad\quad\quad\quad\quad\quad\; v_2 = 0{,}8$,

Güteklasse III $\quad\quad\quad\quad\quad\quad v_2 = 0{,}5$.

Bei *vorwiegend statischer Belastung* ist die Festigkeit von Schweißverbindungen sowohl mit Stumpfnähten als auch mit Stirn- und Flankenkehlnähten nahezu gleich der des Grundwerkstoffs, d. h., es ist praktisch $v_1 = 1$, also $\sigma_{\text{schw zul}} = v_2\,\sigma_{\text{zul}}$ und $\tau_{\text{schw zul}} = v_2\,\tau_{\text{zul}}$. Die Sicherheit gegen die Streckgrenze ist mit 1,5 bis 1,7 einzusetzen. Die Tab. 2.5 enthält die für Schweißkonstruktionen im Stahlhochbau vorgeschriebenen zulässigen Spannungen für verschiedene Naht- und Beanspruchungsarten nach DIN 4100. In der Tabelle bedeutet Lastfall H die Berücksichtigung der Summe der Hauptlasten (ständige Last, Verkehrslast und freie Massenkräfte von Maschinen) und Lastfall HZ die Summe der Haupt- *und* Zusatzlasten (zu letzteren gehören Windlasten, Bremskräfte, waagerechte Seitenkräfte und Wärmewirkungen).

Bei gleichzeitigem Auftreten von Normal- und Schubspannungen wird die Vergleichsspannung nach der Normalspannungshypothese berechnet; es muß also die Bedingung

$$\sigma_{v\,\text{schw}} = \tfrac{1}{2}\left(\sigma_{\text{schw}} + \sqrt{\sigma_{\text{schw}}^2 + 4\tau_{\text{schw}}^2}\right) \leqq \sigma_{\text{schw zul}}$$

eingehalten werden. Außerdem ist getrennt nachzuweisen, daß $\tau_{\text{schw}} \leqq \tau_{\text{schw zul}}$ ist.

---

[1] THUM und ERKER berücksichtigen mit noch weiteren Beiwerten die konstruktive Gestalt, Vor- und Eigenspannungen und die Anzahl der Lastspiele.

Tabelle 2.5. *Zulässige Spannungen für Schweißnähte in* kp/cm² *im Stahlhochbau; Auszug aus DIN 4100 (Dez. 1956)*

Beanspruchungsart	Nahtart	durch-strahlt	Werkstoff und Lastfall			
			St 37		St 52	
			H	HZ	H	HZ
Zug axial und bei Biegung	Stumpfnaht	100% 50% nicht	1600 1400 1100	1600 1600 1300	2400 2100 1700	2400 2400 1900
Druck axial und bei Biegung	Stumpfnaht	0···100%	1400	1600	2100	2400
Schub	alle Nahtarten		900	1050	1350	1550
Zug, Druck, Schub	Kehlnaht		900	1050	1350	1550
Hauptspannung* (Vergleichsspannung)	Kehlnaht am biegefesten Trägeranschluß		1100	1300	1700	1900
	Längsnähte** (Kehl- und Stumpfnähte)		1400	1600	2100	2400
	Stumpfnaht am Stegblechquerstoß	50%	1400	1600	2100	2400

* nach der Normalspannungshypothese $\sigma_v = \frac{1}{2}(\sigma + \sqrt{\sigma^2 + 4\tau^2})$.
** Halsnähte, Stegblechlängsstoß, Verbindungsnähte zwischen Gurtplatten.

Tabelle 2.6. *Zulässige Spannungen für Bauteile in* kp/cm² *im Stahlhochbau; Auszug aus DIN 1050 (Dez. 1957)*

Beanspruchungsart	Werkstoff und Lastfall					
	St 33		St 37		St 52	
	H	HZ	H	HZ	H	HZ
Druck und Biegedruck, wenn Nachweis auf Knicken und Kippen nach DIN 4114 erforderlich ist	1100	1250	1400	1600	2100	2400
Zug und Biegezug, Biegedruck, wenn Ausweichen der gedrückten Gurte nicht möglich ist	1250	1400	1600	1800	2400	2700
Schub	700	800	900	1050	1350	1550

Für die Berechnung der Nennspannungen werden bei Kehlnähten als Nahtdicken a die Höhen der einbeschriebenen Dreiecke benutzt, die zur Ermittlung der Querschnitte und Widerstandsmomente in die jeweilige Anschlußebene umgeklappt werden. Als Richtwerte für a wird angegeben: Kleinstwert 3 mm, Höchstwert $0{,}7s$, wobei s die Dicke des dünnsten Teils am Anschluß ist. Bei Stumpfnähten ist a gleich der kleinsten Dicke der zu verbindenden Teile. Die Nahtlänge l ist in den Berechnungen ohne Endkrater einzusetzen; die Länge der Endkrater ist mindestens gleich der Nahtdicke anzunehmen. Bei der Berechnung der Schubspannungen werden nur diejenigen Anschlußnähte berücksichtigt, die auf Grund ihrer Lage vorzugsweise imstande sind, Schubkräfte zu übertragen, bei I-, U- und ähnlichen Querschnitten also nur die Stegnähte. In den Profilrundungen wird wegen der Seigerungszonen nicht geschweißt.

2.1 Schweißverbindungen

Im Behälterbau, insbesondere bei Dampfkesselanlagen, wird in den Dampfkesselbestimmungen[1] v als „Wertigkeit der Schweißnaht" bezeichnet und bei Erfüllung bestimmter Voraussetzungen bezüglich Schweißeinrichtungen, Personal, Werkstoffe, Wärmebehandlung u. dgl. bis zu 0,8 zugelassen. Eine Höherbewertung bis $v = 1,0$ ist mit Einverständnis des zuständigen Sachverständigen möglich, wenn die fertigen Werkstücke nach besonderen Richtlinien geprüft werden und den dabei gestellten Anforderungen genügen (vgl. Abschn. 3.3).

Bei *dynamischer Belastung* — im Maschinenbau vorherrschend — kann mit den in Tab. 2.7 angegebenen v_1-Werten gerechnet werden. Die Festigkeitsgrenzwerte zur

Tabelle 2.7. *Beiwerte v_1 bei dynamischer Belastung*

Nahtart			Zug—Druck	Biegung	Schub
Stumpf-nähte	V-Naht ohne Wurzelverschweißung		0,5	0,6	0,4
	V-Naht mit Wurzelverschweißung		0,7	0,85	0,55
	X-Naht		0,7	0,85	0,55
Kehl-nähte	Einseitige Flachnaht		0,2	0,1	0,2
	Doppelflachnaht		0,35	0,7	0,35
	Doppelhohlkehlnaht		0,4	0,85	0,4
	K-Naht mit Doppelkehlnaht		0,55	0,8	0,45
a) Stirnkehlnaht b) Flankenkehlnaht			a) 0,22 b) 0,25		

Ermittlung der zulässigen Spannungen können den Dauerfestigkeitsschaubildern oder den Werkstofftabellen entnommen werden. Die Sicherheit ist zu $S = 1,5$ bis 3, im Durchschnitt zu $S = 2$ anzunehmen (höhere Werte bei Stoßbelastung und wenn Kräfte und Momente nicht genau genug bekannt).

Punktschweißverbindungen werden im allgemeinen auf Scherfestigkeit des Schweißpunktes berechnet, wobei allerdings der Punktdurchmesser stark vom Schweißverfahren, dem Elektrodendurchmesser, dem Anpreßdruck der Elektroden, dem Schweißstrom und der Schweißzeit abhängig ist, also von Größen, die wiederum auf die Blechdicken abzustimmen sind. Als Richtwerte können die Angaben in Tab. 2.8 dienen. Die Scherfestigkeit wird am besten experimentell aus den Bruchlasten von Proben ermittelt. In Tab. 2.8

Tabelle 2.8. *Richtwerte für den Schweißpunktdurchmesser d und die zulässige statische Belastung F_{zul} eines Schweißpunktes für St 37*

s [mm]	d [mm]	F_{zul} [kp] einschnittig	F_{zul} [kp] zweischnittig
0,5	2,5	50	70
1	4	150	170
1,5	6	250	310
2	7	340	480
2,5	8	440	700
3	9	530	920
3,5	9,5	620	1160
4	10	700	1400
4,5	10,5	790	1600
5	11	850	1700

---

[1] Dampfkessel-Bestimmungen, herausg. von der Vereinigung der Technischen Überwachungsvereine e. V., Essen, Köln/Berlin: Heymann, Berlin/Köln/Frankfurt a. M.: Beuth-Vertrieb 1960/61 (Nachtrag 1963), bzw. die „Technischen Regeln für Dampfkessel" TRD, seit Juli 1964 im A 4-Format.

sind in Anlehnung an DIN 4115 (Stahlleichtbau und Stahlrohrbau im Hochbau) unmittelbar die *zulässigen statischen* Belastungen eines Schweißpunktes in kp für St 37 berechnet. Für andere Werkstoffe kann etwa im Verhältnis der Zugfestigkeiten

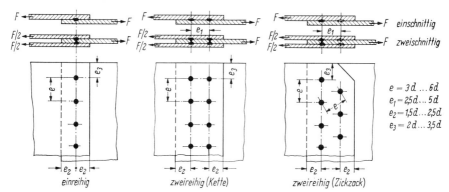

Abb. 2.24. Punktschweißverbindungen, Richtwerte für die Abmessungen; d nach Tab. 2.8

umgerechnet werden. Abb. 2.24 enthält Richtwerte für die Abmessungen (Punktabstände, Randabstände); die kleineren Werte gelten für einschnittige, die größeren für zweischnittige Verbindungen. Bei Heftnähten können die Punktabstände zwei- bis dreimal so groß gewählt werden.

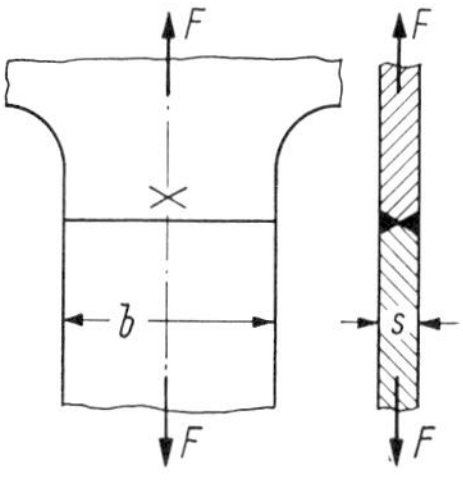

Bei *dynamischer* Belastung von Punktschweißverbindungen ergeben sich infolge der Kraftumlenkungen und Kerbwirkungen nur geringe Dauerfestigkeitswerte. Der Dauerbruch geht vom Punktrand aus und verläuft dann durch das Blech. Die Dauerhaltbarkeit ist stark von der Blech- und Punktanordnung abhängig; nach ERKER[1] beträgt die Zug-Druck-Wechselfestigkeit je nach Gestaltung etwa 5 bis 20% der Zugfestigkeit des Blechwerkstoffs.

Abb. 2.25. Stumpfstoß, zu Beispiel 1

Beispiele zur Berechnung von Schweißverbindungen.

1. *Beispiel:* Stumpfstoß, statische Belastung. Ein Flachstahl soll stumpf mit X-Naht an eine Stahlkonstruktion nach Abb. 2.25 angeschweißt werden. Er sei ruhend mit $F = 16000$ kp auf Zug belastet. Gesucht sind die Abmessungen (b und s) bei Werkstoff St 37, Güteklasse II ($v_2 = 0{,}8$) und Sicherheit $S = 1{,}7$ gegen die Streckgrenze. Mit $v_1 = 1$ und $\sigma_S = 23$ kp/mm² wird

$$\sigma_{\text{schw zul}} = v_1\, v_2\, \sigma_{\text{zul}} = v_1\, v_2\, \frac{\sigma_S}{S} = 1 \cdot 0{,}8\, \frac{2300 \text{ kp/cm}^2}{1{,}7} = 1080 \text{ kp/cm}^2,$$

$$A_{\text{erf}} = \frac{F}{\sigma_{\text{schw zul}}} = \frac{16000 \text{ kp}}{1080 \text{ kp/cm}^2} = 14{,}8 \text{ cm}^2.$$

Gewählt: $s = 15$ mm; $b = 100$ mm (DIN 1017) mit $A = b\, s = 10$ cm $\cdot$ 1,5 cm $= 15$ cm².

2. *Beispiel:* Stahlbau, Diagonalstab aus zwei L-Stählen; Anschluß mit Kehlnähten an Knotenblech (Abb. 2.26). Belastung: Zugkraft $F = 40000$ kp (Lastfall H); Werkstoff St 37. Berechnung der *Bauteile:* Nach Tab. 2.6 ist $\sigma_{\text{zul}} = 1600$ kp/cm².

$$A_{\text{erf}} = \frac{F}{\sigma_{\text{zul}}} = \frac{40000 \text{ kp}}{1600 \text{ kp/cm}^2} = 25 \text{ cm}^2,$$

gewählt nach DIN 1028 zwei L 65×11 mit

$$A = 2 \cdot 13{,}2 \text{ cm}^2 = 26{,}4 \text{ cm}^2 \quad \text{und Maß } e_1 = 2{,}0 \text{ cm}.$$

---

[1] ERKER/HERMSEN/STOLL: Gestaltung und Berechnung von Schweißkonstruktionen (Fachbuchreihe Schweißtechnik Bd. 9), Düsseldorf: Dtsch. Verlag f. Schweißtechn. 1959.

Berechnung der *Schweißnähte:* Die Schwerlinie der Stäbe und die Schwerlinie der Schweißnähte sollen mit den Netzlinien zusammenfallen (Abb. 2.26). Werden die durch die jeweils 2 Schweißnähte *1* und *2* übertragenen Kräfte mit S_1 und S_2 bezeichnet, so muß also $S_1 e_1 = S_2 e_2$

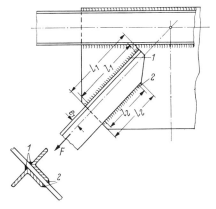 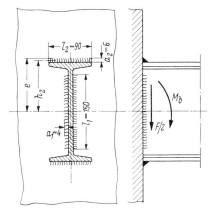

Abb. 2.26. Anschluß an Knotenblech, Diagonalstab, zu Beispiel 2   Abb. 2.27. Kehlnähte an biegefestem Trägeranschluß, zu Beispiel 3

und $S_1 + S_2 = F$ sein. Hieraus ergibt sich

$$S_1 = F \frac{e_2}{b} = 40000 \text{ kp} \frac{4{,}5 \text{ cm}}{6{,}5 \text{ cm}} = 27700 \text{ kp},$$

$$S_2 = F - S_1 = 40000 \text{ kp} - 27700 \text{ kp} = 12300 \text{ kp}.$$

Bei gleicher Nahtdicke a müßte also l_1 wesentlich größer werden als l_2. Wir wählen daher a_2 kleiner als a_1, z. B. $a_1 = 8$ mm und $a_2 = 5$ mm $(< 0{,}7 s)$. Mit $\sigma_{\text{schw zul}} = 900$ kp/cm² nach Tab. 2.5 (Kehlnaht) wird dann

$$l_1 = \frac{A_1}{2 a_1} = \frac{S_1}{2 a_1 \sigma_{\text{schw zul}}} = \frac{27700 \text{ kp}}{2 \cdot 0{,}8 \text{ cm} \cdot 900 \text{ kp/cm}^2} = 19{,}2 \text{ cm},$$

$$l_2 = \frac{A_2}{2 a_2} = \frac{S_2}{2 a_2 \sigma_{\text{schw zul}}} = \frac{12300 \text{ kp}}{2 \cdot 0{,}5 \text{ cm} \cdot 900 \text{ kp/cm}^2} = 13{,}7 \text{ cm}.$$

Mit Berücksichtigung der Endkrater ergibt sich

$$L_1 = l_1 + 2 a_1 \approx 21 \text{ cm}; \quad L_2 = l_2 + 2 a_2 \approx 15 \text{ cm}.$$

3. Beispiel: Kehlnähte am biegefesten Trägeranschluß. Ein in der Mitte mit $F = 10000$ kp belasteter Träger I 200×800 DIN 1025 ist entsprechend Abb. 2.27 seitlich an biegesteife Wände angeschweißt. Im Anschlußquerschnitt wirken also

$$\text{das Biegemoment} \quad M_b = \frac{F l}{8} = \frac{10000 \text{ kp} \cdot 80 \text{ cm}}{8} = 100000 \text{ cmkp}$$

$$\text{und die Querkraft} \quad Q = F/2 = 5000 \text{ kp}.$$

Mit den Abmessungen der Schweißnähte nach Abb. 2.27 ergibt sich:

$$I_{b\,\text{schw}} = 2 \frac{a_1 l_1^3}{12} + 2 l_2 a_2 h_2^2 = \frac{2 \cdot 0{,}4 \cdot 15^3}{12} + 2 \cdot 9 \cdot 0{,}6 \cdot 10{,}3^2 = 1370 \text{ cm}^4,$$

$$W_{b\,\text{schw}} = \frac{I_{b\,\text{schw}}}{e} = \frac{1370 \text{ cm}^4}{10{,}6 \text{ cm}} = 130 \text{ cm}^3,$$

$$\sigma_{b\,\text{schw}} = \frac{M_b}{W_{b\,\text{schw}}} = \frac{100000 \text{ cmkp}}{130 \text{ cm}^3} = 770 \text{ kp/cm}^2,$$

$$A_{\text{schw}} = 2 a_1 l_1 = 2 \cdot 0{,}4 \cdot 15 = 12 \text{ cm}^2,$$

$$\tau_{\text{schw}} = \frac{Q}{A_{\text{schw}}} = \frac{5000 \text{ kp}}{12 \text{ cm}^2} = 417 \text{ kp/cm}^2.$$

Nach DIN 4100 wird die Vergleichsspannung

$$\sigma_v = \tfrac{1}{2}\left(\sigma + \sqrt{\sigma^2 + 4\tau^2}\right) = \tfrac{1}{2}\left(770 + \sqrt{770^2 + 4 \cdot 417^2}\right) = \underline{\underline{950\ \text{kp/cm}^2}}.$$

Für St 37 (Lastfall H) ist nach Tab. 2.5 $\sigma_{v\,\text{schw zul}} = \underline{\underline{1100\ \text{kp/cm}^2}}$.

4. Beispiel: Zug, Biegung und Schub bei dynamischer Belastung. An einer Tragöse mit rechteckigem Querschnitt (Abb. 2.28), die mit Hohlkehlnähten von der Dicke $a = 5$ mm an eine steife Wand angeschweißt ist, greift unter dem Winkel $\alpha = 30°$ eine Schwellkraft $F = 1500$ kp an. Die Schweißnähte sind nachzurechnen unter Annahme 2facher Sicherheit gegen die Biegeschwellfestigkeit (Werkstoff St 50 mit $\sigma_{b\,\text{Sch}} = 37$ kp/mm^2) und mit $v_2 = 0{,}8$ und $v_1 = 0{,}4$ (niedrigster Wert für Doppelhohlkehlnaht, Zug-Druck bzw. Schub nach Tab. 2.7). Gegeben: $l = 4$ cm; $h = 4$ cm; $b = 2$ cm.

1. Zug:
$$A_\text{schw} = (b + 2a)(h + 2a) - bh = 3 \cdot 5 - 2 \cdot 4 = 7\ \text{cm}^2,$$

Zugkraft $F_z = F \cos\alpha = 1500\ \text{kp} \cdot 0{,}866 = 1300\ \text{kp},$

$$\sigma_{z\,\text{schw}} = \frac{F_z}{A_\text{schw}} = \frac{1300\ \text{kp}}{7\ \text{cm}^2} = 186\ \text{kp/cm}^2.$$

2. Biegung:
$$I_{b\,\text{schw}} = \frac{(b + 2a)(h + 2a)^3}{12} - \frac{bh^3}{12} = \frac{3 \cdot 5^3}{12} - \frac{2 \cdot 4^3}{12} = 20{,}6\ \text{cm}^4,$$

$$W_{b\,\text{schw}} = \frac{I_{b\,\text{schw}}}{\frac{h}{2} + a} = \frac{20{,}6\ \text{cm}^4}{2{,}5\ \text{cm}} = 8{,}25\ \text{cm}^3,$$

$$M_b = F\,l\sin\alpha = 1500\ \text{kp} \cdot 4\ \text{cm} \cdot 0{,}5 = 3000\ \text{cmkp},$$

$$\sigma_{b\,\text{schw}} = \frac{M_b}{W_{b\,\text{schw}}} = \frac{3000\ \text{cmkp}}{8{,}25\ \text{cm}^2} = 364\ \text{kp/cm}^2.$$

3. Schub: Querkraft $Q = F \sin\alpha = 1500\ \text{kp} \cdot 0{,}5 = 750\ \text{kp},$

$$\tau_\text{schw} = \frac{Q}{A_\text{schw}} = \frac{750\ \text{kp}}{7\ \text{cm}^2} = 107\ \text{kp/cm}^2 \quad (\text{Mittelwert}).$$

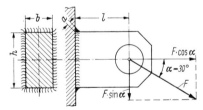

Abb. 2.28. Anschluß einer Tragöse, zu Beispiel 4

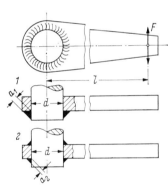

Abb. 2.29. Angeschweißter Lenkerhebel, zu Beispiel 5

Die höchste Schubspannung tritt in der Mitte der senkrechten Seitennähte auf, also an einer Stelle, an der die Biegespannung Null ist. *Die gefährdetste Naht* ist die auf Zug beanspruchte obere Quernaht. Für diese ist

$$\sigma_{\text{schw max}} = \sigma_{z\,\text{schw}} + \sigma_{b\,\text{schw}} = 186\ \text{kp/cm}^2 + 364\ \text{kp/cm}^2 = \underline{\underline{550\ \text{kp/cm}^2}}.$$

Die zulässige Spannung beträgt

$$\sigma_{\text{schw zul}} = v_1 v_2 \sigma_\text{zul} = v_1 v_2 \frac{\sigma_{b\,\text{Sch}}}{S} = 0{,}4 \cdot 0{,}8\,\frac{3700\ \text{kp/cm}^2}{2} = 590\ \text{kp/cm}^2.$$

5. Beispiel: Verdrehung bei dynamischer Belastung. Ein Lenkerhebel ist auf eine Steuerwelle aufgeschweißt; es wirkt ein Wechselmoment von $\pm F\,l = \pm 25\ \text{kp} \cdot 30\ \text{cm} = \pm 750\ \text{cmkp}$. Hebel und Welle sind aus St 37 ($\tau_{t\,W} = 10$ kp/mm^2). Der Wellendurchmesser beträgt $d = 25$ mm. Gesucht: erforderliche Schweißnahtdicke a_1 bei *einer* Schweißnaht (Abb. 2.29, *1*) und a_2 bei *zwei* Schweißnähten (Abb. 2.29, *2*).

Bei einer *einseitigen Flachnaht* und Schubbeanspruchung ist nach Tab. 2.7 $v_1 = 0{,}2$, so daß sich mit $v_2 = 1$ (Güteklasse I) und $S = 2$ ergibt:

$$\tau_{t\,\text{schw zul}} = v_1 v_2 \frac{\tau_{tW}}{S} = 0{,}2 \cdot 1 \frac{1000\,\text{kp/cm}^2}{2} = 100\,\text{kp/cm}^2.$$

Es ist ratsam, verschiedene a_1-Werte anzunehmen und $W_{t\,\text{schw}}$ und $\tau_{t\,\text{schw}}$ zu berechnen:

$$W_{t\,\text{schw}} = \frac{\pi}{16} \frac{[(d+2a)^4 - d^4]}{(d+2a)}$$

$$\tau_{t\,\text{schw}} = \frac{M_t}{W_{t\,\text{schw}}}$$

a [cm]	=	0,4	0,5	0,6
$W_{t\,\text{schw}}$ [cm^3]	=	4,75	6,22	7,85
$\tau_{t\,\text{schw}}$ [kp/cm^2]	=	158	120	96

Es ist also mindestens eine Nahtdicke von $\underline{a_1 = 6\,\text{mm}}$ erforderlich; das Volumen des Schweißguts ergibt sich zu

$$\underline{V} = \pi a_1^2 \left(d + \tfrac{2}{3} a_1 \sqrt{2}\right) = \pi \cdot 0{,}6^2 \left(2{,}5 + \tfrac{2}{3} \cdot 0{,}6 \sqrt{2}\right) \approx \underline{3{,}5\,\text{cm}^3}.$$

Bei der *Doppelkehlnaht* wird mit $v_1 = 0{,}35$ (nach Tab. 2.7)

$$\tau_{t\,\text{schw zul}} = v_1 v_2 \frac{\tau_{tW}}{S} = 0{,}35 \cdot 1 \frac{1000\,\text{kp/cm}^2}{2} = 175\,\text{kp/cm}^2.$$

Es zeigt sich, daß die kleinste Nahtdicke von $\underline{a_2 = 3\,\text{mm}}$ völlig ausreicht und dabei das Schweißvolumen wesentlich geringer ist: Für $a_2 = 3$ mm wird

$$W_{t\,\text{schw}} = 2\,\frac{\pi}{16} \frac{[(d+2a)^4 - d^4]}{(d+2a)} = 6{,}8\,\text{cm}^3,$$

$$\tau_{t\,\text{schw}} = \frac{M_t}{W_{t\,\text{schw}}} = \frac{750\,\text{cmkp}}{6{,}8\,\text{cm}^3} = \underline{110\,\text{kp/cm}^2},$$

$$\underline{V} = 2\pi a_2^2 \left(d + \tfrac{2}{3} a_2 \sqrt{2}\right) = 2\pi \cdot 0{,}3^2 \left(2{,}5 + \tfrac{2}{3} \cdot 0{,}3 \sqrt{2}\right) \approx \underline{1{,}6\,\text{cm}^3}.$$

2.2 Lötverbindungen[1]

2.2.1 Anwendung, Lote, Lötverfahren

Auch bei Lötverbindungen handelt es sich um Stoffschlußverbindungen; als Zulegestoffe, die im flüssigen Zustand durch Diffusionsvorgänge und Legierungsbildung mit den festen Werkstoffen die Bindung bewirken, werden *Lote* (Weichlote mit Schmelzpunkt unter 300 °C, Hartlote mit Schmelzpunkt bei 850 bis 1000 °C und Silberlote mit Schmelzpunkt bei 620 bis 860 °C) verwendet. Die Schmelzpunkte der Lote liegen niedriger als die der zu verbindenden Werkstoffe. Lötverbindungen können nur dann verwendet werden, wenn die Betriebstemperaturen geringer sind als die Schmelztemperaturen der Lote. Außerdem sind die Anwendungsgebiete durch die Festigkeit der Lötverbindungen begrenzt. Das *Weichlöten* (Löten bei Arbeitstemperaturen unterhalb 450 °C) findet vornehmlich Verwendung bei mechanisch gering beanspruchten Verbindungen, z. B. in der Elektrotechnik, bei Kühlern, dünnwandigen Blechbehältern, Konservendosen u. dgl. Die durch *Hartlöten* (Löten bei Arbeitstemperaturen oberhalb 450 °C) hergestellten Verbindungen sind für die Übertragung größerer Kräfte geeignet und finden Anwendung im Fahrzeugbau für Rohrrahmen, in der Feinwerktechnik und im allgemeinen Maschinenbau für Wellen-Naben-Verbindungen, Befestigung von Flanschen auf Rohren, Stutzen in Gehäusen, Rundstäbe in Bohrungen und bei Blechkonstruktionen.

---

[1] Vgl. auch DIN 8505 Löten metallischer Werkstoffe; Begriffe, Benennungen. — COLBUS, I.: Grundsätzliche Fragen zum Löten und zu den Lötverbindungen. Z. Konstr. 7 (1955) 419—430. — BLANC, G. M.: Grundlagen und neue Ergebnisse der Löttechnik. Industriebl. 62 (1962) 83—92. — CORNELIUS, E.-A., u. J. MARLINGHAUS: Gestaltung von Hartlötkonstruktionen hoher Tragfähigkeit. Z. Konstr. 19 (1967) 321—327.

Die Weichlote für Schwermetalle sind in DIN 1707 genormt; die Hartlote für Schwermetalle in DIN 8513 (Bl. 1 Kupferlote, Bl. 2 silberhaltige Lote mit weniger als 20Gew.-% Silber, Bl. 3 Silberlote mit mindestens 20 Gew.-% Silber); die Hart- und Weichlote für Aluminium-Werkstoffe in DIN 8512, die Flußmittel zum Löten metallischer Werkstoffe in DIN 8511; die Weichlote mit Flußmittelseelen auf Harzbasis in DIN 8516.

Das Erwärmen der Lötstelle auf Arbeitstemperatur kann mit dem Lötkolben, der Lötlampe (mit Benzin oder Spiritus beheizt), dem Lötbrenner (Lötpistole), im Lötofen (mit Schutzgas), im Lötbad (Tauchlöten) oder mittels elektrischer Widerstands- und Induktionserhitzung erfolgen. Die Lötflächen müssen von Schmutz gesäubert, entfettet und auch beim Lötvorgang blank und evtl. durch Flußmittel von Oxyden freigehalten werden.

2.2.2 Gestaltungsrichtlinien

Die Festigkeit einer Lötverbindung ist von der Größe der Lötfläche und der Dicke des Lötspaltes abhängig. Die zu verbindenden Teile müssen daher gut aufeinander oder ineinander passen. Die günstigste Spaltdicke beträgt je nach Lot und Lötverfahren 0,05 bis 0,2 mm. Die Verteilung des Lotes im Spalt wird in erster Linie durch Kapillarkräfte bewirkt; eine Erweiterung des Spaltes setzt die Kapillarwirkung herab, eine Verengung kann u. U. den Durchfluß des Lotes hemmen; es sind also in Lotflußrichtung möglichst konstante Spaltdicken bzw. Spaltquerschnitte vorzusehen und evtl. durch geeignete Fixierung bis zum Erstarren des Lotes aufrechtzuerhalten (Abb. 2.30 bis 2.32). Bei Werkstücken mit verschiedenen Wärmeausdehnungskoeffizienten ist die Veränderung der Spaltdicke beim Erwärmen auf Arbeitstemperatur zu berücksichtigen.

Eine übertriebene Oberflächengüte ist nicht erforderlich; doch sind quer zur Richtung des Lotverlaufs liegende Riefen ($>0,02$ mm) zu vermeiden, *in* Richtung des Lotflusses liegende Riefen begünstigen die Kapillarwirkung und sind daher nicht schädlich. Der Lotfließweg darf nicht zu groß sein; bei Überlappungen genügt im allgemeinen eine Länge $l = 3s \cdots 5s$, mit $s =$ Dicke des zu verbindenden dünnsten Teiles (Abb. 2.30). Bei größeren Flächenlötungen ist es empfehlenswert,

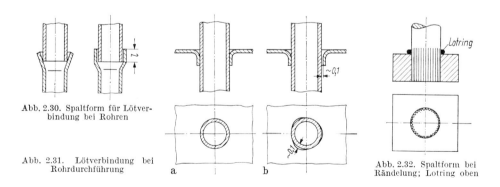

Abb. 2.30. Spaltform für Lötverbindung bei Rohren

Abb. 2.31. Lötverbindung bei Rohrdurchführung

Abb. 2.32. Spaltform bei Rändelung; Lotring oben

Lotblech bzw. Lotringe etwa in der Mitte einzulegen (Abb. 2.33 und 2.34). Zum Ableiten von Gasen und zum freien Austritt des Flußmittels sind Öffnungen in Lotflußrichtung vorzusehen (Abb. 2.35 und 2.36).

Stumpfstöße sind bei Weichlötung und bei geringen Wanddicken zu vermeiden, bei Hartlötung und Wanddicken >1 mm sind sie zulässig. Günstiger sind allerdings

Überlappungen oder Laschen bzw. bei Rohren Muffenverbindungen, da hierbei nur Schubbeanspruchungen auftreten. Bei Behälterböden können zur Lagensicherung und zur Entlastung der Lötstellen Sicken, Rillen, Bördelungen oder Falzungen verwendet werden (Abb. 2.37).

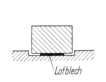

Abb. 2.33. Lotblech für Flächenlötung

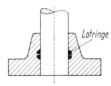

Abb. 2.34. Eingelegte Lotringe bei Flanschlötung

Abb. 2.35. Bohrung für Austritt des Flußmittels

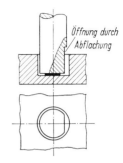

Abb. 2.36. Abflachung für Austritt des Flußmittels

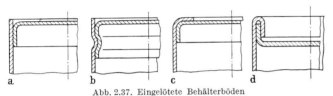

Abb. 2.37. Eingelötete Behälterböden
a) glatte Behälterwand; b) mit Rillen; c) mit Bördelungen; d) mit Falzung

2.2.3 Berechnung

Auch hier sind jeweils die Bauteile (Anschlußquerschnitte) *und* die eigentlichen Lötverbindungen zu berechnen. Bei auf Scherung beanspruchten Spaltlötungen werden die Schubspannungen im Spalt ermittelt, z. B.

$$\text{nach Abb. 2.38} \quad \tau = \frac{F}{b\,l} \leqq \tau_{\text{zul}}$$

oder

$$\text{nach Abb. 2.39} \quad \tau = \frac{M_t}{\dfrac{d/2}{d\,\pi\,l}} = \frac{2\,M_t}{d^2\,\pi\,l} \leqq \tau_{\text{zul}},$$

wobei l die Fugenlänge (Überlappungslänge) bedeutet. Die zulässige Schubspannung ergibt sich aus Schubfestigkeit dividiert durch Sicherheit. Die Schubfestigkeit wird an Proben ermittelt; sie ist von den Grundwerkstoffen, den verwendeten Loten, den Spaltdicken und der Güte der Herstellung abhängig. Als Richtwert kann etwa die statische Schubfestigkeit τ_B des *Lotes* verwendet werden:

Weichlot	$\tau_B =$	2 bis 8 kp/mm²,
zähes Hartlot	$\tau_B =$	14 bis 20 kp/mm²,
Cu-Hartlot	$\tau_B =$	18 bis 27 kp/mm².

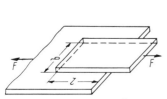

Abb. 2.38. Zur Berechnung einer Überlappungs-Lötverbindung

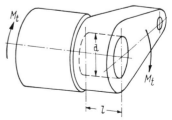

Abb. 2.39. Zur Berechnung einer Lötverbindung für Drehmomentenübertragung

Für die Sicherheit S ist ein Wert von etwa 2 zu empfehlen. Bei dynamischer Beanspruchung wurden an Hartlotverbindungen folgende Festigkeitswerte ermittelt:

$$\begin{aligned} \text{Schubwechselfestigkeit} & & \tau_W &= 3 \text{ kp/mm}^2, \\ \text{Verdrehwechselfestigkeit} & & \tau_{tW} &= 6{,}5 \text{ kp/mm}^2, \\ \text{Biegewechselfestigkeit} & & \sigma_{bW} &= 5 \text{ kp/mm}^2. \end{aligned}$$

2.3 Klebverbindungen[1]

2.3.1 Anwendung, Vor- und Nachteile

Bei Klebverbindungen befindet sich zwischen den zu verbindenden Teilen eine dünne Zwischenschicht aus Klebstoff, die an den Oberflächen gut haftet (Adhäsion) und in der außerdem Bindungskräfte (Molekularkräfte, Kohäsion) wirksam sind. Es lassen sich bei Verwendung geeigneter Klebstoffe sowohl gleichartige Werkstoffe untereinander als auch verschiedene Werkstoffe miteinander verbinden. Große Bedeutung hat in den letzten Jahren das *Metall*kleben erlangt, das besonders im Flugzeug- und Leichtmetallbau entwickelt wurde. Im Maschinen- und Fahrzeugbau werden neben Kupplungs- und Bremsbelägen heute mit Erfolg auch Rohre, Rahmen, Behälter, Buchsen, Naben auf Wellen, Versteifungen auf Blechwänden und vieles andere geklebt.

Die Haupt*vorteile* von Klebverbindungen sind Gewichts- und Kostenersparnisse, glatte Oberflächen, Vermeidung des Erhitzens der Bauteile und somit Ausschalten von Verziehen, von Eigenspannungen und von unerwünschten Gefügeveränderungen, Verringerung der Dauerbruchgefahr infolge gleichmäßigerer Spannungsverteilung, ferner bei Behältern und Gehäusen Dichten gegen Über- oder Unterdruck.

An *Nachteilen* sind zu nennen die durch die Klebstoffe bedingten niedrigen Grenzen bezüglich Warmfestigkeit und chemischer Beständigkeit, die geringe Schälfestigkeit (Abb. 2.41a), bei der Herstellung die Notwendigkeit von Klemm- und Spannvorrichtungen und bei Warmklebern die Verwendung geeigneter Wärmequellen und evtl. beheizter Pressen.

2.3.2 Klebstoffe[2]

Die Klebstoffe zum Verbinden von Metallen untereinander und mit anderen Werkstoffen sind Kunstharze (chemische Basis: Phenolharze, Epoxydharze, ungesättigte Polyesterharze, Acrylharze). Die VDI-Richtlinien 2229 enthalten in einer großen Tabelle (ohne Anspruch auf Vollständigkeit) 47 in Deutschland erhältliche Klebstoffe mit Angaben über Lieferwerke, Lieferzustand, Verarbeitungsbedingungen und Hinweisen auf das Verhalten der fertigen Klebverbindungen.

Die Einteilung erfolgte dort nach 4 Gruppen:

1. bei Raumtemperatur härtende Klebstoffe (Kalthärter oder Kaltkleber)
2. bei Raum- und höherer Temperatur härtende Klebstoffe ohne Druckanwendung

vorwiegend Zweikomponentenklebstoffe, deren beide Komponenten, Kleber und Härter, vor dem Verarbeiten gemischt werden.

---

[1] VDI-Richtlinien 2229 (Juni 1961) Metallklebverbindungen, Hinweise für Konstruktion und Fertigung. — TRIETSCH, F. K.: Die Metallverklebung (Schriftenreihe Feinbearbeitung), Stuttgart: Deva-Fachverlag 1960. — HAHN, K. F.: Die Metallklebtechnik vom Standpunkt des Konstrukteurs. Z. Konstr. 8 (1956) 127—136. — Geklebte Konstruktionen, Referat. Z. Konstr. 8 (1956) 280—282. — ULMER, K.: Zur Berechnung von Metallklebverbindungen. Industriebl. (63) 1963 202—208. — Merkblatt Nr. 382 der Beratungsstelle für Stahlverwendung: Das Kleben von Stahl, Düsseldorf 1965.

[2] DIN 16920 Klebstoffe, Richtlinien für die Einteilung. DIN 16921 Klebstoffe, Klebstoff-Verarbeitung, Begriffe.

3. bei erhöhter Temperatur (bis 200 °C) härtende Klebstoffe ohne Druckanwendung
4. bei erhöhter Temperatur (bis 200 °C) härtende Klebstoffe mit Druckanwendung (bis 20 kp/cm²)

(Warmhärter oder Warmkleber), vorwiegend Einkomponentenklebstoffe, bei denen der Klebstoff alle zur Härtung notwendigen Bestandteile enthält.

Zur 2. und 3. Gruppe gehören vor allem die Aralditkleber (auf Epoxydharzbasis), zur 4. Gruppe die Reduxbindemittel (Phenolpolyvinylformal).

Für die *Auswahl* eines Klebstoffs sind entscheidend: die Art der zu verbindenden Werkstoffe, die Beanspruchungsart (Schub, Zug, Biegung, Schälen), die Belastungsart (statisch, dynamisch), die Gebrauchstemperatur, die chemischen Einwirkungen, die Abmessungen und die Gestalt der zu verbindenden Bauteile, die Herstellungsmöglichkeiten und sonstigen örtlichen Gegebenheiten. Spezielle Auskünfte sind bei den Klebstoffherstellern[1] einzuholen; in vielen Fällen führen nur Versuche zu eindeutigen Entscheidungen.

Die Klebschichtdicken sollen kleiner als 0,15 mm sein, der Klebstoffverbrauch beträgt dann etwa 150 g pro m² Klebfläche. Die Oberflächen müssen gut gereinigt werden, ein Aufrauhen auf mechanischem Wege oder durch besondere Beizverfahren erhöht die Festigkeit der Klebverbindungen. Die Beständigkeit gegen angreifende Medien kann durch sonstige geeignete Oberflächenvorbehandlungen (anodische Oxydation bei Aluminiumteilen, Haftgrundierungen u. ä.) verbessert werden.

2.3.3 Gestaltung

Eine klebgerechte Gestaltung vermeidet Zugbeanspruchungen (Stumpfstöße) und bevorzugt Schubbeanspruchungen, also Konstruktionen, bei denen die Klebschichten möglichst in der Ebene der wirkenden Kräfte liegen (Abb. 2.40). Bei Rohrverbindungen sind Überlappungen oder Muffen vorteilhaft.

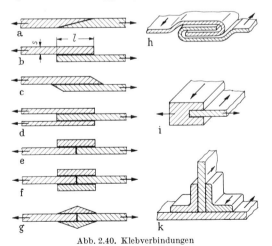

Abb. 2.40. Klebverbindungen

a) mit geschäftetem Stoß; b) einfache Überlappung; c) zugeschärfte Überlappung; d) doppelte Überlappung; e) einfach gelascht; f) doppelt gelascht; g) zugeschärfte Doppellaschen; h) gefalzt; i) genutet; k) mit Winkeln

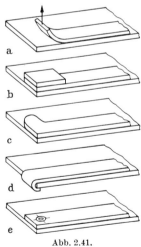

Abb. 2.41.

a) Abschälen der Ränder; Vermeidung durch b) biegesteife Ausbildung; c) Vergrößerung der Klebefläche; d) Umbördelung; e) Hohlniet

---

[1] Atlas-Ago Chemische Fabrik GmbH, Wolfgang bei Hanau/Main; Boston Blacking Company GmbH, Oberursel/Taunus; Ciba AG, Wehr/Baden; Fabrik für Gummilösung vorm. Otto Kurth, Offenbach/Main; Th. Goldschmidt AG, Essen; Paul Heinicke, Chem. Fabrik, Pirmasens; Henkel & Cie GmbH, Düsseldorf: 3 M Company, Düsseldorf; Sichel-Werke AG, Hannover-Limmer.

Klebverbindungen sind gegen Aufbiegekräfte (Abb. 2.41a) sehr empfindlich, und es muß durch besondere konstruktive Maßnahmen die Gefahr des Abschälens der Ränder verhindert werden, z. B. (Abb. 2.41b bis e) durch biegesteife Ausbildung, Vergrößern der Klebflächen, Umbördelungen oder durch zusätzliche Nietverbindungen (Hohlniet oder Sprengniet).

2.3.4 Berechnung

Eine exakte Berechnung der Tragfähigkeit von Klebverbindungen ist wegen der vielen Einflußfaktoren heute noch nicht möglich. Bei einer einfachen überlappten Verbindung nach Abb. 2.40b (bzw. Abb. 2.38) sind für die Festigkeit nicht nur die Überlappungslänge und -breite, sondern auch die Dicke und die Streckgrenze der Bauteile maßgebend. Die Bindefestigkeit nimmt mit zunehmender Blechdicke ab, mit zunehmender Streckgrenze zu. Für die Überlappungslänge gibt es optimale Werte, sie liegen etwa bei $l = 15s \cdots 20s$.

Eine *Überschlagsrechnung* ist wie bei Lötverbindungen möglich, wobei die statische Schubfestigkeit τ_B bei Kaltklebern zu 0,4 kp/mm², bei Warmklebern zu 1,5 kp/mm² und die Schubwechselfestigkeit τ_W bei Kaltklebern zu 0,15 kp/mm², bei Warmklebern zu 0,30 kp/mm² angenommen werden kann.

2.4 Reibschlußverbindungen

Bei den Reibschlußverbindungen werden in den Fugen, in denen sich die zu verbindenden Teile unmittelbar berühren, auf verschiedene Art und Weise *Pressungen* erzeugt, die ihrerseits bei beabsichtigter gegenseitiger Verschiebung *Reibungskräfte* W zur Folge haben, die den äußeren Kräften, die die Verschiebung bewirken wollen, entgegengerichtet sind (Abb. 2.42 und 2.43).

Man verwendet Reibschlußverbindungen, um axiale Kräfte in Achsen und Wellen einzuleiten (Abb. 2.42) oder um Drehmomente von Naben auf Wellen oder umgekehrt zu übertragen (Abb. 2.43). Die Pressung p wird durch Schraubenkräfte, durch Keile, durch federnde Zwischenglieder bzw. — beim Schrumpfen — durch

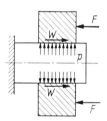
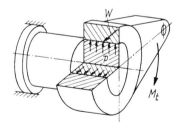

Abb. 2.42. Reibschlußverbindung bei Axialkräften   Abb. 2.43. Reibschlußverbindung für Drehmomentenübertragung

die Elastizität der Bauteile selbst hervorgebracht. Je gleichmäßiger der Preßdruck über die Berührungsflächen verteilt ist, um so besser wird die Kraft- oder Drehmomentenübertragung und — bei Rundpassungen — die Zentrierung der Teile sein. Die Reibungskräfte sind außer von der Pressung noch von den Reibwerten[1] abhängig, die ihrerseits wieder stark von der Art der zu fügenden Werkstoffe und der

---

[1] DRESCHER, H.: Zur Mechanik der Reibung zwischen festen Körpern. VDI-Z. 101 (1959) 697–707.

Oberflächenbeschaffenheit (Rauhtiefe, kleine Werte günstig) und dem Oberflächenzustand (trocken besser als gefettet) beeinflußt werden. Ferner unterscheidet man noch den Reibwert der Ruhe μ_0 und den Gleit- oder Rutschreibwert μ. Da der letztere kleiner als μ_0 ist, wird zur Sicherheit immer mit den Rutschreibwerten gerechnet; Richtwerte enthält Tab. 2.9.

Die zulässige Flächenpressung p ist von den Werkstoffen und den Abmessungen der Bauteile abhängig; als Richtwerte können dienen

Tabelle 2.9. *Rutschreibwerte*

Werkstoffpaarung	$\mu_{trocken}$	$\mu_{geölt}$
St/St oder GS	0,065 ··· 0,16	0,055 ··· 0,12
St/GG oder Bz.	0,15 ··· 0,2	0,03 ··· 0,06
GG/GG oder Bz	0,15 ··· 0,25	0,02 ··· 0,1
St/Mg-Al	0,05 ··· 0,06	
St/Ms	0,05 ··· 0,14	

bei St/St oder GS $p_{zul} = 500 \cdots 900 \text{ kp/cm}^2$,

bei St/GG $p_{zul} = 300 \cdots 500 \text{ kp/cm}^2$.

Bei Schrumpfverbindungen sind häufig höhere Werte zulässig, wenn man mit der zulässigen Vergleichsspannung (s. Abschn. 2.4.5) bis an die Streckgrenze (oder darüber) geht.

2.4.1 Klemmsitze

Klemmverbindungen werden nur bei geringen und wenig schwankenden Drehmomenten verwendet; ihr Vorteil besteht in einer leichten Veränderung der Nabenstellung in Längs- oder auch — bei Rundpassungen — in Umfangsrichtung.

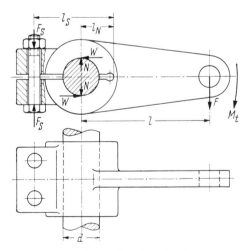

Abb. 2.44. Klemmsitz mit geschlitzter Nabe

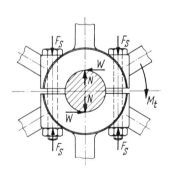

Abb. 2.45. Klemmsitz mit geteilter Nabe

Bei dem Klemmsitz mit geschlitzter Nabe nach Abb. 2.44 und bei dem Klemmsitz mit geteilter Nabe nach Abb. 2.45 werden die Pressungen p durch Schraubenkräfte erzeugt. Es ist wohl kaum mit einer gleichmäßigen Verteilung auf dem Umfang zu rechnen, wohl aber auf jeder Hälfte mit einer zur Vertikalen symmetrischen, so daß sich nach Abb. 2.46 die Resultierende der zu den Flächenelementen ΔA

senkrecht stehenden Teilkräfte $p\,\varDelta A$ zu $N = \varSigma\,p\,\varDelta A$ ergibt. Aus Abb. 2.46 geht ferner hervor, daß bei Wirkung eines Drehmomentes M_t die Resultierende der Reibungsteilkräfte $\mu\,p\,\varDelta A$, also die Widerstandskraft $W = \varSigma\,\mu\,p\,\varDelta A$ auf N senkrecht steht und dem Betrag nach gleich $\mu\,N$ ist. Ermittelt man mit Hilfe des Seil-

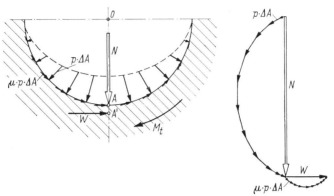

Abb. 2.46. Druck- und Reibungskräfte

ecks (oder aus den Gleichgewichtsbedingungen) die Wirkungslinie von W, so geht diese durch den Punkt A', so daß sich exakt das gesamte Reibungsmoment zu $M_R = 2\,W\,\overline{OA'}$ ergibt. Da der Abstand $\overline{AA'}$ verhältnismäßig klein ist, kann mit guter Näherung (insbesondere auch wegen der Unsicherheit in den μ-Werten) mit $\overline{OA}$ an Stelle von $\overline{OA'}$ gerechnet und für das Reibungsmoment

$$M_R = 2\,W\,\overline{OA} = 2\,\mu\,N\,r = \mu\,N\,d$$

gesetzt werden. Aus der Bedingung

$$M_R \geqq M_t$$

läßt sich dann die erforderliche Anpreßkraft N berechnen:

$$N \geqq \frac{M_t}{\mu\,d}.$$

Zur Berechnung der erforderlichen Schraubenkräfte F_S denkt man sich bei dem *Klemmsitz mit geschlitzter Nabe* im Schlitzgrund ein Gelenk und betrachtet die Nabenhälften als Hebel. Mit den Hebelarmen l_S und l_N ergibt sich dann mit $i =$ Anzahl der Klemmschrauben

aus $\quad i\,F_S\,l_S = N\,l_N \qquad F_S = \frac{N}{i}\,\frac{l_N}{l_S} \geqq \frac{M_t}{i\,\mu\,d}\,\frac{l_N}{l_S}.$

Beim *Klemmsitz mit geteilter Nabe* erhält man (mit $i =$ Gesamtzahl der Schrauben)

aus $\quad i\,F_S = N \qquad F_S = \frac{N}{i} \geqq \frac{M_t}{i\,\mu\,d}.$

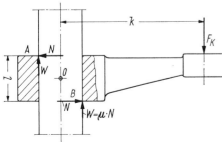

Abb. 2.47. Klemmsitz durch Kippkraft

Bei dem *Klemmsitz* nach Abb. 2.47 werden durch die *Kippkraft* F_K Kantenpressungen in A und B erzeugt, die die Widerstandskräfte $W = \mu\,N$ zur Folge haben. Selbsthemmung tritt ein, wenn $2\,W \geqq F_K$; N und damit W sind von F_K

und den Abständen k und l abhängig. Aus der Gleichgewichtsbedingung Σ Momente für Punkt O gleich Null $N\,l - F_K\,k = 0$ folgt

$$N = F_K \frac{k}{l} \quad \text{und} \quad W = \mu\,N = \mu\,F_K \frac{k}{l},$$

und aus $2\,W \geqq F_K$ folgt $2\,\mu\,F_K \dfrac{k}{l} \geqq F_K$ oder $\dfrac{k}{l} \geqq \dfrac{1}{2\,\mu}.$

Mit $\mu = 0{,}065$ (St/St) ergibt sich $k \geqq \dfrac{l}{2\,\mu} \geqq \dfrac{l}{0{,}13} = \underline{7{,}7\,l}$ als Bedingung für *sicheres* Klemmen.

2.4.2 Kegelsitze

Bei Kegelsitzen (Abb. 2.48) sind die Berührungsflächen rotationssymmetrisch (Mantelflächen eines Kegelstumpfes), und die Fugenpressungen p, die durch die axiale Schraubenkraft F_a erzeugt werden, sind — genaue Übereinstimmung von Außen- und Innenkegel vorausgesetzt — an allen Stellen gleich.

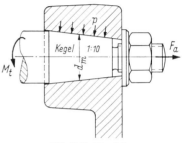

Das *Reibungsmoment* ergibt sich hier als Summe der Momente der Umfangsteilreibungskräfte $\mu\,p\,\Delta A$ nach Abb. 2.49 zu

$$M_R = \Sigma\,\mu\,p\,\Delta A\,r_x = \mu\,p\,\Sigma\,\Delta A\,r_x \approx \mu\,p\,A\,\frac{d_m}{2}$$

oder

$$\boxed{M_R = \mu\,p\,\pi\,d_m\,l\,\frac{d_m}{2}}.$$

Abb. 2.48. Kegelsitz

Die Bedingung $M_R \geqq M_t$ liefert dann die *erforderliche Pressung*

$$p \geqq \frac{M_t}{\mu\,\pi\,d_m\,l\,d_m/2}.$$

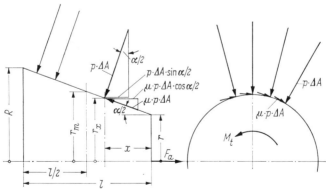

Abb. 2.49. Kräfteverhältnisse am Kegelsitz

Die *Schraubenkraft* F_a muß nach Abb. 2.49 die Horizontalkomponenten der Flächenkräfte und die Horizontalkomponenten der in den Mantellinien wirkenden Reibungskräfte überwinden. Sie ergibt sich somit aus

$$F_a = \Sigma\,p\,\Delta A \sin\frac{\alpha}{2} + \Sigma\,\mu\,p\,\Delta A \cos\frac{\alpha}{2}$$

mit der oben ermittelten erforderlichen Pressung zu

$$F_a \geqq \frac{M_t}{\mu\, d_m/2}\left(\sin\frac{\alpha}{2}+\mu\cos\frac{\alpha}{2}\right) \approx \frac{M_t}{\mu\, d_m/2}\tan\left(\frac{\alpha}{2}+\varrho\right).$$

Kegelige Wellenenden sind in DIN 749 und 750 mit dem Kegel 1 : 10 nach DIN 254, also mit $\alpha = 5°\,43'\,30''$, genormt. Für diesen Fall wird mit $\mu = 0{,}065$

$$F_a \approx 1{,}8\,\frac{M_t}{d_m/2}.$$

Die Berechnung der Nabe erfolgt als offener dickwandiger Hohlzylinder[1] (Innendurchmesser $D_i = D_m$) unter dem Innendruck p. Mit $Q = D_i/D_a$ ergibt sich nach der Gestaltänderungsenergiehypothese die maximale Vergleichsspannung in der Bohrung zu

$$\sigma_v = p\,\frac{\sqrt{3+Q^4}}{1-Q^2},$$

die die zulässige Spannung nicht übersteigen darf.

Richtwerte:

	Nabenlänge l	Nabendurchmesser D_a
GG-Naben	$1{,}2\,d_m \cdots 1{,}5\,d_m$	$2{,}2\,d_m \cdots 2{,}7\,d_m$
GS- und St-Naben	$0{,}6\,d_m \cdots 1\,d_m$	$2\,d_m \phantom{{,}0} \cdots 2{,}5\,d_m$

Zu den Kegelsitzen gehören auch die in ihrer Wirkung ähnlichen *Kegelhülsen*, wie sie zur Befestigung von Wälzlager-Innenringen auf Wellen benutzt werden, die Spannhülsen nach DIN 5415 (Abb. 4.138) und die Abziehhülsen nach DIN 5416 (Abb. 4.139). Hier werden durch die Kegelfläche in *zwei* Fugen Pressungen erzeugt; allerdings sind die Hülsen geschlitzt, so daß die Rotationssymmetrie (auch im Spannungsverlauf) unterbrochen ist und keine sehr großen Drehmomente übertragen werden können.

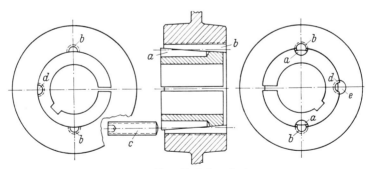

Abb. 2.50. Taper-Lock-Spannbuchse

Auch die *Taper-Lock-Spannbuchse*[2] Abb. 2.50, die eine besonders einfache und rasche Montage von Keilriemenscheiben u. dgl. ermöglicht, ist eine geschlitzte, außen konische Hülse; sie hat am Außenumfang zwei (bei größeren Abmessungen drei) zylindrische, jedoch nur zur Hälfte im Material der Buchse liegende achsparallele *Sacklöcher a*, denen in der ebenfalls konischen Nabenbohrung zwei (bzw.

---

[1] Siehe Abschn. 3.1.1.
[2] Hersteller: Fenner GmbH, Breyell/Ndrh.

drei) *durchgehende*, auch nur zur Hälfte im Material liegende *Gewindelöcher b* gegenüberstehen. Das Einziehen der Buchse in die Nabe erfolgt mit Gewindestiften mit Innensechskant *c*. Zum Lösen der Verbindung werden die Gewindestifte aus a/b herausgeschraubt, und *ein* Stift wird in d/e eingeschraubt, wobei jetzt d als durchgehende Halbgewindebohrung in der Buchse und e als Halbsackloch in der Nabe ausgebildet ist. Die Paßfedernut ist nur für Fälle höchster Belastung vorgesehen.

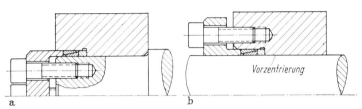

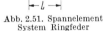

Abb. 2.51. Spannelement System Ringfeder

Abb. 2.52. Verbindungen mit Spannelement System Ringfeder
a) wellenseitige; b) nabenseitige Verspannung

Die *Spannelemente System Ringfeder* und die *Spannsätze System Ringfeder*[1] benutzen dagegen *geschlossene* konische Ringe. Zu einem *Spannelement* nach Abb. 2.51 gehören ein Außenring mit Innenkonus und ein Innenring mit Außenkonus; die Pressungen, die also nun in *drei* Fugen auftreten, werden durch Axialschraubenkräfte erzeugt. An einem Wellenende (Abb. 2.52a) ist wellenseitige Verspannung möglich (bis $d = 36$ mm mit einer zentralen Schraube oder Spannmutter, über $d = 36$ mm mit drei und mehr Spannschrauben); bei durchgehenden Wellen erfolgt die Verspannung mit mehreren nabenseitig angeordneten Spannschrauben (Abb. 2.52b). Die Abmessungen der Spannelemente, das mit *einem* Spannelement übertragbare Drehmoment M_{t1} und die erforderliche axiale Spannkraft F_a sind für verschiedene Pressungen p ($\approx 0{,}8\sigma_{0{,}2}$) im Katalog der Ringfeder GmbH angegeben, wobei trockener Einbau ($\mu = 0{,}15$) und die Einhaltung der Bauteil-Toleranzen (H 7 bzw. h 6 für Elemente bis 38 mm Wellendurchmesser, H 8 bzw. h 8 für Elemente über 38 mm Wellendurchmesser) vorausgesetzt werden. Bei Hintereinanderschaltung mehrerer Elemente nimmt bei gleicher Axialkraft die Pressung bei den nachgeschalteten Elementen ab, so daß sich für die übertragbaren Drehmomente ergibt:

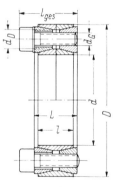

Abb. 2.53. Spannsatz System Ringfeder

bei zwei Spannelementen $M_{t2} = 1{,}5\ M_{t1}$,
bei drei Spannelementen $M_{t3} = 1{,}75\ M_{t1}$,
bei vier Spannelementen $M_{t4} = 1{,}875 M_{t1}$.

Um die erforderlichen Axialkräfte in der genau vorgeschriebenen Größe aufzubringen, sind im Katalog die geeigneten Schrauben und die Anziehmomente angegeben.

Die *Spannsätze* System Ringfeder (Abb. 2.53) bestehen jeweils aus zwei Außenringen mit Innenkonus und zwei Innenringen mit Außenkonus bzw. *einem* Außenring mit Doppelinnenkonus und *einem* Innenring mit *Doppel*außenkonus, die durch zwei Druckringe mit Außen- *und* Innenkonus zusammengehalten werden (einbau-

---

[1] Hersteller: Ringfeder GmbH, Krefeld-Uerdingen.

fertige Einheit). Zum Spannen werden die Druckringe durch eine große Anzahl von Spannschrauben (Zylinderschrauben mit Innensechskant DIN 912 — 10.9) zusammengezogen, wobei die Innenringe radial an die Welle und die Außenringe radial an die Nabenbohrung gepreßt werden. An den zu verbindenden Bauteilen sind also keine Gewindelöcher erforderlich. Die Spannsätze sind besonders für schwere Teile und große Drehmomente geeignet. Die Abmessungen, die übertragbaren Drehmomente, die Anzahl der Schrauben und die erforderlichen Anziehmomente sind dem Katalog des Herstellers zu entnehmen.

Spannelemente und Spannsätze gewährleisten hohe Rundlaufgenauigkeit, sie sind leicht lösbar, ermöglichen genaue und feine Einstellung in axialer und in Umfangsrichtung und sind auch besonders für Wechsel- und Stoßbeanspruchung geeignet; es kann bei Wechselverdrehung mit $\beta_{Nt} \approx 1{,}2$ [1] gerechnet werden.

2.4.3 Längskeile

Bei Wellen-Naben-Verbindungen mit Längskeilen werden die Pressungen durch Keilflächen erzeugt. Der Anzug der genormten Keile beträgt 1 : 100; er liegt durchweg auf der Rückenseite, die im *Naben*nutgrund zur Anlage kommt. Die Keile werden im allgemeinen durch Hammerschlag in Längsrichtung eingetrieben (Treibkeile, Abb. 2.58), bei einseitiger Zugänglichkeit werden sie zum Zweck des Austreibens als Nasenkeile ausgeführt. Die Verspannung kann jedoch bei beschränkten Platzverhältnissen auch durch Auftreiben der Nabe erfolgen, wobei der Keil an den Stirnflächen Rundungen erhält und in eine entsprechende Wellennut eingelegt wird (Einlegekeil, Abb. 2.57). Die Keilbreiten werden mit dem Toleranzfeld h 9, die Nutbreiten mit D 10 hergestellt, so daß also an den Seitenflächen Spiel vorhanden ist. (Die Wellennuten werden mit Finger- oder Scheibenfräser hergestellt, die Nabennuten gestoßen.)

Bei Längskeilverbindungen mit Wellennut oder -abflachung kann außer dem Reibschluß noch Formschluß auftreten. Eine *reine* Reibschlußverbindung liefert der *Hohlkeil* (Abb. 2.54) nach DIN 6881 und 6889 (Nasenhohlkeil), bei dem die Bauchseite der Wellenkrümmung angepaßt ist, die Welle selbst also keine Nut erhält. Das Reibungsmoment ergibt sich nach Abb. 2.54 und 2.46 mit guter Näherung zu

$$M_R = 2\mu N \frac{d}{2}, \quad \text{wobei} \quad N = p_R b l$$

(p_R = Pressung am Keilrücken). Aus der Bedingung $M_R \geqq M_t$ folgt

$$p_R b l \geqq \frac{M_t}{\mu d};$$

daraus läßt sich dann die erforderliche Keil- bzw. Nabenlänge l berechnen:

$$\boxed{l \geqq \frac{M_t}{\mu d b p_R}}.$$

N und somit p_R sind jedoch von der Eintreibkraft F_a abhängig. Die Mindesteintreibkraft ergibt sich nach Abb. 2.55 zu

$$F_a = N \tan\varrho + N \tan(\alpha + \varrho) \approx N \cdot 2\tan\varrho = 2\mu N = 2\mu b l p_R.$$

---

[1] CORNELIUS, E.-A., u. D. CONTAG: Die Festigkeitsminderung von Wellen unter dem Einfluß von Wellen-Naben-Verbindungen bei wechselnder Drehung. Z. Konstr. 14 (1962) 337—343. — CORNELIUS, E.-A., u. J. HÄBERER: Tragfähigkeit und Größeneinfluß von Wellen-Naben-Verbindungen bei wechselnder Verdrehung. Z. Antriebstechnik 4 (1965) 355—362.

Beispiel: $M_t = 2000$ cmkp; $d = 45$ mm.

Nach DIN 6881 ist $b \times h = 14 \times 4{,}5$ mm.

Mit $\mu = 0{,}1$ und $p_R = 500$ kp/cm² (GG-Nabe) wird

$$l \geqq \frac{M_t}{\mu\, d\, b\, p_R} = \frac{2000 \text{ cmkp}}{0{,}1 \cdot 4{,}5 \text{ cm} \cdot 1{,}4 \text{ cm} \cdot 500 \text{ kp/cm}^2} = 6{,}3 \text{ cm},$$

$$F_a \geqq 2\mu\, b\, l\, p_R = 2 \cdot 0{,}1 \cdot 1{,}4 \text{ cm} \cdot 6{,}3 \text{ cm} \cdot 500 \text{ kp/cm}^2 = 885 \text{ kp}.$$

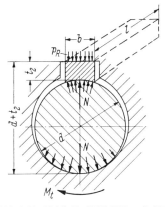

Abb. 2.54. Hohlkeil (DIN 6881 und 6889)

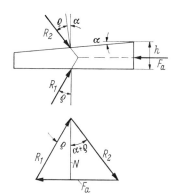

Abb. 2.55. Kräfteverhältnisse am Keil

Da die wirkliche Größe der Eintreibkraft unsicher ist, erfolgt die Bemessung der Nabenlängen l — und auch der Nabenaußendurchmesser D — bei allen Keilverbindungen am besten mit folgenden Erfahrungswerten:

	Nabenlänge l	Nabendurchmesser D
GG-Naben	$1{,}5d \ldots 2d$	$2d \ldots 2{,}2d$
GS- oder St-Naben	$1{,}0d \ldots 1{,}3d$	$1{,}8d \ldots 2d$

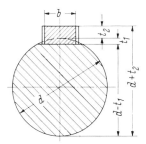

Abb. 2.56. Flachkeil (DIN 6883 und 6884)

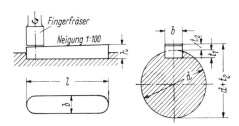

Abb. 2.57. Einlegekeil (DIN 6886, Form A)

Bei Verwendung von *Flachkeilen* (Abb. 2.56) nach DIN 6883 und 6884 (Nasenflachkeil) werden die Wellen nur abgeflacht, so daß auch hier wie beim Hohlkeil mit nur geringer Kerbwirkung zu rechnen ist.

Die *Nutenkeile*, Einlegekeile (Form A, Abb. 2.57) oder Treibkeile (Form B, geradstirnig) nach DIN 6886 und 6887 (Nasenkeile, Abb. 2.58) werden zur Übertragung von Drehmomenten benutzt, die größer sein können als die Reibmomente, wobei dann die Seitenflächen des Keiles in den Nuten zur Anlage kommen (Formschluß). Nachteilig ist jedoch die starke Schwächung der Welle durch die Nut und die durch die Kerbwirkung bedingte erhöhte Dauerbruchgefahr ($\beta_k = 1,6 \cdots 2,2$).

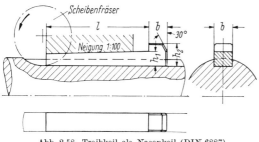

Abb. 2.58. Treibkeil als Nasenkeil (DIN 6887)

Die Kanten im Nutgrund werden gerundet, die Keilkanten gebrochen oder gerundet.

Für sehr große und wechselnde Drehmomente sind die *Tangentkeile* (Abb. 2.59) nach DIN 271 bzw. DIN 268 (für stoßartigen Wechseldruck) geeignet. Sie werden auch bei geteilten Naben (Schwungräder, große Riemenscheiben u.ä.) verwendet. Es werden zwei unter 120° (seltener 180°) gegeneinander versetzte Keil*paare* tangential am Wellenumfang angeordnet. Es handelt sich hier also um eine vorgespannte Formschlußverbindung. Die Schrägflächen der Keile liegen aneinander, die Anlageflächen an der Welle und in der Nabe sind parallel.

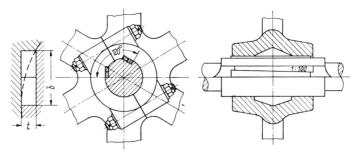

Abb. 2.59. Tangentkeile (DIN 271 und 268)

Bei allen Keilverbindungen treten durch das einseitige Verspannen Exzentrizitäten zwischen Wellen- und Nabenmitte auf, so daß sie bei höheren Anforderungen an die Rundlaufgenauigkeit (z. B. bei Zahnrädern) *nicht* angewendet werden können.

2.4.4 Reibschlußverbindungen mit federnden Zwischengliedern

Die für den Reibschluß erforderlichen Normalkräfte können auch durch federnde Zwischenglieder erzeugt werden. Die größte Rundlaufgenauigkeit erhält man auch hier bei rotationssymmetrischen geschlossenen Federelementen.

Die *Spannhülsen Bauart Spieth*[1] (Abb. 2.60, 2.61 und 4.142) erhalten ihre Elastizität durch die besondere Querschnittsform, die durch axial wechselseitig versetzte innere und äußere radiale Ausnehmungen entsteht. Die zylindrischen Innen- und Außenflächen sind genau konzentrisch und so toleriert, daß sich im unbelasteten Zustand die Elemente auf Wellen des Toleranzfeldes h 7 und in Bohrungen des Toleranzfeldes H 7 leicht auf- bzw. einschieben lassen. Die zum Verspannen aufzubringenden Axialkräfte bewirken durch die Längsdeformation eine rotationssymmetrische Radialdehnung, d. h., der Außendurchmesser wird kreisförmig aufgeweitet, während sich gleichzeitig die Bohrung kreisförmig verengt. Nach Überwindung des Spiels erfolgt der Aufbau der zur reibschlüssigen Verbindung

---

[1] Hersteller: Spieth-Maschinenelemente, Rudolf Spieth, Zell/Neckar.

erforderlichen Radialkräfte. Die Verbindung ist durch Aufheben der axialen Spannkraft sofort und leicht wieder lösbar. Die Größe des übertragbaren Drehmomentes richtet sich nach der Anzahl der Glieder und der Höhe der Axialkraft. Abb. 2.60 zeigt eine zweigliedrige *Druckhülse* und eine zweigliedrige *Zughülse* zum Spannen

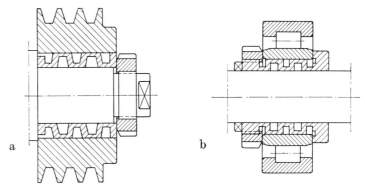

Abb. 2.60. Spannhülsen Bauart Spieth
a) Druckhülse; b) Zughülse

von Wälzlagern auf glatten Wellen, Abb. 4.142 einen *Stellring* zur Rollenspieleinstellung bei Zylinderrollenlagern und Abb. 2.61 ein Spannringelement, bestehend aus Spannhülse *und* Spannschraube. Es werden ferner nach dem gleichen Prinzip stellbare Führungsbuchsen, stellbare Lagerbuchsen und stellbare Gewindebuchsen hergestellt.

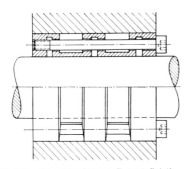

Abb. 2.61. Spannringelement Bauart Spieth

Abb. 2.62. Ringspannscheibe

Die *Ringspannscheiben*[1] (Abb. 2.62) sind — wie die Tellerfedern — dünnwandige, flachkegelige Ringscheiben aus gehärtetem Federstahl mit abwechselnd vom äußeren und inneren Rand ausgehenden bis in die Nähe des anderen Randes durchgeführten Radialschlitzen. Durch diese Schlitze ist die Ringspannscheibe in bezug auf ihren Kegelwinkel mühelos elastisch verformbar und kann im Durchmesser elastisch zusammengedrückt oder ausgedehnt werden. Wird sie am Außenrand abgestützt, so verkleinert sich beim Flachdrücken ihr Innendurchmesser, wird sie

---

[1] Hersteller: Ringspann Albrecht Maurer KG, Bad Homburg v. d. H. (vgl. Sonderprospekte Nr. 7, 9, 10 und 11).

am Innenrand abgestützt, so vergrößert sich beim Flachdrücken der Außendurchmesser. Die dabei auftretenden Radialkräfte, die je nach dem Kegelwinkel etwa fünfmal so groß sind wie die eingeleitete Axialkraft, werden für die reibschlüssige spielfreie Verbindung von Wellen mit aufgesetzten Rädern od. dgl. sowie zum präzisen Einspannen vorbearbeiteter Werkstücke auf Drehbänken und Schleifmaschinen für die Endbearbeitung benutzt. Das übertragbare Drehmoment hängt von der Größe des inneren Stützdurchmessers sowie von der eingeleiteten Axialkraft ab; es wird begrenzt durch die Druckfestigkeit des Materials der zu verbindenden Teile sowie durch die Anzahl der Ringspannscheiben gemäß den Tabellen in den Druckschriften des Herstellers. Einbaubeispiele zeigen die Abb. 2.63 und 2.64. Weitere Anwendungsgebiete sind vor allem Spanndorne und Spannfutter im Werkzeugmaschinenbau, Schalt- und Schutzkupplungen und Sternfedern zum Axialspielausgleich bei Kugellagern.

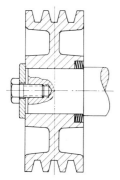
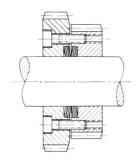

Abb. 2.63. Befestigung einer Keilriemenscheibe am Wellenende mit einem Ringspannscheiben-Paket $M_n = n\,M_1$; $F_{an} = n\,F_{a1}$, wobei n Anzahl der Scheiben, M_1 von einer Scheibe übertragbares Drehmoment, F_{a1} für eine Scheibe erforderliche Axialkraft

Abb. 2.64. Befestigung eines Räderblocks auf durchgehender Welle mit zwei Ringspannscheiben-Paketen $M_n = 2n\,M_1$; $F_{an} = n\,F_{a1}$, wobei n Anzahl der Scheiben je Paket, M_1 von einer Scheibe übertragbares Drehmoment, F_{a1} für eine Scheibe erforderliche Axialkraft

Auf Federwirkung beruht auch die Drehmomentübertragung mit Hilfe von *Toleranzringen*[1]. Wie der Name sagt, sollen die Ringe auch größere Toleranzen an den Bauteilen ermöglichen. Der Star-Toleranzring aus Federstahl besitzt wellenförmiges Profil (Abb. 2.65); er ist auf dem Umfang nicht geschlossen, damit er sich bei der Verformung in Umfangsrichtung ausdehnen und leicht in flache Ringnuten eingelegt werden kann. Die Radialkräfte F werden an den Anlageflächen der

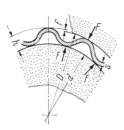
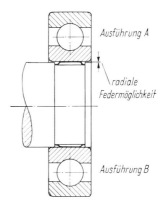

Abb. 2.65. Toleranzring (Star-Kugelhalter GmbH)

Abb. 2.66. Einbaubeispiel für Toleranzring

Wellen durch die Bauteile selbst erzeugt, indem — wie bei Längspreßsitzen — das Außenteil über den meist in eine Nut des Innenteils eingelegten Toleranzring geschoben wird (oder umgekehrt). Die Kraft F ist dem Maß f proportional, also dem Unterschied zwischen der ursprünglichen Wellenhöhe h und dem „Spalt" $(D - d)/2$. Der Proportionalitätsfaktor ist von der Ringdicke, der Ringbreite, der Wellenteilung und dem Elastizitätsmodul abhängig. Das übertragbare Drehmoment

---

[1] Hersteller: Deutsche Star-Kugelhalter GmbH, Schweinfurt.

ergibt sich bei z gleichmäßig tragenden Wellen zu $M_t = z\,\mu\,F\,d/2$. Die zur Übertragung eines bestimmten Drehmomentes erforderliche Ring*breite* wird in den Druckschriften des Herstellers angegeben. Toleranzringe werden häufig auch für den Einbau von Wälzlagern benutzt (Abb. 2.66).

2.4.5 Längs- und Querpreßsitze (Schrumpfverbindungen)

Unter Preßpassungen versteht man die Paarung von Paßteilen, die vor dem Fügen Übermaß besitzen. Sie werden immer häufiger verwendet, da sie verhältnismäßig leicht herzustellen und auch für Stoß- und Wechselbeanspruchung geeignet sind; die Wellen werden nicht durch Nuten geschwächt, Innen- und Außenteil sind genau zentriert. Voraussetzung für guten Reibschluß ist die genaue Berechnung und die Einhaltung der Abmessungen (Übermaße, Toleranzen).

Anwendungsbeispiele sind Wellenbunde, Wälzlagerringe, Kupplungsnaben, Zahnräder, Zahnkränze auf Radkörper, Radkörper auf Wellen, Gleitlagerbuchsen in Gehäuse, Laufbuchsen auf Wellen oder in Zylindern, zusammengebaute Kurbelwellen, Schrumpfringe auf Naben geteilter Räder (Schwungräder, Riemenscheiben), Ventilsitze usw.

Beim *Längspreßsitz* erfolgt das Fügen von Innen- und Außenteil durch axiales Aufpressen bei Raumtemperatur. Die Einpreßkraft wird durch Hammerschläge oder besser zügig durch eine Presse erzeugt. Die Einpreßgeschwindigkeit soll 2 mm/s nicht überschreiten. Beim Einpreßvorgang werden die Oberflächen geglättet, teilweise jedoch die Spitzen abgeschert. Um Schabwirkungen zu vermeiden, sind die Stirnkanten zu brechen bzw. mit Abrundungen oder Anschrägungen (5° auf 2 bis 5 mm Länge) zu versehen. Bei wiederholtem Fügen und Lösen verringert sich die Haftkraft um 15 bis 20%.

Bei *Querpreßsitzen* wird *zum Fügen* zwischen Innen- und Außenteil *Spiel* erzeugt, so daß sich die Teile leicht übereinanderschieben lassen und erst in der Endstellung die gewünschten Durchmesserveränderungen auftreten. Hierbei werden die Oberflächenrauheiten nur durch Verformung (größtenteils plastische) eingeebnet.

Für die Spielerzeugung wird entweder das Außenteil erwärmt, so daß es beim Abkühlen schrumpft und man daher von *Schrumpfpassung* spricht, oder es wird das Innenteil gekühlt, das sich dann beim Wiederanwärmen auf Raumtemperatur dehnt (*Dehnpassung*); bisweilen werden beide Verfahren gleichzeitig verwendet (Schrumpfdehnpassung). Das Spiel kann aber auch mit Hilfe von Drucköl erzeugt werden, man spricht dann von *Druckölverband*[1] oder *Hydraulikmontage*[2].

Das *Anwärmen* der Außenteile erfolgt bis 100 °C auf Wärmeplatte, bis 370 °C im Ölbad, bis 700 °C im Muffelofen oder mit Heizflamme; für Demontagezwecke, insbesondere von Wälzlagerringen, wird auch induktives Anwärmen benutzt.

Zum *Kühlen* der Innenteile wird Trockeneis (Kohlensäureschnee) (−70 bis −79 °C) oder flüssige Luft (−190 bis −196 °C) verwendet.

Bei der *Hydraulikmontage* wird zwischen die Paßflächen mittels Injektor oder Wechselkolbenpumpe Drucköl gepreßt, so daß sich Außen- und Innenteil leicht gegeneinander verschieben lassen. Bei schwach *kegeligen* Paßflächen (Kegelstei-

---

[1] Kugellagerzeitschrift der SKF Kugellagerfabriken GmbH, Schweinfurt, Nr. 2 (1946) und Nr. 1 (1953). — MUNDT, R.: Ein- und Ausbau von Preßverbänden und Wälzlagern mittels Druckölverfahren, VDI-Tagungsheft 2, Antriebselemente, Düsseldorf: VDI-Verlag 1953, S. 25. — BRATT, E.: Kraftübertragungsfähigkeit von Druckölpreßverbänden. Wälzlagertechn. Mitt. Nr. 15, SKF Kugellagerfabriken GmbH, Schweinfurt.

[2] Druckschrift „Hydraulikmontage" von FAG Kugelfischer Georg Schäfer & Co., Schweinfurt. — VÖLKENING, W.: Ein- und Ausbau von mittleren und großen Wälzlagern in schwierigen Fällen. Industrie-Anz. Nr. 63, 79. Jg., S. 943—952.

gung 1 : 30) ist auf diese Art (Abb. 4.140 und 4.141) das Aufziehen *und* Lösen möglich; die Ölzufuhr erfolgt durch Bohrungen und Nuten in der Welle oder in den Kegelhülsen (ungeteilte Zwischenhülsen oder geschlitzte Abzieh- und Spannhülsen bei Wälzlagern). Die geringe für die Montage erforderliche Axialkraft wird nach Aufhören des Öldrucks noch einige Zeit (10 bis 30 min) aufrechterhalten, bis das Öl aus den Paßflächen und Zufuhrkanälen ganz herausgedrängt ist. Bei der Demontage lösen sich bei Aufbringen des Öldrucks die Teile selbständig und schlagartig (Anschläge vorsehen). Für Teile mit *zylindrischen* Paßflächen wird das Preßölverfahren nur zum *Lösen* verwendet. Es sind (Abb. 2.67) mehrere getrennt gespeiste Ölkanäle und Nuten vorzusehen; über das letzte Flächenstück muß mit Hilfe geeigneter Vorrichtungen das Außenteil unter Ausnutzung des noch vorhandenen Ölfilms rasch hinweggezogen werden (Maß $a \approx \sqrt{d}$). Eine zum hydraulischen Fügen *und* Lösen geeignete Ölpreßverbindung mit abgestuften zylindrischen Paßflächen (SSW-Patent) wird von E. Maass beschrieben[1].

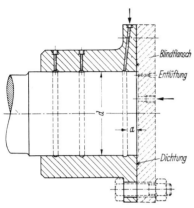

Abb. 2.67. Hydraulikdemontage

Berechnung von Schrumpfverbindungen[2]. Die Pressung p in der Fuge entsteht, siehe Abb. 2.68, dadurch, daß sich der Außendurchmesser des Innenteils verringert, während sich der Innendurchmesser des Außenteils vergrößert. Der gemeinsame Durchmesser nach dem Fügen wird mit $D_F = 2 R_F$, der vor dem Fügen am Innenteil *gemessene* Außendurchmesser wird mit

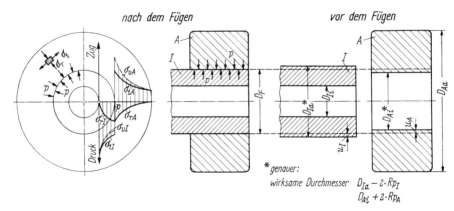

Abb. 2.68. Bezeichnungen und Spannungen bei Schrumpfverbindungen
I Innenteil (Hohl- oder Vollwelle); *A* Außenteil (Ring oder Nabe); *p* Pressung in der Fuge; σ_r Radialspannungen; σ_t Tangentialspannungen; *u* radiale Verschiebungen

D_{Ia} und der vor dem Fügen am Außenteil *gemessene* Innendurchmesser wird mit D_{Ai} bezeichnet. Das *gemessene Übermaß* beträgt also

$$U = D_{Ia} - D_{Ai}.$$

---

[1] Maass, E.: Die Ölpreßverbindungen. Werkst.techn. 51 (1961) 391–396.
[2] Siehe auch DIN 7190 und DIN 7190, Bbl. 1.

2.4 Reibschlußverbindungen

Zur Berechnung der Pressung in der Fuge und der Spannungen im Innen- und Außenteil sind die elastizitätstheoretischen Betrachtungen am offenen, dickwandigen Hohlzylinder heranzuziehen (s. Abschn. 3.1.1); beim Innenteil handelt es sich um einen Hohl- (oder Voll-) Zylinder unter dem *Außen*druck p, beim Außenteil um einen Hohlzylinder unter dem *Innen*druck p. Die radialen Verschiebungen werden mit u_I und u_A bezeichnet; sie sind außer von der Pressung p noch abhängig von den Durchmesserverhältnissen

$$\boxed{Q_I = D_{Ii}/D_{Ia}} \quad \text{und} \quad \boxed{Q_A = D_{Ai}/D_{Aa}} \tag{1}$$

und den verwendeten Werkstoffen (Elastizitätsmodul E_I und E_A und Poissonsche Konstante m_I und m_A).

Ferner ist unbedingt der Einfluß der Oberflächenbeschaffenheit zu berücksichtigen, der sich dahingehend auswirkt, daß nicht das *gemessene* Übermaß U, sondern vielmehr das *wirksame* Übermaß, also die Differenz der *wirksamen* Durchmesser, die sich von den gemessenen um die Glättungstiefen unterscheiden, in die Verformungsgleichung eingesetzt wird. Das wirksame Übermaß wird nach DIN 7182, Bl. 3, auch als *Haftmaß* Z bezeichnet; es ergibt sich zu

oder $\quad Z = (D_{Ia} - 2R_{pI}) - (D_{Ai} + 2R_{pA}) = D_{Ia} - D_{Ai} - 2(R_{pI} + R_{pA})$

$$\boxed{Z = U - \Delta U} \quad \text{mit} \quad \boxed{\Delta U = 2(R_{pI} + R_{pA})}. \tag{2}$$

Die Glättungstiefe kann erfahrungsgemäß zu 60% der Rauhtiefe angenommen werden, $R_p \approx 0{,}6 R_t$, so daß also

$$\Delta U = 1{,}2(R_{tI} + R_{tA})$$

wird.

Aus Abb. 2.68 ersieht man nun den Zusammenhang zwischen Z und den radialen Verschiebungen:
$$Z = 2u_I + 2u_A.$$

Unter dem *relativen Haftmaß* ζ[1] versteht man das auf den Fugendurchmesser D_F ($\approx D_{Ia} \approx D_{Ai}$) bezogene Haftmaß

$$\boxed{\zeta = \frac{Z}{D_F}} = \frac{u_I}{R_F} + \frac{u_A}{R_F}.$$

Es kann leicht aus den Gleichungen für die radialen Verschiebungen (s. Fußnote S. 208 berechnet werden zu

$$\boxed{\zeta = p \left[\frac{1}{E_I} \left(\frac{1 + Q_I^2}{1 - Q_I^2} - \frac{1}{m_I} \right) + \frac{1}{E_A} \left(\frac{1 + Q_A^2}{1 - Q_A^2} + \frac{1}{m_A} \right) \right]}. \tag{3}$$

Diese Gleichung kann nach F. FLORIN[2] als Nomogramm dargestellt werden. Ist das Innenteil eine Vollwelle, dann ist $Q_I = 0$.

Für den Sonderfall gleicher Werkstoffe für Außen- und Innenteil wird

$$\zeta = \frac{p}{E} \left(\frac{1 + Q_I^2}{1 - Q_I^2} + \frac{1 + Q_A^2}{1 - Q_A^2} \right). \tag{3a}$$

---

[1] Im Gegensatz zu den Normblättern ist hier ζ als *reine* (dimensionslose) Verhältniszahl eingeführt, so daß U, Z und D in beliebigen, aber jeweils gleichen Längeneinheiten einzusetzen sind.

[2] FLORIN, F.: Leitertafeln zur Berechnung von Schrumpfverbindungen. Z. Konstr. 9 (1957) 324–327.

Bei *Voll*welle *und* gleichen Werkstoffen für Außen- und Innenteil wird

$$\zeta = \frac{p}{E}\,\frac{2}{1-Q_A^2}. \tag{3b}$$

Mit Hilfe der Verformungsgleichung (3) läßt sich also *die* Pressung p ermitteln, die zu einem bestimmten relativen Haftmaß ζ gehört, oder es läßt sich das Übermaß $U = Z + \Delta U = \zeta D_F + \Delta U$ berechnen, das für eine *geforderte* oder *zugelassene* Pressung p notwendig ist.

Die *geforderte* Pressung ergibt sich aus verlangter Haftkraft H oder verlangtem Reibungsmoment M_R

$$p_{\text{mindest}} = \frac{H}{\mu\,\pi\,D_F\,b} \quad \text{bzw.} \quad p_{\text{mindest}} = \frac{M_R}{\mu\,\pi\,D_F\,b\,D_F/2}. \tag{4}$$

Die *zulässige* Pressung ist durch die höchste auftretende Vergleichsspannung (kleiner als σ_{zul}) bestimmt: Die *Spannungs*gleichungen am offenen dickwandigen Hohlzylinder (s. Abschn. 3.1.1) liefern die Spannungs*höchstwerte* und damit nach der Gestaltänderungsenergie-Hypothese die Vergleichsspannungen σ_v:

für die *Bohrung des Außenteils*

$$\sigma_{r_i} = -p; \quad \sigma_{t_i} = p\,\frac{1+Q_A^2}{1-Q_A^2};$$

$$\sigma_v = p\,\frac{\sqrt{3+Q_A^4}}{1-Q_A^2}.$$

Aus $\sigma_v \leqq \sigma_{\text{zul}}$ folgt:

$$\boxed{p_{\text{zul}\,A} \leqq \sigma_{\text{zul}\,A}\,\frac{1-Q_A^2}{\sqrt{3+Q_A^4}}}. \tag{5a}$$

für die *Bohrung des Innenteils*

$$\sigma_{r_i} = 0; \quad \sigma_{t_i} = -p\,\frac{2}{1-Q_I^2};$$

$$\sigma_v = p\,\frac{2}{1-Q_I^2}.$$

Aus $\sigma_v \leqq \sigma_{\text{zul}}$ folgt:

$$\boxed{p_{\text{zul}\,I} \leqq \sigma_{\text{zul}\,I}\,\frac{1-Q_I^2}{2}}. \tag{5b}$$

Für die Vollwelle wird $p_{\text{zul}} = \sigma_{\text{zul}}$.

Es ist mit dem jeweils kleineren Wert zu rechnen (meist durch *Außenteil* bestimmt); in Abb. 2.69 sind die Werte $p_{\text{zul}}/\sigma_{\text{zul}}$ in Abhängigkeit von Q aufgetragen[1]. Mit σ_{zul} kann bis nahe an die Streckgrenze herangegangen werden. (Die angeführten Gleichungen gelten für den elastischen Zustand; für den teilplastischen Zustand, also die Überschreitung der Streckgrenze an der Innenfaser ergeben sich wesentlich verwickeltere Beziehungen[2].) Für Gußeisen ist $\sigma_{\text{zul}} \approx 0{,}5\,\sigma_B$ zu setzen.

Mit den aus p_{mindest} und p_{zul} berechneten Übermaßen U_{mindest} bzw. U_{zul} werden dann die für die Herstellung zweckmäßigen Übermaße

$$U_k \geqq U_{\text{mindest}} \quad \text{und} \quad U_g \leqq U_{\text{zul}}$$

festgelegt, wobei nach Möglichkeit von den ISO-Passungen Gebrauch gemacht werden soll. Zu diesem Zweck sind in Tab. 2.10 für die gestuften Nennmaße (D_F) und die gebräuchlichsten ISO-

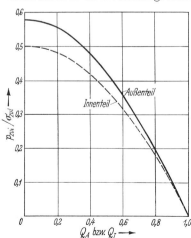

Abb. 2.69. Bezogene Fugenpressung $p_{\text{zul}}/\sigma_{\text{zul}}$ in Abhängigkeit vom Durchmesserverhältnis $Q_A = D_F/D_{Aa}$ bzw. $Q_I = D_{Ii}/D_F$

[1] GÄRTNER, G.: Zur Wahl des Fugendurchmessers bei Preßverbindungen. Z. Konstr. 16 (1964) 277—284.
[2] PEITER, A.: Experimentelle und theoretische Spannungsanalyse an Schrumpfpassungen. Z. Konstr. 10 (1958) 224—232, 411—416.

2.4 Reibschlußverbindungen

Tabelle 2.10. *Kleinst- und Größtübermaß* U_k, U_g *in* μm *bei ISO-Preßpassungen (Einheitsbohrung)*

D_F [mm] über bis	1,6 3		3 6		6 10		10 14		14 18		18 24		24 30		30 40		40 50	
	U_k	U_g	U_k	U_g	U_k	U_g	U_k	U_g	U_k	U_g	U_k	U_g	U_k	U_g	U_k	U_g	U_k	U_g
$T_p = U_g - U_k$	12		13		15		19		19		22		22		27		27	
H 6/r 5	5	17	7	20	10	25	12	31	12	31	15	37	15	37	18	45	18	45
H 6/s 5	8	20	11	24	14	29	17	36	17	36	22	44	22	44	27	54	27	54
H 6/t 5													28	50	32	59	38	65
H 6/u 5	11	23	15	28	19	34	22	41	22	41	28	50						
$T_p = U_g - U_k$	16		20		24		29		29		34		34		41		41	
H 7/r 6	3	19	3	23	4	28	5	34	5	34	7	41	7	41	9	50	9	50
H 7/s 6	6	22	7	27	8	32	10	39	10	39	14	48	14	48	18	59	18	59
H 7/t 6													20	54	23	64	29	70
H 7/u 6	9	25	11	31	13	37	15	44	15	44	20	54	27	61	35	76	45	86
H 7/x 6	13	29	16	36	19	43	22	51	27	56	33	67	43	77	55	96	72	113
H 7/z 6	19	35	23	43	27	51	32	61	42	71	52	86	67	101	87	128		
H 7/za 6	23	39	30	50	37	61	46	75	59	88								
$T_p = U_g - U_k$	28		36		44		54		54		66		66		78		78	
H 8/s 8	1	29	1	37	1	45	1	55	1	55	2	68	2	68	4	82	4	82
H 8/u 8													15	81	21	99	31	109
H 8/x 8	8	36	10	46	12	56	13	67	18	72	21	87	31	97	41	119	58	136
H 8/z 8	14	42	17	53	20	64	23	77	33	87	40	106	55	121	73	151	97	175

D_F [mm] über bis	50 65		65 80		80 100		100 120		120 140		140 160		160 180		180 200	
	U_k	U_g	U_k	U_g	U_k	U_g	U_k	U_g	U_k	U_g	U_k	U_g	U_k	U_g	U_k	U_g
$T_p = U_g - U_k$	32		32		37		37		43		43		43		49	
H 6/r 5	22	54	24	56	29	66	32	69	38	81	40	83	43	86	48	97
H 6/s 5	34	66	40	72	49	86										
$T_p = U_g - U_k$	49		49		57		57		65		65		65		75	
H 7/r 6	11	60	13	62	16	73	19	76	23	88	25	90	28	93	31	106
H 7/s 6	23	72	29	78	36	93	44	101	52	117	60	125	68	133	76	151
H 7/t 6	36	85	45	94	56	113	69	126	82	147	94	159	106	171	120	195
H 7/u 6	57	106	72	121	89	146	109	166	130	195						
$T_p = U_g - U_k$	92		92		108		108		126		126		126		144	
H 8/s 8	7	99	13	105	17	125	25	133	29	155	37	163	45	171	50	194
H 8/t 8							50	158	59	185	71	197	83	209	94	238
H 8/u 8	41	133	56	148	70	178	90	198	107	233	127	253	147	273	164	308
H 8/x 8	76	168	100	192	124	232	156	264	185	311	217	343	247	373	278	422
H 8/z 8	126	218	164	256	204	312	256	364	302	428	352	478				

D_F [mm] über bis	220 225		225 250		250 280		280 315		315 355		355 400		400 450		450 500	
	U_k	U_g	U_k	U_g	U_k	U_g	U_k	U_g	U_k	U_g	U_k	U_g	U_k	U_g	U_k	U_g
$T_p = U_g - U_k$	49		49		55		55		61		61		67		67	
H 6/r 5	51	100	55	104	62	117	66	121	72	133	78	139	86	153	92	159
$T_p = U_g - U_k$	75		75		84		84		93		93		103		103	
H 7/r 6	34	109	38	113	42	126	46	130	51	144	57	150	63	166	69	172
H 7/s 6	84	159	94	169	106	190	118	202	133	226	151	244	169	272	189	292
$T_p = U_g - U_k$	144		144		162		162		178		178		194		194	
H 8/s 8	58	202	68	212	77	239	89	251	101	279	119	297	135	329	155	349
H 8/t 8	108	252	124	268	137	299	159	321	179	357	205	383	233	427	263	457
H 8/u 8	186	330	212	356	234	396	269	431	301	479	346	524	393	587	443	637
H 8/x 8	313	457	353	497	394	556	444	606	501	679						

Preßpassungen jeweils Kleinst- und Größtübermaß sowie die Paßtoleranzen $T_p = U_g - U_k$ zusammengestellt. Ist die Differenz $U_{zul} - U_{mindest}$ sehr klein, d. h. ist eine sehr geringe Paßtoleranz erforderlich, dann ist die Auslesepaarung nach DIN 7185 zu empfehlen.

Erforderliche Fügetemperaturen. Die Erwärmung des Außenteils bzw. die Abkühlung des Innenteils muß jeweils so groß sein, daß sich die Teile bequem einführen lassen. Mit S_k = kleinstem erforderlichem Einführspiel, U_g = größtem Übermaß und α_t = linearem Wärmeausdehnungskoeffizient ergibt sich die erforderliche Temperaturdifferenz

$$\boxed{\Delta t = \frac{U_g + S_k}{\alpha_t D_F}}. \tag{6}$$

S_k kann zu etwa $D_F/1000$ angenommen werden.

Die Wärmeausdehnungskoeffizienten betragen bei

Stahl	$12 \cdot 10^{-6}$ 1/°C	Kupfer	$17 \cdot 10^{-6}$ 1/°C
Gußeisen	$(9 \cdots 11) \cdot 10^{-6}$ 1/°C	Bronze	$17,5 \cdot 10^{-6}$ 1/°C
Aluminium	$23 \cdot 10^{-6}$ 1/°C	Messing	$18,4 \cdot 10^{-6}$ 1/°C

Beispiel: Auf eine Vollwelle aus Stahl mit $D_{Ia} \approx 20$ mm soll ein Ring aus St 50 mit $D_{Aa} \approx 40$ mm und $b = 20$ mm aufgeschrumpft werden. Die Welle sei feingeschliffen, $R_{tI} \approx 3 \mu$m, die Bohrung aufgerieben $R_{tA} \approx 7 \mu$m.

Gesucht:

a) Erforderliches Mindestübermaß $U_{mindest}$ für die Übertragung einer axialen Haftkraft $H = 1000$ kp bei $\mu = 0,15$.

b) Zulässiges Übermaß U_{zul} für $\sigma_{zul} = \sigma_S = 31$ kp/mm².

c) Auswahl einer geeigneten ISO-Passung und erforderliche Erwärmung beim Schrumpfen.

Mit $Q_I = 0$, $Q_A = \dfrac{D_{Ai}}{D_{Aa}} = \dfrac{20}{40} = 0,5$ und $E = 2,1 \cdot 10^6$ kp/cm² ergibt sich aus Gl. (3b)

$$\left(\frac{\zeta}{p}\right) = 1,27 \cdot 10^{-6} \frac{1}{\text{kp/cm}^2}.$$

a) $p_{mindest} = \dfrac{H}{\mu \pi D_F b} = \dfrac{1000 \text{ kp}}{0,15 \pi \cdot 2 \text{ cm} \cdot 2 \text{ cm}} = 530$ kp/cm²,

$\zeta_{mindest} = p_{mindest} \left(\dfrac{\zeta}{p}\right) = 530 \dfrac{\text{kp}}{\text{cm}^2} \cdot 1,27 \cdot 10^{-6} \dfrac{\text{cm}^2}{\text{kp}} = \dfrac{0,675}{1000}$,

$Z_{mindest} = \zeta_{mindest} D_F = \dfrac{0,675 \cdot 20 \text{ mm}}{1000} = 0,014$ mm,

$\underline{\Delta U = 1,2(R_{tI} + R_{tA}) = 1,2(0,010 \text{ mm}) = 0,012 \text{ mm},}$

$\underline{\underline{U_{mindest} = Z_{mindest} + \Delta U \qquad\qquad\qquad = 0,026 \text{ mm}}}.$

b) $p_{zul} = \sigma_{zul} \dfrac{1 - Q_A^2}{\sqrt{3 + Q_A^4}} = 3100 \dfrac{\text{kp}}{\text{cm}^2} \dfrac{0,75}{\sqrt{3,0625}} = 1330$ kp/cm²,

$\zeta_{zul} = p_{zul}\left(\dfrac{\zeta}{p}\right) = 1330 \dfrac{\text{kp}}{\text{cm}^2} \cdot 1,27 \cdot 10^{-6} \dfrac{\text{cm}^2}{\text{kp}} = \dfrac{1,69}{1000}$,

$Z_{zul} = \zeta_{zul} D_F = \dfrac{1,69 \cdot 20 \text{ mm}}{1000} = 0,034$ mm,

$\underline{\Delta U = \qquad\qquad\qquad 0,012 \text{ mm},}$

$\underline{\underline{U_{zul} = Z_{zul} + \Delta U \qquad\qquad = 0,046 \text{ mm}}}.$

c) Aus Tab. 2.10 findet man als geeignete ISO-Passung H 6/u 5

mit dem Kleinstübermaß $U_k = 28 \mu\text{m} > U_{mindest}$

und dem Größtübermaß $U_g = 50 \mu\text{m}$.

U_g ist zwar etwas größer als U_{zul}, doch wird dieser Extremfall sehr selten auftreten, und wenn, dann wird sich eine geringe, unschädliche plastische Verformung einstellen.

Die erforderliche Fügetemperatur ergibt sich mit

$$\Delta t = \frac{U_g + S_k}{\alpha_t D_F} = \frac{0{,}050 \text{ mm} + 0{,}020 \text{ mm}}{12 \cdot 10^{-6} \frac{1}{°\text{C}} 20 \text{ mm}} = \frac{0{,}07 \cdot 10^6}{240} °\text{C} = 292 °\text{C}$$

und einer Raumtemperatur von 20 °C zu $t = 312 °\text{C}$.

Beispiel: Von einer Hohlwelle aus Stahl soll über eine Schrumpfverbindung auf eine Graugußnabe ein Drehmoment von $M_t = 4000$ cmkp übertragen werden (Abb. 2.70). Die Nabenbreite beträgt $b = 70$ mm; der Haftreibwert sei zu $\mu = 0{,}1$ angenommen. Ferner ist gegeben:

Innenteil: $D_{Ia} \approx D_F = 60$ mm; $D_{Ii} \approx 40$ mm; also $Q_I = 40/60 = 0{,}667$; $R_{tI} = 4$ μm; St 50 mit $E_I = 2{,}1 \cdot 10^6$ kp/cm²; $m_I = 10/3$; $\sigma_{\text{zul}I} = 3100$ kp/cm².

Außenteil: $D_{Aa} = 100$ mm; $D_{Ai} \approx D_F = 60$ mm; also $Q_A = 60/100 = 0{,}6$; $R_{tA} = 10$ μm; GG-20 mit $E_A = 1{,}05 \cdot 10^6$ kp/cm²; $m_A = 4$; $\sigma_{\text{zul}A} = 1000$ kp/cm².

Aus Gl. (3) folgt $\left(\frac{\zeta}{p}\right) = 3{,}35 \cdot 10^{-6} \frac{1}{\text{kp/cm}^2}$. Aus dem geforderten Drehmoment ergibt sich die Mindestpressung

$$p_{\text{mindest}} = \frac{M_t}{\mu \pi D_F b \frac{D_F}{2}} = \frac{4000 \text{ cmkp}}{0{,}1 \pi \cdot 6 \text{ cm} \cdot 7 \text{ cm} \cdot 3 \text{ cm}}$$
$$= 101 \text{ kp/cm}^2$$

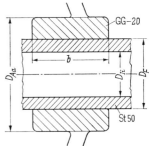

Abb. 2.70. Zum 2. Beispiel
$D_F = 60$ mm; $b = 70$ mm;
$D_{Ii} = 40$ mm; $D_{Aa} = 100$ mm

und $\zeta_{\text{mindest}} = p_{\text{mindest}} \left(\frac{\zeta}{p}\right) = 101 \frac{\text{kp}}{\text{cm}^2} \cdot 3{,}35 \cdot 10^{-6} \frac{\text{cm}^2}{\text{kp}} = \frac{0{,}339}{1000}$,

$$Z_{\text{mindest}} = \zeta_{\text{mindest}} D_F = \frac{0{,}339}{1000} 60 \text{ mm} = \underline{0{,}020 \text{ mm}},$$

$$\Delta U = 1{,}2 (R_{tI} + R_{tA}) = 1{,}2 \cdot 0{,}014 \text{ mm} = \underline{0{,}017 \text{ mm}},$$

$$U_{\text{mindest}} = Z_{\text{mindest}} + \Delta U \qquad = \underline{\underline{0{,}037 \text{ mm}}}.$$

Die zulässige Pressung muß für Innen- und Außenteil ermittelt werden:

$$\text{Innenteil: } p_{\text{zul}I} = \sigma_{\text{zul}I} \frac{1 - Q_I^2}{2} = 3100 \cdot 0{,}28 = \underline{870 \text{ kp/cm}^2},$$

$$\text{Außenteil: } p_{\text{zul}A} = \sigma_{\text{zul}A} \frac{1 - Q_A^2}{\sqrt{3 + Q_A^4}} = 1000 \cdot 0{,}36 = \underline{360 \text{ kp/cm}^2}.$$

Der kleinere Wert (also der des Außenteils) ist maßgebend; damit wird

$$\zeta_{\text{zul}} = p_{\text{zul}} \left(\frac{\zeta}{p}\right) = 360 \frac{\text{kp}}{\text{cm}^2} 3{,}35 \cdot 10^{-6} \frac{\text{cm}^2}{\text{kp}} = \frac{1{,}21}{1000},$$

$$Z_{\text{zul}} = \zeta_{\text{zul}} D_F = \frac{1{,}21}{1000} 60 \text{ mm} = 0{,}072 \text{ mm},$$

$$\underline{\Delta U =} \qquad\qquad 0{,}019 \text{ mm},$$

$$\underline{U_{\text{zul}}} = Z_{\text{zul}} + \Delta U \qquad = \underline{\underline{0{,}091 \text{ mm}}}.$$

Aus Tab. 2.10 findet man als geeignetste ISO-Preßpassung H 7/t 6 mit

$$U_k = 36 \text{ μm} \approx U_{\text{mindest}} \quad \text{und} \quad U_g = 85 \text{ μm} < U_{\text{zul}}.$$

2.5 Formschlußverbindungen

Bei den *reinen Mitnehmerverbindungen* erfolgt die Kraftübertragung allein durch Formschluß, d. h. über sich berührende Flächen, deren Kontakt durch die zu übertragenden Kräfte selbst aufrechterhalten wird. Sie sind daher nur dann verwendbar, wenn die Kraftrichtung immer dieselbe ist; bei wechselnder Kraftrichtung müssen zusätzliche Flächenpaare angeordnet werden, was meist nicht spielfrei möglich ist und daher zum Lockern und Ausschlagen führt. Für wechselnde Kräfte sind besser *vorgespannte Formschlußverbindungen* geeignet, bei denen die Berührungsflächen, die — im Gegensatz zu den Reibschlußverbindungen — *senkrecht* zur Richtung der zu übertragenden Kräfte liegen, durch Vorspannkräfte aufeinander gepreßt werden. Die Vorspannkräfte werden durch elastische Verformungen der Bauteile erzeugt.

2.5.1 Reine Mitnehmerverbindungen

Bei Wellen-Naben-Verbindungen mit *Paßfedern* (Abb. 2.71) — ohne Anzug, mit Rückenspiel — legen sich die Nutseitenflächen an die Paßfederseitenflächen an, so daß sich die Pressung p näherungsweise ergibt zu

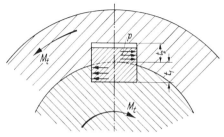

Abb. 2.71. Kraftwirkung bei der Paßfeder

$$p = \frac{F_u}{t_2 l} = \frac{\frac{M_t}{d/2}}{t_2 l}.$$

Aus der Bedingung $p \leq p_{zul}$ läßt sich dann die erforderliche tragende Paßfederlänge l berechnen:

$$l \geq \frac{2 M_t}{d\, t_2\, p_{zul}}.$$

Bei rundstirnigen Paßfedern (Abb. 2.72) wird dann $l_1 = l + b$, bei geradstirnigen $l_1 = l$. Die zulässigen Flächenpressungen richten sich im allgemeinen nach dem *Naben*werkstoff

GG $\qquad p_{zul} = 400$ bis 500 kp/cm²,

St und GS $\quad p_{zul} = 900$ bis 1000 kp/cm².

Wird l zu groß (die Nabe zu lang), so können auch zwei Paßfedern um 180° versetzt angeordnet werden.

Richtwerte für Nabenlänge und Nabenaußendurchmesser wie bei Längskeilen, Abschn. 2.4.3.

Paßfedern sind in DIN 6885 genormt (Formen A bis J, Abb. 2.72). Für die Paßfederbreite ist das Toleranzfeld h 9 (Keilstahl nach DIN 6880) vorgesehen, für die Nutbreiten:

	bei festem Sitz	bei leichtem Sitz	bei Gleitsitz
in der Welle	P 9	N 9	H 8
in der Nabe	P 9	J 9	D 10

Gleitsitz ist anzuwenden, wenn eine Nabe auf der Welle in Längsrichtung verschieblich sein soll. Wegen des größeren Seitenspiels muß in diesem Fall die Paßfeder (Gleitfeder) fest mit der Welle verbunden werden; hierfür sind die Formen C bis H mit Halteschrauben bestimmt. Nachteilig ist die hierdurch erhöhte Dauer-

2.5 Formschlußverbindungen

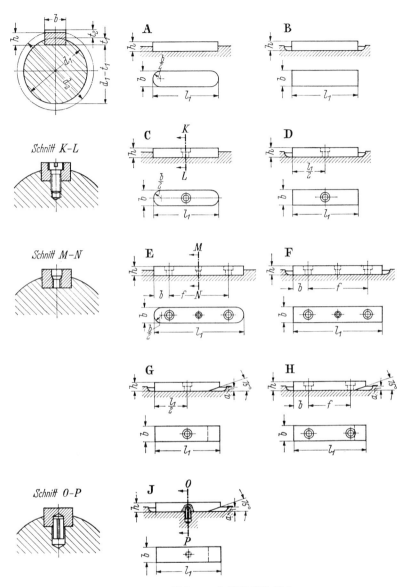

Abb. 2.72. Paßfedern nach DIN 6885, Bl. 1

bruchgefahr. Bei festen Sitzen, insbesondere bei rundstirniger Ausführung (Einlegefeder), sind Halteschrauebn nicht erforderlich. Paßfedern werden bisweilen zusätzlich zur Sicherung bei Reibschlußverbindungen und auch zur Festlegung einer bestimmten Stellung in Umfangsrichtung verwendet.

Dem letztgenannten Zweck und aber auch der Übertragung kleinerer Drehmomente dient vor allem im Werkzeugmaschinen- und Kraftfahrzeugbau die billigere

Scheibenfeder nach DIN 6888, Abb. 2.73, die mit der runden Seite in der Welle sitzt. Sie kann auch als Keil (Woodruff-Keil) verwendet werden, wobei sie sich mit der flachen Seite nach der Neigung der Nabennut einstellt. Die Schwächung der Welle begrenzt das Anwendungsgebiet ($\beta_k \approx 2 \cdots 3$).

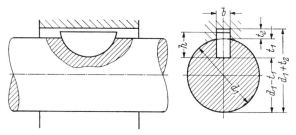

Abb. 2.73. Scheibenfeder nach DIN 6888

Profilwellen. Anstatt in Wellennuten mehrere Paßfedern einzusetzen, kann man auch unmittelbar den Wellenquerschnitt als Profil ausbilden und den Nabenquerschnitt entsprechend gestalten. Man bevorzugt symmetrische Profile mit parallelen, mit schrägen oder auch mit gewölbten Flächen. Es entstehen auf diese Art (Abb. 2.74)

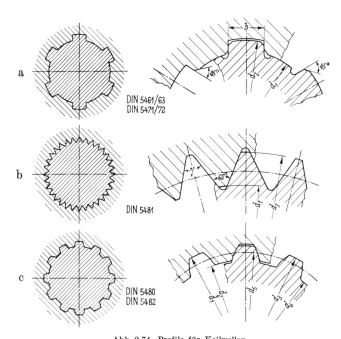

Abb. 2.74. Profile für Keilwellen
a) mit geraden Flanken; b) Kerbverzahnungen; c) mit Evolventenflanken

die sog. *Keilwellenverbindungen*[1] *mit geraden Flanken* nach DIN 5461 (Übersicht), DIN 5462 (leichte Reihe), DIN 5463 (mittlere Reihe), DIN 5471 (für Werkzeugmaschinen, mit 4 Keilen) und DIN 5472 (für Werkzeugmaschinen, mit 6 Keilen),

---

[1] „Keil" im Sinne von „Feder ohne Anzug".

die *Profile mit Kerbverzahnungen* nach DIN 5481 und die *Profile mit Evolventenflanken* nach DIN 5480 und 5482.

Für die Berechnung ist wie bei der Paßfeder in allen Fällen die zulässige Flächenpressung maßgebend; unter der Annahme, daß 75% der Anzahl n der „Keile" oder „Zähne" tragen, ergibt sich mit der tragenden Höhe h' die erforderliche tragende Länge zu

$$l \geq \frac{2 M_t}{d_m h' \cdot 0{,}75 n\, p_{zul}}.$$

Profilwellen und -naben zeichnen sich durch hohe Präzision, insbesondere auch bezüglich der Zentrierung, aus; die Wellen werden meist nach dem Abwälzverfahren, die Naben durch Räumen hergestellt. Bei den Keilwellen unterscheidet man noch zwischen Innenzentrierung auf dem Durchmesser d_1 (immer für Werkzeugmaschinen und bei $n = 4$ und 6, wahlweise auch bei $n = 8$ und 10) und Flankenzentrierung mit Hilfe der parallelen Seitenflächen (bei $n = 8$ und 10). Die Toleranzen sind je nach Verwendung für feste Verbindungen oder für Schiebewellen verschieden und DIN 5465 zu entnehmen. Profile mit Kerb- und mit Evolventenverzahnungen zentrieren in den Flanken; durch die verhältnismäßig hohen Zähnezahlen kann die tragende Höhe klein gehalten werden, d. h., die Kerbwirkungszahlen β_k sind niedriger als die der Keilwellen. Ungefähre Richtwerte bei Verdrehwechselbeanspruchung:

Paßfedernut, Keilnut $\quad\quad\quad\quad \beta_k \approx 1{,}8 \cdots 2$,

Keilwelle $\quad\quad\quad\quad\quad\quad\quad\ \beta_k \approx 2\ \cdots 2{,}5$,

Kerb- oder Evolventenverzahnung $\beta_k \approx 1{,}5 \cdots 2$.

Ein weiterer Vorteil der hohen Zähnezahl ist die feinstufige Versetzungsmöglichkeit in Umfangsrichtung.

Geeignete und hinsichtlich der Kerbwirkung besonders günstige Querschnittsformen stellen die *Unrundprofile* (auch Polygonprofile genannt) dar. Es werden hauptsächlich Dreikant- und Vierkantprofile verwendet (Abb. 2.75), die ursprünglich aus den entsprechenden Grundformen durch Abrundungen der Ecken entstanden sind (z. B. K-Profil der Firma Ernst Krause & Co., Wien). Heute erfolgt die Herstellung mit sehr hoher Präzision auf den nach Lizenz der Firma Manurhin, Mulhouse, Frankreich, von den Fortuna-Werken Stuttgart-Bad Cannstatt gebauten Polygonschleifmaschinen[1, 2], bei denen über einen stufenlos einstellbaren Exzenter der Mittelpunkt der Schleifscheibe auf einer Ellipse (Abb. 2.77) geführt und die Werkstückdrehbewegung zur Schleifscheibenbewegung in einem bestimmten Verhältnis gehalten wird. Die kleine Halbachse e der Ellipse (e = Exzentrizität des Exzenters; $2e = D_a/2 - D_i/2$, Abb. 2.75a) ist für die Profilform bestimmend; bei sehr kleinem e weicht die Profilform nur wenig vom Kreis ab, bei großem e nähert sie sich dem Dreieck bzw. Viereck. Das *P 3-Profil* nach Abb. 2.75a, für das ein Normvorschlag vorliegt[2], zeichnet sich dadurch aus, daß der geschlossene Kurvenzug sowohl durch Außen- als auch — bei Naben — durch Innenschleifen herstellbar ist. Es wird vorwiegend für Festsitze verwendet, da es unter Last selbsthemmend und daher für belastete Schiebeverbindungen ungeeignet ist. Für Bewegungssitze sind große e-Werte günstig, die — vgl. Abb. 2.76 — auch einen großen Anlagewinkel β zwischen Kurventangente und Umfangsrichtung am Angriffspunkt der

---

[1] Vgl. Druckschrift der Fortuna-Werke: Wissenswertes über Polygon-Verbindungen. — MUSYL, R.: Die kinematische Entwicklung der Polygonkurve aus dem K-Profil. Masch.bau u. Wärmew. 10 (1955) 33—36. — MUSYL, R.: Das Wälzstoßen von Polygonprofilen. Masch.bau u. Wärmew. 10 (1955) 17—22.

[2] MUSYL, R.: Die Polygon-Verbindungen und ihre Nabenberechnung. Z. Konstr. 14 (1962) 213—218.

Übertragungskraft liefern, was ebenfalls für die Gleiteigenschaften und auch für die Beanspruchung der Nabe günstig ist. Durch zylindrische Überarbeitung der Spitzen entsteht so das PC 3- bzw. das *PC 4-Profil* (Abb. 2.75 b und c). Für letz-

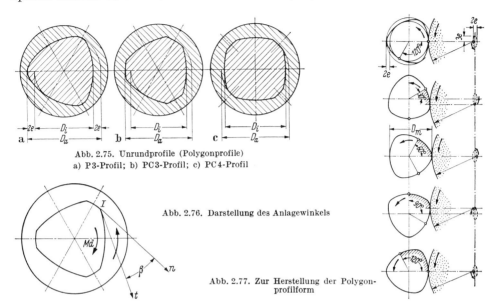

Abb. 2.75. Unrundprofile (Polygonprofile)
a) P 3-Profil; b) PC 3-Profil; c) PC 4-Profil

Abb. 2.76. Darstellung des Anlagewinkels

Abb. 2.77. Zur Herstellung der Polygonprofilform

teres liegt ein Normvorschlag vor. Bei den PC-Profilen werden die Naben durch Räumen hergestellt; die Räumnadeln können exakt auf Polygonschleifmaschinen bearbeitet werden (Toleranzfeld für „Bohrungen": H 7).

Alle P-Profile sind selbstzentrierend, d. h., sie gleichen schon bei geringer Belastung das Spiel vollkommen symmetrisch aus. Durch Wegfall des axialen Auslaufs für Fräser oder Schleifscheiben sind Raumeinsparungen möglich. P 3-Profile können auch kegelig ausgeführt werden, wobei wesentlich geringere Nabenlängen als bei normalen Reibschlußkegelsitzen erforderlich sind. Die Festigkeitsrechnung der Wellen erfolgt mit den Trägheits- und Widerstandsmomenten der einbeschriebenen Kreisquerschnitte und $\beta_k = 1$.[1]

Bolzen und Stifte. Bei Bolzen- und Stiftverbindungen sind die Berührungsflächen Zylinder- (bzw. Kegel-)Mäntel, die Belastungsrichtung steht im allgemeinen senkrecht auf der Zylinderachse (*Quer*bolzen bzw. *Quer*stift). Es entstehen Pressungen p zwischen den Anlageflächen, bei zentralen oder symmetrischen Kräften also etwa auf den Halbzylindern des Bolzens und der Lochwand. Man spricht daher auch von Lochleibungsdruck. Bei Annahme einer gleichmäßigen (mittleren) Pressung auf dem Halbzylinder ergibt sich aus Abb. 2.78, daß sich die Horizontalkomponenten $p\,dA\,\cos\varphi$ gegenseitig aufheben

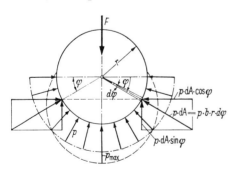

Abb. 2.78. Pressung bei Bolzen

---

[1] Bezüglich der Berechnung der Naben sei auf MUSYL, Fußnoten[1, 2], S. 107, verwiesen.

und die Summe der Vertikalkomponenten $p\,dA\,\sin\varphi$ gleich F sein muß; es wird also
$$F = \sum V = \int_0^\pi p\,b\,r\,d\varphi\,\sin\varphi = p\,b\,r\cdot 2 = p\,b\,d$$
und somit
$$\boxed{p = \frac{F}{b\,d}}.$$

p kann also auch aufgefaßt werden als die auf die *projizierte* Fläche $b\,d$ gleichmäßig verteilte Pressung. Der Tatsache, daß p_{max} größer ist als p, wird durch entsprechend niedrigere p_{zul}-Werte Rechnung getragen. Ferner ist bei den p_{zul}-Werten zu beachten, ob es sich um Festsitz oder – z. B. bei Gelenkbolzen – um Gleitsitz handelt; Richtwerte enthält Tab. 2.11. Je nach Verwendung und Einbauweise

Tabelle 2.11. *Zulässige Flächenpressungen bei Bolzen- und Stiftverbindungen (Kerbstifte etwa 70%)*

Werkstoff*	Festsitze p_{zul} [kp/cm^2]			Gleitsitze (Gelenke)	
	ruhend	schwellend	wechselnd	Werkstoffpaarung	p_{zul}** [kp/cm^2]
Rg; Bz	300	200	150	St/GG	50
GG	700	500	300	St/GS	70
GS	800	600	400	St/Rg, Bz	80
St 37	850	650	500	St geh./Rg, Bz	100
St 50	1200	900	600	St geh./St geh.	150
St 60	1500	1050	650		
St 70; geh. St	1800	1200	700		

* Bei Paarung verschiedener Werkstoffe ist jeweils der kleinere Wert zu nehmen.
** Bei kurzfristigen Lastspitzen sind höhere Werte zulässig.

Tabelle 2.12. *Zulässige Spannungen für Bolzen und Stifte (Kerbstifte etwa 70%)*

Werkstoff	$\sigma_{b\,zul}$ [kp/cm^2]			$\tau_{a\,zul}$ [kp/cm^2]		
	ruhend	schwellend	wechselnd	ruhend	schwellend	wechselnd
St 37, 9 S 20, 4.6 (4 D)	800	550	350	500	350	250
St 50, 6.8 (6 S)	1100	800	500	700	500	350
St 60, C 35, C 45, 8.8 (8 G)	1300	950	600	850	600	420
St 70	1500	1100	680	1000	680	480

werden Bolzen und Stifte noch auf Biegung oder Abscheren beansprucht; Richtwerte für die zulässigen Spannungen s. Tab. 2.12. Die Scherfestigkeit kann für Scherstifte zu $\tau_B \approx 0.8\,\sigma_B$ angenommen werden.

Die *Bolzen* nach Abb. 2.79 werden hauptsächlich für Gelenkverbindungen von Gestängen, Laschen, Kettengliedern, Schubstangen, aber auch als Achsen für die Lagerung von Laufrädern, Rollen, Hebeln u. dgl. verwendet. Die Maße für Schmierlöcher sind in DIN 1442 festgelegt. Bei der Anordnung nach Abb. 2.80 ergibt sich:

Flächenpressung im Stangenkopf $\qquad p = \dfrac{F}{b\,d}.$ \hfill (1)

Lochleibungsdruck in den Laschen $\qquad p_1 = \dfrac{F}{2b_1\,d}.$ \hfill (2)

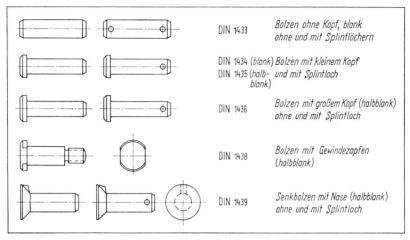

Abb. 2.79. Genormte Bolzen

Maximale Biegespannung in der Bolzenmitte bei Annahme von Streckenlast im Stangenkopf (Abb. 2.80b)
$$\sigma_b = \frac{M_b}{W_b} = \frac{\frac{F}{8}(b + 2b_1)}{\frac{\pi d^3}{32}}. \qquad (3)$$

Die Scherspannungen sind vernachlässigbar.

Richtwerte für die Abmessungen: $b/d = 1,5 \cdots 1,7$; $b_1/b = 0,3 \cdots 0,5$.

Beispiel: Gegeben $F = 1200$ kp, wechselnd.

Stangenkopf mit Rg-Buchse $p_{zul} = 80$ kp/cm² (nach Tab. 2.11),
Laschen aus St 37 $p_{1\,zul} = 500$ kp/cm² (nach Tab. 2.11),
Bolzen aus St 60 $\sigma_{b\,zul} = 600$ kp/cm² (nach Tab. 2.12).

Aus Gl. (1) folgt $b\,d = \dfrac{F}{p_{zul}} = \dfrac{1200 \text{ kp}}{80 \text{ kp/cm}^2} = 15$ cm².

Gewählt: $d = 3$ cm; $b = 5$ cm, $(b/d = 1,67)$; $b_1 = 2$ cm, $(b_1/b = 0,4)$.

Damit wird nach Gl. (2) $p_1 = \dfrac{F}{2b_1 d} = \dfrac{1200 \text{ kp}}{2 \cdot 2 \text{ cm} \cdot 3 \text{ cm}} = 100$ kp/cm² $\ll p_{1\,zul}$

und nach Gl. (3) $\sigma_b = \dfrac{\frac{F}{8}(b + 2b_1)}{\frac{\pi d^3}{32}} = \dfrac{150 \text{ kp} \cdot 9 \text{ cm}}{2,65 \text{ cm}^3} = 510$ kp/cm² $< \sigma_{b\,zul}$.

Splintlose Gelenkverbindungen[1], für Kupplungs-, Brems- und Bediengestänge, können mit Gabelköpfen nach DIN 71752 und einteiligem, mit Klemmfeder versehenem Sicherungsbolzen (ES-Bolzen) rasch ohne Werkzeuge hergestellt werden (Abb. 2.81).

Stifte nach Abb. 2.82 finden Anwendung zur festen Verbindung von Naben, Hebeln, Stellringen auf Wellen oder Achsen, ferner zur genauen Lagesicherung zweier Maschinenteile und auch als Steckstifte zur Befestigung von Laschen, Stangen, Federn u. ä. Sie werden als Längspreßsitze mit Übermaß in die Bohrungen eingeschlagen.

---

[1] Hersteller und Schutzrechte: Metallwaren GmbH Eislingen, Salach/Württ.

Die beste Lagesicherung erhält man — auch bei beliebig häufigem Lösen — mit *Kegelstiften*, die allerdings genau konisch aufgeriebene Bohrungen erfordern und daher in der Anwendung teuer sind. Die Kegelstifte mit Gewindezapfen und die mit Innengewinden sind für Sacklöcher vorgesehen; das Lösen erfolgt mittels Abdrückmutter bzw. Schraube und Zwischenhülse.

Zylinderstifte werden mit verschiedenen Toleranzfeldern hergestellt; die Kennzeichnung erfolgt durch die Ausbildung der Stiftenden: m 6 mit Linsenkuppe, h 8 mit Kegelkuppe, h 11 ohne Kuppe. Im Werkzeug- und Vorrichtungsbau wer-

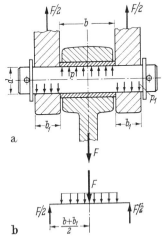

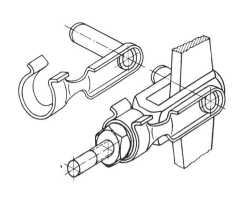

Abb. 2.80. Gelenkverbindung mit Bolzen (Beispiel)   Abb. 2.81. Mit Klemmfeder versehener Sicherungsbolzen (ES-Bolzen)

den *gehärtete* Stifte nach DIN 6325 mit dem Toleranzfeld m 6 verwendet; sie besitzen an einem Ende zum Erleichtern des Einschlagens einen kurzen Kegel. Die Bohrungen für Zylinderstifte müssen dem Paßmaß entsprechend genau aufgerieben werden.

Die geschlitzten *Spannhülsen* aus Federstahl ermöglichen dagegen infolge ihrer Elastizität einen festen Sitz in *nur gebohrten* Löchern (Toleranzfeld H 12). Sie werden als Spann*stifte* und in Verbindung mit Schrauben bei großen Querkräften als Scherhülsen verwendet. Die genormten Spannhülsen sind in Längsrichtung gerade geschlitzt, die Sonderausführung der Connex[1]-Spannhülse besitzt einen wellenförmigen, verzahnten Schlitz, wobei die Zähne gegenüber den Lücken axial etwas versetzt sind, so daß sich beim Eintreiben die Flanken einseitig berühren und hierdurch eine zusätzliche Axialverschiebung auftritt. Die resultierenden Deformationen und Spannungszustände haben höhere Elastizität und bessere Anpassung an die Lochwand zur Folge. Hohe elastische Anpassungsfähigkeit und einwandfreien Sitz bei großer Bohrungstoleranz (H 12) und hohen statischen und dynamischen Belastungen gewährleisten auch die spiralförmig aus Federstahl mit Vorspannung gewickelten Prym-Spiralspannstifte[2].

Die *Kerbstifte* und *Kerbnägel*[3] besitzen drei um 120° versetzte, durch Einwalzen oder Eindrücken hergestellte Längskerben, an deren Seiten jeweils Kerbwulste ent-

---

[1] Hersteller: Gebr. Eberhardt, Ulm/Donau, Abt. Connex-Spannelemente.
[2] Hersteller: William Prym-Werke KG, Stolberg/Rhld.
[3] Hersteller: Kerb-Konus-Gesellschaft, Dr. Carl Eibes & Co., Schnaittenbach/Oberpfalz; registriertes Warenzeichen: „Kerpin".

112 2. Verbindungselemente

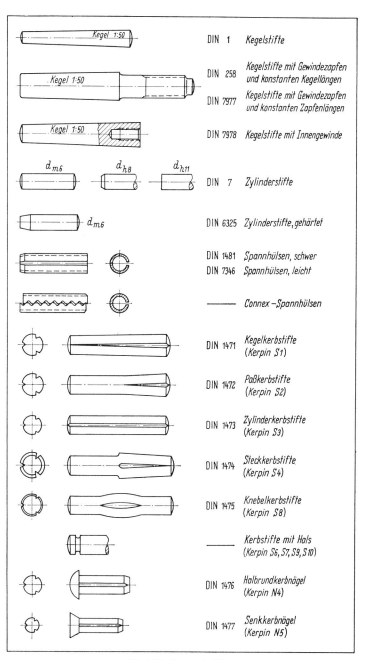

Abb. 2.82. Genormte Stifte

2.5 Formschlußverbindungen

stehen, die über den Nenndurchmesser herausragen. Beim Einschlagen oder Eindrücken in *nur gebohrte* Löcher (bis 3 mm H 9, über 3 mm H 11) werden die Kerbwulste in die Kerbfurche zurückgedrängt, wobei die für die Verspannung erforderlichen Pressungen wirksam werden.

Kerbstifte sind mehrfach wieder verwendbar, ohne Beschädigung der Bohrlochwandung, sie zeichnen sich durch hohe Sitz- und Rüttelfestigkeit sowie für viele Fälle ausreichende Passungsgenauigkeit aus und finden daher und wegen ihrer Wirtschaftlichkeit vielseitige Anwendung als Befestigungs-, Sicherheits- und Paßstifte, aber auch als Gelenk- und Lagerbolzen sowie als Steckstifte für Anschläge, Federbefestigung, Knebel, kleinere Kurbelzapfen u. dgl., Beispiele s. Abb. 2.83 und 2.84. (Vgl. auch Sonderausführungen nach Werksnormen des Herstellers.) Kerbstifte werden normalerweise aus Schraubenwerkstoff 6.8 (6 S), DIN 267, hergestellt, doch sind für besondere Fälle auch andere Werkstoffe, auch Nichteisenmetalle und Kunststoffe, möglich. Die zulässigen Pressungen und Spannungen können zu etwa 70% der in Tab. 2.11 und 2.12 angegebenen Werte angenommen werden. Kerbnägel (Werkstoff 4.6 (4 D) nach DIN 267) dienen zur Befestigung von Schildern, Skalen, Blechen, Rohrschellen usw.

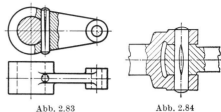

Abb. 2.83   Abb. 2.84
Abb. 2.83 und 2.84. Anwendung von Kerbstiften

Berechnung von Stiftverbindungen. Bei der Querstiftverbindung zur Drehmomentübertragung nach Abb. 2.85 werden die Pressungen p_{max} in der Welle und p_1 in der Nabe bestimmt und der Stift auf Abscheren berechnet:

Pressung p_{max} in der Wellenbohrung
(unter Annahme linearen Ansteigens)
$$p_{max} = \frac{6 M_t}{d \, D_W^2}. \tag{1}$$

Pressung p_1 in der Nabenbohrung
$$p_1 = \frac{4 M_t}{d(D_N^2 - D_W^2)}, \tag{2}$$

Scherspannung im Stift
$$\tau_a = \frac{F_u/2}{\dfrac{\pi d^2}{4}} = \frac{M_t}{D_W \dfrac{\pi d^2}{4}}. \tag{3}$$

Richtwerte für die Abmessungen: $d/D_W \approx 0{,}2 \cdots 0{,}3$,

$\dfrac{D_N}{D_W} \approx 2$ für St- und GS-Naben; $\dfrac{D_N}{D_W} \approx 2{,}5$ für GG-Naben.

Beispiel: Gegeben: $M_t = 300$ cmkp, wechselnd.

Welle: St 50 ... $p_{zul} = 600$ kp/cm² (nach Tab. 2.11),
Nabe: GG ... $p_{1\,zul} = 300$ kp/cm² (nach Tab. 2.11),
Stift: St 60 ... $\tau_{a\,zul} = 420$ kp/cm² (nach Tab. 2.12).

Aus Gl. (1) folgt $d D_W^2 = \dfrac{6 M_t}{p_{zul}} = \dfrac{6 \cdot 300 \text{ cmkp}}{600 \text{ kp/cm}^2} = 3{,}0$ cm³.

Gewählt: $D_W = 2{,}5$ cm; $d = 0{,}6$ cm, $(d/D_W = 0{,}24)$; $D_N = 6$ cm, $(D_N/D_W = 2{,}4)$.

Damit wird nach Gl. (2)
$$p_1 = \frac{4 M_t}{d(D_N^2 - D_W^2)} = \frac{4 \cdot 300 \text{ cmkp}}{0{,}6 \text{ cm}(36 - 6{,}25) \text{ cm}^2} = 67 \text{ kp/cm}^2 \ll p_{1\,zul}$$

und nach Gl. (3)
$$\tau_a = \frac{M_t}{D_W \dfrac{\pi d^2}{4}} = \frac{300 \text{ cmkp}}{2{,}5 \text{ cm} \cdot 0{,}283 \text{ cm}^2} = 425 \text{ kp/cm}^2 \approx \tau_{a\,zul}.$$

Bei einem auf Biegung beanspruchten Steckstift nach Abb. 2.86 ergibt sich
die Pressung $p_{\max}$ aus $p_{\max} = p_b + p_d$ zu

$$p_{\max} = \frac{F}{ds}\left(1 + 6\frac{h+s/2}{s}\right) = \frac{F}{ds}\left(4 + 6\frac{h}{s}\right), \quad (1)$$

die Biegespannung im Einspannquerschnitt

$$\sigma_b = \frac{M_b}{W_b} = \frac{Fh}{\dfrac{\pi d^3}{32}}. \quad (2)$$

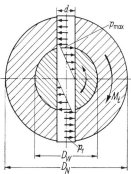
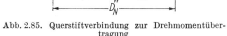
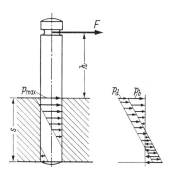

Abb. 2.85. Querstiftverbindung zur Drehmomentübertragung

Abb. 2.86. Auf Biegung beanspruchter Steckstift

Beispiel: Steckkerbstift mit Hals KS 7 aus Werkstoff 6.8 (6 S ≙ MRSt 50) mit $\sigma_{b\,\text{zul}} = 0{,}7 \cdot 800 = 560$ kp/cm² (nach Tab. 2.12) bei schwellender Last und mit $p_{\text{zul}} = 0{,}7 \cdot 600 = 420$ kp/cm² für Festsitz in Stahlguß (nach Tab. 2.11).

Gesucht: zulässige Kraft F bei gegebenen Abmessungen:

$$d = 20 \text{ mm}; \quad s = 25 \text{ mm}; \quad h = 40 \text{ mm}.$$

Aus $p_{\max} \leq p_{\text{zul}}$ folgt [Gl. (1)]

$$F \leq \frac{p_{\text{zul}}\,d\,s}{4 + 6\,h/s} = \frac{420 \text{ kp/cm}^2 \cdot 2 \text{ cm} \cdot 2{,}5 \text{ cm}}{4 + 6 \cdot 4/2{,}5} = \underline{155 \text{ kp}}.$$

Aus $\sigma_b \leq \sigma_{b\,\text{zul}}$ folgt [Gl. (2)]

$$\underline{F \leq \frac{\sigma_{b\,\text{zul}}}{h}\,\frac{\pi d^3}{32} = \frac{560 \text{ kp/cm}^2}{4 \text{ cm}}\,0{,}785 \text{ cm}^3 = \underline{110 \text{ kp}}.}$$

Hier ist also der kleinere Wert, aus der Biegespannung, maßgebend.

Elemente zur axialen Lagesicherung. Sicherungselemente nach Abb. 2.87 verhindern unerwünschte axiale Verschiebungen von Naben, Ringen, insbesondere Wälzlagerringen, Buchsen, Hebeln, Laschen u. dgl. auf Achsen oder Wellen bzw. in Bohrungen, wobei sie mehr oder weniger große Axialkräfte durch Formschluß übertragen. Sie werden oft auch nur als Führungselemente zur Begrenzung oder zum Ausgleich axialen Spiels verwendet. Die gleichen Funktionen können auch Bunde oder Klemmringe übernehmen.

Splinte sichern bei Gelenkverbindungen die Bolzen gegen Herausrutschen und bei Schraubenverbindungen die Kronenmuttern gegen Losdrehen. *Stellringe* werden auf Wellen oder Achsen durch einen Gewindestift oder einen Kegelstift befestigt. *Sicherungsringe*[1] (Seeger-Ringe) sind geschlitzte federnde Ringe, die in Wellen- oder Bohrungsnuten eingelegt werden. Sie besitzen *veränderlichen* Rechteckquerschnitt, so daß beim Auf- oder Zubiegen die Kreisform nahezu aufrechterhalten wird und

---

[1] Hersteller: Orbis GmbH, Schneidhain/Taunus (vgl. auch Druckschrift: Der Seeger-Ring, seine Berechnung und Anwendung); Hugo Benzing OHG, Stuttgart-Zuffenhausen.

2.5 Formschlußverbindungen

die Biegespannungen weitgehend überall konstant sind. Die größte Breite b liegt dem Schlitz gegenüber. Für den Einbau sind Ösen mit Löchern vorgesehen, in die Montagezangen eingreifen. Die Nuten sind scharfkantig auszuführen, damit die für die axiale Belastbarkeit maßgebende Nutfläche möglichst groß ist und die Ringe sich im Nutgrund satt anlegen. Für die übertragbaren Axialkräfte ist ferner die über die Welle hinausragende Anlagefläche entscheidend, die jedoch nur voll aus-

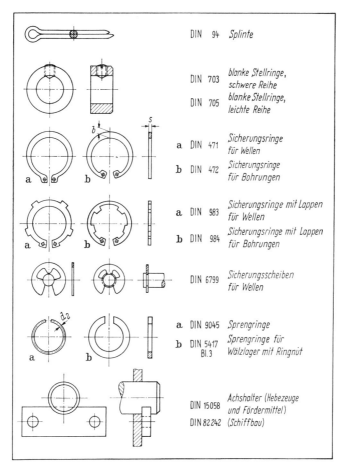

Abb. 2.87. Genormte Sicherungselemente

genutzt werden kann, wenn die andrückenden Maschinenteile scharfkantig sind oder nur *sehr* kleinen Abrundungsradius haben. Für diesen Fall sind in Abb. 2.88 nach DIN 471 und 472 die ungefähren Axialkräfte in Abhängigkeit vom Wellen- bzw. Bohrungsdurchmesser aufgetragen. Bei größeren Abrundungsradien sind scharfkantige Stützscheiben zwischenzulegen, oder es können Sicherungsringe mit Lappen (DIN 983 und 984 bzw. Seeger-K-Ringe) verwendet werden. Von der Orbis GmbH werden auch noch Spezialringe hergestellt, z. B. die Seeger-L-Ringe für axialen Spielausgleich und für das Andrücken von Nilos-Ringen bei Wälzlagern, die Seeger-V-Ringe mit zur Achse zentrisch begrenzter Schulter (Anwendung bei radial beschränkten Platzverhältnissen, Nadellager und zur Übernahme radialer Führungsaufgaben), ferner die Seeger-Greifringe als selbstsperrende Ringe, die allerdings durch Reibschluß infolge ihrer Federwirkung fest auf glatten, nicht genuteten Wellen sitzen (geeignet für geringere Axialkräfte, Büromaschinen und Apparatebau). Die *Sicherungsscheiben für Wellen* nach DIN 6799 sind radial ohne Spezial-

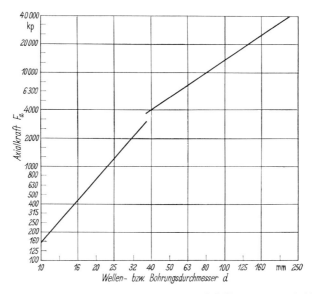

Abb. 2.88. Ungefähre axiale Belastbarkeit von Sicherungsringen nach DIN 471 und 472. Gültig für scharfkantige Anlage des andrückenden Maschinenteils, Werkstoff des genuteten Teiles mit einer Streckgrenze von $\sigma_s = 30$ kp/mm^2, schwellende Belastung in einer Richtung

werkzeug montierbar; sie greifen ebenfalls in Nuten ein und werden vorwiegend für kleinere Durchmesser (Nutgrunddurchmesser 0,8 bis 15 mm) verwendet. *Sprengringe* besitzen konstanten Querschnitt, Kreis oder Rechteck, so daß die Aufweitung bzw. Zusammenspannung im Verhältnis zum Durchmesser nur gering sein darf. Sie werden — mit Rechteckquerschnitt — hauptsächlich für den Einbau von Wälzlagern mit Ringnut (Abb. 4.146 und 4.147) verwendet. Die *Achshalter* nach DIN 15058 sichern durch Eingreifen in eine Flachnut Bolzen und Achsen sowohl gegen Verschiebung als auch gegen Verdrehung; sie sind so anzuordnen, daß die Befestigungsschrauben durch den Achsdruck nicht beansprucht werden, also parallel oder entgegengesetzt zur Belastungsrichtung.

Einige neue Sicherungselemente[1], deren Ein- bzw. Ausbau ohne Werkzeuge möglich ist, sind in Abb. 2.89 dargestellt. Die *SL-Sicherung* (Abb. 2.89a) ist als Abschlußsicherung für Bolzen-, Achsen- oder Wellenenden gedacht. Die hinteren gewellten Gabelschenkel greifen in die Nut, während der vordere Sicherungslappen über das Bolzenende einrastet. Die *KL-Sicherung* (Abb. 2.89b) besitzt einen rechtwinkelig abgebogenen Flachsteg, der hohe Elastizität gewährleistet; die in die Nut eingreifenden Schenkel können mit ihren großen Anlageflächen hohe Axialkräfte übertragen und gleichen wegen ihrer tellerartigen Form auch größere Toleranzen aus. Die *KF-Klemmfeder* nach Abb. 2.89c dient zur Absicherung winkelig abgebo-

---

[1] Hersteller und Schutzrechte: Metallwaren GmbH Eislingen, Salach/Württ.

gener Stangen an den Gelenkverbindungen leichterer Bediengestänge; sie wird ohne Werkzeug einfach aufgesteckt, es ist weder ein Splintloch noch eine Nut erforderlich, und es entfällt auch das Anschlagen von Nasen.

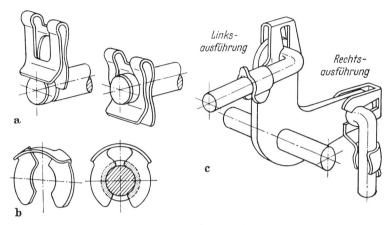

Abb. 2.89. Klemm-Sicherungselemente
a) SL-Sicherung; b) KL-Sicherung; c) KF-Klemmfeder

2.5.2 Vorgespannte Formschlußverbindungen

Bei allen, besonders im Fall dynamischer Belastungen anzuwendenden *Spannungsverbindungen* (auch bei den vorgespannten Schraubenverbindungen nach Abschn. 2.7) werden die Verspannungskräfte durch die elastischen Verformungen der Bauteile

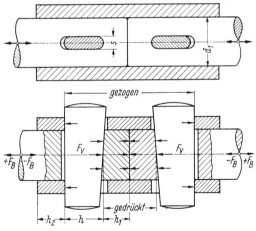

Abb. 2.90. Querkeilverbindung

erzeugt. Es wird jeweils *ein* Bauteil durch Zugkräfte gedehnt, das andere durch die Reaktionsdruckkräfte zusammengedrückt, also verkürzt. Bei Schraubenverbindungen wird die Schraube gedehnt, und die verspannten Teile werden zusammengedrückt; bei einer *Querkeilverbindung* nach Abb. 2.90 wird die Hülse gedehnt, und die Stangenenden werden zusammengedrückt. Die Vorspannkraft F_V wird hierbei durch das Eintreiben des Querkeils erzeugt.

Die Kräfte und Spannungsverhältnisse werden am anschaulichsten an Hand des Verspannungsdiagramms verfolgt. Die Größen, die sich auf das gezogene Teil (Zugteil) beziehen, erhalten den Index Z (hier die *Muffe*, später die Schraube), und die Größen, die sich auf die zusammengedrückten Teile beziehen, erhalten den Index D (hier die *Stangenenden*, später die verspannten Teile, wie Flanschen, Platten, Hülsen).

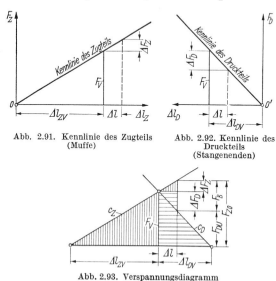

Abb. 2.91. Kennlinie des Zugteils (Muffe)

Abb. 2.92. Kennlinie des Druckteils (Stangenenden)

Abb. 2.93. Verspannungsdiagramm

Die für Zug- und Druckteil gleichen Größen werden ohne Index geschrieben.

In Abb. 2.91 ist die Kennlinie des Zugteils aufgetragen, d. h. der nach dem Hookeschen Gesetz gegebene lineare Zusammenhang zwischen Kraft und Verlängerung; bei der Vorspannkraft F_V verlängert sich die Muffe um den Betrag Δl_{ZV}; der Quotient $c_Z = F_V/\Delta l_{ZV}$ heißt Federkonstante des Zugteils. In Abb. 2.92 ist die Längenänderung (Verkürzung) des Druckteils von O' aus nach links aufgetragen; sie beträgt Δl_{DV} bei der Vorspannkraft F_V. Die Federkonstante des Druckteils ergibt sich also zu $c_D = F_V/\Delta l_{DV}$. In Abb. 2.93 sind beide Diagramme so vereinigt, daß F_V die gemeinsame Vorspannkraft ist. Greift nun an den zu verbindenden Stangen die äußere Betriebskraft $+F_B$ (Zugkraft) an, so wird sich der Zugteil (die Muffe) noch um den Betrag Δl weiter verlängern, während die Verkürzung der Stangenenden sich um den gleichen Betrag Δl verringert (jeweils gestrichelt in Abb. 2.91 und 2.92 eingetragen).

Die Kräfteverhältnisse zeigt noch deutlicher die Darstellung mittels Ersatzfedern in Abb. 2.94. Abb. 2.94a stellt den ungespannten, Abb. 2.94b den vorgespannten Zustand dar. Durch die Betriebszugkraft $+F_B$ (Abb. 2.94c) treten im gezogenen Teil (Muffe) die Kraft

$$F_{ZO} = F_V + \Delta F_Z \tag{1}$$

und im gedrückten Teil (Stangenenden) die Kraft

$$F_{DU} = F_V - \Delta F_D \tag{2}$$

auf. Die Gleichgewichtsbedingung

$$\overrightarrow{F_B} + \overrightarrow{(F_V - \Delta F_D)} = \overleftarrow{F_V + \Delta F_Z}$$

liefert

$$\boxed{F_B = \Delta F_Z + \Delta F_D}. \tag{3}$$

Man erkennt hieraus, daß die Zunahme der Kraft im Zugteil ΔF_Z nur ein Bruchteil von F_B ist und daß im Verspannungsdiagramm (Abb. 2.93) das zwischen den Kennlinien liegende Ordinatenstück die Betriebskraft F_B darstellt. Für die Anteile ΔF_Z

2.5 Formschlußverbindungen

(Zunahme der Kraft im Zugteil) und ΔF_D (Abnahme der Kraft im Druckteil) folgt

aus der Ähnlichkeit der senkrecht schraffierten Dreiecke:
$$\frac{\Delta F_Z}{\Delta l} = \frac{F_V}{\Delta l_{ZV}} = c_Z \quad \text{oder} \quad \Delta F_Z = c_Z \Delta l \qquad (4)$$

und aus der Ähnlichkeit der waagerecht schraffierten Dreiecke:
$$\frac{\Delta F_D}{\Delta l} = \frac{F_V}{\Delta l_{DV}} = c_D \quad \text{oder} \quad \Delta F_D = c_D \Delta l. \qquad (5)$$

Die Addition von (4) und (5) liefert mit Gl. (3)
$$F_B = (c_Z + c_D)\Delta l. \qquad (6)$$

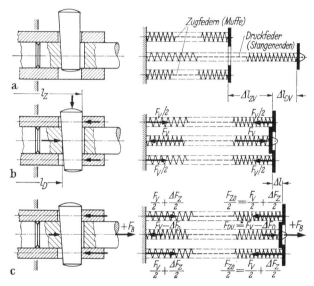

Abb. 2.94. Darstellung mittels Ersatzfedern
a) ungespannter Zustand; b) vorgespannter Zustand; c) Betriebszustand

Wird nun noch Gl. (4) durch Gl. (6) dividiert, so ergibt sich
$$\boxed{\frac{\Delta F_Z}{F_B} = \frac{c_Z}{c_Z + c_D} = \frac{1}{1 + c_D/c_Z}}. \qquad (7)$$

Gl. (5) durch Gl. (6) dividiert liefert
$$\frac{\Delta F_D}{F_B} = \frac{c_D}{c_Z + c_D} = \frac{c_D/c_Z}{1 + c_D/c_Z}. \qquad (8)$$

Die Zunahme der Kraft im Zugteil bzw. die Abnahme im Druckteil ist also jeweils proportional der Betriebskraft F_B und außerdem nur vom *Verhältnis* der Federkonstanten abhängig (s. auch Abb. 2.130, Abschn. 2.7.5.1).

Bei *schwellender Betriebskraft* $(0 \cdots +F_B)$ schwankt (Abb. 2.95) die Kraft im Zugteil zwischen F_V und F_{ZO} um den Betrag ΔF_Z; die Ausschlagskraft ist also $\Delta F_Z/2$, die Ausschlagsspannung $\sigma_{ZA} = \frac{1}{2}\frac{\Delta F_Z}{A_Z}$ und die Mittelspannung $\sigma_{Zm} = \frac{F_V + \Delta F_Z/2}{A_Z}$.

Im Druckteil schwankt die Kraft zwischen F_V und F_{DU} um ΔF_D. (Dementsprechend schwankt auch die Pressung in der Fuge.)

Bei *wechselnder Betriebskraft* $(-F_B \cdots +F_B)$ ist nach Abb. 2.96 die Mittelkraft jeweils F_V; die Kraft im Zugteil schwankt zwischen F_{ZO} und F_{ZU} um den Betrag $2\Delta F_Z$ und die Kraft im Druckteil zwischen F_{DU} und F_{DO} um $2\Delta F_D$.

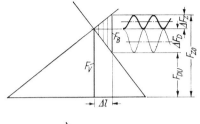

Abb. 2.95. Kraftschwankungen bei schwellender Betriebskraft

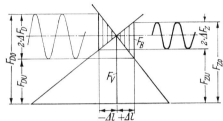

Abb. 2.96. Kraftschwankungen bei wechselnder Betriebskraft

Die Betriebszugkraft $+F_B$ darf niemals so groß werden, daß die Restverspannungs- oder Fugenkraft F_{DU} gleich Null wird. Letzteres wird mit Sicherheit vermieden, wenn die Vorspannkraft F_V hinreichend groß ist. Da diese durch das Eintreiben des Keils erzeugt wird, ist ihr Betrag nur schwer zu erfassen. Der Zusammenhang zwischen Eintreibkraft K und Vorspannkraft F_V ergibt sich theoretisch aus Abb. 2.97 zu

$$K = F_V[\tan(\alpha + \varrho) + \tan\varrho] \approx F_V \tan(\alpha + 2\varrho).$$

Hiermit wird

	bei $\tan\varrho = \mu = 0{,}05$	bei $\tan\varrho = \mu = 0{,}1$
$\tan\alpha = 1:20 \ldots$	$F_V \approx 6{,}6\,K$	$F_V \approx 4\,K$
$\tan\alpha = 1:30 \ldots$	$F_V \approx 7{,}5\,K$	$F_V \approx 4{,}3\,K$

Der Anzug des Keils wird im Hinblick auf evtl. öfteres Lösen größer gewählt als bei Längskeilen. Es muß nur die Bedingung für Selbsthemmung erfüllt sein, die sich nach Abb. 2.98 aus $K' \leqq 0$ zu $\alpha \leqq 2\varrho$ ergibt.

Das Verspannungsdiagramm selbst kann erst aufgezeichnet werden, wenn die Abmessungen festliegen und damit die Federkonstanten bekannt sind. Diese ergeben sich aus

$$\sigma = E\,\varepsilon = E\,\frac{\Delta l}{l} = \frac{F}{A}$$

zu

$$\boxed{c_Z = \frac{F_Z}{\Delta l_Z} = \frac{E_Z A_Z}{l_Z}} \quad \text{und} \quad \boxed{c_D = \frac{F_D}{\Delta l_D} = \frac{E_D A_D}{l_D}},$$

wobei E_Z der Elastizitätsmodul, A_Z der Querschnitt und l_Z die Länge des *gezogenen* Teils und E_D, A_D und l_D die entsprechenden Größen der *gedrückten* Teile sind.

2.5 Formschlußverbindungen

Das Verhältnis

$$\frac{c_D}{c_Z} = \frac{E_D\,A_D/l_D}{E_Z\,A_Z/l_Z}$$

liegt erfahrungsgemäß bei etwa 1 bis 4.

Soll die Restverspannung F_{DU} mindestens noch 25% von F_B betragen, $F_{DU} \geqq$ $\geqq 0{,}25 F_B$, dann muß die Maximalkraft $\underline{F_{ZO} = F_{DU} + F_B \geqq 1{,}25 F_B}$ sein und $F_V = \dfrac{0{,}25 + 1{,}25(c_D/c_Z)}{1 + (c_D/c_Z)} F_B$, d. h.

$$F_V = 0{,}75 F_B \quad \text{bei } \frac{c_D}{c_Z} = 1 \quad \text{und} \quad F_V = 1{,}05 F_B \quad \text{bei } \frac{c_D}{c_Z} = 4.$$

Für $F_{DU} \geqq 0{,}5 F_B$ wird $F_{ZO} \geqq 1{,}5 F_B$ und $F_V = 1 F_B$ bzw. $1{,}4 F_B$.

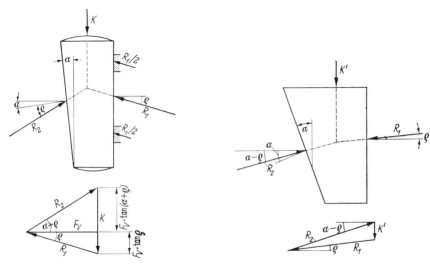

Abb. 2.97. Kräftegleichgewicht beim Eintreiben des Querkeils

Abb. 2.98. Kräftegleichgewicht beim Lösen des Querkeils

Bei der Dimensionierung geht man von $F_{ZO} = F_{\max} = 1{,}25 F_B \cdots 1{,}5 F_B$ aus. (Bei sehr kleinen F_B kann mit $F_{\max}$ bis $3 F_B$ gerechnet werden.)

Richtwerte:
Keildicke $\quad s = \tfrac{1}{4} d_1 \cdots \tfrac{1}{3} d_1$,
Keilhöhe $\quad h = 1 d_1 \cdots 1{,}2 d_1$,
Stangenenden $\quad h_1 = 0{,}5 h \cdots 0{,}6 h$,
Hülsenenden $\quad h_2 = 0{,}6 h \cdots 0{,}7 h$.

Zu berechnen bzw. nachzurechnen sind die Spannungen im geschwächten Stangen- und im geschwächten Hülsenquerschnitt, ferner die Pressungen an den Auflagestellen des Keils und in der Fuge an den Stangenenden und schließlich der Keil selbst auf Biegung als Balken auf zwei Stützen mit Streckenlast.

Querkeilverbindungen werden heute nur noch selten verwendet; sie sind — auch bei den Verbindungen von Kreuzköpfen und Kolbenstangen — durch die im Prinzip gleichartig wirkenden vorgespannten Schraubenverbindungen ersetzt worden.

Stellkeile dienen zum feinfühligen stufenlosen Verschieben zweier Körper bzw. zum Nachstellen oder Verspannen, z. B. bei Lagerschalen in Schubstangenköpfen

(Abb. 2.99) oder in Spannvorrichtungen (Abb. 2.100), wobei die Verschiebung und Feststellung des Keils meist über Schrauben erfolgt. Um Selbsthemmung zu vermeiden, werden Stellkeile mit einem Anzug $\tan\alpha = 1:10$ bis $1:5$ hergestellt.

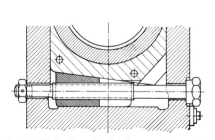
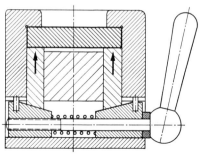

Abb. 2.99. Stellkeil zur Nachstellung von Lagerschalen   Abb. 2.100. Stellkeile in Spannvorrichtung

Die Kraftverhältnisse beim *Einziehen* des Keils zwischen Unterlage und Nachstellkörper zeigt Abb. 2.101. Am Keil müssen die Kräfte K, R_1 und R_2 im Gleichgewicht stehen, wobei R_1 unter dem Reibungswinkel ϱ und R_2 unter dem Winkel

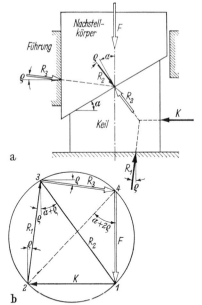
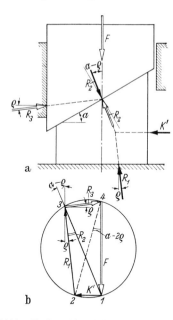

Abb. 2.101. Kräftegleichgewicht beim Einziehen eines Stellkeils   Abb. 2.102. Kräftegleichgewicht beim Lösen eines Stellkeils

$\alpha + \varrho$ gegen die Vertikale geneigt sind. Der Nachstellkörper wird links gegen die Führung gedrückt, so daß dort die Kraft R_3, unter dem Winkel ϱ gegen die Waagerechte geneigt, auftritt. Auf den Nachstellkörper wirkt außerdem vom Keil her die Kraft R_2 (entgegengesetzt) und die Vertikalkraft F. Für den *Keil* gilt also in Abb. 2.101b das Krafteck *1—2—3—1*, für den *Nachstellkörper* das Krafteck *1—3—4—1*; durch die Verbindungslinie *2—4* entstehen zwei rechtwinklige Dreiecke, so daß der Thales-Kreis durch *1, 2, 3* und *4* gezeichnet werden kann. Daraus ergibt sich sofort, daß der Winkel *2—4—1* gleich dem Winkel *2—3—1*, also gleich $\alpha + 2\varrho$ ist; aus Dreieck *1—2—4* folgt dann

$$\boxed{K = F \tan(\alpha + 2\varrho)}.$$

Um das *Lösen* zu verhindern, ist nach Abb. 2.102 eine Kraft

$$\boxed{K' = F \tan(\alpha - 2\varrho)}$$

erforderlich. Selbsthemmung würde auftreten, wenn $K' \leqq 0$, d. h. $\alpha \leqq 2\varrho$ wäre.

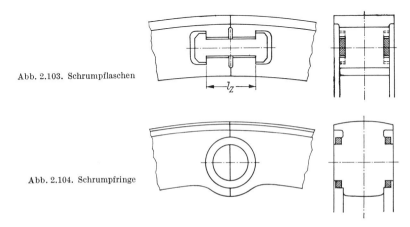

Abb. 2.103. Schrumpflaschen

Abb. 2.104. Schrumpfringe

Zu den vorgespannten Formschlußverbindungen gehört auch die Verwendung von *Schrumpflaschen* und *Schrumpfringen* etwa zum Schließen der Kranzfuge großer Schwungräder. Bei der Ausführung nach Abb. 2.103 werden ankerförmige Schrumpflaschen (Zugteil) in entsprechende Aussparungen (Druckteil) eingelegt; in Abb. 2.104 sind als „Zugteil" Schrumpfringe über angegossene halbkreisförmige Hörner (Druckteil) gezogen. Die Mindestgröße des Übermaßes U bzw. des Haftmaßes $Z = U - \Delta U$ wird aus der geforderten Mindestfugenpressung p_{mindest} (ähnlich wie in Abschn. 2.4.5) berechnet; letztere muß so groß sein, daß auch bei den auftretenden Fliehkräften (Betriebskraft F_B) eine genügend große Restverspannung aufrechterhalten bleibt. Es lassen

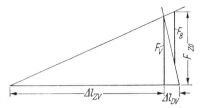

Abb. 2.105. Verspannungsdiagramm bei Schrumpflaschenverbindung

sich die Kräfteverhältnisse auch hier im Verspannungsdiagramm verfolgen. Allerdings kann die Federkonstante der gedrückten Teile nicht genau berechnet werden, sie wird jedoch gegenüber der des Zugteils verhältnismäßig groß sein (Abb. 2.105), so daß bei der Schrumpflaschenverbindung in erster Näherung $Z \approx \Delta l_{ZV}$ und $F_{ZO} \approx F_V$ gesetzt und danach der Laschenquerschnitt bemessen werden kann:

$$A_Z \geqq \frac{F_V}{\sigma_{\text{zul}}}; \quad Z = \Delta l_{ZV} = \frac{\sigma_{\text{zul}} l_Z}{E_Z} = \frac{F_V l_Z}{E_Z A_Z}.$$

2.6 Nietverbindungen

Die Nietverbindungen sind je nach Herstellung und Wirkungsweise entweder *Kraftschluß-* oder *Formschluß*verbindungen. Der erste Fall tritt bei warmgeschlagenen Nieten, vornehmlich im Kesselbau, ein; es entstehen durch das Schrumpfen des Nietschafts beim Erkalten Normalspannungen und somit Pressungen zwischen den zu verbindenden Blechen, die den erforderlichen Reibungswiderstand, auch Gleitwiderstand genannt, gegen das Verschieben der Bleche erzeugen. Kaltgeschlagene Niete wirken dagegen wie Bolzen und Stifte durch Formschluß; die Bauteile legen sich bei Belastung mit den Lochwandungen an den Nietschaft an, so daß an den Berührungsstellen Beanspruchung auf Lochleibung und im Nietschaft auf Abscheren entsteht.

Die *Anwendungsgebiete* für Nietverbindungen sind durch das Schweißen stark eingeschränkt worden, im wesentlichen eigentlich nur noch auf die Fälle, in denen Schweißverbindungen wegen ihrer Nachteile (Minderung der Festigkeitseigenschaften, unerwünschte Gefügeumwandlungen, Aushärtung durch die hohe Erwärmung, nicht vorauszusehender Verzug und Unmöglichkeit der Verbindung ungleichartiger Werkstoffe) untragbar sind.

Man findet daher Nietverbindungen vor allem noch im Leichtmetallbau, besonders bei dünnwandigen Bauteilen[1], im Stahlbau (Hochbau, Kranbau, Brückenbau) bei Anschlüssen von Trägern, Stützen oder sonstigen in der Werkstatt vorgefertigten Teilstücken, im Apparate-, Behälter- und Rohrleitungsbau für Gase, Flüssigkeiten oder Schüttgüter ohne Überdruck und schließlich im Maschinenbau zur Befestigung nichtmetallischer Werkstoffe, z. B. von Kupplungs- und Bremsbelägen oder zur Verbindung von Lederriemen. Im Druckbehälterbau (Kesselbau) wird heute fast nur noch geschweißt.

2.6.1 Herstellung und Gestaltung der Niete und Nietverbindungen

Der Niet besteht im Anlieferungszustand aus dem Schaft mit dem angestauchten *Setzkopf*; die genormten Nietformen sind mit ihren Benennungen in Abb. 2.106 zusammengestellt. Für die wichtigsten Stahlniete (Kesselbau und Stahlbau) enthält Tab. 2.13 nähere Angaben. Der *Schließkopf* wird bei Herstellung der Nietverbindung mit Hilfe des Schellhammers oder Schließkopfdöppers (Abb. 2.107) ge-

Tabelle 2.13. *Halbrundniete für Kesselbau (DIN 123) und Stahlbau (DIN 124)*

Loch-durch-messer d_1 [mm]	Roh-niet-durch-messer d [mm]	Quer-schnitt A_1 [cm²]	Zuge-hörige Schraube	Kesselbau DIN 123				Stahlbau DIN 124				Sinn-bild nach DIN 407
				Kopf-durch-messer D [mm]	Kopf-höhe k [mm]	Kopf-rundung R [mm] ≈	Schaft-ausrun-dung r [mm]	Kopf-durch-messer D [mm]	Kopf-höhe k [mm]	Kopf-rundung R [mm] ≈	Schaft-ausrun-dung r [mm]	
11	10	0,95	M 10	18	7	9,5	1	16	6,5	8	0,5	
13	12	1,33	M 12	22	9	11	1,6	19	7,5	9,5	0,6	
(15)	14	1,77	—	25	10	13	1,6	22	9	11	0,6	15
17	16	2,27	M 16	28	11,5	14,5	2	25	10	13	0,8	
(19)	18	2,84	—	32	13	16,5	2	28	11,5	14,5	0,8	19
21	20	3,46	M 20	36	14	18,5	2	32	13	16,5	1	
23	22	4,15	M 22	40	16	20,5	2	36	14	18,5	1	
25	24	4,91	M 24	43	17	22	2,5	40	16	20,5	1,2	
28	27	6,16	M 27	48	19	24,5	2,5	43	17	22	1,2	28
31	30	7,35	M 30	53	21	27	3	48	19	24,5	1,6	31
(34)	33	9,08	M 33	58	23	30	3	53	21	27	1,6	34
37	36	10,8	M 36	64	25	33	4	58	23	30	2	37

[1] MAASS, E. W. H.: Vernietung dünnwandiger Bauteile. Z. Konstr. 3 (1951) 142—148. — Aluminium-Merkblätter, herausg. von der Aluminium-Zentrale e. V., Düsseldorf.

bildet, und zwar mit Hand- oder Preßlufthammer oder auf Nietpressen, die mechanisch (meist mit Kniehebel) oder pneumatisch oder hydraulisch betrieben werden. Es werden heute auch halb- oder vollautomatische Nietmaschinen verwendet, die alle Arbeitsgänge einschließlich Bohren bzw. Stanzen der Löcher durchführen. Die gebräuchlichsten Schließkopfformen sind der Halbrund-, der Versenk-, der Flachrund- und der Linsenkopf, in Abb. 2.108 und 2.109 sind einige im Leichtmetallbau angewandte Sonderformen dargestellt.

Für nur einseitig zugängliche Verbindungsstellen sind u. a. die

Schellhammer oder Döpper
Schaft
d
Schließkopf
d_1
l
Σs
Setzkopf
Gegenhalter
Neigung 1:3 bis 1:4 im Kesselbau (keine Neigung im Stahlbau)

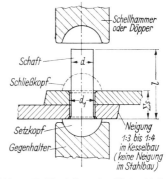

Abb. 2.107. Herstellung der Nietverbindung

in Abb. 2.110 angeführten Blindnietverfahren entwickelt worden.

Bei dem Thermoniet[1] (Sprengniet) Abb. 2.110a wird der Schließkopf dadurch gebildet, daß eine im hohlen Nietschaft befindliche Sprengstoffladung, die durch eine Lackschicht gegen Herausfallen und Witterungseinflüsse geschützt ist, durch einen elektrisch beheizten Nietkolben vom Setzkopf aus zur Explosion gebracht wird (erforderliche Erwärmung etwa 130 °C). Beim Dornniet nach Junkers (Abb. 2.110b) erfolgt die Schließkopfbildung durch einen mit einer Verdickung versehenen Dorn, der in der Endstellung außen eingekerbt und abgezwickt wird, also den hohlen Schaft ausfüllt,

DIN 123 Halbrundniete für den Kesselbau
DIN 124 Halbrundniete für den Stahlbau
DIN 660 1...9 mm Durchm.
DIN 302 Senkniete von 10...36 mm Durchm.
DIN 661 1...9 mm Durchm.
DIN 662 Linsenniete 1,7...8 mm Durchm.
DIN 674 Flachrundniete
DIN 7342 Flachsenkniete
DIN 675 Riemenniete
DIN 7340 Rohrniete aus Rohr gefertigt
DIN 7339 Hohlniete, einteilig aus Band gezogen
DIN 7338 Niete für Brems- u. Kupplungsbeläge
DIN 7331 Hohlniete, zweiteilig
DIN 7341 Nietstifte

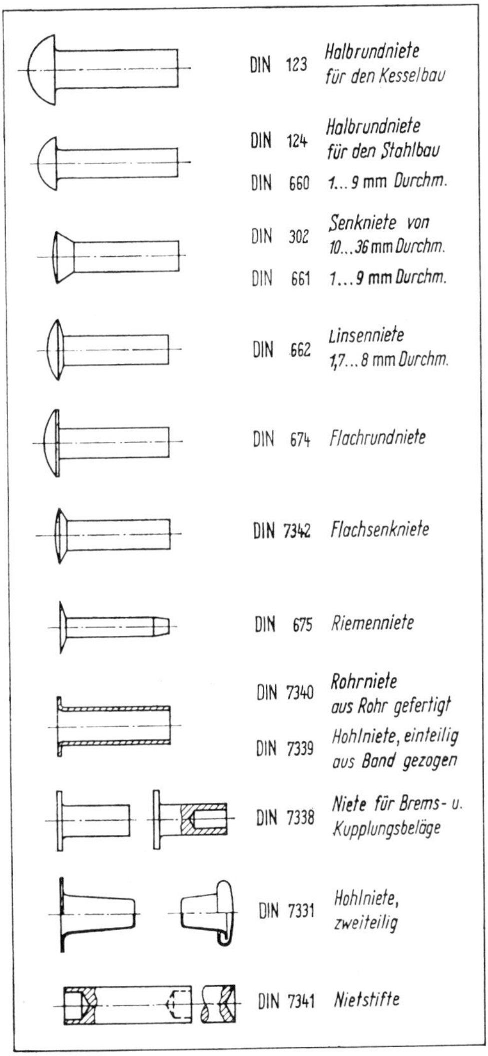

Abb. 2.106. Genormte Niete

a
b
c
d

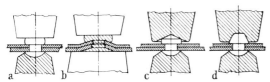

Abb. 2.108. Schließkopfformen für Leichtmetallniete

[1] Lieferant: Nürnberg-Fürther Industriewerk, Nürnberg.

so daß fast so große Kräfte wie beim Vollniet übertragen werden können. Ähnlich wird der Pop-Niet[1] (Abb. 2.110c) verarbeitet, bei dem ein Nietnagel in *einem* Arbeitsgang nach außen gezogen und an der Sollbruchstelle im Schaft oder am Kopf

Abb. 2.109. Beispiele für Glatthautnietung

abgerissen wird. Im ersten Fall verbleibt eine Art Dichtstopfen im Hohlniet, im zweiten Fall fällt der Nietnagelkopf auf der Schließkopfseite heraus. Beim Imex-Becherniet[1] (Abb. 2.110d) ist die Schließkopfseite vollkommen geschlossen und daher absolut dicht. Eine Hohlnietverbindung entsteht auch bei dem Chobert-

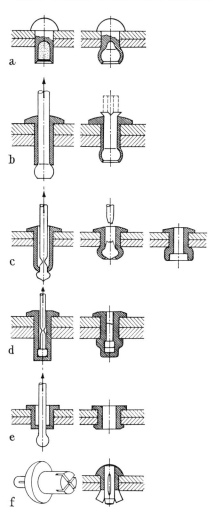

Abb. 2.110. Blindniete
a) Thermoniet; b) Dornniet nach JUNKERS; c) Pop-Niet; d) Imex-Becherniet; e) Chobert-Hohlniet; f) Kerpin-Blindniet

Verfahren (Abb. 2.110e), bei dem ein Hilfsdorn innen hindurchgezogen wird. Beim Kerpin-Blindniet[2] (Abb. 2.110f) wird in den Hohlniet von außen ein Kerbstift eingeschlagen, der die geschlitzten Segmente am Fußende des Niets auseinanderspreizt.

Die *Nietlöcher* können gestanzt oder gebohrt werden, stärkere Bleche sollten nur gebohrt werden, weil beim Stanzen leicht Risse und Riefen in der Lochwand entstehen. Die Nietlöcher sollen gut übereinander passen, was durch gemeinsames Bohren oder noch besser durch Aufreiben ermöglicht wird. Bei Stahlnieten ab 10 mm Durchmesser ist der Lochdurchmesser d_1 jeweils 1 mm größer als der Rohnietschaftdurchmesser d. Für die zeichnerische Darstellung und auch für die *Berechnung* wird der Durchmesser des *geschlagenen* Niets gleich dem *Lochdurchmesser* d_1 angenommen, obwohl sich bei Warmnietung der Schaft nach dem Erkalten etwas zusammenzieht. Stahlniete unter 10 mm Durchmesser und die Leichtmetall- und Kupferniete werden kaltgeschlagen; dabei soll der Lochdurchmesser nur 0,1 mm (bei $d < 10$ mm) bis 0,2 mm (bei $d > 10$ mm) größer sein als der Nenndurchmesser d. Die Lochränder müssen gut entgratet, bei Kesselnieten nach DIN 123 wegen der größeren Ausrundung zwischen Schaft und Kopf mit Versenk ausgeführt werden.

Die *Größe der Niet- bzw. Nietlochdurchmesser* richtet sich in erster Linie nach der Dicke der zu verbindenden Bauteile, die sich aus der Festigkeitsrechnung ergibt. Für die Wahl des Nietdurchmessers und die Anzahl

[1] Lieferant: Gebr. Titgemeyer, Osnabrück.
[2] Lieferant: Kerb-Konus-Gesellschaft, Dr. Carl Eibes & Co., Schnaittenbach/Oberpfalz.

der Niete sind aber auch die konstruktive Ausbildung der Verbindungsstelle und die Fertigungsmöglichkeiten (Platz für Nietwerkzeuge, Döpper, Blechschließer u. dgl.) ausschlaggebend. Anhaltswerte für die Zuordnung zwischen Niet- bzw. Nietlochdurchmesser und kleinster Bauteil- bzw. Blechdicke enthält Tab. 2.14.

Tabelle 2.14. *Zuordnung zwischen Niet- bzw. Nietlochdurchmesser und kleinster Bauteil- bzw. Blechdicke*

Leichtmetallbau			Stahlbau	Kesselbau
d [mm]	s [mm]	d_1 [mm]	s [mm]	s [mm]
2	bis 1,3	13	4 ··· 6	5 ··· 8
2,6	1,2 ··· 1,8	15	5 ··· 7	8 ··· 10
3	1,4 ··· 2	17	6 ··· 8	7 ··· 13
4	1,8 ··· 2,5	19	7 ··· 9	9 ··· 14
5	2 ··· 3,2	21	8 ··· 11	11 ··· 16
6	2,5 ··· 4	23	10 ··· 14	14 ··· 19
8	3,2 ··· 5	25	13 ··· 17	17 ··· 22
9	4 ··· 6	28	16 ··· 21	20 ··· 26
10	4,5 ··· 7	31	20 ··· 26	23 ··· 29
12	5 ··· 8	34		27 ··· 33
16	7 ··· 10			
20	8 ··· 12			
22	9 ··· 14			

Die *Schaftlänge* l des Rohniets ist von der Klemmlänge, also der Summe der Blechdicken, der Schließkopfform, dem Durchmesser der Nietlochbohrung und ihrer etwaigen Erweiterung beim Schlagen des Niets sowie von der Maßhaltigkeit des Nietdöppers abhängig. Es kann mit folgenden Richtwerten gerechnet werden (d = Rohnietdurchmesser; Σs = Klemmlänge).

Stahlniete:
    Kesselniete nach DIN 123 . . . . . $l \approx 1{,}3 \Sigma s + 1{,}5 d$
    Stahlbauniete nach DIN 124 . . . . $l \approx 1{,}2 \Sigma s + 1{,}2 d$

Leichtmetallniete:
    Halbrundkopf . . . . $l \approx \Sigma s + 1{,}4 d$
    Flachrundkopf . . . . $l \approx \Sigma s + 1{,}8 d$
    Tonnenkopf . . . . $l \approx \Sigma s + 1{,}9 d$
    Kegelstumpfkopf . . . . $l \approx \Sigma s + 1{,}6 d$

Die *konstruktive Gestaltung* der Nietverbindungen (Abb. 2.111 und 2.112) wird vom Verwendungszweck, der Größe der zu übertragenden Kräfte und den räumlichen Gegebenheiten beeinflußt. Man unterscheidet *ein-, zwei- und mehrreihige* Nietverbindungen; bei zwei- und mehrreihigen können die Niete in Zickzack- oder in Parallelform angeordnet werden. Nach der Lage der Bauteile kann es sich um *Überlappungs-* oder um *Laschen-* (meist Doppellaschen-) *Nietungen* handeln. Ferner bezeichnet man eine Nietverbindung noch als *ein- oder zweischnittig*, je nachdem ein Nietschaft in einem oder in zwei Querschnitten bei Überlastung abgeschert würde; die Schnittzahl ist gleichbedeutend mit der Zahl der Berührungsflächenpaare je Niet.

Die *Nietteilungen* und die *Randabstände* werden im allgemeinen nach Erfahrungswerten gewählt; sie sind für den Leichtmetallbau und den Stahlbau (Abb. 2.111) in Tab. 2.15 und für den Kesselbau (Abb. 2.112) in Tab. 2.17 zusammengestellt.

Bezüglich der *Werkstoffwahl* ist besonders darauf hinzuweisen, daß Bauteil und Nietwerkstoffe gleichartig sein sollen, da sonst die Gefahr der Lockerung infolge verschiedener Wärmeausdehnung oder Korrosionsschäden infolge elektrochemischer Potentialdifferenz auftreten. Müssen verschiedenartige Bauteile, z. B. Stahl mit Aluminium, miteinander verbunden werden, dann sind die Bauteile durch neutrale

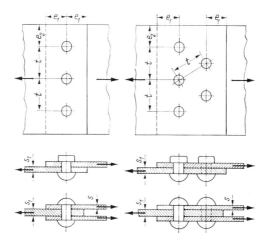

Abb. 2.111. Nietteilungen und Randabstände im Leichtmetallbau und Stahlbau

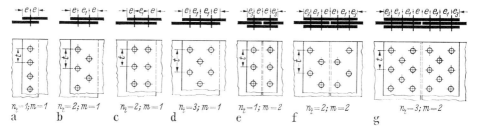

Abb. 2.112. Nietteilungen und Randabstände im Kesselbau

Lackanstriche, Isolierkitte, Zink- oder Kadmiumfolien, mit Leinöl oder Bitumen getränkte Streifen usw. zu isolieren, ausgenommen die Oberflächen der Lochwandungen und Nietschäfte. Über die übliche Zuordnung der Bauteil- und Nietwerkstoffe gibt Tab. 2.18 Aufschluß.

2.6.2 Berechnung von Nietverbindungen

Zuerst erfolgt nach den Regeln der Festigkeitslehre die Berechnung bzw. Bemessung der *Bauteile*, wobei besonders zu beachten ist, daß die gefährdeten Querschnitte durch die Nietlöcher geschwächt sind. Das Verhältnis des geschwächten zum ungeschwächten Querschnitt wird das Verschwächungsverhältnis v genannt. In erste Überschlagsrechnungen kann v mit $0{,}75 \ldots 0{,}85$ eingesetzt werden.

Für *Zugstäbe* im Leichtmetallbau und im Stahlbau ergibt sich dann der erforderliche *Voll*querschnitt zu

$$\boxed{A = \frac{F}{v\,\sigma_{\text{zul}}}},$$

Tabelle 2.15. *Nietteilungen und Randabstände (Abb. 2.111)*

	Leichtmetallbau		Stahlbau: Hochbau (Kranbau)	
	Mindestwert	Höchstwert	Mindestwert	Höchstwert
Nietteilung t				
Kraftniete	$2,5d$	$6d$	$3d_1$ ($3,5d_1$)	$8d_1$ oder $15s$* ($6d_1$ oder $15s$)
Heftniete		$7d$ oder $15s$*	$3d_1$	$12d_1$ oder $25s$ ($6d_1$ oder $15s$)
Randabstand				
in Kraftrichtung e_1	$2d$ oder $4s$**		$2d_1$	$3d_1$ oder $6s$ ($4d_1$ oder $8s$)
$\perp$ Kraftrichtung e_2	$2d$ oder $4s$		$1,5d_1$	$3d_1$ oder $6s$ ($4d_1$ oder $8s$)

* s ist die Dicke des dünnsten, außenliegenden Teiles.
** In zweischnittigen Nietungen kann am beidseitig gehaltenen dickeren Blech e_1 = minimal $1,5d$ sein.

Tabelle 2.16. *Wahl des Nietbildes nach $D \cdot p$-Werten (Kesselbau, Abb. 2.112)*

$D \cdot p$ [cm kp/cm²]	Längsnaht			Rundnaht		
	Abb.	Nahtform	v_{mittel}	Abb.	Nahtform	v_{mittel}
bis 950	a)	1 reihig überlappt	0,58	a)	1 reihig überlappt	0,58
950 ··· 1550	b), c)	2 reihig überlappt	0,68	a)	1 reihig überlappt	0,58
1550 ··· 1800	d)	3 reihig überlappt	0,75	a)	1 reihig überlappt	0,58
	e)	1 reihig Doppellasche	0,67	b), c)	2 reihig überlappt	0,68
1 800 ··· 2800	f)	2 reihig Doppellasche	0,79	b), c)	2 reihig überlappt	0,68
2 800 ··· 4400	g)	3 reihig Doppellasche	0,71	d)	3 reihig überlappt	0,75

Tabelle 2.17. *Nietteilungen, Randabstände und zulässige k_n-Werte (Kesselbau, Abb. 2.112)*

Nahtform	Abb.	t, e, e_1, e_3 und d_1 in cm				k_n [kp/cm²]
		t	e	e_1	e_3	
1 reihig überlappt	a)	$2d_1 + 0,8$	$1,5d_1$	—	—	600 ··· 700
2 reihig überlappt (Zickzack)	b)	$2,6d_1 + 1,5$	$1,5d_1$	$0,6t$	—	550 ··· 650
2 reihig überlappt (parallel)	c)	$2,6d_1 + 1$	$1,5d_1$	$0,8t$	—	550 ··· 650
3 reihig überlappt	d)	$3d_1 + 2,2$	$1,5d_1$	$0,5t$	—	500 ··· 600
1 reihig Doppellasche	e)	$2,6d_1 + 1$	$1,5d_1$	—	$1,35d_1$	2 · (500 ··· 600)
2 reihig Doppellasche	f)	$3,5d_1 + 1,5$	$1,5d_1$	$0,5t$	$1,35d_1$	2 · (475 ··· 575)
3 reihig Doppellasche	g)	$3d_1 + 1$	$1,5d_1$	$0,6t$	$1,5d_1$	2 · (450 ··· 550)

wobei die σ_{zul}-Werte für die verschiedenen Werkstoffe der nach den Vorschriften in den Normblättern (DIN 4113 Aluminium im Hochbau, DIN 1050 Stahl im Hochbau, DIN 120 Kranbau, DIN 1073 Brückenbau) aufgestellten Tab. 2.18 entnommen werden können. Dabei bedeutet wieder Lastfall H die Berücksichtigung der Summe der Hauptlasten, d. h. ständige Last, Verkehrslast (einschließlich Schnee) und freie Massenkräfte von Maschinen und Lastfall HZ die Berücksichtigung der Summe der Haupt- *und Zusatz*lasten, zu denen Windlast, Bremskräfte, waagerechte Seitenkräfte und Wärmewirkungen gehören.

Tabelle 2.18. *Zuordnung der Bauteil- und Nietwerkstoffe und zulässige Spannungen in* kp/cm² *nach DIN 4113, Aluminium im Hochbau; DIN 1050, Stahl im Hochbau; DIN 120, Kranbau; DIN 1073, Brückenbau*

Bauteile Werkstoff	σ_{zul} für Zugstäbe Lastfall H	σ_{zul} für Zugstäbe Lastfall HZ	σ_{zul} für Druckstäbe Lastfall H	σ_{zul} für Druckstäbe Lastfall HZ	Niete Werkstoff	$\tau_{a\,zul}$ Lastfall H	$\tau_{a\,zul}$ Lastfall HZ	$\sigma_{l\,zul}$ Lastfall H	$\sigma_{l\,zul}$ Lastfall HZ
Al Cu Mg 1 F 37 ··· F 40*	1500	1700	1500	1700	Al Cu Mg 1 F 40†	1050	1200	2640	3000
Al Cu Mg 2 (außer F 44)*	1600	1800	1600	1800	Al Cu Mg 0,5 F 28††	840	950	2080	2360
Al Cu Mg 2 F 44*	1900	2150	1900	2150					
Al Mg Si 1 F 28**	1000	1150	1000	1150	Al Mg Si 1 F 23††	640	730	1600	1820
Al Mg Si 1 F 32**	1500	1700	1500	1700					
Al Mg 3 F 18 und Al Mg Mn F 18***	470	530	470	530	Al Mg 3 F 23†††	640	730	1600	1820
Al Mg 3 F 23 und Al Mg Mn F 23***	820	940	820	940					
St 33 DIN 1050	1400	1600	1200	1400	TU St 34 DIN 1050	1400	1600	2800	3200
St 37 DIN 1050	1600	1800	1400	1600	TU St 34 DIN 120 und 1073	1120	1280	2800	3200
DIN 120 und 1073	1400	1600	1400	1600					
St 52 DIN 1050	2400	2700	2100	2400	MR St 44 DIN 1050	2100	2400	4200	4800
DIN 120 und 1073	2100	2400	2100	2400	MR St 44 DIN 120 und 1073	1680	1920	4200	4800

* Kalt ausgehärtet. — ** Warm ausgehärtet. — *** Nicht aushärtbar.
† Kalt ausgehärtet, lösungsgeglüht bei 500 ± 5 °C und frisch abgeschreckt, innerhalb 4 Std. zu verarbeiten.
†† Kalt ausgehärtet; Verarbeitung im Anlieferungszustand.
††† Weich und halbhart; Verarbeitung im Anlieferungszustand.

Druckstäbe werden meist auf Knickung nach dem ω-Verfahren berechnet, d. h., man ermittelt zu einem zunächst angenommenen (oder überschläglich bemessenen) Profil den Schlankheitsgrad $\lambda = l_k/i$, wobei l_k die freie Knicklänge und $i = \sqrt{I_{\min}/A}$ den Trägheitsradius bedeuten ($I_{\min}$ = kleinstes Flächenträgheitsmoment des Querschnitts), bestimmt mit Hilfe der Tab. 2.19 die zugehörige Knickzahl ω und prüft nach, ob die Bedingung

$$\sigma = \frac{F\,\omega}{A} \leqq \sigma_{zul}$$

erfüllt wird. Hier ist für A der Vollquerschnitt einzusetzen, und σ_{zul} ist der Tab. 2.18 zu entnehmen. Die oberen Grenzwerte für λ betragen: im Stahlbau 250, im Brückenbau 150.

Im Behälterbau besteht die Berechnung der „Bauteile" in der Ermittlung der erforderlichen Wanddicken (s. Abschn. 3.3).

Die Berechnung der *Niete* erfolgt im Leichtmetall- und Stahlbau wie bei Bolzen und Stiften auf Formschluß, also auf *Abscheren* und auf *Lochleibung*. Nach Ermittlung des Nietdurchmessers mit Hilfe der Tab. 2.14, der gefundenen Bauteildicke entsprechend, und nach Wahl des geeigneten Nietwerkstoffs nach Tab. 2.18 bleibt dann nur noch übrig, die erforderliche Nietzahl zu berechnen; wird die Schnittzahl, die Anzahl der Scherflächen je Niet, mit m bezeichnet, ferner der Nietlochdurch-

2.6 Nietverbindungen

Tabelle 2.19. *Knickzahlen ω in Abhängigkeit vom Schlankheitsgrad λ für verschiedene Werkstoffe nach DIN 4113, Aluminium im Hochbau, und DIN 4114, Stahlbau, Stabilitätsfälle*

Werkstoff	Schlankheitsgrad λ											
	20	40	60	80	100	120	140	160	180	200	220	240
Al Cu Mg 1	1,03	1,39	1,99	3,36	5,25	7,57	10,30	13,45	17,03	21,02	25,43	30,27
Al Cu Mg 2	1,04	1,42	2,07	3,57	5,58	8,04	10,94	14,30	18,09	22,33	27,03	32,16
Al Cu Mg 2 F 44	1,06	1,51	2,36	4,20	6,57	9,46	12,87	16,81	21,28	26,27	31,78	37,83
Al Mg Si 1 F 28	1,02	1,25	1,67	2,37	3,71	5,34	7,27	9,49	12,02	14,84	17,95	21,36
Al Mg Si 1 F 32	1,04	1,40	2,03	3,46	5,40	7,78	10,59	13,85	17,51	21,62	26,16	31,13
Al Mg 3 F 18	1,00	1,06	1,26	1,52	1,87	2,43	3,30	4,31	5,46	6,74	8,16	9,71
Al Mg 3 F 23	1,01	1,18	1,51	1,99	2,96	4,26	5,79	7,57	9,57	11,82	14,30	17,02
St 33 und St 37	1,04	1,14	1,30	1,55	1,90	2,43	3,31	4,32	5,47	6,75	8,17	9,73
*	(1,00)	(1,07)	(1,19)	(1,39)	(1,70)	(2,43)						
St 52	1,06	1,19	1,41	1,79	2,53	3,65	4,96	6,48	8,21	10,13	12,26	14,59
*	(1,02)	(1,11)	(1,28)	(1,62)	(2,53)							

* Klammerwerte für einteilige Druckstäbe aus Rundrohren.

messer mit d_1 und die kleinste tragende Blechdicke mit s_{min}, so ergibt sich für die Nietanzahl bei Berechnung

auf Abscheren

$$n_a = \frac{F}{\frac{\pi d_1^2}{4} m \, \tau_{a\,zul}}$$

und auf Lochleibung

$$n_l = \frac{F}{d_1 \, s_{min} \, \sigma_{l\,zul}}.$$

Werte für $\tau_{a\,zul}$ und $\sigma_{l\,zul}$ enthält Tab. 2.18; von den *beiden* Ergebnissen n_a und n_l ist der größere Wert *auf*zurunden. Die Mindestnietzahl beträgt bei Kraftstäben zwei, die Höchstnietzahl in einer Reihe hintereinander fünf. Bei $n > 5$ soll der Anschluß mit Beiwinkeln erfolgen. Weitere Einzelheiten und Vorschriften enthält DIN 1050, Stahl im Hochbau, Berechnung und bauliche Durchbildung.

Die Nietberechnung im Kesselbau wird als Reibschlußverbindung durchgeführt. Der nutzbare spezifische Gleitwiderstand je Berührungsflächenpaar beträgt $k_n = 500$ bis 700 kp/cm². Näheres s. Abschn. 3.3.

Beispiel: Für den Knoten einer Fachwerkkonstruktion des Stahlhochbaus nach Abb. 2.113 sind die Diagonalstäbe zu bemessen und die Nietverbindungen zu berechnen. Der rechte Diagonal-

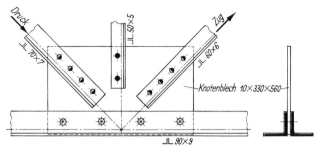

Abb. 2.113. Beispiel aus dem Stahlhochbau

stab sei mit $F = 18$ Mp auf Zug, der linke mit $F = -18$ Mp auf Druck belastet, Lastfall H. Es sollen jeweils zwei gleichschenklige Winkelstähle aus St 37 verwendet werden. Die freie Knicklänge des Druckstabs beträgt $l_k = 1500$ mm.

Für den *Zugstab* ergibt sich mit $\sigma_{zul} = 1600$ kp/cm² aus Tab. 2.18 und $v = 0{,}85$ (angenommen) der erforderliche Querschnitt zu

$$A = \frac{F}{v\,\sigma_{zul}} = \frac{18\,000 \text{ kp}}{0{,}85 \cdot 1600 \text{ kp/cm}^2} = 13{,}3 \text{ cm}^2.$$

Nach Profiltabellen[1] wird gewählt ⌐ 60 × 6 mit $A = 2 \cdot 6{,}91 = 13{,}82$ cm². Der geeignete Nietlochdurchmesser d_1 wird aus Tab. 2.14 bzw. aus den Profiltabellen zu $d_1 = 17$ mm abgelesen. Mit $m = 2$ (zweischnittige Verbindung) und $\tau_{a\,zul} = 1400$ kp/cm² aus Tab. 2.18 für TU St 34 kann die bei Berechnung auf Abscheren erforderliche Nietzahl bestimmt werden:

$$n_a = \frac{F}{\dfrac{\pi d_1^2}{4}\, m\, \tau_{a\,zul}} = \frac{18\,000 \text{ kp}}{2{,}27 \text{ cm}^2 \cdot 2 \cdot 1400 \text{ kp/cm}^2} = 2{,}83.$$

Mit der dünnsten tragenden Blechdicke $s_{min} = 10$ mm (Knotenblech!) und $\sigma_{l\,zul} = 2800$ kp/cm² aus Tab. 2.18 ergibt sich die bei Berechnung auf Lochleibung erforderliche Nietzahl

$$n_l = \frac{F}{d_1\, s_{min}\, \sigma_{l\,zul}} = \frac{18\,000 \text{ kp}}{1{,}7 \text{ cm} \cdot 1{,}0 \text{ cm} \cdot 2800 \text{ kp/cm}^2} = 3{,}78.$$

Es sind also vier Niete vorzusehen.

Die *Nachrechnung* liefert $v = 0{,}852$; $\sigma = 1530$ kp/cm² $< \sigma_{zul}$; $\sigma_l = 2650$ kp/cm² $< \sigma_{l\,zul}$; $\tau_a = 990$ kp/cm² $< \tau_{a\,zul}$.

Der *Druckstab* benötigt bei Verwendung von zwei gleichschenkligen nebeneinanderliegenden Winkelstählen größere Querschnitte; es seien zwei ⌐ 70 × 7 mit $A = 2 \cdot 9{,}4 = 18{,}8$ cm² angenommen. Das kleinste Trägheitsmoment beträgt $I_{min} = 2 I_x = 84{,}8$ cm⁴; damit ergibt sich der Trägheitsradius $i = \sqrt{I_{min}/A} = \sqrt{84{,}8 \text{ cm}^4/18{,}8 \text{ cm}^2} = 2{,}12$ cm und der Schlankheitsgrad $\lambda = l_k/i = 150 \text{ cm}/2{,}12 \text{ cm} = 71$. Aus Tab. 2.19 erhält man für St 37 durch Interpolation $\omega = 1{,}42$ und somit für die Spannung

$$\sigma = \frac{F\,\omega}{A} = \frac{18\,000 \text{ kp} \cdot 1{,}42}{18{,}8 \text{ cm}^2} = 1360 \text{ kp/cm}^2.$$

Nach Tab. 2.18 ist $\sigma_{zul} = 1400$ kp/cm².

Da man zweckmäßigerweise gleiche Nietdurchmesser wählt, ergibt sich die gleiche erforderliche Nietzahl wie bei dem Zugstab.

2.7 Schraubenverbindungen und Schraubgetriebe

2.7.1 Begriff der Schraubung; Bestimmungsgrößen; Anwendungsgebiete; Herstellung

Bei den bisher behandelten Kraft- und Formschlußverbindungen erfolgt die Kraftübertragung über verhältnismäßig einfache ebene oder gewölbte Flächen, wobei die zum Fügen auszuführenden oder die nach dem Fügen „verhinderten" *Bewegungen* geradlinige Schub- *oder* reine Drehbewegungen sind[2]. Das Kennzeichen einer Schraubbewegung oder kurz einer Schraubung ist die *gleichzeitige* Überlagerung von Dreh- *und* geradliniger Schubbewegung; eine Schraubenlinie (Abb. 2.114) entsteht, wenn sich ein Punkt mit *konstanter* Geschwindigkeit auf einer Geraden bewegt, die sich ihrerseits wieder mit *konstanter* Drehzahl (bzw. Winkelgeschwindigkeit) um eine im festen senkrechten Abstand r zu ihr parallele Drehachse (z-Achse) dreht; die Schraubenlinie liegt also in einer Zylindermantelfläche, sie ist eine Raumkurve.

---

[1] Zum Beispiel Stahlbau-Profile, herausg. vom Verein Deutscher Eisenhüttenleute in Zusammenarbeit mit der Beratungsstelle für Stahlverwendung, bearb. von Dipl.-Ing. MARTHA SCHNEIDER-BÜRGER.

[2] Bei reinen Schubbewegungen beschreiben alle Punkte eines Körpers deckungsgleiche Bahnen, bei reinen Drehbewegungen sind die Bahnen aller Punkte eines Körpers konzentrische Kreise um die Drehachse.

Die Verschiebung z auf der Geraden ist proportional dem Drehwinkel φ; der Betrag H der Verschiebung bei *einer* vollen Umdrehung heißt Ganghöhe oder auch Steigung. Die Abwicklung der Schraubenlinie in eine Tangentialebene an den Zylinder

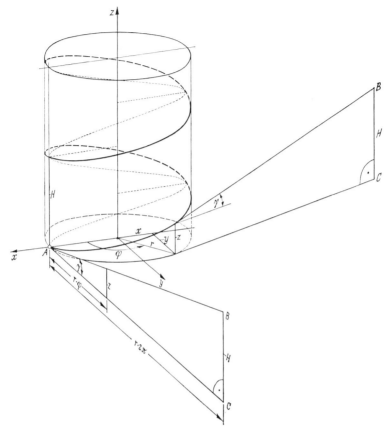

Abb. 2.114. Entstehung der Schraubenlinie

ergibt eine unter dem Steigungswinkel γ geneigte Gerade $A-B$. Aus dem abgewickelten Steigungsdreieck ABC können leicht die Beziehungen

$$\boxed{\tan\gamma = \frac{H}{r \cdot 2\pi}} = \frac{z}{r\,\varphi}, \quad \text{also} \quad \boxed{z = \frac{H}{2\pi}\,\varphi}$$

abgelesen werden. Die Projektion der Schraubenlinie auf die x-z-Ebene (punktiert eingezeichnet) ist eine cos-Kurve: $x = r\cos\varphi = r\cos\left(\dfrac{2\pi}{H}z\right)$.

Die *gezeichnete* Schraubenlinie ist *rechtsgängig*, sie steigt bei aufrechtstehender z-Achse von links nach rechts; im entgegengesetzten Fall ist sie linksgängig.

Die kraftübertragenden *Flächen* entstehen nun dadurch, daß längs der Schraubenlinie mit verschiedenen *Profilen* (Rechteck, Trapez, Dreieck mit Abrundungen) Rillen erzeugt werden, die beim Innenteil, der eigentlichen Schraube, das Außen-

gewinde und beim Außenteil, der Mutter, das Innen*gewinde* bilden (Abb. 2.115). Alle Punkte des gewählten Profils beschreiben Schraubenlinien, die jedoch nur dann gleich sind, wenn sie auf demselben Zylindermantel liegen (z. B. A_1, A_2, A_3 oder B_1, B_2, B_3 der Abb. 2.115); da für alle Schraubenlinien die *Steigung H die gleiche*

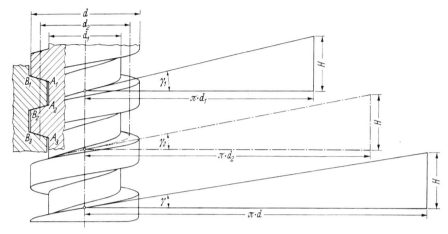

Abb. 2.115. Steigungswinkel beim Trapezgewinde

sein muß, ergeben sich für Schraubenlinien auf verschiedenen Zylindermänteln verschiedene Steigungswinkel, z. B. auf dem Zylinder mit dem

$$\text{Kerndurchmesser } d_1 \quad \tan\gamma_1 = \frac{H}{\pi d_1},$$

$$\text{Flankendurchmesser } d_2 \quad \tan\gamma_2 = \frac{H}{\pi d_2},$$

$$\text{Außendurchmesser } d \quad \tan\gamma = \frac{H}{\pi d}.$$

Es ist also $\gamma_1 > \gamma_2 > \gamma$. Den Berechnungen wird der mittlere Steigungswinkel $\gamma_m = \gamma_2$ zugrunde gelegt.

Bei der *Verwendung* der Schraube als Verbindungselement (*Befestigungsschrauben*) sind kleine Steigungswinkel günstig, da sie bei Aufrechterhaltung einer Vorspannkraft Selbsthemmung gewährleisten. In Schraub*getrieben*, die dazu dienen, eine geradlinige Schubbewegung in eine drehende (Drillbohrer) oder eine drehende Bewegung in eine geradlinige (Leitspindeln, Winden, Pressen) umzuwandeln, müssen die *Bewegungsschrauben* mit großem Steigungswinkel ausgeführt werden, um nicht zu schlechte Wirkungsgrade zu erhalten. Im letzten Fall bevorzugt man daher mehrgängige Gewinde; bezeichnet man die Teilung, d. i. der Abstand zweier benachbarter gleichgerichteter Flanken, mit h und die Gangzahl mit g, so ist die Steigung $H = gh$. Bei eingängigen Gewinden, d. h. bei allen Befestigungsschrauben, ist also $H = h$.

Die *Herstellung* der Gewinde erfolgt mit Schneideisen, Schneidkluppen und Gewindebohrern oder bei besseren Gewinden auf der Leitspindeldrehbank mit Drehmeißel, Strähler, Rundmeißel oder auf Fräsmaschinen mit Scheibenfräser (Langgewinde für Spindeln), walzenförmigem Kurzgewindefräser oder mit profiliertem Schlagzahn (Gewindewirbeln). Gewinde von Schneid- und Meßwerkzeugen aus gehärtetem Stahl werden mit Ein- oder Mehrprofilscheiben geschliffen. Große Bedeutung, insbesondere in der Massenfertigung von Qualitätsschrauben haben die spanlosen Verfahren erlangt, das Kaltwalzen zwischen profilierten flachen Backen oder zwischen runden profilierten Walzen, das Gewinderollen auf Drehbänken und schließlich das Gewindedrücken mit einer Druckrolle bei Hülsengewinden.

2.7.2 Gewindearten

Die Wahl des Gewindeprofils richtet sich nach dem Verwendungszweck. Für *Befestigungsschrauben* eignen sich wegen der größeren Reibung *Spitzgewinde*, also gleichschenklige Dreiecke als Ausgangsfigur. Die kennzeichnenden Größen sind der Spitzenwinkel α, die Steigung h, die Gewindetiefe t und schließlich die Abflachungen der Gewindespitzen und die Ausrundungen im Gewindegrund. Gerade die letzteren sind für die Tragfähigkeit, insbesondere die Dauerhaltbarkeit entscheidend; eine große Ausrundung des Bolzengewindes hat geringere Kerbwirkung und größeren Kernquerschnitt zur Folge. In Abb. 2.116 sind die üblichen Bezeichnungen[1] eingetragen; als Nenndurchmesser dient der Außendurch-

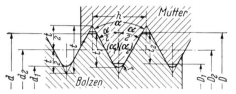

Abb. 2.116. Bezeichnungen an Gewinden

messer d des Bolzengewindes; der Flankendurchmesser d_2 ist der achsensenkrechte Abstand zweier einander gegenüberliegender Flanken, er ist der Durchmesser des Zylinders, auf dem Gewindegang und Lücke gleich breit sind, nämlich jeweils gleich $h/2$. D, D_1 und D_2 sind die entsprechenden Durchmesser des Muttergewindes.

Die Bestrebungen der Vereinheitlichung mit ihren technischen und wirtschaftlichen Vorteilen (Austauschbau, weniger Werkzeuge und Lehren) haben in verschiedenen Ländern schon frühzeitig zur Schaffung besonderer Gewindesysteme und zu deren Normung geführt. Die Entwicklung[2] ist an Hand der Abb. 2.117 zu verfolgen: Im Jahre 1841 wurde in England für das Zollmaßsystem das *Whitworth-Gewinde* (Abb. 2.117a) eingeführt; in Deutschland genormt in DIN 11, ferner DIN 259 (Whitworth-Rohrgewinde) und DIN 239 und 240 (Whitworth-Feingewinde). Von einem internationalen Komitee (Deutschland, Frankreich, Holland, Italien und Schweiz) wurde dann im Jahre 1898 in Zürich den „metrischen Ländern" das *SI-Gewinde* (Système International) Abb. 2.117b empfohlen, das in Deutschland zu dem erstmals im Jahre 1919 genormten *metrischen Gewinde* führte. Dieses erhielt nach einigen Änderungen die nach DIN 13, Bl. 1, und DIN 13, Bl. 15, festgelegte Form (Abb. 2.117c). Es werden Regelgewinde (Bezeichnung mit dem Symbol M und dem Gewindenenndurchmesser) und verschiedene Feingewinde (Bezeichnung mit M, Gewindenenndurchmesser, ×-Zeichen und Steigung) ausgeführt. Die Abmessungen der metrischen Feingewinde sind in DIN 244 bis 247 und 516 bis 521 enthalten. In DIN 13, Bl. 12, sind vier Auswahlreihen aufgestellt.

Die Zolländer einigten sich 1948 auf das in Abb. 2.117d dargestellte *UST-Gewinde* (Unified Screw Thread) mit $\alpha = 60°$. Ein für das metrische *und* das Zollmaßsystem einheitliches Gewindeprofil ist vom Komitee ISO/TC1 in Anlehnung an das UST-Gewinde empfohlen worden; es wird als *ISO-Gewinde* bezeichnet (Abb. 2.117e). Das *metrische* ISO-Gewindeprofil ist in DIN 13, Bl. 30, festgelegt.

---

[1] Beim metrischen ISO-Gewinde nach DIN 13, Bl. 30 bis 41, werden an Stelle von h der Buchstabe P, an Stelle von t der Buchstabe H und an Stelle von d_1 die Bezeichnung d_3 benutzt.
[2] Vgl. SIEVRITTS, A.: Das ISO-Gewindeprofil. Werkst.techn. u. Masch.bau 48 (1958) 281 bis 284. — SIEVRITTS, A.: Metrisches ISO-Gewinde, Stand der Einführung. DIN-Mitt. 38 (1959) 521—523.

Allgemeines und eine Auswahlreihenübersicht enthält DIN 13, Bl. 31, die Grundabmaße und Toleranzen Vornorm DIN 13, Bl. 32, eine Gewindeauswahl für Schrauben und Muttern DIN 13, Bl. 33; die Blätter 34 bis 41 enthalten die Nennmaße für das Regelgewinde und die Feingewinde mit verschiedenen Steigungen; DIN 13, Bl. 42, befaßt sich mit der in drei Zeitstufen vorgesehenen Umstellung. Die Bezeichnungen sind die gleichen wie beim metrischen und metrischen Feingewinde; die Konstruktionszeichnungen brauchen daher bei der Umstellung nicht geändert zu werden.

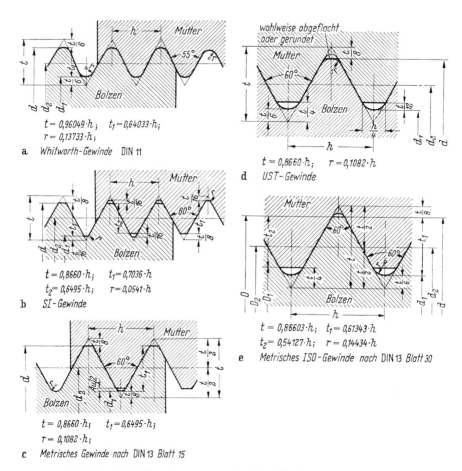

Abb. 2.117. Entwicklung der genormten Gewindeprofile für Befestigungsschrauben

In Tab. 2.20 sind für die metrischen ISO-Gewinde nach DIN 13, Bl. 30 bis 41, Kerndurchmesser, Kernquerschnitt und der sog. Spannungsquerschnitt angegeben. Der letztere wird errechnet aus $A_S = \frac{\pi}{4}\left(\frac{d_2 + d_1}{2}\right)^2$; die auf A_S bezogene Bruchlast entspricht für Stahl der Zugfestigkeit des gewindefreien Stabes mit dem Querschnitt A_S.

Die angeführten Normblätter über Toleranzen unterscheiden drei Gütegrade: fein (f), mittel (m) und grob (g). (Bei Gewinden mit Gütegrad mittel braucht das

Tabelle 2.20. *Auswahl metrischer Regel- und metrischer Feingewinde, ISO-Gewinde nach DIN 13, Bl. 30 bis 41*

Bezeichnung*	Steigung	Kerndurchmesser [mm]	Kernquerschnitt [mm²]	Spannungsquerschnitt [mm²]
M 3	0,5	2,387	4,47	5,03
M 3,5	0,6	2,764	6,00	6,78
M 4	0,7	3,141	7,75	8,78
M 4,5	0,75	3,580	10,1	11,3
M 5	0,8	4,019	12,7	14,2
M 6	1	4,773	17,9	20,1
M 7	1	5,773	26,2	28,9
M 8	1,25	6,466	32,8	36,6
M 10	1,5	8,160	52,3	58,0
M 12	1,75	9,853	76,2	84,3
M 14	2	11,546	105	115
M 16	2	13,546	144	157
M 18	2,5	14,933	175	192
M 20	2,5	16,933	225	245
M 22	2,5	18,933	282	303
M 24	3	20,319	324	353
M 27	3	23,319	427	459
M 30	3,5	25,706	519	561
M 33	3,5	28,706	647	694
M 36	4	31,093	759	817
M 39	4	34,093	913	976
M 42	4,5	36,479	1050	1120
M 45	4,5	39,479	1220	1300
M 48	5	41,866	1380	1470
M 8 × 1		6,773	36,0	39,2
M 10 × 1,25		8,466	56,3	61,2
M 10 × 1		8,773	60,5	64,5
M 12 × 1,5		10,160	81,1	88,1
M 12 × 1,25		10,466	86,0	92,1
M 14 × 1,5		12,160	116	125
M 16 × 1,5		14,160	157	167
M 18 × 2		15,546	190	204
M 18 × 1,5		16,160	205	216
M 20 × 2		17,546	242	258
M 20 × 1,5		18,160	259	272
M 22 × 2		19,546	300	318
M 22 × 1,5		20,160	319	333
M 24 × 2		21,546	365	384
M 27 × 2		24,546	473	496
M 30 × 2		27,546	596	621
M 33 × 2		30,546	733	761
M 36 × 3		32,319	820	865
M 39 × 3		35,319	980	1030
M 42 × 3		38,319	1150	1210
M 45 × 3		41,319	1340	1400
M 48 × 3		44,319	1540	1600
M 52 × 3		48,319	1830	1900
M 56 × 4		51,093	2050	2140
M 60 × 4		55,093	2380	2490
M 64 × 4		59,093	2740	2850
M 68 × 4		63,093	3130	3240
M 72 × 4		67,093	3540	3660
M 76 × 4		71,093	3970	4100
M 80 × 4		75,093	4430	4570

* Fettgedruckte Gewinde bevorzugen.

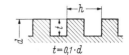

$t = 0{,}1 \cdot d$

a *Flachgewinde*

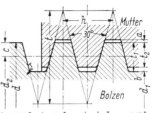

$t = 1{,}866 \cdot h;\ t_1 = 0{,}5 \cdot h + a;\ t_2 = t_1 - b;\ c = 0{,}25\,h$
für $h = 3$ u. 4 ist $a = 0{,}25;\ r = 0{,}25;\ b = 0{,}5$
$h = 5$ bis 12 $a = 0{,}25;\ r = 0{,}25;\ b = 0{,}75$

b *Trapezgewinde nach DIN 103; DIN 378; DIN 379*

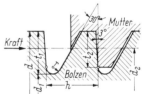

c *Sägengewinde nach DIN 513; DIN 514; DIN 515*

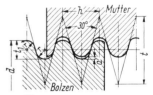

$h = \dfrac{25{,}4}{z}$ (z Gänge auf 1 Zoll)

$t = 1{,}866 \cdot h;\ t_1 = 0{,}5 \cdot h;\ r = 0{,}238 \cdot h;\ a = 0{,}05 \cdot h$

d *Rundgewinde nach DIN 405*

Abb. 2.118. Gewindeformen für Bewegungsschrauben

138   2. Verbindungselemente

Kurzzeichen „m" nicht hinzugefügt zu werden.) Die Toleranzfelder für das Gewinde der Mutter liegen immer auf der Plusseite (Kleinstabmaß = Null, System der Einheitsbohrung). Die gewünschten Passungen werden durch entsprechende Lage des Toleranzfeldes für das Gewinde des Bolzens erzielt. Die Grundtoleranzen für Flankendurchmesser sind in DIN 13, Bl. 14, in „S-Reihen" festgelegt; die zu wählende S-Reihe richtet sich nach Gütegrad, Gewindenenndurchmesser und Einschraublänge (Länge des Muttergewindes).

Für *Bewegungsschrauben* werden die in Abb. 2.118 dargestellten Gewindeformen benutzt; die Grundfiguren für die Profile sind: Rechteck (Flachgewinde, Abb. 2.118a),

Tabelle 2.21. *Trapezgewinde, eingängig nach DIN 103 (Aug. 1924); Auszug**

Bolzen			Flanken-durch-messer d_2	Steigung h	Mutter	
Gewinde-durch-messer d	Kern-durch-messer d_1	Kernquer-schnitt [cm²]			Gewinde-durch-messer D	Kern-durch-messer D_1
10	6,5	0,33	8,5	3	10,5	7,5
12	8,5	0,57	10,5	3	12,5	9,5
14	9,5	0,71	12	4	14,5	10,5
16	11,5	1,04	14	4	16,5	12,5
18	13,5	1,43	16	4	18,5	14,5
20	15,5	1,89	18	4	20,5	16,5
22	16,5	2,14	19,5	5	22,5	18
24	18,5	2,69	21,5	5	24,5	20
26	20,5	3,30	23,5	5	26,5	22
28	22,5	3,98	25,5	5	28,5	24
30	23,5	4,34	27	6	30,5	25
32	25,5	5,11	29	6	32,5	27
(34)	27,5	5,94	31	6	34,5	29
36	29,5	6,83	33	6	36,5	31
(38)	30,5	7,31	34,5	7	38,5	32
40	32,5	8,30	36,5	7	40,5	34
(42)	34,5	9,35	38,5	7	42,5	36
44	36,5	10,46	40,5	7	44,5	38
(46)	37,5	11,04	42	8	46,5	39
48	39,5	12,25	44	8	48,5	41
50	41,5	13,53	46	8	50,5	43
52	43,5	14,86	48	8	52,5	45
55	45,5	16,26	50,5	9	55,5	47
(58)	48,5	18,47	53,5	9	58,5	50
60	50,5	20,03	55,5	9	60,5	52
(62)	52,5	21,65	57,5	9	62,5	54
65	54,5	23,33	60	10	65,5	56
(68)	57,5	25,97	63	10	68,5	59
70	59,5	27,81	65	10	70,5	61
(72)	61,5	29,71	67	10	72,5	63
75	64,5	32,67	70	10	75,5	66
(78)	67,5	35,78	73	10	78,5	69
80	69,5	37,94	75	10	80,5	71

*Eingeklammerte Gewinde möglichst vermeiden. Werden Trapezgewinde als Kraftgewinde verwendet, so ist das Gewindeprofil im Kern der Spindel mit dem Halbmesser $r = 0{,}25$ mm (ab $h = 14$ mit $r = 0{,}5$ mm) auszurunden.

Trapez (Trapezgewinde, Abb. 2.118b), Halbtrapez (Sägengewinde, Abb. 2.118c), Halbrund (Rundgewinde, Abb. 2.118d). Das (nicht genormte) Flachgewinde ist von dem vorteilhafteren Trapezgewinde mehr oder weniger verdrängt worden. Beim *Trapezgewinde* ist die Anlage in den Flanken gesichert, es ist ein Spitzenspiel zulässig, der Zahnfuß ist dicker, und es ist die Herstellung durch Fräsen möglich. Tab. 2.21 enthält einen Auszug aus DIN 103; die Zuordnung kleinerer Steigungen zu denselben Nenndurchmessern ist in DIN 378 (Trapezgewinde, fein) vorgesehen, eine Zuordnung größerer Steigungen in DIN 379 (Trapezgewinde, grob). Bezeichnungsbeispiele: eingängiges Trapezgewinde mit $d = 48$ mm und $h = 12$ mm: Tr 48 × 12; zweigängiges Trapezgewinde mit $d = 48$ mm und $H = 2h = 24$ mm: Tr 48 × 24 (2 gäng.). *Sägengewinde* werden bei großen einseitig wirkenden Kräften verwendet. Die Gewindedurchmesser D/d von Mutter und Bolzen erhalten zur Führung die Passung H 10/h 9. In axialer Richtung ist ein Mindestspiel von 0,2 mm vorgeschrieben. Nenndurchmesser und Steigungen sind wie beim Trapezgewinde zugeordnet: DIN 513 (mittel), DIN 514 (fein), DIN 515 (grob). Bezeichnung: S 48 × 12. *Rundgewinde* nach DIN 405 zeichnet sich durch Unempfindlichkeit gegen Verschmutzung und Beschädigung aus und wird daher hauptsächlich bei den Kupplungen der Eisenbahn und für Armaturen verwendet. Bezeichnungsbeispiel: Rd 40 × $^1/_6''$ (6 Gänge auf 1 Zoll; $h = 4{,}233$ mm). Ein Rundgewinde ist auch das in DIN 40400 genormte Elektrogewinde (früher Edison-Gewinde) für Fassungen von Glühlampen und Sicherungen.

2.7.3 Ausführungsformen genormter Befestigungsschrauben und Muttern

Die Normen für Schrauben, Muttern und Zubehör sind im DIN-Taschenbuch 10 zusammengestellt, insbesondere sei auf DIN 267, Technische Lieferbedingungen für Schrauben, Muttern und ähnliche Gewinde- und Formteile, hingewiesen. Über die einheitlichen *Benennungen* gibt DIN 918 Auskunft; die *Bezeichnungen* und zusätzlichen Bestellangaben sind in DIN 962 genormt; danach bedeuten die Buchstaben: B Schaftdurchmesser ≈ Flankendurchmesser, K mit Kegelkuppe, L mit Linsenkuppe, S mit Splintloch, Sk mit Sicherungsloch im Kopf, Sz mit Schlitz, To ohne Telleransatz. Im übrigen ist auf jedem Normblatt die Bezeichnung angegeben; Beispiel: ,,Sechskantschraube M 16 × 50 L DIN 931-5.6" bedeutet Sechskantschraube mit Gewinde $d = $ M 16 von Länge $l = 50$ mm, mit Linsenkuppe, Schaftdurchmesser = Gewindenenndurchmesser, Ausführung m (mittel) oder mg (mittel-grob) nach Wahl des Herstellers, Werkstoff mit Festigkeitseigenschaft 5.6 (5 D) (s. Abschn. 2.7.4). Die Güte der Ausführung m, mg oder g (grob) ist in DIN 267 durch Angabe der Toleranzen und der Oberflächenkennzeichen festgelegt. Über die Ausführung der Schraubenenden enthält DIN 78 nähere Angaben (Abb. 2.119). Gewindeauslauf oder Gewinderillen sind nach DIN 76 zu gestalten.

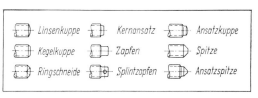

Abb. 2.119. Ausführung der Schraubenenden nach DIN 78

Die wichtigsten Ausführungsformen von Schrauben und Muttern sind in den Abb. 2.120 bis 2.123 mit Angaben der DIN-Nummern und den Benennungen dargestellt. Bei den *Kopfschrauben* (Abb. 2.120) werden die verschiedensten Bedienungsformen angewendet: Sechskant, Vierkant, Innensechskant, Schlitz, Kreuzschlitz, Flügel und Rändel; die Maße sind in den betreffenden Normblättern angegeben, für Kreuzschlitz in DIN 7962. (Die Bedienungselemente sind ebenfalls genormt:

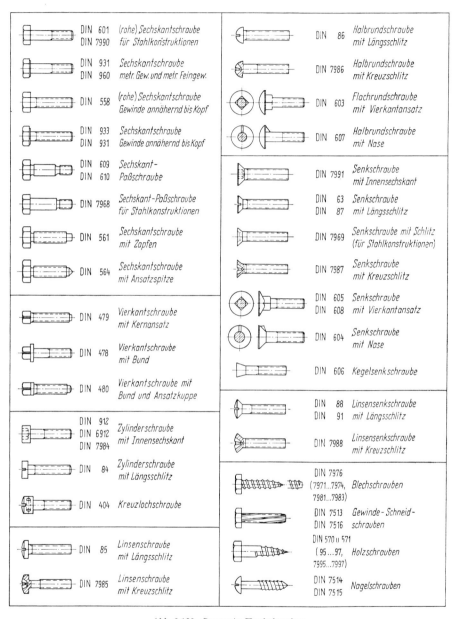

Abb. 2.120. Genormte Kopfschrauben

Übersicht in DIN 898, Schlüsselweiten in DIN 475, Maulschraubenschlüssel in DIN 658, 894, 895, 902, 3110, 3117, Steckschlüssel in DIN 659, 896, 904 und 3112, Ringlochschlüssel in DIN 837, 838 und 897, Sechskantstiftschlüssel in DIN 911 und 6911 und Schraubendreher in DIN 5265, 5266, 5270, 5200, 5262, 5208 und 905.) Auf den Raumbedarf für die Bedienungselemente ist bei der Konstruktion von Schraubenverbindungen besonders zu achten. Sehr günstig sind in dieser Hinsicht neben den Schlitz- und Kreuzschlitzschrauben die Zylinderschrauben mit Innensechskant (Abb. 2.124, nach DIN 912 mit hohem Kopf, DIN 6912 mit niedrigem Kopf und Schlüsselführung und DIN 7984 mit niedrigem Kopf ohne Schlüsselführung), die mit einfachen Sechskantstiftschlüsseln angezogen werden. Sie ermöglichen, besonders bei hohen Werkstoffqualitäten (8.8, 10.9) große Gewichts- und Raumersparnisse (Leichtbau) und liefern bei versenkten Köpfen formschöne, glatte Außenflächen. Die in Abb. 2.120 noch angeführten Blech- und Holzschrauben werden auch mit Zylinder-, Halbrund-, Linsen-, Senk- und Linsensenkkopf ausgeführt, ebenso die Gewindeschneidschrauben nach DIN 7513 und 7516, die sich ihr Muttergewinde selbst schneiden und vor allem für Weichmetalle und dünne Werkstücke (Bleche) in Apparatebau, Feinmechanik und Elektrotechnik verwendet werden. Die Flachrund- und die Senkschrauben mit Vierkantansatz dienen zum Einlassen in Holz, die Halbrund- und die Senkschrauben mit Nase zum Einlassen in Holz oder Metall.

Abb. 2.121 gibt die verschiedenen *Stift- und Schaftschrauben* wieder; Stiftschrauben werden vorwiegend für Gehäuseverschraubungen verwendet. Die Gewinde für die Einschraubenden sind mit den Toleranzen nach DIN 13 und 14, Bbl. 14, (für Festsitz, Kennzeichnung Sk 6) auszuführen; die Länge des Einschraubendes richtet sich nach dem Werkstoff, sie beträgt zum Einschrauben in Stahl $\approx 1d$ (DIN 938), in Grauguß $\approx 1,2d$ (DIN 939, 833, 834), in Aluminiumlegierung $\approx 2d$ (DIN 835, 836) und in Weichmetall $\approx 2,5d$ (DIN 940). Die Schraubenbolzen nach DIN 2509 und 2510 sind für Flanschverbindungen, vornehmlich im Rohrleitungsbau, für hohe Drücke und Temperaturen entwickelt worden (vgl. Abschn. 3.2.1.3, Abb. 3.22); die Ausführung mit Dehnschaft ist besonders günstig bei hohen Wechselbeanspruchungen, hervorgerufen durch Temperaturschwankungen bzw. unterschiedliche Dehnungsverhältnisse von Flansch zur Schraube (Temperaturen über 300 °C). Schaftschrauben werden mit Schlitz oder Innensechskant, am anderen Ende mit Kegelkuppe (DIN 427 und 913), mit Spitze (DIN 914), mit Zapfen (DIN 915) und mit Ringschneide (DIN 916) ausgeführt; ebenso die Gewindestifte mit Zapfen (DIN 417), mit Ringschneide (DIN 438), mit Kegelkuppe (DIN 551) und mit Spitze (DIN 553).

In Abb. 2.122 sind weitere *verschiedene Ausführungsformen* dargestellt: Hammerschrauben können in T-förmige Schlitze oder Aussparungen eingeführt und dann um 90° gedreht werden; sie finden Verwendung in Grund- und Sohlplatten und als Ankerschrauben. Flügel- und Rändelschrauben lassen sich von Hand anziehen. Ein Beispiel für die Anwendung von Augenschrauben (mit Flügelmutter) zeigt Abb. 2.125. Ringschrauben ermöglichen den Transport schwerer Maschinenteile bei der Montage mit Kränen oder Flaschenzügen. Steinschrauben dienen zur Befestigung von Maschinen auf Fundamenten; in DIN 529 sind verschiedene Formen für die Schaftenden vorgeschlagen, die in den Fundamentlöchern mit Zement vergossen werden. Spannschlösser besitzen Rechts- und Linksgewinde, sie werden als lange Form aus Rohr (DIN 1478), als kurze Form mit Sechskant (DIN 1479) und als offene Form (DIN 1480) hergestellt. Die Verschlußschrauben für Öleinfüll- oder -ablaßöffnungen werden mit einem Bund für die Anlage des Dichtringes nach DIN 7603 versehen.

Die Formen der *Muttern*, Abb. 2.123, richten sich auch in erster Linie nach den Bedienungsmöglichkeiten: für das Anziehen von Hand sind die Flügel- und Rändelmuttern brauchbar; mit üblichen Schraubenschlüsseln werden die Sechskant-, Vierkant-, Hut- und Kronenmuttern angezogen. Bei beschränkten Platzverhältnissen sind geeignet: Schlitzmuttern mit Schlitz an der Stirnfläche für Schraubendreher, Zweilochmuttern mit Löchern an der Stirnfläche für Zapfenschlüssel, Kreuzlochmuttern mit 4, 6 oder 8 radial von außen gebohrten Löchern für Einsteckdorn und Nutmuttern mit 4, 6 oder 8 Nuten (an Stelle der Löcher) für Hakenschlüssel nach DIN 1810. Hutmuttern dienen als Verschlußmuttern zur Abdichtung gegen

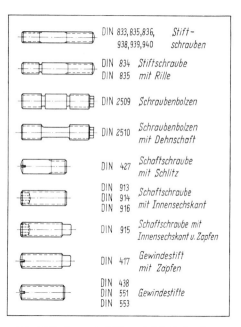

Abb. 2.121. Genormte Stift- und Schaftschrauben

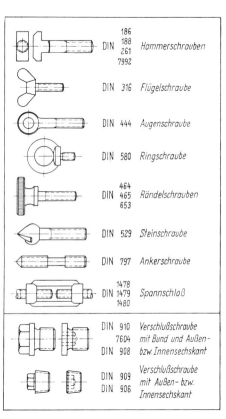

Abb. 2.122. Verschiedene genormte Ausführungsformen

Flüssigkeiten und Staub. Die selbstsichernden Muttern (Sechskant- und Hutmuttern, bekannt unter den Namen Poly-Stop, Elastic-Stop[1]) sind mit einem eingelegten Polyamid- oder Vulkanfiberring versehen, der durch Reibschluß ein Losdrehen verhindert. Bei den Kronenmuttern erfolgt die Sicherung gegen Losdrehen durch Formschluß mittels Splint (DIN 94). Die Sicherungsmutter (Palmutter) nach DIN 7967 besitzt 6 bzw. 9 federnde Sperrzähne, die sich beim Anziehen gegen die zu sichernde Mutter im Gewinde verklemmen (vgl. auch Abschn. 2.7.6). Die Sechskantschweißmuttern (DIN 929) sind an 3 Sechskantecken mit Warzen ver-

---

[1] Hersteller: Südd. Kolbenbolzenfabrik GmbH, Stuttgart.

sehen und werden durch einen Zentrieransatz beim Schweißen in der H 11-Bohrung des Bleches geführt.

Unterlegscheiben werden bei weiten (gegossenen) Durchgangslöchern und bei Langlöchern benötigt, ferner wenn die Unterlage unbearbeitet oder wenn sie weicher als die Mutter ist oder wenn sie nicht senkrecht zur Lochachse steht, z. B. an den

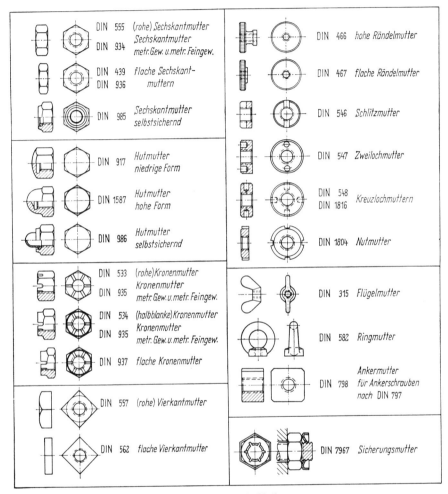

Abb. 2.123. Genormte Muttern

Flanken von $\sqsubset$- und I-Trägern. Genormt sind Scheiben für Sechskantschrauben und -muttern in DIN 125 und 126, für Zylinder- und Halbrundschrauben in DIN 433, Scheiben mit großem Außendurchmesser ($\approx 3 \times$ Lochdurchmesser) in DIN 9021, für Stahlbauschrauben und -muttern in DIN 7989, Vierkantscheiben für $\sqsubset$- und I-Träger in DIN 434 und 435 (Abb. 2.126), für HV-Verbindungen[1] in DIN 6916 bis 6918 und runde und Vierkantscheiben für Holzverbindungen in DIN 440 und 436.

---

[1] Vorläufige Richtlinien für Berechnung, Ausführung und bauliche Durchbildung von gleitfesten Schraubenverbindungen (HV-Verbindungen) für stählerne Ingenieur- und Hochbauten, Brücken und Krane, 2. Ausg. 1963, herausg. vom Deutschen Ausschuß für Stahlbau.

Tabelle 2.22. *Hauptmaße für Schrauben,*

	Sechskant		Sechskantschrauben Kopfhöhe	Mutterhöhe					Splintdurchmesser DIN 94	Durchgangslöcher DIN 69			Blanke Scheiben DIN 125		
Gewinde-Nenndurchmesser	Schlüsselweite	Eckenmaß		Sechskantmutter			Kronenmutter			fein	mittel	grob	Lochdurchmesser	Außendurchmesser	Dicke
				DIN 934 555	DIN 936	DIN 439	DIN 935 533 534	DIN 937							
d	s	e	k	m	m	m	h	h					d_1	d_2	s
3	5,5	6,4	2	2,4	—	1,6	—	—	0,8	3,2	3,4	3,6	3,2	7	0,5
4	7	8,1	2,8	3,2	—	2	5	—	1	4,3	4,5	4,8	4,3	9	0,8
5	8	9,2	3,5	4	—	2,5	6	—	1	5,3	5,5	5,8	5,3	11	1
6	10	11,5	4,5	5	—	3	7,5	6	1,5	6,4	6,6	7	6,4	12	1,5
8	13	15	5,5	6,5	5	4	9,5	8	2	8,4	9	10	8,4	17	2
10	17	19,6	7	8	6	5	12	9	2	10,5	11	12	10,5	21	2,5
12	19	21,9	8	10	7	—	15	10	3	13	14	15	13	24	3
14	22	25,4	9	11	8	—	16	11	3	15	16	17	15	28	3
16	24	27,7	10	13	8	—	19	12	4	17	18	19	17	30	3
18	27	31,2	12	15	9	—	21	13	4	19	20	21	19	34	4
20	30	34,6	13	16	9	—	22	13	4	21	22	24	21	36	4
22	32	36,9	14	18	10	—	26	15	5	23	24	26	23	40	4
24	36	41,6	15	19	10	—	27	15	5	25	26	28	25	44	4
27	41	47,3	17	22	12	—	30	17	5	28	30	32	28	50	5
30	46	53,1	19	24	12	—	33	18	6	31	33	35	31	56	5
33	50	57,7	21	26	14	—	35	20	6	34	36	38	34	60	5
36	55	63,5	23	29	14	—	38	20	6	37	39	42	37	68	6
39	60	69,3	25	31	16	—	40	22	8	40	42	45	40	72	6
42	65	75	26	32	16	—	44	23	8	43	45	48	43	78	7
45	70	80,8	28	35	18	—	47	25	8	46	48	52	46	85	7
48	75	86,5	30	38	18	—	50	25	8	50	52	56	50	92	8

Die Hauptmaße der wichtigsten Schrauben, Muttern, Scheiben u. dgl. sind in Tab. 2.22 zusammengestellt.

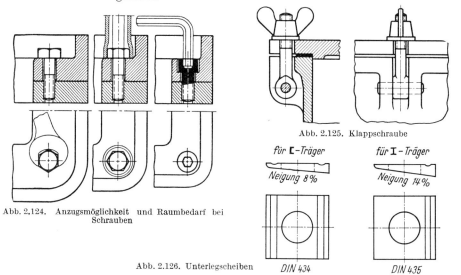

Abb. 2.124. Anzugsmöglichkeit und Raumbedarf bei Schrauben

Abb. 2.125. Klappschraube

für **[**-Träger Neigung 8%

für **I**-Träger Neigung 14%

Abb. 2.126. Unterlegscheiben   DIN 434   DIN 435

Muttern, Scheiben u. dgl., Maße in mm

| | | | Zylinderschrauben mit Innensechskant | | | | | | Zylinder-schraube DIN 84 | | Halbrund-schraube DIN 86 | | Senkschraube DIN 87, 88, 7987, 7988 | |
| | | | DIN 912 | | | DIN 6912 | | | | | | | | |
Kopf-durchmesser	Schlüsselweite	Eckenmaß	Kopfhöhe	Senkungs-durchmesser	Senkungs-tiefe	Kopfhöhe	Senkungs-durchmesser	Senkungs-tiefe	Kopf-durchmesser	Kopfhöhe	Kopf-durchmesser	Kopfhöhe	Kopf-durchmesser	Kopfhöhe
D	s	e	k	d_5^*	t_2^*	k	d_2^*	t_1^*	D	k	D	k	D	k
—	—	—	—	—	—	—	—	—	5,5	2	5,5	2,7	6	1,7
7	3	3,6	4	8	4,6	—	—	—	7	2,8	7	3,5	8	2,3
9	4	4,7	5	10	5,7	3,5	10	4,2	9	3,5	9	4,5	10	2,8
10	5	5,9	6	11	6,8	4	11	4,8	10	4	10	5	12	3,3
13	6	7	8	14,5	9	5	14,5	6	13	5	—	—	16	4,4
16	8	9,4	10	17,5	11	6,5	17,5	7,5	16	6	—	—	20	5,5
18	10	11,7	12	20	13	7,5	20	8,5	—	—	—	—	24	6,5
22	12	14	14	24	15	8,5	24	9,5	—	—	—	—	27	7
24	14	16,3	16	26	17,5	10	26	11,5	—	—	—	—	30	7,5
27	14	16,3	18	29	19,5	11	29	12,5	—	—	—	—	—	—
30	17	19,8	20	33	21,5	12	33	13,5	—	—	—	—	36	8,5
33	17	19,8	22	36	23,5	13	36	14,5	—	—	—	—	—	—
36	19	22,1	24	39	25,5	14	39	15,5	—	—	—	—	39	14
40	19	22,1	27	43	28,5	16	42	17,5	—	—	—	—	—	—
45	22	25,6	30	48	32	17,5	48	19,5	—	—	—	—	—	—
50	24	27,9	33	53	35	19,5	51	21,5	—	—	—	—	—	—
54	27	31,4	36	57	38	21,5	55	23,5	—	—	—	—	—	—
—	—	—	—	—	—	—	—	—	—	—	—	—	—	—
63	32	37,2	42	66	44	—	—	—	—	—	—	—	—	—
—	—	—	—	—	—	—	—	—	—	—	—	—	—	—
72	36	41,8	48	76	50	—	—	—	—	—	—	—	—	—

* mittel nach DIN 75.

2.7.4 Schraubenwerkstoffe und Festigkeitswerte

Für Schrauben und Muttern, die aus unlegiertem oder niedriglegiertem Stahl hergestellt sind und keinen speziellen Anforderungen unterliegen, sind in DIN 267 besondere Kurzbezeichnungen für verschiedene Festigkeitsklassen vorgesehen.

Bei *Schrauben* (s. Tab. 2.23) besteht nach DIN 267, Bl. 3, (Okt. 1967) die Bezeichnung aus zwei Zahlen, die durch einen Punkt getrennt sind: Die erste Zahl ist gleich 1/10 der Mindestzugfestigkeit in kp/mm², die zweite Zahl gibt das 10fache des Verhältnisses der Mindeststreckgrenze zur Mindestzugfestigkeit (Streckgrenzenverhältnis) an[1]. Die Multiplikation beider Zahlen ergibt also die Mindeststreckgrenze in kp/mm². DIN 267, Bl. 3, enthält noch ausführlichere Angaben über chemische Zusammensetzung der Ausgangswerkstoffe, Prüfverfahren, Prüfprogramme und Tabellen der Prüflasten für Schrauben mit Regelgewinde nach DIN 13, Bl. 33, und mit Feingewinde nach DIN 13, Bl. 36 bis 39. Schrauben mit einer Zugfestigkeit ab 80 kp/mm² und ab 5 mm Gewindedurchmesser müssen nach DIN 267, Bl. 7, mit dem Herstellerzeichen und den Kennzeichen der Festigkeitseigenschaften versehen sein. Bei Stift-

---

[1] Die seitherigen Bezeichnungen, die in Tab. 2.23 ebenfalls noch angegeben und im Text und in Abbildungen bisweilen noch in Klammern beigefügt sind, setzten sich aus einer Zahl und einem Buchstaben zusammen; die Zahl hatte die gleiche Bedeutung wie in der neuen Bezeichnungsart, der Buchstabe bezog sich auf das Streckgrenzenverhältnis und die Dehnung.

schrauben können anstelle der Kennzeichen Sinnbilder treten, Zylinderschrauben mit Innensechskant können zur Unterscheidung zusätzlich verschiedene Rändelungen erhalten (Tab. 2.23).

Die Festigkeitsklassen von *Muttern* (Tab. 2.24) werden mit *einer* Zahl entsprechend 1/10 der Prüfspannung in kp/mm² bezeichnet. Diese Prüfspannung entspricht der Mindestzugfestigkeit in kp/mm² einer Schraube, mit der die Mutter gepaart werden kann. In DIN 267, Bl. 4, sind die Prüflasten für Muttern mit Regelgewinde nach DIN 13, Bl. 33, und mit Feingewinde nach DIN 13, Bl. 36, bis 39, angegeben. Die in Tab. 2.24 noch enthaltenen maximalen Härtewerte sollen lediglich eine ausreichende Zähigkeit des Mutterwerkstoffes garantieren. Über die chemische Zusammensetzung der Ausgangswerkstoffe gibt das Normblatt Auskunft; für Festigkeitsklassen ab 8 ist Thomasstahl nicht zulässig. Ab Festigkeitsklasse 8 und ab 5 mm Gewindedurchmesser müssen dauerhafte Kennzeichnungen mit Herstellerzeichen und den Zahlen der Festigkeitsklasse möglichst auf den Stirnflächen angebracht werden. Es sind auch Symbole, die einem zifferblattähnlichen Kodesystem entsprechen, zugelassen (Tab. 2.24).

Tabelle 2.23. *Festigkeitswerte und Kennzeichnung von Schrauben nach DIN 267, Bl. 3 und Bl. 7*

Festigkeitsklasse		Zugfestigkeit σ_B [kp/mm²]	Mindeststreckgrenze σ_S [kp/mm²]	Mindestbruchdehnung δ_5 [%]	Mindestkerbschlagzähigkeit [kpm/cm²]	Kennzeichen für Stiftschrauben	Rändelung für Zylinderschrauben	Farben für Verpackungen
jetzt	bisher							
3.6	← 4 A →	34 ... 49	20	25	—			
4.6	4 D	40 ... 55	24	25	—			
4.8	4 S		32	14	—			
5.6	5 D	50 ... 70	30	20	5	◻		grün
5.8	5 S		40	10	—			
6.6	6 D	60 ... 80	36	16	4			
6.8	6 S		48	8	—			
6.9	6 G		54	12	3		🔩	
8.8	8 G	80 ... 100	64	12	6	⊠	🔩	rot
10.9	10 K	100 ... 120	90	9	4	◻	🔩	blau
12.9	12 K	120 ... 140	108	8	3	⊟	🔩	gelb
14.9	—	140 ... 160	126	7	3	⊞	🔩	braun

Für Schrauben und Muttern, die vorwiegend bei Temperaturen über etwa 350 °C bis etwa 540 °C verwendet werden, sind in DIN 17240, Bl. 1 und 2, geeignete warmfeste Stähle mit ihrer chemischen Zusammensetzung und den Festigkeitswerten angegeben (Auszug Tab. 2.25). Für Temperaturen über 540 °C bis etwa 650 °C werden hochlegierte Cr Mo-, Cr Mo V- oder Cr Ni Mo B Nb-Stähle empfohlen. (X 22 Cr Mo V 12 1 und X 8 Cr Ni Mo B Nb 16 16 K für Schrauben, X 19 Cr Mo 12 1 für Muttern).

Die Forderungen erhöhter Korrosionsbeständigkeit können durch Messing oder durch Inkromierung von Stahl (Chromaufnahme durch Diffusion)[1] oder bei gleichzeitig höherer Festigkeit durch nichtrostende Stähle erfüllt werden[2].

2.7.5 Kräfteverhältnisse und Spannungen in Schraubenverbindungen

Außer den genormten Schrauben und Muttern werden bei höheren, insbesondere dynamischen Beanspruchungen noch viele Spezialausführungen benutzt, die höhere Dauerhaltbarkeit bei Schwing- und Stoßbeanspruchung gewährleisten oder die irgendwelche sonstigen gestellten Forderungen, z. B. Aufrechterhaltung der Verspannung im Betrieb, Sicherung gegen Lockern, Losdrehen oder Verlieren u. ä. erfüllen. Diese entwickelten Sonderformen sind oft jedoch nur verständlich, wenn man sich über die auftretenden Kräfte und Spannungen Klarheit verschafft hat.

Tabelle 2.24. *Festigkeitsklassen und Kennzeichnung von Muttern nach DIN 276, Bl. 4 und Bl. 8 (z. Zt. noch Entwürfe)*

Festigkeits-klasse	Prüf-spannung σ_L [kp/mm²]	Brinellhärte HB max [kp/mm²]	Kennzeichnung mit Symbolen	Farben für Verpackungen
4	40	302		grün
5	50	302		grün
6	60	302	⬡	grün
8	80	302	⬡	rot
10	100	353	⬡	blau
12	120	353	⬡	gelb
14	140	375	⬡	braun

Tabelle 2.25. *Warmfeste Stähle für Schrauben und Muttern nach DIN 17240 (Jan. 1959)*

Stahlsorte	Zugfestigkeit σ_B [kp/mm²] bei 20 °C	Streckgrenze (Mindestwerte) [kp/mm²] bei [°C]							Mindest-bruch-dehnung δ_5 [%] bei 20 °C	Mindest-kerbschlag-zähigkeit [kpm/cm²]
		20	200	250	300	350	400	450	500		
C 35	50···60	28	22	21	19	17	15			22	—
Ck 35	50···60	28	22	21	19	17	15			22	6
C 45	60···72	36	29	27	25	22	19			18	—
Ck 45	60···72	36	29	27	25	22	19			18	5
24 Cr Mo 5	60···75	45	42	40	37	34	31	28	24	18	8
24 Cr Mo V 5 5	70···85	55	50	48	46	44	41	38	35	17	8
21 Cr Mo V 5 11	70···85	55	52	51	49	47	44	41	38	17	8

---

[1] Inkrom-Stahlschrauben der Fa. Wilhelm Schumacher GmbH, Hilchenbach/Westf.
[2] Vgl. BAUER, C.-O.: Korrosionsgeschützte Verbindungselemente. Drahtwelt 48 (1962) 31—39, 86—94, 108—116, 123—135, 147—157.

2.7.5.1 Verspannungsschaubild, Betriebskraft, maximale Schraubenkraft und Restverspannung.

Schrauben*verbindungen* (Beispiele Abb. 2.127) sind vorgespannte Formschlußverbindungen, bei denen durch das Anziehen der Schraube oder Mutter der Schaft gedehnt (Zugteil, Index Z) und die zu befestigenden Teile (Index D) zusammengedrückt werden. Die Verformungen Δl_Z und Δl_D sind jeweils von den

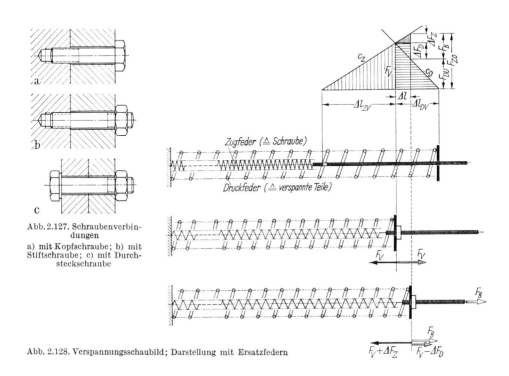

Abb. 2.127. Schraubenverbindungen
a) mit Kopfschraube; b) mit Stiftschraube; c) mit Durchsteckschraube

Abb. 2.128. Verspannungsschaubild; Darstellung mit Ersatzfedern

Abmessungen (Querschnitt und Länge) und von den Werkstoffen (Elastizitätsmodul) abhängig, auf jeden Fall sind sie im elastischen Bereich proportional der entstehenden Längskraft F. Die Quotienten Kraft durch Längenänderung

$$c_Z = \frac{F}{\Delta l_Z} = \frac{F_V}{\Delta l_{ZV}} \quad \text{und} \quad c_D = \frac{F}{\Delta l_D} = \frac{F_V}{\Delta l_{DV}}$$

werden als Federkonstanten bezeichnet. Der Index V kennzeichnet die Größen bei der *Vorspannkraft* F_V. Wie in Abschn. 2.5.2 schon ausführlich dargestellt, läßt sich bei bekannten Federkonstanten c_Z und c_D und gegebener Vorspannkraft F_V das Verspannungsschaubild (Abb. 2.128 rechts oben = Abb. 2.93) zeichnen ($\Delta l_{ZV} = F_V/c_Z$; $\Delta l_{DV} = F_V/c_D$). In Abb. 2.128 unten sind die Schraube und die verspannten Teile je durch eine Ersatzfeder dargestellt, und zwar zuerst im ungespannten, dann im vorgespannten Zustand, wobei das Anziehen der Mutter durch einen kleinen Querkeil ersetzt ist. Durch die an der Mutterauflage angreifende *Betriebskraft* F_B wird die Schraube noch weiter um Δl verlängert, und es tritt in der Ersatzzugfeder nach links die Kraft

$$F_{ZO} = \overleftarrow{F_V + \Delta F_Z} \tag{1}$$

auf, während sich die Zusammendrückung Δl_{DV} der Druckfeder um den gleichen Betrag Δl verringert, so daß hier die Kraft gleich

$$F_{DU} = \overrightarrow{F_V - \Delta F_D} \qquad (2)$$

wird. Aus der Gleichgewichtsbedingung folgt

$$\boxed{F_B = \Delta F_Z + \Delta F_D}, \qquad (3)$$

und mit

$$c_Z = \frac{\Delta F_Z}{\Delta l} \qquad (4) \qquad \text{und} \qquad c_D = \frac{\Delta F_D}{\Delta l} \qquad (5)$$

ergibt sich

$$\boxed{F_B = (c_Z + c_D)\,\Delta l}. \qquad (6)$$

Die Division der Gl. (4) durch Gl. (6) liefert

$$\boxed{\frac{\Delta F_Z}{F_B} = \frac{1}{1 + c_D/c_Z}}. \qquad (7)$$

Die *Zunahme der Schraubenkraft* ΔF_Z bei Angriff einer Betriebskraft F_B an der Mutter- bzw. Schraubenkopfauflage[1] ist also proportional F_B und hängt sonst nur noch vom *Verhältnis* der Federkonstanten ab.

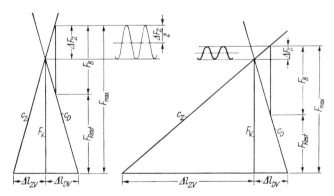

Abb. 2.129. Einfluß des Verhältnisses der Federkonstanten: links $c_D/c_Z = 1$; rechts $c_D/c_Z = 4$

In Abb. 2.129 ist dieser Sachverhalt anschaulich dargestellt, und zwar links für ein Verhältnis $\dfrac{c_D}{c_Z} = \dfrac{\Delta l_{ZV}}{\Delta l_{DV}} = \dfrac{1}{1}$ und rechts für $\dfrac{c_D}{c_Z} = \dfrac{\Delta l_{ZV}}{\Delta l_{DV}} = \dfrac{4}{1}$ jeweils für die gleiche Vorspannkraft F_V und gleiche Federkonstante c_D der verspannten Teile. Das linke Bild entspricht einer starren, steifen Schraube, das rechte einer elastischen, nachgiebigen, einer sog. Dehnschraube. Links ist $\Delta F_Z = 0{,}5\,F_B$, rechts dagegen nur $0{,}2\,F_B$ (d. h. 60% kleiner).

---

[1] Der Einfluß der Lage des Kraftangriffs äußert sich in einer Vergrößerung des Federkonstantenverhältnisses und somit einer Verkleinerung von ΔF_Z. — HANFFSTENGEL, K. v.: Einfluß des Kraftangriffs auf die Beanspruchung vorgespannter Schraubenverbindungen. VDI-Z. 86 (1942) 508—510. — HANCKE, A.: Die Schraubenverbindung als federndes Element in der Konstruktion, RIBE-Blauheft Nr. 5. Sonderdruck aus Draht-Fachzeitschr. 10 (1959) Nr. 8; 14 (1963) Nr. 4, 5, 6.

2. Verbindungselemente

Bei schwellender Betriebskraft schwankt die Schraubenkraft zwischen F_V und $F_{ZO} = F_{max}$ gerade um den Betrag ΔF_Z; die Ausschlagkraft beträgt also $\Delta F_Z/2$. Die *maximale Schraubenkraft* ergibt sich somit allgemein zu

$$F_{max} = F_{ZO} = F_V + \Delta F_Z \quad \text{bzw.} \quad \boxed{\frac{F_{max}}{F_B} = \frac{F_V}{F_B} + \frac{\Delta F_Z}{F_B}}. \tag{8}$$

Für die *Restvorspannkraft* $F_{DU} = F_{Rest}$ liest man aus dem Verspannungsschaubild ab

$$F_{DU} = F_{Rest} = F_{max} - F_B \quad \text{bzw.} \quad \boxed{\frac{F_{Rest}}{F_B} = \frac{F_{max}}{F_B} - 1}. \tag{9}$$

Aus Abb. 2.129 ist nun zu erkennen, daß in dem sonst günstigeren rechten Bild F_{Rest} kleiner ist als im linken Bild. F_{Rest} darf aber wegen der Gefahr des Lockerns und um geforderte Klemm- bzw. Dichtkräfte aufrechtzuerhalten, nicht zu klein (auf keinen Fall Null) werden. Eine ausreichende Restverspannung kann durch entsprechende Vergrößerung der Vorspannkraft F_V erreicht werden; nach Gl. (8) wächst damit aber auch F_{max}, so daß für Dehnschrauben hochwertigerer Werkstoff (vgl. Abschn. 2.7.4) verwendet werden muß. Eine höhere Vorspannkraft F_V ist auch wegen des „Setzens" der Schraubenverbindung zu empfehlen; darunter versteht man die plastischen Verformungen, insbesondere der Oberflächenrauheiten, aller Berührungsflächen[1].

Das *Vorspannungsverhältnis* F_V/F_B soll daher mindestens gleich 2,5, bei vielen Trennfugen und großer Rauhigkeit noch größer, bis 3,5, gewählt werden[2]. Bei Dichtungsaufgaben an Flanschverbindungen sind noch höhere Werte (3···5) üblich.

Die Gln. (7), (8) und (9) lassen sich in Anlehnung an S. BERG[3] in *einem allgemeingültigen* Schaubild (Abb. 2.130) darstellen; mit Hilfe eines geeigneten Abszissenmaßstabs (an Stelle von $\frac{c_D}{c_Z}$ ist jeweils der Wert $\frac{c_D/c_Z}{1 + c_D/c_Z}$ aufgetragen) wird die Funktion $\Delta F_Z/F_B$ nach Gl. (7) durch die stark ausgezogene untere *Gerade* wiedergegeben. Die parallelen Geraden sind mit dem Vorspannungsverhältnis F_V/F_B als Parameter beschriftet. Am linken Ordinatenmaßstab kann man zu gegebenem c_D/c_Z und gewähltem F_V/F_B unmittelbar F_{max}/F_B, an dem rechten Ordinatenmaßstab F_{Rest}/F_B ablesen. Die meisten Fälle der Praxis liegen in dem strichpunktiert umrahmten Feld ($c_D/c_Z \approx 0,7 \cdots 10$; $F_V/F_B = 2,5 \cdots 3,5$; also $F_{max}/F_B = 2,6 \cdots 4,1$ und $F_{Rest}/F_B = 1,6 \cdots 3,1$).

Ermittlung der Federkonstanten: Die Federkonstanten von *Schrauben* können leicht und mit hinreichender Genauigkeit *berechnet* werden. Für eine Schaftschraube nach Abb. 2.131 ergibt sich mit dem Schaftquerschnitt A_Z, der Klemmlänge l_Z und dem Elastizitätsmodul E_Z

$$\text{aus} \quad \Delta l = \frac{F l_Z}{E_Z A_Z} \quad \boxed{c_Z = \frac{F}{\Delta l} = \frac{E_Z A_Z}{l_Z}}.$$

Bei einer Dehnschraube nach Abb. 2.132 mit abgesetzten Querschnitten $A_1, A_2, A_3 \ldots$ und den Längen $l_1, l_2, l_3 \ldots$ muß bei einer Belastung mit der Kraft F die

---

[1] Vgl. JUNKER, G.: Sicherung von Schraubenverbindungen durch Erhaltung der Vorspannkraft. Ingenieur-Dienst Bauer & Schaurte Nr. 5/6 1961, H. 10.
[2] JUNKER, G.: Untersuchungen über das Arbeitsvermögen hochfester Schrauben... Ingenieur-Dienst Bauer & Schaurte Nr. 9 bzw. Maschinenmarkt 1962, Nr. 81.
[3] BERG, S.: Die Schraube mit Vor- und Betriebslast, ein einfaches, allgemeingültiges Schaubild. VDI-Z. 95 (1953) 349—350.

Gesamtverlängerung Δl gleich der Summe der Einzelverlängerungen der Abschnitte sein:

$$\Delta l = \Delta l_1 + \Delta l_2 + \Delta l_3 + \cdots = \frac{F}{E_Z}\frac{l_1}{A_1} + \frac{F}{E_Z}\frac{l_2}{A_2} + \frac{F}{E_Z}\frac{l_3}{A_3} + \cdots .$$

Daraus folgt

$$\frac{1}{c_Z} = \frac{\Delta l}{F} = \frac{l_1}{E_Z A_1} + \frac{l_2}{E_Z A_2} + \frac{l_3}{E_Z A_3} + \cdots = \frac{1}{c_1} + \frac{1}{c_2} + \frac{1}{c_3} + \cdots$$

oder

$$\boxed{\frac{1}{c_Z} = \frac{1}{E_Z}\left(\frac{l_1}{A_1} + \frac{l_2}{A_2} + \frac{l_3}{A_3} + \cdots\right)}.$$

Die Federkonstanten der *verspannten Teile* sind rechnerisch nur schwer zu erfassen, da sie stark von der Form (veränderlichem Querschnitt) abhängig sind. Würde es sich

Abb. 2.131. Zur Berechnung der Federkonstante c_Z einer Schaftschraube

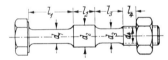

Abb. 2.132. Zur Berechnung der Federkonstante c_Z einer Dehnschraube mit abgesetzten Querschnitten

um eine Hülse oder einen hülsenförmigen Körper mit dem konstanten Querschnitt A_D von der Länge l_D aus einem Werkstoff mit dem Elastizitätsmodul E_D handeln, so könnte c_D exakt berechnet werden zu $c_D = E_D A_D / l_D$.

Bisweilen werden in Schweißkonstruktionen für lange Dehnschrauben solche „Schraubenpfeifen" (Abb. 2.133) verwendet. Bei aneinanderliegenden Flanschen oder Platten kann für Überschlagsrechnungen eine Ersatzhülse (Abb. 2.134)

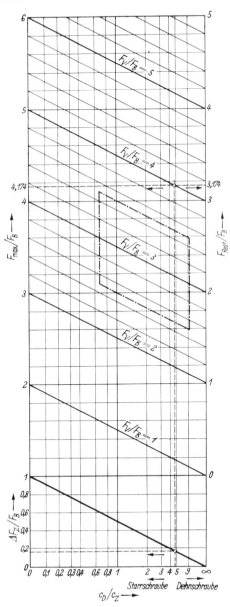

Abb. 2.130. Diagramm zur Ermittlung von ΔF_Z, F_{max}, F_{Rest} bei gegebenen Werten F_B, F_V und c_D/c_Z

mit dem Querschnitt $A_D = \pi/4 \cdot (D'^2 - d'^2)$ benutzt werden, wobei d' der Lochdurchmesser und $D' \approx 1{,}2d' + 0{,}14l$ ist[1].

Besser ist es, die Federkonstante der verspannten Teile (evtl. oder gleichzeitig auch die der Schraube) *experimentell* zu bestimmen. Zu diesem Zweck müssen die Verlängerungen bei Belastung gemessen werden. Die Belastung kann unmittelbar durch Gewichte oder in der Zerreißmaschine oder mit Hilfe eines hydraulischen Anzugswerkzeugs[2] (Abb. 2.135) oder bei Druckbehältern in eingebautem Zustand durch Steigern des Drucks aufgebracht werden, die Verlängerungen können mit Feinmeßgeräten, Tensometern oder mit Dehnungsmeßstreifen bestimmt werden. Im Prinzip ermittelt man an der beliebig *vorgespannten* Schraubenverbindung entsprechend Gl. (6) aus stufenweise aufgebrachter (Betriebs-) Last F_B und gemessener Verlängerung Δl die *Summe* $[c_Z + c_D] = F_B/\Delta l$; mit der errechneten oder im einfachen Zugversuch ermittelten Federkonstanten c_Z wird dann $c_D = [c_Z + c_D] - c_Z$.

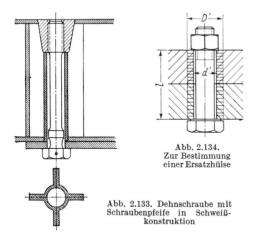

Abb. 2.133. Dehnschraube mit Schraubenpfeife in Schweißkonstruktion

Abb. 2.134. Zur Bestimmung einer Ersatzhülse

Beispiel: Eine zu Versuchszwecken hergerichtete Flanschverbindung mit $i = 16$ Dehnschrauben M 10 (Schaftdurchmesser $d_S = 7{,}2$ mm, Werkstoff 10.9 = 10 K) hat die in Abb. 2.136 eingetragenen Abmessungen; die Schrauben werden auf etwa 60% der Streckgrenze vorgespannt

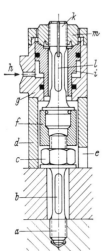

Abb. 2.135. Hydraulisches Anzugsgerät[2]

a anzuziehende Schraube mit Anfräsungen *b* für Dehnungsmeßstreifen; *c* Mutter, wird nur leicht von Hand angezogen; *d* Manschette mit Fenster *e* zum leichten Anziehen der Mutter *c*; *f* Muffe zur Verbindung von *a* und *k*; *g* Zylinder mit Druckölzuführung *h* (1500 ··· 2000 atü); *i* Ringkolben; *k* Schlüssel mit Anfräsungen *l* für Dehnungsmeßstreifen; *m* Mutter zur Kraftübertragung von *i* auf *k*

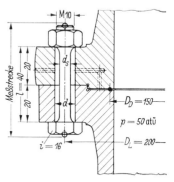

Abb. 2.136. Zum Beispiel: Berechnung einer Flanschverbindung

($\sigma_V = 0{,}6 \cdot 90$ kp/mm² = 54 kp/mm² = 5400 kp/cm²; $F_V = \sigma_V A_Z = 5400$ kp/cm² $\cdot 0{,}407$ cm² = 2200 kp; sie verlängern sich dabei um $\Delta l_{ZV} = F_V l_Z / E_Z F_Z = 2200$ kp $\cdot 4$ cm$/2{,}1 \cdot 10^6$ kp/cm² $\times$ $\times 0{,}407$ cm² = 0,0103 cm). Bei einem nun folgenden Abdrückversuch mit Wasser wurde bei

---

[1] Die Berechnung mit Hilfe der 45°-Einflußkegel nach RÖTSCHER, auch die mit steileren Kegeln, liefert zu hohe c_D-Werte; die angegebene Näherungsformel ist rückwärts aus Versuchswerten ermittelt.

[2] FABRY, CH. W.: Untersuchungen an Dehnschrauben. Z. Konstr. 15 (1963) 218—228.

$p_B = 50$ kp/cm² an der Schraube eine Verlängerung $\Delta l = \dfrac{4,5}{1000}$ mm $= 0,00045$ cm gemessen. Dem Druck $p_B = 50$ kp/cm² entspricht je Schraube eine Betriebskraft $F_B = \dfrac{1}{i} \dfrac{\pi D_D^2}{4} p$ $= \dfrac{1}{16} \, 177$ cm² $\cdot 50$ kp/cm² $= 553$ kp.

Nach Gl. (6) wird also $[c_Z + c_D] = F_B/\Delta l = 553$ kp$/450 \cdot 10^{-6}$ cm $= 1{,}230 \cdot 10^6$ kp/cm.
Mit $c_Z = E_Z A_Z/l_Z = 2{,}1 \cdot 10^6$ kp/cm² $\cdot 0{,}407$ cm²$/4$ cm $ = 0{,}214 \cdot 10^6$ kp/cm
ergibt sich $ \overline{c_D = 1{,}016 \cdot 10^6 \text{ kp/cm.}}$

Das Federkonstanten*verhältnis* wird also in diesem Beispiel $c_D/c_Z = 1{,}016/0{,}214 = 4{,}75$. Nach Gl. (7) oder Abb. 2.130 wird

$$\frac{\Delta F_Z}{F_B} = \frac{1}{1 + c_D/c_Z} = \frac{1}{5{,}75} = 0{,}174, \quad \text{also } \Delta F_Z = 0{,}174 F_B \approx 0{,}174 \cdot 550 \text{ kp} = 96 \text{ kp},$$

und mit $F_V/F_B = 2200$ kp$/550$ kp $= 4$ wird

$$\frac{F_{\max}}{F_B} = 4{,}174; \quad F_{\max} = 2296 \text{ kp} \quad \text{und} \quad \frac{F_{\text{Rest}}}{F_B} = 3{,}174; \quad F_{\text{Rest}} = 1743 \text{ kp}.$$

Bei schwellender Betriebslast ($p_B = 0 \cdots 50$ kp/cm²) würde die Ausschlagkraft $= \dfrac{\Delta F_Z}{2} = 48$ kp und die Ausschlagspannung $\sigma_a = \dfrac{\Delta F_Z/2}{A_Z} = 48$ kp$/0{,}407$ cm² $= 118$ kp/cm² $= 1{,}18$ kp/mm². (Bei einer normalen M 10-Schraube, Starrschraube mit $A_Z = 0{,}785$ cm² und $A_S = 0{,}523$ cm² ergibt sich $\Delta F_Z/2 \approx 80$ kp und $\sigma_a = 1{,}53$ kp/mm².)

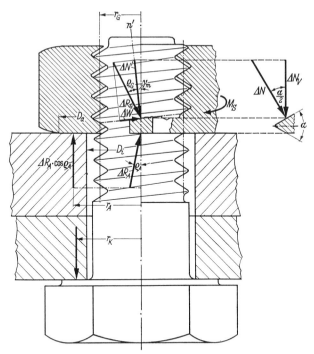

Abb. 2.137. Kräfte beim Anziehen einer Mutter

2.7.5.2 Kräfte und Drehmomente beim Anziehen (und Lösen) einer Schraubenverbindung. Beim *Anziehen* einer Mutter kommen, wie Abb. 2.137 zeigt, die oberen Flanken der Mutter mit den unteren Flanken der Schraube zum Tragen; das Muttergewinde wird — wie ein Keil — unter das Schraubengewinde geschoben, wobei sich die Mutter mit ihrer Auflagefläche an den zu verspannenden Teilen abstützt. *Auf die Mutter* wirkt also an einem Gewindeelement von der Schraube her unter dem Reibungswinkel ϱ_G gegen die Normale n' die Kraft ΔR_G und an der Auflagestelle unter dem Reibungswinkel ϱ_A die Kraft ΔR_A. Die Summen der Vertikalkomponenten sind jeweils gleich der Vorspannkraft F_V; die Summen der mit den entsprechenden Hebelarmen r_G bzw. r_A multiplizierten Horizontalkomponenten sind die Reibungsmomente M_G (im Gewinde) und M_A (an der Auflage). Es ergibt sich also

$$\Sigma \Delta R_G \cos(\gamma_m + \varrho_G) = F_V$$
$$\text{oder}\quad \Sigma \Delta R_G = \frac{F_V}{\cos(\gamma_m + \varrho_G)}, \qquad (1)$$
$$M_G = \Sigma r_G \Delta R_G \sin(\gamma_m + \varrho_G)$$
$$= r_G \sin(\gamma_m + \varrho_G) \Sigma \Delta R_G \qquad (2)$$
oder mit (1)
$$\boxed{M_G = F_V r_G \tan(\gamma_m + \varrho_G)}. \qquad (3)$$

$$\Sigma \Delta R_A \cos\varrho_A = F_V$$
$$\text{oder}\quad \Sigma \Delta R_A = \frac{F_V}{\cos\varrho_A}, \qquad (4)$$
$$M_A = \Sigma r_A \Delta R_A \sin\varrho_A$$
$$= r_A \sin\varrho_A \Sigma \Delta R_A \qquad (5)$$
oder mit (4)
$$\boxed{M_A = F_V r_A \tan\varrho_A = F_V r_A \mu_A}. \qquad (6)$$

Das Gesamtmoment M_S (*Schlüsselmoment*), das zur Erzeugung einer gewünschten Vorspannkraft F_V erforderlich ist, wird also mit $r_G = \dfrac{d + D_1}{4} \approx \dfrac{d_2}{2}$

$$\boxed{M_S = F_V \left[\frac{d_2}{2} \tan(\gamma_m + \varrho_G) + r_A \mu_A\right]}. \qquad (7)$$

Beim Reibungswinkel ϱ_G ist zu berücksichtigen, daß bei Befestigungsschrauben Spitzgewinde mit dem Flankenwinkel α verwendet wird; ϱ_G ist dann zu bestimmen aus $\tan\varrho_G = \mu' \approx \mu/\cos\dfrac{\alpha}{2}$. (Nach Abb. 2.137 rechts ist $\Delta W = \mu \Delta N = \mu' \Delta N'$; $\Delta N' \approx \Delta N_V = \Delta N \cos\dfrac{\alpha}{2}$; also ist $\mu \Delta N \approx \mu' \Delta N \cos\dfrac{\alpha}{2}$; bei $\alpha = 60°$ wird $\mu' = 1{,}16\mu$). Der Hebelarm r_A ergibt sich für die Kreisringfläche bei gleichmäßig verteilter Flächenpressung[1] zu

$$r_A = \frac{1}{3} \frac{D_a^3 - D_i^3}{D_a^2 - D_i^2} \approx \frac{D_a + D_i}{4}.$$

Damit sich die Schraube beim Anziehen der Mutter nicht mitdreht, muß das an der Auflagestelle des Schraubenkopfes wirksame Haftreibungsmoment $M_K = F_V r_K \mu_{K_0}$ größer als das durch das Gewinde übertragene Drehmoment M_G sein.

Beim Anziehen einer Kopfschraube gilt ebenfalls Gl. (7) mit $r_K \mu_K$ als zweitem Glied in der eckigen Klammer.

Mit dem Gewindenenndurchmesser d als Bezugsmaß und mit $\tan(\gamma_m + \varrho_G) \approx \tan\gamma_m + \tan\varrho_G = \dfrac{h}{\pi d_2} + \dfrac{\mu}{\cos\dfrac{\alpha}{2}}$ kann die Gl. (7) in *dimensionsloser* Form geschrieben werden:

$$\frac{M_S}{F_V d} = \frac{1}{2\pi} \frac{h}{d} + \frac{1}{2\cos\dfrac{\alpha}{2}} \frac{d_2}{d} \mu + \frac{D_a + D_i}{4d} \mu_A. \qquad (7\text{a})$$

---
[1] Nach KELLERMANN, R., u. H.-CH. KLEIN: Untersuchungen über den Einfluß der Reibung auf Vorspannung und Anzugsmoment von Schraubenverbindungen. Z. Konstr. 7 (1955) 54—68 (Mitt. aus den Kamax-Werken, Osterode).

Bei metrischen Regelgewinden (M 4 ··· M 24) liegt

der Wert $\dfrac{1}{2\pi}\dfrac{h}{d}$ zwischen 0,02 und 0,027, im Mittel bei 0,022,

der Wert $\dfrac{1}{2\cos\dfrac{\alpha}{2}}\dfrac{d_2}{d}$ zwischen 0,515 und 0,535, im Mittel bei 0,525 und

der Wert $\dfrac{D_a+D_i}{4d}$ zwischen 0,615 und 0,673, im Mittel bei 0,645, so daß *näherungsweise* gilt

$$\frac{M_S}{F_V d} \approx 0{,}022 + 0{,}525\,\mu + 0{,}645\,\mu_A. \tag{7b}$$

Die Reibungswerte μ und μ_A (bzw. μ_K) weisen große Streuungen auf, da sie von vielen Faktoren abhängig sind, wie z. B. den Werkstoffpaarungen, der Oberflächengüte (Rauhtiefen), der Oberflächenbehandlung (blank, phosphatiert, phosphatiert und geschwärzt, galvanisch verzinkt oder verkadmet) und der Art der Schmierung (ohne oder mit Öl, Molybdändisulfid, Molykote-Paste). Nach KELLERMANN und KLEIN[1] ergeben sich aus Versuchen etwa folgende Streubereiche für μ:

Oberflächenzustand	Ohne besondere Schmierung, jedoch nicht entfettet	Schmierung mit Öl (Voltol V)	Schmierung mit Molykote-Zusatz
Blank	0,20 ··· 0,35	0,16 ··· 0,23	0,13 ··· 0,19
Phosphatiert	0,28 ··· 0,40	0,16 ··· 0,33	0,13 ··· 0,19
Phosphatiert und geschwärzt	0,26 ··· 0,37	0,24 ··· 0,27	0,14 ··· 0,21
Galvanisch verzinkt	0,14 ··· 0,20	0,14 ··· 0,19	0,10 ··· 0,17
Galvanisch verkadmet . .	0,10 ··· 0,19	0,10 ··· 0,17	0,13 ··· 0,17

Der Reibwert μ_A schwankte zwischen 0,1 und 0,2.

Eine Abschätzung der hierdurch bedingten Streuung der erforderlichen Anziehmomente ist mit Gl. (7b) möglich:

Kleinstwerte (galvanisch verzinkt oder verkadmet bei guter Schmierung) $\quad \mu = 0{,}1; \quad \mu_A = 0{,}1; \quad \dfrac{M_S}{F_V d} \approx 0{,}14.$

Übliche mittlere Rechenwerte (blank oder phosphatiert bei Ölschmierung) $\quad \mu = 0{,}16; \quad \mu_A = 0{,}12; \quad \boxed{\dfrac{M_S}{F_V d} \approx 0{,}185.}$

Extreme Höchstwerte (blank, phosphatiert und phosphatiert + geschwärzt ohne besondere Schmierung) $\quad \mu = 0{,}4; \quad \mu_A = 0{,}2; \quad \dfrac{M_S}{F_V d} \approx 0{,}36.$

Der Zusammenhang zwischen erreichbarer Vorspannkraft F_V und aufgewendetem Anziehmoment M_S ist in Abb. 2.138 unter Annahme von $\mu = 0{,}16$ und $\mu_A = 0{,}12$ durch die nach rechts fallenden Geraden dargestellt. (Wird z. B. eine M 8-Schraube mit $M_S = 0{,}4$ mkp angezogen, so ergibt sich eine Vorspannkraft $F_V \approx 250$ kp; oder umgekehrt: Für eine geforderte Vorspannkraft $F_V = 1250$ kp ist bei einer M 8-Schraube ein Anziehmoment von $M_S \approx 2$ mkp aufzuwenden.) Bei sehr geringen Reibwerten genügen, um *gleiche Vorspannkräfte* zu erzielen, bis

---
[1] Siehe Fußnote auf S. 154.

zu 24% kleinere Anziehmomente; bei sehr großen Reibwerten werden bei *gleichen Anziehmomenten* nur etwa halb so große Vorspannkräfte erreicht.

Um bei der Montage die gewünschten bzw. geforderten Vorspannkräfte zu erhalten, müssen entweder die Längenänderungen der Schraube beim Anziehen gemessen werden, oder es sind *Drehmomentenschlüssel* zu verwenden, die an einer Skala oder Meßuhr das aufgebrachte Drehmoment anzeigen bzw. bei Erreichen eines verlangten, eingestellten Drehmoments selbsttätig auslösen. Zum Anziehen

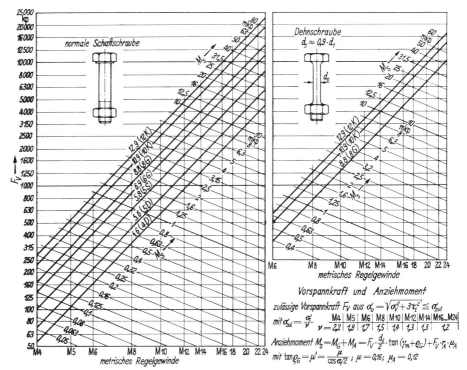

Abb. 2.138. Diagramm zur Ermittlung von Vorspannkraft und Anziehmoment bei normaler Schaftschraube und bei Dehnschraube mit metrischem Regelgewinde

größerer Schrauben dienen auch hydraulische Anzugsgeräte, etwa nach Abb. 2.135, wobei der unsichere Faktor der Reibung ausgeschaltet wird, indem die Schraube lediglich in axialer Richtung gelängt und die Mutter nur leicht von Hand angezogen wird. Eine Längung der Schraubenbolzen kann auch durch Erwärmen mit Hilfe von in zentrale Bohrungen eingesteckten Heizstäben erfolgen. Die wirkliche Größe der Vorspannkraft nach Beendigung des Anziehvorgangs und nach Abklingen der Setzerscheinungen kann genau nur durch Ermittlung der Spannungen im Schaft etwa mittels Dehnungsmeßstreifen bestimmt werden.

Eine mit der Vorspannkraft F_V angezogene Schraubenverbindung kann nur durch ein von außen aufgebrachtes Drehmoment *gelöst* werden. Das erforderliche *Löse-moment* ergibt sich leicht aus Abb. 2.137, wenn entsprechend der Bewegungsumkehr die Reibungskräfte entgegengesetzt jeweils um ϱ_G gegen n' und ϱ_A gegen die Vertikale geneigt gezeichnet werden, zu

$$M_L = F_V \left[\frac{d_2}{2} \tan(\varrho_G - \gamma_m) + r_A \, \mu_A \right]. \tag{8}$$

Da praktisch, auch bei bester Schmierung, ϱ_G nicht kleiner wird als γ_m[1], behält die eckige Klammer immer einen positiven Wert, d. h. M_L kann nur Null werden, wenn F_V gleich Null wird. Wird bei einer Schraubenverbindung mit Sicherheit eine Restvorspannung aufrechterhalten, so tritt bei statischer Belastung kein Lockern, also auch kein selbsttätiges Losdrehen auf[2] (s. auch Abschn. 2.7.6).

2.7.5.3 Spannungen in Schraubenverbindungen; Bemessungsgrundlagen. Die wirkliche Spannungsverteilung in Schrauben und Muttern ist bei den räumlich gewundenen Begrenzungsflächen und infolge der Kerbwirkungen sehr verwickelt und rechnerisch exakt kaum zu erfassen. Schon bei *rein statischer Zugbeanspruchung*, z. B. bei ohne Vorspannung längsbelasteten Schrauben, wie Kranhaken, Aufhängeösen u. ä., treten im Gewindegrund Spannungsspitzen auf, die bei verformungsfähigen Werkstoffen zwar abgebaut werden, bei spröden Werkstoffen jedoch die Tragfähigkeit stark vermindern. *Schrauben, die unter Last angezogen werden*, z. B. Spannschlösser, Abdrückschrauben und vorgespannte Schrauben, werden außerdem noch auf Torsion beansprucht, so daß die Normal- und die Schubspannungen zu einer Vergleichsspannung zusammengesetzt werden müssen. Bei *dynamischer Beanspruchung* sind Kerbstellen immer gefährlich, so daß die *Dauerhaltbarkeit* von Schraubenverbindungen nur sehr gering ist. Hierbei spielt außerdem die Art der Kraftübertragung zwischen Schraube und Mutter eine große Rolle; bei normalen Schraubenverbindungen ist die Lastverteilung auf die einzelnen Gewindegänge sehr ungleichmäßig; die gefährdetste Stelle liegt am Eintritt der Schraube in die Mutter (der erste Gewindegang allein überträgt 50 bis 60% der Gesamtlast).

Außer den Spannungen im Schraubenbolzen und in den Gewinden sind auch die *Flächenpressungen* an allen Berührungsflächen, also in den Gewindegängen und an den Kopf- und Mutterauflageflächen zu berücksichtigen, um ein Fressen oder plastische Verformungen zu vermeiden. Durch die Flächenpressung im Gewinde wird z. B. die erforderliche Mutterhöhe bzw. die Einschraublänge bestimmt.

Zur Bemessung von Schraubenverbindungen werden im allgemeinen vereinfachende Rechnungsansätze und Erfahrungswerte benutzt:

1. Die *Mutterhöhe bzw. die Einschraublänge m* kann aus der zulässigen Flächenpressung unter der Annahme, daß alle z Gewindegänge gleichmäßig tragen, berechnet werden. Mit der tragenden Gewindetiefe t_1 und dem Flankendurchmesser d_2 wird die gesamte tragende Fläche gleich $z \pi d_2 t_1$, die Flächenpressung also

$$p = \frac{F}{z \pi d_2 t_1} \leqq p_{\text{zul}}. \tag{9}$$

Hieraus folgt mit $h = $ Steigung

$$\boxed{m = z h \geqq \frac{F h}{\pi d_2 t_1 p_{\text{zul}}}}. \tag{9a}$$

In der Praxis sind folgende Richtwerte gebräuchlich:

für Stahlschraube in Stahl, GS oder Bz . . $\quad m = 0{,}8 d \cdots 1 d \quad\quad p_{\text{zul}} \approx 0{,}25 \sigma_S$
    in Grauguß und
     Temperguß . . . . $\quad m = 1{,}3 d \quad\quad\quad\quad\quad p_{\text{zul}} \approx 0{,}15 \sigma_S$
    in Leichtmetall . . . $\quad m = 2 d \quad\quad\quad\quad\quad\quad p_{\text{zul}} \approx 0{,}10 \sigma_S$

Hierbei ist $\sigma_S = $ Streckgrenze des Schraubenwerkstoffs.

---

[1] γ_m liegt zwischen 2,2° (bei M 27) und 3,6° (bei M 4).
[2] Vgl. auch JUNKER, G.: Sicherung von Schraubenverbindungen durch Erhaltung der Vorspannkraft. Ingenieur-Dienst Bauer & Schaurte Nr. 5/6 (Dez. 1960).

Die Gewindegänge können auch auf Biegung und Abscheren nachgerechnet werden; von Feingewinden abgesehen sind jedoch meistens die Biege- und Scherspannungen gering, bzw. es tritt nur im ersten Gewindegang eine plastische Verformung und somit eine gleichmäßigere Verteilung auf die übrigen Gänge ein.

2. *Bei auf F_V vorgespannten Schrauben* werden außer den Zugspannungen die beim Anziehen mit Schlüsseln auftretenden Torsionsspannungen infolge des *Gewinde*reibungsmoments M_G berücksichtigt.

Aus $\sigma_v = \sqrt{\sigma_V^2 + 3\tau_t^2} \leqq \sigma_{zul}$ folgt mit $\sigma_V = \dfrac{F_V}{A_S}$ und $\tau_t = \dfrac{M_G}{W_t}$

$$\boxed{F_V \leqq \frac{\sigma_{zul} A_S}{\sqrt{1 + 3\left(\dfrac{M_G}{F_V}\dfrac{A_S}{W_t}\right)^2}}} \quad \text{mit} \quad \sigma_{zul} = \frac{\sigma_S}{\nu}. \tag{10}$$

A_S ist bei normalen Schaftschrauben der Spannungsquerschnitt $A_S = \dfrac{\pi}{4}\left(\dfrac{d_1 + d_2}{2}\right)^2$, bei Dehnschrauben der Schaftquerschnitt $A_S = \pi d_s^2/4$; W_t ist das Torsionswiderstandsmoment des Kern- bzw. des Schaftquerschnitts $W_t = \pi d_1^3/16$ bzw. $\pi d_s^3/16$; M_G/F_V ist durch Gl. (3) gegeben.

Der Sicherheitsfaktor ν wird zweckmäßigerweise wegen der Gefahr des Abwürgens bei kleinen Schrauben höher (etwa 2,2) gewählt, bei dickeren Schrauben darf bis $\nu = 1,2$ heruntergegangen werden[1].

Die Gl. (10) ist in Abb. 2.138 für Schrauben mit Regelgewinde durch die nach rechts steigenden Geraden (Werkstoffe nach Abschn. 2.7.4) dargestellt, wobei der Gewindereibwert zu $\mu = 0,16$ angenommen wurde. Das Diagramm ermöglicht es, bei gegebenem F_V und gewähltem Werkstoff das erforderliche Gewinde bzw. bei gewähltem Gewinde und gewähltem Werkstoff das höchstzulässige F_V zu bestimmen, wobei jeweils gleichzeitig das erforderliche Anziehmoment (für $\mu = 0,16$ und $\mu_A = 0,12$) abgelesen werden kann.

Der Wert der runden Klammer unter der Wurzel in Gl. (10) schwankt sowohl bei normalen Schaftschrauben als auch bei Dehnschrauben mit $d_S \approx 0,9 d_1$ nur zwischen 0,52 und 0,6, so daß der Nenner ungefähr gleich $\sqrt{2}$ gesetzt werden kann. Für *erste Überschlagsrechnungen* kann daher Gl. (10) umgeformt werden in

$$A_S \geqq \frac{\sqrt{2}\,F_V}{\sigma_{zul}} \quad \text{mit} \quad \sigma_{zul} = \frac{\sigma_S}{\nu}; \quad \nu = 2,2 \cdots 1,2. \tag{10a}$$

3. *Berücksichtigung der Betriebslast F_B*. Bei *statischer Belastung* einer vorgespannten Schraubenverbindung mit der Betriebslast F_B nimmt nach Abschn. 2.7.5.1 die Schraubenkraft um den Betrag ΔF_Z auf F_{max} zu. Die maximale Zugspannung wird also

$$\boxed{\sigma_{max} = \frac{F_{max}}{A_S}}. \tag{11}$$

Aus Abb. 2.130 geht hervor, daß in dem ungünstigen Fall $c_D/c_Z = 0,7$ und $F_V/F_B = 2,5$ das Verhältnis F_{max}/F_B gleich 3,1 und somit $F_{max}/F_V = (F_{max}/F_B) : (F_V/F_B) = 1,24$ wird. (Bei Dehnschrauben, $c_D/c_Z = 10$, ergibt sich nur $F_{max}/F_V = 1,04$.) Es ist leicht nachzuweisen, daß bei den oben für F_V angenommenen

---

[1] Bauer & Schaurte rechnet laut Druckschrift „Schrauben-Vorspannung", Ausg. 1960, be normalen Schaftschrauben aus hochwertigen Werkstoffen mit $\sigma_V = F_V/A_S = 0,7\sigma_S$ und bes formelastischen Schrauben (Dehnschrauben) mit Regelgewinde mit $\sigma_V = 0,55$ bis $0,68\sigma_S$; da entspricht ν-Werten, die sehr nahe bei 1 liegen.

ν-Werten (selbst bei $\nu_{min} = 1,2$) auch bei F_{max} die Vergleichsspannung σ_v = $\sqrt{\sigma_{max}^2 + 3\tau_t^2}$ unter der Streckgrenze bleibt. Es genügt also im allgemeinen der oben angedeutete Rechnungsgang und die Abb. 2.138 für die Gewindewahl.

Bei *schwellender Betriebslast* F_B ist für die Tragfähigkeit weniger die maximale Spannung σ_{max} als vielmehr der Spannungsausschlag σ_a entscheidend. In Abschnitt 2.7.5.1 ist bereits klargestellt, daß die Ausschlagskraft gleich $\Delta F_Z/2$ ist, so daß jetzt die Bedingung gilt

$$\boxed{\sigma_a = \frac{\Delta F_Z/2}{A_s} \leqq \sigma_{a\,zul}} \quad \text{mit } \sigma_{a\,zul} = \frac{\sigma_A}{\nu}; \quad \nu \approx 1,5, \tag{12}$$

wobei σ_A die Ausschlagfestigkeit oder Dauerhaltbarkeit der Schrauben*verbindung* ist. Diese kann nur experimentell ermittelt werden und ist infolge der oben schon besprochenen Spannungskonzentrationen sehr niedrig. Ungefähre Richtwerte enthält Tab. 2.26. Der Einfluß der Vorspannung ist auf σ_A nur gering, jedoch besteht bei sehr kleiner Vorspannung die Gefahr einer Zug-Druck-Wechselbeanspruchung, und es tritt dann infolge des Flankenspiels eine Dauer*schlag*beanspruchung auf, die sehr bald zum Dauerbruch führt. Auf die Ausschlagfestigkeit sind außer den Werkstoffen von großem Einfluß die Größenabmessungen, die Gewindeform und -herstellung, die Oberflächenbehandlung, die Ausbildung des Schaftes und besonders der Übergangsstellen zum Gewinde und zum Kopf.

Bei hinreichend großen Vorspannkräften ($F_V/F_B > 2,5$) und bei c_D/c_Z-Werten größer als 1 erübrigt sich meist eine Berechnung auf Dauerhaltbarkeit, da hier die σ_a-Werte (gegenüber σ_S) sehr klein werden; σ_a ist weniger als 6% von σ_S.

Tabelle 2.26
Richtwerte für Ausschlagfestigkeit σ_A
in kp/mm²

σ_A [kp/mm²]	Werkstoffe	
	Schraube	Mutter
±2,75	4.6 (4 D)	4 (4 D)
±3,0	5.6 (5 D)	5 (4 D)
±4,5	6.9 (6 G)	6 (5 D)
±4,0	8.8 (8 G)	8 (6 S)
±5,0	10.9 (10 K)	10 (8 G)
±7,0	12.9 (12 K)	12 (8 G)

4. Vorgespannte hochfeste Durchsteckschrauben werden auch zur *Übertragung von Querkräften durch Reibschluß* benutzt, z. B. bei den HV-Verbindungen (*h*ochfest *v*orge*s*pannten Verbindungen) im Stahlbau. Hierbei werden durch die Vorspannkräfte F_V in den Berührungsflächen der zu verbindenden Bleche Reibkräfte μF_V erzeugt, die größer sein müssen als die wirkende Querkraft F. Mit n = Anzahl der Schrauben und m = Anzahl der Berührungsflächenpaare gilt also

$$\mu F_V n m \geqq F \quad \text{oder} \quad F_V \geqq \frac{F}{\mu n m}.$$

Hieraus ergibt sich mit der Sicherheit ν

die erforderliche Vorspannkraft bei gewählter Schraubenzahl
$$\boxed{F_{V\text{erf}} = \frac{\nu F}{\mu n m}} \tag{13a}$$

bzw. die erforderliche Schraubenzahl bei gewählter Schraube (Gewinde, Werkstoff und $F_{V\text{zul}}$ etwa aus Abb. 2.138) oder nach Tab. 2.28
$$\boxed{n \geqq \frac{\nu F}{\mu m F_{V\text{zul}}}}. \tag{13b}$$

Die Reibungswerte μ sind stark vom Oberflächenzustand (verrostet, sandgestrahlt, flammgestrahlt, gebürstet, gestrichen) abhängig; die Sicherheit ν kann zu 1,6 ··· 1,1 angenommen werden. Im Stahlbau wird nach den „Vorläufigen Richtlinien"[1] mit den μ- und ν-Werten der Tab. 2.27 gerechnet.

Bei der Verwendung von Sechskantschrauben und Sechskantmuttern mit großen Schlüsselweiten für Stahlkonstruktionen nach DIN 6914 und 6915, Güte 10.9 (10 K),

Tabelle 2.27. *Reibwerte μ und Sicherheiten ν im Stahlbau nach den vorläufigen Richtlinien für HV-Verbindungen*

	Werkstoff und Lastfall			
	St 33 und St 37		St 52	
	H	HZ	H	HZ
Reibwert μ	0,45	0,45	0,6	0,6
Sicherheit ν {Ingenieur- und Hochbau	1,25	1,1	1,25	1,1
{Brücken- und Kranbau	1,6	1,4	1,6	1,4

zusammen mit Unterlegscheiben nach DIN 6916 bis 6918 dürfen die Vorspannkräfte und Anziehdrehmomente der Tab. 2.28 (entsprechend $\sigma_V = 0{,}72\sigma_S$) benutzt werden.

Tabelle 2.28. *Vorspannkräfte und Anziehmomente für HV-Schrauben (DIN 6914 bis 6918) der Güte 10.9 (10 K) nach den vorläufigen Richtlinien für HV-Verbindungen*

Gewinde	Vorspannkraft F_V [kp]	Anziehmoment M_S [mkp]
M 12	5 200	12,0
M 16	9 900	30,5
M 20	15 500	59,7
M 22	19 200	81,5
M 24	22 100	102,0
M 27	29 200	152,0

5. Für *nichtvorgespannte, längsbelastete Schrauben* wird der erforderliche Kernquerschnitt A_1 — bei genaueren Rechnungen der Spannungsquerschnitt $A_S = \dfrac{\pi}{4}\left(\dfrac{d_1 + d_2}{2}\right)^2$ — errechnet aus

$$A_1 \geqq \frac{F}{\sigma_{\text{zul}}}, \qquad (14)$$

wobei

bei ruhender Last $\quad \sigma_{\text{zul}} = \dfrac{\sigma_S}{\gamma}; \quad \nu = 1{,}5 \cdots 2$

und

bei schwellender Last $\quad \sigma_{\text{zul}} = \dfrac{2\sigma_A}{\gamma}; \quad \nu = 1{,}3 \cdots 1{,}4.$

6. *Querbelastete Schrauben* (Paßschrauben nach DIN 609 und 610) werden wie Niete im Stahlbau auf Abscheren und auf Lochleibung berechnet:

$$\tau_a = \frac{F}{\dfrac{\pi}{4} d_{\text{sch}}^2} \leqq \tau_{a\,\text{zul}} \qquad (15) \qquad \text{und} \qquad \sigma_l = \frac{F}{s_{\min} d_{\text{sch}}} \leqq \sigma_{l\,\text{zul}}. \qquad (16)$$

Hierin ist d_{sch} der Schaftdurchmesser und $s_{\min}$ die kleinste Dicke der Bauteile. Die zulässigen Spannungen sind für Schraubenverbindungen im Stahlbau in DIN 1050 festgelegt (Tab. 2.29).

---

[1] Vorläufige Richtlinien für Berechnung, Ausführung und bauliche Durchbildung von gleitfesten Schraubenverbindungen (HV-Verbindungen) für stählerne Ingenieur- und Hochbauten, Brücken und Krane, 2. Ausg. 1963, herausg. vom Deutschen Ausschuß für Stahlbau.

Tabelle 2.29. *Zulässige Spannungen in* kp/cm² *für Schraubenverbindungen (Paßschrauben) im Stahlbau nach DIN 1050*

Schrauben-werkstoff	Bauteile	$\tau_{a\,zul}$ Lastfall H	$\tau_{a\,zul}$ Lastfall HZ	$\sigma_{l\,zul}$ Lastfall H	$\sigma_{l\,zul}$ Lastfall HZ
4.6 (4 D)	St 33 und St 37	1400	1600	2800	3200
5.6 (5 D)	St 52	2100	2400	4200	4800

2.7.5.4 Beispiele für Befestigungsschrauben.

1. Beispiel: Berechnung der Schrauben für eine Klemmverbindung nach Abb. 2.44. Gegeben $F = 600$ kp; $l = 250$ mm; also $M_t = F\,l = 15000$ cmkp; Wellendurchmesser $d = 70$ mm $i = 2$ Schrauben; $\mu = 0{,}15$ (GG/St); $l_N = 56$ mm; $l_S = 140$ mm; Schraubenwerkstoff 4.6 (4 D)

Nach Abschn. 2.4.1 ergibt sich die erforderliche Schraubenkraft zu

$$F_S = \frac{M_t}{i\,\mu\,d}\,\frac{l_N}{l_S} = \frac{15000 \text{ cmkp}}{2 \cdot 0{,}15 \cdot 7 \text{ cm}}\,\frac{5{,}6 \text{ cm}}{14 \text{ cm}} = 2860 \text{ kp}.$$

Da es sich um unter Last angezogene Schrauben handelt, kann Abb. 2.138 benutzt werden; bei Werkstoff 4.6 sind *M 20-Schrauben* erforderlich. Sie müssen mit $M_S \approx 11$ mkp angezogen werden.

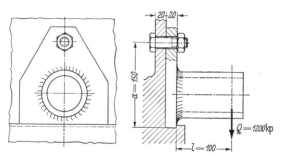

Abb. 2.139. Zum Beispiel: Vorgespannte Starrschraube

2. Beispiel: Vorgespannte Starrschraube. Die geschweißte Halterung nach Abb. 2.139 soll mit *einer* Schraube der Güte 5.6 (5 D) an die steife Wand angeschraubt werden. Die Last Q sei a) ruhend, b) schwellend. Die Schraubenbetriebskraft ergibt sich zu

$$F_B = Q\,\frac{l}{a} = 1200 \text{ kp}\,\frac{100 \text{ mm}}{150 \text{ mm}} = 800 \text{ kp}.$$

Die Vorspannkraft sei $F_V = 2{,}5\,F_B = 2{,}5 \cdot 800 \text{ kp} = 2000$ kp.

Bei Bemessung nach F_V ergibt sich aus Abb. 2.138, daß bei Werkstoff 5.6 ($\sigma_S = 28$ kp/mm²) *eine Schraube M 16* erforderlich ist, die mit $M_S \approx 6$ mkp angezogen werden muß.

Genauere Nachrechnung (an und für sich nicht erforderlich): Schraubendaten: $d = 16$ mm; $A_Z = 2{,}0$ cm²; $d_1 = 13{,}546$ mm; $d_2 = 14{,}701$ mm;

$$A_S = \frac{\pi}{4}\left(\frac{d_1 + d_2}{2}\right)^2 = 1{,}57 \text{ cm}^2;\quad W_t = \frac{\pi\,d_1^3}{16} = 0{,}489 \text{ cm}^3;$$

$$h = 2 \text{ mm};\quad \tan\gamma_m = \frac{h}{\pi\,d_2} = \frac{2 \text{ mm}}{\pi \cdot 14{,}701 \text{ mm}} = 0{,}0434;\quad \gamma_m \approx 2{,}5°$$

$$\mu = 0{,}16;\quad \mu' = \tan\varrho_G = 1{,}155\,\mu = 0{,}185;\quad \begin{array}{l}\varrho_G = 10{,}5°\\ \gamma_m + \varrho_G = 13{,}0°.\end{array}$$

Gl. (3) liefert $M_G = F_V\,\dfrac{d_2}{2}\tan(\gamma_m + \varrho_G) = 2000 \text{ kp} \cdot 0{,}735 \text{ cm} \cdot 0{,}23 = 340$ cmkp. Damit wird $\tau_t = \dfrac{M_G}{W_t} = \dfrac{340 \text{ cmkp}}{0{,}489 \text{ cm}^3} = 695$ kp/cm².

Federkonstante der Schraube ($l_Z = 40$ mm)

$$c_Z = \frac{E_Z A_Z}{l_Z} = \frac{2,1 \cdot 10^6 \text{ kp/cm}^2 \cdot 2,0 \text{ cm}^2}{4 \text{ cm}} = 1,05 \cdot 10^6 \text{ kp/cm}.$$

Federkonstante der verspannten Platten (Lochdurchmesser $d' = 18$ mm; Hülsendurchmesser $D' \approx 1,2 d' + 0,14 l = 1,2 \cdot 18$ mm $+ 0,14 \cdot 40$ mm $= 27,2$ mm; Hülsenquerschnitt $A_D = \frac{\pi}{4} \times (D'^2 - d'^2) = 3,27$ cm²)

$$c_D = \frac{E_D A_D}{l_D} = \frac{2,1 \cdot 10^6 \text{ kp/cm}^2 \cdot 3,27 \text{ cm}^2}{4 \text{ cm}} = 1,72 \cdot 10^6 \text{ kp/cm}.$$

Federkonstantenverhältnis $\dfrac{c_D}{c_Z} = \dfrac{1,72}{1,05} = 1,64$.

Damit wird nach Gl. (7)

$$\frac{\Delta F_Z}{F_B} = \frac{1}{1 + c_D/c_Z} = \frac{1}{2,64} = 0,38,$$

also $\Delta F_Z = 0,38 F_B = 0,38 \cdot 800$ kp $= 304$ kp,

$$F_{\max} = F_V + \Delta F_Z = 2000 \text{ kp} + 304 \text{ kp} = 2304 \text{ kp}$$

und

$$\sigma_{\max} = \frac{F_{\max}}{A_S} = \frac{2304 \text{ kp}}{1,57 \text{ cm}^2} = 1470 \text{ kp/cm}^2.$$

Aus $\sigma_{\max}$ und τ_t erhält man die Vergleichsspannung

$$\sigma_v = \sqrt{\sigma_{\max}^2 + 3\tau_t^2} = \sqrt{(1470 \text{ kp/cm}^2)^2 + 3(695 \text{ kp/cm}^2)^2}$$
$$= 1900 \text{ kp/cm}^2$$

und die vorhandene Sicherheit gegen die Streckgrenze

$$\underline{\underline{\nu_{\text{vorh}}}} = \frac{\sigma_S}{\sigma_v} = \frac{2800}{1900} = \underline{\underline{1,47}}.$$

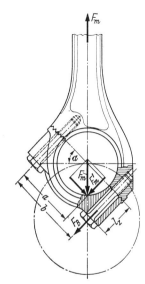

Abb. 2.140. Zum Beispiel: Vorgespannte Dehnschraube

Bei *schwellender* Betriebslast wird

$$\sigma_a = \frac{\Delta F_Z/2}{A_S} = \frac{152 \text{ kp}}{1,57 \text{ cm}^2} = 96 \text{ kp/cm}^2$$

und mit $\sigma_A = 300$ kp/cm² (aus Tab. 2.26) die Sicherheit gegen Dauerbruch $\nu_{\text{vorh}} = \dfrac{\sigma_A}{\sigma_a} = \dfrac{300}{96} \approx 3$.

Würde die 5.6-Schraube M 16 mit $M_S = 7,45$ mkp angezogen, so ergäben sich folgende Werte: $F_V = 2580$ kp, also $F_V \approx 3,2 F_B$; $F_{\max} = F_V + \Delta F_Z = 2580 + 304 = 2884$ kp; $\sigma_{\max} = F_{\max}/A_S = 1910$ kp/cm²; $M_G = F_V \dfrac{d_2}{2} \tan(\gamma_m + \varrho_G) = 435$ cmkp; $\tau_t = \dfrac{M_G}{W_t} = 890$ kp/cm²; $\sigma_v = \sqrt{\sigma_{\max}^2 + 3\tau_t^2} \approx 2400$ kp/cm²; $\underline{\underline{\nu_{\text{vorh}}}} = \dfrac{\sigma_S}{\sigma_v} = \underline{\underline{1,16}}$.

3. Beispiel: Vorgespannte Dehnschraube. Die untere Deckelschraube eines unter 45° schräg geteilten Dieselmotorenpleuels (Abb. 2.140) ist für die schwellende Betriebskraft $F_B = 870$ kp [1] zu bemessen. Die Vorspannkraft wird zur Sicherung gegen Lockern hoch gewählt zu $F_V = 4,5 F_B = 4,5 \cdot 870$ kp $= 3920$ kp. Nach Abb. 2.138 rechts genügt eine *10.9-Schraube M 14*, die mit $M_S \approx 10$ mkp angezogen werden muß.

---

[1] Die höchste Belastung tritt im oberen Totpunkt durch die *M*assenkräfte der *h*in- und hergehenden und der *r*otierenden Massen $F_m = F_h + F_r = m_h r \omega^2 (1 + \lambda) + m_r r \omega^2$ auf. Die Schraubenbetriebskraft F_B ergibt sich angenähert aus $F_B b = F'_m a$ zu $F_B = \dfrac{a}{b} F_m \cos\alpha$.

2.7 Schraubenverbindungen und Schraubgetriebe

Nachrechnung der Beanspruchungen:

Federkonstante der Schraube
($l_Z = 45$ mm;
$A_Z = A_{\text{Schaft}} = 80$ mm²;
$E_Z = 2{,}1 \cdot 10^6$ kp/cm²)
$$c_Z = \frac{E_Z A_Z}{l_Z} = \frac{2{,}1 \cdot 10^6 \text{ kp/cm}^2 \cdot 0{,}8 \text{ cm}^2}{4{,}5 \text{ cm}} = 0{,}37 \cdot 10^6 \text{ kp/cm},$$

Federkonstante der Ersatzhülse
($l_D = 4{,}5$ mm; $d' = 14{,}2$ mm;
$D' = 24$ mm; $A_D = \frac{\pi}{4}(D'^2 - d'^2)$
$= 2{,}95$ cm²;
$E_D = 2{,}1 \cdot 10^6$ kp/cm²)
$$c_D = \frac{E_D A_D}{l_D} = \frac{2{,}1 \cdot 10^6 \text{ kp/cm}^2 \cdot 2{,}95 \text{ cm}^2}{4{,}5 \text{ cm}} = 1{,}37 \cdot 10^6 \text{ kp/cm},$$

$$\frac{c_D}{c_Z} = \frac{1{,}37}{0{,}37} = 3{,}7 \, .$$

Damit wird

$$\Delta F_Z = \frac{1}{1 + c_D/c_Z} F_B = \frac{1}{4{,}7} F_B = 0{,}213 F_B = 0{,}213 \cdot 870 \text{ kp} = 185 \text{ kp}; \quad F_{\max} = F_V + \Delta F_Z$$

$$= 3920 \text{ kp} + 185 \text{ kp} = 4105 \text{ kp}; \quad \underline{\underline{\sigma_{\max}}} = \frac{F_{\max}}{A_{\text{Schaft}}} = \frac{4105 \text{ kp}}{0{,}8 \text{ cm}^2} = \underline{\underline{5140 \text{ kp/cm}^2}}.$$

Mit $d_2 = 12{,}701$ mm, $h = 2$ mm wird $\tan \gamma_m = \dfrac{h}{\pi d_2} = 0{,}0501$, also $\gamma_m \approx 2{,}9°$, und mit $\varrho_G = 10{,}5°$ wird $\gamma_m + \varrho_G = 13{,}4°$, also

$$M_G = F_V \frac{d_2}{2} \tan(\gamma_m + \varrho_G) = 3920 \text{ kp} \cdot 0{,}635 \text{ cm} \cdot 0{,}238 = 592 \text{ cmkp}; \text{ das Widerstandsmoment}$$
des Schaftes ist $W_t = \dfrac{\pi d_s^3}{16} = \dfrac{\pi (1{,}02 \text{ cm})^3}{16} = 0{,}208$ cm³; $\quad \underline{\underline{\tau_t}} = \dfrac{M_G}{W_t} = \dfrac{592 \text{ cmkp}}{0{,}208 \text{ cm}^3} = \underline{\underline{2850 \text{ kp/cm}^2}}.$

Vergleichsspannung $\underline{\underline{\sigma_v}} = \sqrt{\sigma_{\max}^2 + 3\tau_t^2} = \sqrt{(5140 \text{ kp/cm}^2)^2 + 3(2850 \text{ kp/cm}^2)^2} = \underline{\underline{7110 \text{ kp/cm}^2}}.$

Vorhandene Sicherheit gegen die Streckgrenze $\underline{\underline{\nu_{\text{vorh}}}} = \dfrac{\sigma_S}{\sigma_v} = \dfrac{9000}{7110} = \underline{\underline{1{,}26}}.$

Ausschlagspannung $\sigma_a = \dfrac{\Delta F_Z/2}{A_{\text{Schaft}}} = \dfrac{92{,}5 \text{ kp}}{0{,}8 \text{ cm}^2} = 116 \text{ kp/cm}^2.$

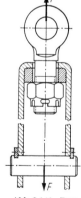

Abb. 2.141. Zum Beispiel: Augenschraube mit ruhender Last

Die Ausschlagfestigkeit beträgt nach Tab. 2.26 etwa 500 kp/cm² ($\nu_{\text{vorh}} = \mathbf{4{,}3}$) gegen Dauerbruch).

4. Beispiel: HV-Schraubenverbindung im Stahlhochbau. Ein Diagonalzugstab soll mit hochfesten Schrauben der Güte 10.9 an ein Knotenblech angeschlossen werden (wie in Abb. 2.113 rechts).
Gegeben: $F = 18000$ kp (Lastfall H., Werkstoff St 37, erforderliches Profil ⌐⌐ 60×6 mit Lochdurchmesser $d_1 = 17$ mm, so daß also M 16-Schrauben verwendet werden können. Gesucht: erforderliche Anzahl. Mit $\mu = 0{,}45$ und $\nu = 1{,}25$ nach Tab. 2.27 und $F_V = 9900$ kp nach Tab. 2.28 ergibt sich mit Gl. (13b)

$$n = \frac{\nu F}{\mu m F_V} = \frac{1{,}25 \cdot 18000 \text{ kp}}{0{,}45 \cdot 2 \cdot 9900 \text{ kp}} = 2{,}54 \, .$$

Es sind also *3 Schrauben* erforderlich (Anziehmoment $M_S = 30{,}5$ mkp nach Tab. 2.28).

5. Beispiel: Berechnung einer Augenschraube nach Abb. 2.141 für eine ruhende Last $F = 3150$ kp; Werkstoff St 34-2 oder C 15 (4.6 = 4 D) mit $\sigma_S = 21$ kp/mm².

Mit $\nu = 2$ wird $\sigma_{\text{zul}} = \dfrac{\sigma_S}{\nu} = \dfrac{2100 \text{ kp/cm}^2}{2} = 1050$ kp/cm². Gl. (14) liefert den erforderlichen Kern- bzw. Spannungsquerschnitt

$$A_1 \geq \frac{F}{\sigma_{\text{zul}}} = \frac{3150 \text{ kp}}{1050 \text{ kp/cm}^2} = 3 \text{ cm}^2.$$

Geeignetes Gewinde nach Tab. 2.20: $M\,24$ mit $A_1 = 3{,}24$ cm² bzw. $A_S = 3{,}53$ cm². Nachrechnung der Flächenpressung im Gewinde bei $m \approx 0{,}8d = 18$ mm (genormte Gewindehöhe der Kronenmutter M 24 DIN 534): Gewindedaten: $h = 3$ mm; $t_1 = 0{,}541\,h = 1{,}624$ mm; $d_m = d - t_1 = 22{,}376$ mm. Anzahl der Gänge $z = \dfrac{m}{h} = \dfrac{18\text{ mm}}{3\text{ mm}} = 6$.

Nach Gl. (9) wird $p = \dfrac{F}{z\,\pi\,d_m\,t_1} = \dfrac{3150\text{ kp}}{6\pi \cdot 2{,}238\text{ cm} \cdot 0{,}162\text{ cm}} = 460$ kp/cm².

Zulässige Pressung $p_{zul} = 0{,}25\,\sigma_S = 525$ kp/cm².

2.7.6 Schraubensicherungen

Sie dienen zur Aufrechterhaltung der Funktion einer Schraubenverbindung, d. h., sie haben[1] die Aufgabe, selbsttätiges *Lockern* und/oder selbsttätiges *Losdrehen* vor allem bei dynamischer Belastung zu verhindern.

Eine Sicherung gegen Lockern, die gleichzeitig auch eine Sicherung gegen Losdrehen ist, kann häufig durch genügend große Verspannkräfte erfolgen, die am einfachsten durch die Elastizität der Schraube selbst (hochfeste Dehnschrauben) oder durch federnde Sicherungselemente, z. B. Federringe und Tellerfedern, erzeugt werden; federnde Sicherungselemente sind vor allem bei sehr kurzen hochfesten Schrauben und bei Schrauben geringer Qualität anzuwenden, deren Federweg zur Aufnahme der unvermeidlichen Setzerscheinungen nicht ausreicht.

Die zahlreichen Sicherungselemente gegen Losdrehen stellen in den meisten Fällen *keine* Sicherung gegen Lockern dar; sie werden sinnvoll bei vorspannungslosen Schrauben, z. B. reinen Tragschrauben, Paßschrauben, Heftschrauben, Gehäusedeckelschrauben u. ä. verwendet, um bei Erschütterungen, Stößen oder Schlägen ein Lösen und Verlieren zu verhindern. Bei *vorgespannten* Verbindungen sind nur die Bauformen zu empfehlen, die auf keinen Fall die Gefahr des Lockerns vergrößern; mitverspannte Sicherungsbleche, verzahnte Auflageflächen, plastische Unterlegscheiben fördern das Lockern durch vermehrte Setzerscheinungen und sind daher hier ungeeignet. Andererseits ist zu betonen, daß bei dynamischer Axialbelastung[2] und bei Vibrationsbeanspruchungen in Richtung der Trennfugen, also senkrecht zur Schraubenachse[3], eine hohe Vorspannkraft allein oft *nicht* als Sicherung genügt.

Die wichtigsten Sicherungselemente sind in den Abb. 2.142 bis 2.147 dargestellt. Die genormten federnden Sicherungselemente zeigt Abb. 2.142, die genormten mitverspannten Formschlußelemente Abb. 2.143. Formschlüssige Sicherungselemente, die nicht mitverspannt werden, sind Legeschlüssel und die Kronenmutter mit Splint (Abb. 2.144). Die meisten Sicherungselemente benutzen Reibschlußwirkungen, die durch Verformungen oder Verklemmungen hervorgerufen werden. Am bekanntesten ist die Gegenmutter, die jedoch stärker als die untere Mutter angezogen werden muß, um eine gegenseitige Verspannung der Muttern zu gewährleisten. Die Wirkung der Sicherungsmutter nach DIN 7967 (Palmutter, Abb. 2.123) ist bereits in Abschn. 2.7.3 beschrieben. Bei den genormten selbstsichernden Muttern (DIN 982,

---

[1] Vgl. auch JUNKER, G.: Sicherung von Schraubenverbindungen durch Erhaltung der Vorspannkraft. Ingenieur-Dienst Bauer & Schaurte Nr. 5/6 bzw. Draht-Welt 1961, H. 10. — JUNKER, G., u. D. STRELOW: Untersuchungen über die Mechanik des selbsttätigen Lösens und die zweckmäßige Sicherung von Schraubenverbindungen. Draht-Welt 1966, H. 2, 3, 5 bzw. Ingenieur-Dienst Bauer & Schaurte Nr. 18, 19, 20.
[2] PALAND, E.-G.: Die Sicherheit der Schrauben-Muttern-Verbindung bei dynamischer Axialbeanspruchung. Z. Konstr. 19 (1967) 453—464.
[3] Vgl. auch JUNKER, G.: Sicherung von Schraubenverbindungen durch Erhaltung der Vorspannkraft. Ingenieur-Dienst Bauer & Schaurte Nr. 5/6 (Dez. 1960).

985 und 986, Abb. 2.123) wird der Reibschluß durch den gewindelosen Kunststoff- oder Fiberring erzielt (Poly-Stop- und Elastic-Stop-Muttern[1]).

Aus der großen Anzahl nicht genormter selbstsichernder Muttern[2] seien hier nur einige typische Formen, Abb. 2.145, angeführt:

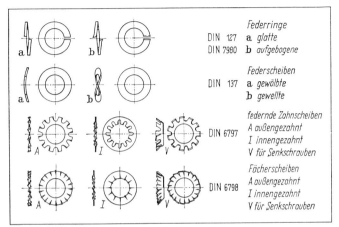

Abb. 2.142. Federnde Sicherungselemente

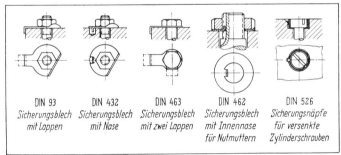

Abb. 2.143. Formschlüssige mitverspannte Sicherungselemente

Abb. 2.144. Formschlüssige nicht mitverspannte Sicherungselemente

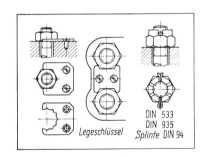

a) Mutter mit Verformung der oberen Gewindegänge; an drei Stellen ist das Gewinde nach innen gedrückt, so daß hier beim Aufschrauben größere Reibung und ein fester Sitz erreicht wird.

---
[1] Hersteller: Südd. Kolbenbolzenfabrik GmbH, Stuttgart.
[2] HANFLAND, C. H.: Selbstsichernde Muttern. Industriebl. 61 (1961) 1—19.

b) Mutter mit Axialschlitzen im oberen Teil; die entstehenden Segmente werden nach innen gebogen und wirken dann als Axialfedern.

c) Mutter mit radialem Sicherungsschlitz im oberen Teil, durch den eine Art Federring entsteht; dieser wird ein wenig heruntergedrückt, so daß die Gewindesteigung hier verringert wird und beim Aufschrauben ein Verklemmen eintritt (Thermag-Mutter[1]).

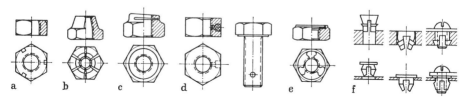

Abb. 2.145. Selbstsichernde Muttern

d) Muttern (und Schrauben) mit allseitig eingebettetem seitlichem Kunststoffpfropfen, der nach dem Aufschrauben eine Anpreßkraft und eine satte Auflage der Gewindeflanken auf der gegenüberliegenden Seite bewirkt (Keil-Stop, System Nylok[1]).

e) Mutter mit oben eingebördelter Federstahlscheibe, die am Innenrand Aussparungen besitzt, so daß Zungen gebildet werden, die sich beim Aufschrauben federnd an das Bolzengewinde anlegen (Spring-Stop-Mutter[1]).

f) Selbstsichernde Gewindeeinsätze, deren Schenkel sich beim Eindrücken in eine glatte Bohrung oder durch das Loch eines dünnen Bleches zusammenbiegen und dann beim Eindrehen einer Schraube gespreizt werden (In-Stop[1]).

Auf Reibungs- *und* Formschluß beruht die Sicherung mit Hilfe profilierter Polyamidscheiben (DUBO-Schraubensicherungen[2]), deren innere Verstärkung sich beim Anziehen der Mutter in die Gewindegänge und in das Gewindeloch quetscht, während sich die äußere Verstärkung um die Mutter stülpt (Abb. 2.146). Bei hochfesten Schrauben (ab 8.8) wird ein Stahltellerring (Abb. 2.146b) zwischengelegt, dessen Rand ein Wegdrücken des Polyamidrings nach außen verhindert. Bei der DUBO-Sicherheitsmutter (Abb. 2.146c) preßt sich ein kegeliges (HIT-) Ringscheibenelement aus Polyamid außen in die untere Ausnehmung der Mutter und innen in die Gewindegänge und in das Durchgangsloch.

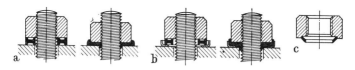

Abb. 2.146. DUBO-Schraubensicherungen

Durchsteckschrauben werden gegen Mitdrehen beim Anziehen der Mutter gesichert durch zweckmäßige Gestaltung der Schraubenköpfe (eingebetteter Vierkant- und Hammerkopf) oder durch Anordnung besonderer Haltestifte, die in eine Nut im (zylindrischen) Schraubenkopf greifen, oder auch nur durch Rändelung, die sich in eine entsprechend enger gehaltene Bohrung eindrückt.

---

[1] Hersteller: Südd. Kolbenbolzenfabrik GmbH, Stuttgart.
[2] Hersteller: DUBO-Schweitzer GmbH, Darmstadt.

Stiftschrauben (Abb. 2.147) werden durch Verklemmen der letzten Gewindegänge im Muttergewinde (ungünstig wegen Dauerbruchgefahr) oder durch Verspannen mittels Ansatzkuppe am Schraubenende im Bohrgrund oder besonderen Bund an versenkter Auflagefläche verdrehsicher befestigt (Gewindetoleranzen für Festsitz nach DIN 13 und 14, Bbl. 14).

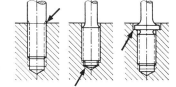

Abb. 2.147. Sicherung von Stiftschrauben

2.7.7 Sonderausführungen und konstruktive Einzelheiten

Zur *Steigerung der Dauerhaltbarkeit* von Schraubenverbindungen werden verschiedene Mittel angewandt, die im wesentlichen alle darauf hinauslaufen, die Spannungen gleichmäßiger zu verteilen. Die starke Überbeanspruchung des ersten Ganges einer normalen Mutter (Abb. 2.148a) beruht darauf, daß das Gewinde des Bolzens auf Zug und das der Mutter auf Druck beansprucht wird. Eine Verbesserung wird durch Verlagerung der Auflagefläche der Mutter weiter nach oben hin bei der

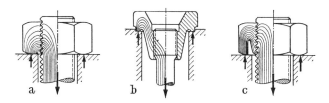

Abb. 2.148. Kraftlinienverlauf
a) normale Mutter; b) Zugmutter; c) Mutter mit Entlastungskerbe

sog. *Zugmutter* von MAYBACH (Abb. 2.148b) oder durch Eindrehung einer *Entlastungskerbe* nach THUM und WIEGAND (Abb. 2.148c) erzielt; der Kraftlinienfluß wird durch die verjüngte Außenform günstiger, und es werden die oberen Gewindegänge mehr zum Tragen herangezogen. Zur Minderung der Kerbwirkung des ersten Schraubengangs ist ferner ein Übergreifen des Muttergewindes über das Bolzengewinde zu empfehlen. Eine gleichmäßigere Belastung der Gewindegänge wird auch dadurch erreicht, daß nach SOLT das Muttergewinde einen nach unten zunehmend vertieften Gewindegrund erhält oder daß nach LEHR in der Mutter der Kerndurchmesser nach unten konisch erweitert wird. Eine weitere Möglichkeit, die Steifigkeit der Muttergewindegänge der der Bolzengewindegänge anzugleichen, besteht in der Verwendung eines Mutterwerkstoffs mit geringerem Elastizitätsmodul, z. B. GG-25.

Dauerfestigkeitssteigerungen werden auch durch Nitrieren oder Einsatzhärten oder durch Oberflächendrücken mittels Profilrollen (Kaltverfestigung) der Schraubenbolzen erzielt.

Der Vorteil der *Dehnschraube* bei *Schwell*belastung ist an Hand des Verspannungsschaubildes schon hinreichend erklärt. Ihre Verwendung ist jedoch auch besonders bei *Stoß*- und *Schlag*beanspruchungen zu empfehlen, da entsprechend der Darstellung in Abb. 2.149 bei gleicher Schlagarbeit W eine wesentlich geringere Schlagkraft F auftritt als bei der normalen Starrschraube. Das Verhältnis von Schaft- zu Kerndurchmesser soll mit Rücksicht auf eine hohe Vorspannkraft bei 0,85 ⋯ 0,95 liegen; die Mindestdehnschaftlänge soll $2d$ ⋯ $2,5d$ betragen. Eine Vergrößerung der Dehnschaftlänge ist mit Hilfe von Dehnhülsen (DIN 2510, Bl. 1) Abb. 2.150 möglich. Die Dehnschäfte müssen zur Vermeidung von Kerbwirkungen feinstbearbeitet, möglichst geschliffen werden, die Übergänge vom Schaft zum Gewinde müssen schlank (mit 20 bis 30°) und mit möglichst großem Rundungshalbmesser, der Übergang vom Schaft zum Kopf möglichst als Korbbogen ausgebildet werden[1].

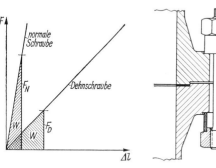

Abb. 2.149. Schlagkraft F bei gleicher Schlagarbeit W bei normaler Schraube und bei Dehnschraube

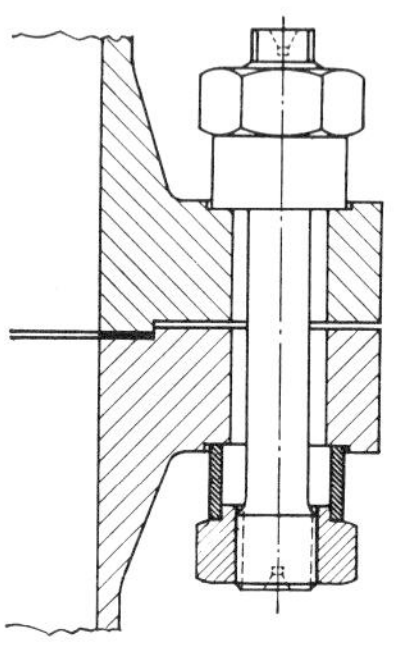

Abb. 2.150. Vergrößerung der Dehnschaftlänge durch Dehnhülsen

Zum Ausgleich schräger Kopfauflage können die Auflageflächen für Muttern oder für die Schraubenköpfe als Kugelflächen ausgeführt werden (Abb. 2.151).

Schraubenverbindungen bei *höheren Temperaturen*, z. B. bei Wärmeaustauschern, Armaturen, Hochdruck-Heißdampfleitungen u. dgl. müssen mit Hilfe des Verspannungsschaubildes genauer untersucht werden[2]. Durch die Abnahme des Elastizitätsmoduls mit wachsender Temperatur tritt ein Vorspannungsabfall auf; ferner sind infolge von Temperatur*unterschieden* zwischen Schraube und verspannten Teilen (besonders beim Anfahren) die Wärmeausdehnungen verschieden, wodurch sich auch die Vorspannkräfte ändern; schließlich machen sich bei hohen Temperaturen noch die Kriecherscheinungen der Werkstoffe (Einfluß der Zeit) unangenehm bemerkbar. Eine genaue Vorausberechnung der Kraft- und Spannungsverhältnisse ist daher bis heute noch nicht möglich.

Für *Schraubenverbindungen in weicheren Werkstoffen* (z. B. Grauguß, Leichtmetall, Kunststoffe, Holz) sind vor allem für öfteres Lösen Sonderkonstruktionen entwickelt worden. Abb. 2.151 zeigt die Verwendung einer eingesetzten Stahlbuchse (Buchsenmutter). Die Einsatzbuchsen „Ensat"[3] Abb. 2.152 und 2.153, aus Stahl oder Messing bestehend, besitzen Innen- und Außengewinde; das untere Ende ist außen konisch gehalten und mit Schlitzen versehen, so daß Schneidkanten entstehen, die beim Eindrehen mit besonderem Eindrehwerkzeug in ein gebohrtes oder gepreßtes Loch das Gewinde selbst schneiden. Die Einsatzbuchsen zeichnen sich durch hohe Auszugsfestigkeit, Verschleißfestigkeit und Rüttelsicherheit aus. (Für Leichtmetallzylinderköpfe ist der im Prinzip gleiche Zündkerzeneinsatz Gripp vorgesehen.)

Der Heli-Coil-Gewindeeinsatz[4] (Abb. 2.154) besteht aus einer Drahtspule mit rhombischem Querschnitt aus kaltgewalztem austenitischem Chrom-Nickel-18 8-Stahl; er bildet in jedem Werkstoff ein verschleißfestes maßhaltiges Muttergewinde. Durch Aufhebung von Steigungs- und Winkelfehlern werden die statischen und dynamischen Lasten gleichmäßig auf die ganze Gewindelänge verteilt, wodurch die

---

[1] Vgl. Druckschrift „Formelastische Schrauben" von Bauer & Schaurte.
[2] Vgl. WELLINGER, K., u. E. KEIL: Der Spannungsabfall in Stahlschrauben bei höheren Temperaturen unter Last. Arch. Eisenhüttenw. 15 (1941/42) 475—478.
[3] Hersteller: Kerb-Konus-Vertriebsgesellschaft, Schnaittenbach/Oberpfalz.
[4] Hersteller: Heli-Coil-Werk Böllhoff & Co., Brackwede/Westf.

Dauerhaltbarkeit der Schraubenverbindung zunimmt. Der Heli-Coil-Gewindeeinsatz schützt durch den rüttelsicheren Preßsitz und die hohe Werkstoffqualität die Schraubenverbindung vor Korrosion und thermischen Einflüssen[1].

Zum bequemen und sicheren Verspannen von zwei oder drei Bauteilen werden *Schrauben oder Muttern mit Differenzgewinde* verwendet (Abb. 2.155 bis 2.157); die beiden Gewinde besitzen die gleiche Gangrichtung, aber verschiedene Steigungen ($h_1 > h_2$), so daß sich die zu verspannenden Teile axial gegeneinander verschieben,

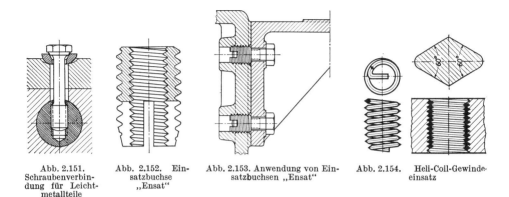

Abb. 2.151. Schraubenverbindung für Leichtmetallteile

Abb. 2.152. Einsatzbuchse „Ensat"

Abb. 2.153. Anwendung von Einsatzbuchsen „Ensat"

Abb. 2.154. Heli-Coil-Gewindeeinsatz

und zwar bei einer Umdrehung um die *Differenz* der beiden Gewindesteigungen $h_1 - h_2$. Die gegenseitige Verspannung wird um so größer, je geringer der Steigungsunterschied ist. Bei der Ausführung nach Abb. 2.155 ist der Außendurchmesser des kleineren Gewindes kleiner als der Kerndurchmesser des großen Gewindes, so daß

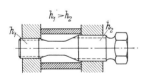 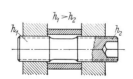 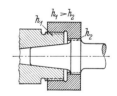

Abb. 2.155. Schraube mit Differenzgewinde (durchsteckbar)

Abb. 2.156. Schraube mit Differenzgewinde mit gleichen Außendurchmessern

Abb. 2.157. Mutter mit Differenzgewinde

sich die Schraube durch*stecken* läßt; bei gleichen Gewindeaußendurchmessern (Abb. 2.156) ist die Montage schwieriger, indem die Schraube zuerst rückwärts ziemlich weit in das Gewinde mit der kleineren Steigung h_2 eingeführt und dann vorwärts in das Gewinde mit h_1 eingeschraubt werden muß (Anwendung bei der Hirth-Kurbelwelle Abb. 4.33). Diesen Nachteil vermeidet die bei nicht zu großen Gewindelängen durch*schraubbare* Differenzgewindeschraube nach KLEIN[2]. Die Verwendung einer *Mutter* mit Differenzgewinde zeigt Abb. 2.157.

---

[1] Vgl. auch KREKEL, P.: Z. Aluminium 32 (1956) 637—642, 703/705. — KLEIN, H.-CH.: Z. Konstr. 10 (1958) 477—484. — BOMMER, E. A.: Z. Aluminium 36 (1960) 653—656.

[2] KLEIN, H.-CH.: Hochwertige Schraubenverbindungen, einige Gestaltungsprinzipien und Neuentwicklungen. Z. Konstr. 11 (1959) 201—212, 259—264.

Einige *Sonderkopfformen* sind in Abb. 2.158 dargestellt. Die Zylinderschrauben mit Innenverzahnung (Abb. 2.158a, Inbus-XZN-Schrauben[1]) bzw. mit Keilverzahnung (Abb. 2.158b, RIBE CV-84[2]) ermöglichen besonders niedrige Kopfhöhen bei einwandfreiem Angriff der entsprechend gestalteten Schlüssel. Bei den Radbolzen nach Abb. 2.158c ist eine Kerbverzahnung zur drehsicheren Befestigung im Blech vorgesehen. Der Schraubenkopf mit Aussparung und mit Rille am Schaftübergang

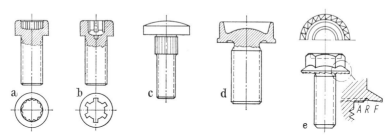

Abb. 2.158. Verschiedene Kopfformen
a) Inbus-XZN-Schraube; b) RIBE CV-84; c) mit Kerbverzahnung; d) mit Aussparung im Kopf und Rille am Schaftübergang; e) mit sägeförmig verzahntem federndem Flansch (Verbus-Tensilock-Schraube)

nach Abb. 2.158d[3] zeichnet sich durch eine zusätzliche Federwirkung aus und wird bei geringeren Schraubenlängen verwendet. Die Verbus-Tensilock-Schraube[1] (Abb. 2.158e) besitzt außerhalb der eigentlichen Auflagefläche A (Klemmfläche) einen infolge der Rille R federnden Flansch F mit sägeförmigen Zähnen, der sich beim Anziehen zuerst aufsetzt und somit eine Sicherung durch Federung *und* durch Sperrung bewirkt. Ähnlich ist auch die Schumacher-L-Sperrzahnschraube[4] gestaltet.

2.7.8 Bewegungsschrauben, Schraubgetriebe

2.7.8.1 Einteilung der Schraubgetriebe, Anwendungsbeispiele. Über die vielseitigen Anwendungs- und Variationsmöglichkeiten von Schraubgetrieben gibt die Zusammenstellung in Abb. 2.159 (S. 172/173) Auskunft; es handelt sich nur um vereinfachte Prinzipskizzen, die Auswahl erhebt keinen Anspruch auf Vollständigkeit[5]. Die *Einfachschraubgetriebe* besitzen jeweils *ein* Schraub-, ein Dreh- und ein Schubgelenk und ermöglichen je nach Anordnung die Umwandlung einer Drehung in Schiebung (und umgekehrt) bzw. einer Schraubung in Schiebung (und umgekehrt). Die dargestellten *Zweifachschraubgetriebe* (auch Zwieselschraubgetriebe genannt) bestehen aus *zwei* gleichachsigen Schraubgelenken und einem Schubgelenk; bei gleichsinnigen, aber verschieden großen Steigungen ist bei *einer* Umdrehung der Spindel der Weg des Schubelementes gleich der Differenz der Steigungen, bei gegensinnigen Steigungen ist der Verschiebeweg gleich der Summe der Steigungen. In Abb. 2.159 sind im Schema auch einige Kombinationen von Schraub- mit Kurbelgetrieben wiedergegeben.

---

[1] Hersteller: Bauer & Schaurte, Neuß/Rhein.
[2] Hersteller: RIBE, Bayerische Schrauben- und Federnfabriken, Richard Bergmann, Schwabach bei Nürnberg.
[3] KLEIN, H.-CH.: Hochwertige Schraubenverbindungen, einige Gestaltungsprinzipien und Neuentwicklungen. Z. Konstr. 11 (1959) 201–212, 259–264.
[4] Hersteller: Wilhelm Schumacher GmbH, Hilchenbach/Westf.
[5] Vgl. auch AWF-VDMA-VDI-Getriebehefte, Nr. 6071, Schraubgetriebe 1956. — WIDMAIER, A.: Atlas für Getriebe- und Konstruktionslehre, Stuttgart: Wittwer 1954.

2.7.8.2 Kräfte, Momente, Wirkungsgrad. Die *Kräfte- und Momentenverhältnisse* am Gewinde sind die gleichen wie bei den Befestigungsschrauben; es gilt für den Zusammenhang zwischen Längskraft und Drehmoment wieder die Beziehung

$$M_G = F \frac{d_2}{2} \tan(\gamma_m \pm \varrho_G), \tag{1}$$

wobei das Pluszeichen für das „Heben der Last F" und das Minuszeichen für die Bewegungsumkehrung gilt. Der zweite Fall liefert die Bedingung für Selbsthemmung: $\gamma_m \leqq \varrho_G$.

Der *Wirkungsgrad* eines Triebwerks stellt ganz allgemein das Verhältnis von Nutzarbeit zu Arbeitsaufwand bzw. (auf die Zeiteinheit bezogen) von Nutzleistung zum Leistungsaufwand dar.

Beim Heben der Last F mit Einfachschraubgetrieben ist für *eine* Umdrehung bei der Steigung H der „Erfolg" oder die Nutzarbeit gleich FH, die aufzuwendende Arbeit ist gleich Drehmoment mal Drehwinkel, also gleich $M_G \cdot 2\pi$, so daß sich mit $\dfrac{H}{\pi d_2} = \tan\gamma_m$ ergibt

$$\eta = \frac{FH}{M_G \cdot 2\pi} = \frac{FH}{2\pi F \dfrac{d_2}{2} \tan(\gamma_m + \varrho_G)} = \frac{\tan\gamma_m}{\tan(\gamma_m + \varrho_G)}. \tag{2}$$

Bei der Bewegungsumkehr, also etwa bei Umsetzung einer Längskraft F in ein Drehmoment M_G, was nur bei einer nicht selbsthemmenden Spindel möglich ist, stellt bei *einer* Umdrehung $M_G \cdot 2\pi$ den Erfolg und FH den Aufwand dar, und es wird

$$\eta = \frac{M_G \cdot 2\pi}{FH} = \frac{2\pi F \dfrac{d_2}{2} \tan(\gamma_m - \varrho_G)}{FH} = \frac{\tan(\gamma_m - \varrho_G)}{\tan\gamma_m}. \tag{3}$$

Abb. 2.160 (S. 174) zeigt für $\varrho_G = 6°$ ($\mu \approx 0{,}1$) die Wirkungsgrade in Abhängigkeit vom Steigungswinkel γ_m. Man erkennt aus der Darstellung [und auch aus Gl. (2)], daß der Wirkungsgrad selbsthemmender Getriebe kleiner als 0,5 ist.

Bei Zweifachschraubgetrieben ergibt sich

für gleichsinnige Steigungen (Differenzgetriebe, $H_1 > H_2$)

$$M_G = \frac{F}{2}[d_{m1}\tan(\gamma_{m1} + \varrho_G) - d_{m2}\tan(\gamma_{m2} - \varrho_G)],$$

$$\eta = \frac{H_1 - H_2}{\pi[d_{m1}\tan(\gamma_{m1} + \varrho_G) - d_{m2}\tan(\gamma_{m2} - \varrho_G)]}$$

für gegensinnige Steigungen (Summengetriebe)

$$M_G = \frac{F}{2}[d_{m1}\tan(\gamma_{m1} + \varrho_G) + d_{m2}\tan(\gamma_{m2} + \varrho_G)],$$

$$\eta = \frac{H_1 + H_2}{\pi[d_{m1}\tan(\gamma_{m1} + \varrho_G) + d_{m2}\tan(\gamma_{m2} + \varrho_G)]}$$

Beispiel: Vergleich von ein- und zweigängigem Trapezgewinde (DIN 103). Mit der Anordnung nach Abb. 2.161 soll die Last $F = 1000$ kp mit der konstanten Hubgeschwindigkeit $v = 2{,}4$ m/min $= 0{,}04$ m/s gehoben werden. Es wird a) ein eingängiges Trapezgewinde Tr 20 × 4 und b) ein zweigängiges Trapezgewinde Tr 20 × 8 (2 gäng.) vorgesehen. (Die Reibung in Führung und Wälzlager sei vernachlässigt.) Gesucht sind mit $\mu \approx 0{,}1$ ($\varrho_G = 6°$) jeweils im Fall a) und b) 1. das aufzuwendende Drehmoment, 2. der Wirkungsgrad, 3. die Spindeldrehzahl und 4. die erforderliche Antriebsleistung.

172   2. Verbindungselemente

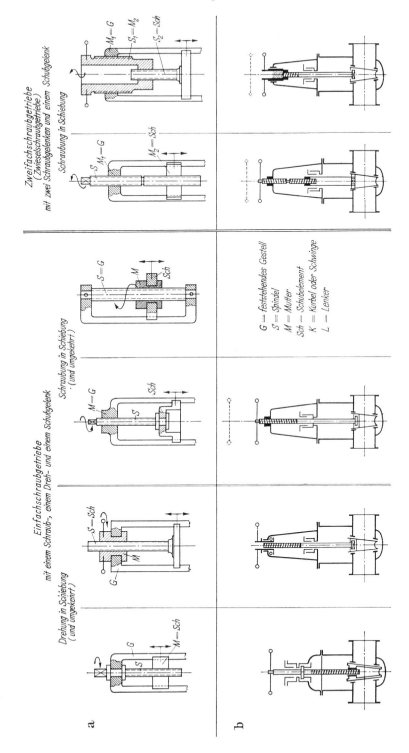

2.7 Schraubenverbindungen und Schraubgetriebe

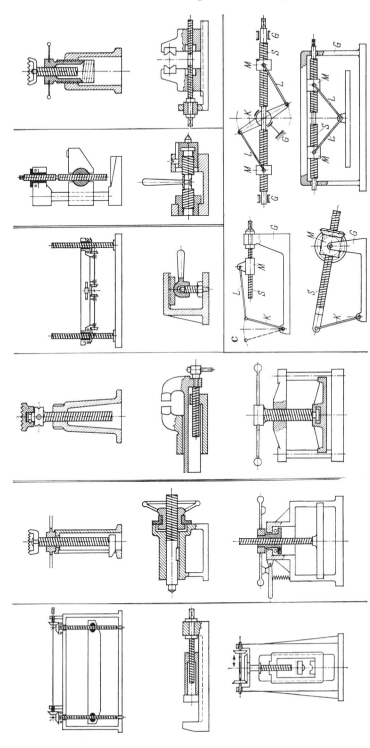

Abb. 2.159. Übersicht über Schraubgetriebe
a) Prinzipskizzen von Einfach- und Zweifachschraubgetrieben; b) einige Anwendungsbeispiele; c) Kombinationen mit Lenkergetrieben

Fall a)

1. $d_2 = 18$ mm; $H = 4$ mm

$$\tan\gamma_m = \frac{H}{\pi d_2} = \frac{4}{\pi \cdot 18} = 0{,}0707$$

$\gamma_m = 4{,}05° < \varrho_G$,
selbsthemmend

$$M_G = F\frac{d_2}{2}\tan(\gamma_m + \varrho_G) = 1000\,\text{kp} \cdot 0{,}9\,\text{cm} \cdot \tan 10{,}05°$$
$$= 159\,\text{cmkp}$$

2. $\eta = \dfrac{\tan\gamma_m}{\tan(\gamma_m + \varrho_G)} = \dfrac{\tan 4{,}05°}{\tan 10{,}05°} = 0{,}40$

3. Aus $v = nH$ folgt

$$n = \frac{v}{H} = \frac{2400\,\text{mm/min}}{4\,\text{mm}} = 600\,\text{min}^{-1}$$

4. $P_{An} = \dfrac{P_{\text{Nutz}}}{\eta} = \dfrac{Fv}{\eta} = \dfrac{1000\,\text{kp} \cdot 0{,}04\,\text{m/s}}{0{,}40} = 100\,\dfrac{\text{kpm}}{\text{s}}$*

$= 1{,}33$ PS

$= 1$ kW

Fall b)

$H = 8$ mm

$0{,}1414$

$8{,}05° > \varrho_G$,
nicht selbsthemmend

225 cmkp

$0{,}566$

$300\,\text{min}^{-1}$

$70{,}7\,\dfrac{\text{kpm}}{\text{s}}$

$0{,}94$ PS

$0{,}7$ kW

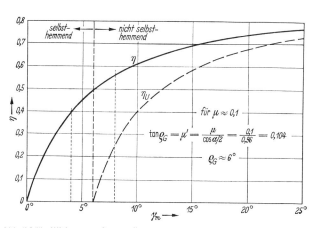

Abb. 2.160. Wirkungsgrad von Schraubgetrieben in Abhängigkeit vom Steigungswinkel γ_m

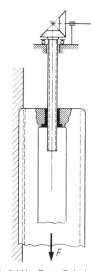

Abb. 2.161. Zum Beispiel: Vergleich von ein- und zweigängigem Trapezgewinde

2.7.8.3 Festigkeit, Bemessung. Eine genaue Festigkeitsrechnung eines Schraubgetriebes ist erst möglich, wenn die Abmessungen des Gewindes festliegen. Die Spindeln sind auf Zug bzw. Druck (evtl. Knickung) und auf Verdrehung beansprucht. Die Mutterhöhe ergibt sich aus der zulässigen Flächenpressung.

---

* Oder $P_{An} = M_G\,\omega = 1{,}59\,\text{kpm}\,\dfrac{2\pi \cdot 600}{60\,\text{s}} = 100\,\dfrac{\text{kpm}}{\text{s}}$.

2.7 Schraubenverbindungen und Schraubgetriebe

Für die Ermittlung der Abmessungen empfiehlt sich eine vereinfachte *Überschlagsrechnung* nur auf Zug oder Druck mit einer um $\frac{1}{3}$ erhöhten Last, also mit $\frac{4}{3} F$. Den erforderlichen Kernquerschnitt erhält man dann aus

$$\boxed{A_1 \geqq \frac{\frac{4}{3} F}{\sigma_{zul}}} \quad \text{mit} \quad \sigma_{zul} = \frac{\sigma_{z(d)\,Sch}}{\beta_k\, S}.$$

Es wird also auf die Zug- oder Druckschwellfestigkeit bezogen; ferner kann angenommen werden: $\beta_k \approx 2$ und $S = 1{,}8$.

Die genauen Gewindeabmessungen, Kerndurchmesser, Außendurchmesser, Steigung usw. werden den Gewindetabellen entnommen.

Bei der *genaueren Nachrechnung* werden die Zug- oder Druckspannungen mit den Torsionsspannungen zur Vergleichsspannung σ_v zusammengesetzt, die kleiner als σ_{zul} sein muß. Man erhält:

$$\sigma_{z(d)} = \frac{F}{A_1}\,;\quad \tau_t = \frac{M_G}{W_t}, \quad \text{wobei}\quad M_G = F\,\frac{d_2}{2} \tan(\gamma_m + \varrho_G)\quad \text{und}\quad W_t = \frac{\pi d_1^3}{16},$$

$$\sigma_v = \sqrt{\sigma_{z(d)}^2 + 3\tau_t^2} \leqq \sigma_{zul} \quad \text{bzw.}\quad S_{vorh} = \frac{\sigma_{z(d)\,Sch}}{\beta_k\, \sigma_v}.$$

Die *Höhe m der Mutter* bzw. die Anzahl der tragenden Windungen z ergibt sich mit g = Gangzahl, H = Steigung, d = Spindelaußendurchmesser und D_1 = Bohrungsdurchmesser (Kerndurchmesser) der Mutter zu

$$\boxed{m = z\,\frac{H}{g} = z\,h \geqq \frac{F\,h}{\frac{\pi}{4}(d^2 - D_1^2)\, p_{zul}}}$$

Werkstoffe für		p_{zul}
Spindeln	Muttern	[kp/cm²]
Weicher Stahl	Harter Stahl, Guß oder Bronze	75 ... 100
Harter Stahl	Bronze	bis 150

Beispiel: Mit den Zahlenwerten des letzten Beispiels sind die Vergleichsspannungen und die vorhandenen Sicherheiten bei St 50 ($\sigma_{z\,Sch} = 31$ kp/mm²) nachzurechnen. (Werte für Fall b in Klammern.) Ferner ist die erforderliche Mutterhöhe bei $p_{zul} = 100$ kp/cm² zu bestimmen.

$$A_1 = \frac{\pi d_1^2}{4} = 1{,}89 \text{ cm}^2;\quad \sigma_z = \frac{F}{A_1} = \frac{1000 \text{ kp}}{1{,}89 \text{ cm}^2} = 530 \text{ kp/cm}^2 \text{ (in beiden Fällen gleich)},$$

$$W_t = \frac{\pi d_1^3}{16} = \frac{\pi (1{,}55 \text{ cm})^3}{16} = 0{,}731 \text{ cm}^3;\quad \tau_t = \frac{M_G}{W_t} = \frac{159 \text{ cmkp}}{0{,}731 \text{ cm}^3} = 218 \text{ kp/cm}^2$$
$$(308 \text{ kp/cm}^2),$$

$$\sigma_v = \sqrt{\sigma^2 + 3\tau_t^2} = \sqrt{(530 \text{ kp/cm}^2)^2 + 3(218 \text{ kp/cm}^2)^2} = 650 \text{ kp/cm}^2 \text{ (752 kp/cm}^2\text{)},$$

$$S_{vorh} = \frac{\sigma_{z\,Sch}}{\beta_k\, \sigma_v} = \frac{3100 \text{ kp/cm}^2}{2\cdot 650 \text{ kp/cm}^2} = 2{,}4\ (2{,}06).$$

Mutterhöhe (in beiden Fällen gleich)

$$m \geqq \frac{F\,h}{\frac{\pi}{4}(d^2 - D_1^2)\,p_{zul}} = \frac{1000 \text{ kp} \cdot 0{,}4 \text{ cm}}{\frac{\pi}{4}(2^2 - 1{,}65^2) \text{ cm}^2 \cdot 100 \text{ kp/cm}^2} = 4 \text{ cm} = 40 \text{ mm}.$$

Beispiel: Mit der Schraubenspindel nach Abb. 2.162 soll eine Preßkraft $F = 10000$ kp erzeugt werden. Gesucht sind die erforderlichen Abmessungen und das aufzuwendende Drehmoment, wenn Spindel aus St 42 ($\sigma_{d\,\text{Sch}} = 24$ kp/mm²), Mutter aus Bronze ($p_{\text{zul}} = 100$ kp/cm²), $\mu \approx 0{,}1$ ($\varrho_G = 6°$).

Abmessungen aus Überschlagsrechnung:

$$\sigma_{\text{zul}} = \frac{\sigma_{d\,\text{Sch}}}{\beta_k \, \nu} = \frac{2400 \text{ kp/cm}^2}{2 \cdot 1{,}8} = 670 \text{ kp/cm}^2,$$

$$A_1 \geq \frac{\frac{4}{3} F}{\sigma_{\text{zul}}} = \frac{\frac{4}{3} \cdot 10000 \text{ kp}}{670 \text{ kp/cm}^2} = 20 \text{ cm}^2.$$

Gewählt: eingängiges Trapezgewinde nach DIN 103 (Tab. 2.21, S. 138): Tr 60×9 mit $A_1 = 20{,}03$ cm²; $d_1 = 50{,}5$ mm; $d_2 = 55{,}5$ mm; $D = 60{,}5$ mm; $D_1 = 52{,}0$ mm.

Aufzuwendendes Drehmoment:

$$\text{aus } \tan\gamma_m = \frac{h}{\pi \, d_2} = \frac{9 \text{ mm}}{\pi \cdot 55{,}5 \text{ mm}} = 0{,}0515 \text{ folgt } \gamma_m \approx 3° < \varrho_G,$$

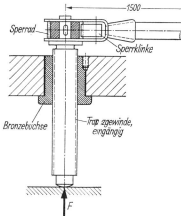

Abb. 2.162. Zum Beispiel: Schraubenspindel für Preßkraft

$$M_G = F \frac{d_2}{2} \tan(\gamma_m + \varrho_G) = 10000 \text{ kp} \cdot 2{,}755 \text{ cm} \cdot \tan 9°$$
$$= 4400 \text{ cmkp } (\approx 150 \text{ cm} \times 30 \text{ kp}).$$

Mutterhöhe:

$$m \geq \frac{F h}{\frac{\pi}{4}(d^2 - D_1^2) \, p_{\text{zul}}}$$
$$= \frac{10000 \text{ kp} \cdot 0{,}9 \text{ cm}}{\frac{\pi}{4}(6^2 - 5{,}2^2) \text{ cm}^2 \cdot 100 \text{ kp/cm}^2}$$
$$= 12{,}7 \text{ cm} = 130 \text{ mm}.$$

Genauere Nachrechnung:

$$\sigma_d = \frac{F}{A_1} = \frac{10000 \text{ kp}}{20{,}03 \text{ cm}^2} = 500 \text{ kp/cm}^2,$$

$$W_t = \frac{\pi \, d_1^3}{16} = \frac{\pi (5{,}05 \text{ cm})^3}{16} = 25{,}3 \text{ cm}^3,$$

$$\tau_t = \frac{M_G}{W_t} = \frac{4400 \text{ cmkp}}{25{,}3 \text{ cm}^3} = 174 \text{ kp/cm}^2,$$

$$\sigma_v = \sqrt{\sigma_d^2 + 3\tau_t^2} = \sqrt{(500 \text{ kp/cm}^2)^2 + 3(174 \text{ kp/cm}^2)^2} = 585 \text{ kp/cm}^2,$$

$$S_{\text{vorh}} = \frac{\sigma_{d\,\text{Sch}}}{\beta_k \, \sigma_v} = \frac{2400 \text{ kp/cm}^2}{2 \cdot 585 \text{ kp/cm}^2} \approx 2.$$

2.7.8.4 Sonderausführungen: Schraubgetriebe mit Wälzkörpern. Der Wirkungsgrad von Schraubgetrieben kann stark (auf 90 bis 93%) verbessert werden, wenn zwischen Schraube und Mutter Wälzkörper angeordnet werden, so daß im wesentlichen nur rollende Reibung auftritt. Als Wälzkörper werden bei den Rotax-Kugelrollspindeln[1] *Kugeln* und bei den Transrol-Planetenspindeln[2] Kugelprofil-*Rollen* benutzt.

Das *Prinzip* der kugelgeführten Spindel ist in Abb. 2.163 dargestellt; die Kugeln 2 werden über einen Rücklaufkanal 4 zur Einlaufstelle zurückgeführt; bei Verwendung von *zwei* Muttern 3 (wie Abbildung) und einer Zwischenscheibe 6 kann durch entsprechende Vorbelastung das axiale Spiel ausgeschaltet werden.

---

[1] Vertrieb durch JAGO Werkzeugmaschinen GmbH, Wickrath/Rheydt.
[2] Vertrieb durch Kugellager GmbH, Frankfurt/Main.

2.7 Schraubenverbindungen und Schraubgetriebe

Die Transrol-Planetenspindeln (auch Volvis-Schraubgetriebe genannt[1]) (Abb. 2.164 und 2.165) bestehen aus der Schraubenspindel *1*, der Mutter *3* und einer gewissen Anzahl von Gewinderollen *2*; diese sind an den Enden mit Verzahnungen *2'* versehen, die in Innenverzahnun-

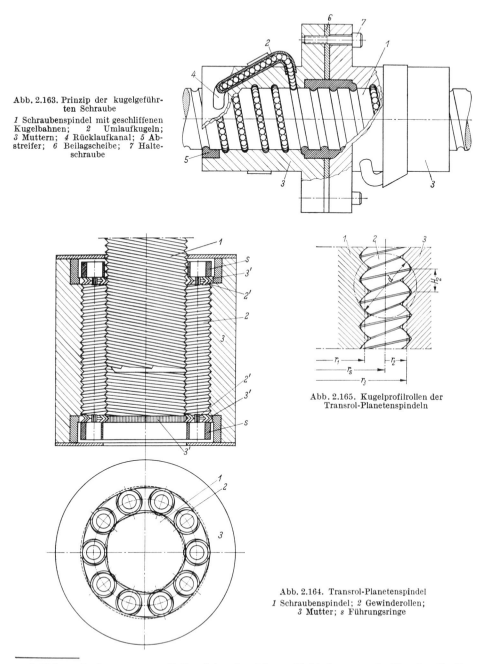

Abb. 2.163. Prinzip der kugelgeführten Schraube
1 Schraubenspindel mit geschliffenen Kugelbahnen; *2* Umlaufkugeln; *3* Muttern; *4* Rücklaufkanal; *5* Abstreifer; *6* Beilagscheibe; *7* Halteschraube

Abb. 2.165. Kugelprofilrollen der Transrol-Planetenspindeln

Abb. 2.164. Transrol-Planetenspindel
1 Schraubenspindel; *2* Gewinderollen; *3* Mutter; *s* Führungsringe

---

[1] Vgl. auch STRANDGREN, C. B.: Schrauben-Mutter-Verbindungen mit Kugelprofilrollen. Techn. Rundschau Nr. 32 (1961) 17—19; Z. Konstr. 13 (1961) 504.

gen 3' der Mutter eingreifen; zusammen mit den als Steg (oder Käfig) wirkenden Führungsringen s, in denen die Gewinderollen mittels Zapfen gelagert sind, entsteht ein Umlaufgetriebe. Für die Gewinde der Mutter und der Rollen wurden spezielle patentierte Gewinde entwickelt, die ein Abrollen ohne Gleiten garantieren. Zur Ausschaltung des axialen Spiels kann die Mutter zweiteilig ausgeführt und in einem Gehäuse verspannt werden.

2.8 Elastische Verbindungen; Federn

2.8.1 Eigenschaften, Anwendung, Kennlinien, Anforderungen, allgemeine Bemessungsgrundlagen

Elastische Elemente (Federn) zeichnen sich durch ihre Fähigkeit aus, *Arbeit* auf einem verhältnismäßig großen Weg aufzunehmen, zu speichern, nach Wunsch ganz oder teilweise wieder abzugeben oder zur Aufrechterhaltung einer Kraft zur Verfügung zu stellen. Dementsprechend erstreckt sich die Anwendung von Federn auf die Aufnahme und Minderung von Stößen (Stoßfedern, Pufferfedern, Ausgleichsfedern in Kupplungen), die Speicherung potentieller Energie zu Antriebszwecken (Uhrenfedern, Ventilfedern, Schloßfedern, Rückholfedern), Herstellung von Kraftschluß und Kraftverteilung (Spannfedern, Kontaktfedern, Polsterfedern) und schließlich auf das umfangreiche Gebiet der Schwingungstechnik (Federn in Resonanzschwingern für Förderer, Siebe, Mischer, Rüttler, Stampfer, Hämmer, Meißel, Schwingtische; Federn für Stützung und Lagerung von Maschinen, Fundamenten und Meßgeräten zwecks Schwingungsentstörung). In vielen Fällen ist für die Anwendung auch die Dämpfungsfähigkeit, das ist die Umsetzung eines Teiles der aufgenommenen Arbeit in Wärme infolge innerer oder äußerer Reibung, entscheidend.

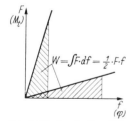 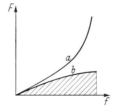 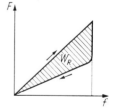

Abb. 2.166. Gerade Kennlinien   Abb. 2.167. Gekrümmte Kennlinien   Abb. 2.168. Kennlinienverlauf bei
                                  a progressiv; b degressiv   Dämpfungsfedern

Über das Verhalten einer Feder gibt das Federdiagramm oder die Federkennlinie, auch Federcharakteristik genannt, Aufschluß (Abb. 2.166 bis 2.168); man versteht darunter die Abhängigkeit der Federkraft (bzw. des Federdrehmomentes) von der Verformung (Längenänderung bzw. Verdrehwinkel). Die Kennlinien können gerade oder gekrümmt sein, in jedem Fall stellt die Fläche unter der Kurve bei Belastung die aufgenommene und bei Entlastung die abgegebene Arbeit dar:

$$W = \int F \, df \quad \text{bzw.} \quad W = \int M_t \, d\varphi.$$

Das Steigungsmaß der Kennlinie $c = \dfrac{\Delta F}{\Delta f}$ bzw. $C = \dfrac{\Delta M_t}{\Delta \varphi}$ wird Federsteife (oder Federrate) genannt.

Bei *geraden Kennlinien* (Abb. 2.166), wie sie die meisten Metallfedern aufweisen, ergibt sich die Federsteife, die dann auch Feder*konstante* genannt wird, zu

$$\boxed{c = \frac{F}{f}} \quad \text{bzw.} \quad \boxed{C = \frac{M_t}{\varphi}}. \tag{1}$$

2.8 Elastische Verbindungen; Federn

Weiche Federn haben flache Kennlinien und niedrige c-Werte, harte Federn dagegen steile Kennlinien und hohe c-Werte. Die Arbeitsaufnahme ist durch den Flächeninhalt des Dreiecks gegeben:

$$\boxed{W = \frac{1}{2} F f = \frac{1}{2} c f^2 = \frac{1}{2} \frac{F^2}{c}} \quad \text{bzw.} \quad \boxed{W = \frac{1}{2} M_t \varphi = \frac{1}{2} C \varphi^2 = \frac{1}{2} \frac{M_t^2}{C}}. \quad (2)$$

Bei *gekrümmten Kennlinien* (Abb. 2.167) unterscheidet man progressive a, bei denen die Federsteife mit dem Federweg stärker zunimmt, und degressive b mit abnehmender Federsteife. Eine progressive Kennlinie wird im Fahrzeugbau bevorzugt, damit die Eigenfrequenzen des voll beladenen und des leeren Wagens etwa gleich sind. Eine flache Kennlinie ist bei Stoß- und Pufferfedern angebracht, damit bei gleicher Stoßarbeit (Energieaufnahme) die Stoß*kraft* möglichst niedrig bleibt.

Bei *Dämpfungsfedern* ist der Kennlinienverlauf (Abb. 2.168) bei Be- und Entlastung verschieden, und die in Wärme umgesetzte Reibungsarbeit W_R erscheint im Federdiagramm als die durch Schraffur kenntlich gemachte Fläche. Die Dämpfungswerte sind z. T. vom Werkstoff (z. B. Gummi) abhängig, sie können aber auch durch die Anordnung (Reibflächen bei geschichteten Blatt- und Tellerfedern und bei konischen Ringfedern) beeinflußt werden.

Den verschiedenen Anwendungsgebieten entsprechend sind die Anforderungen an die Federn recht unterschiedlich. Bei der Berechnung und Bemessung ist vor allem zu beachten, ob es sich um Federn mit ruhender bzw. selten wechselnder oder mit schwingender Belastung handelt. Im letzten Fall ist die Dauerhaltbarkeit entscheidend, es kann u. U. jedoch auch mit begrenzter Lebensdauer (Zeitfestigkeit) gerechnet werden.

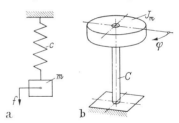

Abb. 2.169. Feder-Masse-Systeme
a) Längsschwingungen; b) Drehschwingungen

Für die Lösung *schwingungstechnischer* Probleme ist die Ermittlung der Eigenfrequenz erforderlich, sei es, um die Erregerfrequenz der Eigenfrequenz anzunähern zwecks Ausnutzung der Resonanz oder sei es, um zur Schwingungsisolierung oder Abschirmung den Unterschied zwischen Erreger- (oder Betriebs-) Frequenz und Eigenfrequenz möglichst groß zu machen. Für ein einfaches Feder-Masse-System mit der Masse m und der Federkonstanten c (Abb. 2.169a) bzw. bei Drehschwingungen mit dem Massenträgheitsmoment J_m und der Verdrehfederkonstanten C (Abb. 2.169b) beträgt ohne Berücksichtigung der Eigenmasse der Feder die Eigenfrequenz

$$\boxed{\omega_e = \sqrt{\frac{c}{m}} = \sqrt{\frac{g}{f}}} \quad \text{bzw.} \quad \boxed{\omega_e = \sqrt{\frac{C}{J_m}} = \sqrt{\frac{M_t}{\varphi J_m}}}. \quad (3)$$

Hierin bedeutet f den Federweg unter Einwirkung der Masse $m = G/g$, $g =$ Erdbeschleunigung, und φ den Verdrehwinkel unter Einwirkung des Drehmomentes M_t.

Bei *Stoßvorgängen* ergibt sich (mit $v =$ Auftreffgeschwindigkeit) aus der kinetischen Energie $W = \frac{1}{2} m v^2$ bei gerader Kennlinie aus Gl. (2) die maximale Stoßkraft

$$F_{\max} = \sqrt{2c W} = v \sqrt{m c} \quad (4)$$

und aus Gl. (1) der maximale Federweg

$$f_{\max} = \frac{F_{\max}}{c} = v\sqrt{\frac{m}{c}}. \tag{5}$$

Die Gln. (3) bis (5) lassen klar die große Bedeutung der Federsteife erkennen: Je größer c, um so höher liegt die Eigenfrequenz, um so größer wird die Stoßkraft und um so geringer der Federweg bei gleicher Arbeitsaufnahme.

Für die *Bemessung* von Federn sind drei Gesichtspunkte und dementsprechend drei Grundbeziehungen ausschlaggebend:

1. die *Tragfähigkeit* $F_{\max}$ bzw. $M_{t\max}$, die von Bauart, Abmessungen und zulässigen Spannungen abhängig ist;
2. die *Verformung* f bzw. φ, die außer von der Bauart und den Abmessungen von der Belastung und dem Elastizitäts- bzw. Gleitmodul abhängig ist; hieraus folgt dann unmittelbar die Federsteife c bzw. C und mit 1. die maximal zulässige Verformung;
3. die *Arbeitsaufnahme* W, die von zulässiger Spannung, Elastizitäts- bzw. Gleitmodul und vor allem von der Bauart und dem Federvolumen abhängig ist.

Die wirtschaftlichste Auslegung von Federn, d. h. die Ermittlung der im Hinblick auf Sicherheit, Lebensdauer, Preis, Gewicht und Raum günstigsten Abmessungen, erfordert meist mehrere Rechnungsgänge, da zunächst *Annahmen* (z. B. über die Werkstoffkenngrößen oder den Platzbedarf) gemacht werden müssen, die vom *Ergebnis*, den Abmessungen, und auch von den Herstellungsverfahren und -möglichkeiten abhängen.

2.8.2 Metallfedern[1]

2.8.2.1 Werkstoffe und Kennwerte.
Die gebräuchlichsten Federwerkstoffe sind mit einigen Hinweisen auf die Verwendung und Angabe der Normblätter in Tab. 2.30 zusammengestellt. Die maßgebenden Eigenschaften lassen sich in weiten Grenzen durch die chemische Zusammensetzung, die Verarbeitung und die Wärmebehandlung beeinflussen. Diesbezügliche Einzelheiten sind den Normblättern zu entnehmen. Die Festigkeitswerte sind außerdem noch stark von den Abmessungen abhängig; die Zugfestigkeit dünner patentiert-gezogener Stahldrähte liegt z. B. über 200 kp/mm², sie nimmt bei größeren Abmessungen bis auf die Hälfte ab. Ähnlich verhält es sich mit der Dauerfestigkeit, die durch besondere Wärmebehandlung, durch Schleifen und Polieren der Oberfläche und besonders durch Kugelstrahlen wesentlich gesteigert werden kann.

Richtwerte für die Federberechnungen: Elastizitätsmodul E und Gleitmodul G.

	nach	E [kp/mm²]	G [kp/mm²]
Warmgeformte Stähle...	DIN 17221	21 000	8000
Federstahldraht.....	DIN 17223, Bl. 1 u. 2	21 000	8300
Nichtrostende Stähle...	DIN 17224	21 000	7300
Messing.........	DIN 17660 und 17661	10 500	3500
Zinnbronze.......	DIN 17662	10 500	4200
Neusilber........	DIN 17663	11 300	3900
Cu-Be-Legierung.....	DIN 17666	11 000 ··· 13 000	4200 ··· 4900

[1] GROSS, S.: Berechnung und Gestaltung von Metallfedern (Konstruktionsbücher Bd. 3), 3. Aufl., Berlin/Göttingen/Heidelberg: Springer 1960. — GROSS, S., u. E. LEHR: Die Federn, Berlin: VDI-Verlag 1938.

2.8 Elastische Verbindungen; Federn

Tabelle 2.30. *Federwerkstoffe*

	Bezeichnung	Normblatt	Verwendung
Warmgeformte Stähle			
Qualitätsstähle	38 Si 6	DIN 17221	Federringe
	46 Si 7		Kegelfedern, Blattfedern für Schienenfahrzeuge
	51 Si 7		Blattfedern für Schienenfahrzeuge
	55 Si 7		Fahrzeugblattfedern bis 7 mm Dicke, Schraubenfedern
	65 Si 7		über 7 mm Dicke, Schraubenfedern
	60 Si Mn 5		über 7 mm Dicke, Schraubenfedern
Edelstähle	66 Si 7	DIN 17221	Blattfedern, Schraubenfedern, Drehstabfedern bis 24 mm Durchmesser
	67 Si Cr 5		Schrauben-, Teller-, Ventilfedern, Drehstabfedern bis 40 mm Durchmesser
	50 Cr V 4		Höchstbeanspruchte Schrauben-, Teller-, Drehstabfedern
	58 Cr V 4		Höchstbeanspruchte Schrauben- und Drehstabfedern größter Durchmesser
Kaltgewalzte Stahlbänder			
Qualitätsstähle	C 53, C 60, C 67 C 75, M 75, M 85 55 Si 7, 65 Si 7 60 Si Mn 5	DIN 17222	Federn und federnde Teile der verschiedensten Art
Edelstähle	Ck 53, Ck 60, Ck 67 MK 75, MK 101, 71 Si 7	DIN 17222	Höchstbeanspruchte Zugfedern für Uhren und Triebwerksbau
	66 Si 7, 67 Si Cr 5 50 Cr V 4, 58 Cr V 4		für hochbeanspruchte federnde Teile
Patentiert gezogener Federstahldraht aus unlegierten Stählen			
	Sorte A (V)	DIN 17223 E, Bl. 1	Zug-, Schenkel- und Formfedern für geringe Beanspruchung
	Sorte B (IV)		Schraubenfedern mittlerer Beanspruchung
	Sorte C (II)		Hochbeanspruchte Druck-, Zug-, Schenkel- und Formfedern
	Sorte II	(DIN 2076)	nur noch für Elektroindustrie bei $d < 2$ mm
Vergüteter Federdraht und vergüteter Ventilfederdraht aus unlegierten Stählen			
	Federdraht FD	DIN 17223 E, Bl. 2	Schwingungsbeanspruchte Federn mit mittleren Lastspielzahlen
	Ventildraht VD		Schwingungsbeanspruchte Federn mit hohen und höchsten Lastspielzahlen
Nichtrostende Stähle			
	X 12 Cr Ni 18 8 X 12 Cr Ni 17 7 X 5 Cr Ni Mo 18 10 X 20 Cr 13	DIN 17224	Federn und federnde Teile aller Art, die Korrosionseinflüssen durch Luft, Wasserdampf oder sonstige chemisch angreifende Stoffe ausgesetzt sind

Tabelle 2.30 (Fortsetzung)

	Bezeichnung	Normblatt	Verwendung
	Warmfeste Stähle		
	67 Si Cr 5 50 Cr V 4 45 Cr Mo V 67 X 12 Cr Ni 17 7	DIN 17225	Ventilfedern an Motoren, Dichtungsfedern, Rücklaufventilfedern in Lokomotiven, Federn für Heißdampfschieber (Temperaturen über 250 °C)
	Nichteisenmetalle		
Messing	Ms 63, Ms 63 P So Ms 70	DIN 17660 DIN 17661	Blattfedern Federn aus Blechen, Bändern und Drähten
Zinnbronze	Sn Bz 6, Sn Bz 8 M Sn Bz 6	DIN 17662 DIN 17662	Federn aller Art, Bourdonrohre, Membranen
Neusilber	NS 6512 NS 6218	DIN 17663 DIN 17663	Blattfedern
Cu-Leg.	Cu Be 1,7; Cu Be 2	DIN 17666	Federn aller Art, Membranen
Ni-Leg.	Ni Be 2	DIN 17741	Federn aller Art, Membranen

Zulässige Spannungen bei ruhender bzw. selten wechselnder Belastung.

Ringfedern $\sigma_{z\,zul} \approx 100$ kp/mm²; $\sigma_{d\,zul} \approx 130$ kp/mm² 60 Si Mn 5

Biegefedern $\boxed{\sigma_{b\,zul} \leq 0{,}8\,\sigma_S}$ $\sigma_{b\,zul} = 80$ bis 110 kp/mm²

Blattfedern für Schienenfahrzeuge $\sigma_{zul} \leq 70$ kp/mm²

Blattfedern für Kraftfahrzeuge $\sigma_{zul} = 50$ bis 60 kp/mm²

Drehstabfedern $\boxed{\tau_{t\,zul} \leq 0{,}5\,\sigma_B}$ $\tau_{t\,zul} = 60$ bis 80 kp/mm²

} Werkstoffe nach DIN 17221.

Zylindrische Schraubenfedern[1]:

kaltgeformte Druckfedern $\boxed{\tau_{i\,zul} = 0{,}5\,\sigma_B}$

kaltgeformte Zugfedern $\boxed{\tau_{i\,zul} = 0{,}45\,\sigma_B}$

} Abhängigkeit von der Drahtdicke s. Abb. 2.170a bis c.

warmgeformte Druckfedern s. Abb. 2.170d, angegeben für die der Blocklänge zugeordnete Belastung $F_{Bl\,theor}$

warmgeformte Zugfedern $\tau_{i\,zul} \leq 60$ kp/mm².

Zulässige Spannungen bei schwingender Belastung.

Biegefedern $\sigma_{0\,zul} = \sigma_m + \sigma_{a\,zul}$ $\boxed{\sigma_{a\,zul} \leq 0{,}8\,\sigma_A}$.

---

[1] Nach DIN 2089, Bl. 1 u. 2 (Vornorm Febr. 1963). — Index *i* bedeutet *ideelle* Schubspannung, ohne Berücksichtigung der Drahtkrümmungen. Index *k* bedeutet Berücksichtigung des Einflusses der Drahtkrümmung durch den Beiwert *k* (s. Abschn. 2.8.2.4). Index *h* bzw. *H* bedeutet Hub.

2.8 Elastische Verbindungen; Federn

Für Blattfedern aus üblichen Federstählen mit $\sigma_B \approx 140$ kp/mm² bei $\sigma_m = 50$ kp/mm²

einzelne Blätter mit geschliffenen Oberflächen $\sigma_A = 40$ bis 45 kp/mm²,
einzelne Blätter mit Walzhaut $\sigma_A = 12$ bis 20 kp/mm²,
geschichtete Blätter mit Walzhaut $\sigma_A = 10$ bis 12 kp/mm².

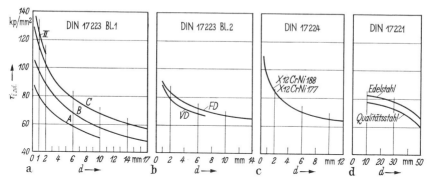

Abb. 2.170. Zulässige Schubspannungen
a) für kaltgeformte Druckfedern aus patentiert gezogenem Federstahldraht; b) für kaltgeformte Druckfedern aus vergütetem Federdraht oder vergütetem Ventilfederdraht; c) für kaltgeformte Druckfedern aus nichtrostendem kaltgezogenem Federstahldraht; d) für warmgeformte Druckfedern aus Edelstahl und Qualitätsstahl. Für kaltgeformte Zugfedern liegen die Werte 10% niedriger

Drehstabfedern $\tau_{0\,zul} = \tau_m + \tau_{a\,zul}$ $\boxed{\tau_{a\,zul} \leq 0{,}8\,\tau_A}$.

Für Federn aus 50 Cr V 4 nach DIN 2091 bei $\tau_m = 35$ kp/mm²

	geschliffen	verdichtet
$d \leq 30$ mm	$\tau_A = 18$ kp/mm²	$\tau_A = 28$ kp/mm²
$d \leq 50$ mm	$\tau_A = 14$ kp/mm²	$\tau_A = 24$ kp/mm²

Zylindrische Schraubenfedern[1] (Druckfedern):

$$\tau_{k\,0\,zul} = \tau_{kU} + \tau_{kh\,zul} \quad \boxed{\tau_{kh\,zul} \leq 0{,}8\,\tau_{kH}},$$

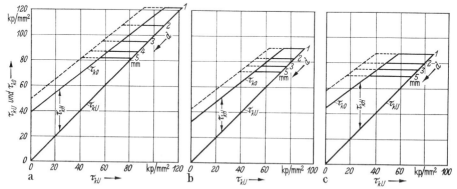

Abb. 2.171. Dauerfestigkeitsschaubilder für kaltgeformte Druckfedern
a) aus patentiert gezogenem Federstahldraht der Klasse C nach DIN 17223, Bl. 1; b) aus vergütetem Federdraht nach DIN 17223, Bl. 2; c) aus vergütetem Ventilfederdraht nach DIN 17223, Bl. 2. Die gestrichelten Linien gelten für kugelgestrahlte Federn

---

[1] Nach DIN 2089, Bl. 1 u. 2 (Vornorm Febr. 1963). — Index i bedeutet *ideelle* Schubspannung, ohne Berücksichtigung der Drahtkrümmungen. Index k bedeutet Berücksichtigung des Einflusses der Drahtkrümmung durch den Beiwert k (s. Abschn. 2.8.2.4). Index h bzw. H bedeutet Hub.

kaltgeformte Druckfedern: Dauerfestigkeitsschaubilder Abb. 2.171,
warmgeformte Druckfedern (vorläufige Richtwerte):

für Federn aus fehlerfreien Stäben, warmgewickelt und vergütet $\}$ $\tau_{kH} = 8$ bis 12 kp/mm^2,

für Federn aus abgedrehten und geschliffenen Stäben, warmgewickelt und unter besonderen Maßnahmen zur Verhütung der Randentkohlung vergütet $\}$ $\tau_{kH} = 20$ bis 32 kp/mm^2.

2.8.2.2 Zug- und druckbeanspruchte Federn. Die einfachste, aber praktisch nicht verwendete *Zugfeder* ist der gewöhnliche längsbelastete Stab mit konstantem Querschnitt (Draht). Er wird hier nur erwähnt, weil seine elastische Formänderungsarbeit als Vergleichsbasis für andere Federn benutzt wird. Die Grundgleichungen lauten:

$$F_{\max} = A \, \sigma_{\text{zul}}, \tag{1}$$

$$f = \frac{Fl}{EA}; \quad c = \frac{F}{f} = \frac{EA}{l}; \quad f_{\max} = \frac{l}{E} \sigma_{\text{zul}}, \tag{2}$$

$$W = \frac{1}{2} F_{\max} f_{\max} = \frac{1}{2} A \, \sigma_{\text{zul}} \frac{l}{E} \sigma_{\text{zul}} = \frac{\sigma_{\text{zul}}^2}{2E} A\, l = \frac{\sigma_{\text{zul}}^2}{2E} V. \tag{3}$$

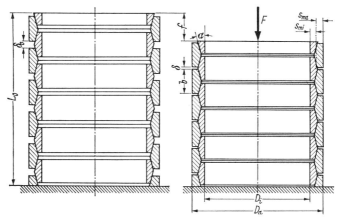

Abb. 2.172. Ringfeder

Wird *allgemein* $W = \eta \frac{\sigma_{\text{zul}}^2}{2E} V$ (bzw. $W = \eta \frac{\tau_{t\text{zul}}^2}{2G} V$) gesetzt, so kann η als *Volumenausnutzungsfaktor* aufgefaßt werden, der nur bei gleichmäßiger Spannungsverteilung über *alle* Volumenelemente gleich 1 wird. Er ist von den Werkstoffgrößen (σ_{zul} und E bzw. $\tau_{t\text{zul}}$ und G) unabhängig, stellt also lediglich eine Kennzahl für *Bauart und Form* dar. Der Raumbedarf wird wegen der verschiedenartigen Gestaltungs- und Anordnungsmöglichkeiten durch η nicht erfaßt.

Die Ringfedern[1] (Abb. 2.172 und 2.173) bestehen aus geschlossenen Innenringen mit äußerem Doppelkegel und Außenringen mit innerem Doppelkegel. Bei axialer Belastung F entstehen in den Berührungsflächen Pressungen p, die in den Außenringen Zug- und in den Innenringen Druckspannungen und dementsprechende Durchmesserveränderungen hervorrufen. Der Federweg f ist proportional der Belastung und der Anzahl der Berührungsflächen. Beim Zusammenschieben der Ringe tritt beachtliche Reibung auf, so daß eine Charakteristik nach Abb. 2.168 entsteht und mehr als die Hälfte der aufgenommenen Arbeit in Wärme umgesetzt wird.

---

[1] Hersteller: Ringfeder GmbH, Krefeld-Uerdingen.

Aus diesem Grund werden Ringfedern hauptsächlich als Pufferfedern, aber auch als Überlastsicherungen und Dämpfungselemente im Pressenbau verwendet[1].

Der Kegelneigungswinkel α muß, um Selbsthemmung zu vermeiden, größer als der Reibungswinkel ϱ sein; es kann mit $\alpha = 12 \cdots 15°$ und $\varrho = 7 \cdots 9°$ gerechnet werden. Da die zulässige Zugspannung niedriger liegt als die zulässige Druckspannung, werden die Außenringe stärker ausgeführt als die Innenringe; das Verhältnis s_{ma}/s_{mi} kann zu 1,3 angesetzt werden.

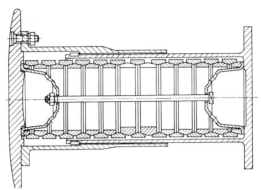

Abb. 2.173. Ringfeder als Pufferfeder

Für die *überschlägliche* Bemessung sind mit den Bezeichnungen nach Abb. 2.172 und mit $i =$ Anzahl der Berührungsflächen = Anzahl der Ringe (Endringe *halb* gezählt) folgende auf $\sigma_{z\,zul}$ bezogene Formeln geeignet:

$$F_{\max} = s_{ma} \pi b \tan(\alpha + \varrho) \sigma_{z\,zul}, \tag{1}$$

$$f = \frac{F i}{2 \pi b E \tan\alpha \tan(\alpha + \varrho)} \left(\frac{D_a}{s_{ma}} + \frac{D_i}{s_{mi}}\right), \tag{2}$$

$$f_{\max} = \frac{i \sigma_{z\,zul}}{2 E \tan\alpha} \left(D_a + \frac{s_{ma}}{s_{mi}} D_i\right),$$

$$W = \frac{1}{2} F_{\max} f_{\max} \approx \frac{\tan(\alpha + \varrho)}{\tan\alpha} \frac{s_{ma}}{s_{mi}} \frac{\sigma_{z\,zul}^2}{2 E} V; \quad V \approx \frac{i}{2} b \frac{\pi}{4} \left(D_a^2 - D_i^2\right). \tag{3}$$

Das Verhältnis D_a/b liegt üblicherweise zwischen 5 und 6; die Spaltdicke δ bei gespannter Feder kann zu $0{,}07 b$ angenommen werden; bei der ungespannten Feder ergibt sich dann $\delta_0 = \delta + 2\frac{f}{i}$ und $L_0 = \frac{i}{2}(b + \delta_0) = \frac{i}{2}(b + \delta) + f$.

Durch Verwendung einiger geschlitzter Innenringe kann die Federkennlinie verändert werden, so daß sie zunächst sehr flach und dann mit einem Knick steiler verläuft.

Beispiel: Gegeben: $F_{\max} = 52\,000$ kp; $f_{\max} = 90$ mm (also $W = 2340$ mkp); $\sigma_{z\,zul} = 100$ kp/mm². Angenommen: $\alpha = 14°$; $\varrho = 9°$; also $\tan\alpha = 0{,}249$; $\tan(\alpha + \varrho) = 0{,}424$; $s_{ma}/s_{mi} \approx 1{,}3$; $D_a/b \approx 5{,}5$.

Gl. (1) liefert

$$s_{ma} b = \frac{F_{\max}}{\pi \tan(\alpha + \varrho) \sigma_{z\,zul}} = \frac{52\,000 \text{ kp}}{\pi \cdot 0{,}424 \cdot 100 \text{ kp/mm}^2} = 390 \text{ mm}^2.$$

---

[1] FRIEDRICHS, J.: Die Anwendung der Ringfeder in der Technik. Z. Konstr. 14 (1962) 24 bis 29. — KREISSIG, E.: Der Pufferstoß. Eisenbahntechn. Rundschau (1952) H. 5 u. 11. — OEHLER, G.: Die Ringfeder als Überlastsicherung und Dämpfungselement im Pressenbau. Werkst. u. Betrieb 85 (1952) 69—72.

Gl. (2) liefert

$$i\left(D_a + \frac{s_{ma}}{s_{mi}} D_i\right) = \frac{f_{max} 2 E \tan\alpha}{\sigma_{z\,zul}} = \frac{90 \text{ mm} \cdot 2 \cdot 21000 \text{ kp/mm}^2 \cdot 0{,}249}{100 \text{ kp/mm}^2} = 9420 \text{ mm}.$$

Für einige angenommene s_{ma}-Werte ergibt sich dann:

	s_{ma} [mm] =	10	11	12
aus (1)	b [mm] =	39,0	35,4	32,5
	$D_a = 5{,}5 b$ [mm] =	214	195	179
	$s_{mi} = s_{ma}/1{,}3$ [mm] =	7,7	8,5	9,2
	$D_i = D_a - 2(s_{ma} + s_{mi})$ [mm] =	178,6	156,0	136,6
	$\left(D_a + \frac{s_{ma}}{s_{mi}} D_i\right)$ [mm] =	446	397	357
aus (2)	i [—] =	21,1	23,7	26,4

Gewählt: $i = 24$; $D_a = 195$ mm; $D_i = 156$ mm; $s_{ma} = 11$ mm; $s_{mi} = 8{,}5$ mm; $b = 36$ mm; $\delta = 0{,}07 b = 2{,}5$ mm; $\delta_0 = \delta + 2\frac{f}{i} = 2{,}5 + 2\frac{90}{24} = 10$ mm; $L_0 = \frac{i}{2}(b + \delta_0) = 12 \cdot 46 = 552$ mm.

2.8.2.3 Biegebeanspruchte Federn. Die wichtigsten biegebeanspruchten Federn sind *Blattfedern*, die sowohl mit einseitiger Einspannung als auch mit drehbarer Lagerung an den Enden, manchmal auch mit beidseitiger Einspannung verwendet werden. Die Durchfederung und die Arbeitsaufnahme sind bei konstanter Dicke stark von der Form abhängig, am günstigsten verhält sich die einseitig eingespannte Dreiecksfeder, bei der die maximale Biegespannung in jedem Querschnitt gleich und daher die Biegelinie ein Kreisbogen ist. Im einzelnen gelten folgende Grundgleichungen:

Einseitig eingespannte Blattfeder mit konstantem Rechteckquerschnitt (Abb. 2.174)

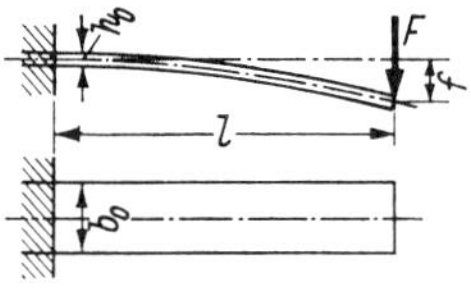

$$F_{max} = W_b \frac{\sigma_{b\,zul}}{l} = \frac{b_0 h_0^2}{6l} \sigma_{b\,zul}, \qquad (1)$$

$$f = \frac{F l^3}{3 E I_b} = \frac{4 F l^3}{E b_0 h_0^3}; \quad c = \frac{F}{f} = \frac{3 E I_b}{l^3}, \qquad (2)$$

Abb. 2.174. Blattfeder mit konstantem Rechteckquerschnitt, eingespannt

$$f_{max} = \frac{4 b_0 h_0^2 \sigma_{b\,zul}}{6 l} \frac{l^3}{E b_0 h_0^3} = \frac{2}{3} \frac{l^2}{h_0} \frac{\sigma_{b\,zul}}{E},$$

$$W = \frac{1}{2} F_{max} f_{max} = \frac{1}{2} \frac{b_0 h_0^2}{6 l} \sigma_{b\,zul} \frac{2}{3} \frac{l^2}{h_0} \frac{\sigma_{b\,zul}}{E} = \frac{1}{9} \frac{\sigma_{b\,zul}^2}{2 E} \underbrace{b_0 h_0 l}_{V}. \qquad (3)$$

Einseitig eingespannte Dreiecksfeder (Abb. 2.175)

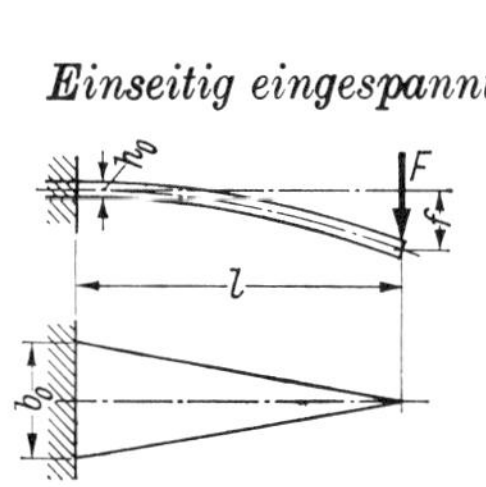

$$F_{max} = W_{b0} \frac{\sigma_{b\,zul}}{l} = \frac{b_0 h_0^2}{6l} \sigma_{b\,zul}, \qquad (1)$$

$$f = \frac{F l^3}{2 E I_{b0}} = \frac{6 F l^3}{E b_0 h_0^3}; \quad c = \frac{F}{f} = \frac{2 E I_{b0}}{l^3}, \qquad (2)$$

Abb. 2.175. Dreiecksfeder, eingespannt

$$f_{max} = \frac{6 b_0 h_0^2 \sigma_{b\,zul}}{6 l} \frac{l^3}{E b_0 h_0^3} = \frac{l^2}{h_0} \frac{\sigma_{b\,zul}}{E},$$

$$W = \frac{1}{2} F_{max} f_{max} = \frac{1}{2} \frac{b_0 h_0^2}{6 l} \sigma_{b\,zul} \frac{l^2}{h_0} \frac{\sigma_{b\,zul}}{E} = \frac{1}{3} \frac{\sigma_{b\,zul}^2}{2 E} \underbrace{\frac{1}{2} b_0 h_0 l}_{V}. \qquad (3)$$

2.8 Elastische Verbindungen; Federn

Einseitig eingespannte Trapezfeder (Abb. 2.176)

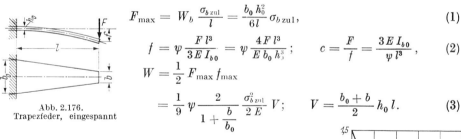

Abb. 2.176. Trapezfeder, eingespannt

$$F_{\max} = W_b \frac{\sigma_{b\,\text{zul}}}{l} = \frac{b_0 h_0^2}{6l} \sigma_{b\,\text{zul}}, \quad (1)$$

$$f = \psi \frac{F l^3}{3 E I_{b0}} = \psi \frac{4 F l^3}{E b_0 h_0^3}; \quad c = \frac{F}{f} = \frac{3 E I_{b0}}{\psi l^3}, \quad (2)$$

$$W = \frac{1}{2} F_{\max} f_{\max}$$

$$= \frac{1}{9} \psi \frac{2}{1 + \frac{b}{b_0}} \frac{\sigma_{b\,\text{zul}}^2}{2E} V; \quad V = \frac{b_0 + b}{2} h_0 l. \quad (3)$$

Der Beiwert ψ ist von b/b_0 abhängig (Abb. 2.177).
Für $b = b_0$ (konstanter Rechteckquerschnitt) ist $\psi = 1$; $\eta = \frac{1}{9}$.
Für $b = 0$ (Dreiecksfeder) ist $\psi = 1{,}5$; $\eta = \frac{1}{3}$.

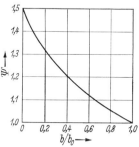

Abb. 2.177. Beiwert ψ in Abhängigkeit von b/b_0

Drehbare Lagerung an den Federenden (Abb. 2.178); Länge l', Last F' in der Mitte. Jede Hälfte verhält sich wie ein einseitig eingespannter Träger, so daß in den Gln. (1) und (2) jeweils nur F durch $F'/2$ und l durch $l'/2$ zu ersetzen sind.

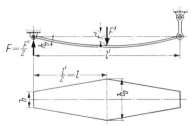

Abb. 2.178. Trapezfeder mit drehbar gelagerten Federenden

$$F'_{\max} = 4 W_{b0} \frac{\sigma_{b\,\text{zul}}}{l} = \frac{2}{3} \frac{b_0 h_0^2}{l'} \sigma_{b\,\text{zul}}, \quad (1)$$

$$f' = \psi \frac{F' l'^3}{48 E I_{b0}} = \psi \frac{F' l'^3}{4 E b_0 h_0^3}; \quad (2)$$

$$f'_{\max} = \psi \frac{1}{6} \frac{l'^2}{h_0} \frac{\sigma_{b\,\text{zul}}}{E},$$

$$W' = \frac{1}{2} F'_{\max} f'_{\max} = \frac{1}{9} \psi \frac{2}{1 + \frac{b}{b_0}} \frac{\sigma_{b\,\text{zul}}^2}{2E} V'; \quad (3)$$

$$V' = \frac{b_0 + b}{2} h_0 l'.$$

Die geschichtete Blattfeder (Abb. 2.179) kann als eine in Streifen geschnittene Trapezfeder aufgefaßt werden. Die einzelnen Blätter werden in der Mitte durch Federbund oder durch Spannplatten zusammengehalten. Um Querverschiebungen zu vermeiden, wird gerippter Federstahl (z. B. nach DIN 1570) verwendet; eine Fixierung in Längsrichtung erfolgt durch eingepreßte Mittelwarzen.

Ohne Berücksichtigung der Reibung gelten dieselben Gleichungen wie vorher mit

$$b_0 = i\,b' \quad \text{und} \quad b = i'\,b',$$

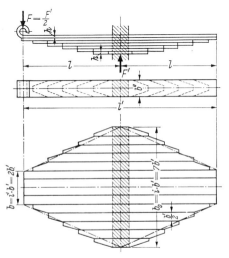

Abb. 2.179. Geschichtete Blattfeder

wobei $i =$ Anzahl aller Blätter (im Beispiel $i = 7$), $i' =$ Anzahl der bis zu den Enden durchgeführten Blätter (im Beispiel $i' = 2$) und $b' =$ Blattbreite.

Im Fahrzeugbau werden zur Annäherung an eine progressive Kennlinie häufig gestufte Blattfedern verwendet, d. h., nach einem bestimmten Federweg werden Zusatzfedern wirksam.

Für die *beiderseits eingespannte Blattfeder* (Abb. 2.180) mit parallel geführten Federenden (Länge l', Belastung F') gelten bei konstanter Breite b die Beziehungen:

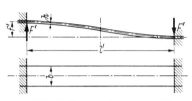

$$F'_{\max} = \frac{b\,h^2}{3\,l'}\,\sigma_{b\,\text{zul}}, \tag{1}$$

$$f' = \frac{F'\,l'^3}{12\,E\,I} = \frac{F'\,l'^3}{E\,b\,h^3}; \tag{2}$$

$$f'_{\max} = \frac{1}{3}\frac{l'^2}{h}\frac{\sigma_{b\,\text{zul}}}{E},$$

Abb. 2.180. Beiderseits eingespannte Blattfeder

$$W = \frac{1}{2} F'_{\max} f'_{\max} = \frac{1}{9}\frac{\sigma_{b\,\text{zul}}^2}{2E}\underbrace{b\,h\,l'}_{V}. \tag{3}$$

Gekrümmte Biegefedern[1] finden vielfach in elektrischen und feinmechanischen Geräten als Kontakt-, Bügel- oder Klammerfedern Verwendung. Für das Beispiel nach Abb. 2.181 ergibt sich bei konstantem Querschnitt (Rechteck, Kreis)

$$F_{\max} = \sigma_{b\,\text{zul}}\frac{W_b}{l'}, \tag{1}$$

$$f = \frac{F}{E\,I_b}\left[\frac{l^3}{3} + r\,l^2\frac{\pi}{2} + 2\,r^2\,l + r^3\frac{\pi}{4}\right]. \tag{2}$$

Bei *gewundenen Biegefedern*, sowohl der ebenen Spiralfeder (Abb. 2.182) als auch bei der räumlich nach einer Schraubenlinie geformten Biegefeder (Abb. 2.183), auch Schenkelfeder genannt, werden bei Auslenkung Rückstell*momente* um die Drehachse erzeugt. Die ersteren (DIN 43801) finden Anwendung in Meßinstrumenten und Uhren; die letzteren (DIN 2088) als Scharnierfedern zum Rückholen oder Andrücken von Hebeln, Rasten u. dgl.

Abb. 2.181. Gekrümmte Biegefeder

Werden die Federenden, wie in den Abbildungen angedeutet, fest eingespannt, dann werden alle Federelemente gleichmäßig auf Biegung beansprucht, und es kann mit folgenden Formeln gerechnet werden:

Allgemein	Kreisquerschnitt	Rechteckquerschnitt (b parallel zur Drehachse)	
$M_{d\,\max} = M_{b\,\max} = W_b\,\sigma_{b\,\text{zul}}$	$M_{d\,\max} = \frac{\pi\,d^3}{32}\,\sigma_{b\,\text{zul}}$	$M_{d\,\max} = \frac{b\,h^2}{6}\,\sigma_{b\,\text{zul}}$	(1)
$\varphi = \frac{M_d\,l}{E\,I_b};\ \varphi_{\max} = \frac{W_b\,l}{I_b}\frac{\sigma_{b\,\text{zul}}}{E}$	$\varphi_{\max} = \frac{2\,l}{d}\frac{\sigma_{b\,\text{zul}}}{E}$	$\varphi_{\max} = \frac{2\,l}{h}\frac{\sigma_{b\,\text{zul}}}{E}$	(2)
$W = \frac{1}{2} M_{d\,\max}\,\varphi_{\max}$	$W = \frac{1}{4}\frac{\sigma_{b\,\text{zul}}^2}{2E} V$	$W = \frac{1}{3}\frac{\sigma_{b\,\text{zul}}^2}{2E} V$	(3)
	$V = \frac{\pi\,d^2}{4}\,l$	$V = b\,h\,l$	

---

[1] PALM, J., u. K. THOMAS: Berechnung gekrümmter Biegefedern. VDI-Z. 101 (1959) 301 bis 308.

Hierbei bedeutet l die gestreckte Drahtlänge, für die mit guter Näherung gilt:

bei der archimedischen Spirale $\quad l \approx 2\pi i \left[r_0 + \dfrac{i}{2}(d + \delta_r)\right]$
bzw. h statt d beim Rechteck,

bei der Schraubenbiegefeder $\quad l \approx \pi D i$

(i = Windungszahl; r_0, δ_r, d, h und D entsprechen Abb. 2.182 und 2.183).

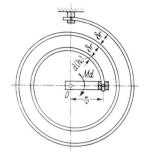

Abb. 2.182. Gewundene Biegefeder, Spiralfeder

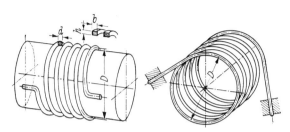

Abb. 2.183. Gewundene Biegefeder, Schenkelfeder

In den Gln. (1) und (2) ist nicht die durch die Krümmung hervorgerufene Spannungserhöhung an der Innenseite des Querschnitts berücksichtigt. Wird $\sigma_{b\,i} = M_b/W_b$ als ideale Biegespannung bezeichnet, so ergibt sich die Höchstspannung innen zu $\sigma_{\max} = k_b\,\sigma_{b\,i}$ mit dem Beiwert k_b nach Abb. 2.184. Für D ist bei der Spiralfeder das Doppelte des kleinsten mittleren Krümmungshalbmessers zu nehmen.

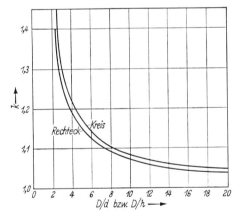

Abb. 2.185. Tellerfeder, Bezeichnungen

Abb. 2.184. Beiwerte für Höchstspannung an der Innenseite

Die *Tellerfedern* (Abb. 2.185 und 2.186) sind Kegelringscheiben, die bei über dem inneren und äußeren Umfang gleichmäßig verteilter Belastung vorwiegend auf Biegung beansprucht werden. Die Höchstspannung tritt am Innenrand oben auf. Die Berechnung der Durchfederung und der Spannungen erfolgt nach den Näherungsformeln von ALMEN und LASZLÓ[1], die auch DIN 2092 und 2093 zugrunde gelegt sind.

Die üblichen Bezeichnungen sind in Abb. 2.185 eingetragen. Je nach der Wahl der Abmessungen (D_a/D_i), (D_a/s), (h/s) ergeben sich nahezu lineare oder degressive

---

[1] ALMEN/LASZLÓ: The Uniform-Section Disc Spring. Transactions of the American Society of Mechanical Engineers 58 (1936) 305—314. — WERNITZ, W.: Die Tellerfeder. Z. Konstr. 6 (1954) 361—376.

Kennlinien; es ist auch möglich, über größere Federwege näherungsweise konstanten Kraftverlauf, evtl. sogar eine Kraftabnahme zu erzielen. Einen progressiven Kennlinienverlauf erhält man durch wechselsinnig aneinandergereihte Einzelteller verschiedener Dicke oder durch wechselsinnige Anordnung von Federpaketen mit verschiedener Anzahl von Tellern gleicher Dicke.

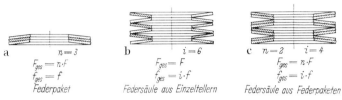

Abb. 2.186. Federpaket und Federsäulen

Den Kombinationsmöglichkeiten entsprechend ist das Anwendungsgebiet der Tellerfedern sehr groß; sie werden besonders wegen ihres geringen Platzbedarfs bei großen Kräften und kleinen Federwegen, aber auch als Federsäulen mit weicher Charakteristik verwendet, also z. B. als Puffer- und Stoßdämpferfedern, für Auswerfervorrichtungen der Stanz-, Schnitt- und Ziehtechnik, für Federbeine, Ventile, für Abstützungen von Gebäudedecken und Maschinenfundamenten, für Längen- und Toleranzausgleich, für Spielausgleich und Geräuschdämpfung bei Kugellagern, zur Aufrechterhaltung der Vorspannung in Schraubenverbindungen usw. Weitere Anwendungsbeispiele enthalten die Kataloge der Hersteller[1].

Bei gleichsinnig geschichteten Einzeltellern (Federpaketen) tritt noch Reibung zwischen den Anlageflächen und somit eine gewisse Dämpfung auf.

Wird mit n die Anzahl der Einzelteller im *Federpaket* und mit i die Anzahl der Einzelteller oder der Federpakete in der *Federsäule* (wechselsinnige Aneinanderreihung) bezeichnet, so ergeben sich bei gleichdicken Federn und bei Vernachlässigung der Reibung die in Abb. 2.186 a, b und c angegebenen Werte für die Gesamtkraft bzw. den Gesamtfederweg.

Für die Berechnung des Einzeltellers gelten folgende Beziehungen:
Höchste Druckspannung (innen, oben)

$$\sigma_d = \frac{4 m^2 E}{m^2 - 1} \frac{1}{\alpha (D_a/s)^2} \frac{f_x}{s} \left[\beta \left(\frac{h}{s} - 0{,}5 \frac{f_x}{s} \right) + \gamma \right], \qquad (1)$$

Federkraft

$$F_x = \frac{4 m^2 E}{m^2 - 1} \frac{s^2}{\alpha (D_a/s)^2} \frac{f_x}{s} \left[\left(\frac{h}{s} - \frac{f_x}{s} \right) \left(\frac{h}{s} - 0{,}5 \frac{f_x}{s} \right) + 1 \right], \qquad (2)$$

Federsteifigkeit

$$c_x = \frac{dF_x}{df_x} = \frac{4 m^2 E}{m^2 - 1} \frac{s}{\alpha (D_a/s)^2} \left[\left(\frac{h}{s} \right)^2 - 3 \frac{h}{s} \frac{f_x}{s} + 1{,}5 \left(\frac{f_x}{s} \right)^2 + 1 \right], \qquad (2\text{a})$$

Arbeitsaufnahme

$$W_x = \int_0^{f_x} F_x \, df_x = \frac{2 m^2 E}{m^2 - 1} \frac{s^3}{\alpha (D_a/s)^2} \left(\frac{f_x}{s} \right)^2 \left[1 + \left(\frac{h}{s} - 0{,}5 \frac{f_x}{s} \right)^2 \right]. \qquad (3)$$

Hierin bedeuten: m = Poissonsche Zahl (für Stahl $m = 10/3$), E = Elastizitätsmodul (für Stahl $2{,}1 \cdot 10^6$ kp/cm²) und α, β und γ = Kennwerte, die von D_a/D_i abhängig sind (Tab. 2.31).

---

[1] A. Schnorr KG, Maichingen b. Stuttgart; C. Bauer KG, Welzheim; F. Krupp, Essen; Muhr & Bender, Attendorn/Westf.

2.8 Elastische Verbindungen; Federn

Bei den in DIN 2093 genormten Tellerfedern ist $D_a/D_i \approx 2$ und

bei der Reihe A (harte Federn): $\dfrac{D_a}{s} \approx 18$

und $\dfrac{h}{s} \approx 0{,}4$,

bei der Reihe B (weiche Federn): $\dfrac{D_a}{s} \approx 28$

und $\dfrac{h}{s} \approx 0{,}75$.

Tabelle 2.31. *Kennwerte α, β und γ zur Berechnung von Tellerfedern*

D_a/D_i	α	β	γ
1,2	0,29	1,00	1,04
1,4	0,45	1,07	1,13
1,6	0,56	1,12	1,22
1,8	0,64	1,17	1,30
2,0	**0,70**	**1,22**	**1,38**
2,2	0,74	1,27	1,46
2,4	0,76	1,31	1,53
2,6	0,77	1,35	1,60
2,8	0,78	1,39	1,67
3,0	0,79	1,43	1,74
4,0	0,80	1,61	2,07
5,0	0,78	1,76	2,37

In DIN 2092 wird empfohlen, mit der Durchfederung nur bis $\underline{f_{\max} \approx 0{,}75 h}$ zu gehen. Hierfür sind auch in DIN 2093 die nach den Gln. (1) und (2) berechneten $F_{\max}$- und $\sigma_{\max}$-Werte angegeben ($m = 10/3$; $E = 21000$ kp/mm^2). Nach SCHÖNFELD[1] lassen sich dann die Federkennlinien als Verhältniszahlen $F_x/F_{\max}$ in Abhängigkeit von $f_x/f_{\max}$ und h/s als Parameter darstellen (Abb. 2.187). Ebenso läßt sich die Gl. (2a) auf die einfache Form

$$c_x = \frac{F_{\max}}{f_{\max}} k_x \qquad (2\,\text{b})$$

und die Gl. (3) auf

$$W_x = F_{\max} f_{\max} q_x \qquad (3\,\text{b})$$

bringen, wobei k_x und q_x ebenfalls nur von $f_{\max}/f_x$ und h/s abhängig sind (Abb. 2.188 und 2.189).

Beispiel: Eine Federsäule aus $i = 12$ wechselsinnig aneinandergereihten Tellerfedern B 100 DIN 2093 wird mit $F_1 = 300$ kp vorgespannt, und dann wird die Belastung auf $F_2 = 1000$ kp gesteigert.

[1] SCHÖNFELD, H.: Die praktische Berechnung der Federungseigenschaften von Tellerfedern. Z. Konstr. 15 (1963) 16—18.

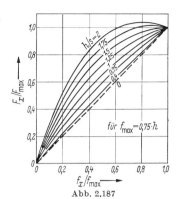

Abb. 2.187

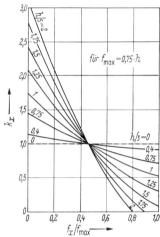

Abb. 2.188

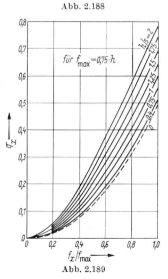

Abb. 2.189

Abb. 2.187 bis 2.189. Zur Berechnung von Tellerfedern

Gesucht sind der Federweg, die Federsteifigkeiten bei Vorlast und Vollast und die Arbeitsaufnahme.

Abmessungen: $D_a = 100$ mm, $D_i = 51$ mm $\Big\}$ $\frac{D_a}{D_i} = 1,96$, $s = 3,5$ mm, $h = 2,8$ mm $\Big\}$ $\frac{h}{s} = 0,8$.

Nach Gl. (2) oder aus DIN 2093 ergibt sich $F_{max} = 1350$ kp bei $f_{max} = 0,75 h = 2,1$ mm.

Federweg:

$\frac{F_1}{F_{max}} = \frac{300 \text{ kp}}{1350 \text{ kp}} = 0,222$, aus Abb. 2.187 $\frac{f_1}{f_{max}} = 0,16$; $f_1 = 0,16 \cdot 2,1$ mm $= 0,34$ mm,

$\frac{F_2}{F_{max}} = \frac{1000 \text{ kp}}{1350 \text{ kp}} = 0,74$, aus Abb. 2.187 $\frac{f_2}{f_{max}} = 0,65$; $f_2 = 0,65 \cdot 2,1$ mm $= 1,37$ mm.

Nach Abb. 2.186 ist $\Delta f_{ges} = i f_2 - i f_1 = 12 \cdot 1,03$ mm $= 12,35$ mm.

Federsteifigkeiten:

$\frac{f_1}{f_{max}} = 0,16$; aus Abb. 2.188 $k_1 = 1,30$; $c_1 = \frac{F_{max}}{f_{max}} k_1 = \frac{1350 \text{ kp}}{2,1 \text{ mm}} 1,30 = 836$ kp/mm,

$$c_{1 ges} = \frac{c_1}{i} = \frac{836 \text{ kp/mm}}{12} = 69,7 \text{ kp/mm},$$

$\frac{f_2}{f_{max}} = 0,65$; aus Abb. 2.188 $k_2 = 0,85$; $c_2 = \frac{F_{max}}{f_{max}} k_2 = \frac{1350 \text{ kp}}{2,1 \text{ mm}} 0,85 = 546$ kp/mm,

$$c_{2 ges} = \frac{c_2}{i} = \frac{546 \text{ kp/mm}}{12} = 45,5 \text{ kp/mm}.$$

Arbeitsaufnahme:

$\frac{f_1}{f_{max}} = 0,16$; aus Abb. 2.189 $q_1 = 0,018$; $W_1 = F_{max} f_{max} q_1 = 1350$ kp $\cdot 2,1$ mm $\cdot 0,018$
$= 50$ kpmm,

$\frac{f_2}{f_{max}} = 0,65$; aus Abb. 2.189 $q_2 = 0,265$; $W_2 = F_{max} f_{max} q_2 = 1350$ kp $\cdot 2,1$ mm $\cdot 0,265$
$= 750$ kpmm,

$$W_{ges} = i(W_2 - W_1) = 12 \cdot 700 \text{ kpmm} = 8400 \text{ kpmm} = 8,4 \text{ kpm}.$$

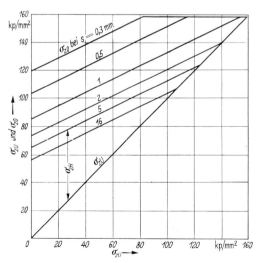

Abb. 2.190. Dauerfestigkeitsschaubild für Tellerfedern aus 50 Cr V 4

Bei *schwingender Belastung* ist zu beachten, daß der Dauerbruch von der auf *Zug* beanspruchten Federunterseite ausgeht. Nach Versuchen von HERTZER[1] ist die Dauerbruchfestigkeit von der Vorspannung und der Dicke s abhängig, s. Abb. 2.190[2]. Als Bezugsspannung ist hierbei die *Zug*spannung am Außenrand unten benutzt, für die mit guter Näherung (bis $h/s \approx 1$) gilt:

$$\sigma_z = \sigma_d \left(\frac{D_i}{D_a} + 0,06 \frac{h}{s} \right).$$

[1] HERTZER, K.-H.: Über die Dauerfestigkeit und das Setzen von Tellerfedern, Dissertation an der T. H. Braunschweig, 1959.

[2] Aus: Kleines Schnorr-Handbuch für Tellerfedern, Adolf Schnorr KG, Maichingen bei Stuttgart, 1963.

2.8.2.4 Drehbeanspruchte Federn.

Die *gerade Drehstabfeder* wird durch Drehmomente M_t belastet; der Endquerschnitt verdreht sich gegenüber dem Einspannquerschnitt um den Winkel φ (φ ist in den Formeln im Bogenmaß einzusetzen). Die Verdrehfederkonstante ist demnach $C = M_t/\varphi$.

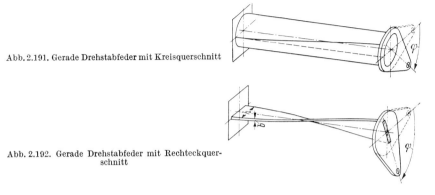

Abb. 2.191. Gerade Drehstabfeder mit Kreisquerschnitt

Abb. 2.192. Gerade Drehstabfeder mit Rechteckquerschnitt

Meistens wird Kreisquerschnitt gewählt (Abb. 2.191), es gibt aber auch (sogar geschichtete) Rechteckdrehstabfedern (Abb. 2.192), wobei jedoch die Torsionsspannungen sehr ungleichmäßig verteilt sind (Höchstwerte in der Mitte der größten Seite). Es gelten folgende Grundgleichungen:

Allgemein	Kreis	Rechteck (h = große Seite)	
$M_{t\,\mathrm{max}} = W_t\,\tau_{t\,\mathrm{zul}}$	$M_{t\,\mathrm{max}} = \dfrac{\pi\,d^3}{16}\,\tau_{t\,\mathrm{zul}}$	$M_{t\,\mathrm{max}} = \eta_1\,b^2\,h\,\tau_{t\,\mathrm{zul}}$	(1)
$\varphi = \dfrac{M_t\,l}{G\,I_t};\quad C = \dfrac{M_t}{\varphi} = \dfrac{G\,I_t}{l}$	$\varphi = \dfrac{M_t\,l\cdot 32}{G\,\pi\,d^4}$	$\varphi = \dfrac{M_t\,l}{G\,\eta_2\,b^3\,h}$	(2)
$\varphi_{\mathrm{max}} = \dfrac{W_t\,l}{I_t}\,\dfrac{\tau_{t\,\mathrm{zul}}}{G}$	$\varphi_{\mathrm{max}} = \dfrac{2l}{d}\,\dfrac{\tau_{t\,\mathrm{zul}}}{G}$	$\varphi_{\mathrm{max}} = \dfrac{\eta_1}{\eta_2}\,\dfrac{l}{b}\,\dfrac{\tau_{t\,\mathrm{zul}}}{G}$	
$W = \tfrac{1}{2}\,M_{t\,\mathrm{max}}\,\varphi_{\mathrm{max}}$ $= \dfrac{W_t^2}{I_t\,A}\,\dfrac{\tau_{t\,\mathrm{zul}}^2}{2G}\,V$	$W = \dfrac{1}{2}\,\dfrac{\tau_{t\,\mathrm{zul}}^2}{2G}\,V$	$W = \dfrac{\eta_1^2}{\eta_2}\,\dfrac{\tau_{t\,\mathrm{zul}}^2}{2G}\,V$	(3)
		η_1 und η_2-Werte s. Abb. 2.193, in die auch η_1^2/η_2 gestrichelt eingetragen.	

Der Volumenausnutzungsfaktor für Drehstabfedern mit Kreisquerschnitt ist mit $\eta = 0{,}5$ gegenüber dem der Biegefedern sehr groß. Ein Vergleich der Arbeitsaufnahme einer Drehstabfeder mit Kreisquerschnitt und der *günstigsten* Biegefeder (Dreiecksfeder mit $\eta = 0{,}33$) liefert mit $\tau_{t\,\mathrm{zul}} \approx 0{,}75\,\sigma_{b\,\mathrm{zul}}$ und $G \approx 0{,}38\,E$

$$\frac{W_{\mathrm{Drehstab}}}{W_{\mathrm{Biegefeder}}} = \frac{\dfrac{1}{2}\,\dfrac{\tau_{t\,\mathrm{zul}}^2}{2G}\,V}{\dfrac{1}{3}\,\dfrac{\sigma_{b\,\mathrm{zul}}^2}{2E}\,V} = \frac{3}{2}\,\frac{9}{16}\,\frac{1}{0{,}38} = 2{,}2,$$

d. h., bei gleichem Volumen kann die Drehstabfeder mit Kreisquerschnitt mehr als das Doppelte an Arbeit aufnehmen als die beste Biegefeder. Aus diesem Grund finden Drehstabfedern immer mehr Anwendung im Fahrzeugbau.

2. Verbindungselemente

Noch günstigere Verhältnisse erhält man beim Kreis*ring*querschnitt, für den die Grundgleichungen mit $Q = d/D$ lauten

$$M_{t\max} = \frac{\pi D^3}{16}(1 - Q^4)\,\tau_{t\,\text{zul}}, \tag{1}$$

$$\varphi = \frac{M_t\, l \cdot 32}{G\,\pi D^4 (1 - Q^4)}; \quad \varphi_{\max} = \frac{2l}{D}\frac{\tau_{t\,\text{zul}}}{G}, \tag{2}$$

$$W = \frac{1}{2}(1 + Q^2)\frac{\tau_{t\,\text{zul}}^2}{2G} V \quad \text{also} \quad \eta = \frac{1}{2}(1 + Q^2). \tag{3}$$

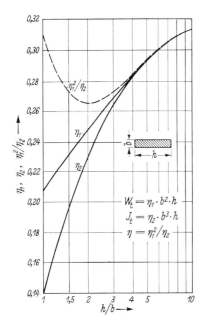

Abb. 2.193. Beiwerte für Rechteckquerschnitt

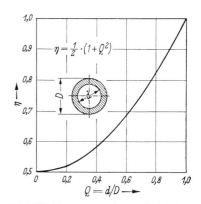

Abb. 2.194. Volumenausnutzungsfaktor beim Kreisringquerschnitt

Die η-Werte nehmen mit wachsendem d/D beachtlich über 0,5 hinaus zu (Abb. 2.194).

Beispiel: Gegeben: $M_{t\max} = 8000$ cmkp; $\varphi_{\max} = 23° = 0,4$ rad; $\tau_{t\,\text{zul}} = 30$ kp/mm²; $G = 8000$ kp/mm². Gesucht: Erforderliche Abmessungen a) bei Kreisquerschnitt und b) bei Kreisringquerschnitt mit $d/D = 0,6$.

a) Kreisquerschnitt

aus (1) $\quad \dfrac{\pi d^3}{16} = \dfrac{M_{t\max}}{\tau_{t\,\text{zul}}} = \dfrac{8000 \text{ cmkp}}{3000 \text{ kp/cm}^2} = 2{,}66 \text{ cm}^3;\ d^3 = 13{,}6 \text{ cm}^3;\ d \approx 2{,}4 \text{ cm},$

aus (2) $\quad l = \dfrac{\varphi_{\max}\, d\, G}{2\,\tau_{t\,\text{zul}}} = \dfrac{0{,}4 \cdot 2{,}4 \text{ cm} \cdot 800\,000 \text{ kp/cm}^2}{2 \cdot 3000 \text{ kp/cm}^2} = 128 \text{ cm},$

$\quad V = \dfrac{\pi d^2}{4} l = 570 \text{ cm}^3;\ \eta = 0{,}5.$

b) Kreisringquerschnitt

aus (1) $\quad \dfrac{\pi D^3}{16} = \dfrac{M_{t\,\mathrm{max}}}{(1-Q^4)\,\tau_{t\,\mathrm{zul}}} = \dfrac{2{,}66 \text{ cm}^3}{0{,}8704} = 3{,}06 \text{ cm}^3;\quad D^3 = 15{,}6 \text{ cm}^3;$

$$D = 2{,}5 \text{ cm};\quad d = 0{,}6\,D = 1{,}5 \text{ cm};$$

aus (2) $\quad l = \dfrac{\varphi_{\mathrm{max}}\, D\, G}{2\, \tau_{t\,\mathrm{zul}}} = 133 \text{ cm};$

$$V = \dfrac{\pi}{4}(D^2 - d^2)\, l = 419 \text{ cm}^3;\quad \eta = 0{,}68.$$

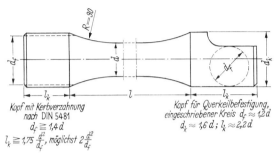

Abb. 2.195. Genormte Drehstabfeder nach DIN 2091

Drehstabfedern mit Kreisquerschnitt sind in DIN 2091 genormt; außer dem Rechnungsgang und einem Berechnungsbeispiel sind auch die Abmessungen der Stabköpfe und der Übergänge angegeben (Abb. 2.195); die verstärkten Einspannstellen werden mit Kerbverzahnung nach DIN 5481 oder mit Flächen für Keilbefestigung versehen oder auch nur einfach als Vierkant oder Sechskant ausgebildet. Die Hohlkehlen und auch die übrige Staboberfläche sollen zwecks Steigerung der Dauerhaltbarkeit geschliffen oder poliert werden.

Die *zylindrischen Schraubenfedern* kann man in erster Näherung als schraubenförmig gewundene Drehstabfedern auffassen.

Die in der Mitte (Längsachse) wirkenden Zug- oder Druckkräfte F haben von jedem Drahtelement den konstanten Abstand $R = D/2$, wenn der mittlere Windungsdurchmesser mit D bezeichnet wird; jedes Element wird also durch das konstante Drehmoment $M_t = FD/2$ belastet[1], und die maximale Torsionsspannung ergibt sich zu $\tau_{\mathrm{max}} = \dfrac{M_t}{W_t} = \dfrac{FD}{2\,W_t}$; sie muß kleiner als $\tau_{t\,\mathrm{zul}}$ sein, so daß die Gleichung für die Tragfähigkeit lautet

$$F_{\mathrm{max}} = \dfrac{2\,W_t}{D}\,\tau_{t\,\mathrm{zul}}.\tag{1}$$

Für die Ermittlung der Verformungsgleichung betrachten wir die in Abb. 2.196 dargestellte Feder als unten eingespannten, nach einer Schraubenlinie gewundenen Torsionsstab, an dessen oberem Ende ein starrer Hebel für den zentrischen Angriff der Kraft F befestigt ist. Jedes Stabelement von der Länge Δl wird durch das konstante Biegemoment $M_t = FD/2$ um den Winkel $\Delta \varphi = \dfrac{F(D/2)\,\Delta l}{G\,I_t}$ verdreht, so daß sich der Gesamt*verdrehwinkel* mit $\Sigma \Delta l = l \approx i\,\pi\,D$ angenähert zu

$$\varphi = \dfrac{F\,D\,i\,\pi\,D}{2\,G\,I_t}$$

---

[1] Bei Berücksichtigung des Steigungswinkels γ_m ist $M_t = F\,\dfrac{D}{2}\cos\gamma_m$, und es tritt noch ein Biegemoment $M_b = F\,\dfrac{D}{2}\sin\gamma_m$ auf.

und der Gesamt*federweg* zu
$$f = \varphi \frac{D}{2} = \frac{\pi D^3}{4 G I_t} i F \tag{2}$$

ergibt. Aus Gl. (1) und (2) folgt
$$W = \frac{1}{2} F_{\max} f_{\max} = \frac{W_t^2}{I_t A} \frac{\tau_{t\,\text{zul}}^2}{2G} \underbrace{\pi D i A}_{V}. \tag{3}$$

Für den am meisten verwendeten *Kreisquerschnitt* ergeben sich dann mit $A = \pi d^2/4$, $W_t = \pi d^3/16$, $I_t = \pi d^4/32$ die Grundgleichungen zu

$$F_{\max} = \frac{\pi}{8} \frac{d^3}{D} \tau_{t\,\text{zul}}, \tag{1}$$

$$f = \frac{8}{G} \frac{D^3}{d^4} i F; \qquad f_{\max} = \frac{D^2}{d} \pi i \frac{\tau_{t\,\text{zul}}}{G}, \tag{2}$$

$$W = \frac{1}{2} \frac{\tau_{t\,\text{zul}}^2}{2G} V; \qquad V = \frac{\pi d^2}{4} \pi D i. \tag{3}$$

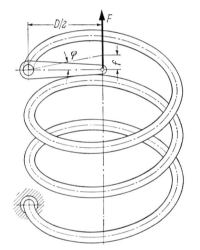

Abb. 2.196. Verformung der zylindrischen Schraubenfeder

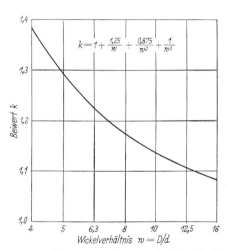

Abb. 2.197. Beiwert k für Spannungshöchstwert in Abhängigkeit vom Wickelverhältnis $w = D/d$

Die näherungsweise Berechnung vernachlässigt den *Einfluß der Krümmung*, der sich in einer ungleichmäßigen Spannungsverteilung äußert; insbesondere treten auf der Innenseite Spannungshöchstwerte auf, die bei *schwingender* Belastung den Dauerbruch begünstigen. Bei ruhender bzw. selten wechselnder Belastung genügt die Näherungsrechnung mit der sog. ideellen Spannung nach Gl. (1)

$$\tau_i = \frac{8}{\pi} \frac{D}{d^3} F.$$

Der Spannungshöchstwert auf der Innenseite kann nach GÖHNER[1] mit dem Beiwert k, der vom Wickelverhältnis $w = D/d$ abhängig ist (Abb. 2.197), berechnet werden zu
$$\tau_k = k \tau_i.$$

---

[1] GÖHNER, O.: Die Berechnung zylindrischer Schraubenfedern. VDI-Z. 76 (1932) 269—272 352, 735; Ing.-Arch. (1938) 355—361.

2.8 Elastische Verbindungen; Federn

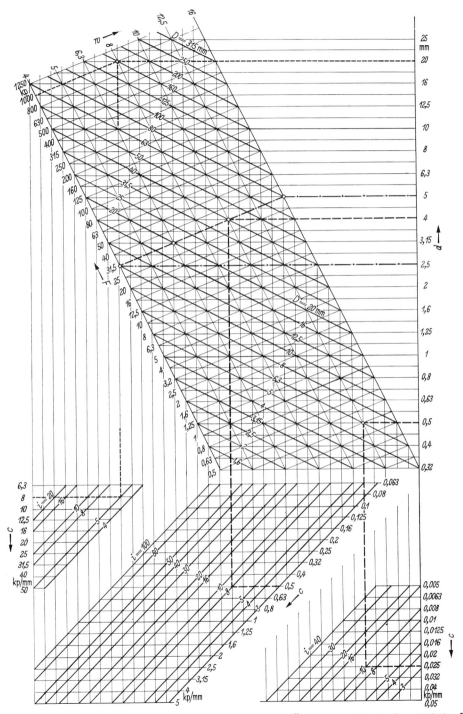

Abb. 2.198. Netztafel zur Bemessung zylindrischer Schraubenfedern (Überschlag). Gültig für $G = 8000$ kp/mm² und $\tau_{tzul} = 50$ kp/mm²

F maximale Schraubenkraft; D mittlerer Windungsdurchmesser; d Drahtdurchmesser; w Wickelverhältnis $= D/d$; i Anzahl der federnden Windungen; c Federkonstante

198 2. Verbindungselemente

Die Grundgleichungen lauten dann

$$F_{\max} = \frac{\pi}{8} \frac{d^3}{D} \frac{\tau_{t\,zul}}{k}, \tag{1}$$

$$f \approx \frac{8}{G} \frac{D^3}{d^4} i\,F; \quad f_{\max} = \frac{D^2}{d} \pi\,i\,\frac{\tau_{t\,zul}}{G\,k}, \tag{2}$$

$$W = \frac{1}{2\,k^2} \frac{\tau_{t\,zul}^2}{2\,G}\,V; \quad V = \frac{\pi\,d^2}{4} \pi\,D\,i. \tag{3}$$

Bei der *praktischen Bemessung* zylindrischer Schraubenfedern sind die gestellten Bedingungen ausschlaggebend, z. B. Vorspannkraft und Federkonstante oder Maximalkraft und maximaler Federweg oder Belastungsschwankungen und Hub, Lastwechselzahlen, Raumbedarf usw.

Für erste *Überschlagsrechnungen* eignet sich die Netztafel der Abb. 2.198, die für $G = 8000$ kp/mm² und ein verhältnismäßig·niedriges $\tau_{t\,zul}$ von 50 kp/mm²* (ohne Berücksichtigung der Krümmung) aufgestellt ist. Man erkennt gut und rasch die Zusammenhänge und Einflüsse, wenn irgendeine Größe variiert wird. Besonders deutlich zeigt das Diagramm, daß für eine bestimmte vorgegebene Maximalkraft nur ganz wenige Drahtdurchmesser in Frage kommen, obwohl der Bereich für das Wickelverhältnis w ziemlich groß gewählt ist. (Praktisch würde $w = 5 \cdots 10$ genügen.) Der untere Teil der Tafel, der von $\tau_{t\,zul}$ unabhängig ist, gibt den Zusammenhang zwischen Federkonstante und Anzahl der federnden Windungen. Letztere sollte nicht unter 3 liegen.

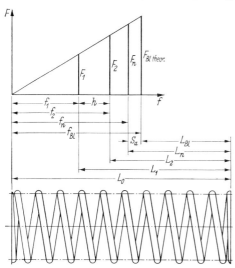

Abb. 2.199. Bezeichnungen bei Druckfedern

Bei einer *genaueren Berechnung* geht man am besten von gewählten (in DIN 2076 und 2077 genormten, etwa nach R 20 gestuften) Drahtdicken aus, bestimmt die zugehörigen, den verschiedenen Werkstoffen entsprechenden $\tau_{t\,zul}$-Werte nach Abb. 2.170 und berechnet aus Gl. (1) den mittleren Windungsdurchmesser D; die Gl. (2) liefert dann die erforderliche Anzahl der federnden Windungen. Das unten folgende erste Beispiel und die Abb. 2.201 lassen erkennen, daß sich je nach gewähltem Wickelverhältnis die verschiedensten Federformen für ein und dieselbe Charakteristik (Maximalkraft und Federkonstante) ergeben.

Für die Berechnung und Konstruktion von *Druckfedern* enthält die Vornorm DIN 2089, Bl. 1, nähere Angaben. Über Darstellung, Ausführung, Toleranzen und Prüfung gibt DIN 2095 für kaltgeformte und DIN 2096 für warmgeformte Federn Auskunft; für·die Zusammenstellung der erforderlichen Federdaten wird in DIN 2099, Bl. 1, ein Vordruck empfohlen. In der Darstellung nach Abb. 2.199 bedeuten L_{Bl} die Blocklänge, L_n die kleinste zulässige Prüflänge der Feder, L_1, L_2 die Längen bei F_1, F_2 und L_0 die Länge der unbelasteten Feder. Das Maß $S_a = L_n - L_{Bl}$ stellt die Summe der Mindestabstände zwischen den einzelnen federnden Windungen dar. Bei kaltgeformten Federn ist S_a vom Drahtdurchmesser und dem

---

* Die Netztafel ist auch leicht für andere $\tau_{t\,zul}$-Werte brauchbar, wenn man z. B. für $\tau_{t\,zul} = 63$, 80, 100 ... kp/mm² die F-Bezifferung jeweils um eine Teilung weiter nach unten verschiebt.

2.8 Elastische Verbindungen; Federn 199

Wickelverhältnis abhängig (Tab. 2.32), bei warmgeformten Federn ist $S_a \approx 0{,}17\,d\,i_f$. Die Endpunkte der auslaufenden Windungen sollen um etwa 180° gegeneinander versetzt liegen, so daß also jeweils z. B. 4,5, 5,5, 6,5 usw. *Gesamt*windungen vor-

Tabelle 2.32. *Summe der Mindestabstände S_a bei kaltgeformten Druckfedern (nach DIN 2095)*

d [mm]	Berechnungsformel für S_a [mm]	x-Werte [mm] bei Wickelverhältnis $w = D/d$			
		4 bis 6	über 6 bis 8	über 8 bis 12	über 12
0,07 bis 0,5	$0{,}5d + x\,d^2\,i_f$	0,50	0,75	1,00	1,50
über 0,5 bis 1,0	$0{,}4d + x\,d^2\,i_f$	0,20	0,40	0,60	1,00
über 1,0 bis 1,6	$0{,}3d + x\,d^2\,i_f$	0,05	0,15	0,25	0,40
über 1,6 bis 2,5	$0{,}2d + x\,d^2\,i_f$	0,035	0,10	0,20	0,30
über 2,5 bis 4,0	$1 + x\,d^2\,i_f$	0,02	0,04	0,06	0,10
über 4,0 bis 6,3	$1 + x\,d^2\,i_f$	0,015	0,03	0,045	0,06
über 6,3 bis 10	$1 + x\,d^2\,i_f$	0,01	0,02	0,030	0,04
über 10 bis 17	$1 + x\,d^2\,i_f$	0,005	0,01	0,018	0,022

handen sind. Die Drahtenden werden bis auf etwa $d/4$ abgearbeitet. Bei kaltgeformten Federn wird auf jeder Seite mit *einer*, bei warmgeformten mit je $\tfrac{3}{4}$ angelegten, nichtfedernden Windungen gerechnet. Es soll also sein bei

kaltgeformten Federn ($d < 16$ mm) | warmgeformten Federn ($d > 10$ mm)
$i_f = 3{,}5 \quad 4{,}5 \quad 5{,}5 \ldots; \quad i_g = i_f + 2$ | $i_f = 3 \quad 4 \quad 5 \ldots; \quad i_g = i_f + 1{,}5,$

und es betragen die Blocklängen L_{Bl}, wenn alle Windungen aneinanderliegen

$L_{Bl} \leq (i_f + 2 - 0{,}5)\,d + 0{,}5d = i_g\,d$ | $L_{Bl} \leq (i_f + 1{,}5 - 0{,}5)\,d + 0{,}2\,d$
$\phantom{L_{Bl} \leq (i_f + 1{,}5 - 0{,}5)\,d\ } = (i_g - 0{,}3)\,d.$

(Die Summanden $0{,}5d$ bzw. $0{,}2d$ sind Fertigungstoleranzen.)

Bei zu kleinem Wickelverhältnis und demnach großer Windungszahl und Baulänge besteht die Gefahr des Ausknickens. Die Knicksicherheit kann mit Hilfe der Abb. 2.200 nachgeprüft werden; der Bereich *unter* den eingezeichneten Kurven stellt das Gebiet der Knicksicherheit dar.

Für die Berechnung von Druckfedern mit schwingender Belastung werden die Dauerfestigkeitsschaubilder der Abb. 2.171 benutzt.

Beispiel: Kaltgeformte Druckfeder mit ruhender bzw. selten wechselnder Belastung. Gegeben: $F_n = F_2 = 200$ kp; $F_1 = F_v = 125$ kp; Hub $h = 30$ mm. Werkstoff: patentiert gezogener Federstahldraht, Klasse A.

Federkonstante also

$$c = \frac{F_2 - F_1}{h} = \frac{75\text{ kp}}{30\text{ mm}} = 2{,}5 \text{ kp/mm}.$$

Damit wird

$$f_1 = \frac{F_1}{c} = \frac{125\text{ kp}}{2{,}5 \text{ kp/mm}} = 50 \text{ mm}$$

und

$$f_2 = f_n = f_1 + h = 80 \text{ mm}.$$

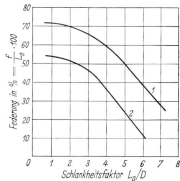

Abb. 2.200. Grenzen der Knicksicherheit von Druckfedern, deren Enden sich nur in axialer Richtung bewegen

1 nur für Druckfedern mit geführten Einspannungen und parallel geschliffenen Federauflageflächen; *2* für alle Druckfedern mit veränderlichen Auflagebedingungen

Überschlägliche Ermittlung der möglichen Abmessungen mit Hilfe der Netztafel Abb. 2.198:
($\tau_{t\,zul} = 50$ kp/mm²; $G = 8000$ kp/mm²)

Angenommen:	w =	5	6,3	8	10
bei $F_{max} = 200$ kp	d [mm] =	7,1	8	9	10
wird dann	D_m [mm] =	35,5	50	71	100
Für $c = 2,5$ kp/mm wird	i_f ≈	22,5	12,5	7,5	4,5
	$i_g = i_f + 2$ =	24,5	14,5	9,5	6,5
	$L_{Bl} \leq i_g\,d$ [mm] =	174	116	85	65
Mit Tab. 2.32	$S_a = 1 + x\,d^2\,i_f$ [mm] ≈	12,5	17	13	14,5
	$L_2 = L_n = L_{Bl} + S_a$ [mm] ≈	186	133	98	80
(Einbau)	$L_1 = L_2 + h$ [mm] =	216	163	128	110
(Herstellung)	$L_0 = L_1 + f_1$ [mm] =	266	213	178	160
Für Abb. 2.200	L_0/D =	7,5	4,25	2,5	1,6
	$\dfrac{f_2}{L_0} \cdot 100$ =	30%	37,5%	45%	50%
	Knickgefahr	ja	ja	nein	nein

Zu Vergleichszwecken sind die vier verschiedenen Federn in Abb. 2.201 maßstäblich dargestellt. Für die Auswahl sind meistens die Platzverhältnisse entscheidend; bei den beiden langen Federn müßten wegen der Knickgefahr Führungen, die jedoch die Reibung erhöhen,

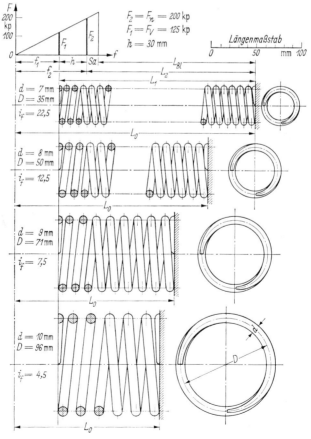

Abb. 2.201. Zum Beispiel: Kaltgeformte Druckfeder

vorgesehen werden. Am geeignetsten erscheint die dritte Feder, für die dann eine genauere Nachrechnung durchzuführen ist.

Beispiel: Kaltgeformte Druckfeder mit schwingender Belastung aus vergütetem Federdraht nach DIN 17223, Bl. 2. Gegeben: $F_O = 40$ kp; $F_U = 28$ kp; $h = 12$ mm.

$$\text{Federkonstante } c = \frac{F_O - F_U}{h} = \frac{12 \text{ kp}}{12 \text{ mm}} = 1 \text{ kp/mm}.$$

Ein Überschlag mit dem Diagramm der Abb. 2.198 liefert mit $w = 8$: $d = 4$ mm, $D = 31{,}5$ mm; $i_f = 8$.

Mit $d = 4$ mm, $i_f = \underline{8{,}5}$ und $G = \underline{8300}$ kp/mm² liefert Gl. (2)

genau $D^3 = \dfrac{G}{8} \cdot \dfrac{d^4}{c\, i_f} = \dfrac{8300 \text{ kp/mm}^2 \, (4 \text{ mm})^4}{8 \cdot 1 \text{ kp/mm} \cdot 8{,}5} = 31300$ mm³, also $D = 31{,}5$ mm.

Nach Abb. 2.197 wird bei $w = 8$ der Beiwert $k = 1{,}17$ und somit

$$\tau_{kO} = k\, \frac{8}{\pi}\, \frac{D}{d^3}\, F_O = 1{,}17\, \frac{8}{\pi}\, \frac{31{,}5 \text{ mm}}{(4 \text{ mm})^3}\, 40 \text{ kp} = 59 \text{ kp/mm}^2,$$

$$\underline{\tau_{kU}} = k\, \frac{8}{\pi}\, \frac{D}{d^3}\, F_U \qquad\qquad\qquad = \underline{41 \text{ kp/mm}^2},$$

$$\underline{\tau_{kh}} = \tau_{kO} - \tau_{kU} \qquad\qquad\qquad\qquad = \underline{18 \text{ kp/mm}^2}.$$

Nach Abb. 2.171 b ist die Dauerhubfestigkeit $\tau_{kH} \approx 25$ kp/mm², die vorhandene Sicherheit also $S_{\text{vorh}} = 25/18 = 1{,}4$.

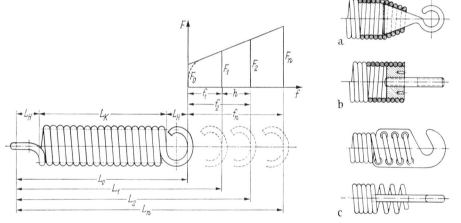

Abb. 2.202. Bezeichnungen bei Zugfedern   Abb. 2.203. Endstücke für Zugfedern

Für *Zugfedern* enthält die Vornorm DIN 2089, Bl. 2, Hinweise auf Berechnung und Konstruktion, und DIN 2097 Angaben über Darstellung, Ausführung, Toleranzen und Prüfung; DIN 2099, Bl. 2, ist ein Vordruck für Zugfederdaten.

Die Federenden werden nach DIN 2097 bei Zugfedern als Ösen ausgebildet oder mit eingerollten oder eingeschraubten Endstücken versehen. Von den Ösenausführungen ist die sog. „ganze deutsche Öse" nach Abb. 2.202 zu bevorzugen; eingeschraubte Endstücke (Abb. 2.203) sind vor allem für kaltgeformte Zugfedern mit schwingender Belastung zu empfehlen. (Von warmgeformten Zugfedern mit schwingender Belastung wird abgeraten.) Wegen des starken Einflusses der Form der Ösen oder Endstücke auf die Lebensdauer ist es bei Zugfedern nicht möglich, allgemeingültige Dauerfestigkeitswerte anzugeben.

Kaltgeformte, nicht schlußvergütete Zugfedern können mit einer inneren Vorspannkraft F_0 hergestellt werden, indem auf Wickelbänken oder Federwindeautomaten die Windungen mit einer gewissen Pressung aneinandergewickelt werden. Die erreichbare innere Vorspannkraft ist jedoch stark vom Herstellverfahren, ferner vom Werkstoff und den Abmessungen, insbesondere dem Wickelverhältnis, abhängig. (Richtwerte für τ_{i0} enthält DIN 2089, Bl. 2.) Die Gesamtzahl der Windungen kann bei Zugfedern mit innerer Vorspannkraft zu $i_g = L_k/d - 1$ angenommen werden.

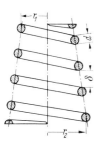

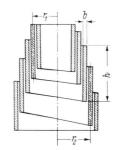

Abb. 2.204. Kegelige Schraubenfedern mit Kreisquerschnitt

Abb. 2.205. Kegelige Schraubenfeder mit Rechteckquerschnitt

Bei Zugfedern mit angebogenen Ösen ist $i_f = i_g$, bei Einschraubstücken ist $i_f < i_g$ je nach Ausführung der Federenden.

Zylindrische Schraubenfedern mit *Rechteckquerschnitt* werden wegen Herstellungsschwierigkeiten nur selten verwendet; Berechnungsunterlagen[1] enthält DIN 2090.

Kegelige Schraubenfedern werden mit Kreisquerschnitt (Abb. 2.204) oder auch als Pufferfedern für Eisenbahnwagen mit Rechteckquerschnitt (Abb. 2.205) hergestellt. Für konstanten Querschnitt in allen Windungen gelten mit $r_1 =$ kleinstem und $r_2 =$ größtem mittlerem Windungshalbmesser angenähert die Beziehungen:

$$F_{\max} = \frac{W_t}{r_2} \tau_{t\,\text{zul}}, \qquad (1)$$

$$f = \frac{F\,\pi}{2G\,I_t}(r_1 + r_2)(r_1^2 + r_2^2)\,i; \quad f_{\max} = \frac{W_t}{I_t}\frac{\pi}{2}\frac{r_1 + r_2}{r_2}(r_1^2 + r_2^2)\,i\,\frac{\tau_{t\,\text{zul}}}{G}, \qquad (2)$$

$$W = \frac{1}{2}F_{\max}f_{\max} = \frac{W_t^2}{I_t A}\frac{r_1^2 + r_2^2}{2r_2^2}\frac{\tau_{t\,\text{zul}}^2}{2G}\underbrace{\pi(r_1 + r_2)\,i\,A}_{V}. \qquad (3)$$

Hierbei ist für den Kreisquerschnitt: $A = \frac{\pi d^2}{4}$; $W_t = \frac{\pi d^3}{16}$; $I_t = \frac{\pi d^4}{32}$ und für den Rechteckquerschnitt: $A = b\,h$; $W_t = \eta_1 b^2 h$; $I_t = \eta_2 b^3 h$; η_1 und η_2 nach Abb. 2.193.

2.8.3 Gummifedern[2]

2.8.3.1 Eigenschaften des Werkstoffs Gummi. Für Gummifedern werden Vulkanisationsprodukte aus natürlichem oder künstlichem Kautschuk verwendet. Die Mischungsbestandteile (Schwefel, Ruß, Zinkoxyd und verschiedene Vulkanisationsbeschleuniger) bestimmen die Gummi-„Qualitäten", d. h. die besonderen Eigenschaften, wie Härte, Festigkeit, elastisches Verhalten, Dämpfung, Temperatur-

---

[1] Vgl. auch GÖHNER, O.: Schubspannungsverteilung im Querschnitt eines gedrillten Ringstabs mit Anwendung auf Schraubenfedern. Ing.-Arch. (1931) 1. — LIESECKE, G.: Berechnung zylindrischer Schraubenfedern mit rechteckigem Querschnitt. VDI-Z. 77 (1933) 435, 892. — WOLF, W. A.: Vereinfachte Formeln zur Berechnung zylindrischer Schrauben-Druck- und -Zugfedern mit Rechteckquerschnitt. VDI-Z. 91 (1949) 259.
[2] GÖBEL, E. F.: Berechnung und Gestaltung von Gummifedern (Konstruktionsbücher Bd. 7), 2. Aufl., Berlin/Göttingen/Heidelberg: Springer 1955. — GÖBEL, E. F.: Gummi und seine konstruktive Verwendung. Z. Konstr. 5 (1953) 207—215. — JÖRN, R.: Theorie und Praxis der Gummi-Metall-Federelemente im Schienen- und Straßen-Fahrzeugbau. VDI-Z. 99 (1957) 185 bis 194. — VDI-Richtlinien 2005 Gestaltung und Anwendung von Gummiteilen.

abhängigkeit, Alterungsbeständigkeit und Widerstandsfähigkeit gegen angreifende Mittel, wie Benzol, Benzin und Öl. Von großer Bedeutung für die praktische Verwendung ist die Bindungsfähigkeit von Gummi mit anderen Werkstoffen, insbesondere mit Metallen (Stahl, Messing, Bronze, Leichtmetall); die unlösbare Haftverbindung wird zugleich mit dem Vulkanisierprozeß hergestellt, indem der Gummirohling und die chemisch oder galvanisch oberflächenbehandelten Metallteile in Vulkanisierformen eingelegt und in der Vulkanisierpresse unter hohem Druck eine bestimmte Zeit lang auf etwa 150 °C gehalten werden.

Tabelle 2.33. *Schubmodul G und dynamische Federkonstante c_{dyn} in Abhängigkeit von der Shore-Härte*

Shore-Härte A	Schubmodul G [kp/cm²]	c_{dyn}/c
45	5	1,2
55	7,5	1,4
65	11	1,9

Tabelle 2.34. *Richtwerte für zulässige Spannungen in kp/cm² (nach GÖBEL)*

Beanspruchungsart	Belastungsart	
	statisch	dynamisch
Druck	30	±10
Parallelschub . . .	15	± 4
Drehschub	20	± 7
Verdrehschub . .	15	± 4

Als Vergleichsmaß für die *Härte* wird nach DIN 53505 die Shore-Härte A benutzt; die für Federelemente verwendeten Gummisorten haben etwa 40 bis 70 Shore-Einheiten. Der *Schubmodul G*, der von der Form unabhängig, also ein reiner Werkstoffkennwert ist, nimmt mit steigender Härte zu (s. Tab. 2.33).

Die Zerreißfestigkeit und die Bruchdehnung werden nach DIN 53504 bestimmt. Richtwerte für die *zulässigen Spannungen* enthält Tab. 2.34 (nach GÖBEL). Bei wechselnder Beanspruchung treten wegen der inneren Reibung und der geringen Wärmeleitfähigkeit oft beachtliche Temperatursteigerungen auf. Die Verwendungstemperaturen liegen bei Gummi ohnehin in engen Grenzen, etwa bei -30 bis $+60$ °C (vorübergehend -65 bis $+100$ °C).

Die Kennlinien von Gummifedern können durch die verschiedenen *Form*gebungsmöglichkeiten progressiv, degressiv und (bei geringen Federwegen) auch linear sein. Bei Druckbeanspruchung wirkt sich die Querausdehnung, insbesondere die Verhinderung der Querausdehnung, auf den *Elastizitätsmodul* aus; dieser Einfluß kann durch einen Formfaktor k, der als Verhältnis der belasteten zur freien Oberfläche definiert ist, berücksichtigt werden. Für eine zylindrische Gummifeder vom Durchmesser d und der Höhe h wird $k = \dfrac{\pi d^2/4}{\pi d h} = \dfrac{d}{4h}$. In Abb. 2.206 ist die Abhängigkeit des Elastizitätsmoduls vom Formfaktor und von der Shore-Härte dargestellt. Bei *Schub-* und *Dreh*beanspruchung ist der Schubmodul die maßgebende Größe.

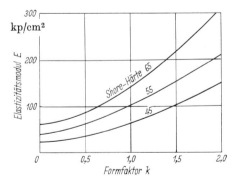

Abb. 2.206. Elastizitätsmodul von Gummisorten, abhängig vom Formfaktor k

Die Berechnung der Eigenfrequenzen und Amplituden von gummigefederten schwingenden Systemen ist mit der sog. dynamischen Federsteife c_{dyn} durchzuführen, die größer ist als die statische Federsteife c. Das Verhältnis c_{dyn}/c ist von der Shore-Härte abhängig (s. Tab. 2.33).

Tabelle 2.35. *Tragfähigkeitsgleichungen 1 und Verformungsgleichungen 2 im Bereich der Linearität für einfache Gummifedern*

Parallelschub-Scheibenfeder

1. $F = A \gamma G = F \tau$

2. $f = \dfrac{F s}{G A}; \quad \gamma = \dfrac{f}{s} < 20°$

   $c = \dfrac{G A}{s}$

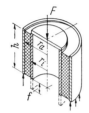

Parallelschub-Hülsenfeder

1. $F = 2 \pi r_i h \tau_{\max}$

2. $f = \dfrac{F}{2 \pi h G} \ln \dfrac{r_a}{r_i}$

   $c = \dfrac{2 \pi h G}{\ln \dfrac{r_a}{r_i}}$

Drehschub-Hülsenfeder

1. $M_t = 2 \pi r_i^2 l \tau_{\max}$

2. $\varphi = \dfrac{M_t}{4 \pi l G} \left(\dfrac{1}{r_i^2} - \dfrac{1}{r_a^2} \right); \quad \varphi < 40°$

   $C = \dfrac{4 \pi l G}{\dfrac{1}{r_i^2} - \dfrac{1}{r_a^2}}$

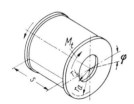

Verdrehschub-Scheibenfeder

1. $M_t = \dfrac{\pi (r_a^4 - r_i^4)}{2 r_a} \tau_{\max}$

2. $\varphi = \dfrac{M_t \cdot 2 s}{\pi (r_a^4 - r_i^4) G}; \quad \varphi < 20°$

   $C = \dfrac{\pi (r_a^4 - r_i^4) G}{2 s}$

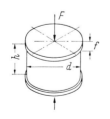

Zylindrische Druckfeder

1. $F = A s; \quad A = \dfrac{\pi d^2}{4}$

2. $f = \dfrac{F h}{E A}; \quad f < 0{,}2 h$

   $c = \dfrac{E A}{h} \quad E = f(k) \text{ s. Abb. 2.206}$

   $k = \dfrac{d}{4 h}$

2.8.3.2 Berechnung und Gestaltung von Gummifedern.

Gummifedern werden in den verschiedensten Formen, auch für Sonderzwecke als einbaufertige Konstruktionselemente geliefert[1]; die für bestimmte Maximalkräfte und Federwege erforderlichen Abmessungen, die Kennlinien, Dämpfungswerte u. dgl. werden am besten

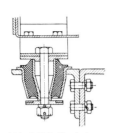
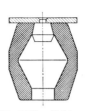
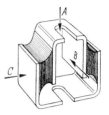

Abb. 2.207. Ringförmiges Niederfrequenzlager (Metalastik)

Abb. 2.208. Konisches Hülsenlager (Metalastik)

Abb. 2.209. Hohlgummifeder (Continental)

Abb. 2.210. Doppel-U-Lager (Metalastik)

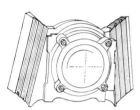
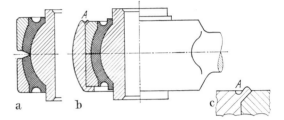

Abb. 2.211. Gummi-Federpakete (Phönix) für die Achsfederung von Schienenfahrzeugen

Abb. 2.212. Kugeliges Gummigelenk[2]
a) vor dem Einbau; b) nach dem Einbau; c) Vergrößerung der Stelle A von b)

den Unterlagen der Hersteller entnommen. Für einfache Formen und eindeutige Belastungsverhältnisse sind in Tab. 2.35 die Tragfähigkeits- und Verformungsgleichungen im Bereich der Linearität angegeben.

Einige Ausführungsbeispiele zeigen die Abb. 2.207 bis 2.212.

---

[1] Zum Beispiel als „Schwingmetall" von Continental-Werke AG, Hannover; „Metallgummi" von Phönix, Hamburg-Harburg; „Metalastik" von Simrit-Werk Carl Freudenberg, Weinheim/Bergstr.; „Gimetall" von GETEFO, Gesellschaft für technischen Fortschritt mbH, Höhr-Grenzhausen. Weitere Hersteller: Boge GmbH, Eitorf; Götze-Werke AG, Burscheid; EFBE Fritz Brumme KG, Raunheim/Main.

[2] Aus JÖRN, R.: Theorie und Praxis der Gummi-Metall-Federelemente im Schienen- und Straßen-Fahrzeugbau. VDI-Z. 99 (1957) 185—194.

3. Gehäuse, Behälter, Rohrleitungen und Absperrvorrichtungen

3.1 Hohlraumformen und -begrenzungen 207
    3.1.1 Hohlzylinder 207
    3.1.2 Hohlkugel 210
    3.1.3 Gewölbte Behälterböden 211
    3.1.4 Ebene Platten und Böden 212

3.2 Verschlüsse, Verbindungen und Dichtungen 214
    3.2.1 Verbindung und Dichtung ruhender Bauteile 214
        3.2.1.1 Unlösbare Verbindungen 214
        3.2.1.2 Bedingt lösbare Verbindungen 215
        3.2.1.3 Lösbare Verbindungen 216
    3.2.2 Dichtungen zwischen bewegten Bauteilen 230
        3.2.2.1 Berührungsdichtungen an gleitenden Flächen 231
        3.2.2.2 Berührungsfreie Dichtungen 241
        3.2.2.3 Bälge und Membranen für Teile mit begrenzter gegenseitiger Beweglichkeit 244

3.3 Behälter des Kessel- und Apparatebaues 244
    3.3.1 Kesselbau 245
    3.3.2 Apparatebau 248

3.4 Rohrleitungen 252
    3.4.1 Rohrleitungsanlagen 252
    3.4.2 Rohrleitungselemente 256
    3.4.3 Berechnung der Leitungsquerschnitte 264
    3.4.4 Berechnung der Wanddicken 268
    3.4.5 Berücksichtigung von Zusatzkräften; Dehnungsausgleich bei Erwärmung . . 269

3.5 Absperr-, Sicherheits- und Regelorgane 271
    3.5.1 Ventile 272
    3.5.2 Klappen 280
    3.5.3 Schieber 281
    3.5.4 Hähne 286
    3.5.5 Sonderkonstruktionen 288

Unter Gehäusen versteht man Bauteile, die mehr oder weniger geschlossene Hohlräume bilden, in denen irgendwelche Energieumwandlungen vor sich gehen oder in denen irgendwelche Medien gespeichert oder fortgeleitet werden. Bei dieser weiten Fassung des Begriffs Gehäuse gehören dazu alle Elemente zur Stützung und Lagerung von Wellen und Rotoren der Kraft- und Arbeitsmaschinen, von Rädern, Hebeln und Kurbeln der Getriebe, die Transportgefäße und Greifer der Hebezeuge, offene drucklose Behälter und Silos, geschlossene Behälter des Kessel- und des Apparatebaus, wie Wärmetauscher (Kondensatoren, Verdampfer, Kühler), Boiler, Vakuumbehälter, Rührwerke, Kolonnen und Türme und schließlich die Rohrleitungen, die zum Transport von flüssigen, gas- und dampfförmigen, evtl. auch festen oder pulverförmigen Stoffen dienen.

Die Formen der Gehäuse sind je nach dem Verwendungszweck oft recht verwickelt; sie müssen von innen heraus gestaltet werden, denn der Zweck des Hohlraums bestimmt schließlich auch die äußere Form. Von besonderer Bedeutung sind hier auch die äußeren vorzusehenden Stützungen, über die Kräfte und Momente auf Fundamente weitergeleitet werden, ferner die Teil- und Anschlußflächen, also die Verbindungsstellen mit den erforderlichen Dichtungen und die Durchführungsstellen, an denen rotierende oder hin- und hergehende Maschinenteile durch die Wände der Hohlkörper hindurchtreten; auch hier spielen die Dichtungselemente eine große Rolle, sei es, daß sie Räume verschiedenen Druckes gegeneinander abzuschließen, oder daß sie das Eindringen von Fremdkörpern oder Stoffverluste zu verhindern haben.

3.1 Hohlraumformen und -begrenzungen

Die Wanddicken von Gehäusen und Behältern sind außer vom Werkstoff in erster Linie von den Belastungen, vom Druck und der Temperatur des Mediums und von der Form des Hohlraums abhängig. Die *Berechnung* der auftretenden Spannungen ist bei räumlichen Gebilden sehr schwierig, oft heute noch unmöglich, so daß dann nur Versuche, also Spannungs*messungen* weiterhelfen können. Für sehr viele Behälter werden jedoch als Grundformen rotationssymmetrische Hohlkörper (Hohlzylinder und Hohlkugel) gewählt, die der Rechnung verhältnismäßig leicht zugänglich sind; auch für Behälterböden und ebene Platten liegen hinreichend zuverlässige Berechnungsformeln vor. Da es nun oft möglich ist, die Ergebnisse an einfachen Formelementen unter gewissen Vorbehalten auch auf verwickeltere Gebilde zu übertragen oder zumindest als Grundlage für den Aufbau ähnlicher Berechnungsformeln (mit Beiwerten oder Zuschlägen) zu benutzen, sollen die Grundformen im folgenden kurz behandelt werden[1].

3.1.1 Hohlzylinder

Bei unter *Innendruck* stehenden dickwandigen Hohlzylindern, die an den Enden verschlossen sind, stellt sich ein dreiachsiger Spannungszustand σ_t, σ_r und σ_z, Abb. 3.1, ein, und es treten die radialen Verschiebungen u auf. Aus der Elastizitätslehre ergeben sich mit

$$Q = \frac{R_i}{R_a} \quad \text{und} \quad Q_x = \frac{R_x}{R_a}*$$

die *Spannungen* zu

allgemein: $\sigma_t = p \dfrac{Q^2}{1-Q^2} \dfrac{1+Q_x^2}{Q_x^2};\quad \sigma_r = -p \dfrac{Q^2}{1-Q^2} \dfrac{1-Q_x^2}{Q_x^2};\quad \sigma_z = p \dfrac{Q^2}{1-Q^2};$

außen ($Q_x = 1$): $\sigma_{ta} = p \dfrac{2Q^2}{1-Q^2};\quad \sigma_{ra} = 0;\quad \sigma_z = p \dfrac{Q^2}{1-Q^2};$

innen ($Q_x = Q$): $\sigma_{ti} = p \dfrac{1+Q^2}{1-Q^2};\quad \sigma_{ri} = -p;\quad \sigma_z = p \dfrac{Q^2}{1-Q^2}.$

Der Spannungsverlauf σ_t/p und σ_r/p ist in Abb. 3.2 dargestellt.

---

[1] Vgl. auch SCHWAIGERER, S.: Festigkeitsberechnung von Bauelementen des Dampfkessel-, Behälter- und Rohrleitungsbaues, Berlin/Göttingen/Heidelberg: Springer 1961. — TITZE, H.: Elemente des Apparatebaues, Berlin/Göttingen/Heidelberg: Springer 1963. — BUCHTER, H. H.: Apparate und Armaturen der chemischen Hochdrucktechnik, Berlin/Heidelberg/New York: Springer 1967.

* Die Bezeichnungen Q und Q_x, die auf den *Außen*durchmesser bezogene Verhältniszahlen darstellen, sind im Hinblick auf die bequeme Darstellung des ganzen Bereichs (bis $R_i = 0$) und besonders auch wegen der Schrumpfverbindungen gewählt. Im Behälterbau wird oft mit

Die Spannungshöchstwerte treten bei elastischer Verformung an der Innenwand auf; für die Vergleichsspannung erhält man

nach der Gestaltänderungsenergiehypothese

$$\boxed{\sigma_v = p\frac{\sqrt{3}}{1-Q^2}}, \quad (A)$$

nach der Schubspannungshypothese

$$\boxed{\sigma_v = p\frac{2}{1-Q^2}}. \quad (B)$$

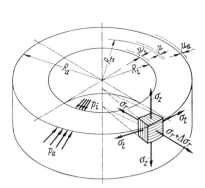

Abb. 3.1. Spannungen und radiale Verschiebungen am Hohlzylinder unter Innen- und Außendruck

Abb. 3.2. Spannungen im dickwandigen Hohlzylinder unter Innendruck

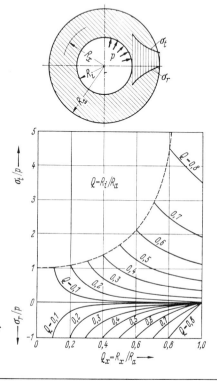

den Kehrwerten D_a/D_i und D_x/D_i gerechnet (Abkürzung „u"). Hier werden mit u die *radialen Verschiebungen* bezeichnet, die gerade beim Schrumpfproblem besonders wichtig sind. Für sie ergibt sich bei $\sigma_z = 0$ (entspricht offenem Behälter) in dimensionsloser Schreibweise mit E = Elastizitätsmodul und m = Poissonsche Konstante ($m = 10/3$ für Metalle):

Hohlzylinder unter Innendruck | Hohlzylinder unter Außendruck

allgemein:
$$\frac{u}{R_a}\frac{E}{p} = \frac{Q^2}{1-Q^2}\frac{1}{Q_x}\times$$
$$\times\left(\frac{m-1}{m}Q_x^2 + \frac{m+1}{m}\right),$$

$$\frac{u}{R_a}\frac{E}{p} = -\frac{Q^2}{1-Q^2}\frac{1}{Q_x}\times$$
$$\times\left(\frac{m-1}{m}\frac{Q_x^2}{Q^2} + \frac{m+1}{m}\right),$$

außen ($Q_x = 1$):
$$\frac{u_a}{R_a}\frac{E}{p} = \frac{2Q^2}{1-Q^2},$$

$$\frac{u_a}{R_a}\frac{E}{p} = -\left(\frac{1+Q^2}{1-Q^2} - \frac{1}{m}\right),$$

innen ($Q_x = Q$):
$$\frac{u_i}{R_i}\frac{E}{p} = \frac{1+Q^2}{1-Q^2} + \frac{1}{m},$$

$$\frac{u_i}{R_i}\frac{E}{p} = -\frac{2}{1-Q^2}.$$

Für dünnwandige Hohlzylinder wird $u = \pm\frac{1}{E}\frac{D^2}{4s}p$ (+ bei Innendruck, − bei Außendruck).

3.1 Hohlraumformen und -begrenzungen

Die letztere Gl. (B) wird im Rohrleitungsbau bevorzugt, da sie von σ_z und eventuellen Zusatzlängskräften weitgehend unabhängig ist. Der Wert $\dfrac{2}{1-Q^2}$ kann für $Q > 0{,}6$ sehr gut angenähert werden[1] durch $\dfrac{1}{2}\dfrac{3-Q}{1-Q}$, so daß nach Einführung der Wanddicke $R_a - R_i = s$ für diese aus der Bedingung $\sigma_v \leqq \sigma_{zul}$ folgt:

$$\boxed{s \geqq \dfrac{D_a p}{2\sigma_{zul} - p}} \quad \text{bzw.} \quad \boxed{s \geqq \dfrac{D_a p}{2v\,\sigma_{zul} - p} + c} \tag{1}$$

mit einem Zuschlag c und dem Verschwächungsbeiwert v (bei Schweiß- oder Nietnähten).

Bei *dünnwandigen* Hohlzylindern ($Q > 0{,}85$) genügt der Näherungswert $\sigma_v \approx p\dfrac{1}{1-Q}$, d. h. $\sigma_v = \dfrac{D_a p}{2s} \approx \sigma_t$, woraus sich die übliche „Kesselformel" ergibt

$$\boxed{s \geqq \dfrac{D_a p}{2\sigma_{zul}}} \quad \text{bzw.} \quad \boxed{s \geqq \dfrac{D_a p}{2v\,\sigma_{zul}} + c}. \tag{2}$$

Mit dieser Formel wird auch bei dickwandigen Rohren im Gebiet „teilplastischer Verformung", d. h. wenn am Innenrand schon leichte plastische Verformungen auftreten, gerechnet.

Von „vollplastischem Zustand" spricht man, wenn das Fließen bis zur Außenwand fortgeschritten ist. Dieser Fall tritt ein, wenn $p = -\sigma_S \ln Q$. Für $Q > 0{,}6$ gilt die Näherung $-\ln Q \approx 2\dfrac{1-Q}{1+Q}$, so daß die Bedingung gilt $p\dfrac{1}{2}\dfrac{1+Q}{1-Q} \leqq \sigma_{zul}$, aus der mit $R_a - R_i = s$ folgt

$$\boxed{s \geqq \dfrac{D_a p}{2\sigma_{zul} + p}} \quad \text{bzw.} \quad \boxed{s \geqq \dfrac{D_a p}{2v\,\sigma_{zul} + p} + c}. \tag{3}$$

In allen Formeln ist $\sigma_{zul} = K/S$, wobei K den sog. Festigkeitskennwert und S die Sicherheit bedeutet. Für K wird die Streckgrenze, bei höheren Temperaturen die Warmstreckgrenze bzw. die Zeitstandfestigkeit verwendet. Die v-, S- und c-Werte sind in den verschiedenen Vorschriften (Dampfkesselbestimmungen, AD-Merkblätter und DIN-Normen) angegeben (s. Abschn. 3.3).

Für Hohlzylinder unter *Außendruck* liefert die Elastizitätslehre folgende Beziehungen:

allgemein: $\quad \sigma_t = -p\dfrac{Q_x^2 + Q^2}{1-Q^2}\dfrac{1}{Q_x^2}; \quad \sigma_r = -p\dfrac{Q_x^2 - Q^2}{1-Q^2}\dfrac{1}{Q_x^2}; \quad \sigma_z = -p\dfrac{1}{1-Q^2};$

außen $(Q_x = 1)$: $\quad \sigma_{ta} = -p\dfrac{1+Q^2}{1-Q^2}; \quad \sigma_{ra} = -p; \quad \sigma_z = -p\dfrac{1}{1-Q^2};$

innen $(Q_x = Q)$: $\quad \sigma_{ti} = -p\dfrac{2}{1-Q^2}; \quad \sigma_{ri} = 0; \quad \sigma_z = -p\dfrac{1}{1-Q^2}.$

Den Spannungsverlauf über der Wanddicke zeigt Abb. 3.3.

---

[1] Vgl. CLASS, J., W. JAMM u. E. WEBER: Berechnung der Wanddicke von innendruckbeanspruchten Stahlrohren (Neufassung des Blattes DIN 2413). VDI-Z. 97 (1955) 159–167; hier auch zahlreiche Literaturhinweise.

[2] Mit $D_a = D_i + 2s$ ergeben sich die auf D_i bezogenen Gleichungen

$$s \geqq \dfrac{D_i p}{2\sigma_{zul} - 3p} \;(1); \qquad s \geqq \dfrac{D_i p}{2\sigma_{zul} - 2p} \;(2); \qquad s \geqq \dfrac{D_i p}{2\sigma_{zul} - p} \;(3).$$

Die Vergleichsspannungen sind wieder an der Innenseite am größten, und zwar ergeben sich die *gleichen* Werte (A) und (B) wie beim Hohlzylinder unter Innendruck.

Bei *dünnwandigen* Hohlzylindern unter Außendruck besteht die Gefahr der plastischen Verformung bzw. des Einbeulens. Der Zusammenhang zwischen kritischem Einbeuldruck p_K, Wanddicke s und Zylinderlänge l ist in Abb. 3.4 nach der Näherungsformel von MEINCKE[1] wiedergegeben. Den zulässigen Betriebsdruck erhält man aus $p = p_K/S_K$, wobei die Sicherheit S_K zu 1,6 bis 2 angenommen werden kann.

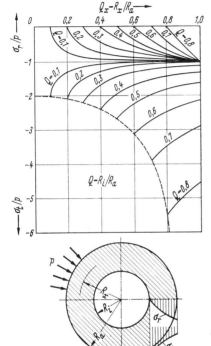

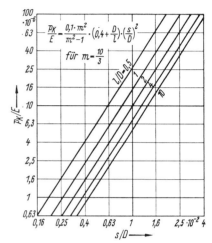

Abb. 3.4. Zusammenhang zwischen kritischem Einbeuldruck p_K, Wanddicke s und Zylinderlänge l (nach H. MEINCKE)

Abb. 3.3. Spannungen im dickwandigen Hohlzylinder unter Außendruck

3.1.2 Hohlkugel

Die Beanspruchungsverhältnisse an der Hohlkugel sind wesentlich günstiger als beim Hohlzylinder; es werden daher Hohlkugelformen besonders im Großbehälterbau bevorzugt. Die theoretischen *Spannungswerte*[2] bei Innendruck sind

---

[1] Siehe auch MEINCKE, H.: Berechnung und Konstruktion zylindrischer Behälter unter Außendruck. Z. Konstr. 11 (1959) 131—138. — MEINCKE, H.: Beuldruck und Spannungen von zylindrischen Behältern unter Außendruck. VDI-Z. 104 (1962) 317—323. — MEINCKE, H.: Sicherheiten für Außendruckbehälter. VDI-Z. 105 (1963) 1717—1718.

[2] Für die *radialen Verschiebungen* ergibt sich bei Innendruck

allgemein: $\qquad \dfrac{u}{R_a}\dfrac{E}{p} = \dfrac{Q^3}{1-Q^3}\dfrac{1}{Q_x^2}\left(\dfrac{m-2}{m}Q_x^3 + \dfrac{m+1}{2m}\right),$

außen $(Q_x = 1)$: $\qquad \dfrac{u_a}{R_a}\dfrac{E}{p} = \dfrac{Q^3}{1-Q^3}\dfrac{3}{2}\dfrac{m-1}{m},$

innen $(Q_x = Q)$: $\qquad \dfrac{u_i}{R_i}\dfrac{E}{p} = \dfrac{1}{1-Q^3}\left(\dfrac{m-2}{m}Q^3 + \dfrac{m+1}{2m}\right).$

Bei der *dünnwandigen* Hohlkugel wird $u = \dfrac{m-1}{2\,m\,E}\dfrac{D^2\,p}{4\,s}$.

(s. auch Abb. 3.5)

allgemein: $\sigma_t = p \dfrac{Q^3}{1-Q^3} \dfrac{1+2Q_x^3}{2Q_x^3}; \quad \sigma_r = -p \dfrac{Q^3}{1-Q^3} \dfrac{1-Q_x^3}{Q_x^3};$

außen $(Q_x = 1)$: $\sigma_{ta} = p \dfrac{3Q^3}{2(1-Q^3)}; \quad \sigma_{ra} = 0;$

innen $(Q_x = Q)$: $\sigma_{ti} = p \dfrac{1+2Q^3}{2(1-Q^3)}; \quad \sigma_{ri} = -p.$

Die Vergleichsspannung an der Innenwand beträgt sowohl nach der Gestaltänderungsenergie- als auch nach der Schubspannungshypothese

$$\sigma_v = \sigma_{ti} - \sigma_{ri} = p\dfrac{1,5}{1-Q^3}.$$

Für die dünnwandige Hohlkugel $(Q > 0,9)$ kann $1 - Q^3$ durch $3(1 - Q)$ ersetzt werden, so daß hierfür gilt:

$$\sigma_v \approx p \dfrac{1}{2(1-Q)} = \dfrac{D_a p}{4s} \approx \sigma_t$$

und $\boxed{s \geq \dfrac{D_a p}{4\sigma_{zul}}}.$ (4)

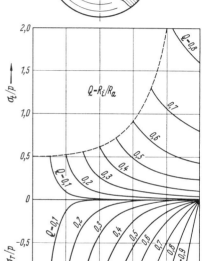

Abb. 3.5. Spannungen an der dickwandigen Hohlkugel unter Innendruck

3.1.3 Gewölbte Behälterböden

Zylindrische Behälter werden an den Enden im allgemeinen durch unmittelbar angeschweißte (früher auch angenietete) oder angeflanschte gewölbte Böden abgeschlossen. Beim gewölbten Vollboden (Abb. 3.6a und b) tritt bei *Innendruck* die höchste Beanspruchung an der Innenseite der Krempe auf; sie ist um so geringer, je größer der Krempenradius r und je kleiner der Wölbungsradius R ist. Am günstigsten verhält sich der Halbkugelboden $(R \approx D/2)$, dessen Nennspannungswert $\sigma_n = \dfrac{Dp}{4s}$ als Bezugsspannung für andere Bodenformen, auch solche mit Einhalsungen (Abb. 3.7a) oder mit Ausschnitten (Abb. 3.7b) gewählt wird. Mit dem Berechnungsbeiwert β ergibt sich dann

$$\sigma = \dfrac{Dp\beta}{4s} \quad \text{und aus} \quad \sigma \leq \sigma_{zul} = \dfrac{K}{S}$$

$$\boxed{s \geq \dfrac{Dp\beta}{4\sigma_{zul}} + c}. \tag{5}$$

Die aus Versuchen gefundenen und in den Dampfkesselbestimmungen (bzw. im AD-Merkblatt B 3) vorgeschriebenen β-Werte für die verschiedenen Bodenformen (Abb. 3.6 und 3.7) sind der Tab. 3.1 zu entnehmen. Die Sicherheit S beträgt für Stahl 1,5, für Stahlguß 2,0; der Wanddickenzuschlag $c = 2$ mm bei $s < 30$ mm und $c = 1$ mm bei $s > 30$ mm.

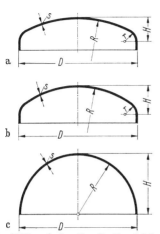
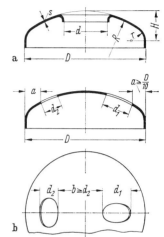

Abb. 3.6. a) Klöpperboden, $R = D$; $H \approx 0,2 D$; b) tiefgewölbter Boden, $R = 0,8 D$; $H \approx 0,25 D$; c) Halbkugelboden, $R = H = 0,5 D$ (vgl. auch DIN E 28011 bis 28014)

Abb. 3.7. a) Mannlochboden; b) Boden mit unverstärkten Ausschnitten

Tabelle 3.1. *Berechnungsbeiwert β für verschiedene Bodenformen*

Bodenform	Vollböden	Mannlochböden und Böden mit unverstärkten Ausschnitten bei $d/\sqrt{D\,s} =$						
		0,5	1,0	2,0	3,0	4,0	5,0	6,0	7,0
Klöpperboden	2,9	2,9	2,9	3,7	4,6	5,5	6,5	7,5	8,5
Tiefgewölbter Boden	2,0	2,0	2,3	3,2	4,1	5,0	5,9	6,8	7,7
Halbkugelboden	1,1	1,2	1,6	2,2	3,0	3,7	4,3	4,9	5,4

Bei *äußerem Überdruck* gilt ebenfalls Gl. (5); jedoch wird eine um 20% größere Sicherheit und ein weiterer Zuschlag von 2 mm empfohlen. Ferner ist der Einbeuldruck nachzurechnen:

$$p_K = 0{,}365\, E_t\, \frac{(s-c)^2}{R^2}\,;$$

er soll über dem 3- bis 3,5fachen des Berechnungsdrucks liegen.

3.1.4 Ebene Platten und Böden

Der Verlauf der Biegespannungen in *kreisförmigen* ebenen Platten und Böden, die einseitig durch gleichmäßigen Druck p belastet werden, ist von der Art der Auflage bzw. Einspannung am Außenrand abhängig. Bei freier Auflage tritt der Höchstwert der Vergleichsspannung in der Mitte ($\sigma_v = 0{,}31\, p\, D^2/s^2$), bei starrer Randeinspannung am Außenrand ($\sigma_v = 0{,}187\, p\, D^2/s^2$) auf. Aus der Bedingung $\sigma_v \leqq \sigma_{b\,\text{zul}} = K_b/S$ folgt allgemein

$$\boxed{s \geqq C\,D\,\sqrt{\frac{p}{\sigma_{\text{zul}}}}\,.} \qquad (6)$$

Für freie Auflage am Rand wird $C = 0{,}45$, bei starrer Randeinspannung 0,35, wenn für σ_zul wieder K/S (*Festigkeitskennwert* durch Sicherheit) eingesetzt wird[1].
Für die ähnlich gelagerten Fälle der Abb. 3.8 sind nach den Dampfkesselbestimmungen die C-Werte der Tab. 3.2 zu verwenden. Für D ist in Gl. (6) jeweils der in

Tabelle 3.2. *C-Werte für verschiedene ebene Platten und Böden*

Abb. 3.8, Fall	Art und Stützung		C
a) bis d)	Eingespannte Platten, die am Umfang fest aufliegen und verschraubt oder vernietet sind		0,35
e)	Platten, die am Umfang verschraubt und dabei durch ein zusätzliches Biegemoment belastet sind	bei D_L/D_b 1,0 1,1 1,2 1,3	 0,45 0,50 0,55 0,60
f)	Eingesetzte ebene Platten mit einseitiger Schweißung		0,45
g)	Eingesetzte ebene Platten mit beidseitiger Schweißung		0,35
h)	Vorgeschweißte Böden mit Entlastungsnut $$0{,}77 s_2 \geqq s_1 \geqq p\left(\frac{D_p}{2} - r_k\right)\frac{1{,}3}{\sigma_\text{zul}}, \quad \text{mindestens 5 mm}$$ $r_k \geqq 0{,}2 s$, mindestens 5 mm		0,40
i)	Ebene geschmiedete oder ausgedrehte Böden für Sammler $r_k \geqq \frac{1}{3} s$, mindestens 8 mm; $h \geqq s$		0,35
k)	Ebene gekrempte Vollböden $r_k \geqq 1{,}3 s$ bzw.		0,35

bei D_a [mm]	bis 500	über 500 bis 1400	über 1400 bis 1600	über 1600 bis 1900	über 1900
r_k [mm]	30	35	40	45	50

Abb. 3.8 eingezeichnete Berechnungsdurchmesser D_b einzusetzen mit Ausnahme der Fälle i und k, in denen $D = D_b - r_k$ zu setzen ist.

Tabelle 3.3. *Verhältniswert y für rechteckige und elliptische Platten*

Form	Verhältnis $b/a =$				
	1,0	0,75	0,5	0,25	$\leqq 0{,}1$
Rechteck y	1,10	1,26	1,40	1,52	1,56
Ellipse y	1,00	1,15	1,30	—	—

Bei rechteckigen und elliptischen Platten kann ebenfalls mit Gl. (6) gerechnet werden, wenn entsprechend Abb. 3.9 an Stelle von D der Wert $b\,y$ benutzt wird; den Verhältniswert y gibt Tab. 3.3 für verschiedene Seitenverhältnisse b/a an; die C-Werte sind dann die gleichen wie bei den kreisförmigen Platten (Fall e und h entfallen).

---

[1] Der C-Wert berücksichtigt die bei ungleichförmiger Spannungsverteilung zulässige plastische Grenzdehnung mit $K_b \approx 1{,}5 K$.

214   3. Gehäuse, Behälter, Rohrleitungen und Absperrvorrichtungen

Für volle ebene Böden und Platten, die durch Anker oder Stehbolzen versteift sind, und für Rohrböden mit eingewalzten oder eingeschweißten Rohren enthält

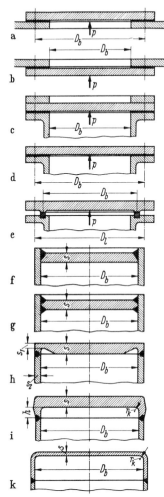

Abb. 3.8. Ebene kreisförmige Platten und Böden

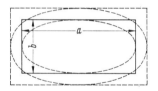

Abb. 3.9. Lichte Weite einer rechteckigen oder elliptischen Platte

das AD-Merkblatt B 5 ausführlichere Angaben bezüglich Wanddicken, Stützflächen, Stegquerschnitten zwischen den Rohren, Ausführung und Dicke der Schweißnähte.

3.2 Verschlüsse, Verbindungen und Dichtungen

Das umfangreiche Gebiet der für die Gesamtkonstruktion, oft auch für die Funktion entscheidenden Verbindungs- und Dichtungselemente wird zweckmäßigerweise eingeteilt in Verbindungen ruhender Bauteile und Dichtungen zwischen bewegten Bauteilen. An Bauarten und insbesondere an Dichtungsmitteln und -werkstoffen gibt es heute eine derartige Vielfalt, daß die Auswahl der für den jeweils vorliegenden Fall geeignetsten große Schwierigkeiten bereitet und es daher dringend geraten erscheint, von den Erfahrungen und den Vorschlägen der Hersteller Gebrauch zu machen. Eine Übersicht über Dichtungen und deren Benennung enthält DIN 3750; ausführlich werden alle Dichtungsfragen von K. TRUTNOVSKY[1] behandelt.

3.2.1 Verbindung und Dichtung ruhender Bauteile

Man unterscheidet grundsätzlich zwischen unlösbaren, lösbaren und bedingt lösbaren Verbindungen. Bei ersteren ist ein Trennen nur durch Zerstören möglich, bei letzteren kann ein Lösen durch Zerstören eines Teils der Verbindung erfolgen.

3.2.1.1 Unlösbare Verbindungen. Die unlösbaren Verbindungen werden meist durch *Schweißen* hergestellt; sie zeichnen sich durch absolute Dichtheit aus und werden daher immer mehr für unter Druck stehende Bauteile, vor allem Rohrleitungen und Armaturen verwendet, sofern nur selten Instandsetzungsarbeiten erforderlich sind oder diese auch im eingebauten Zustand durch ohnehin vorhandene Öff-

---

[1] TRUTNOVSKY, K.: Berührungsdichtungen an ruhenden und bewegten Maschinenteilen (Konstruktionsbücher Bd. 17), Berlin/Göttingen/Heidelberg: Springer 1958. — TRUTNOVSKY, K.: Berührungsfreie Dichtungen, 2. Aufl., Düsseldorf: VDI-Verlag 1964.

nungen (z. B. Gehäusedeckel an Armaturen) leicht ausgeführt werden können (vgl. Abb. 3.119 und 3.120). Die Schweißnähte, Rundnähte, haben die volle Druckkraft $F_R = \dfrac{\pi D_i^2}{4} p$ aufzunehmen und werden durchweg als Stumpfnähte, bei $s = 3$ bis 16 mm als V-Naht, bei $s \geq 12$ mm als U-Naht oder VU-Naht (DIN 2559) ausgebildet.

Walzverbindungen werden hauptsächlich bei Rohrböden, ferner auch bei Flanschen oder sonstigen Rohreinführungen benutzt. Bei hohen Drücken und Temperaturen und Bodendicken über 25 mm sind Walzrillen und zusätzliche Dichtschweißungen (Abb. 3.10) üblich.

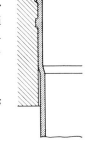

Abb. 3.10. Walzverbindung

3.2.1.2 Bedingt lösbare Verbindungen. Bei den bedingt lösbaren Verbindungen sind die vorhandenen Schweißnähte reine Dichtschweißungen, d. h., sie haben nur die Aufgabe des Dichtens und werden nicht mit Druckkräften belastet. Für die

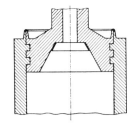

Abb. 3.11. Steckgewindeverschluß

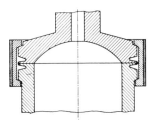

Abb. 3.12. Klammerverschluß

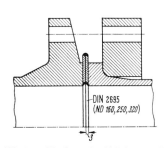

Abb. 3.13. Membranschweißdichtung mit Flanschen

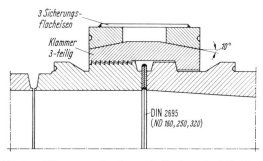

Abb. 3.14. Klammerverschraubung mit Membranschweißdichtung (Bauart Zikesch)

Übertragung der letzteren werden lose oder feste Flansche und Schrauben (Abb. 3.13) oder Bajonett- bzw. Steckgewinde- (Abb. 3.11) oder Klammerverschlüsse (Abb. 3.12 und 3.14) verwendet. Für die Dichtnähte werden entweder Schweißlippen an den Bauteilen (Abb. 3.11 und 3.12) oder besondere — jeweils zwei — Schweißringe (Membranschweißdichtungen nach DIN 2695 Abb. 3.13 und 3.14, Schweißringdichtung nach Abb. 3.15 und 3.16) vorgesehen, die jeder einzelne mit je einem Bauteilende (z. B. Flansch) und dann beide außen miteinander verschweißt werden. Die Schweißringe nach Abb. 3.15 und 3.16 haben den Vorteil, daß nur außen liegende Schweißnähte vorhanden sind. Als Werkstoffe für die Schweißringe werden bis 400 °C unlegierte Stähle, bis 500 °C warmfeste Mo-Stähle, über 500 °C warmfeste Cr Mo-Stähle benutzt.

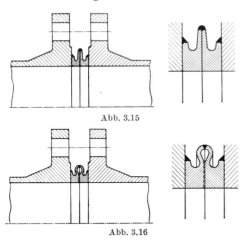

Abb. 3.15

Abb. 3.16

Abb. 3.15 und 3.16. Schweißringdichtungen

3.2.1.3 Lösbare Verbindungen. Die große Gruppe der lösbaren Verbindungen kann man einteilen in solche, bei denen die erforderlichen Dichtungskräfte durch Schrauben oder ähnliche Spannelemente erzeugt werden und solche, bei denen die Dichtungskräfte durch den Betriebsdruck selbst aufgebracht werden (selbstdichtende Verbindungen). Bei der ersten Art kann man noch zwischen Verbindungen ohne und mit Zwischendichtungen unterscheiden, während bei der zweiten Art immer ein elastisches Zwischenglied (besonders geformter Dichtring) erforderlich ist.

Dichtungslose Verbindungen. Bei hohen Drücken und Temperaturen, z. B. bei den geteilten Gehäusen von Dampfturbinen, bei Zylinderdeckeln von Kolbenmaschinen und bisweilen bei Flanschverbindungen von Hochdruckheißdampfleitungen, werden *metallisch dichtende glatte Teilflächen* vorgesehen, die jedoch hohe Oberflächengüte (feinstgeschliffen, geläppt, tuschiert) und große Dichtkräfte erfordern. Es sind also dicke Flansche und viele Schrauben bei enger Teilung und möglichst geringem Wandabstand günstig. An Stelle großer breiter Flächen werden oft auch schmalere Dichtleisten ausgeführt, so daß sich unter Aufwand kleinerer Schraubenkräfte größere Flächenpressung und somit bessere Dichtwirkung ergeben. In Abb. 3.17 ist der Einfluß der Leistenbreite auf das Dichtverhalten dargestellt[1]; es bedeuten dabei p_{Do} die Flächenpressung für Vorlast und p_{DB} die Flächenpressungen für Betriebslast (Mindestpressungen, um Undichtwerden zu vermeiden); die letzteren sind von der Breite der Leisten praktisch unabhängig; es ist $k_1' = p_{DB}/p = 1{,}5$.

Glatt geschliffene metallische Dichtflächen werden auch bei den meisten Absperrorganen (Ventilen und Schiebern) verwendet. Die Wahl der Werkstoffe richtet sich nach Druck und Temperatur des Mediums und nach der Art der Beanspruchung, vor allem nach den Anforderungen an Riß-, Verschleiß- und Korrosionsbeständigkeit. Für Wasser, Dampf und Gase sind bis 250 °C Messing, Rotguß und Bronze geeignet, bis 400 °C Kupferlegierungen mit etwa 25% Nickelgehalt oder legierte nichtrostende Stähle, für Heißdampf bis etwa 500 °C Nitrierstähle; über 500 °C werden heute ausschließlich aufgeschweißte Stellit-Panzerungen benutzt; Stellite (Celsit, Perzit, Tizit u. dgl.) sind gegossene, nahezu eisenfreie Legierungen mit über 50% Kobalt, über 25% Chrom, 5 bis 15% Wolfram, ferner Zusätze von Ni, Mo, Mn, Si, Ti; für Ventile haben sich als Auftragwerkstoffe auch Chromstähle mit 15 bis 18% Cr bewährt. Die Sitzbreiten der Dichtringe bzw. der Auftragschweißungen sind zwecks Erhöhung der Flächenpressungen möglichst klein zu halten; als Richtwert kann $b/D = 1/10$

---

[1] SCHWAIGERER, S., u. W. SEUFERT: Untersuchungen über das Dichtvermögen von Dichtungsleisten. BWK 3 (1951) 144—148.

bis 1/25 angenommen werden. Oder man rechnet mit einer Vor- oder Sitzkraft $F_V = 1{,}25 F_B \cdots 1{,}5 F_B$, wobei $F_B = \dfrac{\pi D_m^2}{4} p$, und bestimmt aus $p_V = \dfrac{F_V}{\pi D_m b}$ $\leq p_\text{zul}$ die erforderliche Sitzbreite b. Richtwerte für p_zul enthält Tab. 3.4.

Tabelle 3.4. *Richtwerte für p_zul bei verschiedenen Dichtwerkstoffen für Ventile und Schieber*

Werkstoff	p_zul [kp/cm²]
Gußeisen	80
Rotguß	150
Bronze und Messing	200
Phosphorbronze	250
Nickel und Ni-Legierungen	350
Nichtrostende Stähle	500
Stellite	600

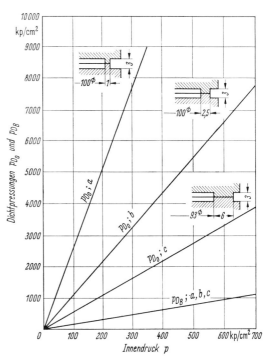

Abb. 3.17. Einfluß der Leistenbreite auf das Dichtverhalten

Bei *metallisch dichtenden profilierten Teilfugen* besteht im unbelasteten Zustand nur Linienberührung, während sich erst bei Belastung durch die elastischen Formänderungen Berührungsflächen bilden, deren Gestalt und Größe nach den Hertzschen Gleichungen bestimmt werden können. Das Dichtverhalten ist dabei sehr günstig, und die erforderlichen Kräfte sind verhältnismäßig gering. Bei balligen Dichtleisten nach Abb. 3.18 ergaben Versuche von SCHWAIGERER und SEUFERT[1] für $r = 2$ mm einen Kennwert $k_1 = \dfrac{F_{DB}/\pi d_D}{p} = 1{,}4$ mm und für $r = 5$ mm den günstigeren Wert $k_1 = 0{,}9$ mm.

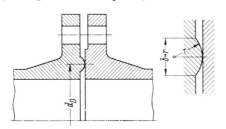

Abb. 3.18. Ballige Dichtleiste

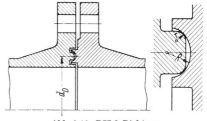

Abb. 3.19. DILO-Dichtung

Die DILO-Dichtung[2] (Abb. 3.19) arbeitet mit zweiflankiger Berührung, indem eine gerundete Feder in eine hohle Nut eingreift; die gleichsinnigen Krümmungen an den Berührungsstellen liefern gute Schmiegungs-, Verformungs- und somit Dichtungsverhältnisse auch bei hohen Drücken, bei allen Temperaturen und Medien

---

[1] Siehe Fußnote S. 216.
[2] Hersteller: DILO-Gesellschaft, Drexler & Co., Babenhausen/Schwaben.

jeglicher Art (auch Säuren und Gasen). Durch die versenkte Anordnung der Dichtflächen sind diese vor Beschädigungen geschützt.

Verbindungen mit Dichtungen. Die Hauptaufgabe von zwischengelegten Dichtungen besteht in dem Ausgleich von Unebenheiten der Dichtflächen durch elastische oder plastische Verformungen unter Aufwand geringerer Anpreßdrücke als bei unmittelbar metallisch dichtenden Flächen.

Tabelle 3.5. *It-Platten nach DIN 3754*

Werkstoff-kurzzeichen	Zugfestigkeit [kp/cm²]			Anwendungsbereich	
	kreuz-dubliert	nicht kreuzdubliert		Druck [atü]	Wirksame Temperatur [°C]
		längs	quer		
It 200	200	285	115	15 ··· 25	250 ··· 300
It 300	300	440	160	25 ··· 50	300 ··· 400
It 400	400	590	210	50 ··· 120	350 ··· 450
It S*	100	140	60	bis 5	bis 120
It Ö**	200	275	125	25 ··· 50	300 ··· 400

* S = säurefest. — ** Ö = ölbeständig.

Die an die Dichtungswerkstoffe gestellten Anforderungen beziehen sich auf Formänderungsvermögen, insbesondere Zusammenpreßbarkeit und Rückfederung, Festigkeit, Härte bzw. Betriebsdruckbelastbarkeit, Temperaturbeständigkeit, Widerstand gegen chemische Angriffe und Stoffundurchlässigkeit. Die häufigst verwendeten Werkstoffe, die jeweils bestimmte Ansprüche mehr oder weniger gut erfüllen, sind: für Weichdichtungen: Zellstoff, Papier und Pappe, meist in Öl getränkt; Asbest in Form gewebter oder gepreßter Platten, mit einem Bindemittel vulkanisiert (DIN 3752 bis etwa 5 atü und 500 °C) oder als Bestandteil von Mehrstoffdichtungen; Gummi, meist Kunstgummi wie Buna S, Perbunan, Neoprene, Thioplaste und Silikone; It-Platten (benannt nach Firmenbezeichnungen mit der Endung -it, z.B. Klingerit, Reinzit usw.), bestehend aus Asbest, anorganischen Füllstoffen und einem geringen Anteil Kautschuk oder anderen Bindemitteln (DIN 3754; vgl. Tab. 3.5); für Hartdichtungen: Metalle, wie Blei, Aluminium, Weichkupfer und für sehr hohe Drücke und Temperaturen Stahl (Weicheisen und mit Cr, Ni, Mo, V, Mn und Si legierte Stähle).

Die Mehrstoffdichtungen (Abb. 3.20) stellen Kombinationen von Weichstoffen und Metalleinlagen oder -ummantelungen dar. Bei der Spiralasbestdichtung (Abb. 3.20a) wird ein profiliertes Metallband mit einem eingelegten Asbeststreifen stramm gewickelt und innen und außen durch Punktschweißung geheftet. Die Welldichtringe (Abb. 3.20b) besitzen einen gewellten Metallrahmen, auf den in den Wellen oben und unten Asbesteinlagen eingeklebt werden. Die blechummantelten Dichtungen (Abb. 3.20c) werden mit offenen oder nahezu geschlossenen Hüllen ausgeführt, die weiche Füllmassen umschließen; sie zeichnen sich durch große Haltbarkeit und Wiederverwendbarkeit aus.

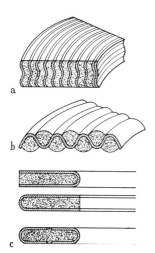

Abb. 3.20. Mehrstoffdichtungen a) Spiralasbestdichtung; b) Welldichtringe; c) blechummantelte Dichtungen

Nach der *Form der Dichtungen* unterscheidet man Flachdichtungen und Profildichtungen. Abb. 3.21 gibt die genormten *Flachdichtungen* und die Nenndruckbereiche für die verschiedenen Ausführungsformen der Dichtflächen an. Heute werden, auch für höhere Drücke, glatte Arbeitsleisten nach Abb. 3.21a bevorzugt. Die Dicke der Dichtungen soll dann möglichst gering, gerade nur wie es die Oberflächenbeschaffenheit erfordert, gehalten werden. (Bei Weichstoffdichtungen meist 2 bis 1 mm, bei höheren Drücken noch weniger.) Die Gefahr des Herausdrückens der Dichtung wird durch die Ausführungen mit Nut und Feder (Abb. 3.21b) oder

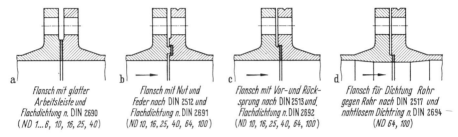

Abb. 3.21. Flachdichtungen

mit Vor- und Rücksprung (Abb. 3.21c) vermieden. Die Feder bzw. der Vorsprung ist in der Hauptströmungsrichtung (Pfeilrichtung) anzubringen; Armaturen erhalten beiderseits Nuten. Am Nut- und Rücksprungflansch kann zur äußeren Kennzeichnung eine Eindrehung auf dem Außenrand angebracht werden (nicht üblich bei Armaturen). Einige *Profildichtungen* zeigt Abb. 3.22. Rundgummidichtungen (Abb. 3.22a)

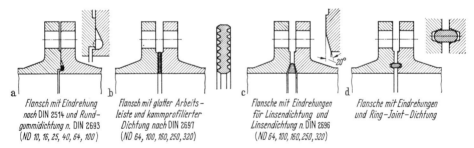

Abb. 3.22. Profildichtungen

liegen in rechteckigen oder V-förmigen Nuten. Bei den kammprofilierten Dichtungen (Abb. 3.22b) entstehen konzentrische Anlageflächen mit örtlich erhöhten Pressungen, wodurch sich die Dichtkämme den Unebenheiten der Dichtfläche anpassen; zum Ausfüllen der Hohlräume werden Graphitpasten oder auch dünne It-Dichtungsbeilagen verwendet. Die Linsendichtungen (Abb. 3.22c) haben kugelige Oberflächen; sie liegen in kegeligen Eindrehungen der Flanschen (Kegelwinkel 140°), so daß zunächst Linienberührung entsteht und außerdem geringe Abweichungen in der Fluchtrichtung der Flansch- bzw. Rohrachsen zulässig sind. Die Ring-Joint-Dichtung (Abb. 3.22d) hat zweiflankige Berührung in trapezförmigen Nuten.

Ihre volle Wirksamkeit entfalten Dichtungen erst, wenn sie genügend vorgepreßt sind. Man muß daher zwischen der erforderlichen Vorpreßkraft F_{DV} und

220   3. Gehäuse, Behälter, Rohrleitungen und Absperrvorrichtungen

der Betriebsdichtungskraft F_{DB} unterscheiden (Abb. 3.23). Die letztere ist wesentlich niedriger und nimmt mit steigendem Innendruck linear zu, wenn einmal die kritische Vorpreßkraft, die vom Druck unabhängig ist, aufgebracht wurde. Wird beim Vorpressen F_{DV} nicht erreicht, sondern etwa nur F'_{DV}, so ist eine höhere Betriebsdichtungskraft F'_{DB} erforderlich. (Bei niedrigen Innendrücken kann dies vorteilhaft sein.) Die Bestimmung von F_{DV} und F_{DB} erfolgt mit den Gln. (3) und (4) (S. 222) und den Kennwerten k_0 und k_1 der Tab. 3.6 (S. 223).

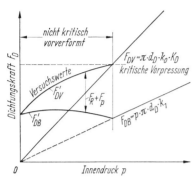

Abb. 3.23. Dichtverhalten, Vorverformungskraft und Betriebsdichtungskraft

Konstruktive Gestaltung der Verbindungsstellen. Die Verbindungen von Rohrleitungen mit Armaturen oder Behältern werden meistens mit *genormten* Flanschen (s. Abschn. 3.4.2) ausgeführt. Ihre Abmessungen beruhen auf Erfahrungswerten und Berechnungen mit hohen Sicherheiten bei Verwendung normaler Werkstoffe für die Verbindungselemente; sie sind vor allem wegen der Austauschbarkeit zu bevorzugen. Der Apparatebau verlangt jedoch häufig größere Nennweiten als die maximal genormten und benutzt aus Funktionsgründen oder zwecks Raum- und Gewichtsersparnis hochwertigere Werkstoffe, so daß hierfür Sonderkonstruktionen[1] zu empfehlen sind. Meistens handelt es sich um Schweißkonstruktionen mit Vorschweißflanschen aus besonderen vorgewalzten oder geschmiedeten Profilen

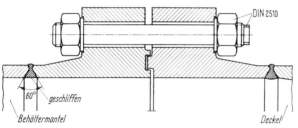

Abb. 3.24. Flanschverschraubung mit Vorschweißflanschen

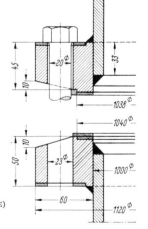

Abb. 3.25. Flansche aus Vierkantstahl (nach H. TITZE)

(Abb. 3.24) oder aber auch mit einfachen glatten, aus Vierkantstahl gebogenen und mit X-Naht zum Ring verschweißten Flanschen (Abb. 3.25). Die Schrauben sind so nahe wie möglich an die Behälterwand zu setzen; dies ist um so eher möglich, je kleiner die Schraubenabmessungen sind, d. h. es sind hochfeste Schrauben bei kleiner Teilung günstig. Häufig werden, besonders bei Behältern aus Metallen, lose Stahlflansche benutzt, die über angestauchte oder angedrehte Bunde hinweg-

---

[1] Gute Beispiele in TITZE, H.: Elemente des Apparatebaues, Berlin/Göttingen/Heidelberg. Springer 1963.

greifen (Abb. 3.26). Auch die Segment-Klammer-Verschraubungen[1] (Abb. 3.27), die gern an abnehmbaren Deckeln von Rührwerksbehältern u. dgl. verwendet werden, ergeben günstige Flanschformen; Schraube und Kappe werden für Betriebstemperaturen bis 200 °C aus Werkstoffen der Gruppe 5.6 (5 D), bis 300 °C aus 8.8 (8 G) und bis 550 °C aus warmfestem Stahl, z. B. 24 Cr Mo V 5 5 hergestellt; die Segmentklammern können mit angeschmiedeten oder angeschweißten Ösen oder Bügeln an umlaufendem Ring oder besonderen kleinen Böcken in ihrer Lage fixiert werden.

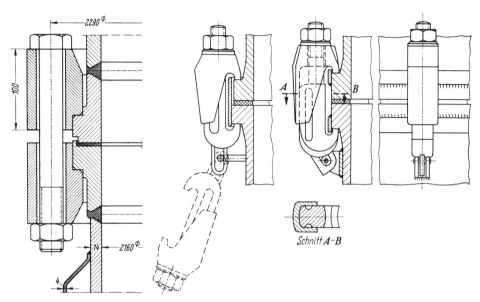

Abb. 3.26. Lose Flansche für die Deckelverbindung eines Rührwerkbehälters mit Kühlmantel (nach H. Titze)

Abb. 3.27. Segment-Klammerverschraubung

Die *Berechnung von Flanschverbindungen*[2] erfolgt nach DIN 2505. Es wird dort besonders darauf hingewiesen, daß bei der Festigkeitsberechnung die Teile einer Flanschverbindung, nämlich Flansche, Schrauben und Dichtung, stets in Abhängigkeit voneinander betrachtet werden müssen und daß es sich um eine Nachrechnung bei angenommenen Abmessungen handelt; Vorschläge zu einer unmittelbaren Berechnung bringt H. Meincke[3].

Die auftretenden bzw. die erforderlichen Kräfte und Momente sind abhängig von 1. dem *Vorverformungs*zustand und 2. dem *Betriebs*zustand. In Abb. 3.28 sind

---

[1] Hersteller und Schutzrechte: Walter G. Rathmann, Arenberg/Koblenz.
[2] Schwaigerer, S.: Die Berechnung der Flanschverbindungen im Behälter- und Rohrleitungsbau. VDI-Z. 96 (1954) 7—12. — Titze, H.: Elemente des Apparatebaues, Berlin/Göttingen/Heidelberg: Springer 1963. — Haenle, S.: Beiträge zum Festigkeitsverhalten von Vorschweißflanschen und zur Ermittlung der Dichtkräfte für einige Flachdichtungen auf Asbestbasis. Forsch.-Ing.-Wesen 23 (1957) 112—134. — Bühner, H., L. Kopp u. E. Schwarz: Das Festigkeitsverhalten von Apparateflanschen. VDI-Z. 107 (1965) 445—455.
[3] Meincke, H.: Konstruktionsgrundlagen der Vorschweißflansche. VDI-Z. 105 (1963) 549—556.

die wirkenden *Einzelkräfte* auf den gesamten Umfang betrachtet eingezeichnet; es sind dies

1. Die *Rohrkraft* F_R, die vom anschließenden Rohr oder Behältermantel auf die Flanschverbindung infolge des Innendrucks p übertragen wird:

$$F_R = p \frac{\pi}{4} d^2 \ . \tag{1}$$

2. Die *Ringflächenkraft* F_p, die durch den Innendruck p auf der Ringfläche zwischen Rohrinnenumfang und Dichtungskreis entsteht:

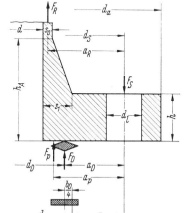

d_D s. Abb. 3.28; bei Schweißdichtungen muß der Durchmesser der Dichtung bis zur äußeren Schweißnaht genommen werden.

$$F_p = p \frac{\pi}{4} (d_{D^2} - d^2) \ . \tag{2}$$

3. Die *Dichtungskraft* F_D, die mit experimentell ermittelten Kennwerten bestimmt wird (Abb. 3.23), und zwar *Dichtungskraft zum Vorverformen* F_{DV}; sie ist vom späteren Innendruck unabhängig:

$$F_{DV} = \pi d_D k_0 K_D \ . \tag{3}$$

Dichtungskraft im Betrieb F_{DB}; sie ist dem Innendruck proportional:

$$F_{DB} = p \pi d_D k_1 S_D \ . \tag{4}$$

Abb. 3.28. Einzelkräfte am Flansch, Bezeichnungen

Die Dichtungskennwerte k_0 und k_1 können als „Wirkbreiten" aufgefaßt werden; sie sind der Tab. 3.6 zu entnehmen. Für Weichdichtungen und Metallweichstoffdichtungen ist das Produkt $k_0 K_D$ angegeben; für It-Dichtungen können die $k_0 K_D$-Werte mit Hilfe der Abb. 3.29 ermittelt werden.

K_D ist der Formänderungswiderstand des Dichtungswerkstoffs; Tab. 3.7 enthält Richtwerte für metallische Dichtungswerkstoffe. Für Weichdichtungen bei niedrigen Innendrücken kann mit kleineren F_{DV}-Werten als nach Gl. (3) gerechnet werden:
$F'_{DV} = 0.5 F_{DV} + B$; B-Werte sind in dem Normblatt in Diagrammen angegeben.
S_D ist ein Dichtungssicherheitsbeiwert; er soll bei Weichdichtungen mit 1,5 und bei Metalldichtungen mit 1,3 eingesetzt werden.

4. Die *Schraubenkraft* F_S, die einerseits die Vorverformung der Dichtung gewährleisten und andererseits im Betrieb den Kräften F_R, F_p und F_{DB} das Gleichgewicht halten muß.

Für die Einbauschraubenkraft werden zwei Beziehungen angegeben, wobei der sich jeweils ergebende höhere Wert maßgebend ist:

$$F_{SO} = F_{DV} \ , \tag{5a}$$

$$F_{SO} = B_1 (F_R + F_p + B_2 F_{DB}) \ . \tag{5b}$$

Die im Betrieb mindestens erforderliche *Betriebsschraubenkraft* ist

$$F_{SB} = F_R + F_p + B_2 F_{DB} \ . \tag{6}$$

Der Faktor B_1 berücksichtigt das im Betrieb zu erwartende Absinken der Schraubenkraft infolge des Innendrucks (Entspannen der Verbindung infolge Änderung der Federungen). Bis $d = 500$ mm ist $B_1 \approx 1{,}2$, bei $d > 500$ mm $B_1 \approx 1{,}4$.

Der Faktor B_2 berücksichtigt das Kriechen von Weichstoffdichtungen in Abhängigkeit von der Temperatur; Richtwerte enthält Tab. 3.8.

3.2 Verschlüsse, Verbindungen und Dichtungen

Tabelle 3.6. *Dichtungskennwerte nach DIN 2505*

Dichtungsart und -form	Bezeichnung	Werkstoff	Vorverformen		Betrieb
			Wirkbreite k_0 [mm]	$k_0 K_D$* [kp/mm]	Wirkbreite k_1 [mm]
Weichdichtungen	Flachdichtung DIN 2690 bis DIN 2692	Dichtungspappe, getränkt	—	$1,0 b_D$	$1,0 b_D$
		Gummi	—	$0,2 b_D$	$0,5 b_D$
		Teflon	—	$2,5 b_D$	$1,1 b_D$
		It	—	siehe Abb. 3.29	$1,3 b_D$
Metall-Weichstoff-Dichtungen	Spiralasbestdichtung	unlegierter Stahl	—	$5\ b_D$	$1,3 b_D$
	Welldichtring	Al Cu, Ms weicher Stahl	—	$3,0 b_D$ $3,5 b_D$ $4,5 b_D$	$0,6 b_D$ $0,7 b_D$ $1,0 b_D$
	Blechummantelte Dichtung	Al Cu, Ms weicher Stahl	—	$5\ b_D$ $6\ b_D$ $7\ b_D$	$1,4 b_D$ $1,6 b_D$ $1,8 b_D$
Metalldichtungen	Metallflachdichtung DIN 2694	—	b_D	—	$b_D + 5$
	Metallspießkantdichtung	—	1	—	5
	Metallovalprofildichtung	—	2	—	6
	Metallrunddichtung	—	1,5	—	6
	Ring-Joint-Dichtung	—	2	—	6
	Linsendichtung DIN 2696	—	2	—	6
	Kammprofildichtung DIN 2697	—	$0,5 \sqrt{z}$	—	$9 + 0,2 z$
	Membranschweißdichtung DIN 2695	—	0	—	0

z = Anzahl der Kämme

* Sofern K_D nicht angegeben werden kann, ist hier das Produkt $k_0 K_D$ aufgeführt.

Die Berechnung der Flansche und Schrauben ist sowohl für den Einbauzustand mit den für den Einbau geltenden Werkstoffkennwerten als auch für den Betriebszustand mit den für diesen geltenden Werkstoffkennwerten durchzuführen.

Das für die Flanschberechnung erforderliche *äußere Moment*, bezogen auf den Schraubenkreisdurchmesser d_S ergibt sich mit den in Abb. 3.28 eingetragenen Hebelarmen

für den Einbauzustand zu $\boxed{M_0 = F_{SO}\, a_D}$, (7a)

für den Betriebszustand zu $\boxed{M_1 = F_R\, a_R + F_p\, a_p + B_2\, F_{DB}\, a_D \approx F_{SB}\, a_R}$. (7b)

Tabelle 3.7. *Formänderungswiderstand K_D von metallischen Dichtungswerkstoffen*

Dichtungswerkstoff	K_D [kp/mm²]
Aluminium, weich	10
Kupfer, weich	20
Weicheisen	35
Stahl St 35	40
Legierter Stahl 13 Cr Mo 4 4	45
Austenitischer Stahl	50

Anmerkung: Bei Raumtemperatur ist für K_D der Formänderungswiderstand bei 10% Stauchung σ_{10}, ersatzweise die Zugfestigkeit σ_B einzusetzen.

Tabelle 3.8. *Faktor B_2 für den Einfluß des Kriechens*

Werkstoff	B_2 [°C]			
	20	200	300	500
It.	1,1	1,6	2,0	—
Spiralasbest	1,0	1,0	1,25	1,45
Welldicht- Al	1,0	—	2,5	—
ringe Cu	1,0	—	2,0	—
weicher Stahl	1,0	—	2,0	—
Blech- Al	1,0	—	2,3	—
ummantelte Cu, Ms	1,0	—	2,0	—
Dichtungen weicher Stahl	1,0	—	1,7	—

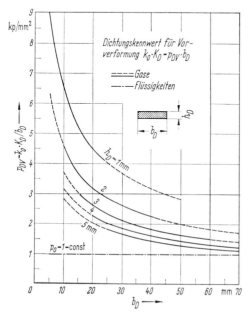

Abb. 3.29. Ermittlung von $k_0\, K_D$-Werten bei It-Dichtungen

Der *Flanschberechnung* liegen Versuchsergebnisse und spannungstheoretische Überlegungen zugrunde, die davon ausgehen, daß sich an der schwächsten Stelle ein plastisches Gelenk ausbildet. Aus dem Gleichgewicht der äußeren und inneren Momente an einem herausgeschnittenen Flanschelement läßt sich unter vereinfachenden Annahmen eine Vergleichsspannung σ_v bestimmen:

$$\sigma_v = \frac{M}{2\pi[\ldots]},$$

wobei die eckige Klammer nur von den Abmessungen abhängig ist. Der Nenner $2\pi[\ldots]$ wird Flanschwiderstand genannt; er ist eine Rechengröße mit der Dimension eines Widerstandsmoments und wird daher mit W bezeichnet. Die Berechnungsformeln [Gln. (8)] sind für verschiedene Fälle in Abb. 3.30 zusammengestellt.

3.2 Verschlüsse, Verbindungen und Dichtungen

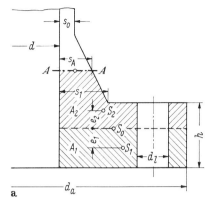

Allgemein für beliebige Stelle A–A des Flanschansatzes

$$W = 2\pi \left[2 \cdot A_1 \cdot e_1 + \tfrac{1}{8}(d+s_A)\cdot\left(s_A^2 - \tfrac{s_0^2}{4}\right)\right] \quad (8)$$

Für den Fall, daß der gefährdete Querschnitt am Übergang vom Flanschteller zum kegeligen Ansatz liegt:

$$W = \tfrac{\pi}{4}\left[(d_a - d - 2d_l)\cdot h^2 + (d+s_1)\cdot\left(s_1^2 - \tfrac{s_0^2}{4}\right)\right] \quad (8a)$$

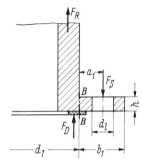

Für den Fall besonders dünner Flanschteller, wobei der gefährdete Querschnitt B–B im Flanschteller selbst liegt:

$$W = \tfrac{\pi}{2}\cdot h^2\cdot\left(b_1 - d_l + \tfrac{d_l}{2}\right); \quad M = F_S \cdot a_1 \quad (8b)$$

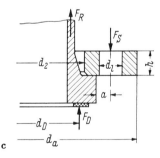

Bei losen Flanschen:

$$W = \tfrac{\pi}{4}\cdot(d_a - d_2 - 2d_l)\cdot h^2; \quad M = F_S \cdot a \quad (8c)$$

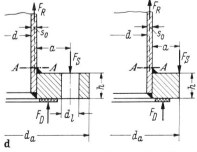

Für Aufschweißflansche und -bunde:

$$W = \tfrac{\pi}{4}\cdot(d_a - d - 2s_0 - 2d_l)\cdot h^2 + \underbrace{\tfrac{3}{4}(d+s_0)\cdot s_0^2}_{\text{entfällt bei sehr dünner Wand}} \quad (8d)$$

Abb. 3.30. Ermittlung des Flanschwiderstandes W

Aus der Bedingung $\sigma_v \leqq \sigma_{zul}$ folgt mit $\sigma_{zul} = K/S$ die Festigkeitsbedingung

$$\boxed{\frac{M}{W} \leqq \frac{K}{S}\frac{1}{z}}, \tag{9}$$

wobei z noch ein Korrekturfaktor für die geringere Stützwirkung wenig verformungsfähiger Werkstoffe ist: $z = 1$ für Stahl, $z = 1,2$ für Cu, Al und Austenite, $z = 1,5$ für GG. Für K ist der Festigkeitskennwert des Flanschwerkstoffs einzusetzen, bei wenig verformungsfähigen Werkstoffen die Zugfestigkeit σ_B.

Für die Sicherheitswerte wird empfohlen
bei verformungsfähigen Werkstoffen im *Betriebszustand*
gegen Streckgrenze $\qquad S = 1,5$,
gegen 1%-100000 h-Dehngrenze $\quad S = 1,0$,
gegen 100000 h-Bruchgrenze $\quad S = 1,5$,
jeweils bei Berechnungstemperatur.

In Gl. (9) ist der kleinste sich ergebende Wert für K/S einzusetzen. Für den *Einbauzustand* und den Prüfdruck genügt $S = 1,1$ gegen die Streckgrenze bei Raumtemperatur.

Bei Gußeisen ist zunächst mit $S = 7$ gegen die Biegefestigkeit σ_{bB} zu rechnen.

Für die *Schraubenberechnung* sind die Schraubenkräfte nach den Gln. (5a), (5b) und (6) und die zugehörigen Werkstoffkennwerte K und Sicherheitsbeiwerte S zu benutzen; der Kern- bzw. Schaftdurchmesser ergibt sich dann mit n = Anzahl der Schrauben zu

$$d_{k(s)} = \sqrt{\frac{4}{\pi n}\frac{F_s}{K/S}} + c. \tag{10}$$

Sicherheitsbeiwerte S	Dehnschraube	Vollschaftschraube
für den Einbauzustand	1,1	1,2
für den Betriebszustand	1,5	1,6

$c = 3$ mm = Konstruktionszuschlag nur für den Betriebszustand, ab M 52 ist $c = 1$ mm.

Die Festigkeitskennwerte K für Schraubenstähle nach DIN 17240 enthält Tab. 2.25 (S. 147). Für unlegierte Stähle gelten folgende K-Werte in kp/mm²:

	bis 120 °C	200 °C	250 °C	300 °C
St 38 und St 37-2	21	16	15	12
C 35 und Ck 35	28	22	21	19

Für den *Neuentwurf* eines Vorschweißflansches gibt MEINCKE[1] wertvolle Hinweise:
1. Wahl des Dichtungsdurchmessers

$$\left.\begin{array}{l}\text{bei einer Metalldichtung}\quad d_D = d\left(1 + \dfrac{p}{8\text{ kp/mm}^2}\right) + 10\text{ mm},\\[2mm]\text{bei einer Weichdichtung}\quad d_D = d\left(1 + \dfrac{p}{10\text{ kp/mm}^2}\right) + 20\text{ mm} + \dfrac{b_D}{2}.\end{array}\right\} \tag{11}$$

---
[1] MEINCKE, H.: Konstruktionsgrundlagen der Vorschweißflansche. VDI-Z. 105 (1963) 549—556.

3.2 Verschlüsse, Verbindungen und Dichtungen

2. Konstruktionsmaße

Für die in Abb. 3.31 gekennzeichneten Maße m, o, r, den Schraubenabstand u und den Lochdurchmesser d_l sind die unteren Grenzwerte bzw. die genormten Werte in Tab. 3.9 zusammengestellt. Für die Neigung des Flanschhalses werden die Werte der Tab. 3.10 vorgeschlagen.

Tabelle 3.9. *Konstruktionsmaße in mm für Flansche und Schrauben. Gewinde nach DIN 13; Sechskantmuttern nach DIN 2510*

Gewinde d	Muttereckenmaß e	Lochdurchmesser d_l	Abstand vom Hals m	Randabstand o	Abrundungshalbmesser r	Schraubenabstand u
M 12	25,4	14	18	17,5	6,5	32
M 16	31,2	18	20	20	8	38
M 20	36,9	22	23	23	9	45
M 24	41,6	26	28	25	9	52
M 27	47,3	30	32	29	11	57
M 30	53,1	33	35	32,5	11	64
M 33	57,7	36	39	36	14	72
M 36	63,5	39	41	37,5	14	76
M 39	69,5	42	45	40	16	83
M 42	75,0	45	48	42,5	16	89
M 45	80,8	48	52	46	16	95
M 48	86,5	51	55	50	16	102
M 52	92,4	56	59	54	17	108
M 56	98,0	60	62	57,5	17	120
M 64	110	70	70	62,5	20	134
M 72	121	78	78	68	22	146
M 76	127	82	86	73	24	159

Tabelle 3.10. *Vorschlag für die Neigung des Flanschhalses*

bei d [mm]	$\dfrac{h_1}{s_1 - s_0}$
bis 250	1,75
über 250 bis 500	2
über 500 bis 750	2,5
über 750 bis 1000	2,75
über 1000 bis 2000	3
über 2000	4

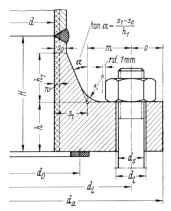

Abb. 3.31. Konstruktionsmaße eines Vorschweißflansches

3. Bestimmung der Halsansatzdicke s_1 und der Flanschdicke h

$$s_1 = \sqrt[3]{\frac{p\, d\, s_0 \cdot 100\,\text{mm}}{K/S}} + w, \quad S = 1{,}5; \quad w = 6\,\text{mm}, \tag{12}$$

$$h = s_1 \sqrt{\frac{d + s_1}{\varkappa(d_a - d - 2d_l)}} \tag{13}$$

p [kp/cm²] =	2,5	25	100	250
$\varkappa$ =	2,4	2,25	1,8	0,9

Beispiel: Gegeben: $d = 250$ mm; $p = 250$ at; Betriebstemperatur 20°C (gültig bis 120°C). Gewählt: Metallflachdichtung aus Cu mit $b_D = 10$ mm (DIN 31263). Nach Tab. 3.6: $k_0 = b_D = 10$ mm; $k_1 = b_D + 5$ mm $= 15$ mm; nach Tab. 3.7: $K_D = 20$ kp/mm².

Werkstoffe: Schrauben 5.6 = 5 D (C 35 oder Ck 35) mit $K = 28$ kp/mm² bei 20 °C; Flansch R St 42-2 (DIN 17100) mit $K = 24$ kp/mm² bei 20 °C.

Berechnet:

nach Gl. (11) $\quad d_D = d\left(1 + \dfrac{p}{8\text{ kp/mm}^2}\right) + 10\text{ mm}$

$\qquad\qquad\qquad = 250\text{ mm}\left(1 + \dfrac{2{,}5\text{ kp/mm}^2}{8\text{ kp/mm}^2}\right) + 10\text{ mm} = 340\text{ mm},$

nach Gl. (1) $\quad F_R = p\,\dfrac{\pi}{4}\,d^2 = 2{,}5\text{ kp/mm}^2\,\dfrac{\pi}{4}\,250^2\text{ mm}^2 = 122\,700\text{ kp},$

nach Gl. (2) $\quad F_p = p\,\dfrac{\pi}{4}\,(d_D^2 - d^2) = 2{,}5\text{ kp/mm}^2\,\dfrac{\pi}{4}\,(340^2 - 250^2)\text{ mm}^2 = 104\,200\text{ kp},$

nach Gl. (3) $\quad F_{DV} = \pi\,d_D\,k_0\,K_D = \pi \cdot 340\text{ mm} \cdot 10\text{ mm} \cdot 20\text{ kp/mm}^2 = 214\,000\text{ kp},$

nach Gl. (4) $\quad F_{DB} = p\,\pi\,d_D\,k_1\,S_D = 2{,}5\text{ kp/mm}^2 \cdot \pi \cdot 340\text{ mm} \cdot 15\text{ mm} \cdot 1{,}3 = 52\,000\text{ kp},$

nach Gl. (5a) $\quad F_{SO} = F_{DV} = 214\,000\text{ kp},$

nach Gl. (5b) $\quad F_{SO} = B_1(F_R + F_p + B_2\,F_{DB})$

$\qquad\qquad\qquad = 1{,}2\,(122\,700 + 104\,200 + 1 \cdot 52\,000)\text{ kp} = 335\,000\text{ kp},$

nach Gl. (6) $\quad F_{SB} = F_R + F_p + B_2\,F_{DB} = 278\,900\text{ kp},$

Schraubenanzahl gewählt $n = 16$,

nach Gl. (10) $\quad d_{k0} = \sqrt{\dfrac{4}{\pi\,n}\,\dfrac{F_{SO}}{K/S}} = \sqrt{\dfrac{4}{\pi \cdot 16}\,\dfrac{335\,000\text{ kp} \cdot 1{,}1}{28\text{ kp/mm}^2}} = 32{,}4\text{ mm}$

bzw.

$\qquad d_{kB} = \sqrt{\dfrac{4}{\pi\,n}\,\dfrac{F_{SB}}{K/S}} + c = \sqrt{\dfrac{4}{\pi \cdot 16}\,\dfrac{278\,900\text{ kp} \cdot 1{,}5}{28\text{ kp/mm}^2}} + 3\text{ mm} = 37{,}5\text{ mm}.$

Geeignete Schraube M 45 mit $d_k = 39{,}154$ mm.

Mit $s_0 = 28$ mm (entsprechend dem Normflansch nach DIN 2628) ergibt sich dann nach Gl. (12)

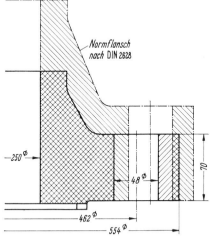

Abb. 3.32. Flansch des Beispiels (Vergleich mit Normflansch)

$s_1 = \sqrt[3]{\dfrac{p\,d\,s_0 \cdot 100\text{ mm}}{K/S}} + w$

$\quad = \sqrt[3]{\dfrac{(2{,}5\text{ kp/mm}^2) \cdot 250\text{ mm} \cdot 28\text{ mm} \cdot 100\text{ mm}}{(24\text{ kp/mm}^2)/1{,}5}} +$

$\quad + 6\text{ mm} = 54\text{ mm}.$

Nach Tab. 3.9 ist bei M 45 $m = 52$ mm, so daß $d_L = d + 2s_1 + 2m = 462$ mm wird. Mit $o = 46$ mm (aus Tab. 3.9) ergibt sich der Außendurchmesser zu 554 mm. Die Flanschdicke h wird mit $\varkappa = 0{,}9$ und $d_1 = 48$ mm (Tab. 3.9) nach Gl. (13)

$h = s_1\sqrt{\dfrac{d + s_1}{\varkappa(d_a - d - 2d_1)}} = 54\text{ mm} \times$

$\qquad \times \sqrt{\dfrac{250 + 54}{0{,}9(554 - 250 - 2 \cdot 48)}} = 70\text{ mm}.$

Mit Tab. 3.10 ergibt sich schließlich die Ansatzhöhe $h_1 = 1{,}75\,(s_1 - s_0) = 1{,}75 \cdot 26$ mm $= 46$ mm. Damit kann der Flansch aufgezeichnet und nach DIN 2505 nachgerechnet werden. In Abb. 3.32 ist zum Vergleich der Normflansch nach DIN 2628 strichpunktiert eingezeichnet, für den $S \approx 2{,}5$ ist.

Nachrechnung nach DIN 2505

Mit $a_R = 94$ mm, $a_p = 83{,}5$ mm und $a_D = 61$ mm wird

nach Gl. (7a) $\quad M_0 = F_{SO}\,a_D = 335\,000\text{ kp} \cdot 61\text{ mm} = 20{,}4 \cdot 10^6\text{ mmkp},$

nach Gl. (7b) $M_1 = F_k a_R + F_p a_p + B_2 F_{DB} a_D = 23{,}4 \cdot 10^6$ mmkp,

nach Gl. (8a) wird $W = \dfrac{\pi}{4} \left[(d_a - d - 2d_1) h^2 + (d + s_1) \left(s_1^2 - \dfrac{s_0^2}{4} \right) \right]$

$\qquad\qquad\qquad = 1{,}45 \cdot 10^6$ mm³

$\dfrac{M_1}{W} = 16{,}1 \; \dfrac{\text{kp}}{\text{mm}^2}.$

Somit wird nach Gl. (9) $S = \dfrac{K}{M/W} = \dfrac{24 \text{ kp/mm}^2}{16{,}1 \text{ kp/mm}^2} = 1{,}49.$

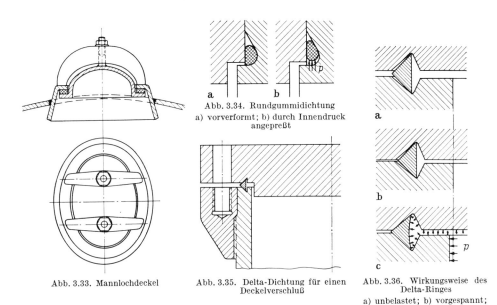

Abb. 3.33. Mannlochdeckel

Abb. 3.34. Rundgummidichtung
a) vorverformt; b) durch Innendruck angepreßt

Abb. 3.35. Delta-Dichtung für einen Deckelverschluß

Abb. 3.36. Wirkungsweise des Delta-Ringes
a) unbelastet; b) vorgespannt; c) unter Innendruck

Selbstdichtende Verbindungen. Wie oben schon erwähnt, versteht man darunter Verbindungen, bei denen die Dichtungskräfte durch den Betriebsdruck selbst aufgebracht werden. Im Gegensatz zu den bisher betrachteten Verbindungen nehmen Dichtungskraft und Dichtwirkung mit dem Betriebsdruck *zu.*

Das einfachste Beispiel sind die ovalen *Mannlochdeckel* Abb. 3.33, die mit Bügelverschraubungen zur Vorverformung der Flachdichtung in Behälterwände eingesetzt werden. Die Dichtungskraft ist dabei nicht nur vom Innendruck p, sondern von der von ihm beaufschlagten Fläche (Deckelgröße) abhängig.

Auch die schon erwähnten *Rundgummidichtungen* (O-Ringe) gehören zu den selbstdichtenden Verbindungsmitteln; sie werden nur wenig vorverformt, zu etwa 1/10 der Ringdicke, im Betrieb werden sie dann durch den Innendruck an die Nutwandungen angepreßt (Abb. 3.34).

Für die *Hochdruckdeckelverschlüsse an Behältern der Verfahrenstechnik*[1] sind Sonderkonstruktionen entwickelt worden, von denen einige heute auch bei Ventilen und Schiebern für hohe Drücke und Temperaturen häufig verwendet werden. Bei dem Deckelverschluß mit der *Delta-Dichtung* (Abb. 3.35) liegt ein keilförmiger Stahlring in besonderen Ausnehmungen in der Behälterwand und im Deckel; die Wirkungsweise geht aus Abb. 3.36 hervor. Der Ring wird durch den Innendruck

---

[1] Siehe auch MEINCKE, H.: Konstruktion und Berechnung von Hochdruckverschlüssen. VDI-Z. 104 (1962) 477—482.

deformiert und an die sauber bearbeiteten Oberflächen der Ausnehmungen angepreßt; es ist nur eine geringe Vorverformung erforderlich.

Die *Doppelkonusdichtung* (Abb. 3.37) wirkt ähnlich; die Kegelflächen des Dichtungsringes legen sich an kongruente Kegelflächen im Behälter und im Deckel an, wobei Aluminiumfolien von 0,3 bis 1 mm Dicke dazwischengebracht werden. Bei der Vorspannung mit etwa 1/5 des Probedrucks werden die Folien plastisch verformt und der Dichtungsring radial leicht zusammengedrückt. Der Innendurchmesser des Dichtungsrings muß etwas größer sein als der Außendurchmesser des zylindrischen Deckelansatzes, damit der Innendruck den Dichtring aufweiten kann; der Deckring f dient zur Halterung des Dichtrings am Deckel zwecks Erleichterung des Einbaus. Die Berechnung des Flansches, der Schrauben und des Deckels kann mit der Gesamtdeckelkraft $F_0 = \frac{\pi}{4} d^2 p$ vorgenommen werden.

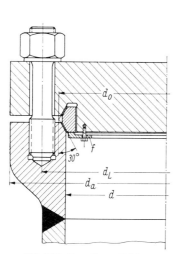

Abb. 3.37. Doppelkonusdichtung

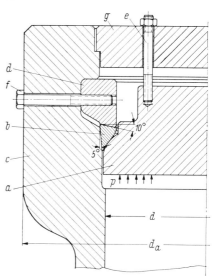

Abb. 3.38. Uhde-Bredtschneider-Verschluß
a Deckel; *b* Keildichtungsring; *c* Behälterkopf; *d* geteilter Ring; *e* Vorspannschrauben; *f* Halteschrauben; *g* Haltering

Der *Uhde-Bredtschneider-Verschluß* (Abb. 3.38) zeichnet sich dadurch aus, daß die bei den meisten bisher besprochenen Verbindungen erforderlichen, durch die Innendruckkraft immer, oft auch noch durch Vorverformungs- bzw. Betriebsdichtungskräfte beanspruchten Schrauben und die dadurch bedingten meist schweren und teuren Flansche wegfallen. Der Keildichtungsring b wird von dem durch den Innendruck belasteten Deckel a fest gegen die Behälterwand und gegen den drei- bis vierfach geteilten, in eine Ringnut eingelegten Ring d gepreßt, der somit die Kräfte auf den verstärkten Behälterkopf überträgt. Für eine geringe Vorspannung sorgen nur beim Einbau die Schrauben e und der Haltering g. Auch die Schrauben f dienen lediglich der Montage.

3.2.2 Dichtungen zwischen bewegten Bauteilen

Die an bewegten Maschinenteilen zur Anwendung kommenden Dichtungen richten sich nach der Art der Bewegung (Schiebung, Drehung, Schraubung), nach der Häufigkeit (gelegentliche Betätigung oder Dauerbetrieb), nach der Größe der Relativ-

3.2 Verschlüsse, Verbindungen und Dichtungen

geschwindigkeiten und schließlich nach Art, Druck und Temperatur der Medien, deren Austritt (bzw. Eindringen) verhindert werden soll. Man unterscheidet zwischen *Berührungsdichtungen*, bei denen die Dichtstoffe durch äußere oder innere Kräfte an die gleitenden Flächen angepreßt werden, und *berührungsfreien Dichtungen*, bei denen durch Expansions- bzw. Drosselwirkung in engem Spalt oder in Labyrinthen ein Druckabfall erzielt wird. Sonderfälle sind die Abdichtungen mit Sperrflüssigkeiten und die Verwendung von Bälgen und Membranen bei Maschinenteilen mit begrenzter gegenseitiger Beweglichkeit.

3.2.2.2.1 Berührungsdichtungen an gleitenden Flächen[1]. Die gebräuchlichsten Dichtungsmittel sind *Packungen*, die in Stopfbuchsen untergebracht und durch axiale Kräfte elastisch oder plastisch verformt werden, so daß sich der radiale Dichtspalt stark verringert. Reibung, Abnutzung und Erwärmung begrenzen den Anwendungsbereich und bestimmen die Auswahl der Werkstoffe.

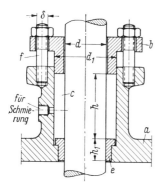

Abb. 3.39. Aufbau einer Stopfbuchse

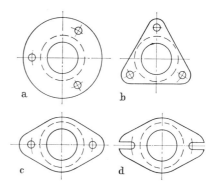

Abb. 3.40. Flanschformen von Stopfbuchsbrillen

Die wesentlichen Teile der Stopfbuchsen sind (Abb. 3.39): a das Stopfbuchsgehäuse, b die Brille, c der Packungsraum (Packungsbreite s, -länge h), e die Grundbuchse und f die Schrauben zum Zusammenpressen der Packung. An Stelle von Stiftschrauben werden oft auch Augenschrauben oder Hammerkopfschrauben verwendet, wobei dann die Brille an Stelle der Löcher Schlitze erhält. Die Brillenflansche werden je nach Anzahl der Schrauben rund, dreieckig oder oval ausgeführt (Abb. 3.40). Um Klemmen durch schiefes Anziehen zu vermeiden, kann die Brille in Brillenflansch und Brillendruckstück mit kugeliger Trennfläche aufgeteilt werden (Abb. 3.41). Die Brillen haben innen reichlich Spiel, während sie außen gute Führung haben sollen. Die Axialkraft auf die Packung kann auch mit einer Überwurfschraube und einem Druckstück (Abb. 3.42) erzeugt werden.

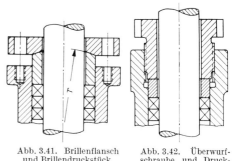

Abb. 3.41. Brillenflansch und Brillendruckstück

Abb. 3.42. Überwurfschraube und Druckstück

---

[1] Siehe auch LUBENOW, W.: Berührungsdichtungen an bewegten Maschinenteilen. Z. Konstr. 11 (1959) 433–449.

Die Bemessung der Packungsräume erfolgt am besten mit den in DIN 3780 festgelegten Maßreihen für die Packungsbreiten (Abb. 3.43); für die Packungslängen h werden die in Abb. 3.44 angegebenen Abhängigkeiten vom Druck und dem Innendurchmesser d empfohlen. Zu kurze Packungen erfordern hohe Dichtpressung und haben stärkere Reibung und Abnutzung zur Folge. Die Grundbuchse soll eine Länge $h_1 = d$ bei liegenden und $h_1 = 0{,}5d$ bei stehenden Kolbenstangen haben. Richtwerte für den Schraubendurchmesser enthält Tab. 3.11.

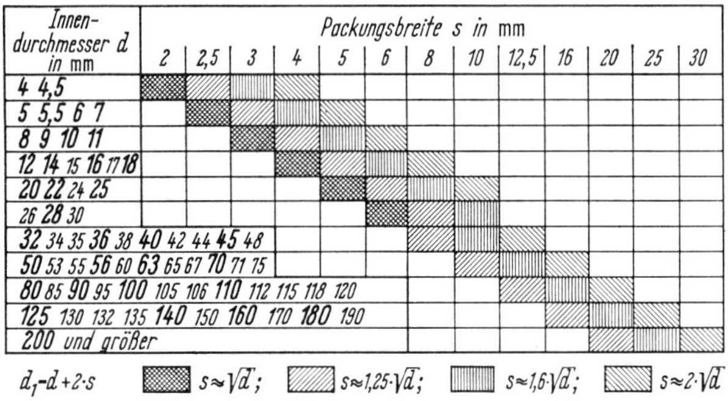

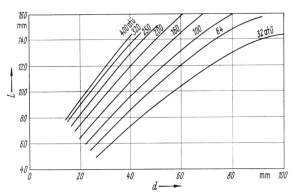

Abb. 3.43. Zuordnung zwischen Innendurchmesser d und Packungsbreite s nach DIN 3780

Abb. 3.44. Packungslängen in Abhängigkeit von Druck und Innendurchmesser bei üblichen Querschnitten

Tabelle 3.11
Richtwerte für Stopfbuchsschrauben

Stangendurchmesser d [mm]	Schraube
bis 30	M 12
über 30 bis 50	M 16
über 50 bis 70	M 18
über 70 bis 90	M 22
über 90 bis 110	M 24
über 110	M 27

Für die Nachrechnung der Schraubenbeanspruchung kann man für die Axialkraft annehmen:

$$F_a = c\,\frac{\pi}{4}\,(d_1^2 - d^2)\,p$$

mit $c = 3$ bei Weichpackungen und normalem Betrieb,
$c = 1{,}25$ bei Weichpackungen und sehr hohem Druck (Pumpen),
$c = 1$ bei Metallpackungen.

Nach den Packungswerkstoffen unterscheidet man Weichstoffpackungen, Metall-Weichstoff-Packungen und Weichmetallpackungen.

Die *Weichstoffpackungen* sind gedrehte, geflochtene oder gewickelte Stränge oder Ringe von quadratischem oder auch rundem Querschnitt aus nichtmetallischen Werkstoffen, z. B. Hanf, Baumwolle, Asbest, Filz, Kork, Leder, Gummi und Kunststoffen (Teflon, Fluon, Hostaflon TF); häufig werden auch Kombinationen verwendet, etwa Gummikern mit Baumwollgeflecht (Abb. 3.45). Zur Verringerung der Reibung, zum Schutz gegen chemische Angriffe und zum Schließen der Hohlräume im Packungsmaterial werden die Stränge oder Ringe mit Tränkungsmitteln, Talg, Fett, Öl, Paraffin, Vaseline, Talkum und auch Zusätzen von Graphit und Molykote (Molybdändisulfid) versehen. Neben Strangmeterware werden schräggeschlitzte Ringe und Halbringe geliefert. Die meisten der angeführten Werkstoffe eignen sich für Flüssigkeiten, Gas und Dampf, einige auch für hohe Temperaturen. Leder kann nur für Wasser bis 40 °C, jedoch bei beliebig hohem Druck verwendet werden. Für Speisewasser und Dampf hoher Temperatur sind Knetpackungen als formlose

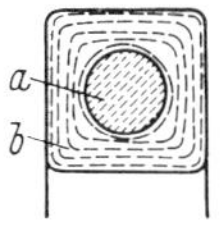

Abb. 3.45. Weichpackung mit Gummikern a und Baumwollgeflecht b

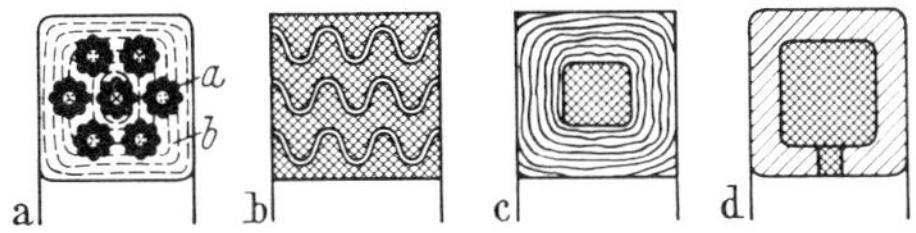

Abb. 3.46. Metall-Weichstoff-Packungen
a) mit Metalldrähten; b) mit Metall-Lamellen; c) mit Metallfolien; d) Metallhohlringe

Abb. 3.47. Weichmetallpackung

Dichtmassen entwickelt worden, die im wesentlichen aus Weichgraphit (mit Asbestfasern) bestehen; sie werden in Pulverform geliefert und erst beim Einbau mit Wasser sämig angerührt; oben und unten werden die Graphitdichtungen meist durch einen reinen schräggeschlitzten Asbestring begrenzt. Es gibt auch formgepreßte Weichgraphitringe mit Zusätzen und Bindemitteln.

Die *Metall-Weichstoff-Packungen* enthalten Einlagen oder Umhüllungen aus Blei, Messing, Bronze, auch Zinn, Nickel, Kupfer oder Weicheisen zwecks Erhöhung der Verschleißfestigkeit und Lebensdauer. Bei der Ausführung nach Abb. 3.46a werden mit Fasereinlage versehene Bleidrahtlitzen mit Baumwolle, Asbest oder Gummigewebe umsponnen; die Lamellenpackungsringe (Abb. 3.46b) bestehen aus gewellten Metallbändern mit Weichstoffzwischenlagen, während bei den Folienpackungen (Abb. 3.46c) umgekehrt ein Kern aus Baumwoll- oder Asbestgeflecht von dünnen Al-, Cu-, Pb- oder Sn-Folien umhüllt wird. Die meist ungeteilten Metallhohlringe (Abb. 3.46d) aus Weißmetall, Blei oder Kupfer sind mit Graphit gefüllt, der durch die radialen Bohrungen der Innenwand austritt und die Laufflächen schmiert.

Bei *Weichmetallpackungen* (Abb. 3.47) werden Kegelringe aus Metallen günstiger plastischer Verformbarkeit verwendet. Wegen der metallischen Laufflächen ist gute Schmierung Voraussetzung.

Manschettendichtungen[1] gehören zu den selbsttätigen Berührungsdichtungen, da der Betriebsdruck die Dichtwirkung unterstützt; eine Vorspannung für den drucklosen Zustand wird durch das elastische Verhalten (Voraussetzung sind Maßunterschiede zwischen Dichtkanten- und Gleitflächendurchmessern vor dem Einbau) oder durch zusätzliche Schlauchfedern erzielt. Für die Funktion sind also in erster Linie Form und Werkstoff entscheidend.

Die wichtigsten Ausführungsformen sind in Abb. 3.48 zusammengestellt: a) Hutmanschetten mit einem Flansch als Halteteil und einer innen dichtenden Lippe; b) Topfmanschetten mit einem Boden als Halteteil und einer außen dichtenden Lippe; c) Wellendichtringe als Sonderausführung von Hutmanschetten, die in einem Gehäuse gefaßt oder so versteift sind, daß sie als einbaufertige Teile verwendet werden können (s. auch Schutzdichtungen für Wälzlager, Abschn. 4.2.2.5); d) und

---

[1] Vgl. auch Simrit-Metalastic-Merkbuch der Fa. Carl Freudenberg, Weinheim/Bergstr.

e) Nutringe mit kräftigen Außen- und Innendichtlippen an geradem oder rundem Ringteil; f) Dachmanschetten mit zwei nahezu gleichen Schenkeln als Dichtlippen; g) Lippenringe mit kräftigem Haftteil (außen oder innen) und einer längeren schlanken Dichtlippe (innen oder außen).

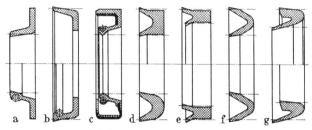

Abb. 3.48. Manschettendichtungen
a) Hutmanschette; b) Topfmanschette; c) Wellendichtringe; d) und e) Nutringe; f) Dachmanschette; g) Lippenringe

Hut- und Topfmanschetten werden mit kegelförmigen Stützringen eingebaut, um die Verformung der Dichtlippe, die ja der Überdruckseite zugekehrt sein muß, zu begrenzen bzw. ein Umstülpen zu verhindern. Die Stützringe sind stärker geneigt als die Dichtlippen (Abb. 3.49). Die Anwendung beschränkt sich hauptsächlich auf hin- und hergehende Bewegung; bei geringen Hubgeschwindigkeiten sind Drücke bis 60 kp/cm² bei Kunstgummi (wesentlich mehr bei Vulkollan) zulässig. Hutmanschetten sind auch für Drehbewegungen bei höheren Drücken verwendbar, während Radialwellendichtringe nur für Drücke kleiner als 5 kp/cm² geeignet sind. Abb. 3.50

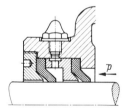

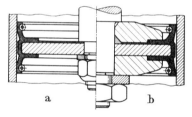

Abb. 3.49. Hutmanschetten mit Stützringen und Schmierkammer

Abb. 3.50. Doppeltopfmanschetten
a) für Drücke bis etwa 10 atü; b) für p bis 70 atü

zeigt die Ausführung von Doppeltopfmanschetten, die als Kolben verwendet werden können, indem sie nach beiden Seiten dichten und gleichzeitig im Zylinder führen; Ausführung a ohne Stützscheiben bis 10 kp/cm², Ausführung b mit Stützscheiben bis 70 kp/cm².

Nutringe werden ohne axiale Vorspannung (0,3 mm Spiel) mit einem metallischen Gegenring und — bei rundem Rücken — mit einem besonderen metallischen Sattelring eingebaut (Abb.3.51). Sie dichten innen an einer Stange oder außen an Zylinderwand bei hin- und hergehender Bewegung; je nach Werkstoff sind Drücke bis 300 kp/cm² zulässig (DIN 6505 und 6506).

Dachmanschetten sind für Außen- und Innenabdichtung, bei langsamer hin- und hergehender Bewegung für sehr hohe Drücke geeignet. Sie werden nicht einzeln, sondern geschichtet (mindestens 3 Stück) zwischen einem Sattel- und einem Gegenring verwendet (Abb. 3.52); sie sollen beim Einbau axial leicht angezogen werden.

Lippenringe werden ebenfalls zu mehreren hintereinander angeordnet; sie dienen vornehmlich der äußeren oder inneren Abdichtung hin- und hergehender Teile, wobei die schlanke Lippe schon bei niedrigen Drücken anspricht. Einbaubeispiele mit Stützringen zeigt Abb. 3.53.

Für Manschettendichtungen geeignete *Werkstoffe* sind Chromleder, gewebelose Natur- und Kunstgummimischungen, Polytetrafluoräthylen und schließlich mit Gummi gebundene Gewebewerkstoffe. Chromleder wird wegen seiner Kälte- und Alterungsbeständigkeit und seines günstigen Verhaltens gegenüber Verschleiß und

Schmiermitteln bei rauhen Betriebsverhältnissen und Gleitgeschwindigkeiten kleiner als 4 m/s benutzt; es besitzt dagegen keine sehr hohe Wärmebeständigkeit (maximal 80 °C) und oft nicht genügende Formbarkeit. In dieser Hinsicht sind ihm die verschiedenen Gummisorten überlegen; es werden verwendet Naturgummimischungen bei Temperaturen zwischen -50 und $+90$ °C, kurzzeitig bei Heißwasser bis $+140$ °C, Buna und Perbunan bei -25 und $+120$ °C und höheren Ansprüchen an chemische Beständigkeit, ferner Neoprene und Thioplaste mit ähnlichen Eigenschaften; auf Silicon aufgebaute Mischungen zeichnen sich durch besonders hohe thermische

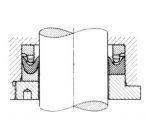
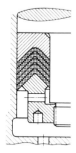
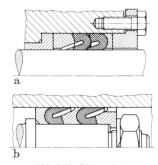

Abb. 3.51. Nutring mit rundem und mit geradem Rücken

Abb. 3.52. Dachmanschetten

Abb. 3.53. Lippenringe
a) innen dichtend; b) außen dichtend

Beständigkeit aus: -60 bis $+200$ °C, ferner durch niedrige Reibungszahlen und gewisse Notlaufeigenschaften; Festigkeit, Kerbzähigkeit und Elastizität sind jedoch gering. Vulkollan (Polyurethan) besitzt dagegen sehr hohe Dehnung, Zerreißfestigkeit, Kerbzähigkeit und Alterungsbeständigkeit und wird daher für höchste Drücke verwendet; es ist jedoch nicht beständig gegen verdünnte Säuren und Laugen, wenig beständig gegen Wasser ($+40$ °C); sonst liegt der Anwendungsbereich zwischen -40 und $+80$ °C. Die beste chemische Beständigkeit und einen sehr weiten thermischen Anwendungsbereich (-70 bis $+260$ °C) weist Polytetrafluoräthylen (Teflon, Fluon, Hostaflon TF) auf; es ist jedoch nicht gummielastisch. Gewebehaltige Werkstoffe mit Baumwoll- oder Asbestgewebeschichten werden bei hohen Drücken (über 200 kp/cm²) vorwiegend in der Hydraulik verwendet; die oberen Temperaturgrenzen sind: bei Baumwolle $+150$ °C, bei Asbest $+250$ °C.

O-Ringe werden wegen ihres einfachen und platzsparenden Einbaus und wegen ihrer guten Dichtwirkung bei nahezu allen in der Praxis vorkommenden Drücken immer mehr verwendet, hauptsächlich bei Gleitbewegung, in beschränktem Umfang bei nur geringen Überdrücken auch bei Drehbewegung. Die Voraussetzungen für einwandfreie Funktion sind: 1. Richtige Vorverformung durch auf den Durchmesser abgestimmte Nutabmessungen (Abb. 3.54); 2. Geringes Spiel zwischen Zylinder und Kolben; es wird H8/f7 empfohlen; 3. Saubere und riefenfreie Bearbeitung aller Berührungs-, insbesondere der Gleitflächen; Zylinderbohrung möglichst gehont, Kolbenstangen gehärtet oder hartverchromt und geschliffen (Rauhtiefe < 2 μm); 4. Vermeidung von Trockenlauf, da sonst Reibung und Materialabrieb zu groß werden und vorzeitige Alterung eintritt; 5. Einhaltung der Geschwindigkeitsgrenzen: bei Gleitbewegung $<0{,}5$ m/s, bei Drehbewegung <4 m/s. Bei Drehbewegung ist der O-Ring „innen dichtend", also im Außenteil, und zwar mit Übermaß einzubauen, damit er gestaucht wird und außen haftet. Als Werkstoffe werden in der Regel verschiedene Perbunansorten (mit etwa 70 Shore-Härte A bei $p < 40$ kp/cm², etwa 80 Shore A bei $p < 100$ kp/cm² und etwa 90 Shore A bei $p > 100$ kp/cm²) verwendet.

Ein Einbaubeispiel für Gleitbewegung (a) und gleichzeitig für ruhende Teile (b) zeigt Abb. 3.55.

Gleitflächendichtungen. Bei hohen Gleitgeschwindigkeiten *und* hohen Drücken und Temperaturen werden formbeständige Gleitelemente aus Metallen, Gußeisen, Kunstkohle oder Sinterwerkstoffen zur Abdichtung benutzt. Die Anpressung erfolgt entweder radial nach innen auf die Zylinderfläche einer Stange oder Welle (Federringdichtungen) oder radial nach außen auf die Innenwand eines Hohlzylinders (Kolbenringe) oder axial auf eine zur Drehachse senkrechte Ringfläche (Gleitringdichtungen).

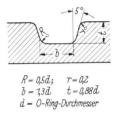

$R = 0{,}5d;\quad r = 0{,}2$
$b = 1{,}3d\quad t = 0{,}88d$
$d =$ O-Ring-Durchmesser

Abb. 3.54. Nutabmessungen

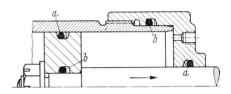

Abb. 3.55. Einbaubeispiel für O-Ringe
a für Gleitbewegung; b für ruhende Teile

Die Anpreßkräfte werden in der Regel vom Betriebsmitteldruck, beim Einbau durch zusätzliche Federn oder die Eigenfederung aufgebracht. Gleitflächendichtungen besitzen den Vorteil selbsttätiger Nachstellung, erfordern also — von der Schmierung abgesehen — keine Wartung und zeichnen sich bei richtiger Werkstoff- und Schmiermittelwahl durch niedrige Reibung und geringen Verschleiß aus.

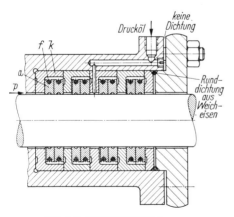

Abb. 3.56. Federringdichtung

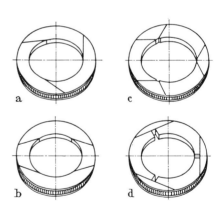

Abb. 3.57. Schnittmöglichkeiten für Packungsringe
a) dreiteilig; b) vierteilig; c) und d) sechsteilig

Die *Federringdichtungen* (Abb. 3.56) bestehen meistens aus mehrteiligen, durch Schlauchringfeder *f* zusammengehaltenen Packungsringsegmenten *a*, die in Kammerringe *k* von winkelförmigem Querschnitt so eingebaut werden, daß eine hinreichende radiale Beweglichkeit gewährleistet ist. Abb. 3.57 zeigt verschiedene Schnittmöglichkeiten für die Packungsringe; wegen der Teilfugen und Längsspalten sind die Ringe in Umfangsrichtung gegeneinander zu versetzen.

Manchmal werden die Ringe auch mit Stoßüberlappungen hergestellt (Abb. 3.58). Der druckseitig gelegene erste Ring wird mit Radialnuten versehen, damit in der Kammer der Betriebsmitteldruck wirksam werden kann und Radialkräfte auf die Ringsegmente entstehen. Bei sehr hohen Drücken sind Entlastungsmöglichkeiten vorzusehen (Abb. 3.59), in radialer Richtung durch zusätzliche, die Dichtringe a teilweise überdeckende konzentrische Entlastungsringe b, in axialer Richtung durch Aussparungen e in der dem Druck abgewandten Anlagefläche des zweiten Rings c.

Federringdichtungen mit *Metall*dichtringen werden bei hin- und hergehender Bewegung, also hauptsächlich bei Kolbenstangen von Dampfmaschinen, Dieselmotoren und Kompressoren verwendet.

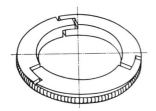

Abb. 3.58. Ring mit Stoßüberlappung

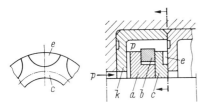

Abb. 3.59. Entlastungsmöglichkeiten

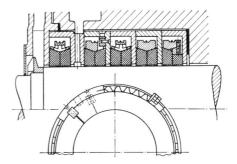

Abb. 3.60. Kohlefederpackung mit Wellfeder

*Kohle*federpackungen eignen sich für Drehbewegungen, z. B. für die Wellen von Wasserturbinen, Kreiselpumpen und kleinen Dampfturbinen. Ein Beispiel zeigt Abb. 3.60; hierbei werden die mehrteiligen Graphitdichtungsringe von einem ebenfalls mehrteiligen Druckring aus Metall an kegeligen Berührungsflächen umfaßt und von einer Wellfeder zusammengehalten, so daß die Dichtringe mit sehr kleinem Dichtspalt frei in der Kammer schweben und nicht mit ihrem Eigengewicht die Welle belasten.

Kolbenringe[1] haben außer der Aufgabe des Dichtens häufig auch noch den Zweck, das Öl von der Zylinderwand abzustreifen und in das Kurbelgehäuse zurückzuleiten; ferner dienen sie bei Brennkraftmaschinen zur Übertragung der Wärme vom Kolben auf die Zylinderwand.

Die eigentlichen Verdichtungs- oder Kompressionsringe werden in der Nähe des Kolbenbodens angeordnet; sie haben meist rechteckigen Querschnitt (Abb. 3.61a) und sind — zwecks Einbaus in die Kolbennuten und zur Aufrechterhaltung eines möglichst konstanten Anpreßdrucks durch Eigenfederung — geschlitzt (heute allgemein mit Geradstoß, seltener mit Schrägstoß, manchmal noch mit Überlappstoß). Das geringe axiale Einbauspiel ermöglicht die Ausbreitung des Betriebsmitteldrucks auf Seiten- und Innenfläche des Kolbenrings und somit die Abdichtung auf den Gegenflächen, also axial auf der Kolbennutringfläche und radial an der Zylinderwand. Die Anpressung durch den Betriebsmitteldruck ist wesentlich größer als die

[1] ENGLISCH, C.: Kolbenringe, 2 Bde., Wien: Springer 1958.

238   3. Gehäuse, Behälter, Rohrleitungen und Absperrvorrichtungen

durch die Eigenfederung. Eine weitere Erhöhung des Anpreßdrucks und gleichzeitig ein rascheres „Einlaufen" (Anpassung an die Zylinderwand) wird durch leicht konische Außenflächen beim sog. Minutenring (Abb. 3.61b) erreicht. Die Trapezringe (einseitige und doppelseitige, Abb. 3.61c) werden im Kraftfahrzeugbau dann verwendet, wenn die normalen Verdichtungsringe zum Festbrennen neigen. Der Nasenring (Abb. 3.61d) erfüllt schon die Aufgabe des Ölabstreifens, während die

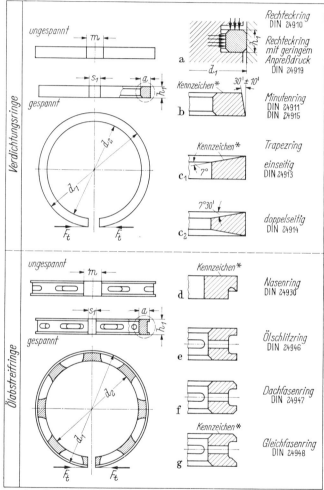

Abb. 3.61. Genormte Kolbenringe

eigentlichen Ölabstreifringe (Abb. 3.61e, f, g) mit besonders geformten Ringnuten im Außenmantel und mit mehreren Schlitzen für die Rückführung des Öls versehen sind; die Abstreifwirkung steigert sich in der angegebenen Reihenfolge von d bis g. Die Kolbenringe sind mit versetzten Stößen einzubauen; sie werden teilweise, bei Zweitaktmaschinen immer, gegen Verdrehen durch Stifte gesichert; bei Zweitaktmotoren ist darauf zu achten, daß die Stöße nicht im Bereich der Spül- und Auspuff-

3.2 Verschlüsse, Verbindungen und Dichtungen

schlitze liegen. Einzelheiten über die Verdrehsicherungen sowie überhaupt die Abmessungen von Kolbenringen sind DIN 24910 bis 24948 zu entnehmen.

Als *Werkstoff* wird in der Regel Sondergrauguß (Kolbenringguß) verwendet, selten Stahl, und Bronze nur bei besonderen Anforderungen an chemische Beständigkeit. Die Graugußringe können allseitig ferrooxydiert oder phosphatiert (gebondert) und an den Laufflächen verchromt und angehont werden.

Die *Herstellung* der Ringe erfolgt nach Formdrehverfahren[1] mit Hilfe von Kopiernocken, so daß sie im ungespannten Zustand unrund sind und (nach Herausschneiden der Maulweite m) im eingebauten Zustand an der Zylinderwand lichtspaltdicht anliegen mit veränderlichem an den Stoßstellen erhöhtem radialem Anpreßdruck. Ringhöhe h_1 und radiale Dicke a sind konstant.

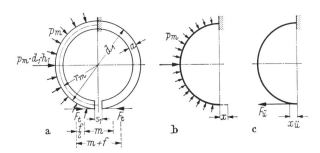

Abb.3.62. Zur Berechnung von Kolbenringen
a) Abmessungen und Tangentialkraft F_t; b) Verschiebung bei gleichmäßiger Pressung p_m; c) Aufweitung zum Überstreifen, Kraft $F_ü$

Der *mittlere Anpreßdruck* kann näherungsweise aus der Maulweite m oder aus der in den Normblättern angegebenen Tangentialkraft F_t berechnet werden. Unter F_t versteht man die Kraft, die erforderlich ist, um den Ring mit umgelegtem Spannband auf Nenndurchmesser zu bringen. Bei Annahme gleichmäßiger Pressung p_m im eingebauten Zustand ist nach Abb. 3.62a

$$F_t = 0{,}5\, p_m\, d_1\, h_1 \quad \text{und somit} \quad \boxed{p_m = \frac{2 F_t}{d_1 h_1}}.$$

Für die Deformation eines Halbkreisrings mit konstantem Rechteckquerschnitt unter gleichmäßiger Druckbelastung (Abb. 3.62b) gilt angenähert

$$x = \frac{3\pi\, r_m^4\, h_1}{2 E I}\, p_m.$$

Hieraus folgt mit $x = m/2 =$ halber Maulweite, $I = h_1 a^3/12$ und mit $r_m = d_m/2 = \tfrac{1}{2}(d_1 - a)$

$$\boxed{p_m = \frac{\dfrac{m}{a} E}{\dfrac{9\pi}{4}\left(\dfrac{d_m}{a}\right)^2}}.$$

---

[1] ARNOLD, H., u. F. FLORIN: Zur Berechnung selbstspannender Kolbenringe. Z. Konstr. 1 (1949) 272—279, 305—309. — ARNOLD, H.: Der doppeltformgedrehte Hochleistungskolbenring. MTZ 16 (1955) 89—94.

Für die genormten Ringe ergeben sich folgende Werte:

d_1 [mm] =	32	63	125	250	500	1000
m/a =	3,8	3,6	3,35	3,2	2,75	2,2
d_m/a =	20,4	21,5	23	25,6	28	30
p_m [kp/cm²]* =	2,5	2,0	1,4	0,85	0,5	0,32

* bei $E = 830000$ kp/cm²

Die *maximale Biegespannung* in dem dem Stoß gegenüberliegenden Querschnitt ergibt sich im eingebauten Zustand nach Abb. 3.62a angenähert zu

$$\sigma_b \approx 3 p_m \left(\frac{d_m}{a}\right)^2.$$

Die Berechnung der Biegespannung im zum Überstreifen aufgeweiteten Ring erfolgt nach Abb. 3.62c. Bei Belastung mit der Kraft $F_ü$ beträgt die Aufweitung eines Halbkreisrings

$$x_ü = \frac{3\pi}{2} \frac{r_m^3}{E I} F_ü.$$

Mit $x_ü = f/2$ (f ist die zum Überstreifen erforderliche Aufweitung; $f \approx 4a$), mit $I = h_1 a^3/12$, $W_b = h_1 a^2/6$ und $r_m = d_m/2 = \frac{1}{2}(d_1 - a)$ erhalten wir aus $\sigma_{bü} = M_{bü}/W_b = F_ü d_m/W_b$

$$\boxed{\sigma_{bü} = \frac{\dfrac{f}{a} E}{\dfrac{3\pi}{4}\left(\dfrac{d_m}{a}\right)^2}.}$$

Aus den angeführten Berechnungsgleichungen geht hervor, daß der Anpreßdruck und die auftretenden Biegespannungen von der Ringhöhe h_1 unabhängig sind. Die Ringhöhen werden, insbesondere bei schnellaufenden Motoren, zur Verringerung des Eigengewichts und Vermeidung unliebsamer Massenkräfte niedrig gehalten. Bei Dampfmaschinen verwendet man 1 bis 3 Ringe, bei Brennkraftmaschinen 3 bis 5 Verdichtungs- und 1 bis 2 Ölabstreifringe.

Zur Erhöhung des Anpreßdrucks werden in Sonderfällen auch Kolbenringe mit im Nutgrund angeordneten Stützfedern (zylindrische Schraubenfedern oder Blattfedern) ausgeführt.

Gleitringdichtungen[1] (Abb. 3.63 bis 3.65) sind ausschließlich für drehende Maschinenteile verwendbar; sie sind vorwiegend für die Dichtung von Flüssigkeiten (aber auch von Gasen und Dämpfen) bei Temperaturen bis 200 °C (und darüber) geeignet und daher hauptsächlich bei Kreiselpumpen, Zahnradpumpen, Trockentrommeln, Rührwerken u. dgl. zu finden. Sie zeichnen sich dadurch aus, daß die Leckverluste gering sind, keine Wartung erforderlich ist und die Dichtwirkung vom Verschleiß und von geringen axialen und radialen Bewegungen der Welle unabhängig ist.

Die Ringdichtflächen stehen senkrecht zur Wellenachse; *ein* Gleitring (*1*) steht fest und der andere (*2*) wird von dem Drehteil durch Form- oder Reibschluß mitgenommen; die Anpressung des axial verschieblichen Rings erfolgt beim Einbau durch eine oder mehrere zylindrische Schraubenfedern (*3*) oder durch Federbalg und im Betrieb zusätzlich durch den Druck des Mediums, wobei je nach der Größe der beaufschlagten Fläche volle Wirksamkeit, Teilentlastung oder auch Vollent-

---

[1] MAYER, E.: Axiale Gleitringdichtungen, Düsseldorf: VDI-Verlag 1966. — MAYER, E.: Belastete axiale Gleitringdichtungen für Flüssigkeiten. Z. Konstr. 12 (1960) 147–155, 210–218. — MAYER, E.: Gleitringdichtungen für Verbrennungsmotoren, elektrische Maschinen und Sondergetriebe. Z. Konstr. 20 (1968) 49–53.

3.2 Verschlüsse, Verbindungen und Dichtungen

lastung möglich ist. Für die Dichtflächen werden hohe Oberflächengüte (Rauhigkeit kleiner als 1 µm) und gute Planparallelität verlangt; *ein* Ring soll durch nachgiebige Lagerung eine allseitige Einstellmöglichkeit besitzen. Die ruhende bzw. fast ruhende Dichtung der Gleitringe gegen das Gehäuse bzw. gegen die Welle erfolgt mit O-Ringen, Nutringen oder Weichstoffpackungen.

Bei der Ausführung nach Abb. 3.63 sind drehender Gleitring und Feder innen angeordnet; Abb. 3.64 zeigt eine außen vorgebaute Gleitringdichtung mit auf dem Umfang verteilten zylindrischen Schraubenfedern; die doppelte Gleitringdichtung nach Abb. 3.65 arbeitet mit Sperr- oder Spülflüssigkeit, das linke Gleitringpaar

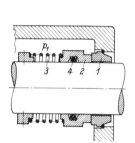
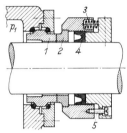
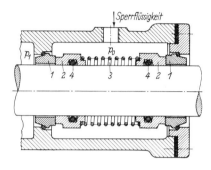

Abb. 3.63. Gleitringdichtung, Innenanordnung

Abb. 3.64. Gleitringdichtung, Außenanordnung

Abb. 3.65. Doppelte Gleitringdichtung mit Sperrflüssigkeit

dichtet zwischen Medium (Gase, Dämpfe, p_1) und Sperrflüssigkeit (p_0), und das rechte Gleitringpaar verhindert das Austreten der Sperrflüssigkeit.

Die Werkstoffpaarungen sind nach den Eigenschaften der Betriebsmittel auszuwählen; der drehende Gleitring besteht häufig aus Kunstkohle, Kunstharz, legiertem Stahl, Bronze oder auch aus Weißmetall, der feststehende Ring aus Gußeisen, Sonderbronze oder auch Sintermetall und keramischen Werkstoffen.

3.2.2.2 Berührungsfreie Dichtungen. Die Anwendung berührungsfreier Dichtungen erstreckt sich auf die Fälle, in denen sehr hohe Relativgeschwindigkeiten auftreten, bei denen also an Berührungsdichtungen Reibung und Verschleiß zu groß und Schmierung und Wartung erhebliche Schwierigkeiten bereiten würden. Die Entwicklung berührungsfreier Dichtungen erfolgte daher hauptsächlich im Dampf- und Gasturbinenbau; aber auch bei Wasserturbinen, Kreiselpumpen und Gebläsen werden berührungsfreie Spaltdichtungen verwendet, und Kolbenkompressoren für (trockene) Luft

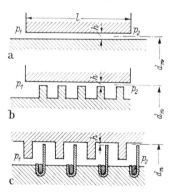

Abb. 3.66. Grundformen berührungsfreier Dichtungen

a) Spalt; b) Labyrinthspalt; c) Labyrinth

und Gase werden mit Labyrinthspaltkolben ausgeführt, um jegliche Beimengungen von Schmieröl zu vermeiden.

Die wichtigsten Bauformen sind in Abb. 3.66 schematisch dargestellt. Bei der *Spaltdichtung* (Abb. 3.66a) ist die Durchflußmenge von den Spaltabmessungen, insbesondere der Spaltweite und -länge, von der Druckdifferenz, ferner von den Zustandsgrößen, vor allem der Viskosität des Mediums und von der Oberflächenbeschaffenheit (Wandrauhigkeit) abhängig. Bei Laminarströmung wird

$$Q = \frac{(p_1 - p_2) d_m \pi h^3}{12 \eta l}$$

mit η = dynamischer Viskosität (in kp s/m²); bei kompressiblen Medien ist

$$G \approx \varepsilon A \sqrt{g \frac{p_1}{p_2}} \quad \text{mit} \quad \varepsilon = \sqrt{\frac{1 - (p_2/p_1)^2}{\lambda \, l/(2h)}},$$

mit λ = Widerstandszahl, g = Fallbeschleunigung und A = Durchflußquerschnitt.

Die *Labyrinthdichtung* (Abb. 3.66c) stellt eine Hintereinanderschaltung von Drosselstellen dar, an denen jeweils Druckenergie in Geschwindigkeitsenergie umgewandelt wird; letztere wird dann in der folgenden Kammer durch Verwirbelung und Stoß vernichtet bzw. in Reibungswärme umgesetzt. Um vollständige Verwirbelung und somit vor der nächsten Drosselstelle nahezu die Geschwindigkeit Null zu erzielen, sind Umlenkungen durch Trennwände (verzahnte Labyrinthe) vorzusehen. Die Durchflußmenge hängt außer vom Druckgefälle von der Spaltweite der Drosselstelle und vor allem von der Anzahl z der hintereinandergeschalteten Drosselstellen ab. Bei inkompressiblen Medien wird

$$Q = \varepsilon \, d_m \pi h \sqrt{2g \frac{H_{\text{ges}}}{z}}$$

mit H_{ges} = Gesamtgefälle, g = Fallbeschleunigung und ε = einem von der Reynolds-Zahl abhängigen, experimentell ermittelbaren Beiwert. Bei kompressiblen Medien (Dampf, Gas) ergibt sich die sekundliche Durchflußmenge nach STODOLA[1] näherungsweise zu

$$G = d_m \pi h \sqrt{\frac{g}{z} \frac{p_1^2 - p_2^2}{p_1 v_1}} \approx d_m \pi h \sqrt{\frac{g}{z} \frac{p_1}{v_1}}$$

mit p_1 = Druck, v_1 = spezifischem Volumen vor dem Labyrinth und p_2 = Druck hinter dem Labyrinth.

Der in Abb. 3.66b dargestellte *Labyrinthspalt* nimmt eine Zwischenstellung zwischen dem Spalt und dem echten (verzahnten) Labyrinth ein; es sind dabei zwar auch Drosselstellen vorhanden, aber das Medium tritt zum mindesten teilweise in die jeweils folgende Drosselstelle mit einer mehr oder weniger großen Geschwindigkeit ein. Die Durchflußmengen sind geringer als beim Spalt (Berechnung als besonders rauher Spalt) und größer als beim echten Labyrinth (Berechnung als Labyrinth mit nicht vollständiger Verwirbelung). Der Vorteil besteht wie beim Spalt in der Möglichkeit ungehinderter axialer gegenseitiger Verschieblichkeit.

Aus der Vielzahl der *praktischen Ausführungen* sind in Abb. 3.67 einige ausgewählt; sie weichen teilweise von den genannten Grundformen ab, zeigen jedoch alle das Bestreben, den geraden Durchtritt des Mediums zu verhindern. Beachtliche Einsparungen an Baulänge erzielt man durch radiale Anordnung der Kammern nach Abb. 3.67d und e.

Für vollkommene Abdichtungen, wie sie z. B. bei giftigen Medien und bei Vakuum erforderlich sind, werden *Dichtungen mit Flüssigkeitssperrungen* verwendet.

Bei der *Wasserringdichtung* nach Abb. 3.68 wird die Fliehkraft zur Druckerzeugung benutzt; die Flüssigkeitsspiegel stellen sich dem Druckunterschied entsprechend ein; der Dichtspalt kann relativ groß sein. Das verdunstende Wasser muß durch Zufuhr von außen her ersetzt werden; im Stillstand sind Hilfsdichtungen erforderlich.

---

[1] STODOLA, A.: Dampf- und Gasturbinen, 6. Aufl., Berlin: Springer 1924.

3.2 Verschlüsse, Verbindungen und Dichtungen

In *Spalt- oder Labyrinthdichtungen mit Sperrflüssigkeit* (Schema Abb. 3.69) wird diese mit Überdruck ($p_0 > p_1$) an geeigneter Stelle eingeführt, so daß sowohl innen wie außen möglichst geringe Mengen von Sperrflüssigkeit austreten. Als Sperr-

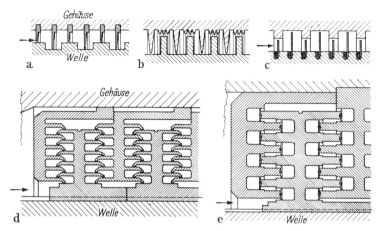

Abb. 3.67. Verschiedene Ausführungsformen
a) EWC und andere Firmen; b) AEG; c) BBC und AEG; d) MAN; e) SSW

mittel dienen meist Öle (bei sehr hohen Drücken Öle mit hoher Viskosität), in Sonderfällen auch Gas oder Dampf (z. B. bei den Vakuumstopfbuchsen der Dampfturbinen).

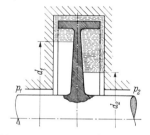
Abb. 3.68. Wasserringdichtung (Schema)

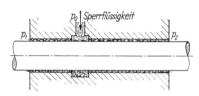
Abb. 3.69. Spaltdichtung mit Drucksperrflüssigkeit

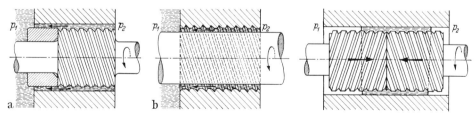

Abb. 3.70. Gewindewellendichtung, Einzelgewinde
a) Gewinde auf der Welle; b) Gewinde im Gehäuse

Abb. 3.71. Gewindewellendichtung mit gegenläufigem Gewinde

Bei den *Gewindewellendichtungen* (Abb. 3.70 und 3.71), auch hydrodynamische oder Viskosedichtungen genannt, wird der Sperrdruck in der Stopfbuchse selbst

16*

durch Rückfördergewinde erzeugt. Besitzt der Betriebsstoff selbst hinreichende Viskosität und Haftvermögen (Adhäsion), so genügt ein Einzelgewinde ohne Sperrflüssigkeit (Abb. 3.70). In anderen Fällen wird gegenläufiges Gewinde mit hochviskoser Sperrflüssigkeit verwendet, die in der Stopfbuchse einen Sperring bildet, der sich je nach dem Druckunterschied ($p_1 - p_2$) in seiner Axiallage selbsttätig einstellt.

3.2.2.3 Bälge und Membranen für Teile mit begrenzter gegenseitiger Beweglichkeit. Für Teile mit hin- und hergehender kleiner Hubbewegung und geringer Hubzahl werden *stopfbuchsenlose Dichtungen mit Faltenbälgen*, Wellrohren, Faltenrohren aus Tombak, Messing, Monelmetall oder auch aus nichtrostendem Stahl benutzt (Abb. 3.72). Die Abdichtung ist vollkommen und daher besonders für giftige oder sehr wertvolle Medien geeignet. Weitere Vorteile sind: eindeutige Federkräfte an Stelle der sonst oft unbestimmten Reibungskräfte und vollständige Wartungslosigkeit. Betriebsdrücke und Lebensdauer sind jedoch begrenzt.

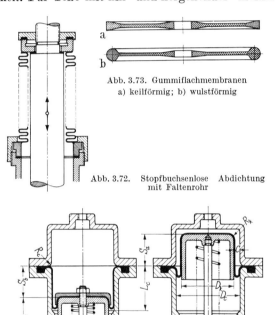

Abb. 3.73. Gummiflachmembranen a) keilförmig; b) wulstförmig

Abb. 3.72. Stopfbuchsenlose Abdichtung mit Faltenrohr

Abb. 3.74. Rollmembran (Bellofram, Simrit)

Bei geringen Druckunterschieden und sehr kleinen Hüben, z. B. in Meß- und Regelgeräten, werden *Flach- und Wellmembranen*, auch aus Weichstoffen, verwendet. Sie sind an den Einspannstellen keil- oder wulstförmig ausgebildet (Abb. 3.73).

Für größere Hübe, insbesondere für das Gebiet der pneumatischen und hydraulischen Regel- und Steuertechnik, sind dünnwandige und flexible *Rollmembranen*[1] (vor dem Einbau topfförmig) aus Perbunan mit einseitiger Gewebeauflage entwickelt worden (Abb. 3.74). Sie werden für Zylinderdurchmesser von 25 bis 200 mm, Betriebsdrücke normal bis 7 kp/cm², maximal bis 12 kp/cm² und Temperaturen zwischen -25 und $+100\,°C$ geliefert.

3.3 Behälter des Kessel- und Apparatebaues

Die Grundlagen der Berechnung sind in Abschn. 3.1 behandelt; hier sollen nun noch Einzelheiten in Anlehnung an die verschiedenen Vorschriften und Normen, sowie einige Beispiele folgen.

---

[1] Hersteller: Simrit-Werk Carl Freudenberg, Weinheim/Bergstr.; EFBE Fritz Brumme KG, Raunheim/Main.

3.3.1 Kesselbau

Für den Kesselbau gelten in erster Linie die Dampfkessel-Bestimmungen[1], die die ,,Technischen Vorschriften" für Werkstoffe (Teil 1), Herstellung (Teil 2), Berechnung (Teil 3) und Ausrüstung und Aufstellung (Teil 4), ferner die ,,Sicherheitstechnischen Richtlinien" für Abgas-Speisewasservorwärmer (Teil 1), Ölfeuerungen an Dampfkesseln (Teil 2) und Gasfeuerungen an Dampfkesseln (Teil 3) enthalten. Sie machen weitgehend von den einschlägigen DIN-Normen und den AD-Merkblättern[2] Gebrauch; letztere sind ähnlich gegliedert in Werkstoffe (W-Nummern), Berechnung (B-), Herstellung (H-) und Ausrüstung (A-Nummern).

In den *Werkstoff*-Vorschriften sind die für die verschiedenen Kesselbauteile geeigneten und zulässigen Werkstoffe angeführt, und die Bestimmungen über Prüfungen, Gütenachweise, Stempelungen, Abnahmezeugnisse u. dgl. festgelegt.

Die *Herstellungs*-Vorschriften befassen sich mit der Verarbeitung der Werkstoffe, insbesondere der Schweißung und Vernietung, und bringen die Richtlinien für die Verfahrensprüfung, für die Prüfung und Überwachung der Schweißer und für die Prüfung der geschweißten Bauteile.

Die *Berechnungs*-Vorschriften enthalten Angaben über Berechnungsgang, Berechnungsdruck p und -temperatur t, Berechnungsformeln, zu verwendende Güte- oder Verschwächungsbeiwerte v, Berechnungsbeiwerte, Sicherheitsbeiwerte S, Festigkeitskennwerte K, Zuschläge c, kleinste zulässige Wanddicken, Wölbungsradien u. dgl.

Die für *Ausrüstung und Aufstellung* von Dampferzeugern vorgesehenen Bestimmungen beziehen sich auf alle Hilfseinrichtungen, z. B. für Speisung, Umwälzung, Entleerung, Wasserstandsanzeige, Sicherheitsventile, Druck- und Temperaturmessungen, Feuerzüge, Einmauerung, Laufbühnen, Geländer, Brandschutz und Fabrikschild.

Die *Berechnung der Wanddicken* von zylindrischen Mänteln unter innerem Überdruck und von Kessel- und Überhitzerrohren unter innerem und (bis $D_a = 200$ mm) äußerem Überdruck erfolgt nach Gl. (3) des Abschn. 3.1.1, also mit

$$\boxed{s \geq \frac{D_a\,p}{2v\,\sigma_{\text{zul}} + p} + c} \quad \text{mit} \quad \sigma_{\text{zul}} = \frac{K}{S}.$$

Der *Berechnungsdruck* ist im allgemeinen gleich dem ,,höchstzulässigen Betriebsdruck" (früher Genehmigungsdruck genannt); nach DIN 2901 sind folgende *Druckstufen* genormt:

$p = 0{,}5 \quad 2 \quad 4 \quad 6 \quad 8 \quad 10 \quad 13 \quad 16 \quad 20 \quad 25 \quad 32 \quad 40 \quad 50 \quad 64 \quad 80 \quad 100 \quad 125 \quad 160 \quad 200 \quad 250$ kp/cm².

Die *Berechnungstemperatur* ist die Temperatur in der Wandmitte, die sich aus der Art der Beheizung ergibt; sie ist

bei nicht befeuerter Wand	die Dampftemperatur	jedoch
bei gegen Feuergase abgedeckter Wand	die Dampftemperatur $+20\,°C$	mindestens
bei von Feuergasen berührter Wand	die Dampftemperatur $+50\,°C$	$250\,°C$
bei unbeheizten Kesselrohren	die Sättigungstemperatur	
bei unbeheizten heißdampfführenden Rohren .	die Heißdampftemperatur $+15\,°C$	
bei beheizten Kesselrohren		
Wärmeübertragung durch Strahlung.....	die Sattdampftemperatur $+50\,°C$	
Wärmeübertragung durch Berührung	die Sattdampftemperatur $+25\,°C$	
bei Überhitzerrohren		
Wärmeübertragung durch Strahlung.....	die Heißdampftemperatur $+50\,°C$	
Wärmeübertragung durch Berührung	die Heißdampftemperatur $+35\,°C$	

---

[1] Dampfkessel-Bestimmungen, herausg. von der Vereinigung der Technischen Überwachungsvereine e. V., Essen, Köln/Berlin: Heymann, Berlin/Köln/Frankfurt a. M.: Beuth-Vertrieb 1960/61 (Nachtrag 1963), bzw. die ,,Technischen Regeln für Dampfkessel" TRD, seit Juli 1964 im A4-Format.

[2] AD-Merkblätter, aufgestellt von der ,,Arbeitsgemeinschaft Druckbehälter" (Fachverband Dampfkessel-, Behälter- und Rohrleitungsbau; Verband der chem. Industrie e. V.; Verein Deutscher Eisenhüttenleute; Verein Deutscher Maschinenbauanstalten; Vereinigung der Großkesselbesitzer e. V.; Vereinigung der Technischen Überwachungsvereine e. V.).

246　　　3. Gehäuse, Behälter, Rohrleitungen und Absperrvorrichtungen

Für den *Festigkeitskennwert* K ist im unteren Temperaturbereich die Warmstreckgrenze, im oberen Temperaturbereich die Zeitstandfestigkeit $\sigma_{B/100000}$ (Mittelwert) vorgeschrieben. Die K-Werte sind für Kesselbleche nach DIN 17155 in Abb. 3.75, für nahtlose Rohre aus warmfesten Stählen nach DIN 17175 in Abb. 3.76, jeweils in Abhängigkeit von der Berechnungstemperatur aufgetragen (Zugfestigkeit und Streckgrenze bei 20 °C sind in Tab. 3.12 angegeben).

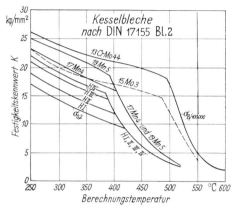 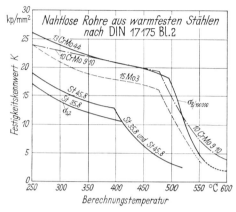

Abb. 3.75. Festigkeitskennwert K für Kesselbleche　　　Abb. 3.76. Festigkeitskennwert K für nahtlose Rohre

Bei hohen Temperaturen ist noch nachzuprüfen, ob bei der Berechnungstemperatur t °C die 1%-100000 h-Dehngrenze ($\sigma_{1/100000}$) nicht überschritten ist und ob bei einer Temperatur, die 15 °C über der Berechnungstemperatur liegt, noch 1,0fache Sicherheit gegen $\sigma_{B/100000}$ besteht.

Tabelle 3.12. *Zugfestigkeit und Streckgrenze bei 20 °C in* kp/mm² *für Kesselbleche und Rohre*

Werkstoffe		σ_B [kp/mm²]	σ_S [kp/mm²]
Kesselbleche nach DIN 17155 (Jan. 1959)	H I	35 ... 45	21
	H II	41 ... 50	24
	H III	44 ... 53	26
	H IV	47 ... 56	27
	17 Mn 4	47 ... 56	28
	19 Mn 5	52 ... 62	32
	15 Mo 3	44 ... 53	27
	13 Cr Mo 4 4	44 ... 56	30
Rohre nach DIN 17175 (Jan. 1959)	St 35.8	35 ... 45	24
	St 45.8	45 ... 55	26
	15 Mo 3	45 ... 55	29
	13 Cr Mo 4 4	45 ... 58	30
	10 Cr Mo 9 10	45 ... 60	27

Die Sicherheitsbeiwerte S betragen:

Bei zylindrischen Mänteln unter innerem Überdruck
$S = 1{,}5$　für nahtlose Trommeln und Schüsse; Trommeln und Schüsse mit Schweißnähten, bei denen der Kraftlinienfluß durch die Art der Verbindung in keiner Weise gestört ist; Schüsse mit mehrreihig doppeltgelaschten Nietnähten.

$S = 1{,}65$ Schüsse mit einreihig doppeltgelaschten Nietnähten; Schüsse mit zweireihig doppeltgelaschten Nietnähten, deren eine Lasche nur einreihig genietet ist.

$S = 1{,}8$ Schüsse mit überlappt oder einseitig gelaschten Nietnähten; Schüsse mit überlapptschmelzgeschweißten Nähten (Kehlnähte).

Bei Kessel- und Überhitzerrohren unter innerem und äußerem Überdruck

$S = 1{,}5$ bei innerem Überdruck,
$S = 1{,}8$ bei äußerem Überdruck mit Gütenachweis für den Werkstoff,
$S = 2{,}2$ bei äußerem Überdruck ohne Gütenachweis für den Werkstoff.

Der *Verschwächungsbeiwert* v bedeutet:

Bei Schweißnähten das Verhältnis der Güteeigenschaften der Schweißverbindung zu den Güteeigenschaften des Bleches (Wertigkeit der Schweißnaht). Er darf angenommen werden: für zylindrische Mäntel im allgemeinen bis zu $v = 0{,}8$ (evtl. bis 1,0 mit Einverständnis des für den Hersteller zuständigen Sachverständigen), für längsgeschweißte Kessel- und Überhitzerrohre bis $v = 1{,}0$ mit Zustimmung des Sachverständigen.

Bei Nietnähten und Bohrungen im Blechfeld ist v das Verhältnis des geschwächten zum ungeschwächten Blechquerschnitt; mit $t =$ Teilung und $d_1 =$ Durchmesser des geschlagenen Niets wird $v = (t - d_1)/t$; Mittelwerte für die verschiedenen Nahtbilder (nach Abb. 2.112) enthält Tab. 2.16. Die Wahl des Nietbildes erfolgt nach der gleichen Tabelle mit Hilfe des Produktes $D\,p$ in cm kp/cm².

Der *Zuschlag* ist zu $c = 1$ mm angegeben; er entfällt bei Wanddicken $s \geq 30$ mm und bei Kessel- und Überhitzerrohren, sowie allgemein bei nichtrostenden Werkstoffen.

Beispiel: Geschweißter Kessel (Abb. 3.77).
Gegeben: $D_a = 1600$ mm; $p = 8$ kp/cm² innerer Überdruck; Sattdampf, also Dampftemperatur $\approx 175\,°C$ und Berechnungstemperatur $= 250\,°C$. Werkstoff: Kesselblech H I mit $K = 17$ kp/mm² nach Abb. 3.75.

Für Stumpfnähte ist $S = 1{,}5$, so daß $\sigma_{zul} = \dfrac{K}{S} = \dfrac{1700 \text{ kp/cm}^2}{1{,}5} = 1133$ kp/cm². Mit $v = 0{,}8$ und $c = 1$ mm ergibt sich die erforderliche Wanddicke

$$\underline{\underline{s}} \geq \frac{D\,p}{2\,v\,\sigma_{zul} + p} + c = \frac{160 \text{ cm} \cdot 8 \text{ kp/cm}^2}{2 \cdot 0{,}8 \cdot 1133 \text{ kp/cm}^2 + 8 \text{ kp/cm}^2} + 0{,}1 \text{ cm} = 0{,}8 \text{ cm} = \underline{\underline{8 \text{ mm}}}.$$

Beispiel: Genieteter Kessel (Abb. 3.78 und 3.79).
Gegeben: $D_a = 1600$ mm; $p = 8$ kp/cm² innerer Überdruck; Sattdampf, also Dampftemperatur $\approx 175\,°C$ und Berechnungstemperatur $= 250\,°C$. Werkstoff: Kesselblech H I mit $K = 17$ kp/mm² nach Abb. 3.75.

Mit dem Produkt $D\,p = 160$ cm $\cdot$ 8 kp/cm² $= 1280$ cm kp/cm² liefert Tab. 2.16
für die Längsnähte: 2reihig überlappt $v \approx 0{,}68$ (z. B. Zickzack nach Abb. 2.112b),
für die Rundnähte: 1reihig überlappt $v \approx 0{,}58$.

Für überlappte Nähte ist $S = 1{,}8$ vorgeschrieben, so daß also $\sigma_{zul} = \dfrac{K}{S} = \dfrac{1700 \text{ kp/cm}^2}{1{,}8} = 945$ kp/cm² wird.

Die erforderliche Wanddicke ergibt sich damit zu

$$\underline{\underline{s}} \geq \frac{D\,p}{2\,v\,\sigma_{zul} + p} + c = \frac{1280 \text{ cm kp/cm}^2}{2 \cdot 0{,}68 \cdot 945 \text{ kp/cm}^2 + 8 \text{ kp/cm}^2} + 0{,}1 \text{ cm} = 1{,}09 \text{ cm} = \underline{\underline{11 \text{ mm}}}.$$

Nach Tab. 2.14 ist der Nietlochdurchmesser $d_1 = 21$ mm geeignet. Für die *Längsnähte* ergeben sich dann nach Tab. 2.17 die Abmessungen $t = 2{,}6\,d_1 + 1{,}5$ cm $= 2{,}6 \cdot 2{,}1$ cm $+ 1{,}5$ cm $= 6{,}96$ cm; nach Aufteilung der Blechlänge auf Zeichnung ausgeführt mit $t = 69{,}2$ mm.

$$e = 1{,}5\,d_1 = 31{,}5 \text{ mm}; \qquad e_1 = 0{,}6\,t = 42 \text{ mm}.$$

Nachrechnung des k_n-Wertes mit $n_t = 2$ (Anzahl der Niete je Teilung) und $m = 1$ (Schnittzahl)

$$k_n = \frac{D\,p\,t/2}{\dfrac{\pi\,d_1^2}{4}\,n_t\,m} = \frac{(1280 \text{ cm kp/cm}^2) \cdot 3{,}46 \text{ cm}}{3{,}46 \text{ cm}^2 \cdot 2 \cdot 1} = 640 \text{ kp/cm}^2 < k_{n\,zul} \qquad \text{(Tab. 2.17)}$$

(wäre k_n zu groß, so müßte d_1 größer gewählt werden).

Für die *Rundnähte* werden die gleichen Niete (also $d_1 = 21$ mm) genommen; nach Tab. 2.17 bei einreihig überlappter Naht werden dann die Abmessungen $t = 2d_1 + 0.8$ cm $= 5.0$ cm; nach Aufteilung des Umfanges ausgeführt mit $t = 49.9$ mm bei $n = 100$ (Gesamtanzahl der Niete). $e = 1.5 d_1 = 31.5$ mm.

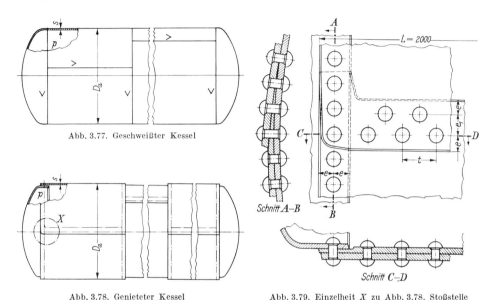

Abb. 3.77. Geschweißter Kessel

Abb. 3.78. Genieteter Kessel

Abb. 3.79. Einzelheit X zu Abb. 3.78, Stoßstelle

Nachrechnung des k_n-Wertes mit $n = 100$ und $m = 1$

$$k_n = \frac{\dfrac{D^2 \pi}{4} p}{\dfrac{\pi d_1^2}{4} n m} = \frac{D^2 p}{d_1^2 n m} = \frac{(160 \text{ cm})^2 \cdot 8 \text{ kp/cm}^2}{(2,1 \text{ cm})^2 \cdot 100 \cdot 1} = 465 \text{ kp/cm}^2 \ll k_{n\,zul} \quad \text{(Tab. 2.17)}.$$

3.3.2 Apparatebau

Die Festigkeitsberechnung ist die gleiche wie im Kesselbau; als Grundlage für die Abnahme werden meist die AD-Merkblätter benutzt. Man unterscheidet *drucklose Behälter* (z. B. nichtanzeigepflichtige Apparate nach DIN 28050), zu denen auch offene Behälter gehören und *Druckbehälter*, die meist zylindrische Grundform und flache oder gewölbte Böden besitzen. Die Apparate der Verfahrenstechnik werden den Funktionsanforderungen entsprechend mit Rohrbündeln, Heizschlangen, Doppelmänteln, Spiralwänden, Rührwerken, Einbauten in Form von Zwischenböden, Überläufen, Rosten, Sieben, Leitblechen u. dgl. ausgerüstet. Ein großer Teil der Apparate dient der Wärmeübertragung zwischen verschiedenen Medien *ohne* Änderung des Aggregatzustands (Vorwärmer, Wärmetauscher, Heizkörper, Überhitzer, Kühler) bzw. *mit* Änderung des Aggregatzustands (Kondensator und Verdampfer).

Eine Auswahl von Apparaten ist in ihrem schematischen Aufbau in Abb. 3.80 dargestellt[1].

---

[1] Nach TITZE, H.: Elemente des Apparatebaues, Berlin/Göttingen/Heidelberg: Springer 1963.

Abb. 3.80a zeigt einen liegenden Vorwärmer für Flüssigkeiten mit *einem* Rohrboden und Nadelrohren, die sich frei ausdehnen können. Abb. 3.80b stellt einen stehenden Wärmeübertrager für Gase dar; das Rohrbündel besteht aus geraden Rohren, die oben in einem festen und unten in einem beweglichen Rohrboden befestigt sind. In Abb. 3.80c bis f sind liegende Kondensatoren wiedergegeben; bei der Ausführung d ist eine Zwischenkammer mit Stutzen für die Kühlwasserabfuhr vor dem Deckel angeordnet, so daß die Rohrreinigung ohne Abnahme von Rohrleitungen möglich ist; bei f ist wieder ein frei beweglicher Rohrboden (schwimmender Kopf) mit innerem

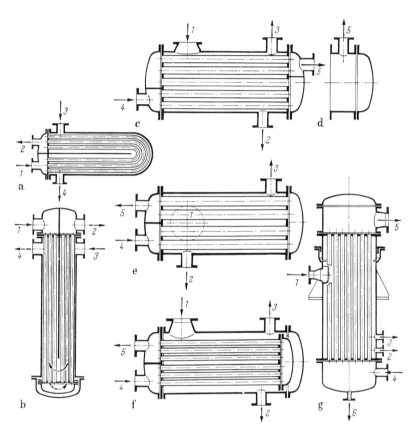

Abb. 3.80. Apparate (schematisch)

a) liegender Vorwärmer für Flüssigkeiten; b) stehender Wärmeübertrager für Gase; c) bis f) liegende Kondensatoren; g) Röhrenverdampfer mit senkrechtem Rohrbündel

zu a) und b): *1* Eintritt des kühleren Stoffes A, *2* Austritt von A nach Erwärmung, *3* Eintritt des wärmeren Stoffes B, *4* Austritt von B nach Abkühlung;

zu c) bis f): *1* Dampfeintritt, *2* Kondensataustritt, *3* Luft, inerte Gase, bei Teilniederschlag Restdampf, *4* Kühlwassereintritt, *5* Kühlwasseraustritt;

zu g): *1* Heißdampfeintritt, *2* Kondensataustritt, *3* Luftabzug, inerte Gase, *4* Eintritt der zu verdampfenden Flüssigkeit, *5* Dampfaustritt (Brüden), *6* Ablaß

Deckel vorgesehen. Abb. 3.80g zeigt einen Röhrenverdampfer mit senkrechtem Rohrbündel (s. auch DIN 28180); am Heißdampfeintritt sind bei hohen Eintrittsgeschwindigkeiten die ersten Rohrreihen durch Prallbleche gegen Tropfenschlag zu schützen. Den Wärmedehnungen wird durch Auftrennen des Mantels und Einbau einer Stopfbuchse begegnet; statt dessen können auch wulstförmige Kompensatoren im Mantel verwendet werden.

3. Gehäuse, Behälter, Rohrleitungen und Absperrvorrichtungen

Die Aufteilung der Rohre in den Böden erfolgt meist unter 60°; für die Rohrteilung t sind in DIN 28182 Kleinstwerte bei eingeschweißten und bei eingewalzten Rohren angegeben (Tab. 3.13). Richtwerte: $t \approx 1{,}2d \cdots 1{,}5d$.

Für die Beheizung (evtl. auch Kühlung) von Behältern eignen sich innen angeordnete Rohrschlangen (Abb. 3.81a), außen aufgeschweißte Voll- oder Halbrohrschlangen (Abb. 3.81b), außen angeschraubte oder angeschweißte Doppelmäntel (Abb. 3.81c) oder elektrische Heizeinsätze (Abb. 3.81d) (s. auch Warmwasserbereiter nach DIN 4800 bis 4805).

Viele weitere konstruktive Einzelheiten und Hinweise auf die Normen des chemischen Apparatebaus (DIN 28001 bis 28400) enthält das Buch von H. TITZE[1].

In der Hochdrucksynthese und im Reaktorbau werden *dickwandige Behälter* als Reaktionsgefäße, Wärmeübertrager, Produktabscheider, Wascher u. dgl. benötigt, die sowohl hohen Drücken (700 atü und mehr) und Temperaturen (bis 600 °C) als auch noch chemischen Angriffen ausgesetzt sind. Derartige Apparate werden entweder als Vollwandkörper (Abb. 3.82a), teils mit Plattierungen, oder als Wickelkörper mit Kernrohr (Abb. 3.82b) ausgebildet. Bei letzteren werden profilierte Bänder (Abb. 3.82c) warm (600 bis 1000 °C) auf das genutete Kernrohr aufgewickelt; infolge der Herstellung treten Schrumpf- und Torsionsspannungen auf[2].

Tabelle 3.13. *Rohrteilungen nach DIN 28182 (Sept. 1964) für eingewalzte oder eingeschweißte Stahlrohre*

Rohraußendurchmesser d [mm]	Rohrteilung t [mm] bei	
	Schweißverbindung	Schweiß- oder Walzverbindung
10	13,5	13,5
14	18	19
18	23	24
20	25	26
25	30	**32**
30	36	38
38	45	47
44,5	53	55
57	68	71

Bezüglich der Berechnung dickwandiger Hohlzylinder sei auf Abschn. 3.1.1 und auf das AD-Merkblatt B 10 hingewiesen. Für einen Siedewasserreaktor ist z. B. ein 20 m hohes Druckgefäß mit 4500 mm größtem Durchmesser, 130 mm Wanddicke und einem Halbkugelboden mit 89 eingeschweißten Stutzen für Regelstabantriebe hergestellt worden.

Für die Speicherung größerer Mengen von Gasen oder Flüssigkeiten, zu denen auch Flüssiggase zählen, werden heute vielfach *kugelförmige Behälter* verwendet. Die Vorteile der Kugelform liegen in der beachtlichen Gewichtsersparnis infolge der günstigen Spannungsverteilung bei innerem Überdruck und infolge des großen Tragvermögens doppelt gekrümmter Flächen, in dem vorteilhaften Verhältnis von Oberfläche zu Rauminhalt und somit geringeren Anstrichflächen und Instandhaltungsaufwand, in relativ geringen Belastungen durch Wind und Schnee, geringeren Temperatureinflüssen durch Sonnenbestrahlung und schließlich in verhältnismäßig leichten Fundamenten und geringem Platzbedarf. Die Aufteilung der Kugeloberfläche erfolgt entweder in sechs (noch weiter unterteilte) gleiche sphärische Quadrate (Abb. 3.83a) oder durch Breitenkreise und Meridianstücke in sphärische Trapeze (Abb. 3.83b).

Die Wanddicke ergibt sich nach Abschn. 3.1.2 und AD-Merkblatt B 1 zu

$$s = \frac{D_a p}{4 v\, \sigma_{\text{zul}}} + c \quad \text{mit} \quad \sigma_{\text{zul}} = \frac{K}{S} \quad \text{und} \quad c = 1 \text{ mm bei } s \leq 30 \text{ mm}.$$

---

[1] TITZE, H.: Elemente des Apparatebaues, Berlin/Göttingen/Heidelberg: Springer 1963.
[2] Vgl. auch KONRAD, O.: Die Konstruktionselemente des Wickelhohlkörpers. VDI-Z. 96 (1954) 1207—1212.

3.3. Behälter des Kessel- und Apparatebaues

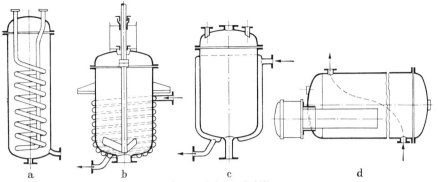

Abb. 3.81. Beheizte Behälter
a) mit innen angeordneter Rohrschlange; b) mit außen aufgeschweißter Halbrohrschlange; c) mit außen angeschweißtem Doppelmantel; d) mit elektrischem Heizeinsatz

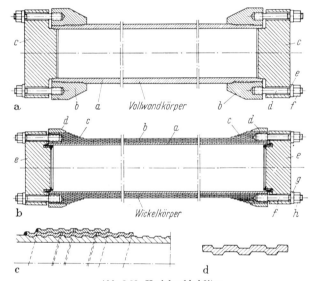

Abb. 3.82. Hochdruckbehälter
a) Vollwandkörper; b) bis d) Wickelkörper

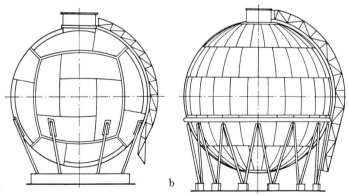

Abb. 3.83. Kugelförmige Behälter

Beispiel: Gegeben: $D = 23000$ mm (Rauminhalt = 6300 m³); $p = 7$ atü; Werkstoff 17 Mn 4 mit $\sigma_s = 28$ kp/mm².

Mit $S = 1{,}8$ wird $\sigma_{zul} = \dfrac{K}{S} = \dfrac{2800 \text{ kp/cm}^2}{1{,}8} = 1550$ kp/cm²; bei $v = 1$ (mit Prüfung und Abnahme) wird also

$$s = \frac{D_a\, p}{4v\, \sigma_{zul}} + c = \frac{2300 \text{ cm} \cdot 7 \text{ kp/cm}^2}{4 \cdot 1 \cdot 1550 \text{ kp/cm}^2} + 0{,}1 \text{ cm} = 2{,}69 \text{ cm; also } \underline{\underline{s = 27 \text{ mm}}}.$$

Die Durchmesservergrößerung beim Füllen beträgt nach Fußnote ² S. 210 mit $m = 10/3$ und $E = 2{,}1 \cdot 10^6$ kp/cm²

$$\varDelta D = 2u = 2\,\frac{m-1}{2m\,E}\,\frac{D^2\,p}{4s} = 2\,\frac{7}{20 \cdot 2{,}1 \cdot 10^6 \text{ kp/cm}^2}\,\frac{(2300 \text{ cm})^2 \cdot 7 \text{ kp/cm}^2}{4 \cdot 2{,}7 \text{ cm}}$$
$$= 1{,}14 \text{ cm} = 11{,}4 \text{ mm}.$$

3.4 Rohrleitungen[1]

3.4.1 Rohrleitungsanlagen

Der Begriff *Rohrleitungsanlagen* umfaßt alle Rohrleitungsteile, also außer den eigentlichen Rohren auch Formstücke, Rohrverbindungen, Armaturen und sonstige innendruckbelastete Teile. Bei gleichem Nenndruck (ND) und gleicher Nennweite (NW) haben genormte Rohrleitungsteile gleiche Anschlußmaße (s. Abschn. 3.4.2).

Nach DIN 2401, Bl. 1, ist der *Nenndruck* derjenige Druck, für den genormte Rohrleitungsteile bei Zugrundelegung eines bestimmten, in den jeweiligen Maßnormen genannten Ausgangswerkstoffes und der Temperatur von 20 °C ausgelegt sind. Die nach Normzahlen gestuften Nenndrücke (Tab. 3.14) bilden die Grundlage für den Aufbau der Normen für Rohrleitungsteile.

Tabelle 3.14. *Gestufte Nenndrücke nach DIN 2401, Bl. 1*

0,5	1		1,6		2,5		4		6	8
	10	12,5	16	20	25	32	40	50	64	80
	100	125	160	200	250	320	400	500	640	800
	1000		1600		2500		4000		6400	

Die fettgedruckten Nenndrücke sind zu bevorzugen.

Der *Betriebsdruck* ist der in einer Rohrleitung während des Betriebs auftretende Innendruck einschließlich erfaßbarer Druckstöße. Für die Berechnung und Anwendung ist der *zulässige Betriebsdruck* maßgebend, d. i. der höchste Druck, dem für einen bestimmten Nenndruck ausgelegte Rohrleitungsteile im Betrieb unterworfen werden dürfen. In DIN 2401 wird dem Festigkeitsverhalten der Werkstoffe mit zunehmender Temperatur, also dem Festigkeitskennwert K, Rechnung getragen. In DIN 2401, Bl. 2, wird dabei von der Rohrleitung als Ganzes ausgegangen, und es werden für Werkstoffkombinationen, wie sie allgemein in einer Rohrleitungsanlage angewandt werden, je Nenndruck temperaturabhängig die zulässigen Betriebsdrücke angegeben. Die getroffene Werkstoffauswahl (bisher nur Eisenwerkstoffe, Tab. 3.15) ist nicht bindend, sie erspart jedoch Rechenarbeit.

---

[1] SCHWEDLER/v. JÜRGENSONN: Handbuch der Rohrleitungen, 4. Aufl., Berlin/Göttingen/Heidelberg: Springer 1957. — SCHWAIGERER, S.: Rohrleitungen, Theorie und Praxis, Berlin/Heidelberg/New York: Springer 1967.

3.4 Rohrleitungen

Tabelle 3.15. *Nenndruck und zulässiger Betriebsdruck bei verschiedenen Werkstoffkombinationen für die Rohrleitungsteile. Auszug aus DIN 2401, Bl. 2, Vornorm (Jan. 1966)*

Werkstoff-kombination Nr. nach Tab.*	Nenn-druck ND	Zulässiger Betriebsdruck in kp/cm² bei Temperatur [°C]													
		20 (120)	200	250	300	350	400	425	450	475	500	510	520	530	540	550
(1)	1 2,5 6	1 2,5 6	1 2 5	1 1,8 4,5	1 1,5 3,6											
(2)	10 16	10 16	8 14	7 13	6 11	10	8									
(3)	25 40 64 100	25 40 64 100	22 35 50 80	20 32 45 70	17 28 40 60	16 24 36 56	13 21 32 50									
(4)	160 250 320 400	160 250 320 400	130 200 250 320	112 175 225 280	96 150 192 240	90 140 180 225	80 125 160 200									
(5)	40 64 100 160 250 320 400			40 64 100 160 250 320 400	35 56 87 139 217 278 348	31 50 78 125 195 250 312	30 47 74 118 185 236 296	29 46 72 115 179 230 286	28 45 70 112 174 222 278							
(6)	40 64 100 160 250 320 400				40 64 100 160 250 320 400	38 61 95 153 238 304 380	36 58 91 146 227 292 364	35 57 89 142 223 285 356	34 56 87 139 217 278 348	33 53 82 132 206 264 330	29 47 74 118 184 237 295	24 40 62 100 154 200 250	19 32 49 79 124 158 198	15 25 38 62 97 124 155	46 73 93 116	35 54 69 87
(7)	160 250 320 400												124 158 198	70 108 139 174	61 95 121 151	52 81 104 130

		(1)	(2)	(3)	(4)	(5)	(6)	(7)
* Werkstoffkombination Nr. für								
Rohr-leitungen	Nahtlose Rohre Geschweißte Rohre Flansche	St 35 St 37-2 St 37-2	St 35 St 37-2 St 37-2	St 35.8 St 37.8 C 22 N	St 35.8 St 37.8 C 22 N	15 Mo 3 15 Mo 3 15 Mo 3	13 Cr Mo 4 4 — 13 Cr Mo 4 4	10 Cr Mo 9 10 — 10 Cr Mo 9 10
Gußeiserne Druckrohre und Formstücke		GG** GGG***	GG** GGG***	—	—	—	—	—
Armaturen mit Flanschen		GG-20 GGG-38 — St 37-2	GG-20 GGG-38 GS-45 St 37-2	— — GS-C 25 C 22 N	— — GS-C 25 C 22 N	GS-22 Mo 4 15 Mo 3	GS-17 Cr Mo 5 5 13 Cr Mo 4 4	10 Cr Mo 9 10
Schrauben		4 D	4 D	C 35	C 45	24 Cr Mo 5	24 Cr Mo V 5 5	21 Cr Mo V 5 11

** Festigkeitseigenschaften s. DIN 28500.
*** Für Festigkeitseigenschaften ist Norm in Vorbereitung.

254   3. Gehäuse, Behälter, Rohrleitungen und Absperrvorrichtungen

Der *Prüfdruck* (früher Probedruck) ist der zur Prüfung der einzelnen Rohrleitungsteile vom Hersteller anzuwendende Druck bei Raumtemperatur. Er ist im allgemeinen gleich dem 1,5fachen Nenndruck. Vielfach bestehen in Normen oder Vorschriften besondere Bestimmungen, vor allem auch für die fertig verlegte Rohrleitung und für Dichtheitsprüfungen.

Die *Nennweite* ist in DIN 2402 als kennzeichnendes Merkmal zueinander gehörender Teile, z. B. Rohre, Rohrverbindungen, Formstücke und Armaturen, definiert. Die Nennweiten entsprechen annähernd den lichten Durchmessern der Rohrleitungsteile. Tab. 3.16 enthält die Stufung nach DIN 2402.

Tabelle 3.16. *Gestufte Nennweiten nach DIN 2402*

1	1,2	1,5		2	2,5	3		4		5	6	8	
10	12*	15**	16*	20	25		32	40		50	65	80	
100	125	150	(175)| 200	250	300	350	400	(450)	500	600	700	800	900

( )-Werte möglichst vermeiden; nur noch beschränkt verwendet.
Für NW über 1000 sind Stufensprünge von 100 zu wählen.
* Diese NW werden da angewandt, wo eine engere Stufung notwendig ist, z. B. bei Rohrverschraubungen, Lötfittings usw.
** Diese NW wird angewandt, wenn eine gröbere Stufung ausreicht, z. B. bei Flanschen, Gewindefittings usw.

Für Rohrleitungsanlagen werden zur Vereinfachung und Erhöhung der Übersichtlichkeit bei Entwurf und Betrieb *Schaltpläne* gezeichnet, wobei für die einzelnen Rohrleitungs- und Anlageteile Sinnbilder verwendet werden. Die Sinnbilder für Rohrleitungen sind in DIN 2429 zusammengestellt, die für Wärmekraftanlagen in DIN 2481. Die letzteren werden nicht nur für Rohrleitungsschaltpläne, sondern auch für Wärmeschaltpläne, Schaltpläne für die chemische Wasseraufbereitung, Regelungsschaltpläne und Meßpläne verwendet; es sind daher dort jeweils Grundsinnbilder und verfeinerte Sinnbilder für 6 Hauptgruppen, nämlich für Leitungen, Kessel und Apparate, Maschinen, Absperrorgane, Meßinstrumente und Regelgeräte angegeben. Ein Beispiel für einen Wärmeschaltplan zeigt Abb. 3.84. Formstücke für Rohrleitungen sind in DIN 2430, Bl. 1 bis 4, bildlich und sinnbildlich dargestellt. Die Kennzeichnung von Rohrleitungen nach dem Durchflußstoff durch Farben in Plänen und durch farbige Schilder an den verlegten Leitungen erfolgt nach DIN 2403: Wasser grün, Dampf rot, Luft blau, Gase gelb, Säuren orange, Laugen violett, brennbare und nichtbrennbare Flüssigkeiten braun, Vakuum grau.

Beim Entwurf von Rohrleitungsanlagen sind folgende *allgemeine Gesichtspunkte* zu beachten:
1. Wirtschaftlichkeit: für die günstigste Wahl der Abmessungen sind die Anlagekosten *und* die Betriebskosten entscheidend; von großem Einfluß sind hier auch Isolierungen für Wärme- oder Kälteschutz.
2. Betriebssicherheit: Alle Rohrleitungsteile müssen den Sicherheitsvorschriften entsprechen; als Schutz gegen Beschädigungen sind Sicherheitsventile, Rückschlagklappen, Entwässerungs- und Entlüftungsvorrichtungen, Dehnungsausgleicher u. dgl. vorzusehen; die Auswechslung einzelner Teile soll ohne Betriebsunterbrechung möglich sein.
3. Übersichtlichkeit und Zugänglichkeit: Sie sind Voraussetzung für bequeme Wartung und rasche Erledigung von Überholungs- und Instandsetzungsarbeiten.

4. **Betriebsüberwachung:** Hierfür sind zahlreiche Meßstellen für Druck, Temperatur, Geschwindigkeit und Menge sowie geeignete Steuer- und Regelorgane anzuordnen.

5. **Erweiterungsmöglichkeit:** Die Berücksichtigung dieses Punktes bei der ersten Planung kann sich sehr vorteilhaft auf die Wirtschaftlichkeit auswirken.

Spezielle Anforderungen richten sich nach den verschiedenen *Anwendungsgebieten.*

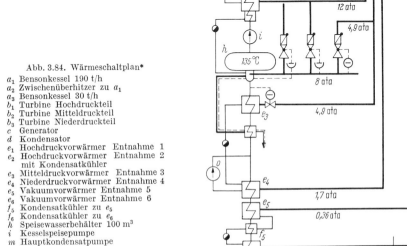

Abb. 3.84. Wärmeschaltplan*

a_1 Bensonkessel 190 t/h
a_2 Zwischenüberhitzer zu a_1
a_3 Bensonkessel 30 t/h
b_1 Turbine Hochdruckteil
b_2 Turbine Mitteldruckteil
b_3 Turbine Niederdruckteil
c Generator
d Kondensator
e_1 Hochdruckvorwärmer Entnahme 1
e_2 Hochdruckvorwärmer Entnahme 2 mit Kondensatkühler
e_3 Mitteldruckvorwärmer Entnahme 3
e_4 Niederdruckvorwärmer Entnahme 4
e_5 Vakuumvorwärmer Entnahme 5
e_6 Vakuumvorwärmer Entnahme 6
f_5 Kondensatkühler zu e_5
f_6 Kondensatkühler zu e_6
h Speisewasserbehälter 100 m³
i Kesselspeisepumpe
m Hauptkondensatpumpe
o Nebenkondensatpumpe zu e_4

In *Dampfkraftanlagen* sind Hochdruck-Heißdampf-Leitungen, Zwischendampf-Entnahmeleitungen, Abdampf-, Kondensat-, Speisewasser- und Kühlwasserleitungen vorhanden; in Großkraftwerken ist wegen der Übersichtlichkeit und wegen des geringsten Bedarfs an Absperr- und Regelorganen heute die Blockschaltung vorherrschend, während früher vielfach Sammel- oder Ringleitungssysteme mit Querverbindungen benutzt wurden.

Bei *Wasserkraftanlagen* werden Druckrohrleitungen offen am Berghang oder auch mit Erdverdeckung verlegt, und zwar in aufgelöster Bauweise mit Ausdehnungsstopfbuchsen zwischen verankerten Teilstücken oder in geschlossener Bauweise mit Verankerungen in Knickpunkten. An die Fallrohrleitungen werden vor Eintritt in das Krafthaus Verteilerleitungen angeschlossen.

Bei *Versorgungsanlagen* unterscheidet man zwischen Fernleitungen und örtlichen Verteilungsnetzen. Durch Fernleitungen werden Wasser, Gas und Öl über weite Entfernungen transportiert; die verschiedenen Medien erfordern jeweils besondere Hilfseinrichtungen, wie Pumpstationen, Hochbehälter, Erwärmung zur Verringerung der Viskosität bei Öl, frostsichere Verlegung bei Wasser, Korrosionsschutz, Entlüftungen, Absperrorgane usw. Die Verteilungsnetze werden entweder von einer Hauptleitung ausgehend mit Verästelung oder als Umlaufnetze mit Ringleitungen verlegt. DIN 2470 enthält Richtlinien für Gasrohrleitungen.

_____
* Nach SCHRÖDER, K.: Große Dampfkraftwerke, Bd. 1, Berlin/Göttingen/Heidelberg: Springer 1959.

3.4.2 Rohrleitungselemente

Die meisten Elemente des Rohrleitungsbaus sind genormt, so daß hier nur einige Hinweise und Auszüge genügen.

Eine Übersicht über *Rohre und Rohrwerkstoffe* enthält Tab. 3.17, in der auch die Normblattnummern für Einzelheiten angegeben sind.

Die gußeisernen Druckrohre werden in Sand- oder Metallformen gegossen oder geschleudert, die zahlreichen *gußeisernen Formstücke* für Druckrohrleitungen[1], wie Muffenstücke, Doppelmuffenkrümmer, Doppelmuffenbogen, Doppelmuffen mit Flansch- oder Muffenstutzen, Flanschkrümmer, Flanschbogen, Flanschstücke mit Flanschstutzen und Blindflansche (DIN 28522 bis 28546) werden in Sandformen gegossen.

Die technischen Lieferbedingungen sind in DIN 28500 festgelegt. Danach sind für die Rohre die Klassen LA, A und B vorgesehen, die sich durch die Wanddicke unterscheiden; in der Klasse A ist für alle Nennweiten die Wanddicke um 10%, in der Klasse B um 20% größer als die der Klasse LA. Für höhere als in den Normen angegebene Nenndrücke können die Rohre auf Kosten der lichten Weite mit verstärkter Wanddicke hergestellt werden. Das gleiche gilt für Formstücke, die nach Vereinbarung auch in anderer Weise verstärkt werden können.

Für höhere Drücke und Temperaturen werden kurze Rohre, Krümmer und Formstücke aus *Stahlguß* hergestellt (DIN 2842 bis 2844 und 2852 bis 2854, T-Stücke und 90°-Krümmer für ND 160, 250, 320).

Die *Stahlrohre*[2] werden geschweißt (durch Schmelz- oder Preßschweißen) oder nahtlos durch Walzen oder Ziehen gefertigt. Für die *geschweißten Stahlrohre* aus unlegierten und niedriglegierten Stählen für Leitungen, Apparate und Behälter sind die technischen Lieferbedingungen nach DIN 1626 maßgebend; es werden empfohlen:

a) Rohre für allgemeine Verwendung (Handelsgüte) aus St 33, St 37 und St 42, die sich nur bedingt zum Biegen, Bördeln und zu ähnlichen Verformungen eignen und verwendet werden bei Temperaturen bis 180 °C bei Betriebsdrücken bis 25 kp/cm² für Flüssigkeiten, falls das Produkt der Zahlenwerte aus Innendurchmesser in mm und Betriebsdruck in kp/cm² den Wert 7200 bei St 33 bzw. 10000 bei St 37 und St 42 nicht überschreitet, oder bei Temperaturen bis 180 °C und 10 kp/cm² Überdruck für Preßluft und ungefährliche Gase;

b) Rohre mit Gütevorschriften aus St 34-2, St 37-2, St 42-2 und St 52-3, die sich für höhere Anforderungen und auch zum Biegen, Bördeln und zu ähnlichen Verformungen eignen und bis 300 °C und 64 kp/cm² Überdruck verwendet werden dürfen, falls das Produkt der Zahlenwerte aus Wandtemperatur in °C und Betriebsdruck in kp/cm² kleiner als 7200 ist;

c) besonders geprüfte Rohre mit Gütevorschriften aus St 34-2, St 37-2, St 42-2 und St 52-3 für besonders hohe Anforderungen bis 300 °C und Betriebsdrücke ohne Begrenzung.

Stahlrohre werden heute auch aus Bandstahl mit schraubenförmig gewundener Schweißnaht hergestellt.

Für *nahtlose Rohre* aus unlegierten Stählen gelten nach DIN 1629 nahezu die gleichen Anforderungen und Anwendungsbereiche; es sind angeführt:

a) Rohre in Handelsgüte aus St 00 für allgemeine Anforderungen (die Rohre eignen sich im allgemeinen auch zum Biegen, Bördeln und zu ähnlichen Verformungen),

b) Rohre mit Gütevorschriften aus St 35, St 45, St 55 und St 52 für höhere Anforderungen,

c) Rohre mit besonderen Gütevorschriften aus St 35.4, St 45.4, St 55.4 und St 52.4 für höchste Anforderungen.

Die nahtlosen Rohre aus warmfesten Stählen nach DIN 17175 können im Dampfkessel-, Apparate- und Rohrleitungsbau für hohe Temperaturen bei gleichzeitig hohen Drücken verwendet werden; es sind vorgeschrieben die Werkstoffe

---

[1] Siehe auch DIN-Taschenbuch 9, Gußrohrleitungen, Berlin/Köln: Beuth-Vertrieb 1964.
[2] Siehe auch DIN-Taschenbuch 15, Normen für Stahlrohrleitungen, Berlin/Köln: Beuth-Vertrieb 1966.

3.4 Rohrleitungen

Tabelle 3.17. *Rohrleitungen, Rohre, Übersicht (s. auch DIN 2410)*

Benennung und Rohrart			Werkstoff	Verwendungsbereich		Rohr-norm DIN
				für Nenndruck	für Nennweite	
Gußeiserne Rohre	*Flanschrohre*		GG-15	10	40···1200	2422
	Gußeiserne Druckrohre (und Formstücke)			10···16	40···1200	28500
	Flansche		GG nach DIN 1691	10	40···1200	28504
	Flansche			16	40···1200	28505
	mit Schraubmuffen			10···16	40··· 600	28511
	mit Stopfbuchsenmuffen			10···16	500···1200	28512
	mit Stemmuffen			10···16	40···1200	28513
Stahlrohre	Gewinderohre	Mittelschwere Gewinderohre	nahtlos St 00 nach DIN 1629	Innendruckversuch mit Wasser 50 kp/cm²	6···150 R 1/8″···6″	2440
		Schwere Gewinderohre	geschweißt St 33 nach DIN 1626		6···150 R 1/8″···6″	2441
		mit Gütevorschrift	nahtlos St 35 geschw. St 37-2	1···100	6···150 R 1/8″···6″	2442
	Glatte Rohre	Geschweißte Stahlrohre	St nach DIN 1626	alle	Außendurchmesser 10,2···1016	2458
		Nahtlose Stahlrohre	St nach DIN 1629 und 17175	alle	4···500	2448
		Nahtlose Präzisionsstahlrohre	St 35, St 45, St 55		4···120	2391
		Geschweißte Präzisionsstahlrohre – einmal kaltgezogen	Warm- oder Kaltbandstahl nach DIN 1624		10···120	2394
		Geschweißte Präzisionsstahlrohre – mit besonderer Maßgenauigkeit			4···120	2393
		für Speiseleitungen für Heißdampfleitungen		bis 180 und 200 °C bis 125 und 500 °C	15···400	2443
		für Gas- und Wasserleitungen – nahtlos	St nach DIN 1629	Flüssigkeit bis 25 Gas bis 1	50···500	2460
		für Gas- und Wasserleitungen – geschweißt	St nach DIN 1626	Flüssigkeit bis 25 Gas bis 1	50···2000	2461
Nichteisenmetalle	Kupferrohr, nahtlos gezogen		C-Cu nach DIN 1787		Außendurchmesser 5···100	1754
	Messingrohr, nahtlos gezogen		nach DIN 17671		5··· 80	1755
	Aluminium, nahtlos gezogen		nach DIN 17606 und 1789		3···250	1794
	Alu-Legierung, nahtlos gezogen		nach DIN 1746		3···250	1795
	Alu-Knetlegierung, gepreßt				30···250	9107
Kunststoffe	PVC hart					8062
	PE weich					8072
	PE hart					8074

St 35.8, St 45.8, 15 Mo 3, 13 Cr Mo 4 4 und 10 Cr Mo 9 10; die für die Wanddickenberechnung erforderlichen Festigkeitskennwerte K sind schon in Abschn. 3.3.1 (Kesselbau) angeführt und in Abb. 3.76 über der Berechnungstemperatur aufgetragen.

Präzisionsstahlrohre befriedigen höhere Ansprüche an die Maßgenauigkeit, wie sie z. B. für lötlose Rohrverschraubungen erforderlich sind.

Stahlrohrbogen zum Einschweißen sind in DIN 2605 genormt (90 und 180°; $r = 1{,}5 d_i$ bzw. $r = 2{,}5 d_i$); Kleinstradiusrohrbogen 180° als Bauelemente des Apparatebaus werden mit Krümmungsradien unter $0{,}75 D$ ($D =$ Rohraußendurchmesser 18 bis 108 mm) geliefert[1].

Kupferrohre werden wegen ihrer leichten Verformbarkeit, guten Korrosionsbeständigkeit und leichten Herstellung von Lötverbindungen im Apparatebau, für Kalt- und Warmwasser- sowie Kondensatleitungen, auch in der Kältetechnik (jedoch nicht bei Ammoniak als Kältemittel) und in gesundheitstechnischen Anlagen verwendet.

Rohre aus Aluminium ermöglichen Gewichtsersparnisse, sind also besonders für den Fahrzeug-, Flugzeug- und Raketenbau geeignet.

Kunststoffrohre zeichnen sich durch ihre Beständigkeit gegen Chemikalien aus. Hart-PVC besitzt jedoch eine gewisse Kerbempfindlichkeit und Sprödigkeit in der Kälte; Polyäthylenrohre sind in dieser Hinsicht günstiger, sie sind zäh und hart und dabei doch etwas biegsam, aber sie sind nicht lösungsmittel- und gasfest. Es werden auch Rohre aus Polytetrafluoräthylen hergestellt, die *sehr* korrosionsbeständig und bis zu 250 °C verwendbar sind.

An *nichtmetallischen* Rohren sind ferner noch zu nennen Stahlbeton-Druckrohre (DIN 4035 bis 4037), Asbest-Zement-Druckrohre (DIN 19800, 19801) und Asbest-Zement-Abflußrohre und -Formstücke (DIN 19830, 19831 und 19841).

Biegsame Rohre und Schläuche sind in Abb. 3.85 dargestellt. Die *nahtlosen Metallschläuche* (Abb. 3.85a, Tombakschläuche)[2] werden mit gewindeähnlichen Wellen („normalgewellt" für große Biegungsradien und nicht allzu große Biegebeanspruchung, „enggewellt" für große Biegsamkeit und häufige Bewegungen und „gefedert" für höchste Beweglichkeit, kleine Biegungsradien und Federung in axialer Richtung) ohne und mit Umflechtungen (Draht- oder Bandgeflecht aus Stahl oder Bronze) hergestellt. Bei den *gewickelten Metallschläuchen* (Abb. 3.85b)[3] werden profilierte Metallbänder (Stahl, Kupfer, Messing) schraubenförmig gewunden und im Stoß (Schraubenlinie) verschweißt; über den so gebildeten Innenschlauch wird ein aus übereinander greifenden Profilbändern gebildeter Außenmantel gelegt; bisweilen wird noch eine Innenprofilwendel angeordnet.

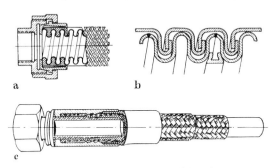

Abb. 3.85. Biegsame Rohre und Schläuche
a) Tombakschläuche mit Wellen; b) gewickelte Metallschläuche; c) Gummischläuche mit Metallumflechtung

Schläuche aus Gummi oder Kunststoffen werden für Laboratoriumsgeräte (DIN 12865), Stadt- und Ferngas (DIN 3383), Propan/Butan (DIN 4815). Gas-

---

[1] Hersteller: OAB Otto Afflerbach, Puderbach/Westerwald.
[2] Hersteller: Industrie-Werke Karlsruhe AG, Karlsruhe.
[3] Hersteller: Metallschlauch-Fabrik Pforzheim, vorm. Hch. Witzenmann GmbH, Pforzheim.

schweißgeräte (DIN 8541), Kraftstoff im Automobilbau (DIN 73379), Schmiermittel (DIN 71435), Heißwasser (DIN 73411), Druckluft (DIN 20018), Druckluftbremsen (DIN 74310), hydraulische Bremsen (DIN 74225) und überhaupt in der Hydraulik verwendet. Der Temperaturbereich liegt bei Perbunan zwischen -30 und $+130\,°C$, bei Polytetrafluoräthylen (PTFE) zwischen -70 und $+250\,°C$. Die Gummischläuche werden z. T. mit Textil- und/oder Metallumflechtungen, für hohe und höchste Drücke mit bis zu drei Stahldrahteinlagen geliefert, Abb. 3.85 c[1] (Höchstwerte bei NW 6 Nenndruck 670 atü, bei NW 75 Nenndruck 270 atü, jeweils bei konstantem Druck; bei stoßweiser Belastung verringern sich die Werte um etwa 40%). Die Schlauchenden werden mit Schraubnippeln (Dichtkegel DIN 7608), Rohrringnippeln (zum Anschluß für Hohlschraube DIN 7623), Rohrnippel oder Einschraubnippel für lötlose Rohrverschraubungen mit Schneidring (DIN 2353, s. Abb. 3.88) versehen.

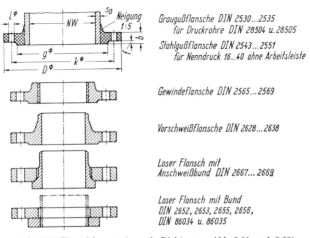

Abb. 3.86. Flanschformen (s. auch Dichtungen Abb. 3.21 und 3.22)

Für die *Verbindung von Rohrleitungselementen* werden außer den in Abschn. 3.2.1 schon besprochenen Möglichkeiten des unlösbaren Verschweißens und der Flanschverbindungen mit Dichtungen noch verschiedene Muffenverbindungen und Verschraubungen benutzt.

Die Anschlußmaße der gebräuchlichsten *genormten Flansche* (Abb. 3.86), die auch an Armaturen eingehalten werden müssen, sind in Tab. 3.18 zusammengestellt; Tab. 3.19 enthält die den verschiedenen Nenndrücken und Nennweiten zugeordneten Flanschdicken, wobei zu bemerken ist, daß die an internationale Normen angeglichenen Flanschen für gußeiserne Rohre und Formstücke nach DIN 28504 für ND 10 (NW 40 ··· 1200) und DIN 28505 für ND 16 (NW 40 ··· 1000) größere Flanschdicken besitzen; die Anschlußmaße stimmen jedoch mit DIN 2502 (Tab. 3.18) überein. Die Maße für die Rohrwanddicke s_0 hinter dem Übergangsstück sind der Tab. 3.20 zu entnehmen.

Verschiedene *Muffenverbindungen* für gußeiserne Druckrohre und Formstücke sind in Abb. 3.87 dargestellt. Sowohl bei den Schraubmuffenverbindungen nach DIN 28501 für NW 40 ··· 600 als auch bei den Stopfbuchsenmuffen-Verbindungen nach DIN 28502 für NW 500 ··· 1200 dienen profilierte Gummiringe als Dichtung.

---

[1] Hersteller: Neue Argus-Gesellschaft mbH, Ettlingen/Baden.

Tabelle 3.18. *Flanschanschlußmaße (Auswahl) nach DIN 2501 bis 2504, DIN 2530 bis 2535, 2543 bis 2551, 2565 bis 2569, 2581, 2583, 2628 bis 2638 (s. auch Tab. 3.19 und 3.20)*

ND		NW 10	15	20	25	32	40	50	65	80	100	125	150	200	250	300	350	400	500
1···6	D	75	80	90	100	120	130	140	160	190	210	240	265	320	375	440	490	540	645
	k	50	55	65	75	90	100	110	130	150	170	200	225	280	335	395	445	495	600
	z	4	4	4	4	4	4	4	4	4	4	8	8	8	12	12	12	16	20
	l	11,5	11,5	11,5	11,5	14	14	14	14	18	18	18	18	18	23	23	23	23	23
10	D	90	95	105	115	140	150	165	185	200	220	250	285	340	395	445	505	565	670
	k	60	65	75	85	100	110	125	145	160	180	210	240	295	350	400	460	515	620
	z	4	4	4	4	4	4	4	4	4	8	8	8	8	12	12	16	16	20
	l	14	14	14	14	18	18	18	18	18	18	18	23	23	23	23	23	27	27
16	D	90	95	105	115	140	150	165	185	200	220	250	285	340	405	460	520	580	715
	k	60	65	75	85	100	110	125	145	160	180	210	240	295	355	410	470	525	650
	z	4	4	4	4	4	4	4	4	8	8	8	8	8	12	12	16	16	20
	l	14	14	14	14	18	18	18	18	18	18	18	23	23	27	27	27	30	33
25	D	90	95	105	115	140	150	165	185	200	235	270	300	360	425	485	555	620	730
	k	60	65	75	85	100	110	125	145	160	190	220	250	310	330	430	490	550	660
	z	4	4	4	4	4	4	4	4	8	8	8	8	12	12	16	16	16	20
	l	14	14	14	14	18	18	18	18	18	23	27	27	27	30	30	33	36	36
40	D	90	95	105	115	140	150	165	185	210	235	270	300	375	450	515	580	660	755
	k	60	65	75	85	100	110	125	145	160	190	220	250	320	385	450	510	585	670
	z	4	4	4	4	4	4	4	8	8	8	8	8	12	12	16	16	16	20
	l	14	14	14	14	18	18	18	18	18	23	27	27	30	33	33	36	39	42
64	D	100	105	130	140	155	170	180	205	215	250	295	345	415	470	530	600	670	
	k	70	75	90	100	110	125	135	160	170	200	240	280	345	400	460	525	585	
	z	4	4	4	4	4	4	8	8	8	8	8	8	12	12	16	16	16	
	l	14	14	18	18	23	23	23	23	23	27	30	33	36	36	36	39	42	
100	D	100	105	130	140	155	170	195	220	230	265	315	355	430	505	585	655		
	k	70	75	90	100	110	125	145	170	180	210	250	290	360	430	500	560		
	z	4	4	4	4	4	4	4	8	8	8	8	12	12	12	16	16		
	l	14	14	18	18	23	23	27	27	27	30	33	33	36	39	42	48		
160	D	100	105	130	140	155	170	195	220	230	265	315	355	430	515	585			
	k	70	75	90	100	110	125	145	170	180	210	250	290	360	430	500			
	z	4	4	4	4	4	4	4	8	8	8	8	12	12	12	16			
	l	14	14	18	18	23	23	27	27	27	30	33	33	36	42	42			
250	D		125	130	135	150	165	185	200	230	255	300	340	390	485	585			
	k		85	90	95	105	120	135	150	180	200	235	275	320	400	490			
	z		4	4	4	4	4	8	8	8	8	8	12	12	12	16			
	l		18	18	18	23	23	27	27	27	30	33	33	36	42	48			
320	D		125	130	150	160	180	195	210	255	275	335	380	425	525	640			
	k		85	90	105	115	130	145	160	200	220	265	310	350	440	540			
	z		4	4	4	4	4	8	8	8	8	8	12	12	16	16			
	l		18	18	23	23	27	27	27	30	30	36	36	39	42	52			
400	D		125	145	160	180	205	220	235	290	305	370	415	475	585				
	k		85	100	115	130	150	165	180	225	240	295	340	390	480				
	z		4	4	4	4	4	8	8	8	8	8	12	12	16				
	l		18	23	23	27	30	30	33	33	33	39	39	42	48				

Die Abbildung ist nur für die Anordnung, nicht für die Anzahl z der Schrauben maßgebend. Keine Löcher auf den Hauptachsen! Anzahl der Schrauben durch 4 teilbar.

3.4 Rohrleitungen

Tabelle 3.19. *Flanschdicke b für a) Grauguß-, b) Stahlguß- und c) Vorschweißflansche*

ND	DIN	NW 10	15	20	25	32	40	50	65	80	100	125	150	200	250	300	350	400	500
1···6	2530 u.2531	12	12	14	14	16	16	16	16	18	18	20	20	22	24	24	26	28	30
10**	2532	14	14	16	16	18	18	20	20	22	22	24	24	26	28	28	30	32	34
16**	2533 a)	14	14	16	16	18	18	20	20	22	24	26	26	30	32	32	36	38	42
25	2534	16	16	18	18	20	20	22	24	26	28	30	34	36	40	44	48	52
40	2535	16	16	18	18	20	20	22	24	26	28	30	34	40	46	50	54	62
6*	↓ b) 2631	12	12	14	14	14	14	14	14	16	16	18	18	20	22	22	22	22	24
10*	2632	14	14	16	16	16	16	18	18	20	20	22	22	24	26	26	26	26	28
16*	2543 2633	14	14	16	16	16	16	18	18	20	20	22	22	24	26	28	30	32	34
25*	2544 2634	16	16	18	18	18	18	20	22	24	24	26	28	30	32	34	38	40	44
40*	2545 2635	16	16	18	18	18	18	20	22	24	24	26	28	34	38	42	46	50	52
64*	2546 2636	20	20		24		26	26	28	30	34	36	42	46	52	56	60	68
100*	2547 2637	20	20		24		26	28	30	32	36	40	44	52	60	68	74	78	94
160	2548 2638	20	20		24		28	30	34	36	40	44	50	60	68	78
250	2549 2628	24	26		28		34	38	42	46	54	60	68	82	100	120
320	2550 2629	24	26		34		38	42	51	55	65	75	84	103	125
400	2551 ↑ c)	28	30	34	38	44	48	52	64	68	80	92	105	130

* Gleiche Maße für Gewindeflansche jeweils bis NW 150 nach DIN 2565 für ND 6, nach DIN 2566 für ND 10 und 16, DIN 2567 für ND 25 und 40, DIN 2568 für ND 64 und DIN 2569 für ND 100.
** Höhere Werte in DIN 28504 (ND 10) und DIN 28505 (ND 16), Gußeiserne Druckrohre und Formstücke.

Tabelle 3.20. *Rohrwanddicke s_0 für a) Grauguß-, b) Stahlguß- und c) Vorschweißflansche*

ND	DIN	NW 10	15	20	25	32	40	50	65	80	100	125	150	200	250	300	350	400	500
1···10	2530···2532	6	6	6,5	7	7	7,5	7,5	8	8,5	9	9,5	10	11	12	13	14	14	16
16	2533	6	6	6,5	7	7	7,5	7,5	8	8,5	9,5	10	11	12	14	15	16	18	21
25	2534 a)	6,5	6,5	7	7,5	7,5	8	8,5	9,5	10	11	12	13	15	18	20	22	24	29
40	2535	6,5	7	7,5	8	8,5	9	10	11	12	14	15	17	21	24	28	31	35
16 u. 25	2543 u. 2544	6	6	6,5	7	7	7,5	7,5	8	8,5	9,5	10	11	12	14	15	16	18	21
40	2545	6	6	6,5	7	7	7,5	8	8,5	9	10	11	12	14	16	17	19	21	21
64	2546*	(8)	(8)	(9)			(9)	10	10	11	12	13	14	16	19	21	23	26	31
100	2547*	(10)	(10)	(11)			(11)	(12)	(13)	(14)	(15)	16	18	21	25	29	32	36	44
160	2548 b)	10	10	10			10	10	11	12	14	16	18	21	24	28
250	2549	10	10		11		13	13	14	16	19	22	25	32	38	47
320	2550	11	11		11		14	15	18	19	24	27	32	38	49
400	2551	11	11	11	12	14	15	18	22	25	30	36	41	53
6 u. 10	2631 u. 2632	2	2	2	2,5	2,5	2,5	3	3	3,5	4	4	4,5	6	6,5	7	7	7	7
16	2633	2	2	2	2,5	2,5	2,5	3	3	3,5	4	4	4,5	6	7	8	8	8	8
25	2634	2	2	2	2,5	2,5	2,5	3	3	3,5	4	4	5	6	7	8	10	12
40	2635	2	2	2	2,5	2,5	2,5	3	3	3,5	4	4,5	5	7	8	9	11	13	16
64	2636 c)	2	2		2,5		2,5	2,75	3	3,5	4	4,5	5,5	7	8	10	11,5	12
100	2637	2	2		2,5		2,5	2,75	3	4	4,5	5,5	6,5	10	12	14,5	16,5
160	2638	2	2		2,5		2,5	3	4	4,5	5,5	8	10	13,5	16,5	19,5
250	2628	2,5	2,5		3		3,5	4,5	6	8	11,5	14	16	23	28
320	2629	2,5	3		3,5		5	7	9	11	15,5	20	22	29	39

* Klammerwerte in Neuentwürfen nicht mehr vorgesehen.

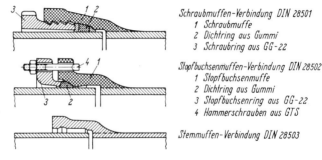

Abb. 3.87. Muffenverbindungen

Schraubmuffen-Verbindung DIN 28501
1 Schraubmuffe
2 Dichtring aus Gummi
3 Schraubring aus GG-22

Stopfbuchsenmuffen-Verbindung DIN 28502
1 Stopfbuchsenmuffe
2 Dichtring aus Gummi
3 Stopfbuchsenring aus GG-22
4 Hammerschrauben aus GTS

Stemmuffen-Verbindung DIN 28503

Beide Verbindungsarten zeichnen sich durch Unempfindlichkeit gegen geringe Winkelabweichungen und Längenänderungen aus und werden daher heute den starren Stemmuffenverbindungen nach DIN 28503 (NW 40 ··· 1200) vorgezogen. Bei letzteren wird in den Dichtraum ein geteertes Hanfseil eingeschlagen, das dann mit Blei vergossen und nach dem Erkalten noch verstemmt wird.

Für *Gewindeverbindungen* von Gewinderohren mittels Muffen oder Fittings (Tempergußfittings s. DIN 2950 bis 2973 und Stahlfittings s. DIN 2980 bis 2993) ist Whitworth-Rohrgewinde nach DIN 2999 R $1/8''$ ··· R $6''$ vorgeschrieben, und zwar für Muffen und Fittings zylindrisches Innengewinde und für die Rohre kegeliges Außengewinde (Kegel 1 : 16), so daß, insbesondere bei Einlage von Hanffaser, druckdichte Verbindungen entstehen. Sie werden viel bei der Installation von Gas- und Wasserleitungen benutzt, die vom einen Ende her montiert und nicht mehr auseinandergenommen werden.

Lösbare Rohrverschraubungen für Rohre ohne Gewinde, verwendet im allgemeinen bis NW 32, sind in Abb. 3.88 dargestellt; die Normblattnummern für die Einzelteile und die nach DIN 3851 zu verwendenden Rohraußendurchmesser und Gewinde sind in Tab. 3.21 zusammengestellt (s. auch DIN 3850). Bei den Lötverschraubungen (Abb. 3.88a) wird eine Kugelbuchse auf das Rohrende aufgelötet und das Gegenstück kegelig (mit 37°) geformt, so daß eine dichtungslose Verbindung entsteht; bei der Ausführung mit Bundbuchse (Abb. 3.88b) wird ein Dichtungsring eingelegt. Auch die Rohrverschraubungen mit hartgelöteten (Abb. 3.88c) oder

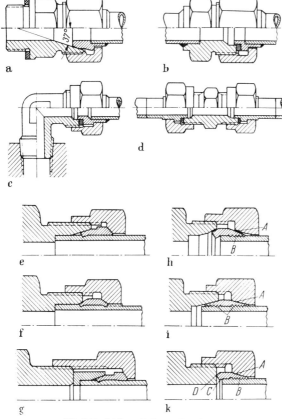

Abb. 3.88. Lösbare Rohrverschraubungen
Lötverschraubung DIN 2360 und 2370, a) mit Kegel-Kugel-Dichtung, b) mit Bunddichtung; Rohrverschraubung, c) mit Bundbuchse für Hartlötung DIN 3915, d) mit Bundbuchse für Stumpfschweißung DIN 3916; lötlose Rohrverschraubung, e) mit Schneidring DIN 2353[1], f) mit Doppelkegelring DIN 2367[1], g) mit Schneidring in Stoßausführung DIN 3930[1], h) mit Keilring[2], i) mit Doppelkeilring[2], k) Stoßverschraubung mit Keilring[2]

stumpfgeschweißten (Abb. 3.88d) Bundbuchsen verwenden Dichtungsringe. Bei den lötlosen Rohrverschraubungen (Abb. 3.88e bis g, Ermeto[1]) wird auf das Rohrende ein Schneidring aufgeschoben, dessen eine oder zwei Schneidkanten beim Anziehen in die Rohraußenwand eingepreßt werden. Breitere Abstützzonen werden mit den

---

[1] Hersteller: Ermeto Armaturen GmbH, Windelsbleiche/Bielefeld.
[2] Hersteller: Walterscheid KG, Siegburg-Lohmar.

3.4 Rohrleitungen

Tabelle 3.21. *Lösbare Rohrverschraubungen für Rohre ohne Gewinde*

Rohraußendurchmesser nach DIN 3851

Grundreihe	3 4 5 6 8 10 12 14 16 20 25 30 38 50 63 80 100
Ergänzungsgrößen für leichte und sehr leichte Reihe	15 18 22 28 35 42

Gewinde nach DIN 3851
Metrische Gewinde: Auswahl aus DIN 13, Bl. 12

M 8×1	M16×1,5	M24×1,5	M33×2	M45×2
M10×1	M18×1,5	M26×1,5*	M36×2	M48×2
M12×1,5	M20×1,5	M27×2	M39×2	M52×2
M14×1,5	M22×1,5	M30×2	M42×2	M56×2

* Nur für leichte Rohrverschraubungen.

Für sehr leichte Rohrverschraubungen:
(M12×1, nur für Überwurfschrauben und -muttern);
M30×1,5; M38×1,5; M45×1,5; M52×1,5

Whitworth-Rohrgewinde nach DIN 259 nur noch in Ausnahmefällen (Export, Ersatz).

Lötverschraubungen		Schwere Rohrverschraubung DIN 2360	Leichte Rohrverschraubung DIN 2370
Abb. 3.88 a) mit Kegel-Kugel-Dichtung b) mit Bunddichtung		DIN	DIN
a)	Einschraubstutzen	2361	2371
	Lötstutzen . . .	2362	2372
	Kugelbuchse . .	2363	2373
b)	Einschraubstutzen	2364	2374
	Lötstutzen . . .	2365	2375
	Bundbuchse. . .	2366	2376
	Dichtring	7603	7603
a) und b)	Überwurfmutter .	2356	2357
	Überwurfschraube	2359	2358

Übersichten →	Rohrverschraubung mit Bundbuchse		Lötlose Rohrverschraubung		
	für Hartlötung DIN 3915	für Stumpfschweißung DIN 3916	mit Schneidring DIN 2353	mit Doppelkegelring DIN 2367	mit Schneidring in Stoßausführung DIN 3930
Abb. 3.88 →	c)	d)	e)	f)	g)
	DIN	DIN	DIN	DIN	DIN
Bundbuchse.	3864				
Schneidring			3861		3861
Doppelkegelring				3862	
Druckring					3867
Einschraubstutzen		3917	3900 und 3901	2369 und 2377	3931
Verbindungsstutzen	3918 und 3919		3902	2379 und 2380	3932
Winkeleinschraubstutzen . .	3920 und 3921		3903 und 3904	2378	3933 und 3934
Winkelverbindungsstutzen .	3922		3905	2381	3935
T-Einschraubstutzen	3923 und 3924		3906 und 3907		3936 und 3937
T-Verbindungsstutzen . . .	3925		3908		3938
Gerader Schottstutzen . . .	3926		3910		3940
Winkelschottstutzen			3911		3941
Anschweißstutzen			3909		
Einschweißschottstutzen . .			3912		
Überwurfmutter	3870		3870	3870	3872
Überwurfschraube	3871		3871	3871	
Sechskantmutter	80705		80705		80705
Dichtung	7603		7603		7603

mit Ringrillen B versehenen Keilringen (Abb. 3.88h bis k, Walterscheid[1]) erzielt, die durch die besonders ausgeführten Knickkanten A der Gegenstücke teils plastisch, teils elastisch verformt werden; hierdurch wird die Haltbarkeit bei Schwingungen, Erschütterungen, Verbiegungen und Temperaturschwankungen erhöht. Wegen des Innenbundes C kann der normale Keilring nie falsch montiert werden, die Ringkante D ermöglicht die Verwendung als Stoßkeilring. Die Verbindung mit Keilringen nach Abb. 3.88h bis k ist für alle Werkstoffe, in Sonderausführung auch für ummantelte Rohre verwendbar.

3.4.3 Berechnung der Leitungsquerschnitte

Die *Strömungsverhältnisse* in Rohrleitungen, insbesondere die Geschwindigkeitsverteilung und die zu überwindenden Widerstände, sind im wesentlichen von folgenden Einflußgrößen abhängig: Zustand und Art des Mediums (Flüssigkeiten, Gase, Dämpfe; Dichte, Zähigkeit, Temperatur und Druck), Querschnittsform der Rohre und Oberflächenbeschaffenheit der Innenwände. Bei laminarer oder Schichtströmung sind die Geschwindigkeiten theoretisch parabelförmig verteilt, bei der meist auftretenden turbulenten Strömung ist die Geschwindigkeitsverteilung gleichmäßiger und der Geschwindigkeitsabfall auf eine dünnere Randschicht beschränkt. Als dimensionslose Kenngröße ist das Verhältnis der Trägheitskräfte zu den Zähigkeitskräften, die sog. Reynoldssche Zahl Re, maßgebend; sie ergibt sich mit der mittleren Geschwindigkeit c, dem lichten Rohrdurchmesser d (bzw. dem äquivalenten Durchmesser $d = 4A/U$, wobei A = Rohrquerschnitt und U = benetzter Umfang) und der kinematischen Zähigkeit ν zu

$$\boxed{Re = \frac{c\,d}{\nu}}. \tag{1}$$

Bei Re-Werten kleiner als 2320 ist laminare, bei $Re > 2320$ turbulente Strömung vorhanden. Die kinematische Zähigkeit in m²/s ist definiert als dynamische (absolute) Zähigkeit η in kp s/m² dividiert durch die Dichte $\varrho = \frac{\gamma}{g}$, also $\nu = \frac{\eta}{\varrho} = \frac{\eta}{\gamma/g}$. Die Zähigkeit ist stark von der Temperatur abhängig; für Wasser ist η in Abb. 3.89, für Dampf in Abb. 3.90, für Heizöle in Abb. 3.91 und für Schmieröle in Abb. 4.39 (s. Abschn. 4.3.1) dargestellt.

Für die *Wahl des lichten Rohrdurchmessers* sind einerseits die Druckverluste und andererseits die Anlagekosten entscheidend. Der erste Gesichtspunkt verlangt möglichst große Querschnitte, da die Verluste bei turbulenter Strömung in den meisten Fällen dem *Quadrat* der mittleren Geschwindigkeit proportional sind; die Anlagekosten sind dagegen bei kleineren Querschnitten geringer. *Der* wirtschaftlichste Rohrdurchmesser ist also nicht mit einfachen Formeln bestimmbar, so daß man in der Praxis von der Kontinuitätsgleichung (2) ausgeht und in diese für die mittlere Geschwindigkeit Erfahrungswerte (Tab. 3.22) einsetzt, die im allgemeinen dem wirtschaftlichen Optimum nahekommen. Die Druckverluste und u. U. auch die Wärmeverluste werden dann *nach*gerechnet.

Bezeichnen wir mit A den lichten Rohrquerschnitt, mit $\dot{m}$ den Massenstrom (Durchsatz je Zeiteinheit), mit c die mittlere Geschwindigkeit und mit ϱ die Dichte

---

[1] Hersteller: Walterscheid KG, Siegburg-Lohmar, s. auch VDI-Nachr. 1961, Nr. 35, S. 2.

3.4 Rohrleitungen

($\varrho = 1/v$; $v =$ spezifisches Volumen), so ist

$$\dot{m} = A\,c\,\varrho \quad \text{oder} \quad \boxed{A = \frac{\dot{m}}{c\,\varrho} = \frac{\dot{m}\,v}{c}}. \tag{2}$$

Beispiel: Rohrleitung für $\dot{m} = 10000$ kg/h Heißdampf mit $p = 30$ ata und $t_1 = 385\,°C$. Aus Dampftafeln (z. B. Dubbel, Hütte usw.) ergibt sich das spezifische Volumen zu $v = 0,1$ m³/kg bzw. die Dichte zu $\varrho = 1/v = 10$ kg/m³.

Die mittlere Strömungsgeschwindigkeit sei nach Tab. 3.22 zu $c = 35$ m/s angenommen. Die Gl. (2) liefert dann den erforderlichen lichten Querschnitt

$$A = \frac{\dot{m}\,v}{c} = \frac{10000\ \text{kg}}{3600\ \text{s}}\ \frac{0,1\ \text{m}^3/\text{kg}}{35\ \text{m/s}}$$
$$= 0,0079\ \text{m}^2 = 7900\ \text{mm}^2.$$

Aus $\quad A = \dfrac{\pi\,d_i^2}{4} \quad$ folgt $\quad \underline{d_i \approx 100\ \text{mm}}$.

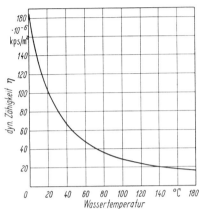

Abb. 3.89. Dynamische Zähigkeit η für Wasser*

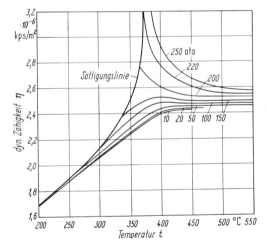

Abb. 3.90. Dynamische Zähigkeit η für Dampf*

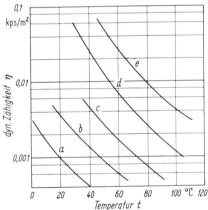

Abb. 3.91. Dynamische Zähigkeit η für Heizöl**
a leichtes Heizöl; *b* Steinkohlen-Teeröl; *c* Braunkohlen-Teeröl; *d* schweres Heizöl; *e* extra schweres Heizöl

Der Druckabfall[1] in *geraden Leitungen* läßt sich mit der Rohrreibungszahl λ berechnen aus

$$\boxed{\Delta p = \lambda\,\frac{l}{d}\,\gamma\,\frac{c^2}{2g}}. \tag{3}$$

---

[1] Vgl. HERNING, F.: Stoffströme in Rohrleitungen, 2. Aufl., Düsseldorf: VDI-Verlag 1961.
* Abbildungen aus SCHWEDLER/v. JÜRGENSOHN: Handbuch der Rohrleitungen, 4. Aufl., Berlin/Göttingen/Heidelberg: Springer 1957.
** Nach Druckschrift „Rohrleitungen für Dampf, Wasser und andere Medien" der Fa. Franz Seiffert & Co. AG, Berlin-Grunewald.

3. Gehäuse, Behälter, Rohrleitungen und Absperrvorrichtungen

Tabelle 3.22. *Mittlere Strömungsgeschwindigkeiten c in m/s in Rohrleitungen* (Richtwerte)

		c [m/s]
Wasser	in Wasserkraftanlagen	
	Druckleitungen, lang und flach	1 ··· 3
	Druckleitungen, steil, mit kleinem Durchmesser	2 ··· 4
	Druckleitungen, steil, mit großem Durchmesser	3 ··· 7
	in Wasserwerken und Verteilanlagen	
	Trink- und Brauchwasserhauptleitung	1 ··· 2
	Fernleitungen	bis 3
	Ortsnetze	0,6 ··· 0,7
	in Preßwasserleitungen	
	lange Leitungen	bis 15
	kurze Leitungen	20 ··· 30
	Grubenwasserleitungen	1 ··· 1,5
	Speisewasser, Heißwasser, Kondenswasser	1,5 ··· 3
	Kühlwasser	0,6 ··· 2
Dampf	Niederdruck (bis 10 atü)	15 ··· 20
	Mitteldruck (10 ··· 40 atü)	20 ··· 40
	Hochdruck (40 ··· 125 atü)	40 ··· 70
	Sattdampf	25 ··· 35
	Abdampf	15 ··· 25
Gas	in Gaskraftanlagen	
	Zuleitungen	25 ··· 35
	Auspuffleitungen	20 ··· 25
	Saugleitungen	≈ 20
	Gasfernleitungen	25 ··· 60
	Gashaushaltsleitungen	bis 1
Luft	Preßluftanlagen	20 ··· 25
Öl	Ölfernleitungen (Benzin, Benzol, Gasöl)	1,5 ··· 2
	Schweröl (aufgeheizt)	0,5 ··· 1,5
	Schmierölleitungen	0,5 ··· 1

Für die Reibungszahl λ sind aus vielen Versuchen verwickelte Formeln aufgestellt worden, in denen als wichtigste Größen wieder die Reynoldssche Zahl, die Rauhigkeit und die Abmessungen auftreten. Die Größenordnung der λ-Werte kann Abb. 3.92 entnommen werden, in der als Parameter das Verhältnis d/k mit k als Rauhigkeitsmaß benutzt ist. Die Rauhigkeitsmaße in mm enthält Tab. 3.23[1].

Beispiel: Es ist der Druckabfall der im letzten Beispiel bestimmten Rohrleitung bei 100 m Leitungslänge zu bestimmen; gegeben sind also $\dot{m} = 10000$ kg/h, $p = 30$ ata, $t_1 = 385$ °C, $\gamma = 10$ kp/m³, $c = 35$ m/s. Mit $\eta = 2{,}38 \cdot 10^{-6}$ kp s/m² (aus Abb. 3.90) ergibt sich die Reynoldssche Zahl

$$Re = \frac{c\,d}{\nu} = \frac{c\,d}{\eta}\frac{\gamma}{g} = \frac{35 \text{ m/s} \cdot 0{,}1 \text{ m} \cdot 10 \text{ kp/m}^3}{2{,}38 \cdot 10^{-6} \text{ kp s/m}^2 \cdot 9{,}81 \text{ m/s}^2} \approx 1{,}5 \cdot 10^6.$$

Nach Tab. 3.23 ist das Rauhigkeitsmaß bei Stahlrohren etwa $k = 0{,}05$ mm, so daß $\frac{d}{k} = \frac{100 \text{ mm}}{0{,}05 \text{ mm}} = 2000$. Aus Abb. 3.92 folgt dann $\lambda = 0{,}017$, und Gl. (3) liefert

$$\underline{\Delta p} = \lambda\,\frac{l}{d}\,\gamma\,\frac{c^2}{2g} = 0{,}017 \cdot \frac{100 \text{ m}}{0{,}1 \text{ m}} \cdot 10\,\frac{\text{kp}}{\text{m}^3} \cdot \frac{(35 \text{ m/s})^2}{2 \cdot 9{,}81 \text{ m/s}^2} = 10600 \text{ kp/m}^2 = \underline{\underline{1{,}06 \text{ at}}}.$$

---

[1] Nach KIRSCHMER, O.: Kritische Betrachtungen zur Frage der Rohrreibung. VDI-Z. 94 (1952) 785—791.

Sind in einer Rohrleitung nun noch Krümmer, Einbauten und Absperrorgane vorhanden, so erhöht sich der Druckabfall beträchtlich; durch Versuche sind für solche Einzelteile Widerstandszahlen ζ bestimmt worden, für die Richtwerte in

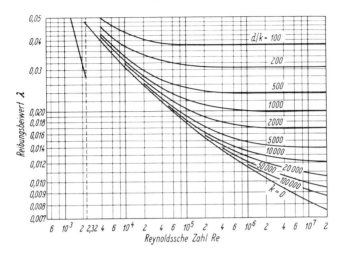

Abb. 3.92. Reibungsbeiwert λ in Abhängigkeit von Re und d/k**

Tabelle 3.23. *Rauhigkeitsmaße k in mm für verschiedene Rohre*

Werkstoff	Zustand	k [mm]
Kupfer oder Messing gezogen, Glas oder Kunststoff	glatt	0 · · · 0,0015
Stahl, nahtlos oder geschweißt	neu neu, bituminiert, Ferngas alt verzinkt lange gebraucht verkrustet	0,02 · · · 0,05 0,04 · · · 0,05 0,07 · · · 0,15 0,15 · · · 0,20 bis 0,4
Grauguß	neu bituminiert angerostet verkrustet	0,25 · · · 0,5 0,12 1 · · · 1,5 1,5 · · · 3
Asbestzement, Beton		0,1
Holz		0,2 · · · 1

Tab. 3.24[1] angegeben sind. Mit Hilfe der ζ-Werte werden die Einzelwiderstände in eine äquivalente Rohrlänge umgerechnet, die der Leitungslänge vor Einsetzen in Gl. (3) zuzuschlagen ist:

$$l_{ges} = l + l_ä \quad \text{mit} \quad l_ä = \frac{d}{\lambda} \Sigma \zeta.$$

---

[1] Nach Angaben der Fa. Franz Seiffert & Co. AG, Berlin-Grunewald, Druckschrift „Rohrleitungen für Dampf, Wasser und andere Medien".
** Nach Druckschrift „Rohrleitungen für Dampf, Wasser und andere Medien" der Fa. Franz Seiffert & Co. AG, Berlin-Grunewald.

Tabelle 3.24. *Widerstandszahlen ζ für Rohrkrümmer und Absperrorgane*

Rohrbogen

r/d \ α	22,5°	45°	60°	90°
2	0,045	0,09	0,12	0,14
4	0,045	0,08	0,10	0,11
6	0,045	0,075	0,09	0,09
10	0,045	0,07	0,07	0,11

Graugußkrümmer (90°)

NW	100	200	300	400	500
ζ	1,5	1,8	2,1	2,2	2,2

Ventile
- DIN-Ventile (Abb. 3.94) .... $\zeta = 3,9 \cdots 4,5$
- Rhei-Ventile (Abb. 3.95) .... $2,6 \cdots 3,5$
- Freiflußventile (Abb. 3.102) .. $0,6 \cdots 1,0$
- Geschmiedete Ventile (Abb. 3.98) bis 6,5
- Eckventile (Abb. 3.103) .... $3,0 \cdots 6,5$
- Rückschlagventile (Abb. 3.109) . $4,0 \cdots 5,0$
- Rückschlagklappen (Abb. 3.116) $1,5 \cdots 2,5$

Schieber
- Ohne Leitrohr (Abb. 3.117 bis 3.120) $0,2 \cdots 0,25$
- Mit Leitrohr .... $0,05 \cdots 0,12$

3.4.4 Berechnung der Wanddicken

In vielen bereits angeführten Normblättern für Rohre sind die Wanddicken für maximale Betriebsdrücke, vorgegebene Temperaturbereiche und Werkstoffe unmittelbar angegeben, so daß sich eine besondere Berechnung erübrigt. Die Berechnungsgrundlagen sind in Abschn. 3.1.1 behandelt; auf diesen sind auch die speziellen Berechnungsvorschriften in einigen DIN-Blättern aufgebaut, z. B. DIN 2411 für Graugußrohre, DIN 2412 für Stahlgußrohre und besonders DIN 2413 für Stahlrohre[1]. In letzterem werden drei Geltungsbereiche unterschieden:

I. Vorwiegend ruhend beanspruchte Rohrleitungen bis 120 °C:
Die auszuführende Wanddicke ist

$$s = s_0 + c_1 + c_2 \quad \text{oder} \quad \boxed{s = \frac{d_a p}{2 v \sigma_{zul}} + c_1 + c_2} \tag{1}$$

mit $\sigma_{zul} = K/S$, wobei $K = $ Festigkeitskennwert $= \sigma_S = $ *Streckgrenze bei 20 °C* und $S = 1,7$ *mit* und $S = 2$ *ohne* Werkstoffabnahmezeugnis.

II. Vorwiegend schwellend beanspruchte Rohrleitungen bis 120 °C:
a) Rechnung gegen Verformen wie unter I;
b) Rechnung gegen Dauerbruch:

$$s = s_0 + c_1 + c_2 \quad \text{oder} \quad \boxed{s = \frac{d_a(p_{max} - p_{min})}{2 v \sigma_{zul} - (p_{max} - p_{min})} + c_1 + c_2} \tag{2}$$

mit $\sigma_{zul} = K/S$, wobei $K = \sigma_{Sch/Zeit} = $ *Zeitschwellfestigkeit bei 20 °C* (am polierten Probestab ermittelt) und $S = 2,2$ *mit* und $S = 2,5$ *ohne* Werkstoffabnahmezeugnis.

p_{max} ist der größte auftretende Stoßdruck, p_{min} der kleinste auftretende Druck. Aus der Berechnung nach a) und b) ist der jeweils größere s-Wert zu wählen.

III. Vorwiegend ruhend beanspruchte Rohrleitungen über 120 bis 600 °C:

$$s = s_0 + c_1 + c_2 \quad \text{oder} \quad \boxed{s = \frac{d_a p}{2 v \sigma_{zul} + p} + c_1 + c_2} \tag{3}$$

---

[1] Vgl. auch CLASS, J., W. JAMM u. E. WEBER: Berechnung der Wanddicke von innendruckbeanspruchten Stahlrohren (Neufassung des Blattes DIN 2413). VDI-Z. 97 (1955) 159—167.

mit $\sigma_{zul} = K/S$, wobei 1. $K = \sigma_{0,2/t}$ und $S = 1,6$ *mit* und $S = 1,8$ *ohne* Abnahmezeugnis bzw. 2. $K = \sigma_{B/100000/t} =$ Zeitstandfestigkeit und $S = 1,5$ *mit* Abnahmezeugnis. Es ist der niedrigste sich aus 1. und 2. ergebende σ_{zul}-Wert in die Rechnung einzusetzen.

In allen 3 Gleichungen ist v die Wertigkeit der Längsschweißnaht, für die gesetzt werden darf:

$v = 0,7$ für einseitig geschweißte Naht,
$v = 0,8$ für doppelseitig oder einseitig auf Kupferschiene geschweißte Naht,
$v = 0,9$ für doppelseitig geschweißte Naht, geglüht und mit besonderen Prüfanforderungen.

c_1 ist ein Zuschlag für zulässige Wanddickenunterschreitung (s. Tab. 3.25) und c_2 ein Zuschlag für Korrosion und Abnutzung, der maximal 1 mm beträgt und meist schon in der Aufrundung auf die Nennwanddicke der Maßnormblätter enthalten ist.

Tabelle 3.25. *Zuschlag c_1 für Wanddickenberechnung nach DIN 2413*

Nahtlose Rohre		Geschweißte Rohre			
Zul. Wanddickenunterschreitung lt. Lieferbedingungen [%]	Zuschlag c_1	Dickenbereich [mm]	Zuschlag c_1 [mm]		
			Bleche (DIN 1542/43)	Bänder, warmgewalzt	Bänder, kaltgewalzt
8	$0,085 s_0$	3 ⋯ 3,5	0,25 ⋯ 0,4	0,15 ⋯ 0,3	0,08 ⋯ 0,21
10	$0,11\ s_0$	4 ⋯ 4,75	0,3 ⋯ 0,5	0,15 ⋯ 0,3	0,11 ⋯ 0,23
12	$0,14\ s_0$	5 ⋯ 7	0,3	0,15 ⋯ 0,3	0,12 ⋯ 0,25
13	$0,15\ s_0$	7 ⋯ 10	0,3	0,15 ⋯ 0,3	
15	$0,18\ s_0$	10 ⋯ 30	0,5		
18	$0,22\ s_0$	30 ⋯ 35	0,6		
		35 ⋯ 40	0,7		

Der höchstertragbare Prüfdruck ergibt sich zu

$$p' = \frac{2v\,\dfrac{\sigma_S}{1,1}\,(s - c_1)}{d_a + (s - c_1)}$$

mit $\sigma_S =$ Streckgrenze bei 20 °C.

3.4.5 Berücksichtigung von Zusatzkräften; Dehnungsausgleich bei Erwärmung

Außer dem Innendruck sind bei der endgültigen Festlegung der Wanddicke noch folgende zusätzliche Belastungen zu berücksichtigen:

1. Kraftwirkungen durch behinderte Wärmedehnungen der Rohrleitung (Zwangskräfte und Momente),
2. Wärmespannung bei ungleichmäßiger Temperaturverteilung über die Wanddicke,
3. Biegebeanspruchungen durch Eigengewicht (einschließlich Inhalt und Isolierung), Winddruck oder Erdbelastung.

Im allgemeinen bemißt man die Wanddicke nur im Hinblick auf die Beanspruchung durch Innendruck und sorgt durch konstruktive Maßnahmen und durch sachgemäße Bedienung (langsames Anfahren und Abstellen) dafür, daß die zusätzlichen Beanspruchungen klein bleiben. Die Zwangskräfte und -momente werden durch hohe Elastizität der Rohrleitung, also durch *geringe* Wanddicken und durch geeignete Leitungsführung, durch die Lage der Festpunkte und evtl. durch Vorspannkräfte und -momente oder durch besondere Dehnungsausgleicher gering gehalten.

270   3. Gehäuse, Behälter, Rohrleitungen und Absperrvorrichtungen

Die Beanspruchungen durch verhinderte Wärmedehnung können erst nach Festlegung der Rohrabmessungen, der Werkstoffe und der Leitungsführung ermittelt werden. Wärmeausdehnungszahl und Elastizitätsmodul sind für einige Werkstoffe in Tab. 3.26 in Abhängigkeit von der Temperatur angegeben[1].

Tabelle 3.26. *Wärmeausdehnung und Elastizitätsmodul warmfester Stähle*

Werkstoff	Wärmeausdehnung in mm/m zwischen 20 °C und							
	100	200	300	400	500	600	700	800 [°C]
St 35.8 und St 45.8	0,9	2,2	3,6	5,1	6,7			
15 Mo 3 und 13 Cr Mo 4 4	0,9	2,2	3,6	5,1	6,7	8,3		
10 Cr Mo 9 10	1,0	2,3	3,7	5,1	6,6	8,1		
X 8 Cr Ni Mo Nb 16 16		3,1	4,9	6,8	8,7	10,7	12,8	14,5

Werkstoff	Elastizitätsmodul in 10^4 kp/mm^2 bei						
	20	300	400	500	550	600	700 [°C]
St 35.8, St 45.8 und 15 Mo 3	2,1	1,85	1,75	1,65			
13 Cr Mo 4 4	2,1	1,85	1,75	1,65	1,6		
10 Cr Mo 9 10	2,1	1,87	1,85	1,68		1,5	
X 8 Cr Ni Mo Nb 16 16	2,1	1,8	1,75	1,7		1,6	1,5

Man kann nun, auch bei räumlich gekrümmten Rohrleitungen, Gleichungen für die Verschiebung und Winkeländerung des zunächst frei gedachten Endes der am anderen Ende fest eingespannten Leitung unter der Wirkung der als Unbekannten eingeführten Kräfte und Momente aufstellen. Zur Bestimmung der Unbekannten dienen dann die Bedingungen, daß die Verschiebung entgegengesetzt gleich der Wärmeausdehnung und die Winkeländerung gleich Null ist (Einspannung in Festpunkten). Der Rechenaufwand ist erheblich[2], so daß oft Modellversuche[3] durchgeführt oder Näherungslösungen benutzt werden. Für einzelne Elemente, wie Krümmer, Ausladungen, U-Bogen, Lyrabogen u. dgl., sind Rechenunterlagen in Tabellen- oder Diagrammform in der Literatur[2] und in Firmendruckschriften zu finden.

Einige Kompensatorbauarten sind in Abb. 3.93 dargestellt. In Niederdruckleitungen und bei nur geringen Längenänderungen werden Linsenkompensatoren nach Abb. 3.93a oder die noch weicheren Wellrohrkompensatoren[4] nach Abb. 3.93b verwendet; innere Leitrohre verringern den Durchflußwiderstand. Für größere Winkeländerungen sind Wellrohr-Gelenkkompensatoren (Abb. 3.93c) und Metallschlauch-Gelenkkompensatoren[5] (Abb. 3.93d) bis ND 25 geeignet. Gummikompen-

---

[1] Nach Druckschrift „Warmfeste Stähle für Rohre" von Phoenix-Rheinrohr.
[2] Siehe auch JÜRGENSONN, H. v.: Elastizität und Festigkeit im Rohrleitungsbau, 2. Aufl., Berlin/Göttingen/Heidelberg: Springer 1953. — SCHWEDLER/V. JÜRGENSONN: Handbuch der Rohrleitungen, 4. Aufl., Berlin/Göttingen/Heidelberg: Springer 1957. — HEMMERLING, E.: Die mechanische Beanspruchung von Hochdruck-Heißdampf-Rohrleitungen. Techn. Konstr. 5 (1953) 4–11, 52–59. — HOPPE, J.: Zur Elastizitätsberechnung von räumlichen Rohrleitungssystemen, die an ihrem geflanschten Ende vorgespannt werden. BWK 12 (1960) 15–21. — HOPPE, J.: Die Elastizitätsberechnung vorgespannter geflanschter Rohrleitungen mit Hilfe von elektronischen Rechenanlagen. BWK 15 (1963) 331–337. — HOPPE, J.: Elastizitätsberechnung von Rohrleitungen, die Gelenkkompensatoren oder vorgespannte Rohrgelenkstücke enthalten. BWK 18 (1966) 12–15.
[3] BERG, S., H. BERNHARD u. K. TH. SIPELL: Ermittlung der Auflagerreaktionen warmbetriebener Rohrleitungen durch Modellversuche. VDI-Z. 83 (1939) 281–285. — GLODKOWSKI, R.: Bestimmung der Elastizität von Rohrleitungen durch Modellversuche. VDI-Z. 107 (1965) 415 bis 420.
[4] A. Rieber GmbH, Reutlingen.
[5] Metallschlauch-Fabrik Pforzheim, vorm. Hch. Witzenmann GmbH, Pforzheim.

satoren[1] (Abb. 3.93e) nehmen zugleich Vibrationen und Geräusche in Rohrleitungen auf. Dehnungsstopfbuchsen für ND 10 bis 40 sind in DIN 3340 genormt (Abb. 3.93f). Ein vollentlasteter Gleitrohrkompensator[2] (Abb. 3.93g) ist für große Dehnungsaufnahmen, mittlere Betriebsdrücke und hohe Temperaturen entwickelt worden; die Entlastung erfolgt über den durch die Löcher A beaufschlagten Ringkolben B.

3.5 Absperr-, Sicherheits- und Regelorgane

Rohrleitungsarmaturen dienen entweder zum Absperren von Leitungssträngen, oder sie erfüllen Sicherheits- und Regelungsaufgaben. Oft übernehmen sie gleichzeitig mehrere der genannten Funktionen.

Erfolgt das Öffnen durch Anheben oder Aufklappen des Abschlußorgans, so spricht man von *Hub- bzw. Klappenventilen*, erfolgt es durch Verschieben gleitender Abschlußflächen, so handelt es sich bei geradliniger Bewegung um *Schieber*, bei Drehbewegung um *Hähne*. Daneben gibt es heute noch Sonderkonstruktionen, wie Kolbenventile, Membranventile, Ringschieber u. ä.

Die Entscheidung, ob Ventile, Schieber oder Hähne zu verwenden sind, richtet sich nach deren Vor- und Nachteilen:

Ventile haben die Vorteile des schnellen Öffnens und Schließens, der leichteren Herstellung der Dichtungsflächen und der guten Eignung als Regelorgane. Die Nachteile sind Stromrichtungsänderungen beim Durchgang und damit höhere Druckverluste; ferner Schmutzablagerungen in den toten Räumen und evtl. stärkere Stöße beim Öffnen und Schließen. Ventile werden bis zu höchsten Drücken bei mittleren Nennweiten verwendet.

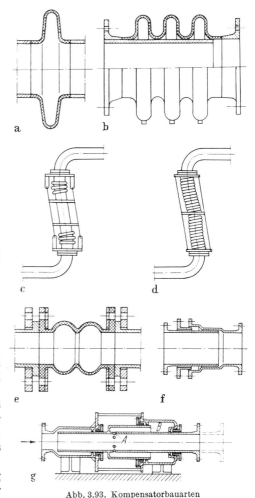

Abb. 3.93. Kompensatorbauarten
a) Linsenkompensator; b) Wellrohrkompensator; c) Wellrohr-Gelenkkompensator; d) Metallschlauch-Gelenkkompensator; e) Gummikompensator; f) Dehnungsstopfbuchsen; g) vollentlasteter Gleitrohrkompensator Bauart Seiffert

Bei den *Schiebern* sind vorteilhaft die kleine Baulänge und der gerade, querschnittsgleiche Durchgang, der Druckverluste und Stöße vermeidet. Nachteile sind der erforderliche große Hub und die dadurch bedingte große Bauhöhe, die etwas schwierigere Bearbeitung der Dichtflächen und die gleitende, Verschleiß verursachende Reibung, die man jedoch durch konstruktive Maßnahmen und geeignete Werkstoffe

---
[1] Turboflex KG, Hamburg-Altona.
[2] Franz Seiffert & Co. AG, Berlin-Grunewald.

verringern kann. Der Anwendungsbereich erstreckt sich auf größte Nennweiten bei mittleren Drücken.

Hähne sind einfach und billig, haben geraden Durchgang, sind leicht nachzuarbeiten und schnell zu betätigen. Das Dichtverhalten ist weniger günstig, und sie gestatten kein stoßfreies Öffnen und Schließen. Sie werden nur für geringe Nennweiten und mittlere Drücke benutzt.

Bei der Konstruktion von Absperrvorrichtungen[1] sind besonders zu beachten:

1. sicherer Abschluß;
2. möglichst geringe Querschnitts- und Richtungsänderungen des Flüssigkeitsstroms; wichtig vor allem bei tropfbaren Flüssigkeiten, weniger bei Gasen und Dämpfen;
3. leichte Zugänglichkeit zu den Dichtungsflächen zwecks Reinigung und Ausbesserung von Schäden;
4. das Schließen hat durch Drehung im Uhrzeigersinn zu erfolgen;
5. die Anschlußmaße müssen den Normen entsprechen (bei Flanschen nach Tab. 3.18);
6. Stopfbuchsen sollen ohne Betriebsunterbrechung auswechselbar sein;
7. günstige Herstellungsmöglichkeiten (gegossen, geschmiedet, gepreßt, geschweißt);
8. Werkstoffwahl den Einsatzbedingungen entsprechend.

Die wichtigsten Werkstoffe für Armaturen sind in Tab. 3.15 (S. 253) aufgeführt. Kleinere Ventile und Hähne werden auch aus Rotguß und Messing hergestellt. Für Kaltwasserarmaturen (Trinkwasser und sanitäre Anlagen) finden immer mehr Kunststoffe Anwendung. Für die Dichtflächen sind die metallischen Werkstoffe in Abschn. 3.2.1.3 angeführt; es werden außerdem Gummi-, Filz-, Vulkanfiber- und Lederdichtungen bzw. -membranen verwendet.

Technische Lieferbedingungen für Groß- und Dampfarmaturen enthält DIN 3230.

3.5.1 Ventile

Die wichtigsten Merkmale der verschiedenen Ventiltypen sind: die Strömungsrichtung (Durchgangsventil, Eckventil, Wechselventil), die Art des Sitzes (Tellerventil, Kolbenventil, Membranventil), die Lage des Sitzes (Geradsitzventil, Schrägsitzventil), Ausführung und Form der Spindel (mit Gewinde im Innern, mit äußerem Gewinde), die Funktion (reines Absperrventil, Regelventil, Sicherheits- und Schnellschlußventil).

In den Abb. 3.94 bis 3.96 sind einige typische Ausführungsformen von *Absperrventilen* wiedergegeben.

Die *Gehäuseformen* werden heute möglichst strömungsgünstig ausgebildet; ein gutes Beispiel hierfür stellt das Rhei-Ventil[2] (Abb. 3.95) dar, bei dem Toträume und Wirbelungen vermieden werden, die Stromfäden also stetig verlaufen. Ein Beispiel für ein geschweißtes Gehäuse zeigt Abb. 3.97. Als Gesenkschmiedestücke sind die für hohen Druck vorgesehenen Ventile der Abb. 3.98, 3.99, 3.100 und 3.104 ausgeführt; die Hohlräume und Durchgangskanäle werden aus dem vollen Material herausgebohrt.

---

[1] Vgl. auch SCHRÖDER, P.: Absperrmittel. Gestaltung und Berechnung der Ventile, Klappen, Schieber und Hähne, Charlottenburg: Kiepert 1934. — Fachheft „Armaturenbau" der BWK (Brennstoff, Wärme, Kraft); Z. Energiewirtsch. u. Techn. Überwachung 1953, H. 12.

[2] Vgl. auch Maschinenbau (1929) 143.

3.5 Absperr-, Sicherheits- und Regelorgane

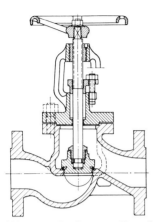

Abb. 3.94. Durchgangsventil, mit Drosselkegel auch als Regelventil verwendbar

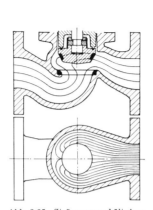

Abb. 3.95. Strömungsverhältnisse beim Rhei-Ventil

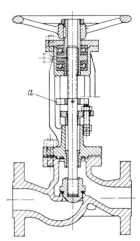

Abb. 3.96. Durchgangsregelventil mit drehbar gelagerter Spindelmutter (Handrad bleibt in gleicher Höhenstellung); Teil a verhindert Mitdrehen der Spindel und dient gleichzeitig zur Anzeige der Ventilstellung

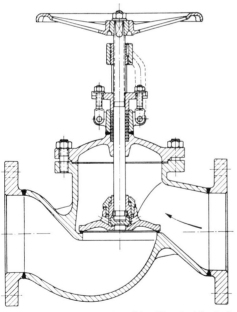

Abb. 3.97. Durchgangsventil in Schweißkonstruktion*, das Gehäuse besteht aus gepreßten Schalenhälften, die Flansche sind angeschweißt. Ventilteller mit Vorhubventil zur Entlastung beim Öffnen

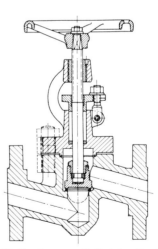

Abb. 3.98. Durchgangsventil für hohen Druck aus Schmiedestahl mit Flanschen; mit Drosselkegel auch als Regelventil verwendbar

---

* Nach KREKELER, K.: Weitere Fortschritte in der Armaturenfertigung durch Schmieden, Schweißen und spanabhebende Formgebung. BWK 5 (1953) 431.

Die Baulängen für Durchgangs- und Eckventile sind in DIN 3300 für ND 6 bis 320 festgelegt. Die Anschluß- und Hauptkonstruktionsmaße für Schmiedestahlaufsatzventile ND 25 bis 320 enthält DIN 3332. DIN 3790 und 3791 behandeln nichtrostende Stahlgußarmaturen, und zwar Schrägsitzdurchgangsventile und Eckventile mit Bügelaufsatz NW 10 ··· 32 für ND 10 ··· 25, NW 40 ··· 200 für ND 10. Die Anschlußmaße für Heizungsarmaturen s. DIN 3841, insbesondere Muffenventile u. ä. DIN 3844 bis 3847.

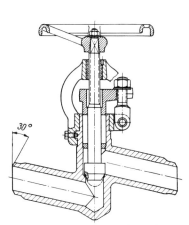

Abb. 3.99. Einschweißventil für hohen Druck aus Schmiedestahl (KSB, Amag-Hilpert)

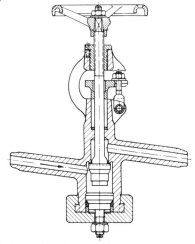

Abb. 3.100. Sicca-Entwässerungsventil mit ziehender Spindel (KSB, Amag-Hilpert); beim Abkühlen der Spindel wird der Ventilkegel noch fester auf den Sitz gepreßt; außerdem belastet der Druck unter dem Kegel die Sitzfläche zusätzlich. Der untere Deckelverschluß ist selbstdichtend

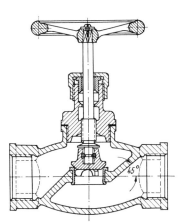

Abb. 3.101. Durchgangsventil für niedrigen Druck mit innenliegendem Spindelgewinde

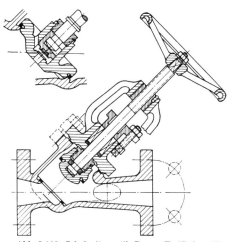

Abb. 3.102. Schrägsitzventil, Panzer-Freiflußventil (KSB, Amag-Hilpert); strömungstechnisch günstig durch elliptischen Querschnitt, der am Austritt in die Kreisform übergeht. In der Nebenabbildung Ausführung mit Vorhubventil

Bei *Ventilspindeln* kann das Gewinde im Innern des Ventilgehäuses liegen (Abb. 3.101), wodurch sich Bauhöhe und Preis verringern; es besteht jedoch der Nachteil, daß sich im Gewinde leicht Schmutz und Wasserstein ansetzen, wenn das Ventil lange in einer Stellung bleibt; die Verwendung beschränkt sich auf

3.5 Absperr-, Sicherheits- und Regelorgane

Niederdruck. Ganz allgemein sind Ventile mit äußerem Gewinde vorzuziehen. Bei fester Anordnung der Mutter im Aufsatz (Abb. 3.94, 3.97 bis 3.103) verschiebt sich das Handrad in Längsrichtung, bei drehbarer Anordnung der Mutter (Abb. 3.96, 3.104 und 3.105) verbleibt das Handrad an derselben Stelle. Die Werkstoffe für Ventilspindeln sind bis 200 °C Messing oder Bronze, über 200 °C nichtrostender Stahl. Die Muttern sind meist mit Außengewinde eingesetzte Messing- oder Rg-Buchsen, die gegen Herausdrehen durch Stiftschrauben gesichert werden. Drehbare Muttern sind in Axialkugellagern gelagert. Handräder (DIN 3220 und 3319) werden mit verjüngtem Vierkant (Neigung 1 : 20) und Kopfschrauben mit der Spindel verbunden.

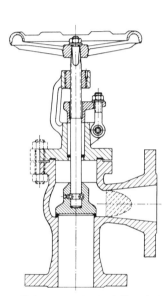

Abb. 3.103. Eckventil aus Stahlguß (Rheinische Armaturen- und Maschinenfabrik Albert Sempell, Mönchengladbach)

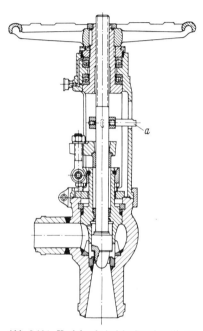

Abb. 3.104. Hochdruck-Anfahr-Regelventil aus Schmiedestahl (Albert Sempell); Drosselkegel und Spindel aus einem Stück, Führung in selbstdichtendem Deckel; Spindelmutter drehbar im Aufsatz gelagert; Teil a verhindert Mitdrehen der Spindel und dient gleichzeitig zur Anzeige der Ventilstellung

Der *Ventilkegel* wird meist tellerförmig ausgebildet und besitzt keine oder nur ganz kurze untere Führungsrippen mit reichlichem Spiel. Der Druckpunkt der Spindel ist möglichst in die Ebene der Dichtungsflächen zu legen. Die Befestigung mit der Spindel soll ebenfalls nicht spielfrei erfolgen, damit auch bei nichtfluchtenden Spindel- und Sitzachsen ein schiefes Aufsetzen vermieden und sicherer Abschluß erzielt wird. Einige Verbindungsmöglichkeiten sind in Abb. 3.107 dargestellt.

An Stelle von besonderen Sitzringen werden heute vielfach für die Sitze Stellite (s. Abschn. 3.2.1.3) aufgeschweißt. Die Sitzflächen werden mit feinem Schmirgel aufeinander aufgeschliffen. Beide Sitze sind gleich breit, um Gratbildung zu verhüten.

Häufig wird die Strömungsrichtung, die auf dem Ventilgehäuse durch einen Pfeil anzugeben ist, so gewählt, daß der Druck des Mediums auf dem geschlossenen Kegel lastet und so die Dichtwirkung unterstützt; es werden dann allerdings zum

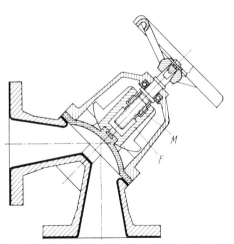

Abb. 3.105. Membraneckventil, GG-gummiert, ND 10, Temperatur bis 100 °C (Joh. Erhard, Heidenheim); Betätigung über Führungsstück F, in das eine Vierkantmutter M eingreift. Spindel mit Handrad axial durch Drucklager festgelegt

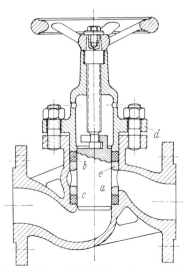

Abb. 3.106. Klinger-Ventil (Rich. Klinger GmbH, Idstein/Taunus) mit zylindrischem geschliffenem Kolben a und elastischen Dichtungsringen b, c, die durch das Deckelstück d und die Laterne e nachgespannt werden. Verwendung hauptsächlich als Drosselventil; erlaubt hohe Strömungsgeschwindigkeiten

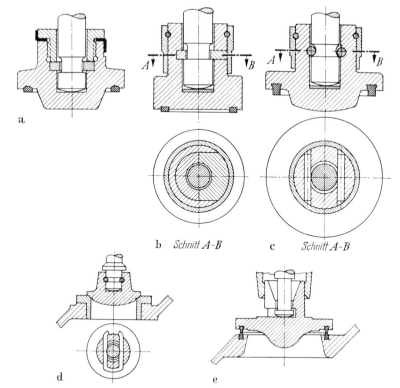

Abb. 3.107. Verbindungsmöglichkeiten zwischen Ventilkegel und Spindel
a) mit eingelegtem zweiteiligem Ring und gesicherter Überwurfschraube; b) mit geteilten Füllstücken und Sicherungshülse; c) mit tangentialen Stiften und Sicherungshülse; d) mit haarnadelförmigem Draht; e) durch seitliches Einführen in Aussparung (bei geführtem Kegel bzw. Kolben; s. auch Abb. 3.106)

3.5 Absperr-, Sicherheits- und Regelorgane

Öffnen große Handraddrehmomente erforderlich. Beträgt die Kraft auf den Kegel mehr als 4000 kp, so ist ein kleineres Vorhubventil in den Hauptkegel einzubauen, das zuerst öffnet und einen Druckausgleich über und unter dem Ventilteller herbeiführt (s. Abb. 3.97, 3.102 und 3.113). Bei sehr großen Ventilen kann auch eine Umgehungsleitung mit einem Absperrhahn vorgesehen werden.

Die *Stopfbuchsen* werden nach Abschn. 3.2.2.1 ausgebildet. Um ein Auswechseln der Packung während des Betriebs zu ermöglichen, wird die Spindel oder der Ventilteller mit einem Rückkegel versehen (z. B. Abb. 3.101 und 3.102), der bei vollständig geöffnetem Ventil gegen eine entsprechende Sitzfläche im Ventildeckel gepreßt wird.

Richtwerte für die Berechnung:
Die *Hubhöhe h* ergibt sich aus der Forderung, daß der Durchgangsquerschnitt zwischen Ventil und Sitz mindestens gleich dem Querschnitt des Rohres sein soll (Abb. 3.108).

Abb. 3.108. Zur Bestimmung der Hubhöhe h

$$\text{Aus} \quad \pi d_1 h \geqq \frac{\pi d_1^2}{4} \quad \text{folgt} \quad h \geqq \frac{d_1}{4}.$$

Bei konischen Sitzen und Rippen sind Zuschläge zu empfehlen.

Die *Spindel* ist meist auf Druck (oder Zug), seltener auf Knickung nachzurechnen; hierzu kommt ferner die Torsionsbeanspruchung durch das Drehmoment

$$M_t = F_{Sp} \frac{d_2}{2} \tan(\gamma_m + \varrho_G) = F_H D$$

mit F_{Sp} = Spindelkraft, d_2 = Flankendurchmesser des Gewindes, γ_m = mittlerer Steigungswinkel, ϱ_G = Gewindereibungswinkel ($\sim 6°$), F_H = Handkraft, D = Handraddurchmesser.

Bei Ein-Mann-Bedienung kann mit $F_H \approx 10$ bis 20 kp (größere Werte bei größerem Handraddurchmesser) gerechnet werden, so daß die erreichbaren Drehmomente betragen[1]

bei D [mm] =	400	600	800	1000
M_t [kpm] $\approx$	5	9	13	18

$\tau_{t\,\text{zul}}$ bei Stahl etwa 4 bis 5 kp/mm², bei Messing 2 bis 3 kp/mm². Mit der Flächenpressung im Gewinde kann man bis $p_{\text{zul}} = 2$ kp/mm² gehen, da die höchste Pressung nur kurz beim Aufsetzen wirkt.

Die Berechnung der *Dichtungsflächen* kann nach den Angaben in Abschn. 3.2.1.3 erfolgen.

Gehäuse und Deckel sind meist aus gießtechnischen Gründen bzw. wegen der erforderlichen Flanschdicken überdimensioniert.

Beispiele für *Rückschlagventile, Sicherheitsventile und ein Schnellschlußventil* sind in den Abb. 3.109 bis 3.112 dargestellt.

Für *Rückschlagventile* (Abb. 3.109) können gewöhnliche Ventile verwendet werden, wenn an Stelle der Spindel ein Bolzen fest im Deckel angeordnet wird.

Sicherheitsventile werden durch Gewichts- oder Federbelastung geschlossen gehalten und öffnen sich selbsttätig bei Überschreitung des eingestellten höchstzulässigen Druckes. Die gewichtsbelasteten Sicherheitsventile werden wegen ihrer geringen Abblaseleistung (bzw. wegen der zu großen erforderlichen Anzahl) nur noch selten ver-

---

[1] Nach Franz Seiffert & Co. AG, Berlin-Grunewald, Druckschrift: Armaturen im Rohrleitungsbau, Mannesmann AG, Düsseldorf 1959.

278 3. Gehäuse, Behälter, Rohrleitungen und Absperrvorrichtungen

wendet. Bei den federbelasteten Sicherheitsventilen unterscheidet man Hochhub-, Vollhub- und Niederhubventile. *Hochhubventile* erreichen durch besondere auf eine Hubvergrößerung hinwirkende konstruktive Maßnahmen einen solchen Hub, daß der freie Strömungsquerschnitt am Sitz größer ist als der engste freie Strömungsquerschnitt vor dem Sitz, ohne daß dieser Hub durch einen Anschlag begrenzt

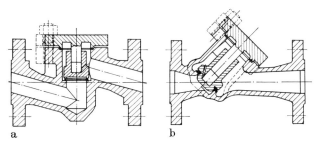

Abb. 3.109. Rückschlagventile, Kegel sitzen lose auf einem Bolzen
a) Geradsitz, evtl. Kegel mit Feder belastet; b) Schrägsitz, verwendbar in waagerechten und bei Strömung von unten nach oben auch in senkrechten Leitungen

wird; Abb. 3.110 zeigt ein Hochhubsicherheitsventil der Firma Amag-Hilpert-Pegnitzhütte AG, Nürnberg, bei dem ein von außen einstellbarer Hubring R den Spalt a vergrößert oder verkleinert, wodurch die Strömungskräfte beim Öffnen des Ventils variiert werden können. Bei den *Vollhubventilen* tritt bei jedem Ansprechen der konstruktiv bedingte volle Hub ein; es muß sich dabei ein freier Strömungsquerschnitt am Sitz einstellen, der mindestens 10% größer ist als der engste freie Strömungsquerschnitt vor bzw. an dem Sitz. Ein Vollhubsicherheitsventil der Firma Rheinische Armaturenfabrik Albert Sempell, Mönchengladbach, ist in Abb. 3.111 dargestellt. *Niederhubventile* besitzen keine besonderen Vorrichtungen zur Hubvergrößerung; das Beispiel in Abb. 3.112 der Firma Bopp & Reuther GmbH, Mannheim-Waldhof, ist für Temperaturen bis 500 °C und für ND 64 ··· 160 geeignet.

Für sehr große Abblaseleistungen werden heute hilfsgesteuerte Sicherheitsventile benutzt. Vorgeschaltete Steuerventile werden von einer geringen Teilmenge des Mediums beaufschlagt, das Hauptventil wird dann durch einen Hubkolben geöffnet. Eine neue Sicherheits- *und* Regelarmatur stellt das „Siraventil" von Bopp & Reuther dar.

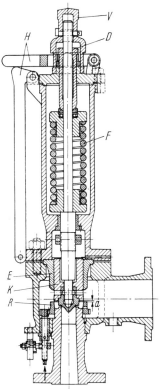

Abb. 3.110. Hochhubsicherheitsventil der Firma Amag-Hilpert-Pegnitzhütte AG, Nürnberg

Durch den von außen einstellbaren Hubring R wird der Spalt a vergrößert oder verkleinert, wodurch die Strömungskräfte beim Öffnen des Ventils variiert werden. Der zweiteilige Ventilkegel K ist in einer Einsatzbüchse E geführt. Die Druckkraft der Feder F wird durch die Druckschraube D eingestellt; die Verschlußkappe V, die mit der Druckstange verkeilt und dann plombiert wird, verhindert eine Verstellung der Federkraft durch Unbefugte. Über die Hebel H kann durch Anlüften die vorgeschriebene Abblaseprobe durchgeführt werden

3.5 Absperr-, Sicherheits- und Regelorgane

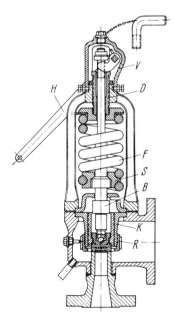

Abb. 3.111. Vollhubsicherheitsventil „Reaktor" der Firma Rheinische Armaturen- und Maschinenfabrik Albert Sempell, Mönchengladbach.

Der auf der Führungsbuchse K in seiner Höhe einstellbare „Reaktionsring" R regelt die Arbeitsdruckdifferenz zwischen Öffnen und Schließen. In das untere Federende ist ein Stopfen S eingeschraubt, durch dessen Verstellung die Federkonstante variiert werden kann; die Druckkraft der Feder F wird durch die Druckschraube D eingestellt. Die in der Verschlußkappe V angeordnete Anlüftvorrichtung wird über den Hebel H betätigt. Die Hubbegrenzung erfolgt durch den Bund B

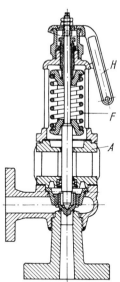

Abb. 3.112. Niederhubsicherheitsventil der Firma Bopp & Reuther GmbH, Mannheim, für 500 °C und bis ND 160

Die Feder F befindet sich zum Schutz gegen die hohe Temperatur in einer offenen Haube, die auf einem besonderen Kühlaufsatz A sitzt. Die Stangendurchführung ist mit beweglicher Labyrinthstopfbuchse reibungsfrei abgedichtet. Der Hebel H dient zum Anlüften

Hinsichtlich der Berechnung von Sicherheitsventilen muß auf die Spezialliteratur verwiesen werden[1].

Ein *Schnellschlußventil* hat die Aufgabe, die Dampfzufuhr zu Dampfturbinen sofort abzusperren, wenn eine unzulässige Drehzahlsteigerung auftritt oder wenn sich sonstige Unregelmäßigkeiten in der Versorgung des Ölkreislaufs einstellen.

Das mechanisch-hydraulisch wirkende Anfahr- und Schnellschlußventil der Firma Rheinmetall-Borsig nach Abb. 3.113 wird durch den Öldruck unter dem Kolben K offengehalten und bei Wegbleiben des Öldruckes durch die Federkraft der Feder F geschlossen. Zum Wiederanfahren wird bei geschlossenem Ventil durch Rechtsdrehen des Handrades die Mutter M nach oben verschoben und in Endstellung durch Druck auf den Bolzen B verriegelt. Durch nun folgendes Linksdrehen des Handrades wird das Ventil geöffnet und damit auch der Kolben nach oben bewegt. Bei ordnungsgemäßem Aufbau des Öldruckes bleibt dann das Ventil nach Entriegelung der Mutter geöffnet. Heute werden vielfach auch Schnellschlußventile rein hydraulisch durch Kraftkolben und Hilfssteuerventil betätigt.

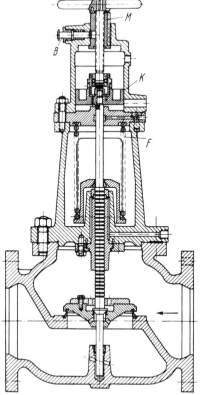

Abb. 3.113. Schnellschlußventil Bauart Rheinmetall-Borsig

[1] LENTZ, E.: Sicherheitsventile für Druckbehälter, insbesondere ihre Berechnung, Köln/Berlin: Heymann 1956. — KREUZ, A.: Die Entwicklung von Sicherheitsventilen und ihrer Vorschriften. BWK 5 (1953) 423—427. — DÖRRSCHEIDT, W.: Sicherheitsventile für Dampfkessel und Druckbehälter. BWK 7 (1955) 497—499.

3.5.2 Klappen[1]

Klappen werden als Absperr- und Drosselorgane in großen Leitungen und als Sicherheitsorgane (Rückschlagklappen) verwendet.

Die *Drosselklappen* besitzen scheibenförmige Verschlußplatten, die um eine — meist waagerechte — quer zur Strömung liegende Achse drehbar sind und sich in Schließlage senkrecht oder nahezu senkrecht zur Rohrachse befinden. In geöffnetem Zustand liegen sie flach in der Strömung. Die Hauptvorteile bestehen gegenüber Keilschiebern in dem wesentlich geringeren Raumbedarf und der leichten und schnellen Betätigung, ein Nachteil ist die Verkleinerung des freien Strömungsquerschnitts. Die Klappe selbst ist daher möglichst strömungsgünstig auszubilden;

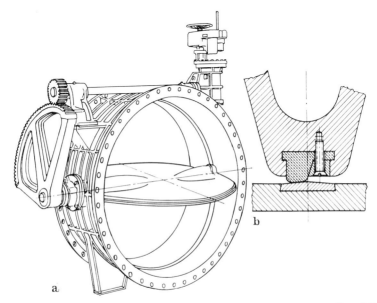

Abb. 3.114. Drosselklappe mit linsenförmigem Absperrorgan (nach Werksaufnahme von Bopp & Reuther)

üblicherweise ist sie linsenförmig gestaltet und trägt am Umfang — an den Zapfen unterbrochene — Dichtungsringe aus Gummi oder Metall. Im zylindrischen Gehäuse werden zweiteilige Sitzringe aus nichtrostendem Werkstoff in Nuten eingestemmt oder eingedrückt. Ein Beispiel hierfür zeigt Abb. 3.114 (Bopp & Reuther). In Abb. 3.115 ist eine Absperrklappe der Firma Joh. Erhard, Heidenheim, dargestellt, bei der die Drehachse exzentrisch liegt und die Dichtflächen daher durchgehend als Kugelausschnitte ausgebildet werden können. Der Klappendichtring ist durch elastische Zwischenglieder in axialer Richtung beweglich angeordnet und wird durch das Betriebsmittel selbst so belastet, daß sich bei absolut dichtem Abschluß eine niedrige spezifische Flächenpressung und geringe Drehmomente ergeben.

Bei *Rückschlagklappen* (Abb. 3.116) ist der Klappenkörper an einem Klappenhebel befestigt, der im Gehäuse drehbar gelagert ist; die Hebeldrehachse liegt über der Klappe etwa in der Ebene der Dichtflächen, so daß das strömende Medium die Klappe selbsttätig anhebt und bei Strömungsumkehr der Abschluß erfolgt. Der

---

[1] Siehe auch VOLK, W.: Absperrorgane in Rohrleitungen (Konstruktionsbücher Bd. 18), Berlin/Göttingen/Heidelberg: Springer 1959.

Gehäusedichtring besteht aus Messing oder einem korrosionsfesten Werkstoff bei aggressiven Medien. Für den Klappendichtring kann ebenfalls Metall oder aber auch eine Gummi- oder sonstige Weichdichtung genommen werden. Die Klappen-

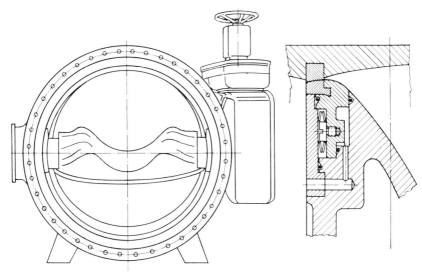

Abb. 3.115. Absperrklappe der Firma Joh. Erhard, Heidenheim, mit exzentrisch liegender Drehachse und Kugelausschnitten als Dichtflächen

welle kann auf einer Seite nach außen geführt werden, so daß hier je nach den Betriebsverhältnissen auf einem Hebel ein Zusatzgewicht zur Beschleunigung der Schließbewegung oder zur Verringerung des Aufprallstoßes eine Bremse angebracht werden kann. Die Verwendungsbereiche für Rückschlagklappen aus GG und GS sind in DIN 3231, die Nennweiten und Baulängen in DIN 3232 festgelegt.

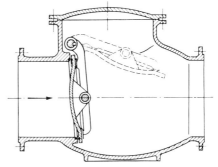

Abb. 3.116. Normale Rückschlagklappe

3.5.3 Schieber

Schieber sind die weitverbreitetsten Absperrorgane für Flüssigkeiten, Gase und Dämpfe; sie kommen in den verschiedensten Bauformen vor, hauptsächlich als Keilschieber und als Plattenschieber (Keilplatten und Parallelplatten); nach der Gehäusegrundform unterscheidet man noch Flach-, Oval- und Rundschieber. Schieber mit *Leitrohr*, das in geöffnetem Zustand den Druckverlust verringern und die Dichtflächen vor Erosion schützen soll, finden sich nur noch selten, da sie nur bei Parallelschiebern sinnvoll sind, die Erwartungen nicht ganz erfüllten und größeren Raum benötigen. Um die Sitzdurchmesser kleiner zu halten, sind Schieber mit *Einziehung* gebaut worden, die jedoch höhere Druckverluste aufweisen; für die

Einziehung gibt DIN 3203 Richtlinien. DIN 3200 enthält eine Übersicht über die Schieber, DIN 3202 die Nennweiten und Baulängen für ND 6 ··· 400.

Bei den *Keilschiebern* (Abb. 3.117) wird das mit zwei eingepreßten Dichtungsringen aus Bronze versehene, ungeteilte, keilförmige Absperrstück in die entsprechende Gehäuseaussparung, die ebenfalls mit Bronzeringen bestückt ist, eingefahren. Die Spindel kann mit innenliegendem Gewinde ausgerüstet sein, wobei ein Vierkant- oder profiliertes Mutterstück mit Lose in den Keil eingeschoben ist, oder mit außenliegendem Gewinde, wobei entweder die Mutter als Bronzebuchse

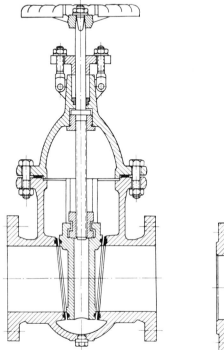

Abb. 3.117. Keilschieber mit Spindel mit innenliegendem Gewinde

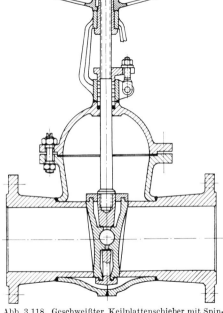

Abb. 3.118. Geschweißter Keilplattenschieber mit Spindel mit außenliegendem Gewinde

fest in den Gehäuseaufsatz eingebaut ist und sich die Spindel mit dem Handrad bei Betätigung in der Höhe verschiebt, oder die Mutter mit Handrad im Aufsatz drehbar gelagert ist, so daß sich die Spindel durch das Handrad hindurch beim Öffnen nach oben bewegt. Eine Schutzkappe mit Schlitz kann zur Anzeige der Stellung dienen.

Genormt sind in DIN 3216 Keilflachschieber aus Grauguß mit Flanschanschluß nach ND 10 und 2,5, in DIN 3225 Keilovalschieber aus Grauguß mit Flanschanschluß nach ND 10, in DIN 3226 Keilrundschieber aus Grauguß für ND 16, in DIN 3228 Keilflachschieber aus Stahlguß mit Flanschanschluß nach ND 10, in DIN 3229 Keilovalschieber aus Stahlguß für ND 16, in DIN 3204 Keilflachschieber für Heizungsanlagen für ND 4 mit Flanschanschluß nach ND 6 und in DIN 3218 Keilflachschieber für Gas (leichtes Modell) aus Grauguß mit Flanschanschluß nach ND 2,5.

Die Schieber mit starrem Keil haben den Nachteil, daß bei höheren Drücken und Temperaturen ein sicherer Abschluß nicht mehr gewährleistet ist, da im Betrieb auftretende Verspannungen des Gehäuses zu unzulässigen Verformungen und evtl. auch zu Verklemmungen führen.

Die *Plattenschieber* verhalten sich in dieser Hinsicht günstiger; es werden dabei zwei getrennte tellerförmige Platten durch besondere Vorrichtungen möglichst erst beim Schließvorgang gegen die Sitzflächen gepreßt. Für das Anpressen sind bei parallelen Platten Mechanismen mit Keilstücken, Quergewindespindeln, Kniehebeln u. dgl. entwickelt worden, die aber meistens zu kompliziert waren und in Längsrichtung zuviel Platz beanspruchten. Am besten haben sich Keilplattenschieber bewährt, bei denen kugel- bzw. halbkugelförmige Druckstücke eine gleichmäßige Anpressung der Sitzflächen bewirken. Da beim Abschluß und beim Öffnen größere Reibung und evtl. Verklemmen der Spindel auftritt, sind die Sitzflächen

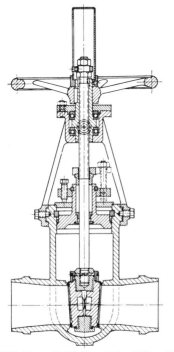
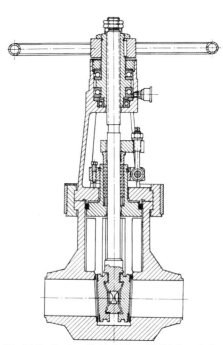

Abb. 3.119. Panzer-Keilplattenschieber AKS aus Elektrostahlguß (Amag-Hilpert-Pegnitzhütte AG, Nürnberg)

Abb. 3.120. Bantam-Stahlschieber, Keilplattenschieber Bauart H in Monoblockausführung mit druckdichtendem Deckel (Märkische Armaturenbau GmbH, Düsseldorf)

meist aus hochwertigen Stelliten (aufgepanzert), und es werden Vorkehrungen getroffen, daß sich die beaufschlagte Platte im ersten Moment des Öffnens senkrecht vom Sitz abhebt bzw. „lockert". Man erreicht dies durch ein größeres Spiel in Richtung der Spindelachse, so daß die Mitnahme erst etwas später, nach dem „Vorlauf", erfolgt. Auch in Strömungsrichtung haben die Schieberplatten reichlich Spiel, damit sie sich den Gehäusedichtflächen genau anpassen. Der Abschluß soll möglichst „gehäusedicht" sein, so daß in geschlossener Stellung die Stopfbuchse nicht belastet ist.

In Abb. 3.118 ist ein leichter geschweißter Keilplattenschieber dargestellt[1].

Abb. 3.119 zeigt den Panzer-Keilplattenschieber AKS der Amag-Hilpert aus Elektrostahlguß und Abb. 3.120 den Bantam-Stahlschieber, Keilplattenschieber Bauart H der Märkischen Armaturenbau GmbH, Düsseldorf, in Monoblockausfüh-

---

[1] Nach KREKELER, K.: Weitere Fortschritte in der Armaturenfertigung durch Schmieden, Schweißen und spanabhebende Formgebung. BWK 5 (1953) 431.

rung. Beide Schieber sind mit druckdichtendem Deckel (Uhde-Bredtschneider) ausgerüstet. Als Druckstücke sind Bolzen mit Kugelkuppen bzw. Halbkugeln verwendet. Die Abb. 3.121 gibt zwei Ausführungsformen der Abschlußorgane des Hochdruckschiebers „Garant" der Firma Albert Sempell, Mönchengladbach, wieder, a) mit getrennten Keilplatten und Druckstücken und b) den noch schmaler bauenden

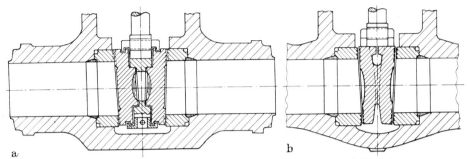

Abb. 3.121. Garant-Schieber der Firma Albert Sempell, Mönchengladbach

a) mit zwei Keilplatten, die sich über große und ausreichend gegen Flächenpressung dimensionierte Kugelkalotten und das in den Plattenträger eingebaute Keilstück gegeneinander abstützen. Beim Öffnen rutscht zunächst das Keilstück auf den Flächen der Kugelkalotten, wodurch die Vorlockerung bewirkt wird (Bauart bevorzugt bei Schiebern großer Nennweite und niederer Druckstufe); b) mit elastischem Keil; er besteht aus *einem* Stück, ist jedoch so gearbeitet, daß sich die tellerförmigen Plattenteile elastisch den Gehäusesitzen anpassen. Bei beiden Ausführungen sind besondere Sitzringe in das kräftig gehaltene Gehäuse eingesetzt; die *Sitzringe* tragen die Aufpanzerungen

einteiligen „elastischen" Keil. Bei dem EK-Stahlblock-Keilplattenschieber der Firma Dingler-Werke AG, Zweibrücken, nach Abb. 3.122, sind die Dichtplatten allseits beweglich und stützen sich über einen dreigeteilten Bolzen mit linsenförmigem Mittelstück gegeneinander ab (Maß v = Vorlauf).

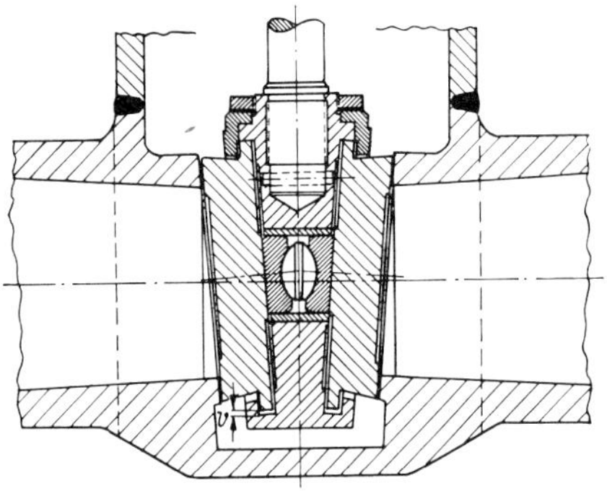

Ein Einplattenparallelschieber der Firma Bopp & Reuther GmbH, der nicht nur für Erdöl und Gas, sondern auch für den Transport fester Stoffe, z. B. Kohle in Trägerflüssigkeit oder Zement in Trägergas, geeignet ist, ist in Abb. 3.123 dargestellt.

Abb. 3.122. EK-Stahlblock-Keilplattenschieber der Firma Dingler-Werke AG, Zweibrücken

Die allseitig beweglichen Dichtplatten stützen sich über einen dreiteiligen Bolzen mit linsenförmigem Mittelstück gegenseitig ab. Die Planflächen der Außenteile gleiten beim Öffnen während des „Vorlaufes" auf dem Rücken der Dichtplatten und ermöglichen so das erwünschte Lockern

Er arbeitet nach dem Prinzip des selbstdichtenden Balkenschiebers mit einer einfachen Abschlußplatte a, die vom Druck des Mediums gegen den austrittseitigen Dichtring b im Gehäuse gepreßt wird. Unempfindlichkeit gegen Verschmutzung wird dadurch erreicht, daß das eigentliche Absperrorgan a zwischen zwei Gleitplatten c verschoben wird, die dabei ständig durch Bolzen und Federn d gegen die Abschlußplatte gedrückt werden. In die Bohrungen der Gleitplatten ragen die Sitzringe des Gehäuses hinein. Wird im Gehäuseinnern ein etwas höherer Druck als in der Rohrleitung aufgebaut, so können die Sitze während des Betriebes gespült werden; auch Ablagerungen fester Stoffe im Gehäuse können durch Spülen entfernt werden. Der Deckel ist flanschlos mit Hilfe konischer Kreuzbolzen e mit dem Gehäuse verbunden. Der Spindelaustritt ist durch eine während des Betriebes nachpreßbare Knetpackung f und durch Lippenringmanschetten abgedichtet.

Eine Schiebersonderbauart ist der sog. Beta-Schieber der Vereinigten Armaturen-Gesellschaft mbH, Mannheim, Abb. 3.124.

3.5 Absperr-, Sicherheits- und Regelorgane

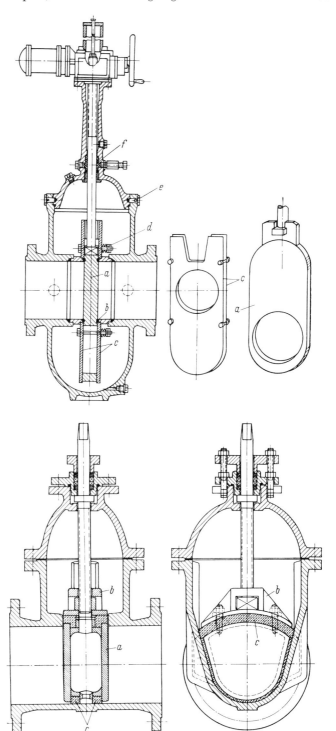

Abb. 3.123. Einplatten-Parallelschieber für Erdöl, Gas und Feststoffe in Trägermedium (Bopp & Reuther GmbH)

a Abschlußplatte; *b* Dichtringe; *c* Gleitplatten; *d* Spannbolzen mit Tellerfedern; *e* flanschlose Deckelbefestigung; *f* Knetpackung

Abb. 3.124. Beta-Schieber (Vereinigte Armaturen-Gesellschaft mbH)

a unterer Teil des Abschlußkörpers; *b* oberer Teil des Abschlußkörpers; *c* zwei steigbügelartige Dichtelemente, auf Unterteil aufgezogen, mit Oberteil durch Stiftschrauben verklemmt. Radiale Abdichtung im unteren Bereich, axiale Abdichtung im oberen, verdickten Teil

Er benutzt als Dichtelement elastisch verformbares Material: Naturgummi, Perbunan (bis 70 °C) für Wasser, Gas und Öl, hitzebeständigen Kautschuk (bis 110 °C) für flüssige und gasförmige Medien und Viton A für Benzin und Benzol. Die besondere Form des zweiteiligen Abschlußkörpers, auf dessen unterem Teil zwei steigbügelartige Dichtelemente aufgezogen und mit dem oberen Teil verklemmt sind, ermöglicht durch Abstützen im Gehäuse im unteren Bereich ein Abdichten quer zur Durchflußrichtung (radial) und im oberen Drittel beim weiteren Zusammenpressen des dickeren Teils der Dichtung eine axiale Abdichtung. Die Schieber werden mit den Außenabmessungen als Flachschieber nach DIN 3216 ND 10 und ND 6 und als Ovalflachschieber nach DIN 3225 ND 10 mit innenliegendem und mit außenliegendem Spindelgewinde geliefert.

3.5.4 Hähne

Die Hauptbestandteile eines Hahnes sind das Hahngehäuse und der Hahnkegel, auch Küken genannt, die längs kegeliger Mantelflächen gegeneinander abdichten. Das Küken wird im Gehäuse eingeschliffen und nach dem Einbau durch die Schrau-

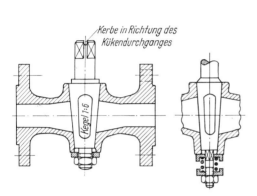

Abb. 3.125. Flanschenhahn nach DIN 3465

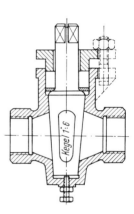

Abb. 3.126. Muffenpackhahn nach DIN 3470

benmutter oder durch Federdruck in der richtigen Stellung gehalten, so daß die Betätigung durch den auf den Kükenvierkant aufsteckbaren Hahnschlüssel (DIN 3521 und 3522) leicht erfolgen kann. Die Unterlegscheibe sitzt auf einem Vierkant und dreht sich mit dem Küken mit.

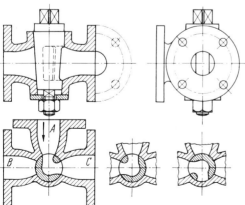

Abb. 3.127. Dreiweghahn

Für Hähne gibt es folgende Normen: DIN 3461 Muffenhähne für ND 6, DIN 3462 Muffenhähne für ND 10, DIN 3465 Flanschenhähne, DIN 3470 Packhähne, DIN 3471 Dreiweghähne, DIN 3472 Dreiweg-Packhähne jeweils für ND 10. Außerdem sind noch Hähne für Kleingasarmaturen, Getränkearmaturen, Heizungsarmaturen und Laboratoriumsgeräte genormt.

Abb. 3.125 zeigt einen Flanschendurchgangshahn, Abb. 3.126 einen Muffenpackhahn und Abb. 3.127 einen Dreiweghahn (er ermöglicht außer Abschluß eine Umschaltung von A nach B oder nach C). Die Werkstoffe für Gehäuse und Küken sind: Gußeisen, Messing und verschiedene Bronzen, ferner Leichtmetall (Aluminium), Kunststoffe, Glas und Ton für Sonderzwecke.

Im Hahngehäuse geht der Querschnitt von der Kreisform in einen länglichen trapezförmigen Schlitz über. Das Verhältnis der mittleren Breite des Kükendurchgangs zur Höhe des Kükendurchgangs beträgt $\approx 1:3$. Der Querschnitt des Kükendurchgangs muß gleich dem Querschnitt der Nennweite sein, also $bh = \pi d^2/4$.

Bei Sonderkonstruktionen von Hähnen wird zwecks leichter Beweglichkeit den konischen Dichtflächen mittels einer Druckschraube Schmierstoff zugeführt, der durch Schmiernuten gleichmäßig verteilt wird. Es werden auch Hähne gebaut, bei denen das Küken vor dem eigentlichen Öffnen angelüftet wird, so daß es dann nahezu reibungsfrei verdreht werden kann. Die vertikale Anlüftbewegung wird durch Nocken oder Rollen auf schiefer Ebene oder mittels besonderer Spindel mit Handrad bewerkstelligt. Beim Schließvorgang wird auf gleiche Weise nach dem Drehen das Küken gesenkt und fest auf den Gehäusesitz gedrückt.

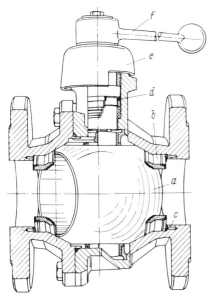
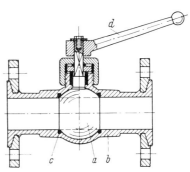

Abb. 3.128. Argus-Kugelhahn
a Kugelküken; b Ringkolben; c Federn; d Profilring; e Abdeckkappe; f Kugelgriff

Abb. 3.129. Argus-Schnellverschluß-Kugelhahn
a Kugelküken; b Gehäusekörper aus Kunststoff; c O-Ringe; d Kugelgriff

An Stelle eines kegeligen Hahnkükens wird beim Argus[1]-*Kugelhahn*, Abb. 3.128, als Absperrorgan ein Kugelküken a mit strömungstechnisch günstigem, geradlinigem, kreisrundem Durchgangsquerschnitt verwendet.

Das Kugelküken besitzt oben und unten zylindrische Zapfen, die in Kunststoffbuchsen isoliert gelagert sind. Die Abdichtung am Hahnküken bewirken je nach Bauart Ringkolben b oder Dichtringe. Bei Ringkolben erfolgt eine selbsttätige Nachstellung mittels Federn c aus nichtrostendem Werkstoff. An der Durchführung der Schaltwelle wird durch einen federbelasteten Profilring d die Abdichtung erzielt. Eine Abdeckkappe e mit sichtbarem Anschlag begrenzt den Schaltweg auf 90°, die Schließrichtung ist in der Regel rechtsdrehend. Der Hahn wird durch Kugelgriff f, ab NW 32 auch durch pneumatisches oder elektrisches Steuergetriebe betätigt. Verwendung bis 350 kp/cm² bei Temperaturen von -20 bis $+100$ °C.

Die Argus[1]-*Schnellverschluß-Kugelhähne* aus Kunststoff (PVC 60, Niederdruckpolyäthylen oder Polypropylen) nach Abb. 3.129 besitzen als Absperrorgan ebenfalls ein Kugelküken a, um das der Gehäusekörper b spielfrei gespritzt ist.

---

[1] Neue Argus-Gesellschaft mbH, Ettlingen/Baden.

288   3. Gehäuse, Behälter, Rohrleitungen und Absperrvorrichtungen

Die Abdichtung erfolgt in beiden Durchflußrichtungen (auch bei Vakuum) durch in das Gehäuse eingebettete O-Ringe c aus Kautschuk oder Viton, die Betätigung durch aufgesteckten Kugelgriff d. Verwendung für aggressive Medien und Wasser bei Temperaturen $+20$ bzw. $+60\,°C$ je nach Werkstoff bis ND 10.

3.5.5 Sonderkonstruktionen

Im folgenden werden einige Absperrorgane beschrieben, die sich nicht streng in die bisher behandelten Typen einordnen lassen.

Für Wasserkraftwerke werden sog. *Kugelschieber* verwendet, wie eine Ausführung der Firma Escher Wyss & Co. in Abb. 3.130 dargestellt ist.

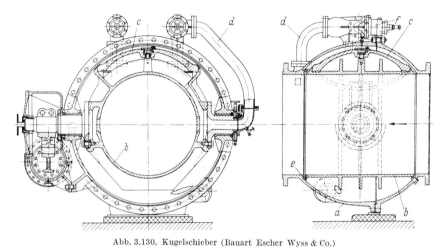

Abb. 3.130. Kugelschieber (Bauart Escher Wyss & Co.)
a kugelförmiges Gehäuse; *b* zylindrisches Rohrstück; *c* kugelhaubenförmige Dichtungsplatte; *d* Umgehungsleitung; *e* Gehäusedichtungsring; *f* Ventil

In ein kugelförmiges Gehäuse a ist ein in zwei Zapfen drehbar gelagertes zylindrisches Rohrstück b eingebaut; der Innendurchmesser des Rohrstückes ist der gleiche wie der der Anschlußstutzen am Gehäuse, so daß in geöffnetem Zustand der volle Querschnitt zur Verfügung steht und kein Druckverlust auftritt. In dem Drehkörper befindet sich auf einer Seite eine kugelhaubenförmige Dichtungsplatte c, die in Richtung ihrer Mittelachse verschiebbar, im geöffneten Zustand durch die Umgehungsleitung d jedoch entlastet ist. Nach Drehung des Rohrstückes um 90° kommt die Dichtungsplatte gegenüber dem Gehäusedichtring e zu liegen und wird nach Abschluß der Umgehungsleitung d durch das Ventil f vom Wasserdruck auf den Dichtring e gepreßt, so daß ein absolut dichter Abschluß erfolgt.

Verhältnismäßig günstige Strömungsverhältnisse stellen sich auch bei den rotationssymmetrischen *Ringschiebern* Abb. 3.131 ein, die ebenfalls für große Abmessungen und hohe Drücke geeignet sind.

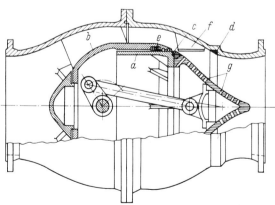

Abb. 3.131. Ringschieber mit Kurbelantrieb
a Abschlußkörper (Kolben); *b* Führungsschale (Zylinder); *c* Dichtungsring im Kolben; *d* Gehäusering; *e* Manschettendichtung; *f* Führungsrippen; *g* Bohrungen

Der Abschlußkörper a ist ein in Strömungsrichtung verschieblicher Kolben, der in einer inneren, durch Rippen mit dem Außengehäuse verbundenen Führungsschale b gleitet. Der Kolbenschieber trägt an seiner Stirnfläche den Dichtungsring c, der zum Abschluß auf den Gehäusering d gepreßt wird. Innere Führungsschale und Kolbenstirnfläche werden möglichst strömungsgünstig geformt. Der Kolben wird im Innenzylinder durch Manschettendichtung e abgedichtet, beim Schließvorgang wird er vorn auf den Rippen f des Außengehäuses geführt. Strömungsraum und Innenraum stehen durch Bohrungen g im Kolbenvorderteil miteinander in Verbindung, so daß ein weitgehender Druckausgleich stattfindet und nur geringe Schließkräfte erforderlich sind. Die Schließbewegung erfolgt in dem dargestellten Beispiel über einen Kurbelantrieb; es gibt jedoch auch Antriebe mit über Kegelräder betätigter Spindel oder hydraulische mit Steuerkolben.

Eine hydraulisch vom Medium selbst betätigte Absperr- und Regelarmatur stellt das Abschlußventil „Vautomat" der Firma Eisenwerk Heinrich Schilling, Sennestadt/Bielefeld, dar[1], Abb. 3.132.

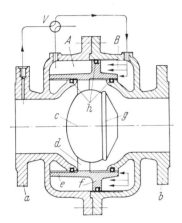 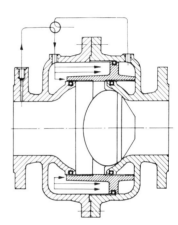

Abb. 3.132. Abschlußventil „Vautomat" der Firma Eisenwerk Heinrich Schilling, Sennestadt/Bielefeld, links im geöffneten, rechts im geschlossenen Zustand

a und b Gehäusehälften; c Strömungskörper; d Verbindungsstege; e Rohr; f Bund; g Dichtungsring; h O-Ringe; V Vierweghahn; A linke Kammer; B rechte Kammer

Der Verschlußkörper besteht aus dem Strömungskörper c, den Verbindungsstegen d, dem Rohr e und dem Bund f. Die beiden gleichen Gehäusehälften a und b bilden einen Ringzylinder mit den Kammern A und B; die Abdichtung erfolgt durch die Präzisions-O-Ringe h. Wird über den Vierweghahn V die Kammer B beaufschlagt (Abb. 3.132 links), so wirkt wegen der entsprechend groß bemessenen Kolbenfläche die Kraft nach links, sie hält das Ventil gegen den Strömungsdruck geöffnet. Wird dagegen die Kammer A beaufschlagt (Abb. 3.132 rechts), so wird der Verschlußkörper nach rechts verschoben, bis er sich mit seinem eingegossenen Dichtring g aus elastischem Kunststoff an der Gehäusewand anlegt und so den Abschluß bewirkt. Mit Hilfe eines Steuerventils an Stelle des Vierweghahnes kann der Verschlußkörper in verschiedene Stellungen gebracht und somit die Durchflußmenge geregelt werden.

Von der Verwendung elastischer Bauteile wird auch im Armaturenbau immer mehr Gebrauch gemacht; in Abb. 3.105 war schon ein Membranventil mit einer scheibenförmigen Membrane dargestellt. Eine zylindrische Membrane, die auf der Außen- und Innenseite Längsschlitze hat, wird beim *Hydro-Ringverschluß* der Vereinigten Armaturen-Gesellschaft mbH, Mannheim, Abb. 3.133, zum Absperren eines Ringkanals benutzt, wobei die Betätigung hydraulisch oder pneumatisch gesteuert wird.

---

[1] Vgl. VDI-Z. 104 (1962) 978.

In geöffnetem Zustand (Abb. 3.133 links) gibt der Hydro-Ringverschluß auch bei niedrigsten Drücken den gesamten Öffnungsquerschnitt zwischen der Membrane a und dem zentral angeordneten, durch Rippen b gehaltenen inneren Strömungskörper c frei. Zum Schließen (Abb. 3.133 rechts) bringt der von außen wirkende Steuerdruck die Membrane a am inneren Strömungskörper c zu absolut dichtem Anliegen. Der Außendurchmesser des Hydro-Ringverschlusses ist nur wenig größer als die Flanschen der Anschlußleitungen; die Baulänge entspricht der genormten Ovalschieber. Der Anwendungsbereich liegt bei Kalt- und bei Warmwasser bis zu 70 °C für NW 40···250 bei 8 atü, für NW 300···400 bei 6 atü. Der Druck des Steuermittels muß 2 kp/cm² höher sein als der jeweilige Betriebsdruck.

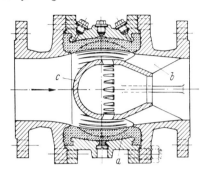 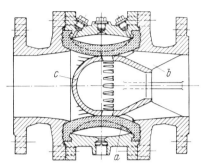

Abb. 3.133. Hydro-Ringverschluß der Vereinigten Armaturen-Gesellschaft mbH, Mannheim
a zylindrische Membrane; b Rippen; c innerer Strömungskörper; links im geöffneten, rechts im geschlossenen Zustand

Von der Vereinigten Armaturen-GmbH ist — vorerst für kleinere Nennweiten bis etwa 500 mm — ein sehr einfach wirkendes Rückschlagorgan *„Hydro-Stop"* (Abb. 3.134) entwickelt worden.

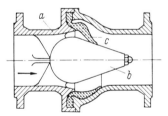

Abb. 3.134. Hydro-Stop-Rückschlagorgan der Vereinigten Armaturen-Gesellschaft mbH, Mannheim
a Gehäuse; b zentraler Sitzkörper; c kragenartige Gummimembrane; obere Hälfte im geschlossenen, untere im geöffneten Zustand

In einem strömungsgünstigen Gehäuse a mit einem zentralen Sitzkörper b liegt eine kragenartige Gummimembrane c als Abschlußkörper. Durch Eigenspannung legt sich in drucklosem Zustand die Membrane auf den Sitzkörper auf. Bei Strömung von links nach rechts (untere Hälfte der Abb. 3.134) wird die Membrane vom Sitzkörper abgehoben und der ringförmige Durchflußquerschnitt freigegeben. Bei Strömungs- und Druckumkehrung schließt die Membrane (obere Hälfte der Abb. 3.134), und der Rückdruck preßt die Membrane auf den Sitzkörper. Wegen des elastischen Werkstoffes, der kleinen Massen und der geringen Wege treten keine Sitzschläge und nur geringe Druckstöße in der Leitung auf.

Sachverzeichnis

Abmaße 16
Achshalter 116
Aluminium und Aluminiumlegierungen 46
Anfahr-Regelventil 275
Ankerschrauben 142
Anstrengungsverhältnis 25
Anziehmoment bei Schraubenverbindungen 154, 160
Anzug bei Keilen 92, 120, 122
Apparate 248
Arbeitsaufnahme 31, 180
Auftragsschweißen 66
Augenschrauben 141
Ausschlagsfestigkeit von Schraubenverbindungen 159
Auswahlsystem für Passungen 19

Bälge 244
Baustähle 36
Beanspruchungsarten 23
Bedingungsgerechtes Gestalten 21
Befestigungsschrauben 135
Behälter des Apparatebaues 248
— des Kesselbaues 245
Behälterböden, ebene 212
—, gewölbte 211
Beheizte Behälter 251
Belastungsarten 23
Berührungsdichtungen 231
Berührungsfreie Dichtungen 241
Beta-Schieber 284
Betriebsdruck 252
Betriebskraft bei Schraubenverbindungen 148
Bewegungsschrauben 138, 170
Biegebeanspruchte Federn 186
Biegsame Rohre 258
Blattfedern 186
Blechschrauben 140
Blei und Bleilegierungen 52
Blindniete 125
Bolzen 108
Brennhärten 35
Brennschneiden 67
Bronzen 49

Chobert-Hohlniet 126
Connex-Spannhülse 111

Dämpfungsfedern 179
Dauerfestigkeit 33
Dauerfestigkeitsschaubilder 34, 38, 39, 183

Dauerhaltbarkeit 27
— von Schraubenverbindungen 167
Dauerschwingfestigkeit 33
Dauerversuche 33
Dehnschraube 149, 167
Dehnungsausgleich bei Rohrleitungen 269
Delta-Dichtung 229
Dichtungen 214
Dichtungskennwerte 223
Dickwandige Behälter 250
Dickwandige Hohlzylinder 207
Differenzgewinde 169
DILO-Dichtung 217
Doppelkonusdichtung 230
Dornniet 125
Drehbeanspruchte Federn 193
Drehmomentenschlüssel 156
Drehstabfeder 193
Dreiweghähne 286
Drosselklappen 280
Drosselventile 273, 276
Druckabfall 265
Druckfedern 198
Druckgußteile 60
Druckölverband 97
Druckversuch 33
DUBO-Schraubensicherungen 166
Dünnwandige Hohlzylinder 209
Durchgangslöcher 144
Durchgangsventile 272
Duroplaste 54
Dynamische Federsteife bei Gummifedern 203
Dynamische Zähigkeit 264

Ebene Platten 212
Eckventil 272
Eigenfrequenz 179
Einbeuldruck bei Hohlzylindern 210
Einfachschraubgetriebe 170
Einheitsbohrung 18
Einheitswelle 18
Einlegekeile 92
Einplattenparallelschieber 284
Einsatzhärten 34
Einsatzstähle 40
Einschraublänge 157
Elaste 54
Elastic-Stop-Mutter 142, 165
Elastizitätsmodul 29
— von Federwerkstoffen 180
— von Gummi 203
— von Gußwerkstoffen 44, 46

Elastizitätsmodul
— von Leichtmetallen 47
— von Schwermetallen 49/52
— von warmfesten Stählen 270
Elektrogewinde 139
Ensat-Einsatzbuchsen 168
Entlastungskerben 29, 167
Entwässerungsventil 274
Entwerfen 2

Faltenbälge 244
Farben für Rohrleitungen 254
Federkennlinie 178
Federkonstanten bei Schraubenverbindungen 150
Federn 178
Federnde Sicherungselemente bei Schraubenverbindungen 164
Federrate 178
Federringdichtungen 236
Federsteife 178
Federwerkstoffe 181
Feingewinde 135
Fertigungsgerechtes Gestalten 58
Festigkeitsgerechtes Gestalten 22
Festigkeitskennwerte 209, 211, 213, 226, 245, 268
Festigkeitsklassen für Muttern 146
— für Schrauben 145
Festigkeitswerte (Grenzwerte) 23
Fittings 262
Flachdichtungen 219
Flachgewinde 138
Flachkeile 93
Flachpassungen 17
Flanschanschlußmaße 260
Flanschdicke 261
Flansche 259
Flanschverbindungen, Berechnung 221
Flanschwiderstand 224
Flügelmuttern 142
Flügelschrauben 141
Flußstahl 37
Formänderungswiderstand metallischer Dichtungswerkstoffe 224
Formfaktor bei Gummifedern 203
Formgebung 64
Formschlüssige Sicherungselemente bei Schraubenverbindungen 164
Formschlußverbindungen 104
Formschönheit 64
Formsteifigkeit 29
Formzahl 23, 27
Freiformschmiedestücke 60
Fugenpressung bei Schrumpfverbindungen 100
Funktionsgerechtes Gestalten 21

Ganghöhe bei Schrauben 133
Gegenmutter 164
Gehäuse 206
Gelenke 109
Genieteter Kessel 248
Geschweißter Kessel 248

Geschweißte Stahlrohre 256
Gesenkschmiedestücke 60
Gestaltänderungsenergie-Hypothese 25, 100, 208, 211
Gestalten 2
Gestaltfestigkeit 4
Gestaltfestigkeitslehre 26
Gewindearten 135
Gewindeherstellung 134
Gewindeverbindungen von Gewinderohren 262
Gewindewellendichtungen 243
Gewundene Biegefedern 188
Gießverfahren 58
Glättungstiefe 13
Gleitfeder 104
Gleitflächendichtung 236
Gleitmodul 31
— von Federwerkstoffen 180
Gleitringdichtungen 240
Gleitwiderstand bei Kesselnietungen 129, 248
Gradsitzventil 272
Graugußflansche 261
Graugußstücke 60
Grenzmaße 16
Größeneinfluß 23, 27
Größtmaß 16
Größtspiel 17
Größtübermaß 18, 99, 101
Gummifedern 202
Gummischläuche 258
Gußeisen 44
Gußeiserne Druckrohre 256
Gußwerkstoffe 42
Gütebeiwerte bei Schweißverbindungen 75
Güteklassen bei Schweißverbindungen 67

Haftmaß 99
Hähne 272, 286
Halbkugelboden 212
Halbrundniete 125
Halbrundschraube 140
Hammerschrauben 141
Hartdichtungen 218
Härten 34
Härteprüfungen 33
Hartlöten 81
Heli-Coil-Gewindeeinsatz 168
Hitzebeständige Stähle 42
Hohlkeile 92
Hohlkugel 210
Hohlniete 125
Hohlzylinder 207
Holzschrauben 140
Hookesches Gesetz 29
Hutmuttern 142
HV-Verbindungen im Stahlbau 143, 159
Hydraulikmontage 97
Hydraulisches Anzugswerkzeug 152
Hydro-Ringverschluß 289
Hydro-Stop-Rückschlagorgan 290

Imex-Becherniet 126
Inbus-XZN-Schrauben 170

Induktionshärten 35
In-Stop 166
ISO-Gewinde 135
ISO-Paßsysteme 18
ISO-Toleranzsystem 16
Istmaß 16

Kaltzähe Stähle 42
Kegelige Schraubenfedern 202
Kegelsitze 89
Kegelstifte 111
Kehlnähte 68, 73
Keile 92, 117, 121
Keilplattenschieber 283
Keilschieber 282
Keil-Stop, System Nylok 166
Keilwellen 106
Kerbempfindlichkeit 23, 27
Kerbnägel 111
Kerbschlagversuch 33
Kerbstifte 111
Kerbwirkung 27, 73, 135, 157, 167
Kerbwirkungszahlen 23, 27, 92, 94, 107, 175
Kernquerschnitt von Schrauben 160
Kerpin-Blindniet 126
Kesselbaunietung 128
Kesselbleche 246
Kesselformel 209
KF-Klemmfeder 116
Kinematische Zähigkeit 264
Klappen 280
Klebstoffe 84
Klebverbindungen 84
Kleinstmaß 16
Kleinstspiel 17
Kleinstübermaß 18, 100
Klemmsitze 87
Klinger-Ventil 276
Klöpperboden 212
KL-Sicherung 116
Knicklänge 30, 130
Knicksicherheit von Druckfedern 199
— von Stäben 30
Knickung 30
Knickzahlen ω 131
Kohlefederpackungen 237
Kolbenringe 237
Kolbenventil 272
Kompensatorbauarten 270
Konstruieren 2
Kontinuitätsgleichung 264
Kopfschrauben 139
Korrosionsbeständige Stähle 42
Kreuzlochmutter 142
Kreuzschlitzschrauben 141
Kronenmutter 142
Kugelförmige Behälter 250
Kugelhähne 287
Kugelrollenspindeln 176
Kugelschieber 288
Kunststoffe 54
Kunststoffpreßteile 60
Kunststoffschläuche 258

Kupfer und Kupferlegierungen 47
Kupfergußlegierungen 52
Kupferknetlegierungen 52

Labyrinthdichtung 242
Labyrinthspalt 242
Laminare Strömung 264
Längskeile 92
Längspreßsitze 97
Lastfälle im Stahlbau 75, 129/130, 160
Legierte Stähle 37
Leichtbau 4
Leichtmetallbaunietung 128
Leichtmetalle 46
Linsendichtung 219
Linsenschraube 140
Linsensenkschraube 140
Lochleibung bei Nietverbindungen 131
— bei Schraubenverbindungen 160
Lösbare Rohrverschraubungen 262
Lösemoment bei Schraubenverbindungen 156
Lote 81
Lötlose Rohrverschraubungen 262
Lötverbindungen 81
Lötverfahren 81
Lötverschraubungen 262

Magnesium und Magnesiumlegierungen 46
Mannlochdeckel 229
Manschettendichtungen 233
Maßtoleranzen 15
Maximale Schraubenkraft 150
Maximale Schraubenspannung 158
Mehrstoffdichtungen 218
Membranen 244
Membranventil 272
Messing 49
Metalldichtungen 237
Metallfedern 180
Metallschläuche 258
Metall-Weichstoff-Packungen 233
Metrisches Gewinde 135
Mitnehmerverbindungen 104
Mittenrauhwert 13
Muffen 262
Muffenhähne 286
Muffenverbindungen 259
Mutterhöhe 157, 175
Muttern 142, 166, 167

Nahtarten bei Schweißverbindungen 69
Nahtbeiwerte bei Schweißverbindungen 75, 77
Nahtformen bei Nietverbindungen 128
— bei Schweißverbindungen 68, 69
Nahtlose Stahlrohre 256
Nasenkeil 92
Nenndruck 252
Nennmaß 15
Nennweite 254
Niete 124
Nietteilungen 127—129
Nietverbindungen 124ff.
Nitrieren 34

Normmaße 7
Normung 5ff.
Normzahlen 7ff.
Nullinie 16
Nutenkeile 93
Nutmuttern 142

Oberflächeneinfluß 23, 27
Oberflächengüte 13
Oberflächenkennzeichnung 11
O-Ringe 235

Paarungsmaß 16
Packhähne 286
Packungen 231
Palmutter 142, 164
Paßfedern 104
Paßschrauben 160
Paßtoleranz 18
Passungen 17ff.
Passungsauswahl 20
Plattenschieber 283
Poissonsche Zahl 29
Polygonprofile 107
Poly-Stop-Mutter 142, 165
Pop-Niet 126
Preßpassungen 17
Preßschweißen 66, 70
Profildichtungen 219
Profilwellen 106
Prüfdruck 254
Prym-Spiralspannstifte 111
Pufferfeder 185
Punktschweißverbindungen 77

Querkeilverbindung 117
Querkontraktion 29
Querpreßsitze 97

Rändelmutter 142
Rändelschrauben 141
Rauhigkeit für Rohre 266
Rauhtiefe 13
Regelwinde 135
Reibschlußverbindungen 86ff.
Reibungsmomente im Gewinde 154
Reibwerte 86, 155
Resonanz 179
Restverspannung bei Schraubenverbindungen 150
Reynoldssche Zahl 264
Rhei-Ventil 272
RIBE CV-84-Schrauben 170
Ringfedern 184
Ringfeder-Spannelemente 91
Ringfeder-Spannsätze 91
Ring-Joint-Dichtung 219
Ringschieber 288
Ringschrauben 141
Ringspannscheibe (Maurer KG) 95
Rohre, Übersicht 257
Rohrleitungen 252

Rohrleitungselemente 256
Rohrreibungszahl 265
Rohrverschraubungen, lösbare 262
Rohrwanddicke 261
Rotax-Kugelrollspindeln 176
Rotguß 52
Rückschlagklappen 280
Rückschlagventile 277
Rundgewinde 139
Rundgummidichtungen 229
Rundpassungen 17
Rutschreibwerte 87

Sägengewinde 139
Schaftschrauben 141
Scheiben 143/144
Scheibenfeder 106
Schenkelfeder 188
Scherspannung in Bolzen und Stiften 109
— in Schrauben 160
Schieber 271, 281
Schlankheitsgrad 30, 130
Schläuche 258
Schlitzmutter 142
Schlitzschrauben 141
Schlüsselmoment 154
Schmelzschweißen 66, 68
Schnellschlußventil 277
Schrägsitzventil 272
Schraubenarten 139
Schraubenfedern 195
Schraubenlinie 132
Schraubensicherungen 164
Schraubenverbindungen 132ff.
Schraubenwerkstoffe 145
Schraubgetriebe 170, 177
— mit Wälzkörpern 176
Schrumpfflaschen 123
Schrumpfringe 123
Schrumpfverbindungen 97ff.
Schubmodul von Gummi 203
Schubspannungs-Hypothese 25, 208, 211
Schumacher-L-Sperrzahnschraube 170
Schweißbarkeit 37
Schweißkonstruktionen 71ff.
Schweißmuttern 142
Schweißnähte 67
Schweißverbindungen 66ff.
—, Berechnung 74ff.
Schwermetalle 47
Sechskantmutter 142
Sechskantschraube 140
Seeger-Ringe 114
Segment-Klammer-Verschraubungen 221
Selbstdichtende Verbindungen 229
Senkniete 125
Senkschrauben 140
Sicca-Entwässerungsventil 274
Sicherheit 3, 23
Sicherheitsventile 277
Sicherheitswerte, allgemeine Richtwerte 26
— bei Befestigungsschrauben 156—160
— bei Behältern 246/247

Sachverzeichnis

Sicherheitswerte
— bei Bewegungsschrauben 175
— bei Dichtungen 222
— bei Flanschen 226
— bei Lötverbindungen 84
— bei Rohrleitungen 268
— bei Schweißverbindungen 75, 77
Sicherung gegen Lockern 164
— gegen Losdrehen 164
Sicherungsringe 114
Sicherungsscheiben für Wellen 116
Sinterwerkstoffe 53
SL-Sicherung 116
Spaltdichtung 241
Spanabhebende Verfahren 62
Spanloses Trennen 61
Spannbuchse 90
Spannelemente System Ringfeder 91
Spannhülsen Bauart Spieth 94
—, genormte 111
Spannringelement Bauart Spieth 95
Spannsätze System Ringfeder 91
Spannungen 23, 24
— in Behälterböden 211
— in Bewegungsschrauben 174
— in Flanschen 224
— in Hohlkugeln 211
— in Hohlzylindern 207
— in Kolbenringen 240
— in Nietverbindungen 128
— in Schraubenverbindungen 157
— in Schrumpfverbindungen 100
— in Schweißnähten 74
Spannungsquerschnitt von Schrauben 136, 158, 160
Spiel 17
Spielpassungen 17
Spieth-Spannelemente 94, 95
Spiralfedern 188
Splinte 114
Splintlose Gelenkverbindungen 110
Sprengniet 125
Spring-Stop-Mutter 166
Spritzgußteile aus thermoplastischen Kunststoffen 60
Stahl 35
Stahlbaumutter 143
Stahlbaunietung 128
Stahlbauschraube 143
Stahlbauschweißung 45
Stahlguß 42
Stahlgußflansche 261
Stahlrohre 256
Stanzteile 60
Steigungswinkel 133
Steinschrauben 141
Stellkeile 121
Stellringe 114
Stifte 110
Stiftschrauben 141
Stirnnähte 68
Stoffgerechtes Gestalten 32
Stopfbuchsen 231

Stoßvorgänge 179
Strömungsgeschwindigkeiten in Rohrleitungen 266
Strömungsverhältnisse in Rohrleitungen 264
Stumpfnähte 68, 73

Tangentkeile 94
Taper-Lock-Spannbuchse 90
Technische Wertigkeit 2
Tellerfedern 189
Tellerventile 272
Temperguß 44
Tensilock-Schraube 170
Thermag-Mutter 166
Thermoniet 125
Thermoplaste 54
Tiefgewölbter Boden 212
Toleranzeinheit 16
Toleranzen 14
Toleranzringe 96
Toleranzsystem 16
Tragfähigkeit 24, 180
Trägheitsradius 30, 130
Transrol-Planetenspindeln 176
Trapezgewinde 139
Treibkeile 92
Turbulente Strömung 264

Übergangspassungen 17
Übermaß 18, 99, 101
Uhde-Bredtschneider-Verschluß 230
Umformverfahren 60
Unlegierte Stähle 35
Unrundprofile 107
Unterlegscheiben 143/144
UST-Gewinde 135

Vautomat 289
Ventile 271, 272
Verbindungen 66, 214
—, bedingt lösbare 215
— mit Dichtungen 218
—, dichtungslose 216
—, lösbare 216
—, unlösbare 214
—, Formschluß- 103
—, Kleb- 84
—, Löt- 81
—, Niet- 124
—, Reibschluß- 86
—, Schrauben- 132
—, Schweiß- 66
Verbus-Tensilock-Schraube 170
Vergleichsspannungen 25, 100, 208
Vergüten 34
Vergütungsstähle 38
Verschlüsse 214
Verschwächungsbeiwert 75, 128, 209, 245, 269
Verspannungsschaubild für Querkeilverbindung 118
— für Schraubenverbindung 148—151
Vierkantmutter 142
Vierkantschraube 140

Viskosedichtungen 243
Vollwandkörper 250
Volumenausnutzungsfaktor bei Federn 184
Volvis-Schraubgetriebe 177
Vorgespannte Formschlußverbindungen 117
Vorschweißflansche 261
Vorspannkraft bei Querkeilverbindungen 118
— bei Schraubenverbindungen 148
Vorspannungsverhältnis bei Schraubenverbindungen 150

Wanddicken von Behälterböden 211, 212
— von Hohlkugeln 211
— von Hohlzylindern 209
— von Kesseln 245
— von Kugelbehältern 250
— von Rohren 268
Wärmeausdehnung warmfester Stähle 270
Wärmeausdehnungskoeffizient 102
Wärmebehandlungen 34
Warmfeste Stähle 42
— — für Kessel 246
— — für Rohrleitungen 246, 270
— — für Schrauben und Muttern 146/147
Wasserringdichtung 242
Wechselventil 272
Weichdichtungen 218
Weichlöten 81
Weichmetallpackungen 233
Weichstoffpackungen 232
Werkstoffauswahl 32
Whitworth-Gewinde 135
Wickelkörper 250
Wickelverhältnis bei zylindrischen Schraubenfedern 196
Widerstandszahlen für Krümmer, Einbauten und Absperrorgane 267
Wirkbreite von Dichtungen 223
Wirkungsgrad von Schraubgetrieben 171
Wirtschaftliche Wertigkeit 2

Wirtschaftlichkeit 2, 3
Woodruff-Keil 106

Zähigkeit 264
Zeitgerechtes Gestalten 64
Zeitstandfestigkeit 33
Ziehteile 60
Zink und Zinklegierungen 52
Zinn und Zinnlegierungen 52
Zugbelastete Feder als Vergleichsbasis 184
Zugfedern 201
Zugmutter von MAYBACH 167
Zugversuch 33
Zulässige Ausschlagsspannung bei Schraubenverbindungen 159
Zulässige Belastung eines Schweißpunktes 77
Zulässiger Betriebsdruck 252
Zulässige Flächenpressungen bei Befestigungsschrauben 157
— — bei Bewegungsschrauben 175
— — bei Bolzen- und Stiftverbindungen 109
— — metallischer Dichtwerkstoffe 217
— — bei Mitnehmerverbindungen 104
— — bei Reibschlußverbindungen 87
Zulässiger Gleitwiderstand bei Kesselnietungen 129
Zulässige Spannungen 24, 27
— — für Bolzen und Stifte 109
— — für Gummifedern 203
— — bei Lötverbindungen 83/84
— — für Metallfedern 182ff.
— — bei Nietverbindungen 130
— — für Paßschrauben im Stahlbau 161
— — bei Schweißverbindungen 75, 76
Zulässige Verformung 24
Zündkerzeneinsatz Gripp 168
Zusammenbau 63
Zweifach- oder Zwieselschraubgetriebe 170
Zylinderschraube mit Innensechskant 140
Zylinderstifte 111
Zylindrische Schraubenfedern 195ff.

Tochtermann / Bodenstein

Konstruktionselemente des Maschinenbaues

Entwerfen Gestalten Berechnen Anwendungen

Achte neubearbeitete Auflage
von F. Bodenstein

Zweiter Teil
(Kapitel 4–6)

Springer-Verlag Berlin Heidelberg New York 1969

Dipl.-Ing. Ferdinand Bodenstein
Professor an der Staatlichen Ingenieurschule Esslingen

Die früheren Auflagen dieses Buches erschienen unter dem Titel
„Maschinenelemente"

1. Auflage 1905
2. Auflage 1913
3. Auflage 1920   bearbeitet von H. Krause
4. Auflage 1922

5. Auflage 1930
6. Auflage 1951   bearbeitet von W. Tochtermann
7. Auflage 1956

ISBN 3-540-04738-7 Springer-Verlag Berlin-Heidelberg-New York
ISBN 0-387-04738-7 Springer-Verlag New York-Heidelberg-Berlin

Alle Rechte vorbehalten
Kein Teil dieses Buches darf ohne schriftliche Genehmigung des Springer-Verlages übersetzt oder in irgendeiner Form vervielfältigt werden. Copyright 1930 and 1951 by Springer-Verlag, Berlin/Heidelberg. © by Springer-Verlag, Berlin/Heidelberg 1956 and 1969. Library of Congress Catalog Card Number: 68-29319

Die Wiedergabe von Gebrauchsnamen, Handelsnamen, Warenbezeichnungen usw. in diesem Buche berechtigt auch ohne besondere Kennzeichnung nicht zu der Annahme, daß solche Namen im Sinne der Warenzeichen- und Markenschutz-Gesetzgebung als frei zu betrachten wären und daher von jedermann benutzt werden dürften

Vorwort zur achten Auflage

Die von meinem hochverehrten Kollegen, Herrn Professor W. TOCHTERMANN, der leider schon am 28. Februar 1962 verstarb, zuletzt im Jahre 1956 herausgegebenen „Maschinenelemente" mußten mit seinem Einverständnis eine gründliche Neubearbeitung erfahren. Die größte Schwierigkeit bereitete dabei der Stoffumfang, der zum Verzicht auf einige Sondergebiete zwang und eine Neugliederung erforderlich machte; aus zeitlichen Gründen erfolgte eine Aufspaltung in zwei Teilbände (Kapitel 1 bis 3 und Kapitel 4 bis 6).

Da sowohl dem Charakter des TOCHTERMANNschen Buches als auch den Vorbereitungen auf eine Konstruktionslehre durch ausführliche Behandlung von Grundlagen *und* Anwendungen Rechnung getragen wurde, erschien die Umbenennung in „Konstruktionselemente des Maschinenbaues" angebracht, zumal viele Elemente, wie Behälter, Rohrleitungen usw., zwar dem Sektor „Maschinenbau" angehören, nicht aber Teile einer „Maschine" im eigentlichen Sinne sind.

Im übrigen habe ich bei der Darstellung die bewährten Grundsätze meines Vorgängers befolgt, wie sie im Vorwort zur siebenten Auflage (vgl. den in Teil I wiedergegebenen Auszug) enthalten sind. Den Weg zu eingehenderem Studium einzelner Elemente, insbesondere ihrer theoretischen oder im Versuch ermittelten Unterlagen, sollen die zahlreichen Schrifttums- und Quellenangaben in den unmittelbar an Ort und Stelle angebrachten Fußnoten weisen.

Dem Springer-Verlag bin ich für die vorbildliche Ausstattung und vor allem für das verständnisvolle Entgegenkommen in Terminfragen zu großem Dank verpflichtet. In gleicher Weise gilt mein Dank allen Firmen, die meine Arbeit durch Überlassung von Zeichnungen und anderen Unterlagen unterstützten.

Esslingen, im Juni 1968

F. Bodenstein

Inhaltsverzeichnis*

4. Elemente der drehenden Bewegung	1
4.1 Achsen	2
4.2 Wellen	5
4.3 Lager	30
4.4 Kupplungen	96
5. Elemente der geradlinigen Bewegung	136
5.1 Paarung von ebenen Flächen	137
5.2 Rundlingspaarungen	148
6. Elemente zur Übertragung gleichförmiger Drehbewegungen	154
6.1 Formschlüssige Rädergetriebe: Zahnrädergetriebe	155
6.1.1 Zahnrädergetriebe mit geradverzahnten Stirnrädern	156
6.1.2 Zahnrädergetriebe mit schrägverzahnten Stirnrädern	203
6.1.3 Kegelrädergetriebe	225
6.1.4 Schraubenrädergetriebe	235
6.1.5 Schneckengetriebe	241
6.1.6 Umlaufgetriebe	253
6.2 Kraftschlüssige Rädergetriebe: Reibrädergetriebe	269
6.3 Formschlüssige Zugmittelgetriebe: Ketten- und Zahnriemengetriebe	279
6.4 Kraftschlüssige Zugmittelgetriebe: Riemen- und Rollenkeilkettengetriebe	287
Sachverzeichnis	318

Inhalt des ersten Teiles
(Kapitel 1—3)

1. Grundlagen

2. Verbindungselemente

3. Gehäuse, Behälter, Rohrleitungen und Absperrvorrichtungen

Sachverzeichnis

---

* Eine ausführliche Gliederung ist jedem Kapitel vorangestellt.

4. Elemente der drehenden Bewegung

4.1 Achsen 2
4.2 Wellen 5
    4.2.1 Berechnung, Bemessung und Gestaltung im Hinblick auf die Tragfähigkeit. . 5
    4.2.2 Ermittlung der Verformungen (Verdrehwinkel und Durchbiegung) 11
    4.2.3 Dreifach gelagerte Welle 17
    4.2.4 Dynamisches Verhalten von Wellen (Dreh- und Biegeschwingungen) . . . 18
    4.2.5 Biegsame Wellen 22
    4.2.6 Kurbelwellen 23
4.3 Lager 30
    4.3.1 Gleitlager 30
        4.3.1.1 Schmierstoffe: Aufgabe, Eigenschaften, Arten und Zuführung . . . 31
        4.3.1.2 Druck-, Geschwindigkeits- und Reibungsverhältnisse im Tragfilm. . 36
        4.3.1.3 Gebiet der Mischreibung, Übergangsdrehzahl 55
        4.3.1.4 Gleitwerkstoffe und Wellenwerkstoffe 56
        4.3.1.5 Konstruktive Einzelheiten und Ausführungsbeispiele 59
    4.3.2 Wälzlager 74
        4.3.2.1 Radiallager 76
        4.3.2.2 Axiallager 80
        4.3.2.3 Sonderbauarten 81
        4.3.2.4 Berechnung der Wälzlager 82
        4.3.2.5 Wälzlagereinbau 87
        4.3.2.6 Schmierung 90
        4.3.2.7 Dichtungen bei Wälzlagern 91
        4.3.2.8 Ausgeführte Wälzlagerungen 92
4.4 Kupplungen 96
    4.4.1 Feste Kupplungen 97
    4.4.2 Gelenkige Ausgleichskupplungen 100
    4.4.3 Elastische Kupplungen 105
    4.4.4 Formschlüssige Schaltkupplungen 112
    4.4.5 Kraftschlüssige Schaltkupplungen, Reibungskupplungen 118
        4.4.5.1 Fremdgeschaltete Reibungskupplungen 121
        4.4.5.2 Momentgeschaltete Reibungskupplungen 131
        4.4.5.3 Drehzahlgeschaltete (Fliehkraft- oder Anlauf-) Kupplungen . . . 132
        4.4.5.4 Richtungsgeschaltete Reibungskupplungen (Freilaufkupplungen) . . 134

In diesem Abschnitt sollen hauptsächlich Achsen, Wellen und Lager behandelt werden, die in ihrer Funktion ja besonders eng miteinander verknüpft sind, und außerdem Kupplungen, die zur Verbindung zweier Wellenenden zwecks Drehmomentübertragung dienen. Achsen und Wellen sind mit Zapfen oder besonderen Stützstellen versehen, in denen sie selbst gelagert werden oder auf denen sich andere, drehende Maschinenteile befinden. Die Aufgabe der *Achsen* beschränkt sich lediglich auf das Tragen und Stützen, so daß nur Biegebeanspruchungen und an den Stützstellen Flächenpressungen auftreten; *Wellen* haben außerdem noch Drehmomente weiterzuleiten, sie werden also auf Biegung *und* Verdrehung beansprucht.

4. Elemente der drehenden Bewegung

4.1 Achsen

Achsen dienen zur Aufnahme von Rollen, Seiltrommeln, Laufrädern u. dgl. Man unterscheidet *feststehende* Achsen, auf denen sich irgendwelche Maschinenteile drehen (Beispiele s. Abb. 4.1, 4.2, 4.171), und *umlaufende* Achsen, die sich selbst in Lagern drehen und auf denen andere Teile, z. B. Laufräder, fest sitzen (Abb. 4.3 und 4.172). Die *feststehenden Achsen* weisen gegenüber den umlaufenden den Vorteil auf, daß sie nur *ruhend oder schwellend* auf Biegung beansprucht sind; sie werden mit Kreis- (Abb. 4.1) oder Kreisringquerschnitt, in Sonderfällen auch mit Kasten-

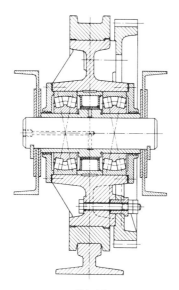 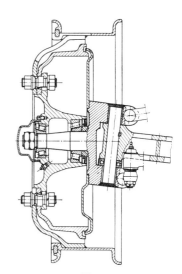

Abb. 4.1
Kranlaufrad auf feststehender Achse (SKF)

Abb. 4.2
Vorderrad- und Lenkschenkellagerung eines LKW

oder I-Querschnitt und angesetzten oder angelenkten Zapfen (Abb. 4.2) ausgebildet. *Umlaufende Achsen* besitzen immer Kreis- oder Kreisringquerschnitt; sie werden

Abb. 4.3
Umlaufende Achse im Radsatz für Schienenfahrzeuge

jedoch *wechselnd* auf Biegung beansprucht, da bei der Drehung jede Faser die Zug-, die neutrale und die Druckzone durchläuft.

Beim vollen Kreisquerschnitt ergibt sich der erforderliche Durchmesser aus

$$\sigma_b = \frac{M_b}{W_b} \leqq \sigma_{b\,zul} \quad \text{mit} \quad W_b = \frac{\pi\,d_0^3}{32} \quad \text{zu} \quad \boxed{d_0 \geqq \sqrt[3]{\frac{32}{\pi}\,\frac{M_b}{\sigma_{b\,zul}}}}. \tag{1}$$

Beim Kreisringquerschnitt ist

$$W_b = \frac{\pi(D^4 - d^4)}{32\,D}, \quad \text{woraus leicht folgt} \quad D \geqq \frac{1}{\sqrt[3]{1-(d/D)^4}}\sqrt[3]{\frac{32}{\pi}\,\frac{M_b}{\sigma_{b\,zul}}}. \tag{1a}$$

4.1 Achsen

Der erste Faktor (Vergrößerungsfaktor) ist in Tab. 4.1 für einige d/D-Werte angegeben; in der Tabelle sind außerdem die zugehörigen Querschnitte maßstäblich dargestellt und der Querschnitts- (d. h. auch Gewichts-) Verkleinerungsfaktor gegenüber dem Vollquerschnitt $A_0 = \pi d_0^2/4$ aus $A_{\text{Ring}} = \dfrac{1 - (d/D)^2}{[1 - (d/D)^4]^{2/3}} A_0$ berechnet. Man erkennt, daß geringe Durchmesservergrößerungen z. B. um 10% nahezu 40% Gewichtsersparnis bringen. (Diese Zusammenhänge gelten auch für die Tragfähigkeit von auf Biegung und auf Verdrehung beanspruchten *Wellen*.)

Tabelle 4.1. *Vergleich von Kreis- und Kreisringquerschnitten*

d/D	Durchmesser-vergrößerungs-faktor $\dfrac{1}{\sqrt[3]{1-(d/D)^4}}$	Querschnitte maßstäblich	Querschnitts-verkleinerungs-faktor $\dfrac{1-(d/D)^2}{[1-(d/D)^4]^{2/3}}$
0	1		1
0,5	1,02		0,78
0,6	1,05		0,70
0,7	1,10		0,61
0,8	1,19		0,51

Für erste Überschlagsrechnungen kann

bei feststehenden Achsen $\quad \sigma_{b\,\text{zul}} = \dfrac{\sigma_{b\,Sch}}{S} \quad$ mit $\quad S = 3 \cdots 5$

und bei umlaufenden Achsen $\sigma_{b\,\text{zul}} = \dfrac{\sigma_{bW}}{S} \quad$ mit $\quad S = 4 \cdots 6$

angesetzt werden. Die hohen Sicherheitswerte schließen bereits Kerbwirkungen, Schwächung durch Nuten u. dgl. ein. Bei einer genaueren Nachrechnung sind an den gefährdeten Stellen (Zapfenübergang und Stellen höchster Biegemomente) Kerbwirkung, Größeneinfluß und Oberflächeneinfluß nach Abschn. 1.6.3, Tab. 1.7 und Abb. 1.14, 1.15 und 1.16 zu berücksichtigen, wobei dann Sicherheitswerte von $S_k = 1{,}2 \cdots 1{,}8$ genügen.

Der Lochleibungsdruck p_1 an den Stützstellen der feststehenden Achsen wird wie bei den Bolzen (vgl. Abschn. 2.5.1 und Tab. 2.11) ermittelt. (Bolzen sind besonders kurze feststehende Achsen!)

Beispiel: Feststehende Achse nach dem Belastungsschema der Abb. 4.4.

Gegeben: $F = 6000$ kp; $l = 90$ mm; $l_A = 50$ mm; $b_1 = 12$ mm; Werkstoff für die Achse St 50 mit $\sigma_{b\,Sch} = 37$ kp/mm² (Tab. 1.12); Werkstoff für Stützblech St 37 mit $p_{zul} = 6{,}5$ kp/mm² (Tab. 2.11); $M_{b\,max} = \dfrac{F}{2} l_A = 3000$ kp · 50 mm = $150 \cdot 10^3$ kpmm,

$$\sigma_{b\,zul} = \frac{\sigma_{b\,Sch}}{S} = \frac{37 \text{ kp/mm}^2}{4} = 9{,}25 \text{ kp/mm}^2,$$

$$\underline{d_0} \geqq \sqrt[3]{\frac{32}{\pi} \frac{M_{b\,max}}{\sigma_{b\,zul}}} = \sqrt[3]{\frac{32}{\pi} \frac{150 \cdot 10^3 \text{ kpmm}}{9{,}25 \text{ kp/mm}^2}} = \underline{55 \text{ mm}}.$$

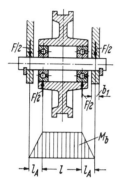

Abb. 4.4. Zu dem Beispiel für feststehende Achse

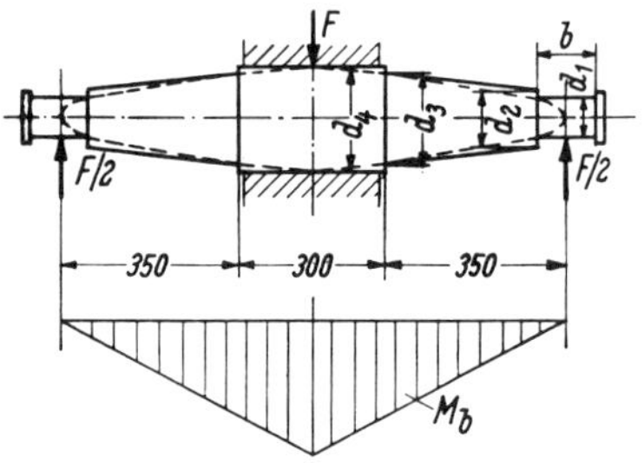

Abb. 4.5. Zu dem Beispiel für umlaufende Achse

Beispiel: Umlaufende Achse für eine Seilrolle nach dem Schema der Abb. 4.5.

Gegeben: $F = 20\,000$ kp; $l = 1000$ mm; Werkstoff für die Achse St 50 mit $\sigma_{bW} = 24$ kp/mm² (Tab. 1.12).

Der Zapfendurchmesser d_1 wird überschläglich ermittelt aus $p_{zul} = 80$ kp/cm² und $b/d_1 \approx 1$:

$$p = \frac{F/2}{b\,d_1} = \frac{F/2}{d_1^2} \leq p_{zul}; \quad d_1 = \sqrt{\frac{F/2}{p_{zul}}} = \sqrt{\frac{10\,000 \text{ kp}}{0{,}8 \text{ kp/mm}^2}} = \sqrt{1{,}25 \cdot 10^4 \text{ mm}^2} = 112 \text{ mm}.$$

Gewählt $d_1 = 110$ mm; $b = 120$ mm.

Für Überschlagsrechnung ist $\sigma_{b\,zul} = \dfrac{\sigma_{bW}}{S} = \dfrac{24 \text{ kp/mm}^2}{5} = 4{,}8$ kp/mm²; setzt man $\beta_k \approx 2$, $b_0 \approx 1$, $b_G \approx 0{,}6$ und $S_k = 1{,}5$, so ergibt sich für $\sigma_{b\,zul} = \dfrac{\sigma_{bW}\,b_G\,b_0}{\beta_k\,S_k}$ der gleiche Wert. Wir erhalten also bei Berechnung auf Biegewechselbeanspruchung an der

Stelle *1* $M_b = 10\,000$ kp · 60 mm = $0{,}6 \cdot 10^6$ kpmm; $d_1 = \sqrt[3]{\dfrac{32}{\pi} \dfrac{0{,}6 \cdot 10^6 \text{ kpmm}}{4{,}8 \text{ kp/mm}^2}} = 109$ mm,

Stelle *3* $M_b = 10\,000$ kp · 350 mm = $3{,}5 \cdot 10^6$ kpmm; $d_3 = 109 \sqrt[3]{\dfrac{3{,}5}{0{,}6}} = 109 \cdot 1{,}8 = 196$ mm,

Stelle *4* $M_b = 10\,000$ kp · 500 mm = $5 \cdot 10^6$ kpmm; $d_4 = 109 \sqrt[3]{\dfrac{5}{0{,}6}} = 109 \cdot 2{,}02 = 220$ mm.

Die Form einer Achse mit theoretisch gleicher Biegespannung (Parabel) ist in Abb. 4.5 gestrichelt eingezeichnet. Praktisch wird die Achse so geformt, daß die wirkliche Kontur an keiner Stelle in die gestrichelte Parabel eindringt. Für die Schulter des Zapfens wird ein Durchmesser $d_2 \approx 1{,}2\,d_1 = 130$ mm benötigt.

4.2 Wellen[1]

Wellen sind immer umlaufende Maschinenteile, in die an einer oder mehreren Stellen Drehmomente eingeleitet werden, welche an einer oder mehreren anderen Stellen wieder abgenommen werden. Zur Einleitung oder Abnahme dienen Zahnräder, Schnecken, Schneckenräder, Riemenscheiben, Seilscheiben, Kettenräder, Reibscheiben und Kupplungen. Die meisten dieser Übertragungselemente beanspruchen die Welle außer auf *Verdrehung* noch durch ihr Eigengewicht und durch Umfangs-, Radial- oder Axialkräfte auf *Biegung*. Es müssen daher sorgfältig aus den Gleichgewichtsbedingungen die Lagerreaktionen und der Biegemomentenverlauf ermittelt werden (vgl. z. B. Abschn. 6.1.1.13 und 6.1.2.4). An den gefährdeten Stellen muß dann die zusammengesetzte oder Vergleichsspannung berechnet werden. Außer der Bemessung auf Tragfähigkeit sind bei Wellen jedoch auch die auftretenden Verformungen von großer Bedeutung; die *Durchbiegungen* dürfen bestimmte durch den Verwendungszweck bedingte Grenzwerte nicht überschreiten, und im Bereich der Lager oder an Zahneingriffsstellen dürfen die *Neigungswinkel* nicht zu groß werden. Die statischen Durchbiegungen sind außerdem für die biegekritischen Drehzahlen bestimmend. Bei langen Fahrwerkswellen, Steuerwellen oder bei Wellen mit breiten Ritzelverzahnungen spielen die *Verdrehwinkel* eine Rolle. Ferner beeinflußt die Verdrehfederkonstante, d. i. das Verhältnis von Drehmoment zu Verdrehwinkel, die torsionskritische Drehzahl.

4.2.1 Berechnung, Bemessung und Gestaltung im Hinblick auf die Tragfähigkeit

Genaue Spannungsermittlungen können erst durchgeführt werden, wenn die Gestalt der Welle vorliegt. Es ist daher in der Praxis üblich, zunächst durch grobe Überschlagsrechnungen die Hauptabmessungen zu ermitteln und mit Rücksicht auf Raumverhältnisse, Lagerungsmöglichkeiten und Herstellungsfragen die übrigen Maße festzulegen. Bei den Überschlagsrechnungen geht man meist vom zu übertragenden Drehmoment oder vom voraussichtlichen maximalen Biegemoment oder — wenn möglich — von beiden aus.

a) Im allgemeinen wird bei den ersten Überschlagsrechnungen nur die *Verdrehungsbeanspruchung* berücksichtigt. Es wird von der gegebenen Leistung P und der gegebenen Drehzahl n (bzw. Winkelgeschwindigkeit $\omega = 2\pi n$) ausgegangen:
Aus $P = Fv = Fr\omega = M_t \omega$ folgt

$$\boxed{M_t = \frac{P}{\omega}}\,,[2]$$

---

[1] Siehe auch SCHMIDT, F.: Berechnung und Gestaltung von Wellen, 2. Aufl. (Konstruktionsbücher Bd. 10), Berlin/Heidelberg/New York: Springer 1967.

[2] Häufig wird im Maschinenbau noch die zugeschnittene Größengleichung

$$\frac{M_t}{\text{kpcm}} = 71\,620\,\frac{\dfrac{P}{\text{PS}}}{\dfrac{n}{\text{U/min}}}$$

benutzt. Zur Umrechnung sei auf die Einheitenbeziehungen hingewiesen:

$$1\ \text{PS} = 0{,}736\ \text{kW} = 75\ \text{kpm/s},$$
$$1\ \text{kW} = 1{,}36\ \text{PS} = 102\ \text{kpm/s}.$$

und aus $\tau_t = M_t/W_t \leqq \tau_{t\,zul}$ ergibt sich mit $W_t = \pi\, d_0^3/16$

$$\boxed{d_0 \geqq \sqrt[3]{\frac{16}{\pi} \frac{M_t}{\tau_{t\,zul}}}} \qquad (2)$$

bzw. beim Kreisringquerschnitt mit $W_t = \dfrac{\pi(D^4 - d^4)}{16\,D}$

$$D \geqq \frac{1}{\sqrt[3]{1 - (d/D)^4}} \sqrt[3]{\frac{16}{\pi} \frac{M_t}{\tau_{t\,zul}}}. \qquad (2\text{a})$$

Um schon dem Einfluß von Biegemomenten, Kerbwirkungen, Größenverhältnissen und Oberflächenbeschaffenheit zu begegnen, wird ein sehr niedriger $\tau_{t\,zul}$-Wert eingesetzt, etwa $\tau_{t\,zul} \approx \tau_{t\,Sch}/12$. ($\tau_{t\,zul}$-Werte s. Tab. 4.2.)

Tabelle 4.2. $\tau_{t\,zul}$-*Werte zur überschläglichen Wellendurchmesserberechnung*

Werkstoffe nach			$\tau_{t\,zul}$
DIN 17 100	DIN 17 200	DIN 17 210	kp/mm²
St 42-2			1,25
St 50-2			**1,50**
St 60-2	C 22, C 35		1,80
St 70-2	C 45, 25 Cr Mo 4	15 Cr 3	2,12
	C 60, 34 Cr Mo 4		2,50
	30 Mn 5	16 Mn Cr 5	3,00
	37 Mn Si 5		3,55
	34 Cr Ni Mo 6	18 Cr Ni 8	4,25

Beispiel: Gegeben: $P = 20$ kW $= 102 \dfrac{\text{kpm/s}}{\text{kW}} \cdot 20$ kW $= 2040$ kpm/s $= 2040 \cdot 10^3$ kpmm/s;
$n = 1500$ U/min, also $\omega = \dfrac{2\pi n}{60} = 157/\text{s}$; Werkstoff St 50 mit $\tau_{t\,zul} = 1{,}50$ kp/mm².
Damit wird

$$M_t = \frac{P}{\omega} = \frac{2040 \cdot 10^3 \text{ kpmm/s}}{157/\text{s}} = 13 \cdot 10^3 \text{ kpmm}.$$

Nach Gl. (2) wird

$$d \geqq \sqrt[3]{\frac{16}{\pi} \frac{M_t}{\tau_{t\,zul}}} = \sqrt[3]{\frac{16}{\pi} \frac{13 \cdot 10^3 \text{ kpmm}}{1{,}5 \text{ kp/mm}^2}} = 10\sqrt[3]{44{,}1} \text{ mm} = 35{,}3 \text{ mm}; \quad \underline{d = 35 \text{ mm}}.$$

b) Bei Berechnung nur auf *Biegung* gelten wie bei den Achsen die Gln. (1) und (1a):

$$\boxed{d_0 \geqq \sqrt[3]{\frac{32}{\pi} \frac{M_b}{\sigma_{b\,zul}}}}, \qquad (1)$$

$$D \geqq \frac{1}{\sqrt[3]{1 - (d/D)^4}} \sqrt[3]{\frac{32}{\pi} \frac{M_b}{\sigma_{b\,zul}}}. \qquad (1\text{a})$$

Man setzt darin $\sigma_{b\,zul} \approx \sigma_{b\,W}/5$ und erhält damit die $\sigma_{b\,zul}$-Werte der Tab. 4.3.

Beispiel: Gegeben (Abb. 4.6): $F_A = 2500$ kp; $l_A = 25$ mm; Werkstoff St 50 mit $\sigma_{b\,zul} = 5{,}0$ kp/mm².
Damit wird $M_b = F_A\, l_A = 2500$ kp $\cdot$ 25 mm $= 62{,}5 \cdot 10^3$ kpmm.
Nach Gl. (1) wird

$$d = \sqrt[3]{\frac{32}{\pi} \frac{M_b}{\sigma_{b\,zul}}} = \sqrt[3]{\frac{32}{\pi} \frac{62{,}5 \cdot 10^3 \text{ kpmm}}{5{,}0 \text{ kp/mm}^2}} = 10\sqrt[3]{127{,}5} \text{ mm} = 50{,}4 \text{ mm}; \quad \underline{d = 50 \text{ mm}}.$$

4.2 Wellen

Tabelle 4.3. $\sigma_{b\,zul}$- und $\sigma_{v\,zul}$-Werte zur überschläglichen Wellendurchmesserberechnung

Werkstoffe nach			$\sigma_{b\,zul}$	$\sigma_{v\,zul}$
DIN 17100	DIN 17200	DIN 17210	kp/mm²	kp/mm²
St 42-2	C 22 und Ck 22	C 10 und Ck 10	4,25	5,3
St 50-2	C 35 und Ck 35	C 15 und Ck 15	**5,0**	6,3
St 60-2	C 45 und Ck 45	15 Cr 3	6,0	7,5
St 70-2	C 60 und Ck 60 25 Cr Mo 4, 34 Cr 4		7,1	9
	34 Cr Mo 4, 30 Mn 5	16 Mn Cr 5 20 Mn Cr 5	8,5	10,6
	37 Mn Si 5; 34 Cr Ni Mo 6		10	12,5
		18 Cr Ni 8	11,8	15

c) *Zusammengesetzte Beanspruchung:* Sind Biegemomente *und* Drehmoment überschläglich ermittelbar, so werden in den gefährdeten Querschnitten die Biege- und Torsionsspannungen zu einer Vergleichsspannung (z. B. nach der Gestaltänderungsenergiehypothese) zusammengesetzt:

$$\sigma_v = \sqrt{\sigma_b^2 + 3(\alpha_0 \tau_t)^2},$$

worin das Anstrengungsverhältnis $\alpha_0 = \sigma_{bW}/1{,}73\,\tau_{t\,Sch}$, da die Biegebelastung wechselnd (Belastungsfall III) und die Verdrehbeanspruchung meist schwellend (Belastungsfall II) ist. Es ergibt sich für α_0 ein Wert kleiner als 1; er liegt bei den üblichen Werkstoffen zwischen 0,6 und 0,8, so daß wir für $3\alpha_0^2$ Werte zwischen 1,1 und 1,9 erhalten. Man wird also mit hinreichender Genauigkeit mit

Abb. 4.6. Zu dem Beispiel für Wellenzapfen

$$\sigma_v \approx \sqrt{\sigma_b^2 + 2\tau_t^2}$$

rechnen können. Setzen wir in die exakte σ_v-Gleichung $\sigma_b = \dfrac{M_b}{\pi d^3/32}$ und $\tau_t = \dfrac{M_t}{\pi d^3/16}$ ein, so geht sie über in

$$\sigma_v = \frac{32}{\pi d^3}\sqrt{M_b^2 + \frac{3}{4}(\alpha_0 M_t)^2} \quad \text{bzw.} \quad \sigma_v = \frac{32}{\pi d^3} M_v$$

mit

$$\boxed{M_v = \sqrt{M_b^2 + \tfrac{3}{4}(\alpha_0 M_t)^2} \approx \sqrt{M_b^2 + \tfrac{1}{2} M_t^2}}, \tag{3a}$$

und es folgt aus $\sigma_v \leqq \sigma_{v\,zul}$ dann unmittelbar

$$\boxed{d \geq \sqrt[3]{\frac{32}{\pi}\frac{M_v}{\sigma_{v\,zul}}}}. \tag{3}$$

Für die zulässige Vergleichsspannung wird man in Gl. (3) etwas höhere Werte als unter b) einsetzen können, etwa $\sigma_{v\,zul} = \sigma_{bW}/4$, die ebenfalls in Tab. 4.3 angegeben sind.

Beispiel: Für die Zwischenwelle eines Zahnrädergetriebes mit geradverzahnten Stirnrädern ist im Beispiel 3, S. 198, der Biegemomentenverlauf in zwei zueinander senkrechten Ebenen aufgezeichnet. Der gefährdete Querschnitt liegt hier zweifellos an der Stelle des maximalen Biegemomentes, das sich zu $M_{b\,max} = 36{,}7 \cdot 10^3$ kpmm ergibt. Gleichzeitig wirkt nämlich an dieser Stelle auch das Drehmoment $M_{t\,Zw} = M_{t1}\,i_I = 25{,}6 \cdot 10^3$ kpmm. Nach Gl. (3a) wird also

$$M_v = \sqrt{M_b^2 + \tfrac{1}{2} M_t^2} = \sqrt{(36{,}7 \cdot 10^3)^2 + \tfrac{1}{2}(25{,}6 \cdot 10^3)^2}\ \text{kpmm} = 41 \cdot 10^3\ \text{kpmm}.$$

Für den verwendeten Werkstoff 20 Mn Cr 5 liefert Tab. 4.3 den Wert $\sigma_{v\,zul} = 10{,}6$ kp/mm². Damit erhalten wir nach Gl. (3)

$$d \geq \sqrt[3]{\frac{32}{\pi}\frac{M_v}{\sigma_{v\,zul}}} = \sqrt[3]{\frac{32}{\pi}\frac{41 \cdot 10^3\ \text{kpmm}}{10{,}6\ \text{kp/mm}^2}} = 10\sqrt[3]{39{,}4}\ \text{mm} = \underline{\underline{34{,}0\ \text{mm}}}.$$

Der Fußkreisdurchmesser d_{f3} muß also mindestens gleich 34,5 mm sein.

d) *Genauere Wellenberechnung und Richtlinien für die Gestaltung.* Die unter a) bis c) angeführten Berechnungsgänge können, das sei nochmals betont, nur zur überschläglichen Ermittlung der Abmessungen dienen. Insbesondere sind die *zulässigen Werte* recht großzügig (aber sicher) gewählt. *Nach* der Gestaltung der Welle wird man daher vor allem an Übergangsstellen, Querbohrungen, Nabensitzen u. dgl. genauere Berechnungen der Vergleichsspannungen und der zulässigen Spannungen bzw. der vorhandenen Sicherheiten durchführen. Letztere dürfen dann wesentlich niedriger sein, etwa $1,2 \cdots 1,8$. Für die zur Berechnung erforderlichen β_k-Werte liegen noch nicht genügend Versuchswerte vor; einen ersten Anhalt kann die Zusammenstellung in Tab. 4.4 geben. Für abgesetzte Wellen können genauer die Formzahlen α_k den Abb. 4.7 und 4.8 entnommen werden; mit Hilfe der Abb. 1.14

Tabelle 4.4. *Kerbwirkungszahlen β_k für verschiedene Wellenformelemente*
Werkstoff St 37 bis St 60

Art der Kerbe	Kerbform	Kerbwirkungszahl β_k	
		bei Biegung	bei Verdrehung
Rundkerbe		$1,5 \cdots 2$	$1,3 \cdots 1,8$
Rechteckkerbe für Sicherungsring		$2,5 \cdots 3,5$	$2,5 \cdots 3,5$
Wellenabsatz mit Hohlkehle (α_k-Werte s. Abb. 4.7 und 4.8)		$\sim 1,5$ bei $\varrho/d = 0,1$ und $d/D = 0,7$	$\sim 1,25$ bei $\varrho/d = 0,1$ und $d/D = 0,7$
Querbohrung		$1,4 \cdots 1,8$ bei $d/D = 0,14$	$1,4 \cdots 1,8$ bei $d/D = 0,14$
Paßfedernut		$1,6 \cdots 2$	$1,3$
Auslaufnut		$1,3 \cdots 1,5$	$1,3 \cdots 1,5$
Nabensitz ohne Paßfeder		$1,7 \cdots 1,9$	$1,3 \cdots 1,4$
Nabensitz mit Paßfeder bzw. Keil		$2 \cdots 2,4$	$1,5 \cdots 1,6$

4.2 Wellen

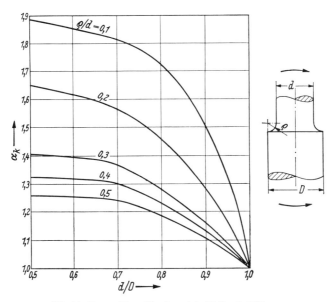

Abb. 4.7. Formzahl α_k für abgesetzte Wellen bei Biegung

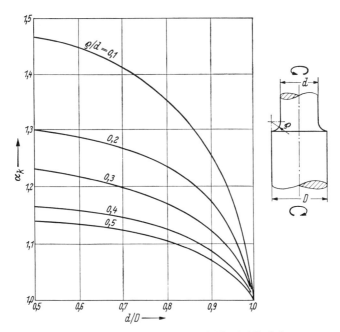

Abb. 4.8. Formzahl α_k für abgesetzte Wellen bei Verdrehung

läßt sich dann β_k bestimmen ($\eta_k = 0{,}4 \cdots 0{,}7$ für Baustähle St 37 $\cdots$ St 70; $\eta_k = 0{,}6 \cdots 0{,}8$ für Vergütungsstähle).

Beispiel: Für eine abgesetzte Welle aus St 50 mit $D = 100$ mm, $d = 70$ mm, $\varrho = 7$ mm ist die zulässige Spannung bei Biegewechselbeanspruchung gesucht. Annahmen: Oberfläche sauber poliert $b_0 = 1$; $\eta_k \approx 0{,}6$; Sicherheit $S_k = 1{,}5$. Aus Abb. 1.16 folgt $b_G \approx 0{,}63$; aus Abb. 4.7 ergibt sich bei $d/D = 0{,}7$ und $\varrho/d = 0{,}1$ der Wert $\alpha_k = 1{,}82$ und somit nach Abb. 1.14 $\beta_k \approx 1{,}5$; für St 50 ist nach Tab. 1.12 $\sigma_{bW} = 24$ kp/mm².

Also wird
$$\sigma_{b\,\text{zul}} = \frac{\sigma_{bW}\, b_G\, b_0}{\beta_k\, S_k} = \frac{24 \text{ kp/mm}^2 \cdot 0{,}63 \cdot 1{,}0}{1{,}5 \cdot 1{,}5} = 6{,}7 \text{ kp/mm}^2.$$

Die Kerbwirkungszahlen können durch *konstruktiv günstige Gestaltung* wesentlich verringert werden[1]. Einige Beispiele hierfür sind in Abb. 4.9 dargestellt: a) Wellenabsatz mit Entlastungsübergang; an Stelle eines einfachen Abrundungs-

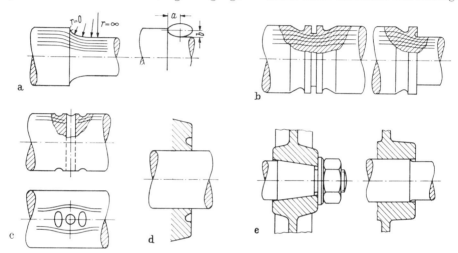

Abb. 4.9. Formgebungsmöglichkeiten zur Verringerung der Kerbwirkung

halbmessers wird ein Übergang mit sich stetig änderndem Krümmungsradius verwendet; eine gute Näherung wird durch elliptischen oder Korbbogenübergang erzielt. b) Entlastungskerben bei Einstichen für Sicherungsringe oder bei höherer Wellenschulter; die Kraftlinien werden durch die zusätzlichen Eindrehungen in ihrem Verlauf günstig beeinflußt. c) Entlastungsmulde neben Querbohrungen drängen die Kraftlinien vom Lochrand weg. d) Entlastungsrillen an Naben vermindern die örtlichen Kantenpressungen durch Erhöhung der Elastizität. e) Bei kegeligen Nabensitzen wird durch Überstehenlassen der Nabe die Kerbwirkung an der Welle verringert; auch zylindrische Naben soll man an kleinem Wellenabsatz etwas überstehen lassen.

Neben günstiger Formgebung stehen noch weitere Mittel zur Steigerung der Dauerhaltbarkeit zur Verfügung. Als selbstverständlich sind saubere, möglichst polierte Oberflächen vorzuschreiben. Ferner wirken sich künstlich aufgebrachte Eigenspannungen günstig aus, da sie bei Belastung die Spannungsspitzen abbauen. Es werden in den Randzonen Druckeigenspannungen durch Oberflächendrücken (Prägepolieren) oder durch örtliches Härten (Brennstrahl-, Einsatz- oder Nitrierhärten) oder durch Sandstrahlen mit Stahlkies erzeugt.

---

[1] Vgl. auch THUM, A., C. PETERSEN u. O. SVENSON: Verformung, Spannung und Kerbwirkung, Düsseldorf: VDI-Verlag 1960.

4.2.2 Ermittlung der Verformungen (Verdrehwinkel und Durchbiegung)

Für die Bestimmung des *Verdrehwinkels* φ (im *Bogenmaß*), um den sich zwei Querschnitte im Abstand l unter der Einwirkung eines Drehmomentes M_t gegeneinander verdrehen, muß von der Schiebung γ und den Torsionsspannungen τ ausgegangen werden, die durch die Beziehung $\tau = \gamma\, G$ (mit G = Gleitmodul) verknüpft sind. Aus Abb. 4.10 geht hervor, daß $\varphi\, r = \gamma\, l$, woraus sich mit $\gamma = \dfrac{\tau}{G}$ und $\tau = \dfrac{M_t}{I_t/r}$ ergibt:

$$\boxed{\varphi = \gamma\, \frac{l}{r} = \frac{\tau}{G}\, \frac{l}{r} = \frac{M_t\, l}{G\, I_t}}. \tag{4}$$

Hierin ist I_t das polare Flächenträgheitsmoment; es beträgt

$$\text{für den Kreisquerschnitt} \qquad I_t = \frac{\pi\, d^4}{32}$$

und für den Kreisringquerschnitt $I_t = \dfrac{\pi}{32}(D^4 - d^4)$.

Setzen wir diese Werte in Gl. (4) ein, so ergibt sich mit $\varphi \leq \varphi_{\text{zul}}$ für den erforderlichen Durchmesser

$$\text{beim Kreisquerschnitt} \qquad \boxed{d \geq \sqrt[4]{\frac{32}{\pi}\, \frac{M_t\, l}{G\, \varphi_{\text{zul}}}}} \tag{4a}$$

und beim Kreisringquerschnitt $D \geq \dfrac{1}{\sqrt[4]{1 - (d/D)^4}} \sqrt[4]{\dfrac{32}{\pi}\, \dfrac{M_t\, l}{G\, \varphi_{\text{zul}}}}$. (4b)

Der *zulässige* Verdrehwinkel richtet sich nach dem Verwendungszweck: Bei Steuerwellen darf er nur gering sein, bei Transmissions- und Fahrwerkswellen werden $1/4°$ bis $1/2°$ je m Länge zugelassen. Rechnet man mit $\varphi_{\text{zul}} = 0{,}005$ (das sind $0{,}005 \cdot 180°/\pi = 0{,}286°$) pro m Länge und setzt für Stahl $G = 8000\ \text{kp/mm}^2$ in Gl. (4a) ein, so erhält man für Überschlagsrechnungen als Gebrauchsformel die zugeschnittene Größengleichung:

$$\frac{d}{\text{mm}} \geq 4 \sqrt[4]{\frac{M_t}{\text{kpmm}}}. \tag{4c}$$

Der erforderliche Durchmesser wächst also mit der 4. Wurzel aus dem Drehmoment; bei kleinen Drehmomenten und langen Wellen ist der zulässige Verdrehwinkel und nicht die auftretende Verdrehspannung entscheidend, wie das folgende Beispiel zeigt.

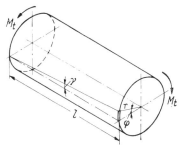

Abb. 4.10. Ermittlung des Verdrehwinkels φ

Die Qualität des Stahls spielt bei der Verformung keine Rolle, da auch hochwertiger Stahl nahezu den gleichen Gleitmodul hat wie normaler Baustahl.

Beispiel: Eine Welle aus St 50 soll ein Drehmoment $M_t = 1{,}6$ kpm übertragen, wobei $\varphi_{\text{zul}} = 0{,}005$ pro 1 m Länge vorgeschrieben sei. Es ergibt sich nach Gl. (4a)

$$d \geq \sqrt[4]{\frac{32}{\pi}\, \frac{M_t\, l}{G\, \varphi_{\text{zul}}}} = \sqrt[4]{\frac{32}{\pi}\, \frac{1{,}6 \cdot 10^3\ \text{kpmm} \cdot 10^3\ \text{mm}}{8000\ \text{kp/mm}^2 \cdot 0{,}005}} = 10\sqrt[4]{40{,}7}\ \text{mm} = 25\ \text{mm}.$$

Bei Berechnung auf Tragfähigkeit würden wir für St 50 mit $\tau_{t\,zul} = 1{,}5$ kp/mm² nach Tab. 4.2 aus Gl. (2) erhalten:

$$d \geq \sqrt[3]{\frac{16}{\pi}\frac{M_t}{\tau_{t\,zul}}} = \sqrt[3]{\frac{16}{\pi}\frac{1{,}6 \cdot 10^3 \text{ kpmm}}{1{,}5 \text{ kp/mm}^2}} = 10\sqrt[3]{5{,}44} \text{ mm} = 17{,}6 \text{ mm}.$$

Bei abgesetzten Wellen ergibt sich der Gesamtverdrehwinkel aus der Summe der nach Gl. (4) für jeden Abschnitt berechneten Verdrehwinkel, also

$$\varphi = \frac{M_t}{G}\left(\frac{l_1}{I_{t1}} + \frac{l_2}{I_{t2}} + \cdots\right).$$

Ermittlung der Biegelinie. Die Grundlage für die Bestimmung der Durchbiegung und der Neigung stabförmiger Körper bildet die Beziehung

$$\boxed{\Delta\alpha = \frac{M_{bx}\,\Delta x}{E\,I_{bx}}}, \tag{5}$$

die besagt, daß (vgl. Abb. 4.11) bei einem Längenelement von der Länge Δx die ursprünglich parallelen Querschnitte $0-0$ und $1-1$ unter der Einwirkung des Biegemomentes M_{bx} einen Winkel $\Delta\alpha$ (im Bogenmaß) einschließen, der um so größer ist, je größer das wirkende Biegemoment M_{bx} ist, je länger das betrachtete Element ist und je geringer Elastizitätsmodul E und axiales Flächenträgheits-

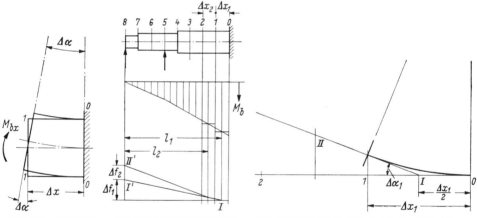

Abb. 4.11. Neigungswinkel der zwei Querschnitte eines Stabelementes bei Biegung

Abb. 4.12. Einseitigeingespannter Stab

Abb. 4.13 Vergrößertes Element $0-1$ mit Kreisbogen als „Biegelinie"

moment I_{bx} sind. Für *einfache* Belastungsfälle und *konstanten* Querschnitt sind in Handbüchern Formeln für die Durchbiegung f und die Neigungswinkel α angegeben, s. auch Tab. 1.10. Bei mehreren Lasten (auch Streckenlasten) und bei mit der Länge veränderlichen Trägheitsmomenten (abgesetzten Wellen) benutzt man zeichnerisch-numerische Verfahren[1]. Bei dem im folgenden abgeleiteten und an Anwendungsbeispielen gezeigten Verfahren wird die Gesamtlänge in (möglichst viele und kleine) Elemente aufgeteilt und für jedes Element die Grundgleichung (5) angewendet.

---

[1] Zum Beispiel das Mohrsche Verfahren, zu dessen Verständnis allerdings die Kenntnis von Differentialgleichungen erforderlich ist und bei dem oft die Bestimmung der Maßstäbe Schwierigkeiten bereitet.

Bei einem *einseitig eingespannten Stab* (Abb. 4.12) geht man von der Einspannstelle aus und wählt die Elementenlänge Δx so klein, daß mit guter Annäherung das Biegemoment und das Trägheitsmoment jeweils als konstant angesehen werden können.
$$M_{b\,0-1} = \tfrac{1}{2}(M_{b0} + M_{b1}),$$

M_{b0} = Biegemoment an der Stelle *0* \
M_{b1} = Biegemoment an der Stelle *1* $\Bigg\}$ $M_{b\,0-1}$ = Biegemoment des Elements *0—1*.

Bei konstantem Biegemoment ist die Biegelinie ein Kreisbogen (Abb. 4.13 zeigt die Vergrößerung des Elementes *0—1*), und die Tangente an die Biegelinie an der Stelle *1* ist unter dem Winkel

$$\Delta \alpha_1 = \frac{M_{b\,0-1}}{I_{x\,0-1}} \frac{\Delta x_1}{E}$$

geneigt und schneidet die Strecke *0—1* in der Mitte im Punkt *I*, also auf $\Delta x_1/2$. Verlängern wir die Tangente bis zur Stelle *8* (Abb. 4.12), so ergibt sich dort der Betrag Δf_1, den das Element *0—1* zur Gesamtdurchbiegung f liefert (Punkt *I'*). Da $\Delta \alpha_1$ sehr klein ist, wird der Betrag

$$\boxed{\Delta f_1 = \Delta \alpha_1 \cdot l_1}, \qquad (6)$$

wobei l_1 die Entfernung der Mitte des Elementes *0—1* vom Wellenende ist. Δf_1 wird in beliebigem Maßstab (überhöht) aufgetragen. Beim Element *1—2* ergibt sich ein

$$\Delta \alpha_2 = \frac{M_{b\,1-2}}{I_{x\,1-2}} \frac{\Delta x_2}{E},$$

und durch Multiplikation mit l_2 erhält man den Betrag Δf_2, den das Element *1—2* zur Durchbiegung an der Stelle *8* liefert. Man trägt Δf_2 an Δf_1 an und verbindet den Punkt *II'* mit *II*. (Der letztere liegt auf der ersten Tangente in der Mitte zwischen *1* und *2*.) Dieses Verfahren wird für alle (8) Elemente fortgesetzt; dabei trägt man am besten die

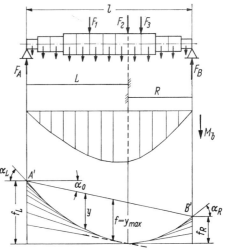

Abb. 4.14. Zweifach gelagerte Welle

Zahlenwerte in eine Tabelle mit folgendem Kopf ein (s. auch Beispiele):

1	2	3	4	5	6	7	8	9
Element	$\dfrac{\Delta x}{\text{mm}}$	$\dfrac{M_{b\,x}}{\text{kpmm}}$	$\dfrac{I_x}{\text{mm}^4}$	$\dfrac{(M_{b\,x}/I_x)_m}{\text{kp/mm}^3}$	$\dfrac{\Delta x/E}{\text{mm}^3/\text{kp}}$	$\Delta \alpha = \dfrac{M_{b\,x}}{I_x} \dfrac{\Delta x}{E}$	$\dfrac{l_x}{\text{mm}}$	$\dfrac{\Delta f}{\text{mm}} = \dfrac{l_x}{\text{mm}} \Delta \alpha$

Die Spalte 7 enthält dann alle $\Delta \alpha$-Werte, ihre Summe gibt den Neigungswinkel $\alpha = \sum \Delta \alpha$ an der Stelle *8*; die Spalte 9 enthält alle Δf-Werte, ihre Summe gibt die Gesamtdurchbiegung $f = \sum \Delta f$ an der Stelle *8*. Durch gleichzeitiges Auftragen der Δf-Werte und Einzeichnen der Tangenten erhält man mit sehr guter Annäherung die Biegelinie.

Bei einer *zweifach gelagerten Welle* (Abb. 4.14) ermittelt man zunächst die Lagerreaktionen (aus den Gleichgewichtsbedingungen oder mit Hilfe des Seilecks) und den Biegemomentenverlauf. An einer *beliebigen* Stelle (etwa an einem Wellenabsatz oder einer Kraftangriffsstelle in der Nähe des maximalen Biegemomentes) trennt man die Welle in einen linken Teil (L) und einen rechten Teil (R) und betrachtet jeden Teil als einen an der Trennstelle eingespannten Balken. Nach dem oben angegebenen Verfahren lassen sich für jeden Teil die Durchbiegung (f_L und f_R) und die Neigungswinkel (α_L und α_R) berechnen und die Einzelbiegelinien zeichnen.

Da an den Auflagestellen in Wirklichkeit die Durchbiegungen Null sind, ergibt die Verbindungsgerade $A'-B'$ die Bezugslinie, von der aus die Durchbiegungen y der Welle zu messen sind. Eine parallele Tangente an die Biegelinie liefert im Berührungspunkt *die* Stelle, an der die Durchbiegung ihren größten Wert $y_{\max} = f$ hat. Da die Bezugslinie *in der Zeichnung* um

$$\alpha_0 \approx \tan\alpha_0 = \frac{f_L - f_R}{l}$$

geneigt ist, ergeben sich (bei waagerechter Bezugslinie) die wirklichen Neigungen an den Lagerstellen zu

$$\alpha_A = \alpha_L - \alpha_0 \quad \text{und} \quad \alpha_B = \alpha_R + \alpha_0.$$

Über die *zulässigen* Durchbiegungen und Neigungswinkel gibt es nur wenige Richtwerte, da sie zu stark von der Funktion und Verwendung abhängig sind. Bei Transmissionen und längeren Wellen des Großmaschinenbaus wird man mit 0,5 mm je m Lagerabstand, also mit $f_{\text{zul}}/l \leq 0,5/1000$ rechnen können, im allgemeinen Maschinenbau wird $f_{\text{zul}}/l \leq 0,3/1000$ angenommen, bei Werkzeugmaschinen etwa $f_{\text{zul}}/l \leq 0,2/1000$ und bei elektrischen Maschinen, bei denen die Größe des Luftspaltes s maßgebend ist, wird $f_{\text{zul}}/s \leq 1/10$ angesetzt. Der zulässige Neigungswinkel an Stützstellen ist von der Lagerart abhängig; werden besonders kurze oder einstellbare bzw. flexible Gleitlager oder Pendelkugel- oder Pendelrollenlager benutzt, so sind unbedenklich größere Werte zulässig; sind Kantenpressungen zu befürchten, so wird sicherheitshalber mit $\alpha_{\text{zul}} \leq 1/1000$ gerechnet. Im Getriebebau werden dagegen bei großen Zahnbreiten zwecks Vermeidung von Lastkonzentrationen noch höhere Ansprüche gestellt.

Beispiel: Zur Prüfung der Genauigkeit des Verfahrens soll eine glatte Welle, zweifach gelagert, mit Einzellast in der Mitte untersucht werden. Gegeben: $d = 50$ mm; $l = 320$ mm; $F = 600$ kp; Werkstoff: Stahl mit $E = 2{,}15 \cdot 10^4$ kp/mm². (Das Eigengewicht $G \approx 5$ kp wird vernachlässigt.)

Rechenschema:

1	2	3	4	5	6	7	8	9
Element	$\frac{\Delta x}{\text{mm}}$	$\frac{M_{bx}}{\text{kpmm}}$	$\frac{I_x}{\text{mm}^4}$	$(M_{bx}/I_x)_m$ kp/mm³	$\frac{\Delta x/E}{\text{mm}^3/\text{kp}}$	$\Delta\alpha = \frac{M_{bx}}{I_x}\cdot\frac{\Delta x}{E}$	$\frac{l_x}{\text{mm}}$	$\frac{\Delta f}{\text{mm}} = \frac{l_x}{\text{mm}}\Delta\alpha$
0–1	20	$45\cdot 10^3$	$30{,}68\cdot 10^4$	0,1465	$9{,}3\cdot 10^{-4}$	$1{,}363\cdot 10^{-4}$	150	$204{,}4\cdot 10^{-4}$
1–2	20	$39\cdot 10^3$	$30{,}68\cdot 10^4$	0,1270	$9{,}3\cdot 10^{-4}$	$1{,}118\cdot 10^{-4}$	130	$153{,}5\cdot 10^{-4}$
2–3	20	$33\cdot 10^3$	$30{,}68\cdot 10^4$	0,1075	$9{,}3\cdot 10^{-4}$	$1{,}000\cdot 10^{-4}$	110	$110{,}0\cdot 10^{-4}$
3–4	20	$27\cdot 10^3$	$30{,}68\cdot 10^4$	0,0880	$9{,}3\cdot 10^{-4}$	$0{,}818\cdot 10^{-4}$	90	$73{,}6\cdot 10^{-4}$
4–5	20	$21\cdot 10^3$	$30{,}68\cdot 10^4$	0,0685	$9{,}3\cdot 10^{-4}$	$0{,}637\cdot 10^{-4}$	70	$44{,}6\cdot 10^{-4}$
5–6	20	$15\cdot 10^3$	$30{,}68\cdot 10^4$	0,0490	$9{,}3\cdot 10^{-4}$	$0{,}456\cdot 10^{-4}$	50	$22{,}8\cdot 10^{-4}$
6–7	20	$9\cdot 10^3$	$30{,}68\cdot 10^4$	0,0294	$9{,}3\cdot 10^{-4}$	$0{,}274\cdot 10^{-4}$	30	$8{,}2\cdot 10^{-4}$
7–8	20	$3\cdot 10^3$	$30{,}68\cdot 10^4$	0,0098	$9{,}3\cdot 10^{-4}$	$0{,}091\cdot 10^{-4}$	10	$0{,}9\cdot 10^{-4}$

$$\alpha = 5{,}820\cdot 10^{-4} \qquad f = 618{,}0\cdot 10^{-4}$$
$$= 0{,}0618 \text{ mm}$$

Biegemomentenverlauf und Biegelinie sind in Abb. 4.15 maßstäblich dargestellt. Zum Vergleich das Ergebnis aus Formeln:

$$\alpha = \frac{F\,l^2}{16\,E\,I} = \frac{600 \text{ kp} \cdot (320 \text{ mm})^2}{16 \cdot 2{,}15 \cdot 10^4 \text{ kp/mm}^2 \cdot 30{,}68 \cdot 10^4 \text{ mm}^4} = 5{,}820\cdot 10^{-4} = \frac{0{,}582}{1000},$$

$$f = \frac{F\,l^3}{48\,E\,I} = \frac{600 \text{ kp} \cdot (320 \text{ mm})^3}{48 \cdot 2{,}15 \cdot 10^4 \text{ kp/mm}^2 \cdot 30{,}68 \cdot 10^4 \text{ mm}^4} = 0{,}0621 \text{ mm}.$$

4.2 Wellen

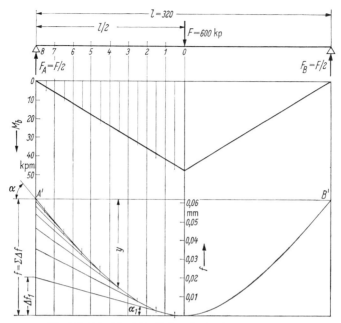

Abb. 4.15. Beispiel: glatte Welle mit Einzellast in der Mitte

Maximale Biegespannung (in der Mitte)

$$\sigma_{b\,max} = \frac{M_{b\,max}}{W_b} = \frac{48\,000\,\text{kpmm}}{12\,300\,\text{mm}^3} = 3{,}9\,\text{kp/mm}^2.$$

Beispiel: Lange, abgesetzte Welle für eine Sandaufbereitungsmaschine: 4 Einzellasten und Berücksichtigung des Eigengewichts. Werkstoff: Stahl mit $E = 2{,}1 \cdot 10^4$ kp/mm² und $\gamma = 7{,}85$ p/cm³. Abmessungen und Belastungen nach Abb. 4.16a; das Eigengewicht beträgt 898 kp. Die Lagerreaktionen ergeben sich aus den Gleichgewichtsbedingungen zu $F_A = 1604$ kp und $F_B = 1494$ kp. Der Biegemomentenverlauf ist in Abb. 4.16b dargestellt (gestrichelte Linien ohne Eigengewicht). Die Aufteilung in linken und rechten Teil erfolgt an der Stelle des höchsten Biegemomentes (links 12, rechts 10 jeweils gleiche, 200 mm lange Teilelemente). Damit können die Einzelwerte berechnet werden:

Linker Teil

1	2	3	4	5	6	7	8	9	
Element	Δx mm	M_{bx} kpmm	I_x mm⁴	$(M_{bx}/I_x)_m$ kp/mm³	$\Delta x/E$ mm³/kp	$\Delta \alpha = \frac{M_{bx}}{I_x}\frac{\Delta x}{E}$	l_x mm	$\frac{\Delta f}{\text{mm}} = \frac{l_x}{\text{mm}} \Delta \alpha$	
0– 1	200	$201 \cdot 10^4$	$64{,}0 \cdot 10^6$	$3{,}14 \cdot 10^{-2}$	$93 \cdot 10^{-4}$	$292 \cdot 10^{-6}$	2300	0,671	
1– 2	200	$200 \cdot 10^4$	$64{,}0 \cdot 10^6$	$3{,}12 \cdot 10^{-2}$	$93 \cdot 10^{-4}$	$290 \cdot 10^{-6}$	2100	0,609	
2– 3	200	$198 \cdot 10^4$	$64{,}0 \cdot 10^6$	$3{,}09 \cdot 10^{-2}$	$93 \cdot 10^{-4}$	$288 \cdot 10^{-6}$	1900	0,547	
3– 4	200	$195 \cdot 10^4$	$64{,}0 \cdot 10^6$	$3{,}05 \cdot 10^{-2}$	$93 \cdot 10^{-4}$	$284 \cdot 10^{-6}$	1700	0,483	
4– 5	200	$185 \cdot 10^4$	$64{,}0 \cdot 10^6$	$2{,}89 \cdot 10^{-2}$	$93 \cdot 10^{-4}$	$269 \cdot 10^{-6}$	1500	0,403	
5– 6	200	$167 \cdot 10^4$	$64{,}0 \cdot 10^6$	$2{,}61 \cdot 10^{-2}$	$93 \cdot 10^{-4}$	$243 \cdot 10^{-6}$	1300	0,316	
6– 7	200	$148 \cdot 10^4$	$51{,}5 \cdot 10^6$	$2{,}87 \cdot 10^{-2}$	$93 \cdot 10^{-4}$	$267 \cdot 10^{-6}$	1100	0,294	
7– 8	200	$131 \cdot 10^4$	$51{,}5 \cdot 10^6$	$2{,}54 \cdot 10^{-2}$	$93 \cdot 10^{-4}$	$236 \cdot 10^{-6}$	900	0,212	
8– 9	200	$108 \cdot 10^4$	$51{,}5 \cdot 10^6$	$2{,}10 \cdot 10^{-2}$	$93 \cdot 10^{-4}$	$195 \cdot 10^{-6}$	700	0,136	
9–10	200	$78 \cdot 10^4$	$51{,}5 \cdot 10^6$	$1{,}51 \cdot 10^{-2}$	$93 \cdot 10^{-4}$	$141 \cdot 10^{-6}$	500	0,071	
10–11	200	$47 \cdot 10^4$	$32{,}2 \cdot 10^6$	$1{,}46 \cdot 10^{-2}$	$93 \cdot 10^{-4}$	$136 \cdot 10^{-6}$	300	0,041	
11–12	200	$16 \cdot 10^4$	$32{,}2 \cdot 10^6$	$0{,}50 \cdot 10^{-2}$	$93 \cdot 10^{-4}$	$47 \cdot 10^{-6}$	100	0,005	
						$\alpha_L = 2688 \cdot 10^{-6}$		$f_L = 3{,}788$ mm	

4. Elemente der drehenden Bewegung

Rechter Teil

1 Element	2 Δx mm	3 M_{bx} kpmm	4 I_x mm^4	5 $(M_{bx}/I_x)_m$ kp/mm^3	6 $\Delta x/E$ mm^3/kp	7 $\Delta\alpha = \dfrac{M_{bx}}{I_x}\dfrac{\Delta x}{E}$	8 l_x mm	9 $\dfrac{\Delta f}{mm} = \dfrac{l_x}{mm}\Delta x$
0— 1	200	195·10^4	64,0·10^6	3,05·10^{-2}	93·10^{-4}	284·10^{-6}	1900	0,559
1— 2	200	182·10^4	64,0·10^6	2,84·10^{-2}	93·10^{-4}	264·10^{-6}	1700	0,449
2— 3	200	169·10^4	64,0·10^6	2,64·10^{-2}	93·10^{-4}	246·10^{-6}	1500	0,369
3— 4	200	154·10^4	64,0·10^6	2,41·10^{-2}	93·10^{-4}	224·10^{-6}	1300	0,292
4— 5	200	139·10^4	51,5·10^6	2,70·10^{-2}	93·10^{-4}	252·10^{-6}	1100	0,277
5— 6	200	122·10^4	51,5·10^6	2,37·10^{-2}	93·10^{-4}	220·10^{-6}	900	0,198
6— 7	200	100·10^4	51,5·10^6	1,94·10^{-2}	93·10^{-4}	181·10^{-6}	700	0,127
7— 8	200	73·10^4	51,5·10^6	1,42·10^{-2}	93·10^{-4}	132·10^{-6}	500	0,066
8— 9	200	44·10^4	32,2·10^6	1,37·10^{-2}	93·10^{-4}	127·10^{-6}	300	0,038
9—10	200	15·10^4	32,2·10^6	0,47·10^{-2}	93·10^{-4}	44·10^{-6}	100	0,004

$$\alpha_R = \overline{1974\cdot 10^{-6}} \qquad f_R = \underline{2{,}379}\text{ mm}$$

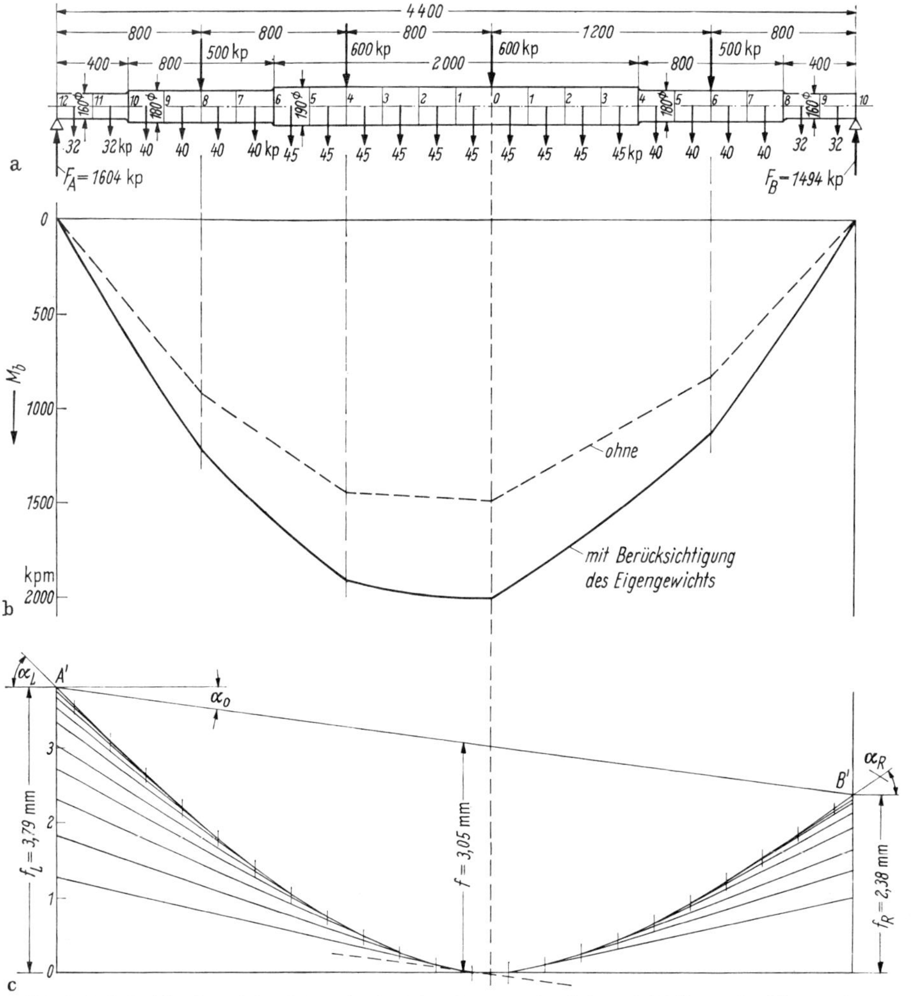

Abb. 4.16. Beispiel: abgesetzte Welle mit vier Einzellasten und mit Berücksichtigung des Eigengewichts

In Abb. 4.16c ist für jeden Teil die Biegelinie maßstäblich aufgezeichnet. Die Bezugslinie $A'-B'$ ist in der Zeichnung unter

$$\alpha_0 = \frac{f_L - f_R}{l} = \frac{3{,}788 \text{ mm} - 2{,}379 \text{ mm}}{4400 \text{ mm}} = \frac{1{,}409}{4400} = 0{,}00032$$

geneigt, so daß sich bei waagerechter Lage der Bezugslinie ergibt

$$\alpha_A = \alpha_L - \alpha_0 = 0{,}00237 \quad \text{und} \quad \alpha_B = \alpha_R + \alpha_0 = 0{,}00229.$$

Die maximale Durchbiegung beträgt nach Abb. 4.16c dann $f = 3{,}05$ mm. Es wird also $f/l = 0{,}7/1000$. Dieser Wert ist verhältnismäßig hoch, obwohl die maximale Biegespannung mit

$$\sigma_{b\max} = \frac{M_{b\max}}{W_b} = \frac{201{,}1 \cdot 10^4 \text{ kpmm}}{67{,}4 \cdot 10^4 \text{ mm}^3} = 2{,}98 \text{ kp/mm}^2$$

sehr niedrig ist. (An der Stelle 6 links ist $\sigma_b = 2{,}80$ kp/mm², an der Stelle 10 links 1,56 kp/mm².) Wenn man die Welle nicht noch dicker machen will, ist in einem solchen Fall ein drittes Stützlager zu empfehlen (statisch unbestimmtes System; s. Abschn. 4.2.3) oder eine Hohlwelle.

Liegen die eine Welle belastenden Kräfte nicht in einer Ebene, etwa bei Getriebewellen (Abschn. 6.1.1.13 und 6.1.2.4), so müssen in zwei zueinander senkrecht stehenden Ebenen die Biegemomente und die Durchbiegungen einzeln ermittelt und dann zur resultierenden Durchbiegung (Raumkurve) geometrisch zusammengesetzt werden.

4.2.3 Dreifach gelagerte Welle

Wird eine Welle zwecks Verringerung der Deformationen an drei Stellen abgestützt, so können die Lagerreaktionen nicht aus den Gleichgewichtsbedingungen der Statik bestimmt werden; das System ist statisch unbestimmt, und die Aufgabe läßt sich nur mit Hilfe der Biegelinien lösen. Man geht dabei (vgl. Abb. 4.17) folgendermaßen vor: Zunächst läßt man (Abb. 4.17b) das Zwischenlager weg und ermittelt die infolge der Lasten F_1, F_2 ... (evtl. auch des Eigengewichts) sich ergebenden Lagerreaktionen F_{A1} und F_{B1} und die Durchbiegung f_C an der Stelle des weggelassenen Zwischenlagers. Nun wird die zweifach gelagerte Welle mit einer beliebigen Kraft $F_{C'}$ (etwa mit $F_{C'} = 1000$ kp) an der Stelle C belastet (Abb. 4.17c), und es werden die Lagerreaktionen $F_{A'}$ und $F_{B'}$ und die hierzugehörige Durchbiegung $f_{C'}$ bestimmt. Die Durchbiegung $f_{C'}$ würde nur dann gerade gleich f_C sein, diese also aufheben, wenn die beliebig angenommene Kraft $F_{C'}$ gleich der gesuchten Stützkraft F_C wäre. Man erhält diese also aus der Proportion $F_C : f_C = F_{C'} : f_{C'}$ zu

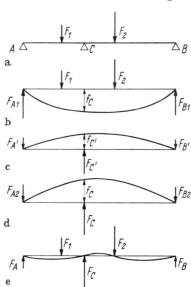

$$\boxed{F_C = F_{C'} \frac{f_C}{f_{C'}}}$$

und ebenso

$$F_{A2} = F_{A'} f_C/f_{C'} \quad \text{und} \quad F_{B2} = F_{B'} f_C/f_{C'}$$

(Abb. 4.17d).

Abb. 4.17. Ermittlung der Auflagerkräfte einer dreifach gelagerten Welle

a) Welle mit gegebenen Lasten und Stützstellen; b) Reaktionen und Biegelinie bei weggenommener Stütze C; c) Reaktionen und Biegelinie bei beliebiger Kraft $F_{C'}$; d) Reaktionen und Biegelinie bei soweit vergrößerter Kraft F_C, daß die Durchbiegung gerade gleich f_C wird; e) Überlagerung von b) und d)

4.2.4 Dynamisches Verhalten von Wellen (Dreh- und Biegeschwingungen)

Infolge ihres elastischen Verhaltens sind Wellen schwingungsfähige Systeme, die durch Fliehkräfte oder rhythmische Kraft- oder Drehmomentschwankungen zu erzwungenen Schwingungen angeregt werden; ihre Ausschläge werden theoretisch unendlich groß, wenn Erregerfrequenz und Eigenfrequenz übereinstimmen (Resonanz). Die der Eigenfrequenz entsprechende Drehzahl wird daher kritische Drehzahl genannt; Betriebsdrehzahl und kritische Drehzahl dürfen nicht zusammenfallen, da sonst die Gefahr von Schwingungsbrüchen besteht und da ferner Erschütterungen auf Lagerstellen und Fundamente übertragen werden, die sich auf diese und evtl. auch auf die Umgebung störend auswirken.

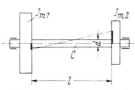

Abb. 4.18. Welle mit zwei Drehmassen und einem elastischen Zwischenstück

Den Verformungsmöglichkeiten entsprechend können *Drehschwingungen* (torsionskritische Drehzahlen) und *Biegeschwingungen* (biegekritische Drehzahlen) auftreten.

Drehschwingungen werden nur durch periodische Drehmomentschwankungen erregt; für Frequenz und Amplituden sind maßgebend:

1. Die Drehsteifigkeit der elastischen Wellenstücke, also die Drehfederkonstante

$$C = \frac{M_t}{\varphi} = \frac{G I_t}{l} \tag{1}$$

mit G = Gleitmodul, I_t = polares Flächenträgheitsmoment, l = Länge des elastischen Wellenstückes. Besitzt ein elastisches Zwischenstück Absätze, so ergibt sich die Ersatzdrehfederkonstante aus

$$\frac{1}{C} = \frac{1}{C_1} + \frac{1}{C_2} + \cdots = \frac{l_1}{G I_{t1}} + \frac{l_2}{G I_{t2}} + \cdots. \tag{1a}$$

2. Die Art der Massenverteilung um die Drehachse, d. h. das Massenträgheitsmoment

$$J_m = \sum r^2 \Delta m. \tag{2}$$

Für einen Vollzylinder ist

$$J_m = m \frac{R^2}{2} \quad \text{mit} \quad m = \frac{\gamma}{g} l \pi R^2. \tag{2a}$$

Für einen Hohlzylinder ist

$$J_m = m \frac{R^2 + r^2}{2} \quad \text{mit} \quad m = \frac{\gamma}{g} l \pi (R^2 - r^2). \tag{2b}$$

3. Die Anzahl der elastischen Zwischenstücke; ihr ist die Anzahl der möglichen Eigenfrequenzen gleich.

Das einfachste Wellensystem hat also *zwei* Drehmassen und *ein* elastisches Zwischenstück (Abb. 4.18) und demnach nur *eine* Eigenfrequenz. Die Lösung der Schwingungsdifferentialgleichungen liefert für die Eigenkreisfrequenz die Beziehung

$$\omega_e^2 = C \left(\frac{1}{J_{m1}} + \frac{1}{J_{m2}} \right) \quad \text{bzw.} \quad \boxed{\omega_e = \sqrt{\frac{C}{J_{m'}}}} \quad \text{mit} \quad J_{m'} = \frac{J_{m1} J_{m2}}{J_{m1} + J_{m2}}. \tag{3}$$

Viele Fälle der Praxis lassen sich auf dieses einfache Schema dadurch zurückführen, daß mehrere dicht beieinander liegende Drehmassen zu einer Ersatzdrehmasse zusammengefaßt werden.

Bei einem Dreimassensystem ergeben sich aus einer quadratischen Bestimmungsgleichung *zwei* Eigenfrequenzen. Für Systeme mit mehr als drei Drehmassen werden zeichnerische oder rechnerische Näherungsverfahren angewendet, die trotz vereinfachender Annahmen einen beachtlichen Aufwand erfordern. Häufig werden daher die kritischen Drehzahlen experimentell an fertigen Konstruktionen oder an Modellen ermittelt; gleichzeitig werden dabei Mittel zur Verlagerung der Eigenfrequenzen (Änderung der Drehmassen oder der Federkonstanten) und Mittel zur Dämpfung der Schwingungsausschläge (durch äußere oder innere Reibung, Reibungsdämpfer, Werkstoffdämpfer) erprobt.

Biegeschwingungen werden durch die Fliehkräfte von Einzelmassen oder auch von kontinuierlich verteilten Massen verursacht. Trotz sorgfältigen Auswuchtens ist es nicht möglich, den Schwerpunkt bzw. die Schwerachse in die Drehachse zu legen, so daß auch bei geringsten Exzentrizitäten Massenwirkungen auftreten.

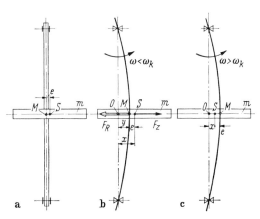

Abb. 4.19. Biegeschwingungen, dünne Welle mit Einzelmasse m
a) im Stillstand; b) bei $\omega < \omega_k$, S außerhalb $O-M$; c) bei $\omega > \omega_k$, S zwischen O und M

Wir betrachten zunächst den *Sonderfall einer glatten, masselos gedachten Welle mit einer Einzelmasse* m (Abb. 4.19), deren Schwerpunkt S um den Betrag e von der Wellenmittellinie entfernt ist. Bei Rotation mit der Winkelgeschwindigkeit ω tritt (vgl. Abb. 4.19b) infolge der Fliehkraft F_Z eine Durchbiegung y der Welle auf, die eine elastische Rückstellkraft F_R zur Folge hat, die im Gleichgewichtszustand gerade der Fliehkraft gleich ist. Mit der Federkonstanten c wird $F_R = c\,y$, und für die Fliehkraft gilt $F_Z = m(e+y)\,\omega^2$. Aus $F_R = F_Z$ folgt

$$c\,y = m(e+y)\,\omega^2$$

bzw.

$$y = \frac{m\,\omega^2}{c - m\,\omega^2}\,e\,. \tag{4}$$

Die Auslenkung y ist also außer von e stark von ω abhängig; sie wird theoretisch unendlich groß, wenn der Nenner gleich Null wird; bezeichnen wir diese kritische Winkelgeschwindigkeit mit ω_k, so folgt aus $c - m\,\omega_k^2 = 0$

$$\boxed{\omega_k = \sqrt{\frac{c}{m}}} \quad \text{bzw.} \quad n_k = \frac{\omega_k}{2\pi}\,. \tag{5}$$

Verfolgen wir den Abstand x des Schwerpunktes von der Drehachse O (Abb. 4.19b), so ergibt sich aus $x = y + e$ mit y aus Gl. (4) nach einigen Umformungen

$$\frac{x}{e} = \frac{1}{1 - \dfrac{m}{c}\,\omega^2}$$

bzw. mit Gl. (5)

$$\frac{x}{e} = \frac{1}{1 - (\omega/\omega_k)^2}\,. \tag{6}$$

In Abb. 4.20 sind die Absolutbeträge von x/e über ω/ω_k aufgetragen; man erkennt aus der Darstellung, daß $|x/e|$ im sog. unterkritischen Bereich immer größer als 1 ist, bei $\omega/\omega_k = 1$ theoretisch unendlich wird, im überkritischen Bereich rasch wieder abnimmt und bei Werten von $\omega/\omega_k > \sqrt{2}$ sogar den Wert 1 unterschreitet. Das heißt, bei hohen Drehzahlen zentriert sich die Welle selbst, sie läuft ruhiger, und die beim Durchfahren der kritischen Drehzahl auftretenden Erschütterungen verschwinden. (Im überkritischen Bereich liegt S zwischen O und M, Abb. 4.19c.)

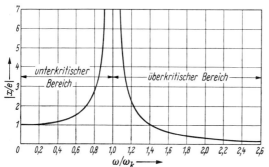

Abb. 4.20. Absolutbeträge des Schwerpunktsausschlages x/e in Abhängigkeit von ω/ω_k

Die *Federkonstante* c in Gl. (4) und (5) ist allgemein das *Verhältnis* von Kraft zur Durchbiegung infolge dieser Kraft an der Stelle, an der die Einzelmasse sitzt. c ist also unabhängig von der Größe der Masse und wird auch nicht von zusätzlichen Querkräften wie Riemenzug oder Zahndruckkräften beeinflußt. Man kann jedoch c sehr einfach aus dem Gewicht G der Einzelmasse m und der von ihm hervorgerufenen *statischen* Durchbiegung f_G bestimmen:

$$c = \frac{G}{f_G} = \frac{m\,g}{f_G}. \tag{7}$$

Setzt man diesen Wert in Gl. (5) ein, so ergibt sich

$$\omega_k = \sqrt{\frac{c}{m}} = \sqrt{\frac{m\,g}{f_G\,m}} = \sqrt{\frac{g}{f_G}}. \tag{8}$$

Diese Schreibweise läßt noch klarer erkennen, daß die kritische Drehzahl um so höher liegt, je geringer die statische Durchbiegung infolge des Gewichts der Einzelmasse (je steifer die Welle) ist. Für einige wichtige Fälle sind in Tab. 4.5 die Formeln für die Biegefederkonstante (bei konstantem Querschnitt) angegeben.

Beispiel: Auf einer glatten (masselos gedachten) Welle vom Durchmesser $d = 40$ mm bei $l = 600$ mm Lagerabstand sitzt in der Mitte eine Einzelmasse vom Gewicht $G = 30$ kp. (Scheibe von 400 mm $\varnothing$ und 30 mm Breite.) $E = 2{,}1 \cdot 10^4$ kp/mm². Mit

$$I_b = \frac{\pi d^4}{64} = \frac{\pi (40 \text{ mm})^4}{64} = 12{,}57 \cdot 10^4 \text{ mm}^4$$

wird nach Tab. 4.5

$$c = \frac{48 E I_b}{l^3} = \frac{48 \cdot 2{,}1 \cdot 10^4 \text{ kp/mm}^2 \cdot 12{,}57 \cdot 10^4 \text{ mm}^4}{6^3 \cdot 10^6 \text{ mm}^3} = 586 \text{ kp/mm},$$

$$m = \frac{G}{g} = \frac{30 \text{ kp}}{9810 \text{ mm/s}^2} = 30{,}6 \cdot 10^{-4} \frac{\text{kps}^2}{\text{mm}},$$

$$\omega_k = \sqrt{\frac{c}{m}} = \sqrt{\frac{586 \text{ kp/mm} \cdot 10^4}{30{,}6 \text{ kps}^2/\text{mm}}} = 100 \sqrt{19{,}1 \frac{1}{\text{s}^2}} = 437/\text{s},$$

$$\underline{\underline{n_k = \frac{60}{2\pi} \omega_k = 4170 \text{ U/min}.}}$$

Für den *Sonderfall einer glatten gleichmäßig durch ihr Eigengewicht belasteten Welle* ergeben sich je nach dem Schwingungsbild mehrere kritische Drehzahlen; man spricht bei *einem* Schwingungsbauch zwischen den Lagern von Eigenfrequenz ersten Grades, bei zwei Schwingungsbäuchen und einem Knoten in der Mitte von Eigenfrequenz zweiten Grades, bei drei Schwingungsbäuchen und zwei Knoten von Eigenfrequenz dritten Grades usw. Da die Eigenfrequenz zweiten Grades schon 4mal so groß ist wie die ersten Grades, und die dritten Grades 9mal so groß, genügt in den meisten Fällen die Ermittlung der Eigenfrequenz ersten Grades. Aus partiellen Differentialgleichungen ergibt sich hierfür

$$\omega_{k1} = \frac{\pi^2}{l^2} \sqrt{\frac{E\,I_b}{\frac{\gamma}{g}\,A}}$$

und mit $I_b = \pi\,d^4/64$ und $A = \pi\,d^2/4$

$$\boxed{\omega_{k1} = \frac{d}{l^2}\,\frac{\pi^2}{4}\,\sqrt{\frac{E\,g}{\gamma}}}\,. \tag{9}$$

Für Stahl mit $E = 2{,}1 \cdot 10^4$ kp/mm² und $\gamma = 7{,}85 \cdot 10^{-6}$ kp/mm³ wird

$$\frac{\pi^2}{4}\sqrt{\frac{E\,g}{\gamma}} = 12{,}6 \cdot 10^6 \text{ mm/s}.$$

Beispiel: Gesucht ist die Eigenfrequenz ersten Grades der glatten Welle des letzten Beispiels mit $d = 40$ mm und $l = 600$ mm.

Nach Gl. (9) wird

$$\omega_{k1} = \frac{d}{l^2}\,\frac{\pi^2}{4}\,\sqrt{\frac{E\,g}{\gamma}} = \frac{40 \text{ mm}}{6^2 \cdot 10^4 \text{ mm}^2} \cdot 12{,}6 \cdot 10^6 \text{ mm/s} = 1400/\text{s},$$

$$\underline{\underline{n_{k1} = \frac{60}{2\,\pi}\,\omega_{k1} = 13\,400 \text{ U/min}}}$$

Bei Überlagerung der beiden betrachteten Sonderfälle, also bei einer *glatten Welle mit Belastung durch Eigengewicht und mehrere Einzelmassen*, gilt mit guter Näherung die von DUNKERLEY empirisch gefundene Formel

$$\frac{1}{\omega_k^2} = \frac{1}{\omega_{k1}^2} + \frac{1}{\omega_{kA}^2} + \frac{1}{\omega_{kB}^2} + \frac{1}{\omega_{kC}^2} + \cdots,$$

wobei ω_{k1} nach Gl. (9) und ω_{kA}, ω_{kB}, ω_{kC} ... für Einzelmassen m_A, m_B, m_C je einzeln nach Gl. (5) bestimmt werden. Der wirkliche Wert liegt etwas höher (Fehler etwa 5 bis 10%).

Für abgesetzte Wellen mit mehreren Scheiben sind zeichnerisch-rechnerische Näherungsmethoden, z. B. von STODOLA[1], entwickelt worden, bei denen eine erste statische Biegelinie ermittelt oder angenommen wird und nach Gl. (8)

Tabelle 4.5. *Formeln für die Biegefederkonstante*

Anordnung	Formel
	$c = \dfrac{3E\,I_b\,l}{a^2\,b^2}$
	$c = \dfrac{48\,E\,I_b}{l^3}$
	$c = \dfrac{3E\,I_b}{a^2(a+l)}$

$\omega_{k0} = \sqrt{g/f_{0\max}}$ berechnet wird. Mit diesem ω_{k0} und der statischen Biegelinie werden die Fliehkräfte bestimmt, mit denen man eine „dynamische Biegelinie" mit dem Wert $f_{1\max}$ erhält. Die gesuchte Eigenfrequenz wird dann mit guter Näherung

$$\omega_k = \omega_{k0}\,\sqrt{\frac{f_{0\max}}{f_{1\max}}}.$$

---

[1] STODOLA, A.: Dampf- und Gasturbinen, 6. Aufl., Berlin: Springer 1924, S. 381.

4.2.5 Biegsame Wellen

Sie dienen zur Übertragung von Drehbewegungen über größere Entfernungen hauptsächlich bei ortsveränderlichen Bohr-, Fräs- und Schleifapparaten, aber auch bei ortsfesten Geräten, bei denen die Achsen nicht fluchten oder sonst die räumliche Anordnung andere Verbindungsmöglichkeiten ausschließt, wie z. B. bei Meßgeräten (Tachometern u. dgl.).

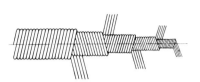

Abb. 4.21. Biegsame Welle, Aufbau

Abb. 4.22. Metallschutzschlauch

Biegsame Wellen bestehen (Abb. 4.21) aus einzelnen (2 bis 12) abwechselnd links- und rechtsgängig gewundenen Lagen von Stahldrähten. Für den Drehsinn ist die Richtung der äußersten Drahtlage bestimmend, die sich bei Kraftübertragung

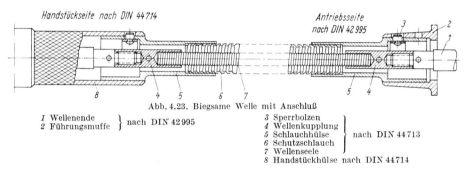

Abb. 4.23. Biegsame Welle mit Anschluß

1 Wellenende
2 Führungsmuffe } nach DIN 42995
3 Sperrbolzen
4 Wellenkupplung
5 Schlauchhülse } nach DIN 44713
6 Schutzschlauch
7 Wellenseele
8 Handstückhülse nach DIN 44714

zusammenziehen muß; die Normalausführung hat Rechtsdrehsinn, von der Antriebs- zur Abtriebsseite gesehen. Die Wellenenden werden mit Kupplungsstücken durch Weichlöten oder Festpressen verbunden, bisweilen auch unmittelbar zu einem Vierkant gepreßt. Die Wellen laufen in biegsamen Metallschutzschläuchen, die häufig mit äußerem Kunststoff- oder Gummiüberzug versehen und evtl. noch durch Flachstahleinlagen verstärkt sind (Abb. 4.22) und die Aufgabe haben, einmal die Welle zu führen und ferner etwa auftretenden Längszug aufzunehmen. Für das Verlegen der Wellen und die Anwendung im Betrieb ist die Steifigkeit entscheidend; der kleinste zulässige Krümmungsradius beträgt das 10- bis 20-fache des Wellendurchmessers.

Tabelle 4.6. *Biegsame Wellen, Grenzwerte nach Angaben der Firma Schmid & Wezel, Maulbronn*

Wellendurchmesser [mm]	Drehmoment [kpcm]	Kleinster Biegeradius [mm]	Maximale Drehzahl [U/min]
4	3	55	50000
6	9	90	30000
7	11	105	24000
8	13	130	20000
9	15	145	15000
10	16	170	15000
12	26	200	9000
13	35	235	6000
15	40	270	6000
18	49	320	5000
20	59	370	5000
25	85	430	3000
30	120	465	3000

Tab. 4.6 gibt Richtwerte für die maximal übertragbaren Drehmomente in Abhängigkeit vom Wellendurchmesser; genauere Angaben über Drehzahl, Leistung und Lebensdauer enthalten die Druckschriften der Hersteller[1].

Für Elektrowerkzeuge sind biegsame Wellen, Wellenseele, Schutzschlauch, Schlauchhülse und Wellenkupplung in DIN 44713, die Anschlußmaße für die Antriebsseite in DIN 42995 und das Handstück in DIN 44714 genormt (s. Abb. 4.23). DIN 75532 enthält biegsame Wellen zum Antrieb von Meßgeräten im Kraftfahrzeugbau.

4.2.6 Kurbelwellen

Bauarten und Gestaltung[2].

Kurbelwellen sind Hauptbestandteile von Kurbelgetrieben, die geradlinige hin- und hergehende Bewegung in Drehbewegung bzw. umgekehrt Drehbewegung in geradlinige Bewegung umwandeln. Sie sind im Prinzip gekröpfte Wellen, die aus den Kurbelwangen und den Kurbelzapfen bestehen, an welchen die Schubstangen (Pleuel) angreifen.

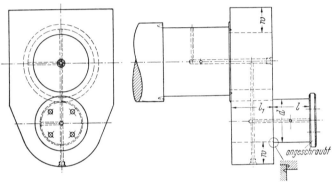

Abb. 4.24. Stirnkurbel

Die einfachste Bauart ist die Stirnkurbel, bei der am Ende einer Welle *ein* Kurbelarm mit fliegendem Zapfen befestigt ist (Abb. 4.24). Bei höheren Drehzahlen wird zum Ausgleich der Zentrifugalkraft ein Gegengewicht angeordnet (Abb. 4.25); in Abb. 4.26 besteht der Kurbelarm aus einer auf die Welle aufgesetzten Kurbelscheibe.

Kurbelwellen mit *einer* Kröpfung zeigen Abb. 4.27, 4.28 und 4.176. Die Kurbelwelle nach Abb. 4.27 ist aus einem Stück geschmiedet; bei der für Motorradmotoren verwendeten Ausführung nach Abb. 4.28 bestehen Kurbelwange und Grundlagerzapfen je aus einem Stück; die Verbindung stellt der eingepreßte Hubzapfen her. Die Bauart — ebenso die in Abb. 4.176 — ermöglicht geschlossene mit Wälzlagern ausgerüstete Schubstangenköpfe.

Eine Kurbelwelle mit zwei Kröpfungen ohne Zwischenlager ist in Abb. 4.29 dargestellt; sie besteht aus Sphäroguß und besitzt in der Mitte zum Ausgleich der Zentrifugalkräfte ein großes Gegengewicht. Auch Vierzylinder-Kurbelwellen werden aus Sphäroguß hergestellt; besondere Vorteile sind bei Guß die freie, dem Kraft-

---

[1] Gemo, Spezialfabrik biegsamer Wellen, Krefeld-Uerdingen; Schmid & Wezel, Maschinenfabrik für biegsame Wellen, Elektro- und Druckluftwerkzeuge, Maulbronn/Württ.
[2] Vgl. BENSINGER, W.-D., u. A. MEIER: Kolben, Pleuel und Kurbelwelle bei schnellaufenden Verbrennungsmotoren, 2. Aufl. (Konstruktionsbücher Bd. 6), Berlin/Göttingen/Heidelberg: Springer 1961. — LANG, O.: Triebwerke schnellaufender Verbrennungsmotoren (Konstruktionsbücher Bd. 22), Berlin/Heidelberg/New York: Springer 1966.

24 4. Elemente der drehenden Bewegung

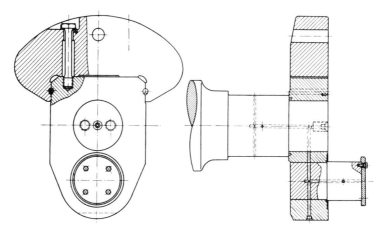

Abb. 4.25. Stirnkurbel mit Gegengewicht

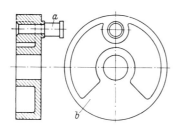

Abb. 4.26. Kurbelscheibe aus Grauguß
a aufgepreßter Zapfen; b Gegengewicht

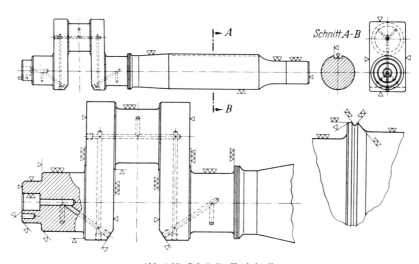

Abb. 4.27. Gekröpfte Kurbelwelle

fluß angepaßte Formgebung, die hohe Gestaltfestigkeit als Folge der geringen Kerbempfindlichkeit, die Schwingungsdämpfungsfähigkeit und die guten Gleiteigenschaften. Ein Beispiel für gute Formgebung zeigt Abb. 4.30.

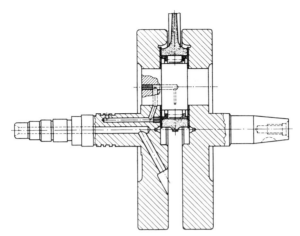

Abb. 4.28. Kurbelwelle des NSU-Max-Motorradmotors (aus BENSINGER/MEIER)

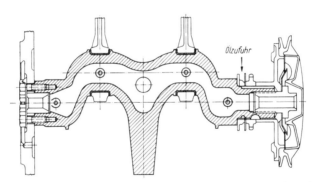

Abb. 4.29. Sphäroguß-Kurbelwelle des Fiat „500" (aus BENSINGER/MEIER)

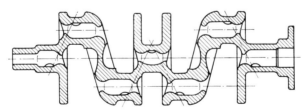

Abb. 4.30. Gegossene Kurbelwelle mit günstiger Formgebung nach THUM (aus BENSINGER/MEIER)

Sehr große Kurbelwellen, z. B. im Schiffsmaschinenbau (Abb. 4.31) werden aus Kurbelzapfen b, Wellenzapfen c und d und den Wangen a „gebaut"; dies ist nur möglich, wenn der Kurbelradius im Verhältnis zu den Zapfen groß ist, damit zwischen den Bohrungen in den Wangen genügend Material für die Aufnahme der Schrumpfspannungen stehenbleibt. Bei Hochleistungs-Schiffsdieselmotoren werden auch

„halbgebaute" Kurbelwellen ausgeführt; bei diesen wird das Hubkurbelstück als besonderer Teil aus Stahlguß hergestellt (Abb. 4.32) und die Wellen aus Stahl eingeschrumpft[1].

Im Fahrzeugbau werden durch Hirth-Verzahnungen zusammengesetzte Kurbelwellen (Abb. 4.33) verwendet. Die Kurbelwangen sind Gesenkschmiedeteile, an

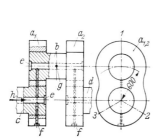

Abb. 4.31. Gebaute Kurbelwelle
a_1, a_2 Kurbelwangen; b Kurbelzapfen; c, d Wellenzapfen; e, f Ölbohrungsverschlüsse; g Querbohrung für Ölzufuhr für die entlastete Zone; h Ölzufluß

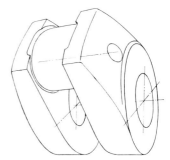

Abb. 4.32
Stahlguß-Hubkurbelstück einer gebauten Kurbelwelle

denen sich die Hirth-Stirnverzahnungen, eine für den Kurbelzapfen und eine für den Wellenzapfen, befinden. Hierdurch ist es möglich, für Pleuellager *und* Grundlager Rollenlager zu benutzen und die Schubstangen mit ungeteilten Köpfen auszuführen. Der Zusammenbau der Zapfen und Wangen erfolgt mittels Schraubenbolzen mit Differenzgewinde, die zum Anziehen eine Innenverzahnung besitzen. Die Gesenkschmiedeteile zeichnen sich durch günstigen Faserverlauf aus.

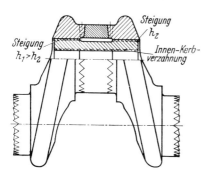

Abb. 4.33
Kurbelwelle nach HIRTH mit Stirnverzahnungen

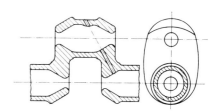

Abb. 4.34. Ovale Kurbelwangen, tonnenförmige Zapfenbohrungen (aus BENSINGER/MEIER)

Bei allen Kurbelwellen sind die Übergänge von den zylindrischen Teilen in die Kurbelwangen gefährdete Stellen, da die Umlenkungen der Kraftlinien Spannungsspitzen verursachen und u. U. Dauerbruchanrisse zur Folge haben. In dieser Hinsicht haben sich die tonnenförmigen Zapfenbohrungen und die sog. Entlastungsmulden in den Wangen, wie sie bei der Gußkurbelwelle der Abb. 4.30 zu erkennen sind, gut bewährt. Auch die ovalen Formen der Wangen (Abb. 4.34) ergeben günstigeren Kraftlinienfluß und höhere Dauerfestigkeitswerte.

---

[1] SASS, F.: Stahlguß-Kurbeln für die Wellen großer Dieselmotoren. Z. Konstr. 5 (1953) 1—4.

Berechnungsgrundlagen[1]. Eine exakte Berechnung der in Kurbelwellen auftretenden Spannungen ist aus folgenden Gründen mit großen Schwierigkeiten verbunden:

1. Die Gestalt einer Kurbelwelle ist reichlich kompliziert.
2. Die Kräfteverhältnisse sind von der Kurbelstellung abhängig und keineswegs immer eindeutig; bei Kolbenkraftmaschinen wirken Gas- oder Dampfkräfte *und*, besonders bei schnellaufenden Motoren, die meist wichtigeren Massenkräfte, wobei die der rotierenden Teile und die der hin- und hergehenden Teile zu berücksichtigen sind.
3. Die Kurbelwellen sind meistens mehrfach gelagert; für die Berechnung der Lagerkräfte wird angenommen, daß alle Lager genau fluchten und das Kurbelgehäuse oder die Grundplatte oder das Maschinengestell absolut starr sind; vereinfachte Rechnungen beschränken sich auf *eine* Kurbelkröpfung und vernachlässigen die gegenseitige Beeinflussung.
4. Die dynamischen Beanspruchungen durch Schwingungen verursachen die meisten Kurbelwellenschäden, es müssen daher die Eigenfrequenzen, vor allem die torsionskritischen, und die möglichen Erregerfrequenzen ermittelt werden. Auch hier müssen vereinfachende Annahmen gemacht werden; so wird z. B. mit Ersatzmassenträgheitsmomenten und Ersatzlängen für die Kurbelkröpfungen mit äquivalenten Drehfederkonstanten gerechnet.

Kräfte am Kurbelgetriebe (Abb. 4.35). Am Kolben- oder Kreuzkopfbolzen stehen die drei Kräfte F, N und S im Gleichgewicht; hierbei bedeutet F die Resultierende aus Gas- und Massenkräften, N die Gleitbahnreaktion und S die Schubstangenkraft. Die Kraft S, die auch auf den Kurbelwellenzapfen wirkt, wird dort zweckmäßigerweise in die Tangentialkomponente T und die Radialkomponente R zerlegt. Aus Abb. 4.35 lassen sich folgende Beziehungen ablesen:

$$\sin\beta = \frac{r}{l}\sin\alpha = \lambda\sin\alpha \quad \left(\lambda = \frac{r}{l} = \text{Schubstangenverhältnis}\right),$$

$$N = F\tan\beta,$$

$$S = \frac{F}{\cos\beta}; \quad T = S\sin(\alpha+\beta) = F\frac{\sin(\alpha+\beta)}{\cos\beta}; \quad R = F\frac{\cos(\alpha+\beta)}{\cos\beta}.$$

Beanspruchungen in der Kurbelwelle. Sowohl die Zapfen als auch die Wangen werden auf Biegung *und* auf Torsion beansprucht. In Abb. 4.36 ist schematisch eine halbe Kröpfung mit einer Wange mit Rechteckquerschnitt $b\,h$ gezeichnet. Es ist ratsam, die einzelnen Spannungen zu überlagern; zu diesem Zweck sind in Abb. 4.37 die Biege- und Drehmomentenflächen einzeln dargestellt. Abb. 4.37a zeigt am Kurbelzapfen die Kraftkomponenten T und R und an den Wellenzapfen die entsprechenden Lagerreaktionen; die Maximalwerte von T und R treten jedoch nicht gleichzeitig, also nicht in *einer* bestimmten Kurbelstellung auf. Es bedarf der Aufstellung des Radialkraft- und des Tangentialkraftdiagramms, d. h. R und T über dem Kurbelwinkel, um die ungünstigsten Stellungen zu finden. In den Totpunktlagen ist $T = 0$; bei $\alpha + \beta = 90°$, d. h. wenn Schubstange und Kurbelradius einen rechten Winkel einschließen, ist $R = 0$ und $T = S$.

---

[1] Die verschiedenen Einzelfragen sind in der einschlägigen Literatur ausführlich behandelt; als Wegweiser sei auf die Schrifttumsangaben in BENSINGER, W.-D., u. A. MEIER: Kolben, Pleuel und Kurbelwelle bei schnellaufenden Verbrennungsmotoren, 2. Aufl. (Konstruktionsbücher Bd. 6), Berlin/Göttingen/Heidelberg: Springer 1961, hingewiesen.

28 4. Elemente der drehenden Bewegung

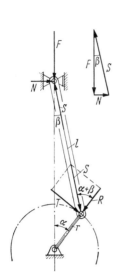

Abb. 4.35. Kräfte am Kurbelgetriebe

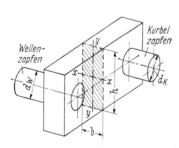

Abb. 4.36. Schema einer halben Kröpfung mit Rechteck als Wangenquerschnitt

Abb. 4.37. Biege- und Drehmomentenflächen an *einer* Kurbelwellenkröpfung

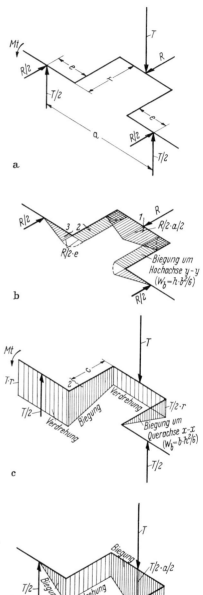

Die *Radialkraft R* liefert (Abb. 4.37b) nur reine Biegemomente wie beim Balken auf zwei Stützen:
in den Wangen ist das Biegemoment konstant, beim Rechteckquerschnitt wird

$$\sigma_{by} = \frac{\dfrac{R}{2} e}{\dfrac{h b^2}{6}} = \frac{3 R e}{h b^2},$$

im Kurbelzapfen ist in der Mitte die maximale Biegespannung

$$\sigma'_{b1} = \frac{\dfrac{R}{2} \dfrac{a}{2}}{\dfrac{\pi d_K^3}{32}} = \frac{8 R a}{\pi d_K^3},$$

im Wellenzapfen (Stelle 3)

$$\sigma'_{b3} = \frac{\dfrac{R}{2}\left(e - \dfrac{b}{2}\right)}{\dfrac{\pi d_W^3}{32}} = \frac{16 R \left(e - \dfrac{b}{2}\right)}{\pi d_W^3}.$$

In Abb. 4.37c ist gezeigt, daß die *Kraft T bzw. das Drehmoment* M_t den Kurbelzapfen mit $(T/2)r$ und den zweiten Wellenzapfen mit $M_t = T r$ auf Verdrehung beansprucht, während die Wangen auf Biegung um die Querachse $x-x$ beansprucht werden; es ergibt sich also
für den Kurbelzapfen

$$\tau_{t1} = \frac{\dfrac{T}{2} r}{\dfrac{\pi d_K^3}{16}} = \frac{8 T r}{\pi d_K^3},$$

für die Welle

$$\tau_{t3} = \frac{T r}{\dfrac{\pi d_W^3}{16}} = \frac{16 T r}{\pi d_W^3}$$

und für die Wange an der Stelle 2

$$\sigma_{bx} = \frac{\dfrac{T}{2}(r + c)}{\dfrac{b h^2}{6}} = \frac{3 T (r + c)}{b h^2}.$$

Aus Abb. 4.37d geht hervor, daß *infolge der Kraft T*
die Kurbelwangen auf Verdrehung beansprucht werden

$$\tau_{t2} = \frac{\dfrac{T}{2} e}{W_t} \quad \text{mit } W_t \text{ nach Abb. 2.193,}$$

der Kurbelzapfen auf Biegung

$$\sigma''_{b1} = \frac{\dfrac{T}{2} \dfrac{a}{2}}{\dfrac{\pi d_K^3}{32}} = \frac{8 T a}{\pi d_K^3}$$

und der Wellenzapfen auf Biegung

$$\sigma''_{b3} = \frac{\dfrac{T}{2}\left(e - \dfrac{b}{2}\right)}{\dfrac{\pi d_W^3}{32}} = \frac{16 T \left(e - \dfrac{b}{2}\right)}{\pi d_W^3}.$$

In den drei angedeuteten Querschnitten ergibt die Zusammensetzung der einzelnen Spannungen folgende Vergleichsspannungen:

	Einzelspannungen	Resultierende Biegespannung	Vergleichsspannung
Querschnitt 1 Mitte Kurbelzapfen	$\sigma'_{b1}, \sigma''_{b1}, \tau_{t1}$	$\sigma_{b1} = \sqrt{\sigma'^2_{b1} + \sigma''^2_{b1}}$	$\sigma_v = \sqrt{\sigma^2_{b1} + 3\tau^2_{t1}}$
Querschnitt 2 Kurbelwange	$\sigma_{by}, \sigma_{bx}, \tau_{t2}$	$\sigma_{b2} = \sigma_{bx} + \sigma_{by}$	$\sigma_v = \sqrt{\sigma^2_{b2} + 3\tau^2_{t2}}$
Querschnitt 3 Wellenzapfen	$\sigma'_{b3}, \sigma''_{b3}, \tau_{t3}$	$\sigma_{b3} = \sqrt{\sigma'^2_{b3} + \sigma''^2_{b3}}$	$\sigma_v = \sqrt{\sigma^2_{b3} + 3\tau^2_{t3}}$

Die Berechnung *mehrfach gekröpfter* und *mehrfach gelagerter* Wellen ist wesentlich schwieriger; überschläglich kann so vorgegangen werden, daß man eine solche Welle in einzelne statisch bestimmte Stücke zwischen je zwei Lagern zerlegt und für die Bemessung das Kurbelwellenstück herausgreift, durch welches das gesamte Drehmoment hindurchgeht. Für die Berechnung der *Durchbiegung gekröpfter Wellen* wird die Kröpfung durch ein gerades elastisches Wellenstück von entsprechender Nachgiebigkeit ersetzt.

4.3 Lager

Die Aufgabe der Lager besteht in der kraftübertragenden Stützung bzw. Führung von umlaufenden oder pendelnden Maschinenteilen. Wirken die Kräfte senkrecht zur Drehachse, so spricht man von *Quer- oder Radiallagern*, sind in Richtung der Achse wirkende Kräfte aufzunehmen, so handelt es sich um *Längs- oder Axiallager*. Nach der grundsätzlichen *Bauart* unterscheidet man ferner zwischen *Gleitlagern*, bei denen die Tragflächen unter Zwischenschaltung eines Schmierfilms aufeinander gleiten, und *Wälzlagern*, bei denen die Kraftübertragung über Wälzkörper erfolgt.

4.3.1 Gleitlager[1]

Bei Gleitlagern wird eine vollkommene Trennung der aneinander vorbeigleitenden Flächen durch einen Schmierfilm angestrebt. Man unterscheidet Lager, bei denen im Gleitraum selbsttätig die trennende Schmierschicht durch Haften an den Gleitflächen entsteht (hydrodynamische Gleitlager) und Lager, bei denen das Öl mit Hilfe einer Pumpe in Druckkammern des Gleitraumes gepreßt wird (hydrostatische Gleitlager). Bei der ersten Art besteht beim Anfahren zunächst unmittelbare Berührung zwischen den gleitenden Flächen, dann folgt das Gebiet der Mischreibung und erst oberhalb der sog. Übergangsdrehzahl wird der Zustand der reinen Flüssigkeitsreibung erreicht.

Gleitlager zeichnen sich durch folgende *Vorteile* aus: Sie sind einfach im Aufbau, vielseitig in der Anwendung, sie können geteilt und ungeteilt ausgeführt werden, sie haben bei relativ großen Passungstoleranzen geringe Lagerspiele, bei Vollschmierung haben sie sehr geringe Reibungsbeiwerte, infolge der Schmiermittelschicht sind sie schwingungs- und geräuschdämpfend, unempfindlich gegen Stöße und Erschütterungen; sie können ohne weiteres für größte Belastungen und sehr hohe Drehzahlen ausgelegt werden und besitzen bei guter Schmierung eine nahezu unbegrenzte Lebensdauer.

---

[1] Vgl. auch VDI-Richtlinien 2201: Gestaltung von Lagerungen, Einführung in die Wirkungsweise der Gleitlager, und VDI-Richtlinien 2204: Gleitlagerberechnung — Hydrodynamische Gleitlager für stationäre Belastung.

An *Nachteilen* sind zu nennen: der verhältnismäßig hohe Schmierstoffverbrauch, der höhere Aufwand für die Schmierstoffversorgung und Wartung, die erforderliche hohe Oberflächengüte der Gleitflächen, bei hydrodynamischen Lagern der hohe Anlaufreibwert und die Notwendigkeit geeigneter Lagerwerkstoffe mit hohen Anforderungen an Verschleißbeständigkeit und Notlaufeigenschaften, bei hydrostatischen Lagern die Notwendigkeit von Ölpumpen.

Für die Berechnung und Gestaltung „betriebssicherer" Gleitlager[1] sind drei wesentliche Gesichtspunkte maßgebend:
1. Festigkeit und Elastizität der Wellenzapfen,
2. Aufrechterhaltung des Schmierfilms im Gleitraum,
3. Sicherheit gegen Heißlaufen (Grenzen der Erwärmung im Dauerbetrieb).

Die Fragen zu Punkt 1 sind in den vorhergehenden Abschn. 4.1 und 4.2 behandelt; sie sind meistens für die erforderlichen Lagerabmessungen entscheidend.

Für Punkt 2 sind in erster Linie die Schmiermitteleigenschaften, die Gleitgeschwindigkeiten und die Lagerbelastung (Tragkraft), insbesondere die Pressungen, maßgebend.

Die entstehende Wärme (Punkt 3) wird durch die Reibungsleistung bestimmt; sie muß durch Strahlung und Leitung der Gehäusekörper und/oder durch das Schmiermittel (als Kühlmittel) abgeführt werden. Die Reibungsverhältnisse werden stark vom Schmierzustand, also wiederum vom Schmiermittel und nur im Gebiet der Mischreibung auch noch von den Lagerwerkstoffen beeinflußt.

4.3.1.1 Schmierstoffe: Aufgabe, Eigenschaften, Arten und Zuführung. Wie aus Vorstehendem hervorgeht, stellt das Schmiermittel ein sehr wichtiges Konstruktionselement für Gleitlager dar. Es muß zur Erfüllung seiner Aufgaben besondere Eigenschaften aufweisen und vor allen Dingen dem Lager in ausreichender Menge zugeführt werden, besonders wenn es gleichzeitig als Kühlmittel verwendet wird.

Für die Bildung eines tragfähigen Schmierfilms sind in erster Linie zwei Eigenschaften erforderlich: Das Schmiermittel muß die Gleitflächen benetzen und an ihnen haften (Adhäsion), und es muß eine bestimmte Viskosität (dynamische Zähigkeit) besitzen. Die letztere ist physikalisch eindeutig definiert nach dem Newtonschen Ansatz für den durch innere Reibung bedingten Widerstand gegen Verschiebung einzelner Flüssigkeitsschichten gegeneinander. Befindet sich das Schmiermittel in dünner Schicht zwischen zwei Platten (Abb. 4.38), von denen die untere ruht und die obere mit der Geschwindigkeit v verschoben wird, so stellt sich der eingezeichnete Geschwindigkeitsverlauf ein, und zwischen benachbarten parallelen Schichten wirken Schubspannungen τ, die dem Geschwindigkeitsgefälle proportional sind:

$$\tau = \eta \frac{dv}{dy}. \qquad (1)$$

Abb. 4.38. Zur Definition der dynamischen Viskosität (NEWTON)

Der Proportionalitätsfaktor η heißt dynamische Viskosität (DIN 1342 und 51550); Nach dieser Definitionsgleichung ist die Einheit der Viskosität kps/cm². (Im physikalischen Maßsystem ist die Einheit dyn s/cm² = 1 Poise, der hundertste Teil heißt Centipoise (cP); 1 kps/cm² = 98,1 · 10⁶ cP.) In der Praxis wird oft die Viskosität nach der Bestimmung im Engler-Viskosimeter (DIN 51560) in Englergraden E angegeben. Für die Umrechnung gilt

$$\eta = (74\,E - 64/E)\,\gamma \cdot 10^{-6},$$

---

[1] VOGELPOHL, G.: Betriebssichere Gleitlager, Berlin/Göttingen/Heidelberg: Springer 1958.

wobei η in kps/cm² erhalten wird, wenn E in Englergraden und γ = Wichte in kp/cm³ eingesetzt werden.

Die Viskosität ist stark von der *Temperatur* abhängig; in Abb. 4.39 sind für einige gebräuchliche *Ölsorten* die Viskositätswerte über der Temperatur aufgetragen. Die Öle mit hoher Viskosität besitzen die Fähigkeit, größere Kräfte zu übertragen,

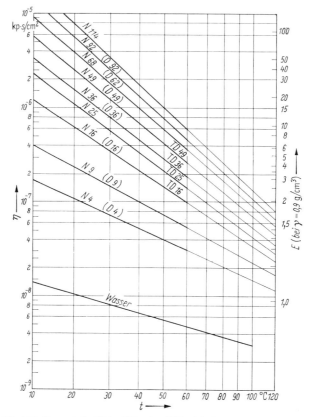

Abb. 4.39. Dynamische Viskosität η in Abhängigkeit von der Temperatur t für Normalschmieröle N nach DIN 51501, Schmieröle D nach DIN 51504 und Dampfturbinenöle TD nach DIN 51515 (Richtwerte)

so daß sich ihr Anwendungsbereich auf niedrige Drehzahlen und besonders hohe Belastungen erstreckt; es entstehen dabei jedoch große Reibungswiderstände. Öle mit niedriger Viskosität haben geringe innere Reibung und eignen sich vornehmlich für hohe Drehzahlen und geringe Belastungen.

Die Normalschmieröle N nach DIN 51501 (reine *Mineralöle*) sind für Temperaturen bis 50 °C brauchbar. Über ihre Verwendung in Gleitlagern mit Durchlaufschmierung gibt Tab. 4.7 Auskunft. Die Schmieröle D nach DIN 51504 (früher als *Destillate* bezeichnet) genügen qualitätsmäßig nicht den Mindestanforderungen an Normalschmieröle nach DIN 51501; sie werden verwendet, wenn keine Alterungsbeständigkeit und keine hohe Lebensdauer verlangt sind. Für höhere Temperaturen werden Öle mit besonderen Eigenschaften, z. B. höherem Flammpunkt, empfohlen, etwa die Dampfturbinenöle nach DIN 51515, die ohne Wirkstoffzusätze (nichtlegierte Öle, Typ TD) und mit Wirkstoffzusätzen (legierte Öle, Typ TDL) geliefert werden. Allgemein ermöglichen Zusätze die verschiedensten Eigenschaftsänderungen zur Erfüllung spezieller Anforderungen.

Es werden heute auch synthetische Öle und Siliconöle mit flacher verlaufenden Viskositäts-Temperatur-Kurven hergestellt.

Tabelle 4.7. *Verwendung von Normalschmierölen N nach DIN 51501 in Gleitlagern mit Durchlaufschmierung**

Betriebsbedingungen				Schmieröltypen
Belastung		Gleit-geschwindigkeit	Temperatur des aus der Schmierstelle austretenden Öls	
Benennung	[kp/cm²]	[m/s]	[°C]	
sehr leicht	bis 2	0,2 ··· 10	bis 30	N 4
			über 30 ··· 50	N 9
leicht	über 2 bis 10	0,2 ··· 5	bis 50	N 36
		über 5 ··· 10		N 25
		über 10 ··· 15		N 16
mittel	über 10 bis 80	0,2 ··· 5	bis 50	N 49
		über 5 ··· 10		N 36
schwer	über 80	0,1 ··· 1	bis 50	N 114
		über 1 ··· 2,5		N 92
		über 2,5 ··· 10		N 68

* Bei Umlaufschmierung können jeweils Öle mit etwas niedrigerer Viskosität gewählt werden.

Organische Öle, z. B. Rüböl, Rizinusöl, Knochenöl, weisen zwar gute Schmiereigenschaften auf, aber sie besitzen nur geringe chemische Stabilität, d. h., sie altern rasch, indem sie oxydieren und verharzen. Sie werden daher hauptsächlich nur noch als Zusätze zu Mineralölen verwendet.

Als flüssige Schmiermittel kommen auch *Wasser* und *Wasser-Öl-Emulsionen* bei geringen Belastungen zur Anwendung.

An plastischen Massen sind für Schmierzwecke *konsistente Fette* (DIN 51818, 51822 und 51823), meist Mineralfette (Natrium-, Kalk- und Lithiumseifenfette) geeignet. Die Fette gehen unter Druck in einen fließähnlichen Zustand über und bilden so im Gleitraum eine reibungsmindernde Schicht. Fettschmierung wird im allgemeinen für geringer belastete Lager, bei sehr niedrigen Drehzahlen auch höhere Belastung, für Gelenke, vor allem in staubigen Betrieben, wie Getreidemühlen, Zementfabriken und Bergwerken verwendet. Sie ist auch angebracht in Betrieben, in denen durch Abtropfen oder Wegschleudern von Öl eine Beschmutzung oder Wertminderung von Waren zu befürchten ist, und schließlich bei Lagern, die sich an schwer zugänglichen Stellen befinden und bei denen eine Ölzufuhr größere Schwierigkeiten bereitet.

Auch feste Körper in Pulverform, vor allem *Graphit* und *Molybdändisulfid* werden als Schmiermittel, meistens als Zusätze zu Ölen oder Fetten in Form von Pasten, aber auch in trockenem Zustand bei sehr langsamen Bewegungen und bei hohen Temperaturen verwendet.

In Sonderfällen, bei geringen Belastungen und sehr hohen Drehzahlen, können auch *Gase und Dämpfe*, insbesondere *Luft*, als Schmiermittel dienen.

Außer Haftfähigkeit und Viskosität sind für die Beurteilung und Verwendung von Schmiermitteln noch weitere Eigenschaften von Bedeutung, wie z. B. Wichte

($\gamma \approx 0{,}89 \cdots 0{,}92$ p/cm³), spezifische Wärme, Erstarrungstemperatur (Stockpunkt, Tropfpunkt bei Fetten), Flammpunkt und Brennpunkt, Alterungsbeständigkeit, Reinheitsgrad, Schaumbildung u. dgl. Über die Prüfung von Schmierstoffen vgl. DIN 51351; 51551 bis 51563, 51568, 51575, 51581 bis 51593; 51800 bis 51812.

Für die Schmierölauswahl ist ferner entscheidend, ob die Schmiervorrichtung Wiederverwendung des einmal gebrauchten Öles vorsieht oder nicht. Man kann z. B. das benutzte Öl sammeln und nach Reinigung wieder in die Schmiergefäße

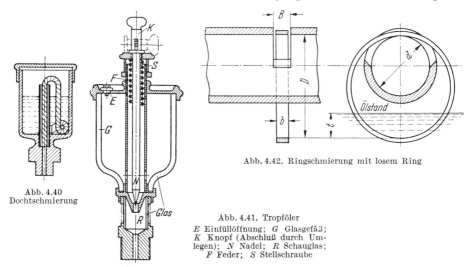

Abb. 4.40 Dochtschmierung

Abb. 4.42. Ringschmierung mit losem Ring

Abb. 4.41. Tropföler
E Einfüllöffnung; G Glasgefäß; K Knopf (Abschluß durch Umlegen); N Nadel; R Schauglas; F Feder; S Stellschraube

füllen, oder aber das Öl macht einen fortwährenden Kreislauf zwischen Verbrauchsstelle und Schmierapparat, wobei Filter und Kühler zwischengeschaltet werden können.

Die *gebräuchlichsten Schmierverfahren* sind:

1. *Schmierung* von Hand *mit Öl- oder Spritzkannen* (mit federndem Boden oder eingebauter Druckpumpe, die durch Druck auf einen Knopf betätigt wird) oder mit *Fettpressen*. Die Schmierstelle wird dabei durch Schmiernippel abgeschlossen (Kegelschmiernippel nach DIN 71412 vorwiegend für Kraftfahrzeuge, Kugelschmiernippel DIN 3402, Flachschmiernippel DIN 3404, Trichterschmiernippel DIN 3405, Einschraub-Helm-, -Deckel- und -Kugelöler, Einschlag-Klappdeckelöler (selbstschließend) und Einschlag-Kugelöler nach DIN 3410).

2. *Dochtschmierung* (Abb. 4.40). Hierbei wird das Öl aus aufgesetztem Ölbehälter oder aus einer Aussparung im Lagerdeckel durch locker geflochtene Wolldochte (Zephir- oder Alpaka-Wolle) durch **Kapillar-** oder **Heberwirkung** in die Ölleitung zur Lagerstelle transportiert. Der Dochtschmierung verwandt ist die Polsterschmierung, bei der ein Wollkissen durch Federn gegen den Zapfen gedrückt wird; sie ist bei Eisenbahnfahrzeugen zu finden.

3. *Tropföler* (Abb. 4.41) mit regelbarem und sichtbarem Tropfenfall und Ölstand. Die Regelung erfolgt über einstellbare Nadel, die durch Umlegen eines Knopfes auch in Schließstellung gebracht werden kann. Es ist leicht eine Vereinigung zu einem Zentralschmierapparat möglich, ein größerer Ölbehälter hat dann mehrere Tropfdüsen, von denen das Öl in dünnen Röhrchen den Schmierstellen zugeführt wird.

4. *Ringschmierung* mit umlaufenden losen oder festen Ringen. Bei einem losen Ring (Abb. 4.42) hängt dieser in einem Ausschnitt der Lagerbuchse auf der Welle und taucht unten in ein Ölbad; der Ring wird durch die Welle mitgenommen und fördert das anhaftende Öl an die Oberkante der Welle. Die transportierte Ölmenge[1] nimmt mit steigender Wellen- und Ringdrehzahl zu,

---

[1] Vgl. VDI-Z. 98 (1956) 981—983, Ölförderung und Erwärmung bei Ringschmieranlagen, und Z. Konstr. 9 (1957) 74—76, Ölförderung loser Schmierringe und Temperaturen eines Ringschmierlagers (Referate).

etztere ist von den Ringabmessungen und den Reibungsverhältnissen zwischen Ring und Welle abhängig. Schmierringe sind in DIN 322 genormt. Bei festen Ringen, angewandt bei niedriger Drehzahl und kleinem Wellendurchmesser, wird das Öl am oberen Scheitelpunkt durch einen Ölabstreifer (Kante am Lagerdeckel oder aufgesetzter Reiter) abgenommen und einer Verteilungskammer zugeleitet. Der feste Schmierring kann auch zur axialen Fixierung der Welle benutzt werden.

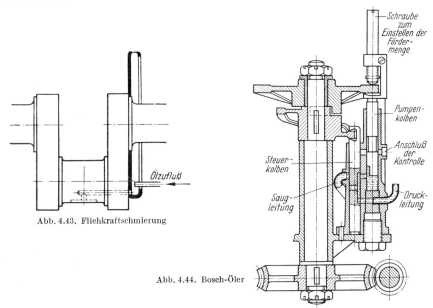

Abb. 4.43. Fliehkraftschmierung

Abb. 4.44. Bosch-Öler

5. *Tauchschmierung*. Bei schnellaufenden stehenden Kolbenmaschinen taucht der Pleuelstangenkopf in den Ölsumpf des geschlossenen Kurbelgehäuses und spritzt das Öl an die verschiedenen Schmierstellen (Kolbenlauffläche, Kurbelzapfen, Kolbenbolzen usw.).

6. *Fliehkraftschmierung* nach Abb. 4.43 für Kurbelwellenzapfen; das Öl wird in einen Schleuderring geleitet und fließt von dort der Schmierstelle zu.

7. *Umlaufschmierung* wird bei größeren Maschinenanlagen mit vielen Lagern verwendet. Entweder wird das Öl in einen Hochbehälter gepumpt, von dem aus es den einzelnen Lagerstellen unter natürlichem Gefälle zufließt; oder es wird von der Pumpe aus unter einem Überdruck von einigen Atmosphären den Lagerstellen unmittelbar zugeführt. Die Ölversorgung ist meist sehr reichlich bemessen und gut regelbar, so daß zugleich ausreichende Kühlung bewirkt wird. Bei Kolbenpumpen wird durch Hubveränderung reguliert, bei Zahnradpumpen durch ein Überdruckventil, das überschüssiges Öl in den Saugraum zurückfließen läßt.

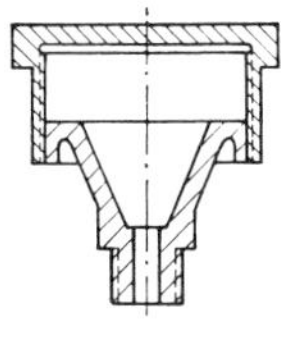

8. Bei *Druckschmierung* wird einzelnen Lagerstellen, vor allem solchen für Teile mit schwingender Bewegung, unter hohem Druck Frischöl zugeführt; die Fördermengen sind gering und genau dosierbar. Abb. 4.44 zeigt als Beispiel den Bosch-Öler; der Pumpenkolben saugt bei entsprechender Stellung des Steuerkolbens Öl an und drückt es, wenn der Steuerkolben die Verbindung mit der Druckleitung herstellt, zur Schmierstelle. Beide Kolben werden durch umlaufende schräge Scheiben bewegt, wobei der Hub des Pumpenkolbens einstellbar ist. Bei jedem zweiten Pumpenhub wird bei der höchsten Stellung des Steuerkolbens das Öl in eine zweite Leitung gedrückt, die über ein Schauglas zum Ölbehälter führt, so daß man das Arbeiten der Pumpe beobachten kann.

Abb. 4.45 Stauffer-Büchse nach DIN 3411 und 3412

9. Bei hydrostatischer Schmierung müssen oft noch höhere Drücke angewendet werden, man spricht dann von *Hochdruckschmierung*, für die jedoch verhältnismäßig kleine Zahnradpumpen ausreichen, da die erforderlichen Ölmengen und somit die Pumpenleistungen sehr gering sind (s. Abschn. 4.3.1.2).

10. *Fettbehälter* für Fettschmierung. Einfachste und weitverbreitetste Form ist die Staufferbüchse (Abb. 4.45 nach DIN 3411 und 3412) mit von Hand nachstellbarem Schraubdeckel; daneben gibt es Federdruckbüchsen, bei denen ein Kolben durch Federdruck selbsttätig auf das

Fett drückt. Bei größeren Lagern wird die drucklose Lagerschale fortgelassen und dafür eine Fettvorratskammer an das Lager angegossen, oder die drucklose Lagerschale enthält eine genügend große Aussparung. Das Fett ruht mit seinem Eigengewicht auf der zu schmierenden Welle, die nur soviel Fett mitnimmt, wie das Lager verbraucht.

4.3.1.2 Druck-, Geschwindigkeits- und Reibungsverhältnisse im Tragfilm. Die physikalischen Vorgänge sind teilweise recht verwickelt, und die mathematische Behandlung ist wie immer an gewisse Voraussetzungen gebunden. Die Grundlagen liefert die Hydrodynamik, die Lehre von der Strömung, insbesondere zäher Flüssigkeiten, bei denen es sich wegen der dünnen Schichten stets um Laminarströmung handelt. Hier können nur die wichtigsten *Ergebnisse* gebracht werden, die jedoch eine Beurteilung der Einflußgrößen und eine Berechnung der Hauptdaten ermöglichen.

Das Ziel der hydrodynamischen Untersuchungen besteht darin, optimale Abmessungen für ein Lager zu finden, d. h. die verschiedenen wirksamen Größen so aufeinander abzustimmen, daß die Tragfähigkeit sichergestellt ist und die Verluste durch Reibung bzw. der Leistungsaufwand Mindestwerte annehmen. Es sei hier zunächst noch einmal auf den grundsätzlichen Unterschied zwischen hydrostatischen und hydrodynamischen Lagern hingewiesen. Bei den hydrostatischen Lagern erfolgt die Druckerzeugung *vor* Eintritt ins Lager durch eine Pumpe; der Gesamtleistungsaufwand besteht also aus der Pumpenleistung und der Lagerreibungsleistung, wobei jedoch zu beachten ist, daß der Wirkungsgrad von Pumpen hoch liegt und die Summe der beiden Leistungsanteile wesentlich geringer ist als der Leistungsaufwand bei hydrodynamischen Lagern. Dies ist besonders klar von A. LEYER[1] herausgestellt worden. Beim hydrodynamischen Lager wird der Druck selbsttätig im Lager selbst aufgebaut, das Lager muß also gleichzeitig als Pumpe wirken, was jedoch mit einem verhältnismäßig schlechten Wirkungsgrad geschieht. Das hydrodynamische Lager arbeitet außerdem nur bei genügend großer Gleitgeschwindigkeit (oberhalb der Übergangsdrehzahl) im Gebiet reiner Flüssigkeitsreibung, nur hierfür sind die hydrodynamischen Gesetzmäßigkeiten gültig.

Die Vorgänge im Tragfilm sind zuerst von O. REYNOLDS[2] (1886) berechnet worden; gründliche Versuche wurden von R. STRIBECK[3] (1902) durchgeführt. Es folgten dann die Arbeiten von A. SOMMERFELD[4] (1904), A. G. M. MICHELL[5] (1905) und L. GÜMBEL[6] (1914/17). Für die Vertiefung und Anwendung der Theorie sorgten dann E. FALZ[7] (1926) und A. KLEMENCIC[8] (1943); zahlenmäßige Unterlagen berechneten H. SASSENFELD und A. WALTHER[9] (1954), und zusammen-

---

[1] LEYER, A.: Keilschmierung oder Druckölschmierung? Schweiz. Bauztg. 71 (1953) 66—69. — LEYER, A.: Theorie des Gleitlagers bei Vollschmierung. Techn. Rundsch. 1961, Nr. 4, 11, 20, 29 u. 33 bzw. Blaue TR-Reihe H. 46. — Vgl. ferner VOGELPOHL, G.: Das hydrostatische Lager und die Möglichkeiten seiner Anwendung. Z. Konstr. 9 (1957) 45—51.

[2] REYNOLDS, O.: Trans. Roy. Soc. Lond. 177 (1886) 157—234, deutsch: Ostwalds Klassiker Bd. 218.

[3] STRIBECK, R.: Die wesentlichen Eigenschaften der Gleit- und Rollenlager. VDI-Z. 46 (1902) 1341—1348, 1432—1438, 1463—1470, und VDI-Forschungsheft 7, Berlin 1903.

[4] SOMMERFELD, A.: Zur hydrodynamischen Theorie der Schmiermittelreibung. Z. Math. Phys. 50 (1904) 57—155, und Ostwalds Klassiker Bd. 218. — SOMMERFELD, A.: Zur Theorie der Schmiermittelreibung. Z. techn. Physik 2 (1921) H. 3 u. 4.

[5] MICHELL, A. G. M.: The Lubrication of Plane Surfaces. Z. Math. Phys. 52 (1905) 123—137.

[6] GÜMBEL, L.: Das Problem der Lagerreibung. Mbl. Berlin. Bez. Ver. dtsch. Ing. 5 (1914) 87—104, 109—120. — GÜMBEL, L.: Der Einfluß der Schmierung auf die Konstruktion. Jb. schiffbautechn. Ges. 18 (1917) 236—322.

[7] FALZ, E.: Grundzüge der Schmiertechnik, Berlin: Springer 1926, 2. Aufl. 1931.

[8] KLEMENCIC, A.: Bemessung und Gestaltung von Gleitlagern. VDI-Z. 87 (1943) 409—418.

[9] SASSENFELD, H., u. A. WALTHER: Gleitlagerberechnungen, VDI-Forschungsheft 441, Düsseldorf: VDI-Verlag 1954.

fassende Darstellungen stammen von E. SCHMID uud R. WEBER[1] (1953) und von G. VOGELPOHL[2] (1958 und 1967). Die beiden zuletzt genannten Werke enthalten ausführliche Literaturverzeichnisse.

Alle Formeln der Spaltströmung beweisen, daß möglichst *geringe Schichtdicken h* für die Tragfähigkeit und den Leistungsaufwand günstig sind. Zu dicke Tragschichten erfordern einen unnötigen Aufwand zur Beschleunigung der Teilchen, bei zu dünnen Schichten besteht die Gefahr der Festkörperberührung. Die geringstmögliche Schichtdicke ist durch die Rauhtiefen der Gleitflächen und überhaupt durch die Fertigungsmöglichkeiten gegeben; bei nicht zu großen Abmessungen und keinem außergewöhnlichen Aufwand wird man mit $R_t = 5\ \mu m$, also mit $h_{min} = 10\ \mu m = 0{,}010$ mm rechnen können; in Sonderfällen, etwa bei gut polierten Oberflächen kann dieser untere Grenzwert noch unterschritten werden. Für Lager mit größeren Abmessungen, etwa für große Axiallager, ist h_{min} vom mittleren Durchmesser abhängig, als Richtwert wird von G. NIEMANN $h \geqq 5 \cdot 10^{-5} d_m$ empfohlen.

Außer der Schichtdicke h spielen bei allen Gleitlagern die Belastung F, die Viskosität η, die Gleitgeschwindigkeit u bzw. die Winkelgeschwindigkeit ω und natürlich die Abmessungen eine Rolle. Lagerlast und Abmessungen werden häufig durch den mittleren spezifischen Lagerdruck $\bar{p}$ verknüpft, der definiert ist als Lagerlast dividiert durch die in Lastrichtung projizierte Lauffläche A. Aus Ähnlichkeitsbetrachtungen ergibt sich, daß die genannten Größen nicht einzeln für sich entscheidend sind, sondern daß sie in gegenseitiger Beziehung zueinander stehen und in Kombinationen als dimensionslose *Lagerkennzahlen* auftreten. Lager gleicher Bauart mit gleichen Kennzahlen weisen dann gleiches Verhalten auf. Bei manchen Lagerarten gibt es für die Kennzahl *einen* Optimalwert, der kleinste Abmessungen und geringsten Leistungsaufwand gewährleistet. Bei anderen Lagertypen gibt die Größenordnung der Kennzahl einen Hinweis auf erforderliche Abmessungen, Tragfähigkeit und mögliche Geschwindigkeiten.

Die *entstehende Reibungsleistung* wird in Wärme umgesetzt, die, wie schon erwähnt, durch Leitung und Strahlung an die umgebende Luft abgegeben (Luftkühlung) oder mit dem Schmieröl abgeführt wird (Durchflußkühlung).

Bei *Lagern mit vorwiegender Luftkühlung* (z. B. Ringschmierlager, Fettlager) spielt die Ausbildung des Gehäuses eine wesentliche Rolle. Wird die Wärmeübergangszahl mit α, die wärmeabgebende Ausstrahlfläche mit A, die Temperatur an der Gleitfläche mit t und die Temperatur der umgebenden Luft mit t_l bezeichnet, dann gilt der Ansatz

$$\boxed{P_R = \alpha\, A\, (t - t_l)}. \tag{2}$$

Für *Lager mit vorwiegender Ölkühlung* ergibt sich mit dem Wärmebeiwert des Öles $\beta = 42700\ \dfrac{\text{cm kp}}{\text{kcal}}\, c\, \gamma$ (c = spezifische Wärme in kcal/kp °C und γ = Wichte in kp/cm³) und dem Ölvolumenstrom $\dot{V}$ in cm³/s

$$\boxed{P_R = \beta\, \dot{V}\, (t_a - t_e)}. \tag{3}$$

Hierin ist t_e die Temperatur des Öles beim Eintritt und t_a die Temperatur beim Austritt, $(t_a - t_e)$ also die Temperaturdifferenz, um die das Öl abgekühlt werden muß. Der Wärmebeiwert β kann bei den üblichen Temperaturen und γ-Werten mit 16,5 kp/cm² °C eingesetzt werden.

---

[1] SCHMID, E., u. R. WEBER: Gleitlager, Berlin/Göttingen/Heidelberg: Springer 1953.
[2] VOGELPOHL, G.: Betriebssichere Gleitlager, Berlin/Göttingen/Heidelberg: Springer 1958, 2. Aufl. 1967.

4. Elemente der drehenden Bewegung

Axiallager. Da die Verhältnisse an *Axiallagern* leichter zu übersehen sind und auch die Grundlage für Radiallager bilden, sollen sie hier zuerst behandelt werden.

a) *Hydrostatische Axiallager.* Bei der Ausbildung als *Tellerlager* nach dem Schema der Abb. 4.46 ergeben sich verhältnismäßig einfache Beziehungen[1]; der Druckverlauf ist in Abb. 4.46 aufgezeichnet; für den Druck p im Spalt auf beliebigem Radius r gilt

$$p = p_i \frac{\ln \frac{r_a}{r}}{\ln \frac{r_a}{r_i}}. \tag{4}$$

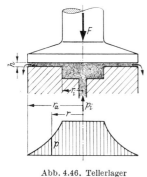

Abb. 4.46. Tellerlager

Aus der Gleichgewichtsbedingung $\sum p \Delta A = F$ folgt

$$F = \frac{\pi}{2} \frac{r_a^2 - r_i^2}{\ln \frac{r_a}{r_i}} p_i. \tag{5}$$

Die Gleichung für die Radialströmung liefert den Ölvolumenstrom

$$\dot{V} = \frac{F h^3}{3 \eta (r_a^2 - r_i^2)}. \tag{6}$$

Mit p_i aus Gl. (5) kann dann der Leistungsaufwand der Pumpe berechnet werden:

$$P_P = \dot{V} p_i = \frac{2}{3\pi} \frac{F^2 h^3 \ln \frac{r_a}{r_i}}{\eta (r_a^2 - r_i^2)^2}. \tag{7}$$

Aus dem Verlauf der Tangentialgeschwindigkeiten und dem Newtonschen Ansatz ergibt sich das Reibungsmoment

$$M_R = \frac{\pi}{2} \frac{\eta \omega}{h} (r_a^4 - r_i^4). \tag{8}$$

Durch Multiplikation mit der Winkelgeschwindigkeit ω erhält man die Reibungsleistung

$$P_R = M_R \omega = \frac{\pi}{2} \frac{\eta \omega^2}{h} (r_a^4 - r_i^4). \tag{9}$$

Der Gesamtleistungsaufwand $P_{\text{ges}} = P_P + P_R$ soll ein Minimum sein; bei der Aufstellung der Bedingungsgleichungen hierfür zeigt sich, daß P_{ges} erstens um so kleiner wird, je geringer die Schichtdicke ist, und zweitens, daß eine dimensionslose Lagerkennzahl L

$$\boxed{L = \frac{F h^2}{\eta \omega r_a^4}} \tag{10}$$

auftritt, deren Optimalwert von r_i/r_a abhängig ist und bei $r_i/r_a = 0{,}5$ einen Höchstwert, nämlich $L_{0\max} = 2{,}35$, hat. Die durch Gl. (10) miteinander verknüpften Größen F, h, η, ω und r_a sind also so zu wählen, daß $\frac{F h^2}{\eta \omega r_a^4} = 2{,}35$ wird. F und ω sind meistens gegeben, η und h können angenommen werden, so daß aus dieser Beziehung r_a berechnet werden kann; r_i muß dann gleich $0{,}5 r_a$ gemacht werden. Bei *diesen* optimalen Verhältnissen stellt sich heraus, daß Pumpenleistung und Reibungsleistung gleich groß sind: $P_P = P_R = 0{,}5 P_{\text{ges}}$, wobei $P_{\text{ges}} = 1{,}25 F h \omega$.

---

[1] Ableitung der Formeln s. TEN BOSCH, M.: Berechnung der Maschinenelemente, 3. Aufl.. Berlin/Göttingen/Heidelberg: Springer 1953, S. 258ff., und A. LEYER (Fußnote 1, S. 36).

Beispiel: Gegeben: $F = 80000$ kp; $n = 300$ U/min, d. h. $\omega = 31{,}4/\text{s}$. Angenommen werden

$$h = \frac{35}{1000} \text{ mm} = \frac{3{,}5}{10^3} \text{ cm}$$

und

$$\eta = 0{,}4 \cdot 10^{-6} \frac{\text{kps}}{\text{cm}^2},$$

d. h. nach Abb. 4.39 Ölsorte N 36 bei $t_a \approx 43\,°\text{C}$.

Aus $L_{0\max} = \dfrac{F h^2}{\eta \omega r_a^4} = 2{,}35$ folgt dann

$$r_a^4 = \frac{F h^2}{2{,}35 \eta \omega} = \frac{80000 \text{ kp} \cdot 3{,}5^2 \cdot 10^{-6} \text{ cm}^2}{2{,}35 \cdot 0{,}4 \cdot 10^{-6} \dfrac{\text{kps}}{\text{cm}^2} \cdot 31{,}4/\text{s}} = 33200 \text{ cm}^4; \quad \underline{r_a = 13{,}5 \text{ cm}.}$$

Gewählt werden $r_a = 13{,}6$ cm und $r_i = 6{,}8$ cm. Aus Gl. (5) ergibt sich damit der erforderliche Öldruck

$$p_i = \frac{2 F \ln \dfrac{r_a}{r_i}}{\pi (r_a^2 - r_i^2)} = \frac{2 \cdot 80000 \text{ kp} \ln 2}{\pi (185 - 46) \text{ cm}^2} = \frac{160000 \cdot 0{,}693}{\pi \cdot 139} \frac{\text{kp}}{\text{cm}^2} = \underline{254 \text{ kp/cm}^2}$$

und aus Gl. (6) der erforderliche Ölvolumenstrom

$$\dot V = \frac{F h^3}{3\eta (r_a^2 - r_i^2)} = \frac{80000 \text{ kp} \cdot 3{,}5^3 \cdot 10^{-9} \text{ cm}^3}{3 \cdot 0{,}4 \cdot 10^{-6} \dfrac{\text{kps}}{\text{cm}^2} \cdot 139 \text{ cm}^2} = \underline{20{,}6 \text{ cm}^3/\text{s}.}$$

Die Pumpenleistung wird also

$$P_P = \dot V p_i = 20{,}6 \text{ cm}^3/\text{s} \cdot 254 \text{ kp/cm}^2 = 52{,}40 \text{ kpm/s} = \underline{0{,}51 \text{ kW}.}$$

Gl. (8) liefert das Reibungsmoment

$$M_R = \frac{\pi}{2} \frac{\eta \omega}{h} (r_a^4 - r_i^4) = \frac{\pi}{2} \frac{0{,}4 \cdot 10^{-6} \dfrac{\text{kps}}{\text{cm}^2} \cdot 31{,}4/\text{s}}{3{,}5 \cdot 10^{-3} \text{ cm}} (342 - 21) \cdot 10^2 \text{ cm}^4 = 181 \text{ kpcm}.$$

Die Reibungsleistung beträgt demnach

$$P_R = M_R \omega = 181 \text{ kpcm} \cdot 31{,}4/\text{s} = 56{,}80 \text{ kpm/s} = \underline{0{,}56 \text{ kW}.}$$

Kontrolle: $P_{\text{ges}} = 1{,}25 F h \omega = 1{,}25 \cdot 80000 \text{ kp} \cdot 3{,}5 \cdot 10^{-3} \text{ cm} \cdot 31{,}4/\text{s} = 110 \text{ kpm/s} = \underline{1{,}08 \text{ kW}.}$

Würde die Reibungswärme nur durch das Öl abgeführt, so müßte dieses [nach Gl. (3)] um

$$t_a - t_e = \frac{P_R}{\beta \dot V} = \frac{5680 \text{ kpcm/s}}{16{,}5 \dfrac{\text{kp}}{\text{cm}^2\,°\text{C}} \cdot 20{,}6 \text{ cm}^3/\text{s}} \approx 17\,°\text{C}$$

abgekühlt werden; die Eintrittstemperatur müßte also $t_e = 43\,°\text{C} - 17\,°\text{C} = 26\,°\text{C}$ betragen.

Das Beispiel zeigt, daß die erforderliche Pumpenleistung sehr niedrig ist und daß man mit sehr geringen Abmessungen auskommt. Der Druck $p_i = 254$ kp/cm² ist ohne Schwierigkeiten mit einer kleinen Zahnrad- oder Kolbenpumpe zu schaffen.

Tellerlager können nur am unteren Ende der Welle angeordnet werden; häufiger ist in der Praxis der Fall einer durchgehenden Welle gegeben, so daß die Tragflächen ringförmig ausgebildet werden müssen.

Bei der Ausführung als *Ringkammerlager* nach dem Schema der Abb. 4.47 werden verhältnismäßig schmale Spaltflächen (Breite b) angeordnet, so daß mit guter Näherung mit linearem Druckabfall gerechnet werden kann. Die Radien r_1 und r_2 gehen jeweils bis zur Mitte der Ringflächen, und es ergeben sich ähnliche Gleichungen wie vorher, und zwar für
die Tragkraft

$$F = \pi (r_2^2 - r_1^2)\, p_i, \tag{5a}$$

den Ölvolumenstrom
$$\dot V = \frac{F h^3}{6\eta b (r_2 - r_1)}, \tag{6a}$$

den Leistungsaufwand der Pumpe
$$P_p = \dot V\, p_i = \frac{F^2 h^3}{6\pi \eta b (r_2 - r_1)^2 (r_2 + r_1)}, \tag{7a}$$

das Reibungsmoment
$$M_R = 2\pi b \frac{\eta \omega}{h}(r_2^3 + r_1^3) \tag{8a}$$

und die Reibungsleistung
$$P_R = M_R\, \omega = 2\pi b \frac{\eta \omega^2}{h}(r_2^3 + r_1^3). \tag{9a}$$

Sucht man wieder das Minimum für die Gesamtleistung $P_{\text{ges}} = P_P + P_R$, so tritt in der Bestimmungsgleichung ebenfalls eine dimensionslose Lagerkennzahl L auf:

$$\boxed{L = \frac{F h^2}{\eta \omega b r_2^3}}. \tag{10a}$$

Ihre Optimalwerte L_0 sind von r_1/r_2 abhängig und in Abb. 4.48 dargestellt, um Größenordnung und Kurvenverlauf aufzuzeigen. Es ist hier kein Maximum festzustellen, aber L_0 nimmt mit kleineren r_1/r_2-Werten zu, so daß also kleine r_1-Werte günstig sind. Durch den Wellendurchmesser und die Breite b wird jedoch die Wahl von r_1 eingeengt. In Gl. (10a) ist gegenüber Gl. (10) noch eine Veränderliche mehr enthalten. Praktisch wird man bei gegebenen Werten für F und ω wieder h und η

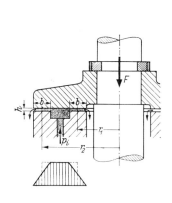

Abb. 4.47. Ringkammerlager

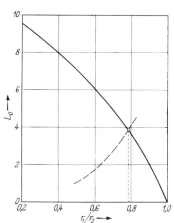

Abb. 4.48. Optimalwerte L_0 von $L = \dfrac{F h^2}{\eta \omega b r_2^3}$ für das Ringkammerlager

wählen, außerdem aus den konstruktiven Gegebenheiten r_1 und b festlegen und nun für verschiedene angenommene r_2- bzw. r_1/r_2-Werte aus Gl. (10a) die L-Werte berechnen.

Trägt man die Kurve dieser L-Werte in Abb. 4.48 ein, so liefert der Schnittpunkt mit der L_0-Kurve den günstigsten r_1/r_2-Wert und somit das zu den angenommenen Werten gehörige Optimum von r_2.

4.3 Lager

Beispiel: Gegeben: $F = 80\,000$ kp; $n = 300$ U/min, d. h. $\omega = 31{,}4/\text{s}$.
Für h und η seien die gleichen Werte wie im letzten Beispiel gewählt: $h = 3{,}5 \cdot 10^{-3}$ cm; $\eta = 0{,}4 \cdot 10^{-6}$ kps/cm²; ($t \approx 43$ °C). Der Wellendurchmesser sei zu 280 mm gegeben, so daß ein Vorentwurf als brauchbare Werte $r_1 = 17$ cm und $b = 2$ cm liefert.

Angenommen

$$\frac{r_1}{r_2} = 0{,}5 \qquad 0{,}6 \qquad 0{,}7 \qquad 0{,}8$$

$$r_2 = 34 \text{ cm} \quad 28{,}4 \text{ cm} \quad 24{,}3 \text{ cm} \quad 21{,}2 \text{ cm}.$$

Nach Gl. (10a) wird

$$L = 1{,}0 \qquad 1{,}7 \qquad 2{,}73 \qquad 4{,}11.$$

Diese Werte sind gestrichelt in Abb. 4.48 eingetragen; der Schnittpunkt mit der L_0-Kurve liegt bei $(r_1/r_2)_{\text{optimum}} = 0{,}78$, also wird $r_2 = 17\text{ cm}/0{,}78 = 21{,}8$ cm.

Es ergibt sich also

$$r_i = r_1 - \frac{b}{2} = 170 \text{ mm} - 10 \text{ mm} = 160 \text{ mm},$$

$$r_a = r_2 + \frac{b}{2} = 218 \text{ mm} + 10 \text{ mm} = 228 \text{ mm},$$

aus Gl. (5a) $\quad p_i = \dfrac{F}{\pi(r_2^2 - r_1^2)} = \dfrac{80\,000 \text{ kp}}{\pi(21{,}8^2 - 17^2) \text{ cm}^2} = \underline{137 \text{ kp/cm}^2},$

aus Gl. (6a) $\quad \dot V = \dfrac{F h^3}{6\eta\, b(r_2 - r_1)} = \dfrac{80\,000 \text{ kp} \cdot 3{,}5^3 \cdot 10^{-9} \text{ cm}^3}{6 \cdot 0{,}4 \cdot 10^{-6} \dfrac{\text{kps}}{\text{cm}^2} \cdot 2 \text{ cm} \cdot 4{,}8 \text{ cm}} = 149 \text{ cm}^3/\text{s},$

aus Gl. (7a) $\quad P_P = \dot V\, p_i = 149 \text{ cm}^3/\text{s} \cdot 137 \text{ kp/cm}^2 = 204 \text{ kpm/s} = \underline{2{,}00 \text{ kW}},$

aus Gl. (8a) $\quad M_R = 2\pi b\, \dfrac{\eta\, \omega}{h}(r_2^3 + r_1^3)$

$$= 2\pi \cdot 2 \text{ cm}\, \frac{0{,}4 \cdot 10^{-6} \dfrac{\text{kps}}{\text{cm}^2} \cdot 31{,}4/\text{s}}{3{,}5 \cdot 10^{-3} \text{ cm}} \cdot (21{,}8^3 + 17^3) \text{ cm}^3 = 688 \text{ cmkp},$$

aus Gl. (9a) $\quad P_R = M_R\, \omega = 688 \text{ cmkp} \cdot 31{,}4/\text{s} = 216 \text{ kpm/s} = \underline{2{,}12 \text{ kW}},$

$\underline{P_{\text{ges}} = P_P + P_R = 4{,}12 \text{ kW}}.$

Die erforderliche Ölkühlung wird aus Gl. (3) ermittelt:

$$t_a - t_e = \frac{P_R}{\beta\, \dot V} = \frac{21\,600 \text{ kpcm/s}}{16{,}5 \dfrac{\text{kp}}{\text{cm}^2\,°\text{C}} \cdot 149 \text{ cm}^3/\text{s}} \approx 9\,°\text{C}; \qquad t_e = 43\,°\text{C} - 9\,°\text{C} = 34\,°\text{C}.$$

Auch hier ist $P_P \approx P_R \approx 0{,}5 P_{\text{ges}}$; ein Vergleich mit dem letzten Beispiel zeigt jedoch, daß der Leistungsaufwand rund 4 mal so groß ist.

b) *Hydrodynamische Axiallager.* Bei hydrodynamischen Lagern kommt die Strömung des Schmiermittels durch die Schleppwirkung der bewegten Gleitfläche zustande (Reibungspumpe), und der zum Tragen notwendige Druck entsteht dadurch, daß die Strömung durch die besondere Form des Schmierspalts (Verengung) gestaut wird. Die häufigst verwendete Schmierspaltform ist der Keil, für den die Grundbeziehungen (ohne Seitenfluß, unendliche Breite) in Abb. 4.49 dargestellt sind[1]. An der Stelle des Druckmaximums ist die Geschwindigkeitsverteilung linear, davor und dahinter ist ein parabelförmiger Verlauf überlagert. Die kleinste Schichtdicke an der Austrittskante wird mit h_0, die größte beim Eintritt mit h_1, an beliebiger Stelle x vor der Austrittskante wird die Schichtdicke mit h bezeichnet. Für den

---

[1] Vgl. auch DRESCHER, H.: Zur Berechnung von Axialgleitlagern mit hydrodynamischer Schmierung. Z. Konstr. 8 (1956) 94—104.

4. Elemente der drehenden Bewegung

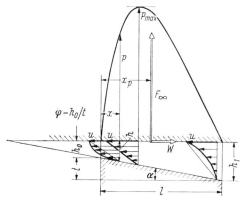

Abb. 4.49. Bezeichnungen, Geschwindigkeits- und Druckverteilung im Keilspalt

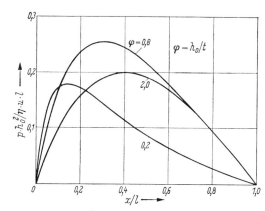

Abb. 4.50. $\dfrac{p\, h_0^2}{\eta\, u\, l}$ in Abhängigkeit von $\dfrac{x}{l}$ für verschiedene φ-Werte $(\varphi = h_0/t)$

Abb. 4.51. Kennwerte in Abhängigkeit von $\varphi = h_0/t$
a) $[\ ] = \dfrac{\bar p\, h_0^2}{6\,\eta\,u\,l}$ ⎱ bei Gleitschuh ohne Seitenfluß
b) x_p/l ⎰
c) Hilfswert a
d) $\dfrac{\bar p\, h_0^2}{\eta\, u\, b}$ ⎱ mit Berücksichtigung endlicher Lagerbreite
e) $K = \mu \Big/ \sqrt{\dfrac{\eta\, u}{\bar p\, b}}$ ⎰

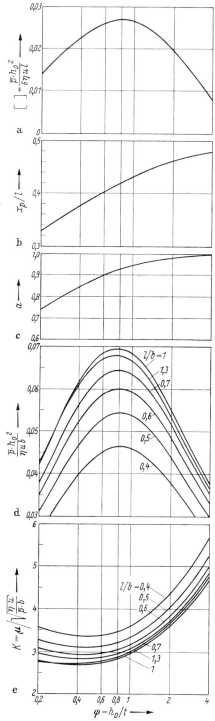

Druck an beliebiger Stelle gilt dann[1] mit $h_1 - h_0 = t$

$$p = \frac{6\eta u l}{t} \frac{(h - h_0)(h_1 - h)}{h^2(h_0 + h_1)}. \qquad (11)$$

Diese Gleichung läßt sich mit Hilfe der *relativen* Schichtdicke $\varphi = h_0/t$ umformen in

$$p = \frac{6\eta u l}{h_0^2} \frac{\varphi^2 \dfrac{x}{l}\left(1 - \dfrac{x}{l}\right)}{(1 + 2\varphi)\left(\varphi + \dfrac{x}{l}\right)^2}. \qquad (11\text{a})$$

Die Gln. (11) und (11a) lassen deutlich erkennen, daß der Druck mit zunehmender Viskosität, Gleitgeschwindigkeit und Länge, und besonders stark mit kleiner werdender Spaltdicke h_0 ansteigt. Den Einfluß von φ gibt Abb. 4.50 wieder, in der für einige φ-Werte die dimensionslose Größe $\dfrac{p h_0^2}{\eta u l}$ in Abhängigkeit von $\dfrac{x}{l}$ aufgetragen ist.

An der Stelle $\dfrac{x_m}{l} = \dfrac{\varphi}{1 + 2\varphi}$ hat p den Höchstwert

$$p_{\max} = \frac{6\eta u l}{h_0^2} \frac{\varphi}{4(1 + \varphi)(1 + 2\varphi)}. \qquad (11\text{b})$$

Seinen Höchstwert hat $p_{\max}$ bei $\varphi = \dfrac{1}{\sqrt{2}} = 0{,}707$; dafür wird $\dfrac{p_{\max} h_0^2}{\eta u l} = 0{,}26$.

Wichtiger ist jedoch die für *die Tragkraft maßgebende Größe*

$$F_1 = \int_0^l p\, dx = \frac{6\eta u l^2}{h_0^2}\left[\varphi^2\left(\ln\frac{1+\varphi}{\varphi} - \frac{2}{1+2\varphi}\right)\right] \qquad (12)$$

bzw.

$$\bar{p} = \frac{6\eta u l}{h_0^2}\left[\varphi^2\left(\ln\frac{1+\varphi}{\varphi} - \frac{2}{1+2\varphi}\right)\right]. \qquad (12\text{a})$$

Der Ausdruck in der eckigen Klammer ist in Abb. 4.51a in Abhängigkeit von φ dargestellt. Der Höchstwert beträgt 0,0267, er liegt bei $\varphi \approx 0{,}8$; es wird also

$$\frac{\bar{p}_{\max} h_0^2}{\eta u l} = 6 \cdot 0{,}026 = 0{,}16.$$

Zu einer relativen Schichtdicke $\varphi = h_0/t$ gehört nicht *ein* bestimmter Neigungswinkel α, vielmehr ergibt sich aus Abb. 4.49

$$\alpha = \frac{t}{l} = \frac{t}{h_0}\frac{h_0}{l} = \frac{h_0}{\varphi l} \quad \text{bzw.} \quad \varphi = \frac{h_0}{\alpha l},$$

Abb. 4.52
a) Spaltformen mit konstantem $\varphi = h_0/t$; b) Spaltformen bei konstantem Neigungswinkel α

d. h., alle Spaltformen der Abb. 4.52a haben den gleichen φ-Wert, während gleiche Neigungswinkel (Abb. 4.52b) verschiedene, h_0 proportionale φ-Werte haben. Bei Lagern mit fest eingearbeiteten Keilflächen wird nur bei *einer* bestimmten Belastung

---

[1] Ableitung s. bei A. LEYER (Fußnote 1, S. 36).

und *einer* bestimmten Spaltweite h_0 bei gleicher Geschwindigkeit u und Viskosität η der Optimalwert von $\varphi_0 \approx 0{,}8$ erreicht. Außerdem bereitet die Herstellung der notwendigen sehr kleinen Neigungswinkel einige Schwierigkeiten. Ein Ausführungsbeispiel zeigt Abb. 4.99. Schon frühzeitig wurden daher Lager mit Kippsegmenten (Michell-Lager) gebaut, die sich selbsttätig auf den Optimalwert von φ einstellen, wenn der Unterstützungspunkt im richtigen Abstand x_p, von der Austrittskante aus gemessen, liegt. Für letzteren gilt

$$\frac{x_p}{l} = \frac{0{,}5 + 3\varphi - (2\varphi + 3\varphi^2)\ln\dfrac{1+\varphi}{\varphi}}{(1+2\varphi)\ln\dfrac{1+\varphi}{\varphi} - 2}. \tag{13}$$

Diese Beziehung ist in Abb. 4.51b dargestellt; für $\varphi = 0{,}8$ ergibt sich $x_p = 0{,}42\,l$.

Für den *Gleitschuh mit endlicher Breite* b ist von SCHIEBEL[1] und DRESCHER[2] folgende praktisch zweckmäßige auf b bezogene *Belastungskennzahl* ermittelt worden:

$$\frac{\bar{p}\,h_0^2}{\eta\,u\,b} = \frac{\dfrac{l}{b}}{1 + a\left(\dfrac{l}{b}\right)^2} \cdot 5 \cdot \left[\varphi^2\left(\ln\frac{1+\varphi}{\varphi} - \frac{2}{1+2\varphi}\right)\right] \tag{14}$$

mit

$$a = \frac{10}{(2\varphi+1)^2}\left\{(\varphi+\varphi^2)^2 + \frac{1 - 2(\varphi+\varphi^2)}{12\left[(1+2\varphi)\ln\dfrac{1+\varphi}{\varphi} - 2\right]}\right\}. \tag{15}$$

Gl. (15) wird durch Abb. 4.51c wiedergegeben; bei $\varphi = 0{,}8$ ist $a = 0{,}93$. Die Belastungskennzahl nach Gl. (14) ist für verschiedene l/b-Werte in Abb. 4.51d aufgetragen. Bei $\varphi \approx 0{,}8$ und $l/b \approx 1$ erhält man den Maximalwert

$$\frac{\bar{p}\,h_0^2}{\eta\,u\,b} = 0{,}069.$$

Die *Reibungskraft* W_1 wird durch Integration der Schubspannungen erhalten; aus $W_1 = \mu F_1$ folgt *mit* Berücksichtigung der endlichen Breite

$$\mu = K\sqrt{\frac{\eta\,u}{\bar{p}\,b}} \tag{16}$$

mit

$$K = \sqrt{\frac{3{,}2\left[1 + a\left(\dfrac{l}{b}\right)^2\right]\left[(1+2\varphi)\ln\dfrac{1+\varphi}{\varphi} - 1{,}5\right]^2}{\dfrac{l}{b}(1+2\varphi)\left[(1+2\varphi)\ln\dfrac{1+\varphi}{\varphi} - 2\right]}}. \tag{17}$$

Den Verlauf der K-Werte zeigt Abb. 4.51e; für $l/b = 0{,}7 \cdots 1{,}3$ und $\varphi = 0{,}6 \cdots 1$ kann mit guter Näherung $K = 3$ gesetzt werden.

Die durch den Schmierspalt eines Gleitschuhes fließende Ölmenge ergibt sich zu

$$\dot{V}_1 = b\,u\,h_0\frac{1+\varphi}{1+2\varphi}. \tag{18}$$

Bei $\varphi = 0{,}8$ wird

$$\dot{V}_1 \approx 0{,}7\,b\,u\,h_0. \tag{18a}$$

---

[1] SCHIEBEL, A., u. K. KÖRNER: Die Gleitlager, Berlin: Springer 1933.
[2] Siehe Fußnote 1, S. 41.

4.3 Lager

Der mittlere Druck $\bar{p}$ nach Gl. (14) bezieht sich auf die wirkliche Tragfläche. Bei Segmenttraglagern (Abb. 4.53) mit z Segmenten ist die wirksame Tragfläche rund 80% der Kreisringfläche

$$A = z b l \approx 0{,}8 \cdot 2\pi r_m b. \tag{19}$$

Mit
$$r_m = \frac{r_a + r_i}{2}, \quad b = r_a - r_i \quad \text{und} \quad \underline{\frac{l}{b} = 1}$$

wird
$$r_a = r_i \frac{z + 0{,}8\pi}{z - 0{,}8\pi}, \qquad b = r_i \frac{1{,}6\pi}{z - 0{,}8\pi}, \qquad r_m = r_i \frac{z}{z - 0{,}8\pi};$$

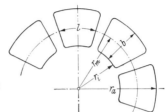

Abb. 4.53. Segmentlager, Maße

und mit $\bar{p} = \dfrac{F}{A} = \dfrac{F}{zb^2}$ ergibt sich

$$\frac{\bar{p} h_0^2}{\eta u b} = \frac{F h_0^2}{\eta \omega r_i^4} \frac{(z - 0{,}8\pi)^4}{127 z^2}.$$

Wird die rechte Seite gleich dem Maximalwert 0,069 gesetzt (entsprechend $\varphi = 0{,}8$), so folgt daraus die Bedingungsgleichung für r_i

$$r_i = \sqrt[4]{\frac{F h_0^2}{\eta \omega}} \left\{ \frac{z - 0{,}8\pi}{1{,}72\sqrt{z}} \right\}, \tag{20}$$

wobei für

$z =$	4	5	6	7	8	9	10	11	12	13	14	15	16
$\left\{\dfrac{z-0{,}8\pi}{1{,}72\sqrt{z}}\right\} =$	0,43	0,65	0,83	0,99	1,13	1,26	1,38	1,49	1,59	1,69	1,78	1,87	1,96

Beispiel: Gegeben: $F = 80\,000$ kp; $n = 300$ U/min; d. h. $\omega = 31{,}4/\text{s}$. Zu Vergleichszwecken sei wie in den beiden letzten Beispielen $h_0 = 3{,}5 \cdot 10^{-3}$ cm und $\eta = 0{,}4 \cdot 10^{-6}$ kps/cm². Es wird also

$$\sqrt[4]{\frac{F h_0^2}{\eta \omega}} = \sqrt[4]{\frac{80\,000 \text{ kp} \cdot 3{,}5^2 \cdot 10^{-6} \text{ cm}^2}{0{,}4 \cdot 10^{-6} \dfrac{\text{kps}}{\text{cm}^2} \cdot 31{,}4/\text{s}}} = \sqrt[4]{78\,000 \text{ cm}^4} = 16{,}7 \text{ cm}.$$

Angenommen
$$z = \quad 6 \qquad 7 \qquad 8 \qquad 9 \qquad 10.$$

Nach Gl. (20) wird dann
$$r_i = 13{,}9 \quad 16{,}5 \quad 18{,}9 \quad 21{,}0 \quad 22{,}9 \text{ cm}.$$

Geeignet erscheint:
$$z = 8; \quad r_i = 190 \text{ mm},$$
$$r_a = r_i \frac{z + 0{,}8\pi}{z - 0{,}8\pi} = 190 \text{ mm} \cdot \frac{10{,}5}{5{,}5} = 364 \text{ mm},$$
$$r_m = \frac{r_a + r_i}{2} = 277 \text{ mm}; \quad b = l = r_a - r_i = 174 \text{ mm}.$$

Nachrechnung der Belastungskennzahl:
Mit
$$\bar{p} = \frac{F}{A} = \frac{F}{z\,b\,l} = \frac{80000 \text{ kp}}{8 \cdot 17{,}4 \text{ cm} \cdot 17{,}4 \text{ cm}} = 33{,}0 \text{ kp/cm}^2,$$
$$u = r_m\,\omega = 27{,}7 \text{ cm} \cdot 31{,}4/\text{s} = 870 \text{ cm/s}$$
wird
$$\frac{\bar{p}\,h_0^2}{\eta\,u\,b} = \frac{33{,}0 \text{ kp/cm}^2 \cdot 3{,}5^2 \cdot 10^{-6} \text{ cm}^2}{0{,}4 \cdot 10^{-6} \frac{\text{kps}}{\text{cm}^2} \cdot 870 \frac{\text{cm}}{\text{s}} \cdot 17{,}4 \text{ cm}} = 0{,}067$$

(etwas kleiner als 0,069, d. h., h_0 wird etwas größer als angenommen).
Nach Gl. (16) wird
$$\mu \approx 3\sqrt{\frac{\eta\,u}{\bar{p}\,b}} = 3\sqrt{\frac{0{,}4 \cdot 10^{-6} \frac{\text{kps}}{\text{cm}^2} \cdot 870 \frac{\text{cm}}{\text{s}}}{33 \frac{\text{kp}}{\text{cm}^2} \cdot 17{,}4 \text{ cm}}} = 0{,}0023.$$

Reibungsleistung $P_R = F\,\mu\,u = 80000 \text{ kp} \cdot 0{,}0023 \cdot 870 \frac{\text{cm}}{\text{s}} = 1600 \text{ kpm/s} = \underline{15{,}7 \text{ kW}}$,

Ölvolumenstrom $\dot{V} \approx z \cdot 0{,}7\,b\,u\,h_0 = 8 \cdot 0{,}7 \cdot 17{,}4 \text{ cm} \cdot 870 \frac{\text{cm}}{\text{s}} \cdot 3{,}5 \cdot 10^{-3} \text{ cm} \approx 300 \text{ cm}^3/\text{s}$.

Die Reibungsleistung ist gegenüber den vorhergehenden Beispielen sehr hoch und kann keineswegs mehr durch den theoretisch ausreichenden Ölvolumenstrom abgeführt werden. Das Öl müßte nach Gl. (3) um

$$t_a - t_e = \frac{P_R}{\beta\,\dot{V}} = \frac{160000 \text{ kpcm/s}}{16{,}5 \frac{\text{kp}}{\text{cm}^2\,°\text{C}} \cdot 300 \frac{\text{cm}^3}{\text{s}}} = 32 \,°\text{C}$$

abgekühlt werden. Rechnet man mit etwa 30% Wärmeabfuhr durch die großen Kühlflächen und mit einem Ölüberschuß von 50%, so ergibt sich

$$t_a - t_e = \frac{0{,}7\,P_R}{\beta \cdot 1{,}5\,\dot{V}} = 32\,°\text{C}\,\frac{0{,}7}{1{,}5} = 15\,°\text{C}; \quad t_e = 43° - 15\,°\text{C} = 28\,°\text{C}.$$

Günstigere Verhältnisse mit einem höheren Ölvolumenstrom würde man durch eine Vergrößerung von h_0 bekommen, wobei jedoch die Abmessungen noch größer werden und die Reibungsleistung ebenfalls noch etwas zunimmt.

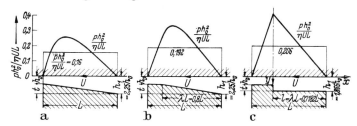

Abb. 4.54. Verschiedene Schmierspaltformen
a) einfacher Schmierkeil; b) Schmierkeil mit Rastfläche; c) stufenförmiger Schmierspalt (Breite unendlich)

Gründliche Untersuchungen über Axiallager mit anderen Spaltformen, insbesondere mit stufenförmigem Schmierspalt, sind von H. DRESCHER[1] durchgeführt worden. Abb. 4.54 und 4.55 zeigen Vergleichsdarstellungen des Druckverlaufs bei verschiedenen Ausführungsformen. Die eingetragenen Maße ergeben höchste Tragfähigkeit.

---
[1] DRESCHER, H.: Axialgleitlager mit stufenförmigem Schmierspalt (Staurandlager). Z. Konstr. 17 (1965) 341–349, 393–402.

Radiallager. a) *Hydrostatische Radiallager.* Auch Radiallager lassen sich mit Druckkammern ausbilden, die aus Zuflußtaschen und Randleisten bestehen.

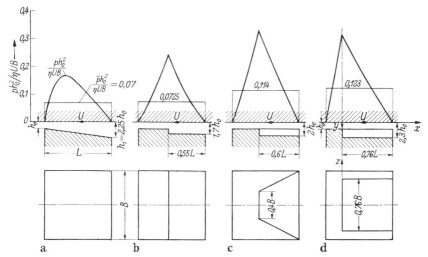

Abb. 4.55. Tragfähigkeit endlich breiter Gleitschuhe mit dem Seitenverhältnis $L/B = 1$
a) keilförmiger Schmierspalt; b) stufenförmiger Schmierspalt; c) Staufeld mit Seitenrändern zunehmender Breite; d) Staufeld mit gleich breiten Seitenrändern

A. LEYER[1] stellte theoretische Betrachtungen an einem Lager mit gleich großer Randbreite b in Längs- und in Umfangsrichtung (Abb. 4.56) an und fand auch hierfür eine optimale Lagerkennzahl

$$L_0 = \frac{F h^2}{\eta b \omega r^3} = 8$$

und für den Reibungsbeiwert

$$\mu = 0{,}85 h/r.$$

Reibungsbeiwert, Reibungsleistung und Pumpenleistung sind außerordentlich niedrig.

Bei Präzisionslagern für Werkzeugmaschinen[2] können auch mehrere sog. „Stützquellen" über den Umfang verteilt angebracht werden (Abb. 4.57), die über

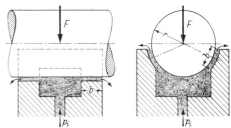

Abb. 4.56. Schema eines Radiallagers mit Druckkammer (nach LEYER)

Drosseln mit genau bestimmten, konstanten Ölmengen gespeist werden. Dadurch wird mit im Verhältnis zur Lagerlast großen Ölkräften die Welle stabil in der Schwebe gehalten. Zwischen den Stützquellen befinden sich Längsnuten, in denen das durch die Dichtflächen fließende Öl gesammelt und durch seitliche Ringkanäle abgeführt wird. Ausführliche Berechnungen der Druckverteilung, Stützkräfte, Ölmengen und Reibwerte hat H. PEEKEN[3] durchgeführt.

---

[1] Siehe Fußnote 1, S. 36.
[2] VOGELPOHL, G.: Das hydrostatische Lager und die Möglichkeit seiner Anwendung. Z. Konstr. 9 (1957) 45—51.
[3] PEEKEN, H.: Hydrostatische Querlager. Z. Konstr. 16 (1964) 266—276. — PEEKEN, H.: Tragfähigkeit und Steifigkeit von Radiallagern mit fremderzeugtem Tragdruck (Hydrostatische Radiallager), Teil I: Flüssigkeitslager. Z. Konstr. 18 (1966) 414—420; Teil II: Gaslager. Z. Konstr. 18 (1966) 446—451.

4. Elemente der drehenden Bewegung

b) *Hydrodynamische Radiallager.* Bei den Radiallagern ohne *Druck*ölzufuhr bildet sich durch die exzentrische Lage des Zapfens in der Schale von selbst ein sich verengender, in der Abwicklung etwa keilförmiger Schmierspalt, so daß sich ähnliche

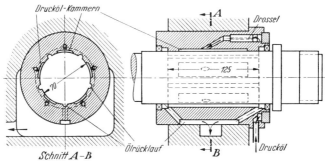

Abb. 4.57. Hydrostatisches Radiallager für eine Genauigkeitsdrehbank

Gesetzmäßigkeiten einstellen wie beim Gleitschuh mit ebenem Keilspalt. Die Gleitraumverhältnisse sind in Abb. 4.58 dargestellt. Bei eingezeichnetem Umlaufsinn

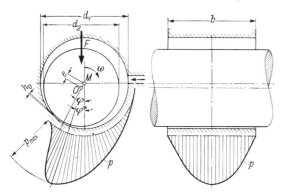

Abb. 4.58. Gleitraumverhältnisse beim hydrodynamischen Radiallager

M Bohrungsmitte; O Wellenmitte; e Exzentrizität; h_0 kleinste Schmierspaltdicke; φ Verlagerungswinkel; φ^* Winkellage des Druckmaximums

verlagert sich der Zapfenmittelpunkt O nach links; der Abstand $\overline{OM}$ stellt die Exzentrizität dar. Der aufgetragene Druckverlauf hat vor der engsten Stelle bei φ^* seinen Höchstwert, um dann verhältnismäßig rasch abzunehmen. Verlagerungswinkel φ und Exzentrizität e und somit bei gegebenem Lagerspiel die kleinste Spaltdicke h_0 sind von Belastung und Drehzahl abhängig. Bei konstanter Lagerlast und steigender Drehzahl nehmen Spaltdicke h_0 und Verlagerungswinkel zu, und zwar so, daß mit guter Näherung die Bahn des Wellenmittels O ein Halbkreis ist.

Für die Erfassung der Zusammenhänge werden folgende Bezeichnungen, Begriffe und Grundbeziehungen benutzt:

Lagerbreite b

Schalendurchmesser d_1
Zapfendurchmesser d_2 $\Big\}$ $d_1 \approx d_2 = d$ Breitenverhältnis b/d

Lagerspiel $S = d_1 - d_2 = \psi d$ relatives Lagerspiel $\psi = \dfrac{S}{d} = \dfrac{d_1 - d_2}{d_1} \approx \dfrac{d_1 - d_2}{d_2}$

kleinste Spaltdicke $\boxed{h_0 = \dfrac{S}{2}\delta = \dfrac{d}{2}\psi\delta}$ relative Spaltdicke $\delta = \dfrac{h_0}{S/2} = \dfrac{h_0}{\dfrac{d}{2}\psi}$ (21)

Exzentrizität	$e = \dfrac{S}{2} - h_0 = \dfrac{d}{2}\psi\varepsilon$	relative Exzentrizität	$\varepsilon = \dfrac{e}{S/2} = 1 - \delta$ (22)
Lagerkraft	F	spezifischer Lagerdruck	$\bar{p} = \dfrac{F}{b\,d}$

Als dimensionslose, für die Tragfähigkeit maßgebende Lagerkennzahl wird die Sommerfeld-Zahl So eingeführt:

$$\boxed{So = \frac{\bar{p}\,\psi^2}{\eta\,\omega}} = \frac{F\,S^2}{\eta\,b\,\omega\,d^3}. \qquad (23)$$

Schwer belastete Lager haben große, gering belastete kleine Sommerfeld-Zahlen. In den meisten Fällen der Praxis ist $So > 1$, nur bei hohen Gleitgeschwindigkeiten und geringen Belastungen wird $So < 1$. Bei normaler Oberflächengüte soll So nicht größer als 10 sein.

Für das Radiallager mit endlicher Breite sind durch umfangreiche Rechnungen (SASSENFELD und WALTHER; VOGELPOHL) die Zusammenhänge zwischen *Sommerfeld-Zahl und relativer Schmierschichtdicke* δ (bzw. relativer Exzentrizität ε) ermittelt worden; die Ergebnisse sind in Abb. 4.59 für verschiedene Breitenverhältnisse b/d aufgetragen. Mit Hilfe dieses Diagramms läßt sich bei gegebenen bzw. angenommenen Werten für F, b, d, ψ, η und ω die sich einstellende relative Schmierschichtdicke und somit $h_0 = \dfrac{S}{2}\delta = \dfrac{d}{2}\psi\delta$ bestimmen. Oder es kann umgekehrt bei einem geforderten δ- und angenommenen b/d-Wert die Sommerfeld-Zahl abgelesen werden, aus der dann die erforderliche Viskosität η bzw. das relative Lagerspiel ψ ermittelt werden können.

Die Untersuchungen von SASSENFELD und WALTHER erstreckten sich auch auf die für die Reibungsleistung wichtige Reibungsziffer μ bzw. die *Reibungskennzahl* μ/ψ. Diese Werte sind für das halbumschließende (180°)- und das vollumschließende (360°)-Lager in Abhängigkeit von der relativen Exzentrizität ε für verschiedene Breitenverhältnisse b/d berechnet worden. VOGELPOHL hat gezeigt, daß die Darstellung der μ/ψ-Werte in Abhängigkeit von der *Sommerfeld-Zahl* geeigneter ist, indem nämlich die Kurven für die verschiedenen praktisch benutzten b/d-Werte für das halbumschließende Lager sehr eng beieinander liegen und in der logarithmischen Darstellung (Abb. 4.60) durch zwei sich schneidende Geraden sehr gut angenähert werden können. Durch Einzeichnen der entsprechenden Geraden für das vollumschließende Lager entsteht ein Streifendiagramm, in dem praktisch alle μ/ψ-Werte liegen. Nach Vergleichen mit vielen Versuchsergebnissen kommt VOGELPOHL zu dem Schluß, daß für die Vorausberechnung und die meisten Fälle der Praxis die zwei in Abb. 4.60 stark ausgezogenen Geraden ausreichen, die sich auf $So = 1$ schneiden und folgende einfache Gebrauchsformeln liefern:

für $So < 1$ (Schnellaufbereich) $\qquad \dfrac{\mu}{\psi} = \dfrac{3}{So}$, \qquad (24a)

für $So > 1$ (Schwerlastbereich) $\qquad \dfrac{\mu}{\psi} = \dfrac{3}{\sqrt{So}}$. \qquad (24b)

Für die Reibungsleistung gilt dann

$$P_R = \mu\,F\,u = \mu\,F\,\frac{d}{2}\,\omega. \qquad (25)$$

Sie wird, in Wärme umgesetzt, an die Umgebung durch Strahlung und Leitung abgegeben oder mit dem Öl abgeführt [Gln. (2) und (3)].

Über den *durchfließenden Ölvolumenstrom* $\dot{V}$ liegen ebenfalls Versuchs- und Rechnungsergebnisse vor. In dem Diagramm der Abb. 4.61 ist die dimensionslose

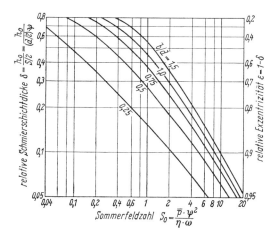

Abb. 4.59. Zusammenhang zwischen der Sommerfeld-Zahl $So = \dfrac{\bar{p}\,\psi^2}{\eta\,\omega}$ und der relativen Schmierschichtdicke $\delta = \dfrac{h_0}{S/2} = \dfrac{h_0}{\dfrac{d}{2}\psi}$ bzw. der relativen Exzentrizität $\varepsilon = \dfrac{e}{S/2} = 1-\delta$ bei verschiedenen Breitenverhältnissen b/d (von VOGELPOHL interpolierte Werte nach SASSENFELD/WALTHER)

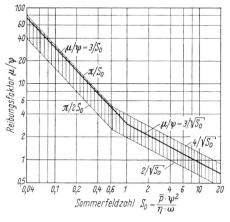

Abb. 4.60. Reibungsfaktor μ/ψ in Abhängigkeit von der Sommerfeld-Zahl $So = \dfrac{\bar{p}\,\psi^2}{\eta\,\omega}$ (nach VOGELPOHL)

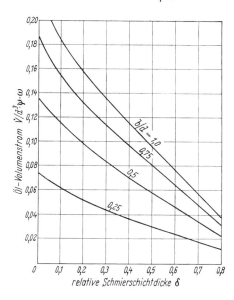

Abb. 4.61. Abhängigkeit des Ölvolumenstroms $\dfrac{\dot{V}}{d^3\,\psi\,\omega}$ von der relativen Schmierschichtdicke δ für verschiedene Breitenverhältnisse b/d [nach J. HOLLAND, Z. Konstr. 13 (1961) H. 3]

Größe $\dfrac{\dot{V}}{d^3 \omega \psi}$ über der relativen Schmierschichtdicke δ mit b/d als Parameter aufgetragen. $\dot{V}$ ist die Mindestölmenge, die das Lager automatisch verbraucht, um eine zusammenhängende Schmierschicht zu bilden.

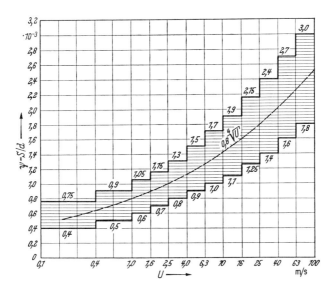

Abb. 4.62. Relatives Lagerspiel ψ in Abhängigkeit von der Gleitgeschwindigkeit U

Mit diesen Berechnungsgrundlagen [Diagramme der Abb. 4.59 bis 4.61 bzw. Gln. (21) bis (25)] können für Radiallager *im Gebiet der Flüssigkeitsreibung* die Abmessungen bestimmt bzw. das Betriebsverhalten bei gegebenen Abmessungen verfolgt werden. Wichtig sind noch einige zusätzliche Hinweise auf Größenordnung und Grenzwerte folgender Bestimmungsstücke:

Das *Breitenverhältnis* b/d wird heute nur noch dann größer als 1 gewählt, wenn konstruktiv eine Einstellbarkeit zur Vermeidung von Kantenpressungen bei Verformungen vorgesehen ist. Übliche Werte sind 0,5 bis 1, noch kleinere Werte bei Kurbelwellen von Kraftfahrzeug- und Flugzeugmotoren.

Das *relative Lagerspiel* ψ ist von verschiedenen Faktoren, wie Belastung, Drehzahl, Abmessungen und Toleranzen abhängig. Allgemein gilt die Regel: kleine ψ-Werte bei kleiner Drehzahl und hoher Last; größere ψ-Werte bei kleiner Last und hoher Drehzahl. Eine empirisch aufgestellte Beziehung ist in Abb. 4.62 in Abhängigkeit von der Gleitgeschwindigkeit dargestellt. Für die Wahl der oberen oder unteren Werte gibt VOGELPOHL an:

	Untere Werte	Obere Werte
Lagerwerkstoff	weich geringer E-Modul (Weißmetalle)	hart höherer E-Modul (Bronzen)
Flächenlast	relativ hoch	relativ niedrig
Lagerbreite	$b/d \leq 0{,}8$	$b/d \geq 0{,}8$
Auflagerung	selbsteinstellend	starr
Lastübertragung	umlaufend (Umfangslast)	ruhend (Punktlast)

Die *relative Schmierschichtdicke*

$$\delta = \frac{h_0}{S/2} = \frac{h_0}{\frac{d}{2}\psi} = 1 - \varepsilon$$

hängt definitionsgemäß mit der absoluten kleinsten Schmierschichtdicke h_0 und dem Lagerspiel S zusammen. Sehr kleine Werte ergeben große Tragfähigkeit, erfordern jedoch hohe Oberflächengüte, um der Gefahr der Mischreibung zu begegnen. Bei Werten größer als 0,35 wird der Lauf der Welle unruhig[1].

Der *spezifische Lagerdruck* $\bar{p}$ wird häufig nach Erfahrungswerten gewählt, die jedoch weniger im Hinblick auf den Betrieb im Gebiet reiner Flüssigkeitsreibung als auf die Erfordernisse der Mischreibung, also unter Berücksichtigung der Werkstoffpaarungen von Bedeutung sind. Für die erste Festlegung der Abmessungen können die Richtwerte der Tab. 4.8 gute Dienste leisten. Die Tabelle enthält auch Höchstwerte für die Gleitgeschwindigkeiten ausgeführter Radiallager.

Tabelle 4.8. *Spezifischer Lagerdruck $\bar{p}$ und Gleitgeschwindigkeit v ausgeführter Radiallager* (nach NIEMANN)

Verwendung	Werkstoffpaarung Lager/Welle	$\bar{p}$ [kp/cm²]	v [m/s]
Transmissionen	GG/St	2	3,5
	GG/St	8	1,5
	WM/St	5	6
Hebemaschinen			
Auslegerdrehpunkt	G-Sn-Bz 20/St 70	150	—
Laufrad, Seilrolle, Trommel	Rg 7/St 50	120	—
Werkzeugmaschinen	WM, Rg, G-Bz, GG/St	20 ··· 50	—
Kniehebelpresse, Höchstdruck	Pb-Bz/St	1000	—
Walzwerke	Sn Bz 8/St geh.	500	50
	Kunstharz/St geh.	250	50
Elektro- und Wasserkraftmaschinen	WM/St 50	7 ··· 12	10
Dampfturbinen und sonstige Turbomaschinen	WM/St	8	60
	Pb-Bz/St	15	60
Kolbenverdichter, -pumpen			
Kreuzkopf- und Kolbenbolzen	WM, Pb-Bz/St geh.	120	—
Kurbelwellen: Pleuellager	WM, Pb-Bz/St geh.	75	3,5
Wellenlager	WM, Pb-Bz/St geh.	45	3,5
Außenlager (Schwungrad)	WM/St	25	3
Kraftwagen- und Flugmotoren			
Pleuellager: Langsamläufer	WM/St	120	—
Schnelläufer	WM/St	200	—
Flugmotoren	WM/St	280	—
Kurbelwellenlager: Langsamläufer	WM/St	80	—
Schnelläufer	WM/St	135	—
Flugmotoren	WM/St	180	—
Dieselmotoren			
Viertaktmotor Pleuellager	—	125 ··· 250	—
Viertaktmotor Kurbelwellenlager	—	55 ··· 130	—
Zweitaktmotor Pleuellager	—	100 ··· 150	—
Zweitaktmotor Kurbelwellenlager	—	50 ··· 90	—

[1] Vgl. HUMMEL, CH.: Kritische Drehzahlen als Folge der Nachgiebigkeit des Schmiermittels m Lager, VDI-Forschungsheft 287, Berlin 1926.

4.3 Lager

Bei *Lagern mit vorwiegender Luftkühlung* wird die *wärmeabgebende Ausstrahlfläche A* des Lagergehäuses benötigt; sie ist von der Bauart abhängig und etwa proportional der Zapfenoberfläche $\pi\,d\,b$. Nach ausgeführten Lagern können folgende Richtwerte angenommen werden:

für leichte Lager $\qquad\qquad\qquad \dfrac{A}{\pi\,d\,b} = 5 \cdots 6,$

für schwere Lager mit größerer Eisenmasse $\qquad \dfrac{A}{\pi\,d\,b} = 6 \cdots 7,$

für sehr schwere in Eisenrahmen eingefügte Lager $\dfrac{A}{\pi\,d\,b} = 8 \cdots 9{,}5.$

Für die *Wärmeübergangszahl* α gibt VOGELPOHL die Beziehung

$$\frac{\alpha}{\text{mkp/s m}^2\,°\text{C}} = 0{,}7 + 1{,}2\sqrt{\frac{w}{\text{m/s}}}$$

an, für den Fall, daß sich das Lager in bewegter Luft mit der Geschwindigkeit w befindet. In Maschinenräumen kann man mit $w \geqq 1$ m/s rechnen, so daß $\alpha \geqq 1{,}9$ mkp/sm² °C wird. Nur bei verstaubten Lagergehäusen oder besonderer Sicherheit wird $\alpha = 1{,}7$ bis $1{,}5$ mkp/sm² °C empfohlen.

Zur Bestimmung der sich einstellenden *Lagertemperatur t* bei gewählter Ölsorte und gegebener Lufttemperatur werden am einfachsten ein paar t'-Werte angenommen, die zugehörigen η-Werte aus Abb. 4.39 abgelesen, die Sommerfeld-Zahlen berechnet, aus Abb. 4.59 die δ-Werte bestimmt und daraus die h_0-Werte ermittelt; aus den Sommerfeld-Zahlen ergeben sich nach Gl. (24a) oder (24b) die μ-Werte und nach Gl. (25) die Reibungsleistungen P_R. Aus $t - t_l = \dfrac{P_R}{\alpha\,A}$

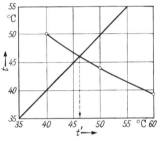

Abb. 4.63
Zu Beispiel 1, Ringschmierlager, Temperaturermittlung

folgt dann jeweils ein t-Wert, der mit dem angenommenen übereinstimmen müßte. Man trägt t über t' auf, der Schnittpunkt mit der 45°-Linie liefert die richtige Lagertemperatur t (vgl. Beispiel und Abb. 4.63), mit der man die einzelnen Größen nochmals genauer nachrechnet. Bei Ringschmierlagern soll die Lagertemperatur etwa bei 40 bis 50 °C liegen.

Bei *Lagern mit Ölkühlung* kann man durch den Ölvolumenstrom und durch die Auslegung des Kühlers eine bestimmte gewünschte Ölaustrittstemperatur erzielen. Meistens beträgt die Temperaturdifferenz zwischen Ein- und Austritt weniger als 10 bis 15 °C. Die durch das Öl abgeführte Wärmemenge übertrifft bei hohen Drehzahlen weit die vom Gehäuse abgegebene, so daß man auf die Berechnung der letzteren verzichten kann.

1. Beispiel: Ringschmierlager nach DIN 118 Form G (gedrängte Bauart, Abb. 4.86). Gegeben: $F = 2500$ kp; $n = 350$ U/min, d. h. $\omega = \pi\,n/30 = 36{,}6\text{/s}$.

Gewählt: $b/d = 1$; aus $\bar{p}_{\text{zul}} = 25$ kp/cm² folgt $\bar{p} = \dfrac{F}{b\,d} = \dfrac{F}{d^2}$, also

$$d = \sqrt{\frac{F}{\bar{p}_{\text{zul}}}} = \sqrt{\frac{2500\text{ kp}}{25\text{ kp/cm}^2}} = 10\text{ cm}; \quad b = d = 10\text{ cm},$$

$$u = \frac{d}{2}\omega = 0{,}05\text{ m} \cdot 36{,}6\text{/s} = 1{,}83\text{ m/s},$$

d. h. nach Abb. 4.62: $\psi = 0{,}7/1000 \cdots 1{,}15/1000$; gewählt $\psi = 1/1000$.
Ölsorte: N 36 nach DIN 51501 (4,5 Englergrad bei 50 °C).

4. Elemente der drehenden Bewegung

Angenommen:	t' [°C]	40	50	60
Aus Abb. 4.39 folgt	η [kps/cm²]	$0{,}46 \cdot 10^{-6}$	$0{,}29 \cdot 10^{-6}$	$0{,}19 \cdot 10^{-6}$
Nach Gl. (23) $So = \dfrac{\bar{p}\,\psi^2}{\eta\,\omega}$	So	1,48	2,35	3,58
Aus Abb. 4.59 folgt	δ	0,36	0,265	0,194
Nach Gl. (21) $h_0 = \dfrac{d}{2}\,\psi\,\delta$	h_0 [mm]	18/1000	13,3/1000	9,7/1000
Nach Gl. (24b) $\mu = \psi\,\dfrac{3}{\sqrt{So}}$	μ	0,00246	0,00196	0,00159
Nach Gl. (25) $P_R = \mu\,F\,u$	P_R [mkp/s]	11,3	9,0	7,3

$$A \approx 5{,}5\,\pi\,d\,b = 5{,}5\,\pi \cdot 0{,}1\,\text{m} \cdot 0{,}1\,\text{m} = 0{,}17\,\text{m}^2,$$

$$\alpha = 0{,}7 + 1{,}2\sqrt{w} = 0{,}7 + 1{,}2\sqrt{1{,}5} = 2{,}2\,\text{mkp/sm}^2\,°\text{C},$$

$$\alpha\,A = 2{,}2\,\frac{\text{mkp}}{\text{sm}^2\,°\text{C}} \cdot 0{,}17\,\text{m}^2 = 0{,}374\,\frac{\text{mkp}}{\text{s}\,°\text{C}}.$$

Nach Gl. (2) $(t - t_l) = \dfrac{P_R}{\alpha\,A}$	$(t - t_l)$ [°C]	30,2	24,1	19,5
$t_l = 20\,°\text{C}$ also	t [°C]	50,2	44,1	39,5

Aus Abb. 4.63 folgt $\underline{\underline{t = 46\,°\text{C}}}$; die Nachrechnung mit diesem Wert liefert:

$$\eta = 0{,}34 \cdot 10^{-6}\,\text{kps/cm}^2; \quad So = 2{,}01; \quad \delta = 0{,}296; \quad h_0 = 14{,}8/1000\,\text{mm};$$
$$\mu = 0{,}0021 \quad \text{und} \quad P_R = 9{,}7\,\text{mkp/s}.$$

Aus Abb. 4.61 ergibt sich bei $\delta = 0{,}296$ und $b/d = 1$

$$\frac{\dot{V}}{d^3\,\psi\,\omega} = 0{,}136; \text{ also wird } \dot{V} = 0{,}136\,d^3\,\psi\,\omega = 0{,}136 \cdot (10\,\text{cm})^3 \cdot \frac{1}{1000} \cdot 36{,}6/\text{s} \approx 5\,\text{cm}^3/\text{s}.$$

Wie die Erfahrung an ausgeführten Lagern zeigt, kann diese Ölmenge von einem losen Schmierring gefördert werden.

2. *Beispiel:* Lager mit Ölkühlung.
Gegeben: $F = 1000\,\text{kp}$; $n = 3000\,\text{U/min}$ ($\omega = 314/\text{s}$).

Gewählt: $b/d = 0{,}75$; aus $\bar{p}_{zul} \approx 15\,\text{kp/cm}^2$ folgt $\bar{p} = \dfrac{F}{b\,d} = \dfrac{F}{0{,}75\,d^2}$, also

$$d = \sqrt{\frac{F}{0{,}75\,\bar{p}_{zul}}} = \sqrt{\frac{1000\,\text{kp}}{0{,}75 \cdot 15\,\text{kp/cm}^2}} = 9{,}5\,\text{cm}.$$

Gewählt: $d = 100\,\text{mm}$; $b = 75\,\text{mm}$; also $\bar{p} = \dfrac{1000\,\text{kp}}{75\,\text{cm}^2} = 13{,}33\,\text{kp/cm}^2$,

$$u = \frac{d}{2}\,\omega = 0{,}05\,\text{m} \cdot 314/\text{s} = 15{,}7\,\text{m/s},$$

d. h. nach Abb. 4.62 $\psi = 1{,}1/1000 \cdots 1{,}9/1000$; gewählt $\psi = 1{,}8/1000$.
Ölsorte: TD 16 nach DIN 51515 (2,5 Englergrad bei 50 °C) mit

$$\eta = 0{,}1 \cdot 10^{-6}\,\text{kps/cm}^2 \quad \text{bei } \underline{\underline{t = 60\,°\text{C}}}.$$

Nach Gl. (23) wird $So = \dfrac{\bar{p}\,\psi^2}{\eta\,\omega} = 1{,}83$.

Aus Abb. 4.59 ergibt sich $\delta = 0{,}31$.

Nach Gl. (21) $h_0 = \dfrac{d}{2} \psi \delta \quad = \dfrac{28}{1000}$ mm.

Nach Gl. (24b) $\mu = \psi \dfrac{3}{\sqrt{So}} \quad = 0{,}0046$.

Nach Gl. (25) $P_R = \mu F u \quad = 72{,}2$ mkp/s.

Aus Abb. 4.61 $\dot{V}/d^3 \psi \omega \quad = 0{,}112$,

also $\dot{V} \quad = 63{,}4$ cm³/s.

Nach Gl. (3) $t_a - t_e = \dfrac{P_R}{\beta \dot{V}} \quad \approx 7\,°C$.

Das Öl muß also auf $t_e = 60\,°C - 7\,°C = 53\,°C$ gekühlt werden. Eine Vergleichsrechnung mit verschiedenen ψ-Werten zeigt, daß im Bereich von $\psi = 1{,}6/1000 \cdots 2{,}6/1000$ sich h_0 nur wenig und μ überhaupt nicht ändert, δ schwankt zwischen 0,35 und 0,19, so daß der Ölvolumenstrom Werte zwischen 53 cm³/s und 109 cm³/s annimmt und dementsprechend die Temperaturdifferenz $t_a - t_e$ zwischen 8,3 °C und 4 °C liegt.

4.3.1.3 Gebiet der Mischreibung, Übergangsdrehzahl.

Alle bisherigen Betrachtungen erstreckten sich auf das Gebiet der reinen Flüssigkeitsreibung, die für den *Dauerbetrieb* unbedingte Voraussetzung ist. Beim Anfahren und Auslaufen befinden sich die hydrodynamischen Lager jedoch zwangsläufig im Gebiet der Mischreibung, in dem Festkörperberührung stattfindet und daher große Reibwerte und starker Verschleiß auftreten. Der Verlauf der Reibungszahl μ in Abhängigkeit von Drehzahl und Belastung ist schon von STRIBECK[1] experimentell bestimmt worden; Abb. 4.64 gibt die Charakteristik im Prinzip wieder. Die Grenzdrehzahl zwischen partiellem Tragen und reiner Flüssigkeitsreibung wird Übergangsdrehzahl genannt.

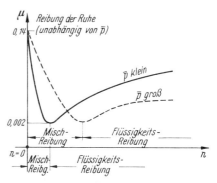

Abb. 4.64
Reibungswerte nach STRIBECK (unmaßstäblich)

Verfolgt man die Vorgänge vom Gebiet der Flüssigkeitsreibung her, also bei *abnehmender* Drehzahl, so kann man nach den Beziehungen des letzten Abschnitts die *Verringerung* der Schichtdicke h_0 und der Reibwerte μ bestimmen, indem man nach Gl. (23) die Sommerfeld-Zahlen (für konstante $\bar{p}$-, η- und ψ-Werte) berechnet und aus Abb. 4.59 die zugehörigen δ-Werte abliest. Für das vorletzte Beispiel ergeben sich die Zahlenwerte der Tab. 4.9; h_0 und μ sind in Abb. 4.65 aufgetragen.

Tabelle 4.9. h_0 und μ bei abnehmender Drehzahl; zu Beispiel 1

$\omega = \dfrac{\pi n}{30}$ [1/s]	$So = \dfrac{\bar{p}\,\psi^2}{\eta\,\omega}$	δ	$h_0 = \dfrac{d}{2}\psi\delta$ [µm]	μ
36,6	2,01	0,296	14,8	0,00212
30	2,45	0,257	12,85	0,00192
25	2,94	0,226	11,3	0,00175
20	3,67	0,191	9,55	0,00157
15	4,9	0,150	7,5	0,00136
10	7,35	0,109	5,45	0,00111
5	14,7	0,061	3,05	0,00078

Siehe Fußnote 3, S. 36.

Die *Mindestschichtdicke* $h_\ddot{u}$, bei der sich im *Versuch* das Minimum der Reibungszahl einstellt, liegt bei etwa 3 bis 4 µm. Für $h_\ddot{u} = 3{,}5$ µm ergibt sich in dem Beispiel (Abb. 4.65) $\omega_\ddot{u} \approx 6/\mathrm{s}$, also $n_\ddot{u} = \dfrac{30}{\pi}\,\omega_\ddot{u} = 57$ U/min. Die Auftragung der h_0- und μ-Werte erübrigt sich, wenn man mit $h_\ddot{u}$ den Wert $\delta_\ddot{u} = \dfrac{h_a}{\dfrac{d}{2}\,\psi}$ berechnet und

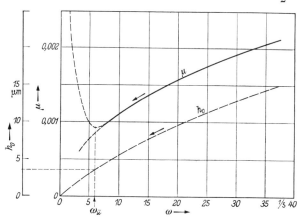

Abb. 4.65. h_0 und μ des Beispiels 1 bei abnehmender Drehzahl

aus Abb. 4.59 die zugehörige Sommerfeld-Zahl $So_\ddot{u}$ abliest; es wird dann

$$\omega_\ddot{u} = \frac{\bar{p}\,\psi^2}{\eta\,So_a}.$$

Eine rasche, näherungsweise Bestimmung der Übergangsdrehzahl ist mit der von VOGELPOHL abgeleiteten „Volumenformel" möglich:

$$n_\ddot{u} = \frac{F}{C_\ddot{u}\,\eta^*\,\mathrm{Vol}},$$

in der die dynamische Viskosität in cP und das Volumen $\mathrm{Vol} = \dfrac{\pi}{4}\,d^2\,b$ in Litern einzusetzen sind und der Wert $C_\ddot{u}$ (umgekehrt proportional $\psi\,h_\ddot{u}$) in den meisten Fällen bei guter Ausführung, gutem Lagermetall und $b/d \approx 0{,}5 \cdots 1{,}5$ in der Größenordnung von 1 liegt. Bei besonders guter Werkstattarbeit und hochwertigem Lagermetall kann $C_\ddot{u}$ größer (bis 3) angenommen werden (mit $C_\ddot{u} = 1$ erhält man im allgemeinen etwas zu hohe, also sichere Werte!).

Im vorletzten Beispiel ergibt sich mit $\eta^* = 0{,}34 \cdot 10^{-6}\,\dfrac{\mathrm{kps}}{\mathrm{cm}^2} \cdot 98{,}1 \cdot 10^6\,\dfrac{\mathrm{cP}}{\mathrm{kps/cm}^2} = 33{,}4$ cP. $\mathrm{Vol} = \dfrac{\pi}{4}\,d^2\,b = \dfrac{\pi}{4}\,(1\ \mathrm{dm})^3 \cdot 1\ \mathrm{dm} = 0{,}785\ \mathrm{l}$ und $C_\ddot{u} = 1$

$$n_a = \frac{F}{C_\ddot{u}\,\eta^*\,\mathrm{Vol}} = \frac{2500}{1 \cdot 33{,}4 \cdot 0{,}785} = 95\ \mathrm{U/min};\qquad \omega_a \approx 10/\mathrm{s}.$$

Nach VOGELPOHL (2. Aufl. 1967) soll $\dfrac{n}{n_a} \geqq 3$ bzw. $> \dfrac{|u|}{\mathrm{m/s}}$ sein.

4.3.1.4 Gleitwerkstoffe und Wellenwerkstoffe. Im Gebiet der reinen Flüssigkeitsreibung spielen die Werkstoffe der Gleitflächen nur insofern eine Rolle, daß an ihnen das Öl gut haftet und daß unter der Einwirkung der Pressung keine unzulässigen Deformationen entstehen. Von großer Bedeutung ist jedoch die Art der

Werkstoffpaarung im Gebiet der Mischreibung, also beim Anfahren und Auslaufen und bei Ölmangel bzw. gänzlichem Versagen der Ölzufuhr.

Als *Wellen- oder Zapfenwerkstoff* dient meistens Stahl, während für die Gegenfläche die verschiedensten „Gleitwerkstoffe" verwendet werden. Der Wellenwerkstoff soll immer härter als der Gleitwerkstoff sein, nur der letztere soll den Verschleiß aufnehmen und durch seine Verformbarkeit etwa auftretende Kantenpressungen abbauen. Das Härteverhältnis zwischen Gleitwerkstoff und Welle soll etwa 1:3 bis 1:5 betragen; bei Gleitwerkstoffen mit größerer Härte sind also entsprechend hochwertigere Wellenwerkstoffe erforderlich, oder es sind die Oberflächen der Wellen zu härten (Einsatzstähle nach DIN 17210 und Vergütungsstähle nach DIN 17200; vgl. Abschn. 1.7.2).

An die *Gleitwerkstoffe* werden im allgemeinen folgende Anforderungen gestellt:
1. Möglichkeit der Herstellung glatter Oberflächen.
2. Gutes Einlaufverhalten, d. h. Glättung im Betrieb.
3. Gute Notlaufeigenschaften, d. h. „Nichtfressen" bei Ölmangel.
4. Hohe Verschleißfestigkeit.
5. Gleichmäßige, möglichst geringe Volumenausdehnung (Quellen).
6. Geringe Kantenpreßempfindlichkeit bzw. gute Verformbarkeit.
7. Hohes Wärmeleitvermögen.
8. Ausreichende statische und dynamische Festigkeit, auch bei höheren Temperaturen.
9. Korrosionsbeständigkeit.
10. Gute Bindungsfähigkeit mit dem Grundmaterial bei Mehrstofflagern.

Die Erfüllung dieser Forderungen hängt ab von der Art der Gefügeausbildung, ferner den physikalischen, mechanisch-technologischen und den chemischen Eigenschaften. Ausführlich sind alle diesbezüglichen Fragen in den Büchern von SCHMID-WEBER: „Gleitlager" und KÜHNEL: „Werkstoffe für Gleitlager" behandelt; Arten und Eigenschaften der Gleitwerkstoffe sind ferner sehr gut — mit umfangreichen Tabellen — in den VDI-Richtlinien VDI 2203 zusammengestellt.

Man unterscheidet metallische und nichtmetallische Gleitwerkstoffe. Bei den *metallischen Gleitwerkstoffen* empfiehlt sich eine Gliederung in Gruppen je nach dem Hauptbestandteil, der im wesentlichen für die Gleiteigenschaften und die Anwendung entscheidend ist.

Die *Lagermetalle auf Blei- und Zinngrundlage* sind in DIN 1703 genormt. Die hochzinnhaltigen Weißmetalle *Lg Sn 80* (Weißmetall 80, 80% Sn, 12% Sb, 6% Cu, 2% Pb) und *Lg Sn 80 F* (Weißmetall 80 F, 80% Sn, 11% Sb, 9% Cu) werden nur noch bei höchsten Ansprüchen verwendet. Sie sind durch die wesentlich billigeren zinnarmen Bleilagermetalle ersetzt worden: *Lg Pb Sn 10* (Weißmetall 10, 10% Sn, 15,5% Sb, 1% Cu, 73,5% Pb) und *Lg Pb Sn 5* (Weißmetall 5, 5% Sn, 15,5% Sb, 1% Cu, 78,5% Pb), die bei höheren Anforderungen an Gleiteigenschaften und Belastung geeignet sind, und die kadmiumhaltigen Weißmetalle *Lg Pb Sn 6 Cd* (6% Sn, 15% Sb, 1% Cu, 0,8% Cd, 0,7% As, 0,4% Ni, Rest Pb) und *Lg Pb Sn 9 Cd* (9% Sn, 14% Sb, 1% Cu, 0,5% Cd, 0,7% As, 0,4% Ni, Rest Pb), die höchsten Anforderungen entsprechen. Alle zinnarmen Bleilagermetalle sind lötbar auf Rotguß, Stahl und Stahlguß, mit Zwischenschicht nach besonderem Verfahren auch auf Grauguß. Zinnfreies Bleilagermetall *Lg Pb Sb 12* (Lagerhartblei 12, 12% Sb, ~1% Cu, bis 0,3% Ni, bis 1,5% As, Rest Pb) wird im allgemeinen Maschinenbau für normale Beanspruchung verwendet, es besitzt gute Lötbarkeit mit Stahl und Stahlguß für Ausgüsse bis 1,5 mm Dicke. Für Achslager von Eisenbahn- und Straßenbahnwagen ist das Blei-Alkali-Lagermetall *Lg Pb* (etwa 98% Pb, 0,4 bis 0,75% Ca, bis 0,8% Ba, bis 0,7% Na, bis 0,04% Li) entwickelt worden; es ist bei vorschriftsmäßiger Verarbeitung lötbar und auch für Lager des allgemeinen Maschinenbaues bei hoher Belastung geeignet.

Bei den *Lagermetallen auf Kupferbasis* wird zwischen Knet- und Gußlegierungen unterschieden, ferner zwischen Messing und Bronze (s. Abschn. 1.7.5).

Messing kommt fast nur als *Sondermessing* nach DIN 17660 *Cu Zn 31 Si*, bisher *So Ms 68* (68% Cu, 1% Si, bis 0,8% Pb, Rest Zn) für gerollte Lagerbuchsen in Frage.

Wegen ihrer guten Gleiteigenschaften und günstigen Verschleißfestigkeit werden *Zinnbronzen* für Lagerzwecke bevorzugt, und zwar als Knetlegierungen nach DIN 17662 *CuSn 8*, bisher *Sn Bz 8* (etwa 91% Cu, 8,5% Sn, bis 0,4% P) und die Mehrstoff-Zinnbronze *M Sn Bz 4 Pb* (etwa 92% Cu, 4% Sn, 4% Zn, bis 0,1% P) und als Gußlegierungen nach DIN 1705 *G-Sn Bz 14* (86% Cu, 14% Sn) bei Lastspitzen bis $p = 600$ kp/cm², Schleuderguß *GZ-Sn Bz 12* und Strangguß *GC-Sn Bz 12* (88% Cu, 12% Sn) für Gleitlager mit höheren Lastspitzen bis $p = 1200$ kp/cm².

Für viele Zwecke hat sich *Rotguß* (Guß-Mehrstoff-Zinnbronze) wegen seiner guten Lauf- und Einlaufeigenschaften und besonders wegen seines günstigen Verhaltens hinsichtlich Verschleiß und Stoßbeanspruchung bewährt. Auch als Verbundguß, d. h. als Träger weicher Ausgußmetalle, wie z. B. Weißmetall, wird Rotguß verwendet. Mäßigen Beanspruchungen genügen *GZ-Rg 5* und *GC-Rg 5* (85% Cu, 5% Sn, 5% Zn, 5% Pb), bis $p = 400$ kp/cm² *Rg 7*, für hohe Belastung $p < 800$ kp/cm² *GZ-Rg 7* und *GC-Rg 7* (83% Cu, 7% Sn, 4% Zn, 6% Pb) und bei $p < 500$ kp/cm² *Rg 10* (88% Cu, 10% Sn, 2% Zn).

Guß-*Bleibronzen* und Guß-Zinn-Bleibronzen besitzen sehr gute Lauf- und Notlaufeigenschaften, ertragen hohe Pressungen, große Gleitgeschwindigkeiten und sind dauerfest gegen dynamische Beanspruchungen, weshalb sie auf allen Gebieten des Maschinenbaues, besonders auch im Motorenbau, Verwendung finden. Weniger günstig sind die Einlaufeigenschaften, die Schalenflächen müssen durch Feinbohren mit Diamantwerkzeugen bearbeitet und die Zapfenoberflächen gehärtet und geschliffen werden. Die Ausführung erfolgt meist als Verbundlager, d. h. mit Stützschale aus Stahl, wobei die Verbindung im Druck- oder Schleudergußverfahren hergestellt wird; Ausguß und Schale haften so fest, daß ein Lösen auch bei den größten Verformungen und höchsten Temperaturen nicht eintritt. In DIN 1716 werden die Sorten *G-Pb Bz 25* (75% Cu, 25% Pb; vorwiegend für den Verbrennungsmotorenbau), *G-Sn Pb Bz 5* (85% Cu, 10% Sn, 5% Pb), *G-Sn Pb Bz 10* (80% Cu, 10% Sn, 10% Pb), *G-Sn Pb Bz 15* (77% Cu, 8% Sn, 15% Pb) und *G-Sn Pb Bz 20* (75% Cu, 5% Sn, 20% Pb) aufgeführt.

Aluminiumbronzen, vor allem Guß-Mehrstoff-Aluminiumbronzen, z. B. *G-NiAlBz 68* (77% Cu, 11% Al, 6% Ni, 6% Fe), nach DIN 1714 werden für Gleitlager mit Lastspitzen bis $p = 2500$ kp/cm², etwa bei Kurbel- und Kniehebellagern, verwendet. Die Lagerwerkstoffe werden auf Stützschalen aus Stahl oder hochfester Aluminiumlegierung (Duralumin) aufgebracht, die Laufflächen mit dem Diamanten bearbeitet, die Zapfenoberflächen müssen gehärtet und auf Hochglanz geschliffen sein. Aluminiumbronzen sind verschleißfest und korrosionsbeständig.

Die *Lagermetalle auf Zinkbasis* wurden ursprünglich als Austauschwerkstoffe für Kupfer- bzw. Zinnlegierungen verwendet; sie haben sich als aluminium- und kupferhaltige Feinzinkgußlegierungen *G-Zn Al 4 Cu 1* ($\sim$4% Al, 0,8% Cu, Rest Feinzink) DIN 1743 mit guten mechanischen und Gleiteigenschaften bei mittleren Beanspruchungen bewährt. Man benutzt sie als Vollwerkstoff in Form von Buchsen und Lagerschalen oder in Verbundausführung mit Stützschalen. Auch hier erfolgt die Bearbeitung mit Diamantwerkzeugen, Ölflächenhärtung der Zapfen ist nicht notwendig, es genügt geschliffener Kohlenstoffstahl. Die höhere Wärmeausdehnung ist durch größeres Lagerspiel zu berücksichtigen; die Wärmeleitfähigkeit ist gut.

An *Aluminiumlegierungen* eignen sich als Knetwerkstoff *Al Cu Mg Pb* nach DIN 1725, Bl. 1 (etwa 4% Cu, 1% Mg, 1% Mn, Rest Al) und als Knet- und Gußwerkstoff *Al Si Cu Ni* (etwa 12% Si, 1% Cu, 1% Mg, 1% Ni, Rest Al). Wegen der großen Wärmeausdehnung ist ein höheres Lagerspiel vorzusehen ($\psi_{\text{Einbau}} = 2/1000 \cdots 3/1000$), der geringere Elastizitätsmodul verlangt geeignete, Kantenpressungen vermeidende Formgebung der Lagerschale. Sonderlegierungen mit elektrolytisch aufgebrachten Laufschichten aus Kadmium oder Blei wurden für den Motorenbau entwickelt.

Auch *Magnesiumlegierungen* DIN 1729 können als Vollager bei geringen Belastungen verwendet werden; auch hier ist die große Wärmeausdehnung bei der Bemessung des Lagerspiels zu berücksichtigen.

Die *Lagermetalle auf Kadmiumbasis* sind in Deutschland selten und nicht genormt; sie besitzen gute Gleiteigenschaften, verhältnismäßig hohe Härte und Festigkeit. Sie werden nur als Gußwerkstoffe verwendet, legiert mit Silber, Kupfer oder Nickel: *G-Cd Ag Cu* (0,5 bis 1% Ag, 0,4 bis 0,75% Cu, Rest Cd) und *G-Cd Ni* (1 bis 1,6% Ni, Rest Cd).

Gußeisen (DIN 1691) wird wegen seiner guten Verschleißfestigkeit als Lagerwerkstoff benutzt, gewöhnlicher Grauguß bis GG-20 für untergeordnete Zwecke, Perlitguß GG-25 für mäßig belastete Lager mit geringen Gleitgeschwindigkeiten $u < 1$ m/s. Nachteilig ist bei Gußeisen die Kantenpreßempfindlichkeit.

Die *Sinterwerkstoffe* (Sintereisen, Sinterzinnbronze, Sinterbleibronze) zeichnen sich durch ihre Porosität (bis 30 Vol.-%) und ölspeichernde Wirkung aus. Die gesinterten Formteile werden mit warmem Öl getränkt, das dann beim Laufen durch die Belastung und Temperaturerhöhung aus den Poren an die Oberfläche gelangt und oft eine zusätzliche Schmierung überflüssig macht. Bei Temperaturrückgang (Stillstand) wird das Öl wieder in die Poren zurückgesaugt. Da die Schmierung selbsttätig erfolgt, ist nur geringe Wartung und Pflege erforderlich, und das Anwendungsgebiet erstreckt sich daher auf besonders schlecht zugängliche Schmierstellen und auf Lager, die nichtschmutzende Schmierung verlangen (Nahrungsmittelindustrie, Haushaltmaschinen, Textil- und Druckereimaschinen, Seil- und Kettenrollen, Lauf- und Tragrollen bei Fördertriebwerken, Elektromotoren). Sintermetallager sind schwingungsdämpfend und laufen sehr ruhig; bei Stoßbeanspruchung und Kantenpressungen sind sie jedoch ungeeignet. Belastung bis 100 kp/cm² bei $u \leq 1$ m/s, bei Zusatzschmierung bis 3,5 m/s. Die Wellen sollen möglichst gehärtet, geschliffen und geläppt sein.

Bei *ölfreien* Sinterwerkstoffen werden die Hohlräume mit eingepreßtem Graphit ausgefüllt, der dann als Schmiermittel wirkt; Anwendung bei sehr niedrigen oder sehr hohen Temperaturen oder bei chemischen Einwirkungen, wenn Öl ungeeignet.

Die wichtigsten *nichtmetallischen Lagerwerkstoffe* sind Kunststoffe, Gummi, Holz, Kohle und Graphit, Glas und feinkeramische Werkstoffe.

Als *Kunststoffe* (s. Abschn. 1.7.7) werden für Lager[1] Phenoplast-Preßmassen nach DIN 7708 (Typ 71, 74, 77) und Hartgewebe nach DIN 7335 (Hgw 2081, 2082, 2083, 2088, 2089) verwendet; zusätzliche Anforderungen für Lagerbuchsen und Lagerschalen sind in DIN 7703 festgelegt. Die nichtgeschichteten und die geschichteten Preßstoffe haben gute Laufeigenschaften und erhebliche Verschleißfestigkeit, sind korrosionsbeständig und eignen sich auch für Wasserschmierung; sie neigen jedoch zum Quellen und erfordern daher größeres Lagerspiel ($\psi \geqq 4/1000$). Nachteilig sind ferner die geringe Widerstandsfähigkeit gegen höhere Temperaturen und das geringe Wärmeleitvermögen, das besondere konstruktive Maßnahmen notwendig macht (s. Abschn. 4.3.1.5). Die Wellenoberflächen müssen gehärtet und geschliffen werden.

An Thermoplasten eignen sich für Gleitlager Polyamid, in Sonderfällen Polyvinylchlorid und für Verbundlager (Trockenlager) Polytetrafluoräthylen (Teflon).

Gummi (Naturkautschuk und synthetischer Kautschuk) eignet sich besonders für Wasserschmierung (Unterwasserlagerungen). Günstig sind die große elastische Verformbarkeit, die Unempfindlichkeit gegen harte Verunreinigungen und die Dämpfungsfähigkeit bei Stößen.

Holz (Hartholz, Pockholz, Holzfurnier-Preßstoff) findet bisweilen noch für wassergeschmierte Lager, z. B. für Propellerwellen von Schiffen, bei Textilmaschinen, Pumpen u. dgl. Anwendung.

Kunstkohle wird für extrem hohe und niedrige Temperaturen, bei hohen Anforderungen an Korrosionsbeständigkeit und bei Lagern, die mit fettlösenden Chemikalien in Berührung kommen, verwendet. Man unterscheidet gasgeglühte Hartkohle und Elektrographitkohle; letztere kann auch mit Kunstharz, Weißmetall oder Bleibronze getränkt werden.

Glas und feinkeramische Werkstoffe dienen Sonderzwecken in der Feinwerktechnik und der chemischen Industrie; sie sind sehr hart und kantenpreßempfindlich.

4.3.1.5 Konstruktive Einzelheiten und Ausführungsbeispiele. Gleitlager können ganz allgemein als *selbständige Bauelemente* ausgeführt werden, die zur Verbindung mit Fundamenten oder mit anderen Maschinenteilen mit entsprechend gestalteten Füßen, Pratzen oder Flanschen versehen werden (Stehlager, Flanschlager, Bocklager, Hängelager, Wand- und Konsollager), oder aber sie sind *unmittelbar in die Gesamtkonstruktion eingegliedert*, etwa in Gehäuse, Rahmen, Gestelle eingeschweißt, angegossen oder angeschmiedet, wie z. B. bei den Kurbelwellenlagern von Kolbenmaschinen (Abb. 4.91), bei Turbinenlagern, bei Spindellagern von Werkzeugmaschinen (Abb. 4.94 und 4.95) und bei Schubstangen (Abb. 4.92 und 4.93) und Kreuzköpfen. In jedem Fall ist eine günstige Aufnahme und Überleitung der Kräfte anzustreben.

Ein weiterer wichtiger Gesichtspunkt bei Gestaltung und Anordnung von Gleitlagern ist die bequeme Montagemöglichkeit; können Lager oder Achsen bzw. Wellen seitlich eingeschoben werden, so genügen *ungeteilte Lager* ohne oder mit Buchsen (Flanschlager nach DIN 502 und 503 Abb. 4.83, Augenlager nach DIN 504 Abb. 4.84, Flanschringschmierlager Abb. 4.88, Kolbenbolzenlager bei Schubstangen Abb. 4.93, Spindellager von Werkzeugmaschinen Abb. 4.94/4.95, Kugelgleitlager Abb. 4.70 und Gelenklager Abb. 4.71); muß die Welle oder ein Rotor in ein Gehäuse eingelegt werden oder ist überhaupt eine leichtere Montage erwünscht, so sind offene

---

[1] Siehe auch SCHLUMS, K.-D., u. A. MAY: Konstruktion und Berechnung von Kunststoffgleitlagerbuchsen. Z. Antriebstechn. 6 (1967) 395—402.

oder *geteilte Lager* erforderlich, die jeweils aus dem *Lagerkörper* und dem durch Schrauben mit ihm verbundenen *Lagerdeckel* sowie aus den in diese beiden Teile eingebetteten, ebenfalls geteilten *Lagerschalen* bestehen (Deckellager nach DIN 505 und 506 Abb. 4.85, Stehlager mit Ringschmierung nach DIN 118 Abb. 4.86, geschweißtes Ringschmierlager Abb. 4.89, Kurbelwellenlager Abb. 4.91, Drehdrucklager Abb. 4.100, Dampfturbinenlager Abb. 4.103, schweres Generator-Ringschmierlager Abb. 4.90).

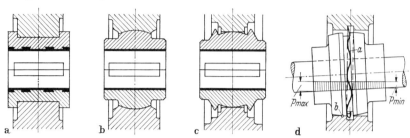

Abb. 4.66. Stützung von Lagerschalen
a) zylindrisch; b) kugelig; c) kippelnd; d) mit Schlangenfeder (Eisenwerk Wülfel)

Der *Verformung der Welle und den dadurch auftretenden Kantenpressungen* bzw. der Veränderung der Spaltform kann auf verschiedene Art begegnet werden. Bei starren Lagern, wie Buchsen oder zylindrischen Lagerschalen mit Bunden (Abb. 4.66a) sind größere Lagerspiele und geringe Breitenverhältnisse b/d erforderlich; außerdem

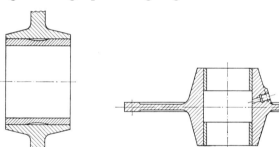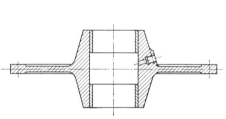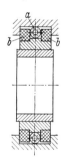

Abb. 4.67. Dehnkörperlager nach BUSKE

Abb. 4.68. Membranstützung nach GERSDORFER

Abb. 4.69. Abstützung auf Schraubenfeder a und elastischen Stützringen b (Carowerk, Wien)

sind plastisch verformbare Ausgußwerkstoffe (Weißmetalle) zu empfehlen. Günstiger verhalten sich einstellbare Lager, indem z. B. die Lagerschalen kugelig (Abb. 4.66b) oder kippelnd (Abb. 4.66c) abgestützt werden. Eine Nachgiebigkeit wird beim Lager des Eisenwerks Wülfel, Hannover, durch eine in Ringnuten eingelegte Schlangenfeder (Abb. 4.66d) bewerkstelligt. Beim Dehnkörperlager nach BUSKE[1] Abb. 4.67 geben die dünner gehaltenen Lagerenden bei Kantenpressungen nach. Nach GERSDORFER[2] führt die Abstützung durch eine Membrane (Abb. 4.68) zur Minderung des Verkantens. Bei der Ausführung nach Abb. 4.69 (Carowerk, Wien) erfolgt eine Einstell-

---
[1] BUSKE, A.: Der Einfluß der Lagergestaltung auf die Belastbarkeit und die Betriebssicherheit. Stahl u. Eisen 71 (1951) 1420—1433.
[2] GERSDORFER, O.: Das Gleitlager, Wien/Heidelberg: Industrie- und Fachverlag 1954. — GERSDORFER, O.: Konstruktion und Schmierung von Gleitlagern. VDI-Z. 102 (1960) 1129—1138.

barkeit über eine geschlossene Schraubenfeder a und elastische Stützringe b. Am zuverlässigsten wirken Kugelgleitlager Abb. 4.70 bzw. Gelenklager Abb. 4.71 oder bei großen, stark belasteten Lagern eine kardanische Stützung der Lagerschalen. In manchen Fällen, z. B. im Werkzeugmaschinenbau, ist eine *Ein- bzw. Nachstellbarkeit* der Lagerspiele erforderlich; bei größerem Verschleiß, wie er in Lagern von Kolbenmaschinen auftritt, sind ebenfalls Vorkehrungen für Austausch oder Nachstellen von Lagerschalen zu treffen. Das Hauptlager einer Drehbank mit konischem Spindelzapfen zeigt Abb. 4.94; durch axiale Verschiebung der konischen

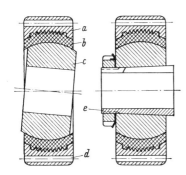

Abb. 4.70. Desch-Kugelgleitlager Type KGZ (mit zylindrischer Bohrung) und Type KGK (mit kegeliger Bohrung und Spannhülse). Die Gleitlagereinheit (mit Wälzlagerabmessungen) besteht aus dem gehärteten Innenring c mit geschliffener Kugellauffläche und dem mit dem Weißmetallausguß b versehenen Außenring a. Die Bohrungen d dienen dem Ölausgleich im Gehäuse

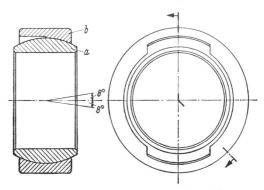

Abb. 4.71. SKF-Gelenklager für Kipp- und Schwenkbewegungen (Luftfahrtnormen LN 9192 und 9193 bis 80 mm Bohrung; Normreihe erweitert bis 300 mm Bohrung im Normentwurf DIN 9193). Die Einbaueinheit besteht aus dem gehärteten und geschliffenen Innenring a, der mit seiner kugeligen Oberfläche in einer entsprechenden Hohlkugelfläche des ebenfalls gehärteten und geschliffenen Außenringes b gleitet. Die eine Seite des Außenringes b besitzt Aussparungen für den Einbau. Schmierung mit MoS_2-haltigem Fett, ab 20 mm Bohrung ist Nachschmiermöglichkeit vorgesehen. [Vgl. HENTSCHEL, G., u. M. MEMMEL: Erfahrungen mit Gelenklagern im Maschinenbau. Z. Konstr. 15 (1963) 482—487, und MEMMEL, M.: Untersuchungen über die Tragfähigkeit und Gebrauchsdauer von Gelenklagern. TZ für praktische Metallbearbeitung 1967, H. 4 u. 5.]

Lagerbuchse kann das Spiel eingestellt werden; ähnlich ist die Wirkungsweise des Gleitlagers nach Abb. 4.95 mit zylindrischem Zapfen und Doppelkegelbuchsen. Bei der Dieselmotor-Schubstange nach Abb. 4.92 erhält man durch das Nachstellen der Schalen eine Verkürzung der Stangenlänge; dies läßt sich dadurch ausgleichen, daß man Kopf und Schaft voneinander trennt und zwischen Stange und untere Schale Scheiben legt. Das geschlossene Auge zur Aufnahme des Kolbenbolzens besitzt Nachstellung der Bronzeschalen durch Druckschraube.

Die *Ölzufuhr* muß immer im unbelasteten Teil des Lagers erfolgen. Bei Buchsen werden (nach DIN 1850, Bl. 2) Bohrungen bzw. *Längsschmiernuten* Abb. 4.72 kurz vor der belasteten Zone (bei senkrechter Last in der Horizontalen) angeordnet, die sich fast über die ganze Lagerbreite erstrecken, um eine gleichmäßige Verteilung über die Gleitflächen zu erzielen. Wenn die Belastung mit der Welle umläuft, dann gibt es an der Lagerbuchse keine Stelle, die dauernd unbelastet ist; die für die Ölverteilung erforderliche Nut muß dann in der *Welle* um etwa 90° gegen die Lastrichtung versetzt angebracht werden, und die Ölzufuhr erfolgt über eine seitliche, außerhalb der tragenden Lagerfläche angeordnete Ringnut der Buchse (Abb. 4.73). Bei feststehender Achse und umlaufender Nabe wird der Schmierstoff durch die Achse zugeführt, und für die Verteilung sorgen Abflachungen am Zapfen (Abb. 4.74). Bei Lagerschalen werden an den Teilfugen *Einlauftaschen* nach Abb. 4.75 angearbeitet.

Buchsen für Gleitlager sind in DIN 1850 für die Werkstoffe Nichteisenmetall, Stahl, Gußeisen, Sintermetall, Kohle und Kunststoff genormt. Es sind verschiedene Formen, auch mit Bund und bei Sintermetall Kalottenlager, vorgesehen. Die Wanddicken sind den verschiedenen Werkstoffen angepaßt; die empfohlenen ISO-Toleranzfelder sind so gewählt, daß sich nach dem Einpressen der Buchsen ein ISO-Toleranzfeld bis etwa H 9 ergibt. Das Spiel ist in die Welle zu legen.

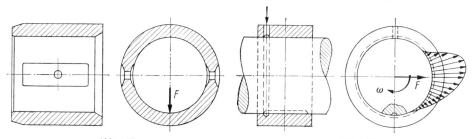

Abb. 4.72
Schmierstoffzuführung an Buchsen nach DIN 1850, Bl. 2, bei umlaufender Welle und stillstehender Last

Abb. 4.73
Schmierstoffzuführung bei mit der Welle umlaufender Last [nach KLEMENCIC, VDI-Z. 87 (1943) 411]

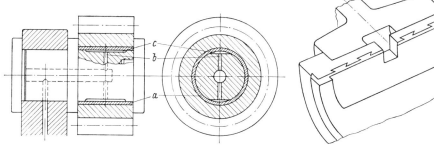

Abb. 4.74. Schmierölzuführung bei feststehender Achse und umlaufender Nabe [Planetenradlagerung aus VDI-Z. 102 (1960) 1126]
a) dünnwandige Buchse; b) Schmierbohrung; c) Abflachung am Zapfen

Abb. 4.75. Schmierölzuführung bei Lagerschalen; Schmiertaschen an Teilfuge

Einspannbuchsen nach DIN 1498 aus gerolltem vergütetem Federbandstahl (55 Si 7 nach DIN 17222) können besonders bei großen Lagerkräften mit geringen Schwingbewegungen unter rauhen Betriebsverhältnissen, meist ohne ausreichende Schmierung oder ohne Schmiermöglichkeit, mit groben Passungen und für den Verschleiß günstigen großen Spielen Buchsenbohrung/Bolzen als Lager geeignet sein. Sie werden mit geradem, mit pfeilförmigem und mit schrägem Schlitz hergestellt; beim Einpressen in die aufnehmende Bohrung ist darauf zu achten, daß der Schlitz nicht in der Belastungszone liegt, sondern um etwa 90° gegenüber der Kraftrichtung versetzt ist. Für den Bolzen wird der Werkstoff C 45, oberflächengehärtet, empfohlen. Für die gleichen Betriebsbedingungen werden die *Aufspannbuchsen* nach DIN 1499 verwendet, die als leicht auswechselbarer Verschleißschutz auf Zapfen aufgepreßt werden. Bezüglich Schlitzformen und Lage des Schlitzes beim Aufpressen gilt das gleiche wie bei den Einspannbuchsen.

Bei der *Kunstharzlagerbuchse* nach Abb. 4.76 wird dem schlechten Wärmeleitvermögen dadurch Rechnung getragen, daß der Preßstoff in eine Leichtmetallbuchse eingepreßt ist, deren Innenspitzgewinde bis dicht an die Laufflächen heranreicht. Die vorzüglichen Gleiteigenschaften und die Verschleißfestigkeit von *Polyamiden* bei Paarung mit Stahl werden bei den wartungsfreien, trockenlaufenden

Gleitlagern nach Abb. 4.77 ausgenutzt[1]. Das wesentliche Kennzeichen ist die sehr dünne, nur 0,3 mm starke, außen auf Stahlbuchse aufgesinterte Polyamidgleitschicht. Die feste Haftung wird durch 0,1 bis 0,3 mm tiefe Kreuzrändelung der Stahlschale gewährleistet. Die Stahllauffläche ist gehärtet und geschliffen ($R_t < 1{,}6\,\mu\text{m}$).

Die *Lagerschalen* bestehen meist aus der Stützschale und der Gleitwerkstoffauskleidung (Zweistofflager). Einstofflager, vorwiegend aus Gußeisen, haben nur einen begrenzten Anwendungsbereich. Bei Dreistofflagern befindet sich zwischen der Stützschale aus tragfähigem Werkstoff, z. B. Stahlguß, und der Gleitschicht, z. B. Weißmetall, eine sog. Notlaufschicht aus Bleibronze od. dgl. Die Dicke der

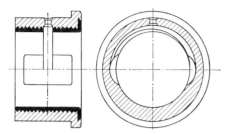

Abb. 4.76. Kunstharzlagerbuchse

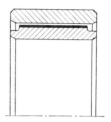

Abb. 4.77. Stahlbuchse mit aufgesinterter Polyamidgleitschicht (Ultramid, BASF, VDI-Nachr. 1963. Nr. 16, S. 5)

Gleitschicht ist dann sehr klein, geringer als 1 mm. Bei Zweistofflagern wird der Gleitwerkstoff im allgemeinen in den Stützkörper eingegossen, und zwar im Handguß-, Genauguß-, Schleuderguß- oder Druckgußverfahren. Schleuderguß ergibt ein besonders gleichmäßiges und dichtes Gefüge. Die Verbindung zwischen Ausguß und Stützschale kann formschlüssig durch Nuten oder Riefen und stoffschlüssig durch Einlöten erfolgen, wobei oft vorher die Schalen verkupfert oder verzinnt werden. Neben Eingießen oder Einlöten findet auch das Aufplattieren, besonders bei dünnen Laufschichten, statt, wobei die zu verbindenden Werkstoffe eine Kaltschweißung miteinander eingehen. Sehr dünne Gleitwerkstoffschichten werden durch elektrolytische Abscheidung aufgebracht, z. B. Blei und Zinn aus entsprechenden Fluorboratbädern, Silber-Thallium-Legierungen aus zyanidischen Silberbädern mit Zusätzen, Silber-Blei-Legierungen aus Bädern mit Anoden der entsprechenden Zusammensetzung. Blei-Indium-Überzüge werden bei Stahllagern für Flugzeugmotoren verwendet; auf eine dünne Silberschicht wird eine Bleischicht von $25\,\mu\text{m}$ Dicke und dann eine Indiumschicht von $1{,}25\,\mu\text{m}$ aufgebracht; durch Erhitzen im Ölbad diffundiert bei $180\,^\circ\text{C}$ das Indium in das Blei.

Für die Abmessungen von Lagerschalen mit Ausguß (Abb. 4.78 bis 4.81) gelten folgende Richtwerte:

bei Stahl, Stahlguß und Bronze $\quad D_a : D_i \leq 1{,}22$,

bei Gußeisen $\quad D_a : D_i \leq 1{,}2$ bis $1{,}14$.

Ausgußdicken s. Tab. 4.10 bzw. DIN 88501 (für Lager im Schiffbau).

Die Lagerschalen müssen im Lagerkörper gegen Verschieben und Verdrehen gesichert werden. Verschieben wird durch Flansche, Bunde oder Wulste verhindert. Gegen Verdrehen schützt ein Zapfen an der Oberschale, der in eine Aussparung oder Bohrung des Lagerdeckels eingreift; es können auch Schrauben oder Ölzulaufrohre hierzu verwendet werden, oder man läßt die Oberschale an einer festen Fläche

---

[1] Siehe auch VDI-Nachr. 1963, Nr. 16, S. 5.

am Lagerkörper aufsitzen. Gleichzeitig gegen Verdrehen und Verschieben sichern Haltestifte im Lagerdeckel, die in die Oberschale oder die Lagerbuchse mit etwas Spiel eingreifen. Die Unterschale soll bei schweren Konstruktionen frei von solchen Sicherungen sein, damit sie sich nach geringem Anheben der Welle zwecks Austausch oder Überholung herausdrehen läßt.

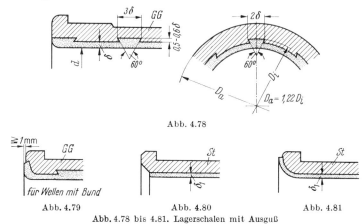

Abb. 4.78

Abb. 4.79   Abb. 4.80   Abb. 4.81
Abb. 4.78 bis 4.81. Lagerschalen mit Ausguß

Tabelle 4.10. *Ausgußdicken für Lagerschalen nach Abb. 4.78 bis 4.81*

Bohrung	Weißmetall auf			Bleibronze auf Stützschale aus St
	Stützschale aus GG	Stützschale aus St und GS		
d [mm]	δ [mm]	δ	δ_1	δ_1
bis 50	2	1,5	1	0,5
über 50 ··· 80	2,5	2	1,5	1
über 80 ··· 120	2,5	2	1,5	1
über 120 ··· 160	3	2,5	2	1,5
über 160 ··· 200	3,5	2,5	2	1,5
über 200 ··· 250	4	3	2,5	2
über 250 ··· 300	4,5	3,5	2,5	2

Mit Lagermetallausguß versehene *Gleitlagerbuchsen und Gleitlagerschalen* ohne und mit Bund, letztere als Loslager (Form A) und als Festlager (Form B) sind in DIN 7473 bis 7477 genormt; kurze Bauform mit $b/d \approx 0{,}75$, lange Bauform mit $b/d = 1$.

Der *Lagerkörper* muß die Belastungen aufnehmen und weiterleiten. Seine Form wird durch die Anordnung der Lagerschalen und die Schmierart bestimmt; bei Ringschmierlagern bildet der Lagerkörper zugleich den Ölvorratsbehälter; bisweilen werden auch Kühlschlangen eingebaut, oder der Boden wird so gestaltet, daß er von Kühlwasser durchströmt werden kann. Überhaupt sind die Abstrahlflächen und evtl. die Berührungsflächen mit einer Sohlplatte reichlich zu bemessen. Eine Festigkeitsrechnung wird daher im allgemeinen nicht erforderlich sein. Die zulässige Biegespannung kann bei Gußeisen zu $\sigma_{b\,\text{zul}} = 300$ kp/cm², bei Stahlguß und Schweißkonstruktionen zu $\sigma_{b\,\text{zul}} = 500$ kp/cm² angenommen werden.

Für den *Lagerdeckel* gelten im wesentlichen die gleichen Gesichtspunkte; er soll möglichst starr sein und den Beanspruchungen durch die Schrauben auf Biegung standhalten. Zur Fixierung gegenüber dem Lagerkörper werden Ansatz und Nut oder Paßstifte verwendet. Bei größeren Abmessungen sind vier Deckelschrauben anzuordnen, die zur Aufnahme von Stößen möglichst lang zu machen sind. Zur Berechnung wird der ungünstigste Fall angenommen, daß die Lagerkraft nach oben gerichtet ist. Die Schrauben werden dann auf Zug beansprucht, der Lagerdeckel auf Biegung, wobei man sich die halbe Lagerkraft im Abstand $d/4$ links und rechts von der Lagermitte wirkend denkt (Abb. 4.82). Beträgt der Abstand der Lagerschrauben von der Mitte $e/2$, dann ergibt sich für das maximale Biegemoment in der Mitte

$$M_b = \frac{F}{2}\left(\frac{e}{2} - \frac{d}{4}\right);$$

bei der Bestimmung des Widerstandsmomentes sind eventuelle Aussparungen für Deckel oder Schmiermittelzufuhr zu berücksichtigen. Für die zulässigen Biegespannungen sind die gleichen Werte wie beim Lagerkörper zu nehmen.

Die *Abdichtung* des Lagergehäuses am Wellenaustritt erfolgt meist durch Filzringe; es können jedoch auch die übrigen bei den Wälzlagern in Abschn. 4.3.2.7 angegebenen Dichtungsmöglichkeiten angewandt werden. Durch geschickt angeordnete Sammelnuten an den Schalenenden oder durch Schleuderringe, die angedreht oder federnd aufgesetzt sind, wird bereits im Innern dafür gesorgt, daß kaum noch Öl an die Austrittsstellen gelangt.

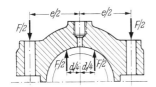

Abb. 4.82. Zur Berechnung der Lagerdeckel

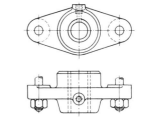

Abb. 4.83. Flanschlager nach DIN 502

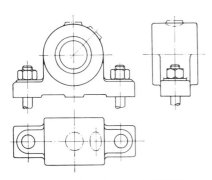

Abb. 4.84. Augenlager nach DIN 504

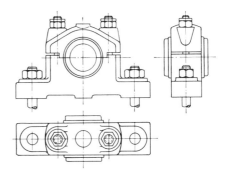

Abb. 4.85. Deckellager nach DIN 505

Beispiele für Radiallager:

Für Hebemaschinen sind die in Abb. 4.83 bis 4.85 dargestellten einfachen, vornehmlich für Staufferfette, z. T. auch für Fettkammerschmierung vorgesehenen Lagerformen genormt; Abb. 4.83 *Flanschlager* nach DIN 502 und 503, Abb. 4.84 *Augenlager* nach DIN 504, jeweils Ausführungen mit und ohne Buchse, Abb. 4.85 *Deckellager* nach DIN 505 und 506 mit und ohne Schalen.

Für *Stehlager mit Ringschmierung* sind die äußeren Abmessungen in DIN 118 genormt. DIN 118, Bl. 1, enthält die Formen L (lang) und K (kurz); DIN 118, Bl. 2, die heute meist verwendete Form G (gedrängte Bauart). Abb. 4.86 stellt als Beispiel ein Stehlager der Firma Desch, Neheim-Hüsten[1], dar, das für Wellendurchmesser von 25 bis 300 mm geliefert wird; das zugehörige Diagramm Abb. 4.87 ermöglicht die Ermittlung der Tragfähigkeit bei verschiedenen Drehzahlen.

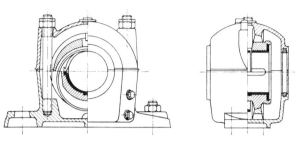

Abb. 4.86. Desch-Hochleistungs-Gleitlager Type SE nach DIN 118, Bl. 2 (Sept. 1954), Form G (gedrängte Bauart). Die mit Weißmetallfutter ausgekleideten gußeisernen Lagerschalen sind im Gehäuse kugelbeweglich gelagert; der lose Scharnierschmierring fördert das Schmieröl in die in Höhe der Schalenteilfuge, also im unbelasteten Gleitraum angebrachten Schmiertaschen.
Zur Verwendung als Führungslager (Festlager) können auf die Welle Bundringe aufgesetzt werden

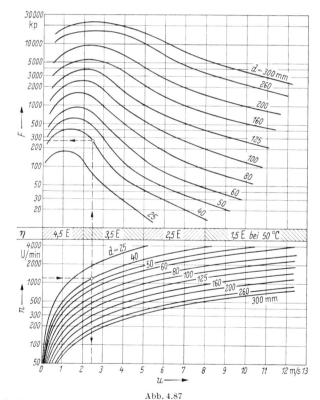

Abb. 4.87
Diagramm für die Tragfähigkeit der Hochleistungstraglager Type SE nach DIN 118, Bl. 2, Form G (Desch)

---

[1] Weitere Spezialfirmen für Gleitlager: A. Breitbach, Wuppertal-Barmen; Buschmann, Berlin-Reinickendorf; Eisenwerk Wülfel, Hannover-Wülfel; A. F. Flender, Bocholt; Lohmann & Stolterfoht, Witten (Ruhr); A. Müller, Mönchengladbach; Pintsch Bamag, Butzbach (Hessen).

Das *Flanschlager mit Ringschmierung* nach Abb. 4.88 ist für den Einbau in den Wälzlagersitz von elektrischen Maschinen ausgeführt; der Lagerschalenkörper ist einteilig und enthält nur eine Aussparung für den Schmierring. Der vordere Abschlußdeckel muß im Sitzdurchmesser größer sein als der Außendurchmesser des Schmierrings.

Abb. 4.89 zeigt ein *Ringschmierlager in Schweißkonstruktion*, das sich durch werkstoffsparende Gestaltung auszeichnet; die Lagerschalen sind aus Stahl und mit Bleibronze (G-Pb Bz 25) ausgekleidet; seitlich sind Ölfangnuten angeordnet, die das Öl in das Gehäuse zurückleiten. Das

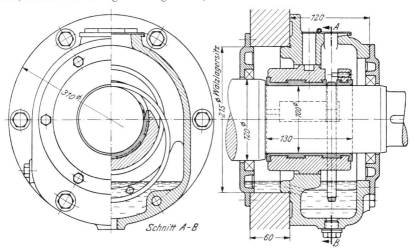

Abb. 4.88. Flanschlager mit Ringschmierung (aus VOGELPOHL, Betriebssichere Gleitlager, S. 175)

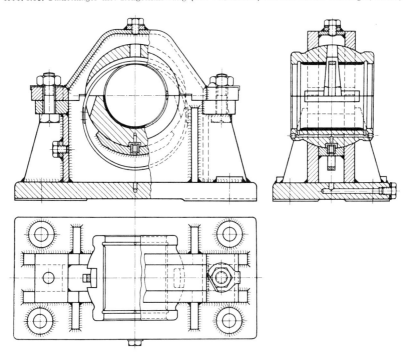

Abb. 4.89. Geschweißtes Ringschmierlager

schwere Generatorlager der Abb. 4.90 ist zur Überwindung des kritischen Mischreibungsgebietes mit einer Hochdruck-Anfahreinrichtung ausgerüstet; es arbeitet zuerst mit hydrostatischer Schmierung und später als normales Ringschmierlager. Durch die kleine Bohrung a an der unter-

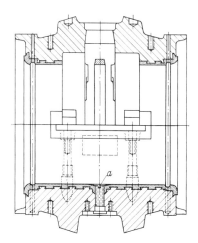

Abb. 4.90. Generatorlager mit Hochdruck-Anfahreinrichtung
a kleine Bohrung zum Einpressen von Öl unter hohem Druck vor dem Anfahren
[aus VDI-Z. 102 (1960) 1133]

sten Stelle der Lauffläche wird vor dem Anlaufen Öl mit hohem Druck gepreßt, so daß die belastete Welle angehoben wird. Ein *Kurbelwellenlager* für einen Kompressor ist in Abb. 4.91 dargestellt. Die Lagerschalen aus Gußeisen (GG-15) mit Ausguß aus zinnarmem Weißmetall

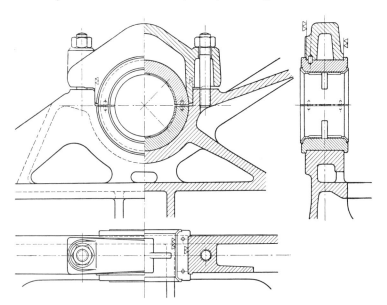

Abb. 4.91. Kurbelwellenlager für Kompressor

(Lg Pb Sn 10) besitzen seitliche Führungsbunde; die Sicherung gegen Verdrehen erfolgt durch Haltestifte zwischen Oberschale und Deckel. Der Lagerkörper ist als kräftige Gußkonstruktion mit dem Gestell verbunden. Als Schmierung ist Preßschmierung durch die ausgebohrte Kurbelwelle vorgesehen.

Abb. 4.92 zeigt die *Schubstange eines langsamlaufenden Dieselmotors*, bei der unterer Kopf und Schaft getrennt sind, um einen Längenausgleich durch Scheiben bei Nachstellung der Schalen zu ermöglichen. Das untere Lager besitzt Weißmetallausguß, das Kolbenbolzenlager besteht aus Bronzeschalen. Die Schmierung erfolgt mit Preßöl durch den Kurbelzapfen; das Öl wird dann durch ein Rohr zum Kolbenbolzen gedrückt. Das *Pleuel eines schnellaufenden Dieselmotors* ist

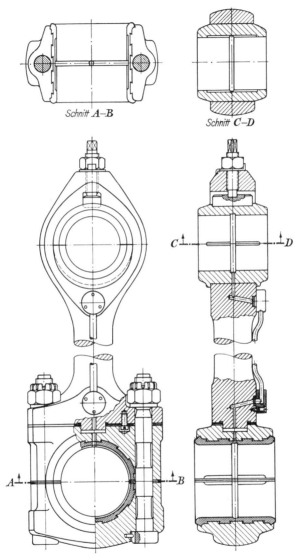

Abb. 4.92. Schubstange eines langsamlaufenden Dieselmotors

in Abb. 4.93 dargestellt; mit Rücksicht auf die Massenkräfte wird hier so leicht wie möglich gebaut. Für das untere Lager sind dünne gerollte Zweistoff-Lagerschalen aus Bronzeblech mit Weißmetall vorgesehen, die durch herausgedrückte Nasen und Aussparungen im Pleuel gegen Verdrehen und seitliches Verschieben gesichert werden. Das Kolbenbolzenlager besitzt eine Guß-Zinnbronze-Buchse mit Schlitz für die Schmierung.

Die beiden Beispiele für *Radiallager aus dem Werkzeugmaschinenbau* Abb. 4.94 und 4.95 lassen die Ein- und Nachstellmöglichkeiten des Lagerspiels erkennen. Bei der Ausführung nach Abb. 4.94 ist der Spindelzapfen konisch, die Stützschale ist aus Stahl, das Lauffutter aus Bleibronze; es ist Druckumlaufschmierung üblich; rechts ist ein Schleuderring für den Ölrücklauf, der Filzring sichert hauptsächlich gegen Schmutz von außen. Das Lager der Abb. 4.95 besitzt zwei Doppelkegel für die Spieleinstellung, so daß Zapfen und Laufflächen zylindrisch sind.

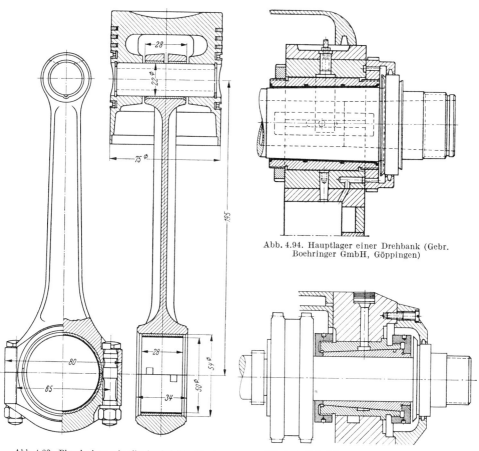

Abb. 4.94. Hauptlager einer Drehbank (Gebr. Boehringer GmbH, Göppingen)

Abb. 4.93. Pleuel eines schnellaufenden Dieselmotors (aus VOGELPOHL, Betriebssichere Gleitlager, S. 94)

Abb. 4.95. Spindellager mit Doppelkegelbuchsen

Für besonders geringe Spiele und möglichst gute Zentrierung der Welle sind Sonderlager entwickelt worden, die auf dem Umfang mehrere Keilflächen aufweisen, so daß sich mehrere Druckberge ausbilden. Am bekanntesten ist das *Mehrgleitflächen-Lager* (MGF-Lager) der Gleitlager-Gesellschaft mbH., Göttingen, dessen Prinzip in Abb. 4.96 schematisch dargestellt ist[1]. Es besitzt eine schwach unrunde Bohrung, die sich aus mehreren (in der Abbildung vier) Kreisbögen zusammensetzt, zwischen denen für reichliche Ölzufuhr Nuten angeordnet sind. Das Lager

---

[1] Vgl. FRÖSSEL, W.: Rein hydrodynamisch geschmierte Gleitlager (Mehrgleitflächenlager). Stahl u. Eisen 71 (1951) 125—128. — FRÖSSEL, W.: Mehrgleitflächenlager im Werkzeugmaschinenbau. Industrieanzeiger 1955, Nr. 2. — FRÖSSEL, W.: Berechnung von Gleitlagern mit radialen Gleitflächen. Z. Konstr. 14 (1962) 169—180. — FRÖSSEL, W.: Das Mehrgleitflächenlager im Feinspindelbau. Techn. Rundsch. 1964, Nr. 18.

ist in beiden Drehrichtungen verwendbar; es wird auch als längsgeschlitzte, außen konische Buchse für Spieleinstellbarkeit, z. B. für Schleifspindeln, geliefert. Eine die Wärmedehnung besonders berücksichtigende Ausführung („Expansionslager" Abb. 4.97 links) wird von dem Carowerk, Wien, hergestellt.

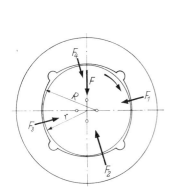
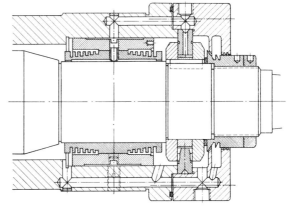

Abb. 4.96. Schema des Mehrgleitflächenlagers (MGF-Lager)

Abb. 4.97. Kopflager einer Feinstdrehbank (Carowerk, Wien)

Beispiele für Axiallager:

Für geringe Axialkräfte werden im Werkzeugmaschinenbau die in DIN 2208 bis 2210 genormten *Laufringe* mit ebenen, geschliffenen Laufflächen mit exzentrischer Schmiernut Abb. 4.98 verwendet. Die Laufringe mit Stiftlöchern sind für den feststehenden Teil, die Ringe mit Nut für die Welle vorgesehen.

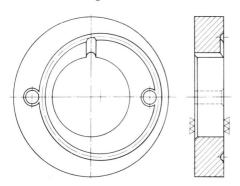
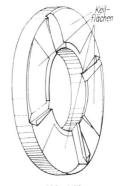

Abb. 4.98. Laufringe nach DIN 2208

Abb. 4.99
Axialdruckring mit eingearbeiteten (feinkopierten) Keilflächen nach DIN 7479 E (Carowerk, Wien)

Bei höheren Ansprüchen, größeren Kräften und Gleitgeschwindigkeiten sind *Axialdruckringe* mit eingearbeiteten (feinkopierten) Keilflächen nach Abb. 4.99[1] erforderlich, die von Spezialfirmen[2] serienmäßig als Einbauteile geliefert werden. Sie werden sowohl einseitig für nur eine Drehrichtung als auch doppelseitig für beide Drehrichtungen hergestellt (vgl. auch DIN 7479, Bl. 1 bis 5). Ein Einbaubeispiel zeigt Abb. 4.97 rechts. Als Einbaueinheit sind heute auch kombinierte Axial-Radial-Lager mit feinkopierten Keilflächen erhältlich.

---

[1] GERSDORFER, O.: Axialdruck-Gleitlager. Z. Konstr. 8 (1956) 87–94.
[2] Carowerk, Wien; Gleitlager-Gesellschaft mbH., Göttingen.

Eine Ausführung für größere Abmessungen in Verbindung mit Radialgleitlager (180 mm Bohrung) stellt das in Abb. 4.100 wiedergegebene „*Drehdrucklager*" der Firma J. M. Voith, Heidenheim, dar. Der Lagerkörper (Unterteil) besitzt einen kräftigen Befestigungsflansch; für die Umlaufschmierung ist an das rechte Wellenende eine Ölpumpe angeschlossen.

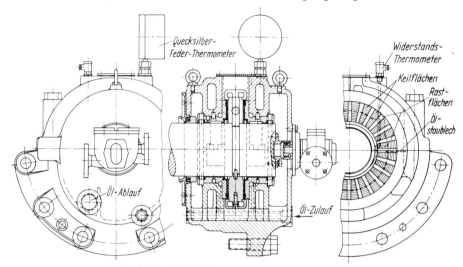

Abb. 4.100. „Drehdrucklager" (J. M. Voith, Heidenheim)

Für sehr große Axialkräfte und veränderliche Betriebsbedingungen sind *Axiallager mit Kippsegmenten* geeignet (Michell-Lager). Die Segmente müssen dabei so gestützt oder ausgebildet werden, daß sie sich von selbst auf den günstigsten Keilwinkel einstellen. Einige Möglichkeiten

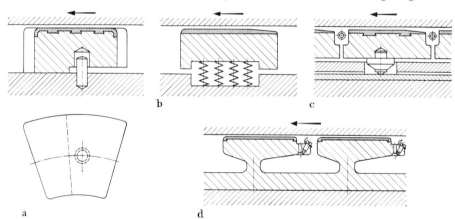

Abb. 4.101. Kippsegmente
a) mit unterer Kippkante; b) auf zylindrischen Schraubenfedern (Gen. Electr. Comp.); c) auf Bolzen mit balliger Auflage auf Weicheisenring (Escher Wyss); d) mit Biegefedergelenk (Charmilles, Genf)

zeigt Abb. 4.101: Am einfachsten ist eine annähernd radiale Kippkante auf der Unterseite, mit Haltestiften zur Sicherung gegen Verschieben in Umfangsrichtung (Abb. 4.101a); eine allseitige Beweglichkeit gewährleistet ein balliger Zapfen auf Weicheisenring zum Druckausgleich (Escher Wyss, Abb. 4.101b); eine Abstützung auf mehreren zylindrischen Schraubenfedern führt die General Electric Comp. aus (Abb. 4.101c); ein elastisches Biegegelenk benutzt die Firma Charmilles in Genf (Abb. 4.101d), wobei alle Segmente durch Stege mit einem Grundring verbunden sind.

Abb. 4.102 zeigt das *Endspurlager einer Wasserturbine* von J. M. Voith, Heidenheim, für eine Axiallast von 155 Mp ($D_a = 1000$ mm; $D_i = 500$ mm). In dem einteiligen gußeisernen Lagergehäuse befinden sich 12 segmentförmige Tragplatten aus Stahl, deren obere Laufflächen mit Weißmetall gefüttert sind. Die Tragplatten liegen auf je einer Bunascheibe auf, um die Einstellbarkeit zu ermöglichen; zwei eingreifende Stifte verhindern das Mitdrehen, ohne das Kippen zu beeinträchtigen. Auf den Segmenten läuft der genau plangeschliffene Spurring, der an den einteiligen Tragkopf angeschraubt ist. Der Tragkopf ist mit F 7/h 6 auf die Welle aufgeschoben

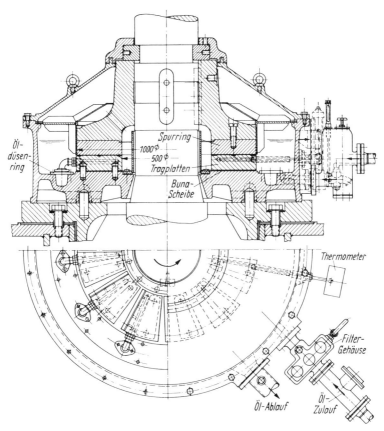

Abb. 4.102. Endspurlager (J. M. Voith, Heidenheim)

und wird durch Paßfeder mitgenommen; in axialer Richtung ist er durch einen zweiteiligen Stützring mit Übersteckring fixiert. Die Blecheinbauten dienen zur Unterdrückung von Ölschaumbildung. Das gekühlte Öl wird über einen Düsenring den Segmenten zugeführt.

Bei sehr großen Wasserkraftgeneratoren treten Axialkräfte von über 4000 Mp auf; bei derartig hohen Kräften würden sich für hydrodynamische Lager sehr große Abmessungen ergeben, die im Hinblick auf Raumbedarf, Fertigung und Montage nicht realisierbar sind. In diesen Fällen kann das hydrostatische Lager helfen, oder es wird elektromagnetische Voll- bzw. Teilentlastung angewandt[1].

Ein *kombiniertes Axial-Radial-Lager* für eine Schiffsdampfturbine (Brown Boveri & Cie.) ist in Abb. 4.103 dargestellt. Das Lager ist für $F_A = 3800$ kp, $F_R = 3000$ kp und $n = 3540$ U/min ausgelegt. Es sind auf jeder Seite nur 6 Kippsegmente angeordnet, so daß hier die Druckfläche

---

[1] Siehe auch BARBY, G., u. K. H. SALING: Entwicklungstendenzen beim Bau von Wasserkraftgeneratoren. Z. Konstr. 11 (1959) 121—130.

wesentlich kleiner als 80% der Ringfläche ist. Trotzdem beträgt die mittlere Flächenpressung nur 12,3 kp/cm². Der große Zwischenraum zwischen den einzelnen Segmenten ist günstig für eine reichliche Schmierölzufuhr. Die Kippsegmente stützen sich auf einen nachgiebigen Zwischenring ab, in den auch die Haltestifte eingesetzt sind.

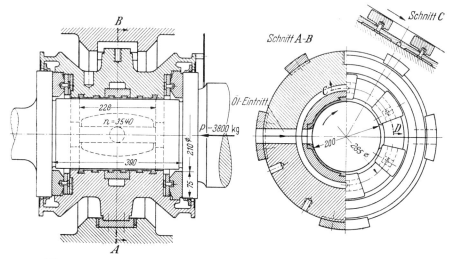

Abb. 4.103. Dampfturbinenlager, BBC (aus VOGELPOHL, Betriebssichere Gleitlager, S. 251)

4.3.2 Wälzlager[1]

Bei diesen erfolgt die Kraftübertragung über *Wälzkörper*, die als *Kugeln* oder als *Rollen* ausgebildet sind. Da es sich also um Roll- oder Wälzbewegung handelt, tritt im wesentlichen nur „rollende Reibung" auf mit dem niedrigen Reibwert 0,001 bis 0.002, der sich nur wenig mit Drehzahl und Belastung ändert. Wälzlager sind daher besonders für häufiges Anfahren geeignet. Weitere *Vorteile* sind: geringer Aufwand für Wartung, bequeme Dauerschmierung, geringer Schmierstoffverbrauch, bedeutende Raumersparnis infolge geringer Einbaubreite und hohe, durch die Massenherstellung ermöglichte Präzision. Seine große Verbreitung verdankt das Wälzlager dem Umstand, daß es als geschlossenes Ganzes geliefert wird, daß daher an Wellenwerkstoff und -oberfläche keine besonderen Anforderungen zu stellen sind und daß infolge der Normung einfache Lagerhaltung und rasche Ersatzbeschaffung möglich sind. *Nachteilig* ist beim Wälzlager die große Empfindlichkeit gegen stoßartige Belastung, ferner die Staubempfindlichkeit und die dadurch notwendige sorgfältigere Abdichtung. Herstellung und Montage verlangen große Genauigkeit, da sonst zu große Lagergeräusche oder zu geringes Spiel und damit die Gefahr des Blockierens auftreten. Ein Nachteil ist es auch, daß Wälzlager im allgemeinen nur einteilig hergestellt werden können, so daß sie nur bei seitlicher Einschubmöglichkeit in die Welle oder bei geteilten Wellen (Hirth-Verzahnung) anwendbar sind. In einigen Fällen sind allerdings auch zweiteilige Wälzlagerkonstruktionen ausgeführt worden.

---

[1] PALMGREN, A.: Grundlagen der Wälzlagertechnik, 3. Aufl., Stuttgart: Franckh 1962. — ESCHMANN/HASBARGEN/WEIGAND: Die Wälzlagerpraxis, Handbuch für die Berechnung und Gestaltung von Lagerungen, München: Oldenbourg 1953. — ESCHMANN, P.: Das Leistungsvermögen der Wälzlager, Berlin/Göttingen/Heidelberg: Springer 1964. — CONTI, G.: Die Wälzlager, 2 Bde., München: Kommissionsverlag Hanser 1963.

4.3 Lager

Über die Toleranzen der Wälzlager gibt DIN 620 Auskunft; DIN 620, Bl. 1, gibt die Meßverfahren an; in DIN 620, Bl. 2, sind die Normaltoleranzen (Toleranzklasse 0) festgelegt, während DIN 620, Bl. 3, die eingeengten Toleranzen (Toleranzklassen P 6, P 5 und P 4) enthält. Die Toleranzen für die *radiale Lagerluft* sind in DIN 620, Bl. 4, angegeben (C 2, normal, C 3, C 4 und C 5). Für sehr genauen spielfreien Lauf der Welle sind ausgesuchte Präzisionslager zu verwenden.

Ein Wälzlager besteht gewöhnlich aus zwei Ringen oder zwei Scheiben, zwischen denen Kugeln oder Rollen angeordnet sind. Ringe und Scheiben werden als Rollbahnkörper, Kugeln und Rollen als Rollkörper bezeichnet. Die Rollkörper werden in einem Abstandhalter, dem Käfig, gefaßt. Aufgabe des Käfigs ist es, die gegenseitige Berührung der Rollkörper zu verhindern und sie bei zerlegbaren Lagern auf einem der Rollbahnkörper festzuhalten.

Rollbahnkörper und Rollkörper werden aus *chromlegiertem Sonderstahl* hergestellt, gehärtet und geschliffen. Rollbahnen und Rollkörper werden poliert. Als Werkstoff für die Käfige wird Stahlblech, Messingblech, Weicheisen, Messing, Leichtmetall und für besondere Zwecke auch Kunststoff verwendet.

Grundsätzlich lassen sich die Wälzlager in *Radiallager* und *Axiallager* einteilen, die jeweils als Kugellager oder als Rollenlager ausgeführt werden. Bei den Radiallagern sind die Rollbahnkörper ringförmig, bei den Axiallagern scheibenförmig ausgebildet. Radiallager sind vornehmlich zur Aufnahme von Querkräften geeignet, Axiallager hingegen zur Aufnahme von Längskräften. Die Unterscheidung Kugellager oder Rollenlager richtet sich nach der Art der verwendeten Rollkörper. Bei den Rollen unterscheidet man Zylinderrollen, Nadeln, Walzen, Kegelrollen und Tonnenrollen.

Eine Übersicht über Wälzlager und Wälzlagerteile sowie über die jeweiligen Normblätter enthält DIN 611. Die *Benennungen* der Wälzlager und Wälzlagerteile sind in DIN 612, Bl. 1, festgelegt.

Die äußeren *Abmessungen* der Wälzlager sind international genormt; die *Maßreihen* nach DIN 616 stellen die Kombinationen verschiedener *Breitenreihen* und *Durchmesserreihen* dar, d. h., es sind jeder Lagerbohrung mehrere Breitenmaße und Außendurchmesser zugeordnet (Abb. 4.104). Hierdurch ist es z. B. ohne weiteres möglich, ein *Kugel*lager gegen ein tragfähigeres *Rollen*lager gleicher Maßreihe auszutauschen.

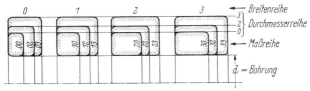

Abb. 4.104. Aufbau der Maßpläne für Wälzlager

Die *Bezeichnung* der Wälzlager erfolgt einheitlich mit Kurzzeichen nach DIN 623. Dabei kennzeichnet im allgemeinen die erste Ziffer die Lagerart, die zweite Ziffer die Breitenreihe (wird bisweilen weggelassen), die dritte Ziffer die Durchmesserreihe, und die beiden letzten Ziffern stellen die Bohrungskennzahl wie folgt dar:

Bohrungskennzahl	00	01	02	03	04 $\cdots$	20 $\cdots$	96
für Bohrungsdurchmesser d in mm	10	12	15	17	20 $\cdots$	100 $\cdots$	480

Für $d = 20$ bis 480 mm ist die Bohrungskennzahl gleich $d/5$; bei $d > 480$ wird d in mm hinter einem Schrägstrich, bei $d < 10$ in mm ohne Schrägstrich angegeben.

Die Kurzzeichen für Zylinderrollenlager enthalten an Stelle der ersten Ziffer Buchstaben, und zwar zuerst immer den Buchstaben N, dann zur Kennzeichnung der Bauform den Buchstaben U bei Außenborden, J bei Stützring und P bei Stützring und Bordscheibe. Zylinderrollenlager mit Innenborden erhalten kein Formzeichen[1]. Abb. 4.105 gibt einige Beispiele an; ferner sind in Abb. 4.106 bis 4.126 die Kurzzeichen für die verschiedenen Wälzlager eingetragen; die Bohrungskennzahl ist dabei durch Punkte angedeutet.

Abb. 4.105
Wälzlagerkurzzeichen nach DIN 623

4.3.2.1 Radiallager. *a) Radialkugellager.* Abb. 4.106 zeigt ein *Rillenkugellager* nach DIN 625, Bl. 1, als einreihiges, geschlossenes und selbsthaltendes Kugellager. Solche Lager werden meist nur noch als sog. ,,Hochschulterkugellager" ohne Füllnuten hergestellt. Sie sind zur Aufnahme von Quer- und Längskräften geeignet. Große Kugeln in tiefer Rille und dadurch mit guter Anschmiegung lassen beträchtliche

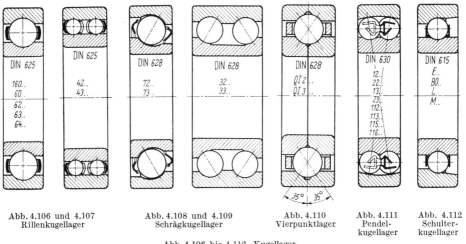

Abb. 4.106 und 4.107 Rillenkugellager — Abb. 4.108 und 4.109 Schrägkugellager — Abb. 4.110 Vierpunktlager — Abb. 4.111 Pendelkugellager — Abb. 4.112 Schulterkugellager

Abb. 4.106 bis 4.112. Kugellager

Längsbelastungen zu. Bei sehr hohen Drehzahlen sind diese Lager bei der Aufnahme von Längskräften den Axialrillenkugellagern überlegen. Sie gehören zu den am meisten gebrauchten Wälzlagern. Rillenkugellager werden in der Regel mit gepreßten Stahlblechkäfigen ausgerüstet. Nur für besondere Zwecke bei sehr hohen Drehzahlen, ungleichförmigem Betrieb u. dgl., werden Massivkäfige aus Weicheisen, Messing, Leichtmetall oder Kunststoff vorgesehen.

Eine zweireihige Ausführung des *Rillenkugellagers* (Abb. 4.107) nach DIN 625, Bl. 3, wird in eingeschränktem Umfang für besondere Verwendungsgebiete, Landmaschinen usw., hergestellt, und zwar mit Füllnuten, flacheren Rillen und kleineren Kugeln.

---

[1] Bei Zylinderrollenlagern in verstärkter Ausführung und mit dementsprechend höheren Tragzahlen wird hinter die Bohrungskennzahl noch der Buchstabe E angefügt.

Schrägkugellager (Abb. 4.108) nach DIN 628 vermögen Längsbelastungen in erheblichem Maße aufzunehmen, bei geringer axialer Durchfederung; sie sind daher für solche Fälle geeignet, in denen eine genaue axiale Führung gefordert wird, wie dies z. B. bei der Lagerung von bogenförmig verzahnten Kegelrädern der Fall ist. Hauptverwendungsgebiet für diese Lager ist daher auch Getriebebau und Kraftfahrzeugbau. Eine Unterart ist das zweireihige *Schrägkugellager* (Abb. 4.109). Die Druckwinkel der beiden Kugelreihen sind gegeneinander gerichtet. Dadurch vermag das Lager neben den Querbelastungen nach beiden Seiten erhebliche Längsbelastungen aufzunehmen. Das Lager ist sehr starr, die axiale Durchfederung sehr gering; auf Gleichachsigkeit ist daher besonders zu achten. Hauptverwendungsgebiet im Getriebebau, Lagerung des Ritzels im Differential von Kraftfahrzeugen.

Einreihige Schrägkugellager mit geteiltem Außen- oder geteiltem Innenring (Abb. 4.110) sind sog. *Vierpunktlager*. Die Rollbahnen sind so ausgeführt, daß sie von den Kugeln in je zwei Punkten seitwärts berührt werden, im Gegensatz zu normalen Kugellagern, wo nur ein Berührungspunkt vorliegt. Sie sind geeignet als Ersatz für zweireihige Schrägkugellager zur Aufnahme von Radialkräften und beiderseitigen Axialkräften, wenn wenig axialer Raum vorhanden ist.

Pendelkugellager (Abb. 4.111) nach DIN 630. Die beiden Kugelreihen laufen in zwei normalen Rillen des Innenrings. Die Rollbahn im Außenring ist als Hohlkugel geschliffen, so daß der Innenring mit den beiden Kugelreihen schwenken kann. Diese Lagerart wird daher mit Vorteil überall da angewandt, wo als Folge von Durchbiegung der Welle, der konstruktiven Anordnung der Bohrungen für die Aufnahme der Außenringe oder Ungenauigkeiten bei der Montage mit einer Gleichachsigkeit der Lager nicht gerechnet werden kann. Die Schwenkbarkeit und Selbsteinstellung gestattet es, die Lagerinnenringe bei kegeliger Bohrung mit kegeligen Hülsen, Spannhülsen oder Abziehhülsen (Abb. 4.138 und 4.139), auf den Wellen zu befestigen. Es wird hauptsächlich in Gehäusen als Stehlager (Abb. 4.170), Flanschlager usw. sowie für die Lagerung längerer Wellen angewendet.

Schulterkugellager (Abb. 4.112) nach DIN 615 sind einreihige, nicht selbst haltende Lager, bei denen die eine Schulter im Außenring weggelassen ist. Die Zerlegbarkeit bietet eine wesentliche Erleichterung beim Einbau. Die Lager müssen, paarweise verwendet, gegeneinander eingestellt werden. Sie sind vornehmlich für die Lagerung von feinmechanischen Geräten, Zünd- und Lichtmaschinen, elektrischen Kleinmotoren u. dgl. bestimmt und werden bis zu einer Bohrung von 30 mm hergestellt.

b) *Radialrollenlager* werden als Zylinderrollen-, Kegelrollen-, Tonnen- und Pendelrollenlager ausgeführt. Bei den *Zylinderrollenlagern* sind die Rollkörper zylindrisch; einer der beiden Rollbahnringe hat zwei Führungsborde, zwischen denen die Zylinderrollen mit geringem Spiel laufen. Je nachdem der Außenring oder der Innenring mit Führungsborden versehen ist, wird in Lager mit Außenbord- oder Innenbordführung unterschieden. Bei den Zylinderrollenlagern mit Bordführung gibt es drei verschiedene Arten, die sich nach der Führungseigenschaft unterscheiden in *Einstellager* (Abb. 4.113 und 4.114), *Schulterlager* (Abb. 4.115), das geringe Längskräfte in einer Richtung aufnehmen kann, und in *Führungslager* (Abb. 4.116). Der Innenring hat hier auf der einen Seite einen festen Bord und wird auf der anderen Seite mit einer losen Bordscheibe oder einem Winkelring abgeschlossen. Das Lager ist damit Festlager, führt die Welle axial nach beiden Richtungen und vermag geringe wechselseitige Längskräfte aufzunehmen.

Im Zuge der Typenverminderung werden Zylinderrollenlager mit Innenborden nur noch als Einstellager (Abb. 4.114) ausgeführt. Die Rollbahn des freien, bordlosen

Rollbahnrings ist schwach ballig gehalten, soweit Kurzrollen verwendet werden, deren Länge nicht größer als ihr Durchmesser ist. Diese Lager vermögen geringe Achsverlagerungen auszugleichen, hingegen muß bei den anderen Bauarten auf gute Gleichachsigkeit geachtet werden, da sonst Kantenpressungen entstehen.

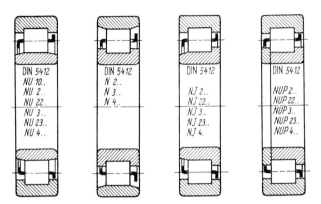

Abb. 4.113 bis 4.116. Zylinderrollenlager

Abb. 4.117 Kegelrollenlager

Abb. 4.113 bis 4.117. Rollenlager

Zylinderrollenlager werden in schmaler und breiter Ausführung hergestellt. Die Rollen werden neuerdings vielfach so ausgeführt, daß der Zylinder nach beiden Enden zu in schwach gekrümmte Kegelflächen übergeht (sog. B-Rollen). Damit werden schädliche Kantenpressungen vermieden und höhere Tragfähigkeit erreicht.

Zylinderrollenlager haben bei gleichen Abmessungen eine größere Tragfähigkeit als Rillenkugellager und sind bei ausgesprochenen Stoßbelastungen besser geeignet. Sie sind nicht selbsthaltend, können also zerlegt werden und gestatten damit einen getrennten Einbau von Innenring und Außenring. Dieser Umstand kann beim Zusammenbau gewisser Maschinen einen bedeutenden Vorteil bieten. Ihre Anwendung ist daher im allgemeinen Maschinenbau, wie im besonderen im Elektromaschinenbau, im Werkzeugmaschinenbau und bei Achsbuchsen für Schienenfahrzeuge sehr verbreitet.

Besonders für den Werkzeugmaschinenbau wurden Zylinderrollenlager in zweireihiger Ausführung als Innenbord- und Außenbordlager entwickelt. Sie dienen der Lagerung von Hauptspindeln (Abb. 4.177) und werden ihrem Verwendungszweck entsprechend mit besonderer Genauigkeit hergestellt.

Eine Sonderausführung der Zylinderrollenlager sind die *Nadellager*. Früher wurden sie nur vollrollig, also ohne Käfig, ausgeführt. Inzwischen sind aber Bauformen entwickelt worden, bei denen die Nadeln (lange, dünne Rollen, in der Regel mit abgerundeten Enden) einzeln im Käfig geführt werden, so daß es sich um *vollwertige Lager* handelt (Abb. 4.118 bis 4.121), die im Gegensatz zur vollrolligen Ausführung mit verhältnismäßig hohen Drehzahlen umlaufen können. Die Lager haben eine sehr kleine Bauhöhe, vielfach werden sie ohne Innen- oder Außenring, oder ohne beide, eingebaut. In der normalen Ausführung nach Abb. 4.118 sind sie nur radial belastbar; es gibt jedoch auch kombinierte Lager (Abb. 4.120 und 4.121) zur gleichzeitigen Aufnahme von Axialkräften. Man verwendet Nadellager zur Lagerung von Getriebewellen bei beschränkten Raumverhältnissen sowie für Hebel- und Bolzenlagerungen, die nur schwingende Bewegungen ausführen. Hochwertige neuzeitliche

Ausführungen[1] sind die Nadellager mit Profilstahlkäfig der Dürkoppwerke AG, Bielefeld, und die „INA"-Nadellager des Industriewerks Schaeffler, Herzogenaurach bei Nürnberg. Abb. 4.119 zeigt den „INA"-Nadelkäfig, der als selbständiges Maschinenelement, aber auch mit Innen- und Außenringen Verwendung findet.

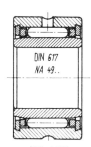

Abb. 4.118
Genormte Nadellager

Abb. 4.119. INA-Nadelkäfig
(auch geteilt oder mehrreihig ausgeführt)

Abb. 4.120. INA-Nadelkugellager (für geringe einseitig wirkende Axiallast)

Abb. 4.121. INA-Nadelaxialkugellager (für hohe Axialkräfte in einer Richtung)

Abb. 4.118 bis 4.121. Nadellager

Kegelrollenlager (Abb. 4.117) nach DIN 720 sind nicht selbsthaltende Lager mit kegeligen Rollen. Der Außenring kann von dem Innenring mit Rollenkranz abgenommen werden. Durch die schräge Stellung der Kegelrollen können neben großen Querbelastungen auch beträchtliche Längsbelastungen aufgenommen werden. Axiale Führung nur nach einer Richtung. Diese Lager werden meistens paarweise verwendet und sind axial gegenseitig auf eine günstige Lagerluft einzustellen. Bei den Kegelrollenlagern deutschen Ursprungs werden die Rollbahnen der Außenringe schwach ballig gehalten, um Kantenpressungen an den Rollen zu vermeiden, die sich bei Fluchtfehlern sonst einstellen würden. Kegelrollenlager sind relativ zu ihrer Tragfähigkeit die preiswertesten Lager. Sie werden hauptsächlich bei Radlagerungen, Förderwagen, Getrieben und Werkzeugmaschinen verwendet.

Tonnenlager (Abb. 4.122) nach DIN 635, Bl. 1, sind mit tonnenförmigen Rollen ausgerüstet und die Rollbahnen der Außenringe als Hohlkugel geschliffen. Die Lager sind somit schwenkbar wie die Pendelkugellager und vermögen Fluchtfehler auszugleichen. Die zweireihigen Tonnenlager (Abb. 4.123) heißen *Pendelrollenlager*.

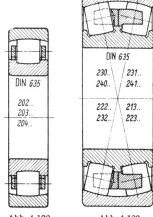

Abb. 4.122
Tonnenlager

Abb. 4.123
Pendelrollenlager

Durch den verhältnismäßig großen Druckwinkel können die zweireihigen Lager auch beträchtliche Längsbelastungen aufnehmen. Es sind die Wälzlager mit der größten Tragfähigkeit bei gleichen Abmessungen. Sie werden serienmäßig bis zu Größen von über 1 m Bohrung hergestellt. Mit kegeliger Bohrung des Innenrings werden sie viel mit kegeligen Hülsen, Spann- oder Abziehhülsen (Abb. 4.138 und

---

[1] BÖHM, W.: Neuartige Nadellager mit Führungselementen für die Lagernadeln. VDI-Tagungsheft 2. Antriebselemente. Düsseldorf: VDI-Verlag 1953, S. 47. — BENSCH, E.: Nadellager mit kleinstem Bauraum für hohe Drehzahlen und hohe Belastungen. Z. Konstr. 7 (1955) 16—23.

4.139) verwendet, weil sich Ein- und Ausbau der Lager auf diese Weise gerade bei schweren Maschinen ganz wesentlich erleichtern läßt. Dabei müssen die Muttern entgegengesetzt zur Drehrichtung der Welle angezogen werden. Ihr Verwendungsgebiet umfaßt den gesamten schweren Maschinenbau, Walzwerke, Papiermaschinen, Hartzerkleinerung, Hebezeuge, Förderseilscheiben, Brückenbau, Achsbuchsen für schwere Schienenfahrzeuge, Schiffslauf- und -drucklager.

4.3.2.2 Axiallager. a) *Axialkugellager*. Es sind starre, nicht selbsthaltende Rillenlager, deren Rollbahnkörper scheibenförmig sind. Sie können nur Längskräfte aufnehmen. Die radiale Führung der Welle muß von einem besonderen Lager gewähr-

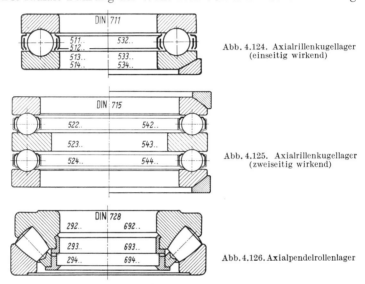

Abb. 4.124. Axialrillenkugellager (einseitig wirkend)

Abb. 4.125. Axialrillenkugellager (zweiseitig wirkend)

Abb. 4.126. Axialpendelrollenlager

Abb. 4.124 bis 4.126. Axiallager

leistet sein. Die mit der Welle drehende Scheibe wird Wellenscheibe, die im Gehäuse sich abstützende Scheibe Gehäusescheibe genannt.

Es sind ein- und zweiseitig wirkende Axial-Rillenkugellager zu unterscheiden (Abb. 4.124 und 4.125), DIN 711 und DIN 715. Bei den zweiseitig wirkenden Lagern, die aus drei Scheiben und zwei Kugelkränzen bestehen, ist die mittlere Scheibe als Wellenscheibe, die beiden anderen sind als Gehäusescheiben ausgebildet. Meist werden Axial-Rillenkugellager mit ebenen Gehäusescheiben verwendet, jedoch werden auch solche mit kugeligen Gehäusescheiben auf kugeligen Unterlagscheiben angewendet (Abb. 4.124 und 4.125 rechts), um Fluchtfehler auszugleichen, wobei darauf hinzuweisen ist, daß auf solche Weise nur Fluchtfehler der Gehäuse ausgeglichen werden können. Fluchtfehler oder Durchbiegungen der Welle sowie nicht winkelrecht auf der Welle eingebaute Wellenscheiben lassen sich so nicht ausgleichen, vielmehr rufen diese eine taumelnde Bewegung der Gehäusescheibe hervor, die zu Lagerzerstörungen führt.

b) *Axialrollenlager*, ausgeführt als Axial-Pendelrollenlager (Abb. 4.126) DIN 728. Bei diesen einseitig wirkenden Lagern werden tonnenförmige Rollkörper verwendet, die zur Lagerachse in einem bestimmten Winkel, meist 45°, stehen. Die Gehäusescheibe ist hohlkugelig, so daß eine sichere Einstellfähigkeit und gleichförmige Verteilung der Last auf die Rollen gewährleistet ist. Diese Lager können neben den Längskräften auch Querkräfte aufnehmen, vorausgesetzt, daß diese einen gewissen

Anteil der jeweils wirkenden Längskräfte nicht übersteigen. Die Lager führen sich radial selbst, solange sie unter einer genügend hohen Längskraft laufen.

Sie sind die axial tragfähigsten Wälzlager und füllen eine empfindliche Lücke aus, die vor ihrer Schaffung besonders da spürbar war, wo Scheibenkugellager auch in mehrreihiger Ausführung nicht mehr ausreichende Tragfähigkeit boten. Ihr Anwendungsgebiet ist sehr vielseitig, denn sie können nicht nur bei Schwenkbewegungen, sondern auch bei verhältnismäßig hohen Drehzahlen angewendet werden: schwere Schneckengetriebe, Kranstützlager, Lokomotivdrehscheiben, Schiffsdrucklager. Für die Aufnahme reiner Axialkräfte werden heute auch Lager mit zylindrischen Rollkörpern und mit parallelen, senkrecht zur Drehachse stehenden Planscheiben gebaut, z. B. die raumsparenden INA-Axial-Nadellager und die INA-Axial-Zylinderrollenlager.

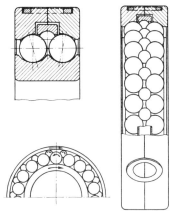

Abb. 4.127. UKF-Lager, mit Trennkugeln und Führungsringen

4.3.2.3 Sonderbauarten. Für höchste Ansprüche an Präzision und Spielfreiheit, wie sie vor allem im Werkzeugmaschinenbau verlangt werden, ist das *UKF-Lager*[1], ein zweireihiges Schrägkugellager nach DIN 628, Bl. 1, mit Trennkugeln und Führungsring (an Stelle eines Käfigs) entwickelt worden (Abb. 4.127). Der Außenring ist zweiteilig; er wird durch Spannringe, die in Ringnuten liegen, zusammengehalten. Der Führungsring umschließt die Trennkugeln mit einer gewissen Vorspannung, wodurch Spielfreiheit und selbsttätiges Nachstellen ermöglicht werden. Durch die große Anzahl von Tragkugeln besitzen UKF-Lager bei gleichen Ab-

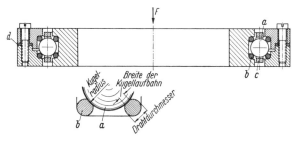

Abb. 4.128. Drahtkugellager nach FRANKE

messungen nach DIN 616 (Maßreihe 20 für Type UK, 02 für UL und 03 für UM) eine wesentlich höhere Tragfähigkeit als Rillenkugellager gleicher Abmessungen. Sie nehmen außer radialen auch axiale Belastungen auf und laufen infolge Wegfalls des Käfigs auch bei hohen Drehzahlen ruhig.

Bei dem *Drahtkugellager* nach FRANKE[2] (Abb. 4.128) bestehen die Kugellaufbahnen aus vier offenen Drahtringen (b) aus hochwertigem Federstahl, die in passende Ausdrehungen der abzustützenden Konstruktionsteile eingelegt werden. Die

---

[1] Universal-Kugellager-Fabrik GmbH, Berlin. — Z. Konstr. 5 (1953) 245—253. — Z. Konstr. 11 (1959) 46.
[2] Hersteller: Franke & Heydrich KG, Aalen/Württ., und Eisenwerk Rothe Erde GmbH Dortmund. — Z. VDI 92 (1950) 332. — Z. Konstr. 6 (1954) 27. — Z. Konstr. 9 (1957) 145—147.

Stützkörper können aus beliebigen Werkstoffen hergestellt werden, sie müssen nur eine ausreichende Formsteifigkeit besitzen. Die Kugellaufbahnen in den Drähten werden bei der Montage durch „Einwalzen" erzeugt, indem das Lager unter Vorspannung gewaltsam durchgedreht wird. Dabei verformen sich die Drähte plastisch, und es entsteht eine der Kugelkrümmung entsprechende Laufbahn, deren Breite etwa 1/3 des Drahtdurchmessers betragen soll. (Bisweilen werden die Drähte vorgeschliffen.) Beim endgültigen Zusammenbau erfolgt durch Beilagen (d) die Einstellung auf gewünschte Leichtgängigkeit bzw. Spielfreiheit.

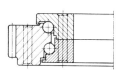
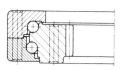

Abb. 4.129. Dreiteilige doppelreihige Kugeldrehverbindung
(Eisenwerk Rothe Erde GmbH, Dortmund)
links mit Außenverzahnung; rechts mit Innenverzahnung

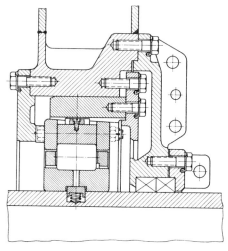

Abb. 4.130. Geteiltes Radialzylinderrollenlager
(naturhart) für Schaufelradbagger

Die Drahtkugellager sind leicht, material- und raumsparend und wegen ihrer Anpassungsfähigkeit vielseitig verwendbar. Bei hohen Belastungen und insbesondere zur Aufnahme von Kippmomenten werden sie auch zweireihig ausgeführt. (Größter Laufkreisdurchmesser 6960 mm bei 60 mm Kugel- und 6 mm Drahtdurchmesser[1].)

Für langsame Dreh- und Schwenkbewegungen von Drehkränen, bei denen Axial- und Radialkräfte *und* Kippmomente auftreten, werden vom Eisenwerk Rothe Erde GmbH, Dortmund, mittenfreie *Kugeldrehverbindungen* hergestellt (Abb. 4.129), die dreiteilig doppelreihig als Einheiten mit Außen- oder Innenverzahnung ausgeführt werden.

Groß- und Sonderlager verschiedenster Bauformen werden auch von G. & J. Jaeger GmbH, Wuppertal-Elberfeld, geliefert. Abb. 4.130 zeigt z. B. ein zweiteiliges Radial-Zylinderrollenlager (naturhart) für Schaufelradbagger (2010/2380 ⌀ × 190).

4.3.2.4 Berechnung der Wälzlager (s. auch DIN 622, Bl. 1). Die Tragfähigkeit eines Wälzlagers ist abhängig von den Eigenschaften des Werkstoffs und der Form der Rollkörper und Rollbahnen, von der Anschmiegung an den Berührungsstellen zwischen Rollkörper und Rollbahnen, von der Zahl der Rollkörper und von der Anzahl der Überrollungen der einzelnen Punkte der Rollbahnen. *Grundlegend für die Berechnung* der Tragfähigkeit von Wälzlagern sind die klassischen Untersuchungen von HERTZ[2] und STRIBECK[3], ergänzt durch die Arbeiten von PALMGREN[4]

---

[1] VDI-Nachr. 1961, Nr. 39, S. 2. — Z. Konstr. 13 (1961) 494/95.
[2] HERTZ, H.: Über die Berührung fester elastischer Körper (Ges. Werke Bd. I), Leipzig 1895, S. 155—196.
[3] STRIBECK, R.: Die wesentlichen Eigenschaften der Gleit- und Rollenlager. VDI-Z. 46 (1902) 1341—1348, 1432—1438, 1463—1470.
[4] Siehe Fußnote S. 74.

und LUNDBERG[1], die zu einer wissenschaftlich begründeten Theorie geführt haben.

Es ist grundsätzlich zu unterscheiden zwischen statischer Tragfähigkeit und dynamischer Tragfähigkeit. Letztere hat in der Regel die größere Bedeutung.

Statische Tragfähigkeit. Ein Wälzlager kann im Stillstand oder bei kleinen Schwenkbewegungen bzw. bei sehr niedriger Drehzahl so weit belastet werden, daß durch den Druck der Rollkörper bereits plastische Verformungen in den Rollbahnen hervorgerufen werden. Bleiben diese unter einer gewissen Grenze, so wird das Lager weiter betriebsfähig sein.

Die *statische Tragzahl* C_0 eines Wälzlagers gibt die Belastung an, bei der die Größe der bleibenden Verformung von Rollkörper und Rollbahn in der höchstbeanspruchten Stelle des Lagers 0,01 % des Rollkörperdurchmessers erreicht.

Die *zulässige statische Belastung* F_0 ergibt sich mit Hilfe des Sicherheitsfaktors S_0 aus der Gleichung

$$F_0 = \frac{C_0}{S_0}. \tag{1}$$

Die Werte für C_0 sind den Wälzlagerlisten [bzw. DIN 622, Bl. 5, Entwurf (Juni 1968)] zu entnehmen, für S_0 ist zu setzen:

$S_0 \geq 0{,}5$ bei ruhigem, erschütterungsfreiem Betrieb,
$ \geq 1$ bei normalem Betrieb,
$ \geq 2$ bei ausgeprägten Stößen.

Bei *Radiallagern* gelten die Tragzahlen für rein radiale Belastung unveränderlicher Größe und Richtung; tritt außer der Radiallast F_r noch eine Axiallast F_a auf, so muß mit der sog. *statischen äquivalenten Belastung* gerechnet werden, die als rein radiale Belastung die gleiche bleibende Verformung ergeben würde. Die statisch äquivalente Belastung wird bestimmt aus

$$F_0 = X_0 F_r + Y_0 F_a. \tag{2}$$

Die Beiwerte X_0 und Y_0 sind vom Berührungswinkel[2] α abhängig und in den Listen der Wälzlagerhersteller angegeben. Die Gl. (2) gilt nur für $F_0 \geq F_r$; ergibt sich ein Wert kleiner als F_r, so ist $F_0 = F_r$ zu setzen.

Bei *Axiallagern* gelten die Tragzahlen für rein axiale, zentrisch wirkende Belastung unveränderlicher Größe und Richtung. Tritt außer der Axiallast F_a noch eine Radiallast F_r auf, so wird die statisch äquivalente Belastung bestimmt aus

$$F_0 = F_a + 2{,}3 F_r \tan\alpha \tag{3}$$

bei $\alpha \neq 90°$.

Dynamische Tragfähigkeit. Ein Wälzlager, das einwandfrei eingebaut ist und dessen Schmierung und Abdichtung in Ordnung sind, das also keine Beeinträchtigung durch Abrieb od. dgl. erfährt, wird bei einer bestimmten Drehzahl und einer bestimmten Lagerbelastung so lange laufen, bis an einem Teil infolge der Wechselbeanspruchung Ermüdungserscheinungen in Form feiner Risse, Abblätterungen oder gar Grübchen (Pittings) auftreten. Die Anzahl der Umdrehungen, die das Lager bis zum Eintritt der ersten Ermüdungserscheinungen gemacht hat, wird als seine *Lebensdauer* angesprochen. Laufen viele Lager gleicher Art und Größe unter genau gleichen Bedingungen, so ergeben sich doch verschieden große Lebensdauerwerte,

---

[1] LUNDBERG, G.: Die dynamische Tragfähigkeit der Wälzlager. Forsch. Ing.-Wesen 18 (1952) 97–105.
[2] Der Berührungswinkel ist der Nennwinkel zwischen der Wirkungslinie der Rollkörperbelastung und einer zur Lagerachse senkrechten Ebene [nach DIN 622, Bl. 2, Entwurf (Juni 1968)].

d. h., es tritt eine beachtliche Streuung auf. Um trotzdem mit einem festen Wert, der wirtschaftlich tragbar ist, rechnen zu können, wurde der Begriff der „nominellen Lebensdauer" eingeführt mit folgender Definition:

Die *nominelle Lebensdauer* L_u ist die Zahl der Umdrehungen, die 90% einer größeren Anzahl von offensichtlich gleichen Lagern unter gleichen Bedingungen erreichen oder überschreiten, bevor an irgendeinem Lagerteil eine Ermüdungserscheinung auftritt, während 10% vorher Ermüdung zeigen können.

Die Lebensdauer eines Lagers ist im allgemeinen die für die Beurteilung einer Lagerung ausschlaggebende Größe[1]; sie ist immer von der Höhe der Belastung abhängig. Aus zahlreichen Untersuchungen ergab sich, daß die Lebensdauer L_u umgekehrt proportional F^k ist:

$$L_u = \frac{K}{F^k}.$$

Mit der *dynamischen Tragzahl* C, die als diejenige Belastung definiert ist, bei der eine nominelle Lebensdauer von einer Million Umdrehungen ($L_C = 10^6$ Umdrehungen) zu erwarten ist, ergibt sich:

$$L_C = \frac{K}{C^k}.$$

Die Division beider Gleichungen liefert

$$\frac{L_u}{L_C} = \left(\frac{C}{F}\right)^k.$$

Mit $L_C = 10^6$ Umdrehungen und den aus Versuchen gewonnenen Werten $k = 3$ für Kugellager und $k = 10/3$ für Rollenlager ergibt sich also

für Kugellager $\boxed{L_u = \left(\frac{C}{F}\right)^3 \cdot 10^6 \text{ Umdrehungen}}$ (4)

und

für Rollenlager $\boxed{L_u = \left(\frac{C}{F}\right)^{10/3} \cdot 10^6 \text{ Umdrehungen}}$. (4a)

Die C-Werte sind in den Listen der Wälzlagerhersteller[2] [bzw. DIN 622, Bl. 5, Entwurf (Juni 1968)] für die verschiedenen Lager angegeben. Sie gelten wieder nur für reine Radial- bzw. reine Axiallast; tritt bei Radiallagern außer der Radiallast F_r noch eine Axiallast F_a bzw. bei Axiallagern außer der Axiallast F_a noch eine Radiallast F_r auf, so muß mit der *dynamisch äquivalenten Belastung*, die die gleiche Lebensdauer bzw. die gleiche Verformung ergibt, gerechnet werden:

$$\boxed{F = X F_r + Y F_a}. \quad (5)$$

Die X- und Y-Werte sind den Listen der Wälzlagerhersteller[2] [bzw. DIN 622, Bl. 5, Entwurf (Juni 1968)] zu entnehmen (s. z. B. Tab. 4.11). Sie sind abhängig von der Bereichsgrenze e für das Belastungsverhältnis F_a/F_r. Die Bereichsgrenze selbst ist bei Rillenkugellagern eine Funktion von F_a/C_0, bei den übrigen Lagern eine Funktion vom Berührungswinkel α [s. DIN 622, Bl. 4, Entwurf (Juni 1968)].

Die Lebensdauerfunktion L_u ist auf der rechten Seite der Abb. 4.131 dargestellt; die steileren Geraden gelten für Rollenlager.

---

[1] Bei manchen Lagern ist der Verschleiß für die „Gebrauchsdauer" entscheidend. Vgl. ESCHMANN, P.: Betrachtungen zur Gebrauchsdauer der Wälzlager. Z. Konstr. 12 (1960) 322—325.
[2] Zum Beispiel Hauptkatalog Dd 4000 der SKF Kugellagerfabriken GmbH, Schweinfurt, oder Katalog 41000 der FAG Kugelfischer Georg Schäfer & Co., Schweinfurt.

4.3 Lager

Tabelle 4.11. *Beiwerte für Rillenkugellager*

$\dfrac{F_a}{C_0}$	e	$\dfrac{F_a}{F_r} \leqq e$		$\dfrac{F_a}{F_r} > e$	
		X	Y	X	Y
0,025	0,22	1	0	0,56	2,0
0,04	0,24	1	0	0,56	1,8
0,07	0,27	1	0	0,56	1,6
0,13	0,31	1	0	0,56	1,4
0,25	0,37	1	0	0,56	1,2
0,5	0,44	1	0	0,56	1,0

Die Lebensdauerangabe in *Umdrehungen* ist für die praktische Anwendung ungeschickt; sie wird besser in die beiden Faktoren L_h und n_h, d. h. in *Lebensdauer in Stunden* und *Drehzahl* pro Stunde (bzw. $n_h = 60n$ mit n in U/min) zerlegt:

oder
$$\boxed{L_u = L_h\, n_h = L_h \cdot 60 n}$$
$$\boxed{L_h = \dfrac{L_u}{60\, n}}$$
$\begin{cases} L_u & \text{in Umdrehungen,} \\ L_h & \text{in Std.,} \\ n_h & \text{in U/Std.,} \\ n & \text{in U/min.} \end{cases}$ (6)

Dieser Zusammenhang ist auf der linken Seite der Abb. 4.131 dargestellt. Das ganze Diagramm ermöglicht es (ohne den Umweg über L_u), rasch bei gegebener Lebensdauer in Stunden, gegebener Drehzahl und gegebener Last die erforderliche Tragzahl C zu ermitteln, bzw. bei gegebenem C, F und n die Lebensdauer L_h in Stunden oder bei gegebenem C, L_h und n die Tragfähigkeit F zu bestimmen.

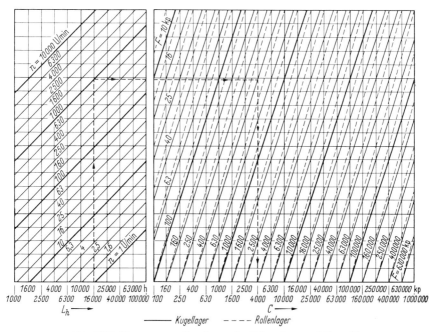

Abb. 4.131. Diagramm zur Berechnung der Lebensdauer und Tragzahl

Für *genauere* Berechnungen kann in der letzten Gleichung L_u durch die Gln. (4) und (4a) ersetzt werden; es wird dann

für Kugellager
$$L_h = \frac{10^6}{60\,n}\left(\frac{C}{F}\right)^3 \qquad (7)$$

und

für Rollenlager
$$L_h = \frac{10^6}{60\,n}\left(\frac{C}{F}\right)^{10/3} \qquad (7a)$$

$\begin{cases} L_h \text{ in Std.,} \\ n \text{ in U/min.} \end{cases}$

Die Wahl der Lebensdauer eines Lagers richtet sich nach der voraussichtlichen Lebensdauer der Maschine, in die es eingebaut werden soll. Richtwerte enthält Tab. 4.12.

Tabelle 4.12. *Richtwerte für die Lebensdauer L_h in Stunden*

Betriebsart	Beispiele	Lebensdauer L_h
kurzzeitig, unterbrochen	Haushaltsmaschinen, Kraftfahrzeugbau	1000 ··· 4000
	Landmaschinen, Kleinhebezeuge, Walzwerke, Holzbearbeitungsmaschinen	4000 ··· 8000
	Hebezeuge, Universalgetriebe, kleine Elektromotoren	8000 ··· 12000
achtstündig	Werkzeugmaschinen, mittlere Elektromotoren	12000 ··· 25000
Dauerbetrieb	Kraftmaschinen, Schienenfahrzeuge, Schiffsgetriebe	25000 ··· 40000
	Maschinen in Versorgungsbetrieben, Kompressoren, Pumpen	40000 ··· 60000
	Papiermaschinen, Wasserwerke	80000 ··· 200000

Häufig ist man bei der Lagerauswahl an die übrigen durch die Festigkeitsrechnung festgelegten Abmessungen, z. B. den Zapfendurchmesser, gebunden, so daß die hiernach ausgesuchten Lager eine wesentlich höhere Lebensdauer haben, als an und für sich erforderlich ist.

1. Beispiel: Ermittlung der erforderlichen Lagergröße bei geforderter Lebensdauer.
Gegeben: $n = 1000$ U/min; $F = 400$ kp (nur Radiallast); $L_h = 16000$ Std. (Werkzeugmaschine mit 8stündigem Betrieb).
Aus Abb. 4.131 ergibt sich für ein *Kugellager* die erforderliche Tragkraft $C \approx 4000$ kp. Die genaue Berechnung nach Gl. (7) liefert

$$C = F\sqrt[3]{\frac{L_h \cdot 60\,n}{10^6}} = 400\sqrt[3]{\frac{16000 \cdot 60 \cdot 1000}{10^6}} = 3950 \text{ kp.}$$

Es muß also ein Lager mit $C \geq 3950$ kp gewählt werden, also etwa ein Rillenkugellager 6212 mit $C = 4050$ kp[1] (Abmessungen $d = 60$ mm; $D = 110$ mm; $b = 22$ mm).
Für ein *Rollenlager* wird nach Gl. (7a)

$$C = F\left(\frac{L_h \cdot 60\,n}{10^6}\right)^{0,3} = 400 \cdot 960^{0,3} = 3140 \text{ kp.}$$

Es genügt ein Lager NU 209 mit $C = 3250$ kp[1] (Abmessungen $d = 45$ mm; $D = 85$ mm; $b = 19$ mm).

2. Beispiel: Ermittlung der Lebensdauer für ein gegebenes (bzw. angenommenes) Lager.
Das Kugellager 6212 des letzten Beispiels soll außer einer Radiallast $F_r = 400$ kp noch eine Axiallast $F_a = 125$ kp aufnehmen.
Es sei wieder $n = 1000$ U/min.

---
[1] Nach SKF-Hauptkatalog Dd 4000.

Zur Berechnung der äquivalenten Belastung werden die Beiwerte aus den Firmendruckschriften[1] ermittelt (Tab. 4.11):
Mit $C_0 = 3200$ kp (statische Tragzahl) wird

$$\frac{F_a}{C_0} = \frac{125}{3200} \approx 0{,}04 \quad \text{und} \quad e = 0{,}24.$$

Da $\dfrac{F_a}{F_r} = \dfrac{125}{400} = 0{,}31$ größer als e ist, wird $X = 0{,}56$, $Y = 1{,}8$ und somit

$$F = X\,F_r + Y\,F_a = 0{,}56 \cdot 400 + 1{,}8 \cdot 125 = 450 \text{ kp}.$$

Die Lebensdauer ergibt sich dann zu

$$L_h = \frac{10^6}{60\,n}\left(\frac{C}{F}\right)^3 = \frac{10^6}{60 \cdot 1000}\left(\frac{4050}{450}\right)^3 \approx 12\,000 \text{ Std}.$$

3.e *Beispiel:* Für ein zweireihiges Schrägkugellager 3208 ($d = 40$ mm, $D = 80$ mm, $b = 30{,}2$ mm), das bei $n = 250$ U/min mit $F_r = 500$ kp radial belastet wird, soll der Einfluß einer zusätzlichen Axiallast ($F_a = 0 \cdots 700$ kp) auf die Lebensdauer ermittelt werden.

Nach dem Wälzlagerkatalog[1] beträgt die dynamische Tragzahl $C = 3900$ kp, der Wert $e = 0{,}86$, und

$$\text{für } \frac{F_a}{F_r} < e \text{ ist } X = 1 \quad \text{und} \quad Y = 0{,}73,$$

$$\text{für } \frac{F_a}{F_r} \geqq e \text{ ist } X = 0{,}62 \quad \text{und} \quad Y = 1{,}17.$$

Damit erhält man

für $F_a =$	0	100	200	300	400	500	600	700	kp
$\dfrac{F_a}{F_r} =$	0	0,2	0,4	0,6	0,8	1	1,2	1,4	
	\multicolumn{5}{c}{$<e$}	\multicolumn{3}{c}{$>e$}		
$F = X\,F_r + Y\,F_a =$	500	573	646	720	792	895	1013	1130	kp
und $L_h = \dfrac{10^6}{60\,n}\left(\dfrac{C}{F}\right)^3 =$	31 600	21 000	14 700	10 600	7940	5500	3800	2740	Std.

Die Abhängigkeit der Lebensdauer L_h ist in Abb. 4.132 dargestellt; es ergibt sich daraus z. B. für $L_h \approx 8000$ Std. eine zulässige Axiallast von $F_a \approx 400$ kp.

4.3.2.5 Wälzlagereinbau. Die Anschlußmaße für Wälzlager sind in DIN 5418 genormt.

Die Festlegung eines Wälzlagers im Gehäuse bzw. auf der Welle richtet sich einmal nach seiner Aufgabe, nämlich ob es als Loslager, als Festlager oder als Stützlager dient, und ferner nach der Belastungsart, ob Punktlast oder Umfangslast vorliegt. Jeder Lagerring kann in Radial-, in Umfangs- und in axialer Richtung festgelegt werden; für die Radial- und Umfangsrichtung ist ausschließlich die Passung maßgebend, während für die axiale Festlegung häufig Bunde an Wellen und Gehäusen, Sprengringe, Sicherungsringe, Deckel, Kappen oder Nutmuttern verwendet werden (Abb. 4.133 bis 4.148).

Bezüglich der *Passungen* gilt allgemein: Bei Umfangslast *müssen* die Laufringe fest sitzen, bei Punktlast *können* sie lose sitzen. Umfangslast bedeutet: Die Kraftrichtung kreist oder pendelt

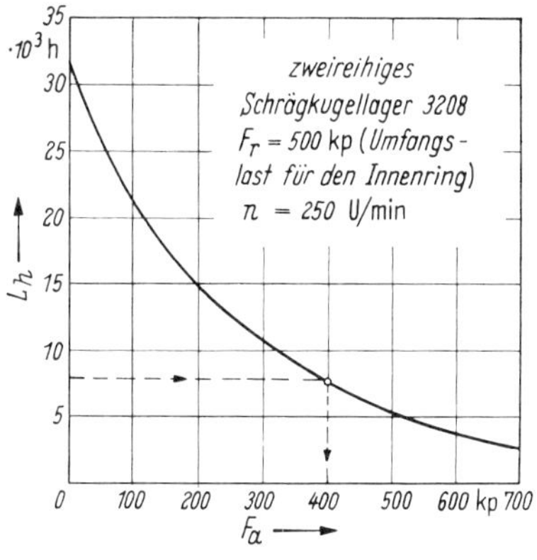

Abb. 4.132. Lebensdauer L_h in Abhängigkeit von der Axiallast F_a (Beispiel 3)

---
[1] Nach SKF-Hauptkatalog Dd 4000.

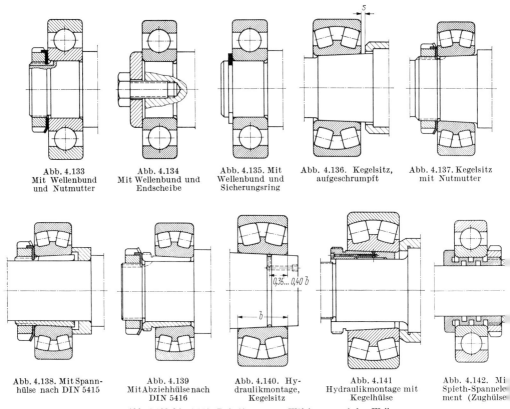

Abb. 4.133 Mit Wellenbund und Nutmutter

Abb. 4.134 Mit Wellenbund und Endscheibe

Abb. 4.135. Mit Wellenbund und Sicherungsring

Abb. 4.136. Kegelsitz, aufgeschrumpft

Abb. 4.137. Kegelsitz mit Nutmutter

Abb. 4.138. Mit Spannhülse nach DIN 5415

Abb. 4.139 Mit Abziehhülse nach DIN 5416

Abb. 4.140. Hydraulikmontage, Kegelsitz

Abb. 4.141 Hydraulikmontage mit Kegelhülse

Abb. 4.142. Mit Spieth-Spannelement (Zughülse)

Abb. 4.133 bis 4.142. Befestigung von Wälzlagern auf der Welle

Abb. 4.143. Mit Bund und Deckel

Abb. 4.144. Mit Sicherungsring und Deckel

Abb. 4.145. Mit zwei Deckeln

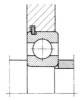

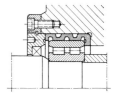

Abb. 4.146. Mit Sprengring und Deckel (ungeteiltes Gehäuse)

Abb. 4.147. Mit Sprengring bei geteiltem Gehäuse

Abb. 4.148. Mit Spieth-Element (Stellring zur Rollspieleinstellung bei Zylinderrollenlagern)

Abb. 4.143 bis 4.148. Befestigung von Wälzlagern im Gehäuse

stark gegenüber dem Rollbahnring und seiner Auflagefläche. Punktlast bedeutet: Die Kraftrichtung ändert sich nicht gegenüber dem Rollbahnring und seiner Auflagefläche. Am häufigsten kommt der Belastungsfall ,,Umfangslast für Innenring und Punktlast für Außenring" vor, d. h., der Innenring läuft relativ zur Lastrichtung um, z. B. Innenring läuft um und die Last steht still, oder Innenring steht still und die Last läuft um. Beim Belastungsfall ,,Punktlast für Innenring und Umfangslast für Außenring" steht der Innenring relativ zur Lastrichtung still, z. B. Innenring *und* Last laufen um oder Innenring *und* Last stehen still.

Die Passung muß um so fester sein, je größer die Bohrung des Lagers ist und je größer und stoßartiger die Belastung. Tab. 4.13 gibt Richtlinien für die Wahl der Passung (nach DIN 5425).

Tabelle 4.13. *Richtlinien für die Wahl der Passung nach DIN 5425 (März 1956)*

Toleranzfelder für Wellen:

Punktlast	Alle Lager und alle Durchmesser			g 6 · · · h 6
Umfangslast	Kugellager	Zylinder- und Kegelrollenlager	Pendelrollenlager	
Wellendurchmesser d [mm]	bis 18	—	—	j 5
	über 18 · · · 100	bis 40	bis 40	k 5
	über 100 · · · 140	über 40 · · · 100	über 40 · · · 65	m 5
	über 140 · · · 200	über 100 · · · 140	über 65 · · · 100	m 6
	—	über 140 · · · 200	über 100 · · · 140	n 6
	—	—	über 140 · · · 200	p 6
	Wellen für Spann- und Abziehhülsen			h 9 oder h 10

Toleranzfelder für Gehäuse:

Punktlast	Außenring leicht verschiebbar	Wärmezufuhr durch die Welle	G 7
		Mittlere Belastungen und Betriebsverhältnisse	H 8
		Beliebige Belastungen, allgemeiner Maschinenbau	H 7
		Ungeteilte Achslager für Schienenfahrzeuge	H 7
Unbestimmte Lastrichtung	Außenring noch verschiebbar	Geteilte Achslager für Schienenfahrzeuge	J 7
		Elektrische Maschinen	J 6
Umfangslast	Außenring nicht verschiebbar	Kurbelwellenhauptlager	K 7
		Kleine Belastungen	M 7
		Mittlere und große Belastungen	N 7
		Schwere Belastung, dünnwandige Gehäuse	P 7

Jede Welle soll (Abb. 4.149) mit nur *einem* Festlager in axialer Richtung fixiert werden, die übrigen Lager müssen zum Ausgleich von im Betrieb etwa auftretenden Wärmedehnungen Verschiebungen in axialer Richtung zulassen (Loslager). Bei Umfangslast für den Innenring ist bei *geschlossenen* Loslagern (Rillenkugellager, Schrägkugellager, Pendelkugel- und Pendelrollenlager) der Außenring im Gehäuse mit einer Passung einzubauen, die eine Verschiebung des ganzen Lagers ermöglicht. Zylinderrollenlager nach Abb. 4.113 und 4.114 können nur als Loslager verwendet werden; bei ihnen kann eine Verschiebung beider Ringe gegeneinander im Lager selbst erfolgen. Bei geringen Lagerabständen kann auf ein Festlager verzichtet werden, wenn zwei „Stützlager" verwendet werden, wobei jedoch genügend Axialspiel vorzusehen ist (Abb. 4.150).

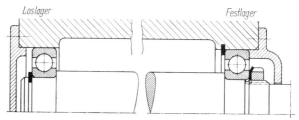

Abb. 4.149. Bei großem Lagerabstand mit Fest- und Loslager (Umfangslast für Innenringe)

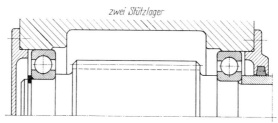

Abb. 4.150. Bei geringerem Lagerabstand mit zwei Stützlagern und reichlichem Axialspiel (Umfangslast für Innenringe)
Abb. 4.149 und 4.150. Wälzlagereinbau

Bei paarweise zu verwendenden Lagern (Schulterkugellager, Kegelrollenlager) muß immer für eine Spiel-Einstellungsmöglichkeit gesorgt werden.

Bei Gestaltung der Lagerstellen muß auf einfachen Ein- und Ausbau der ganzen Lager oder der Lagerringe geachtet werden (Montage- und Demontagehilfen). Bei geteilten Gehäusen, die den Einbau wesentlich erleichtern, sind in der Regel nur lose Passungen möglich, um der Gefahr zu begegnen, daß die Ringe beim Anziehen der Deckelschrauben deformiert werden. Feste Passungen der Außenringe erfordern ungeteilte Gehäuse bzw. besondere kräftige Lagerbuchsen. Von letzteren wird häufig auch Gebrauch gemacht, um größere Montageöffnungen (in ungeteilten Gehäusen) und axiale Einstellbarkeit mit Hilfe von Beilegringen zu erhalten.

4.3.2.6 Schmierung. Wälzlager benötigen nur sehr geringe Schmiermittelmengen; am günstigsten sind sehr dünne, aber gleichmäßig verteilte Schmierschichten. Das Schmiermittel dient außer zur Verringerung der Reibung auch noch zum Schutz gegen Schmutzeintritt und gegen Korrosion, ferner zur Dämpfung und evtl. zur Kühlung (Öl).

Fettschmierung wird bevorzugt, weil damit zuverlässige Dauerschmierung erreicht und Verwendung einfacher Dichtungen möglich wird. Als Schmiermittel sind besondere Wälzlagerfette (DIN 51825) auf Metallseifenbasis (Kalk-, Natron- und Lithiumseifenfette) zu verwenden, Staufferfette sind ungeeignet.

Besonders wichtig sind Fettmenge und Fettführung. Bei „Überschmierung" besteht die Gefahr erhöhter Temperatur durch Walkarbeit. Bei manchen (gekapselten) Lagern reicht der bei der Montage eingefüllte Fettvorrat für die ganze Lebensdauer aus. Bei Lagern mit Nachschmierung muß das frische Fett möglichst unmittelbar den Wälzkörpern, Lauf- und Führungsflächen zugeführt und das verbrauchte Fett aus Sammelkammern oder durch Schleuderringe (Fettmengenregelung von SKF) abgeführt werden.

Ölschmierung wird nötig bei hoher Drehzahl oder hohen Temperaturen. Geeignet sind alle raffinierten Mineralöle (Viskosität ~ 2 °E bei Betriebstemperatur).

Bei Ölstands- oder Tauchschmierung soll das Öl im Stillstand bis zur Mitte des untersten Rollkörpers reichen. Bei Umlaufschmierung ist für reichlich bemessenen Ablauf zu sorgen, damit kein Wärmestau eintritt.

Oft genügt zur Schmierung der Wälzlager der Öldunst, wie er durch Getrieberäder oder Schleuderscheiben in den Gehäusen erzeugt wird. Bei sehr hohen Drehzahlen findet die Ölnebelschmierung mit ölhaltiger Druckluft von 0,5 bis 1 atü Anwendung.

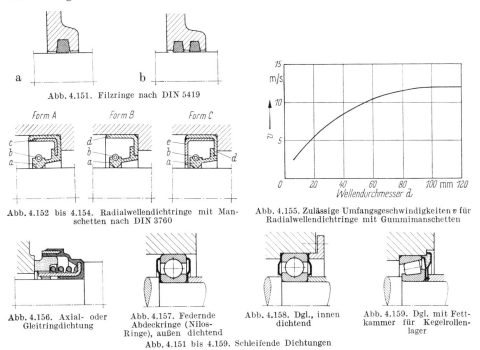

Abb. 4.151 bis 4.159. Schleifende Dichtungen

4.3.2.7 Dichtungen bei Wälzlagern[1]. Die *Dichtungen* sollen die Lager gegen alle Arten von Verunreinigungen schützen und den Austritt des Schmiermittels verhindern. Es werden außerdem an Dichtungen für Wälzlager noch die Forderungen geringer Reibung und einfachen und raumsparenden Einbaus gestellt. Man unterscheidet schleifende und nichtschleifende Dichtungen. Beispiele für *schleifende* Dichtungen sind: Filzringe (Abb. 4.151a und b) nach DIN 5419, Radialwellendichtringe mit Manschette (Abb. 4.152 bis 4.154) nach DIN 3760, die von den Lieferfirmen[2] auch in nicht genormten Sonderausführungen hergestellt werden (Richtwerte für die zulässigen Umfangsgeschwindigkeiten gibt Abb. 4.155), Axial- oder Gleitringdichtungen (Abb. 4.156) und federnde Abdeckringe (Nilosringe[3]) (Abb. 4.157 außen dichtend, Abb. 4.158 innen dichtend, Abb. 4.159 mit Fettkammer für Kegelrollenlager).

---

[1] HALLIGER, L.: Abdichtung von Wälzlagerungen. TZ für praktische Metallbearbeitung 60 (1966) 207—218.
[2] Carl Freudenberg, Weinheim; Diring Dichtungsring-Gesellschaft mbH, Stuttgart, und Goetze-Werke, Burscheid.
[3] Hersteller: Ziller & Co., Düsseldorf.

Nichtschleifende Dichtungen werden ausgeführt als einfacher Spalt (Abb. 4.160) Rillendichtung (Abb. 4.161), Spalt mit Rückführgewinde (Abb. 4.162), verschiedene Labyrinthe, axial (Abb. 4.163), radial (Abb. 4.164), wobei die Labyrinthgänge auch

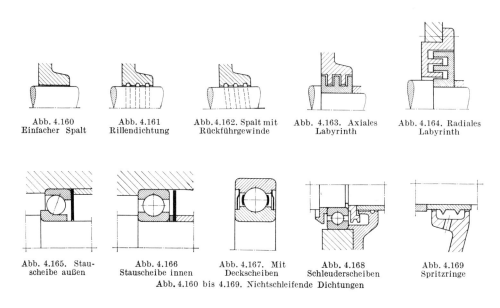

Abb. 4.160 Einfacher Spalt Abb. 4.161 Rillendichtung Abb. 4.162. Spalt mit Rückführgewinde Abb. 4.163. Axiales Labyrinth Abb. 4.164. Radiales Labyrinth

Abb. 4.165. Stauscheibe außen Abb. 4.166 Stauscheibe innen Abb. 4.167. Mit Deckscheiben Abb. 4.168 Schleuderscheiben Abb. 4.169 Spritzringe

Abb. 4.160 bis 4.169. Nichtschleifende Dichtungen

mit Fett gefüllt werden können, Stauscheiben (Abb. 4.165 und 4.166) und in die Lager eingebaute Deckscheiben (Abb. 4.167), ferner als Schleuderscheiben (Abb. 4.168) und Spritzringe (Abb. 4.169).

Oft werden auch schleifende und nichtschleifende Dichtungen hintereinander geschaltet, um besondere Dichtungsaufgaben, z. B. Schutz gegen starke Verunreinigungen von außen *und* gegen Schmiermittelverlust von innen, zu lösen.

4.3.2.8 Ausgeführte Wälzlagerungen. Einige *Einbaubeispiele* zeigen die Abb. 4.170 bis 4.178.

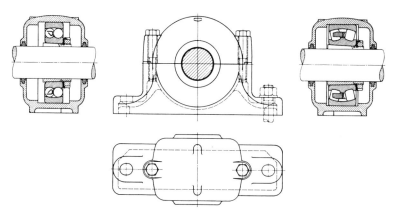

Abb. 4.170. Geteiltes Stehlager für Pendelkugellager und Pendelrollenlager (nach DIN 737). Schmierung mit Natronfett; Passungen: h 9 für Welle, H 8 für Gehäuse (SKF)

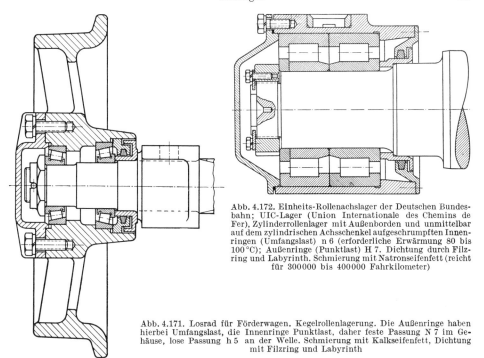

Abb. 4.172. Einheits-Rollenachslager der Deutschen Bundesbahn; UIC-Lager (Union Internationale des Chemins de Fer), Zylinderrollenlager mit Außenborden und unmittelbar auf dem zylindrischen Achsschenkel aufgeschrumpften Innenringen (Umfangslast) n 6 (erforderliche Erwärmung 80 bis 100 °C); Außenringe (Punktlast) H 7. Dichtung durch Filzring und Labyrinth. Schmierung mit Natronseifenfett (reicht für 300000 bis 400000 Fahrkilometer)

Abb. 4.171. Losrad für Förderwagen. Kegelrollenlagerung. Die Außenringe haben hierbei Umfangslast, die Innenringe Punktlast, daher feste Passung N 7 im Gehäuse, lose Passung h 5 an der Welle. Schmierung mit Kalkseifenfett, Dichtung mit Filzring und Labyrinth

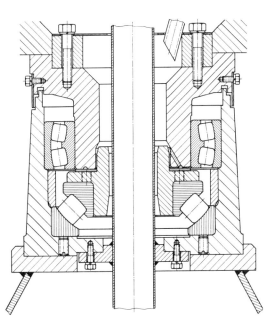

Abb. 4.173. Kranfußlagerung für Säulendrehkran mit einem Axialpendelrollenlager zur Aufnahme des Gewichts der drehbaren Aufbauten und der Nutzlast und einem Radialpendelrollenlager zur Aufnahme der Horizontallast. Die Mittelpunkte der kugeligen Außenringlaufbahnen müssen zusammenfallen. Schmierung mit Öl (FAG)

94   4. Elemente der drehenden Bewegung

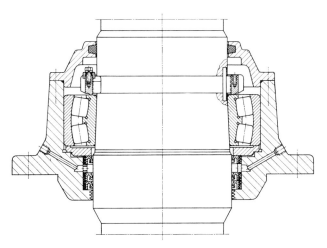

Abb. 4.174. Lagerung eines Ruderschaftes mit Pendelrollenlager mit kegeliger Bohrung. Durch Anziehen der Spannmutter auf dem in die Ringnut des Ruderschaftes eingelegten zweiteiligen Gewindering wird das (schon im Anlieferungszustand geringe) Radialspiel beseitigt. Schmierung mit Lithiumfett (Fettvorrat reicht auf Jahre hinaus). Dichtung gegen Seewasser mit Radialdichtungen mit Manschetten unter Einschluß einer Fettdruckkammer (FAG)

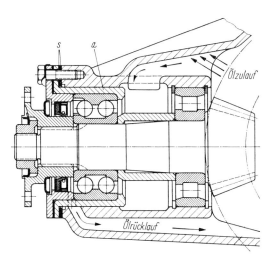

Abb. 4.175. Lagerung einer Kegelritzelwelle für Personenkraftwagen mit zweireihigem Schrägkugellager und Zylinderrollenlager. Das Flankenspiel ist über die Buchse a, die das als Festlager dienende Schrägkugellager aufnimmt, durch die Beilagen s einstellbar. Passungen: m 5, K 6 für Zylinderrollenlager, k 6, J 6 für Schrägkugellager. Ölschmierung; Dichtung durch Radialdichtring (FAG)

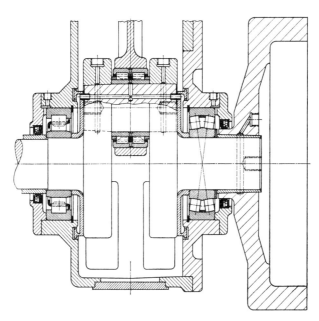

Abb. 4.176. Kurbelwellen- und Pleuellagerung für Einzylinderdieselmotor. Ein Pendelrollenlager und ein Zylinderrollenlager als Hauptlager, zweireihiges Zylinderrollenlager als Pleuellager. Passungen: Hauptlager m 5, K 6, Pleuellager m 5, N 6. Schmierung mit Öl, Zufuhr zum Pleuellager durch Fangscheiben und Bohrungen. Kurbelwelle mit Druckölverband zusammengebaut, ebenso Hydraulikmontage für Schwungrad (SKF)

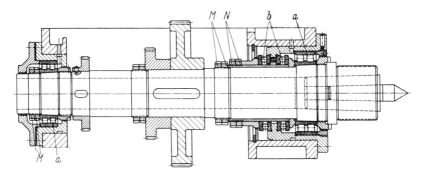

Abb. 4.177. Hauptspindellagerung einer Drehbank mit zweireihigen Zylinderrollenlagern a zur Aufnahme der Radialkräfte und mit zwei Axialkugellagern b zur Aufnahme der Axialkräfte. Das Spiel der Radiallager wird durch Aufpressen der Innenringe mit kegeliger Bohrung mit den Muttern M eingestellt; über die Muttern N wird Spielfreiheit der Axiallager erreicht. Passungen: Zylinderrollenlager im Gehäuse K 6; Axiallager j 5, E 8. Ölschmierung (FAG)

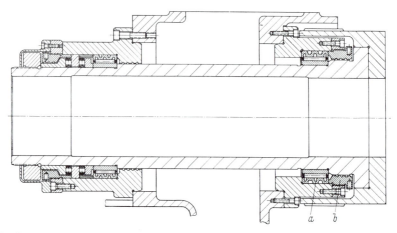

Abb. 4.178. Lagerung der Werkstückspindel einer Spitzenschleifmaschine mit spieleinstellbaren INA-Nadellagern höchster Präzision. Die Spieleinstellung erfolgt durch axiales Verspannen des profilierten Außenringes a über den zentrierten Gewindestellring b (INA)

4.4 Kupplungen[1]

Unter Kupplungen versteht man Maschinenteile zur Verbindung zweier Wellenenden zwecks Übertragung von Leistung und Drehmomenten. Soll die Verbindung dauernd bestehen, so genügen *nichtschaltbare Kupplungen*, soll die Verbindung jedoch zeitweise hergestellt und dann wieder unterbrochen werden, so müssen *Schaltkupplungen* verwendet werden. Die nichtschaltbaren Kupplungen teilt man ein in *feste oder starre Kupplungen*, die eine drehstarre Verbindung bei genau fluchtenden Wellen herstellen, und in *Ausgleichskupplungen*, die für geringe Wellenverlagerungen, Längsverschiebungen infolge Wärmedehnungen, parallele Versetzung der Wellen oder auch winkelige Verlagerung entweder drehsteif als *Gelenke* oder drehnachgiebig zum Auffangen von Stößen (Drehmomentschwankungen sowohl von der treibenden wie von der getriebenen Seite her) und zur Dämpfung von Drehschwingungen als *elastische Kupplungen* ausgeführt werden. Die *Schaltkupplungen* können nach der Art des Schaltens eingeteilt werden in *fremdgeschaltete* (eigentliche Schaltkupplungen), *momentgeschaltete* (Anfahr- und Sicherheitskupplungen), *drehzahlgeschaltete* (Fliehkraftkupplungen) und *richtungsgeschaltete* (Freilauf- oder Überholkupplungen).

Nach der Art der Kraftübertragung kann man noch eine andere Einteilung der Kupplungen vornehmen, nämlich in *formschlüssige*, bei denen kein Schlupf möglich ist, in *kraftschlüssige* (Reibungskupplungen), bei denen kurzzeitig Schlupf auftritt, und in *Schlupfkupplungen*, bei denen ständig zur Aufrechterhaltung der Funktion ein gewisser Schlupf erforderlich ist (hydrodynamische und elektromagnetische Kupplungen).

Aus der Fülle der Ausführungs- und Kombinationsmöglichkeiten können nur einige Beispiele ausgewählt werden. In jedem Abschnitt werden zuerst die gemeinsamen Merkmale, die wichtigsten Kennwerte und Rechengrößen und evtl. Entwicklung und Anwendungsgebiete besprochen, und dann werden die verschiedenen Bauarten im wesentlichen nur kurz an Hand von Abbildungen mit Legenden be-

---

[1] STÜBNER, K., u. W. RÜGGEN: Kupplungen, Einsatz und Berechnung, München: Hanser 1961. — STÜBNER, K., u. W. RÜGGEN: Kompendium der Kupplungstechnik, München: Hanser 1962. — LOHR, F. W.: Kupplungs-Atlas, Ludwigsburg: AGT-Verlag Georg Thum 1961.

handelt. Bezüglich weiterer Einzelheiten, Typenstufungen und -bereiche muß auf die Druckschriften der Hersteller verwiesen werden.

Bei der Konstruktion und Auswahl von Kupplungen sind allgemein folgende Gesichtspunkte zu beachten:

1. Die Kupplung soll sich leicht anbringen und entfernen lassen; die Montage soll ohne axiale Verschiebung der Wellen möglich sein;
2. vorspringende Teile sollen vermieden oder wenigstens verdeckt werden, da sie leicht Unfälle verursachen können;
3. das Gewicht der Kupplung soll möglichst gering sein; um Biegebeanspruchungen durch das Eigengewicht niedrig zu halten, soll die Kupplung nahe bei einem Lager, bei großem Gewicht zwischen zwei Lagern angebracht werden;
4. die Schwungmomente sollen möglichst klein sein;
5. die Kupplungen sollen gut ausgewuchtet sein, d. h., ihre Massen sollen gleichmäßig zur Drehachse verteilt sein;
6. die Bedienung der Schaltelemente soll leicht möglich sein (Zugänglichkeit, geringe Schaltkräfte).

4.4.1 Feste Kupplungen

Da die festen Kupplungen drehstarre Verbindungen darstellen, sind sie nur für stoßfreien Betrieb mit geringen Drehmomentschwankungen geeignet. Die üblichen

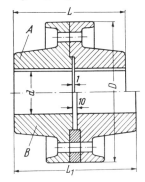

Abb. 4.179. Scheibenkupplung nach DIN 116
Die Scheiben werden auf die Wellenenden meistens kalt aufgezogen (Haftsitz), aber auch aufgeschrumpft (Preßsitz). Zur Sicherheit werden Paßfedern eingelegt. Bei Verwendung von Keilen müssen die Scheiben nach dem Aufziehen nochmals nachgedreht werden. Bei der Ausführung A ist ein Zentrieransatz vorgesehen; er hat den Nachteil, daß beim Ausbau eine Welle um mehr als die Höhe des Ansatzes längsverschoben werden muß; die Ausführung B vermeidet dies; hier wird ein zweiteiliger Zwischenring zwischen die Kupplungshälften gespannt.
Die Verbindung der Scheiben erfolgt durch Schrauben, von denen mindestens zwei (diagonal gegenüberliegend) als Paßschrauben ausgebildet werden. Die Schrauben sind so stark anzuziehen und dementsprechend zu bemessen, daß Reibschluß zwischen den Stirnflächen der Scheiben entsteht. Schraubensicherungen sind dann nicht erforderlich. Die Köpfe und Muttern werden zur Verringerung der Unfallgefahr von den Scheibenrändern überdeckt

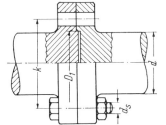

Abb. 4.180. Flanschkupplung mit angeschmiedeten Kupplungsflanschen nach DIN 760
Auch hier erfolgt wie bei der Scheibenkupplung die Drehmomentübertragung durch Reibung zwischen den Stirnflächen. An Stelle der angeschmiedeten Flansche können auch auf beiden Wellenenden (oder auch nur auf einem) Kupplungshälften nach DIN 759 aufgesetzt werden

Ausführungsformen sind die Scheibenkupplung (Abb. 4.179), die Flanschkupplung (Abb. 4.180), die Schalenkupplung (Abb. 4.181) und die Stirnzahnkupplungen (Abb. 4.182 und 4.183).

Bei der *Scheiben- und Flanschkupplung* soll die Kraftübertragung durch Reibung zwischen den Stirnflächen erfolgen; durch die Normalkräfte der Schrauben F_n wird bei z Schrauben die Reibungskraft $F_r = z F_n \mu$ erzeugt, und das *übertragbare* Drehmoment ergibt sich mit dem mittleren Radius r_m der Reibfläche zu

$$M_r = F_r r_m = z F_n \mu r_m.$$

Es muß größer sein als das *zu übertragende* Drehmoment M_t. Aus dieser Bedingung $M_r \geqq M_t$ ergibt sich die erforderliche Schraubenkraft

$$F_n \geqq \frac{M_t}{z\,\mu\,r_m}.$$

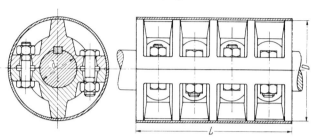

Abb. 4.181. Schalenkupplung nach DIN 115

Die beiden Schalen werden mit einer Zwischenlage von starkem Papier oder dünnem Blech ausgebohrt und dann durch die Schrauben fest auf die Wellenenden geklemmt. Die Übertragung des Drehmomentes erfolgt durch Reibung; zur Sicherheit wird eine durchgehende Paßfeder eingelegt. Zur Vermeidung von Unfällen wird die Schalenkupplung mit einem Blechmantel umhüllt. Die Schalenkupplung wird hauptsächlich für Transmissionswellen verwendet; sie ist leicht anzubringen und zu entfernen, sie kann aber nur für Wellen mit gleichem Durchmesser verwendet werden

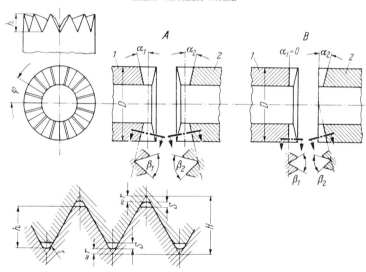

Abb. 4.182. Hirth-Verzahnung

Die Zahnflanken verlaufen radial. Bei Ausführung A liegen Zahnspitzen und Zahngrund beider Teile auf Kegeln.

Mit $\varphi = 360°/z$ und $\beta_1 = \beta_2$ erhält man (nach MEIER*) $\alpha_1 = \alpha_2 = \alpha$ aus $\sin\alpha = \dfrac{\tan(\varphi/4)}{\tan(\beta_1/2)}$

Bei Ausführung B ist *eine* Verzahnung gerade ($\alpha_1 = 0$) und die andere schräg gefräst. Mit dem Fräserwinkel $\beta_1 = 60°$ ergibt sich α_2 aus $\tan\alpha_2 = \dfrac{\sin(\varphi/2)}{\tan(\beta_1/2)}$ und β_2 aus $\tan(\beta_2/2) = \dfrac{\tan(\varphi/2)}{\sin\alpha_2}$

Die Maße des Bezugsprofils gelten für den Außendurchmesser D:

Zähnezahl $z =$	12	24	36	48	72	96
$H/D =$	0,2260	0,1130	0,0755	0,0566	0,0378	0,0283

Die Zahngrundradien r und das Spitzenspiel S sind wie folgt festgelegt:

$r =$ 0,3 0,6 0,9 mm
$S =$ 0,4 0,6 0,9 mm

Für die Wahl der Zähnezahlen wird empfohlen

bei $D =$ 30   30···60   60···120   120 mm
     $z =$ 12   24 oder 36   36 oder 48   73 oder 96

---

* Siehe Fußnote S. 99.

Auch bei der *Schalenkupplung* handelt es sich um eine Reibschlußverbindung (Klemmverbindung, s. Abschn. 2.4.1). Mit z = Anzahl der Schrauben je Kupplungshälfte, F_n = Schraubenzugkraft, p = Pressung an der Reibfläche, l = Länge einer Kupplungshälfte und d = Wellendurchmesser wird $F_s = p\, d\, l = z\, F_n$, und das übertragbare Drehmoment ergibt sich zu

$$M_r = \sum p \varDelta A\, \mu\, \frac{d}{2} = p\, \pi\, dl\, \mu\, \frac{d}{2} = z\, F_n\, \pi\, \mu\, \frac{d}{2}.$$

Aus der Bedingung $M_r \geqq M_t$ ergibt sich die erforderliche Schraubenkraft

$$F_n \geqq \frac{M_t}{z\, \pi\, \mu\, d/2}.$$

Der Reibwert μ kann zu 0,20 bis 0,25 angenommen werden.

Bei den *Stirnzahnkupplungen*[1], Hirth-Verzahnung (Abb. 4.182) und Gleason-Curvic-Kupplung (Abb. 4.183), werden die Stirnflächen der zu verbindenden Wellen-

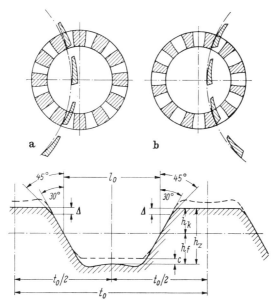

Abb. 4.183. Gleason-Curvic-Kupplung (aus KECK, K. F.: Zahnradpraxis, Bd. II, S. 319 u. 393)
Die Zahnflanken sind Kreisbogen; die Herstellung erfolgt auf den üblichen Gleason-Spiralkegelrad-Maschinen. Die eine Kupplungshälfte, mit Innenmessern geschnitten, erhält konvexe Flanken; beim Gegenstück, mit Außenmessern geschnitten, entstehen konkave Flanken. Das Bezugsprofil gilt für den Außendurchmesser $D = m\,z$; (m = Modul). Der halbe Flankenwinkel beträgt 30°. Die auf den Modul m bezogenen Abmessungen sind:

	$\dfrac{h_z}{m}$	$\dfrac{h_k}{m}$	$\dfrac{h_f}{m}$	$\dfrac{c}{m}$	$\dfrac{s_0}{m}$	$\dfrac{\varDelta}{m}$	$\dfrac{h_A}{m}$	$\dfrac{b}{m\,z}$
Allgemeiner Maschinenbau und Kurbelwellen	0,880	0,390	0,490	0,100	$\dfrac{\pi}{2}$	0,090	0,600	0,125
Luftfahrt und Strahltriebwerke	0,616	0,273	0,343	0,070	$\dfrac{\pi}{2}$	0,063	0,420	0,125

c = Kopfgrundspiel; s_0 = Zahndicke; $\varDelta$ = Abschrägung am Zahnkopf; h_A = wirksame Zahnhöhe; b = Zahnbreite (Größtwert = 22 mm)

---

[1] MATZKE, G.: Die Hirth-Verzahnung, ein bewährtes Maschinenelement. Werkst. u. Betr. 74 (1941) 257—261. — MATZKE, G.: Verbindung von Wellen durch Verzahnung. Z. Konstr. 3 (1951) 211—216. — MEIER, B.: Winkelberechnungen an Kerbverzahnungen. Z. Konstr. 11 (1959) 265—272.

enden bzw. Maschinenteile (Scheiben, Räder, Hebel, Kurbel- und Schneckenwellen, Zahn- und Schwungräder, Gelenk- und Kupplungsstücke u. ä.) mit Sonderverzahnungen versehen und die Teile dann durch Gewindebolzen oder Überwurfmuttern verbunden. Die Übertragung des Drehmomentes erfolgt über die Zahnflanken, also durch Formschluß; der verbindende Gewindebolzen wird nur durch die Vorspannkraft auf Zug beansprucht. Die Zähne sind auf Biegung, Scherung und Flächenpressung zu berechnen. Die Abmessungen und Profilformen sind in den Abbildungen angegeben. Es seien hier noch die Vorteile der Stirnzahnkupplungen genannt: Sie ermöglichen bei geringem Raumbedarf die Übertragung großer Drehmomente in beiden Richtungen; die Montage erfolgt leicht ohne Schlagen oder Pressen; die Verzahnungen garantieren genaue selbsttätige Zentrierung; die Teile können um einen oder mehrere Zähne gegeneinander versetzt werden; zwischen den Einzelteilen können ungeteilte Lager (Wälzlager) angeordnet werden (Abb. 4.33).

4.4.2 Gelenkige Ausgleichskupplungen

Die gelenkigen Ausgleichskupplungen werden verwendet bei Wellenverlagerungen, z. B. Längenausdehnungen infolge Erwärmung, oder wenn die Wellenachsen parallel versetzt sind oder sich unter gewissen Winkeln schneiden oder kreuzen. Es handelt sich dabei um *drehsteife* Verbindungen, d. h., etwaige Drehmomentschwankungen werden ungedämpft übertragen. Die gelenkigen Ausgleichskupplungen gehören zu den formschlüssigen Kupplungen, denn die Kraftübertragung erfolgt über Schubgelenke (Klauen, Zähne, Gleitführungen) und Drehgelenke (Zapfen in Lagerbuchsen). Für die Bemessung sind die zulässigen Flächenpressungen maßgebend (s. Abschn. 2.5).

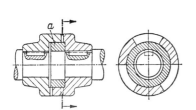

Abb. 4.184. Klauenkupplung
Jede Kupplungshälfte hat drei (oder fünf) ineinandergreifende Klauen, die zugleich die Wellen zentrieren. Um die gegenseitige axiale Verschiebung sicher zu gewährleisten, wird der besondere Zentrierring a eingelegt

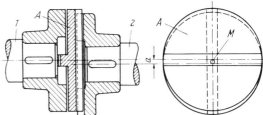

Abb. 4.185. Oldham-Kupplung (Kreuzscheibenkupplung)
Das verbindende Zwischenstück A (die Kreuzscheibe) gleitet mit den beiden um 90° versetzten Leisten in den Nuten des An- und Abtriebsflansches. Sind die Wellen um den Betrag a parallel versetzt, so bewegt sich der Mittelpunkt M der Kreuzscheibe auf einem Kreis mit dem Durchmesser a; in jeder Stellung ist die Winkelgeschwindigkeit ω_2 (bzw. Drehzahl n_2) der getriebenen Welle 2 genau gleich der Winkelgeschwindigkeit ω_1 (bzw. n_1) der treibenden Welle 1, auch wenn sich a während des Betriebes ändert

Dem Längenausgleich dienen einfache *Klauenkupplungen* (Abb. 4.184) oder auch Keilnuten- oder Polygonprofilwellen mit entsprechenden Hülsen.

Bei vorwiegend parallel versetzten Achsen wird bei geringen Beträgen der Verlagerung (Einbautoleranzen) die *Oldham-Kupplung* (Abb. 4.185) verwendet, bei größeren Achsenabständen müssen Gelenkwellen (Abb. 4.192) eingebaut werden.

Für rein winklige Verlagerungen (auch größere Winkelabweichungen) eignen sich die *Kreuzgelenk-* und *Kugelgelenkkupplungen* (Abb. 4.186 bis 4.193), die auch allgemein als Kardangelenke bezeichnet werden. Hierbei ist jedoch zu beachten, daß bei einem *einfachen* Gelenk nach dem Schema der Abb. 4.186 bei konstanter Winkelgeschwindigkeit ω_1 (bzw. Drehzahl n_1) der Welle 1 die Winkelgeschwindigkeit ω_2

(bzw. n_2) der Welle 2 Schwankungen aufweist, die um so größer sind, je größer der Ablenkungswinkel δ ist. Werden die Drehwinkel der Wellen mit φ_1 und φ_2 bezeichnet, so gelten folgende Beziehungen:

$$\tan\varphi_2 = \tan\varphi_1 \cos\delta, \quad \tan(\varphi_2 - \varphi_1) = -\frac{\tan\varphi_1(1-\cos\delta)}{1+\tan^2\varphi_1\cos\delta}$$

und

$$\frac{\omega_2}{\omega_1} = \frac{\cos\delta}{1-\sin^2\varphi_1\sin^2\delta}.$$

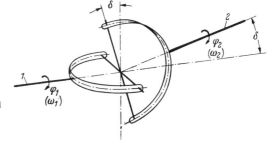

Abb. 4.186
Schema eines Kardangelenks
φ_1 und φ_2 = Drehwinkel der Wellen; δ = Ablenkungswinkel

Der Verlauf der Winkeldifferenz $\varphi_2 - \varphi_1$ und des Winkelgeschwindigkeitsverhältnisses ω_2/ω_1 in Abhängigkeit von $\varphi_1 = \omega_1 t$ ist in Abb. 4.187 für verschie-

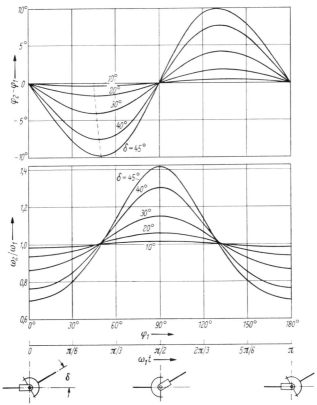

Abb. 4.187. Schwankungen der Winkeldifferenz ($\varphi_2 - \varphi_1$) und der Winkelgeschwindigkeit ω_2 der Welle 2 bei konstanter Winkelgeschwindigkeit ω_1 der Welle 1 für verschiedene Ablenkungswinkel δ

dene δ-Werte aufgetragen. Die Extremwerte sind

$$\tan(\varphi_2 - \varphi_1)_{\max} = \mp \frac{1-\cos\delta}{2\sqrt{\cos\delta}}; \quad \left(\frac{\omega_2}{\omega_1}\right)_{\min} = \cos\delta; \quad \left(\frac{\omega_2}{\omega_1}\right)_{\max} = \frac{1}{\cos\delta}.$$

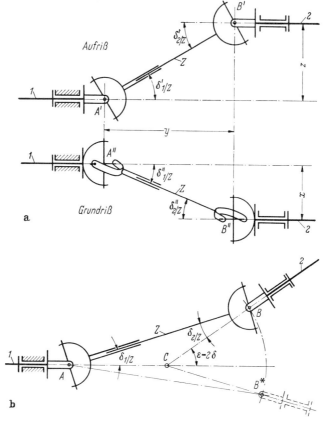

Abb. 4.188. Richtige Gelenkwellenanordnungen; Z = Zwischenteil; Bedingung: $\delta_{1/Z} = \delta_{2/Z}$
a) *Z-Beugung:* Die Wellen *1* und *2* sind parallel (liegen also in einer Ebene). Es sind veränderliche Verlagerungen, z im Aufriß und x im Grundriß, möglich ($\delta_{1/Z} = \delta_{2/Z}$ aus $\tan^2 \delta_{1/Z} = \tan^2 \delta'_{1/Z} + \tan^2 \delta''_{1/Z}$)
b) *W-Beugung:* Die Wellen *1* und *2* schneiden sich (liegen also in einer Ebene); Schnittwinkel $\varepsilon = 2\delta_{1/Z} = 2\delta_{2/Z} = 2\delta$; d. h., es muß immer $\overline{AC} = \overline{CB}$ sein. Wird diese Bedingung erfüllt, dann kann ε veränderlich sein (z. B. C = Drehpunkt; B auf Kreis bzw. Kugeloberfläche um C geführt)

Die Ungleichförmigkeit kann ausgeglichen werden, wenn man *zwei* Kardangelenke hintereinanderschaltet; dabei müssen jedoch die beiden inneren Gabeln in einer Ebene liegen, und die Winkel $\delta_{1/Z}$ und $\delta_{2/Z}$ müssen gleich sein (Abb. 4.188a und b). Das Zwischenteil Z dreht sich stets ungleichförmig, so daß bei Außerachtlassung gewisser Anordnungs- und Betriebsbedingungen unliebsame Massenkräfte auftreten können. Verschiedene Ausführungsformen zeigen die Abb. 4.189 bis 4.193.

Für den Ausgleich von Längenänderungen *und* für winkelige oder geringe parallele Wellenverlagerungen sind die *Doppelzahnkupplungen* geeignet; sie bestehen aus auf den Wellenenden sitzenden Kupplungsscheiben, die mit — meist bogenförmigen, balligen — Außenverzahnungen versehen sind und einer darübergeschobenen zweiteiligen Kupplungshülse mit zylindrischer Innenverzahnung, so daß eine Art Knorpel-

4.4 Kupplungen

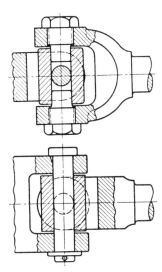

Abb. 4.189. Einfaches Kreuzgelenk
Beide Wellen enden in Gabeln, die durch ein innenliegendes Kreuzstück miteinander gekuppelt sind. Ungünstig ist die Aufteilung des einen Mitnehmers in zwei Kopfschrauben, so daß sich diese Ausführung nur für leichten, untergeordneten Betrieb eignet

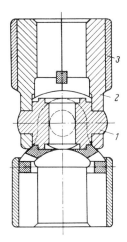

Abb. 4.190. Einfach-Wellengelenk nach DIN 808 (Ludw. Loewe & Co. AG, Berlin)
Das Zapfenstück 1 (Koppelglied) ist aus dem Vollen gearbeitet; die Gabeln werden durch je zwei Gelenkbacken 2 gebildet, die durch die Hülse 3 zusammengehalten werden. Der größte Ablenkungswinkel beträgt 45°. (Abmessungen und Berechnungsunterlagen siehe Normblatt DIN 808.)

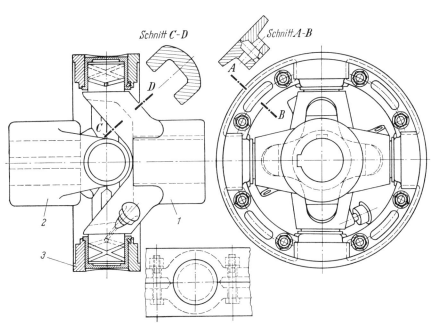

Abb. 4.191. Kreuzgelenkkupplung der Pintsch-Bamag AG, Butzbach
Die gleich ausgeführten Kupplungsstücke 1 und 2 besitzen je zwei sauber bearbeitete Zapfen (senkrecht zur Wellenachse); ein vertikal geteilter und durch Schrauben zusammengehaltener Ring 3 enthält die mit Bronzebuchsen versehenen vier Lagerstellen für die Zapfen. Der Ablenkungswinkel soll 15° nicht überschreiten

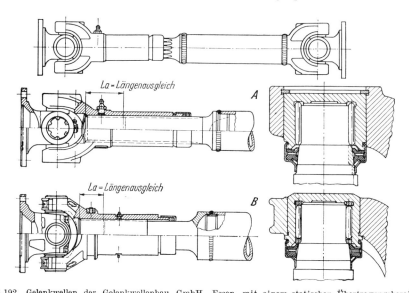

Abb. 4.192. Gelenkwellen der Gelenkwellenbau GmbH, Essen, mit einem statischen Übertragungsbereich von 13,5 bis 25000 kpm

Das Zapfenkreuz sitzt in Nadellagern; die Nadellagerbüchsen werden bei ungeteilten Gabelköpfen (Ausführung A) durch einen Sprengring gehalten, bei der schweren Ausführung B (geteilter Lagerkopf mit Lagerdeckel) durch einen Buchsenbund. Doppellippendichtungen mit Blechschutzkappen vermeiden Schmiermittelverluste und verhindern das Eindringen von Fremdkörpern

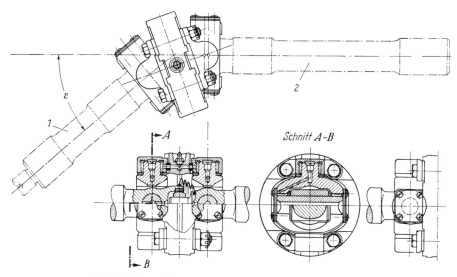

Abb. 4.193. Doppelgelenkwellen der Gelenkwellenbau GmbH, Essen

Bei der sehr gedrängten Bauart sind die Zapfenkreuze rahmenförmig ausgeführt; sie besitzen fluchtend je zwei Zapfen und zwei Bohrungen. Die Zapfen sind in am zentralen Mitnehmerring angeschraubten Lagerböcken gelagert, in den Bohrungen sitzen mit Nadellagern die in den Wellenenden angebrachten Querbolzen. Für die beiden Wellenenden kann in Doppelgelenkmitte eine Kugelzentrierung — vorwiegend bei leichteren Fahrzeugen — vorgesehen werden, falls die Radaufhängung eine solche Konstruktion erforderlich macht

gelenk gebildet wird. Die Wirkungsweise ist aus Abb. 4.194, in der die Bogenzahnkupplung der Firma Tacke Maschinenfabrik KG, Rheine/Westf., dargestellt ist, ersichtlich. Ähnliche Ausführungen liefern die AEG; die Maschinenfabrik Buckau

R. Wolf, Grevenbroich/Neuß; Lohmann & Stolterfoht, Witten/Ruhr; Flender, Bocholt, und die Malmedie & Co. Maschinenfabrik GmbH, Düsseldorf. Letztere stellt auch die Tonnenkupplungen her, bei denen zur Kraftübertragung gehärtete Tonnen benutzt werden, die zwischen den Außenrundverzahnungen der Kupplungs-

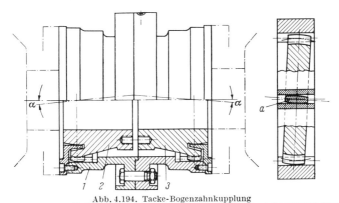

Abb. 4.194. Tacke-Bogenzahnkupplung
Die zweiteilige Hülse *1* trägt zylindrische Innenverzahnungen, in welche die auf konvexer Ringfläche erzeugten „Bogenverzahnungen" der Kupplungsnaben *2* und *3* eingreifen. Die allseitige Beweglichkeit geht aus den zwei Schnitten der Nebenabbildung hervor

uaben und den Innenrundverzahnungen der zweiteiligen Hülse angeordnet sind. Die Doppelzahnkupplungen werden mit Öl geschmiert; die maximal zulässige Winkelverlagerung der Wellen beträgt 1,5 bis 2°

Nach dem Prinzip der Oldham-Kupplung ist von der Ringspann A. Maurer KG die *Ringspann-Wellenausgleichskupplung* (Abb. 4.195) entwickelt worden, die neben geringen Längsverschiebungen und parallelen Verlagerungen Winkelabweichungen bis 3° zuläßt.

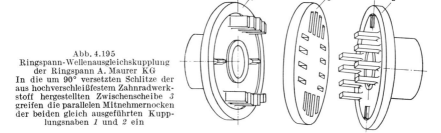

Abb. 4.195
Ringspann-Wellenausgleichskupplung
der Ringspann A. Maurer KG
In die um 90° versetzten Schlitze der aus hochverschleißfestem Zahnradwerkstoff hergestellten Zwischenscheibe *3* greifen die parallelen Mitnehmernocken der beiden gleich ausgeführten Kupplungsnaben *1* und *2* ein

4.4.3 Elastische Kupplungen

Ausgleichskupplungen mit *elastischen Zwischengliedern* haben außer den bisher behandelten Forderungen, nämlich Wellenverlagerungen zu überbrücken und geringe Längsverschiebungen zu ermöglichen, noch folgende wichtige Aufgaben zu erfüllen:
1. Milderung gelegentlich auftretender Drehmomentspitzen (Stöße),
2. Verringerung der Ausschläge bei periodisch auftretenden Drehmomentschwankungen (Schwingungen),
3. Vermeidung von Resonanzen und deren schädlichen Folgen.

Die Stoßminderung beruht in erster Linie auf der *Speicherwirkung* der federnden Elemente: Bei einer Drehmomentspitze, z. B. auf der treibenden Seite M_{d1}, vergrößert sich zunächst der relative Drehwinkel zwischen den Kupplungshälften, wobei von den Federn die Stoßarbeit $W = \int_{\varphi_0}^{\varphi_1} M_d \, d\varphi$ (schraffierte Fläche unter der „Kennlinie" Abb. 4.196) aufgenommen wird, die dann während einer größeren

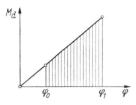
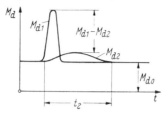
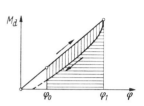

Abb. 4.196. Kupplungscharakteristik mit gerader Kennlinie

Abb. 4.197. Zeitlicher Verlauf der Drehmomente M_{d_1} an treibender, M_{d_2} an getriebener Seite

Abb. 4.198. Dämpfungswirkung bei gerader Kennlinie

Zeitspanne t_2 an die zweite Welle abgegeben wird, während der relative Drehwinkel wieder abnimmt. Der ungefähre Drehmomentenverlauf ist in Abb. 4.197 in Abhängigkeit von der Zeit dargestellt; die Stoß*minderung* $M_{d1} - M_{d2}$ ist besonders gekennzeichnet. Sie wird noch größer, wenn außer der Speicherwirkung auch noch eine *Dämpfungswirkung* eintritt, wobei ein Teil der gespeicherten Arbeit in Wärme umgesetzt (senkrecht schraffierte Fläche der Abb. 4.198) und nur der Rest (waagerecht schraffierte Fläche) auf die getriebene Welle übertragen wird.

Bei periodisch auftretenden Drehmomentschwankungen (z. B. Kolbenkraft- und -arbeitsmaschinen) ist für die genaue Berechnung der Amplituden der erzwungenen Schwingungen, s. BENZ[1] und SCHACH[2], die Kenntnis der Massenträgheitsmomente an treibender und getriebener Seite, der Kupplungskennlinie ($M_d-\varphi$-Diagramm) und damit der Eigenfrequenz des Systems und der verhältnismäßigen Dämpfung erforderlich. Die Kupplungen sind so auszulegen, daß die kritische Drehzahl n_k wesentlich niedriger liegt als die Betriebszahl n, da die „Vergrößerungsfunktion" V (Abb. 4.199) stark von n/n_k abhängig ist. Es sind also flache Kennlinien (weiche Kupplungen) günstig. Da diese bei wachsendem Drehmoment zu große relative Verdrehwinkel ergeben, bevorzugt man im Kupplungsbau Federelemente mit progressiven Kennlinien (Abb. 4.200a), also mit veränderlicher Steife, die außerdem noch die Gewähr bieten, daß das gefürchtete Aufschaukeln im Gebiet der kritischen Drehzahlen (Resonanz), das ja beim Anfahren und Abstellen durchlaufen werden muß, weitgehend vermieden wird, weil sich mit wachsenden Ausschlägen die Eigenfrequenz ändert.

Die *anzustrebende* Kupplungscharakteristik ist in Abb. 4.200b dargestellt, bei der nun auch noch eine Energieumwandlung in Wärme infolge Dämpfung berücksichtigt ist (schraffierte Fläche). Derartige Kupplungskennlinien können verwirklicht werden durch Verwendung von Federelementen mit hoher innerer Reibung (Gummi, Kunststoff, Leder) oder durch geschichtete Stahlfedern, bei denen zwischen den einzelnen Lagen Reibung auftritt.

Die wichtigsten elastischen Kupplungen sind in folgenden Listen mit Angaben der Benennung und Hersteller und z. T. mit Hinweisen auf ausführlichere Beschreibungen in der Literatur zusammengestellt.

---

[1] BENZ, W.: Zur Berechnung drehelastischer Kupplungen. MTZ 3 (1941) 3—11.
[2] SCHACH, W.: Die Berechnung einer drehfedernden Kupplung. Werkst. u. Betr. 83 (1950) 505—511. — SCHACH, W.: Anwendung einer drehelastischen Kupplung in Schiffshauptanlagen. MTZ 19 (1958) 377—382. — SCHACH, W.: Berechnung der drehelastischen Kupplung für Maschinensätze mit Dieselmotoren. Z. Konstr. 11 (1959) 64—66.

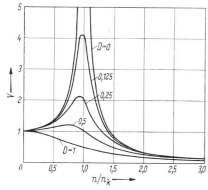
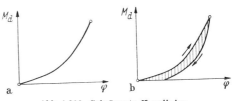

Abb. 4.200. Gekrümmte Kennlinien
a) ohne Dämpfung; b) mit Dämpfung

Abb. 4.199. Vergrößerungsfunktion V bei erzwungenen Schwingungen mit Dämpfung

Elastische Kupplungen mit Stahlfedern:

Form der Federn	Name	Hersteller	Genauere Beschreibung
Auf Biegung beanspruchte runde Federstahlstäbe	Forst-K.	Rheinstahl Wanheim GmbH	Z. Konstr. 6 (1954) 30; 15 (1963) 256
Geschränkte Drehungsfedern	Voith-Maurer-K.	Voith	Abb. 4.201; Z. Konstr. 5 (1953) 316
Zylindrische Schraubenfedern	Cardeflex-K.	Hochreuter & Baum	Abb. 4.202; VDI-Z. 93 (1951) 521; 94 (1952) 549/50
Schlangenförmig gewundene Stahlfedern	Bibby-K.	Malmedie	Abb. 4.203; Z. Konstr. 5 (1953) 316
Hülsenförmige Federpakete	Hülsenfeder-K.	Renk	Abb. 4.204
Federpakete aus schraubenförmig gewickelten Ringen	Deli-K.	Demag	Abb. 4.205; Z. Konstr. 5 (1953) 316
C-förmige Federringe	Elastische Record-K.	Kauermann	
Koaxiale gegenläufig gewickelte Präzisionsschraubenfedern	Simplaflex Wellen-K.	Hans Lenze KG	Abb. 4.206
Radiale Blattfedern	System Dr. Geislinger		Hansa 98 (1961) 983/84; Z. Konstr. 15 (1963) 235/36

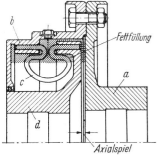

Abb. 4.201. Voith-Maurer-Kupplung
Die Übertragung des Drehmoments erfolgt über die geschränkten, Omegaförmigen Drehungsfedern c, die mit ihren Enden in zylindrische Bohrungen der Federnabe d und des mit der Flanschnabe a fest verbundenen Federrings b eingeführt sind. Die Kennlinie ist fast linear; es können axiale und winkelige Wellenverlagerungen ausgeglichen werden. Die Federn, insbesondere die Einspannenden, sind in Fett eingebettet.

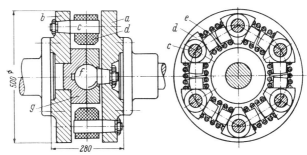

Abb. 4.202. Cardeflex-Kupplung der Firma Hochreuter & Baum, Ansbach/Mfr.
Die elastischen Zwischenglieder sind tangential angeordnete Schraubendruckfedern e, die mit Vorspannung zwischen den Tragsegmenten d sitzen. Diese Tragsegmente sind auf den in den Kupplungsflanschen a und b befestigten achsparallelen Mitnehmerbolzen c schwenkbar (bei der Normalausführung auch axial verschieblich) gelagert. Bei der dargestellten Sonderbauart für Schiffsantriebe ist zur Aufnahme axialer Kräfte ein Kugelzapfen f mit Kugelpfanne g zentral eingebaut

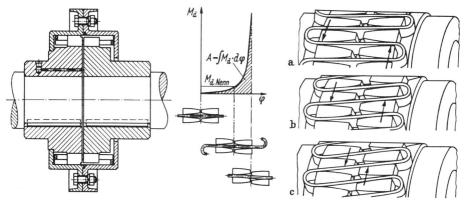

Abb. 4.203. Bibby-Kupplung der Firma Malmedie & Co. GmbH, Düsseldorf
Die drehelastische Ganzmetallkupplung (englischen Ursprungs), die als stoßmindernde sowie verlagerungsnachgiebige Flansch- oder Wellenkupplung Anwendung findet, besitzt als elastisches Federelement schlangenförmig gewundene Stahlfedern. Diese Stahlfedern, die wegen des leichten Ein- und Ausbaus als Segmente ausgeführt sind, werden in Nuten der Nabenscheiben eingelegt. Diese Nuten sind entsprechend der Biegelinie der Federstäbe in axialer Richtung auf die Mitte der Kupplung zu erweitert. Nabenscheiben und Federsegmente überdeckt ein Schutzgehäuse. Das Federgehäuse dient gleichzeitig als Fettgefäß zur Schmierung der Feder
a) Normalbelastung; b) größere Belastung; c) Höchstbelastung

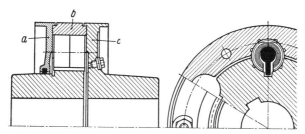

Abb. 4.204. Hülsenfederkupplung der Zahnräderfabrik Renk AG, Augsburg
Die elastischen Mitnehmerorgane werden durch Federpakete gebildet, die in achsparallelen Bohrungen der Kupplungshälften untergebracht sind. Die einzelnen Pakete bestehen aus mehreren längs aufgeschnittenen, ineinandergesteckten und auf einen Bolzen geschobenen Federstahlhülsen, deren Dicke zur Erzielung gleicher Beanspruchung nach innen zu abnimmt. Die Leiste an den Federbolzen dient zur Hubbegrenzung der Federn und als Sicherung gegen Verdrehen derselben in der Bohrung. Dämpfend wirken die Reibung und das Öl zwischen den einzelnen aufeinander gleitenden Federblättern

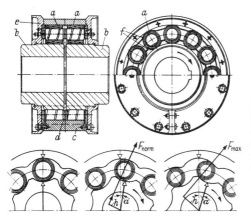

Abb. 4.205. Deli-Kupplung der DEMAG AG, Duisburg
Schraubenförmig geschlitzte und schließend ineinander gesteckte Federhülsen a befinden sich in den Ausfräsungen f der Kupplungshülse c und der Kupplungsnaben b. Durch das wirkende Drehmoment und die Konturen der Ausfräsungen werden die Federpakete verformt, wobei Reibungsdämpfung erzeugt wird. Die Federpakete sind in Fett eingebettet. Die Kupplung eignet sich besonders für Stoßminderung und Drehschwingungsdämpfung

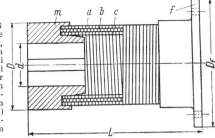

Abb. 4.206. Simplaflex-Wellenkupplung der Firma Hans Lenze KG
Drei gegenläufig gewickelte Präzisionsschraubenfedern *a*, *b*, *c*, die mit exakter Passung ineinander gleitend koaxial angeordnet sind, sind durch Stoffschluß mit den Endmuffen *m* (oder Endflanschen *f*) verbunden. Zur Drehmomentübertragung dienen jeweils zwei benachbarte Federn, z. B. in *einer* Drehrichtung *a* und *b*, bei entgegengesetzter Drehrichtung *b* und *c*. Die jeweils äußere Feder wird auf Zug, die innere auf Druck beansprucht. Durch die zwischen den arbeitenden Federn auftretende Pressung entstehen Reibungskräfte, die eine gute Dämpfung von Stößen und Schwingungen bewirken. Bei kleinen Baumaßen ($D \approx 2d$, $D_f = 3d$, $L \approx 2d \cdots 4d$) und entsprechend geringem Massenträgheitsmoment können winkelige, radiale und axiale Wellenverlagerungen ausgeglichen werden

Elastische Kupplungen mit federnden Elementen aus Gummi, Kunststoff oder Leder:

Form der elastischen Zwischenglieder	Name	Hersteller	Genauere Beschreibung
Hülsen	Boflex-K.	Breitbach	Z. Konstr. 5 (1953) 314
	Elco-K.	Wülfel	Abb. 4.207; Z. VDI 96 (1954) 569
	Rupex-K.	Flender	Abb. 4.208
	Bamag-Gummiring-K. 31 T	Pintsch-Bamag	
Pakete oder Klötze	Eupex-K.	Flender	Abb. 4.209; Z. Konstr. 5 (1953) 315
	Deflex-K. } Eflex-K. }	Breitbach	
	Kado-K.	Kauermann	Abb. 4.210
	Hadeflex-K.	Desch	
	Elastische Voith-K.	Voith	Abb. 4.211; Z. Konstr. 5 (1953) 315
Pakete, Vulcollan-Körper	Elastoflex-K.	Malmedie	Abb. 4.212
Axiale Scherbolzen in Halbrund-Außen- und Innenverzahnungen			
Druckbelastete Elastic-Rollen	Rollastic-K.	Südd. Elektromotorenwerke	Abb. 4.213; VDI-Z. 100 (1958) 917
axiale Rollen	Elast. Tschan-K. Bauart (S)	A. Tschan, Maschinenbau GmbH	
radiale Rollen	Elast. Tschan-K. Bauart (B)		
Scheiben, Ringe oder profilierte Körper	Gummigelenk-K.	Häußermann	
	Elastische Prodan-K.	Prodan H. Bohne KG	
	Doppelflex-K.	Desch	
	Elast. Tschan-K. Bauart (A)	A. Tschan, Maschinenbau GmbH	
	Polygon-K.	Stromag	Abb. 4.214
	Ortiflex-K.	Ortlinghaus-Werke	
	Vulkan-Megiflex	„Vulkan" Kuppl.- u. Getriebebau	
Gummiklauen	Bamag-Elastic-K. 30 T	Pintsch-Bamag	
Ringförmige Gummipuffer	Boge-Silentbloc	Boge GmbH	Abb. 4.215
Kegelförmig	Kegelflex-K.	Kauermann	VDI-Z. 100 (1958) 917
	Metallastik-Doppel-Konus-K.	Freudenberg	
Reifen oder Wulst	Periflex-K.	Stromag	Abb. 4.216; Z. Konstr. 5 (1953) 314
	Vulkan E-Z-K.	Vulkan	Abb. 4.217; VDI-Z. 94 (1952) 549
	Radaflex-K.	Bolenz & Schäfer	Abb. 4.218
Kreuzstollen	Multicross-K.	Herwarth Reich	VDI-Z. 96 (1954) 569
Schlaufen	Elisol-Lederring-K.	Tacke	Z. Konstr. 5 (1953) 315
	FWZ-Ne-Massiv-K.	FWZ-G. Graßmann	VDI-Z. 95 (1953) 546

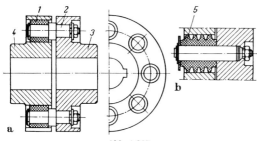

Abb. 4.207

a) Boflex-Kupplung (Breitbach)
Die hochelastischen Gummihülsen *1* sitzen auf den Stahlbolzen *2*, die im Antriebsflansch *3* befestigt sind. Die Gummihülsen greifen in die Bohrungen des Abtriebsflansches *4*. Die Kupplung ist auch für schweren Reversierbetrieb geeignet

b) Elco-Kupplung (Wülfel)
Hierbei erfolgt die Kraftübertragung über besonders profilierte „Kompressionshülsen" *5*, die mit Vorspannung eingebaut werden können. Durch die Profilrillen in den Hülsen wird eine progressive Kennlinie erzielt

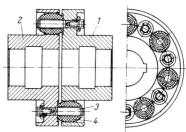

Abb. 4.208. Rupex-Kupplung (Flender)
Die Kupplungsteile *1* und *2* sind vollkommen gleich ausgebildet; die wechselseitige Anordnung der Bolzen *3* mit den außenballigen Hülsen *4* aus hochwertigem Spezialgummi ermöglicht die Unterbringung einer großen Anzahl von Federungselementen mit entsprechend großem Arbeitsvermögen. Durch die ballige Form der Gummihülsen ergibt sich eine progressive Kennlinie, und es sind größere Winkelabweichungen zulässig

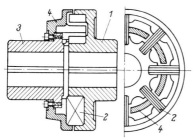

Abb. 4.209. Eupex-Kupplung (Flender)
Das Kupplungsteil *1* besitzt außen und innen Taschen, in die radial die elastischen Pakete *2* aus Gummi, Kunststoff oder Leder eingelegt werden. Das mit der Nabe *3* verbundene Kupplungsstück *4* besitzt Klauen, die in die Zwischenräume zwischen den elastischen Elementen eingreifen und diese bei Belastung auf Druck und Biegung beanspruchen. Die Kupplung ist für beide Drehrichtungen verwendbar; sie wird für Drehmomente bis 57300 kpm bei 335 U/min geliefert

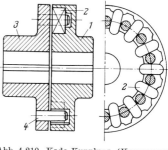

Abb. 4.210. Kado-Kupplung (Kauermann)
Die elastischen Pakete *2* aus Naturkautschuk haben Abrundungen, mit denen sie in entsprechenden Aussparungen des Kupplungsteils *1* liegen. Das Kupplungsteil *3* trägt geschliffene Bolzen *4*, die in die Zwischenräume zwischen den elastischen Elementen eingreifen. Die Vorteile dieser Ausführung sind größere Elastizität, erhöhte Verschleißfestigkeit, leichtere axiale Verschiebbarkeit, kleinere Durchmesser und geringeres Gewicht. Maximalwerte:
$M_t \approx 1800$ kpm bei etwa 1000 U/min

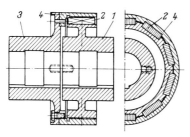

Abb. 4.211. Elastische Voith-Kupplung
Das mit der Nabe *3* verschraubte Kupplungsteil *4* übergreift die rechte Kupplungshälfte *1* glockenartig, jedoch ohne sie zu berühren. In die in beide Kupplungsteile (*1* und *4*) eingearbeiteten Längsnuten sind Vulkollankörper *2* eingelegt

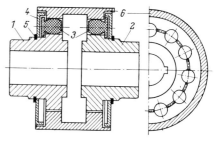

Abb. 4.212. Elastoflex-Kupplung (Malmedie)
Die gleich ausgeführten Kupplungsnaben *1* und *2* besitzen im scheibenförmigen Teil Außenrundverzahnungen, in die mit Bunden versehene hochverschleißfeste Vulkollanbolzen *3* eingelegt werden; durch Deckel *4* und Sicherungsring *5* werden die Bolzen in den Kupplungsnaben gehalten. Das übergreifende Kupplungsgehäuse *6* hat zwei entsprechende Innenrundverzahnungen

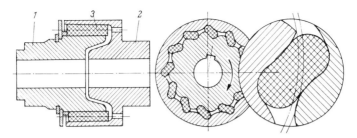

Abb. 4.213. Rollastic-Kupplung (Südd. Elektromotorenwerke)
In die Kupplungsnabe *1* und die übergreifende glockenförmige Kupplungshälfte *2* sind 12 besonders geformte Aussparungen eingearbeitet, in die verhältnismäßig große Elastikrollen *3* aus Weichgummi eingelegt werden. Bei Belastung erfahren die elastischen Rollen die in der Zeichnung angedeutete Verformung, wobei sie auf Schub und Druck beansprucht werden. Es ergeben sich bei geringen Außendurchmessern und entsprechend kleinen Massenträgheitsmomenten große zulässige Verdrehwinkel (bis $\pm 10°$) und große Arbeitsaufnahme

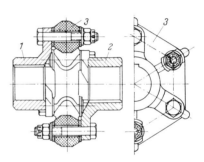

Abb. 4.214. Polygon-Kupplung (Stromag)
Die Kupplungshälften *1* und *2* sind genau gleich mit sternförmigem Flansch ausgebildet; sie werden seitlich an den 6- oder 8-eckigen Polygonring *3*, in dessen Ecken Metallbuchsen einvulkanisiert sind, angeschraubt. Vor der Montage wird ein Stahlband um den Polygonring gespannt, so daß der ursprünglich größere Durchmesser auf den Nenndurchmesser verkleinert wird. Nach Entfernung des Stahlbandes nach der Montage steht daher der Ring unter Druckvorspannung, und auch bei Belastung treten keine für Gummi ungünstigen Zugspannungen auf. Die Polygon-Kupplung ermöglicht große Verdrehwinkel (6 bis 8°) und große winkelige Verlagerungen (5 bis 6°, vorübergehend bis 10°) und ist unempfindlich gegen axiale und radiale Wellenverlagerungen

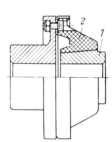

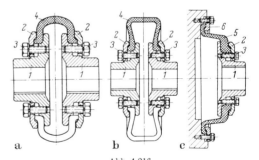

Abb. 4.215. Kegelflex-Kupplung (Kauermann)
Der auf die Nabe *1* aufvulkanisierte kegelförmige Gummikörper *2* besitzt ein großes Volumen, so daß große Arbeitsaufnahme möglich ist und die Kupplung besonders gute stoß- und schwingungsdämpfende Eigenschaften aufweist. Bei einseitiger Kegelflex-Kupplung (wie dargestellt) beträgt der Verdrehwinkel bis zu 10°, bei zweiseitiger das Doppelte

Abb. 4.216
a), b) Periflex-Wellenkupplung (Stromag)
Der wulstförmige Gummireifen *4*, der aus Montagegründen senkrecht zur Umfangsrichtung aufgeschnitten ist, wird in die Kupplungsnaben *1* eingelegt und mit Hilfe der Druckringe *2* und Schrauben *3* eingespannt. Die Ausführung b ist für besonders große axiale und winkelige Verlagerungen (z. B. für Verschiebeankermotoren) entwickelt worden
c) Periflex-Flanschkupplung (Stromag)
Bei der Periflex-Flanschkupplung wird ein manschettenförmiger Reifen *5* mit Hilfe der Druckringe *2* und *6* eingespannt; Anwendung bei Antrieben durch Diesel- oder Ottomotoren

112   4. Elemente der drehenden Bewegung

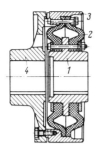 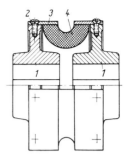

Abb. 4.217. Vulkan-EZ-Kupplung
Das elastische Zwischenglied besteht aus zwei symmetrischen Gummireifen *2*, die durch Schrauben und Druckringe mit der Nabe *1* und mit dem an die Nabe *4* angeschraubten Außenring *3* verbunden sind. Die Gummireifen besitzen an den Einspannstellen Gewebeeinlagen. Es sind große Drehmomente bei maximalen Verdrehwinkeln bis 25° übertragbar

Abb. 4.218. Radaflex-Kupplung (Bolenz & Schäfer)
Der Gummikörper *4* ist zweiteilig und mit den aufvulkanisierten Ringhälften *3* durch Schrauben *2* auf dem Umfang der Naben *1* verbunden; hierdurch ist eine einfache Montage möglich. Der Verdrehwinkel beträgt beim Nennmoment 5,5°, er kann bei maximalem Drehmoment bis 18° ansteigen

4.4.4 Formschlüssige Schaltkupplungen

Die formschlüssigen Schaltkupplungen, bei denen Klauen oder Zähne zur Kraftübertragung dienen, lassen sich nur im Stillstand oder im Gleichlauf *ein*schalten, während das *A us*rücken auch unter Last und bei voller Drehzahl möglich ist. Die Betätigung erfolgt meistens mechanisch über Gleitmuffe, Schleifring und Schaltgabel, oder aber auch elektrisch mittels Magnet. Der verschiebbare Teil soll auf die zeitweise stillstehende Welle gesetzt werden, um unnötiges Schleifen und Abnutzung zu vermeiden.

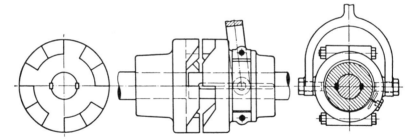

Abb. 4.219. Klauenkupplung
Die eine der mit Klauen versehenen Muffen sitzt fest auf der treibenden Welle, die andere ist auf der getriebenen Welle in Gleitfedern axial um die Höhe der Klauen verschiebbar. Die Klauen haben radiale Anlageflächen, aber einen schraubenförmigen Rücken, um ein Einrücken auch im Betrieb, allerdings nur bei sehr kleinen Kräften bzw. Schwungmassen und geringen Drehzahlen, zu ermöglichen.
Zwecks Zentrierung kann das Ende der einen Welle in die Muffe der anderen eingreifen

Die einfachsten formschlüssigen Schaltkupplungen sind die *ausrückbaren Klauenkupplungen* nach Abb. 4.219 und 4.220. Bei der ersten Ausführung besteht an den Gleitfedern die Gefahr der Abnutzung, des Ausschlagens und Lockerns, da an dem geringen Hebelarm (halber Wellendurchmesser) große Umfangskräfte auftreten und große Verstellkräfte erforderlich sind. Diese Nachteile sind bei der Hildebrandt-Klauenkupplung vermieden.

Bei der *Maybach-Abweisklauenkupplung* Abb. 4.221 wird durch die Anschrägungen der Stirnflächen auf einfachste Art sichergestellt, daß ein Einrücken nicht möglich ist, solange die Drehzahl der Welle *B* größer ist als die der Welle *A*.

Aus Abb. 4.222/1 u. 2 geht hervor, daß sich bei der normalen Ausführung die Klauenmuffe beim „Abweisen" auf einem verhältnismäßig großen Weg W_1 hin- und herbewegt; dies hat u. U. große Massenkräfte auch in den Schaltgabeln und

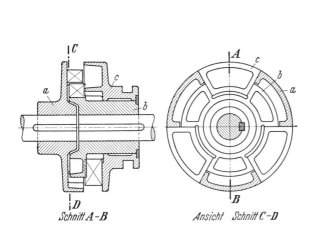

Abb. 4.220. Hildebrandt-Klauenkupplung
Die mit je drei Klauen versehenen Kupplungsscheiben a und b sind *beide fest* mit den Wellenenden verbunden; auf der Nabe der einen (b) verschiebt sich die Muffe c, die mit ihren Klauen schließend in die Lücken der Kupplungsscheiben eingeschoben werden kann. Im ausgeschalteten Zustand (wie gezeichnet) bleiben die Klauen von b und c einige Millimeter im Eingriff

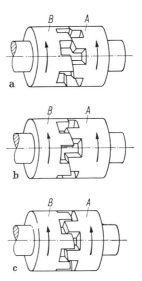

Abb. 4.221. Maybach-Abweisklauenkupplung

a) Läuft Kupplungshälfte B schneller um als A, so kann kein Eingriff erfolgen, weil die Klauen sich gegenseitig abweisen
b) Auch bei Drehzahlgleichheit, erzielbar durch Verzögern von B auf Drehzahl von A oder Beschleunigen von A auf Drehzahl von B, erfolgt noch kein Eingriff
c) Jeder noch so geringe weitere Drehzahlabfall von B oder Drehzahlanstieg von A führt zum Eingriff

Schaltzylindern zur Folge. Für große Maschinenleistungen mit entsprechend großen Kupplungsmassen wurde daher die Maybach-Abweisklauenkupplung mit *Riegelklaue* entwickelt, deren Wirkungsweise aus Abb. 4.222 hervorgeht. Es sind hierbei nur geringe Einrückkräfte erforderlich, und es entsteht auch bei langen Laufzeiten keinerlei Verschleiß.

Die in Getrieben des Kraftfahrzeugbaues vielfach verwendeten *schaltbaren Zahnkupplungen*, z. B. Abb. 4.223, besitzen als Schaltelement eine innenverzahnte Hülse, die über die mit Außenverzahnungen versehenen zu kuppelnden Teile geschoben wird. Zur Schalterleichterung werden Synchronisiereinrichtungen benutzt, die meistens aus kleinen vorgeschalteten Kegelreibungskupplungen bestehen; häufig werden auch noch Schaltsperren eingebaut, die erst bei Drehzahlgleichheit den Schaltweg für die Kupplungsmuffe freigeben (s. REICHENBÄCHER[1]).

Eine im Aufbau einfache Zahnkupplung mit Halbrundverzahnungen, die in Schleppertriebwerken verwendet wird, zeigt Abb. 4.224.

---

[1] REICHENBÄCHER, H.: Gestaltung von Fahrzeuggetrieben (Konstruktionsbücher Bd. 15), Berlin/Göttingen/Heidelberg: Springer 1955.

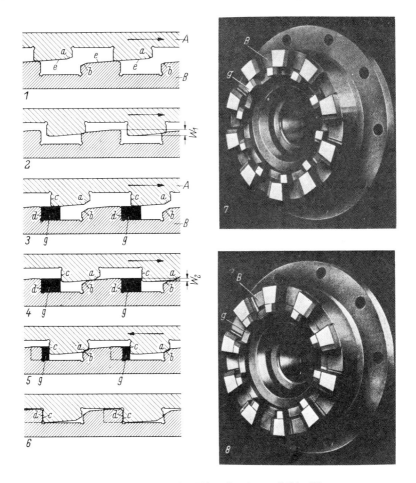

Abb. 4.222. Maybach-Abweisklauenkupplung mit Riegelklaue

Der Riegelklauenring g, der konzentrisch zu dem das Drehmoment übertragenden Klauenring B angeordnet ist, wird bei ausgerücktem Zustand der Hauptklauen durch Federkraft in die in (3) und (7) gezeigte Stellung gebracht, so daß er einen Teil der Klauenlücke abdeckt. Dadurch wird erreicht, daß beim Abweisvorgang die Abschrägungen a und b (mit den stärkeren Neigungen) nicht mehr aufeinandertreffen und die Klauenmuffe sich nur noch auf dem kleinen Weg W_2 (4) hin- und herbewegt

Bei der Umkehrung der Relativbewegung — ganz gleichgültig in welcher Stellung von Zahn zu Lücke sie erfolgt — taucht die Klaue entlang den Abschrägungen a und b (5) in die Lücke ein, während die Kante c den federnden Riegelklauenring g gleichzeitig zurückschiebt. Die Kraftübertragung erfolgt erst bei voller Anlage der Flächen c und d (6). (7) Sperrstellung; (8) Einrückstellung

Bei den *Elektromagnet-Zahnkupplungen* der Stromag sind die Kupplungshälften mit Stirnverzahnungen versehen, die bei der Ausführung nach Abb. 4.225 nach Einschalten des Gleichstroms durch den magnetischen Kraftfluß des auf der Antriebswelle befestigten Ringmagnets zum Eingriff gebracht und nach Stromausschalten durch Federkraft entkuppelt werden; bei der zweiten Ausführung nach Abb. 4.226 wird umgekehrt der Eingriff stromlos durch Federkraft bewirkt, während das Entkuppeln über den Ringmagnet erfolgt. Der Strom wird über Schleifringe zugeführt; es werden jedoch auch schleifringlose Kupplungen mit feststehendem Ringmagnet hergestellt.

4.4 Kupplungen

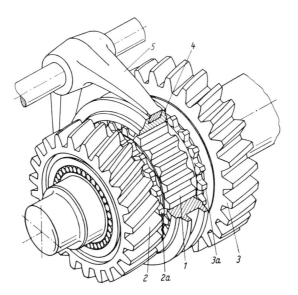

Abb. 4.223. Schaltbare Zahnkupplung, verwendet in ZF-Allklauengetrieben (nach Werkbild der Zahnradfabrik Friedrichshafen AG)
Das Kupplungszahnrad *1* ist fest mit der Welle verbunden; die zu kuppelnden Schrägzahnräder *2* und *3*, die je mit einem Kupplungszahnkranz *2a* und *3a* versehen sind, sitzen lose. Die innenverzahnte Kupplungsmuffe *4* wird durch die Schaltgabel *5* nach rechts oder links verschoben

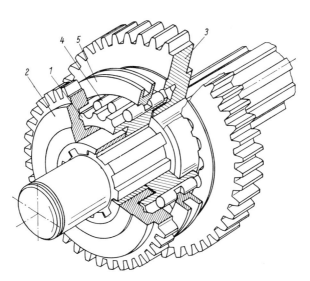

Abb. 4.224. ZF-Leichtschaltung, verwendet in ZF-Schleppertriebwerken (nach Werkbild der Zahnradfabrik Friedrichshafen AG)
Die eigentlichen Kupplungselemente sind die zylindrischen Schaltstifte *4*, die im entsprechend „verzahnten" Kupplungsrad *1*, das fest mit der Welle verbunden ist, axial über die Gleitmuffe *5* verschoben werden. Die zu kuppelnden Zahnräder *2* und *3* besitzen entsprechende halbrundförmige „Innenverzahnungen"

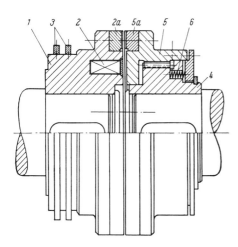
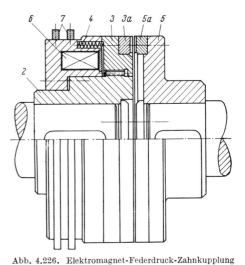

Abb. 4.225. Elektromagnet-Zahnkupplung (Stromag)
Dem auf der Antriebsnabe *1* befestigten Ringmagnet *2* wird über die Schleifringe *3* Gleichstrom zugeführt. Die auf der Abtriebsnabe *4* axial verschiebbare Ankerplatte *5* wird angezogen, und die Verzahnungen der mit *2* und *5* fest verbundenen Planräder *2a* und *5a* kommen zum Eingriff. Zum Entkuppeln wird nach Abschalten des Stroms die Ankerplatte durch die Schraubendruckfedern *6* zurückbewegt

Abb. 4.226. Elektromagnet-Federdruck-Zahnkupplung (Stromag)
Die auf der Antriebsnabe *2* axial verschiebbare Ankerplatte *3* mit dem Planrad *3a* wird durch die Schraubendruckfedern *4* gegen das Planrad *5a* des Abtriebsflansches *5* gedrückt. Der Ringmagnet *6*, der über die Schleifringe *7* mit Gleichstrom gespeist wird, dient zum Entkuppeln

Die bisher behandelten formschlüssigen Schaltkupplungen gehören zu den „fremdgeschalteten" Kupplungen; es gibt jedoch auch einige selbsttätig schaltende, und zwar momentgeschaltete und richtungsgeschaltete.

Zu den formschlüssigen *momentgeschalteten* Kupplungen kann man die einfachen Sicherheitseinrichtungen mit Brechbolzen und Scherstiften rechnen, die zwischen zwei Kupplungsscheiben eingesetzt werden und so bemessen sind, daß sie bei Überlast brechen oder abgeschert werden.

Zu den formschlüssigen *Richtungskupplungen*, die die Aufgabe haben, ein Drehmoment nur in einer Richtung zu übertragen, gehören die *Klauen-Überholkupplungen* und die Zahn- oder Klinkengesperre. Die *Klauen-Überholkupplung* nach Abb. 4.227

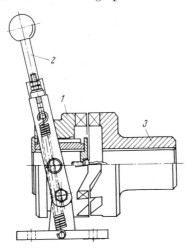

Abb. 4.227. Klauen-Überholkupplung von Malmedie
Die Kupplungsscheibe *1* auf der Antriebsseite ist axial verschiebbar; sie wird durch den Handhebel *2* im Stillstand in die Kupplungsscheibe *3* der Abtriebsseite eingerückt; beim Überholvorgang bewirken die Schrägen der Klauen eine Verschiebung in Ausrückrichtung, die durch die Zugfeder unterstützt wird und zur Trennung der Kupplungsscheiben führt

findet Anwendung beim Langsamanfahren oder Anwerfen von Kraft- und Arbeitsmaschinen mit einem Hilfsantrieb, der selbsttätig abgekuppelt wird, wenn die Abtriebsdrehzahl die Antriebsdrehzahl überholt. Die Klauen der beiden Kupplungs-

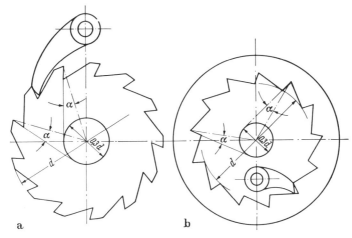

Abb. 4.228. Klinkengesperre
a) Sperrad mit Außenverzahnung; b) Sperrad mit Innenverzahnung
Der Neigungswinkel α der Zahnbrust gegen die Radiale beträgt etwa 17° (Tangenten an Kreis mit etwa $0{,}3d$)

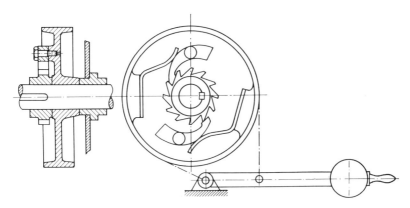

Abb. 4.229. Sperradbremse
Das Sperrad ist mit der Welle fest verbunden; die Bremsscheibe, die lose auf der Welle sitzt, wird beim Heben und im Ruhezustand durch die Bandbremse festgehalten; in der Bremsscheibe sitzen die Klinkenbolzen, Klinken und Federn. In der Ruhe und beim Senken (Lüften) sind Bremsscheibe und Sperrad durch Formschluß gekuppelt, beim Heben gleiten die Sperrzähne unter den Klinken durch

scheiben besitzen für die Drehmomentübertragung radiale Flächen, während die Rückenflächen so abgeschrägt sind, daß beim Überholvorgang die Kupplungsscheibe der Antriebsseite axial verschoben und dann durch die Zugfeder (oder ein Fallgewicht) ganz ausgerückt wird.

Bei den *Klinkengesperren* (Zahnrichtgesperren) greifen gewichts- oder federbelastete Klinken in Sperräder ein, deren Zähne so gestaltet sind, daß in einer Richtung Formschluß entsteht, während bei entgegengesetztem Drehsinn die

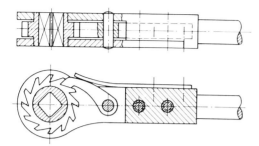

Klinken über die Zähne hinwegrutschen. Übliche Ausführungsformen zeigt Abb. 4.228. Klinkengesperre finden Anwendung in Sperradbremsen (Abb. 4.229) und bei Ratschen (Abb. 4.230).

Abb. 4.230. Ratsche

4.4.5 Kraftschlüssige Schaltkupplungen, Reibungskupplungen

Diese zweite Hauptgruppe von Schaltkupplungen hat im Gegensatz zu der ersten die Aufgabe, eine Wellenverbindung oder -unterbrechung während des Betriebes unter Last und auch bei großen Drehzahlunterschieden ohne Stoß herzustellen. Dies ist nur mit einem allmählich wirkenden Kraftschluß, also durch Ausnutzung von Reibungskräften bzw. Reibungsmomenten möglich, wobei die sich reibenden Teile während des Schaltvorgangs gegeneinander gleiten, sich relativ gegeneinander bewegen, also rutschen und erst *nach* der sog. Rutschzeit t_R auf gleiche Drehzahl kommen, sich dann also relativ zueinander in Ruhe befinden. Dementsprechend muß man bei Reibungskupplungen zwischen dem *schaltbaren Moment* M_R während der Rutschzeit und dem *übertragbaren Moment* M_{R0} bei relativer Ruhe unterscheiden. Für letzteres ist der Reibungskoeffizient der Ruhe μ_0 (Haftreibung), für das erstere der Reibungskoeffizient der Bewegung μ (Gleitreibung) maßgebend. Um ruckartige Bewegungen beim Übergang vom Gleit- zum Haftzustand zu vermeiden und um rechtzeitiges Wiederansprechen bei Überlastkupplungen zu erzielen, wird möglichst Gleichheit von Rutsch- und Haftmoment angestrebt.

Die *Größe der Reibwerte* ist von den Reibstoffpaarungen, der Temperatur, der Gleitgeschwindigkeit, der Flächenpressung und auch von der Oberflächengestalt (glatt oder genutet) abhängig. Richtwerte für die Reibungszahlen sind der Tab. 4.14 zu entnehmen. Für Trockenlauf eignen sich Grauguß gegen Grauguß, Grauguß gegen Stahl, Sinterbronze gegen Stahl und bei Lauf gegen Grauguß oder Stahl die buna- oder kunstharzgebundenen Asbestgewebe mit oder ohne Messingseele (z. B. Bremsit, Ferrodo-Asbest, Jurid u. ä.). Für geschmierte Reibpaarungen (geringere μ-Werte, aber auch geringerer Verschleiß und bessere Wärmeabfuhr) verwendet man Stahl gegen Stahl, Sinterbronze gegen Stahl und Kork gegen Grauguß oder Stahl.

Der Verschleiß der Kunstharzreibstoffe beträgt bei Trockenlauf etwa 0,1 bis 0,3 cm³/PS h, bei Ölschmierung etwa 1/5 davon; bei Sintermetall gegen Stahl etwa 0,025 cm³/PS h.

Das Reibungsmoment wird durch die senkrecht zu den Reibflächen wirkende *Anpreßkraft* F_n erzeugt, die mechanisch über Hebel (auch Kniehebel) oder durch Federn, oder als Fliehkraft oder hydraulisch, pneumatisch oder elektrisch (Magnet) aufgebracht wird. In eingerücktem Zustand muß die *Anpreßkraft* ständig aufrechterhalten werden; bei mechanischen Schaltvorrichtungen besteht zwischen Anpreßkraft und *Schaltkraft* eine Übersetzung, so daß nur die kleinere Schaltkraft erforderlich ist. Durch Anwendung von Spannfedern oder durch Kniehebelwirkung läßt sich erreichen, daß die Schaltkraft nur beim Einrücken aufzubringen ist. Wird die Anpreßkraft durch Federn erzeugt, so dient die Schaltkraft nur zum Lösen der Kupplung (Kraftfahrzeug). Die Anpreßkraft ist bei vielen Konstruktionen einstellbar bzw. regelbar, so daß die Unsicherheiten in den μ-Werten ausgeglichen werden können.

Die *Schaltkraft* soll bei Handbedienung kleiner als 12 kp, bei Fußbedienung kleiner als 50 kp sein; die maximalen *Schaltwege* sind 0,8 m bei Hand- und 0,18 m bei Fußbedienung.

Tabelle 4.14. *Richtwerte für Reibstoffpaarungen*

Reibstoffe	Gleitreibwert μ*		Zulässige Temperatur in °C dauernd kurz		Zulässige Flächenpressung p [kp/cm²]
	trocken	geölt			
Gußeisen — Gußeisen	0,15 ··· 0,25	0,02 ··· 0,1	300		15 ··· 20
Gußeisen — Stahl	0,15 ··· 0,2	0,03 ··· 0,06	260		8 ··· 14
Stahl gehärtet — Stahl gehärtet	—	0,06 ··· 0,11[a] 0,03 ··· 0,06[b]	100 120		5 ··· 20
Sintermetall — Stahl gehärtet	0,15 ··· 0,25	0,06 ··· 0,11[a] 0,03 ··· 0,06[b]	180		5 ··· 20
Asbestgewebe mit Kunstharz } — St, GS, GG	0,2 ··· 0,4	0,1 ··· 0,15	250	500	0,5 ··· 80
Metallwolle mit Buna gepreßt } — St, GS, GG	0,45 ··· 0,65	0,1 ··· 0,2	200	300	0,5 ··· 60
Graphitkohle — St	0,25	0,05 ··· 0,1	300	550	0,5 ··· 20
Pappelholz — St, GS, GG	0,2 ··· 0,35	0,1 ··· 0,15	100	160	0,5 ··· 5
Leder — St, GS, GG	0,3 ··· 0,6	0,12 ··· 0,15	100		0,5 ··· 3
Kork — St, GS, GG	0,3 ··· 0,5	0,15 ··· 0,25	100		0,5 ··· 1,5
Stahlsand graphitiert } — GG, St	0,4 ··· 0,5		350		
Stahlkugeln graphitiert } — GG, St	0,2 ··· 0,3		300		

* Der Haftreibwert beträgt etwa $1,25\mu$.
[a] ölbenetzt; [b] mit Öldurchfluß.

Der Zusammenhang zwischen Reibungsmoment M_R, Anpreßkraft F_n bzw. Flächenpressung p und Reibfläche A (*eine* Fläche) ergibt sich mit r_m = mittlerem Radius der Reibfläche zu

$$M_R = F_n\,\mu\,r_m = p\,A\,\mu\,r_m$$

bzw. bei i Reibflächen

$$M_R = i\,F_n\,\mu\,r_m = p\,i\,A\,\mu\,r_m\,.$$

Die Flächenpressung p kann also niedrig gehalten werden durch große Reibwerte, große Flächen und großen mittleren Radius; zulässige p-Werte enthält Tab. 4.14.

Für die Bemessung einer Reibungskupplung sind außer den p- und μ-Werten noch die *Wärme- und Temperaturverhältnisse* wichtig. Da die Reibwerkstoffe nur bis zu bestimmten Temperaturen, vgl. Tab. 4.14, verwendbar sind, muß für hinreichende Kühlung, d. h. Abführung der Reibungswärme, gesorgt werden. Die entstehende Reibungsarbeit, die in Wärme umgesetzt wird, kann für jeden Schaltvorgang berechnet werden, wenn Reibungsmoment M_R, Rutschzeit t_R und die Drehzahlverhältnisse bekannt sind.

Betrachten wir den Fall, daß die treibende Welle mit der Drehzahl n_1 läuft und daß die getriebene Welle zu Beginn des Schaltvorgangs in Ruhe ist, so ergibt sich während des Schaltens etwa der in Abb. 4.231a dargestellte Drehzahlverlauf: Während der Rutschzeit t_R nimmt die Drehzahl n_2 zu und n_1 infolge der Mehrbelastung des Antriebs etwas ab bis zur gemeinsamen Drehzahl n beider Wellen. Im folgenden Zeitabschnitt $(t_S - t_R)$ erfolgt die Beschleunigung der fest gekuppelten Wellen bis auf $n_2 = n_1$. Der Drehzahlverlauf von n_2 während der Rutschzeit t_R ist von der Größe der zu beschleunigenden Massen, d. h. dem Beschleunigungsmoment M_B und von dem Lastmoment M_L auf der Abtriebsseite abhängig. Das antriebsseitig aufzubringende und über die Kupplung zu übertragende Reibungsmoment M_R muß also gleich der Summe von M_B und M_L sein:

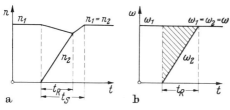

Abb. 4.231. Drehzahlverlauf beim Schaltvorgang

$$\boxed{M_R = M_B + M_L}.$$

Im *Beharrungszustand*, nach dem Kuppelvorgang, wirkt nur das Lastmoment = Nennmoment

$$\boxed{M_L = \frac{P}{\omega}} \quad \text{bzw.} \quad M_L = 716{,}2\,\frac{P}{n} \quad \begin{cases} M_L \text{ in kpm} \\ P \text{ in PS} \\ n \text{ in U/min.} \end{cases}$$

Beim *Anlauf*vorgang muß zusätzlich das Beschleunigungsmoment aufgebracht werden. Bei zu plötzlichem Einrücken kann ein Stoß auftreten, der an der treibenden Welle zu Schwingungen führt. Auch am Ende der Schaltperiode entsteht durch das Aufhören des Beschleunigungswiderstandes kurzzeitig ein Momentüberschuß, also ein Stoß, der sich auf treibende und getriebene Teile auswirkt. Vernachlässigen wir den geringen Drehzahlabfall auf der treibenden Seite, so wird $t_S = t_R$, und nehmen wir ferner an, daß M_R und M_L während des ganzen Anfahrvorgangs je in voller Größe wirken, dann ist auch M_B konstant, und es ergibt sich nach dem dynamischen Grundgesetz $M_B = J_2 \varepsilon_2$ ein linearer Drehzahlanstieg für die getriebene Welle von 0 auf $n_2 = n_1 = n$. Diese vereinfachten Verhältnisse sind in Abb. 4.231b dargestellt (mit ω an Stelle von n). Mit $J_2 = J =$ Massenträgheitsmoment bzw. $GD^2 = 4gJ =$ Schwungmoment auf der getriebenen Seite ergibt sich aus

$$\varepsilon = \frac{\omega}{t_R} \quad \text{bzw.} \quad \varepsilon = \frac{2\pi n}{60\,t_R} = \frac{n}{9{,}55\,t_R} \quad \begin{cases} \varepsilon \text{ in s}^{-2} \\ n \text{ in U/min} \\ t_R \text{ in s} \end{cases}$$

$$\boxed{M_B = \frac{J\omega}{t_R}} \quad \text{bzw.} \quad M_B = \frac{Jn}{9{,}55\,t_R} = \frac{GD^2\,n}{375\,t_R} \quad \begin{cases} M_B \text{ in kpm} \\ J \text{ in kpms}^2 \\ GD^2 \text{ in kpm}^2. \end{cases}$$

Der Arbeitsaufwand auf der treibenden Seite ist

$$W_1 = \int_0^{\varphi_1} M_R\,d\varphi_1 = M_R \int_0^{t_R} \frac{d\varphi_1}{dt}\,dt = M_R \int_0^{t_R} \omega_1\,dt = M_R\,\omega\,t_R.$$

Die Nutzarbeit auf der getriebenen Seite ist

$$W_2 = \int_0^{\varphi_2} M_R\,d\varphi_2 = M_R \int_0^{t_R} \frac{d\varphi_2}{dt}\,dt = M_R \int_0^{t_R} \omega_2\,dt = M_R\,\frac{\omega}{2}\,t_R.$$

Die in Wärme umgesetzte Reibungsarbeit ergibt sich als Differenz $W_R = W_1 - W_2$, also

$$\boxed{W_R = \frac{1}{2} M_R \omega t_R} \quad \text{bzw.} \quad W_R = \frac{M_R n t_R}{19{,}1} \quad \begin{cases} W_R & \text{in kpm} \\ M_R & \text{in kpm} \\ n & \text{in U/min} \\ t_R & \text{in s.} \end{cases}$$

Die in Abb. 4.231b schraffierte Fläche ist ein Maß für die Reibungsarbeit. Bezeichnen wir die Anzahl von Schaltungen je Stunde mit z, so wird die stündliche Reibungsarbeit W_h bzw. die entsprechende stündliche Reibungswärme Q_h

$$\boxed{W_h = \frac{1}{2} M_R \omega t_R z} \quad \text{bzw.} \quad Q_h = \frac{M_R n t_R z}{427 \cdot 19{,}1} \quad \begin{cases} Q_h & \text{in kcal/h} \\ M_R & \text{in kpm} \\ n & \text{in U/min} \\ t_R & \text{in s} \\ z & \text{in h}^{-1}. \end{cases}$$

Mit A_K = Kühlfläche der Kupplung in m², α_K = Wärmeübergangszahl in kcal/m² h °C und ϑ_L = Lufttemperatur in °C läßt sich die Kupplungstemperatur ϑ_K berechnen aus

$$\boxed{Q_h = \alpha_K A_K (\vartheta_K - \vartheta_L)}.$$

Die α_K-Werte sind von der Luftgeschwindigkeit v_L abhängig, die bei rotierenden Scheiben gleich der mittleren Umfangsgeschwindigkeit angenommen werden kann. Nach NIEMANN[1] ist

$$\alpha_K \approx 4{,}5 + 6 \sqrt[4]{v_L^3} \quad \begin{cases} v_L & \text{in m/s} \\ \alpha_K & \text{in kcal/m² h °C}. \end{cases}$$

Als Kennwert für die Wärmebelastung einer Kupplung kann auch die spezifische Reibungsleistung, d. i. die auf 1 cm² Reibfläche bezogene Reibungsleistung zu Beginn des Einrückvorgangs $M_R \omega / A = p \mu v$, dienen, die je nach Schalthäufigkeit und zugelassener Temperatur den Wert 10 bis 30 $\frac{\text{kpm/s}}{\text{cm}^2}$ nicht überschreiten soll. Eine genauere Berechnung der Temperatur an den Reibscheiben hat HASSELGRUBER[2] angegeben.

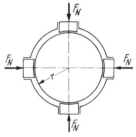
Abb. 4.232
Schema einer Backenkupplung

4.4.5.1 Fremdgeschaltete Reibungskupplungen. Nach der Form und Anordnung der Reibflächen bzw. der Reibkörper unterscheidet man *Backen- und Bandkupplungen* bei zylindrischen Reibflächen, *Kegel- oder Konuskupplungen* bei kegelförmigen Reibflächen, *Einscheiben- und Mehrscheiben- bzw. Lamellenkupplungen* bei ringförmigen Reibflächen.

Für *Backenkupplungen* nach dem Schema der Abb. 4.232 ergibt sich

für das Reibungsmoment: $M_R = \sum F_N \mu r$

und die Flächenpressung: $p = F_N / A$.

---

[1] NIEMANN, G.: Die Erwärmung von Bremsscheiben. Fördertechnik 31 (1938) 361.
[2] HASSELGRUBER, H.: Temperaturberechnungen für mechanische Reibkupplungen (Schriftenreihe Antriebstechnik Bd. 21), Braunschweig: Vieweg 1959. — HASSELGRUBER, H.: Der Einrückvorgang von Reibungskupplungen und -Bremsen zum Erzielen kleinster Höchsttemperaturen. Forsch. Ing.-Wesen 20 (1954) 120. — HASSELGRUBER, H.: Berechnung der Temperaturen an schnellgeschalteten Reibungskupplungen. Z. Konstr. 5 (1953) 265.

Einige Ausführungsbeispiele sind in Abb. 4.233 bis 4.235 wiedergegeben. Bei der *Conax-Reibungskupplung* (Abb. 4.233) von Desch werden die Reibkörper an die Innenwand eines Hohlzylinders angepreßt; die Betätigung erfolgt mittels Schalt-

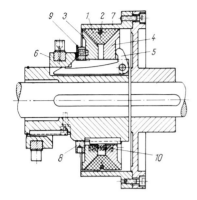

Abb. 4.233. Conax-Reibungskupplung (Desch)
Die Reibkörper *1* sind innen doppelkegelige Ringsegmente, die durch die Schlauchfeder *2* im ausgerückten Zustand nach innen gegen die Tellerscheiben *3* und *4* gezogen werden. Zur Betätigung der Kupplung wird die rechte Tellerscheibe *4* über die Winkelhebel *5* und Schaltmuffe *6* nach links verschoben, wodurch die Ringsegmente *1* radial an die Innenwand des Kupplungsmantels *7* gepreßt werden. Die Ein- bzw. Nachstellung der Kupplung erfolgt durch Anziehen des Gewinderings *8*, der durch Schnappstift *9* gesichert wird. Die Schraubenfedern *10* drücken beim Entkuppeln die Tellerscheiben *3* und *4* auseinander

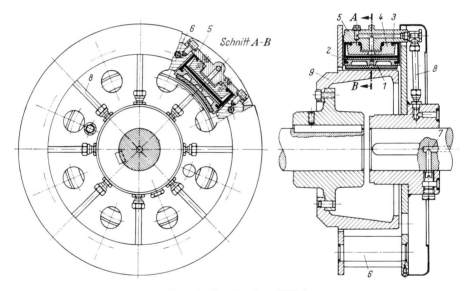

Abb. 4.234. Aero-Kupplung (Wülfel)
Die den Reibbelag tragenden Reibkörper *1* sind unter Zwischenlage von Asbestplatten *2* mit den mit Wulsten versehenen Gummikissen *3* verbunden, die durch die Anschlußscheiben *4* mit den Befestigungsplatten *5* luftdicht eingeklemmt sind. Die Backeneinsätze werden von außen zwischen die Führungsleisten *6* des geschweißten Backenträgers eingeschoben und mit diesem verschraubt. Zum Schalten wird durch die Wellenbohrung *7* und die Rohre *8* den Backeneinsätzen Druckluft zugeführt, unter deren Einwirkung sich die Gummikissen *3* ausdehnen und die Reibkörper *1* gegen den Reibring *9* der Abtriebsnabe gepreßt werden

muffe über Winkelhebel und konische Tellerscheiben (bei Sonderausführungen auch pneumatisch). Die Reibkörper bestehen aus innen doppelkegeligen Ringsegmenten, die durch eine Schlauchfeder in äußerer Ringnut zusammengehalten werden. Die *Wülfel-Aero-Kupplung* Abb. 4.234 besitzt durch Druckluft betätigte Außenbacken, die an den Außenmantel der Reibtrommel angepreßt werden. Bei der *Fawick Airflex-Kupplung* von Kauermann Abb. 4.235 trägt ein flacher Gummigewebereifen, der außen anvulkanisiert ist, auf der Innenseite auswechselbare Reibschuhe, die gegen die Reibtrommel gepreßt werden. Der Gummireifen macht die Kupplung drehelastisch und stoßdämpfend.

Bei *Federbandkupplungen* (Schema Abb. 4.236) gelten die Beziehungen der Seilreibung:

Kräfte: $S_1 = S_2 e^{\mu\alpha}$;   Umfangskraft $F_u = S_1 - S_2 = S_2(e^{\mu\alpha} - 1)$;

Reibungsmoment: $M_R = S_2(e^{\mu\alpha} - 1)\,r$;

maximale Flächenpressung: $p_{max} = \dfrac{S_1}{r\,b} = \dfrac{S_2}{r\,b}\,e^{\mu\alpha}$.

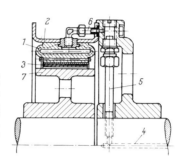

Abb. 4.235. Fawick Airflex-Kupplung (Kauermann)
Der Gummigewebereifen *1* ist auf dem Blechmantel *2* aufvulkanisiert und trägt innen die auswechselbaren Reibschuhe *3*, die bei Zufuhr von Druckluft (5 bis 7 atü) durch die Wellenbohrung *4* und die Rohre *5/6* gegen die Reibtrommel *7* gepreßt werden. Im ausgeschalteten Zustand ist zwischen Reibtrommel und Reibbelägen stets ein großer Luftspalt

Abb. 4.237 zeigt eine Federband-Wellenkupplung (Stromag), die für die Übertragung großer Drehmomente bei niedrigen Drehzahlen und robustem Betrieb geeignet ist.

Die an *Kegelkupplungen* wirkenden Kräfte und Momente sind die gleichen wie die in Abschn. 2.4.2 für Kegelsitze abgeleiteten. Der Kegelwinkel wird, um Klemmen zu vermeiden, zu $\alpha/2 = 20$ bis $25°$ gewählt.

Für die Einrückkraft, Abb. 4.238, die während der ganzen Betriebsdauer aufrechterhalten werden muß, ergibt sich also

$$F_a = \frac{M_R}{\mu\,d_m/2}\left(\sin\frac{\alpha}{2} + \mu\cos\frac{\alpha}{2}\right)$$

und für die Flächenpressung

$$p = \frac{2\,M_R}{\mu\,\pi\,d_m^2\,b}.$$

Als Beispiel ist in Abb. 4.239 eine Hochleistungs-*Doppelkegel-Reibungskupplung* (Lohmann & Stolterfoht) mit mechanischer Einrückung über ein Doppel-

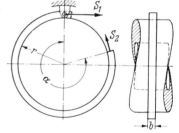

Abb. 4.236
Schema für Federbandkupplung

kniehebelsystem dargestellt. Durch die Doppelkegelanordnung werden die entgegengesetzt gerichteten Axialkräfte innerhalb der Kupplung aufgenommen, durch die Kniehebelwirkung ist die Schaltkraft nur beim Einrücken aufzubringen. Doppelkegelkupplungen werden auch mit pneumatischer oder hydraulischer Betätigung ausgeführt.

Einscheibenkupplungen zeichnen sich durch ihre guten Kühlverhältnisse und die dadurch möglichen hohen Schaltzahlen aus. Ferner sind im ausgerückten Zustand An- und Abtriebsseite völlig getrennt, so daß kein Leerlaufmoment auftritt; Einscheibenkupplungen sind daher für hohe Drehzahlen geeignet. Bei der *elektromagnetisch geschalteten Einscheibenkupplung* nach Abb. 4.240 (Stromag) handelt es sich um eine Einflächenkupplung, bei der *ein* (zweiteiliger) Reibbelag aus Asbest

124   4. Elemente der drehenden Bewegung

auf der Ankerscheibe befestigt ist; als Beispiel ist eine Nabenkupplung zur Verbindung einer treibenden angeflanschten Riemenscheibe o. ä. mit der zu treibenden Welle dargestellt.

Meistens werden Einscheibenkupplungen als Zweiflächenkupplungen mit zwei Reibbelägen ausgeführt. Am bekanntesten sind die im Fahrzeugbau verwendeten

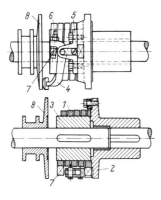

Abb. 4.237. Federband-Wellenkupplung (Stromag)
Das aus Stahl geschmiedete und innen geschliffene Federband 1 greift mit dem angeschmiedeten Federkopf in eine Aussparung der Treibscheibe 2 ein und umschließt (im ausgerückten Zustand mit etwas Spiel) die mit geschliffener und glasharter Oberfläche versehene Muffe 3, die fest auf der Abtriebswelle sitzt. Der Einrückhebel 4 ist in einem an der Treibscheibe befestigten Bock 5 gelagert und stützt sich über die Nachstellschraube 6 gegen einen am Ende der Feder angebrachten Nocken 7 ab. Die Betätigung erfolgt über die Einrückscheibe 8, an der die Einrückkraft während der gesamten Einschaltdauer aufrechterhalten werden muß

Einscheibentrockenkupplungen, von denen eine Ausführung (Fichtel & Sachs) Abb. 4.241 zeigt. Die Anpreßkraft wird durch mehrere am Umfang verteilte Schraubenfedern erzeugt; die Betätigungsvorrichtung dient zum Entkuppeln, also zum Lüften der Kupplung beim Anfahren und beim Schalten der Gänge des Wechselgetriebes.

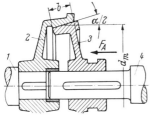

Abb. 4.238
Einfache Kegelreibungskupplung
1 Antriebswelle; 2 Außenteil;
3 Innenteil; 4 Abtriebswelle

Die *Ringspann-Schaltkupplung mit Verriegelung* nach Abb. 4.242 zeichnet sich dadurch aus, daß durch die Ringspann-Anpreßfeder im Schaltmechanismus die Reibflächen am ganzen Umfang gleichmäßig angepreßt und Hebel und Gelenke vermieden werden. Die obere Bildhälfte zeigt die Kupplung in ausgerücktem, die untere in eingerücktem Zustand. Durch die Verriegelung mit Hilfe der Schaltbuchse und der Kugeln werden Schaltmuffe und Schaltring im eingerückten Zustand von der Längskraft der Anpreßfeder entlastet.

Eine Scheibenkupplung mit Reibklötzen (an Stelle einer Reibscheibe) stellt die *Almar-Kupplung* von Flender (Abb. 4.243) dar. Die Kraftübertragung erfolgt durch Trockenreibung zwischen den Reibklötzen aus verschleißfestem Preßstoff und den Graugußflächen des Zwischen- und des Druckrings. Die Reibklötze liegen axial frei verschieblich in Bohrungen des zweiteiligen Mitnehmerrings; beim Ausschalten lösen Druckfedern den Druckring. Die elastische Schaltvorrichtung über Schaltmuffe und Winkelhebel gewährleistet vollständige Entlastung des Schaltrings von rückwirkenden Kräften.

Bei *Mehrscheiben- oder Lamellenkupplungen* können bei kleineren Außendurchmessern und geringem Raumbedarf größere Reibflächen untergebracht werden; die Schwungmomente sind kleiner als bei Einscheibenkupplungen, die Kühlverhältnisse jedoch ungünstiger, und somit ist die Wärmekapazität geringer; außerdem treten gewisse Leerlaufmomente auf, da eine vollständige Trennung der Lamellen beim Auskuppeln nur schwer möglich ist. Die Innenlamellen sind auf der Innenseite gezahnt oder genutet und greifen hier axial verschieblich in den mit entsprechenden

4.4 Kupplungen

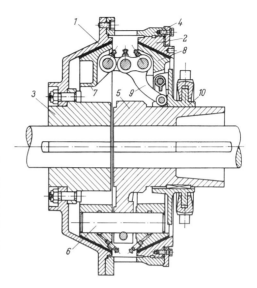

Abb. 4.239. Doppelkegel-Reibungskupplung (Lohmann & Stolterfoht)
Die Kegelmäntel *1* und *2* sind mit der Nabe *3* der treibenden Welle verbunden; der Kegelmantel *2* ist als Ein- und Nachstellring ausgebildet, der mit dem Ring *4* gesichert wird. Auf der Abtriebswelle sitzt das Kreuzstück *5*, in dessen Armen die Mitnehmerbolzen *6* befestigt sind; auf diesen werden die mit dauerhaften Reibbelägen versehenen Reibscheiben *7* und *8* durch die Kniehebel *9* verschoben; die Betätigung erfolgt über die Einrückmuffe *10*

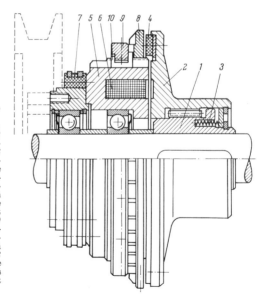

Abb. 4.240. Elektromagnet-Einscheibenkupplung (Stromag)
Auf der Abtriebswelle sitzt die Mitnehmernabe *1*, auf der die Ankerscheibe *2* axial beweglich geführt und bei ausgeschaltetem Magnet durch die Federn *3* nach rechts gedrückt wird. Die Ankerscheibe trägt den Asbestreibbelag *4*. Die treibende Seite besteht aus dem Ringmagnet *5* mit der Spule *6*, dem Schleifringkörper *7* mit den beiden Schleifringen und dem Reibring *8*, der mittels Gewinde auf dem Spulenkörper *5* verstellbar ist und durch Nutmutter *9* und Ziehkeil *10* gesichert wird. Die Einstellung des Reibringes muß so erfolgen, daß bei eingeschalteter Spule der Luftspalt zwischen dem Spulenkörper *5* und der Ankerscheibe *2* die vorgeschriebene Größe hat, die die für die Übertragung des Nennmoments erforderliche Anpreßkraft gewährleistet

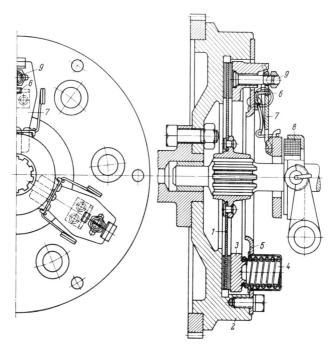

Abb. 4.241. Einscheibentrockenkupplung (Fichtel & Sachs)
Die aufgenieteten oder aufgeklebten Reibbeläge der Scheibe *1* befinden sich zwischen den Reibflächen des Schwungrades *2* und der Druckplatte *3*, die durch die Federn *4* angepreßt wird. Die Federn stützen sich in dem mit dem Schwungrad verschraubten Deckel *5* ab. Auf diesem Deckel sind Winkel *6* befestigt, die die Kippkante für die Hebel *7* bilden, die bei Verschiebung des Graphitrings *8* nach links über die Bolzen *9* die Druckplatte *3* nach rechts abheben

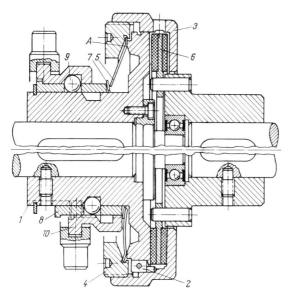

Abb. 4.242. Ringspann-Schaltkupplung mit Verriegelung (Ringspann-Maurer KG)
Der Kupplungsring *3* ist auf der Kupplungsnabe *1* der getriebenen Seite über die Zylinderrollen *2* axial verschiebbar; er wird über den Einstellring *4* von der Ringspannanpreßfeder *5*, die sich an der Kante *A* gegen die Kupplungsnabe abstützt, beim Einrücken nach links bewegt und an die Scheibe *6* mit den Reibbelägen angepreßt. Zwischen dem Innenrand der Anpreßfeder *5* und der Schaltbuchse *8* liegt die Tellerfeder *7*. Die Schaltbuchse hat radial angeordnete Bohrungen, in denen sich die Kugeln *9* befinden, die bei ausgeschalteter Kupplung zur Hälfte in eine Ringnut der Schaltmuffe *10* eingreifen. Bei Verschiebung der Schaltmuffe nach rechts wird die Schaltbuchse *8* durch die Kugeln mitgenommen; in der Endstellung der Schaltbuchse werden die Kugeln in eine in die Kupplungsnabe *1* eingedrehte Ringnut gedrückt, so daß die Schaltmuffe bis in die Endstellung weitergeschoben werden kann, in der dann die Schaltbuchse *8* verriegelt ist

Zähnen oder Nuten versehenen Innenkörper ein; die Außenlamellen sind mit Außenzähnen oder Nuten im Außenkörper geführt. Innen- und Außenlamellen sind abwechselnd angeordnet und werden mechanisch über Hebel oder durch Ringzylinder und -kolben pneumatisch bzw. hydraulisch oder elektrisch durch Magnetkräfte aneinandergepreßt.

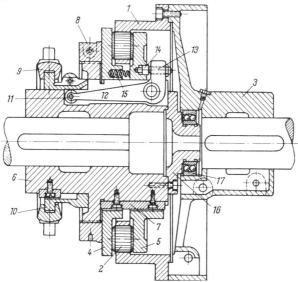

Abb. 4.243. Almar-Kupplung (Flender)
Der Mitnehmerring *1* mit den Reibklötzen *2* ist mit dem auf der treibenden Welle sitzenden Mitnehmerteil *3* verschraubt. Der Zwischenring *4* und der Druckring *5* sind auf dem Kupplungsteil *6* über Gleitfedern *7* axial verschiebbar. Mit dem Nachstellring *8* erfolgt die Ein- bzw. Nachstellung. Zum Einschalten werden Schaltring *9* und Schaltmuffe *10* nach rechts verschoben; dabei drücken die Schrägflächen in der Schaltmuffe auf die Rollen *11* der Winkelhebel *12*, deren kurze Hebelarme über Gewindestifte *13* und Druckstücke *14* auf den Druckring *5* einwirken. Die Druckfedern *15* dienen zum Lösen, Zentrierzapfen *16* und Kugellager *17* zur Zentrierung von Kupplungsteil und Mitnehmerteil

Für sehr kurze Schaltzeiten wird als Lamellenpaarung Asbest gegen Stahl bei Trockenlauf verwendet; dabei werden im allgemeinen die Innenlamellen mit Asbestreibbelag beklebt ($\mu = 0{,}25$; $p = 2$ bis $3\,\text{kp/cm}^2$; $\vartheta_{max} = 160\,°\text{C}$). Bei Stahl/Stahl-Paarung ist Schmierung durch Ölnebel bzw. bei großen Schaltzahlen durch Drucköl erforderlich, das durch Bohrungen in der Welle zugeführt wird. In die Lamellen werden dann Nuten, meist Spiralnuten, eingearbeitet ($\mu = 0{,}1$; $p = 4\,\text{kp/cm}^2$; $\vartheta_{max} = 250\,°\text{C}$). Sehr gute Reib- und Notlaufeigenschaften besitzen die Sinterbronze/Stahl-Paarungen, wobei Bronze auf Stahlscheiben aufgesintert wird und die Gegenlamellen normale gehärtete und geschliffene Stahlscheiben sind. Die Schmierung erfolgt dabei durch Ölnebel ($\mu = 0{,}08$; $p = 4\,\text{kp/cm}^2$; $\vartheta_{max} = 500\,°\text{C}$).

Um das Aneinanderhaften der Lamellen in ausgerücktem Zustand zu vermeiden, werden bei den Ortlinghaus-Lamellenkupplungen (Abb. 4.244 und 4.245) die Innenlamellen gewellt ausgebildet (Sinuslamellen), so daß nur an einigen Punkten Berührung stattfindet bzw. der sich bildende Ölkeil ein Abheben bewirkt. Beim Einschaltvorgang vergrößern sich die Reibflächen langsam, bis im eingerückten Zustand die Sinuslamellen planparallel an den Gegenlamellen anliegen. Bei den Stromag-Lamellenkupplungen wird die Lüftung der plangeschliffenen Lamellen in ausgerücktem Zustand durch Spezialfederringe erzwungen, die zwischen je zwei Innenlamellen angeordnet sind.

Abb. 4.244 zeigt eine *mechanisch geschaltete* Ortlinghaus-Sinus-Lamellenkupplung, bei der die Einstellung des Drehmomentes bzw. die Nachstellung bei Verschleiß mit Hilfe der Stellmutter *6* erfolgt. Die *druckölgeschaltete* Lamellenkupplung nach Abb. 4.245 bedarf keiner Nachstellung, da der Kolben durch Nachrücken den Ver-

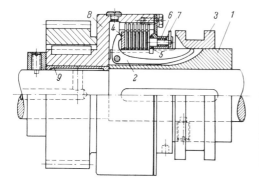

Abb. 4.244. Mechanisch geschaltete Ortlinghaus-Sinus-Lamellenkupplung
In den mit der Welle fest verbundenen Innenlamellenträger *1* sind Winkelhebel *2* eingebaut, die durch die Schiebemuffe *3* betätigt werden. Das Lamellenpaket liegt zwischen den Druckscheiben *4* und *5*, von denen die rechte *5* als Rastenscheibe ausgebildet ist, um die Stellmutter *6* mit dem Schnappstift *7* zu sichern. Der Außenkörper *8* ist mit der Bronzebuchse *9* auf der Welle gelagert

schleiß selbsttätig ausgleicht; das Drehmoment ist durch den Öldruck einstellbar. Das gleiche gilt für die ähnlich aufgebauten druckluftgeschalteten Lamellenkupplungen.

Elektromagnetisch geschaltete Lamellenkupplungen sind in Abb. 4.246 bis 4.249 dargestellt. Ein wesentlicher Vorteil dieser Kupplungen besteht in der Möglichkeit, sie von verschiedenen Stellen aus fernbetätigen zu können. Grundsätzlich unterscheidet man nach der Wirkungsweise zwei Bauarten:

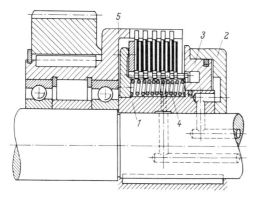

Abb. 4.245. Druckölgeschaltete Ortlinghaus-Sinus-Lamellenkupplung
Der Innenlamellenträger *1* ist mit der Welle fest verbunden und bildet mit dem angeschraubten Gehäuse *2* den Ringzylinderraum, in dem der Ringkolben *3* von dem durch die Welle zugeführten Drucköl an das Lamellenpaket angepreßt wird. Die Druckfedern *4* dienen zum Lösen. Der Außenkörper *5* ist mit Kugellagern auf der Welle gelagert

1. *Kupplungen mit nichtdurchfluteten Lamellen*, bei denen Magnetsystem und Lamellenpaket voneinander getrennt angeordnet sind; sie ermöglichen die Verwendung beliebiger Lamellenwerkstoffe (Naß- und Trockenlauf) und zeichnen sich durch exaktes Aus- und Einschalten und durch kürzeste Schaltzeiten aus, so daß sie vielfach im Werkzeugmaschinenbau bei Kopiersteuerungen und bei Stanzen und Pressen verwendet werden. Da die Anpreßkraft vom Luftspalt abhängig ist, ist eine Nachstellung erforderlich.

2. *Kupplungen mit durchfluteten Lamellen*, bei denen die Lamellen einen Bestandteil des Magnetsystems bilden und daher aus ferromagnetischem Werkstoff bestehen müssen; eine Nachstellung ist nicht erforderlich, und der Raumbedarf ist

sehr gering. Die Schaltzeiten sind jedoch größer; trotzdem sind diese Kupplungen für den Werkzeugmaschinenbau gut geeignet, sofern an die Schaltzeiten keine besonders hohen Anforderungen gestellt werden.

Beide Kupplungsbauarten werden *mit* und *ohne* Schleifringe ausgeführt. Im ersten Fall laufen Spulenkörper und Spule um, so daß für die Stromzufuhr mindestens ein Schleifring erforderlich ist. Durch die unmittelbare Befestigung des Magnetsystems auf der Welle ist der Aufbau einfacher als bei schleifringlosen Kupplungen, aber der Schleifring ist störanfällig und bedarf der Wartung. Bei Kupplungen ohne Schleifringe steht der Magnetkörper still, er muß daher auf der Welle gelagert sein. Dafür ist jedoch eine absolut störungs- und wartungsfreie und explosionssichere Stromzufuhr möglich.

Ein Beispiel für eine Kupplung mit *nichtdurchfluteten* Lamellen und *mit* Schleifring stellt die Stromag-Elektromagnet-Lamellenkupplung nach Abb. 4.246 dar, die mit der Lamellenpaarung S (Stahl/Sinterbronze) für Naß- und Trockenlauf oder mit der Lamellenpaarung T (Stahl/Asbest) für Trockenlauf geliefert wird. Eine *schleifringlose* Kupplung mit nichtdurchfluteten Lamellen der Firma Pintsch Bamag zeigt Abb. 4.247.

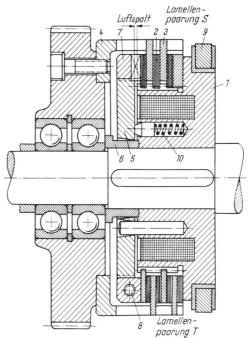

Abb. 4.246
Elektromagnet-Lamellenkupplung
(Stromag)
Der Spulenkörper 1, der als Ringmagnet ausgebildet ist, ist außen mit der Verzahnung für die Innenlamellen 2 versehen. Die genuteten Außenlamellen 3 greifen in den Außenkörper 4 ein, der hier mit einem Zahnrad verbunden ist. Die Ankerscheibe 5 sitzt axial beweglich auf der Buchse 6 und trägt außen die geschlitzte, mit Spannschraube 8 feststellbare Stellmutter 7, die die Anpreßkraft auf die Lamellen überträgt. Der Luftspalt zwischen dem Spulenkörper 1 und der Ankerscheibe 5 wird im eingeschaltetem Zustand mit einer antimagnetischen Fühllehre gemessen, die in die Meßnuten der Stellmutter 7 eingeführt wird. Der Schleifring 9 ist isoliert auf dem Spulenkörper befestigt. Die Druckfedern 10 dienen zum Lüften der Kupplung

Kupplungen mit *durchfluteten* Lamellen sind in Abb. 4.248 und 4.249 dargestellt. Die sehr dünnen Lamellen sind in der mittleren Zone durchbrochen; sie werden zwischen den Polflächen des Ringmagnets und der Ankerscheibe angeordnet, so daß bei eingeschaltetem Strom der magnetische Kraftlinienfluß von der äußeren Polfläche des Magnets über die Außenzonen der Lamellen durch die Ankerscheibe und die Innenzonen der Lamellen zur inneren Polfläche verläuft. Abb. 4.248 zeigt eine Elektro-Lamellenkupplung der Zahnradfabrik Friedrichshafen *mit* Schleifring, Abb. 4.249 eine schleifringlose Elektromagnet-Lamellenkupplung der Ortlinghaus-Werke.

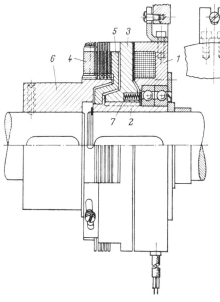

Abb. 4.247. Schleifringlose Elektromagnet-Lamellenkupplung (Pintsch Bamag)

Der stillstehende Spulenkörper *1* (Ringmagnet) ist mit Kugellagern auf der Mitnehmerbuchse *2* zentriert, auf der die Ankerscheibe *3* axial verschieblich ist. Die Ankerscheibe *3* besitzt Nocken zur Aufnahme der Außenlamellen und trägt links den nachstellbaren Druckring *4*. Die Gegendruckscheibe *5* ist fest mit der Mitnehmerbuchse *2* verbunden. Der Innenlamellenträger *6* sitzt auf der Abtriebswelle. Die Druckfedern *7* ermöglichen das Lösen nach Stromabschaltung

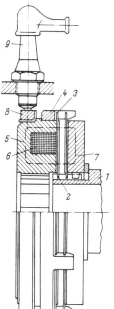

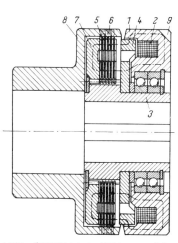

Abb. 4.248. ZF-Elektro-Lamellenkupplung mit Schleifring (Zahnradfabrik Friedrichshafen)
Der Kraftlinienfluß ist strichpunktiert eingezeichnet. Die Hauptbestandteile der Kupplung sind: Innenkörper *1*; Innenlamellen *2*; Außenlamellen *3*; Mitnehmerring *4*; Magnetkörper *5* mit Spule *6*; Ankerscheibe *7*; Schleifring *8* und Stromzuführung *9*

Abb. 4.249. Schleifringlose Elektromagnet-Lamellenkupplung (Ortlinghaus)
Der Magnetkörper *1* mit der Ringspule *2* ist mittels Kugellager axial unverschiebbar auf dem Innenkörper *3* gelagert, mit dem die Stützscheibe *4* fest so verbunden ist, daß sich zwischen *1* und *4* ein unveränderlicher Luftspalt ergibt. Zwischen der Stützscheibe *4* und der Ankerscheibe *7* liegt das Lamellenpaket *5/6*, dessen Außenlamellen in den Nabenkörper *8* eingreifen. Der Magnetkörper *1* wird durch in die Nuten *9* eingelegte Riegel am Mitdrehen gehindert

4.4.5.2 Momentgeschaltete Reibungskupplungen.

Fast alle besprochenen Reibungskupplungen können auch als momentgeschaltete Kupplungen ausgeführt werden, indem durch Federn Anpreßkräfte erzeugt werden, die die Höhe des übertragbaren Drehmomentes begrenzen. Sie werden im allgemeinen als Sicherheitskupplungen benutzt, um Maschinen und Getriebe vor Überlastung und Beschädigung zu schützen;

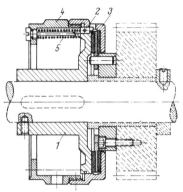

Abb. 4.250. Anlauf- und Schutzkupplung Imostat (Ringspann Albrecht Maurer KG)

Wie bei Abb. 4.242 ist der Kupplungsring *3* auf der Kupplungsnabe *1* über die Zylinderrollen *2* axial verschiebbar. Mit dem Kupplungsring *3* ist jetzt das Gehäuse *4* fest verschraubt, in dem auf Führungsbolzen die Federn *5* sitzen. Eine unbefugte Erhöhung des Rutschmoments durch den Bedienungsmann der Maschine ist ausgeschlossen

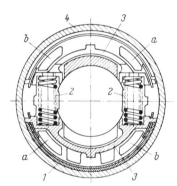
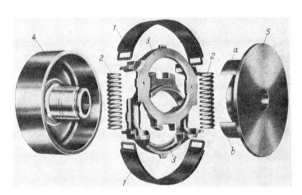

Abb. 4.251. PIV-Anlauf- und Überlast-Rutschkupplung (PIV Antriebe Werner Reimers KG)

Die Segmente mit den Reibbelägen *1* werden durch die Druckfedern *2*, die in den Mitnehmerringen *3* gehalten sind, gegen die zylindrische Innenfläche des Schalenteils *4* gepreßt. Das Rutschmoment wird durch die Federkräfte bestimmt; es kann nur durch Auswechseln der Federn, also bewußt nicht von außen etwa durch Eingriffe Unberufener geändert werden. Das treibende Nockenteil *5* drückt mit den beiden Nasen *a* bzw. bei umgekehrtem Drehsinn mit den Nasen *b* auf die Mitnehmerringe und damit auf die Druckfedern, so daß die Anpreß- und Haftreibungskräfte zwischen Bremsbändern und Schale verringert werden und schließlich Rutschen eintritt, wenn beim Anlauf das Antriebsdrehmoment das Rutschmoment überschreitet bzw. wenn bei Überlast das Lastmoment größer ist als das eingestellte Rutschmoment. Die Schwerpunkte der Mitnehmerringe und der gemeinsame Schwerpunkt aller Teile liegen in der Drehachse, so daß *keine* Fliehkräfte auftreten und das Rutschmoment unabhängig von der Drehzahl ist.

Die Kupplungen werden auch mit elastischem Kupplungsteil (z. B. Multicross-Kupplung) geliefert

sie können aber auch als Anlaufkupplungen dienen, wenn das eingestellte Rutschmoment wesentlich kleiner als das Anlaufdrehmoment des Motors ist. Da während der Rutschzeit die Reibungsarbeit in Wärme umgesetzt wird, bestimmt die Wärmekapazität die mögliche Dauer und Häufigkeit von Rutschvorgängen; durch besondere Vorrichtungen, wie Wärmefühler oder Schmelzsicherungen, kann ein automatisches Abschalten des Antriebs bewerkstelligt werden.

Aus der Vielzahl der Ausführungsformen seien zwei Beispiele herausgegriffen. Bei der *Ringspann-Schutzkupplung Imostat* (Ringspann A. Maurer KG) Abb. **4.250** erzeugen viele Schraubenfedern mit flacher Charakteristik die Anpreßkraft, so daß es auch bei Belagverschleiß zu keinem merkbaren Drehmomentabfall kommt; die Höhe des Drehmomentes wird durch die Anzahl der Federn eingestellt. Die *PIV-Anlauf- und Überlast-Rutschkupplung* (PIV Antriebe Werner Reimers KG) Abb. 4.251 benutzt Bandsegmente mit Reibbelägen, die durch Druckfedern an den Innenmantel des Schalenteils angepreßt werden. Durch die in der Bildunterschrift beschriebene Wirkungsweise wird erreicht, daß Haftmoment und Rutschmoment gleich sind, so daß bei Nachlassen des Gegendrehmomentes sofort wieder schlupffreie Mitnahme erfolgt.

4.4.5.3 Drehzahlgeschaltete (Fliehkraft- oder Anlauf-) Kupplungen. Die Aufgabe der Anlaßkupplungen besteht darin, bei Motoren, die ein Hochfahren unter Belastung nicht erlauben, den Anfahrvorgang so zu gestalten, daß die Nenndrehzahl

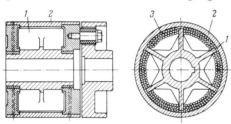

Abb. 4.252. Metalluk-Kupplung (Johann Cawe, Bamberg)
Das Schaufelrad *1* sitzt auf der Antriebswelle; das glockenförmige Gehäuse *2* ist mit der Abtriebsseite verbunden; in den Kammern liegen gleichmäßig verteilt die Kugeln *3*

unbelastet erreicht wird und dann erst der eigentliche Kupplungsvorgang, also das Mitnehmen der belasteten Abtriebsseite, erfolgt. Mit Hilfe von Anlaufkupplungen ist es möglich, einen Motor nur für die normale Vollastleistung und nicht für die ohne Kupplung wesentlich größere *Anlauf*leistung auszulegen. Anlaufkupplungen

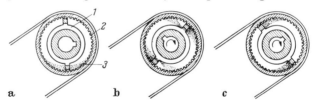

Abb. 4.253. Pulvis-Kupplung (Arthur Schütz & Co., Wien)
Auf der Antriebswelle sitzt das Flügelrad *1*, auf der Abtriebsseite das Gehäuse *2*; Füllkörper *3* besteht aus kalibriertem und graphitiertem Stahlsand
a) Ruhelage; b) Anlauf bzw. Überlastung; c) Betriebszustand

ermöglichen z. B. die Verwendung einfacher und billigerer Drehstrom-Kurzschlußläufermotoren an Stelle von überdimensionierten Schleifringläufermotoren.

Besonders einfach in Aufbau und Wartung sind Fliehkraftkupplungen, bei denen der Reibungsschluß durch die Zentrifugalkraft verschiedener Füllkörper erzeugt wird. Bei der in Abb. 4.252 dargestellten *Metalluk-Kupplung* (Johann Cawe, Bamberg) befinden sich Stahlkugeln in den durch ein auf der Antriebswelle sitzendes Schaufelrad gebildeten Kammern, über die eine mit der Abtriebswelle verbundene Glocke greift. Die *Pulvis-Kupplung* (Arthur Schütz & Co., Wien) nach Abb. 4.253 benutzt kalibrierten und graphitierten Stahlsand, der von einem zweiarmigen Flügelrad der Antriebsseite mitgenommen und gegen den innen mit Rillen versehenen Gehäusemantel der Abtriebsseite geschleudert wird; vor den Flügeln bilden sich Stauberge, die im Betriebszustand die Kraftübertragung bewerkstelligen. Auch die *Centri-Kupplung* (Stromag) Abb. 4.254 wird mit Stahlpulver (trocken) gefüllt, hier

4.4 Kupplungen

wird jedoch das außen mit Kühlrippen versehene und innen glattwandige *Gehäuse angetrieben*, und auf der Abtriebsnabe ist ein gewellter Rotor befestigt. Bei der *Medex-*

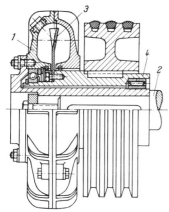

Abb. 4.254. Centri-Kupplung (Stromag)
Das mit Kühlrippen versehene Gehäuse *1* ist mit der Antriebswelle *2* verbunden, der gewellte Rotor *3* mit der Abtriebshohlwelle *4*. Füllkörper: Stahlpulver mit bestimmter Körnung und abgestimmtem Graphitgehalt

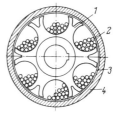

Abb. 4.255. Schema der Medex-Kupplung (Hilger & Kern GmbH, Mannheim)
Das Laufrad *1* sitzt auf der Antriebswelle; es besitzt zylindrische, nach außen offene Kammern, in denen sich jeweils gleichviel zylindrische Rollen *2* befinden. Als Verschleißschutz ist in das Gehäuse *4* ein Stahlring *3* eingelegt

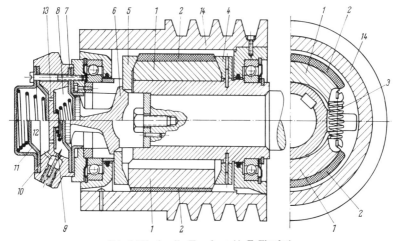

Abb. 4.256. Amolix-Kupplung (A. F. Flender)
Im Längsschnitt zeigt die obere Bildhälfte den ausgeschalteten, die untere Bildhälfte den eingeschalteten Zustand. Die Betätigung der Kupplung erfolgt durch zwei mit Reibbelag *2* versehene und durch Zugfedern *3* miteinander verbundene Fliehgewichte *1*. Die radiale Bewegung der Fliehgewichte bei Drehzahlsteigerung wird dadurch verzögert, daß jedes Gewicht zwei Schrägflächen besitzt, von denen sich die rechte an einer mit der treibenden Nabe verbundenen Druckscheibe *4* abstützt, während die linke auf eine axialbewegliche Druckscheibe *5* einwirkt und somit über das Druckstück *6* auf die federbelastete Membran *7* eine Axialkraft ausgeübt wird. Das im Druckraum *8* befindliche Öl wird durch einen einstellbaren Drosselquerschnitt *9* und den Überleitungskanal *10* in den linken, ebenfalls durch eine Membran *11* abgeschlossenen Ausgleichsraum *12* gedrückt. Erst nach Überströmen einer bestimmten Ölmenge kommen die Reibbeläge der Fliehgewichte mit dem Kupplungsmantel *14* in Berührung, erst dann beginnt die allmähliche Drehmomentübertragung. Nach Abschalten des Motors wird über das Ausgleichsventil *13* mit großem Querschnitt das Öl durch die Kraftwirkung der Rückstellfedern sehr rasch in den Druckraum *8* zurückbefördert, so daß die Kupplung für den folgenden Anlauf sofort wieder betriebsbereit ist

Kupplung (Hilger & Kern GmbH, Mannheim) Abb. 4.255 liegen in den Kammern des Laufrades zylindrische Rollen, die sich beim Anlaufvorgang gegeneinander drehen und die bei steigender Drehzahl an die Innenwand des Gehäuses gepreßt werden.

Eine Einstellbarkeit der Anlaufzeit ermöglicht die *Amolix-Kupplung* (A. F. Flender) Abb. 4.256, bei der die Wirksamkeit von Fliehgewichten mechanisch-hydraulisch verzögert wird.

4.4.5.4 Richtungsgeschaltete Reibungskupplungen (Freilaufkupplungen)[1, 2]. Die kraftschlüssigen Freilaufkupplungen zeichnen sich gegenüber den formschlüssigen (Klinkengesperre) durch ihre Funktion in jeder Stellung, durch Geräuschlosigkeit, Eignung auch für hohe Drehzahlen, sehr geringen Verschleiß und somit hohe Lebensdauer aus. Sie werden verwendet als zuverlässige *Rücklaufsperre* bei Förderbändern,

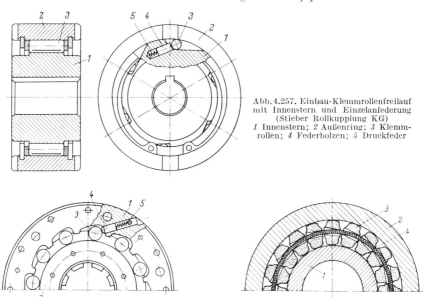

Abb. 4.257. Einbau-Klemmrollenfreilauf mit Innenstern und Einzelanfederung (Stieber Rollkupplung KG)
1 Innenstern; *2* Außenring; *3* Klemmrollen; *4* Federbolzen; *5* Druckfeder

Abb. 4.258. Klemmrollenfreilauf mit Außenstern und Einzelanfederung (Zahnradfabrik Friedrichshafen)
1 Außenstern; *2* Innenring; *3* Klemmrolle; *4* Federbolzen; *5* Druckfeder

Abb. 4.259. Ringspann-Klemmstück-Freilauf (Ringspann A. Maurer KG)
1 Innenring; *2* Außenring; *3* Klemmstück; *4* Schraubenringfeder

Seilwinden, Bauaufzügen und sonstigen Hebezeugen, als *Überholkupplung* zur Trennung der Anwurfmotoren von Brennkraftmaschinen oder der Kriechgangmotoren von Hauptmotoren, ferner für Schaltvorgänge in halb- oder vollautomatischen Fahrzeuggetrieben[3] und als *Vorschubschaltelement* in Textil-, Verpackungs-, Papierverarbeitungs- und Druckmaschinen und zum Materialvorschub an Stanzen, Schmiedepressen usw.

Es werden Kupplungen mit radialem und mit axialem Kraftschluß unterschieden. Bei *radialem Kraftschluß* werden Klemmrollen oder Klemmstücke zwischen dem Innen- und dem Außenkörper angeordnet. Bei Klemm*rollen*-Freiläufen wird der mit Klemmflächen versehene Körper *Stern* genannt (Innenstern Abb. 4.257 bzw. Außenstern Abb. 4.258), während der Gegenkörper mit zylindrischer Klemmbahn als *Ring* (Außenring Abb. 4.257 bzw. Innenring Abb. 4.258) bezeichnet wird.

---

[1] STÖLZLE, K., u. S. HART: Freilaufkupplungen (Konstruktionsbücher Bd. 19), Berlin/Göttingen/Heidelberg: Springer 1961.

[2] KOLLMANN, K.: Beitrag zur Konstruktion und Berechnung von Überholkupplungen. Z. Konstr. 9 (1957) 254—259.

[3] REICHENBÄCHER, H.: Gestaltung von Fahrzeuggetrieben (Konstruktionsbücher Bd. 15), Berlin/Göttingen/Heidelberg: Springer 1955.

Um sofortige Wirksamkeit zu gewährleisten, werden die Klemmrollen leicht angefedert. Abb. 4.257 zeigt einen Einbau-Klemmrollenfreilauf mit Innenstern und Einzelanfederung der Firma Stieber-Rollkupplung KG, Heidelberg, Abb. 4.258 einen Klemmrollenfreilauf mit Außenstern und Einzelanfederung der Zahnradfabrik Friedrichshafen. Die Klemm*körper*freiläufe haben konzentrische Außen- und Innenringe; die Klemmkörper besitzen an den Berührungsstellen wesentlich größere Krümmungshalbmesser, so daß die Hertzsche Pressung niedriger ist; außerdem kann auf dem Umfang eine größere Anzahl von Klemmkörpern untergebracht werden, so daß höhere Drehmomente bei gleichen äußeren Abmessungen übertragen werden können. Als Beispiel ist in Abb. 4.259 der Ringspann-Klemmstückfreilauf dargestellt, bei dem die Klemmkörper mittels einer Schraubenringfeder gemeinsam angefedert sind. Sondereinrichtungen

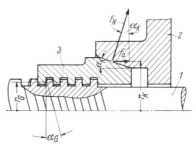

Abb. 4.260. Schema des Komet-Freilaufs, Axialfreilauf mit Konus
1 treibende Welle mit steilgängigem Flachgewinde; *2* getriebenes Kupplungsteil; *3* Mutter mit Reibkegel

dienen der Verschleißminderung, z. B. der sog. P-Schliff, bei dem die Laufbahn im Außenteil eine schwach elliptische Form erhält, oder die hydrodynamische Klemmstückabhebung oder die Klemmstückabhebung durch Fliehkraft.

Das Prinzip von Freilaufkupplungen mit *axialem Kraftschluß* ist aus Abb. 4.260 zu ersehen: Die treibende Welle *1* ist mit steilgängigem Flachgewinde versehen, so daß die Mutter *3* mit dem Reibkegel in den Innenkonus des getriebenen Teiles *2*

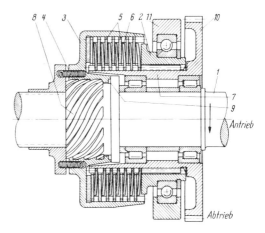

Abb. 4.261. Lamellen-Reibüberholkupplung nach RAMBAUSEK
Die Antriebswelle *1* ist mit steilgängigem Flachgewinde *8* versehen, durch das der Außenlamellenträger *3* axial verschoben werden kann. Der Innenlamellenträger *7* mit dem Abtriebszahnrad *10* ist auf der Antriebswelle mit Wälzlagern gelagert; auf Teil *7/10* ist der Einrückring *2* axial mit Schaltmuffe *11* verschiebbar. Durch die schräg in Richtung der Gewindegänge angeordneten Druckfedern *4* wird der Außenlamellenkörper *3* bei geöffneter Kupplung ständig leicht gegen den Bund *9* gedrückt, so daß beim Einschalten sofort ein sicherer Reibschluß erzielt wird. Eilt in eingeschaltetem Zustand das Abtriebszahnrad *10* vor, so wird Teil *3* durch das Steilgewinde nach links bewegt und die Kupplung gelöst. Diese Wirkung tritt jedoch nicht mehr ein, wenn der Einrückring *2* unter Überwindung der Federkraft der Federn *4* noch weiter nach links verschoben wird

gedrückt wird. Bei kleiner werdender Antriebsdrehzahl wird die Mutter nach links verschoben, die Kupplung also ausgerückt. Ähnlich ist die Wirkungsweise der Lamellen-Reibüberholkupplung Abb. 4.261, die in Fahrzeuggetrieben Verwendung findet. Auf Wunsch kann hier jedoch durch starkes Einrücken von Teil *2* nach links die Überholkupplung gesperrt und voller Kraftschluß in beiden Drehrichtungen erzielt werden.

5. Elemente der geradlinigen Bewegung

5.1 Paarung von ebenen Flächen 137
    5.1.1 Führungen mit Gleitlagerungen 137
    5.1.2 Führungen mit Wälzlagerungen 144
5.2 Rundlingspaarungen 148
    5.2.1 Gleitende Rundlingspaarungen 149
    5.2.2 Rundführungen mit Wälzlagerungen 152

Neben den Elementen der Drehbewegung spielen im Maschinenbau die geradlinigen Schubbewegungen eine große Rolle, einmal als Führungen von Schlitten und Tischen im Werkzeugmaschinenbau, dann speziell in den Schubkurbelgetrieben der Kolbenkraft- und -arbeitsmaschinen, bei denen geradlinige, hin- und hergehende Bewegungen in Drehbewegungen oder umgekehrt Drehbewegungen in geradlinige Bewegungen umgewandelt werden, und schließlich allgemein in den vielen ungleichförmig übersetzenden Getrieben[1] mit „Schubgelenken" (umlaufende Kurbelschleife, schwingende Kurbelschleife, Kreuzschleife und Schubschleife), die in Verarbeitungsmaschinen, z. B. Textilmaschinen, Werkzeugmaschinen, landwirtschaftlichen Maschinen, Papiermaschinen, Verpackungsmaschinen, Maschinen der Lebensmittelindustrie, der Tabakverarbeitung und Zigarettenindustrie, der Glas- und Keramikindustrie, der Kunststoffverarbeitung, der Schuh- und Lederindustrie usw. angewendet werden.

Eine Einteilung erfolgt am besten nach der geometrischen Form in Paarung ebener Flächen und in Rundlingspaarungen, wobei jeweils wieder Gleitlagerungen oder Wälzlagerungen vorgesehen werden können.

Die wichtigsten Anforderungen an Geradführungen sind:

1. Genaue Lagebestimmung der geführten Teile und Aufrechterhaltung der gewünschten Position auch unter Krafteinwirkung. Ein Ecken, Kippen, Abheben oder Entgleisen muß verhindert werden.

2. Geringer Verschleiß bzw. Ein- und Nachstellmöglichkeiten bei unvermeidbarem Verschleiß.

---

[1] FRANKE, R.: Vom Aufbau der Getriebe, Düsseldorf: VDI-Verlag, 1. Bd. 1958, 2. Bd. 1951. — KRAUS, R.: Geradführungen durch das Gelenkviereck, Düsseldorf: VDI-Verlag 1955. — KRAEMER, O.: Getriebelehre, Karlsruhe: G. Braun 1959. — JAHR/KNECHTEL: Grundzüge der Getriebelehre, 2 Bde., Leipzig: Jänecke 1949. — HAGEDORN, L.: Konstruktive Getriebelehre, Berlin/Hannover/Darmstadt: H. Schroedel 1960. — RAUH/HAGEDORN: Praktische Getriebelehre, Bd. 1: Die Viergelenkkette, Berlin/Heidelberg/New York: Springer 1965. — HAIN, K.: Angewandte Getriebelehre, Düsseldorf: VDI-Verlag 1961. — HAIN, K.: Getriebelehre, Grundlagen und Anwendungen, Teil 1: Getriebe-Analyse, München: Hanser 1963. — LICHTENHELD, W.: Konstruktionslehre der Getriebe, Berlin: Akademie-Verlag 1967. — DIZIOĞLU, B.: Getriebelehre, 3 Bde., Braunschweig: Vieweg 1965/66. — AWF-VDMA-VDI-Getriebehefte und Begriffserklärungen (AWF = Ausschuß für wirtschaftliche Fertigung e.V., Berlin; VDMA = Verein Deutscher Maschinenbauanstalten; VDI = Verein Deutscher Ingenieure). — VDI-Handbuch Getriebetechnik, Ungleichförmig übersetzende Getriebe, 1959. — VDI-Richtlinie: Ebene Kurbelgetriebe VDI 2123 bis 2126, 2128 bis 2137.

3. Leichte und erforderlichenfalls gleichförmige bzw. genau begrenzte Verstellbewegungen, d. h. möglichst geringe und konstante Reibungskräfte.

Der Erfüllung dieser Anforderungen dienen konstruktive und fertigungstechnische Maßnahmen, geeignete Werkstoffkombinationen und im Betrieb zuverlässige Schmierung und Schutzvorrichtungen gegen Staub, Schmutz und — bei Werkzeugmaschinen — Späne.

5.1 Paarung von ebenen Flächen

5.1.1 Führungen mit Gleitlagerungen

Je nach Größe und Richtung der Belastungen und je nach den räumlichen Verhältnissen werden, vornehmlich im Werkzeugmaschinenbau, die in Abb. 5.1 bis 5.7 dargestellten Ausführungen verwendet[1].

Die *Flachführungen* (Abb. 5.1) sind hauptsächlich für die Aufnahme von Kräften F_1 senkrecht zu den Gleitflächen *1* geeignet. Für die Führung und zur Aufnahme von Querkräften F_2 sind seitliche Flächen *2* vorzusehen; gegen Kräfte bzw. Momente, die ein Abheben oder Kippen bewirken, werden untere Schließleisten *3* angeordnet. Mit den Stelleisten *4* wird das Spiel *ein-* bzw. bei Verschleiß *nach*gestellt. Leisten mit parallelen Flächen (Abb. 5.2a) sind durch seitliche

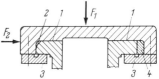

Abb. 5.1. Flachführung mit Gleitflächen *1* und *2*, Schließleisten *3* und Nachstelleiste *4*

Schrauben einstellbar; um örtliches Durchbiegen zu vermeiden, müssen die Leisten kräftig ausgebildet werden. Günstiger sind Keilleisten mit Neigungen 1:60 bis 1:100 (Abb. 5.2b), die ein gleichmäßiges Tragen auf der ganzen Länge ermöglichen; sie

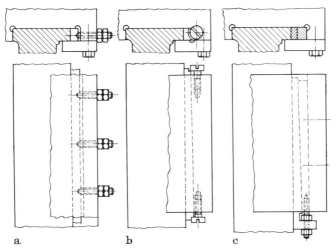

Abb. 5.2. Nachstelleisten
a) mit parallelen Flächen; b) Keilleiste; c) doppelte Keilleiste (a und b aus KOENIGSBERGER, Werkzeugmaschinen)

werden durch Stellschrauben an den Stirnflächen angezogen. Bereitet die Herstellung der Neigung in den Schlitten Schwierigkeiten, so können auch doppelte Keilleisten (Abb. 5.2c) verwendet werden.

---

[1] KOENIGSBERGER, F.: Berechnungen, Konstruktionsgrundlagen und Bauelemente spanender Werkzeugmaschinen, Berlin/Göttingen/Heidelberg: Springer 1961. — BRUINS, H. D.: Werkzeuge und Werkzeugmaschinen, Teil 1 u. 2, München: Hanser 1961/62. — CHARCHUT, W.: Spanende Werkzeugmaschinen, München: Hanser 1962.

Die *Schwalbenschwanzführungen* (Abb. 5.3) benötigen infolge der (unter $\alpha = 55°$) geneigten Flächen 2 keine Schließleisten und zeichnen sich daher durch geringe

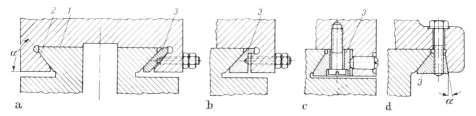

Abb. 5.3. Schwalbenschwanzführungen. Verschiedene Ausführungen der Stelleisten *3*
(a, b und d nach KOENIGSBERGER, Werkzeugmaschinen)

Bauhöhe aus. Die Stelleiste 3 bewerkstelligt den Spielausgleich in zwei Richtungen; verschiedene Ausführungsmöglichkeiten zeigt Abb. 5.3a, b, c und d. Bei der keilförmigen Leiste nach Abb. 5.3d können außer den im Schnitt gezeichneten Einstellschrauben noch zwei Spannschrauben angeordnet werden, um evtl. den Schlitten in beliebiger Stellung festzuklemmen. Die Schwalbenschwanzführungen erfordern mehr Bearbeitungsaufwand als die Flachführungen.

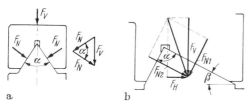

Abb. 5.4. Kräfte an Prismenführungen
a) symmetrisches Prisma; b) unsymmetrisches Prisma mit $\alpha = 90°$

Die *Prismenführungen* werden als symmetrische oder unsymmetrische Dach- und V-Führungen ausgeführt. Sie ermöglichen eine Lagebestimmung in zwei Richtungen und eine gewisse selbsttätige Nachstellung bei Verschleiß. Die Kräfteverhältnisse sind jedoch infolge der Keilwirkung ungünstiger als bei Flachführungen. Bei der symmetrischen Form und einer Vertikalkraft F_V ergeben sich nach Abb. 5.4a die Normalkräfte zu

$$F_N = \frac{F_V}{2\sin\alpha/2}$$

und die Verschiebekraft demnach zu

$$F_W = \frac{\mu F_V}{\sin\alpha/2}, \quad \text{d. h bei } \alpha = 90° \quad F_W = 1{,}41\,\mu\,F_V.$$

Greifen an einem unsymmetrischen Prisma, bei dem der Winkel $\alpha = 90°$ und die lange Führungsfläche um den Winkel β gegen die Waagerechte geneigt ist, eine Vertikalkraft F_V und eine Horizontalkraft F_H an, dann betragen die Normalkräfte nach Abb. 5.4b

$$F_{N1} = F_V \cos\beta - F_H \sin\beta,$$
$$F_{N2} = F_V \sin\beta + F_H \cos\beta,$$

und die Verschiebekraft wird

$$F_W = \mu F_V(\cos\beta + \sin\beta) + \mu F_H(\cos\beta - \sin\beta).$$

Bei $\beta = 45°$ (also bei der symmetrischen Form) ist F_W von F_H unabhängig, und zwar wieder gleich $F_W = 1{,}41\,\mu\,F_V$.

Für Flächenpressung und Verschleiß sind jedoch die F_N-Werte maßgebend!

5.1 Paarung von ebenen Flächen

Da bei der Anordnung von zwei Dachführungen eine vollständige Auflage auf vier Flächen nicht zu erwarten ist, wird häufig bei Drehmaschinenbetten vorn eine Dach- und hinten eine Flachführung vorgesehen (Abb. 5.5); für den Reitstock werden dazwischenliegende Sonderführungen, eine Dach- und eine Flachführung, angeordnet. Nachstellbare Abhebeleisten sind in Abb. 5.6 dargestellt.

V-Führungen haben gegenüber den Dachführungen den Vorteil, daß sich das Schmieröl besser hält; sie müssen jedoch gegen Späne gut abgedeckt oder noch besser in einen gegen Späneabfall geschützten Raum des Bettes verlegt werden (Abb. 5.7).

Die *Schmierung von Gleitführungen* wird entweder von Hand über Schmiernippel oder automatisch durch Druckölzufuhr bewerkstelligt. Bei schnellaufenden Tischen

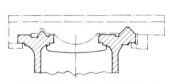
Abb. 5.5. Drehmaschinenbett mit Dach- und Flachführungen (aus KOENIGSBERGER, Werkzeugmaschinen)

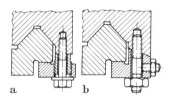
Abb. 5.6. Anordnung nachstellbarer Abhebeleisten bei Prismenführungen
a) Ausführung Pittler AG; b) Ausführung Gildemeister AG

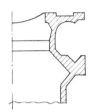
Abb. 5.7. V-Führung in geschütztem Raum eines Drehmaschinenbettes (Schaerer Industriewerke AG, Karlsruhe)

und langen Bahnen können auch durch federnd angedrückte Rollen oder Scheiben, die sich in mit Öl gefüllten Aussparungen des Bettes befinden, die Gleitflächen mit Öl versorgt werden. Im allgemeinen kann bei den im Werkzeugmaschinenbau vorkommenden Gleitgeschwindigkeiten nicht mit einem hydrodynamischen Schmierzustand gerechnet werden, es stellt sich bei geeigneter Anordnung von Schmiernuten und einigermaßen gleichmäßiger Verteilung des Schmiermittels ein Mischreibungszustand ein, der häufig für die Erfüllung der Funktion genügt. Allerdings sind dann Werkstoffpaarung, Oberflächenzustand und Höhe der Flächenpressung von entscheidender Bedeutung.

Ganz allgemein wird die Paarung von *Werkstoffen* unterschiedlicher Härte empfohlen. Für lange Bahnen und Gestelle, deren Nacharbeit teuer ist, wird ein härterer Werkstoff mit höherer Verschleißfestigkeit bevorzugt. Im Hinblick auf günstiges Gleitverhalten ist *Gußeisen* durchaus geeignet, insbesondere wenn durch Schreckplatten beim Gießen oder durch Flamm- oder Induktionshärtung die Härte und die Verschleißfestigkeit an der Oberfläche vergrößert werden. Bei höheren Anforderungen werden Gleitbahnen aus *Stahl*, z. B. C 15 und C 22, benutzt, die auf Stahlblechgestelle aufgeschweißt, auf Gußeisengestelle aufgeschraubt werden. Auch leicht austauschbare oberflächengehärtete oder mit verschleißfesten Metallüberzügen versehene Stahlführungs*leisten* werden vielfach verwendet. Weiche Führungsbahnen (bis HB = 200 kp/mm^2) werden geschabt, gehärtete geschliffen. Geschabte Flächen zeichnen sich durch hohe Genauigkeit und für die Schmierung günstige Oberflächen aus; sie erfordern jedoch hohe Herstellungskosten, da 10 bis 12 Tragpunkte auf einer Fläche von 25×25 mm verlangt werden, wozu etwa 14 Schabegänge nötig sind[1]. Günstige Gleit- und Schmiereigenschaften weisen ferner die *Kunststoffe* auf, z. B. Phenolharz mit Gewebebahnen, neuerdings auch Polyamidschichten auf Klebeschichten aus Hartgewebe.

---

[1] Betriebshütte, Bd. 1, Fertigung, Abschnitt „Spangebendes Formen der Metalle".

Mit Rücksicht auf den Mischreibungszustand werden nur mäßige *Flächenpressungen* zugelassen:

bei GG auf GG (ungehärtet)   5 kp/cm²,
bei St auf GG (ungehärtet)   10 kp/cm²,
bei St auf GG oder St (gehärtet)   15 kp/cm².

Bei Feinbearbeitungs- und Schleifmaschinen wird nur mit 1 kp/cm² gerechnet. Kunststoffe vertragen Belastungen von 5 bis 10 kp/cm² bei Geschwindigkeiten bis 10 m/min.

Der *Verschleiß*[1] in den Gleitflächen führt zu einer Verminderung der Arbeitsgenauigkeit der Maschinen, besonders deshalb, weil sich der Benutzungsbereich meist nicht über die ganze Länge der Bahn erstreckt. Die hierdurch hervorgerufenen Ungenauigkeiten können auch nicht durch Nachstellvorrichtungen behoben werden. Der Verschleiß ist außer von Flächenpressung und Werkstoffpaarung stark von der Verschmutzung der Führungsflächen abhängig; sehr schädlich sind vor allem Staub-Öl-Gemische und feine Späne. Als Schutzmaßnahmen dienen Abdeckungen der Führungsbahnen mit überlaufenden oder sich teleskopisch ineinanderschiebenden Blechen oder Harmonikafaltenbälge aus Leder oder Kunststoff, ferner Abstreifer und Abdichtungen an den Schlittenenden, bestehend aus Messingblech und durch Blattfeder angepreßte Filz- *und* Gummistreifen, neuerdings auch profilierte Vulkollan-Abstreifer mit unter Vorspannung stehenden Lippen.

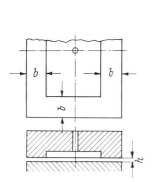

Abb. 5.8. Rechteckige Druckkammer

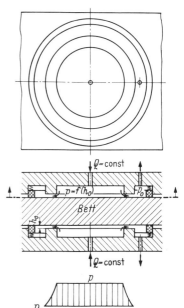

Abb. 5.9. Kreisförmige Druckkammer mit ringförmigem Spalt [aus Z. Konstr. 17 (1965) 186]

Mit dem Zustand der *Misch*reibung können bei großen Belastungen hohe Genauigkeitsansprüche und insbesondere die Aufgaben genauer Positionierung bei sehr geringen Vorschubgeschwindigkeiten *nicht* erfüllt werden. Es tritt hierbei wegen des Unterschiedes des Reibungsbeiwertes der Ruhe μ_0 und des Gleitreibwertes μ

---

[1] LAPIDUS, A., u. E. SALJÉ: Gleitführungen an Werkzeugmaschinen. Industrie-Anz. 78 (1956) Nr. 87, 88 u. 89.

das sog. „Ruckgleiten" (stick-slip) auf, d. h., der Schlitten wird bei Bewegung aus der Ruhe heraus durch die dem höheren Reibungswiderstand entsprechende, in den Antriebsgliedern gespeicherte Energie ruckartig, oft über das gewünschte Maß hinaus, verschoben. Um dies zu verhindern, werden mit Erfolg *hydrostatisch geschmierte Führungen*[1,2,3] verwendet, die außerdem noch die Vorteile von Verschleißfreiheit und beachtlicher Tragfähigkeit aufweisen. Es wird dabei — wie bei den hydrostatischen Radiallagern — mehreren Druckkammern Preßöl zugeführt, und zwar jeweils eine möglichst konstante Ölmenge; dies kann dadurch erreicht werden, daß für jede Kammer eine Pumpe konstanter Fördermenge vorgesehen oder daß bei Verwendung einer gemeinsamen Pumpe jeder Kammer eine Drosselstelle vorgeschaltet wird. Bei rechteckigen Kammern und Spaltflächen bis zum Außenrand der Führung (Abb. 5.8) tritt dort das Öl aus, es läuft an der Maschine außen ab und muß gesammelt und vor Wiederverwendung gut gereinigt werden. Einen geschlossenen Ölkreislauf ermöglichen die in Abb. 5.9 dargestellten Drucktaschen[2]; die kreisförmige Druckkammer ist von einem kreisringförmigen Spalt umgeben, der wiederum von einem ringförmigen Abströmkanal umschlossen ist; durch einen eingelegten durch Federn an die Führungsfläche angedrückten Dichtring wird das Austreten des Öles nach außen verhindert. Aus dem Abströmkanal wird das Öl durch eine Rücklaufleitung dem Ölbehälter wieder zugeführt. Die Drucktaschen können so, wie Abb. 5.10 zeigt, an Doppelprismenführungen angeordnet werden; es ist dabei auch möglich, die hydrostatische Lagerung nur zum Positionieren

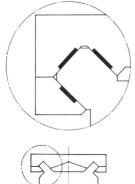

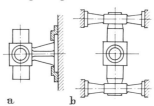

Abb. 5.11. Kreuzkopfführung
a) einseitige; b) Vierfachführung (aus F. MAYR, Ortsfeste Dieselmotoren und Schiffsdieselmotoren)

Abb. 5.10
Anordnung der Drucktaschen
[nach Z. Konstr. 17 (1965) 186]

zu benutzen und in der gewünschten Arbeitsstellung beispielsweise die oberen Drucktaschen zu entlasten und mit dem Öldruck in den unteren Taschen ein zusätzliches Klemmen zu bewirken.

Gute Erfolge, festhaftende Schmierfilme zu bilden, die auch im Ruhezustand aufrechterhalten werden, sind mit hochpolaren Zusatzstoffen, wie Elain, gechlortem Stearin und oxydiertem Paraffin erzielt worden[4].

---

[1] KOENIGSBERGER, F.: Forschungsbericht über Probleme hydrostatisch geschmierter Führungen für genaue Positionierung. Der Maschinenmarkt 1960, Nr. 11, S. 23—25.
[2] KNOELL, R., u. H. THUM: Geradführungen mit hydrostatischer Lagerung. Z. Konstr. 17 (1965) 185—187.
[3] SCHLOTTERBECK, H.: Untersuchungen hydrostatischer Lager unter besonderer Berücksichtigung ihrer Anwendungsmöglichkeiten im Werkzeugmaschinenbau. Industrie-Anz. 88 (1966) Nr. 15.
[4] STEPANEK, K.: Die Stabilität der Gleitbewegung bei Werkzeugmaschinen, Referat VDI-Z. 102 (1960) 1151—1152.

Die *Kreuzkopfführungen* bei Kolbenmaschinen werden bei großen Einheiten mit ebenen Gleitflächen ausgeführt. Der Kreuzkopf stellt die Verbindung her zwischen der Kolbenstange, die sich geradlinig hin- und herbewegt, und der Pleuelstange, die relativ zum Kreuzkopf eine pendelnde Bewegung ausführt; er muß also, wie schon in Abb. 4.35 dargestellt, die Normalkraft N über Gleitschuhe auf die Gleitbahnen übertragen. Meistens werden einseitige Kreuzkopfführungen (Schema

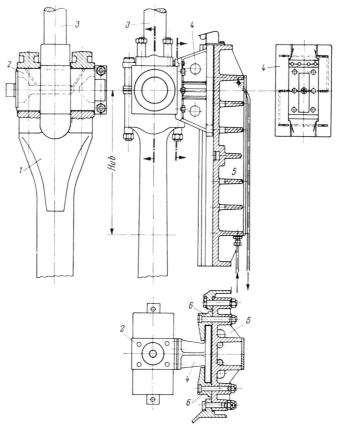

Abb. 5.12. Kreuzkopf, Gleitschuh und Gleitbahn eines einfachwirkenden Zweitakt-Dieselmotors der MAN (nach F. MAYR, Ortsfeste Dieselmotoren und Schiffsdieselmotoren)

Abb. 5.11a) verwendet, bei denen besondere Rückwärtsgleitschienen die Kräfte bei Druckwechsel oder Rückwärtsfahrt aufnehmen. Eine gute Zugänglichkeit zu den Triebwerksteilen von beiden Seiten her ermöglicht die in Abb. 5.11b schematisch dargestellte Vierfachführung, die z. B. in langsam laufenden Dieselmotoren der Firma Gebr. Sulzer AG, Winterthur, zu finden ist.

Bei dem Ausführungsbeispiel nach Abb. 5.12 für einen einfachwirkenden Zweitakt-Dieselmotor der MAN ist der obere Pleuelstangenkopf *1* gabelförmig gestaltet, und der Kreuzkopf *2* besteht aus einem Vierkantschmiedestück mit zwei angeschmiedeten Zapfen; an der oberen Fläche des Vierkants ist die Kolbenstange *3* angeschraubt, an einer Seitenfläche der Gleitschuh *4* aus Gußeisen; seine Gleitflächen sind mit Weißmetallauflagen versehen, in die Schmiernuten eingearbeitet sind. Die Gleitbahn *5* aus Gußeisen trägt die Rückwärtsgleitschienen *6*.

Der in Abb. 5.13 dargestellte Kreuzkopf *1* eines hochaufgeladenen MAN-Viertakt-Dieselmotors ist mit einer ausgesparten Schwingzapfenbuchse *2* aus Stahl mit eingegossener Bleibronze ausgerüstet. Der in der Buchse *2* pendelnd gelagerte gehärtete Schwingzapfen *3* ist mit der Pleuelstange *4* verschraubt. Hierdurch konnte auf die Gabelung der Pleuelstange verzichtet werden. An der oberen Fläche ist wieder die

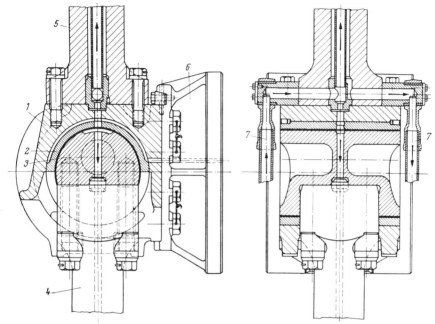

Abb. 5.13. Kreuzkopf und Gleitschuh eines hochaufgeladenen MAN-Viertakt-Dieselmotors (aus F. MAYR, Ortsfeste Dieselmotoren und Schiffsdieselmotoren)

Kolbenstange *5* und an der seitlichen Fläche der Stahlgußgleitschuh *6* angeschraubt. Die Gelenkrohre *7* dienen zur Zu- und Abfuhr des Schmieröls (auch für das untere Pleuellager) und zugleich des Kühlöls für den Kolben.

Die Gleitflächen werden so bemessen, daß die spezifische Pressung nur 2 bis 3 kp/cm², bei Weißmetall 4 bis 8 kp/cm² beträgt, so daß ein nennenswerter Verschleiß erst nach sehr langer Betriebsdauer zu erwarten ist.

Bei *Kurbelschleifen* wird die Geradführung meistens als *Kulisse* ausgebildet, in der sich ein *Gleitstein* verschiebt. Abb. 5.14a zeigt schematisch eine *umlaufende*

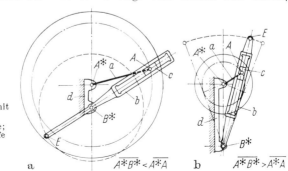

Abb. 5.14. Kurbelschleifen mit Kulisse *b* und Gleitstein *c*
a) umlaufende Kurbelschleife;
b) schwingende Kurbelschleife

Kurbelschleife, Abb. 5.14b eine *schwingende* Kurbelschleife. Der Gleitstein c ist auf dem Antriebsglied a (Scheibe oder Zahnrad), das sich um die Achse A^* dreht, drehbar gelagert, während die Kulisse b ihren Drehpunkt in B^* hat. Das feststehende Glied d mit den Drehachsen A^* und B^* heißt das Gestell.

5.1.2 Führungen mit Wälzlagerungen[1,2]

Die Vorteile von Führungen mit Wälzlagerungen bestehen einmal in dem niedrigen Reibungsbeiwert der rollenden Reibung, so daß nur geringe Verschiebekräfte erforderlich sind und auch bei sehr niedrigen Vorschubgeschwindigkeiten der Stick-

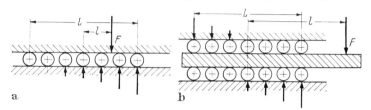

Abb. 5.15. Führungen mit Wälzlagerungen
a) offene; b) geschlossene Führung [aus Z. Konstr. 12 (1960) 353]

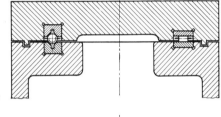

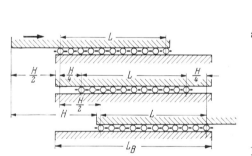

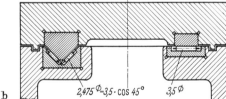

Abb. 5.16. Längenverhältnisse bei Führung für begrenzte Schiebewege
H Hub des Tisches, L Führungslänge, L_B Bett- bzw. Tischlänge

Abb. 5.17. Offene Schlittenführungen
a) auf Kugeln und Walzen gelagert (Robert Kling GmbH, Wetzlar); b) auf Nadeln verschiedener Durchmesser gelagert (Industrie-Werke Schaeffler, Herzogenaurach b. Nürnberg)

slip-Effekt vermieden wird, und in der Möglichkeit, durch Einbau mit Vorspannung Spielfreiheit zu erzielen; ferner sind Abnutzung und Schmiermittelaufwand sehr gering. Nachteilig ist dagegen die erforderliche hohe Herstellungsgenauigkeit sowohl der Wälzkörper als auch der Laufbahnen; bei beiden muß die Rauhtiefe unter 1 µm liegen. Die Führungsbahnen müssen eine Härte von $R_c = 60 \cdots 62$ besitzen, so daß in Schlitten und Führungskörper meistens gehärtete und geschliffene Stahlleisten eingesetzt oder auch Stahlbänder eingelegt werden. Gegen Eindringen von Schmutz und Spänen sind Wälzlagerungen besonders sorgfältig zu schützen.

---
[1] MÜLLER, K.: Wälzkörpergelagerte Längsführungen. Werkst. u. Betr. 91 (1958) 73—76.
[2] KUNERT, K.-H.: Kraftverteilung in wälzkörpergelagerten Geradführungen. Z. Konstr. 12 (1960) 353—360.

5.1 Paarung von ebenen Flächen

Man unterscheidet offene Führungen mit nur *einer* Kugel- oder Rollenreihe nach Abb. 5.15a, bei denen die Kraft nicht weit außermittig angreifen darf, und geschlossene Führungen (Abb. 5.15b), bei denen z. B. eine zweite Wälzkörperreihe ein Abheben und Kippen verhindert, auch wenn die Belastung F außerhalb von L angreift. Die Kraftverteilung auf die Wälzkörper ist in Abb. 5.15 angedeutet; die Berechnung mit Hilfe der Verformungsbeziehungen ist von KUNERT[1] durchgeführt worden. Geschlossene Führungen sind auch mit nur einer Kugel- oder Rollenreihe durch seitlich angeordnete V-förmig profilierte Führungsschienen (Abb. 5.21 und 5.22) möglich. Nach dem Verschiebungsbereich kann eine Einteilung in Führungen für begrenzte und in solche für unbegrenzte Schiebewege vorgenommen werden.

Bei den Führungen für begrenzte Schiebewege legen, wie Abb. 5.16 zeigt, die Wälzkörper einen halb so großen Weg zurück wie der Tisch; aus der gezeichneten Mittelstellung ergibt sich, daß Tisch- und Bettlänge L_B mindestens um den halben Hub ($2H/4 = H/2$) größer sein müssen als die Führungslänge L der Wälzkörper. (Es braucht dabei nicht unbedingt die ganze Länge L mit Wälzkörpern belegt zu sein, es genügen bei geringen Kräften je einige Wälzkörper am Anfang und Ende der Strecke L.) Als Wälzkörper werden Kugeln, Rollen und Nadeln verwendet, die meist in entsprechenden Käfigen gehalten werden. Bei offenen Schlittenführungen (Abb. 5.17) wird auf *einer* Seite die Sicherung in horizontaler Richtung übernommen, entweder durch Kugeln, die zwischen *zwei* Prismenführungen laufen (Abb. 5.17a) oder durch zwei in V-Führung laufende Nadelreihen (Abb. 5.17b); auf der Gegenseite sind Flachführungen mit Walzen oder Nadeln vorgesehen. Eine geschlossene Schlittenführung mit übereinander angeordneten Kugeln und Walzen ist in Abb. 5.18 dargestellt. Für geringe Bauhöhe eignen sich wieder Schwalbenschwanzausführungen (Abb. 5.19) mit vier Nadellagerreihen, wobei eine Leiste nachstellbar sein muß.

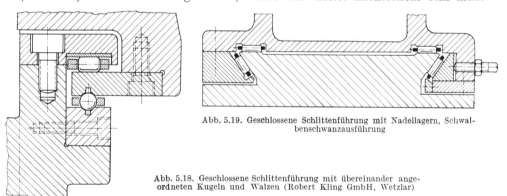

Abb. 5.19. Geschlossene Schlittenführung mit Nadellagern, Schwalbenschwanzausführung

Abb. 5.18. Geschlossene Schlittenführung mit übereinander angeordneten Kugeln und Walzen (Robert Kling GmbH, Wetzlar)

Nadellagerflachkäfige werden als einbaufertige Bauelemente geliefert (Abb. 5.20), die durch Schwalbenschwanzverbindung zu beliebig langen Bandkäfigen zusammengesetzt werden können. Bei der zweireihigen Ausführung nach Abb. 5.20b aus biegsamem Kunststoff (Polyamid) ist ein bequemer Einbau in Prismen- oder Winkelführungen möglich. Für geringe Belastung sind geschlossene *kugel*gelagerte Längsführungen nach Abb. 5.21 mit seitlich angeordneten Führungsschienen geeignet; eine von diesen muß zum Spielausgleich einstellbar sein. Wesentlich höhere Belastungen können die *rollen*gelagerten Längsführungen nach Abb. 5.22 aufnehmen, bei denen Rollen benutzt werden, deren Durchmesser etwas größer ist als die Breite und deren Achsen von Rolle zu Rolle um 90° verdreht sind (Kreuzrollenbauweise).

---

[1] Siehe Fußnote 2, S. 144.

146 5. Elemente der geradlinigen Bewegung

Um *Führungen für unbegrenzte Schiebewege* handelt es sich, wenn die Schlittenlänge gegenüber den Führungslängen kurz ist. Die einfachste, aber meist zu viel Platz beanspruchende Ausführung benutzt Kugel- oder Rollenlager bzw. nadel-

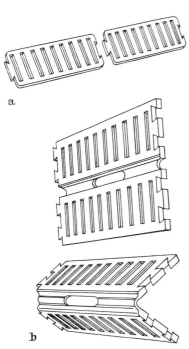

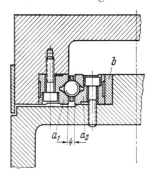

Abb. 5.21. Kugelgelagerte Längsführung (W. Schneeberger AG, Bern/Schweiz)
a_1 und a_2 Führungsschienen; b Einstelleisten

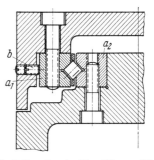

Abb. 5.20. Nadelflachkäfige
a) einreihig; b) zweireihig (Industrie-Werke Schaeffler, Herzogenaurach b. Nürnberg)

Abb. 5.22. Rollengelagerte Längsführung (W. Schneeberger AG, Bern/Schweiz)
a_1 und a_2 Führungsschienen; b Einstellschraube

gelagerte Stützrollen. In dem Beispiel der Abb. 5.23 ist zur zusätzlichen Aufnahme geringer Seitenkräfte der Kugellageraußenring an den Kanten abgeschrägt; die Führungsschiene ist als V-Prisma ausgebildet. In Abb. 5.24 übernehmen die Kugellager a und b nur die seitliche Führung; zum Spielausgleich können die Kugellager auf exzentrische Bolzen gesetzt werden.

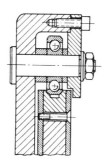

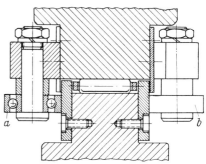

Abb. 5.23. Kugellager mit abgeschrägtem Außenring in Prismenführung

Abb. 5.24. Kugellager zur seitlichen Führung

Vielfach wird heute von dem Prinzip der umlaufenden Wälzkörper Gebrauch gemacht, wobei Kugeln oder Rollen nach Durchlaufen der Arbeitsstrecke über Umlenkkanäle oder durch Führung in Ketten zur Einlaufstelle in die Arbeitsstrecke zurückgebracht werden. Für Flachführungen ist das sog. *Blocklager* nach Abb. 5.25 entwickelt worden; die Kugeln laufen (ohne Käfig) in dem Kanäle bildenden Blechgehäuse um, wobei der rechte Kanal a für die belasteten Kugeln ein langes Fenster

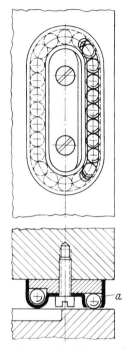

Abb. 5.25. Blocklager für Flachführungen (Patent H.S.V. Järund, Lund/Schweden)

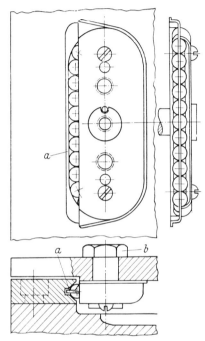

Abb. 5.26. Kugelführung für Prismenlaufschiene (Hans Worm, Solingen)

aufweist. Die in Abb. 5.26 dargestellte *Kugelführung* ist für den Lauf in Prismenschienen gedacht; die Kugeln sind um ein prismatisches Stahlsegment angeordnet und werden von einem Gehäuse umschlossen, das an der linken Längsseite geöffnet ist; der mit dem Gehäuse verbundene Steg a verhindert das Herausfallen der Kugeln; nach dem Einbau findet zwischen Steg und Kugeln keine Berührung mehr statt. Die Prismenschienen sind so ausgebildet, daß der Steg genügend Platz hat. Zur genauen Einstellung der Kugelführungen und zum Spielausgleich ist der Exzenterbolzen b vorgesehen. Für hohe Belastungen eignen sich *Rollen*umlaufführungen; eine käfiglose Bauart zeigt Abb. 5.27[1], wobei breite, in der Mitte eingeschnürte Rollen a mit Klammern b im Führungsstück c gehalten werden, das mit dem Tisch d verschraubt wird; zwischen Tisch und Führungsstück entsteht der Rücklaufkanal, auf der Gegenseite, der Arbeitsstrecke, ragen die belasteten Rollen über das Führungsstück c vor. Für Seitenführung und Sicherung gegen Abheben können die gleichen einbaufertigen Elemente verwendet werden.

---

[1] Rotax-Tychoway-Elemente; Vertrieb durch Jago-Werkzeugmaschinen GmbH, Wickrath/Rheydt.

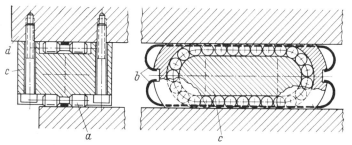

Abb. 5.27. Tychoway-Rollenumlauf-Führung (Rotax, London)

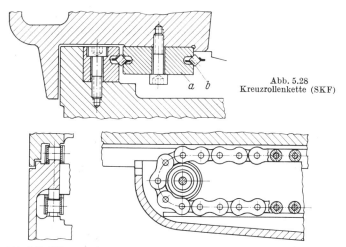

Abb. 5.28 Kreuzrollenkette (SKF)

Abb. 5.29. Führung mit Präzisionsrollenkette (Ludwig Loewe & Co. AG, Berlin)

Die *Kreuzrollenkette* (SKF) nach Abb. 5.28 arbeitet in zwei Richtungen wirkend wieder zwischen 90°-Prismenführungsschienen. Die Einbaueinheit, die am Tisch angeschraubt wird, besteht aus der Umlaufschiene a und den nahezu quadratischen Rollen b mit je nacheinander um 90° versetzten Achsen, wobei jede Rolle in einem Käfigglied gehalten wird und die Käfigglieder eine geschlossene Kette bilden. Für in nur *einer* Richtung wirkende Führungen haben sich auch normale Präzisionsrollenketten bewährt, die über Spann- und Umlenkrollen laufen (Abb. 5.29).

5.2 Rundlingspaarungen

Zylindrische Flächen werden häufig wegen ihrer verhältnismäßig einfachen Herstellung für Führungsaufgaben verwendet, ferner aber auch für Funktionselemente in allen Kolbenmaschinen, sowohl Kolbenkraftmaschinen, Kolbenverdichtern und -pumpen als auch in einfachen Hydraulik-Vorschub-, -Spann- und -Preß-Zylindern. Bei den Paarungen „Kolben—Zylinder" kommen wegen der gleichzeitigen Dichtungsprobleme nur *Gleit*bewegungen in Frage, während bei Führungssäulen und Schiebewellen neben Gleit- auch *Wälz*lagerungen vorgesehen werden können. Zu den Schiebewellen, die zusätzlich noch zur Drehmomentübertragung dienen, gehören auch die im Abschn. 2.5 (Formschlußverbindungen) behandelten Wellen mit Gleitfedern, die Vielnutwellen und die Wellen mit Unrundprofilen.

5.2.1 Gleitende Rundlingspaarungen

Von *Richtführungen* spricht man, wenn keine Kräfte oder im wesentlichen nur Kräfte in der Führungsachse wirken. Beispiele hierfür sind Reitstockpinolen, Bohrspindelhülsen, zylindrische Zahnstangen in Zahnradstoßmaschinen, Säulengestelle

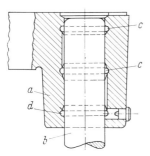

Abb. 5.30. Gleitführung eines Säulengestells
a Oberteil; *b* Führungssäule; *c* Schmierrillen; *d* Ölfangrille

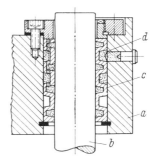

Abb. 5.31. Spieth-Führungsbuchse für Säulenführung
a Oberteil; *b* Führungssäule; *c* Führungsbuchse; *d* Öl

für Stanzen (genormt in DIN 9812 bis 9827), Führungsstangen in mechanischen Pressen, Säulen in dampfhydraulischen oder hydraulischen Schmiedepressen u. dgl. Bei hohen Genauigkeitsanforderungen (z. B. bei den Säulengestellen für Stanzen) werden die Bohrungen feinstgebohrt und gehont, die Führungssäulen gehärtet, geschliffen, evtl. auch geläppt; die Passung H5/h4 ermöglicht (nach dem Ausleseverfahren) ein Spiel von 4 bis 5 µm. Zur Schmierung wird Spezialöl mit Molybdändisulfid(MoS_2)-Zusatz empfohlen; in die Bohrungen werden geeignete, an den Kanten gerundete oder mit Anschrägungen versehene Schmierrillen eingearbeitet (Abb. 5.30); nur die unterste Rille besitzt als Ölfangrille eine scharfe Kante. Für noch geringeres und einstellbares Spiel ist die in Abb. 5.31 dargestellte Spieth-Führungsbuchse geeignet, deren Wirkungsweise genau der in Abschn. 2.4.4 bei den Spieth-Spannhülsen beschriebenen entspricht. Die Spieth-Führungsbuchsen werden für Pinolen- und für Säulenführungen verwendet.

Bei *belasteten Rundführungen* mit parallel und/oder quer zur Führungsachse wirkenden Kräften sind wegen der auftretenden Reaktions- und Reibungskräfte die Längen *l* der Führungshülsen (bzw. der Abstand *l* besonderer

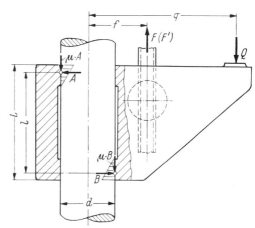

Abb. 5.32. Schematische Darstellung der Kräfteverhältnisse an einer senkrechten Rundführung mit achsparalleler Last Q

Führungsbuchsen) reichlich zu bemessen, da sonst die Gefahr des Klemmens besteht. In Abb. 5.32 sind schematisch die Kräfteverhältnisse dargestellt, wie sie sich z. B. bei vertikalen Konsol- oder Tischführungen oder an dem Ausleger von Radialbohrmaschinen einstellen. Aus den Gleichgewichtsbedingungen ergibt sich mit den eingetragenen Bezeichnungen die erforderliche Verschiebekraft F bei Aufwärtsbewegung bzw. die nach oben gerichtete Bremskraft F' bei Abwärtsbewegung

$$F = Q\frac{l+2\mu q}{l+2\mu f}; \qquad F' = Q\frac{l-2\mu q}{l-2\mu f}.$$

Für die Anordnung nach Abb. 5.33 mit waagerechter Führungsstange erhält man die für eine Verschiebung nach rechts erforderliche Kraft F, bzw. F' für die Verschiebung nach links

$$F = \mu Q\frac{2q+\mu d}{l-2\mu f}; \qquad F' = \mu Q\frac{2q-\mu d}{l+2\mu f}.$$

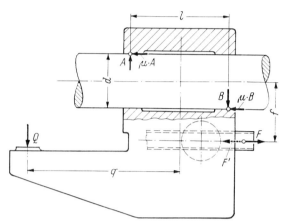

Abb. 5.33. Schematische Darstellung der Kräfteverhältnisse an einer waagerechten Rundführung mit einer zur Führungsachse senkrechten Last Q

Häufig werden *zwei* parallele Zylinderführungen verwendet, wobei jedoch kräftige Säulen und hohe Präzision erforderlich sind (Beispiel Abb. 5.34).

Auch *Kreuzkopfführungen* werden bisweilen als Rundführungen hergestellt, sowohl bei langsamlaufenden Dieselmotoren, vor allem jedoch bei großen Kolbenverdichtern[1] und Kolbenpumpen[2], wenn eine vollkommene Trennung zwischen Druckzylinderteil und Triebwerksteil notwendig ist. Die Gleitflächen des Kreuzkopfs bestehen meistens aus zwei gegenüberliegenden Zylindermantelausschnitten, die der Gleitbahn entweder aus einem vollen Zylinder oder zwecks Zugänglichkeit bei Dieselmotoren ebenfalls aus Mantelausschnitten; die Gleitbahnen bilden in der Regel Teile des Maschinengestells oder -rahmens, in dem die Kurbelwelle gelagert ist, bisweilen werden sie (bei Vollzylinderbauart) auch an das Kurbelgehäuse angeflanscht. In Abb. 5.35 ist ein Kreuzkopf mit Zylinderführung für einen DEMAG-Kolbenverdichter dargestellt.

Kolben und Zylinder sind wohl die am häufigsten verwendeten Rundlingspaarungen; nach den schon angedeuteten Verwendungsmöglichkeiten werden an sie die verschiedensten Anforderungen gestellt, die die Gestaltung derart beeinflussen, daß eine eingehende Behandlung in einem Maschinenelemente-Lehrbuch nicht mehr möglich ist. Als gemeinsames Merkmal ist nur festzuhalten, daß durch die Bewegung des Kolbens im Zylinder ein *veränderlicher* Hohlraum gebildet wird, in dem von oder auf verschiedenste Medien, wie Flüssigkeiten, Dämpfe und Gase,

---

[1] BOUCHÉ/WINTTERLIN: Kolbenverdichter, 4. Aufl., Berlin/Heidelberg/New York: Springer 1968. — FRÖHLICH, F.: Kolbenverdichter, Berlin/Göttingen/Heidelberg: Springer 1961.
[2] FUCHSLOCHER/SCHULZ: Die Pumpen, 12. Aufl., Berlin/Heidelberg/New York: Springer 1967.

durch Kompression oder Expansion Kraftwirkungen ausgeübt werden. Auf die wichtige Bedeutung der Dichtungselemente ist schon in Abschn. 3.2.2.1 hingewiesen worden; sie können im Zylinder (bei Plungerkolben Abb. 5.36a oder an den Durchtrittsstellen von Kolbenstangen Abb. 5.36b) oder im Kolben selbst (Abb. 5.36b, c und d) angeordnet werden. Einige weitere wichtige Gesichtspunkte sind: *bei der Gestaltung der Zylinder* die Art und Anordnung der Ein- und Auslaßorgane für die Arbeitsmedien, die Berücksichtigung der Wärmewirkungen (Kühlmäntel), der Gleiteigenschaften, der Verschleißverhältnisse und der Schmierung, *bei der Gestaltung*

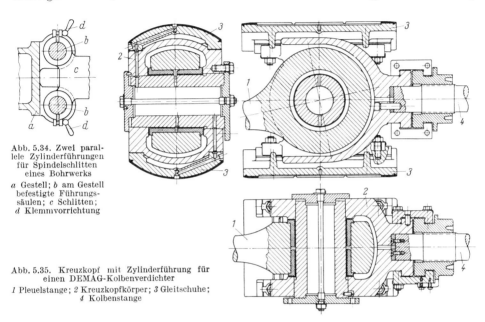

Abb. 5.34. Zwei parallele Zylinderführungen für Spindelschlitten eines Bohrwerks
a Gestell; *b* am Gestell befestigte Führungssäulen; *c* Schlitten; *d* Klemmvorrichtung

Abb. 5.35. Kreuzkopf mit Zylinderführung für einen DEMAG-Kolbenverdichter
1 Pleuelstange; *2* Kreuzkopfkörper; *3* Gleitschuhe; *4* Kolbenstange

der Kolben die Kraftübertragung auf die Kolbenstange bei Triebwerken mit Kreuzkopf (Abb. 5.36b und c) bzw. unmittelbar auf die Pleuelstange über den Kolbenbolzen bei Tauchkolben (Abb. 5.36d), bei diesen zusätzlich die Einflüsse der Führungskräfte, allgemein die Berücksichtigung der Massenkräfte (geringe Gewichte)[1], bei Brennkraftmaschinen die Form des Kolbenbodens im Hinblick auf das Verbrennungsverfahren und die Stoffwechselart, die thermischen Beanspruchungen, die Wärmeableitung, die Anpassung der Wärmeausdehnung an die des Zylinders durch besondere Maßnahmen, wie Anbringung von Schlitzen, geeignete Werkstoffwahl bzw. Einbau von Regelgliedern in Ring- oder Plattenform[2], Kühlung bei Kolben großer Dieselmotoren[3]. Einzelheiten bei Kolbenverdichtern und -pumpen sind den in den Fußnoten 1 und 2, S. 150, angeführten Büchern zu entnehmen.

---

[1] NEUGEBAUER, G. H.: Kräfte in den Triebwerken schnellaufender Kolbenkraftmaschinen (Konstruktionsbücher Bd. 2), Berlin/Göttingen/Heidelberg: Springer 1952. — LANG, O.: Triebwerke schnellaufender Verbrennungsmotoren (Konstruktionsbücher Bd. 22), Berlin/Heidelberg/New York: Springer 1966.
[2] BENSINGER, W.-D., u. A. MEIER: Kolben, Pleuel und Kurbelwelle bei schnellaufenden Verbrennungsmotoren, 2. Aufl. (Konstruktionsbücher Bd. 6), Berlin/Göttingen/Heidelberg: Springer 1961.
[3] MAYR, F.: Ortsfeste Dieselmotoren und Schiffsdieselmotoren (Die Verbrennungskraftmaschine Bd. 12), Wien: Springer 1960.

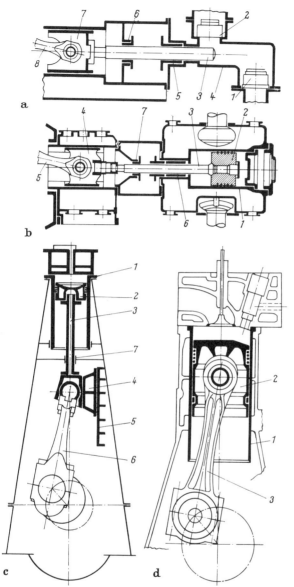

Abb. 5.36
Beispiele für Kolben-Zylinder-Paarung
a) Schema einer Preßwasser-Kolbenpumpe
1 Saugventil; *2* Druckventil; *3* Plungerkolben; *4* Zylinder; *5* Lippendichtung gegen Preßwasser; *6* Dichtung (Metallpackung) gegen Spritzöl; *7* Kreuzkopf; *8* Pleuelstange
b) Schema eines Kolbenverdichters
1 Zylinder; *2* Scheibenkolben mit Kolbenringen; *3* Kolbenstange; *4* Kreuzkopf; *5* Pleuelstange; *6* Dichtung gegen Medium; *7* Dichtung gegen Triebwerk
c) Schema eines Kreuzkopfmotors
1 Zylinder; *2* Kolben; *3* Kolbenstange; *4* Kreuzkopf; *5* Gleitbahn; *6* Pleuelstange; *7* Dichtung
d) Schema eines Tauchkolbenmotors
1 Zylinder; *2* Tauchkolben; *3* Pleuelstange

5.2.2 Rundführungen mit Wälzlagerungen

Für *begrenzte Schiebewege*, also Kurzhubbewegungen, z. B. für Säulengestelle, Schleifmaschinentische, nockenbetätigte Stößel u. dgl., bei denen es auf hohe Genauigkeit und Spielfreiheit bei sehr geringen Verschiebekräften ankommt, werden Kugelführungen nach Abb. 5.37 und 5.38 verwendet. Bei der Ausführung nach Abb. 5.37 sind die Laufflächen der Führungskörper (Buchse *a* und Säule *b*) zylindrisch, gehärtet, geschliffen und geläppt, und die Kugeln *c* sind im Kugelkäfig *d* auf steilgängigen Schraubenlinien angeordnet, so daß sehr viele dicht nebeneinander liegende Laufbahnen vorhanden sind und der Verschleiß sehr gering ist. Die Durchmesser von Führungsbuchse und Säule sind so toleriert, daß die Kugelführungen unter Vorspannung, also vollkommen spielfrei arbeiten. Als Schmierung genügt, wie bei Kugellagern, ein sachgemäßes Einfetten beim Einbau, so daß praktisch keine Wartung erforderlich ist.

Die Kugelführung nach Abb. 5.38 besitzt an jedem Käfigende nur drei Reihen von Kugeln, die jedoch in 12 gleichmäßig über den Umfang verteilten in Achsrichtung geschliffenen Laufrillen des inneren Führungskörpers *b* laufen. Es liegt also nicht nur Punktberührung vor, wie dies bei einem zylindrischen Außenmantel der Fall ist; hierdurch ist eine höhere Belastbarkeit möglich. Im äußeren Führungsrohr *a* befinden sich keine Laufrillen, weil hier die Schmiegungsverhältnisse (Hohlzylinder/Kugel) an und für sich günstiger sind.

5.2 Rundlingspaarungen

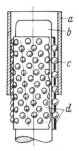

Abb. 5.37
Kugelführung (Sustan, Schnitt- und Stanzwerkzeug-Normalien, Hanns Fickert, Frankfurt a. M., und Feinprüf-, Feinmeß- und Prüfgeräte GmbH, Göttingen)
a Führungsbuchse; b Säule; c Kugeln; d Kugelkäfig

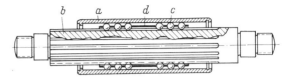

Abb. 5.38. Kugelführung (Hans Worm, Solingen)
a Führungsrohr; b innerer Führungskörper mit geschliffenen Laufrillen; c Kugeln; d Kugelkäfig

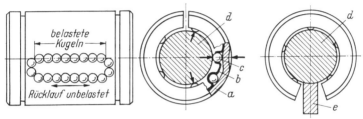

Abb. 5.39. Kugelbüchse (Deutsche Star-Kugelhalter GmbH, Schweinfurt; RIV-Kugellager GmbH, Frankfurt a. M.)
a Außenhülse; b Stahlblechführungen; c Kugeln; d Führungsstange; e Stützteile

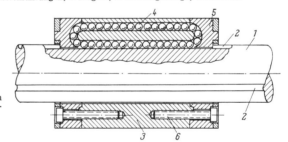

Abb. 5.40. Kugelschiebewelle (Bristol Siddeley)
1 Schiebewelle; 2 Axialnuten in der Welle; 3 Schiebemuffe; 4 umlaufende Kugeln; 5 Ablenker; 6 Halteschrauben

Für *unbegrenzte Schiebewege* eignen sich die in Abb. 5.39 dargestellten Kugelbuchsen. Mit der gehärteten und geschliffenen Außenhülse a sind die auf dem Umfang gleichmäßig verteilten Stahlblechführungen b, die wie die in Abb. 5.25 beschriebenen Blocklager die Kugeln c über den Rückführkanal der „Arbeitsstrecke" zuführen, fest verbunden. Je nach der Größe der Buchse werden 3 bis 6 Führungen angeordnet. Die Kugelbuchsen sind in der Normalausführung längsgeschlitzt, so daß beim Einbau durch geeignete Hilfsmittel zum feinfühligen radialen Nachstellen Spielfreiheit erzielt wird. Bei sehr langen Führungsstangen d würden sich wegen der Durchbiegung zu große Durchmesser ergeben; für diese Fälle werden Kugelbuchsen mit einem breiteren Schlitz geliefert, der die Anwendung von Stützteilen e für die Führungsstange ermöglicht.

Das Kugelumlaufprinzip wird auch bei der in Abb. 5.40 dargestellten Kugelschie*bewelle* verwendet, bei der sich die tragenden Kugeln in besonders profilierten Nuten der Welle *und* der Schiebemuffe befinden. Es können also auf unbegrenzten Schiebewegen auch beachtliche Drehmomente übertragen werden; durch Einbau mit Vorspannung wird spielfreier Lauf gewährleistet.

6. Elemente zur Übertragung gleichförmiger Drehbewegungen

6.1 Formschlüssige Rädergetriebe: Zahnrädergetriebe 155
   6.1.1 Zahnrädergetriebe mit geradverzahnten Stirnrädern 156
      6.1.1.1 Grundbegriffe und Bezeichnungen 156
      6.1.1.2 Das allgemeine Verzahnungsgesetz (Bedingung für Zahnflankenformen) 158
      6.1.1.3 Gegenflanke, Eingriffslinie, Eingriffsstrecke, Eingriffslänge und Überdeckungsgrad. 159
      6.1.1.4 Gleitverhältnisse 161
      6.1.1.5 Kräfte und Momente 162
      6.1.1.6 Zykloidenverzahnung 164
      6.1.1.7 Evolventenverzahnung (allgemein) 167
      6.1.1.8 Normverzahnung, Nullgetriebe, Zahnstangengetriebe 170
      6.1.1.9 Herstellung einzelner Räder mit zahnstangenförmigem Werkzeug; Unterschnitt, Grenzzähnezahl und Profilabrückung. 171
      6.1.1.10 Paarung von V-Rädern, V-Getriebe (allgemein) 176
      6.1.1.11 Wahl der Summe der Profilverschiebungsfaktoren und Aufteilung in x_1 und x_2 183
      6.1.1.12 Bemessungsgrundlagen 185
      6.1.1.13 Lagerkräfte, Biegemomente 197
      6.1.1.14 Stirnrädergetriebe mit Innen-Geradverzahnung 199
   6.1.2 Zahnrädergetriebe mit schrägverzahnten Stirnrädern 203
      6.1.2.1 Bezeichnungen, Grundbegriffe und -beziehungen 203
      6.1.2.2 Paarung schrägverzahnter V-Räder 209
      6.1.2.3 Bemessungsgrundlagen 212
      6.1.2.4 Lagerkräfte, Biegemomente 215
      6.1.2.5 Stirnrädergetriebe mit Innen-Schrägverzahnung 218
      6.1.2.6 Hinweise auf Herstellung, Qualitäten, Toleranzen und Flankenspiel 220
      6.1.2.7 Konstruktive Einzelheiten und Ausführungsbeispiele 222
   6.1.3 Kegelrädergetriebe 225
      6.1.3.1 Geometrische Grundlagen für geradverzahnte Kegelräder 225
      6.1.3.2 Bemessungsgrundlagen 229
      6.1.3.3 Kräfteverhältnisse und Lagerung 232
      6.1.3.4 Kegelräder mit Schräg- und Bogenverzahnung 233
   6.1.4 Schraubenrädergetriebe 235
      6.1.4.1 Geometrische Grundlagen für Schraubenstirnrädergetriebe 236
      6.1.4.2 Kräfteverhältnisse und Wirkungsgrad 238
      6.1.4.3 Bemessungsgrundlagen 240
   6.1.5 Schneckengetriebe 241
      6.1.5.1 Flankenformen der Zylinderschnecken 242
      6.1.5.2 Bestimmungsgrößen und geometrische Grundlagen 243
      6.1.5.3 Kräfteverhältnisse und Wirkungsgrad 246
      6.1.5.4 Empfehlungen für die Bemessung 248
      6.1.5.5 Lagerkräfte und Beanspruchungen der Schneckenwelle 250
      6.1.5.6 Konstruktive Einzelheiten 252
   6.1.6 Umlaufgetriebe. 253
      6.1.6.1 Drehzahlen und Übersetzungsverhältnisse von Stirnräder-Umlaufgetrieben 253
      6.1.6.2 Kräfte, Momente und Leistungen bei Stirnräder-Umlaufgetrieben . 264
      6.1.6.3 Kegelräder-Umlaufgetriebe 268

6.2 Kraftschlüssige Rädergetriebe: Reibrädergetriebe 269
    6.2.1 Werkstoffpaarungen, Kennwerte, Berechnungsgrundlagen 269
    6.2.2 Reibrädergetriebe mit konstanter Übersetzung 273
    6.2.3 Reibrädergetriebe mit stufenlos verstellbarer Übersetzung 275
6.3 Formschlüssige Zugmittelgetriebe: Ketten- und Zahnriemengetriebe. 279
    6.3.1 Kettengetriebe 279
    6.3.2 Zahnriemengetriebe 286
6.4 Kraftschlüssige Zugmittelgetriebe: Riemen- und Rollenkeilkettengetriebe 287
    6.4.1 Theoretische Grundlagen, Begriffe und Folgerungen 288
        6.4.1.1 Bandkräfte F_{T1} und F_{T2} 288
        6.4.1.2 Einfluß der Fliehkraft 290
        6.4.1.3 Biegespannung und Biegefrequenz 291
        6.4.1.4 Gesamtspannung und optimale Bandgeschwindigkeit 291
        6.4.1.5 Folgerungen aus den theoretischen Betrachtungen 293
    6.4.2 Bauarten für konstante Übersetzungen; Anwendung, Kennwerte, Berechnung 295
        6.4.2.1 Flachriemengetriebe 296
        6.4.2.2 Keilriemengetriebe 303
    6.4.3 Bauarten für stufenlos verstellbare Übersetzungen 312
        6.4.3.1 Getriebe mit Flach- und Keilriemen 312
        6.4.3.2 Rollenkeilkettengetriebe (PIV-Getriebe System R, RS, RH) 314

Die Übertragung und Umwandlung von Bewegungen ist die Aufgabe der *Getriebe*. Handelt es sich um die Übertragung von *Drehbewegungen* und drehen sich An- und Abtriebswelle jeweils mit konstanter (oder nahezu konstanter) Drehzahl, so spricht man von *gleichförmig übersetzenden* Getrieben. Das Verhältnis von Drehzahl der Antriebswelle zu Drehzahl der Abtriebswelle heißt Übersetzungsverhältnis oder kurz *Übersetzung*

$$i = \frac{n_{An}}{n_{Ab}} = \frac{n_1}{n_2} = \frac{\omega_1}{\omega_2}.$$

Bei mehrstufigen (z. B. dreistufigen) Getrieben wird

$$i = \frac{n_{An}}{n_{Ab}} = \frac{n_1}{n_2} \frac{n_2}{n_3} \frac{n_3}{n_4} = i_{1/2}\, i_{2/3}\, i_{3/4},$$

d. h., die Gesamtübersetzung ist gleich dem Produkt der Einzelübersetzungen.

Die Bewegungsübertragung erfolgt entweder zwangsläufig durch *Formschluß*, ohne Schlupf, bei den *Zahnräder-* und *Kettengetrieben* oder durch *Reibschluß* mehr oder weniger elastisch, mit Schlupf, bei den *Reibräder-* und *Riemengetrieben*. Ketten- und Riemengetriebe heißen auch Zugmittelgetriebe.

6.1 Formschlüssige Rädergetriebe: Zahnrädergetriebe

Die wichtigsten Bauarten sind in Abb. 6.1 schematisch dargestellt. Bei *parallelen* Wellen sind die Wälzkörper Zylinder; die *Stirnräder* werden mit Geradverzahnung, Schrägverzahnung, Doppelschräg- oder Pfeilverzahnung jeweils als Außen- oder Innenverzahnung (Hohlrad) ausgeführt. Bei sich *schneidenden* Wellen sind die Wälzkörper Kegel mit den Spitzen im Schnittpunkt der Wellenachsen; die Kegelräder können ebenfalls gerad-, schräg- oder bogenverzahnt werden. Für windschiefe, d. h. *sich kreuzende* Wellen eignen sich die *Schraubenräder-* und die *Schneckengetriebe*; bei letzteren beträgt der Kreuzungswinkel in der Regel 90°. Die Zahnflanken der Schrauben- und Schneckenräder verlaufen schraubenlinienförmig.

Stirn- und Kegelrädergetriebe sind *Wälzgetriebe*, die Getriebe für sich kreuzende Wellen sind *Schraubgetriebe*.

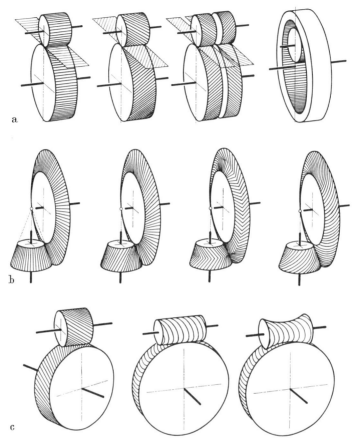

Abb. 6.1. Die wichtigsten Bauarten von Zahnrädergetrieben
a) für parallele Wellen; b) für sich schneidende Wellen; c) für sich kreuzende Wellen

6.1.1 Zahnrädergetriebe mit geradverzahnten Stirnrädern[1]

6.1.1.1 Grundbegriffe und Bezeichnungen. Bei Wälzgetrieben für parallele Wellen, also bei z. B. zwei gepaarten *Stirn*rädern, muß zur Erzielung konstanter Übersetzung die Bewegungsübertragung so erfolgen, als ob auf den Wellen zwei zylindrische Scheiben aufgesetzt wären, die sich ständig in einer Mantellinie berühren und sich bei der Drehung ohne Gleiten mitnehmen. Man nennt diese Zylinder die *Wälzzylinder* und die in einer zu den Radachsen senkrechten Schnittebene entstehenden Kreise die *Wälzkreise* (Abb. 6.2). Der Berührungspunkt C der Wälzkreise heißt *Wälzpunkt*.

---

[1] Geradverzahnung kann als Sonderfall der Schrägverzahnung (Abschn. 6.1.2) aufgefaßt werden, indem dort der Zahnschrägwinkel β_0 gleich Null gesetzt wird. Da die Geradverzahnung die Ableitung der Beziehungen erleichtert, wird sie zuerst behandelt; es sei jedoch jetzt schon darauf hingewiesen, daß fast alle an der Geradverzahnung angestellten Betrachtungen auch bei der Schrägverzahnung gültig sind.

6.1.1 Zahnrädergetriebe mit geradverzahnten Stirnrädern

Die Bedingung des Wälzens ohne Gleiten wird erfüllt, wenn die Wälzkreise gleiche Umfangsgeschwindigkeiten haben. Werden die Wälzkreisradien mit r_1 und r_2 und die entsprechenden Drehzahlen mit n_1 und n_2 bezeichnet, so ergibt sich mit

$$u_1 = r_1 \omega_1 = r_1 2\pi n_1 \quad \text{und} \quad u_2 = r_2 \omega_2 = r_2 2\pi n_2$$

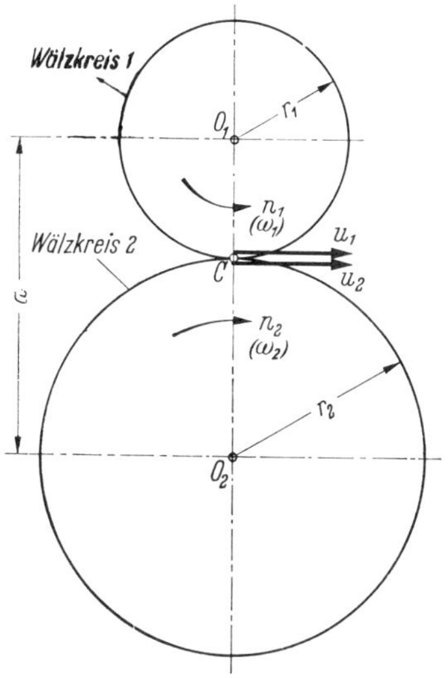

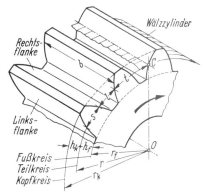

Abb. 6.3. Bezeichnungen am geradverzahnten Stirnrad

Abb. 6.2. Wälzbewegung ohne Gleiten, Bedingung hierfür: $u_1 = u_2$

aus der Bedingung $u_1 = u_2$

$$\boxed{\frac{n_1}{n_2} = \frac{\omega_1}{\omega_2} = \frac{r_2}{r_1} = \frac{d_2}{d_1} = i}, \tag{1}$$

d. h., *die Drehzahlen zweier Räder verhalten sich umgekehrt wie ihre Radien oder Durchmesser.*

Für die *Verzahnungen* der Stirnräder werden die in Abb. 6.3 dargestellten Bezeichnungen verwendet. Unter einer *Teilung* versteht man, s. auch DIN 3960, die auf dem „Teilkreis" gemessene Entfernung zwischen zwei aufeinanderfolgenden Rechts- oder Linksflanken. Sind die Teilkreise gleich den Wälzkreisen[1], so muß bei zwei miteinander kämmenden Rädern offensichtlich jeweils die *gleiche Teilung t* vorhanden sein.

Ferner muß der Wälzkreisumfang bei jedem Rad gleich Zähnezahl mal Teilung sein:
$$\pi d_1 = z_1 t; \quad \pi d_2 = z_2 t.$$
Hieraus folgt

$$\boxed{\frac{z_1}{z_2} = \frac{d_1}{d_2}}, \tag{2}$$

d. h., *die Zähnezahlen zweier Räder verhalten sich direkt wie ihre Durchmesser.*

Mit Gl. (1) ergibt sich dann

$$\boxed{\frac{n_1}{n_2} = \frac{d_2}{d_1} = \frac{z_2}{z_1} = i}, \tag{3}$$

d. h., *die Drehzahlen zweier Räder verhalten sich umgekehrt wie ihre Zähnezahlen*[2].

---
[1] Bei Rädern mit Evolventenverzahnung können Teilkreise und Wälzkreise verschieden sein (vgl. Abschn. 6.1.1.10).
[2] In DIN 3960 wird als *Zähnezahlverhältnis* definiert: $u = z_{\text{Rad}}/z_{\text{Ritzel}} \geq 1$.

158   6. Elemente zur Übertragung gleichförmiger Drehbewegungen

Für die Berechnung und die Herstellung (Beschränkung der Werkzeuge) ist es zweckmäßig, die Teilung t als Vielfaches der Zahl π anzugeben, also

$$\boxed{t = m\pi}, \qquad (4)$$

wobei m als *Modul* (oder Durchmesserteilung) bezeichnet wird:

$$\boxed{m = \frac{t}{\pi}}. \qquad (4\,\mathrm{a})$$

Modulreihen sind in DIN 780 genormt, zu bevorzugen ist die Reihe 1 (Auszug):

m	1	1,25	1,5	2	2,5	3	4	5	6	8
in mm	10	12	16	20	25	32	40	50	60	

Aus $\pi d = z t$ folgt

$$\boxed{d = \frac{t}{\pi} z = m z}, \qquad (5)$$

d. h. *Teilkreisdurchmesser = Modul mal Zähnezahl* oder

$$r_1 = \frac{m}{2} z_1; \qquad r_2 = \frac{m}{2} z_2. \qquad (5\,\mathrm{a})$$

Der Achsenabstand ergibt sich aus $a = r_1 + r_2$ zu

$$\boxed{a = \frac{m}{2}(z_1 + z_2)} \qquad (6)$$

bzw.

$$a = r_1\left(1 + \frac{z_2}{z_1}\right) = r_1(1 + i) = r_1 \frac{z_1 + z_2}{z_1} \qquad (7)$$

und somit

$$r_1 = a \frac{z_1}{z_1 + z_2} = \frac{a}{i+1}; \qquad r_2 = a \frac{z_2}{z_1 + z_2} = \frac{a\,i}{i+1}. \qquad (8)$$

Auch die übrigen Zahnabmessungen (Abb. 6.3) werden meist auf den Modul bezogen:

                                                                     Übliche Werte:

Zahnkopfhöhe $h_k = y\,m$ $h_k = m$

Zahnfußhöhe $h_f = h_k + S_k$ $h_f = 1{,}2\,m$

Zahnkopfspiel $S_k = (0{,}1 \cdots 0{,}3)\,m$ $S_k = 0{,}2\,m$

Zahndicke $s = \dfrac{t}{2} = \dfrac{\pi}{2} m$ ⎫
                                                        ⎬ bei Spielfreiheit; Flankenspiel s. Abschn. 6.1.2.6.

Zahnlücke $l = \dfrac{t}{2} = \dfrac{\pi}{2} m$ ⎭

6.1.1.2 Das allgemeine Verzahnungsgesetz (Bedingung für Zahnflankenformen). Die Zahnflanken müssen so ausgebildet werden, daß — wie beim Abrollen der Wälzkreise — eine kontinuierliche gleichförmige Drehbewegungsübertragung zustande kommt. Die hierfür erforderliche Bedingung soll an Hand der Abb. 6.4 abgeleitet werden:

Die Flanke des sich mit der Winkelgeschwindigkeit ω_1 um O_1 drehenden (treibenden) Rades *1* berührt in der gezeichneten Stellung im Punkt X die Gegenflanke des getriebenen Rades *2*, das sich mit ω_2 um O_2 drehen soll. Der augenblickliche Berührungspunkt X wird auch *Eingriffspunkt* genannt. In ihm haben die beiden Zahnflanken eine gemeinsame Tangente und eine gemeinsame Normale. Mit $\overline{O_1 X} = R_1$ ergibt sich die Geschwindigkeit des Punktes X als Flankenpunkt des Rades *1* zu $v_1 = R_1 \omega_1$, und mit $\overline{O_2 X} = R_2$ ergibt sich die Geschwindigkeit des Punktes X als Flankenpunkt des Rades *2* zu $v_2 = R_2 \omega_2$. Diese Geschwindigkeitsvektoren stehen jeweils senkrecht auf $\overline{O_1 X}$ bzw. $\overline{O_2 X}$. Die Geschwindigkeit v_1 wird in eine Normalkomponente c_1 und eine Tangentialkomponente w_1 zerlegt; ebenso wird v_2 in c_2 und w_2 zerlegt. Die Bedingung dafür, daß die beiden Flanken in Berührung bleiben, wird nur erfüllt, wenn (entgegen der Darstellung in Abb. 6.4) die *Normalkomponenten einander gleich sind*, also wenn $c_1 = c_2$. Wäre c_2 größer als c_1, so würde sich die Flanke *2* von der Flanke *1* abheben, andererseits kann c_1 nicht größer als c_2 werden, da die Flanke *1* die Flanke *2* nicht überholen kann.

Werden von den Punkten O_1 und O_2 auf die gemeinsame Normale die Lote gefällt, so entstehen die rechtwinkeligen Dreiecke $O_1 N_1 X$ und $O_2 N_2 X$, die den entsprechenden Geschwindigkeitsdreiecken (für Rad *1* schraffiert) ähnlich sind. Daraus ergeben sich die Proportionen

$$\frac{c_1}{v_1} = \frac{\overline{O_1 N_1}}{R_1}, \quad \text{also} \quad c_1 = \frac{v_1}{R_1}\overline{O_1 N_1} = \frac{R_1 \omega_1}{R_1}\overline{O_1 N_1} = \omega_1 \overline{O_1 N_1},$$

$$\frac{c_2}{v_2} = \frac{\overline{O_2 N_2}}{R_2}, \quad \text{also} \quad c_2 = \frac{v_2}{R_2}\overline{O_2 N_2} = \frac{R_2 \omega_2}{R_2}\overline{O_2 N_2} = \omega_2 \overline{O_2 N_2},$$

und aus $c_1 = c_2$ folgt

$$\omega_1 \overline{O_1 N_1} = \omega_2 \overline{O_2 N_2} \quad \text{oder} \quad \frac{\omega_1}{\omega_2} = \frac{\overline{O_2 N_2}}{\overline{O_1 N_1}} = i. \tag{9}$$

Aus Abb. 6.4 ist ferner zu ersehen, daß die gemeinsame Berührungsnormale die Strecke $\overline{O_1 O_2}$ in C schneidet und dadurch zwei ähnliche rechtwinkelige Dreiecke $O_1 N_1 C$ und $O_2 N_2 C$ entstehen. Daraus ergibt sich

$$\frac{\overline{O_2 N_2}}{\overline{O_1 N_1}} = \frac{\overline{O_2 C}}{\overline{O_1 C}} = i, \tag{10}$$

d. h. aber, daß entsprechend Gl. (1) der Schnittpunkt C der Wälzpunkt sein muß und daß $\overline{O_1 C} = r_1$ und $\overline{O_2 C} = r_2$ die Wälzkreisradien sind; die Normale im Berührungspunkt zweier Zahnflanken muß also den Achsenabstand $\overline{O_1 O_2}$ im konstanten Übersetzungsverhältnis teilen. Dieses Gesetz heißt das *allgemeine Verzahnungsgesetz*; es lautet kurz:

Die Normale im jeweiligen Berührungspunkt zweier Zahnflanken muß stets durch den Wälzpunkt C gehen.

Als Flankenformen sind also Kurven brauchbar, deren Normalen den zugehörigen Wälzkreis, in *einer* Richtung fortschreitend, *schneiden*.

6.1.1.3 Gegenflanke, Eingriffslinie, Eingriffsstrecke, Eingriffslänge und Überdeckungsgrad. Die Aufgabe, zu einer gegebenen Flanke des Rades *1* die mit ihr richtig arbeitende Gegenflanke des Rades *2* zu ermitteln, kann mit Hilfe des Verzahnungsgesetzes wie folgt gelöst werden (Abb. 6.5):

Die Normale im Punkt X_1 der gegebenen Flanke schneidet den Wälzkreis *1* im Punkt X_1'. Wird Rad *1* nun so weit gedreht, bis X_1' in den Wälzpunkt C kommt, so gelangt dabei der Punkt X_1 nach X (Kreis durch X_1 um O_1; Kreisbogen mit $\overline{X_1'X_1}$ um C). In dieser Stellung geht also die Normale im Punkt X_1 des gegebenen Profils durch den Wälzpunkt, und im Punkt X muß sich nach dem Verzahnungsgesetz der Punkt X_1 der gegebenen Flanke mit einem entsprechenden Punkt X_2

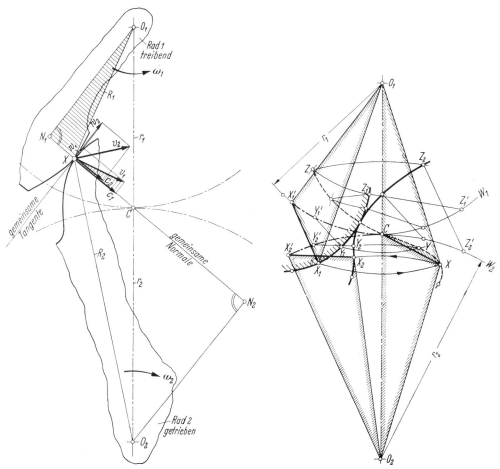

Abb. 6.4. Allgemeines Verzahnungsgesetz; es folgt aus der Bedingung: $c_1 = c_2$

Abb. 6.5. Ermittlung der Eingriffslinie $XYCZ$ und des Gegenprofils $X_2Y_2Z_2$ zu gegebenem Profil $X_1Y_1Z_1$

der Gegenflanke decken, wobei die Normale der Gegenflanke ebenfalls durch C gehen muß. Um den Punkt X_2 in der ursprünglichen (X_1 entsprechenden) Stellung zu erhalten, muß $\overline{CX}$ um O_2 zurückgedreht werden, wobei auf dem Wälzkreis 2 der Bogen $\widehat{X_2'C}$ gleich dem Bogen $\widehat{X_1'C}$ gemacht werden muß. (Kreis durch X um O_2; Kreisbogen mit $\overline{CX} = \overline{X_1'X_1} = \overline{X_2'X_2}$ um X_2'). Im Punkt X kommen beim Wälzvorgang die Punkte X_1 und X_2 zum Eingriff, X ist also der *Eingriffspunkt*. Durch Wiederholung der Konstruktion für andere Punkte Y_1, Z_1 usw. der gegebenen Flanke ergeben sich die zugehörigen Punkte Y_2, Z_2 usw. und somit das Profil der Gegenflanke und gleichzeitig die entsprechenden Eingriffspunkte Y, Z usw. Die

Verbindungslinie der Eingriffspunkte heißt die *Eingriffslinie*; sie ist also der geometrische Ort aller aufeinander folgenden Berührungspunkte zweier Zahnflanken.

Die Form der Eingriffslinie hängt von der angenommenen Profilform des Rades *1* ab; zu jeder Profilform gehört bei gegebenen Wälzkreisen *eine* ganz bestimmte Eingriffslinie und *ein* ganz bestimmtes Gegenprofil. Daraus folgt, daß umgekehrt zu einer gegebenen Eingriffslinie bei gegebenen Wälzkreisen ganz bestimmte Zahnflanken gehören[1].

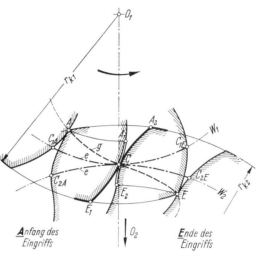

Abb. 6.6. Ermittlung der Eingriffs*strecke* $g = ACE$ und der Eingriffs*länge* $e = C_{1A}CC_{1E} = C_{2A}CC_{2E}$
Fußflanke A_1C arbeitet mit Kopfflanke A_2C
Kopfflanke CE_1 arbeitet mit Fußflanke CE_2

Von den vielen möglichen Formen von *Eingriffslinien* werden praktisch nur die einfachsten, das sind Kreis und Gerade, verwendet, für die als Zahnflanken zyklische Kurven (beim Kreis Zykloiden, bei den Geraden Evolventen) entstehen. Nur in Sonderfällen (z. B. Triebstockverzahnung) werden Kreise für die *Flanken*form benutzt.

Die Eingriffslinie liegt im allgemeinen zum Teil *vor* und zum Teil *hinter* dem Wälzpunkt. In dem Fall, daß das treibende Ritzel sich linksherum dreht, *beginnt* (s. Abb. 6.6) der Eingriff im Punkt *A* (*A*nfang) (Schnitt des Kopfkreises von Rad *2* mit der Eingriffslinie) und er *endet* im Punkt *E* (*E*nde) (Schnitt des Kopfkreises von Rad *1* mit der Eingriffslinie). Das wirklich ausgenutzte Stück der Eingriffslinie $\overbrace{A-C-E}$ heißt *Eingriffsstrecke g*. Der auf den Wälzkreisen gemessene Bogen $\overbrace{C_{1A}C_{1E}} = \overbrace{C_{2A}C_{2E}}$, der vom Beginn bis zum Ende des Eingriffs von jeder Flanke zurückgelegt wird, heißt *Eingriffslänge e*.

In der Endstellung *E*, in der sich die Zahnflanken letztmals berühren, muß bereits ein neues Zahnpaar miteinander in Berührung gekommen sein, oder besser schon eine gewisse Zeit lang in Berührung miteinander stehen, damit eine kontinuierliche Drehbewegung aufrechterhalten wird. Dies wird nur dann der Fall sein, wenn die Eingriffslänge *e* größer als die Teilung *t* ist.

Aus
$$e > t \quad \text{folgt} \quad \frac{e}{t} > 1.$$

Das Verhältnis Eingriffslänge zu Teilung wird *Überdeckungsgrad* (kurz Überdeckung oder auch Eingriffs*dauer*) genannt

$$\varepsilon = \frac{e}{t}. \tag{11}$$

Je größer ε ist, um so längere Zeit stehen zwei Zahnpaare im Eingriff.

6.1.1.4 Gleitverhältnisse. Aus der allgemeingültigen Abb. 6.4 erkennt man, daß (auch bei $c_1 = c_2$) die in die gemeinsame Tangente fallenden Geschwindigkeitskomponenten w_1 und w_2 verschieden groß sind, und zwar ist in der gezeichneten

---

[1] Vgl. ALTMANN, F. G.: Zeichnerische Ermittlung von Zahnflanken zu einer gegebenen Eingriffslinie. VDI-Z. 82 (1938) 165—168.

Stellung (*vor* dem Wälzpunkt) w_2 größer als w_1. Das bedeutet aber, daß die Flanken sich hier nicht rein aufeinander abwälzen, sondern daß auch ein Gleiten eintritt. Die Geschwindigkeitsdifferenz $w_1 - w_2$ ist die Relativgeschwindigkeit der Ritzelflanke gegenüber der Radflanke; für einen Beobachter auf der *Rad*flanke erfolgt die Bewegung der Ritzelflanke in der durch

$$v_{\text{rel}} = v_{1/2} = w_1 - w_2$$

in Abb. 6.7 dargestellten Richtung.

Aus der Ähnlichkeit der in Abb. 6.4 schraffierten Dreiecke folgt

$$\frac{w_1}{v_1} = \frac{\overline{N_1 X}}{R_1} \quad \text{und entsprechend} \quad \frac{w_2}{v_2} = \frac{\overline{N_2 X}}{R_2}$$

oder

$$w_1 = v_1 \frac{\overline{N_1 X}}{R_1} = R_1 \omega_1 \frac{\overline{N_1 X}}{R_1} = \omega_1 \overline{N_1 X} \quad \text{und} \quad w_2 = \omega_2 \overline{N_2 X}.$$

Aus der Ähnlichkeit der Dreiecke $O_1 N_1 C$ und $O_2 N_2 C$ folgt ferner

$$\frac{\overline{N_1 X} + \overline{XC}}{\overline{N_2 X} - \overline{XC}} = \frac{\overline{O_1 C}}{\overline{O_2 C}} = \frac{r_1}{r_2} = \frac{\omega_2}{\omega_1}.$$

Damit wird

$$\omega_1 \overline{N_1 X} + \omega_1 \overline{XC} = \omega_2 \overline{N_2 X} - \omega_2 \overline{XC}$$

oder

$$\omega_1 \overline{N_1 X} - \omega_2 \overline{N_2 X} = \boxed{w_1 - w_2 = -(\omega_1 + \omega_2) \overline{XC}}. \tag{12}$$

Da $\omega_1 + \omega_2$ konstant ist, ist die Relativgeschwindigkeit also proportional dem Abstand $\overline{XC}$. Das negative Vorzeichen besagt, daß $v_{1/2}$ *vor* dem Wälzpunkt den Geschwindigkeiten w_1 und w_2 entgegengesetzt gerichtet ist, daß sich die Ritzelflanke (Fußflanke) *gegen* die Radflanke (Kopfflanke) „stemmt" und daß hinter dem Wälzpunkt ($v_{1/2}$ positiv) die Ritzel- (Kopf-) Flanke über die Rad- (Fuß-) Flanke „hinwegstreicht". Nur im Wälzpunkt C findet *kein* Gleiten, also nur reines Wälzen statt; hier ist $w_1 = w_2$ und somit $w_1 - w_2 = 0$ und außerdem $v_1 = v_2 = u =$ Umfangsgeschwindigkeit der Wälzkreise.

Die Gleitverhältnisse sind auch aus Abb. 6.6 zu erkennen; dem Punkt A_2 entspricht auf Flanke *1* der Punkt A_1, dem Punkt E_1 entspricht auf Flanke *2* der Punkt E_2. (Flankenpunkte unterhalb A_1 und E_2 kommen nicht zum Eingriff.) Es arbeiten immer eine Fußflanke und eine Kopfflanke zusammen, wobei die Fußflanken stets kleiner sind als die Kopfflanken.

6.1.1.5 Kräfte und Momente. Die bei treibendem Ritzel von diesem aus auf das Rad wirkende Zahndruckkraft F_N fällt (von Reibungskräften abgesehen) in die Berührungsnormale, also in die Richtung $X-C$ (Abb. 6.8). Die Größe der Zahndruckkraft F_N

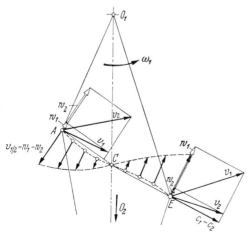

Abb. 6.7. Relativgeschwindigkeiten $v_{\text{rel}} = v_{1/2} = w_1 - w_2$

errechnet sich aus dem eingeleiteten Ritzeldrehmoment M_{t1} und dem senkrechten Abstand $\overline{O_1 N_1}$ zu $F_N = M_{t1}/\overline{O_1 N_1}$.

Wird der Winkel zwischen $O_1 - N_1$ und der Zentralen $O_1 - O_2$ mit α bezeichnet, so wird
$$\overline{O_1 N_1} = r_1 \cos\alpha$$
und somit
$$F_N = \frac{M_{t1}}{r_1 \cos\alpha}. \tag{13}$$

Das Abtriebsdrehmoment M_{t2} erhält man mit $\overline{O_2 N_2} = r_2 \cos\alpha$ zu
$$M_{t2} = F_N r_2 \cos\alpha. \tag{14}$$

Wird die Kraft F_N in ihrer Wirkungslinie nach C verschoben, so kann man sie dort zerlegen in die Umfangskomponente F_U und die Radialkomponente F_R. Nur Umfangskomponenten üben Drehmomente aus; es gilt also

$$M_{t1} = F_U r_1; \quad M_{t2} = F_U r_2, \tag{15}$$

$$\frac{M_{t2}}{M_{t1}} = \frac{r_2}{r_1} = \frac{\omega_1}{\omega_2} = i, \tag{16}$$

$$F_U = F_N \cos\alpha = \frac{M_{t1}}{r_1} = \frac{M_{t2}}{r_2}, \tag{17}$$

$$F_R = F_N \sin\alpha = F_U \tan\alpha. \tag{18}$$

Der Winkel α ist bei einer gekrümmten Eingriffslinie während des Eingriffs veränderlich, d. h., die Kraft F_N ändert ihre Richtung und nach Gl. (13) auch ihre Größe. (Bei der Evolventenverzahnung sind α und F_N konstant.)

Die Zahndruckkraft an der Berührungsstelle ist für die Beanspruchung der Zähne (Zahnfußfestigkeit und Zahnflankenfestig-

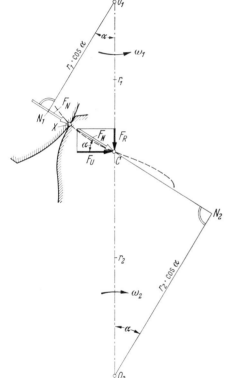

Abb. 6.8. Kräfte, die vom Ritzel auf das Rad wirken, in beliebiger Stellung X

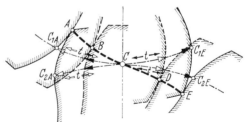

Abb. 6.9
Innerer und äußerer Einzeleingriffspunkt B und D

keit, s. Abschn. 6.1.1.12) entscheidend. Es ist dabei jedoch zu beachten, daß innerhalb der Eingriffsstrecke während des Bewegungsablaufs zeitweise *zwei* Zahnpaare an der Kraftübertragung beteiligt sind, dann eine Zeit lang jedoch nur *ein* Zahnpaar. Der Beginn des „*Einzel*eingriffs" ist dadurch bestimmt (Abb. 6.9), daß das vorhergehende Zahnpaar gerade außer Eingriff kommt; man findet den Beginn des Einzeleingriffs also dadurch, daß man vom Ende des Eingriffs, d. h. von C_{1E} und C_{2E}, auf den Wälzkreisen je eine Teilung t rückwärts abträgt und die Zahnflanken hier einzeichnet. Ihr

Berührungspunkt B (auf der Eingriffslinie) heißt Einzeleingriffspunkt (genauer: innerer Einzeleingriffspunkt bei treibendem Ritzel). Das Ende des Einzeleingriffs ist dadurch bestimmt, daß in A ein *neues* Zahnpaar zum Eingriff kommt, daß also das *betrachtete* Zahnpaar von C_{1A} bzw. C_{2A} um eine Teilung voraus ist. (Äußerer Einzeleingriffspunkt D bei treibendem Ritzel); B und D (und natürlich auch A und E) vertauschen ihre Rollen, wenn Rad 2 das treibende ist.

6.1.1.6 Zykloidenverzahnung. Die bisher behandelten Beziehungen sind ganz allgemein für alle Flankenformen gültig, die das allgemeine Verzahnungsgesetz erfüllen. Bei der *Zykloidenverzahnung* setzt sich die Eingriffslinie aus Kreisbogenstücken zusammen; die Zahnflanken bestehen jeweils aus einer Epizykloide (Kopfflanke) und einer Hypozykloide (Fußflanke). Nach Abb. 6.10 entsteht eine Epizykloide e, wenn ein „Rollkreis" außen auf einem Grundkreis abrollt, eine Hypozykloide h, wenn ein Rollkreis innen auf einem Grundkreis abrollt. Zur punktweisen Konstruktion trägt man auf Grund- und Rollkreis gleiche Teilstücke ab $\widehat{0\,1} = \widehat{0\,1'}$, $\widehat{1\,2} = \widehat{1'2'}$, usw. Der Schnittpunkt des Kreisbogens mit $\overline{2'\,2}$ um 0 und des Kreisbogens mit $0\,2$ um $2'$ liefert den Zykloidenpunkt II. (Die Richtung $II - 2'$ ist gleich der Richtung der Normalen.)

Nach Abb. 6.11 sind die Grundkreise gleich den Wälzkreisen gleich den Teilkreisen $r_1 = \frac{m}{2} z_1$ und $r_2 = \frac{m}{2} z_2$; für die Rollkreise wurde $\varrho_1 \approx \frac{1}{3} r_1$ und $\varrho_2 \approx \frac{1}{3} r_2$ gewählt. (Die Wahl der Rollkreise beeinflußt die Flankenformen, die Gleitverhält-

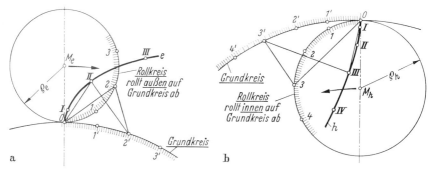

Abb. 6.10. Punktweise Konstruktion von Zykloiden
a) Epizykloide e; b) Hypozykloide h

nisse, Größe und Richtung der Zahndruckkraft und den Überdeckungsgrad; im allgemeinen sind größere Rollkreise günstiger als kleine; Richtwerte: $\varrho/r \approx 1/3\cdots 3/8$; bei $\varrho/r = 1/2$ ergeben sich geradlinige, radiale Fußflanken.) Durch Abrollen des Rollkreises *1* im Wälzkreis *1* entsteht die Hypozykloide $h_1 =$ Fußflanke von Rad *1*, durch Abrollen des Rollkreises *1 auf* dem Wälzkreis *2* entsteht die Epizykloide $e_2 =$ Kopfflanke von Rad *2*. Ebenso entstehen mit Hilfe des Rollkreises *2* die Fußflanke von Rad *2* als Hypozykloide h_2 und die Kopfflanke von Rad *1* als Epizykloide e_1. Die Kopfflanken werden durch die Kopfkreise ($r_{k1} = r_1 + m$ und $r_{k2} = r_2 + m$) begrenzt: Kopfeckpunkte E_1 und A_2. Durch die Kopfkreise werden ferner die Punkte E und A auf den Rollkreisen und damit die Eingriffsstrecke $\overline{ACE}$, also die *ausgenutzten* Rollkreisstücke, bestimmt. Dem Punkt A_2 des Rades *2* entspricht am Ritzel der Punkt A_1, dem Punkt E_1 des Ritzels *1* entspricht am Rad *2* der Punkt E_2. Unterhalb von A_1 und E_2 findet keine Zahnberührung mehr statt; die Zahnwurzel kann daher hier gut ausgerundet werden, es muß nur jeweils auf

6.1.1 Zahnrädergetriebe mit geradverzahnten Stirnrädern

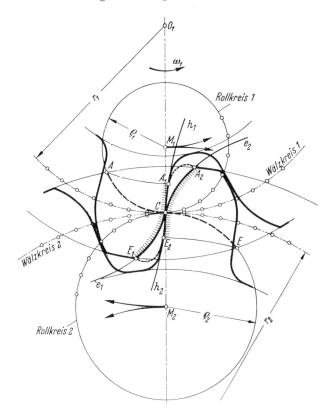

Abb. 6.11. Zykloidenverzahnung ($z_1 = 8$; $z_2 = 12$)
1. Hypozykloide = Fußflanke von Rad 1: h_1
2. Epizykloide = Kopfflanke von Rad 2: e_2
3. Hypozykloide = Fußflanke von Rad 2: h_2
4. Epizykloide = Kopfflanke von Rad 1: e_1
$A\,C\,E$ = Eingriffsstrecke

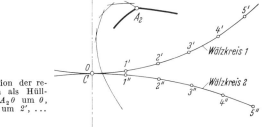

Abb. 6.12. Konstruktion der relativen Kopfeckbahn als Hüllkurve; Kreisbogen $A_2 0$ um 0, $A_2 1''$ um $1'$, $A_2 2''$ um $2'$, ...

die relative Kopfeckbahn des Gegenrades Rücksicht genommen werden. Man muß (gestrichelt eingezeichnet) die Bahnen der Punkte A_2 und E_1 relativ zum jeweils festgehaltenen Gegenrad ermitteln. Nach Abb. 6.12 zeichnet man am besten die Hüllkurve der Kreisbögen mit $\overline{A_2 0}$ um 0, $\overline{A_2 1''}$ um $1'$, $\overline{A_2 2''}$ um $2'$ usw.

Da die Rollkreise auf bzw. in den Wälzkreisen abrollen, ist bei der Zykloidenverzahnung die Eingriffs*länge* e (vgl. Abb. 6.6) gleich der Eingriffs*strecke* g, und der

Überdeckungsgrad ergibt sich nach Gl. (11) zu

$$\varepsilon = \frac{e}{t} = \frac{\overline{ACE}}{t}.$$

Zykloidenverzahnungen besitzen folgende Vorteile: die Eingriffs- und Verschleißverhältnisse sind günstiger, die Zahnflankenpressung ist niedriger als bei der Evolventenverzahnung, da immer eine konkave und eine konvexe Flanke zusammenarbeiten; ferner sind sehr niedrige Zähnezahlen (ohne Unterschnitt und Eingriffsstörungen) möglich. Trotzdem finden Zykloidenverzahnungen nur noch selten, nur für Uhrenzahnräder und für Zahnstangenwinden, Abb. 6.13, Anwendung, da den Vorteilen die Nachteile der schwierigeren Herstellung und der Achsenabstandsempfindlichkeit gegenüberstehen. Jede Zahnflanke besitzt einen konkaven und einen konvexen Teil und somit einen Wendepunkt, der jeweils auf dem Teilkreis liegt, so daß eine exakte Bewegungsübertragung nur möglich ist, wenn der Achsenabstand (gleich Summe der Teilkreisradien) genau eingehalten wird.

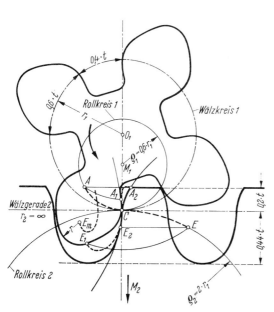

Abb. 6.13. Zykloidenverzahnung für Zahnstangenwinden ($z_1 = 4$; $z_2 = \infty$)

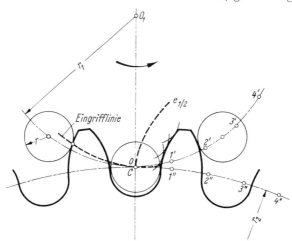

Abb. 6.14. Triebstockverzahnung ($z_1 = 10$; $z_2 = 27$)

Einen Sonderfall der Zykloidenverzahnung stellt die *Triebstockverzahnung* dar (Abb. 6.14), bei der $\varrho_1 = 0$ und $\varrho_2 = r_2$ gemacht werden, so daß sich eine einseitige Punktverzahnung ergibt, bei der dann der Punkt zu einem Zapfen vom Durchmesser $d = 2r$ vergrößert wird. Die Zahnflanke von Rad 2 entsteht dadurch, daß man durch Abrollen des Teilkreises 1 auf dem Teilkreis 2 die Relativbahn des Triebstockmittelpunktes bestimmt und dann von dieser Kurve aus mit dem Triebstockradius r Kreisbögen schlägt, die die Zahnform einhüllen.

6.1.1.7 Evolventenverzahnung (allgemein). Eine *Evolvente* entsteht, wenn man (s. Abb. 6.15) eine erzeugende Gerade (Rollkreis mit $\varrho = \infty$) an einem Grundkreis mit dem Halbmesser r_g abwälzt. Für die punktweise Konstruktion trägt man wieder gleiche Teile auf der Geraden und dem Grundkreis ab, $\overline{0\,1} = \overline{0\,1'}$, $\overline{1\,2} = \overline{1'\,2'}$, $\overline{2\,3} = \overline{2'\,3'}$ usw., legt z. B. im Punkt $3' = T_y$ die Tangente an den Grundkreis und

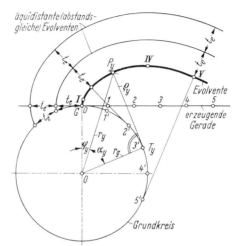

Abb. 6.15. Konstruktion der Evolvente und Ableitung der Evolventenbeziehungen

Bogen $\widehat{GT_y}$ = Tangentenabschnitt
$\overline{P_yT_y}$ = Krümmungsradius ϱ_y
$r_g(\varphi_y + \alpha_y) = r_g \tan\alpha_y$
$\varphi_y = \tan\alpha_y - \alpha_y = \mathrm{ev}\,\alpha_y$
$r_y = r_g/\cos\alpha_y$

macht $\overline{T_yP_y}$ gleich dem Bogen $\widehat{GT_y} = \widehat{0\,3'} = \overline{0\,3}$. *Diese Strecke $\overline{T_yP_y}$ ist zugleich der Krümmungsradius ϱ_y der Evolvente im Punkt P_y.* Ziehen wir noch die Verbindungslinie von P_y nach O und bezeichnen die Entfernung $\overline{OP_y}$ mit r_y, den Winkel P_yOT_y mit α_y[1] und den Winkel GOP_y mit φ_y, so ergibt sich aus

$$\text{Bogen } \widehat{GT_y} = \text{Tangentenabschnitt } \overline{P_yT_y} = \varrho_y$$

$$r_g(\varphi_y + \alpha_y) = r_g \tan\alpha_y$$

oder

$$\boxed{\varphi_y = \tan\alpha_y - \alpha_y = \mathrm{ev}\,\alpha_y} \tag{1}$$

und

$$\boxed{r_g = r_y \cos\alpha_y} \tag{2}$$

und

$$\boxed{\varrho_y = r_y \sin\alpha_y}. \tag{3}$$

Die Winkel φ_y und α_y sind in Gl. (1) im Bogenmaß einzusetzen; die Beziehung nach Gl. (1) wird *Evolventenfunktion* genannt, „ev" wird Evolut gelesen. Da die Grundbeziehung (1) für die genaue Berechnung vieler Verzahnungsgrößen benötigt

---

[1] Der Winkel α_y wird auch Pressungswinkel genannt; er ist definiert als der spitze Winkel, den die Tangente an die Evolvente in P_y mit dem Mittelpunktsstrahl durch P_y einschließt.

wird, ist die Evolventenfunktion in Abhängigkeit von α_y (wie die trigonometrischen Funktionen) tabelliert worden, s. Tab. 6.1[1].

Aus Abb. 6.15 erkennt man leicht, daß alle auf der erzeugenden Geraden liegenden Punkte *gleiche* Evolventen beschreiben; wählt man für die Punkte auf der Geraden gleiche Abstände t_e, so entstehen äquidistante (abstandsgleiche) Evolventen. Die

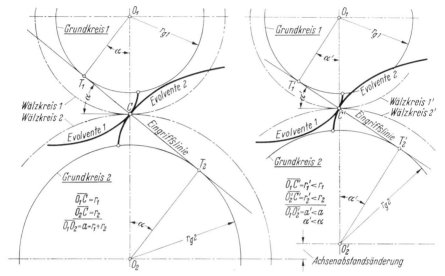

Abb. 6.16. Grundlagen der Evolventenverzahnung; rechts: Nachweis der Unempfindlichkeit gegen Achsenabstandsänderungen, bei *gleichen* Grundkreisen und somit *gleichen* Evolventen wie links

Form der Evolvente ist also *nur vom Grundkreis* abhängig. Zu *einem* bestimmten Grundkreisradius r_g gehört *eine* ganz bestimmte Evolvente. Sie beginnt am Grundkreis.

Bei einer Evolventen*verzahnung* wird nach Abb. 6.16 (links) die erzeugende Gerade zur *Eingriffslinie* oder besser Eingriffs*geraden*, die die beiden Grundkreise mit den Radien r_{g1} und r_{g2} in den Punkten T_1 und T_2 berührt und die, da sie in jedem Augenblick die Berührungs*normale* darstellt, die Zentrale O_1O_2 im Wälzpunkt C schneidet. $\overline{O_1C}$ ist somit der Halbmesser r_1 des Wälzkreises *1* und $\overline{O_2C}$ der Halbmesser r_2 des Wälzkreises *2*. Die Eingriffsgerade (die Tangente an die *Grund*kreise) schließt also mit der Tangente an die Wälzkreise in C den Winkel α ein, den man den *Eingriffswinkel* nennt. In den ähnlichen rechtwinkeligen Dreiecken O_1T_1C und O_2T_2C erscheint jeweils bei O der Winkel α, es ergibt sich

$$\cos\alpha = \frac{r_{g1}}{r_1} = \frac{r_{g2}}{r_2} \tag{2a}$$

oder

$$r_{g1} = r_1 \cos\alpha \quad \text{und} \quad r_{g2} = r_2 \cos\alpha \tag{2b}$$

und

$$\boxed{\frac{r_{g2}}{r_{g1}} = \frac{r_2}{r_1} = i} \tag{4}$$

---

[1] Umfangreiche Tabellen s. PETERS, J.: Sechsstellige Werte der Kreis- und Evolventenfunktionen von Hundertstel zu Hundertstel des Grades nebst einigen Hilfstafeln für die Zahnradtechnik, Bonn: Dümmler 1951. — STÖLZLE, K.: Funktionstafeln für die Zahnradberechnung, Düsseldorf: VDI-Verlag 1963.

6.1.1 Zahnrädergetriebe mit geradverzahnten Stirnrädern

Tabelle 6.1. Evolventenfunktion $\varphi = \mathrm{ev}\,\alpha = \tan\alpha - \alpha$

α°	,0	,1	,2	,3	,4	,5	,6	,7	,8	,9
10	0,0017941	0,0018489	0,0019048	0,0019619	0,0020201	0,0020795	0,0021400	0,0022017	0,0022646	0,0023288
11	0,0023941	0,0024607	0,0025285	0,0025975	0,0026678	0,0027394	0,0028123	0,0028865	0,0029620	0,0030389
12	0,0031171	0,0031966	0,0032775	0,0033598	0,0034434	0,0035285	0,0036150	0,0037029	0,0037923	0,0038831
13	0,0039754	0,0040692	0,0041644	0,0042612	0,0043595	0,0044593	0,0045607	0,0046636	0,0047681	0,0048742
14	0,0049819	0,0050912	0,0052022	0,0053147	0,0054290	0,0055448	0,0056624	0,0057817	0,0059027	0,0060254
15	0,0061498	0,0062760	0,0064039	0,0065337	0,0066652	0,0067985	0,0069337	0,0070706	0,0072095	0,0073501
16	0,0074927	0,0076372	0,0077835	0,0079318	0,0080820	0,0082342	0,0083883	0,0085444	0,0087025	0,0088626
17	0,0090247	0,0091889	0,0093551	0,0095234	0,0096937	0,0098662	0,0100407	0,0102174	0,0103963	0,0105773
18	0,010760	0,010946	0,011133	0,011323	0,011515	0,011709	0,011906	0,012105	0,012306	0,012509
19	0,012715	0,012923	0,013134	0,013346	0,013562	0,013779	0,013999	0,014222	0,014447	0,014674
20	0,014904	0,015137	0,015372	0,015609	0,015850	0,016092	0,016337	0,016585	0,016836	0,017089
21	0,017345	0,017603	0,017865	0,018129	0,018395	0,018665	0,018937	0,019212	0,019490	0,019770
22	0,020054	0,020340	0,020629	0,020921	0,021217	0,021514	0,021815	0,022119	0,022426	0,022736
23	0,023049	0,023365	0,023684	0,024006	0,024332	0,024660	0,024992	0,025326	0,025664	0,026005
24	0,026350	0,026697	0,027048	0,027402	0,027760	0,028121	0,028485	0,028852	0,029223	0,029600
25	0,029975	0,030357	0,030741	0,031130	0,031521	0,031917	0,032315	0,032718	0,033124	0,033534
26	0,033947	0,034364	0,034785	0,035209	0,035637	0,036069	0,036505	0,036945	0,037388	0,037835
27	0,038287	0,038742	0,039201	0,039664	0,040131	0,040602	0,041076	0,041556	0,042039	0,042526
28	0,043017	0,043513	0,044012	0,044516	0,045024	0,045537	0,046054	0,046575	0,047100	0,047630
29	0,048164	0,048702	0,049245	0,049792	0,050344	0,050901	0,051462	0,052027	0,052597	0,053172
30	0,053751	0,054336	0,054924	0,055518	0,056116	0,056720	0,057328	0,057940	0,058558	0,059181
31	0,059809	0,060441	0,061079	0,061721	0,062369	0,063022	0,063680	0,064343	0,065012	0,065685
32	0,066364	0,067048	0,067738	0,068432	0,069133	0,069838	0,070549	0,071266	0,071988	0,072716
33	0,073449	0,074188	0,074932	0,075683	0,076439	0,077200	0,077968	0,078741	0,079520	0,080306
34	0,081097	0,081894	0,082697	0,083506	0,084321	0,085142	0,085970	0,086804	0,087644	0,088490
35	0,089342	0,090201	0,091067	0,091938	0,092816	0,093701	0,094592	0,095490	0,096395	0,097306
36	0,098224	0,099149	0,100080	0,101019	0,101964	0,102916	0,103875	0,104841	0,105814	0,106795
37	0,107782	0,108777	0,109779	0,110788	0,111805	0,112829	0,113860	0,114899	0,115945	0,116999
38	0,118061	0,119130	0,120207	0,121291	0,122384	0,123484	0,124592	0,125709	0,126833	0,127965
39	0,129106	0,130254	0,131411	0,132576	0,133750	0,134931	0,136122	0,137320	0,138528	0,139743
40	0,140968	0,142201	0,143443	0,144694	0,145954	0,147222	0,148500	0,149787	0,151083	0,152388
41	0,153702	0,155025	0,156358	0,157700	0,159052	0,160414	0,161785	0,163165	0,164556	0,165956
42	0,167366	0,168786	0,170216	0,171656	0,173106	0,174566	0,176037	0,177518	0,179009	0,180511
43	0,182024	0,183547	0,185080	0,186625	0,188180	0,189746	0,191324	0,192912	0,194511	0,196122
44	0,197744	0,199377	0,201022	0,202678	0,204346	0,206026	0,207717	0,209420	0,211135	0,212863

Das bedeutet aber, daß bei der *Evolventenverzahnung das Übersetzungsverhältnis allein von den Grundkreisen abhängig* ist. In Abb. 6.16 (rechts) ist der Achsenabstand auf $\overline{O_1O_2'}$ verringert, es sind dieselben Grundkreise mit r_{g1} und r_{g2} wie links benutzt, so daß sich also auch die gleichen Evolventen ergeben. Das Übersetzungsverhältnis bleibt nach Gl. (4) genau das gleiche, es stellen sich nur andere Wälzkreise $\overline{O_1C'} = r_1' < r_1$ und $\overline{O_2'C'} = r_2' < r_2$ und ein neuer Eingriffswinkel $\alpha' < \alpha$ ein. Die *Evolventenverzahnung ist also unempfindlich gegen Achsenabstandsänderungen*. Dies ist ein großer Vorteil einmal bei unvermeidlichen Montageungenauigkeiten, und ferner beruht auf dieser Tatsache die Möglichkeit der sog. Profilverschiebung oder der korrigierten Verzahnung (s. Abschn. 6.1.1.9).

Weitere kennzeichnende Eigenschaften der Evolventenverzahnung sind: Die Zahnflanken außenverzahnter Räder sind immer konvex, sie weisen also keinen Wendepunkt auf; die Zahndruckkraft F_N (Abb. 6.8) hat während des Eingriffs mmer dieselbe Richtung und somit auch eine unveränderte Größe, nämlich

$$F_N = \frac{M_{t1}}{r_{g1}} = \frac{M_{t2}}{r_{g2}} \tag{5}$$

bzw. mit Gl. (2)

$$F_N = \frac{M_{t1}}{r_1 \cos\alpha} = \frac{M_{t2}}{r_2 \cos\alpha} = \frac{F_U}{\cos\alpha}. \tag{6}$$

Der Eingriffswinkel α stellt sich erst bei der Paarung zweier Räder ein und ist bei gegebenen *Grund*kreisen nur von dem Achsenabstand a abhängig:

$$\cos\alpha = \frac{r_{g1} + r_{g2}}{a}. \tag{7}$$

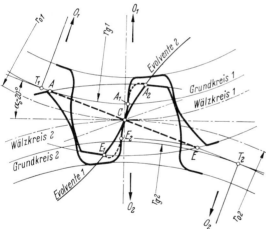

Abb. 6.17. Evolventenverzahnung (Nullgetriebe $\alpha_0 = 20°$; $z_1 = 15$; $z_2 = 20$)
Evolvente *1* = Flanke von Rad *1*
Evolvente *2* = Flanke von Rad *2*
$\overline{AE}$ = Eingriffsstrecke

6.1.1.8 Normverzahnung, Nullgetriebe, Zahnstangengetriebe.

Aus praktischen, insbesondere aus Herstellungsgründen (Vereinheitlichung der Werkzeuge) ist für die „Normverzahnung" der Eingriffswinkel zu $\alpha_0 = 20°$ festgelegt. Ein *Getriebe* mit $\alpha_0 = 20°$, mit den Wälzkreisradien $r_{01} = \frac{m_0}{2}z_1$ und $r_{02} = \frac{m_0}{2}z_2$, dem Achsenabstand $a_0 = r_{01} + r_{02} = \frac{m_0}{2}\cdot(z_1 + z_2)$ und mit gleichen Zahndicken für Ritzel und Rad, gemessen auf den Wälzkreisen, nämlich mit $s_0 = \frac{t_0}{2} = \frac{m_0}{2}\pi$ heißt ein „Nullgetriebe". Zur besonderen Kennzeichnung ist den Größen (auch dem Modul = Normmodul) der Index Null angefügt, Abb. 6.17.

Nach Gl. (2b) ergeben sich dann die Grundkreisradien zu

$$r_{g1} = r_{01}\cos\alpha_0 \quad \text{und} \quad r_{g2} = r_{02}\cos\alpha_0.$$

Die Kopfkreisradien

$$r_{k1} = r_{01} + m_0 \quad \text{und} \quad r_{k2} = r_{02} + m_0$$

liefern die Kopfeckpunkte E_1 und A_2 und auf der Eingriffsgeraden die Punkte E und A. Bei treibendem linksherum drehendem Ritzel beginnt der Eingriff in A, und er endet in E. $\overline{AE}$ ist die Eingriffsstrecke. Die Fußpunkte A_1 und E_2 begrenzen die jeweils unterhalb von C ausgenutzten Flankenstücke. Unterhalb A_1 und E_2 sind vorläufig Abrundungen eingezeichnet, die außerhalb der gestrichelt gezeichneten relativen Kopfeckbahnen liegen (Konstruktion nach Abb. 6.12).

Wird nun die Zähnezahl des Rades 2 vergrößert, so wachsen entsprechend der Wälzkreisradius r_2, der Grundkreisradius r_{g2} und die Entfernung $\overline{CT_2}$ = Krümmungsradius im Wälzpunkt an. Für $z_2 = \infty$ werden die genannten Größen unendlich groß, der Wälzkreis 2 geht in die Wälzgerade über, die Flanke wird geradlinig, und es entsteht auf diese Art ein *Zahnstangengetriebe* (Abb. 6.18). Das entstehende Zahnstangenprofil (von der Ausrundung im Fuß abgesehen) wird auch *Bezugsprofil* genannt; es ist in DIN 867 mit $\alpha_0 = 20°$ (= halber Flankenwinkel) genormt, Abb. 6.19 links. Auf der Profilmittellinie $M-M$ ist Zahndicke = Zahnlücke = $\dfrac{t_0}{2}$ = $\dfrac{m_0}{2}\pi$; der senkrechte Abstand zweier gleichgerichteter Flanken ergibt sich zu

$$t_e = t_0 \cos\alpha_0.$$

6.1.1.9 Herstellung einzelner Räder mit zahnstangenförmigem Werkzeug; Unterschnitt, Grenzzähnezahl und Profilabrückung. Aus Abb. 6.18 geht hervor, daß man die Flanke des Rades *1* auch dadurch erhält, daß man die Zahnstange mit ihrer Wälzgeraden am Wälzkreis *1* abrollt. Hierauf beruht die bequeme Herstellung

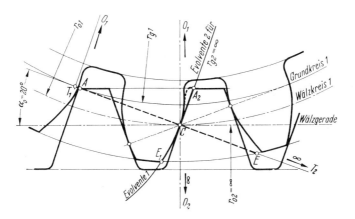

Abb. 6.18. Evolventen-Zahnstangen-Getriebe ($\alpha_0 = 20°$; $z_1 = 18$; $z_2 = \infty$)
Evolvente 2 = Flanke der Zahnstange = Gerade
$\overline{AE}$ = Eingriffsstrecke

von Evolventenverzahnungen mit Hilfe von geradflankigen Zahnstangenwerkzeugen (Hobelkamm, Abwälzfräser). Das Zahnstangen-Werkzeugprofil ist in Abb. 6.19 rechts dargestellt; für die Herstellung der Fußausrundung sind dem Kopfspiel S_k entsprechend die Werkzeugschneiden über das Maß m_0 hinaus verlängert; die Kopfspielrundung beginnt in A_2, der Abrundungsradius wird also $\overline{A_2 A_m} = r = S_k/(1 - \sin\alpha_0)$. Die Entstehung der Flanke als Hüllkurve ist noch deutlicher in Abb. 6.20 dargestellt.

172 6. Elemente zur Übertragung gleichförmiger Drehbewegungen

Zur zeichnerischen Ermittlung des Profils im Zahnfuß muß man die Relativbahn des Abrundungskreismittelpunktes A_m bestimmen (nach Abb. 6.12) und um die mit r gezogenen Kreise die Hüllkurve ziehen. Bei nicht zu kleinen Zähnezahlen *berühren sich* die Hüllkurve und die Evolvente. Bei sehr geringen Zähnezahlen dringt

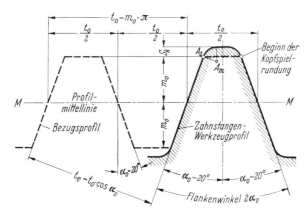

Abb. 6.19. Bezugsprofil nach DIN 867 und Zahnstangenwerkzeugprofil mit $S_k = 0{,}2\,m_0$
Kopfspielrundung $\overline{A_2 A_m} = r = S_k/(1 - \sin \alpha_0)$

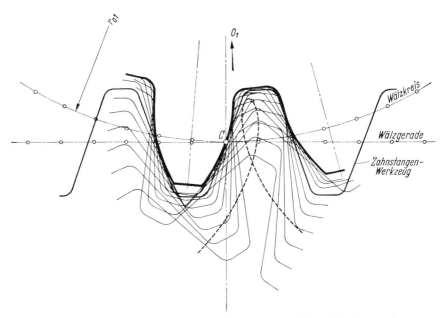

Abb. 6.20. Herstellung der Evolventenverzahnung mit geradflankigem Zahnstangenwerkzeug

das Werkzeug zu weit in den Zahnfuß ein, es entsteht *Unterschnitt*, wie in Abb. 6.21 an einem Zahnrad mit $z_1 = 7$ Zähnen dargestellt ist. Der Zahn wird im Fuß viel zu schwach und die wirksame Eingriffsstrecke $\overline{AE}$ zu klein (Überdeckungsgrad ε kleiner als 1). Ein Vergleich der Abb. 6.18 und 6.21 zeigt, daß theoretisch nur dann eine brauchbare Zahnform entsteht, wenn der Punkt A' innerhalb von $T_1 - C$

zu liegen kommt. Für den Grenzfall, in dem $A' = A$ auf T_1 liegt, ergibt sich aus Abb. 6.22 die *rechnerische Grenzzähnezahl* z_g:

$$\left. \begin{array}{ll} \text{Aus } \Delta\, O_1 T_1 C & \text{folgt} \quad \overline{T_1 C} = \dfrac{m_0}{2} z_g \sin\alpha_0 \\[6pt] \text{aus } \Delta\, T_1 P C & \text{folgt} \quad \overline{T_1 C} = \dfrac{m_0}{\sin\alpha_0} \end{array} \right\} \; z_g = \dfrac{2}{\sin^2\alpha_0}. \qquad (8)$$

Sie ist vom Eingriffswinkel α_0 abhängig und beträgt bei der Normverzahnung (mit $\alpha_0 = 20°$) $z_g = 17$[1]. Ein wirklich schädlicher Einfluß des Unterschnitts macht

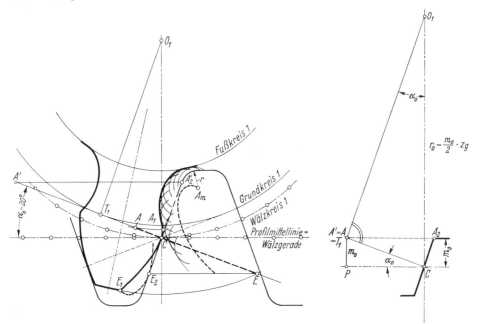

Abb. 6.21. Unterschnitt bei Herstellung mit zahnstangenförmigem Werkzeug ($z_1 = 7$); Zahn im Fuß zu schwach; wirksame Eingriffsstrecke $\overline{AE}$ zu klein

Abb. 6.22. Ermittlung der rechnerischen Grenzzähnezahl z_g

sich erst unterhalb der sog. *praktischen Grenzzähnezahl* z_g', die etwa bei 5/6 von z_g liegt, bemerkbar; für $\alpha_0 = 20°$ wird also $z_g' = 14$[1].

Um auch bei Zähnezahlen kleiner als z_g Unterschnitt zu vermeiden, macht man bei der Herstellung von der *Profilabrückung* Gebrauch, d. h., man verschiebt das genormte Zahnstangenwerkzeug nach außen, so daß nicht mehr die Profilmittellinie den Wälzkreis in C berührt, sondern daß vielmehr eine um den Betrag der Profilabrückung von der Profilmittellinie entfernte Parallele zur Wälzgeraden wird. Die Profilverschiebung wird ganz allgemein in Teilen des Moduls ausgedrückt, und zwar mit $+x\,m_0$ bei einer Abrückung nach außen (vom Mittelpunkt O_1 aus weiter weg) bzw. $-x\,m_0$ bei einer Verschiebung nach innen (zum Mittelpunkt O_1 hin). Der Faktor x wird *Profilverschiebungsfaktor* genannt. Ein mit positiver Profilverschiebung hergestelltes Rad heißt V-Plus-Rad; bei negativer Profilverschiebung spricht man von einem V-Minus-Rad; ein Rad mit $x = 0$ heißt Nullrad.

---

[1] Bei $\alpha_0 = 15°$ ist $z_g = 30$ und $z_g' = 25$.

Die *zur Vermeidung von Unterschnitt* erforderliche *positive* Profilabrückung $x\,m_0$ ergibt sich nach Abb. 6.23 aus der Grenzbedingung, daß der Punkt A' mit dem Punkt T_1 zur Deckung kommt. (In der Abbildung ist die Profillage bei Normverzahnung gestrichelt eingezeichnet, das verschobene Profil kräftiger ausgezogen.)

Aus $\Delta\,O_1T_1C$ folgt $\overline{T_1C} = \dfrac{m_0}{2}z\sin\alpha_0$,

aus $\Delta\,T_1CQ$ folgt $\overline{T_1C} = \dfrac{m_0 - x\,m_0}{\sin\alpha_0}$.

Daraus ergibt sich

$$\frac{m_0}{2}z\sin^2\alpha_0 = m_0 - x\,m_0$$

oder

$$x = 1 - \frac{z}{2/\sin^2\alpha_0}$$

bzw. mit Gl. (8)

$$x = \frac{z_g - z}{z_g}. \tag{9}$$

Für $\alpha_0 = 20°$ wird also

$$x = \frac{17 - z}{17}. \tag{9a}$$

(Nach DIN 3960 genügt für die Praxis ein Profilverschiebungsfaktor

$$x = \frac{z'_g - z}{z_g};$$

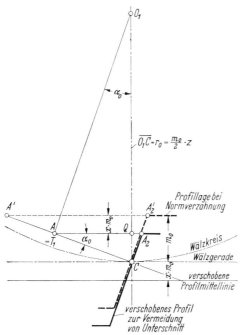

Abb. 6.23. Ermittlung der zur Vermeidung von Unterschnitt rechnerisch erforderlichen Profilabrückung $x\,m_0$

für $\alpha_0 = 20°$ also $x = \dfrac{14 - z}{17}.$)

In Abb. 6.24 ist für das Zahnrad mit $z_1 = 7$ Zähnen die Profilverschiebung nach Gl. (9) zu $x\,m_0 = \dfrac{17-7}{17}\,m_0 = \dfrac{10}{17}\,m_0 = 0{,}59\,m_0$ gewählt. Man erkennt deutlich die Verbesserung der Zahnform gegenüber Abb. 6.21; allerdings ist in diesem Beispiel die sog. Spitzengrenze überschritten, so daß hier der Kopfkreisradius verringert werden muß, um noch eine gewisse Zahndicke im Kopf zu erhalten. Die Mindestzahndicke im Kopfkreis soll $s_k \geqq 0{,}25\,m_0$ sein.

Profilverschiebung wird heute nicht nur zur Vermeidung von Unterschnitt, also bei Zähnezahlen kleiner als z_g bzw. z'_g, angewendet, sondern *ganz allgemein*, um günstigere Zahnformen, höhere Tragfähigkeit, bessere Gleit- und Verschleißverhältnisse zu erhalten, oder auch um einen vorgegebenen Achsabstand a einzuhalten. Aus Abb. 6.24 geht anschaulich hervor, daß durch das Verschieben des Zahnstangenwerkzeugs nach außen auf dem Herstellungswälzkreis Zahndicke und Zahnlücke nicht mehr gleich sind, daß vielmehr die *Zahndicke* um den Betrag $\Delta s = 2x\,m_0\tan\alpha_0$ größer wird, so daß sich für s'_0 ergibt

$$\boxed{s'_0 = \frac{t_0}{2} + 2x\,m_0\tan\alpha_0 = m_0\left(\frac{\pi}{2} + 2x\tan\alpha_0\right)}. \tag{10}$$

Die *Zahndicke* s_y auf einem Kreis von beliebigem Halbmesser r_y bei gegebener Zahndicke s'_0 auf dem Herstellungswälzkreis (r_0) läßt sich mit Hilfe der Abb. 6.25

6.1.1 Zahnrädergetriebe mit geradverzahnten Stirnrädern

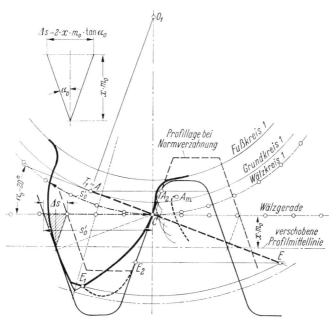

Abb. 6.24. Zur **Vermei**dung von Unterschnitt korrigierte Evolventenverzahnung ($z_1 = 7$) mit der Profilverschiebung
$$x\, m_0 = \frac{z_g - z}{z_g}\, m_0 = \frac{17 - 7}{17}\, m_0 = \frac{10}{17}\, m_0 = 0{,}59\, m_0$$
(Kopfkreisradius gekürzt, weil sonst Zahn zu spitz)

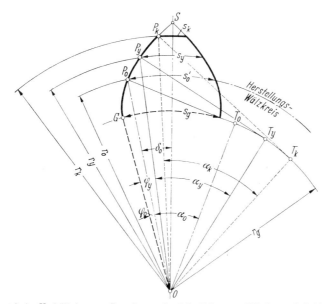

Abb. 6.25. Geometrische Verhältnisse zur Berechnung der Zahndicke s_y auf Kreis von beliebigem Halbmesser r_y bei gegebener Zahndicke s_0 auf dem Herstellungswälzkreis r_0

ableiten:
$$s_y = 2r_y[\delta_0 - (\varphi_y - \varphi_0)]; \quad \delta_0 = \frac{s_0'}{2r_0}.$$

Mit s_0' nach Gl. (10), mit $\varphi_0 = \mathrm{ev}\alpha_0$ und $\varphi_y = \mathrm{ev}\alpha_y$ nach Gl. (1) und mit $2r_0 = m_0 z$ ergibt sich

$$s_y = 2r_y\left[\frac{1}{z}\left(\frac{\pi}{2} + 2x\tan\alpha_0\right) - (\mathrm{ev}\alpha_y - \mathrm{ev}\alpha_0)\right], \tag{11}$$

wobei sich α_y mit Gl. (2), $r_y\cos\alpha_y = r_0\cos\alpha_0$, ermitteln läßt aus

$$\cos\alpha_y = \frac{r_0}{r_y}\cos\alpha_0. \tag{12}$$

Mit den Gln. (11) und (12) können die Zahndicken auf beliebigen Kreisen genau berechnet werden, insbesondere auch auf dem Kopfkreis (mit $r_y = r_k$ und $\alpha_y = \alpha_k$ aus $\cos\alpha_k = \frac{r_0}{r_k}\cos\alpha_0$), auf dem Herstellungswälzkreis [mit $r_y = r_0$, $\alpha_y = \alpha_0$, also $\mathrm{ev}\alpha_y = \mathrm{ev}\alpha_0$, Ergebnis gleich Gl. (10)], auf dem Grundkreis (mit $r_y = r_g$, $\alpha_y = 0$, also $r_g = r_0\cos\alpha_0$ und $\mathrm{ev}\alpha_y = 0$) und ganz besonders auch auf den bei der Paarung zweier V-Räder sich einstellenden Wälzkreisen, den Betriebswälzkreisen (s. Abschn. 6.1.1.10). Es kann auch leicht der Radius r_{sp} bestimmt werden, auf dem die Zahnspitze liegt:

α_{sp} mit Gl. (11), $[\cdots] = 0$, aus $\mathrm{ev}\alpha_{sp} = \frac{1}{z}\left(\frac{\pi}{2} + 2x\tan\alpha_0\right) + \mathrm{ev}\alpha_0$ und dann mit Gl. (12)

$$r_{sp} = r_0\frac{\cos\alpha_0}{\cos\alpha_{sp}}.$$

Die *Teilung* t_y auf einem beliebigen Kreis vom Halbmesser r_y ergibt sich aus der Teilung t_0 auf dem Herstellungswälzkreis mit Radius r_0 aus

$$\left.\begin{array}{l} t_0 z = 2\pi r_0 \\ t_y z = 2\pi r_y \end{array}\right\} \quad \text{zu} \quad t_y = t_0\frac{r_y}{r_0}$$

bzw. mit Gl. (12)

$$t_y = t_0\frac{\cos\alpha_0}{\cos\alpha_y}. \tag{13}$$

Die *Teilung* t_g *auf dem Grundkreis* wird dann mit $r_y = r_g$, $\alpha_y = 0$

$$t_g = t_0\cos\alpha_0.$$

Nach Abb. 6.26 ist die Grundkreisteilung t_g auch gleich der auf der Eingriffsgeraden gemessenen *Eingriffsteilung* t_e (gleich senkrechter Abstand zweier gleichgerichteter Flanken des Bezugsprofils, Abb. 6.19), so daß gilt

$$t_g = t_e = t_0\cos\alpha_0. \tag{14}$$

6.1.1.10 Paarung von V-Rädern, V-Getriebe (allgemein). Die im Abschn. 6.1.1.7 abgeleiteten Beziehungen waren für eine Evolventenverzahnung allgemeingültig, es war daher bei den Wälzkreisradien, dem Eingriffswinkel und dem Achsabstand auf besondere Indizes verzichtet worden. Jetzt sollen mit Normwerkzeugen (m_0, $\alpha_0 = 20°$) hergestellte V-Räder mit den Zähnezahlen z_1 und z_2, mit den Profilverschiebungsfaktoren x_1 und x_2, mit den Zahndicken s_{01}' und s_{02}' (auf den Her-

6.1.1 Zahnrädergetriebe mit geradverzahnten Stirnrädern

stellungswälzkreisen r_{01} und r_{02}) spielfrei miteinander gepaart werden. Der sich einstellende Achsenabstand soll (nach DIN 3960) auch nur mit a bezeichnet werden, die Radien der sich einstellenden Betriebswälzkreise mit r_{b1} und r_{b2}, der sich ein-

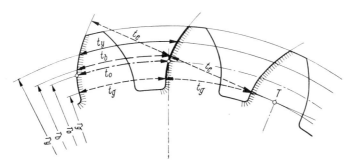

Abb. 6.26. Teilungen
t_y = Teilung auf beliebigem Kreis mit r_y
t_o = Teilung auf dem Herstellungswälzkreis mit r_o
t_b = Teilung auf dem Betriebswälzkreis mit r_b
t_g = Teilung auf dem Grundkreis mit r_g
t_e = Teilung auf der Eingriffsgeraden

stellende Betriebseingriffswinkel mit α_b und die Teilung auf den Betriebswälzkreisen mit t_b.

Der allgemeine Fall des V-Getriebes schließt ohne weiteres die beiden Sonderfälle mit ein:

das *Nullgetriebe* mit $x_1 = 0$, $x_2 = 0$; $a = a_0$; $r_{b1} = r_{01}$; $r_{b2} = r_{02}$; $\alpha_b = \alpha_0$,

das *V-Nullgetriebe* mit $x_2 = -x_1$; $a = a_0$; $r_{b1} = r_{01}$; $r_{b2} = r_{02}$; $\alpha_b = \alpha_0$.

Zur Ermittlung von α_b, r_{b1}, r_{b2} und a bei *gegebenen Profilverschiebungsfaktoren* und *gegebenen Zähnezahlen* muß von der Bedingung ausgegangen werden, daß bei Spielfreiheit auf den Betriebswälzkreisen gemessen die Summe der Zahndicke s_{b1} des Rades *1* und der Zahndicke s_{b2} des Rades *2* gleich der Teilung t_b sein muß: Nach Gl. (11) ist

$$s_{b1} = 2r_{b1}\left[\frac{1}{z_1}\left(\frac{\pi}{2} + 2x_1 \tan\alpha_0\right) - (\text{ev}\,\alpha_b - \text{ev}\,\alpha_0)\right],$$

$$s_{b2} = 2r_{b2}\left[\frac{1}{z_2}\left(\frac{2}{\pi} + 2x_2 \tan\alpha_0\right) - (\text{ev}\,\alpha_b - \text{ev}\,\alpha_0)\right].$$

Mit $2r_{b1} = \frac{z_1 t_b}{\pi}$ und $2r_{b2} = \frac{z_2 t_b}{\pi}$ und $s_{b1} + s_{b2} = t_b$ ergibt sich durch Addition und Auflösung nach $\text{ev}\,\alpha_b$

$$\boxed{\text{ev}\,\alpha_b = 2\frac{x_1 + x_2}{z_1 + z_2}\tan\alpha_0 + \text{ev}\,\alpha_0}. \tag{15}$$

Daraus läßt sich mit Hilfe der Tafel für die Evolventenfunktion (Tab. 6.1) α_b bestimmen, und es ergibt sich nach Gl. (12)

$$r_{b1} = r_{01}\frac{\cos\alpha_0}{\cos\alpha_b}; \quad r_{b2} = r_{02}\frac{\cos\alpha_0}{\cos\alpha_b};$$

$$\boxed{a = (r_{01} + r_{02})\frac{\cos\alpha_0}{\cos\alpha_b} = a_0\frac{\cos\alpha_0}{\cos\alpha_b} = \frac{m_0}{2}(z_1 + z_2)\frac{\cos\alpha_0}{\cos\alpha_b}} \tag{16}$$

und nach Gl. (8) des Abschn. 6.1.1.1

$$r_{b1} = a \frac{z_1}{z_1 + z_2} = \frac{a}{i+1}; \qquad r_{b2} = a \frac{z_2}{z_1 + z_2} = \frac{a\,i}{i+1}.$$

Sind *Achsenabstand a und Zähnezahlen* z_1 *und* z_2 *gegeben*, dann liefert die Gl. (16)

$$\boxed{\cos\alpha_b = \frac{m_0(z_1 + z_2)}{2a} \cos\alpha_0 = \frac{a_0}{a} \cos\alpha_0}, \qquad (16\mathrm{a})$$

und die Gl. (15) kann nach $x_1 + x_2$ aufgelöst werden:

$$\boxed{x_1 + x_2 = \frac{(z_1 + z_2)(\mathrm{ev}\,\alpha_b - \mathrm{ev}\,\alpha_0)}{2 \tan \alpha_0}}. \qquad (15\mathrm{a})$$

Wir erhalten also die *Summe* der Profilverschiebungsfaktoren, ebenso wie auch in Gl. (15) nur die *Summe* der Profilverschiebungsfaktoren (und die *Summe* der Zähnezahlen) einzusetzen ist. Über die zweckmäßige Wahl von $(x_1 + x_2)$-Werten und die geeignete Aufteilung von $(x_1 + x_2)$ in x_1 und x_2 werden in DIN 3992 Richtlinien angegeben (s. Abschn. 6.1.1.11).

Für *Überschlagsrechnungen* kann an Stelle der Gln. (15) und (16) das Diagramm der Abb. 6.55 mit der Linie $\beta_0 = 0°$ und mit $a^* = a_0 = \frac{m_0}{2}(z_1 + z_2)$ benutzt werden.

Fuß- und Kopfkreisradien:
Die *Fußkreisradien* sind durch das Werkzeug und die Profilabrückungen gegeben:

$$\boxed{r_{f1} = r_{01} - (m_0 + S_k) + m_0 x_1; \qquad r_{f2} = r_{02} - (m_0 + S_k) + m_0 x_2}. \qquad (17)$$

Bezüglich der *Kopfkreisradien* ist folgendes zu beachten: Der Achsenabstand a eines V-Getriebes [nach Gl. (16)] ist *nicht* gleich $r_{01} + r_{02} + m_0(x_1 + x_2)$; mit diesem Achsenabstand ergäbe sich keine Spielfreiheit; a ist also kleiner, d. h., die Räder sind enger zusammengeschoben, und mit den normalen Kopfkreisradien

$$r'_{k1} = r_{01} + m_0 + m_0 x_1 \quad \text{und} \quad r'_{k2} = r_{02} + m_0 + m_0 x_2$$

wird das Kopfspiel kleiner, als im Werkzeug (S_k) vorgesehen ist. Um das gleiche gewünschte Kopfspiel S_k zu erhalten, müssen die Kopfkreise *gekürzt* werden auf die sich aus Abb. 6.27 ergebenden Werte

$$r_{k1} = a - (r_{f2} + S_k) \quad \text{und} \quad r_{k2} = a - (r_{f1} + S_k)$$

oder mit Gl. (17)

$$\boxed{r_{k1} = a - r_{02} + m_0(1 - x_2) \quad \text{und} \quad r_{k2} = a - r_{01} + m_0(1 - x_1)}. \qquad (18)$$

Die erforderliche Kopfkürzung wird

$$r'_{k1} - r_{k1} = r'_{k2} - r_{k2} = m_0(x_1 + x_2) - (a - a_0).$$

Wird dieser Wert mit $k\,m_0$ bezeichnet, wobei also

$$k = x_1 + x_2 - \frac{a - a_0}{m_0} \qquad (19)$$

ist, so ergibt sich für die Kopfkreisradien

$$\boxed{r_{k1} = r'_{k1} - k\,m_0 = r_{01} + m_0(1 + x_1 - k); \qquad r_{k2} = r'_{k2} - k\,m_0 = r_{02} + m_0(1 + x_2 - k)}. \qquad (18\mathrm{a})$$

6.1.1 Zahnrädergetriebe mit geradverzahnten Stirnrädern

Bei k-Werten kleiner als 0,1 führt man häufig die Räder mit den r'_k-Werten aus und läßt das um den Betrag $k\,m_0$ kleinere Kopfspiel zu[1].

Der *Überdeckungsgrad* geradverzahnter Stirnrädergetriebe mit korrigierter Evolventenverzahnung ergibt sich aus den in Abb. 6.28 dargestellten Eingriffsverhältnissen. Bei linksherum drehendem, treibendem Ritzel beginnt der Eingriff in A,

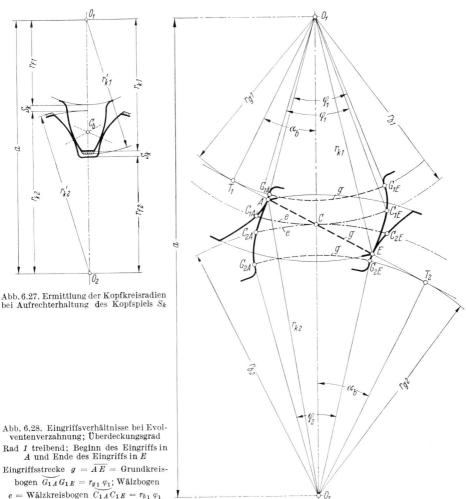

Abb. 6.27. Ermittlung der Kopfkreisradien bei Aufrechterhaltung des Kopfspiels S_k

Abb. 6.28. Eingriffsverhältnisse bei Evolventenverzahnung; Überdeckungsgrad
Rad *1* treibend; Beginn des Eingriffs in A und Ende des Eingriffs in E
Eingriffsstrecke $g = \overline{AE} =$ Grundkreisbogen $\overparen{G_{1A}G_{1E}} = r_{g1}\varphi_1$; Wälzbogen
$e =$ Wälzkreisbogen $\overparen{C_{1A}C_{1E}} = r_{b1}\varphi_1$

und er endet in E; in diesen Stellungen sind die Zahnflanken eingezeichnet. Die Eingriffsstrecke $g = \overline{AE}$ ist gleich den Grundkreisbögen $\overparen{G_{1A}G_{1E}} = \overparen{G_{2A}G_{2E}} = r_{g1}\varphi_1$, wenn der Winkel $G_{1A}O_1G_{1E}$ mit φ_1 bezeichnet wird. Die Wälzkreisbögen sind $e = \overparen{C_{1A}C_{1E}} = \overparen{C_{2A}C_{2E}} = r_{b1}\varphi_1$. Es ergibt sich also

$$\frac{e}{g} = \frac{r_{b1}}{r_{g1}}.$$

---
[1] Siehe auch WOLKENSTEIN, R., u. R. SEIDEL: Kopfkürzung an Evolventen-Außenverzahnungen zur Vermeidung von Eingriffsstörungen. Z. technica 11 (1962) 1915—1921.

Hiermit und mit $t_b = t_0 \dfrac{\cos\alpha_0}{\cos\alpha_b}$ nach Gl. (13) und mit $r_{b1}\cos\alpha_b = r_{g1}$ nach Gl. (2) bzw. (12) wird der Überdeckungsgrad [nach Gl. (11), Abschn. 6.1.1.3]

$$\varepsilon = \frac{e}{t_b} = \frac{g\, r_{b1}}{t_b\, r_{g1}} = \frac{g\, r_{b1}}{t_b\, r_{b1}\cos\alpha_b} = \frac{g}{t_b\cos\alpha_b} = \frac{g}{t_0\cos\alpha_0} = \frac{g}{t_e} = \frac{g}{t_g}\Bigg]^{1}. \quad (20)$$

Zur Berechnung der Eingriffsstrecke g liefert die Abb. 6.30 die erforderlichen Beziehungen:
$$g = \overline{AE} = \overline{T_1E} - \overline{T_1A} = \overline{T_1E} - (\overline{T_1T_2} - \overline{T_2A}),$$
$$g = \overline{T_1E} + \overline{T_2A} - \overline{T_1T_2}. \quad (21)$$

Aus Dreieck O_1T_1E: $\quad \overline{T_1E} = \sqrt{r_{k1}^2 - r_{g1}^2}.$ \hfill (21a)

Aus Dreieck O_2T_2A: $\quad \overline{T_2A} = \sqrt{r_{k2}^2 - r_{g2}^2}.$ \hfill (21b)

Aus Dreieck O_1O_2P: $\quad \overline{T_1T_2} = \overline{O_1P} = \sqrt{a^2 - (r_{g1} + r_{g2})^2}.$ \hfill (21c)

Aus Gln. (20) und (21) folgt (s. auch DIN 3990 E, Bl. 1 und 3)
$$\varepsilon = \frac{g}{t_g} = \frac{\overline{T_1E}}{t_g} + \frac{\overline{T_2A}}{t_g} - \frac{\overline{T_1T_2}}{t_g}$$
oder
$$\varepsilon = \varepsilon_1 + \varepsilon_2 - \varepsilon_a. \quad (22)$$

Mit $t_g = t_0\cos\alpha_0 = m_0\pi\cos\alpha_0$ und $t_g z = 2\pi r_g$, also $\dfrac{r_{g1}}{t_g} = \dfrac{z_1}{2\pi}$ und $\dfrac{r_{g2}}{t_g} = \dfrac{z_2}{2\pi}$ ergibt sich

$$\varepsilon_1 = \frac{\sqrt{r_{k1}^2 - r_{g1}^2}}{t_g} = \frac{1}{2\pi}\sqrt{\left(\frac{2r_{k1}}{m_0\cos\alpha_0}\right)^2 - z_1^2}, \quad (22\text{a})$$

$$\varepsilon_2 = \frac{\sqrt{r_{k2}^2 - r_{g2}^2}}{t_g} = \frac{1}{2\pi}\sqrt{\left(\frac{2r_{k2}}{m_0\cos\alpha_0}\right)^2 - z_2^2}, \quad (22\text{b})$$

$$\varepsilon_a = \frac{\sqrt{a^2 - (r_{g1} + r_{g2})^2}}{t_g} = \frac{1}{2\pi}\sqrt{\left(\frac{2a}{m_0\cos\alpha_0}\right)^2 - (z_1 + z_2)^2} \quad (22\text{c})$$

und somit

$$\varepsilon = \frac{1}{2\pi}\left[\sqrt{\left(\frac{2r_{k1}}{m_0\cos\alpha_0}\right)^2 - z_1^2} + \sqrt{\left(\frac{2r_{k2}}{m_0\cos\alpha_0}\right)^2 - z_2^2} - \sqrt{\left(\frac{2a}{m_0\cos\alpha_0}\right)^2 - (z_1 + z_2)^2}\right]. \quad (23)$$

In DIN 3990 E, Bl. 3, sind Diagramme zur näherungsweisen Bestimmung der ε-Werte wiedergegeben.

Um den Einfluß positiver Profilverschiebung anschaulich darzustellen, ist in Abb. 6.31 für die Zähnezahlen $z_1 = 11$ und $z_2 = 29$ ($m_0 = 6$ mm) je ein Zahnpaar verschiedener Getriebe aufgezeichnet, und zwar zunächst (Nr. 1) das normale Nullgetriebe ($\alpha_0 = 20°$; $a = 120$ mm), dann vier V-Getriebe mit dem Achsenabstand $a = 125$ mm, für den sich (bei $\alpha_0 = 20°$) $x_1 + x_2 = 0{,}949$ ergibt, mit $x_1 = 0{,}3$ (Nr. 2), $x_1 = 0{,}4$ (Nr. 3), $x_1 = 0{,}5$ (Nr. 4) und $x_1 = 0{,}6$ (Nr. 5), ferner das Getriebe mit 0,5-Verzahnung nach DIN 3994 und 3995 (Nr. 6), bei dem $x_1 = 0{,}5$ und $x_2 = 0{,}5$ und somit der Achsenabstand $a = 125{,}243$ mm ($\alpha_0 = 20°$) wird, und als letztes Beispiel (Nr. 7) ein Getriebe mit MAAG-Verzahnung, bei dem $\alpha_0 = 15°$, $a = 125{,}89$ mm und $x_1 + x_2 = 1{,}253$ betragen. Die MAAG-Verzahnung ist seit etwa 1910 bekannt, sie benutzte schon früh Profilverschiebungsfaktoren und Betriebseingriffswinkel, die einen Kompromiß zwischen den verschiedenen Anforderungen (Vermeidung von Unterschnitt, große Eingriffsdauer, günstige Gleitverhältnisse, hohe Laufruhe, große Tragfähigkeit, lange aktive Profilstücke, Vermeidung zu spitzer Zahnformen usw.) schlossen. In Tab. 6.2 sind die Zahlenwerte für die verschiedenen Größen der Vergleichsgetriebe zusammengestellt. Die Verbesserung der Ritzelzahnform mit zunehmendem Profilverschiebungsfaktor x_1 ist für die Fälle 1 bis 5 noch deutlicher in der vergrößerten Darstellung der Abb. 6.32 zu erkennen. Als Berechnungsbeispiel ist im folgenden der Fall 4 mit $x_1 = 0{,}5$ herausgegriffen.

---

[1] Die Gl. (20) und folgende gelten *allgemein* für V-Getriebe, also auch bei Null- und V-Nullgetrieben, jedoch *nicht* bei Ritzelzähnen *mit Unterschnitt*; für Nullgetriebe mit kleinen Ritzelzähnen ist ε in Abb. 6.29 dargestellt.

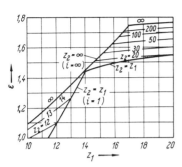

Abb. 6.29. Überdeckungsgrad bei nichtkorrigierten Nullgetrieben ($\alpha_0 = 20°$; $S_k = 0{,}2 m_0$)

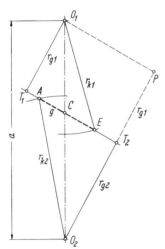

Abb. 6.30. Geometrische Verhältnisse zur Berechnung der Eingriffsstrecke g

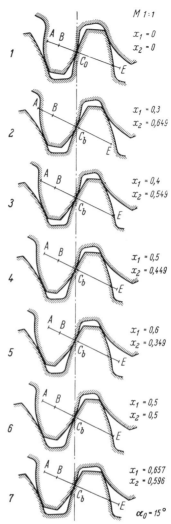

Abb. 6.31. Profilformen bei verschiedenen Profilabrückungen ($z_1 = 11$; $z_2 = 29$; $m_0 = 6$ mm)

Beispiel: Gegeben: $z_1 = 11$; $z_2 = 29$; $m_0 = 6$ mm; $a = 125$ mm; $x_1 = 0{,}5$. Gesucht: $x_1 + x_2$, Radien, Überdeckungsgrad, Zahndicken.

$$a_0 = \frac{m_0}{2}(z_1 + z_2) = 3 \text{ mm} \cdot 40 = 120 \text{ mm};$$

$$r_{01} = \frac{m_0}{2} z_1 = 33 \text{ mm}; \qquad r_{02} = \frac{m_0}{2} z_2 = 87 \text{ mm}.$$

Gl. (16a) $\cos\alpha_b = \dfrac{a_0}{a}\cos\alpha_0 = \dfrac{120}{125}\cos 20° = 0{,}902\,105,$

$\alpha_b = 25°33'50'' = 25{,}564°,$ $\qquad$ ev $\alpha_b = 0{,}032\,172$

$\qquad\qquad\qquad\qquad\qquad\qquad\qquad\qquad$ ev $\alpha_0 = 0{,}014\,904$

$\qquad\qquad\qquad\qquad\qquad\qquad$ ev $\alpha_b -$ ev $\alpha_0 = 0{,}017\,268$

Gl. (15a) $\underline{\underline{x_1 + x_2}} = \dfrac{(z_1+z_2)(\text{ev}\,\alpha_b - \text{ev}\,\alpha_0)}{2\tan\alpha_0} = \dfrac{40 \cdot 0{,}017\,268}{2 \cdot 0{,}3640} = \dfrac{0{,}34536}{0{,}3640} = \underline{\underline{0{,}94879}}.$

Überschlag und Kontrolle nach Abb. 6.55: $x_1 + x_2 \approx 0{,}95$.

182 6. Elemente zur Übertragung gleichförmiger Drehbewegungen

Aufteilung: $x_1 = 0{,}5$; $x_2 = 0{,}4488$

Gl. (17) $r_{f1} = r_{01} - (m_0 + S_k) + m_0 x_1 = 33 - 1{,}2 \cdot 6 + 6 \cdot 0{,}5 \quad = 28{,}80$ mm

$r_{f2} = r_{02} - (m_0 + S_k) + m_0 x_2 = 87 - 1{,}2 \cdot 6 + 6 \cdot 0{,}4488 = 82{,}49$ mm

Gl. (18) $r_{k1} = a - r_{02} + m_0(1 - x_2) = 41{,}31$ mm

$r_{k2} = a - r_{01} + m_0(1 - x_1) = 95{,}00$ mm

Gl. (2) $r_{g1} = r_{01} \cos\alpha_0 = 33 \cos 20° = 31{,}01$ mm

$r_{g2} = r_{02} \cos\alpha_0 = 87 \cos 20° = 81{,}75$ mm

$(r_{g1} + r_{g2}) = 112{,}76$ mm

Tabelle 6.2. *Zahlenwerte für die Vergleichsdarstellung nach Abb. 6.31*

Getriebe: $z_1 = 11$, $z_2 = 29$, $m_0 = 6$ mm
Nr. 1   Nullgetriebe ($\alpha_0 = 20°$) $a_0 = 120$ mm
Nr. 2 ··· 5   V-Getriebe für $a = 125$ mm; $x_1 + x_2 = 0{,}949$ ($\alpha_0 = 20°$)
Nr. 6   Getriebe mit 0,5-Verzahnung nach DIN 3995; $x_1 = x_2 = 0{,}5$; $a = 125{,}243$ mm ($\alpha_0 = 20°$)
Nr. 7   Getriebe mit MAAG-Verzahnung $\alpha_0 = 15°$; $a = 125{,}89$ mm; $x_1 + x_2 = 1{,}253$

		Getriebe Nr.					
		1	2	3	4	5	6	7
Betriebseingriffswinkel α_b		20°	25,564°	25,564°	25,564°	25,564°	25,795°	22°58'
Profilverschiebungsfaktoren	x_1 x_2	0 0	0,3 0,649	0,4 0,549	0,5 0,449	0,6 0,349	0,5 0,5	0,657 0,596
Betriebswälzkreisradien	r_{b1} r_{b2}	33 87	34,375 90,625	34,375 90,625	34,375 90,625	34,375 90,625	34,442 90,801	34,62 91,27
Grundkreisradien	r_{g1} r_{g2}	31,01 81,75	31,01 81,75	31,01 81,75	31,01 81,75	31,01 81,75	31,01 81,75	31,876 84,036
Fußkreisradien*	r_{f1} r_{f2}	25,80 79,80	27,60 83,69	28,20 83,09	28,80 82,49	29,40 81,89	28,50 82,50	29,94 83,575
Kopfkreisradien	r_{k1} r_{k2}	39,00 93,00	40,11 96,20	40,71 95,60	41,31 59,00	41,91 94,40	41,03 95,44	41,43 95,065
Überdeckungsgrad ε		1,18	1,253	1,241	1,227	1,211	1,221	1,19
Zahndicken des Ritzels im Grundkreis im Herstellungswälzkreis im Kopfkreis	s_{g1} s_{01}' s_{k1}	(9,78) 9,425 3,633	11,009 10,735 3,543	11,424 11,172 3,131	11,833 11,609 2,677	12,24 12,046 2,187	11,833 11,609 3,149	11,536 11,537 3,614
Tragfähigkeitsbeiwerte** Zahnformfaktor Zahnformfaktor Wälzpunktfaktor Ritzeleingriffsfaktor	q_{k1} q_{k2} y_C y_B	sehr groß 2,62 1,764 1,270	2,85 2,05 1,539 1,275	2,58 2,12 1,539 1,217	2,34 2,21 1,539 1,169	2,13 2,27 1,539 1,129	2,34 2,17 1,527 1,186	1,590
	$y_C y_B$	2,240	1,962	1,872	1,798	1,737	1,815	

* Bei Nr. 1 ··· 5 mit $h_{kw} = 1{,}2 m_0$; bei Nr. 6 mit $h_{kw} = 1{,}25 m_0$; bei Nr. 7 mit $h_{kw} = \dfrac{7}{6} m_0$.
** Nach Abschn. 6.1.1.12.

Gl. (21a) $\overline{T_1E} = \sqrt{r_{k1}^2 - r_{g1}^2}$ $= 27{,}293$ mm

Gl. (21b) $\overline{T_2A} = \sqrt{r_{k2}^2 - r_{g2}^2}$ $= 48{,}394$ mm

$\overline{T_1E} + \overline{T_2A} = 75{,}687$ mm

Gl. (21c) $\overline{T_1T_2} = \sqrt{a^2 - (r_{g1} + r_{g2})^2} = 53{,}946$ mm

$g = 21{,}741$ mm

Gl. (20) $\quad \varepsilon = \dfrac{g}{t_e} = \dfrac{g}{t_0 \cos \alpha_0} = \dfrac{21{,}741}{17{,}713} = \underline{\underline{1{,}227}}$.

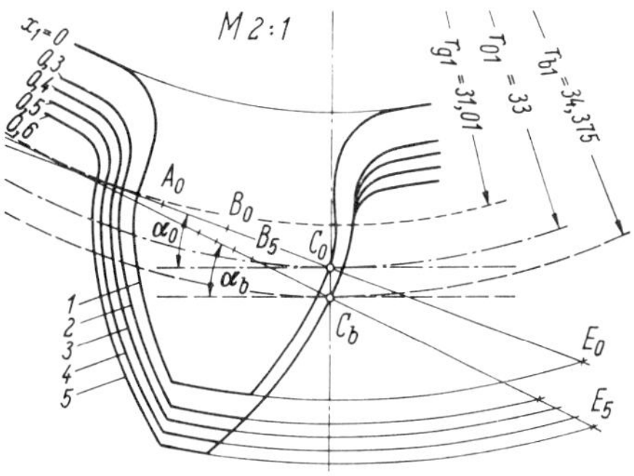

Zahndicke auf dem Kopfkreis:

Gl. (12) $\quad \cos \alpha_k = \dfrac{r_{01}}{r_{k1}} \cos \alpha_0$

$= \dfrac{33}{41{,}31} \cos 20° = 0{,}750\,662,$

Abb. 6.32
Einfluß der positiven Profilabrückung beim Ritzel

$\alpha_k = 41°21'8'' = 41{,}3522°,$ $\qquad \qquad \text{ev}\alpha_k = 0{,}15840$

$\text{ev}\alpha_0 = 0{,}01490$

$\overline{\text{ev}\alpha_k - \text{ev}\alpha_0 = 0{,}14350}$

Gl. (11) $\quad 2x_1 \tan \alpha_0 = 2 \cdot 0{,}5 \cdot 0{,}3640 = 0{,}3640$

$\pi/2 = 1{,}5708$

$\overline{\dfrac{\pi}{2} + 2x_1 \tan \alpha_0 = 1{,}9348}$

$\dfrac{1}{z_1}\left(\dfrac{\pi}{2} + 2x_1 \tan \alpha_0\right) = \dfrac{1{,}9348}{11} = 0{,}1759$

$\text{ev}\alpha_k - \text{ev}\alpha_0 = 0{,}1435$

$[\,\;] = 0{,}0324$

$\underline{\underline{s_{k1}}} = 2r_{k1}[\;] = 2 \cdot 41{,}31 \cdot 0{,}0324 = \underline{\underline{2{,}677 \text{ mm}}}$

$(s_{k\,\text{mindest}} = 0{,}25 m_0 = 1{,}50 \text{ mm}).$

Zahndicke auf dem Grundkreis nach Gl. (12) mit $r_y = r_g;\ \alpha_y = 0;\ \text{ev}\alpha_y = 0$

$\underline{\underline{s_{g1}}} = 2r_{g1}\left[\dfrac{1}{z_1}\left(\dfrac{\pi}{2} + 2x_1 \tan \alpha_0\right) + \text{ev}\alpha_0\right]$

$= 2 \cdot 31{,}01 \cdot [0{,}1759 + 0{,}0149] = \underline{\underline{11{,}833 \text{ mm}}}.$

6.1.1.11 Wahl der Summe der Profilverschiebungsfaktoren und Aufteilung in x_1 und x_2. Für die Wahl von $x_1 + x_2$ und die Aufteilung in x_1 und x_2 sind, wie oben schon angedeutet, die verschiedensten Anforderungen, wie z. B. die Tragfähigkeit (Zahnfuß- und Flankentragfähigkeit, s. Abschn. 6.1.1.12), hohe Überdeckungsgrade, günstige Gleiteigenschaften und Vermeidung von Unterschnitt oder zu spitzer Zahnformen entscheidend; diese Forderungen stehen teilweise zueinander im Gegensatz, so daß Kompromißlösungen gesucht wurden.

In den Empfehlungen in DIN 3992 wird durch Paarungslinien L 1 bis L 17 (L = Zeichen für Übersetzung ins Langsame, Abb. 6.33b) bzw. S 1 bis S 13 (S = Zeichen für Übersetzung ins Schnelle, Abb. 6.33c) angestrebt, die Zahnfußtragfähigkeit von Ritzel und Rad einander anzugleichen, die Gleitgeschwindigkeiten am Kopf des treibenden Zahnrades etwas größer zu halten als die am Kopf des getriebenen Zahnrades und extreme Werte des spezifischen Gleitens (Schlupf) zu vermeiden. Im oberen Diagramm (Abb. 6.33a, *Summe* der Profilverschiebungsfaktoren über der *Summe* der Zähnezahlen) dienen die Linien P 1 bis P 9 zur Kennzeichnung der Verzahnungseigenschaften; in Richtung von P 1 nach P 9 steigt die Tragfähigkeit, während die Profilüberdeckung abnimmt. Man wählt in Abb. 6.33a eine P-Linie und bestimmt aus der Zähnezahlsumme den Wert $x_1 + x_2$; in Abb. 6.33b (bzw. c) trägt man dann über $(z_1 + z_2)/2$ den Wert $(x_1 + x_2)/2$

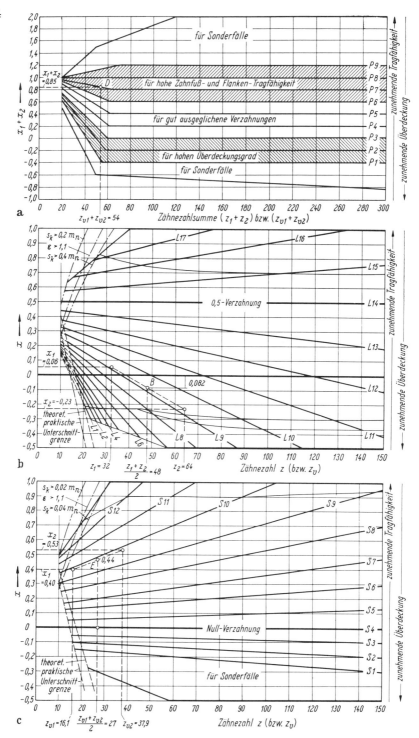

Abb. 6.33. Wahl und Aufteilung der Profilverschiebungsfaktoren nach DIN 3992 (März 1964)

auf und zieht durch den so gefundenen Punkt (z. B. „B" in 6.33b) eine Gerade, die sich dem Verlauf der benachbarten Paarungslinien anpaßt. Diese Gerade gibt dann über z_1 den Wert des zugehörigen Profilverschiebungsfaktors x_1 und über z_2 den Wert von x_2 an. Für Leistungsgetriebe dürften *etwa* die Linien P 8 und L 14 geeignet sein, so daß sich folgendes ergibt:

Allgemein sind zu empfehlen: $x_1 + x_2 \approx 1$ $(0{,}7 \cdots 1{,}3)$ *und eine Aufteilung in* $x_1 \approx 0{,}5$ *und* $x_2 \approx 0{,}5$ (evtl. x_1 etwas größer als x_2, jedoch so, daß der Ritzelzahn nicht zu spitz wird).

Es sei hier besonders darauf hingewiesen, daß es bei Null- und V-Nullgetrieben bei Verwendung genormter Moduln *nicht* möglich ist, beliebige vorgeschriebene Achsenabstände einzuhalten und daß bei der sog. 0,5-Verzahnung nach DIN 3994/3995 mit dem für Ritzel und Rad konstanten Profilverschiebungsfaktor $x_1 = x_2 = +0{,}5$ ebenfalls ein vorgegebener Achsenabstand nicht verwirklicht werden kann. In Baukastensystemen und im Großserienbau werden jedoch heute für die verschiedensten Übersetzungsverhältnisse konstante, nach Normzahlen gestufte Achsenabstände gefordert. (Oft ist in Typenbezeichnungen der Achsenabstand enthalten.) Dies ist mit der Bedingung $x_1 + x_2 \approx 1$ sehr gut möglich, z. B. mit den in Tab. 6.3 angegebenen *Zähnezahlsummen* $(z_1 + z_2)_{\beta_0 = 0°}$.

Tabelle 6.3. *Zähnezahlsummen* $(z_1 + z_2)_{\beta_0=0°}$ *geradverzahnter Stirnrädergetriebe für die Bedingung* $x_1 + x_2 \approx 1$ *(Bereich* $0{,}7 \cdots 1{,}3$) *bei nach Normzahlen gestuften Achsenabständen*

Modul m_0 [mm]	Achsenabstand a [mm]										
	80	100	125	160	200	250	315	400	500	630	800	1000
2	78	98	123	158	198	248						
2,5	62	78	98	126	158	198	250					
3	52	65	82	105	131	165	208	265				
4	38	48	61	78	98	123	156	198	248			
5	30	38	48	62	78	98	124	158	198	250		
6		32	40	52	65	82	103	131	165	208	265	
8			30	38	48	61	77	98	123	156	198	248
10				30	38	48	61	78	98	124	158	198

6.1.1.12 Bemessungsgrundlagen. Für die Auslegung von Zahnrädergetrieben sind viele Gesichtspunkte und Einflußgrößen bestimmend, deren vollständige Erfassung nur mit sehr großem Aufwand möglich ist und weit über den Rahmen dieses Buches hinausgeht[1]. Es sollen daher hier in Anlehnung an den Entwurf DIN 3990 nur stark vereinfachte Berechnungsverfahren gebracht werden, die es ermöglichen, verhältnismäßig rasch die wichtigsten Abmessungen zu ermitteln bzw. die Hauptbeanspruchungen nachzurechnen. Es werden dabei lediglich die Einflüsse der Zahnform und der von außen auf das Getriebe einwirkenden Kräfte berücksichtigt.

---

[1] Eingehende Unterlagen über Zahnschäden und Abhilfemaßnahmen, Getriebegeräusch, Wirkungsgrad und Verlustleistung, Schmierung und Kühlung und über die Berücksichtigung von Betriebsart, äußeren dynamischen Zusatzkräften infolge Massenwirkungen, inneren dynamischen Zusatzkräften infolge Verzahnungsfehler, ungleicher Zahnbelastung über die Zahnbreite durch Flanken- und Achsrichtungsfehler, Oberflächengüte, Freßsicherheit, erforderlicher Schmierstoffqualität und Lebensdauer sind in NIEMANN, G.: Maschinenelemente, Bd. 2, Berlin/Heidelberg/New York: Springer 1965, und in DUDLEY, D. W., u. H. WINTER: Zahnräder, Berlin/Göttingen/Heidelberg: Springer 1961, zu finden. Auch das umfangreiche Schrifttum über alle diese Einzelfragen ist in den genannten Spezialwerken übersichtlich zusammengestellt.

6. Elemente zur Übertragung gleichförmiger Drehbewegungen

Der Berechnung wird die *Umfangskraft am Teilkreis* $F_{U0} = M_{t1}/r_{01}$ zugrunde gelegt, die sich aus dem wiederholt auftretenden Maximalmoment

$$M_{t1} = f_B \frac{P}{\omega_1} \qquad (1)$$

ergibt, wobei P die Nennleistung, $\omega_1 = 2\pi n_1$ und f_B ein Beiwert ist, der die Art der treibenden und der getriebenen Maschinen, also besonders die auftretenden Stöße und die Häufigkeit von Anlaufvorgängen berücksichtigt; Richtwerte für f_B sind in Tab. 6.4 angegeben.

Den eigentlichen Berechnungsformeln seien zunächst noch einige weitere für einen Getriebeentwurf geeignete Hinweise und Erfahrungsangaben vorangestellt.

Übliche maximale *Übersetzungsverhältnisse* sind bei einstufigen Getrieben $i \leq 8$, bei zweistufigen $i \leq 45$ und bei dreistufigen $i \leq 200$. Für die Aufteilung $i = i_I i_{II}$ bei zwei Stufen wird, sofern es sich konstruktiv verwirklichen läßt, für die erste Stufe eine größere Übersetzung als für die zweite empfohlen: $i_I \approx 0{,}8\sqrt[3]{i^2}$ oder $i_I \approx 1{,}25\sqrt[3]{i}$.

Wenn aus Funktionsgründen nicht unbedingt erforderlich, sollen für Einzelübersetzungen keine glatten Zahlen gewählt werden, d. h., die Zähnezahl des Rades soll kein ganzzahliges Vielfaches der des Ritzels sein. Es ist dadurch eher gewährleistet, daß nicht *ein* Zahn des Ritzels mit nur wenigen ein und denselben Zähnen des Gegenrades zusammenarbeitet, sondern daß vielmehr eine gleichmäßige Abnutzung aller Zähne erzielt wird. Auch wirken sich Teilungsfehler jeweils erst nach einer größeren Anzahl von Umdrehungen aus, was in bezug auf Schwingungen und Ge-

Tabelle 6.4. *Richtwerte für den Betriebsbeiwert f_B*
(nach Niemann, Bd. 2, S. 14 und 116)

Gruppe	Arbeitsmaschine	Laufzeit pro Tag [Std.]	Antriebsmaschine		
			Elektromotor	Turbine, mehrzylindrische Kolbenmaschine	Einzylindrische Kolbenmaschine
I	*Fast stoßfrei:* Stromerzeuger, Gurtförderer, Plattenbänder, Förderschnecken, leichte Aufzüge und Hubwinden, Elektrozüge, Vorschubantriebe von Werkzeugmaschinen, Lüfter, Turbogebläse, Kreiselverdichter, Rührer und Mischer für gleichmäßige Dichte	0,5 3 8 24	0,5 0,8 1,0 1,25	0,8 1,0 1,25 1,5	1,0 1,25 1,5 1,75
II	*Mäßige Stöße:* Hauptantriebe von Werkzeugmaschinen, schwere Aufzüge, Drehwerke und Fahrantriebe von Kränen und Hebezeugen, Grubenlüfter, Rührer und Mischer für unregelmäßige Dichte, Kolbenpumpen mit mehreren Zylindern, Zuteilpumpen	0,5 3 8 24	0,8 1,0 1,25 1,5	1,0 1,25 1,5 1,75	1,25 1,5 1,75 2,0
III	*Heftige Stöße:* Stanzen, Scheren, Gummikneter, Walzwerks- und Hüttenmaschinen, Löffelbagger, schwere Zentrifugen, schwere Zuteilpumpen, Rotary-Bohranlagen, Brikettpressen, Kollergänge	0,5 3 8 24	1,25 1,5 1,75 2,0	1,5 1,75 2,0 2,25	1,75 2,0 2,25 2,5

räusche vorteilhaft ist. Im Werkzeugmaschinenbau werden nach Normzahlen gestufte Drehzahlen (DIN 804) und Vorschübe (DIN 803) verlangt, so daß auch für die Stufensprünge und Zähnezahlverhältnisse Normzahlen zu benutzen sind; es wird hier mit Aufbaunetzen, Drehzahlbildern und Tabellen für geeignete Zähnezahlpaarungen gearbeitet[1]. Auch bei handelsüblichen Zahnrädergetrieben sind die Übersetzungen nach Normzahlen gestuft.

Der kleinste *Ritzelteilkreisdurchmesser* d_{01} ist meist durch den erforderlichen Wellendurchmesser d_{W1} (s. Abschn. 4.2) konstruktiv bedingt:

bei auf die Welle aufgesetzten Ritzeln $\qquad d_{01} \approx 2 d_{W1}$,

bei Schaftritzeln (Ritzel und Welle aus einem Stück) $\quad d_{01} \approx 1{,}2 d_{W1}$.

Modul und Ritzelzähnezahl sind verknüpft durch die Beziehung $d_{01} = m_0 z_1$. Anzustreben sind kleiner Modul und, wenn möglich, $z_1 > 20$; bei niedrigen Drehzahlen und Motorantrieb kann bis $z_1 = 12$, bei Handantrieb (Winden) bis $z_1 = 7$ heruntergegangen werden. Bei $z_1 \leq 14$ *muß* korrigiert werden; bei $z_1 > 14$ wird, wie oben schon erwähnt (Abschn. 6.1.1.11), $x_1 \approx 0{,}5$ und $x_1 + x_2 \approx 1$ empfohlen.

Die mögliche *Zahnbreite* ist von den Werkstoffen und vor allem von der Art der Lagerung im Gehäuse abhängig. Bei beidseitiger Lagerung in steifem Gehäuse sind keine zu großen Deformationen zu befürchten, und die Zähne werden daher gleichmäßiger über die ganze Breite tragen. Die üblichen Richtwerte werden entweder auf den Ritzelteilkreisdurchmesser d_{01} oder auf den Modul m_0 bezogen; in Tab. 6.5 sind Erfahrungswerte für das Verhältnis (b/d_{01}) und für das Verhältnis (b/m_0) angegeben.

Tragfähigkeitsberechnung. Den häufigsten in der Praxis auftretenden Schadensfällen entsprechend erfolgt die Berechnung auf *Zahnfußtragfähigkeit* (Zahnbruch) und *Flankentragfähigkeit* (Grübchenbildung). Die Gefahr des Zahnbruchs besteht

Tabelle 6.5. *Richtwerte für* (b/d_{01}) *und* (b/m_0)

(b/d_{01})-Werte:	
für oberflächengehärtete Räder	$(b/d_{01}) = (0{,}1 \cdots \mathbf{0{,}3} \cdots 0{,}5) + \dfrac{i}{20}$ *
für vergütete, ungehärtete Räder	$= (0{,}2 \cdots \mathbf{0{,}5} \cdots 0{,}8) + \dfrac{i}{10}$ *
allgemein bei fliegendem Ritzel	$\leq 0{,}7$
bei starrer beidseitig gelagerter Ritzelwelle	$\leq 1{,}2$
(b/m_0)-Werte:	
Zähne sauber gegossen, unbearbeitet	$(b/m_0) = 6 \cdots 10$
Zähne bearbeitet, Lagerung auf Stahlkonstruktion oder Ritzel fliegend	$= 10 \cdots 15$
Zähne gut bearbeitet; Lagerung in Getriebekasten	$= 15 \cdots 25$
Zähne sehr gut bearbeitet; gute Lagerung und Schmierung in Getriebegehäuse, $n_1 \leq 3000$ U/min	$= 25 \cdots 45$
Dgl. bei $n_1 \geq 3000$ U/min	$= 45 \cdots 100$
Zähne gehärtet und geschliffen	$= 5 \cdots 15$

* Nach RICHTER, W., u. H. OHLENDORF: Kurzberechnung von Leistungsgetrieben. Z. Konstr. 11 (1959) 421—427.

---

[1] GERMAR, R.: Die Getriebe für Normdrehzahlen, Berlin: Springer 1932. — STEPHAN, E.: Optimale Stufenrädergetriebe für Werkzeugmaschinen, Berlin/Göttingen/Heidelberg: Springer 1958. — RITTER, R.: Zahnradgetriebe, Teil I: Aufbau der Zahnradgetriebe, Normgetriebe. Zürich: Leemann 1950.

hauptsächlich bei oberflächengehärteten Rädern, die Gefahr der Grübchenbildung bei vergüteten, ungehärteten Rädern. Es ist daher ratsam, der Bemessung oberflächengehärteter Verzahnungen die Zahnfußtragfähigkeit zugrunde zu legen (und die Flankenpressung *nach*zurechnen) und vergütete, nicht oberflächengehärtete Räder nach der Flankentragfähigkeit zu bemessen (und die Biegespannungen nachzuprüfen).

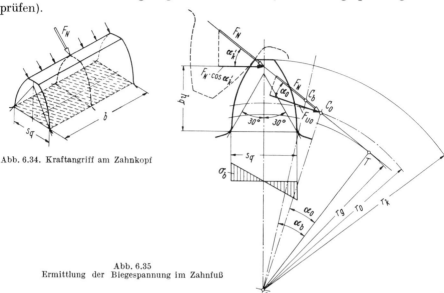

Abb. 6.34. Kraftangriff am Zahnkopf

Abb. 6.35
Ermittlung der Biegespannung im Zahnfuß

a) *Zahnfußtragfähigkeit.* Bei nicht besonders genauen Verzahnungen und niedriger Belastung wird sich die Zahndruckkraft nicht auf die gleichzeitig in Eingriff befindlichen Zahnpaare verteilen; für die Berechnung, insbesondere für Überschlagsrechnungen, wird von den ungünstigsten Annahmen ausgegangen, daß sich nur *ein* Zahnpaar an der Lastaufnahme beteiligt und daß der Kraftangriff am Zahnkopf erfolgt (Abb. 6.34). Aus spannungsoptischen Untersuchungen ergab sich, daß die Stellen höchster Biegebeanspruchung im Zahnfuß sich mit guter Annäherung mit den Berührungspunkten der 30°-Tangenten an den Fußausrundungen decken. Der Berechnungsquerschnitt ist also das in Abb. 6.34 schraffierte Rechteck $b\,s_q$. In Abb. 6.35 sind die Kräfteverhältnisse genauer dargestellt: F_N ist die Zahnnormalkraft senkrecht zur Zahnflanke, α'_k der Kraftangriffswinkel am Kopf, $F_N \cos\alpha'_k$ die am Biegehebelarm h_q angreifende Komponente. Für die Biegespannung ergibt sich also

$$\sigma_b = \frac{M_b}{W_b} = \frac{F_N \cos\alpha'_k \, h_q}{b\,s_q^2/6}$$

bzw. mit $F_N = \dfrac{F_{UO}}{\cos\alpha_0}$

$$\sigma_b = \frac{F_{UO} \cos\alpha'_k \dfrac{h_q}{m_0} 6\,m_0}{\cos\alpha_0 \, b \, \dfrac{s_q^2}{m_0^2} \, m_0^2}$$

oder

$$\boxed{\sigma_b = \frac{F_{UO}}{b\,m_0} \frac{6\,\dfrac{h_q}{m_0}\cos\alpha'_k}{\left(\dfrac{s_q}{m_0}\right)^2 \cos\alpha_0} = \frac{F_{UO}}{b\,m_0}\,q_k} . \qquad (2)$$

6.1.1 Zahnrädergetriebe mit geradverzahnten Stirnrädern

Der zweite Bruch ist zur Abkürzung mit q_k bezeichnet; er heißt *Zahnformfaktor*, ist dimensionslos und von der Zähnezahl z und dem Profilverschiebungsfaktor x abhängig. Sind α_k', h_q und s_q bekannt (diese Werte lassen sich am besten durch Aufzeichnen ermitteln), so kann q_k berechnet werden. Das Ergebnis ist in Abb. 6.36 dargestellt; es gilt für Verzahnungen mit Bezugsprofil nach DIN 867, *ohne* Kopfkürzung; bei Verzahnungen *mit* Kopfkürzung ändert sich der Zahnformfaktor meist nur unbedeutend, der Einfluß kann daher im allgemeinen vernachlässigt werden. Aus Abb. 6.36 ist klar zu erkennen, daß q_k (und somit σ_b) einmal mit zunehmender Zähnezahl und insbesondere mit zunehmender positiver Profilverschiebung abnimmt. (Bei $x = +0{,}63$ ist $q_k = 2{,}06 = $ const, unabhängig von z.) Bei negativen Profilverschiebungen ergeben sich, besonders bei kleinen Zähnezahlen, sehr hohe q_k-Werte; sie sind daher unbedingt zu vermeiden!

Bei *gegebenen Verzahnungsdaten* ist nach Gl. (2) für Ritzel und Rad leicht der Spannungsnachweis zu führen:

$$\sigma_{b1} = \frac{F_{UO}}{b_1 m_0} q_{k1} \leqq \sigma_{b1\,\text{zul}} \quad \text{und} \quad \sigma_{b2} = \frac{F_{UO}}{b_2 m_0} q_{k2} \leqq \sigma_{b2\,\text{zul}}.$$

Die *zulässigen Biegespannungen* für die üblichen Werkstoffe können Tab. 6.6 entnommen werden; sie enthalten rund 2fache Sicherheit gegen die an Zahnrädern ermittelte Dauerbiegeschwellfestigkeit[1].

Bei *noch unbekannten Verzahnungsdaten* hilft eine Umformung der Gl. (2) und Auflösung nach m_0; aus der Bedingung $\sigma_b \leqq \sigma_{b\,\text{zul}}$ folgt mit $F_{UO} = M_{t1}/r_{01} = 2 M_{t1}/d_{01}$ und $d_{01} = m_0 z_1$

$$\sigma_{b1} = \frac{2 M_{t1}}{b\, m_0\, d_{01}} q_{k1} = \frac{2 M_{t1}\, q_{k1}}{\left(\dfrac{b}{d_{01}}\right) m_0\, d_{01}^2} = \frac{2 M_{t1}\, q_{k1}}{\left(\dfrac{b}{d_{01}}\right) m_0^3\, z_1^2} \leqq \sigma_{b1\,\text{zul}},$$

$$\boxed{\; m_0 \geqq \sqrt[3]{\frac{q_{k1}}{z_1^2}} \sqrt[3]{\frac{2 M_{t1}}{\left(\dfrac{b}{d_{01}}\right) \sigma_{b1\,\text{zul}}}}\;}^{\,2}. \tag{2a}$$

Man wird im allgemeinen verschiedene z_1-Werte annehmen müssen, um einen geeigneten Modul und Achsenabstand zu finden; (b/d_{01}) wird nach Tab. 6.5 gewählt.

1. Beispiel: Für den Elektromotorantrieb einer Arbeitsmaschine der Gruppe II (mäßige Stöße, Tab. 6.4) sind gegeben bzw. verlangt: Laufzeit pro Tag 8 Std., d. h. $f_B = 1{,}25$, Nennleistung $P = 12{,}5$ kW $= 1275$ kpm/s, Drehzahl $n_1 = 1430$ U/min ($\omega_1 = \pi n_1/30 = 150/\text{s}$), Übersetzung $i \approx 6$, Profilverschiebungsfaktoren $x_1 \approx 0{,}5$, $x_2 \approx 0{,}5$, Werkstoffe: einsatzgehärteter Stahl 20 Mn Cr 5 mit $\sigma_{b\,\text{zul}} = 22$ kp/mm² (nach Tab. 6.6).

Angenommen: $z_1 = 21$; $(b/d_{01}) = 0{,}3 + (i/20) = 0{,}6$ (nach Tab. 6.5).

Es ergibt sich dann

aus Gl. (1) $\quad M_{t1} = f_B \dfrac{P}{\omega_1} = 1{,}25 \dfrac{1275 \text{ kpm/s}}{150/\text{s}} = 10{,}6 \text{ kpm} = 10{,}6 \cdot 10^3 \text{ kpmm},$

aus Abb. 6.36 (für $x_1 \approx 0{,}5$ und $z_1 = 21$) $q_{k1} = 2{,}20,$

---

[1] NIEMANN, G., u. H. GLAUBITZ: Zahnfußfestigkeit geradverzahnter Stirnräder. VDI-Z. 92 (1950) 923–932. — RETTIG, H.: Nitrieren im Getriebebau. Z. Konstr. 18 (1966) 107–116.

[2] bzw. $\quad m_0 \geqq \sqrt[3]{\dfrac{q_{k1}}{z_1}} \sqrt[3]{\dfrac{2 M_{t1}}{\left(\dfrac{b}{m_0}\right) \sigma_{b1\,\text{zul}}}}.$

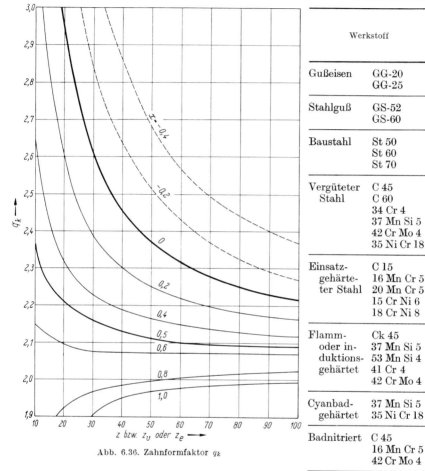

Abb. 6.36. Zahnformfaktor q_k

Tabelle 6.6. *Zulässige Biegespannung* $\sigma_{b\,zul}$ *und zulässige Hertzsche Pressung* p_{zul} (nach NIEMANN, GLAUBITZ, RETTIG)

Werkstoff		$\sigma_{b\,zul}$ [kp/mm²]	p_{zul} [kp/mm²]
Gußeisen	GG-20	4,5	22
	GG-25	5,5	27
Stahlguß	GS-52	9	31
	GS-60	10	39
Baustahl	St 50	11	34
	St 60	12,5	38
	St 70	14	44
Vergüteter Stahl	C 45	13,5	45
	C 60	15	50
	34 Cr 4	18	60
	37 Mn Si 5	19	55
	42 Cr Mo 4	20	63
	35 Ni Cr 18	20	90
Einsatzgehärteter Stahl	C 15	12	150
	16 Mn Cr 5	20	150
	20 Mn Cr 5	22	150
	15 Cr Ni 6	21	150
	18 Cr Ni 8	22	150
Flamm- oder induktionsgehärtet	Ck 45	18	135
	37 Mn Si 5	20	125
	53 Mn Si 4	20	140
	41 Cr 4	20	130
	42 Cr Mo 4	21	150
Cyanbadgehärtet	37 Mn Si 5	20	125
	35 Ni Cr 18	22	135
Badnitriert	C 45	16	75
	16 Mn Cr 5	17	72
	42 Cr Mo 4	29	85
Gasnitriert	16 Mn Cr 5	21	88

* $\sigma_{b\,zul} = \sigma_{b\,Sch}/S;\ S \approx 2$.
** $p_{zul} = p_D/S;\ S \approx 1{,}2 \cdots 1{,}3$; bei nitrierten Rädern $S = 1{,}8$.

aus Gl. (2a) $\quad \underline{m_0} \geqq \sqrt[3]{\dfrac{q_{k1}}{z_1^2}} \sqrt[3]{\dfrac{2 M_{t1}}{\left(\dfrac{b}{d_{01}}\right) \sigma_{b\,zul}}} = \sqrt[3]{\dfrac{2{,}20}{21^2}} \sqrt[3]{\dfrac{2 \cdot 10{,}6 \cdot 10^3\ \text{kpmm}}{0{,}6 \cdot 22\ \text{kp/mm}^2}}$

$\qquad\qquad\qquad = 0{,}170 \cdot 11{,}7\ \text{mm} \approx \underline{2\ \text{mm}},$

$d_{01} = m_0 z_1 = 2\ \text{mm} \cdot 21 = \underline{42\ \text{mm}}; \quad \underline{b} = \left(\dfrac{b}{d_{01}}\right) d_{01} = 0{,}6 \cdot 42\ \text{mm} \approx \underline{25\ \text{mm}}$
$\qquad\qquad\qquad\qquad\qquad\qquad\qquad\quad (b_1 = 25\ \text{mm};\ b_2 = 24\ \text{mm}).$

$z_2 = i\, z_1 = 6 \cdot 21 = 126,\ \text{besser}\ \underline{z_2 = 127},$

$z_1 + z_2 = 148; \quad a_0 = \dfrac{m_0}{2}(z_1 + z_2) = 148\ \text{mm}; \quad \underline{a = 150\ \text{mm}}.$

6.1.1 Zahnrädergetriebe mit geradverzahnten Stirnrädern

Mit $\dfrac{a-a_0}{a_0} = \dfrac{2}{148} = 0{,}0135$ liefert Abb. 6.55 $x_1 + x_2 = 1{,}05$; es sei $x_1 = 0{,}55$ und $x_2 = 0{,}5$.

Aus Abb. 6.36 folgt dann $q_{k1} = 2{,}15$ und $q_{k2} = 2{,}09$, und mit $F_{UO} = \dfrac{M_{t1}}{r_{01}} = \dfrac{10\,600\ \text{kpmm}}{21\ \text{mm}} = 505\ \text{kp}$ wird

$$\sigma_{b1} = \frac{F_{UO}}{b_1\, m_0}\, q_{k1} = \frac{505\ \text{kp}}{25\ \text{mm} \cdot 2\ \text{mm}} \cdot 2{,}15 = 21{,}7\ \text{kp/mm}^2,$$

$$\sigma_{b2} = \frac{F_{UO}}{b_2\, m_0}\, q_{k2} = \frac{505\ \text{kp}}{24\ \text{mm} \cdot 2\ \text{mm}} \cdot 2{,}09 = 22{,}0\ \text{kp/mm}^2.$$

Lastverteilung auf zwei Zahnpaare. Bei geringen Verzahnungsfehlern (also bei Präzisionsrädern) und hoher Belastung kann angenommen werden, daß zwei Zahnpaare zum Tragen kommen. Die Verringerung der Biegespannung wird dann durch den Überdeckungsfaktor q_ε berücksichtigt:

$$\sigma_b = \frac{F_{UO}}{b\, m_0}\, q_k\, q_\varepsilon,$$

wobei $q_\varepsilon = 1/\varepsilon$ gesetzt wird.

b) *Flankentragfähigkeit.* Die Grundlage der Berechnung bildet die Hertzsche Pressung[1] für zwei sich berührende Zylinder:

$$p = \sqrt{\frac{1}{2\pi}\, \frac{m^2}{m^2-1}\, E\, \frac{F_N}{b}\left(\frac{1}{\varrho_1} + \frac{1}{\varrho_2}\right)},$$

wobei

m Poissonsche Zahl,

$E = \dfrac{2 E_1 E_2}{E_1 + E_2}$ mittlerer Elastizitätsmodul, abhängig von Werkstoffpaarung, s. Tab. 6.7,

F_N Normalkraft (Zahndruckkraft in Richtung der Eingriffslinie),

b Länge der sich berührenden Zylinder (= Zahnbreite),

$\varrho_1,\ \varrho_2$ Zylinderhalbmesser (= Krümmungsradien der Zahnflanken im jeweiligen Berührungspunkt).

Mit $m = 10/3$ ergibt sich

$$p = \sqrt{0{,}175\, E\, \frac{F_N}{b}\left(\frac{1}{\varrho_1} + \frac{1}{\varrho_2}\right)}.$$

Für einen beliebigen Punkt Y auf der Eingriffsgeraden wird

$$\varrho_1 = \overline{T_1 Y}\quad \text{und}\quad \varrho_2 = \overline{T_2 Y};\quad \varrho_1 + \varrho_2 = \overline{T_1 T_2} = a\sin\alpha_b.$$

In Abb. 6.37 ist die dimensionslose Größe $\sqrt{\overline{T_1 T_2}(1/\varrho_1 + 1/\varrho_2)}$ über $T_1 \to T_2$ aufgetragen. Das Minimum liegt in der Mitte; in der Nähe der Punkte T_1 und T_2 wird p sehr groß. Liegt die Eingriffs*strecke* $\overline{AE}$ sehr weit seitlich (das ist der Fall bei großem Übersetzungsverhältnis, also kleiner Ritzelzähnezahl), dann ist die Hertzsche Pressung p_B im inneren Einzeleingriffspunkt B des Ritzels maßgebend. Bei $z_1 \geqq 20$ genügt es im allgemeinen, die *Hertzsche Pressung p_C im Wälzpunkt C* zu berechnen.

---

[1] In manchen Lehrbüchern wird an Stelle der Hertzschen Pressung p mit der Stribeckschen Pressung

$$k = \frac{F_N}{2b}\left(\frac{1}{\varrho_1} + \frac{1}{\varrho_2}\right)$$

gerechnet. Mit $m = 10/3$ ergibt sich für den Zusammenhang zwischen k und p die Beziehung

$$k = \frac{1}{0{,}35}\, \frac{p^2}{E} = 2{,}86\, \frac{p^2}{E}.$$

192 6. Elemente zur Übertragung gleichförmiger Drehbewegungen

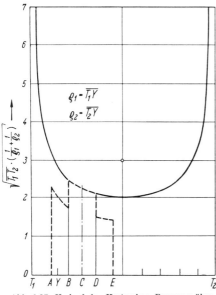

Abb. 6.37. Verlauf der Hertzschen Pressung über $T_1 - T_2$

Tabelle 6.7. *Mittlerer Elastizitätsmodul*

Werkstoffpaarung	E [10^4 kp/mm^2]
St/St	2,1
St/GS-60	2,08
St/GS-52	2,08
St/GGG-50	1,92
St/GGG-42	1,91
St/Sn Bz 14	1,40
St/Sn Bz 8	1,49
St/GG-25	1,59
St/GG-20	1,53
GS-60/GS-52	2,05
GS-60/GGG-50	1,89
GS-60/GG-20	1,51
GGG-50/GGG-42	1,75
GGG-50/GG-20	1,43
GG-25$\}$/GG-20 GG-20$\}$	1,24

Für diesen gilt $\varrho_{1C} = r_{b1}\sin\alpha_b$; $\varrho_{2C} = r_{b2}\sin\alpha_b$; also wird

$$\frac{1}{\varrho_{1c}} + \frac{1}{\varrho_{2c}} = \frac{1}{\sin\alpha_b}\left(\frac{1}{r_{b1}} + \frac{1}{r_{b2}}\right) = \frac{1}{r_{b1}\sin\alpha_b}\left(1 + \frac{1}{i}\right)$$

oder mit $r_{b1} = r_{01}\dfrac{\cos\alpha_0}{\cos\alpha_b}$

$$\frac{1}{\varrho_{1c}} + \frac{1}{\varrho_{2c}} = \frac{\cos\alpha_b}{r_{01}\cos\alpha_0\sin\alpha_b}\frac{i+1}{i}.$$

Damit und mit $F_N = F_{UO}/\cos\alpha_0$ geht die Gleichung für p über in

$$p_C = \sqrt{0{,}175\,E\,\frac{F_{UO}}{b\cos\alpha_0}\,\frac{\cos\alpha_b}{r_{01}\cos\alpha_0\sin\alpha_b}\,\frac{i+1}{i}}$$

oder

$$p_C = \sqrt{0{,}35\,E}\,\sqrt{\frac{F_{UO}}{b\,d_{01}}\,\frac{i+1}{i}}\,\underbrace{\sqrt{\frac{\cos\alpha_b}{\sin\alpha_b\cos^2\alpha_0}}}_{y_C},$$

$$\boxed{p_C = \sqrt{0{,}35\,E}\,\sqrt{\frac{F_{UO}}{b\,d_{01}}\,\frac{i+1}{i}\,y_C}}. \qquad (3)$$

Die letzte Wurzel y_C heißt *Wälzpunktfaktor*; die y_C-Werte sind in Abb. 6.38 in Abhängigkeit von der Zähnezahlsumme und der Summe der Profilverschiebungsfaktoren aufgetragen. Der Vorteil der geringen Hertzschen Pressung bei V-Getrieben zeigt sich in dem Diagramm in der Abnahme der y_C-Werte mit zunehmenden $(x_1 + x_2)$-Werten. Für negative $(x_1 + x_2)$-Werte ergeben sich, besonders bei kleinen Zähnezahlsummen, sehr große y_C-Werte.

Die durch Gl. (3) gegebene Hertzsche Pressung im Wälzpunkt ist für *Ritzel und Rad* gleich[1]. Sie muß gleich oder kleiner sein als die *zulässige Hertzsche Pressung*,

---
[1] In Gl. (3) und (3a) sind die auf das *Ritzel* (Index 1, $i > 1$) bezogenen Werte einzusetzen!

die vom Werkstoff, der Wärmebehandlung, dem Herstellverfahren, der geforderten Lebensdauer und Sicherheit abhängig ist. Aus Dauerversuchen (Wöhler-Kurven) kann die auf Dauer (Anzahl der Lastwechsel $N \geqq 10^8$) ertragbare Pressung p_D

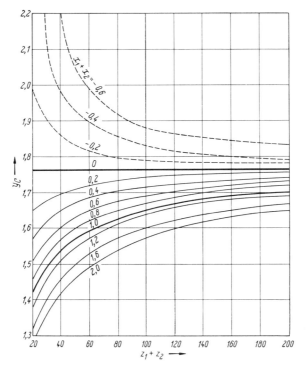

Abb. 6.38. Wälzpunktfaktor y_C (bei Geradverzahnung)

ermittelt werden. Allgemein wird dann

$$p_{\text{zul}} = \frac{p_D}{S}.$$

Für die Sicherheit S genügen niedrigere Werte ($S \approx 1{,}2 \cdots 1{,}3$, nur bei nitrierten Rädern $= 1{,}8$) als bei der Berechnung auf Zahnfußtragfähigkeit, da die Grübchenbildung nicht plötzlich einsetzt und nicht sofort zum Versagen des Getriebes führt, wie dies bei Zahnbruch der Fall wäre. In Tab. 6.6 sind unter diesen Voraussetzungen für die üblichen Werkstoffe unmittelbar p_{zul}-Werte angegeben[1].

Bei Berechnung auf Zeitfestigkeit können (nach DUDLEY u. WINTER) diese Werte multipliziert werden

mit 1,1 bei $N = 10^6 \cdots 10^7$ Lastwechseln,

mit 1,25 bei $N = 10^5 \cdots 10^6$ Lastwechseln,

mit 1,4 bei $N < 10^5$ Lastwechseln.

Die Anzahl der Lastwechsel N ergibt sich aus der Vollastlebensdauer L_h in Stunden, der Drehzahl n in U/min und aus der Anzahl Z der Zahneingriffsstellen an *einem*

---

[1] NIEMANN, G., u. H. GLAUBITZ: Zahnflankenfestigkeit geradverzahnter Stirnräder. VDI-Z. 93 (1951) 121–126. — RETTIG, H.: Nitrieren im Getriebebau. Z. Konstr. 18 (1966) 107–116.

Rad (bei Leistungsverzweigung) zu

$$N = 60 n Z L_h.$$

Die Gl. (3) wird zur Berechnung der *auftretenden* Hertzschen Pressung im Wälzpunkt bei *gegebenen* Verzahnungsdaten benutzt. Bei *noch unbekannten Verzahnungsdaten* wird sie wieder umgeformt und nach m_0 aufgelöst; die Bedingung $p_C \leqq p_{zul}$ liefert mit $F_{UO} = M_{t1}/r_{01} = 2 M_{t1}/d_{01}$ und $d_{01} = m_0 z_1$

$$p_C^2 = 0{,}35 E \frac{2 M_{t1}}{d_{01} b \, d_{01}} \frac{i+1}{i} y_C^2 = \frac{0{,}7 E \, M_{t1}}{\left(\dfrac{b}{d_{01}}\right) m_0^3 z_1^3} \frac{i+1}{i} y_C^2 \leqq p_{zul}^2,$$

$$\boxed{m_0 \geqq \frac{1}{z_1} \sqrt[3]{\frac{0{,}7 E \, M_{t1}}{\left(\dfrac{b}{d_{01}}\right) p_{zul}^2} \frac{i+1}{i} y_C^2}}.^{1} \qquad (3\text{a})$$

Auch diese Bemessungsgleichung dient nur zur überschläglichen Berechnung; meistens ist eine Variation von z_1, a und b erforderlich.

2. Beispiel: Das Getriebe des letzten Beispiels ($f_B = 1{,}25$, $P = 12{,}5$ kW, $n_1 = 1430$ U/min, $i \approx 6$, $x_1 \approx 0{,}5$, $x_2 \approx 0{,}5$) soll für nichtoberflächengehärteten Vergütungsstahl 37 Mn Si 5 mit $p_{zul} = 55$ kp/mm² (nach Tab. 6.6) ausgelegt werden.
Angenommen: $\underline{z_1 = 21}$; $(b/d_{01}) = 0{,}5 + (i/10) = 1{,}1$ (nach Tab. 6.5).

Es ergibt sich dann

aus Gl. (1) $M_{t1} = f_B \dfrac{P}{\omega_1} = 1{,}25 \dfrac{1275 \text{ kpm/s}}{150/\text{s}} = 10{,}6 \text{ kpm} = 10{,}6 \cdot 10^3 \text{ kpmm},$

aus Abb. 6.38 (für $x_1 + x_2 \approx 1$ und $z_1 + z_2 = z_1(1+i) = 21 \cdot 7 = 147$) $y_C = 1{,}68,$

aus Gl. (3a) $m_0 \geqq \dfrac{1}{z_1} \sqrt[3]{\dfrac{0{,}7 E \, M_{t1}}{(b/d_{01}) \, p_{zul}^2} \dfrac{i+1}{i} y_C^2}$

$= \dfrac{1}{21} \sqrt[3]{\dfrac{0{,}7 \cdot 2{,}1 \cdot 10^4 \text{ kp/mm}^2 \cdot 10{,}6 \cdot 10^3 \text{ kpmm}}{1{,}1 \cdot (55 \text{ kp/mm}^2)^2} \dfrac{7}{6} \cdot 1{,}68^2},$

$m_0 = 0{,}0476 \cdot \sqrt[3]{154 \cdot 10^3 \text{ mm}^3} = 0{,}0476 \cdot 53{,}6 \text{ mm} = \underline{2{,}55 \text{ mm}}.$

Mit $\underline{m_0 = 2{,}5 \text{ mm}}$ wird $a_0 = \dfrac{m_0}{2}(z_1 + z_2) = 1{,}25 \cdot 147 \approx 184 \text{ mm}.$

Für a wird die nächste *größere* Normzahl gewählt: $\underline{a = 200 \text{ mm}}$, und dementsprechend die Zahnbreite verringert. Nach Tab. 6.3 wird die für $x_1 + x_2 \approx 1$ erforderliche Zähnezahlsumme $z_1 + z_2 = 158$, daraus folgt $z_1(1+i) = 158$, $\underline{z_1 = 158/7 = 23}$ und $\underline{z_2 = 135}$, $a_0 = (m_0/2)(z_1 + z_2)$ $= 1{,}25 \cdot 158 = 197{,}5$ mm, $a - a_0 = 2{,}5$ mm, $\dfrac{a-a_0}{a_0} = 0{,}0127$, d. h. nach Abb. 6.55 $x_1 + x_2$ $\approx 1{,}05$, $x_1 = 0{,}55$, $x_2 = 0{,}5$. Mit $d_{01} = m_0 z_1 = 2{,}5 \cdot 23 = 57{,}5$ mm wird $F_{UO} = \dfrac{M_{t1}}{r_{01}}$ $= \dfrac{10600 \text{ kpmm}}{28{,}75 \text{ mm}} = 370 \text{ kp}$, und Gl. (3) nach b aufgelöst liefert

$$\underline{b} = \dfrac{0{,}35 E \, F_{UO}}{d_{01} \, p_{zul}^2} \dfrac{i+1}{i} y_C^2 = \dfrac{0{,}35 \cdot 2{,}1 \cdot 10^4 \text{ kp/mm}^2 \cdot 370 \text{ kp}}{57{,}5 \text{ mm} \cdot (55 \text{ kp/mm}^2)^2} \dfrac{7}{6} \cdot 1{,}69^2 = \underline{52 \text{ mm}}.$$

Kontrolle: $\dfrac{b}{d_{01}} = \dfrac{52}{57{,}5} = 0{,}905$; $\dfrac{b}{m_0} = \dfrac{52}{2{,}5} \approx 21$ (günstig nach Vergleich mit Tab. 6.5).

---

[1] bzw. $m_0 \geqq \sqrt[3]{\dfrac{0{,}7 E \, M_{t1}}{(b/m_0) \, z_1^3 \, p_{zul}^2} \dfrac{i+1}{i} y_C^2}.$

Nachrechnung der Biegespannung

$$\sigma_{b1} = \frac{F_{UC}}{b_1 m_0} q_{k1} = \frac{370 \text{ kp}}{54 \text{ mm} \cdot 2{,}5 \text{ mm}} 2{,}15 = 5{,}9 \text{ kp/mm}^2$$
$$\sigma_{b2} = \frac{F_{UO}}{b_2 m_0} q_{k2} = \frac{370 \text{ kp}}{52 \text{ mm} \cdot 2{,}5 \text{ mm}} 2{,}09 = 5{,}95 \text{ kp/mm}^2$$
$\sigma_{b \text{ zul}} = 19 \text{ kp/mm}^2$ nach Tab. 6.6.

Die Verwendung billigerer ungehärteter Werkstoffe erfordert also wesentlich größere Abmessungen, vgl. Abb. 6.39; die Werkstoffe sind hinsichtlich Biegebeanspruchung schlecht ausgenutzt.

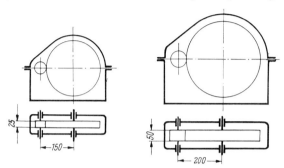

Abb. 6.39. Größenvergleich der in den Beispielen berechneten Getriebe

Zu Beispiel 1: Nachrechnung der Hertzschen Pressung für die in Beispiel 1 gewählten Abmessungen und Werkstoffe: $m_0 = 2$ mm; $z_1 = 21$, $z_2 = 127$; $x_1 + x_2 = 1{,}05$; $b = 24$ mm; $i = z_2/z_1 = 6{,}05$.

Aus Abb. 6.38 ergibt sich $y_C = 1{,}68$; mit $F_{UO} = \dfrac{M_{t1}}{r_{01}} = 505$ kp liefert Gl. (3)

$$p_C = \sqrt{0{,}35 E} \sqrt{\frac{F_{UO}}{b \, d_{01}} \frac{i+1}{i}} y_C$$
$$= \sqrt{0{,}35 \cdot 2{,}1 \cdot 10^4 \frac{\text{kp}}{\text{mm}^2}} \sqrt{\frac{505 \text{ kp}}{24 \text{ mm} \cdot 42 \text{ mm}} \frac{7{,}05}{6{,}05}} \cdot 1{,}68 = 110 \text{ kp/mm}^2.$$

Für Werkstoff 20 Mn Cr 5 (einsatzgehärtet) ist nach Tab. 6.6 $p_{\text{zul}} = 150$ kp/mm².

Das Getriebe nach Beispiel 1 ist also sowohl hinsichtlich Zahnbruch als auch Grübchenbildung *gut ausgelegt*, da die auftretenden σ_b- und p_C-Werte nahe an die zulässigen Werte herankommen.

Bei Zähnezahlen $z_1 < 20$ ist die *Hertzsche Pressung* p_B *im inneren Einzeleingriffspunkt B* des Ritzels zu ermitteln:

$$p_B = \sqrt{0{,}175 E \frac{F_N}{b} \left(\frac{1}{\varrho_{1B}} + \frac{1}{\varrho_{2B}} \right)} = \sqrt{0{,}175 E \frac{F_N}{b} \frac{\varrho_{1B} + \varrho_{2B}}{\varrho_{1B} \varrho_{2B}}}.$$

Ferner war
$$p_C = \sqrt{0{,}175 E \frac{F_N}{b} \frac{\varrho_{1C} + \varrho_{2C}}{\varrho_{1C} \varrho_{2C}}}.$$

Mit $\varrho_{1B} + \varrho_{2B} = \varrho_{1C} + \varrho_{2C} = T_1 T_2 = \varepsilon_a t_e$ wird also

$$\frac{p_B}{p_C} = \sqrt{\frac{\varrho_{1C} \varrho_{2C}}{\varrho_{1B} \varrho_{2B}}} = y_B \quad \text{bzw.} \quad \underline{p_B = p_C y_B}.$$

Der Ritzeleingriffsfaktor y_B kann erst nach Festlegung der Verzahnungsdaten (a, m_0, i, z_1 und x_2) mit den zur Ermittlung des Überdeckungsgrades abgeleiteten Größen ε_1 und ε_a [Gl. (22a) und (22c) des Abschn. 6.1.1.10] berechnet werden; mit einigen Umformungen folgt

$$y_B = \frac{\varepsilon_a}{\varepsilon_1 - 1} \sqrt{\frac{i}{(i+1)^2} \frac{1}{\frac{\varepsilon_a}{\varepsilon_1 - 1} - 1}}.$$

Zur Beurteilung der Größenordnung von y_B sind in Abb. 6.40 die Ergebnisse für $x_1 + 0,5$, $x_2 = 0,5$ und $z_1 \leq 20$ aufgetragen. Der Einfluß ist im allgemeinen nicht sehr groß, zumal (nach DIN 3990 E) erfahrungsgemäß $p_B \leq 1,1 p_{zul}$ sein darf.

Ähnlich verhält es sich auch mit der *Hertzschen Pressung* p_A im *Fußeingriffspunkt* A des Ritzels, für die gilt

$$p_A = p_C y_A \leq 1,5 p_{zul} \quad \text{mit} \quad y_A = \frac{\varepsilon_a}{\varepsilon_2} \sqrt{\frac{i}{(i+1)^2} \frac{1}{\frac{\varepsilon_a}{\varepsilon_2} - 1}}; \quad \begin{array}{l} \varepsilon_2 \text{ aus Gl. (22b) des} \\ \text{Abschn. 6.1.1.10.} \end{array}$$

Bei Lastverteilung auf zwei Zahnpaare (geringe Verzahnungsfehler, hohe Belastung) wird die Vergrößerung der Länge der Berührungslinien durch den Zahnlängenfaktor y_L berücksichtigt:

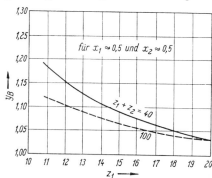

Abb. 6.40. Ritzeleingriffsfaktor y_B

$$p_C = \sqrt{0,35 E} \sqrt{\frac{F_{UO}}{b\, d_{01}} \frac{i+1}{i}} y_C y_L$$

mit $y_L = \sqrt{\dfrac{1}{\varepsilon}}$.

An *nichtmetallischen Werkstoffen* werden für Zahnräder Vulkanfiber (Dynopas) und Kunstharzpreßstoffe (Lignofol, Ferrozell, Resitex, Novotext u. ä.), ferner Polyamide (z. B. Ultramid A, B und S) und Acetalharz (Polyoxymethylen, Delrin) verwendet. Diese Werkstoffe eignen sich wegen ihrer geringeren Festigkeit zwar nicht für Hochleistungsgetriebe, aber sie besitzen Eigenschaften, die in besonderen Fällen sehr erwünscht sind, wie z. B. geringes spezifisches Gewicht (1,2 bis 1,4 p/cm³), hervorragende Dämpfung (das bedeutet geräuscharmen Lauf), sehr gute Korrosionsbeständigkeit, hohe Verschleißfestigkeit und günstiges Reibungsverhalten (teilweise auch ohne Schmiermittel) und bei einigen die Möglichkeit spanloser Herstellung durch Pressen oder im Strang- und Spritzgußverfahren. Sie arbeiten häufig mit Stahl- oder Gußrädern zusammen, wobei das Metallrad etwas breiter sein soll als das Kunststoffrad. Bei den Polyamidrädern ist der Einfluß der Temperatur zu beachten (Zahntemperatur und Flankentemperatur), bei Vulkanfiber und Schichtpreßholz die Feuchtigkeitsempfindlichkeit.

Die von den Herstellern angegebenen Berechnungsverfahren für Vulkanfiber[1] und Kunstharzpreßstoffe[2] stützen sich auf Erfahrungswerte, die sowohl die Zahnfußfestigkeit als auch den Verschleiß und die Erwärmung berücksichtigen; es wird ein von der Umfangsgeschwindigkeit abhängiger Materialfaktor c und ein Zähnezahlfaktor y angegeben, mit denen sich die übertragbare Umfangskraft zu

$$\boxed{F_{UO} = c\, b\, m_0\, \pi\, y}$$

ergibt. Als Richtwert für die Zahnbreite dient $b/m_0 \approx 10$.

c-Werte (Materialfaktor):

bei $v =$	0,5	1	2	3	4	5	6	8	10	12	15	m/s
Dynopas	0,35	0,30	0,23	0,20	0,18	0,17	0,16	0,145	0,13	0,125	0,125	kp/mm²
Ferrozell	0,26	0,24	0,22	0,20	0,18	0,165	0,15	0,13	0,115	0,105	0,10	kp/mm²

[1] Dynopas, Dynamit Nobel AG, Abt. Kunststoff-Verkauf. Troisdorf/Köln.
[2] Ferrozell, Ferrozell-Gesellschaft Sachs & Co., Augsburg.

y-Werte (Zähnezahlfaktor):

bei $z =$	12	14	16	20	30	40	50	70	100	150	200
Dynopas	0,64	0,75	0,85	1,00	1,25	1,40	1,50	1,63	1,73	1,81	1,86
Ferrozell	0,70	0,80	0,88	0,95	1,05	1,10	1,15	1,28	1,35	1,40	

Für Polyamidzahnräder liegen umfangreiche Versuchsergebnisse[1] vor, mit deren Hilfe die Berechnung von Zahnradtemperatur, Zahnfußbeanspruchung, Zahnverformung, Zahnflankenbeanspruchung und -verschleiß möglich ist.

6.1.1.13 Lagerkräfte, Biegemomente. Die Ermittlung der Lagerkräfte, die danach erfolgende und durch die geforderte Lebensdauer bestimmte Wahl der Lager und die genaue Nachrechnung der Getriebewellen auf Festigkeit können erst nach Festlegung der Abmessungen durchgeführt werden. Größe und Richtung der Lagerkräfte sind von der Anordnung der Lagerstellen (Lagerabstände), von der gegenseitigen Lage der Getriebewellen und in manchen Fällen vom Drehsinn abhängig. Die Lagerstellen sind im allgemeinen schon im Hinblick auf die Durchbiegung möglichst nahe an die Kraftangriffsstellen heranzurücken; dem steht jedoch bisweilen die möglichst einfache Gestaltung des Getriebegehäuses entgegen. Bei fliegender Anordnung von Ritzeln und Rädern ergeben sich häufig höhere Lagerkräfte; in diesen konstruktiv jedoch oft vorteilhaften Fällen sind dann die Lagerentfernungen nicht zu gering zu bemessen.

Für die Bestimmung der Lagerreaktionen ist grundsätzlich folgendes zu beachten: Die Umfangskraft F_U wirkt *in* Richtung der Umfangsgeschwindigkeit auf das *getriebene* Rad; auf das treibende Rad wirkt eine gleich große, aber entgegengesetzt gerichtete Reaktionskraft. Damit ergeben sich die in Abb. 6.41a dargestellten Verhältnisse für die *Antriebswelle* eines Getriebes. Die Abb. 6.41b bis d zeigen die Kräfte *auf die Zwischenwelle* zweistufiger Getriebe in verschiedener Anordnung: Im Fall b liegen alle Getriebewellen hintereinander in einer Ebene, im Fall c ist ein „rückkehrendes" Getriebe (mit fluchtender An- und Abtriebswelle) behandelt, und im Fall d ist eine rechtwinklige Anordnung der Getriebewellen gewählt. Nur im letzten Fall ändern sich die Absolutbeträge der Lagerkräfte bei Drehsinnumkehr; es ist bezüglich der Richtungen nämlich zu beachten, daß die an den Zahneingriffsstellen wirkenden Radialkräfte *immer* zur Drehachse *hin* gerichtet sind, während die Umfangskräfte mit Drehsinnänderung ihre Richtung umkehren. In allen Fällen (a bis d) gelten die Grundgleichungen[2]:

$$\boxed{F_U = \frac{M_t}{r}} \quad \text{bzw.} \quad F_{UI} = \frac{M_{t1}}{r_1} \quad \text{und} \quad F_{UII} = \frac{M_{t2}}{r_3} = F_{UI}\frac{r_2}{r_3}, \qquad (1)$$

$$\boxed{F_R = F_U \tan\alpha} \quad \text{bzw.} \quad F_{RI} = F_{UI}\tan\alpha \quad \text{und} \quad F_{RII} = F_{UI}\frac{r_2}{r_3}\tan\alpha, \qquad (2)$$

$$F_N = \frac{F_U}{\cos\alpha} = \frac{M_{t1}}{r_1 \cos\alpha} = \frac{M_{t1}}{r_{g1}}. \qquad (3)$$

Die Lagerreaktionen ergeben sich dann aus den Gleichgewichtsbedingungen (Summe der Momente gleich Null, Summe der Kräfte gleich Null), jeweils in der x-z-Ebene (Draufsicht) und in der y-z-Ebene (Ansicht von vorn). Damit kann in jeder Ebene der Biegemomentenverlauf bestimmt werden (M_{bx} in der y-z-Ebene und M_{by} in

---
[1] HACHMANN, Z., u. E. STRICKLE: Polyamide als Zahnradwerkstoffe. Z. Konstr. 18 (1966) 81—94.
[2] Bei genauen Rechnungen müssen eingesetzt werden für r_1, r_2, r_3 die Werte r_{b1}, r_{b2}, r_{b3} und für α der Wert α_b.

der x-z-Ebene); das resultierende Biegemoment an jeder Stelle ist dann gleich $M_{b\,res} = \sqrt{M_{bx}^2 + M_{by}^2}$.

3. *Beispiel:* Zwischenwelle eines Zahnrädergetriebes mit geradverzahnten Stirnrädern (Abb. 6.42), Anordnung nach Fall c der Abb. 6.41.

Gegeben: $f_B = 1$; $P = 8$ kW $= 816$ kpm/s; $n_1 = 1450$ U/min ($\omega_1 = 152/\text{s}$); also $M_{t1} = f_B \dfrac{P}{\omega_1} = \dfrac{816 \text{ kpm/s}}{152/\text{s}} = 5{,}37$ kpm.

Stufe I

$\quad a = 100$ mm; $m_I = 2$ mm

$\quad z_1 + z_2 = 98$ (nach Tab. 6.3)

$\quad i_I = z_2/z_1 = 81/17 = 4{,}76$

$\quad n_2 = n_3 = n_{Zw} = n_1/i_I = 304$ U/min

$\quad M_{tZw} = M_{t1}\, i_I = 25{,}6$ kpm

$\quad r_{b1} = \dfrac{a\, z_1}{z_1 + z_2} = \dfrac{100 \text{ mm} \cdot 17}{98} = 17{,}35$ mm

$\quad r_{b2} = a - r_{b1} = 82{,}65$ mm

$\quad \underline{F_{UI}} = \dfrac{M_{b1}}{r_{b1}} = \dfrac{5370 \text{ kpmm}}{17{,}35 \text{ mm}} = \underline{310 \text{ kp}}$

$\quad a_{0I} = \dfrac{m_I}{2}(z_1 + z_2) = 98$ mm

$\quad \cos\alpha_{bI} = \dfrac{a_{0I}}{a}\cos\alpha_0 = \dfrac{98}{100} \cdot 0{,}94 = 0{,}921$

$\quad \alpha_{bI} = 22{,}94°$

$\quad \underline{F_{RI}} = F_{UI} \tan\alpha_{bI} = \underline{131 \text{ kp}}$

Stufe II

$\quad a = 100$ mm; $m_{II} = 3$ mm

$\quad z_3 + z_4 = 65$ (nach Tab. 6.3)

$\quad i_{II} = z_4/z_3 = 51/14 = 3{,}64$

$\quad n_4 = n_3/i_{II} = 83{,}5$ U/min

$\quad M_{t4} = M_{tAb} = M_{tZw}\, i_{II} = 93{,}2$ kpm

$\quad r_{b3} = \dfrac{a\, z_3}{z_3 + z_4} = \dfrac{100 \text{ mm} \cdot 14}{65} = 21{,}55$ mm

$\quad r_{b4} = a - r_{b3} = 78{,}45$ mm

$\quad \underline{F_{UII}} = \dfrac{M_{tZw}}{r_{b3}} = \dfrac{25\,600 \text{ kpmm}}{21{,}55 \text{ mm}} = \underline{1190 \text{ kp}}$

$\quad a_{0II} = \dfrac{m_{II}}{2}(z_3 + z_4) = 97{,}5$ mm

$\quad \cos\alpha_{bII} = \dfrac{a_{0II}}{a}\cos\alpha_0 = \dfrac{97{,}5}{100} \cdot 0{,}94 = 0{,}917$

$\quad \alpha_{bII} = 23{,}5°$

$\quad \underline{F_{RII}} = F_{UII} \tan\alpha_{bII} = \underline{517 \text{ kp}}$

Mit den Längenabmessungen nach Abb. 6.42 $l_J = 40$ mm, $l_K = 40$ mm, $l = 160$ mm erhält man:

Kräfte in der x-z-Ebene

$-J_x l + F_{RI}(l - l_J) + F_{RII}\, l_K = 0$

$J_x \cdot 160$ mm $= 131$ kp $\cdot 120$ mm $+ 517$ kp $\cdot 40$ mm

$\underline{J_x} = \dfrac{36\,400 \text{ kpmm}}{160 \text{ mm}} = \underline{228 \text{ kp}}$

$\underline{K_x} = F_{RI} + F_{RII} - J_x = \underline{420 \text{ kp}}$

Kräfte in der y-z-Ebene

$J_y l + F_{UI}(l - l_J) - F_{UII}\, l_K = 0$

$J_y \cdot 160$ mm $= -310$ kp $\cdot 120$ mm $+ 1190$ kp $\cdot 40$ mm

$\underline{J_y} = \dfrac{10\,400 \text{ kpmm}}{160 \text{ mm}} = \underline{65 \text{ kp}}$

$\underline{K_y} = F_{UII} - F_{UI} - J_y = \underline{815 \text{ kp}}$

$\underline{J_r} = J_{\text{res}} = \sqrt{J_x^2 + J_y^2} = \sqrt{228^2 + 65^2}$ kp $= \underline{237 \text{ kp}}$,

$\underline{K_r} = K_{\text{res}} = \sqrt{K_x^2 + K_y^2} = \sqrt{420^2 + 815^2}$ kp $= \underline{916 \text{ kp}}$

Biegemomentenverlauf in der x-z-Ebene

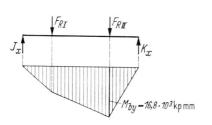

Biegemomentenverlauf in der y-z-Ebene

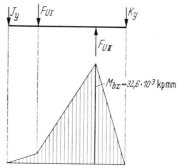

$\underline{M_{b\,\max\,res}} = \sqrt{M_{bx}^2 + M_{by}^2} = \sqrt{32{,}6^2 + 16{,}8^2} \cdot 10^3 \text{ kpmm} = \underline{36{,}7 \cdot 10^3 \text{ kpmm}}$.

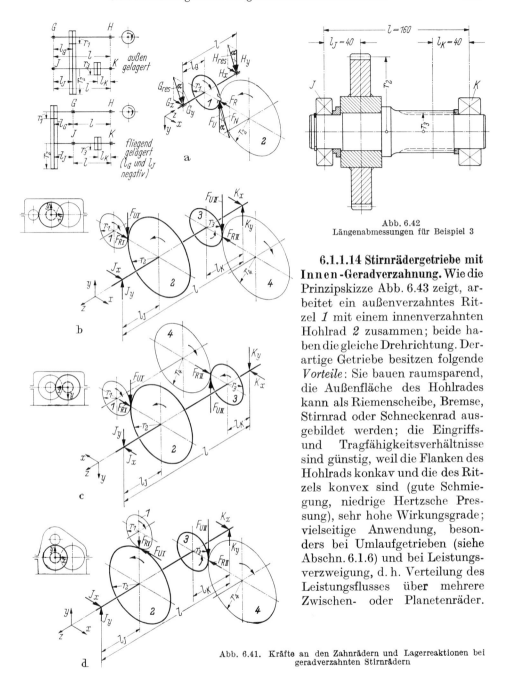

Abb. 6.42
Längenabmessungen für Beispiel 3

Abb. 6.41. Kräfte an den Zahnrädern und Lagerreaktionen bei geradverzahnten Stirnrädern

6.1.1.14 Stirnrädergetriebe mit Innen-Geradverzahnung.

Wie die Prinzipskizze Abb. 6.43 zeigt, arbeitet ein außenverzahntes Ritzel *1* mit einem innenverzahnten Hohlrad *2* zusammen; beide haben die gleiche Drehrichtung. Derartige Getriebe besitzen folgende *Vorteile*: Sie bauen raumsparend, die Außenfläche des Hohlrades kann als Riemenscheibe, Bremse, Stirnrad oder Schneckenrad ausgebildet werden; die Eingriffs- und Tragfähigkeitsverhältnisse sind günstig, weil die Flanken des Hohlrads konkav und die des Ritzels konvex sind (gute Schmiegung, niedrige Hertzsche Pressung), sehr hohe Wirkungsgrade; vielseitige Anwendung, besonders bei Umlaufgetrieben (siehe Abschn. 6.1.6) und bei Leistungsverzweigung, d. h. Verteilung des Leistungsflusses über mehrere Zwischen- oder Planetenräder.

Nachteile sind u. U. Lagerungs- und Herstellungsschwierigkeiten; Innenverzahnungen können im Wälzverfahren nur mit Schneidrädern (Stoßrädern) bearbeitet werden; Schleifen ist nur im Formverfahren möglich. Zu beachten sind vor allem auch die Eingriffsstörungen[1], die sowohl bei der Herstellung mit dem Schneidrad als auch beim Zusammenarbeiten von Ritzel und Hohlrad auftreten. Sie erfordern entweder Vergrößerungen des Kopfkreishalbmessers r_{k2}^* des innenverzahnten

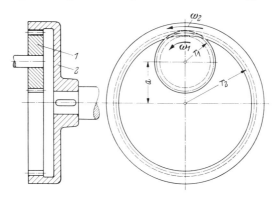

Abb. 6.43. Prinzipielle Anordnung eines Stirnrädergetriebes mit Innenverzahnung

Rades (Verminderung des aktiven Profils) oder weitgehende Anwendung von Profilverschiebung.

Die Profilverschiebung beim Hohlrad wird als positiv bezeichnet, wenn die Zahnlücke vergrößert wird, d. h. wenn wie bei der Außenverzahnung von der Radmitte nach *außen* abgerückt wird. In den *Grundbeziehungen für die Paarung von V-Rädern* tritt an Stelle der Zähnezahlsumme die Differenz $z_2 - z_1$ und an Stelle der Summe der Profilverschiebungsfaktoren deren Differenz $x_2 - x_1$ auf:

Übersetzungsverhältnis $\quad i = \dfrac{n_1}{n_2} = \dfrac{r_{b2}}{r_{b1}} = \dfrac{r_{02}}{r_{01}} = \dfrac{r_{g2}}{r_{g1}} = \dfrac{z_2}{z_1}$,

Achsenabstand $\quad a = r_{b2} - r_{b1}$,

Wälzkreisradien $\quad r_{b1} = \dfrac{a}{i-1}; \quad r_{b2} = \dfrac{a i}{i-1}$,

Betriebseingriffswinkel aus $\quad \cos\alpha_b = \dfrac{a_0}{a}\cos\alpha_0$

$\quad$ mit $\quad a_0 = r_{02} - r_{01} = \dfrac{m_0}{2}(z_2 - z_1)$,

Profilverschiebungsfaktoren $x_2 - x_1 = \dfrac{(z_2 - z_1)(\mathrm{ev}\,\alpha_b - \mathrm{ev}\,\alpha_0)}{2\tan\alpha_0}$,

} wenn a, z_1 und z_2 gegeben

oder

Betriebseingriffswinkel aus $\quad \mathrm{ev}\,\alpha_b = 2\,\dfrac{x_2 - x_1}{z_2 - z_1}\tan\alpha_0 + \mathrm{ev}\,\alpha_0$,

Achsenabstand $\quad a = a_0\,\dfrac{\cos\alpha_0}{\cos\alpha_b} = \dfrac{m_0}{2}(z_2 - z_1)\,\dfrac{\cos\alpha_0}{\cos\alpha_b}$,

} wenn x_1, x_2, z_1 und z_2 gegeben

Überdeckungsgrad (Abb. 6.44) $\quad \varepsilon = g/t_g$, wobei $g = \overline{AE} = \overline{T_1E} - \overline{T_1A}$
$= \overline{T_1E} - (\overline{T_2A} - \overline{T_1T_2})$, also $g = \overline{T_1E} - \overline{T_2A} + \overline{T_1T_2}$

mit $\quad \overline{T_1E} = \sqrt{r_{k1}^2 - r_{g1}^2}; \quad \overline{T_2A} = \sqrt{r_{k2}^{*2} - r_{g2}^2}; \quad \overline{T_1T_2} = \sqrt{a^2 - (r_{g2} - r_{g1})^2}$.

---

[1] Ausführlich behandelt in „Stirnrad-Verzahnungen", Autorenkollektiv unter Leitung von G. SCHREIER, Berlin: VEB Verlag Technik 1961.

Die Eingriffsverhältnisse, insbesondere die Eingriffsstörungen werden am besten durch Aufzeichnen (Hohlrad/Schneidrad *und* Hohlrad/Ritzel) genauer untersucht[1]. Im allgemeinen hat das Schneidrad eine etwas kleinere Zähnezahl als das Ritzel. Auch die Einbaumöglichkeiten, radialer oder axialer Einbau, müssen nachgeprüft werden.

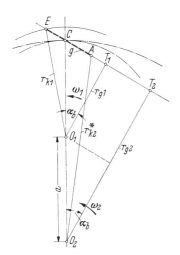

Abb. 6.44. Eingriffsstrecke $\overline{AE} = g$ bei Innenverzahnung

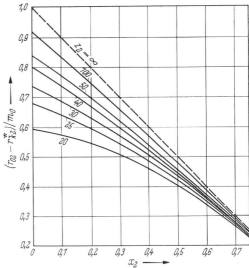

Abb. 6.45. Erforderliche Kürzung der Zahnkopfhöhe zur Vermeidung von Eingriffsstörungen (aus K. F. KECK, Zahnradpraxis, Teil 1, S. 163)

Je nach der Wahl der Profilverschiebungsfaktoren kann man auch hier unterscheiden zwischen *Nullgetrieben*, bei denen $x_1 = 0$ und $x_2 = 0$, *V-Nullgetrieben*, bei denen $x_2 - x_1 = 0$, also $x_1 = x_2$ (meistens beide positiv) und allgemein *V-Getrieben*, bei denen $x_2 - x_1 \neq 0$ (meistens $x_2 - x_1 > 0$). Nullgetriebe sind wegen der ungünstigen Ritzelzahnformen (besonders bei kleinen Zähnezahlen z_1) und der hohen erforderlichen Kopfkürzung am Hohlrad (s. Abb. 6.45) nicht zu empfehlen. Am häufigsten werden V-Nullgetriebe (mit $x_1 = x_2 \approx 0.5$) bei $z_2 - z_1 \geq 7$ verwendet. Für noch kleinere Zähnezahldifferenzen (bis zu $z_2 - z_1 = 1$) und bei der Forderung eines ganzzahligen Achsenabstandes sind V-Getriebe geeignet. Für Null- und V-Nullgetriebe ist in Abb. 6.45 die Zahnkopfhöhe $(r_{02} - r_{k2}^*)/m_0$ in Abhängigkeit von x_2 aufgetragen, woraus der zur Vermeidung von Eingriffsstörungen erforderliche Kopfkreisradius r_{k2}^* ermittelt werden kann. In Abb. 6.46 sind zu Vergleichszwecken für $m_0 = 5$ mm, $z_1 = 18$, $z_2 = 38$ die Verzahnungen des Nullgetriebes und des V-Nullgetriebes mit $x_1 = x_2 = 0.5$ dargestellt.

Für die *Bemessung auf Zahnfußtragfähigkeit* ist das außenverzahnte *Ritzel* maßgebend, so daß die Gln. (2) und (2a) des Abschn. 6.1.1.12 gültig sind; beim innenverzahnten Hohlrad erübrigt sich wegen der günstigen Zahnform die Berechnung der Biegespannung.

Bei *Bemessung auf Flankentragfähigkeit* ist in die Gleichung für die Hertzsche Pressung ϱ_2 negativ einzusetzen (Berührung zwischen Vollzylinder und Hohlzylinder),

---

[1] Siehe auch TALKE, K.: Zum Entwurf korrigierter Zahnräder mit Evolventen-Innenverzahnung. Z. Konstr. 5 (1953) 327—335.

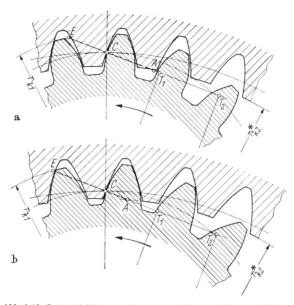

Abb. 6.46. Innengetriebe $m_0 = 5$ mm; $z_1 = 18$; $z_2 = 38$; $\alpha_0 = 20°$
a) Nullgetriebe $r_{k2}^* = 91{,}08$ mm; $\varepsilon = 1{,}74$; b) V-Nullgetriebe mit $x_1 = x_2 = 0{,}5$; $r_{k2}^* = 92{,}75$ mm; $\varepsilon = 1{,}56$

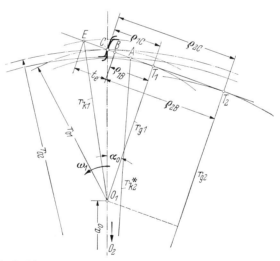

Abb. 6.47. Geometrische Beziehungen zur Bestimmung der Hertzschen Pressung bei Null- und V-Nullgetrieben mit Innenverzahnung

so daß sich für den *Wälzpunkt C bei Null- und V-Nullgetrieben* nach Abb. 6.47 ergibt:

$$p_C = \sqrt{0{,}175 E \frac{F_N}{b} \left(\frac{1}{\varrho_{1c}} - \frac{1}{\varrho_{2c}} \right)}$$

oder

$$p_C = \sqrt{0{,}35 E} \sqrt{\frac{F_{Uo}}{b\, d_{01}} \frac{i-1}{i} y_C}$$

mit
$$y_C = \sqrt{\frac{1}{\sin\alpha_0 \cos\alpha_0}} = 1{,}764 \quad \text{bei} \quad \alpha_0 = 20°.$$

Aus $p_C \leq p_{zul}$ folgt mit $F_{UO} = M_{t1}/r_{01} = 2M_{t1}/d_{01}$ und $d_{01} = m_0 z_1$ für erste Überschlagsrechnungen

$$m_0 \geq \frac{1}{z_1}\sqrt[3]{\frac{0{,}7 E\, M_{t1}}{(b/d_{01})\, p_{zul}^2}\, \frac{i-1}{i}\, y_C^2} = \frac{1}{z_1}\sqrt[3]{\frac{2{,}18 E\, M_{t1}}{(b/d_{01})\, p_{zul}^2}\, \frac{i-1}{i}}.$$

Für den *inneren Einzeleingriffspunkt B des Ritzels* erhält man mit den Krümmungsradien nach Abb. 6.47 wieder

$$p_B = p_C\, y_B \quad \text{mit} \quad y_B = \sqrt{\frac{\varrho_{1C}\, \varrho_{2C}}{\varrho_{1B}\, \varrho_{2B}}}.$$

6.1.2 Zahnrädergetriebe mit schrägverzahnten Stirnrädern

6.1.2.1 Bezeichnungen, Grundbegriffe und -beziehungen.
Die Entstehung schrägverzahnter Stirnräder geht anschaulich aus Abb. 6.48 bis 6.51 hervor. In Abb. 6.48 ist dargestellt, wie man sich ein Schrägzahnstirnrad aus vielen sehr dünnen geradverzahnten Scheiben hergestellt denken kann, die gegeneinander so versetzt sind, daß sich jeweils der Wälzpunkt C auf einer Schraubenlinie $C-C'$, der Flankenlinie, auf dem Teilzylinder befindet. Der spitze Winkel, den die Tangente an die Schraubenlinie mit einer Mantellinie $(C-C'')$ im Berührungspunkt einschließt, heißt *Schrägungswinkel* β_0. Auch die Begrenzungslinien $K-K'$ auf dem Kopfzylinder sowie auf dem Fußzylinder und auch auf dem Grundzylinder ($G-G'$, Abb. 6.49) sind Schraubenlinien, deren Steigungswinkel — wie bei den Schrauben in Abschn. 2.7.1 abgeleitet — natürlich verschieden sind. (Bei Zahnrädern wird allerdings immer der „Schrägungswinkel" gegen die Mantellinie, die der Drehachse parallel ist, gemessen: $\beta = 90° - \gamma$.) Es ergibt sich also aus der Bedingung gleicher Steigung H aus den Steigungsdreiecken (Abb. 2.115)

$$\tan\beta_0 = \frac{2\pi r_0}{H}; \quad \tan\beta_k = \frac{2\pi r_k}{H}; \quad \tan\beta_f = \frac{2\pi r_f}{H}; \quad \tan\beta_g = \frac{2\pi r_g}{H},$$

also insbesondere

$$\boxed{\tan\beta_g = \frac{r_g}{r_0}\tan\beta_0} \tag{1}$$

bzw. allgemein

$$\tan\beta_y = \frac{r_y}{r_0}\tan\beta_0.$$

Als Bezugsmaß dient immer der Schrägungswinkel β_0 am Teilzylinder. Man unterscheidet — wie bei den Schrauben — rechtssteigende und linkssteigende Räder. (Abb. 6.48 bis 6.51 geben jeweils ein *links*steigendes Rad wieder.) Bei der Paarung außenverzahnter Stirnräder ist ein Rad rechts-, das andere linkssteigend; der absolute Betrag von β_0 muß gleich sein.

Abb. 6.49 zeigt deutlich, daß die Evolventenschraubenfläche auch durch Abwälzen der Wälz*ebene* am Grundzylinder entsteht, wenn die erzeugende Gerade in der Wälzebene unter dem Winkel β_g gegen die Mantellinie $T-T'$ geneigt ist. Die Wälzebene kann wie bei Geradverzahnung, bei der $\beta_0 = 0$ und $\beta_g = 0$ sind, zur Eingriffsebene werden, wenn sie die beiden Grundzylinder berührt. Die Erzeugende wird dann zur Berührungslinie, die schräg über die Flanken verläuft. Aus der Eingriffsfläche wird, vgl. Abb. 6.50, durch die Kopfzylinder — entsprechend der Eingriffs*strecke* bei der Geradverzahnung, z. B. $A-C-E$ im Stirnschnitt — das Eingriffs-*feld* begrenzt, dessen Schnittlinien mit den sich berührenden Flanken die Berührungslinien = Geradenstücke der Erzeugenden sind.

Man erkennt hieraus die *Vorteile* der schrägverzahnten Stirnräder; es sind immer mehrere Zähne im Eingriff, die Belastung eines Zahnes erfolgt nicht plötzlich über

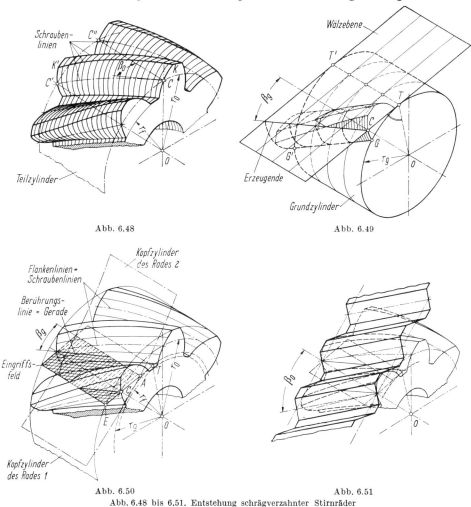

Abb. 6.48   Abb. 6.49

Abb. 6.50   Abb. 6.51
Abb. 6.48 bis 6.51. Entstehung schrägverzahnter Stirnräder

die ganze Zahnbreite, sondern allmählich, und zwar schräg über die Flankenfläche, und die Folgen davon sind höhere Belastbarkeit und größere Laufruhe. Ferner ist, wie später noch gezeigt wird, die Grenzzähnezahl niedriger als bei geradverzahnten Stirnrädern. Dem steht als *Nachteil* das Auftreten einer Axialkraft F_A (siehe Abschn. 6.1.2.4) entgegen, die oft jedoch leicht in den Lagern aufgenommen oder durch Doppelschrägverzahnung bzw. Pfeilverzahnung ausgeglichen werden kann.

Wird die Zähnezahl des Gegenrads wieder unendlich groß, so ergibt sich — Abb. 6.51 — eine Schrägzahnstange mit *ebenen* Flanken und den um β_0 geneigten Flankenlinien. Aus Herstellungsgründen (Verwendung gleicher Werkzeuge wie bei

6.1.2 Zahnrädergetriebe mit schrägverzahnten Stirnrädern

Geradzahnstirnrädern) wird nicht das Profil im Stirnschnitt, sondern das im *Normalschnitt* (senkrecht zur Flankenlinie) als Bezugsprofil (mit $m_n = m_0$ und $\alpha_{n0} = \alpha_0$) benutzt. Der Zusammenhang der Größen im Stirnschnitt und im Normalschnitt geht aus Abb. 6.52 hervor, in der eine Draufsicht auf die Schrägzahnstange, eine Vorderansicht = Stirnschnitt und ein Normalschnitt dargestellt sind. Es ergibt sich

aus Dreieck *I* $\cos\beta_0 = \dfrac{t_{n0}}{t_{s0}} = \dfrac{m_n \pi}{m_s \pi}$ bzw. $t_{s0} = \dfrac{t_{n0}}{\cos\beta_0}$; $\boxed{m_s = \dfrac{m_n}{\cos\beta_0}}$, (2)

aus Dreieck *II* lange Kathete $l_K = \dfrac{t_{n0}/2}{\tan\alpha_{n0}}$

und, da alle zur Profilmittellinie senkrechten Abstände im Stirn- *und* im Normalschnitt gleich sind.

aus Dreieck *III* $\tan\alpha_{s0} = \dfrac{t_{s0}}{2 l_K} = \dfrac{t_{s0} \tan\alpha_{n0}}{2 t_{n0}/2}$

oder mit Gl. (2)

$$\boxed{\tan\alpha_{s0} = \dfrac{\tan\alpha_{n0}}{\cos\beta_0}}. \qquad (3)$$

Für $\alpha_{n0} = 20°$ sind in Tab. 6.8 die Werte für α_{s0}, ferner für $ev\alpha_{s0}$ und für die Hilfsgröße $c^* = \dfrac{\cos\alpha_{s0}}{\cos\beta_0}$ in Abhängigkeit von β_0 angegeben. Mit der Beziehung $r_g = r_0 \cos\alpha_{s0}$ kann nun noch Gl. (1) umgeformt werden in

$$\boxed{\tan\beta_g = \cos\alpha_{s0} \tan\beta_0}. \qquad (4)$$

Da α_{s0} nach Gl. (3) bei $\alpha_{n0} = 20°$ nur von β_0 abhängig ist, ist also auch β_g nur von β_0 abhängig; die β_g-Werte enthält ebenfalls Tab. 6.8.

Aus Gl. (3) und (4) läßt sich β_0 eliminieren:

$$\sin\alpha_{n0} = \sin\alpha_{s0} \cos\beta_g,$$

oder es läßt sich α_{s0} eliminieren:

$$\sin\beta_g = \sin\beta_0 \cos\alpha_{n0}.$$

Für die üblichen Festigkeitsrechnungen und Kräfteermittlungen an einem *schrägverzahnten Stirnrad* benutzt man den in Abb. 6.53 links dargestellten Zusammenhang zwischen Stirnschnitt und einem geradverzahnten Ersatzrad im Normalschnitt

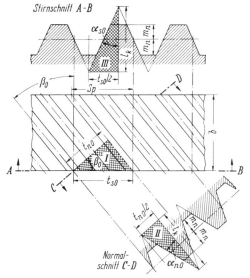

Abb. 6.52. Zusammenhang der Größen im Stirnschnitt und im Normalschnitt

(senkrecht zur Flankenlinie), wobei dessen Teilkreisradius r_{n0} durch den großen Scheitelkrümmungsradius der Schnittellipse des Teilzylinders angenähert wird:

$$\boxed{r_{n0} = \dfrac{(\text{große Halbachse})^2}{\text{kleine Halbachse}} = \dfrac{r_0^2/\cos^2\beta_0}{r_0} = \dfrac{r_0}{\cos^2\beta_0}}. \qquad (5)$$

Tabelle 6.8. *Hilfstafel für schrägverzahnte Stirnräder, gültig für* $\alpha_{n0} = 20°$

β_0	β_g	α_{s0}	ev α_{s0}	$c^* = \dfrac{\cos\alpha_{s0}}{\cos\beta_0}$	$\dfrac{z_v}{z} = \dfrac{1}{\cos^2\beta_g \cos\beta_0}$
0°	0°	20°	0,0149044	0,9396926	1,0000
5°	4°41'52''	20°04'13''	0,0150676	0,9428600	1,0106
6°	5°38'13''	20°06'04''	0,0151401	0,9442588	1,0153
7°	6°34'33''	20°08'17''	0,0152263	0,9459158	1,0209
8°	7°30'53''	20°10'50''	0,0153265	0,9478332	1,0274
9°	8°27'11''	20°13'45''	0,0154410	0,9500132	1,0348
10°	9°23'29''	20°17'00''	0,0155702	0,9524584	1,0432
11°	10°19'45''	20°20'38''	0,0157145	0,9551720	1,0526
12°	11°15'59''	20°24'37''	0,0158744	0,9581572	1,0629
13°	12°12'13''	20°28'58''	0,0160505	0,9614178	1,0743
14°	13°08'24''	20°33'42''	0,0162432	0,9649578	1,0868
15°	14°04'34''	20°38'48''	0,0164534	0,9687816	1,1004
16°	15°00'42''	20°44'18''	0,0166817	0,9728942	1,1151
17°	15°56'47''	20°50'12''	0,0169289	0,9773004	1,1311
18°	16°52'51''	20°56'30''	0,0171959	0,9820062	1,1483
19°	17°48'52''	21°03'13''	0,0174838	0,9870174	1,1668
20°	18°44'50''	21°10'22''	0,0177934	0,9923406	1,1868
21°	19°40'46''	21°17'56''	0,0181261	0,9979828	1,2082
22°	20°36'38''	21°25'57''	0,0184831	1,0039512	1,2311
23°	21°32'28''	21°34'26''	0,0188658	1,0102538	1,2556
24°	22°28'14''	21°43'23''	0,0192758	1,0168992	1,2819
25°	23°23'56''	21°52'48''	0,0197146	1,0238960	1,3100
26°	24°19'35''	22°02'44''	0,0201843	1,0312540	1,3400
27°	25°15'10''	22°13'10''	0,0206867	1,0389830	1,3720
28°	26°10'40''	22°24'09''	0,0212240	1,0470942	1,4063
29°	27°06'06''	22°35'40''	0,0217988	1,0555984	1,4428
30°	28°01'28''	22°47'45''	0,0224135	1,0645080	1,4818
31°	28°56'44''	23°00'25''	0,0230713	1,0738356	1,5235
32°	29°51'55''	23°13'41''	0,0237751	1,0835948	1,5680
33°	30°47'00''	23°27'36''	0,0245287	1,0937996	1,6155
34°	31°41'59''	23°42'10''	0,0253357	1,1044650	1,6663
35°	32°36'53''	23°57'24''	0,0262006	1,1156072	1,7206
36°	33°31'39''	24°13'21''	0,0271279	1,1272426	1,7787
37°	34°26'19''	24°30'02''	0,0281230	1,1393890	1,8409
38°	35°20'51''	24°47'29''	0,0291916	1,1520652	1,9074
39°	36°15'15''	25°05'44''	0,0303401	1,1652906	1,9788
40°	37°09'31''	25°24'49''	0,0315755	1,1790860	2,0553
41°	38°03'38''	25°44'47''	0,0329059	1,1934730	2,1373
42°	38°57'36''	26°05'39''	0,0343399	1,2084748	2,2255
43°	39°51'24''	26°27'28''	0,0358874	1,2241154	2,3203
44°	40°45'02''	26°50'18''	0,0375595	1,2404198	2,4223
45°	41°38'28''	27°14'10''	0,0393683	1,2574148	2,5322

Mit der Teilung $t_{n0} = m_n \pi$ läßt sich aus $z_n t_{n0} = 2\pi r_{n0}$ die Zähnezahl des Ersatzstirnrads bestimmen:

$$z_n = \frac{2\pi r_{n0}}{t_{n0}}$$

bzw. mit Gl. (2) und (5) und mit $r_0 = \dfrac{m_s}{2} z$

$$\boxed{z_n = \frac{2\pi r_0}{\cos^2\beta_0 \, m_n \pi} = \frac{r_0}{\dfrac{m_s}{2}\cos^3\beta_0} = \frac{z}{\cos^3\beta_0}}. \qquad (6)$$

Im angedeuteten Normalschnitt entsteht keine exakte Evolvente, jedoch eine sehr gute Näherung. Für die Berechnung der Hertzschen Pressung ist es richtiger, den Krümmungsradius ϱ_B der Flanke in einem Schnitt $E-F$ senkrecht zur *Berührungsgeraden* zu ermitteln; dies ist in

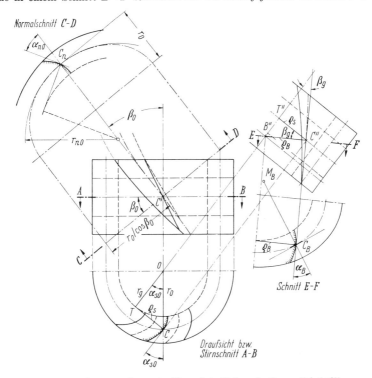

Abb. 6.53. Ersatzverzahnung im Normalschnitt bzw. im Tangentialschnitt

Abb. 6.53 rechts dargestellt. ϱ_B liegt in der Eingriffsebene, es ergibt sich aus Dreieck $C''T''B''$

$$\varrho_B = \frac{\varrho_s}{\cos\beta_g}$$

bzw. mit $\varrho_s = r_0 \sin\alpha_{s0}$ aus Dreieck CTO

$$\varrho_B = \frac{r_0 \sin\alpha_{s0}}{\cos\beta_g}.$$

In dem rechts unten gezeichneten Schnitt $E-F$ kann man für den Punkt C_B ableiten:

$$\tan\alpha_B = \frac{\cos\beta_g}{\cos\beta_0}\tan\alpha_{n0};$$

$$r_B = \overline{C_B M_B} \approx \frac{r_0}{\cos^2\beta_g}, \quad t_B \approx t_{n0},$$

so daß sich aus $z_v\, t_B = 2\pi\, r_B$ eine „virtuelle Zähnezahl"

$$z_v \approx \frac{2\pi\, r_B}{t_B} = \frac{2\pi\, r_0}{\cos^2\beta_g\, m_n\, \pi} = \frac{z}{\cos^2\beta_g \cos\beta_0} \tag{7}$$

ergibt (s. auch Tab. 6.8).

Die Grenzzähnezahl für Unterschnittfreiheit eines nichtkorrigierten schrägverzahnten Stirnrads wird entsprechend Gl. (8) des Abschn. 6.1.1.9 und der für den Stirnschnitt gültigen Abb. 6.22 mit α_{s0} an Stelle von α_0, $r_0 = \frac{m_s}{2} z_g$ statt

$\frac{m_0}{2} z_g$ und mit $\overline{T_1 P} = m_n$ statt m_0

$$z_g = \frac{2 \cos \beta_0}{\sin^2 \alpha_{s0}} \quad \text{bzw.} \quad z_g' = \frac{5}{6} z_g. \tag{8}$$

Für $\alpha_{n0} = 20°$ ergibt sich

bei $\beta_0 = $ 0°   10°   20°   30°   40°   45°

$z_g = $ 14   14   12   10   7   6

Bei niedrigeren Zähnezahlen muß *Profilabrückung* angewendet werden. Der zur Vermeidung von Unterschnitt erforderliche Profilverschiebungsfaktor wird wieder

$$x = \frac{z_g - z}{z_g} \quad \text{bzw.} \quad x = \frac{z_g' - z}{z_g}. \tag{9}$$

Die Profilabrückung (in mm) ergibt sich als radiales Maß immer — sowohl im Stirnschnitt als auch im Normalschnitt — zu $x\, m_n$. Es wird also x auf den Normmodul bezogen (im Stirnschnitt ist $x_s\, m_s = x\, m_n$, d. h., $x_s = x\, m_n/m_s = x \cos \beta_0$).

Von der Profilverschiebung wird auch bei schrägverzahnten Stirnrädern nicht nur zur Vermeidung von Unterschnitt Gebrauch gemacht; denn es liefern auch hier wie bei den Geradzahnstirnrädern *positive* Profilabrückungen günstigere Zahnformen und höhere Tragfähigkeit, und es ist bei der Paarung von V-Rädern möglich, einen vorgegebenen Achsenabstand a einzuhalten.

Die in Abschn. 6.1.1.9 für das geradverzahnte Stirnrad abgeleiteten Gln. (10) bis (14) sind für den *Stirnschnitt* schrägverzahnter Stirnräder gültig, wenn die in

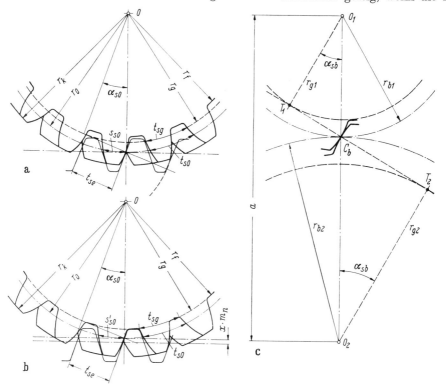

Abb. 6.54. Profilabrückung und Achsenabstand, Bezeichnungen
a) Stirnschnitt ohne Profilverschiebung; b) Stirnschnitt mit Profilverschiebung; c) Paarung zu V-Getrieben (allgemein)

Abb. 6.54a und b angegebenen Bezeichnungen benutzt werden, also vor allem α_{s0} (statt α_0), s_{s0} und s'_{s0} (statt s_0 und s'_0), t_{s0}, $t_{sg} = t_{se}$ (statt t_0, t_g und t_e). Es ergeben sich mit Berücksichtigung der Gln. (1) bis (4) *dieses* Abschnittes folgende Beziehungen[1]:

Zahndicke auf dem Teilkreis

$$s'_{s0} = \frac{m_n}{\cos\beta_0}\left(\frac{\pi}{2} + 2x\tan\alpha_{n0}\right). \tag{10}$$

Zahndicke auf einem Kreis von beliebigem Halbmesser r_y

$$s_{sy} = 2r_y\left[\frac{1}{z}\left(\frac{\pi}{2} + 2x\tan\alpha_{n0}\right) - (\mathrm{ev}\,\alpha_{sy} - \mathrm{ev}\,\alpha_{s0})\right], \tag{11}$$

wobei α_{s0} und $\mathrm{ev}\,\alpha_{s0}$ der Tab. 6.8 entnommen und α_{sy} aus

$$\cos\alpha_{sy} = \frac{r_0}{r_y}\cos\alpha_{s0} \tag{12}$$

ermittelt werden kann.

Teilung auf beliebigem Kreis

$$t_{sy} = t_{s0}\frac{r_y}{r_0} = t_{s0}\frac{\cos\alpha_{s0}}{\cos\alpha_{sy}}. \tag{13}$$

Teilung auf dem Grundkreis

$$t_{sg} = t_{se}\cos\alpha_{s0}. \tag{14}$$

6.1.2.2 Paarung schrägverzahnter V-Räder. Auch hier können die Gleichungen des entsprechenden Abschn. 6.1.1.10 der geradverzahnten Stirnräder mit den Bezeichnungen im *Stirnschnitt* schrägverzahnter Stirnräder nach Abb. 6.54c benutzt werden, so daß sich ergibt[2]:

Bei gegebenen Profilverschiebungsfaktoren und gegebenen Zähnezahlen

$$\mathrm{ev}\,\alpha_{sb} = 2\frac{x_1 + x_2}{z_1 + z_2}\tan\alpha_{n0} + \mathrm{ev}\,\alpha_{s0}, \tag{15}$$

wobei $\mathrm{ev}\,\alpha_{s0}$ Tab. 6.8 entnommen und α_{sb} dann mit Hilfe der Tab. 6.1 ermittelt werden kann. Mit Gl. (12) wird

$$a = (r_{01} + r_{02})\frac{\cos\alpha_{s0}}{\cos\alpha_{sb}} = \frac{m_n(z_1 + z_2)}{2\cos\alpha_{sb}}\frac{\cos\alpha_{s0}}{\cos\beta_0} = \frac{a^*}{\cos\alpha_{sb}}c^* \tag{16}$$

mit den Hilfsgrößen $a^* = \frac{m_n}{2}(z_1 + z_2)$ und $c^* = \frac{\cos\alpha_{s0}}{\cos\beta_0}$, wobei letztere ebenfalls in Tab. 6.8 enthalten ist.

Bei gegebenem Achsenabstand und gegebenen Zähnezahlen wird

$$\cos\alpha_{sb} = \frac{m_n(z_1 + z_2)}{2a}\frac{\cos\alpha_{s0}}{\cos\beta_0} = \frac{a^*}{a}c^* \tag{16a}$$

---

[1] Die Gleichungsnummern stimmen mit denen des Abschn. 6.1.1.9 überein.
[2] Die Gleichungsnummern stimmen mit denen des Abschn. 6.1.1.10 überein.

und

$$x_1 + x_2 = \frac{(z_1 + z_2)(\operatorname{ev}\alpha_{sb} - \operatorname{ev}\alpha_{s0})}{2\tan\alpha_{n0}}.$$ (15a)

Die Gln. (15) und (16) sind in Abb. 6.55 graphisch dargestellt[1]; das Diagramm ist für Überschlags- und Kontrollrechnungen sehr gut geeignet.

Das eingezeichnete Ablesebeispiel gilt für $a = 125$ mm, $z_1 + z_2 = 40$, $m_n = 5{,}5$ mm, $\beta_0 = 25°$; es ergibt sich $a^* = \frac{m_n}{2}(z_1 + z_2) = 110$ mm; $(a - a^*)/a^* = 15/110 = 0{,}136$ und aus dem eingetragenen Linienzug $x_1 + x_2 = 0{,}72$. Die genaue Berechnung aus Gl. (16a) und (15a) liefert $x_1 + x_2 = 0{,}716$.

Für die Aufteilung von $x_1 + x_2$ in x_1 und x_2 gilt das gleiche wie für geradverzahnte Stirnräder (vgl. Abschn. 6.1.1.11). Bei Benutzung der Abb. 6.33 (also DIN 3992) müssen an Stelle der Zähnezahlen z die virtuellen Zähnezahlen z_v genommen werden.

Für den zu empfehlenden Wert $x_1 + x_2 \approx 1$ (Bereich $0{,}7 \cdots 1{,}3$) und bei nach Normzahlen gestuften Achsenabständen erhält man mit guter Näherung die erforderlichen Zähnezahlsummen, indem man die der Tab. 6.3 mit $\cos\beta_0$ multipliziert, also

$$z_1 + z_2 \approx \cos\beta_0 \, (z_1 + z_2)_{\beta_0 = 0°}.$$

Die erhaltenen Werte sind eher *auf-* (statt ab-) zurunden; eine rasche überschlägliche Nachprüfung der $(x_1 + x_2)$-Werte ist leicht mit dem Diagramm der Abb. 6.55 möglich.

Die *Fußkreisradien* ergeben sich aus

$$r_{f1} = r_{01} - (m_n + S_k) + m_n x_1; \quad r_{f2} = r_{02} - (m_n + S_k) + m_n x_2$$ (17)

und die *Kopfkreisradien* aus

$$r_{k1} = a - r_{02} + m_n(1 - x_2); \quad r_{k2} = a - r_{01} + m_n(1 - x_1).$$ (18)

Die *Grundkreisradien* lassen sich leicht mit der Hilfsgröße c^* berechnen:

$$r_{g1} = \frac{m_n}{2} z_1 c^*; \quad r_{g2} = \frac{m_n}{2} z_2 c^*.$$ (19)

Beim *Überdeckungsgrad* schrägverzahnter Stirnrädergetriebe wird unterschieden zwischen der Profilüberdeckung im Stirnschnitt und der Sprungüberdeckung.

Die *Profilüberdeckung* im Stirnschnitt ergibt sich (entsprechend Abb. 6.28 und 6.30 mit $t_{se} = t_{sg} = t_{s0}\cos\alpha_{s0}$ an Stelle von $t_e = t_g = t_0\cos\alpha_0$) zu

$$\varepsilon = \frac{g}{t_{se}} = \frac{g}{t_{sg}} = \frac{\overline{T_1 E}}{t_{sg}} + \frac{\overline{T_2 A}}{t_{sg}} - \frac{\overline{T_1 T_2}}{t_{sg}} = \varepsilon_1 + \varepsilon_2 - \varepsilon_a \quad (20), (21), (22)$$

---

[1] Eine ähnlich aufgebaute Kurventafel und umfangreiche Zahlentafeln sind von A. KORHAMMER in dem Werkstattblatt 269/270/271, München: Hanser, Mai 1957, veröffentlicht worden. Vgl. ferner VON PRITZELWITZ VAN DER HORST, E. C.: Diagramme für die Beziehungen zwischen Profilverschiebung, Achsabstand und Pressungswinkel. Z. Konstr. 16 (1964) 59—63.

6.1.2 Zahnrädergetriebe mit schrägverzahnten Stirnrädern

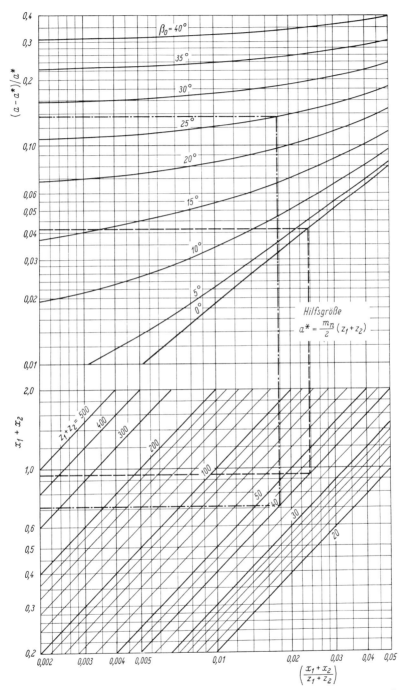

Abb. 6.55. Diagramm für Überschlags- und Kontrollrechnungen; Zusammenhang zwischen Achsenabstand, Zahnschrägwinkel, Zähnezahlsumme und Summe der Profilverschiebungsfaktoren

bzw. mit Gl. (19)[1] zu

$$\varepsilon = \frac{1}{2\pi}\left[\sqrt{\left(\frac{2r_{k1}}{m_n c^*}\right)^2 - z_1^2} + \sqrt{\left(\frac{2r_{k2}}{m_n c^*}\right)^2 - z_2^2} - \sqrt{\left(\frac{2a}{m_n c^*}\right)^2 - (z_1 + z_2)^2}\right]. \quad (23)$$

Die *Sprungüberdeckung* ε_{sp} ist definiert als das Verhältnis von Zahnbreite zu Achsteilung[2] t_a oder als Verhältnis von „Sprung" zu Stirnteilung t_{s0}. Der Sprung Sp ist in Abb. 6.52 eingezeichnet; er ergibt sich aus dieser Abbildung zu

$$Sp = b\tan\beta_0.$$

Somit wird

$$\boxed{\varepsilon_{sp} = \frac{Sp}{t_{s0}} = \frac{b\tan\beta_0}{t_{n0}/\cos\beta_0} = \frac{b\sin\beta_0}{m_n\pi}}. \quad (24)$$

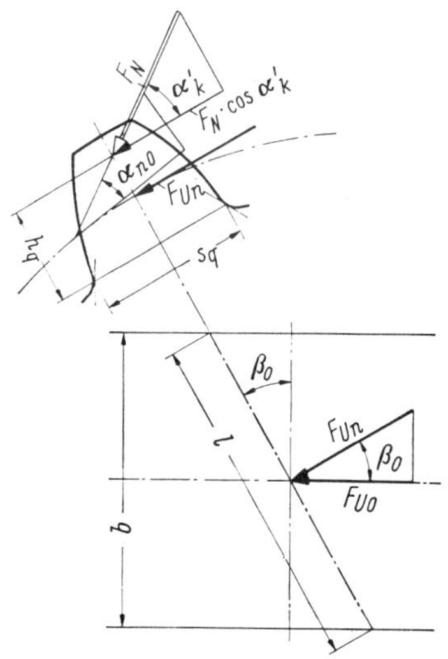

6.1.2.3 Bemessungsgrundlagen. Die in Abschnitt 6.1.1.12 der eigentlichen Berechnung vorangestellten Hinweise und Erfahrungsangaben bezüglich der Wahl der Zähnezahlverhältnisse, des kleinsten Ritzelteilkreisdurchmessers, des Moduls (jetzt m_n) und der Ritzelzähnezahl sowie der Zahnbreitenverhältnisse (b/d_{01}) und (b/m_n) sind auch für Stirnrädergetriebe mit Schrägverzahnung gültig. Es wird ebenfalls die *Umfangskraft am Teilkreis* $F_{UO} = M_{t1}/r_{01}$ zugrunde gelegt, wobei M_{t1} aus der Nennleistung P und Drehzahl n_1 (bzw. $\omega_1 = 2\pi n_1$) mit dem Betriebsfaktor f_B (Tab. 6.4) ermittelt wird:

Abb. 6.56. Kräftezerlegung am Schrägzahnstirnrad zur Ermittlung der Zahnfußtragfähigkeit

$$\boxed{M_{t1} = f_B \frac{P}{\omega_1}}. \quad (1)$$

Ferner soll auch hier bei der Berechnung nur die Zahnfußtragfähigkeit und Flankentragfähigkeit berücksichtigt werden.

a) Zahnfußtragfähigkeit. Obwohl die Berührungslinie schräg über die Zahnflanke verläuft, wird Kraftangriff am Zahnkopf angenommen. Für die Biegespannung im Zahnfuß im Berührungspunkt der 30°-Tangenten im Normalschnitt (Abb. 6.56) ergibt sich dann

$$\boxed{\sigma_b = \frac{F_{UO}}{b\,m_n}q_k}. \quad (2)$$

Der Zahnformfaktor q_k kann wieder der Abb. 6.36 entnommen werden, wobei jedoch die Zähnezahl des Ersatzstirnrads bzw. die virtuelle Zähnezahl

$$z_v = \frac{z}{\cos^2\beta_g\cos\beta_0} \quad (\text{Tab. 6.8})$$

zu benutzen ist.

Bei *gegebenen Verzahnungsdaten* muß dann sein

$$\sigma_{b1} = \frac{F_{UO}}{b_1 m_n}q_{k1} \leqq \sigma_{b1\,\text{zul}} \quad \text{und} \quad \sigma_{b2} = \frac{F_{UO}}{b_2 m_n}q_{k2} \leqq \sigma_{b2\,\text{zul}}.$$

---

[1] Vgl. auch KORHAMMER, A.: Berechnung des Profilüberdeckungsgrades bei Evolventen-Stirnradgetrieben, gerade oder schräg verzahnt, mit oder ohne Profilverschiebung. Werkst. u. Betr. 90 (1957) 466.

[2] Die Achsteilung t_a ist der Abschnitt auf einer Parallelen zur Radachse zwischen zwei aufeinanderfolgenden Rechts- oder Linksflanken $t_a = H/z = t_n/\sin\beta_0$.

Bei *noch unbekannten Verzahnungsdaten* folgt aus Gl. (2) mit der Bedingung $\sigma_{b1} \leqq \sigma_{b\,\text{zul}}$ und mit

$$F_{UO} = \frac{M_{t1}}{r_{01}} = \frac{2 M_{t1}}{d_{01}} \quad \text{und} \quad d_{01} = m_s z_1 = \frac{m_n}{\cos\beta_0} z_1$$

$$\boxed{m_n \geqq \sqrt[3]{\frac{q_{k1} \cos^2\beta_0}{z_1^2}} \sqrt[3]{\frac{2 M_{t1}}{(b/d_{01})\,\sigma_{b1\,\text{zul}}}}}^{1}. \tag{2a}$$

Richtwerte für $\sigma_{b\,\text{zul}}$ enthält Tab. 6.6, für (b/d_{01}) Tab. 6.5. Zum Auffinden geeigneter Verzahnungsdaten ist wieder die Annahme einiger z_1-Werte zu empfehlen; oder man wählt nach Überschlagsrechnungen Modul, Achsenabstand, Zähnezahlen und Zahnbreite und rechnet die auftretenden Spannungen nach.

Die besseren Eingriffsverhältnisse bei Schrägverzahnung können dabei noch durch den Überdeckungsfaktor $q_\varepsilon = 1/\varepsilon$ berücksichtigt werden[2], so daß gilt

$$\boxed{\sigma_b = \frac{F_{UO}}{b\,m_n}\,q_k\,q_\varepsilon}. \tag{2b}$$

b) *Flankentragfähigkeit.* In den meisten Fällen genügt die Berechnung der Hertzschen Pressung im Wälzpunkt[3]; es ergibt sich die im Aufbau gleiche Berechnungsformel wie bei Geradverzahnung

$$\boxed{p_C = \sqrt{0{,}35\,E}\,\sqrt{\frac{F_{UO}}{b\,d_{01}}\,\frac{i+1}{i}\,y_C}}, \tag{3}$$

wobei jedoch der Wälzpunktfaktor

$$y_C = \sqrt{\frac{\cos\beta_g}{\cos^2\alpha_{s0}}\,\frac{\cos\alpha_{sb}}{\sin\alpha_{sb}}}$$

wird; er ist also vom Schrägungswinkel β_0, von der Zähnezahlsumme $z_1 + z_2$ und von der Summe der Profilverschiebungsfaktoren $x_1 + x_2$ abhängig. In Abb. 6.57 sind die y_C-Werte über $(a - a^*)/a^*$ mit β_0 als Parameter aufgetragen. Der Zusammenhang zwischen $(a - a^*)/a^*$, $z_1 + z_2$ und $x_1 + x_2$ ist in Abb. 6.55 gegeben.

Für erste Überschlagsrechnungen kann Gl. (3) nach m_n aufgelöst werden:

$$\boxed{m_n \geqq \frac{\cos\beta_0}{z_1}\,\sqrt[3]{\frac{0{,}7\,E\,M_{t1}}{(b/d_{01})\,p_{\text{zul}}^2}\,\frac{i+1}{i}\,y_C^2}}^{4}. \tag{3a}$$

Werte für p_{zul} sind Tab. 6.6 zu entnehmen.

Da bei schrägverzahnten Stirnrädern mit größerer Wahrscheinlichkeit eine Kraftverteilung auf zwei oder mehr Zahnpaare auftritt, darf mit dem Zahnlängen-

---

[1] bzw. $m_n \geqq \sqrt[3]{\dfrac{q_{k1}\cos\beta_0}{z_1}}\,\sqrt[3]{\dfrac{2 M_{t1}}{(b/m_n)\,\sigma_{b1\,\text{zul}}}}$.

[2] ε = Profilüberdeckungsgrad nach Gl. (23) des Abschn. 6.1.2.2.

[3] Nur bei sehr schmalen Rädern, sehr geringen Schrägungswinkeln und bei Zähnezahlen wesentlich niedriger als 20 müßte auch die Pressung im Einzeleingriffspunkt B bestimmt werden.

[4] bzw. $m_n \geqq \sqrt[3]{\dfrac{\cos^2\beta_0}{z_1^2}\,\dfrac{0{,}7\,E\,M_{t1}}{(b/m_n)\,p_{\text{zul}}^2}\,\dfrac{i+1}{i}\,y_C^2}$.

faktor $y_L = \sqrt{1/\varepsilon}$ gerechnet werden:

$$p_C = \sqrt{0{,}35\,E}\,\sqrt{\frac{F_{UO}}{b\,d_{01}}\,\frac{i+1}{i}}\,y_C\,y_L\,.\qquad(3\,\mathrm{b})$$

4. Beispiel: Das Getriebe des Beispiels 1 soll mit $\beta_0 = 25°$ — Schrägverzahnung ausgeführt werden. Gegeben sind also: $f_B = 1{,}25$, $P = 12{,}5$ kW $= 1275$ kpm/s, $n_1 = 1430$ U/min ($\omega_1 = 150/\mathrm{s}$), d. h. $M_{t1} = f_B\dfrac{P}{\omega_1} = 10{,}6\cdot 10^3$ kpmm, $i \approx 6$; Werkstoffe: einsatzgehärteter Stahl 20 Mn Cr 5 mit $\sigma_{b\,\mathrm{zul}} = 22$ kp/mm² und $p_{\mathrm{zul}} = 150$ kp/mm² (nach Tab. 6.6).

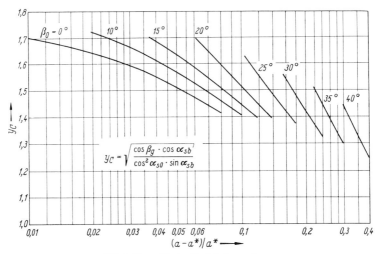

Abb. 6.57. y_C-Werte für Schrägverzahnung

Durch Überschlagsrechnung ergaben sich die (gerundeten) Werte: $m_n = 2$ mm, $a = 140$ mm, $b = 20$ mm, $z_1 = 18$, $z_2 = 107$, $i = 5{,}95$. Somit wird $a^* = \dfrac{m_n}{2}(z_1 + z_2) = 125$ mm; $\dfrac{a-a^*}{a^*} = \dfrac{15}{125} = 0{,}12$ und mit Abb. 6.55 $x_1 + x_2 = 1{,}09$. Für die (gewählte) Aufteilung $x_1 = 0{,}6$ und $x_2 = 0{,}49$ liefern die Gln. (20) bis (23):

$$\varepsilon_1 = 2{,}13,\quad \varepsilon_2 = 7{,}96,\quad \varepsilon_a = 8{,}82\quad\text{und}\quad \varepsilon = \varepsilon_1 + \varepsilon_2 - \varepsilon_a = 1{,}27.$$

Aus $d_{01} = \dfrac{m_n}{\cos\beta_0}z_1 = 39{,}72$ mm folgt $F_{UO} = \dfrac{M_{t1}}{r_{01}} = \dfrac{10{,}6\cdot 10^3\,\mathrm{kpmm}}{19{,}86\,\mathrm{mm}} = 534$ kp.

Nachrechnung der Biegespannung: Nach Tab. 6.8 ist $z_v = 1{,}31z$;

zu $z_{v1} = 1{,}31z_1 = 23{,}6$ und $x_1 = 0{,}6$ gehört nach Abb. 6.36 der Wert $q_{k1} = 2{,}09$,

zu $z_{v2} = 1{,}31z_2 = 140$ und $x_2 = 0{,}49$ gehört nach Abb. 6.36 der Wert $q_{k2} = 2{,}08$.

Mit $q_\varepsilon = 1/\varepsilon = 0{,}79$ ergibt sich

$$\sigma_b = \frac{F_{UO}}{b\,m_n}\,q_k\,q_\varepsilon = \frac{534\,\mathrm{kp}}{20\,\mathrm{mm}\cdot 2\,\mathrm{mm}}\cdot 2{,}09\cdot 0{,}79 = 22\ \mathrm{kp/mm^2} = \sigma_{b\,\mathrm{zul}}.$$

Nachrechnung der Hertzschen Pressung:

Zu $\beta_0 = 25°$ und $(a - a^*)/a^* = 0{,}12$ gehört nach Abb. 6.57 der Wert $y_C = 1{,}56$.

6.1.2 Zahnrädergetriebe mit schrägverzahnten Stirnrädern

Mit $y_L = \sqrt{1/\varepsilon} = 0{,}89$ ergibt sich

$$p_c = \sqrt{0{,}35 E \frac{F_{UO}}{b\, d_{01}} \frac{i+1}{i} y_c\, y_L}$$

$$= \sqrt{0{,}35 \cdot 2{,}1 \cdot 10^4 \frac{\text{kp}}{\text{mm}^2} \frac{534\ \text{kp}}{20\ \text{mm} \cdot 39{,}72\ \text{mm}} \frac{6{,}95}{5{,}95} \cdot 1{,}56 \cdot 0{,}89} = 105\ \text{kp/mm}^2 < p_{\text{zul}}.$$

6.1.2.4 Lagerkräfte, Biegemomente. Bei schrägverzahnten Stirnrädern muß nach Abb. 6.58 die an der Berührungsstelle im Wälzpunkt angreifend gedachte, auf den Zahnflanken senkrecht stehende Zahndruckkraft F_N in *drei* Komponenten zerlegt werden: die Umfangskraft F_U, die Radialkraft F_R und die Axialkraft F_A. In der Abb. 6.58 sind die auf ein *getriebenes*, linkssteigendes Rad wirkenden Kräfte in der Draufsicht und im Normalschnitt dargestellt.

Für die Umfangskraft gilt wieder

$$\boxed{F_U = \frac{M_t}{r}}. \tag{1}$$

Aus der Draufsicht ergibt sich

$$\boxed{F_A = F_U \tan\beta_0} \tag{2}$$

und

$$F_n = F_U/\cos\beta_0,$$

aus dem Normalschnitt

$$F_R = F_n \tan\alpha_{n0},$$

also

$$\boxed{F_R = F_U \frac{\tan\alpha_{n0}}{\cos\beta_0}}. \tag{3}$$

Bei genauen Rechnungen sind einzusetzen: r_b für r, β_b für β_0 $\left(\text{aus } \tan\beta_b = \frac{r_b}{r_0} \tan\beta_0\right)$ und α_{nb} für $\alpha_n \left(\text{aus } \cos\alpha_{nb} = \cos\alpha_{n0} \frac{\sin\beta_0}{\sin\beta_b}\right)$.

Abb. 6.59a gibt die Kräfte auf eine *Antriebswelle* mit rechtssteigendem Ritzel wieder, während die Abb. 6.59b bis d die Kräfte auf die *Zwischenwelle* zweistufiger Getriebe in verschiedenen Anordnungen zeigen; um die von *einem* Lager (Festlager) aufzunehmende resultierende Axialkraft $F_a = F_{AII} - F_{AI}$ möglichst klein zu halten, müssen beide Räder der Zwischenwelle links- (oder beide rechts-) steigend sein, und zwar β_{II} kleiner als β_I. (F_a würde gleich Null werden für $\tan\beta_{II} = \frac{r_3}{r_2} \tan\beta_I$.)

Die Lagerreaktionen lassen sich wieder aus den Gleichgewichtsbedingungen ermitteln, so daß dann in jeder Ebene der Biegemomentenverlauf bestimmt werden kann. Es ist zu beachten, daß die Ergebnisse vom Drehsinn abhängig sind.

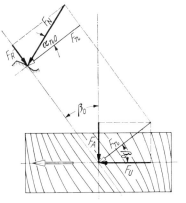

Abb. 6.58. Kräfte am Schrägzahnstirnrad

216　6. Elemente zur Übertragung gleichförmiger Drehbewegungen

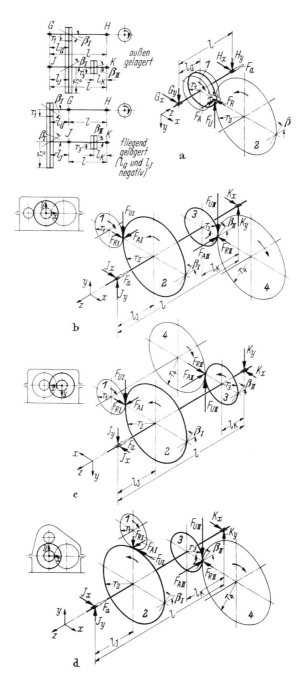

Abb. 6.59. Kräfte an den Zahnrädern und Lagerreaktionen bei schrägverzahnten Stirnrädern

6.1.2 Zahnrädergetriebe mit schrägverzahnten Stirnrädern

5. Beispiel: Zwischenwelle eines Zahnrädergetriebes mit schrägverzahnten Stirnrädern, Anordnung nach Fall c der Abb. 6.59.

Gegeben: $f_B = 1$; $P = 8$ kW $= 816$ kpm/s; $n_1 = 1450$ U/min ($\omega_1 = 152$/s); also $M_{t1} = f_B \dfrac{P}{\omega_1} = \dfrac{816 \text{ kpm/s}}{152/\text{s}} = 5{,}37$ kpm.

Stufe I

$a = 100$ mm; $m_{nI} = 2$ mm; $\beta_{0I} = 30°$

$z_1 + z_2 = (z_1 + z_2)_{\beta_0 = 0°} \cos\beta_{0I} = 85$

$i_I = z_2/z_1 = 70/15 = 4{,}67$

$n_2 = n_3 = n_{Zw} = n_1/i_I = 310$ U/min

$M_{tZw} = M_{t1} i_I = 25{,}1$ kpm

$r_{b1} = \dfrac{a\,z_1}{z_1 + z_2} = \dfrac{100 \text{ mm} \cdot 15}{85} = 17{,}65$ mm

$r_{b2} = a - r_{b1} \qquad = 82{,}35$ mm

$\tan\beta_{bI} = \dfrac{r_b}{r_0} \tan\beta_{0I} = 0{,}589$

$\beta_{bI} = 30{,}45°$

$\cos\alpha_{nbI} = \cos\alpha_{n0} \dfrac{\sin\beta_{0I}}{\sin\beta_{bI}} = 0{,}928$

$\alpha_{nbI} = 21{,}9°$

$\underline{\underline{F_{UI}}} = \dfrac{M_{t1}}{r_{b1}} = \dfrac{5370 \text{ kpmm}}{17{,}65 \text{ mm}} = \underline{304 \text{ kp}}$

$\underline{\underline{F_{RI}}} = F_{UI} \dfrac{\tan\alpha_{nbI}}{\cos\beta_{bI}} = \underline{144 \text{ kp}}$

$\underline{\underline{F_{AI}}} = F_{UI} \tan\beta_{bI} = \underline{179 \text{ kp}}$

Stufe II

$a = 100$ mm; $m_{nII} = 3$ mm; $\beta_{0II} = 15°$

$z_3 + z_4 = (z_3 + z_4)_{\beta_0 = 0°} \cos\beta_{0II} = 63$

$i_{II} = z_4/z_3 = 50/13 = 3{,}84$

$n_4 = n_3/i_{II} = 81$ U/min

$M_{t4} = M_{tAb} = M_{tZw} i_{II} = 96{,}3$ kpm

$r_{b3} = \dfrac{a\,z_3}{z_3 + z_4} = \dfrac{100 \text{ mm} \cdot 13}{63} = 20{,}64$ mm

$r_{b4} = a - r_{b3} \qquad = 79{,}36$ mm

$\tan\beta_{bII} = \dfrac{r_b}{r_0} \tan\beta_{0II} = 0{,}274$

$\beta_{bII} = 15{,}31°$

$\cos\alpha_{nbII} = \cos\alpha_{n0} \dfrac{\sin\beta_{0II}}{\sin\beta_{bII}} = 0{,}921$

$\alpha_{nbII} = 22{,}9°$

$\underline{\underline{F_{UII}}} = \dfrac{M_{tZw}}{r_{b3}} = \dfrac{25100 \text{ kpmm}}{20{,}64 \text{ mm}} = \underline{1215 \text{ kp}}$

$\underline{\underline{F_{RII}}} = F_{UII} \dfrac{\tan\alpha_{nbII}}{\cos\beta_{bII}} = \underline{533 \text{ kp}}$

$\underline{\underline{F_{AII}}} = F_{UII} \tan\beta_{bII} = \underline{333 \text{ kp}}$

Mit den Längenabmessungen nach Abb. 6.42 $l_J = 40$ mm, $l_K = 40$ mm, $l = 160$ mm erhält man für den in Abb. 6.59c eingezeichneten Drehsinn:

Kräfte in der x-z-Ebene

$-J_x l + F_{RI}(l - l_J) + F_{RII} l_K + $
$+ F_{AI} r_{b2} - F_{AII} r_{b3} = 0$

$J_x \cdot 160$ mm $= 144$ kp $\cdot 120$ mm $+$
$+ 533$ kp $\cdot 40$ mm $+ 179$ kp $\cdot 82{,}35$ mm $-$
$- 333$ kp $\cdot 20{,}64$ mm

$\underline{\underline{J_x}} = \dfrac{46480 \text{ kpmm}}{160 \text{ mm}} = \underline{290 \text{ kp}}$

$\underline{\underline{K_x}} = F_{RI} + F_{RII} - J_x = \underline{387 \text{ kp}}$

Kräfte in der y-z-Ebene

$+J_y l + F_{UI}(l - l_J) - F_{UII} l_K = 0$

$J_y \cdot 160$ mm $= -304$ kp $\cdot 120$ mm $+$
$+ 1215$ kp $\cdot 40$ mm

$\underline{\underline{J_y}} = \dfrac{12120 \text{ kpmm}}{160 \text{ mm}} = \underline{76 \text{ kp}}$

$\underline{\underline{K_y}} = F_{UII} - F_{UI} - J_y = \underline{835 \text{ kp}}$

$\boxed{\underline{\underline{J_r}} = J_{res} = \sqrt{J_x^2 + J_y^2} = \sqrt{290^2 + 76^2} \text{ kp} = \underline{300 \text{ kp}}} \rightarrow \underline{\underline{F_a}} = F_{AII} - F_{AI} = \underline{154 \text{ kp}}$,

$\underline{\underline{K_r}} = K_{res} = \sqrt{K_x^2 + K_y^2} = \sqrt{387^2 + 835^2} \text{ kp} = \underline{920 \text{ kp}}$.

Biegemomentenverlauf in der x-z-Ebene | *Biegemomentenverlauf in der y-z-Ebene*

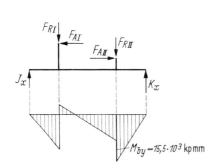
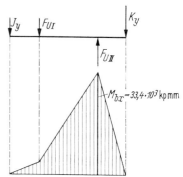

$$\underline{M_{b\,\max\text{res}}} = \sqrt{M_{bx}^2 + M_{by}^2} = \sqrt{33{,}4^2 + 15{,}5^2} \cdot 10^3 \text{ kpmm} = 36{,}8 \cdot 10^3 \text{ kpmm}.$$

Bei *umgekehrtem* Drehsinn ergibt sich:

Kräfte in der x-z-Ebene | *Kräfte in der y-z-Ebene*

$$-J_x l + F_{RI}(l - l_J) + F_{RII} l_K -$$
$$- F_{AI} r_{b2} + F_{AII} r_{b3} = 0$$

$$\underline{\underline{J_x}} = \frac{30\,720 \text{ kpmm}}{160 \text{ mm}} = 192 \text{ kp} \qquad \underline{\underline{J_y}} = -\ 76 \text{ kp}$$

$$\underline{\underline{K_x}} = F_{RI} + F_{RII} - J_x = 485 \text{ kp} \qquad \underline{\underline{K_y}} = -835 \text{ kp}$$

$$\underline{\underline{J_r}} = J_{\text{res}} = \sqrt{J_x^2 + J_y^2} = \sqrt{192^2 + 76^2} = 206 \text{ kp} \rightarrow F_a = F_{AII} - F_{AI} = \underline{\underline{154 \text{ kp}}},$$

$$\boxed{\underline{\underline{K_r}} = K_{\text{res}} = \sqrt{K_x^2 + K_y^2} = \sqrt{485^2 + 835^2} = 966 \text{ kp}}\ .$$

Biegemomentenverlauf in der x-z-Ebene | *Biegemomentenverlauf in der y-z-Ebene*

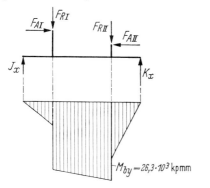
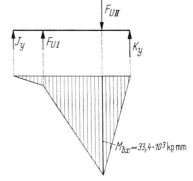

$$\underline{M_{b\,\max\text{res}}} = \sqrt{M_{bx}^2 + M_{by}^2} = \sqrt{33{,}4^2 + 26{,}3^2} \cdot 10^3 \text{ kpmm} = 42{,}5 \cdot 10^3 \text{ kpmm}.$$

Die Lagerkraft K_r und das resultierende Biegemoment an der gefährdeten Stelle haben also bei „umgekehrtem" Drehsinn Höchstwerte, während die Lagerkraft J_r beim ursprünglichen (in der Abbildung angedeuteten) Drehsinn einen höheren Wert hat. Die Wälzlager sind selbstverständlich nach den möglichen Höchstwerten zu bemessen, und für die genaue Nachrechnung der Spannungen in der Welle ist das maximale Biegemoment zu benutzen.

6.1.2.5 Stirnrädergetriebe mit Innen-Schrägverzahnung. Außenverzahntes Ritzel und innenverzahntes Hohlrad müssen mit *gleichgerichteten* Schrägungswinkeln β_0 versehen werden. Für die Paarung von V-Rädern gelten entsprechend Abschn. 6.1.1.14

und 6.1.2.2 mit den Hilfsgrößen $a^* = \frac{m_n}{2}(z_2 - z_1)$ und $c^* = \frac{\cos\alpha_{s0}}{\cos\beta_0}$ (Tab. 6.8 bzw. α_{s0} aus $\tan\alpha_{s0} = \frac{\tan\alpha_{n0}}{\cos\beta_0}$) die folgenden Beziehungen:

$$a = r_{b2} - r_{b1}; \quad r_{b1} = \frac{a}{i-1}; \quad r_{b2} = \frac{a\,i}{i-1};$$

$$\left.\begin{array}{l} \cos\alpha_{sb} = \dfrac{a^*}{a} c^*, \\[4pt] x_2 - x_1 = \dfrac{(z_2-z_1)(\mathrm{ev}\alpha_{sb} - \mathrm{ev}\alpha_{s0})}{2\tan\alpha_{n0}}, \end{array}\right\} \text{ wenn } a, z_1 \text{ und } z_2 \text{ gegeben,}$$

$$\left.\begin{array}{l} \mathrm{ev}\alpha_{sb} = 2\,\dfrac{x_2 - x_1}{z_2 - z_1}\tan\alpha_{n0} + \mathrm{ev}\alpha_{s0}, \\[4pt] a = \dfrac{a^*}{\cos\alpha_{sb}} c^*, \end{array}\right\} \text{ wenn } x_1, x_2, z_1 \text{ und } z_2 \text{ gegeben.}$$

Bei kleinen Zähnezahldifferenzen müssen auch für die Schneidräder V-Räder verwendet werden; ganz allgemein ist auch hier jeweils nachzuprüfen, ob Eingriffsstörungen und Einbauschwierigkeiten auftreten.

Bei Bemessung auf Zahnfußtragfähigkeit genügt im allgemeinen die Berechnung des außenverzahnten Ritzels nach Abschn. 6.1.2.3. Für die Hertzsche Pressung im Wälzpunkt ergibt sich bei Null- und V-Nullgetrieben

$$p_C = \sqrt{0{,}35\,E}\,\sqrt{\frac{F_{U0}}{b\,d_{01}}\,\frac{i-1}{i}}\,y_C \quad \text{mit} \quad y_C = \sqrt{\frac{\cos\beta_g}{\sin\alpha_{s0}\cos\alpha_{s0}}}.$$

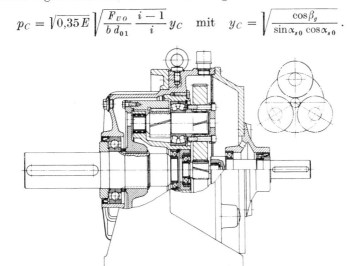

Abb. 6.60. Schrägzahnstirnrädergetriebe mit Innenverzahnung in der zweiten Stufe (Dorstener-Zahnradgetriebe)

Auf die Vorteile der Stirnrädergetriebe mit Innenverzahnung ist in Abschn. 6.1.1.14 hingewiesen. Das in Abb. 6.60 wiedergegebene Beispiel[1] eines zweistufigen Getriebes dessen erste Stufe mit Außenstirnrädern und dessen zweite mit Innenverzahnung ausgeführt ist, zeichnet sich durch Rotationssymmetrie und durch fluchtende An- und Abtriebswelle aus. Zur Leistungsverteilung sind drei (bei großen Übersetzungen zwei) Zwischenwellen angeordnet; es ist daher für große Leistungen der Raumbedarf gering, die Zentrallager sind entlastet. Für die gleichmäßige Leistungsverteilung

---

[1] Hersteller: Dorstener Eisengießerei und Maschinenfabrik AG, Dorsten.

sorgt einmal die Einstellbarkeit der Stirnräder der Zwischenwelle mit Hilfe von Ringfederspannelementen und ferner die schwimmende Lagerung des Antriebsritzels. Weitere Anwendungsbeispiele enthält Abschn. 6.1.6 (Umlaufgetriebe).

6.1.2.6 Hinweise auf Herstellung, Qualitäten, Toleranzen und Flankenspiel. Die wichtigsten Fertigungsverfahren sind:
  a) spanlose Formgebung durch Gießen, Spritzen und Pressen,
  b) Herstellung mit Schnitt- und Stanzwerkzeugen,
  c) spanabhebende Verfahren.

Bei letzteren wird zwischen Formverfahren und Wälzverfahren unterschieden. Zu den Formverfahren gehören die Bearbeitung mit Profilscheibenfräser, Profilfingerfräser, Profilräumnadel und Profilschleifscheibe. An Wälzverfahren sind zu nennen: das Wälzhobeln mit dem zahnstangenförmigen Kammstahl, das Wälzstoßen mit dem Schneidrad, das Wälzfräsen mit dem schneckenförmigen Abwälzfräser und das Wälzschleifen mit entsprechend gestalteten Schleifscheiben. Beim Schaben mit dem mit Schneidkanten versehenen Schaberad arbeiten Werkstück und Werkzeug wie zwei Schraubenräder (mit gekreuzten Achsen) zusammen.

Bei jedem Herstellungsverfahren treten *Maßabweichungen* auf, die je nach den Anforderungen und dem Verwendungszweck der Getriebe bestimmte Werte nicht überschreiten dürfen; es müssen also auch bei Zahnrädern *Toleranzen* für die verschiedenen Bestimmungsgrößen am einzelnen Rad (Verzahntoleranzsystem) und bei einer Räderpaarung (Verzahnpaßsystem) vorgeschrieben werden. Für die Bestimmungsgrößen und Fehler an Stirnrädern sind in DIN 3960 die Begriffe und Bezeichnungen festgelegt; danach unterscheidet man *Einzelfehler* (Kennzeichen E), die sich auf einzelne Bestimmungsgrößen beziehen und mit geeigneten Prüfgeräten gemessen werden, und *Sammelfehler*, die mit einem Lehrzahnrad oder an einer Räderpaarung nachgewiesen werden, und zwar entweder durch Einflankenwälzprüfung (Kennzeichen S', die Räder kämmen in dem vorgeschriebenen Achsenabstand, und es werden die von Verzahnungsfehlern hervorgerufenen Winkelwegunterschiede gegenüber einer vollkommen gleichbleibenden Drehbewegung gemessen) oder häufiger durch Zweiflankenwälzprüfung (Kennzeichen S'', die Räder kämmen unter gleichbleibender Kraft spielfrei miteinander, und es werden die Schwankungen des Achsenabstandes aufgezeichnet). Mit Wälzfehler (F_i' bei Bestimmung durch Einflankenwälzprüfung, F_i'' bei Bestimmung durch Zweiflankenwälzprüfung) wird der größte Unterschied in der gesamten Fehlerlinie bezeichnet, mit Wälzsprung (f_i', f_i'') der Unterschied eines benachbarten höchsten und tiefsten Punktes der Fehlerlinie. Die wichtigsten Einzelfehler einer Verzahnung sind: Flankenformfehler f_F, Grundkreisfehler f_g, Einzelteilungsfehler f_t, Summenteilungsfehler F_t, Teilungssprung f_u, Eingriffsteilungsfehler f_e, Zahndickenfehler f_s bzw. Zahnweitenfehler f_W[1], Rundlaufabweichung f_r und Flankenrichtungsfehler f_β. Bei einer Räderpaarung treten auf: Achsabstandsfehler f_a, Achswinkelfehler f_Σ und Fehler des Flankenspiels.

---

[1] Die Zahnweite W ist eine Hilfsgröße für das Messen von Zahndicken; sie ist nach Abb. 6.61 der über z' Zähne gemessene Abstand zweier paralleler Ebenen, die je eine Rechts- und eine Linksflanke in Teilkreisnähe berühren. Die Sollwerte können für gerad- und schrägverzahnte Null- und V-Räder leicht mit den Zahnweitentabellen des MAAG-Taschenbuchs, Zürich 1963, bestimmt werden.

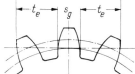

Abb. 6.61. Zahnweite W

6.1.2 Zahnrädergetriebe mit schrägverzahnten Stirnrädern

Im DIN-Verzahntoleranzsystem sind 12 Qualitäten vorgesehen (Qualität 1 mit den geringsten und Qualität 12 mit den größten Toleranzen); Richtlinien für erreichbare und empfohlene Qualitäten[1]:

Qualität	
7 bis 12	für gestanzte, gepreßte und gespritzte Räder
6 bis 12	für gehobelte, gefräste und gestoßene Räder
5 bis 8	für geschabte Räder
2 bis 8	für geschliffene Räder
8 bis 12	Landmaschinen
7 bis 12	Hebezeuge und Fördermittel, Eisenbahn- und Signalbau, Rechen- und Büromaschinen
6 bis 12	Textilmaschinen, Lokomotivbau und Schienenfahrzeuge
6 bis 11	Dampfmaschinen, Zugmaschinen, Raupenschlepper
7 bis 10	Apparatebau, Chemische Industrie
5 bis 10	Schiffsmaschinenbau, Werkzeugmaschinenbau, Feinmaschinenbau, Uhren und feinmechanischer Apparatebau, Omnibus- und Lastkraftwagenbau, Flugzeugbau
5 bis 9	Personenkraftwagen, Brennkraftmaschinen, Bootsbau
5 bis 7	Turbinenbau, Meßgerätebau
kleiner als 5	Prüfgeräte
10 bis 12	bei Umfangsgeschwindigkeiten von 1 bis 3 m/s
8 bis 10	bei Umfangsgeschwindigkeiten von 3 bis 6 m/s
5 bis 8	bei Umfangsgeschwindigkeiten von 6 bis 20 m/s
kleiner als 5	bei Umfangsgeschwindigkeiten von 20 bis 40 m/s
5 bis 6	bei Turbinengetrieben mit Umfangsgeschwindigkeiten bis 70 m/s

Die zulässigen Größen der *Einzelfehler* sind in DIN 3962 angegeben. Die zulässigen *Sammelfehler* (F'_i, f'_i und F''_i, f''_i), die zulässigen *Flankenrichtungsfehler* f_β und die *Zahndickenabmaße* (A_{so} und A_{su}, negative Werte) enthält DIN 3963; bei letzteren wird die Lage des Toleranzfeldes durch kleine Buchstaben gekennzeichnet: h, g, f, e, d, c, b, a, g', f', e', d', c', b', a', wobei das Feld h an die Nullinie grenzt und das Feld a' am weitesten entfernt liegt. Es dürfen in der Toleranzvorschrift auch mehrere Zahndickenabmaßfelder (z. B. $8fe\,S''$) angegeben werden; das bedeutet dann, daß die Zahndickenabmaße sowohl jedem der angegebenen Felder angehören als auch irgendwo dazwischen liegen können, wobei jedoch die Zahndickentoleranz immer gleich der Breite *eines* Toleranzfeldes ist. Je weiter das Toleranzfeld von der Nullinie entfernt ist, um so größer wird bei der Paarung zweier Räder das Flankenspiel. Durch die Angabe mehrerer Zahndickenabmaßfelder wird die Ausschußquote verringert; es muß dann allerdings die Möglichkeit größeren Flankenspiels in Kauf genommen werden. Die entsprechenden Angaben mit den *Zahnweiten*abmaßen (A_{Wo} und A_{Wu}) sind DIN 3967 zu entnehmen.

Die *Achsabstandsabmaße* liefert DIN 3964 in Abhängigkeit von Qualitäten und Nennmaßbereichen; es sind zwei Felder K und J vorhanden; bei K sind die Abmaße doppelt so groß wie bei J. Die Toleranzfelder liegen symmetrisch zur Nullinie (also z. B. $A_a = \pm 50\,\mu\text{m}$). Hierdurch ist als Verzahnpaßsystem das des Einheitsachsabstandes (entspricht dem System der Einheitsbohrung) festgelegt.

Die Größe des *Flankenspiels* ergibt sich also aus den Zahndickenabmaßen beider Räder *und* dem Achsabstandsabmaß. Man unterscheidet das Eingriffsflankenspiel S_e, auf der Eingriffsgeraden gemessen,

$$S_e = -(A_{s1} + A_{s2})\cos\alpha_0 + 2A_a\sin\alpha_b$$

und das Verdrehflankenspiel S_d, als Bogen auf dem Teilkreis gemessen,

$$S_d = -(A_{s1} + A_{s2}) + 2A_a\tan\alpha_b.$$

---
[1] Nach Apitz, G., A. Budnik, K. Keck, W. Krumme u. H. K. Hellmich: Die DIN-Verzahnungstoleranzen und ihre Anwendung 5. Aufl., (Schriftenreihe Antriebstechnik Bd. 13), Braunschweig: Vieweg 1965.

Größt- und Kleinst-Verdrehflankenspiel ergeben sich demnach zu

$$S_{d\,\text{größt}} = -(A_{su1} + A_{su2}) + 2A_{ao} \tan\alpha_b,$$
$$S_{d\,\text{kleinst}} = -(A_{so1} + A_{so2}) + 2A_{au} \tan\alpha_b.$$

Die Abmaße sind so zu wählen, daß sich in eingebautem Zustand das gewünschte Flankenspiel einstellt.

Richtwerte für das Flankenspiel[1]:

Modul in mm	0,8···1,75	2···2,5	2,75···3,25	3,5···5	6,5···10	13···25
Flankenspiel in μm	50···100	80···130	100···150	100···230	180···400	250···1000

Die *Angaben für Stirnräder in Zeichnungen* schreibt DIN 3966 vor. Die Zeichnung selbst soll enthalten den Kopfkreisdurchmesser d_k (bei Bedarf auch Toleranzen), den Teilkreisdurchmesser d_0, die Zahnbreite b, bei Bedarf Oberflächenzeichen an Kopfkreis, Teilkreis und Stirnflächen, ferner für den Radkörper den zulässigen Rundlauf- und den zulässigen Stirnlauffehler; der Fußkreisdurchmesser soll nur bei Abweichungen vom Bezugsprofil oder bei erforderlichen Toleranzen angegeben werden. In besonderer Tabelle neben der Zeichnung sind aufzuführen: die Zähnezahl z, der Modul m bzw. m_n, das Bezugsprofil (z. B. nach DIN 867), der Profilverschiebungsfaktor x (Angabe ohne Berücksichtigung der Zahndickenabmaße), die Zahnhöhe h_z, der Schrägungswinkel β_0 und die Steigungsrichtung (rechts oder links), Qualität und Toleranzfeld (z. B. $8 fe\,S''$, DIN 3967), größte Drehzahl n des Rades in U/min oder größte Umfangsgeschwindigkeit in m/s, Nummer und Zähnezahl des Gegenrads, Achsabstand im Gehäuse a und Achsabstandsabmaße A_a.

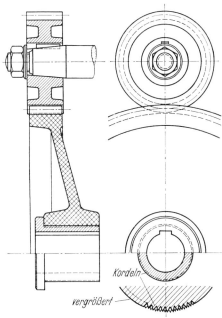

Abb. 6.62. Preßstoffzahnrad

6.1.2.7 Konstruktive Einzelheiten und Ausführungsbeispiele. *Ritzel und kleinere Zahnräder* werden meist aus dem Vollen gearbeitet oder als Scheibe mit eingeschweißter Nabe oder bei größeren Stückzahlen als Gesenkschmiedestücke ausgeführt. Ein aufgesetztes Ritzel ist in Abb. 6.67 auf der Antriebswelle dargestellt, Schaftritzel sind in den Getrieben der Abb. 6.60, 6.66 und 6.67 zu finden, ein Preßstoffzahnrad zeigt Abb. 6.62. Bei letzterem ist eine Metallbuchse (mit Kordelung) mit eingepreßt; meist werden jedoch Voll-Preßstoffräder unmittelbar mit Paßfedernuten versehen. Preßstoffzahnräder arbeiten mit Metallrädern zusammen, wobei die Zahnbreite des Preßstoffrads etwas kleiner sein soll als die des Gegenrades.

---

[1] Aus DUDLEY, D. W., u. H. WINTER: Zahnräder, Berlin/Göttingen/Heidelberg: Springer 1961.

6.1.2 Zahnrädergetriebe mit schrägverzahnten Stirnrädern

Größere Zahnräder werden heute häufig geschweißt; sie bestehen (s. Abb. 2.15) aus der Nabe, der Scheibe und dem Zahnkranz (s. auch Abb. 2.23), wobei zur Versteifung noch radiale Rippen angeordnet werden können. Bei breiteren Rädern werden zwei Scheiben (Abb. 6.63) mit dazwischenliegenden Rippen vorgesehen. Für die Nabe kann auch ein Stahlgußstück verwendet werden (Abb. 2.13) und für den Zahnkranz eine aufgeschrumpfte Bandage aus hochwertigerem Werkstoff (Abb. 6.64). Hiervon wird auch bei Radkörpern aus Gußeisen oder Stahlguß für sehr große Räder (Schiffsgetriebe) Gebrauch gemacht.

Gegossene Räder erhalten in der Radscheibe Aussparungen, Abb. 6.65, so daß *Arme* mit Rechteckquerschnitt bzw. — bei Rippen — mit T-, Kreuz- und Doppel-T-Querschnitten entstehen; für die Berechnung werden dabei nur die Schenkel in

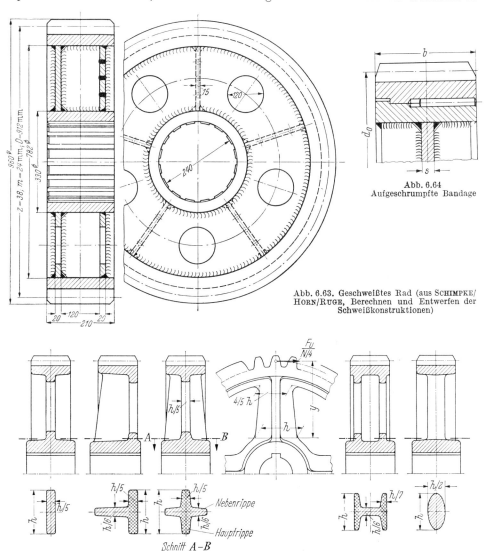

Abb. 6.64 Aufgeschrumpfte Bandage

Abb. 6.63. Geschweißtes Rad (aus SCHIMPKE/HORN/RUGE, Berechnen und Entwerfen der Schweißkonstruktionen)

Abb. 6.65. Gegossenes Rad; verschiedene Armquerschnitte

der Radebene als tragend angenommen; bisweilen wird für die Arme auch Oval- (Ellipsen-) Querschnitt mit der langen Seite in der Radebene gewählt. Zur Vereinfachung werden die Arme als einseitig an der Nabe eingespannte Träger aufgefaßt, die jeweils durch die Kraft $F_U/(N/4)$ auf Biegung beansprucht werden, wobei N = Armzahl (4 ··· 8, je nach Größe des Rades). Mit dem Abstand y und den Maßverhältnissen nach Abb. 6.65 ergibt sich dann aus $\sigma_b = M_b/W_b \leqq \sigma_{b\,zul}$

für den Rechteck-, T- und Kreuzquerschnitt: $h \approx 5 \sqrt[3]{\dfrac{F_U\,y}{N\,\sigma_{b\,zul}}}$,

für den Doppel-T- und den Ovalquerschnitt: $h \approx 4{,}4 \sqrt[3]{\dfrac{F_U\,y}{N\,\sigma_{b\,zul}}}$.

Für $\sigma_{b\,zul}$ kann bei GG etwa 4,0 kp/mm² und bei GS etwa 8,0 kp/mm² eingesetzt werden.

Die Gestaltung der *Getriebegehäuse* richtet sich nach der Anordnung der Wellen, der Art der Lager, der Schmierung und Kühlung und nach der Aufnahme der Kräfte bzw. des Rückdrehmoments durch Fundamente oder Tragkonstruktionen. Hierdurch wird häufig auch die Lage von Teilfugen, Trennwänden, Deckeln, Dichtungen u. dgl. bestimmt. Die Forderungen von Verwindungssteifheit und hoher Dämpfung können durch geeignete Werkstoffe und günstige Formgebung, vor allem durch ausreichende Verrippung und gewölbte Wände erfüllt werden. Ob Guß- oder Schweißkonstruktionen vorteilhafter sind, hängt von Stückzahlen, Abmessungen und zugelassenem Gewichtsaufwand ab. Für sehr große Getriebe werden geschweißte Gehäuse bevorzugt (s. z. B. Abb. 6.106); bei Großserien (Baukastenprinzip) sind Gehäuse aus Grauguß, Stahlguß oder auch Leichtmetallguß wirtschaftlicher. Rotationssymmetrische Gehäuse eignen sich besonders gut zum Anflanschen; es kann aber auch leicht ein Fußstück angeschraubt werden (s. z. B. Abb. 6.60).

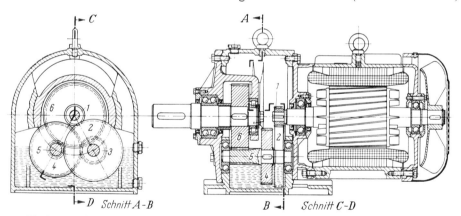

Abb. 6.66. Getriebemotor mit drei Stirnräderstufen (Motorenfabrik Albert Obermoser KG, Bruchsal)

Sehr oft werden Stirnrädergetriebe mit Elektromotoren zu einer Einheit zusammengebaut (Getriebemotoren[1], Abb. 6.66). Ein besonderes Getriebefundament erübrigt sich bei den sog. Aufsteckgetrieben (z. B. Rontox-Getriebe der Firma A. Friedr.

---

[1] Hersteller: Eberhard Bauer, Elektromotorenfabrik GmbH, Esslingen a. N.; Motorenfabrik Albert Obermoser KG, Bruchsal; SEW, Süddeutsche Elektromotoren-Werke GmbH, Bruchsal; u. a.

Flender & Co., Bocholt, Abb. 6.67); bei diesen ist die Abtriebswelle c als Hohlwelle ausgebildet, so daß sie unmittelbar auf das Wellenende der anzutreibenden Maschine aufgesteckt und meist mittels Spannhülse befestigt werden können. Das Rückdrehmoment wird durch eine starre oder auch federnde Stütze aufgenommen. Es entfällt jegliche Wellenkupplung und das sonst erforderliche genaue Ausrichten.

6.1.3 Kegelrädergetriebe

6.1.3.1 Geometrische Grundlagen für geradverzahnte Kegelräder.

Bei Wälzgetrieben mit sich schneidenden Achsen sind die Wälzkörper zwei Kegel, deren Spitzen im Schnittpunkt der Drehachsen liegen; sie berühren sich ständig in der gemeinsamen Mantellinie OC (Abb. 6.68) und rollen bei konstanter Übersetzung ohne Gleiten aufeinander ab, d. h., sie haben in gleichen Spitzenentfernungen R gleiche Umfangsgeschwindigkeiten. Man nennt die Kegel *Wälzkegel* bzw., wenn auf sie die Teilung bezogen wird, *Teilkegel*. Die Teilkegelwinkel (Winkel zwischen Radachse und Mantellinie) werden mit δ_{01} und δ_{02} bezeichnet; ihre Summe ist bei Null- und V-Nullgetrieben gleich dem Achsenwinkel δ_A (Schnittwinkel der Radachsen):

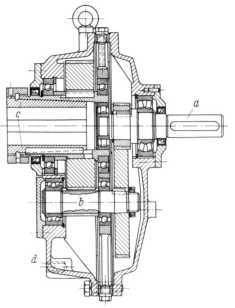

Abb. 6.67. Rontox-Aufsteckgetriebe (A. Friedr. Flender & Co., Bocholt)

$$\delta_A = \delta_{01} + \delta_{02} \qquad (1)$$

Die *Teilkreise* (Kreise in Schnittebenen senkrecht zu den Radachsen) sind durch die Beziehungen

und
$$2\pi r_{01} = z_1 t_0 = z_1 m_0 \pi$$
$$2\pi r_{02} = z_2 t_0 = z_2 m_0 \pi,$$
also

$$r_{01} = \frac{m_0}{2} z_1 \quad \text{und} \quad r_{02} = \frac{m_0}{2} z_2 \qquad (2)$$

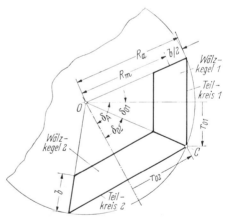

Abb. 6.68. Kegel als Wälzkörper bei Kegelrädergetrieben; die Kegelspitzen liegen im Schnittpunkt O der Drehachsen; OC = gemeinsame Mantellinie

festgelegt, wobei für m_0 möglichst ein Normmodul nach DIN 780 zu wählen ist.

Die *äußere Teilkegellänge* R_a (Länge der Mantellinien $\overline{OC}$ der von den Teilkreisen begrenzten Teilkegel) ergibt sich aus Abb. 6.68 zu

$$R_a = \frac{r_{01}}{\sin \delta_{01}} = \frac{r_{02}}{\sin \delta_{02}}. \qquad (3)$$

6. Elemente zur Übertragung gleichförmiger Drehbewegungen

Mit der Bedingung gleicher Umfangsgeschwindigkeiten beider Teilkreise folgt aus Gl. (2) und (3)

$$i = \frac{n_1}{n_2} = \frac{\omega_1}{\omega_2} = \frac{r_{02}}{r_{01}} = \frac{z_2}{z_1} = \frac{\sin\delta_{02}}{\sin\delta_{01}}. \tag{4}$$

Durch Umformung mit Hilfe der Gl. (1) lassen sich hieraus bei gegebenem Achsenwinkel δ_A und gegebenen Zähnezahlen z_1 und z_2 (also $i = z_2/z_1$) die Bestimmungsgleichungen für die Teilkegelwinkel ableiten:

$$\tan\delta_{01} = \frac{\sin\delta_A}{i + \cos\delta_A}; \qquad \tan\delta_{02} = \frac{i\sin\delta_A}{1 + i\cos\delta_A}, \tag{5a}$$

$$\cos\delta_{01} = \frac{i + \cos\delta_A}{\sqrt{i^2 + 1 + 2i\cos\delta_A}}; \qquad \cos\delta_{02} = \frac{1 + i\cos\delta_A}{\sqrt{i^2 + 1 + 2i\cos\delta_A}}, \tag{5b}$$

$$\sin\delta_{01} = \frac{\sin\delta_A}{\sqrt{i^2 + 1 + 2i\cos\delta_A}}; \qquad \sin\delta_{02} = \frac{i\sin\delta_A}{\sqrt{i^2 + 1 + 2i\cos\delta_A}}. \tag{5c}$$

Für den häufigsten Sonderfall $\delta_A = 90°$ wird

$$\tan\delta_{01} = \frac{1}{i}; \quad \tan\delta_{02} = i; \quad \cos\delta_{01} = \sin\delta_{02} = \frac{i}{\sqrt{i^2+1}};$$

$$\cos\delta_{02} = \sin\delta_{01} = \frac{1}{\sqrt{i^2+1}}. \tag{5d}$$

Die Beziehungen (1) bis (5) sind von der Zahnflankenform unabhängig. Aus Abb. 6.68 und noch deutlicher aus Abb. 6.69 geht hervor, daß die Teilkreise auf der Oberfläche

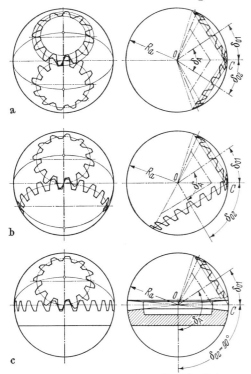

Abb. 6.69. Verzahnungen auf der Kugeloberfläche
a) $\delta_{01} = \delta_{02}$; b) $\delta_{02} < \delta_{01}$; c) $\delta_{02} = 90°$ (Planrad)

einer Kugel vom Radius R_a liegen. Da jeder beliebige Flankenpunkt im Abstand R_a von O der Flanke des Rades *1* bei der Bewegung einmal zum Eingriffspunkt wird (nämlich wenn er mit dem entsprechenden Punkt der Gegenflanke zusammenfällt), muß auch die Eingriffslinie in der Kugeloberfläche liegen. In Abb. 6.69 sind Verzahnungen von Kegelrädern mit gleichem δ_{01} und größer werdendem δ_{02} auf der *Kugeloberfläche* eingezeichnet, und es ist gezeigt, daß schließlich bei $\delta_{02} = 90°$ das Rad *2* in ein *Planrad* übergeht. Die Zahnform der Planradverzahnung auf der *Kugel* mit dem Radius R_a wird nach DIN 3971 (Bestimmungsgrößen und Fehler an Kegelrädern, Grundbegriffe) als Bezugsprofil bezeichnet.

Bei der *Herstellung* von Kegelrädern im Wälzverfahren werden vorteilhafterweise *gerad*flankige Werkzeuge mit dem Flankenwinkel α_0, z. B. Hobelstähle, benutzt, die nach Abb. 6.70 einem Planrad mit *ebenen* Zahnflankenflächen entsprechen. Die dabei entstehende Verzahnung wird

Oktoidenverzahnung genannt, da die vollständige Eingriffslinie auf der Kugelfläche eine Oktoide (achtförmige Kurve) darstellt (Abb. 6.71a).

Bei der nur durch Kopieren im Schablonenverfahren herstellbaren *Kugelevolventenverzahnung* ist die Eingriffslinie auf der Kugel ein unter dem Winkel α_0 gegen die Planradebene geneigter Großkreis (Abb. 6.71b). Die Flankenfläche des Planradzahnes ist hierbei doppelt gekrümmt, im Zahnfuß konvex wie bei einer Außenverzahnung, im Zahnkopf konkav wie bei einer Innen-

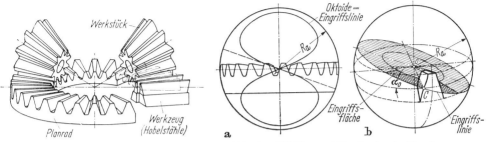

Abb. 6.70. Herstellung mit geradflankigen Hobelstählen (Heidenreich & Harbeck)

Abb. 6.71. Oktoiden- und Kugelevolventen-Verzahnung am Planrad
a) bei ebenen Zahnflankenflächen ist die Eingriffslinie eine Oktoide; b) bei der doppelt gekrümmten Kugelevolventen-Zahnflankenfläche ist die Eingriffslinie ein Großkreis

verzahnung (in Abb. 6.71b übertrieben dargestellt). Die Eingriffslinie der Kugelevolvente bildet im Wälzpunkt C die Tangente der Oktoide, der Eingriffslinie der Oktoidenverzahnung; in dem praktisch verwendeten, durch die Zahnhöhen begrenzten Bereich ist der Unterschied zwischen Oktoide und Großkreis nicht sehr groß, so daß auch die Abweichungen in der Zahnform verhältnismäßig gering sind.

Da eine Kugeloberfläche nicht in die Ebene abwickelbar ist, werden für zeichnerische Untersuchungen nach TREDGOLD die sog. Rücken- oder Tangentialkegel (allgemeiner Ergänzungskegel) benutzt, deren Mantellinien auf den Teilkegelmantellinien senkrecht stehen. Die Spitzen der Rückenkegel sind in Abb. 6.72 mit O_1 und O_2 bezeichnet; die Längen der Mantellinien ergeben sich zu

$$\overline{O_1 C} = r_{r\,1} = \frac{r_{0\,1}}{\cos \delta_{0\,1}}\;;\quad \overline{O_2 C} = r_{r\,0\,2} = \frac{r_{0\,2}}{\cos \delta_{0\,2}} \qquad (6\,\mathrm{a})$$

bzw. mit Gl. (5b)

$$r_{r\,0\,1} = r_{0\,1}\frac{\sqrt{1+i^2+2\,i\cos\delta_A}}{i+\cos\delta_A}\;;\quad r_{r\,0\,2} = r_{0\,2}\frac{\sqrt{1+i^2+2\,i\cos\delta_A}}{1+i\cos\delta_A} \qquad (6\,\mathrm{b})$$

und bei $\underline{\delta_A = 90°}$

$$r_{r\,0\,1} = r_{0\,1}\sqrt{\frac{i^2+1}{i^2}}\;;\quad r_{r\,0\,2} = r_{0\,2}\sqrt{i^2+1}. \qquad (6\,\mathrm{c})$$

Werden die Rückenkegel in die Ebene abgewickelt (Abb. 6.72 rechts) und dort mit einer normalen Evolventenverzahnung (Ersatz-Stirnradverzahnung) versehen, so stellen diese Zahnformen eine sehr gute Näherung für die wirklich bei der Oktoidenverzahnung auf dem Rückenkegel entstehenden Zahnflanken dar. Für das Planrad ($\delta_0 = 90°$) wird nach Gl. (6) $r_{r0} = \infty$, d. h., es ergibt sich in der Abwicklung das geradflankige Zahnstangen- bzw. das Bezugsprofil nach DIN 867. Teile der Rückenkegel werden für die Ausbildung der Kegelradkörper benützt; auf den Rückenkegeln werden auch die Zahnkopfhöhe $h_k = m_0$ und die Zahnfußhöhe $h_f = m_0 + S_k$ gemessen.

Für die Grundkreisradien der Verzahnungen in der Abwicklung gilt

$$r_{rg\,1} = r_{r0\,1}\cos\alpha_0 \quad \text{und} \quad r_{rg\,2} = r_{r0\,2}\cos\alpha_0. \qquad (7)$$

228   6. Elemente zur Übertragung gleichförmiger Drehbewegungen

Die Ersatzzähnezahlen z_e ergeben sich aus

$$2\pi\, r_{r01} = z_{e1}\, t_0 = z_{e1}\, m_0\, \pi \quad \text{und} \quad 2\pi\, r_{r02} = z_{e2}\, t_0 = z_{e2}\, m_0\, \pi$$

mit Gl. (6a) und (2) zu

$$\boxed{z_{e1} = \frac{z_1}{\cos\delta_{01}}\,;\quad z_{e2} = \frac{z_2}{\cos\delta_{02}}} = z_{e1}\frac{i^2 + i\cos\delta_A}{1 + i\cos\delta_A}. \tag{8a}$$

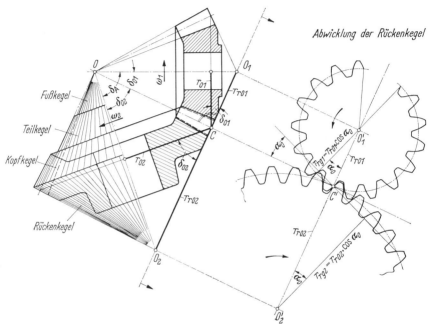

Abb. 6.72. Rückenkegel; Näherung nach TREDGOLD (Abwicklung); $m_0 = 2$ mm; $\alpha_0 = 20°$; $z_1 = 15$; $z_2 = 25$; $\delta_A = 70°$

Bei $\underline{\delta_A = 90°}$ wird entsprechend Gl. (6c)

$$z_{e1} = z_1\sqrt{\frac{i^2+1}{i^2}}\,;\quad z_{e2} = z_2\sqrt{i^2+1} = z_{e1}\,i^2. \tag{8b}$$

Wird für z_{e1} die praktische Grenzzähnezahl für Unterschnittfreiheit geradverzahnter Stirnräder, also 14 bei $\alpha_0 = 20°$, eingesetzt, so ergibt sich aus Gl. (8a) die Grenzzähnezahl des Kegelrades

$$z_g' = 14\cos\delta_{01}, \tag{9}$$

d. h., für

$$\delta_{01} = 0 \cdots 21° \quad 22° \cdots 30° \quad 31° \cdots 37° \quad 38° \cdots 44°$$

ist

$$z_g' = \quad\ 14 \quad\qquad\ 13 \quad\qquad\ 12 \quad\qquad 11$$

Bei kleineren Zähnezahlen muß Profilverschiebung angewandt werden. Zu bevorzugen sind V-Nullgetriebe, da bei diesen die Teilkegel zugleich die Wälzkegel sind. Es sind aber auch Kegelräder-V-Getriebe möglich, wobei die Betriebswälzkegel nicht mit den Erzeugungswälzkegeln übereinstimmen. Bei der Herstellung von V-Kegelrädern benutzt man sowohl die Profil-*Seiten*verschiebung, bei der die Zahndicken auf dem Teilkreis größer oder kleiner werden als eine halbe Teilung, als auch die Profil-*Höhen*verschiebung, bei der durch Winkeländerungen die Zahnkopf- und Zahnfußhöhe gegenüber den Werten des Bezugsprofils verändert werden[1].

6.1.3.2 Bemessungsgrundlagen. Die Berechnung geradverzahnter Kegelräder wird auf die Berechnung geradverzahnter Ersatzstirnräder zurückgeführt, wobei nach Abb. 6.73 Kraftangriff und Rechnungswerte auf die *Mitte* der Zahnbreite b, d. h. auf den mittleren Modul m_m bezogen werden; es ist also

$$r_{m1} = \frac{m_m}{2} z_1 = r_{01} - \frac{b}{2} \sin \delta_{01},$$
$$r_{m2} = \frac{m_m}{2} z_2 = i\, r_{m1} \qquad (10)$$

und
$$m_m = m_0 - \frac{b}{z_1} \sin \delta_{01}, \qquad (10\text{a})$$

ferner an den Ersatzstirnrädern

$$r_{e1} = \frac{r_{m1}}{\cos \delta_{01}} \quad \text{und} \quad r_{e2} = \frac{r_{m2}}{\cos \delta_{02}} \qquad (11)$$

und z_{e1} und z_{e2} nach Gl. (8), jeweils mit δ_{01} und δ_{02} aus den Gln. (5). Aus dem Drehmoment $M_{t1} = f_B P/\omega_1$ ergibt sich die Umfangskraft $F_{UO} = M_{t1}/r_{m1}$.

a) *Zahnfußtragfähigkeit.* Für die Biegespannung im Zahnfuß erhält man

$$\boxed{\sigma_b = \frac{F_{UO}}{b\, m_m} q_k} \qquad (12)$$

mit dem Zahnformfaktor q_k aus Abb. 6.36 für z_e nach Gl. (8).

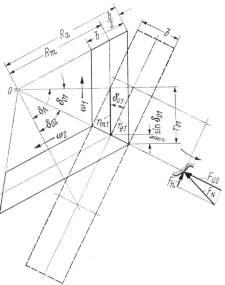

Abb. 6.73. Ersatzräder für Festigkeitsrechnung

Aus der Bedingung $\sigma_b \leq \sigma_{b\,\text{zul}}$ folgt dann nach einigen Umformungen mit den beiden bei Kegelrädern üblichen Annahmen für die Zahnbreite:

1. Bei $b \leq 0{,}3 R_a$

$$m_0 \geq \sqrt[3]{\frac{18{,}5\, M_{t1} \sin \delta_{01}}{\sigma_{b\,\text{zul}1}} \frac{q_{k1}}{z_1^2}}, \qquad (12\text{a})$$

$$m_m = 0{,}85\, m_0; \quad b = \frac{0{,}15\, m_0 z_1}{\sin \delta_{01}}.$$

2. Bei $b \leq 10 m_m$

$$m_m \geq \sqrt[3]{\frac{0{,}2\, M_{t1}}{\sigma_{b\,\text{zul}1}} \frac{q_{k1}}{z_1}}, \qquad (12\text{b})$$

$$m_0 = m_m \left(1 + \frac{10}{z_1} \sin \delta_{01}\right).$$

Ob mit der 1. oder der 2. Annahme zu rechnen ist, geht aus Abb. 6.74 hervor: Im Bereich unterhalb der Grenzkurve liefert die zweite Annahme ($b = 10 m_m$) brauchbare Abmessungen.

---

[1] Näheres s. DIN 3971 und RICHTER, E. H.: Bestimmungsgrößen und Fehler an Kegelrädern. Werkst.techn. u. Masch.bau 45 (1955) 19; ferner KECK, F. K.: Zahnradpraxis, Bd. 2, München: Oldenbourg 1958, und LINDNER, W., u. A. SCHIEBEL: Zahnräder, Bd. 1, Berlin/Göttingen/Heidelberg: Springer 1954.

230　　　　　6. Elemente zur Übertragung gleichförmiger Drehbewegungen

b) *Flankentragfähigkeit.* In die Hertzsche Gleichung sind die Krümmungshalbmesser der Ersatzstirnräder einzusetzen, d. h. für den Wälzpunkt

$$\varrho_{e1} = r_{e1} \sin\alpha_0 \quad \text{und} \quad \varrho_{e2} = r_{e2} \sin\alpha_0.$$

Abb. 6.74. Grenzkurve $b = 0{,}3 R_a$ und Gebiet für $b = 10 m_m$

Aus der Grundgleichung

$$p_C = \sqrt{0{,}175 E \frac{F_N}{b}\left(\frac{1}{\varrho_{e1}} + \frac{1}{\varrho_{e2}}\right)}$$

ergibt sich mit $F_N = F_{UO}/\cos\alpha_0$ und mit den r_e-Werten aus Gl. (11) schließlich

$$p_C = \sqrt{0{,}35 E}\sqrt{\frac{F_{UO}}{b\,d_{m1}}\frac{1}{i}(i\cos\delta_{01} + \cos\delta_{02})}\, y_C$$

bzw. mit Gl. (5b)

$$\boxed{p_C = \sqrt{0{,}35 E}\sqrt{\frac{F_{UO}}{b\,d_{m1}}\frac{1}{i}}\sqrt{i^2 + 1 + 2i\cos\delta_A}\, y_C}, \tag{13}$$

wobei der Wälzpunktfaktor

$$y_C = \sqrt{\frac{1}{\sin\alpha_0 \cos\alpha_0}} = 1{,}764 \quad \text{bei} \quad \alpha_0 = 20°.$$

Aus der Bedingung $p_C \leqq p_{\text{zul}}$ lassen sich wieder Beziehungen für den Modul ableiten:

1. Bei $b \leqq 0{,}3 R_a$

$$m_0 \geqq \frac{1}{z_1}\sqrt[3]{\frac{6{,}45 E M_{t1}}{p_{\text{zul}}^2}\frac{\sin\delta_A}{i} y_C^2}, \tag{13a}$$

$$m_m = 0{,}85\, m_0; \quad b = \frac{0{,}15\, m_0 z_1}{\sin\delta_{01}}.$$

6.1.3 Kegelrädergetriebe 231

2. Bei $b \leqq 10 m_m$

$$m_m \geqq \sqrt[3]{\frac{0{,}07 E M_{t1}}{z_1^2 p_{zul}^2} \frac{1}{i} \sqrt{i^2 + 1} + 2i \cos\delta_A\, y_C^2}, \tag{13b}$$

$$m_0 = m_m\left(1 + \frac{10}{z_1} \sin\delta_{01}\right).$$

Auch hier gibt Abb. 6.74 darüber Auskunft, ob die 1. oder 2. Annahme zu wählen ist.

6. *Beispiel:* Gegeben: $P = 7{,}5$ kW $= 765$ kpm/s; $n_1 = 710$ U/min   ($\omega_1 = 74{,}5$/s); $n_2 = 280$ U/min; $f_B = 1$; $\delta_A = 90°$; Werkstoffe: einsatzgehärtet, nach Tab. 6.6,

Ritzel 20 Mn Cr 5: $\sigma_{b\,zul} = 22$ kp/mm²;   ($p_{zul} = 150$ kp/mm²),
Rad   16 Mn Cr 5: $\sigma_{b\,zul} = 20$ kp/mm²;   ($p_{zul} = 150$ kp/mm²),

$$M_{t1} = f_B \frac{P}{\omega_1} = \frac{765 \text{ kpm/s}}{74{,}5/\text{s}} = 10{,}3 \text{ kpm} = 10{,}3 \cdot 10^3 \text{ kpmm}.$$

Gewählt: $z_1 = 19$, also $z_2 = \frac{n_1}{n_2} z_1 = \frac{710}{280} \cdot 19 = 48$; $i = \frac{z_2}{z_1} = \frac{48}{19} = 2{,}526$.

Gl. (5d) $\sin\delta_{01} = \frac{1}{\sqrt{i^2+1}} = 0{,}368$; $\delta_{01} = 21{,}6°$; $\delta_{02} = 68{,}4°$,

$\cos\delta_{01} = 0{,}930$; $z_{e1} = \frac{z_1}{\cos\delta_{01}} = \frac{19}{0{,}93} = 20{,}4$;   d. h. $q_1 = 2{,}95$ (nach Abb. 6.36).

Berechnung auf Zahnfußtragfähigkeit. Aus Abb. 6.74 ergibt sich bei $z_1 = 19$ und $\sin\delta_{01} = 0{,}368$, daß mit $b = 0{,}3 R_a$, also mit Gl. (12a) zu rechnen ist:

$$m_0 \geqq \sqrt[3]{\frac{18{,}5 M_{t1} \sin\delta_{01}}{\sigma_{b\,zul1}} \frac{q_{k1}}{z_1^2}} = \sqrt[3]{\frac{18{,}5 \cdot 10{,}3 \cdot 10^3 \text{ kpmm} \cdot 0{,}365}{22 \text{ kp/mm}^2} \frac{2{,}95}{19^2}} = 2{,}97 \text{ mm},$$

$$\underline{\underline{m_0 = 3 \text{ mm}}}.$$

$$b = \frac{0{,}15 m_0 z_1}{\sin\delta_{01}} = 23 \text{ mm},$$

$r_{01} = \frac{m_0}{2} z_1 = 28{,}5$ mm; $r_{m1} = r_{01} - \frac{b}{2} \sin\delta_{01} = 24{,}26$ mm; $m_m = \frac{2 r_{m1}}{z_1} = 2{,}55$ mm,

$F_{Uo} = \frac{M_{t1}}{r_{m1}} = \frac{10300 \text{ kpmm}}{24{,}26 \text{ mm}} = 425$ kp; $z_{e2} = \frac{z_2}{\cos\delta_{02}} = \frac{48}{0{,}368} = 130$, d. h. $q_{k2} = 2{,}21$,

$\sigma_{b1} = \frac{F_{Uo}}{b\, m_m} q_{k1} = \frac{425 \text{ kp}}{23 \text{ mm} \cdot 2{,}55 \text{ mm}} \cdot 2{,}95 = 21{,}4$ kp/mm²,

$\sigma_{b2} = \frac{F_{Uo}}{b\, m_m} q_{k2} = \frac{425 \text{ kp}}{23 \text{ mm} \cdot 2{,}55 \text{ mm}} \cdot 2{,}21 = 16{,}1$ kp/mm².

Nachrechnung der Hertzschen Pressung nach Gl. (13).

$$p_C = \sqrt{0{,}35 E} \sqrt{\frac{F_{Uo}}{b\, d_{m1}} \frac{1}{i} \sqrt{i^2+1}\, y_C}$$

$$= \sqrt{0{,}35 \cdot 2{,}1 \cdot 10^4 \frac{\text{kp}}{\text{mm}^2} \frac{425 \text{ kp}}{23 \text{ mm} \cdot 48{,}52 \text{ mm}} \frac{2{,}72}{2{,}526} \cdot 1{,}764} = 97 \text{ kp/mm}^2 < p_{zul}.$$

7. *Beispiel:* Gegeben: $P = 15$ kW $= 1530$ kpm/s; $n_1 = 450$ U/min   ($\omega_1 = 47{,}1$/s); $n_2 = 125$ U/min; $f_B = 1{,}5$ (Stromerzeuger/Turbine, Dauerbetrieb, Tab. 6.4); $\delta_A = 90°$; Werkstoffe: vergütet nach Tab. 6.6,

Ritzel C 60:   ($\sigma_{b\,zul} = 15$ kp/mm²); $p_{zul} = 50$ kp/mm²,
Rad   C 45:   ($\sigma_{b\,zul} = 13{,}5$ kp/mm²); $p_{zul} = 45$ kp/mm²,

$$M_{t1} = f_B \frac{P}{\omega_1} = 1{,}5\, \frac{1530 \text{ kpm/s}}{47{,}1/\text{s}} = 48{,}7 \text{ kpm} = 48{,}7 \cdot 10^3 \text{ kpmm}.$$

Gewählt: $z_1 = 19$, also $z_2 = \dfrac{n_1}{n_2} z_1 = \dfrac{450}{125} \cdot 19 = 68$; $i = \dfrac{z_2}{z_1} = \dfrac{68}{19} = 3{,}58$.

Gl. (5d) $\sin\delta_{01} = \dfrac{1}{\sqrt{i^2+1}} = 0{,}269$; $\delta_{01} = 15{,}6°$; $\delta_{02} = 74{,}4°$.

Berechnung auf Flankentragfähigkeit. Aus Abb. 6.74 ergibt sich bei $z_1 = 19$ und $\sin\delta_{01} = 0{,}269$, daß mit $b = 10\,m_m$, also mit Gl. (13b) zu rechnen ist ($y_C = 1{,}764$; $y_C^2 = 3{,}11$):

$$m_m \geqq \sqrt[3]{\dfrac{0{,}07\,E\,M_{t1}}{z_1^2\,p_{\text{zul}}^2} \dfrac{\sqrt{i^2+1}}{i} y_C^2} = \sqrt[3]{\dfrac{0{,}07 \cdot 2{,}1 \cdot 10^4\,\text{kp/mm}^2 \cdot 48{,}7 \cdot 10^3\,\text{kpmm}}{19^2 \cdot 45^2\,\text{kp}^2/\text{mm}^4} \dfrac{3{,}72}{3{,}58} \cdot 3{,}11}$$

$$= \sqrt[3]{316}\,\text{mm} = 6{,}8\,\text{mm},$$

$m_0 = m_m \left(1 + \dfrac{10}{z_1}\sin\delta_{01}\right) = 6{,}8 \left(1 + \dfrac{10}{19} \cdot 0{,}269\right) = 7{,}8\,\text{mm}$; gewählt $\underline{\underline{m_0 = 8\,\text{mm}}}$,

$b = 10\,m_m = 68\,\text{mm}$,

$r_{01} = \dfrac{m_0}{2} z_1 = 76\,\text{mm}$; $r_{m1} = r_{01} - \dfrac{b}{2}\sin\delta_{01} = 66{,}9\,\text{mm}$; $m_m = \dfrac{2\,r_{m1}}{z_1} = 7{,}03\,\text{mm}$,

$F_{UO} = \dfrac{M_{t1}}{r_{m1}} = \dfrac{48700\,\text{kpmm}}{66{,}9\,\text{mm}} = 730\,\text{kp}$.

Die Nachrechnung der Biegespannungen nach Gl. (12) liefert die sehr niedrigen Werte $\sigma_{b1} = 4{,}5\,\text{kp/mm}^2$ und $\sigma_{b2} = 3{,}4\,\text{kp/mm}^2$.

6.1.3.3 Kräfteverhältnisse und Lagerung. Der Angriffspunkt der Zahndruckkraft F_N wird auf der Mitte der Zahnbreite angenommen. In Abb. 6.75 sind oben die auf das treibende Kegelritzel wirkenden Kräfte dargestellt. Die *Umfangskraft* F_U ist wieder der Umfangsgeschwindigkeit entgegengerichtet; die zweite, auf F_U senkrecht stehende Komponente von F_N sei mit F_e (entsprechend der Radialkraft auf die *E*rsatzstirnräder, Abb. 6.73) bezeichnet. Sie wird an ihrem Angriffspunkt in die zur Drehachse hin gerichtete *Radialkraft* F_{R1} und die in die von der Kegelspitze weg gerichtete *Axialkraft* F_{A1} zerlegt. Aus den Kräftedreiecken folgt

$$F_e = F_U \tan\alpha_0 \quad \text{und} \quad \boxed{F_{R1} = F_e \cos\delta_{01} = F_U \tan\alpha_0 \cos\delta_{01}}, \quad \boxed{F_{A1} = F_e \sin\delta_{01} = F_U \tan\alpha_0 \sin\delta_{01}}. \tag{14a}$$

Am getriebenen Kegelrad sind F_N, F_U und F_e entgegengesetzt gerichtet; die Zerlegung von F_e liefert auch hier die zur zugehörigen Drehachse hin gerichtete Radialkraft F_{R2} und die von der Kegelspitze weg gerichtete Axialkraft F_{A2}:

$$\boxed{F_{R2} = F_e \cos\delta_{02} = F_U \tan\alpha_0 \cos\delta_{02}}, \quad \boxed{F_{A2} = F_e \sin\delta_{02} = F_U \tan\alpha_0 \sin\delta_{02}}. \tag{14b}$$

Bei $\delta_A = \delta_{01} + \delta_{02} = 90°$ wird $F_{R1} = F_{A2}$ und $F_{A1} = F_{R2}$.

Die Lagerreaktionen und Biegemomente werden wieder in zwei zueinander senkrecht stehenden Ebenen ermittelt, vgl. Abb. 6.76; die resultierenden radialen Lagerkräfte ergeben sich dann zu $G_r = \sqrt{G_x^2 + G_y^2}$ und $H_r = \sqrt{H_x^2 + H_y^2}$; in einem der Lager muß die Axialkraft $F_a = F_{A1}$ aufgenommen werden.

Bei fliegender Anordnung des Ritzels ist der Abstand l_G möglichst gering zu halten, der Abstand l der Lager dagegen möglichst groß ($l \approx 2\,d_{01}$ bzw. $l \geqq 2{,}5\,l_G$). Die Lagerstellen selbst sind so zu gestalten, daß der Einbau und insbesondere eine axiale Einstellbarkeit etwa durch Beilagen leicht möglich sind (s. auch Abb. 4.175).

6.1.3.4 Kegelräder mit Schräg- und Bogenverzahnung.

Wie in Abschn. 6.1.3.1 dargestellt, wird die Verzahnung des *Planrades* als Bezugsverzahnung benutzt. Bei geradverzahnten Kegelrädern ist der Flankenlinienverlauf beim Planrad radial gerichtet, bei Schräg- und Pfeilverzahnung (Abb. 6.77a und b) dagegen schräg, und zwar tangential an einen Kreis, der kleiner als der Innenkreis ist. Größere Verbreitung haben wegen der günstigeren Eingriffsverhältnisse, der höheren Belastbarkeit, des ruhigeren Laufes und der größeren Unempfindlichkeit gegen Verlagerungen und Deformationen bogenförmig verlaufende Flankenlinien gefunden.

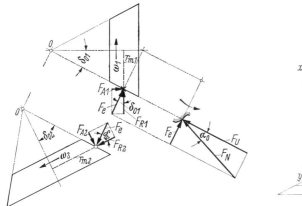

Abb. 6.75. Kräfte bei Kegelrädergetrieben

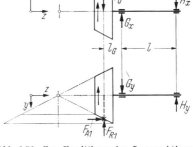

Abb. 6.76. Zur Ermittlung der Lagerreaktionen und Biegemomente

Die nach verschiedenen Verfahren hergestellten Räder werden allgemein *Spiralkegelräder* genannt. Der mittlere Spiralwinkel β_m beträgt meist 35 bis 40°, kann aber auch bis 0 heruntergehen; die Windungsrichtung der gekrümmten Zähne ist bei Ritzel und Rad gegensinnig.

Es werden im wesentlichen folgende Flankenlinienformen benutzt:
1. Kreisbogen (Gleason, Abb. 6.77c)
2. Verlängerte Evolventen (Klingelnberg, Abb. 6.77d und 6.78)
3. Verlängerte Epizykloiden (Klingelnberg, Oerlikon, Abb. 6.77e)

Die *Gleason-Bogenverzahnung* (Abb. 6.77c) ist auch nach dem Erfinder als *Böttcher-Kreisbogenverzahnung* bekannt. Ihre Herstellung erfolgt mittels eines rotierenden Messerkopfes mit trapezförmigen Schneidstählen, die im Teilschalten von Zahn zu Zahn aus dem Radkörper kreisbogenförmige Lücken ausschneiden.

Beim *Klingelnberg-Verfahren*[1] (Abb. 6.77d und 6.78), Erfindung von Schicht und Preis, Maschinen by W. Ferd. Klingelnberg Söhne, Remscheid, erzeugt ein kegelschneckenförmiger Wälzfräser (Abb. 6.79) in fortlaufendem Arbeitsgang Zähne, deren Flanken im Planrad in ihrer Längsrichtung nach *leicht abgeänderten* verlängerten Evolventen gekrümmt sind, um ein balliges Flankentragen zu erzielen (Palloidverzahnung). Die Zähne verjüngen sich nach der Kegelspitze zu nicht, wie dies bei geraden Kegelzähnen und auch bei Kreisbogenzähnen der Fall ist, sondern sie haben außen und innen nahezu konstante Normalteilung und Zahndicke und außerdem auch konstante Zahnhöhe.

Der Kegelwinkel δ_{p1} des Ritzels wird zur Erzielung besserer Laufeigenschaften gegenüber dem rechnerischen Teilkegelwinkel δ_{01} um einen kleinen Winkel, die

---
[1] Krumme, W.: Klingelnberg-Spiralkegelräder, Berechnung, Herstellung, Einbau; 3. Aufl., Berlin/Heidelberg/New York: Springer 1967.

234 6. Elemente zur Übertragung gleichförmiger Drehbewegungen

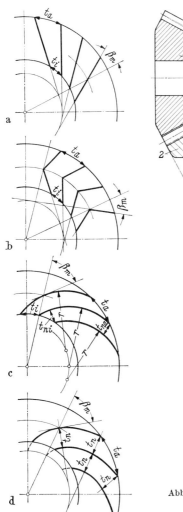

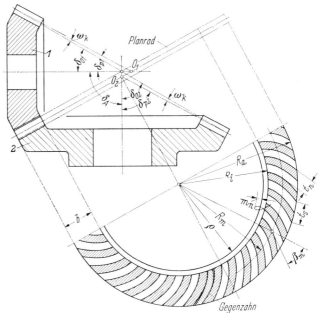

Abb. 6.78. Kegelräder mit Klingelnberg-Palloidverzahnung

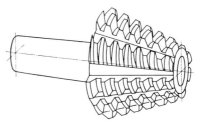

Abb. 6.79. Kegelschneckenförmiger Wälzfräser für die Herstellung von Kegelrädern mit Palloidverzahnung (Klingelnberg)

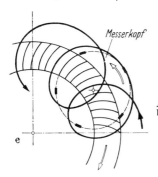

Abb. 6.77. Flankenlinienverlauf auf dem Planrad für a) Schrägverzahnung; b) Pfeilverzahnung; c) Kreisbogenzähne (Gleason); d) Spiralverzahnung von Klingelnberg (Grundlage: Evolvente); e) Eloidverzahnung von Oerlikon (Grundlage: Epizykloide)

sog. Winkelkorrektur ω_k, verkleinert und der des Rades um den gleichen Wert vergrößert. Die Spitzen dieser sog. Erzeugungskegel decken sich daher nicht. Die Größe der Winkelkorrektur, die einer veränderlichen, von außen nach innen zunehmenden Profilverschiebung entspricht, hängt vom Übersetzungsverhältnis der Räder ab und ist gleich Null bei $i = 1$.

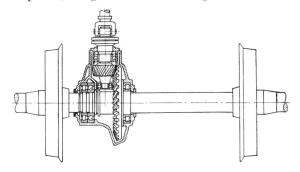

Die kleineren Zyklo-Palloid-Kegelräder von Klingelnberg[1] und die Eloid-Kegelräder von Oerlikon[2] (Abb. 6.77e) werden in einem kontinuierlichen Fräsverfahren ohne Teilungsschaltung mit Messerköpfen erzeugt und haben im Planrad nach verlängerten Epizykloiden gekrümmte Flankenlinien. Auch bei ihnen werden zum Herbeiführen balligen Flankentragens die einander berührenden Flanken mit ein wenig verschiedenen Krümmungsradien ausgeführt. Bei beiden Verzahnungen ist ebenfalls die Zahnhöhe konstant.

Die Abb. 6.80 zeigt ein Kegelrädergetriebe mit Klingelnberg-Verzahnung eines Maybach-Achstriebes für Triebwagen oder Motorlok. Bei einer Übertragungsleistung von 370 kW beträgt der Durchmesser des Kegelrades 620 mm; die beidseitige Lagerung des über eine Gelenk-

Abb. 6.80. Achstrieb für Triebwagen oder Motorlok (Maybach)

welle angetriebenen Ritzels gewährleistet guten Zahneingriff und hohe Laufruhe. Die Schmierung der Räder und der Wälzlager erfolgt durch eine Zahnradpumpe.

6.1.4 Schraubenrädergetriebe

Im Gegensatz zu den Wälzgetrieben handelt es sich bei Schraubenrädergetrieben um Getriebe mit *sich kreuzenden* Achsen. Die verwendeten Grundkörper sind keine Wälzkörper, da die Umfangsgeschwindigkeiten der Berührungspunkte an beiden Grundkörpern nach Größe und Richtung voneinander verschieden sind (vgl. Abb. 6.83d) und daher in Richtung der Flankenlinie zusätzlich eine relative Gleitgeschwindigkeit, insgesamt also eine Schraubenbewegung auftritt. Die ursprünglichen

---

[1] Siehe Fußnote S. 233.
[2] KECK, K. F.: Kennzeichnende Merkmale der Oerlikon-Spiralkegelradverzahnung. Z. Konstr. 18 (1966) 58—64.

Grundkörper für Schraubenrädergetriebe sind Drehungshyperboloide, die durch Rotation einer windschiefen Geraden um die Drehachsen entstehen. Abb. 6.81 zeigt schematisch die Paarung zweier Drehungshyperboloide, wobei die erzeugenden *Geraden* g die sich berührenden Flankenlinien darstellen. Bei praktischen Ausführungen werden die stärker hervorgehobenen Teile benutzt, die dann durch einfachere Grundkörper ersetzt werden, und zwar im mittleren Bereich durch Zylinder, wodurch Schrauben*stirn*räder entstehen, und im äußeren Bereich durch Kegel, so daß es sich dann um Schrauben*kegel*räder oder sog. Hypoidräder handelt.

Als Schraubenstirnräder werden normale schrägverzahnte Stirnräder benutzt, bei denen die Flankenlinien also Schraubenlinien sind und daher nur Punktberührung erfolgt.

Die Schraubenkegelrädergetriebe werden meist mit 90° Kreuzungswinkel und mit spiralförmigem Flankenlinienverlauf ausgeführt; als Beispiele sind in Abb. 6.82 mit Klingelnberg-Verzahnung versehene *a*chsversetzte (AVAU-) Getriebe dargestellt[1]. Als Vorteile sind zu nennen: die Möglichkeit der Durchführung der Wellen und evtl. beidseitige statt fliegender Lagerung des Ritzels, ferner geräuscharmer Lauf und gute Schmierfilmausbildung, sofern geeignete Schmieröle (Hypoidschmiermittel) verwendet werden.

6.1.4.1 Geometrische Grundlagen für Schraubenstirnrädergetriebe. Bei der Benutzung schrägverzahnter Stirnräder für Schraubenrädergetriebe werden in den meist vorliegenden Fällen, daß der Kreuzungswinkel δ größer ist als der Zahnschrägwinkel β_{02} des getriebenen Rades, jeweils zwei rechtssteigende oder zwei linkssteigende Räder gepaart, wobei die Beträge der Steigungswinkel verschieden sein können. Aus der Draufsicht in Abb. 6.83b ergibt sich, daß dann der Kreuzungswinkel δ gleich der Summe der Schrägungswinkel ist:

$$\boxed{\delta = \beta_{01} + \beta_{02}}. \tag{1}$$

In der Abb. 6.83 sind zwei *rechts*steigende Räder mit den sich ergebenden Drehrichtungen (ω_1, ω_2) dargestellt. Im Normalschnitt $C-D$ müssen beide Räder gleiche Teilung $t_n = m_n \pi$ und gleichen Eingriffswinkel α_n haben. Nach Abschn. 6.1.2.1 ergibt sich:

$$m_{s1} = m_n / \cos\beta_{01} \quad \text{und} \quad m_{s2} = m_n / \cos\beta_{02}, \tag{2}$$

$$r_{01} = \frac{m_{s1}}{2} z_1 = \frac{m_n}{2} \frac{z_1}{\cos\beta_{01}} \quad \text{und} \quad r_{02} = \frac{m_{s2}}{2} z_2 = \frac{m_n}{2} \frac{z_2}{\cos\beta_{02}} \tag{3}$$

und somit

$$\boxed{i = \frac{z_2}{z_1} = \frac{2 r_{02}}{m_{s2}} \frac{m_{s1}}{2 r_{01}} = \frac{r_{02}}{r_{01}} \frac{\cos\beta_{02}}{\cos\beta_{01}}}. \tag{4}$$

In der Tangentialebene $A-B$ zwischen den Teilzylindern liegt der Berührungs*punkt* C der Flankenlinien (Schraubenlinien, die bei Abwicklung der Teilzylinder in die Tangentialebene zu unter den Winkeln β_{01} und β_{02} gegen die Drehachsen geneigten, aneinander vorbeigleitenden Geraden = Zahnstangenflankenlinien werden). Die Abb. 6.83d zeigt die Geschwindigkeitsverhältnisse in der Tangentialebene (Draufsicht): Als Punkt der Flanke *1* hat Punkt C die Umfangsgeschwindigkeit $v_1 = r_{01} \omega_1$ (senkrecht zur Achse *I*), als Punkt der Flanke *2* hat er die Umfangsgeschwindigkeit $v_2 = r_{02} \omega_2$ (senkrecht zur Achse *II*). Die Normalkomponenten v_n

---

[1] Vgl. auch Fußnote S. 233.

6.1.4 Schraubenrädergetriebe

müssen einander gleich sein, so daß aus dem Geschwindigkeitsdreieck folgt

$$v_n = v_1 \cos\beta_{01} = v_2 \cos\beta_{02} \quad \text{oder} \quad \boxed{\frac{v_1}{v_2} = \frac{\cos\beta_{02}}{\cos\beta_{01}}}. \tag{5}$$

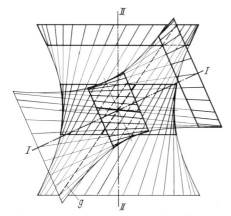

Abb. 6.81. Paarung zweier Drehungshyperboloide
g = erzeugende Gerade; $I-I$ = Drehachse des oberen (Ritzel-) Grundkörpers; $II-II$ = Drehachse des unteren (Rad-) Grundkörpers

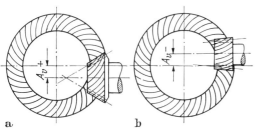

Abb. 6.82. Schraubenkegelrädergetriebe (AVAU-Spiralkegelräder, Klingelnberg)
a) Achsversetzung *in* Richtung der Spirale (positive Achsversetzung); b) Achsversetzung *gegen* die Spiralrichtung (negative Achsversetzung) (aus W. KRUMME, Klingelnberg-Spiralkegelräder)

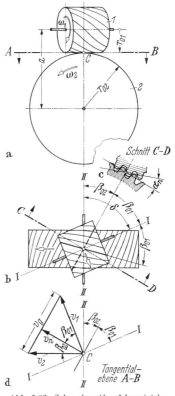

Abb. 6.83. Schraubenstirnrädergetriebe
a) Ansicht von vorn; b) Draufsicht; c) Normalschnitt; d) Geschwindigkeiten

Auch hiermit läßt sich Gl. (4) ableiten:

$$i = \frac{n_1}{n_2} = \frac{\omega_1}{\omega_2} = \frac{v_1/r_{01}}{v_2/r_{02}} = \frac{r_{02}}{r_{01}} \frac{v_1}{v_2} = \frac{r_{02}}{r_{01}} \frac{\cos\beta_{02}}{\cos\beta_{01}}.$$

Das Übersetzungsverhältnis ist also nicht nur vom Durchmesserverhältnis, sondern auch noch von den Schrägungswinkeln abhängig. Man kann z. B. beliebige Durchmesser (also auch einen beliebigen Achsenabstand $a = r_{01} + r_{02}$) wählen und die zu einem gewünschten Übersetzungsverhältnis erforderlichen Schrägungswinkel bestimmen. Für den häufigsten Sonderfall sich rechtwinklig kreuzender Achsen ($\delta = 90°$, $\beta_{02} = 90° - \beta_{01}$) wird

$$i = \frac{r_{02}}{r_{01}} \tan\beta_{01} \tag{4a}$$

und

$$a = \frac{m_n}{2}\left(\frac{z_1}{\cos\beta_{01}} + \frac{z_2}{\sin\beta_{01}}\right) \tag{6}$$

bzw.
$$\frac{2a}{z_1 m_n} = \frac{1}{\cos\beta_{01}} + \frac{i}{\sin\beta_{01}}. \tag{6a}$$

Für die Ermittlung von β_{01} bei gegebenen Werten für i, a, z_1 und m_n nach Gl. (6a) gibt Lichtwitz[1] eine graphische Näherungslösung an; für genauere Bestimmungen sind sehr gut die „Funktionstafeln für die Zahnradberechnung"[2] geeignet. Aus den Betrachtungen über den Wirkungsgrad in Abschn. 6.1.4.2 folgt, daß der Schrägungswinkel β_{01} des treibenden Rades größer sein soll als β_{02}; das Maximum von η liegt bei $\beta_{01} = (\delta + \varrho)/2$, d. h. für $\beta = 90°$ und $\varrho \approx 6°$ bei $\beta_{01} = 48°$. Da die Wirkungsgradkurven im Bereich des Maximums flach verlaufen, kann mit β_{01} bis auf 60 bis 70° gegangen werden. In Abb. 6.84 ist durch das schraffierte Feld angedeutet, in welchem Gebiet dann der Wert $\frac{2a}{z_1 m_n}$ in Abhängigkeit von i liegen muß; Werte unterhalb der unteren Grenzkurve, bestimmt durch $\tan\beta_{01} = \sqrt[3]{i}$, sind nicht möglich.

8. *Beispiel:* Gegeben: $\delta = 90°$; $i = 2$; $z_1 = 12$; $m_n = 4$ mm (s. Beispiel 9). Gesucht: a und β_{01}.

Aus Abb. 6.84 abgelesen:
$$\frac{2a}{z_1 m_n} \approx 4{,}2, \quad \text{also} \quad a = \frac{4{,}2 z_1 m_n}{2} = 2{,}1 \cdot 12 \cdot 4 = 100{,}8 \text{ mm; gewählt: } \underline{a = 100 \text{ mm}}.$$

Es muß dann sein
$$\frac{2a}{z_1 m_n} = \frac{200}{12 \cdot 4} = 4{,}1666 = \frac{1}{\cos\beta_{01}} + \frac{i}{\sin\beta_{01}}.$$

Diese Gleichung wird erfüllt durch $\beta_{01} = 50{,}0°$ (Genauwert 49,98°). Nach Gl. (3) wird
$$r_{01} = \frac{m_n z_1}{2\cos\beta_{01}} = \frac{4 \text{ mm} \cdot 12}{2\cos 50°} = 37{,}33 \text{ mm},$$
$$r_{02} = \frac{m_n z_2}{2\cos\beta_{02}} = \frac{4 \text{ mm} \cdot 24}{2\cos 40°} = 62{,}67 \text{ mm}.$$

Die *Gleitgeschwindigkeit* v_g, mit der sich die Berührungspunkte C relativ in Flankenrichtung gegeneinander bewegen, ergibt sich aus dem Geschwindigkeitsdreieck der Abb. 6.83d mit Hilfe des Sinussatzes zu

$$\boxed{v_g = \frac{v_1 \sin\delta}{\cos\beta_{02}} = \frac{v_2 \sin\delta}{\cos\beta_{01}}} \tag{7}$$

bzw. bei $\underline{\delta = 90°}$
$$v_g = \frac{v_1}{\sin\beta_{01}}. \tag{7a}$$

6.1.4.2 Kräfteverhältnisse und Wirkungsgrad. In Abb. 6.85 sind die auf das getriebene Rad *2* wirkenden Kräfte ausgezogen, die auf das treibende Rad *1* wirkenden Kräfte gestrichelt dargestellt; es bedeuten

F_N die im Normalschnitt in der Eingriffslinie wirkende Zahndruckkraft,
F_R die zur jeweiligen Drehachse hin gerichtete Radialkraft,
F_n die auf F_R senkrecht stehende Komponente von F_N,
W die in Flankenrichtung wirkenden Reibungskräfte,
R die Resultierende aus F_n und W,
F_{U1}, F_{U2} die Umfangskräfte (jeweils senkrecht zur Drehachse),
F_{A1}, F_{A2} die Axialkräfte (in Richtung der Drehachse).

---
[1] Lichtwitz, O.: Graphische Lösung eines Schraubentriebproblems. Werkst. u. Betr. 89 (1956) 267.
[2] Bearbeitet von K. Stölzle, Düsseldorf: VDI-Verlag 1963.

6.1.4 Schraubenrädergetriebe

Aus den Kräftedreiecken der Abb. 6.85 ist abzulesen:

$$F_n = R\cos\varrho; \quad F_R = F_n \tan\alpha_n = R\tan\alpha_n \cos\varrho,$$
$$F_{U1} = R\cos(\beta_{01} - \varrho); \quad F_{A1} = R\sin(\beta_{01} - \varrho);$$
$$F_{U2} = R\cos(\beta_{02} + \varrho); \quad F_{A2} = R\sin(\beta_{02} + \varrho);$$

$$\boxed{\begin{aligned}\frac{F_R}{F_{U1}} &= \frac{\tan\alpha_n \cos\varrho}{\cos(\beta_{01} - \varrho)}; & \frac{F_{A1}}{F_{U1}} &= \tan(\beta_{01} - \varrho);\\ \frac{F_{U2}}{F_{U1}} &= \frac{\cos(\beta_{02} + \varrho)}{\cos(\beta_{01} - \varrho)}; & \frac{F_{A2}}{F_{U1}} &= \frac{\sin(\beta_{02} + \varrho)}{\cos(\beta_{01} - \varrho)}.\end{aligned}}$$
(8a, b, c, d)

Bei $\underline{\delta = 90°}$ wird $F_{U2} = F_{A1} = F_{U1}\tan(\beta_{01} - \varrho)$ und $F_{A2} = F_{U1}$.

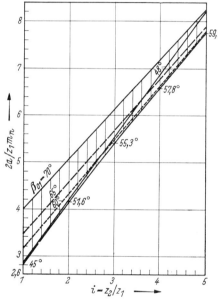

Abb. 6.84. Bereich der $\dfrac{2a}{z_1 m_n}$-Werte in Abhängigkeit vom Übersetzungsverhältnis $i = z_2/z_1$ für $\delta = 90°$

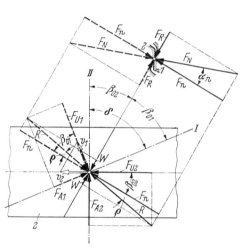

Abb. 6.85. Kräfte an Schraubenstirnrädern
1 = treibendes Rad; 2 = getriebenes Rad;
I, II = Drehachsen

Der *Wirkungsgrad* η ist das Verhältnis von Nutzleistung am getriebenen Rad, also $F_{U2} v_2$, zum Leistungsaufwand am treibenden Rad, also $F_{U1} v_1$; er ergibt sich mit Gl. (8c) und (5) und mit $\tan\varrho = \mu$ zu

$$\eta = \frac{F_{U2} v_2}{F_{U1} v_1} = \frac{\cos(\beta_{02} + \varrho)}{\cos(\beta_{01} - \varrho)}\frac{\cos\beta_{01}}{\cos\beta_{02}} = \frac{1 - \mu\tan\beta_{02}}{1 + \mu\tan\beta_{01}} \quad (9)$$

bzw. bei $\underline{\delta = 90°}$

$$\eta = \frac{\tan(\beta_{01} - \varrho)}{\tan\beta_{01}} = \frac{\tan\beta_{02}}{\tan(\beta_{02} + \varrho)}. \quad (9a)$$

Für $\varrho = 6°$ ($\mu \approx 0{,}1$) liefert Gl. (9a) folgende η-Werte:

bei β_{01} β_{02}	10° 80°	20° 70°	30° 60°	40° 50°	45° 45°	**48°** **42°**	50° 40°	60° 30°	70° 20°	80° 10°
η [%]	39,7	68,5	77,1	80,4	81,0	**81,1**	81,0	79,5	74,6	61,5

240   6. Elemente zur Übertragung gleichförmiger Drehbewegungen

Das Maximum liegt bei $\beta_{01} = 48°$ [allgemein bei $\beta_{01} = 0{,}5(\delta + \varrho)$]; bei $\beta_{01} = 30°$, $\beta_{02} = 60°$ ist η niedriger als bei $\beta_{01} = 60°$, $\beta_{02} = 30°$, d. h., es sind β_{01}-Werte $\geqq 48°$ zu bevorzugen.

6.1.4.3 Bemessungsgrundlagen. Die Berechnung von Schraubenrädern erfolgt im allgemeinen[1] mit Hilfe eines Belastungskennwertes C, der definiert ist durch den Ansatz
$$F_{U1} = C\,b\,t_n = C\,b\,m_n\,\pi. \tag{10}$$

Für b ist die wirkliche Zahnbreite einzusetzen; als Richtwert dient $b \approx 10\,m_n$. Die zulässigen C-Werte sind von der Werkstoffpaarung und von der Gleitgeschwindigkeit v_g abhängig; es kann mit folgenden Erfahrungswerten in kp/mm² gerechnet werden:

Werkstoffpaarung	Gleitgeschwindigkeit v_g [m/s]							
	1	2	3	4	5	6	8	10
gehärt. Stahl/gehärt. Stahl	0,60	0,50	0,40	0,35	0,30	0,25	0,20	0,17
gehärt. Stahl/Bronze	0,34	0,27	0,22	0,19	0,16	0,14	0,11	0,10
ungehärt. Stahl/Bronze	0,25	0,20	0,16	0,14	0,12	0,10	0,08	—
Grauguß/Grauguß od. ungehärt. Stahl	0,18	0,15	0,12	0,08	—	—	—	—

Wird in Gl. (10) $F_{U1} = \dfrac{M_{t1}}{r_{01}}$ bzw. mit Gl. (3) $F_{U1} = \dfrac{2\,M_{t1}\cos\beta_{01}}{m_n\,z_1}$ eingesetzt, so ergibt sich für den Normalmodul
$$m_n = \sqrt[3]{\frac{2\,M_{t1}\cos\beta_{01}}{\pi\,\dfrac{b}{m_n}\,C_{\text{zul}}\,z_1}}. \tag{10a}$$

Für erste Überschlagsrechnungen folgt hieraus mit $b = 10\,m_n$ und $\beta_{01} \approx 50°$
$$m_n \approx 0{,}35\sqrt[3]{\frac{M_{t1}}{C_{\text{zul}}\,z_1}}. \tag{10b}$$

Kleinste Zähnezahl $z_1 \geqq 12$; C_{zul} (bzw. v_g) zunächst annehmen und dann v_g nachrechnen.

9. Beispiel: Gegeben: $P_1 = 3{,}5$ kW $= 357$ kpm/s; $n_1 = 400$ U/min ($\omega_1 = 41{,}9$/s); $n_2 = 200$ U/min, also $i = 2$, $\delta = 90°$. Gewählt: $z_1 = 12$; Werkstoffe: gehärteter Stahl/gehärteter Stahl. Angenommen: $C_{\text{zul}} = 0{,}50$ kp/mm² (entsprechend $v_g = 2$ m/s):
$$M_{t1} = \frac{P_1}{\omega_1} = \frac{357\text{ kpm/s}}{41{,}9/\text{s}} = 8{,}53 \text{ kpm} = 8{,}53 \cdot 10^3 \text{ kpmm},$$
$$m_n \approx 0{,}35\sqrt[3]{\frac{M_{t1}}{C_{\text{zul}}\,z_1}} = 0{,}35\sqrt[3]{\frac{8{,}35\cdot 10^3 \text{ kpmm}}{0{,}50\text{ kp/mm}^2 \cdot 12}} = 3{,}93 \text{ mm}; \text{ gewählt } \underline{m_n = 4 \text{ mm}}.$$

Nach Beispiel 8 wird dann $a = 100$ mm, $\beta_{01} = 50{,}0°$, $r_{01} = 37{,}33$ mm und somit $v_1 = r_{01}\,\omega_1 = 0{,}0373$ m $\cdot\,41{,}9$/s $= 1{,}56$ m/s und nach Gl. (7a)
$$v_g = \frac{v_1}{\cos\beta_{02}} = \frac{1{,}56 \text{ m/s}}{\cos 40°} = 2{,}04 \text{ m/s};$$

also war C_{zul} richtig angenommen. Die Zahnbreite wird $b = 10\,m_n = 40$ mm. Für $\varrho = 6°$ wird $\eta = 81{,}0\%$; nach Gl. (8) ergibt sich mit $\alpha_n = 20°$ für die Kräfte:
$$F_{U1} = \frac{M_{t1}}{r_{01}} = \frac{8{,}53 \cdot 10^3 \text{ kpmm}}{37{,}3 \text{ mm}} = 229 \text{ kp}; \quad F_R = 115 \text{ kp};$$
$$F_{U2} = F_{A1} = F_{U1}\tan(\beta_{01} - \varrho) = 221 \text{ kp}; \quad F_{A2} = F_{U1} = 229 \text{ kp}.$$

---
[1] Berechnung auf Flankenpressung s. NIEMANN, G.: Maschinenelemente, Bd. 2, Berlin/Heidelberg/New York: Springer 1965.

6.1.5 Schneckengetriebe

Die Nachteile der Schraubenstirnrädergetriebe, nämlich Punktberührung der Flanken und daher Eignung für nur geringe Leistungen und niedrige Übersetzungsverhältnisse, werden von den Schneckengetrieben vermieden, die einen Sonderfall von Schraubenrädergetrieben darstellen. *Ein* Rad, die Schnecke, wird mit sehr geringen Zähnezahlen ($z_1 = 1 \cdots 4$) ausgeführt, und das Gegenrad, das Schneckenrad, wird im Wälzfräsverfahren mit einem Wälzfräser (evtl. auch Schlagmesser oder Schlagzahnfräser) hergestellt, der in seiner Form (mit Ausnahme der Kopfhöhe zur Erzeugung des Kopfspiels) *genau der Schnecke* entspricht. Je nach der Flankenform der Schnecke und der Gestalt der Radkörper ergeben sich während des Ein-

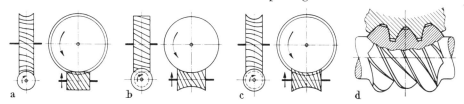

Abb. 6.86. Bauarten von Schneckengetrieben
a) Zylinderschneckengetriebe; b) Globoidschnecke und Schrägstirnrad; c und d) Globoidschneckengetriebe
(d Bauart Bostock-Renk)

griffs über die Zahnflanken wandernde, verschieden verlaufende Berührungs*linien*, wodurch die Flankentragfähigkeit erhöht, die Schmierdruckbildung begünstigt und die Reibungsverluste verringert werden.

Der Kreuzungswinkel der Achsen beträgt in der Regel 90°. Übersetzungsverhältnisse sind ins Langsame bis über 100, ins Schnelle bis etwa 15, jeweils in einer Stufe möglich. Vorteilhaft hinsichtlich Wirkungsgrad und Raumbedarf ist auch die Hintereinanderschaltung von Schneckengetrieben oder die Kombination mit einer vor- oder nachgeschalteten Stirnradstufe. Überhaupt zeichnen sich Schneckengetriebe allgemein durch große Leistungen je Raumeinheit und durch stoßfreien und geräuscharmen Lauf aus. Hochleistungsschneckengetriebe, die Wirkungsgrade bis etwa 96% erreichen, erfordern allerdings hohe Herstellungsgenauigkeit, Oberflächengüte, geeignete Werkstoffpaarungen (gehärtete und geschliffene Stahlschnecken und hochwertige Phosphor- oder Al-Mehrstoffbronze für die Radkränze der Schneckenräder), starre Lagerung und genaueste Montage, beste Schmierung (evtl. mit Hypoidölen) und ausreichende Wärmeabfuhr durch Umlauf-Ölschmierung, durch günstige Gehäuseformen mit Kühlrippen oder durch zusätzliche Luftkühlung.

Nach der Paarung verschieden gestalteter Radkörper (zylindrisch oder globoidförmig) unterscheidet man die in Abb. 6.86a, b und c/d dargestellten prinzipiellen Bauarten.

Am häufigsten wird das *Zylinderschneckengetriebe* verwendet (Abb. 6.86a), das aus einer zylindrischen, einfach herzustellenden Schnecke und einem globoidförmigen Rad besteht. Diese Kombination hat den Vorteil, daß nur das Schneckenrad in axialer Richtung genau eingestellt werden muß, während geringe axiale Verschiebungen der Schnecke zulässig sind. In den folgenden Abschnitten werden nur Zylinderschneckengetriebe behandelt.

Bei der Bauart nach Abb. 6.86b ist die Schnecke als *Globoid* ausgebildet, und für das *Schneckenrad* wird ein normales *schrägverzahntes Stirnrad* benutzt. In diesem Fall wird die *Schnecke* mit einem dem Schneckenrad entsprechenden Werkzeug, also mit einem mit Schneidkanten versehenen Schrägstirnrad hergestellt. Beim Einbau muß die Schnecke in axialer Richtung genau eingestellt werden. Diese Bauart findet bisher wenig Anwendung.

Bei dem *Globoid-Schneckengetriebe* nach Abb. 6.86c sind Schnecke *und* Schneckenrad globoidförmig ausgebildet. Es ergeben sich dadurch gute Schmiegungsverhältnisse und hohe Tragfähigkeit, sofern für ausreichende Kühlung gesorgt wird. Es müssen für Schnecke *und* Schneckenrad genaue axiale Einstellmöglichkeiten vorgesehen werden. Für die Herstellung sind Spezialwerkzeuge und -maschinen erforderlich, da die Schnecke veränderliche Steigungswinkel aufweist; in Abb. 6.86d ist eine Ausführung der Zahnräderfabrik Renk AG, Augsburg, dargestellt.

6.1.5.1 Flankenformen der Zylinderschnecken. Je nach dem Herstellverfahren entstehen an den Zylinderschnecken verschiedene Flankenformen, von denen die in DIN 3975 genormten in Abb. 6.87 zusammengestellt sind.

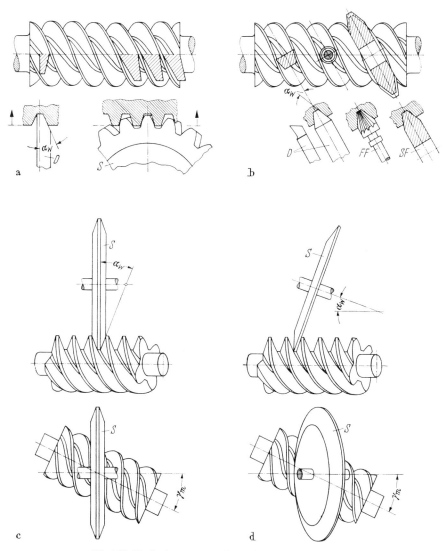

Abb. 6.87. Flankenformen der Zylinderschnecken nach DIN 3975
a) Flankenform A (ZA-Schnecke); D Drehmeißel; S Schneidrad; b) Flankenform N (ZN-Schnecke); D Drehmeißel; FF Fingerfräser; SF Scheibenfräser; c) Flankenform K (ZK-Schnecke); S Schleifscheibe; d) Flankenform E (ZE-Schnecke); S Schleifscheibe

6.1.5 Schneckengetriebe

Die *Flankenform A* (Abb. 6.87a) wird mit trapezförmigem Drehmeißel, dessen Schneiden im Achsschnitt liegen, hergestellt. Im Stirnschnitt ist die Flankenform eine *a*rchimedische Spirale. Angenähert erhält man die Flankenform A auch durch Wälzschneiden mit im Achsschnitt arbeitenden evolventischen Schneidrädern.

Die *Flankenform N* (Abb. 6.87b) ergibt sich, wenn ein trapezförmiger Drehmeißel in Achshöhe um den Mittensteigungswinkel geschwenkt, also im *N*ormalschnitt angestellt wird. Die Flankenform N kann angenähert auch mit Fingerfräser oder verhältnismäßig kleinem Scheibenfräser hergestellt werden.

Für die *Flankenform K* (Abb. 6.87c) wird ein *k*egelförmiges Werkzeug (Fräser oder Schleifscheibe mit im Meridianschnitt trapezförmigem Querschnitt) verwendet, wobei die Kegelachse

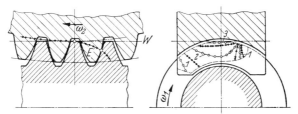

Abb. 6.88. Flankenform H, Hohlflankenschnecke (nach NIEMANN); *E* Eingriffslinie im Achsschnitt; *W* Wälzgerade; *1, 2, 3* ... Berührungslinien

um den mittleren Steigungswinkel γ_m geschwenkt ist und die Achsabstandslinie von Schnecken- und Kegelachse mit der Zahnlückenmitte der Schnecke zusammenfällt. Im Achsschnitt entstehen leichtgewölbte Zahnflanken.

Die *Flankenform E* entspricht der *E*volventen-Schrägverzahnung mit großem Schrägungswinkel ($\beta_{01} = 90° - \gamma_m$), d. h., im Stirnschnitt sind die Zahnflanken Evolventen. Die Herstellung erfolgt durch Wälzfräsen oder Wälzschleifen, z. B. (Abb. 6.87d) mit einer ebenen Schleifscheibe, deren Achse zur Schneckenachse um den Mittensteigungswinkel γ_m geschwenkt und zur Schneckenachse um den Erzeugungswinkel α_w geneigt ist.

Die in Abb. 6.88 dargestellte *Flankenform H*, die *H*ohlflankenschnecke (nach NIEMANN), wird durch eine (wie bei Flankenform K angestellte) Schleifscheibe mit balligem Kreisprofil hergestellt. Es ergeben sich sehr günstige Berührungsverhältnisse, geringe Flankenpressungen, niedriger Verschleiß und somit hohe Lebensdauer und sehr gute Wirkungsgrade. Der in der Abbildung angedeutete Verlauf der Berührungslinien erzeugt höheren dynamischen Schmierdruck (Flüssigkeitsreibung) und verringert die Verlustleistung. Hohlflankenschneckengetriebe werden als Cavex-Getriebe von der Firma A. Friedr. Flender & Co., Bocholt, geliefert[1].

6.1.5.2 Bestimmungsgrößen und geometrische Grundlagen. Die Bestimmungsgrößen und Fehler an Zylinderschneckengetrieben sind in DIN 3975 übersichtlich zusammengestellt. Abb. 6.89 zeigt im Vergleich mit Abb. 6.83 deutlich die Verwandtschaft der Schneckengetriebe mit den Schraubenrädergetrieben; es gelten im wesentlichen die gleichen Gesetzmäßigkeiten. Einige Unterschiede seien besonders hervorgehoben.

Der *Normmodul m* (in DIN 780 nach der *Reihe R 10* gestuft) gilt für Schnecken im Achsschnitt und für Schneckenräder im Mittelstirnschnitt; die Achsteilung der Schnecke beträgt also

$$\boxed{t_a = m\pi}. \tag{1}$$

---

[1] Näheres s. NIEMANN, G., u. E. HEYER: Untersuchungen an Schneckengetrieben. VDI-Z. 95 (1953) 147–157; NIEMANN, G.: Grenzleistungen für gekühlte Schneckentriebe. VDI-Z. 97 (1955) 308; ferner NIEMANN, G.: Maschinenelemente, Bd. 2, Berlin/Heidelberg/New York: Springer 1965, und Druckschriften des Herstellers (insbesondere Cavex-Getriebe und Cavex-Radsätze nach dem Baukastenprinzip).

Aus dem Achsschnitt der Schnecke erkennt man ferner, daß die *Steigungshöhe H* gleich Zähnezahl z_1 mal Achsteilung t_a ist (in der Abbildung ist $z_1 = 4$):

$$\boxed{H = z_1 t_a}. \tag{2}$$

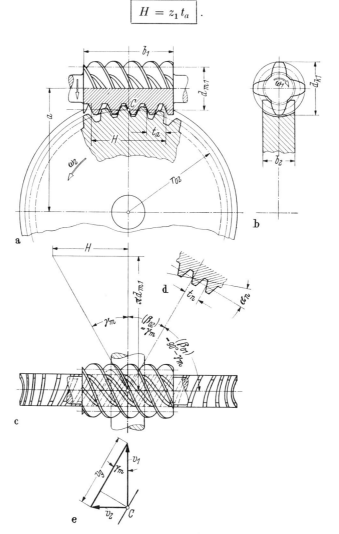

Abb. 6.89. Bezeichnungen und Bestimmungsgrößen am Zylinderschneckengetriebe
a) Achsschnitt der Schnecke; b) Seitenansicht der Schnecke; c) Draufsicht; d) Normalschnitt; e) Geschwindigkeiten

Bei Drehung der rechtssteigenden Schnecke im angedeuteten Drehsinn wandert das Achsschnittprofil der Schnecke (wie eine Zahnstange) nach links, so daß sich das Schneckenrad in der Ansicht von vorn linksherum dreht. Der Durchmesser d_{m1}, der *Mittenkreisdurchmesser* genannt und der der Nenndurchmesser der Schnecke ist, spielt dabei für die Übersetzung keine Rolle, wohl aber für den mittleren *Steigungswinkel* γ_m. (Bei Schneckengetrieben wird nicht mit Zahnschrägwinkeln gerechnet; aus Abb. 6.89c geht jedoch klar hervor, daß $\gamma_m = 90° - \beta_{01} = \beta_{02}$ ist.) Aus dem eingezeichneten Steigungsdreieck ergibt sich wie bei einer Schraube

$$\tan\gamma_m = \frac{H}{\pi\, d_{m1}} \quad (3)$$

oder mit Gln. (1) und (2)

$$\tan\gamma_m = \frac{z_1\, m\, \pi}{\pi\, d_{m1}} = \frac{z_1}{d_{m1}/m} \quad (4)$$

Der Wert d_{m1}/m wird auch *Formzahl* (z_F) genannt, da er die Gestalt der Schnecke kennzeichnet. Kleine Formzahlen liefern hohe γ_m-Werte, aber dünne, nicht sehr biegesteife Schnecken; bei großen Formzahlen wird γ_m kleiner und die Schnecke kräftiger. Übliche Werte liegen bei 7 bis *10* bis 17, letzterer Wert, wenn Selbsthemmung erwünscht (bisweilen bei Hebezeugen). In DIN 3976 wurden zwecks Verringerung der Werkzeuge zu den Normmoduln d_{m1}-Werte aus der Reihe R 40 ausgewählt.

Die *Umfangsgeschwindigkeiten* sind $v_1 = r_{m1}\,\omega_1$ und $v_2 = r_{02}\,\omega_2$, wobei $r_{02} = \frac{m}{2} z_2$ der Halbmesser des Schneckenrad-Teilkreises ist. Aus dem Geschwindigkeitsdreieck Abb. 6.89e folgt

$$\frac{v_2}{v_1} = \tan\gamma_m \quad (5)$$

und für die *Gleitgeschwindigkeit*

$$v_g = \frac{v_1}{\cos\gamma_m} \quad (6)$$

Das *Übersetzungsverhältnis* ist

$$i = \frac{n_1}{n_2} = \frac{\omega_1}{\omega_2} = \frac{z_2}{z_1} \quad (7)$$

Die Radzähnezahl z_2 soll $\geqq 30$ sein.

Der *Achsenabstand* ergibt sich zu

$$a = r_{m1} + r_{02} = \frac{m}{2}\left(\frac{d_{m1}}{m} + z_2\right) \quad (8)$$

Wird für den Achsenabstand eine glatte Zahl (Normzahl) gewünscht, so wird am *Schneckenrad* Profilverschiebung angewendet. Nach Abb. 6.90 ist die Profilverschiebung $x\,m$ gleich der Differenz $r_{m2} - r_{02}$, wobei r_{m2} Mittenkreishalbmesser genannt wird. Bei Profilverschiebung wird also der Achsenabstand

$$a = r_{m1} + r_{02} + x\,m \quad (9)$$

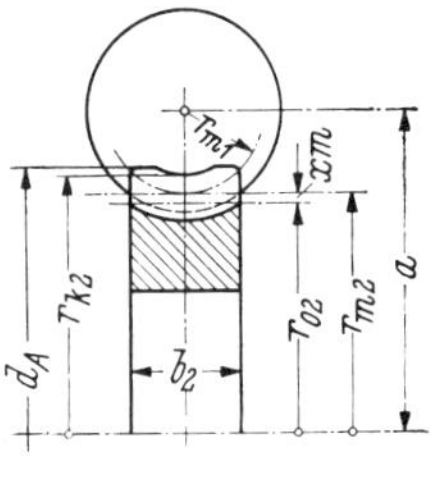

In DIN 3976 sind Vorschläge für die Zuordnung von Achsenabständen (nach der Reihe R 10 zwischen 50 und 500 mm) und Übersetzungen (von $i \approx 7{,}5$ bis $i \approx 106$) gemacht. Einen Auszug für die Grundübersetzungen $i \approx 10$, $i \approx 20$, $i \approx 40$ und $i \approx 80$ enthält Tab. 6.9.

Abb. 6.90. Achsenabstand bei Profilverschiebung

Tabelle 6.9. *Empfohlene Zuordnung von Achsenabständen und Übersetzungen in Schneckengetrieben nach DIN 3976 (April 1963); Auszug: Grundübersetzungen $i \approx 10$, $i \approx 20$, $i \approx 40$ und $i \approx 80$ mit d_{m1}-Werten aus der Vorzugsreihe in mm*

			Achsenabstand a [mm]									
			50	63	80	100	125	160	200	250	315	400	500
für $i \approx 10$ $i \approx 20$ $i \approx 40$	m d_{m1} d_{m1}/m z_2 x		2 22,4 11,20 38 +0,4	2,5 26,5 10,60 39 +0,4	3,15 33,5 10,64 40 +0,08	4 40 10,00 40 0,0	5 50 10,00 40 0,0	6,3 63 10,00 40 +0,4	8 80 10,00 40 0,0	10 95 9,50 40 +0,25	12,5 112 8,96 41 +0,22	16 140 8,75 41 +0,125	20 170 8,50 41 +0,25
$i \approx 10$ $z_1 = 4$	γ_m [°]		19,65	20,67	20,61	21,80	21,80	21,80	21,80	22,83	24,06	24,57	25,20
$i \approx 20$ $z_1 = 2$	γ_m [°]		10,13	10,69	10,65	11,31	11,31	11,31	11,31	11,89	12,58	12,88	13,24
$i \approx 40$ $z_1 = 1$	γ_m [°]		5,10	5,39	5,37	5,71	5,71	5,71	5,71	6,01	6,37	6,52	6,71
für $i \approx 80$	m d_{m1} d_{m1}/m z_2 x		1 17 17,00 83 0,0	1,25 22,4 17,92 82 +0,44	1,6 28 17,50 82 +0,25	2 35,5 17,75 82 +0,125	2,5 42,5 17,00 83 0,0	3,15 53 16,83 84 +0,38	4 67 16,75 83 +0,125	5 85 17,00 83 0,0	6,3 112 17,78 82 +0,111	8 140 17,50 82 +0,25	10 170 17,00 83 0,0
$z_1 = 1$	γ_m [°]		3,37	3,19	3,27	3,22	3,37	3,40	3,42	3,37	3,22	3,27	3,37

Die *Schneckenlänge* b_1 kann zu etwa $4t_a$ bis $5t_a$ angenommen werden. In DIN 3975 wird als Mindestwert $b_1 = \sqrt{d_{k2}^2 - d_{02}^2}$ angegeben.

Die *Schneckenradbreite* b_2 soll nach DIN 3975 etwa $0{,}8d_{m1}$ sein; man kann auch mit $b_2 = \sqrt{d_{k1}^2 - d_{m1}^2}$ rechnen. Der Außendurchmesser d_A des Schneckenradkörpers (Abb. 6.90) ist konstruktiv bedingt; als Richtwert kann gelten $d_A \approx d_{k2} + m$.

Die übrigen Abmessungen werden wie bei Zahnrädern gewählt: Zahnkopfhöhe $h_k = m$, Zahnfußhöhe $h_f = m + S_k$ mit $S_k = 0{,}2m$; Erzeugungswinkel $\alpha_w = 20°$ (Abb. 6.87).

6.1.5.3 Kräfteverhältnisse und Wirkungsgrad. Im Prinzip liegen die gleichen Verhältnisse vor wie bei den Schraubenrädergetrieben für $\delta = 90°$. Die Abb. 6.91a

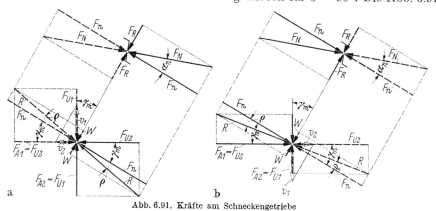

Abb. 6.91. Kräfte am Schneckengetriebe
a) bei treibender Schnecke; b) bei treibendem Schneckenrad

6.1.5 Schneckengetriebe

entspricht der Abb. 6.85 und gilt für *treibende Schnecke*, also Übersetzung vom Schnellen ins Langsame. Die Kräfte, die auf das Schneckenrad wirken, sind wieder ausgezogen, die auf die Schnecke wirkenden Kräfte gestrichelt dargestellt. Die Axialkraft F_{A1} an der Schnecke ist gleich der Umfangskraft am Schneckenrad F_{U2} und ebenso ist die Axialkraft am Schneckenrad F_{A2} gleich der Umfangskraft an der Schnecke F_{U1}. Aus den Kräftedreiecken folgt

$$F_R = F_{U1} \frac{\tan\alpha_n \cos\varrho}{\sin(\gamma_m + \varrho)} \quad \text{oder} \quad F_R = F_{U2} \frac{\tan\alpha_n \cos\varrho}{\cos(\gamma_m + \varrho)} \tag{10}$$

und

$$\frac{F_{U1}}{F_{U2}} = \tan(\gamma_m + \varrho), \tag{11}$$

wobei $F_{U1} = \dfrac{M_{t1}}{r_{m1}}$ und $M_{t1} = \dfrac{P_1}{\omega_1}$, $\left\{\begin{array}{l}\text{wenn man von der Schneckenwelle ausgeht,}\\\text{also etwa Motorleistung und -drehzahl gegeben sind,}\end{array}\right.$

bzw. $F_{U2} = \dfrac{M_{t2}}{r_{02}}$ und $M_{t2} = \dfrac{P_2}{\omega_2}$, $\left\{\begin{array}{l}\text{wenn man von der Schnecken}\textit{rad}\text{welle ausgeht, also etwa Last an Trommel und Hubgeschwindigkeit gegeben sind.}\end{array}\right.$

P_1 ist der Leistungsaufwand, P_2 die Nutzleistung; mit $P_2/P_1 = \eta$ und $\omega_1/\omega_2 = i$ wird $M_{t2} = \eta\, i\, M_{t1}$.

Der Wirkungsgrad η ergibt sich mit Gl. (11) und (5) zu

$$\eta = \frac{F_{U2} v_2}{F_{U1} v_1} = \frac{\tan\gamma_m}{\tan(\gamma_m + \varrho)}. \tag{12}$$

Diese Beziehung stimmt genau mit Gl. (2) des Abschn. 2.7.8.2 der Bewegungsschrauben (Schraubgetriebe) und auch mit Gl. (9a) des Abschn. 6.1.4.2 der Schraubenrädergetriebe (mit $\beta_{02} = \gamma_m$) überein.

Bei *treibendem Schneckenrad*, also Übersetzung vom Langsamen ins Schnelle und umgekehrtem Leistungsfluß, wirken die Reibungskräfte W jeweils entgegengesetzt, und man erhält die in Abb. 6.91b dargestellten Kräfteverhältnisse (für $\gamma_m > \varrho$). Es sind jetzt die auf die Schnecke wirkenden Kräfte ausgezogen und die auf das Schneckenrad wirkenden Kräfte gestrichelt gezeichnet. Für die Kräfte gelten also die gleichen Beziehungen (10) und (11) nur mit $(\gamma_m - \varrho)$ an Stelle von $(\gamma_m + \varrho)$.

Für die Wirkungsgradbestimmung stellt jetzt $F_{U1} v_1$ die Nutzleistung und $F_{U2} v_2$ den Leistungsaufwand dar; es wird also

$$\eta_U = \frac{F_{U1} v_1}{F_{U2} v_2} = \frac{\tan(\gamma_m - \varrho)}{\tan\gamma_m}. \tag{13}$$

Hieraus folgt die Bedingung für Selbsthemmung: $\gamma_m \leqq \varrho$.

Gl. (13) stimmt mit Gl. (3) des Abschn. 2.7.8.2 überein.

Die Wirkungsgradkurven η und η_U als Funktion von γ_m entsprechen in ihrem Verlauf der Abb. 2.160; bei günstiger Werkstoffpaarung, bester Bearbeitung und

Schmierung und zunehmenden Gleitgeschwindigkeiten kann jedoch mit wesentlich niedrigeren ϱ-Werten gerechnet werden, so daß sich höhere η-Werte ergeben:

Schnecke	Schneckenrad	Schmierung	Richtwerte für ϱ	Wirkungsgrade bei $\gamma_m =$			
				5°	10°	20°	30°
St vergütet	Bronze	Öl-schmierung	$\varrho \approx 4°$ ($\mu \approx 0{,}07$)	0,55	0,71	0,82	0,86
St gehärtet und geschliffen	Bronze	gute Öl-schmierung	$\varrho \approx 3°$ ($\mu \approx 0{,}05$)	0,62	0,76	0,86	0,89
St gehärtet, geschliffen und poliert	Bronze	beste Öl-schmierung	$\varrho \approx 1°$ ($\mu \approx 0{,}02$)	0,83	0,91	0,95	0,96

6.1.5.4 Empfehlungen für die Bemessung. Für die Belastbarkeit von Schneckengetrieben sind maßgebend:

1. die Flankenpressung (Gefahr der Grübchenbildung),
2. der Verschleiß und die Erwärmung (Freßgefahr),
3. die Zahnfußfestigkeit beim Schneckenrad (Zahnbruchgefahr),
4. die Durchbiegung der Schneckenwelle (unzulässige Deformation).

Bei den Punkten 1 und 2 spielen die Werkstoffpaarungen, die Schmiegungsverhältnisse, der Berührungslinienverlauf, die Gleitgeschwindigkeit, die Schmierung und die Kühlung eine wesentliche Rolle, bei Punkt 3 der Werkstoff des Zahnkranzes des Schneckenrades und bei Punkt 4 die Formzahl d_{m1}/m (s. Abschn. 6.1.5.3 und 6.1.5.5). Die in der Spezialliteratur[1] angeführten Bemessungsgleichungen sind auf *Versuchswerten* aufgebaut und berücksichtigen die verschiedenen Einflußgrößen durch viele Beiwerte, die ihrerseits wieder oft recht verwickelte Funktionen sind. Zur praktischen Auswertung wird daher vielfach von Diagrammen oder Tabellen Gebrauch gemacht, in denen Grenzleistungen in Abhängigkeit vom Achsenabstand a, der Übersetzung i und der Schneckendrehzahl n_1 angegeben sind. Ihr Gültigkeitsbereich ist durch Hinweise auf die besonderen Einflußgrößen (z. B. mit und ohne Gebläse, Dauerbetrieb oder unterbrochener Betrieb, unten oder oben liegende Schnecke usw.) gekennzeichnet. Auch Firmenkataloge enthalten für Typengrößen Leistungs- und Drehmomentenwerte. Der Zusammenhang zwischen Erfahrungsformeln und theoretischen Grundlagen ist von J. Zeman[2] behandelt worden.

Für die *überschlägliche Bemessung* normaler Schneckengetriebe ohne Gebläse kann ein vereinfachter Rechenansatz benutzt werden, der ursprünglich von der Zahnfußfestigkeit des Schnecken*rades* ausgeht, dabei aber Flankenpressung und Verschleiß durch einen von der Gleitgeschwindigkeit v_g abhängigen Belastungskennwert berücksichtigt:

$$\boxed{F_{U2} = C_2 \, b_2 \, t_a} \,. \tag{14}$$

Bei der Werkstoffpaarung Schnecke aus Stahl, gehärtet und geschliffen/Schneckenradkranz aus Bronze und bei guter Ölschmierung (Tauchschmierung) kann heute

---

[1] Niemann, G.: Maschinenelemente, Bd. 2, Berlin/Heidelberg/New York: Springer 1965. — Dudley, D. W., u. H. Winter: Zahnräder, Berlin/Göttingen/Heidelberg: Springer 1961. — Klingelnberg Technisches Hilfsbuch, 15. Aufl., Berlin/Heidelberg/New York: Springer 1967. — Thomas, A. K.: Die Tragfähigkeit der Zahnräder, München: Hanser 1957.
[2] Zeman, J.: Ähnlichkeitsbetrachtungen bei Schneckentrieben. Z. Konstr. 16 (1964) 48—55.

6.1.5 Schneckengetriebe

wohl mit folgenden C_{2zul}-Werten gerechnet werden:

Gleitgeschw. v_g [m/s]	1	2	3	4	5	6	8	10	15	20
C_{2zul} [kp/mm²]	0,80	0,80	0,70	0,60	0,52	0,48	0,40	0,35	0,24	0,22

Mit $F_{U2} = \dfrac{M_{t2}}{d_{02}/2}$, $d_{02} = m\, z_2$, $b_2 = 0{,}8 d_{m1}$ und $t_a = m\,\pi$ ergibt sich für den Modul

$$m \approx \sqrt[3]{\dfrac{0{,}8\, M_{t2}}{\dfrac{d_{m1}}{m} C_{2zul}\, z_2}}. \tag{14a}$$

Für $d_{m1}/m \approx 10$ wird

$$m \approx 0{,}43 \sqrt[3]{\dfrac{M_{t2}}{C_{2zul}\, z_2}}. \tag{14b}$$

Man muß also von dem Drehmoment M_{t2} an der Schneckenradwelle ausgehen, d. h. bei gegebener Antriebsleistung zunächst den Wirkungsgrad und die Gleitgeschwindigkeit annehmen und die Werte dann nachprüfen.

10. Beispiel: Gegeben: $P_1 = 10$ kW $= 13{,}6$ PS $= 1020$ kpm/s; $n_1 = 1000$ U/min ($\omega_1 = 104{,}5$/s); $i = 20$, also $n_2 = 50$ U/min ($\omega_2 = 5{,}23$/s). Angenommen in Anlehnung an Tab. 6.9 $z_1 = 2$, $z_2 = 40$. Geschätzt: $v_g \approx 4$ m/s, also $C_{2zul} \approx 0{,}60$ kp/mm², $\eta \approx 0{,}78$.

Es wird also $P_2 = \eta\, P_1 = 0{,}78 \cdot 1020$ kpm/s $= 795$ kpm/s,

$$M_{t2} = \frac{P_2}{\omega_2} = \frac{795\text{ kpm/s}}{5{,}23\text{/s}} = 152 \text{ kpm} = 152 \cdot 10^3 \text{ kpmm}$$

und nach Gl. (14b)

$$m \approx 0{,}43 \sqrt[3]{\frac{M_{t2}}{C_{2zul}\, z_2}} = 0{,}43 \sqrt[3]{\frac{152 \cdot 10^3 \text{ kpmm}}{0{,}60\,\dfrac{\text{kp}}{\text{mm}^2} \cdot 40}} = 7{,}95 \text{ mm};$$

gewählt: $\underline{m = 8 \text{ mm}}$,

also $d_{m1} = 10\,m = 80$ mm; $d_{02} = m\, z_2 = 8$ mm $\cdot\, 40 = 320$ mm;

$a = 0{,}5(d_{m1} + d_{02}) = 200$ mm; $x = 0$; $\tan\gamma_m = 0{,}2$; $\gamma_m = 11{,}31°$.

Mit $\varrho \approx 3°$ wird nach Gl. (12)

$$\eta = \frac{\tan\gamma_m}{\tan(\gamma_m + \varrho)} = \frac{\tan 11{,}31°}{\tan 14{,}31°} = \frac{0{,}2}{0{,}255} = 0{,}784;$$

ferner wird $v_1 = r_{m1}\, \omega_1 = 0{,}040$ m $\cdot\, 104{,}5$/s $= 4{,}18$ m/s und nach Gl. (6)

$$v_g = \frac{v_1}{\cos\gamma_m} = \frac{4{,}18 \text{ m/s}}{\cos 11{,}31°} = 4{,}27 \text{ m/s}.$$

Kräfte: Aus

$$M_{t1} = \frac{P_1}{\omega_1} = \frac{1020 \text{ kpm/s}}{104{,}5\text{/s}} = 9{,}75 \cdot 10^3 \text{ kpmm}$$

folgt

$$\underline{F_{U1}} = M_{t1}/r_{m1} = 9750 \text{ kpmm}/40 \text{ mm} = \underline{244 \text{ kp}},$$

aus Gl. (11)

$$\underline{F_{U2}} = F_{U1}/\tan(\gamma_m + \varrho) = 244 \text{ kp}/0{,}255 = \underline{960 \text{ kp}}$$

und aus Gl. (10)

$$\underline{F_R} = F_{U1} \tan\alpha_n \cos\varrho/\sin(\gamma_m + \varrho) = 244 \text{ kp} \cdot 0{,}364 \cdot 1/0{,}247 = \underline{358 \text{ kp}}.$$

Maße:

$d_{k1} = d_{m1} + 2m = 96$ mm; $d_{f1} = d_{m1} - 2{,}4m = 60{,}8$ mm; $b_1 = \sqrt{d_{k2}^2 - d_{02}^2} = 106$ mm.

$d_{k2} = d_{02} + 2m = 336$ mm; $d_{f2} = d_{02} - 2{,}4m = 300{,}8$ mm; $b_2 = 0{,}8 d_{m1} = 64$ mm,

$d_A \approx d_{k2} + m = 344$ mm.

6.1.5.5 Lagerkräfte und Beanspruchungen der Schneckenwelle. Nach der Ermittlung der an der Schnecke und am Schneckenrad angreifenden Kräfte F_R, F_{U1} und F_{U2} und nach Bestimmung der Hauptabmessungen durch Überschlagsrechnung und Aufzeichnen (Lagerabstände l_1 und l_2) können aus den Gleichgewichtsbedingungen die Lagerreaktionen berechnet werden. Richtwerte für die Lagerabstände:

l_1 nicht zu groß wegen Durchbiegung der Schnecke: $\quad l_1 \approx 1{,}4a \cdots 1{,}5a$,

l_2 nicht zu klein wegen des Kippmomentes $F_{U1} r_{02}$: $\quad l_2 \approx 0{,}9a \cdots 1{,}1a$.

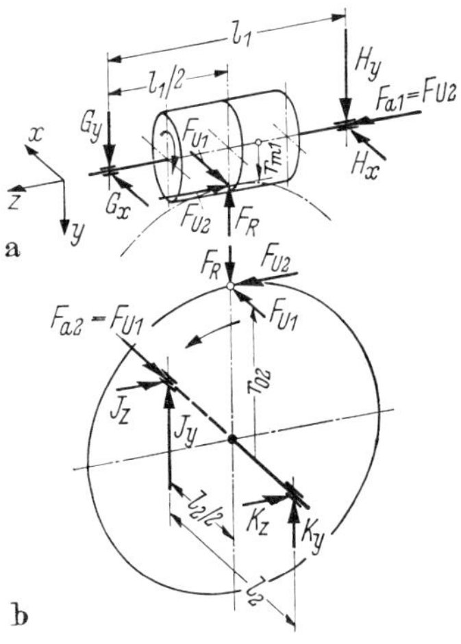

In Abb. 6.92 gelten die eingezeichneten Kräfte für eine rechtssteigende Schnecke und den angegebenen Drehsinn. Bei gleichen Lagerabständen ergibt sich

für die Schneckenwelle

$$H_x = \tfrac{1}{2} F_{U1}; \qquad H_y = \tfrac{1}{2} F_R + \tfrac{r_{m1}}{l_1} F_{U2};$$

$$H_r = H_{\text{res}} = \sqrt{H_x^2 + H_y^2},$$

$$G_x = \tfrac{1}{2} F_{U1}; \qquad G_y = \tfrac{1}{2} F_R - \tfrac{r_{m1}}{l_1} F_{U2};$$

$$G_r = G_{\text{res}} = \sqrt{G_x^2 + G_y^2};$$

Abb. 6.92. Lagerreaktionen a) an Schneckenwelle; b) an Schneckenradwelle

$F_{a1} = F_{U2}$ muß von einem der Lager oder einem besonderen Längslager aufgenommen werden;

für die Schneckenradwelle

$$J_z = \tfrac{1}{2} F_{U2}; \qquad J_y = \tfrac{1}{2} F_R + \tfrac{r_{02}}{l_2} F_{U1}; \qquad J_r = J_{\text{res}} = \sqrt{J_z^2 + J_y^2},$$

$$K_z = \tfrac{1}{2} F_{U2}; \qquad K_y = \tfrac{1}{2} F_R - \tfrac{r_{02}}{l_2} F_{U1}; \qquad K_r = K_{\text{res}} = \sqrt{K_z^2 + K_y^2};$$

$F_{a2} = F_{U1}$ muß von einem der Lager oder einem besonderen Längslager aufgenommen werden.

Bei Umkehrung der Drehrichtung ändern F_{U1} und F_{U2} ihre Richtungen, während F_R die gleiche Richtung, jeweils zur Drehachse hin, beibehält.

Die *Schneckenwelle* muß auf Tragfähigkeit und auf Formsteifigkeit nachgerechnet werden. Die höchsten *Beanspruchungen* treten in der Mitte auf, und zwar

1. die Biegespannung $\sigma_b = M_{b\,\text{res}}/W_b$

$$\text{mit} \quad M_{b\,\text{res}} = \sqrt{M_{bx}^2 + M_{by}^2} \quad \text{und} \quad W_b = \pi d_{f1}^3/32,$$

wobei

$$M_{bx} = H_y \tfrac{l_1}{2} = \tfrac{l_1}{4} F_R + \tfrac{r_{m1}}{2} F_{U2} \qquad \qquad M_{by} = H_x \tfrac{l_1}{2} = \tfrac{l_1}{4} F_{U1}$$

aus dem Biegemomentenverlauf in der y-z-Ebene

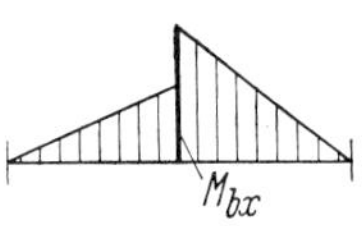

aus dem Biegemomentenverlauf in der x-z-Ebene

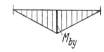

6.1.5 Schneckengetriebe

2. die Zug- oder Druckspannung $\sigma_{z(d)} = F_{U2}/A$

$$\text{mit} \quad A = \pi d_{f1}^2/4,$$

3. die Torsionsspannung $\tau_t = M_{t1}/W_t$

$$\text{mit} \quad M_{t1} = F_{U1} r_{m1} \quad \text{und} \quad W_t = \pi d_{f1}^3/16.$$

Die Vergleichsspannung wird also nach Abschn. 4.2.1

$$\sigma_v = \sqrt{(\sigma_b + \sigma_{z(d)})^2 + 3(\alpha_0 \tau_t)^2} \approx \sqrt{(\sigma_b + \sigma_{z(d)})^2 + 2\tau_t^2}.$$

Die *Durchbiegung in der Mitte* ergibt sich zu $f = \sqrt{f_x^2 + f_y^2}$ mit

$$f_x = \frac{F_{U1} l_1^3}{48 E I_b} \quad \text{und} \quad f_y = \frac{F_R l_1^3}{48 E I_b}, \quad \text{also zu} \quad \underline{f = \frac{\sqrt{F_{U1}^2 + F_R^2} \, l_1^3}{48 E I_b}}$$

mit $I_b = \pi d^4/64$, wobei für d der über die Länge gemittelte Durchmesser einzusetzen ist.

Richtwert für die zulässige Durchbiegung: $f_{\text{zul}} \approx d_{m1}/1000$.

11. Beispiel: Für das letzte Beispiel (Nr. 10) sind die Lagerkräfte, die Vergleichsspannung in der Mitte der Schnecke und die Durchbiegung der Schneckenwelle zu berechnen.

Mit $l_1 \approx 1{,}5a = 1{,}5 \cdot 200$ mm $= 300$ mm, $l_2 \approx 1{,}0a = 200$ mm, $r_{m1} = 40$ mm, $r_{02} = 160$ mm, $F_R = 358$ kp, $F_{U1} = 244$ kp und $F_{U2} = 960$ kp wird

$$H_x = 122 \text{ kp}; \quad H_y = 179 + 128 = 307 \text{ kp}; \quad H_r = \sqrt{H_x^2 + H_y^2} = 330 \text{ kp},$$

$$G_x = 122 \text{ kp}; \quad G_y = 179 - 128 = 51 \text{ kp}; \quad G_r = \sqrt{G_x^2 + G_y^2} = 132 \text{ kp},$$

$$J_z = 480 \text{ kp}; \quad J_y = 179 + 195 = 374 \text{ kp}; \quad J_r = \sqrt{J_z^2 + J_y^2} = 610 \text{ kp},$$

$$K_z = 480 \text{ kp}; \quad K_y = 179 - 195 = -16 \text{ kp}; \quad K_r = \sqrt{K_z^2 + K_y^2} = 480 \text{ kp}.$$

Spannungen:

$$\left. \begin{array}{l} M_{bx} = H_y\, l_1/2 = 307 \text{ kp} \cdot 150 \text{ mm} = 46{,}1 \cdot 10^3 \text{ kpmm} \\ M_{by} = H_x\, l_1/2 = 122 \text{ kp} \cdot 150 \text{ mm} = 18{,}3 \cdot 10^3 \text{ kpmm} \end{array} \right\} M_{b\text{res}} = \sqrt{M_{bx}^2 + M_{by}^2} = 49{,}6 \cdot 10^3 \text{ kpmm},$$

$$W_b = \pi d_{f1}^3/32 = \pi \cdot 60{,}8^3 \text{ mm}^3/32 = 22{,}1 \cdot 10^3 \text{ mm}^3, \quad \sigma_b = M_{b\text{res}}/W_b = 2{,}25 \text{ kp/mm}^2,$$

$$A = \pi d_{f1}^2/4 = \pi \cdot 60{,}8^2 \text{ mm}^2/4 = 2900 \text{ mm}^2, \quad \sigma_{z(d)} = F_{U2}/A = 0{,}33 \text{ kp/mm}^2,$$

$$\left. \begin{array}{l} M_{t1} = F_{U1} r_{m1} = 244 \text{ kp} \cdot 40 \text{ mm} = 9{,}76 \cdot 10^3 \text{ kpmm} \\ W = \pi d_{f1}^3/16 = 44{,}2 \cdot 10^3 \text{ mm}^3 \end{array} \right\} \tau_t = M_{t1}/W_t = 0{,}22 \text{ kp/mm}^2,$$

$$\sigma_v = \sqrt{(\sigma_b + \sigma_{z(d)})^2 + 2\tau_t^2} = 2{,}6 \text{ kp/mm}^2.$$

Durchbiegung:

gemittelter Wellendurchmesser $d \approx 58$ mm; $I_b = \pi d^4/64 = 55{,}5 \cdot 10^4$ mm^4,

$$\sqrt{F_{U1}^2 + F_R^2} = \sqrt{244^2 + 358^2} \text{ kp} = 434 \text{ kp}; \quad E = 2{,}1 \cdot 10^4 \text{ kp/mm}^2,$$

$$\underline{f = \frac{\sqrt{F_{U1}^2 + F_R^2}\, l_1^3}{48 E I_b} = \frac{434 \text{ kp} \cdot 27 \cdot 10^6 \text{ mm}^3}{48 \cdot 2{,}1 \cdot 10^4 \frac{\text{kp}}{\text{mm}^2} \cdot 55{,}5 \cdot 10^4 \text{ mm}^4} = 0{,}021 \text{ mm},}$$

$$f_{\text{zul}} = d_{m1}/1000 = 80 \text{ mm}/1000 = 0{,}08 \text{ mm}.$$

6.1.5.6 Konstruktive Einzelheiten. Schnecke und Schneckenwelle werden fast immer aus einem Stück (Einsatz- oder Vergütungsstahl) hergestellt. Beim Schneckenrad wird dagegen meistens ein Radkranz aus Bronze auf einen Radkörper aus billigerem Werkstoff, bei geringeren Durchmessern aus Stahl, sonst aus Grauguß oder Stahlguß, aufgezogen; die Verbindung erfolgt durch Preßsitz (Abb. 6.93) mit zusätzlichen Gewindestiften bzw. Kerbstiften auf der Teilfuge oder durch Zentrierflansch (Abb. 6.94) mit Paßschrauben bzw. mit Durchsteckschrauben und Paßstiften.

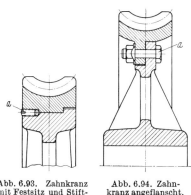

Abb. 6.93. Zahnkranz mit Festsitz und Stiftschrauben a

Abb. 6.94. Zahnkranz angeflanscht, a Paßschrauben

Die Form der Gehäuse ist durch die Lage der Schnecke (oben, unten oder seitlich) und die Lage des Schneckenrades (waagerechte oder senkrechte Drehachse) und durch die Art der Lager bestimmt. Wenn irgend möglich, vermeidet man zu viele Teilfugen, indem z. B. für die Schneckenwelle im ungeteilten Gehäuse durchgehende Bohrungen vorgesehen und evtl. besondere Lagerbuchsen eingezogen werden. Beispiele für die Lagerung der Schneckenwelle zeigen die Abb. 6.95, 6.96 und 6.97. Der Einbau des Schneckenrades ist am bequemsten, wenn das Gehäuse in der Ebene der Schneckenradachse geteilt ist (Abb. 6.97). Es werden aber auch, besonders bei kleineren Getrieben des Serienbaues, die Gehäuse so ausgeführt, daß das Schneckenrad von einer Seite her eingeführt werden kann, wobei dann der Abschluß durch einen seitlichen Deckel erfolgt. Die Lagerung der Schneckenräder muß eine axiale Einstellbarkeit, etwa

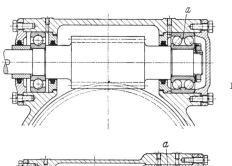

Abb. 6.95
Lagerung einer Schneckenwelle mit zweireihigem Schrägkugellager a als Festlager (FAG)

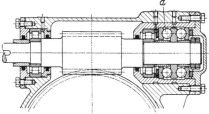

Abb. 6.96
Lagerung einer Schneckenwelle mit Axiallager a für die Aufnahme der Längskraft
$F_{A1} = F_{U2}$ (FAG)

durch Gewindebuchsen oder durch Paßscheiben zwischen Lager und Lagerdeckel, ermöglichen; die richtige Einstellung wird bei der Montage nach dem Tragbild beurteilt.

Die Gehäuse erhalten Kühlrippen oder, wenn auf die Schneckenwelle ein Gebläserad aufgesetzt wird, besondere Kühlluftkanäle (Abb. 6.97).

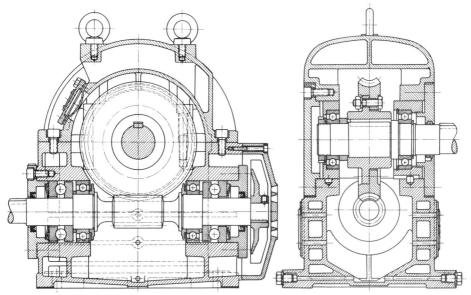

Abb. 6.97. Cavex-Schneckengetriebe (A. Friedr. Flender & Co., Bocholt)

6.1.6 Umlaufgetriebe

Die *Umlaufgetriebe* unterscheiden sich von den bisher behandelten „Standgetrieben" dadurch, daß sie außer Rädern, die auf im festen Gehäuse oder Gestell gelagerten Wellen sitzen, noch Räder aufweisen, deren Eigenachsen sich um eine Zentralachse drehen. Die letzteren, die *Umlauf*- oder *Planeten*räder, sind im Planetenträger oder Steg gelagert, der seinerseits wieder im Gestell (Gehäuse) drehbar angeordnet ist. Die Räder, deren Achsen mit der Zentralachse zusammenfallen, heißen *Sonnenräder*; sie können Außen- oder Innenverzahnung aufweisen; es können Stirnräder oder Kegelräder sein.

Umlaufgetriebe finden immer häufiger Anwendung, da sie nur geringen Raum beanspruchen, günstige symmetrische Bauformen aufweisen, vielfache Übersetzungsverhältnisse ermöglichen, dabei meist gute Wirkungsgrade haben und vor allem für Übertragung verschiedener Antriebsdrehzahlen auf *eine* Abtriebswelle oder für Leistungsverzweigung von einer Antriebswelle auf mehrere Abtriebswellen (oder auch nur innerhalb des Getriebes auf mehrere Planetenräder) geeignet sind (Summierungs- oder Differentialgetriebe).

6.1.6.1 Drehzahlen und Übersetzungsverhältnisse von Stirnräder-Umlaufgetrieben. Das einfachste Umlaufgetriebe (Abb. 6.98) besteht aus einem außenverzahnten Sonnenrad *1* mit dem Wälzkreisradius r_1, dem Planetenrad *2* mit dem Wälzkreisradius r_2 und dem Steg *S* mit dem Achsenabstand $r_s = r_1 + r_2$. Es können nun gleichzeitig die Welle *1* mit der Drehzahl n_1 und der Steg *S* mit der Drehzahl n_s gedreht werden, dann ergibt sich für das Planetenrad *2* eine absolute, d. h. gegenüber dem Gestell gemessene, Drehzahl n_2[1]. Den Zusammenhang dieser *drei* Dreh-

---

[1] Dieser einfachste Getriebetyp findet praktisch Anwendung beim Antrieb von Drehkranen, wobei dann das Sonnenrad *1* feststeht ($n_1 = 0$) und das Planetenrad *2* von einem Motor angetrieben wird, der auf dem Steg, dem sich drehenden Kranteil, steht. Die Motordrehzahl ist dann gleich der Relativdrehzahl des Planetenrades gegenüber dem Steg, also gleich $n_2 - n_s$. Umlaufgetriebe dieses einfachen Typs können auch zur Herstellung von Unrundprofilen verwendet werden, ferner auch für Spindeln von Textilmaschinen und für Rührwerke.

zahlen kann man *anschaulich* nach der Überlagerungsmethode, *einfacher* jedoch mit Hilfe des Geschwindigkeitsplans ermitteln. An Stelle der Drehzahlen n kann man mit den entsprechenden Winkelgeschwindigkeiten $\omega = 2\pi n$ oder aber auch während einer beliebigen konstanten Zeitspanne t unmittelbar mit den Drehwinkeln $\varphi = \omega t$ rechnen.

Gehen wir von der vertikalen Ausgangsstellung des Steges aus, verriegeln zunächst Steg und Planetenrad (und somit auch Sonnenrad) und verdrehen den Steg um den Winkel φ_s (Abb. 6.98/I), dann verdrehen sich auch Planetenrad und Sonnen-

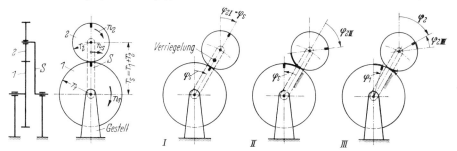

Abb. 6.98. Einfachstes Umlaufgetriebe mit außenverzahntem Sonnenrad *1*, Planetenrad *2* und Steg *S*
I. Steg und Planetenrad verriegelt und um φ_s gedreht; II. Steg festgehalten, Rad *1* um φ_s zurückgedreht; III. Steg festgehalten, Rad *1* um φ_1 vorwärtsgedreht

rad je um den Winkel φ_s. Es ist also $\varphi_{2I} = \varphi_s$. Lösen wir jetzt die Verriegelung, halten den Steg fest (Abb. 6.98/II) und drehen Rad *1* um den Winkel φ_s zurück, dann dreht sich Rad *2* noch weiter rechtsherum um den Winkel φ_{2II}, der sich aus der Gleichheit der Wälzbögen $\varphi_{2II} r_2 = \varphi_s r_1$ errechnet zu $\varphi_{2II} = \dfrac{r_1}{r_2} \varphi_s$. Verdrehen wir nun (Abb. 6.98/III) das Rad *1* um den Winkel φ_1 (rechtsherum = positiv), so dreht sich Rad *2* linksherum (also zurück, negativ) um den Winkel $\varphi_{2III} = \dfrac{r_1}{r_2} \varphi_1$, so daß sich also endgültig für Rad *2* der Drehwinkel

$$\varphi_2 = \varphi_{2I} + \varphi_{2II} - \varphi_{2III} = \varphi_s + \frac{r_1}{r_2} \varphi_s - \frac{r_1}{r_2} \varphi_1$$

ergibt, wenn der Steg um φ_s *und* Rad *1* um φ_1 jeweils rechtsherum gedreht werden. Dividieren wir alle φ-Werte durch t, so erhalten wir jeweils ω, und dividieren wir ω durch 2π, so erhalten wir die Drehzahlen, und es gilt demnach auch

$$n_2 = n_s + \frac{r_1}{r_2} n_s - \frac{r_1}{r_2} n_1.$$

Hierfür können wir auch schreiben

$$n_1 - \left(-\frac{r_2}{r_1}\right) n_2 = \left[1 - \left(-\frac{r_2}{r_1}\right)\right] n_s$$

oder

$$\boxed{n_1 - i_{1/2}\, n_2 = (1 - i_{1/2})\, n_s}, \tag{1}$$

wobei

$$\boxed{i_{1/2} = -\frac{r_2}{r_1}}$$

das Übersetzungsverhältnis des „Standgetriebes", d. h. bei festgehaltenem Steg ($n_s = 0$), bedeutet. Das Minuszeichen muß eingeführt werden, um klar anzugeben, daß sich bei zwei außenverzahnten Rädern Rad *2* andersherum dreht als Rad *1*.

6.1.6 Umlaufgetriebe

Bei einem innenverzahnten Sonnenrad (Abb. 6.99) drehen sich bei festgehaltenem Steg Sonnenrad und Planetenrad im gleichen Sinn, hier ist also $i_{1/2} = + r_2/r_1$.

Zur Aufzeichnung des *Geschwindigkeitsplans* wird in der Ausgangsstellung (vertikal) nach Abb. 6.100 über dem jeweiligen Radius, z. B. r_1, die Umfangsgeschwindigkeit $r_1 \omega_1$[1] aufgetragen, so daß der Tangens des Winkels α_1, den der Strahl *1* mit der Vertikalen bildet, ein Maß für die Winkelgeschwindigkeit (Drehzahl) darstellt:

$$\tan \alpha_1 = \frac{r_1 \omega_1}{r_1} = \omega_1.$$

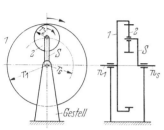
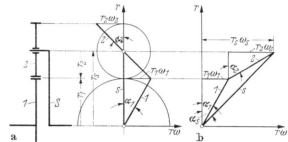

Abb. 6.99. Einfachstes Umlaufgetriebe mit *innen*verzahntem Sonnenrad *1*, Planetenrad *2* und Steg *S*

Abb. 6.100. Geschwindigkeitspläne für Umlaufgetriebe nach Abb. 6.98
a) Geschwindigkeitsplan bei festgehaltenem Steg ($n_s = 0$; $\alpha_s = 0$);
b) Geschwindigkeitsplan für rechtsdrehendes Rad *1 und* rechtsdrehenden Steg *S*

Liegt α rechts der Vertikalen, dann dreht sich das Rad rechtsherum, ist der Strahl entgegengesetzt geneigt (α negativ), dann dreht sich das Rad linksherum (willkürliche, aber übliche Vereinbarung über die Zuordnung von Drehsinn und Vorzeichen). Wird ein Rad oder der Steg festgehalten ($n = 0$), so liegt der betreffende Strahl in der Vertikalen ($\alpha = 0$). Bei dem Standgetriebe der Abb. 6.100a liest man für Rad *2* ab

$$\tan \alpha_2 = \omega_2 = - \frac{r_1 \omega_1}{r_2},$$

$$i_{1/2} = \frac{\omega_1}{\omega_2} = \frac{n_1}{n_2} = - \frac{r_2}{r_1}.$$

Drehen sich Rad *1* mit ω_1 und der Steg *S* mit ω_s (beide rechtsherum), dann ergibt sich der Geschwindigkeitsplan der Abb. 6.100b, und es wird in diesem allgemeinen Fall

$$r_2 \omega_2 = r_s \omega_s - r_1 \omega_1,$$

$$r_2 \omega_2 = (r_1 + r_2) \omega_s - r_1 \omega_1,$$

$$\omega_1 + \frac{r_2}{r_1} \omega_2 = \left(1 + \frac{r_2}{r_1}\right) \omega_s$$

oder mit $r_2/r_1 = -i_{1/2}$

$$\omega_1 - i_{1/2} \omega_2 = (1 - i_{1/2}) \omega_s$$

bzw.

$$\boxed{n_1 - i_{1/2} n_2 = (1 - i_{1/2}) n_s}. \tag{1}$$

Diese Grundgleichung gilt für alle Umlaufgetriebe, auch solche mit zweistufigem Planetenrad, wie sie in Tab. 6.10 dargestellt sind, und zwar jeweils zwischen drei

---

[1] Bisweilen wird auch $r_1 n_1$, das sich nur durch den konstanten Faktor $30/\pi$ unterscheidet, aufgetragen, falls n in Umdrehungen pro Minute eingesetzt wird.

beliebigen Drehzahlen[1], also z. B.

$$n_1 - i_{1/2}\, n_2 = (1 - i_{1/2})\, n_s \quad \text{oder} \quad n_2 - i_{2/1}\, n_1 = (1 - i_{2/1})\, n_s, \tag{1}$$

$$n_2 - i_{2/3}\, n_3 = (1 - i_{2/3})\, n_s \quad \text{oder} \quad n_3 - i_{3/2}\, n_2 = (1 - i_{3/2})\, n_s, \tag{2}$$

$$\boxed{n_1 - i_{1/3}\, n_3 = (1 - i_{1/3})\, n_s} \quad \text{oder} \quad n_3 - i_{3/1}\, n_1 = (1 - i_{3/1})\, n_s, \tag{3}$$

wobei für i immer die Übersetzungsverhältnisse bei $n_s = 0$, also bei stillstehendem Steg (Standgetriebe) mit den richtigen Vorzeichen einzusetzen sind. Für die wichtigste, die dritte Gleichung, gilt dabei

$$\boxed{i_{1/3} = i_{1/2}\, i_{2/3}} \quad \text{und} \quad i_{3/1} = \frac{1}{i_{1/3}}.$$

Für die häufigsten Sonder*fälle* verschiedener möglicher *Betriebsarten* folgt

	für das Standgetriebe, also bei $n_s = 0$ (Grundübersetzung)	bei festgehaltenem Sonnenrad *3*, also bei $n_3 = 0$	bei festgehaltenem Sonnenrad *1*, also bei $n_1 = 0$
aus Gl. (1)	$\dfrac{n_1}{n_2} = i_{1/2}$		$\dfrac{n_2}{n_s} = -\dfrac{1 - i_{1/2}}{i_{1/2}} = 1 - i_{2/1}$
aus Gl. (2)	$\dfrac{n_2}{n_3} = i_{2/3}$	$\dfrac{n_2}{n_s} = 1 - i_{2/3}$	
aus Gl. (3)	$\dfrac{n_1}{n_3} = i_{1/3}$	$\dfrac{n_1}{n_s} = 1 - i_{1/3}$	$\dfrac{n_3}{n_s} = -\dfrac{1 - i_{1/3}}{i_{1/3}} = 1 - i_{3/1}$

Für die einzelnen *Typen* sollen die Bezeichnungen nach Tab. 6.10 eingeführt werden; es bedeuten dabei die *Zahlen* 1 = einstufiges und 2 = zweistufiges Planetenrad und die *Buchstaben* A = außenverzahntes und I = innenverzahntes Sonnenrad. Für jeden Typ sind Schemaskizze, die Grundübersetzungen und die Drehzahlgleichungen angegeben.

In der Tab. 6.10 können, da immer Wälzkreisradien*verhältnisse* auftreten und da immer $r = (m/2)\, z$ ist, an Stelle der Wälzkreisradien die entsprechenden Zähnezahlen eingesetzt werden, wobei bei zweistufigen Planetenrädern auch verschiedene Moduln, z. B. m für Rad *1* und *2* und m' für Rad *2'* und *3*, gewählt werden können. Zum Aufzeichnen der Geschwindigkeitspläne muß jedoch *immer* von den Wälzkreis*radien* ausgegangen werden, da es durchaus möglich ist, daß ein Planetenrad mit *einer* bestimmten Zähnezahl ($z_2 = z_{2'}$) zwei verschiedene Betriebswälzkreise r_2 und $r_{2'}$ haben kann (Nullgetriebe und V-Null- oder V-Getriebe). Es handelt sich dann eben um ein „zweistufiges" Planetenrad. Obwohl die Drehzahlgleichungen

---

[1] Für die Drehzahlgleichungen gibt es auch noch eine einfachere Ableitung bzw. Deutung, wenn man sie folgendermaßen umformt:

$$n_1 - i_{1/2}\, n_2 = (1 - i_{1/2})\, n_s,$$
$$n_1 - i_{1/2}\, n_2 = n_s - i_{1/2}\, n_s,$$
$$n_1 - n_s = i_{1/2}(n_2 - n_s),$$
$$\frac{n_1 - n_s}{n_2 - n_s} = i_{1/2}; \quad \frac{n_2 - n_s}{n_3 - n_s} = i_{2/3}; \quad \frac{n_1 - n_s}{n_3 - n_s} = i_{1/3}.$$

Auf der linken Seite steht jetzt jeweils das Verhältnis der *relativen* Drehzahlen gegenüber dem Steg, das sind also *die* Drehzahlen, die ein auf dem Steg stehender Beobachter wahrnimmt. Von diesem Standpunkt aus sind die Drehzahlverhältnisse natürlich gleich den Übersetzungsverhältnissen.

Tabelle 6.10. *Die wichtigsten Typen von Stirnrad-Umlaufgetrieben*

Bezeichnungen und Schema	Grundübersetzungen (bei $n_s = 0$)	Drehzahlgleichungen
Typ 2AA $T_S = T_1 + T_2 = T_3 + T_{2'}$	$i_{1/2} = -\dfrac{r_2}{r_1}$	$\boxed{n_1 - \dfrac{r_2}{r_1}\dfrac{r_3}{r_{2'}}n_3 = \left(1 - \dfrac{r_2}{r_1}\dfrac{r_3}{r_{2'}}\right)n_s}$
	$i_{2/3} = -\dfrac{r_3}{r_{2'}}$	$n_1 + \dfrac{r_2}{r_1}n_2 = \left(1 + \dfrac{r_2}{r_1}\right)n_s$
	$i_{1/3} = \dfrac{r_2}{r_1}\dfrac{r_3}{r_{2'}}$	$n_2 + \dfrac{r_3}{r_{2'}}n_3 = \left(1 + \dfrac{r_3}{r_{2'}}\right)n_s$
Typ 1A $T_S = T_1 + T_2$	$i_{1/2} = -\dfrac{r_2}{r_1}$	$n_1 + \dfrac{r_2}{r_1}n_2 = \left(1 + \dfrac{r_2}{r_1}\right)n_s$
Typ 2II $T_S = T_1 - T_2 = T_3 - T_{2'}$	$i_{1/2} = \dfrac{r_2}{r_1}$	$\boxed{n_1 - \dfrac{r_2}{r_1}\dfrac{r_3}{r_{2'}}n_3 = \left(1 - \dfrac{r_2}{r_1}\dfrac{r_3}{r_{2'}}\right)n_s}$
	$i_{2/3} = \dfrac{r_3}{r_{2'}}$	$n_1 - \dfrac{r_2}{r_1}n_2 = \left(1 - \dfrac{r_2}{r_1}\right)n_s$
	$i_{1/3} = \dfrac{r_2}{r_1}\dfrac{r_3}{r_{2'}}$	$n_2 - \dfrac{r_3}{r_{2'}}n_3 = \left(1 - \dfrac{r_3}{r_{2'}}\right)n_s$
Typ 1I $T_S = T_1 - T_2$	$i_{1/2} = \dfrac{r_2}{r_1}$	$n_1 - \dfrac{r_2}{r_1}n_2 = \left(1 - \dfrac{r_2}{r_1}\right)n_s$
Typ 2AI $T_S = T_1 + T_2 = T_3 - T_{2'}$	$i_{1/2} = -\dfrac{r_2}{r_1}$	$n_1 + \dfrac{r_2}{r_1}\dfrac{r_3}{r_{2'}}n_3 = \left(1 + \dfrac{r_2}{r_1}\dfrac{r_3}{r_{2'}}\right)n_s$
	$i_{2/3} = \dfrac{r_3}{r_{2'}}$	$n_1 + \dfrac{r_2}{r_1}n_2 = \left(1 + \dfrac{r_2}{r_1}\right)n_s$
	$i_{1/3} = -\dfrac{r_2}{r_1}\dfrac{r_3}{r_{2'}}$	$n_2 - \dfrac{r_3}{r_{2'}}n_3 = \left(1 - \dfrac{r_3}{r_{2'}}\right)n_s$
Typ 1AI $T_S = T_1 + T_2 = T_3 - T_2 = \dfrac{T_1 + T_3}{2}$ $T_2 = \dfrac{T_3 - T_1}{2}$	$i_{1/2} = -\dfrac{r_2}{r_1}$	$\boxed{n_1 + \dfrac{r_3}{r_1}n_3 = \left(1 + \dfrac{r_3}{r_1}\right)n_s}$
	$i_{2/3} = \dfrac{r_3}{r_2}$	$n_1 + \dfrac{r_2}{r_1}n_2 = \left(1 + \dfrac{r_2}{r_1}\right)n_s$
	$i_{1/3} = -\dfrac{r_3}{r_1}$	$n_2 - \dfrac{r_3}{r_2}n_3 = \left(1 - \dfrac{r_3}{r_{2'}}\right)n_s$

für die Berechnungen vollkommen ausreichen, ist es doch sehr zu empfehlen, die Geschwindigkeitspläne, wenn auch nicht maßstäblich, so wenigstens im Prinzip für den jeweiligen Betriebs*fall* zu entwerfen, da man sofort mit einem Blick an den Neigungen der Strahlen die Drehrichtungen und auch ungefähr die Beträge der Drehzahlen erkennt[1].

Der in Tab. 6.10 zuletzt genannte *Typ 1 A I* kommt in der Praxis am häufigsten vor, besonders auch in Kombinationen und Hintereinanderschaltungen und mit verschiedensten konstruktiven Abwandlungen, indem z. B. das innenverzahnte Sonnenrad *3* außen als Bremstrommel (Abb. 6.105 bis 6.107) ausgeführt oder zur Einleitung einer zusätzlichen Drehbewegung mit einer Außenverzahnung versehen oder als Schneckenrad (Abb. 6.102 bis 6.104) oder als Riemenscheibe ausgebildet wird. Aber auch die anderen Typen finden sowohl einzeln als auch in Kombinationen immer mehr Anwendung, wobei ebenfalls von der Möglichkeit der Abbremsung oder Kupplung verschiedener Wellen Gebrauch gemacht wird, um Schalt- oder Wendegetriebe zu erhalten.

Häufig werden bei Umlaufgetrieben *mehrere* Planetenräder verwendet, da hierbei die Leistungsübertragung je Planetenrad nur einen entsprechenden Bruchteil der Gesamtleistung ausmacht und der Raumbedarf des Getriebes sich beachtlich verringert[2]. Auch heben sich bei einer *gleichmäßigen* Verteilung auf dem Umfang des Kreises vom Halbmesser r_s, die man schon aus Fertigungsgründen bevorzugen wird, die Kräfte auf die Zentrallagerung des Steges und der Sonnenräder auf, und ferner erübrigt sich das bei nur *einem* Planetenrad erforderliche Gegengewicht zum Ausgleich der Fliehkräfte. Allerdings muß durch genaue Werkstattausführung oder besondere konstruktive Maßnahmen[3] dafür gesorgt werden, daß alle Planetenräder auch wirklich gleichmäßig tragen; man erreicht dies z. B. durch bei der Montage nachstellbare Planetenräder oder durch Anordnung federnder Zwischenglieder oder — beim Stoeckicht-Getriebe — durch elastische Ausbildung von ringförmigen in Zahnkupplungen kardanisch aufgehängten äußeren Sonnenrädern und Führung der inneren Sonnenräder nur in den Verzahnungen der Planetenräder (vgl. Abb. 6.106).

Für den Typ 1 A I ergeben sich bei mehreren *symmetrisch* angeordneten Planetenrädern bezüglich der Zähnezahlen folgende Bedingungen: Die Summe der Zähnezahlen $z_1 + z_3$ muß eine gerade Zahl und muß durch die Anzahl der Planetenräder teilbar sein[4].

Die folgenden einfachen Beispiele dienen zur Anwendung der gefundenen Beziehungen, wobei zur anschaulichen Darstellung von Schemaskizzen und den Geschwindigkeitsplänen Gebrauch gemacht wird.

1. Beispiel: Umlaufrädergetriebe vom Typ 1 A I für das Hubwerk eines Kranes von 10 Mp Tragkraft mit loser Rolle für zwei verschiedene Hubgeschwindigkeiten, a) Hauptgeschwindigkeit $v_L = 15$ m/min und b) Feingeschwindigkeit $v_L = 0{,}75$ m/min nach dem Schema der Abb. 6.102.

---

[1] Oft ist es auch vorteilhaft, den „Drehzahlplan" aufzuzeichnen; dazu werden die Geschwindigkeitsstrahlen parallel so verschoben, daß sie alle durch einen beliebig gewählten Punkt Q hindurchgehen (Abb. 6.101). Auf einer Waagerechten im Abstand H werden dann die Drehzahlen ausgeschnitten, rechts die positiven, links die negativen. Die Maßstäbe des Geschwindigkeitsplanes sind zu berücksichtigen!

[2] BARWIG, H.: Stoeckicht-Getriebe. Z. Konstr. 6 (1954) 377—384.

[3] JARCHOW, F.: Stirnräder-Planetengetriebe mit selbsttätigem Belastungsausgleich. VDI-Z. 104 (1962) 509—512. — ZINK, H.: Lastdruckausgleich, Laufruhe und Konstruktion moderner Planetengetriebe. Z. Konstr. 16 (1964) 41—47, 82—86.

[4] Über unsymmetrische Anordnung vgl. MEIER, B.: Anordnung mehrerer Umlaufräder bei Planetengetrieben. Z. Konstr. 13 (1961) 67—69. — HILL, F.: Einbaubedingungen bei Planetengetrieben. Z. Konstr. 19 (1967) 393/94.

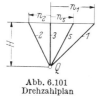

Abb. 6.101
Drehzahlplan

6.1.6 Umlaufgetriebe

Gegeben: Trommeldurchmesser $d_T = 350$ mm; Zähnezahlen des Trommelvorgeleges $z_T = 144$, $z_s = 25$ (mit Steg fest verbunden).

a) Drehzahl des Haupthubmotors $n_1 = 965$ U/min; dabei $n_3 = 0$ (selbsthemmend),
b) Drehzahl des Feingangmotors $n_{Sch} = 960$ U/min; dabei $n_1 = 0$ (abgebremst).

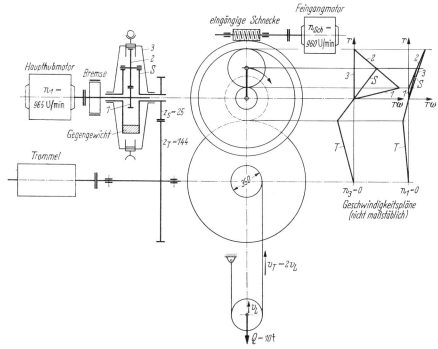

Abb. 6.102. Schema zu Beispiel 1: Umlaufrädergetriebe für ein Kranhubwerk

Gesucht: erforderliche Drehzahlen und Zähnezahlen z_1, z_2 und z_3 im Falle a) und Übersetzung des Schneckengetriebes im Falle b) mit den gefundenen Zähnezahlen.

a) Für die Lastgeschwindigkeit $v_L = 15$ m/min ergibt sich die Trommeldrehzahl n_T aus $v_T = 2v_L = d_T \pi n_T$ zu

$$n_T = \frac{2v_L}{d_T \pi} = \frac{2 \cdot 15 \text{ m/min}}{0,35 \text{ m } \pi} = 27,3 \text{ U/min}.$$

Die Stegdrehzahl wird

$$n_s = n_T \frac{z_T}{z_s} = 27,3 \cdot \frac{144}{25} = 157 \text{ U/min}.$$

Mit $n_3 = 0$ und $n_1 = 965$ U/min folgt aus

$$n_1 + \frac{z_3}{z_1} n_3 = \left(1 + \frac{z_3}{z_1}\right) n_s$$

$$965 = \left(1 + \frac{z_3}{z_1}\right) 157,$$

$$1 + \frac{z_3}{z_1} = \frac{965}{157} = 6,15,$$

also

$$\frac{z_3}{z_1} = 5,15.$$

17*

Gewählt $z_1 = 17$ und $z_3 = 87$; aus $r_2 = (r_3 - r_1)/2$ folgt dann

$$z_2 = \frac{z_3 - z_1}{2} = \frac{87 - 17}{2} = 35.$$

b) Für die Lastgeschwindigkeit $v_L = 0{,}75$ m/min ergibt sich die Trommeldrehzahl zu

$$n_T = \frac{2 v_L}{d_T \pi} = \frac{2 \cdot 0{,}75 \text{ m/min}}{0{,}35 \text{ m } \pi} = 1{,}37 \text{ U/min}$$

Abb. 6.103. Räderkasten zu Beispiel 1, Abb. 6.102 (C. Haushahn, Stuttgart-Feuerbach)

Abb. 6.104. Offenes Planetenrädergehäuse zu Abb. 6.102
(C. Haushahn, Stuttgart-Feuerbach)

und die Stegdrehzahl zu

$$n_s = n_T \frac{z_T}{z_s} = 1{,}37 \cdot \frac{144}{25} = 7{,}9 \text{ U/min}.$$

Mit $n_1 = 0$ (Hauptmotor abgebremst) wird

$$\frac{z_3}{z_1} n_3 = \left(1 + \frac{z_3}{z_1}\right) n_s \quad \text{oder}$$

$$z_3 n_3 = (z_1 + z_3) n_s,$$

also

$$n_3 = \frac{z_1 + z_3}{z_3} n_s = \frac{17 + 87}{87} \cdot 7{,}9$$

$$= \frac{104}{87} \cdot 7{,}9 = 9{,}45 \text{ U/min}.$$

Somit wird die Übersetzung des Schneckengetriebes

$$i_{Sch} = \frac{n_{Sch}}{n_3} = \frac{960}{9{,}45} = 102.$$

Abb. 6.103 zeigt das ausgeführte Getriebe (Planetenräder eingekapselt) und Abb. 6.104 das geöffnete Planetengehäuse mit herausgezogener Ritzelwelle *1*.

2. *Beispiel:* Umlaufräder-Wendegetriebe nach dem Schema der Abb. 6.105, das im Vorwärtsgang als Typ 1 A I mit abgebremstem Rad *3* und im Rückwärtsgang als Typ 2 A A (mit *3'* statt *3*) mit abgebremstem Rad *3'* arbeitet.

Gegeben: $n_1 = 950$ U/min; verlangt: vorwärts $n_s = 250$ U/min, rückwärts $n_s = -500$ U/min.

Bei gleicher Leistung für den Vorwärts- und Rückwärtsgang tritt in der zweiten Stufe des Planetenrades die höhere Belastung auf, und man wird bei der Bemessung von dem kleinsten

Rad *2'* ausgehen. Eine Überschlagsrechnung ergibt, daß für die Räder *2'* und *3'* der Modul $m' = 2{,}5$ mm betragen muß, während für die Räder *1, 2, 3* der Modul $m = 2$ mm genügt.

Aus den Drehzahlgleichungen folgt für den

Vorwärtsgang (Typ 1 A I)

$$\frac{n_1}{n_s} = 1 + \frac{r_3}{r_1} = \frac{950}{250} = 3{,}8,$$

$$\frac{r_3}{r_1} = 2{,}8,$$

Rückwärtsgang (Typ 2 A A)

$$\frac{n_1}{n_s} = 1 - \frac{r_2}{r_1}\frac{r_{3'}}{r_{2'}} = \frac{950}{-500} = -1{,}9,$$

$$\frac{r_2}{r_1}\frac{r_{3'}}{r_{2'}} = 2{,}9.$$

Abb. 6.105. Schema und Geschwindigkeitspläne zu Beispiel 2: Umlaufräder-Wendegetriebe

Aus

$$r_2 = \frac{r_3 - r_1}{2} \quad \text{folgt} \quad \frac{r_2}{r_1} = \frac{1}{2}\left(\frac{r_3}{r_1} - 1\right) = 0{,}9$$

und somit

$$\frac{r_{3'}}{r_{2'}} = \frac{2{,}9}{0{,}9} = 3{,}22.$$

Mit den Moduln $m = 2$ und $m' = 2{,}5$ ergibt sich

$$r_s = \frac{m}{2}(z_1 + z_2) = \frac{m'}{2}(z_{2'} + z_{3'})$$

oder

$$m z_1 \left(1 + \frac{z_2}{z_1}\right) = m' z_{2'} \left(1 + \frac{z_{3'}}{z_{2'}}\right)$$

und

$$\frac{z_1}{z_{2'}} = \frac{m'}{m}\,\frac{1 + \dfrac{z_{3'}}{z_{2'}}}{1 + \dfrac{z_2}{z_1}} = \frac{2{,}5}{2}\,\frac{4{,}22}{1{,}9} = 2{,}78.$$

Gewählt $z_{2'} = 18$; dann wird

$$z_1 = 2{,}78 z_{2'} = 50; \qquad z_2 = 0{,}9 z_1 = 45;$$
$$z_3 = z_1 + 2 z_2 = 140; \qquad z_{3'} = 3{,}22 z_{2'} = 58.$$

Die Wälzradien ergeben sich zu

$r_1 = \frac{m}{2}z_1 =$	50 mm	$r_{2'} = \frac{m'}{2}z_{2'} = 1{,}25 \cdot 18 =$	22,5 mm
$r_2 = \frac{m}{2}z_2 =$	45 mm	$r_{3'} = \frac{m'}{2}z_{3'} = 1{,}25 \cdot 58 =$	72,5 mm
$\overline{r_s =}$	95 mm	$\overline{r_s =}$	95,0 mm
$r_3 =$	140 mm		

3. Beispiel: Hintereinanderschaltung von zwei Getrieben des Typs 1 A I zur Verwendung als Schiffsuntersetzungs- und -wendegetriebe, Bauart Stoeckicht[1].

Der Längsschnitt Abb. 6.106 zeigt, daß die Planetenräder und die Außenräder der beiden Getriebe *a* und *b* aus Fertigungsgründen und zur Vereinfachung der Ersatzteillagerhaltung

---

[1] Siehe BARWIG, H.: Stoeckicht-Getriebe. Z. Konstr. 6 (1954) 377—384.

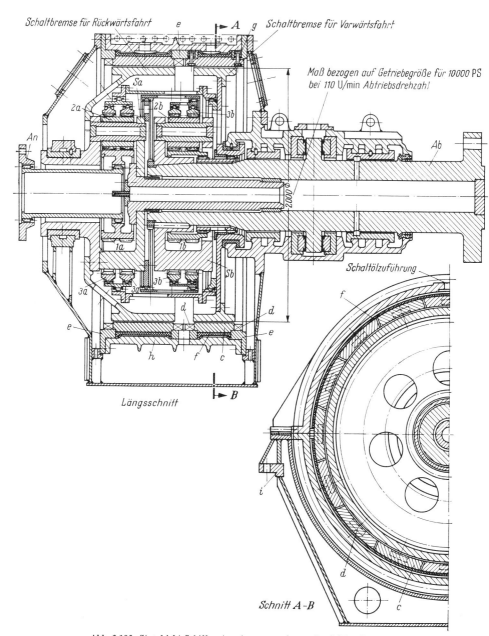

Abb. 6.106. Stoeckicht-Schiffsuntersetzungs- und -wendegetriebe, Beispiel 3
An Flansch der Antriebswelle; *Ab* Abtriebswelle; *1a*, *2a*, *3a*, *Sa* Umlaufgetriebe *a*; *1b*, *2b*, *3b*, *Sb* Umlaufgetriebe *b*; *c* Bremsschuhe; *d* Nasen an *c*, die in das Gehäuse *e* (Bremsgehäuse) greifen; *f* zweiteilige Ringmanschette; *g* Rückholfedern; *h* zylindrischer Mantel; *i* Gehäuserahmen *1b* ist mit der Vorwärtsfahrt-Bremsscheibe und mit *3a* gekuppelt; *Sb* ist mit der Abtriebswelle fest verbunden; *Sa* ist mit der Rückwärtsfahrt-Bremsscheibe fest verbunden und mit *3b* gekuppelt

6.1.6 Umlaufgetriebe

gleich ausgeführt sind und somit auch die Sonnenräder *1a* und *1b* gleiche Zähnezahlen haben. Die Grundübersetzung $i_{1/3} = -\dfrac{r_3}{r_1}$ ist also (bei dieser Ausführung) bei beiden Getrieben gleich.

Zur Betätigung des *Vorwärtsganges* werden die miteinander gekuppelten Räder *3a* und *1b* durch die Bremse *V* festgehalten: $n_{3a} = n_{1b} = 0$. Zur Betätigung des *Rückwärtsganges* wird die Bremse *R* angezogen, wodurch der Steg *Sa*, der mit Rad *3b* gekuppelt ist, festgehalten wird: $n_{sa} = n_{3b} = 0$. Der Leerlauf der Antriebsmaschine wird durch Lösen beider Bremsen ermöglicht. In Abb. 6.107 ist das Getriebeschema mit den Geschwindigkeitsplänen gezeichnet.

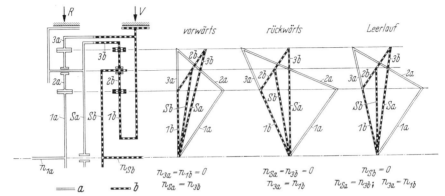

Abb. 6.107. Schema und Geschwindigkeitspläne zu Beispiel 3, Abb. 6.106

Durch Aufstellen der Drehzahlgleichungen für jedes Getriebe ergeben sich die Übersetzungsverhältnisse wie folgt:

	Vorwärtsgang	Rückwärtsgang
Getriebe a:	$n_{1a} - i_{1/3} n_{3a} = (1 - i_{1/3}) n_{sa}$	$n_{1a} - i_{1/3} n_{3a} = (1 - i_{1/3}) n_{sa}$
	$n_{3a} = 0;\quad n_{sa} = n_{3b}$	$n_{sa} = 0;\quad n_{3a} = n_{1b}$
	$n_{3b} = \dfrac{n_{1a}}{1 - i_{1/3}}$	$n_{1b} = \dfrac{n_{1a}}{i_{1/3}}$
Getriebe b:	$n_{1b} - i_{1/3} n_{3b} = (1 - i_{1/3}) n_{sb}$	$n_{1b} - i_{1/3} n_{3b} = (1 - i_{1/3}) n_{sb}$
	$n_{1b} = 0$	$n_{3b} = 0$
	$-i_{1/3} \dfrac{n_{1a}}{1 - i_{1/3}} = (1 - i_{1/3}) n_{sb}$	$\dfrac{n_{1a}}{i_{1/3}} = (1 - i_{1/3}) n_{sb}$
	$\boxed{\dfrac{n_{1a}}{n_{sb}} = \dfrac{(1 - i_{1/3})^2}{-i_{1/3}} = \dfrac{\left(1 + \dfrac{r_3}{r_1}\right)^2}{\dfrac{r_3}{r_1}}}$	$\boxed{\dfrac{n_{1a}}{n_{sb}} = i_{1/3}(1 - i_{1/3}) = -\dfrac{r_3}{r_1}\left(1 + \dfrac{r_3}{r_1}\right)}$

Je nach der Wahl von r_3/r_1 erhält man folgende Übersetzungsverhältnisse $n_{1a}/n_{sb} = n_{An}/n_{Ab}$:

r_3/r_1	1,5	**1,62**	1,75	2	2,25
Vorwärts	4,16	**4,24**	4,32	4,5	4,7
Rückwärts	−3,75	**−4,24**	−4,81	−6,0	−7,3

Für den Fall gleich großer Übersetzung im Vorwärts- und Rückwärtsgang und für je 6 gleichmäßig verteilte Planetenräder eignen sich z. B. die Zähnezahlen $z_1 = 71$, $z_2 = 22$, $z_3 = 115$,[1] denn es ist dann $r_3/r_1 = z_3/z_1 = 1{,}62$, und die Zähnezahlsumme $z_1 + z_3$ ist durch 6 teilbar.

[1] oder $z_1 = 55$, $z_2 = 17$, $z_3 = 89$.

6.1.6.2 Kräfte, Momente und Leistungen bei Stirnräder-Umlaufgetrieben. a) *Ohne Berücksichtigung von Verlusten.*

Zur Ermittlung der Dreh- und Stützmomente zeichnet man am besten die *auf* das Planetenrad wirkenden Kräfte, die im Gleichgewicht stehen müssen, auf; es sind dies die Zahndruckkräfte an den Zahneingriffsstellen und die vom Steg her wirkende Reaktionskraft. Da die Radialkomponenten zu den Drehmomenten keinen Beitrag liefern, genügen die Umfangskräfte. Für den Typ 1 A I ergibt sich z. B. nach Abb. 6.108 $F_{U1} = F_{U3}$ und $F_{Us} = F_{U1} + F_{U3} = 2F_{U1} = 2F_{U3}$.

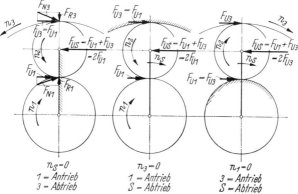

Abb. 6.108. Kräfte *auf das Planetenrad* beim Typ 1 A I

Das Bild der Kräfteverteilung ist unabhängig davon, ob eine Welle und welche Welle festgehalten wird oder ob sich alle drei Wellen drehen.

Nach der Gleichgewichtsbedingung muß die Summe der *von außen* auf das Getriebe wirkenden Momente gleich Null sein:

$$\boxed{M_1 + M_3 + M_s = 0} \quad \text{oder} \quad \boxed{1 + \frac{M_3}{M_1} + \frac{M_s}{M_1} = 0}. \tag{4}$$

Nach Abb. 6.108 ist für *Typ 1 A I*

$$M_1 = F_{U1} r_1,$$

$$M_3 = F_{U3} r_3 = F_{U1} r_1 \frac{r_3}{r_1},$$

$$M_s = -F_{Us} r_s = -F_{U1} r_1 \left(1 + \frac{r_3}{r_1}\right),$$

Allgemein ist für *alle Typen*[1]

$$\boxed{\frac{M_3}{M_1} = -i_{1/3}},$$

$$\boxed{\frac{M_s}{M_1} = -(1 - i_{1/3})},$$

$$\boxed{\frac{M_s}{M_3} = \frac{1 - i_{1/3}}{i_{1/3}}}.$$

---

[1] Dies folgt aus einem Vergleich der Gl. (5a) mit der entsprechend umgeformten Drehzahlgleichung (3):

$$\text{Gl. (3)} \quad n_1 - i_{1/3} n_3 = (1 - i_{1/3}) n_s,$$

$$1 - i_{1/3} \frac{n_3}{n_1} - (1 - i_{1/3}) \frac{n_s}{n_1} = 0,$$

$$\text{Gl. (5a)} \quad 1 + \frac{M_3}{M_1} \frac{n_3}{n_1} + \frac{M_s}{M_1} \frac{n_s}{n_1} = 0.$$

6.1.6 Umlaufgetriebe

Hierbei sind im Uhrzeigersinn drehende Momente positiv, die entgegengesetzt drehenden negativ.

Antriebsmomente sind solche, bei denen die Vektoren der Umfangskraft (auf das Planetenrad) und der zugehörigen Umfangsgeschwindigkeit *gleiche* Richtung haben; bei *Abtriebsmomenten* sind Kraft- und Geschwindigkeitsvektor *gegensinnig* gerichtet; bei *Stützmomenten* ist die Umfangsgeschwindigkeit gleich Null.

Für die *Leistungen*, die ja jeweils als Produkt aus Umfangskraft und Umfangsgeschwindigkeit oder als Produkt aus Drehmoment und Winkelgeschwindigkeit erhalten werden, bedeuten dann *positive* Vorzeichen *Antriebs*leistungen und *negative* Vorzeichen *Abtriebs*leistungen. Bei Vernachlässigung der Verluste muß die Summe der Leistungen gleich Null sein:

$$\boxed{P_1 + P_3 + P_s = 0} \quad \text{oder} \quad \boxed{1 + \frac{P_3}{P_1} + \frac{P_s}{P_1} = 0} \tag{5}$$

bzw.

$$M_1 \omega_1 + M_3 \omega_3 + M_s \omega_s = 0 \quad \text{oder} \quad 1 + \frac{M_3}{M_1} \frac{n_3}{n_1} + \frac{M_s}{M_1} \frac{n_s}{n_1} = 0. \tag{5a}$$

Für *Typ 1 A I* wird

$$P_1 = F_{U1} r_1 \omega_1,$$

$$P_3 = F_{U3} r_3 \omega_3 = F_{U1} r_1 \frac{r_3}{r_1} \omega_3,$$

$$P_s = -F_{Us} r_s \omega_s$$
$$= -F_{U1} r_1 \left(1 + \frac{r_3}{r_1}\right) \omega_s.$$

Allgemein gilt für *alle Typen*[1]

$$\boxed{\frac{P_3}{P_1} = -i_{1/3} \frac{n_3}{n_1}},$$

$$\boxed{\frac{P_s}{P_1} = -(1 - i_{1/3}) \frac{n_s}{n_1}},$$

$$\boxed{\frac{P_s}{P_3} = \frac{1 - i_{1/3}}{i_{1/3}} \frac{n_s}{n_3}}.$$

Wird eine der drei Wellen festgehalten ($\omega = 0$, $P = 0$), so ist hierzu ein entsprechendes Stützmoment oder Bremsmoment von außen aufzubringen; die eine der beiden übrigen Wellen ist Antriebswelle, die andere Abtriebswelle. Bei *drei* sich drehenden Wellen können zwei Antriebs- und eine Abtriebswelle oder *eine* Antriebs- und die beiden anderen Abtriebswellen sein. Es ergeben sich folgende 12 Möglichkeiten:

	$n_s = 0$		$n_3 = 0$		$n_1 = 0$		*Zwei* An- und *ein* Abtrieb			*Ein* An- und *zwei* Abtriebe		
Antrieb	1	3	1	S	3	S	1 u. 3	1 u. S	3 u. S	S	3	1
Abtrieb	3	1	S	1	S	3	S	3	1	1 u. 3	1 u. S	3 u. S

b) *Berücksichtigung der Zahnreibungsverluste.* Zahnreibungsverluste treten an den Zahneingriffsstellen auf, jedoch nur dann, wenn auch wirklich ein Wälzvorgang stattfindet. Werden z. B. bei einem Umlaufgetriebe zwei Wellen miteinander *gekuppelt*, so haben alle Wellen die gleiche Drehzahl, das Getriebe wirkt als Kupplung, es finden an den Zahneingriffsstellen keine Wälzbewegungen statt, und die gesamte Leistung wird — von Reibung in den Lagerungen abgesehen — verlustlos übertragen.

Im allgemeinen Fall beobachtet man die Wälzvorgänge am besten von dem Steg aus; man stellt dann leicht fest, daß für die Vorgänge an den Zahneingriffsstellen und die dort übertragenen Leistungen, die sog. *Wälzleistungen*, nach denen sich

---
[1] Siehe Fußnote 1, S. 264.

allein die Verluste richten, die *relativen* Drehzahlen maßgebend sind. Wird z. B. der Steg festgehalten, so wird die *gesamte* Leistung über das Planetenrad (Zwischenrad) als Wälzleistung übertragen. Hat der Steg selbst jedoch die Drehzahl n_s, so können bezüglich der Leistungen folgende Überlegungen angestellt werden.

Ersetzen wir nach Abb. 6.109a (für den Typ 1AI) die wirkenden Kräfte durch über Seilrollen geleitete Gewichte und verriegeln zunächst wieder einmal Planetenrad und Steg, so ist bei einer Drehung um den Winkel φ_s, Abb. 6.109b, der Arbeitsaufwand (Antrieb) an Rad *1* $W_{K1} = F_{U1} r_1 \varphi_s$ und an Rad *3* $W_{K3} = F_{U3} r_3 \varphi_s$

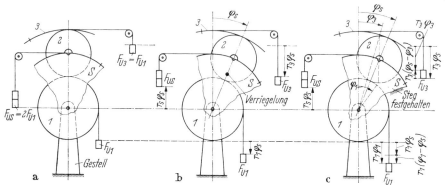

Abb. 6.109. Zur Ermittlung der Leistungen
a) Ersatz der wirkenden Kräfte durch über Seilrollen geleitete Gewichte beim Typ 1AI; b) Steg und Planetenrad verriegelt und um φ_s gedreht (Kupplungsleistungen); c) Steg festgehalten und Rad *1* um $\varphi_1 - \varphi_s$ weitergedreht (Wälzleistungen)

und der Arbeitsgewinn (Abtrieb) am Steg $W_s = -F_{Us} r_s \varphi_s$. Halten wir nun den Steg fest (Abb. 6.109c) und drehen Rad *1* noch weiter nach rechts um den Betrag $\varphi_1 - \varphi_s$, dann dreht sich Rad *3 zurück* um den Winkel $\varphi_s - \varphi_3$. Das „Gewicht" F_{U3} wird um den Betrag $r_3(\varphi_s - \varphi_3)$ gehoben, das bedeutet einen Arbeitsgewinn, eine Verringerung des Arbeitsaufwandes an Rad *3* um $W_{W3} = -F_{U3} r_3(\varphi_s - \varphi_3)$, wozu ein gleich großer Arbeitsaufwand an Rad *1* von $W_{W1} = F_{U1} r_1(\varphi_1 - \varphi_s)$ erforderlich ist.

Dividieren wir die Beträge durch die Zeit t und ersetzen die φ/t-Werte durch ω, so erhalten wir die Leistungen, und zwar die

Antriebsleistung an Welle *1* $\quad P_1 = P_{K1} + P_{W1} = F_{U1} r_1 \omega_s + F_{U1} r_1(\omega_1 - \omega_s)$,

Antriebsleistung an Welle *2* $\quad P_3 = P_{K3} + P_{W3} = F_{U3} r_3 \omega_s + F_{U3} r_3(\omega_3 - \omega_s)$,

Abtriebsleistung am Steg *S* $\quad P_s = -F_{Us} r_s \omega_s$.

Die Gl. (5) kann also ganz allgemein auch geschrieben werden

$$P_{K1} + P_{W1} + P_{K3} + P_{W3} + P_s = 0. \tag{5b}$$

Die Antriebsleistungen setzen sich bei Umlaufgetrieben demnach aus *zwei Anteilen* zusammen, der Kupplungsleistung P_K und der Wälzleistung P_W, wobei insbesondere $P_{W1} = -P_{W3}$ ist. Die Kupplungsleistungsanteile werden verlustlos übertragen; die Zahnreibungsverluste an den Zahneingriffsstellen sind den Wälzleistungen proportional: $P_{V1} = \nu_1 |P_{W1}|$; $P_{V3} = \nu_3 |P_{W3}|$. Die Gesamtverlustleistung ist dann $P_V = P_{V1} + P_{V3}$, und der Wirkungsgrad[1] ergibt sich zu

$$\eta = \frac{P_{Ab}}{P_{An}} = \frac{P_{An} - P_V}{P_{An}} = 1 - \frac{P_V}{P_{An}}$$

---

[1] HOCK, J.: Beitrag zur Ermittlung des Wirkungsgrades einfacher und gekoppelter Umlaufgetriebe. Fortschr.-Ber. VDI-Z. Reihe 1, Nr. 3, Sept. 1965.

oder
$$\eta = \frac{P_{Ab}}{P_{An}} = \frac{P_{Ab}}{P_{Ab}+P_V} = \frac{1}{1+\dfrac{P_V}{P_{Ab}}}.$$

Üblicherweise setzt man bei Vergleichsrechnungen $v_1 = v_3 = 0{,}01$, d. h. je Zahneingriff 1% Verlust an. In Wirklichkeit ist v bei Zahneingriffen mit Innenverzahnung kleiner als bei solchen mit Außenverzahnung.

Auch der *Bemessung* der Verzahnungen sind die *Wälz*leistungen und die *relativen* Drehzahlen zugrunde zu legen.

Beispiele: Vorwärtsgang des Beispiels 2 für eine Antriebsleistung
$$P_1 = 10 \text{ kW} = 10 \text{ kW} \cdot \frac{102 \text{ kpm/s}}{\text{kW}} = 1020 \text{ kpm/s}.$$

Drehzahlen und Winkelgeschwindigkeiten:

$\dfrac{n_1}{n_s} = 1 + \dfrac{z_3}{z_1} = 1 + \dfrac{140}{50} = 3{,}8;\quad n_s = \dfrac{n_1}{3{,}8},\quad n_1 = 950$ U/min; $\omega_1 = 99{,}5/\text{s}$,

$\dfrac{n_2}{n_s} = 1 - i_{2/3} = 1 - \dfrac{z_3}{z_2} = -2{,}11;\quad n_s = 250$ U/min; $\omega_s = 26{,}2/\text{s}$,

$n_2 = -2{,}11\, n_s,\qquad n_2 = -527$ U/min; $\omega_2 = -55{,}1/\text{s}$.

Drehmomente (Abb. 6.110):

Antriebsmoment $M_1 = \dfrac{P_1}{\omega_1} = \dfrac{1020 \text{ kpm/s}}{99{,}5/\text{s}} = 10{,}25$ kpm, $\quad M_1 = 1025$ kpcm,

Abtriebsmoment $M_s = -(1 - i_{1/3})\, M_1 = -3{,}8\, M_1$, $\quad M_s = -3895$ kpcm,

Stützmoment $\quad M_3 = -i_{1/3}\, M_1 = +2{,}8\, M_1$, $\quad M_3 = 2870$ kpcm.

Kräfte (bei *einem* Planetenrad; Abb. 6.110):

$r_1 = 5$ cm; $\quad F_{U1} = \dfrac{M_1}{r_1} = \dfrac{1025 \text{ kpcm}}{5 \text{ cm}} = 205$ kp; $\quad F_{U3} = 205$ kp; $\quad F_{Us} = 410$ kp.

Leistungen und Wirkungsgrad:

$P_{K1} = F_{U1}\, r_1\, \omega_s = M_1\, \omega_s = 10{,}25 \text{ kpm} \cdot 26{,}2/\text{s} = 268$ kpm/s

$P_{W1} = F_{U1}\, r_1\, (\omega_1 - \omega_s) = 10{,}25 \cdot (99{,}5 - 26{,}2) = \underline{752 \text{ kpm/s}}$

$ P_1 = P_{K1} + P_{W1} = 1020$ kpm/s

$P_{K3} = F_{U3}\, r_3\, \omega_s = M_3\, \omega_s = 28{,}7 \text{ kpm} \cdot 26{,}2/\text{s} = 752$ kpm/s

$P_{W3} = F_{U3}\, r_3\, (\omega_3 - \omega_s) = 28{,}7 \cdot (0 - 26{,}2) = \underline{-752 \text{ kpm/s}}$

$ P_3 = P_{K3} + P_{W3} = 0$ kpm/s

$P_{V1} = v_1\, |P_{W1}| = 0{,}01 \cdot 752 = 7{,}5$ kpm/s

$P_{V3} = v_3\, |P_{W3}| = 0{,}01 \cdot 752 = \underline{7{,}5 \text{ kpm/s}}$

$ P_V = P_{V1} + P_{V3} = 15$ kpm/s

$\eta = 1 - \dfrac{P_V}{P_{An}} = 1 - \dfrac{15}{1020} = 1 - 0{,}0147 = 0{,}9853 = \underline{\underline{98{,}53\%}}.$

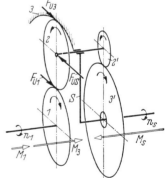

Abb. 6.110. Vorwärtsgang des Beispiels 2; Kräfte und Momente ($n_3 = 0$)

Rückwärtsgang des Beispiels 2 für die gleiche Leistung $P_1 = 10$ kW.
Drehzahlen und Winkelgeschwindigkeiten:

$\dfrac{n_1}{n_s} = 1 - \dfrac{z_2}{z_1}\dfrac{z_{3'}}{z_{2'}} = 1 - \dfrac{45}{50}\dfrac{58}{18} n_1 = 950$ U/min; $\omega_1 = 99{,}5/\text{s}$,

$\phantom{\dfrac{n_1}{n_s}} = 1 - 2{,}9 = -1{,}9, n_s = -500$ U/min; $\omega_s = -52{,}4/\text{s}$,

$\dfrac{n_2}{n_s} = 1 - i_{2'/3'} = 1 + \dfrac{r_{3'}}{r_{2'}} = 1 + \dfrac{z_{3'}}{z_{2'}}$

$\phantom{\dfrac{n_2}{n_s}} = 1 + \dfrac{58}{18} = 4{,}22, n_2 = -2110$ U/min; $\omega_2 = -221/\text{s}$.

Drehmomente (Abb. 6.111):

Antriebsmoment $\quad M_1 = \dfrac{P_1}{\omega_1} = 10{,}25 \text{ kpm},\qquad M_1 = 1025 \text{ kpcm},$

Abtriebsmoment $\quad M_s = -(1 - i_{1/3'})\, M_1 = 1{,}9\, M_1,\qquad M_s = 1945 \text{ kpcm},$

Stützmoment $\quad M_3 = -i_{1/3'} M_1 = -2{,}9\, M_1,\qquad M_3 = -2970 \text{ kpcm}.$

Kräfte (bei *einem* Planetenrad; Abb. 6.111):

$r_1 = 5 \text{ cm};\quad F_{U1} = \dfrac{M_1}{r_1} = 205 \text{ kp};\quad F_{U3'} = F_{U1}\dfrac{r_2}{r_{2'}} = 205 \cdot \dfrac{45}{22{,}5} = 410 \text{ kp};\quad F_{Us} = 205 \text{ kp}.$

Leistungen und Wirkungsgrad:

$$P_{K1} = F_{U1}\, r_1\, \omega_s = M_1\, \omega_s = 10{,}25 \text{ kpm} \cdot (-52{,}4/\text{s}) = -537 \text{ kpm/s}$$
$$P_{W1} = F_{U1}\, r_1\, (\omega_1 - \omega_s) = 10{,}25 \cdot (99{,}5 + 52{,}4) = \underline{+1557 \text{ kpm/s}}$$
$$P_1 = P_{K1} + P_{W1} = 1020 \text{ kpm/s}$$
$$P_{K3'} = F_{U3'}\, r_{3'}\, \omega_s = M_{3'}\, \omega_s = 29{,}7 \text{ kpm} \cdot 52{,}4/\text{s} = 1557 \text{ kpm/s}$$
$$P_{W3'} = F_{U3'}\, r_{3'}\, (\omega_{3'} - \omega_s) = 29{,}7 \cdot (0 - 52{,}4) = \underline{-1557 \text{ kpm/s}}$$
$$P_3 = P_{K3'} + P_{W3'} = 0 \text{ kpm/s}$$
$$P_{V1} = \nu_1 |P_{W1}| = 0{,}01 \cdot 1557 = 15{,}6 \text{ kpm/s}$$
$$P_{V3} = \nu_3 |P_{W3}| = 0{,}01 \cdot 1557 = \underline{15{,}6 \text{ kpm/s}}$$
$$P_V = P_{V1} + P_{V3} = 31{,}2 \text{ kpm/s}$$
$$\eta = 1 - \dfrac{P_V}{P_{An}} = 1 - \dfrac{31{,}2}{1020} = 1 - 0{,}0306 = 0{,}9694 = \underline{\underline{97\%}}.$$

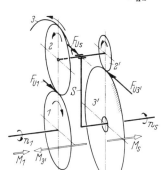

Abb. 6.111. Rückwärtsgang des Beispiels 2; Kräfte und Momente $(n_{3'} = 0)$

Beim Rückwärtsgang ist also die Wälzleistung *größer* als die Antriebsleistung! Daher der schlechtere Wirkungsgrad!

Der Wirkungsgrad des Standgetriebes ist jedoch schlechter als der des Umlaufgetriebes im Vorwärtsgang:

$$\eta_{\text{Sta}} = 1 - \dfrac{P_{V\text{Sta}}}{P_{An}} = 1 - \dfrac{2\nu P_{An}}{P_{An}}$$
$$= 1 - \dfrac{20{,}4}{1020} = 1 - 0{,}02$$
$$= 0{,}98 = \underline{\underline{98\%}}.$$

6.1.6.3 Kegelräder-Umlaufgetriebe.

Für *Umlaufgetriebe mit Kegelrädern* nach Abb. 6.112, die als Ausgleichgetriebe (Differential) im Kraftfahrzeugbau Verwendung finden, gilt auch wieder die Drehzahlgleichung (3)

$$n_1 - i_{1/3}\, n_3 = (1 - i_{1/3})\, n_s,$$

nur ist hier wegen $z_1 = z_3$, $r_1 = r_3$ die Grundübersetzung $i_{1/3} = -1$ (denn bei festgehaltenem Steg ist $n_3 = -n_1$). Die Drehzahlgleichung vereinfacht sich somit zu

$$\boxed{n_1 + n_3 = 2 n_s}.$$

Die Geschwindigkeits- (und Drehzahl-) Verhältnisse gehen wieder anschaulich aus den Geschwindigkeitsplänen (Abb. 6.112a, b und c) hervor, nur ist es hier ratsam, die Umfangsgeschwindigkeiten auch in der Draufsicht am Planetenrad anzutragen. Dasselbe gilt auch für die Kräfte, so daß dann leicht die Momente, die Leistungen und der Wirkungsgrad zu ermitteln sind.

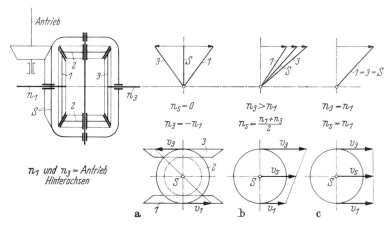

Abb. 6.112. Kegelräder-Umlaufgetriebe (Differentialgetriebe) mit Geschwindigkeitsplänen in Seitenriß und Draufsicht

a) bei festgehaltenem Steg; b) n_1 und n_3 sind verschieden groß, haben aber gleichen Drehsinn; c) n_1 und n_3 sind gleich groß und gleich gerichtet (Kupplung)

6.2 Kraftschlüssige Rädergetriebe: Reibrädergetriebe

Bei Reibrädergetrieben werden an den Berührungsstellen zylindrischer oder kegel- bzw. kugel- oder auch scheibenförmiger Reibkörper durch normalgerichtete Anpreßkräfte tangentiale Reibungskräfte (Umfangskräfte) erzeugt. Für die Größe der übertragbaren Umfangskräfte sind außer den Anpreßkräften in erster Linie die Reibungszahlen μ maßgebend, die ihrerseits wieder stark von den Werkstoffpaarungen und der Schmierung abhängig sind.

Reibrädergetriebe zeichnen sich ganz allgemein durch einfachen Aufbau, geringe Achsenabstände, wenig Aufwand für Wartung, einen gewissen Überlastungsschutz infolge der Durchrutschmöglichkeit und im besonderen durch konstruktiv leicht zu verwirklichende stufenlos verstellbare Übersetzungen aus. Als Nachteile sind zu nennen der nicht zu vermeidende Schlupf, die verhältnismäßig großen erforderlichen Anpreßkräfte und die dadurch bedingten hohen Lagerkräfte und schließlich die Beeinflussung bzw. die Begrenzung der Lebensdauer und der übertragbaren Leistung durch die Werkstoffeigenschaften (Härte, mechanische Festigkeit und Abnutzungswiderstand).

6.2.1 Werkstoffpaarungen, Kennwerte, Berechnungsgrundlagen

Die in den nachfolgenden Abschnitten angeführten verschiedenartigen Ausführungen von Reibrädergetrieben für die unterschiedlichsten Verwendungszwecke erfordern jeweils besondere Werkstoffpaarungen.

Die Paarung gehärteter Stahl gegen gehärteten Stahl ermöglicht infolge der hohen zulässigen Wälzpressung und des günstigen Verschleißverhaltens die Übertragung hoher Leistungen bei großer Lebensdauer. Im allgemeinen wird Ölschmierung angewendet, so daß die Reibungszahlen nur gering sind; sie liegen im Bereich der Mischreibung bei $\mu \approx 0{,}06$, können aber bei reiner Flüssigkeitsreibung noch wesentlich kleiner sein, ohne daß die Wirtschaftlichkeit, d. h. der Wirkungsgrad der Wälzpaarung, darunter leidet, wenn nur die Abmessungen der Reibkörper günstig gewählt, vor allem die Wälzkreisradien möglichst groß gemacht werden[1].

Für die Berechnung der Wälzpressungen werden die Hertzschen Gleichungen[2] benutzt. Bei *Linienberührung* (zylindrische Körper bzw. Ersatzzylinder) wird bei Belastung durch F_N die Berührungsfläche A ein Rechteck, und es ergibt sich mit den Krümmungsradien ϱ_1 und ϱ_2, dem Elastizitätsmodul E, der Poissonschen Konstanten $m = 10/3$ und der Berührungslänge l die Hertzsche Pressung aus $p = \dfrac{\pi}{4} \dfrac{F_N}{A}$ zu

$$p = \sqrt{\frac{1}{2\pi} \frac{m^2}{m^2-1} E \frac{F_N}{l}\left(\frac{1}{\varrho_1}+\frac{1}{\varrho_2}\right)} = \sqrt{0{,}175\, E \frac{F_N}{l}\left(\frac{1}{\varrho_1}+\frac{1}{\varrho_2}\right)}$$
$$= 0{,}418 \sqrt{E \frac{F_N}{l}\left(\frac{1}{\varrho_1}+\frac{1}{\varrho_2}\right)}. \tag{1}$$

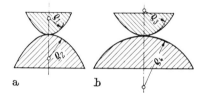

Abb. 6.113. Krümmungsradien in den Hauptkrümmungsebenen
a) ϱ_1 und ϱ_2 in Hauptkrümmungsebene *1*;
b) ϱ_3 und ϱ_4 in Hauptkrümmungsebene *2*

Punktberührung liegt bei allseitig gekrümmten Körpern vor; die Berührungsfläche wird bei Belastung durch F_N ellipsenförmig. Werden nach Abb. 6.113 die Krümmungsradien in den Hauptkrümmungsebenen jeweils mit ϱ_1, ϱ_2 und ϱ_3, ϱ_4 bezeichnet, wobei für Hohlkrümmungen negative Werte einzusetzen sind, so folgt für die Hertzsche Pressung aus $p = 1{,}5 \dfrac{F_N}{A}$

$$p = \frac{1{,}5}{\pi\,\xi\,\eta} \sqrt[3]{\left(\frac{1}{3}\frac{m^2}{m^2-1}\right)^2 E^2 F_N \left(\frac{1}{\varrho_1}+\frac{1}{\varrho_2}+\frac{1}{\varrho_3}+\frac{1}{\varrho_4}\right)^2}$$
$$= \frac{0{,}245}{\xi\,\eta} \sqrt[3]{E^2 F_N \left(\frac{1}{\varrho_1}+\frac{1}{\varrho_2}+\frac{1}{\varrho_3}+\frac{1}{\varrho_4}\right)^2}. \tag{2}$$

Die ξ- und η-Werte[3] sind von dem Hilfswert

$$\cos\vartheta = \frac{\left|\left(\dfrac{1}{\varrho_1}+\dfrac{1}{\varrho_2}\right) - \left(\dfrac{1}{\varrho_3}+\dfrac{1}{\varrho_4}\right)\right|}{\left(\dfrac{1}{\varrho_1}+\dfrac{1}{\varrho_2}\right) + \left(\dfrac{1}{\varrho_3}+\dfrac{1}{\varrho_4}\right)}$$

---

[1] Vgl. OVERLACH, H., u. D. SEVERIN: Berechnung von Wälzgetriebepaarungen mit ellipsenförmigen Berührungsflächen und ihr Verhalten unter hydrodynamischer Schmierung. Z. Konstr. 18 (1966) 357—367. — Ferner LUTZ, O.: Grundsätzliches über stufenlos verstellbare Wälzgetriebe, Teil 1. Z. Konstr. 7 (1955) 330—335; Teil 2. Z. Konstr. 9 (1957) 169—171.

[2] HERTZ, H.: Über die Berührung fester elastischer Körper (Gesammelte Werke Bd. I), Leipzig 1895, S. 155—196.

[3] ξ und η sind den Halbachsen a und b der Ellipse proportional; es gilt

$$\frac{a}{\xi} = \frac{\eta}{b} = \sqrt[3]{3\frac{m^2-1}{m^2}\frac{F_N}{E}\frac{1}{\left(\dfrac{1}{\varrho_1}+\dfrac{1}{\varrho_2}+\dfrac{1}{\varrho_3}+\dfrac{1}{\varrho_4}\right)}}\,;$$

die ξ- und η-Werte sind dem Buch von ESCHMANN/HASBARGEN/WEIGAND: Die Wälzlagerpraxis, München: Oldenbourg 1953, entnommen.

abhängig:

$\cos\vartheta$	0,0	0,10	0,20	0,30	0,40	0,50	0,60	0,70	0,80	0,85	0,90	0,92	0,94	0,96	0,98	0,99
ξ	1	1,07	1,15	1,24	1,35	1,48	1,66	1,91	2,30	2,60	3,09	3,40	3,83	4,51	5,94	7,76
η	1	0,94	0,88	0,82	0,77	0,72	0,66	0,61	0,54	0,51	0,46	0,44	0,41	0,38	0,33	0,29
$\xi\eta$	1	1,00	1,01	1,02	1,04	1,06	1,10	1,16	1,25	1,32	1,42	1,49	1,58	1,70	1,95	2,23

Aus der Bedingung $p \leq p_{zul}$ können dann bei gegebenen oder angenommenen Abmessungen mit Gl. (1) bzw. (2) die zulässigen Anpreßkräfte $F_{N\,zul}$ berechnet werden. Für gehärteten Stahl gegen gehärteten Stahl liegt p_{zul} bei etwa 150 bis 200 kp/mm². Die je Reibpaarung übertragbare Umfangskraft bestimmt sich aus der Rutschsicherheit S_R und dem Reibwert μ zu

$$\boxed{F_U = \frac{\mu F_N}{S_R}}, \qquad S_R \approx 1{,}5. \qquad (3)$$

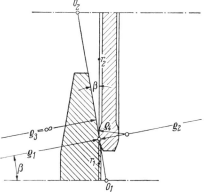

Abb. 6.114. Beispiel: Kegelscheibe mit Ringwulstscheibe
r Wälzkreisradien; *ϱ* Krümmungsradien

Das Hauptanwendungsgebiet der Stahl/Stahl-Paarung liegt bei den Reibrädergetrieben mit stufenlos verstellbarer Übersetzung (Abschnitt 6.2.3), bei denen zur Verringerung der Anpreßkräfte und zur Erhöhung der übertragbaren Leistung oft mehrere Reibpaarungen parallel geschaltet werden.

Beispiel: Für die augenblickliche Berührungsstelle einer Kegelscheibe mit einer Ringwulstscheibe nach Abb. 6.114 (nicht maßstäblich) sind die zulässige Normalkraft und die übertragbare Umfangskraft zu berechnen.

Gegeben: $r_1 = 15$ mm (Kleinstwert des Verstellbereichs), $\beta = 2°$; $r_2 = 45$ mm, $\varrho_4 = 6$ mm; Werkstoffe: gehärteter Stahl mit $p_{zul} = 150$ kp/mm²; $\mu = 0{,}04$ (Ölschmierung) und $S_R = 1{,}5$.

$$\varrho_1 = \frac{r_1}{\sin\beta} = \frac{15\text{ mm}}{0{,}035} = 429 \text{ mm}; \quad \frac{1}{\varrho_1} = 0{,}00233 \text{ mm}^{-1} \qquad \varrho_3 = \infty; \quad \frac{1}{\varrho_3} = 0$$

$$\varrho_2 = \frac{r_2}{\sin\beta} = \frac{45\text{ mm}}{0{,}035} = 1285 \text{ mm}; \quad \frac{1}{\varrho_2} = 0{,}00078 \text{ mm}^{-1} \qquad \varrho_4 = 6 \text{ mm}; \quad \frac{1}{\varrho_4} = 0{,}16667 \text{ mm}^{-1}$$

$$\frac{1}{\varrho_1} + \frac{1}{\varrho_2} = 0{,}00311 \text{ mm}^{-1} \qquad \frac{1}{\varrho_3} + \frac{1}{\varrho_4} = 0{,}16667 \text{ mm}^{-1}$$

$$\left(\frac{1}{\varrho_1} + \frac{1}{\varrho_2}\right) - \left(\frac{1}{\varrho_3} + \frac{1}{\varrho_4}\right) = 0{,}16356 \text{ mm}^{-1}; \qquad \left(\frac{1}{\varrho_1} + \frac{1}{\varrho_2}\right) + \left(\frac{1}{\varrho_3} + \frac{1}{\varrho_4}\right) = 0{,}16978 \text{ mm}^{-1}.$$

Hilfswert $\cos\vartheta = \dfrac{0{,}16356}{0{,}16978} = 0{,}964$, also $\xi = 4{,}70$; $\eta = 0{,}369$; $\xi\eta = 1{,}74$.

Nach Gl. (2) wird

$$p = \frac{0{,}245}{\xi\eta} \sqrt[3]{E^2 F_N \left(\frac{1}{\varrho_1} + \frac{1}{\varrho_2} + \frac{1}{\varrho_3} + \frac{1}{\varrho_4}\right)^2} = \frac{0{,}245}{1{,}74} \sqrt[3]{2{,}1 \cdot 10^8 \frac{\text{kp}^2}{\text{mm}^4} F_N \frac{0{,}16978^2}{\text{mm}^2}},$$

$$p = 32{,}8 \sqrt[3]{F_N/\text{kp}} \; \frac{\text{kp}}{\text{mm}^2};$$

aus $p \leq p_{zul}$ folgt

$$\underline{\underline{F_{N\,zul}}} \leq \frac{(p_{zul}/\text{kp/mm}^2)^3}{32{,}8^3} \text{ kp} = \frac{150^3}{32{,}8^3} \text{ kp} = 96 \text{ kp}.$$

272   6. Elemente zur Übertragung gleichförmiger Drehbewegungen

Nach Gl. (3) ergibt sich
$$F_U = \frac{\mu F_{N\,\text{zul}}}{S_R} = \frac{0{,}04 \cdot 96\,\text{kp}}{1{,}5} = 2{,}56\,\text{kp}.$$

Eine Vergrößerung des Krümmungsradius ϱ_4 von 6 mm auf 10 mm liefert $F_{N\,\text{zul}} = 192$ kp und somit $F_U = 5{,}12$ kp, als doppelt so große Werte!

Bei *Gummi*wälzrädern (Weichstoffreibrädern), die in Reibrädergetrieben mit konstanter Übersetzung verwendet werden und dabei mit Stahl- oder Gußrädern möglichst hoher Oberflächengüte zusammenarbeiten, werden wesentlich größere Reibzahlen bzw. F_U/F_N-Werte erreicht. Allerdings sind nur verhältnismäßig kleine

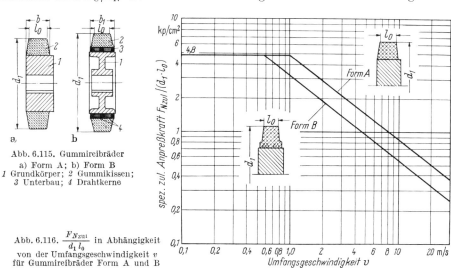

Abb. 6.115. Gummireibräder
a) Form A; b) Form B
1 Grundkörper; *2* Gummikissen;
3 Unterbau; *4* Drahtkerne

Abb. 6.116. $\dfrac{F_{N\,\text{zul}}}{d_1 l_0}$ in Abhängigkeit von der Umfangsgeschwindigkeit v für Gummireibräder Form A und B

Anpreßkräfte F_N zulässig, die hauptsächlich von der in Wärme umgesetzten Verformungsarbeit und der für Gummi zulässigen Temperaturgrenze (etwa 60 bis 70 °C) abhängig sind. Die heute üblichen Ausführungen von Gummireibrädern (nach Entwurf DIN 8220 und den Druckschriften der Continental-Gummiwerke) sind in Abb. 6.115 dargestellt; bei der Form A ($d_1 = 40$ bis 160 mm) ist der Gummireibring aufvulkanisiert, während bei Form B ($d_1 = 180$ bis 1000 mm) ein Reibring mit Stahldrahteinlage aufgepreßt wird. Das Verhältnis von Breite zu Dicke der Gummiringe, das optimale Werte für Wärmeableitung liefert, ist auf Grund von Versuchen festgelegt worden. Sind für die Drehmomentübertragung größere Breiten erforderlich, so werden bei Form A mehrere Einzelräder nebeneinandergereiht und bei Form B mehrere Einzelreibringe auf einen breiteren Grundkörper aufgepreßt. Genauere Untersuchungen über die Kraftübertragung, insbesondere die Abhängigkeit von F_U/F_N vom Schlupf sind von E. BAUERFEIND[1] durchgeführt worden. Die auf die projizierte Fläche $d_1 l_0$ bezogene *zulässige* Anpreßkraft $F_{N\,\text{zul}}$ ist (als Mittelwert aus vielen Versuchsergebnissen der Hersteller) in Abb. 6.116 in Abhängigkeit von der Umfangsgeschwindigkeit v wiedergegeben. Die Druckschriften der Hersteller enthalten für jede Radgröße in Abhängigkeit von der Drehzahl die Angabe der zulässigen Anpreßkraft bzw. der übertragbaren Leistung, so daß nur die Berechnung der erforderlichen Anzahl von Reibrädern übrigbleibt. Es werden dabei mehr oder weniger feste μ-Werte angenommen, z. B. $\mu = 0{,}7$ bei trockenen Schei-

---

[1] BAUERFEIND, E.: Zur Kraftübertragung mit Gummirädern. Z. Antriebstechnik 5 (1966) 383–391 [Auszug in VDI-Z. 109 (1967) 252].

ben und gleichmäßigem und ruhigem Lauf, $\mu = 0{,}5$ bei häufigerem Anfahren und $\mu = 0{,}3$ bei feuchtem Betrieb. Der Einfluß der Größe des Gegenrades muß in extremen Fällen durch einen Korrekturwert berücksichtigt werden.

Die verwendeten Gummisorten mit Härtegraden von 80 bis 90 Shore besitzen hohe Abriebfestigkeit, Hitze- und Alterungsbeständigkeit. Ermüdungsfestigkeit, Widerstand gegen Verschleiß und somit die Lebensdauer hängen stark von den Betriebsbedingungen und speziellen Beanspruchungsverhältnissen sowie von der Art der Erzeugung der Anpreßkräfte, der Lagerung der Reibräder und der Oberflächengüte des Gegenrades ab. Erste Anhaltswerte lieferten Versuche von E. BAUERFEIND[1].

Beispiel: Welche Leistung kann mit *einem* Gummireibring Form A mit den Abmessungen $d_1 = 125$ mm, $l_0 = 22{,}5$ mm bei $n_1 = 1500$ U/min ($\omega_1 = 157$/s), $\mu = 0{,}7$, $S_R = 1{,}5$ übertragen werden?

Mit $v = r_1 \omega_1 = 0{,}0625$ m $\cdot$ 157/s $\approx$ 10 m/s ergibt sich aus Abb. 6.116

$$\frac{F_{N\,zul}}{d_1\, l_0} \approx 0{,}9 \text{ kp/cm}^2, \quad \text{also} \quad F_{N\,zul} = 0{,}9\,\frac{\text{kp}}{\text{cm}^2} \cdot 12{,}5 \text{ cm} \cdot 2{,}25 \text{ cm} \approx 25 \text{ kp}.$$

Nach Gl. (3) wird

$$F_U = \frac{\mu\, F_{N\,zul}}{S_R} = 0{,}7 \cdot \frac{25 \text{ kp}}{1{,}5} = 11{,}7 \text{ kp}, \quad M_{t1} = F_U\, r_1 = 11{,}7 \text{ kp} \cdot 0{,}0625 \text{ m} = 0{,}73 \text{ kpm}$$

und

$$P = M_{t1}\, \omega_1 = 0{,}73 \text{ kpm} \cdot 157/\text{s} = 115 \text{ kpm/s} = 1{,}13 \text{ kW} = 1{,}53 \text{ PS}.$$

An weiteren Reibwerkstoffen sind noch die *Schichtpreßstoffe* (Hartgewebe vom Typ 2081 ··· 2083 DIN 7735, wie Novotext, Resitex, Preßholzlaminate, wie Lignofol u. dgl.) zu nennen, die ebenfalls mit Stahl- oder GG-Scheiben gepaart werden. Die Reibungszahlen betragen bei den weicheren Sorten $\mu \approx 0{,}45$, bei den härteren $\mu \approx 0{,}4$. Sie werden sowohl bei Reibrädergetrieben mit konstanter Übersetzung als auch bei einigen Bauarten für stufenlos verstellbare Übersetzung verwendet.

6.2.2 Reibrädergetriebe mit konstanter Übersetzung

Die häufigste Ausführung benutzt zylindrische Scheiben, wobei meistens die kleinere Antriebsscheibe den Reibstoff trägt. Für sich schneidende Achsen sind Kegelscheiben geeignet. Bei parallelen Achsen können zur Verringerung der Lagerkräfte auch profilierte Scheiben mit mehreren keilförmigen Rillen (Keilwinkel $2\alpha \approx 30$ bis $40°$) vorgesehen werden.

Die früher üblichen, durch Gewichte, Federn oder Druckschrauben erzeugten konstanten hohen Anpreßkräfte belasteten die Lager und die Reibstoffe auch im Stillstand und bei niedrigen Teilleistungen. Durch besondere konstruktive Maßnahmen[2] kann man jedoch erreichen, daß mit nur geringer Anfangsanpressung sich im Betrieb die Anpreßkräfte selbsttätig den zu übertragenden Leistungen anpassen. Nach Abb. 6.117 wird zu diesem Zweck der Motor auf eine Schwinge oder Wippe gesetzt, die sich um den Punkt D drehen kann und die am freien Ende durch eine einstellbare Feder abgestützt ist. Die Anordnung gilt nur für den in der Abbildung angegebenen Drehsinn. Die Lage des Drehpunkts ist so zu wählen, daß der sog. Steuerwinkel α, den die Verbindungslinie $D-B$ (B = Berührungspunkt) und die Normale im Berührungspunkt (Zentrale $O_1 - O_2$) einschließen, etwas größer ist

---

[1] BAUERFEIND, E.: Ein Beitrag zum Problem der Dauerhaltbarkeit von Gummiwälzrädern. Z. Antriebstechnik 6 (1967) 357—360, 391—395.
[2] Vgl. OPITZ, H., u. G. VIEREGGE: Eigenschaften und Verwendbarkeit von Reibradgetrieben. Werkst. u. Betr. 82 (1949) 49—54 [Auszug in VDI-Z. 91 (1949) 575/76]. — Ferner KRÖNER, R.: Entwicklung des Reibradantriebes zur Überlastkupplung. VDI-Z. 93 (1951) 229—231. — TSCHANTER, E.: Weichstoff-Reibräder. Z. Konstr. 7 (1955) 321/22.

als der Reibungswinkel ϱ (aus $\tan\varrho = \mu$), also bei Gummireibrädern $\alpha \approx 42$ bis $45°$.
Nach der Anfangsanpreßkraft $F_{N\,0}$ im Stillstand, die etwa 10% der Betriebsanpreßkraft F_N sein soll, ist die Feder zu bemessen; die erforderliche Federkraft F_F ergibt sich aus dem Momentengleichgewicht um D mit den Hebelarmen l_F, l_G und l_N zu

$$F_F = \frac{G\,l_G + F_{N\,0}\,l_N}{l_F}.$$

Beim Anlaufvorgang und bei einer Drehmomentenzunahme an der Abtriebswelle im Betriebszustand versucht das treibende Rad *1* am getriebenen *2* aufzulaufen, wodurch eine geringe Schwenkbewegung der Wippe entgegen dem Uhrzeigersinn auftritt und sich der Achsenabstand um einen geringen Betrag verkürzt; die Folge hiervon ist die gewünschte, sich dem Abtriebsdrehmoment selbsttätig anpassende Zunahme der Anpreßkraft.

Um bei plötzlichen Drehmomentspitzen, wie sie z. B. bei Brechern, Mühlen und sonstigen Zerkleinerungsmaschinen auftreten, zu hohe Anpreßkräfte, Lager- und

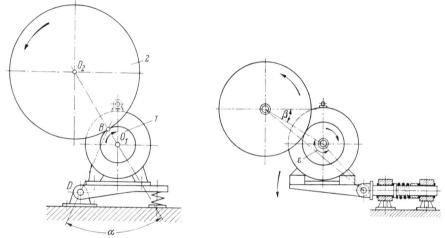

Abb. 6.117. Reibrädergetriebe mit konstanter Übersetzung und selbsttätiger Anpassung der Anpreßkraft an das Drehmoment der Abtriebswelle

Abb. 6.118. Reibrädergetriebe mit konstanter Übersetzung und Überlastungsschutz (nach KRÖNER)

Motorbelastungen zu vermeiden, können nach dem Vorschlag von KRÖNER[1] entsprechend Abb. 6.118 Reibrädergetriebe mit Überlastungsschutz verwendet werden. Dabei ist der Motor ebenfalls auf einer Wippe montiert, die aber mittels zweier Lagerstangen in deren Längsrichtung verschiebbar ist. Durch zwei Federn werden die Stangen im Stillstand in der linken Endstellung (Bund als Anschlag) gehalten. Bei normaler Belastung erfolgt eine der geforderten Anpreß- und Umfangskraft entsprechende Verschiebung nach rechts, wobei die Federkraft anwächst und sich ein Gleichgewichtszustand einstellt. Die Höchstlast wird in der Strecklage erreicht ($\varepsilon = 180°$); bei Überlast schlägt die Wippe durch, und der Antrieb wird augenblicklich abgeschaltet. Für den Winkel $\beta = \beta_2$ in Streckstellung (Höchstlast) ergibt sich aus den geometrischen Beziehungen und der Bedingung minimaler Federkräfte die Forderung

$$\sin\beta_2 = \frac{\mu}{\sqrt{1+\mu^2}}.$$

Hinsichtlich Festlegung der übrigen Abmessungen und der Auslegung der Federn sei auf die Originalarbeit von KRÖNER verwiesen.

---

[1] Siehe Fußnote 2, S. 273.

6.2.3 Reibrädergetriebe mit stufenlos verstellbarer Übersetzung

Die Verstellmöglichkeit der Übersetzung ergibt sich durch die Veränderlichkeit der Wälzkreisradien der verschiedenen zusammenarbeitenden Wälzkörper. Werden die Grenzwerte der Übersetzungen mit i_{min} und i_{max} bezeichnet, so stellt das Verhältnis von $i_{min} : i_{max}$ den *Verstellbereich* dar (Größenordnung etwa 1:4 bis 1:10). Je nach Form und Paarung der Reibkörper sind sehr viele Getriebebauarten entwickelt worden; Wirkungsweise und konstruktive Ausführung der gebräuchlichsten sind ausführlich von F. W. SIMONIS[1] behandelt worden. Es soll daher hier nur an Hand von Prinzipskizzen auf einige besondere Merkmale hingewiesen werden.

Für kleine Drehmomente und geringe Leistungen sind Getriebe mit schlanken Kegelscheiben bzw. Planscheiben und einfachen Verschieberollen (Abb. 6.119 bis 6.122) geeignet. Das Getriebe nach dem Schema der Abb. 6.123 wird für Leistungen von 0,5 bis 30 PS mit einem Verstellbereich von 1:6 gebaut[2]. Zwei Tellerscheiben und zwei schräggestellte, verschiebbare Topfscheiben benutzt das Wesselmann-Getriebe[3], Abb. 6.124. Bei den EL- und L-Getrieben nach Abb. 6.125[4] wird der um etwa 3° schräggestellte Motor mit Kegelscheibe auf einem zur Abtriebswelle senkrechten Schlitten verschoben; auf der Abtriebswelle sitzt eine mit Trockenreibbelag versehene Topfscheibe, die durch Federkraft oder durch eine dem Abtriebsdrehmoment proportionale Anpreßkraft gegen die Kegelscheibe gedrückt wird (Verstellbereich 1:5, Leistung 0,18 bis 4 PS). Die Hintereinanderschaltung von zwei Getrieben der letzten Bauart führt zum Prym SK-Getriebe, Abb. 6.126; Verstellbereich 1:10, Leistung 4 bis 10 PS. Das in Abb. 6.127 dargestellte Prym SH-Getriebe besitzt zwei hintereinandergeschaltete Kegel-Hohlkegel-Paarungen bei gleichachsiger An- und Abtriebswelle; Verstellbereich 1:10, Leistung 0,5 bis 4 PS. Nur *eine* Kegel-Hohlkegel-Paarung war im Prym PK-Getriebe (Abb. 6.128) angeordnet, bei dem eine nachgeschaltete Stirnräderstufe in einem als Schwinge ausgebildeten Gehäuse die mit dem Abtriebsdrehmoment wachsende Anpreßkraft erzeugte; Verstellbereich 1:5, Leistung 0,2 bis 6 PS.

Für sehr große Leistungen (bis 400 PS) sind verschiedene Bauarten des Beier-Getriebes[5] entwickelt worden. Hierbei werden zahlreiche Reibpaarungen parallelgeschaltet (Abb. 6.129), indem auf der Antriebswelle viele Doppelkegelscheiben sitzen, die in sog. Rand- oder Wulstscheiben auf Zwischenwellen (3 bis 6 Pakete auf dem Umfang) eingeschwenkt werden. Es genügen trotz geringer μ-Werte verhältnismäßig niedrige Anpreßkräfte zur Erzeugung großer Umfangskräfte. Der Verstellbereich beträgt 1:4,5 bzw. 1:15.

Mit über Kegelpaare umlaufenden Stahlreibringen arbeiten das Heynau-Getriebe[6], Abb. 6.130 (Verstellbereich 1:9, Leistung 0,25 bis 4 PS), und das Reibringgetriebe Bauart Ströter[7], Abb. 6.131 (Verstellbereich 1:10). Das in Abb. 6.132 schematisch

---

[1] SIMONIS, F. W.: Stufenlos verstellbare mechanische Getriebe, 2. Aufl., Berlin/Göttingen/Heidelberg: Springer 1959. — Vgl. auch ALTMANN, F. G.: Z. Konstr. 4 (1952) 161—164. — SCHLUMS. K.-D.: Z. Antriebstechnik 2 (1963) 281—298.
[2] Hersteller: Westdeutsche Getriebewerke GmbH, Bochum; Beschreibung und Schnittzeichnung s. VDI-Z. 102 (1960) 918.
[3] Hersteller: VEB Bohrer, vorm. Wesselmann, Gera.
[4] Hersteller: R. Hofheinz & Co., Haan/Rhld., und Webo-Gemeinschaft Westdeutscher Bohrmaschinenfabriken, Erkrath/Rhld., als EL-Getriebe. — William Prym-Werke KG, Stolberg/Rhld., als Prym L-Getriebe, Bauart G. — Vgl. Z. Konstr. 18 (1966) 307/08.
[5] Hersteller: Schaerer-Werke, Karlsruhe.
[6] Hersteller: Hans Heynau, München.
[7] Hersteller: H. Ströter, Maschinenbau, Düsseldorf.

276   6. Elemente zur Übertragung gleichförmiger Drehbewegungen

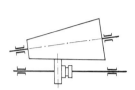

Abb. 6.119. Kegelscheibe mit Verschieberolle

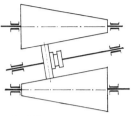

Abb. 6.120. Zwei Kegelscheiben und Zwischenrolle

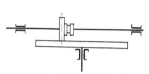

Abb. 6.121. Planscheibe mit Verschieberolle

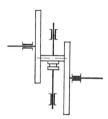

Abb. 6.122. Zwei Planscheiben und Zwischenrolle

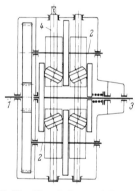

Abb. 6.123. Vier Planscheiben und 2×2 Reibrollen
1 Antriebswelle; *2* Zwischenwellen; *3* Abtriebswelle; *4* Verstellspindel

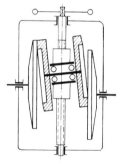

Abb. 6.124. Zwei Tellerscheiben und zwei schräggestellte Topfscheiben (Wesselmann)

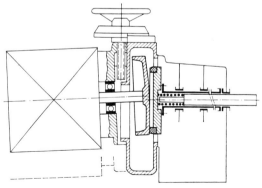

Abb. 6.125. Kegelscheibe auf verschiebbarem, schräggestelltem Motor und Topfscheibe auf Abtriebsseite (Prym L-Getriebe)

6.2 Kraftschlüssige Rädergetriebe: Reibrädergetriebe

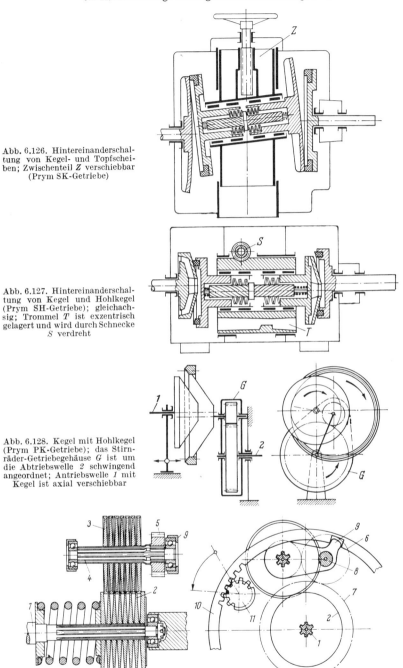

Abb. 6.126. Hintereinanderschaltung von Kegel- und Topfscheiben; Zwischenteil Z verschiebbar (Prym SK-Getriebe)

Abb. 6.127. Hintereinanderschaltung von Kegel und Hohlkegel (Prym SH-Getriebe); gleichachsig; Trommel T ist exzentrisch gelagert und wird durch Schnecke S verdreht

Abb. 6.128. Kegel mit Hohlkegel (Prym PK-Getriebe); das Stirnräder-Getriebegehäuse G ist um die Abtriebswelle 2 schwingend angeordnet; Antriebswelle 1 mit Kegel ist axial verschiebbar

Abb. 6.129. Parallelschaltung zahlreicher Reibpaarungen mit Doppelkegelscheiben und Reibscheiben mit Wulstrand (Beier-Getriebe)

1 Antriebswelle; 2 Doppelkegelscheibe; 3 Reibscheibe mit Wulstrand; 4 schwenkbare Zwischenwellen; 5 Zahnräder auf Zwischenwellen; 6 Zahnräder, lose auf Schwenkachsen; 7 Zahnrad auf Abtriebswelle; 8 Schwenkachsen; 9 Schwenkarme; 10 Verstellring; 11 Verstellritzel

dargestellte Arter-Getriebe[1] trägt auf der An- und Abtriebswelle je eine Globoidscheibe, und als Übertragungsglieder dienen schwenkbare Wälzscheiben; Verstellbereiche 1:5 bis 1:10 bei Leistungen von 0,1 bis 7,5 kW.

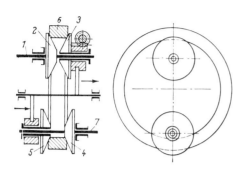

Abb. 6.130. Heynau-Getriebe, zwei Kegelpaare mit umlaufendem Reibring
Der **Stahlring** 6 umschließt unter Vorspannung die Kegelpaare 2/3 und 4/5. Die Kegel 2 und 4 sind in Festlagern im Gehäuse gelagert, 2 sitzt fest auf der Antriebswelle 1, und 4 fest auf der Abtriebswelle 7. Die Kegel 3 und 5 sind auf den Wellen axial verschiebbar, und zwar beide im gleichen Sinn, indem sie über vorgespannte Federn miteinander verbunden sind (in Skizze schematisch)

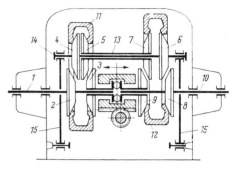

Abb. 6.131. Reibringgetriebe Bauart Ströter, vier Kegelpaare mit zwei umlaufenden Reibringen
Kegel 2 sitzt fest auf der Antriebswelle 1; Kegel 8 sitzt fest auf der Abtriebswelle 10; Kegel 3 und 9 sind axial verschiebbar, Kegel 4 und 6 sitzen fest auf der in den Schwingen 15 gelagerten Zwischenwelle 14; Kegel 5 und 7 sind durch die Hohlwelle 13 fest miteinander verbunden. Reibring 11 umschließt die Kegelpaare 2/3 und 4/5, Reibring 12 die Kegelpaare 6/7 und 8/9, jeweils mit äußerer bzw. innerer Berührung

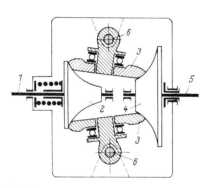

Abb. 6.132. Globoidscheiben mit schwenkbaren Wälzscheiben (Arter-Getriebe)
Die Globoidscheibe 2 sitzt fest auf der Antriebswelle 1, die Globoidscheibe 4 fest auf der Abtriebswelle 5. Die Wälzscheiben 3 sind um die im Gehäuse gelagerten Schwenkachsen 6 drehbar

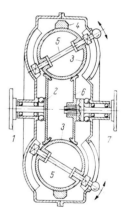

Abb. 6.133. Kopp-Tourator (Wülfel)
Die Kegelscheibe 2 sitzt fest auf der Antriebswelle 1, die Kegelscheibe 6 auf der Abtriebswelle 7. Die Kugeln 3 werden von dem umlaufenden Ring 4 umschlossen; die Drehachsen 5 der Kugeln sind in radialen Führungen schwenkbar

Mehrere Getriebebauarten benutzen zwischen Kegelscheiben gleichmäßig über den Umfang verteilt angeordnete Kugeln, die sich auf schwenkbaren Achsen drehen können. Als Beispiel ist in Abb. 6.133 das Schema des Kopp-Tourators[2] dargestellt, bei dem $i_{min} = 1/3$, $i_{max} = 3$, also der Verstellbereich gleich 1:9 ist; es können Leistungen von 0,25 bis 16 PS übertragen werden.

---

[1] Hersteller: Arter & Co., Männedorf/Schweiz.
[2] Hersteller: Eisenwerk Wülfel, Hannover-Wülfel.

Die mehrfach erwähnte Anpassung der Anpreßkräfte an die Drehmomente der Abtriebswelle wird auf verschiedene Arten bewirkt; teilweise werden steilgängige Gewinde, teilweise besondere Axialnocken- oder Kurvengetriebe in Verbindung mit Federn und Bunden verwendet.

6.3 Formschlüssige Zugmittelgetriebe: Ketten- und Zahnriemengetriebe

Bei den *Zugmittelgetrieben*[1] erfolgt die Bewegungsübertragung zwischen zwei oder mehr Führungsgliedern (Rädern, Scheiben) über ein nur Zugkräfte aufnehmendes Zwischenglied, das Zugmittel. Die in diesem Abschnitt betrachteten *formschlüssigen* Zugmittelgetriebe benutzen Gelenkketten oder Bänder mit Zahnprofil (Zahnriemen) als Zugmittel, die entsprechend geformte Kettenräder bzw. Zahnscheiben auf einem Teil ihres Umfangs umhüllen.

6.3.1 Kettengetriebe[2]

Die *Hauptvorteile* der Kettengetriebe sind: schlupffreie Bewegungsübertragung ohne Vorspannung, also geringe Lagerkräfte, Überbrückung beliebig großer Achsenabstände, gleichzeitiger Antrieb mehrerer Wellen (Leistungsverzweigung) bei beliebigem Drehsinn, geringer Raumbedarf in seitlicher Richtung, geringe Empfindlichkeit gegen Feuchtigkeit, Hitze und Schmutz, geringe Ansprüche an Wartung, hoher Wirkungsgrad (bis 98%), gewisse Elastizität und Dämpfungsfähigkeit durch Ölpolster in Gelenken und an Rollen, ruhiger Lauf.

Dem stehen an *Nachteilen* gegenüber: Übersetzungsschwankungen infolge der Vieleckwirkung der Kettenräder, keine absolute Spielfreiheit, Verwendbarkeit nur für parallele (im allgemeinen waagerecht liegende) Wellen, hohe Anforderungen an Montagegenauigkeit (Fluchten der Kettenräder), u. U. Auftreten von Schwingungen, Beschränkung der Lebensdauer durch Verschleiß in den Gelenken und an den Kettenrädern.

Kettenbauarten und ihre Anwendung[3].

Nach dem *Aufbau* unterscheidet man Bolzenketten, Buchsenketten, Rollenketten, Zahnketten und Sonderketten.

Nach der *Verwendung* kann man eine Einteilung vornehmen in Lastketten, Treib- und Förderketten und Getriebeketten. Nur die letzteren sollen hier etwas ausführlicher behandelt werden, von den ersteren seien nur die Normblattnummern, die Benennungen und kurze Bemerkungen zur Anwendung u. ä. angegeben:

Lastketten:

DIN 8150 Gallketten, schwer, $v \leq 0{,}3$ m/s⎫ Last- und Transportketten, Kraftschluß mit
DIN 8151 Gallketten, leicht, $v \leq 0{,}2$ m/s⎭ Kettenrädern
DIN 8152 Fleyerketten, laufen nicht über Kettenräder, sondern nur über Umlenkrollen
DIN 8156 Ziehbankketten $v \leq 0{,}5$ m/s⎫ ähnlich den Gallketten, jedoch größere Teilung
DIN 8157 dgl. mit Buchsen $v \leq 1$ m/s⎭ zwecks Hakenangriff

---

[1] Vgl. VDI-AWF-Begriffserklärungen H. 4 (AWF-VDMA-VDI-Getriebehefte).
[2] RACHNER, H. G.: Stahlgelenkketten und Kettentriebe (Konstruktionsbücher Bd. 20), Berlin/Göttingen/Heidelberg: Springer 1962. — ZOLLNER, H.: Kettentriebe (Betriebsbücher Bd. 30), München: Hanser 1966. — WOROBJEW, N. W.: Kettentriebe, Berlin: VEB Verlag Technik 1953.
[3] Kettenhersteller: Arnold & Stolzenberg GmbH, Einbeck; Joh. Winklhofer & Söhne, München (IWIS-Präzisionsketten); Köhler & Bowenkamp KG, Wuppertal-Barmen; Otto Kötter, Wuppertal-Barmen; Ruberg & Renner GmbH, Kettenwerk Hagen, Hagen/Westf.; Siemag, Feinmechanische Werke GmbH, Eiserfeld/Siegen; Stotz AG, Kornwestheim; Westinghouse, Bremsen- und Apparatebau GmbH, Hannover, Werk Gronau/Leine; Wippermann jr. GmbH, Hagen-Dellstern; u. a.

280   6. Elemente zur Übertragung gleichförmiger Drehbewegungen

Treib- und Förderketten:

DIN 8164 Buchsenketten (einfach)⎫ $v \leq 4$ m/s geeignet für rauhen Betrieb, auch bei star-
DIN 8171 Mehrfachbuchsenketten   ⎭   ker Verschmutzung
DIN 8165 Buchsenketten, Doppelbuchsenketten für stetige Förderer⎫
DIN 8175 Laschenketten für Stahlgliederbänder
DIN 8176 Laschenketten für Kettenbahnen   ⎬ $v \leq 1$ m/s
DIN 8177 Kratzerketten   ⎭
DIN 8181 Rollenketten, langgliedrig
DIN 8184 Rollenketten für Umlaufaufzüge
DIN 8185 Rollenketten für Stützkettenaufzüge

Sonderketten:

DIN 8153 Scharnierbandketten für Flaschentransport, Kettenräder
DIN 686 Zerlegbare Gelenkketten⎫ bestehen jeweils aus untereinander gleichen gegossenen
DIN 654 Stahlbolzenketten   ⎭ Gliedern

Rollen- und Hülsenketten:

Die häufigst verwendete Getriebekette ist die *Rollenkette* (Abb. 6.134), die — wie die Buchsenkette — aus unterschiedlichen Außen- und Innenlaschen *1*, *2*, Buchsen *3* und Bolzen *4*, jedoch zusätzlich aus über die Buchsen gesteckten Rollen *5* bestehen. Die Innenlaschen *2* sind auf die Buchsen *3* gepreßt, die Bolzen *4* sitzen mit Festsitz in den Außenlaschen *1*. Buchsen und Bolzen bilden das Gelenk der Kette; sie werden ebenso wie die Rollen auf den Buchsen mit Spielpassung gefügt. Als Werkstoffe werden (nach Wahl des Herstellers) für die verschleißenden Teile Einsatzstähle nach DIN 17 210 und für die tragenden Teile Vergütungsstähle nach DIN 17 200 verwendet. Der Vorteil der Schonrollen besteht darin, daß beim Eingriff in das Kettenrad die gleitende Reibung vermieden wird und daß im Betrieb immer wieder andere Teile des Rollenumfangs mit dem Radzahn in Berührung kommen, während bei den Buchsen- oder Hülsenketten immer die gleichen Stellen der Buchsen mit dem Radzahn zusammenarbeiten. Ferner wirkt sich das stoßdämpfende Ölpolster zwischen Buchse und Rolle geräuschmindernd aus. Die Abmessungen, die für die Flächenpressung maßgebenden Gelenkflächen und die Bruchlasten sind für normale Rollenketten in DIN 8180, für Rollenketten mit erhöhten Leistungen in DIN 8187 und für Rollenketten amerikanischer Bauart in DIN 8188 festgelegt (Teilungen bis 76,2 mm). Für größere Leistungen können auch Mehrfachrollenketten verwendet werden (Abb. 6.134b), die den gleichen Aufbau, nur mit entsprechend längeren Bolzen aufweisen. Kettengeschwindigkeiten von 7 m/s werden als günstig, 12 m/s als normal bezeichnet; es sind jedoch auch höhere Werte (bis 35 m/s) möglich. Kleine Teilungen und möglichst große Zähnezahlen für das Kettenritzel ($z > 17$) sind zu bevorzugen, da mit zunehmender Zähnezahl der relative Winkelweg der Kettenglieder gegeneinander beim Auf- und Ablaufen und somit der Verschleiß abnehmen. Für gleichmäßigere Abnutzung ist es vorteilhaft, für die Ketten gerade Gliederzahlen und für die Kettenräder ungerade Zähnezahlen zu wählen. Für die Verbindung der Kettenenden werden bei gerader Gliederzahl Steckglieder (Abb. 6.135) mit a) Federverschluß, b) Schraubenverschluß oder c) Drahtverschluß benutzt; bei ungerader Gliederzahl ist ein gekröpftes Glied (Abb. 6.136) erforderlich. Rollenketten werden für Sonderfälle, in denen auf eine Öl- oder Fettschmierung verzichtet werden muß, mit Kunststoffgleithülsen zwischen Bolzen und Buchse ausgeführt.

Die *Hülsenketten* (Abb. 6.137) werden nur für kleine Teilungen (6,35 mm und 9,525 mm) gebaut; durch den Wegfall der Rollen besitzen sie ein geringeres Gewicht als die Rollenketten, weisen dafür aber auch, wie oben schon angedeutet, den Nachteil des größeren Verschleißes auf, d. h., sie verlangen entsprechend höhere Anforde-

6.3 Formschlüssige Zugmittelgetriebe: Ketten- und Zahnriemengetriebe

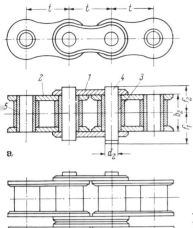

Abb. 6.135. Verbindungsglieder nach DIN 8180 und 8187
a) mit Federverschluß; b) mit Schraubenverschluß; c) mit Drahtverschluß

Abb. 6.136
Gekröpftes Glied nach DIN 8180 und 8187

Abb. 6.134. Rollenketten nach DIN 8180 und 8187
1 Außenlaschen; 2 Innenlaschen; 3 Buchsen; 4 Bolzen, unvernietet; 5 Rollen; $f_1 > f_2$ kennzeichnet den größeren seitlichen Raumbedarf auf der Verschlußseite
a) Einfachrollenkette; b) Zweifachrollenkette

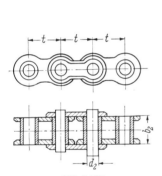
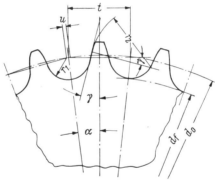
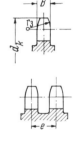

Abb. 6.137
Hülsenkette nach DIN 8188, Bolzen in unvernietetem Zustand

Abb. 6.138. Kettenräder nach DIN 8196 für Hülsen- und Rollenketten

rungen an die Schmierung und können nur in geschlossenen Gehäusen verwendet werden; es sind dann Kettengeschwindigkeiten bis 12 m/s zulässig. Hinsichtlich Laufgeräusch verhalten sie sich ungünstiger als die Rollenketten. Die Hülsenkette 9,5×9,5 (Teilung 9,525 mm) für den Kraftfahrzeugbau ist in DIN 73 232, zwei Hülsenketten amerikanischer Bauart sind in DIN 8188 genormt.

Die Abmessungen und die Berechnungsgrundlagen für *Kettenräder* (Abb. 6.138) enthält DIN 8196, sowohl für Rollen- als auch für Hülsenketten. Da die Kettenteilung zugleich als Sehne Teilung des Rades ist, ergibt sich für den Teilkreisdurchmesser

$$d_0 = \frac{t}{\sin\alpha},$$

wobei α der halbe Teilungswinkel ist, also $\alpha = 180°/z$. Der Zahnflankenwinkel γ beträgt $15° \pm 2°$ bei $v < 12$ m/s bzw. $19°\,^{+3°30'}_{-3°}$ bei $v > 8$ m/s. Das Zahnlückenspiel ist zu $u = 0.02t$ festgelegt, die Zahnbreite zu $B = 0.9 b_1$ ($b_1 =$ innere Kettenbreite).

Für die Berechnung für Hülsen- und Rollenketten liefert *DIN 8195* eine ausführliche Anleitung. Maßgebend für die zulässige Belastung ist der Verschleiß in den Gelenken und die damit verbundene Kettenlängung, die im Mittel 2% nicht überschreiten soll.

Die Betriebsart wird durch Stoßbeiwerte Y berücksichtigt:
$Y = 1$ bei stoßfreiem Betrieb,
$Y = 2$ bei leichten Stößen und mittlerer schwellender Belastung,
$Y = 3$ bei mittleren Stößen und extremer schwellender Belastung,
$Y = 4$ bei schweren Stößen und mittleren Überholstößen.
(Genauere Werte für verschiedene Arten von antreibenden Kraft- und angetriebenen Arbeitsmaschinen enthält das Normblatt.)

In Abhängigkeit von Y, vom Übersetzungsverhältnis $z_2 : z_1$ und von der Zähnezahl z_1 des Kettenritzels werden Leistungsfaktoren k angegeben, mit deren Hilfe man die „Diagrammleistung" $P_D = P/k$ bestimmt. Der Wert k ist gleich 1 für $Y = 1$, $z_1 = 19$, $z_2 : z_1 = 3$; für diese Werte, für einen Achsenabstand $a = 40t$ und für eine Lebensdauer von ≈ 10000 Std. sind für Ketten nach DIN 8180 und 8187 sowie nach DIN 8188 Leistungs- und Drehzahldiagramme aufgestellt, die eine *Vorwahl* der Ketten ermöglichen. Dabei wird in drei Leistungsbereichen den Kettengeschwindigkeiten und der Schmierung Rechnung getragen, s. Tab. 6.11.

Tabelle 6.11. *Leistungsbereiche und Schmierung nach DIN 8195*

Leistungs-bereich	Ketten-geschwin-digkeit [m/s]	Günstig	Zulässig	Übertragbare Leistung und zulässige Gelenkflächenpressung p			
				einwand-freie Schmierung (günstig, zulässig)	mangelhafte Schmierung		ohne Schmierung
					ohne	mit	
					Verschmutzung		
I	bis 4	Leichte Tropf-schmierung 4 bis 14 Tropfen je Minute	Fettschmierung Handschmierung		60%	30%	15%
II	bis 7	Tauchschmierung im Ölbad	Tropfschmierung etwa 20 Tropfen je Minute		30%	15%	nicht zulässig
III	bis 12	Druckumlauf-schmierung	Ölbad möglichst mit Spritzscheibe	100%			
	über 12	Sprühschmierung (Druckumlauf-schmierung mit Düsen für kleinste Tropfenbildung) Ölkühlung, falls erforderlich, vorsehen	Druckumlauf-schmierung	nicht zulässig			

Für die *Nachrechnung* der Ketten gelten dann folgende Gleichungen:

Kettengeschwindigkeit $\qquad v = r_{01}\,\omega_1 = r_{02}\,\omega_2$,

Zugkraft (Umfangskraft an Kettenrad) $\quad F_U = M_{t1}/r_{01} = M_{t2}/r_{02}$,

Fliehzugkraft $\qquad F_F = q\,\dfrac{v^2}{g}$ (mit $q =$ Gewichtskraft der Kette je m, aus Normblättern, und $g =$ Erdbeschleunigung),

Gesamtzugkraft $\qquad F_G = F_U + F_F$,

rechnerische Gelenkflächenpressung $\qquad p_r = \dfrac{F_G}{b_2 d_2}$ ($b_2 d_2 =$ Gelenkfläche, aus Normblättern),

zulässige Gelenkflächenpressung $\qquad p_{zul} = p \, \lambda$.

(Richtwerte für p in Abhängigkeit von v und z_1 enthält DIN 8195, Größenordnung 1,5 bis 3,0 kp/mm²; λ ist der sogenannte Reibwegfaktor, abhängig von Kettenart, Stoßbeiwert Y und Achsenabstand a, s. DIN 8195.)

Statische Bruchsicherheit $\qquad S_B = F_B/F_G \geqq 7$ ⎫ ($F_B =$ Bruchlast, aus Normblättern),
Dynamische Bruchsicherheit $\qquad S_D = F_B/(F_G\, Y) \geqq 5$ ⎭

Berechnung der Gliederzahl X'
aus ungefährem Achsenabstand a' ⎱ $\qquad X' = 2\,\dfrac{a'}{t} + \dfrac{z_1 + z_2}{2} + \left(\dfrac{z_2 - z_1}{2\pi}\right)^2 \dfrac{t}{a'}$,

Berechnung des genauen Achsenabstandes a aus gerundeter Gliederzahl X ⎱ $\qquad a = \dfrac{t}{8}\left[2X - z_1 - z_2 + \sqrt{(2X - z_1 - z_2)^2 - \varphi(z_2 - z_1)^2}\right]$,

wobei φ[1] in Abhängigkeit von $\dfrac{X - z_1}{z_2 - z_1}$ aus einer Tabelle in DIN 8195 zu entnehmen ist (Ableitung der Beziehung s. ZOLLNER[2]).

Richtwerte für den Achsenabstand: $a = 20$ bis $80\,t$; bei den kleineren Werten ist darauf zu achten, daß der Umschlingungswinkel β (Abb. 6.139) nicht zu klein wird; er soll möglichst bei 120° liegen (Minimum 90°). Der Durchhang f des nicht belasteten (meistens unten angeordneten) Kettentrumms soll 1 bis 2 % der Trummlänge betragen. Bei nicht horizontaler Anordnung und bei großen Achsenabständen

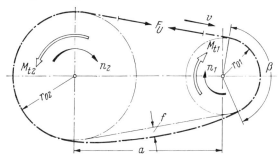

Abb. 6.139. Bestimmungsgrößen am Kettengetriebe
a Achsenabstand; β Umschlingungswinkel am Kettenritzel; f Durchgang des unbelasteten Kettentrumms

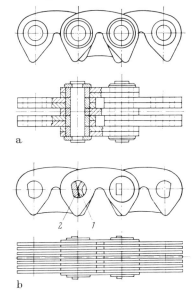

Abb. 6.140. Zahnketten
a) Buchsenzahnkette (Wippermann); b) Wiegegelenk-Zahnkette (Westinghouse)

sind Spannvorrichtungen, Spannräder, Spannschuhe, Stützräder, Führungsschienen u. ä. vorzusehen. Durch Leiträder können, insbesondere beim Antrieb mehrerer Wellen, die Umschlingungswinkel vergrößert werden.

Die *Zahnketten* nach DIN 8190 (Abb. 6.140) übertragen nicht wie die bisher besprochenen Ketten die Kräfte über Bolzen, Buchsen oder Rollen auf die Ketten-

---
[1] φ ist in DIN 8195 mit F bezeichnet.
[2] Siehe Fußnote 2, S. 279.

räder, sondern hier sind die vielen, eng nebeneinander angeordneten doppelzahnförmigen *Laschen* die Kraftübertragungselemente. Nach der Ausbildung der gelenkigen Verbindung der Laschen unterscheidet man Buchsenzahnketten (Abb. 6.140a) und Wiegegelenkzahnketten (Abb. 6.140b), wobei die letzteren die gleitende Reibung im Gelenk dadurch vermeiden, daß sich der Wiegezapfen *1* auf dem Lagerzapfen *2* abwälzt.

Das Abgleiten der Zahnketten vom Kettenrad verhindern besondere Führungslaschen, die entweder außen zu beiden Seiten oder (häufiger) in der Mitte der Kette angebracht sind. Die Kettenräder sind dementsprechend auszubilden (Abb. 6.141,

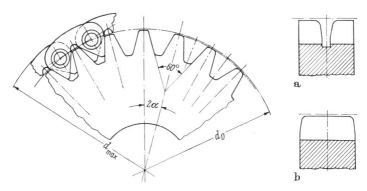

Abb. 6.141. Zahnkettenräder nach DIN 8191
a) Innenführung; b) Außenführung

DIN 8191). Bei den normalen Zahnketten sind die äußeren tragenden Flanken der Laschen gerade, unter 60° zueinander geneigt. Auch die Zähne der Kettenräder besitzen gerade Flanken und sind bei einem Öffnungswinkel von ebenfalls 60° so ausgelegt, daß bei einer neuen Kette beide Außenflanken jeder Lasche satt anliegen. Da sich bei auftretendem Verschleiß — im Gegensatz zu den Hülsen- und Rollenketten — keine Teilungs*differenzen* einstellen, sondern vielmehr nur eine gleichmäßige Vergrößerung der Teilung eintritt, bleibt beim Hochsteigen der Kette an allen im Eingriff befindlichen Zahnflanken die vollkommene Flächenberührung erhalten. Die Zahnketten zeichnen sich durch Stoßfreiheit und nahezu geräuschlosen Lauf aus.

Neuere Hochleistungszahnketten mit Wiegegelenk werden auch mit evolventenförmigen Zahnflanken hergestellt, die die Verhältnisse beim Auflaufen verbessern und noch höhere Kettengeschwindigkeiten zulassen. Eine günstigere Laschenform ermöglicht bei gleicher Teilung und Breite höhere Bruchlasten als in DIN 8190 angegeben. Genauere Konstruktions- und Berechnungsdaten sind von LOHR[1] angegeben worden. Danach sind bei kleinen Teilungen ($5/16'' \cdots 3/4''$) Kettengeschwindigkeiten bis $v = 25$ m/s und Übersetzungsverhältnisse bis $i = 12$ bei $z_1 = 19$, bei großen Teilungen ($1 1/2'' \cdots 2''$) $v = 15$ m/s und $i = 9 \cdots 7$ bei $z_1 = 21 \cdots 23$ zulässig. Größtmöglicher Achsenabstand $a \approx 100 t$, kleinster so, daß der Umschlingungswinkel $\geq 120°$. Der Vorteil des gleichen Drehsinns eines Kettengetriebes kann in Verbindung mit einem Zahnrädergetriebe für Wendegetriebe (Beispiel

---

[1] LOHR, F. W.: Konstruktions- und Berechnungsdaten von neuzeitlichen Zahnketten und Zahnkettentrieben. Z. Die Maschine 16 (1962) H. 3, S. 31—34.

Abb. 6.142) ausgenutzt werden, bei dem ein sonst erforderliches Zwischenrad einschließlich Lagerung eingespart werden kann[1].

Die *Lamellenverzahnungskette* Abb. 6.143 ist eine Sonderbauart für formschlüssige *Kettengetriebe mit stufenlos verstellbarer Übersetzung* (z. B. PIV-Regelgetriebe[2] System A). Jedes Kettenglied trägt ein Paket quer verschiebbarer Lamellen. Das Schema des PIV-Getriebes System A ist in Abb. 6.144 dargestellt, das teilweise aufgeschnittene Getriebe zeigt Abb. 6.145. Die Kegelscheiben haben eine Spezialverzahnung derart, daß jeweils auf einer Scheibe ein Zahn, auf der anderen Scheibe

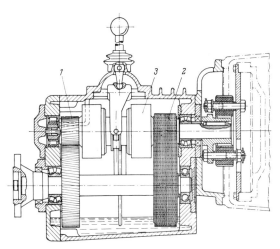

Abb. 6.142. Bootswendegetriebe mit einer Zahnradstufe *1* (Gegenlauf) und einer Kettenradstufe *2* (Gleichlauf); Umschaltung über Lamellenkupplungen *3*

eine Lücke gegenüberstehen. Die Lamellen der Kette können so mit den Scheiben eine Verzahnung bilden. Durch das Hebelgestänge und die Regelspindel werden die Kegelscheiben so verschoben, daß sie sich auf der einen Welle nähern und auf der anderen weiter voneinander entfernen. Die Kette findet dadurch immer neue Laufkreise, so daß die Drehzahl der Antriebswelle ins Langsame oder Schnelle auf die Abtriebswelle wie folgt übersetzt wird:

$$n_{2\max} = n_1 \sqrt{R}; \quad n_{2\min} = n_1/\sqrt{R},$$

wenn mit $1/R = n_{2\min}/n_{2\max}$ der Verstellbereich bezeichnet wird. Die Drehrichtung und die Wahl der An- und Abtriebswelle sind beliebig. Die Getriebe werden in 6 Größen von 1,5 bis 24 PS gebaut für Antriebsdrehzahlen von 950, 830, 720 und 630 U/min bei Verstellbereichen 1 : 3, 1 : 4,5 und 1 : 6. Die einfache und robuste Bauart gewährleistet bei richtiger Wahl und Einhaltung der vorgesehenen Leistung die gleiche Lebensdauer, wie sie normale Zahnrädergetriebe aufweisen; der Wirkungsgrad beträgt etwa 90%.

---

[1] Siehe auch MEERMANN, E.: Zahnketten im Getriebebau. Z. Antriebstechnik 2 (1963) 132/33. — Hersteller: Westinghouse Bremsen- und Apparatebau GmbH, Hannover, Werk Gronau/Leine.

[2] Hersteller: PIV-Antrieb Werner Reimers KG, Bad Homburg v. d. H. (Die Abkürzung PIV stammt aus dem Englischen und bedeutet: *P*ositive *I*nfinitely *V*ariable, in deutscher Abwandlung *p*ositiv *i*deal *v*eränderlich.)

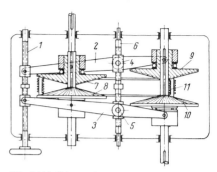

Abb. 6.144. Schema des PIV-Getriebes System A
1 Regelspindel mit Rechts- und Linksgewinde; *2, 3* Verstellhebel mit Drehpunkten *4, 5* auf Spannspindel *6*; *7/8* und *9/10* verzahnte Kegelscheibenpaare; *11* Lamellenverzahnungskette

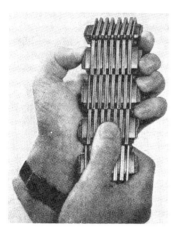

Abb. 6.143. PIV-Lamellenverzahnungskette und Kettenstück im Eingriff

Abb. 6.145. Teilweise aufgeschnittenes PIV-Getriebe System A

6.3.2 Zahnriemengetriebe

Getriebe mit Zahnriemen nach dem Schema der Abb. 6.146 verbinden die Vorteile der Riemengetriebe mit denen der Kettengetriebe, d. h., es wird bei stoßdämpfendem, geräuscharmem und wartungsfreiem Lauf ohne Vorspannung eine synchrone, schlupflose Bewegungsübertragung gewährleistet.

Der endlose Synchroflex[1]-Zahnriemen (Abb. 6.147) besteht aus dem elastischen Kunststoff Vulkollan[2] mit eingebetteten schraubenförmig gewickelten Stahllitzen, die ein Längen, das ja wegen der Zahnteilung nicht eintreten darf, verhindern. Durch

---

[1] Eingetragenes Warenzeichen der Continental Gummi Werke AG, Hannover. Alleinvertrieb: Mulco Maschinentechnische Arbeitsgemeinschaft, Hannover.
[2] Eingetragenes Warenzeichen der Farbenfabriken Bayer AG, Leverkusen. Vulkollan gehört zur Stoffklasse der Polyurethane, hochmolekularen organischen Werkstoffen, die in ihrem Endzustand die charakteristischen elastischen Eigenschaften des natürlichen oder synthetischen Kautschuks besitzen.

Verwendung sehr dünner Einzeldrähte für die Litzen wird eine hohe Biegetüchtigkeit erreicht, so daß kleine Raddurchmesser gewählt und erhebliche Raum- und Gewichtsersparnisse erzielt werden können. Da sich Vulkollan durch hohe Abriebfestigkeit auszeichnet, können Zahnriemen schmierungsfrei mit Rädern aus Metall (vorwiegend aus Aluminiumknetlegierungen) laufen. Zur seitlichen Führung der Zahnriemen erhalten die Zahnräder (meist nur das kleinere) Bordscheiben. Synchroflex-Zahnriemen werden auch mit Zähnen auf dem Rücken hergestellt, so daß Wellen mit umgekehrter Drehrichtung an den Synchronlauf angeschlossen werden können.

Abb. 6.147. Aufbau des Synchroflex-Zahnriemens

1 Vulkollanprofil; *2* Stahllitzen

Die Berechnung der Riemenlänge erfolgt für *zwei* Wellen wie bei den Flachriemen (Abschn. 6.4.2.1) nach der Näherungsformel

$$L = 2a + \frac{\pi}{2}(d_{01} + d_{02}) + \frac{(d_{02} - d_{01})^2}{4a}$$

mit a = Achsenabstand, $d_{01} = m z_1$, $d_{02} = m z_2$.

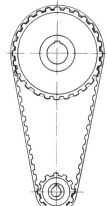

Abb. 6.146. Getriebe mit Zahnriemen (Schema)

Da die Riemenlänge ein ganzes Vielfaches der Teilung $t = m\pi$ sein muß und im Lieferprogramm des Herstellers gestuft ist, empfiehlt es sich, den *Achsenabstand* der Riemenlänge anzupassen. Er läßt sich durch eine Iterationsrechnung auch *genau* ermitteln.

An der Übertragung der Umfangskraft sind sowohl die Zahnflanken als auch die Stahllitzen beteiligt. Man berechnet die *Zahnbreite* aus der zulässigen Flankenpressung

$$b = \frac{F_U Y}{h_z \, p_{zul} \, z_e},$$

wobei Y = Stoßbeiwert, h_z = Zahnhöhe (aus den Listen des Herstellers), z_e = eingreifende Zähnezahl beim kleinen Zahnrad. Für p_{zul} können je nach Umfangsgeschwindigkeit Werte von 2 bis 16 kp/cm² eingesetzt werden. Es sind Umfangsgeschwindigkeiten bis zu 60 m/s und maximale Umfangskräfte bis zu 2000 kp möglich. Die auftretende Zugspannung in den Stahllitzen muß unterhalb der Elastizitätsgrenze liegen.

6.4 Kraftschlüssige Zugmittelgetriebe: Riemen- und Rollenkeilkettengetriebe

Die kraftschlüssigen Zugmittel übertragen die Bewegung durch Reibung. Zwischen dem Zugmittel und dem umschlungenen Teil der in Umfangsrichtung glatten Scheiben wirken im Betrieb vom unbelasteten bis zum belasteten Trumm hin stetig zunehmende Widerstandskräfte. Die Differenz der Trummkräfte ist gleich der übertragenen Umfangskraft; sie ist hauptsächlich vom Reibwert μ, dem Umschlingungswinkel β und den Grenzwerten des Zugmittelwerkstoffs abhängig.

Riemengetriebe besitzen folgende *Vorteile*: Sie sind bei einfacher und billiger Bauweise für parallele und gekreuzte Wellen anwendbar, wobei gleichzeitig mehrere Wellen angetrieben werden können (Flachriemen und Doppelkeilriemen ermöglichen dabei gleich- *und* gegensinnige Drehrichtung); sie zeichnen sich durch geräuscharmen Lauf, günstiges elastisches Verhalten (Stoßaufnahme, Dämpfung, Überlastungsschutz) und z. T. recht hohe Wirkungsgrade von 95 bis 98% aus; ferner sind sie leicht ausrückbar und gut für die Verwirklichung stufenlos verstellbarer Übersetzungen geeignet. *Nachteile* sind die durch die erforderliche Vorspannung bedingten größeren Lagerkräfte, der unvermeidliche Schlupf und bei manchen Riemenwerkstoffen die wegen Zunahme der bleibenden Dehnung notwendigen Einrichtungen zum Nachspannen und die Empfindlichkeit gegen Temperatur, Feuchtigkeit, Staub, Schmutz und Öl.

Rollenkeilketten werden ausschließlich für Getriebe mit stufenlos verstellbaren Übersetzungen verwendet, bei denen höhere Anforderungen an übertragbare Leistung, Lebensdauer, niedrigen Wartungsaufwand und geringen Raumbedarf gestellt werden.

6.4.1 Theoretische Grundlagen, Begriffe und Folgerungen

Die theoretischen Betrachtungen sollen lediglich dazu dienen, die Haupteinflüsse zu erfassen und daraus Schlußfolgerungen für die heute gebräuchlichen Ausführungen zu ziehen. Es sind dabei vereinfachende Annahmen, z. B. über Homogenität des Werkstoffs, Konstanz der Reibungszahl u. ä., unerläßlich.

6.4.1.1 Bandkräfte F_{T1} und F_{T2}. Wird um eine drehbar gelagerte, jedoch zunächst durch einen Riegel an der Drehung gehinderte Scheibe (Abb. 6.148) ein Band (Riemen oder Seil) gelegt, an dessen einem Ende (dem gezogenen Trumm) ein Gewicht G_2 angebracht ist, so kann am anderen Ende (dem ziehenden Trumm) ein wesentlich größeres Gewicht G_1 angebracht werden, ohne daß das Band rutscht. In der Mechanik wird unter Annahme der Gültigkeit des Coulombschen Reibungsgesetzes die Eytelweinsche Gleichung für den Zusammenhang zwischen den Seilkräften $F_{T1} = G_1$ und $F_{T2} = G_2$ unterhalb der Gleitgrenze abgeleitet:

$$\boxed{F_{T1} \leq F_{T2}\, e^{\mu \beta}}, \tag{1}$$

wobei $e = 2{,}718$, die Basis der natürlichen Logarithmen, μ die Reibungszahl und β den Umschlingungswinkel im Bogenmaß bedeuten. Die vom Riegel ausgeübte Stützkraft (Umfangskraft) F_U ergibt sich aus der Gleichgewichtsbedingung Summe der Momente um A (Drehachse) gleich Null zu

$$F_U = F_{T1} - F_{T2}, \tag{2}$$

die senkrechte Stützkraft, von den Lagern her wirkend, aus der Gleichgewichtsbedingung Summe der Vertikalkräfte gleich Null zu

$$F_A = F_{T1} + F_{T2}. \tag{3}$$

Überträgt man diese Verhältnisse auf das laufende Band (Abb. 6.149), so gilt Gl. (1) erfahrungsgemäß nur näherungsweise, vor allen Dingen ist die Reibungszahl μ *nicht* konstant, sondern von der Umfangsgeschwindigkeit v abhängig. Dessenungeachtet besagt jedoch Gl. (1), daß F_{T2} niemals Null werden darf, wenn im ziehenden Trumm eine Spannkraft F_{T1} vorhanden sein soll. Wird der Durchmesser der kleinen Scheibe mit d_k bezeichnet, so kann für das zu übertragende Drehmoment

$$M_{t1} = F_U \frac{d_k}{2} \tag{4}$$

angesetzt werden, und aus der Momentengleichgewichtsbedingung folgt wiederum

$$\boxed{F_U = F_{T1} - F_{T2}}. \tag{5}$$

Die Reaktions- oder Achskraft ergibt sich durch geometrische Addition zu

$$\overline{F_A} = \overline{F_{T1}} + \overline{F_{T2}}$$

6.4 Kraftschlüssige Zugmittelgetriebe: Riemen- und Rollenkeilkettengetriebe

bzw. mit Hilfe des Cosinussatzes zu

$$F_A = \sqrt{F_{T1}^2 + F_{T2}^2 - 2F_{T1}F_{T2}\cos\beta}.$$

Im allgemeinen genügt es, für F_A mit dem möglichen Höchstwert bei $\beta = \pi = 180°$ zu rechnen:

$$\boxed{F_A = F_{T1} + F_{T2}}. \tag{6}$$

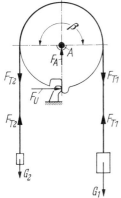
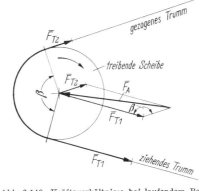

Abb. 6.148. Bandkräfte am Zugmittel über festgehaltener Scheibe

Abb. 6.149. Kräfteverhältnisse bei laufendem Band

Wird nun Gl. (1) in Gl. (5) und (6) eingesetzt, so erhalten wir

$$\boxed{F_U = F_{T2}(e^{\mu\beta} - 1) = F_{T1}\frac{e^{\mu\beta} - 1}{e^{\mu\beta}}}\;^1, \tag{5a}$$

$$\boxed{F_A = F_{T2}(e^{\mu\beta} + 1) = F_{T1}\frac{e^{\mu\beta} + 1}{e^{\mu\beta}}} \tag{6a}$$

und ferner

$$\boxed{\frac{F_A}{F_U} = \frac{e^{\mu\beta} + 1}{e^{\mu\beta} - 1}}\;^2. \tag{7}$$

Aus Gl. (5a) und (6a) geht wieder eindeutig hervor, daß F_{T2} nicht gleich Null werden darf, ferner, daß man optimale Verhältnisse bekäme, wenn man bei konstanter Drehzahl (= konstanter Umfangsgeschwindigkeit v) eine Regelung derart vornehmen würde, daß F_{T2} der Umfangskraft (und somit der Leistung $F_U v$) proportional wäre[3]. Gl. (7) besagt, daß auch die Vorspannkraft kein konstanter Höchstwert zu sein braucht, sondern theoretisch nur mit der Umfangskraft zunehmen muß[4].

---

[1] Der Wert $(e^{\mu\beta} - 1)/e^{\mu\beta} = F_U/F_{T1} = \sigma_n/\sigma_1$ wird in manchen Lehrbüchern „Ausbeute" genannt und mit k bezeichnet.

[2] Der Kehrwert $(e^{\mu\beta} - 1)/(e^{\mu\beta} + 1) = F_U/F_A$ wird oft „Durchzugsgrad" genannt und mit φ bezeichnet.

[3] Einen Vorschlag hierfür bringt LEYER, A.: Zahnrad- oder Bandantrieb? Z. Antriebstechnik 6 (1967) 117—122.

[4] Dies bewirken die selbstspannenden Riementriebe, s. Abschn. 6.4.2.1.

Man erkennt außerdem, daß hohe μ- und β-Werte günstig sind; z. B. wird für $\beta = \pi = 180°$

Gl.		bei $\mu =$	0,2	0,3	0,4	0,5	0,6	0,8	1,0	1,2
(1)	$F_{T1}/F_{T2} = e^{\mu\beta}$	=	1,87	2,56	3,51	4,80	6,55	12,4	23,1	43,2
(5a)	$F_U/F_{T1} = (e^{\mu\beta}-1)/e^{\mu\beta}$	=	0,465	0,610	0,715	0,790	0,848	0,919	0,957	0,975
(5a)	$F_U/F_{T2} = e^{\mu\beta}-1$	=	0,87	1,56	2,51	3,80	5,55	11,4	22,1	42,2
(6a)	$F_A/F_{T2} = e^{\mu\beta}+1$	=	2,87	3,56	4,51	5,80	7,55	13,4	24,1	44,2
(7)	$F_A/F_U = (e^{\mu\beta}+1)/(e^{\mu\beta}-1)$ =		3,30	2,28	1,80	1,53	1,36	1,18	1,09	1,05

Wird der tragende Riemenquerschnitt mit A bezeichnet, so ergeben sich die durch F_{T1} und F_{T2} hervorgerufenen *Bandspannungen*

$$\sigma_1 = \frac{F_{T1}}{A} = \frac{F_{T2}}{A} e^{\mu\beta} = \sigma_2 e^{\mu\beta} \tag{8}$$

bzw. mit

$$\sigma_n = \frac{F_U}{A} = \text{Nutzspannung} \tag{9}$$

$$\sigma_1 = \sigma_n \frac{e^{\mu\beta}}{e^{\mu\beta}-1} \quad \text{oder} \quad \sigma_n = \sigma_1 \frac{e^{\mu\beta}-1}{e^{\mu\beta}}. \tag{10}$$

6.4.1.2 Einfluß der Fliehkraft. Bei höheren Umfangsgeschwindigkeiten müssen die Spannungen σ_f infolge der Fliehkräfte und die dadurch bedingten Bandkräfte F_{Tf}

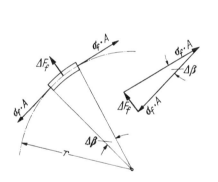 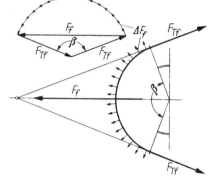

Abb. 6.150. Kräfteverhältnisse am Bandelement zur Ermittlung der Spannungen σ_f infolge der Fliehkräfte

Abb. 6.151. Gleichgewicht zwischen Bandkräften F_{Tf} und resultierender Fliehkraft F_f

berücksichtigt werden. Die Kräfteverhältnisse an einem Bandelement sind in Abb. 6.150 dargestellt; aus dem Krafteck folgt

$$\sigma_f A \Delta\beta = \Delta F_f$$

und mit

$$\Delta F_f = \Delta m \, r \, \omega^2 = \frac{\gamma}{g} A \, \Delta\beta \, r \, \omega^2 = \frac{\gamma}{g} A \, \Delta\beta \, v^2$$

$$\boxed{\sigma_f = \frac{\gamma}{g} v^2}. \tag{11}$$

Die Spannung σ_f ist also von der Wichte γ abhängig und dem *Quadrat* der Umfangsgeschwindigkeit proportional; sie ist an jeder Bandstelle gleich groß (Abb. 6.153). Die Bandkräfte ergeben sich also zu

$$\boxed{F_{Tf} = \sigma_f A = \frac{\gamma}{g} v^2 A}. \tag{12}$$

Die Resultierende F_f der Teilfliehkräfte ΔF_f über dem Winkel β ist in Abb. 6.151 eingetragen, sie steht mit den beiden Bandkräften F_{Tf} im Gleichgewicht; das Krafteck liefert für sie also den Wert

$$F_f = 2 F_{Tf} \sin\frac{\beta}{2} = 2\frac{\gamma}{g} v^2 A \sin\frac{\beta}{2}. \tag{13}$$

Die Wirkung der Fliehkräfte besteht außer in der Vergrößerung der Trummkräfte und -spannungen darin, daß die Pressung zwischen Band und Scheibe verringert wird, was bei Dehnungsspannung durch größere Vorspannkräfte im Stillstand ausgeglichen werden muß. Die Gln. (5a) und (6a) sind also nicht mehr exakt gültig, aber ihr qualitativer Charakter bleibt erhalten. Die Vorspannkräfte werden in der Praxis ohnehin nach Erfahrungswerten bzw. Richtlinien der Hersteller eingestellt oder in Sonderfällen selbsttätig geregelt.

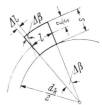

Abb. 6.152
Geometrische Verhältnisse am Bandelement zur Ermittlung der Biegespannung σ_b

6.4.1.3 Biegespannung und Biegefrequenz. Im Bereich des Umschlingungswinkels der Scheiben tritt im Band auch noch eine Biegespannung auf, die um so größer ist, je kleiner der Scheibendurchmesser, je dicker das Band und je größer der Elastizitätsmodul ist. Der Zusammenhang geht aus Abb. 6.152 hervor, wenn man zwischen elastischer Dehnung $\Delta l/l$ und Zugspannung in der Außenfaser σ_b das Hookesche Gesetz annimmt:

$$\sigma_b = E_b \frac{\Delta l}{l} = E_b \frac{\frac{s}{2}\Delta\beta}{\left(\frac{d_k}{2}+\frac{s}{2}\right)\Delta\beta} = E_b \frac{s}{d_k + s}.$$

Da s gegenüber d_k sehr klein ist, wird mit guter Näherung

$$\boxed{\sigma_b = E_b \frac{s}{d_k}}. \tag{14}$$

Vorteilhaft sind also möglichst dünne, nicht biegungssteife Bänder und nicht zu kleine Scheibendurchmesser. Der Elastizitätsmodul E_b ist vom Werkstoff abhängig, er ist bei manchen Werkstoffen nicht konstant und stimmt häufig nicht mit dem im Zugversuch ermittelten überein.

Für die Lebensdauer eines Zugmittels sind nicht die Spannungswerte allein maßgebend; vielmehr spielt es eine große Rolle, wie oft in der Zeiteinheit ein Bandelement aus der geraden Richtung in die Scheibenkrümmung hineingezwungen wird. Man bezeichnet diesen Wert als Biegefrequenz f_B; sie ist nach der angegebenen Definition proportional der Anzahl z der Scheiben und der Bandgeschwindigkeit v und umgekehrt proportional der Bandlänge L:

$$\boxed{f_B = \frac{v\,z}{L}}. \tag{15}$$

Zulässige Werte für die Biegefrequenz sind aus Dauerversuchen oder durch Erfahrung gewonnen worden (s. Tab. 6.12, S. 296).

6.4.1.4 Gesamtspannung und optimale Bandgeschwindigkeit. In Abb. 6.153 sind die einzelnen Spannungsbeträge beim Übergang über die treibende Scheibe (meistens die kleine Scheibe) senkrecht zum Band aufgetragen. Die durch Schraffur gekennzeichnete Differenz $\sigma_1 - \sigma_2$ nimmt über dem Umschlingungswinkel stetig ab, und die Maximalspannung tritt beim Auflaufen des Zugmittels auf die Scheibe auf:

$$\sigma_{\max} = \sigma_1 + \sigma_f + \sigma_b. \tag{16}$$

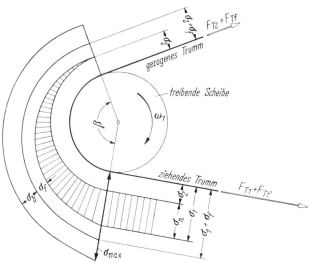

Abb. 6.153. Spannungsbeträge, senkrecht zum Band aufgetragen
$\sigma_1 + \sigma_f$ = Spannung im ziehenden Trumm; $\sigma_2 + \sigma_f$ = Spannung im gezogenen Trumm; σ_f = Spannung infolge Fliehkraft; σ_b = Biegespannung; $\sigma_n = (\sigma_1 + \sigma_f) - (\sigma_2 + \sigma_f) = \sigma_1 - \sigma_2$ = Nutzspannung

Aus der Bedingung $\sigma_{\max} \leqq \sigma_{\text{zul}}$ ergibt sich

$$\sigma_1 \leqq \sigma_{\text{zul}} - \sigma_b - \sigma_f$$

und mit Gl. (10)

$$\boxed{\sigma_n = \frac{e^{\mu\beta} - 1}{e^{\mu\beta}} (\sigma_{\text{zul}} - \sigma_b - \sigma_f)}. \tag{17}$$

Wird nun Gl. (9) rechts und links mit der Umfangsgeschwindigkeit v multipliziert, so erkennt man, daß das Produkt $\sigma_n v$ *die auf den Querschnitt A bezogene übertragbare Leistung* darstellt:

$$\boxed{\sigma_n v = \frac{F_U v}{A} = \frac{P}{A}}. \tag{18}$$

Die Gln. (17) und (18) mögen an einem Zahlenbeispiel, etwa für einen klassischen Lederriemen, untersucht werden. Es wird von den empfohlenen Werten $d_{k\min}/s = 80$, $\sigma_{\text{zul}} = 44$ kp/cm² und $E_b = 400$ kp/cm² ausgegangen. Gegeben bzw. angenommen seien die Drehzahl $n = 1000$ U/min ($\omega = 105$/s) und die Riemendicke $s = 4$ mm. Mit $\beta = 180°$ und $\mu = 0{,}3$ wird $(e^{\mu\beta} - 1)/e^{\mu\beta} \approx 0{,}61$. Der kleinste Scheibendurchmesser $d_{k\min}$ wird also gleich $80s = 320$ mm; hierzu gehört eine Umfangsgeschwindigkeit $v = \frac{d_k}{2}\omega = 0{,}16$ m · 105/s = 16,8 m/s. Will man (bei konstanter Drehzahl) höhere Umfangsgeschwindigkeiten, so muß d_k vergrößert werden auf $d_k = 2v/\omega$, womit sich *abnehmende* Werte für σ_b nach Gl. (14) ergeben. σ_f wird nach Gl. (11) mit $\gamma \approx \frac{1}{1000} \frac{\text{kp}}{\text{cm}}$, also $\gamma/g \approx 1 \cdot 10^{-6}$ kps²/cm⁴ berechnet;

σ_f *nimmt* mit v quadratisch *zu*. Die Ergebnisse für die einzelnen Spannungswerte sind in Abb. 6.154 aufgetragen. Es sei darauf hingewiesen, daß die von oben abgetragenen Werte σ_b und σ_f von μ und β unabhängig sind und daß sich nur die σ_n-

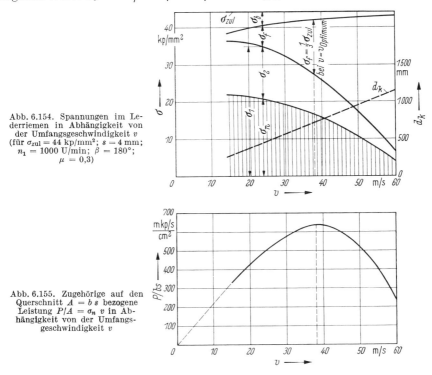

Abb. 6.154. Spannungen im Lederriemen in Abhängigkeit von der Umfangsgeschwindigkeit v (für $\sigma_{zul} = 44$ kp/mm²; $s = 4$ mm; $n_1 = 1000$ U/min; $\beta = 180°$; $\mu = 0,3$)

Abb. 6.155. Zugehörige auf den Querschnitt $A = b\,s$ bezogene Leistung $P/A = \sigma_n\,v$ in Abhängigkeit von der Umfangsgeschwindigkeit v

Kurve bei anderen β- oder μ-Werten ändert (bei kleineren β-Werten Verschiebung nach unten, bei größeren μ-Werten Verschiebung nach oben). Die Abb. 6.155 zeigt nun den Verlauf von $\sigma_n v = P/A$ über v; er weist ein ausgesprochenes Maximum bei einer optimalen Umfangsgeschwindigkeit $v_{Optimum} = 38$ m/s auf. Wiederholt man die Rechnung für eine andere Drehzahl und andere β- und μ-Werte, so ergibt sich der *gleiche* Optimalwert für v. Er liegt genau an der Stelle, an der $\sigma_f = \frac{1}{3}\sigma_{zul}$ ist. Diese Gesetzmäßigkeit kann man leicht durch partielle Differentiation der Gl. (18) nach v ableiten[1]. Für den Optimalwert $v_{Optimum}$ erhält man mit Gl. (11) also

$$\boxed{v_{Optimum} = \sqrt{\frac{\sigma_{zul}}{3\gamma/g}}}. \quad (19)$$

6.4.1.5 Folgerungen aus den theoretischen Betrachtungen. a) Die Gln. (17) bis (19) lassen erkennen, daß für die Übertragung großer Leistungen bei geringen Abmessungen *hohe σ_{zul}-Werte* erforderlich sind. Die in Tab. 6.12 zusammengestellten Anhaltswerte zeigen, daß in dieser Hinsicht Leder, Gummi-Baumwolle und Balata-Baumwolle sehr ungünstig sind, so daß diese Werkstoffe von den Kunststoffen Polyamid und Polyester mit ihren rund 6- bis 9mal so hohen Werten fast ganz

---

[1] Siehe LEYER, A.: Zahnrad- oder Bandantrieb? Z. Antriebstechnik 6 (1967) 117—122. — TEN BOSCH, M.: Berechnung der Maschinenelemente, 3. Aufl., Berlin/Göttingen/Heidelberg: Springer 1953, S. 345.

verdrängt wurden. Für Extremfälle könnte man Stahl in Form von Band oder Draht verwenden.

b) Aus Gl. (5a) und (17) folgt, daß — wie oben schon angedeutet — *hohe Reibungsbeiwerte* vorteilhaft sind. In dieser Hinsicht schneiden jedoch Kunststoffe und Stahl schlecht ab, während z. B. Chromleder — auch bei Öleinwirkung — einen sehr günstigen Reibwert aufweist. Die heute am meisten verwendeten Flachriemen[1] sind daher sog. Mehrstoffriemen, die aus einer Zugschicht aus Polyamidbändern bzw. Polyamid- oder Polyestercordfäden und aus einer Reibschicht aus hochwertigem Chromleder bestehen. Bei Stahl müßten unbedingt ebenfalls Lederbettungen oder Kork- bzw. Gummiauflagen auf den Scheiben vorgesehen werden.

Eine weitere Möglichkeit zur Erhöhung des wirksamen Reibwertes besteht in der Verwendung keilförmiger Profile für Riemen und Rillen der Scheiben. Ein Riemenelement (Abb. 6.156) wird infolge der Vorspannkraft mit der Kraft ΔF in die Rille hineingedrückt, so daß an den beiden seitlichen Anlageflächen die Normalkräfte $\Delta N = \dfrac{\Delta F/2}{\sin \alpha/2}$ wirken, die in Umfangsrichtung die Reibkräfte $\mu \Delta N$, insgesamt also $\Delta F_U = 2\mu \Delta N = \dfrac{\mu}{\sin \alpha/2} \Delta F = \mu' \Delta F$ zur Folge haben. $\mu' = \mu/\sin\dfrac{\alpha}{2}$ wird Keilreibungszahl genannt; bei den üblichen Werten von $\alpha = 34°$ und $38°$ wird $\mu' \approx 3\mu$.

c) Da nach Gl. (11) die Fliehspannung proportional der *Wichte* ist, sind Werkstoffe mit niedrigen γ-Werten günstig. Für die *optimale Riemengeschwindigkeit* ergeben sich nach Gl. (19) mit den Richtwerten der Tab. 6.12 folgende Werte:

für hochwertiges Leder	≈ 40 m/s,
für Polyamidband	≈ 80 m/s,
für Polyamidcord	≈ 90 m/s,
für Polyestercord	≈ 100 m/s,
für Stahl	≈ 120 m/s.

In Abb. 6.157 ist (genau wie in Abb. 6.155 für Leder) der *theoretische* Verlauf der auf den Querschnitt $A = b\,s$ bezogenen Leistung für zwei (konstante) μ-Werte und für $\beta = 180°$ eines Mehrstoffriemens mit Polyamidband aufgetragen. Zum Vergleich ist die Kurve der Abb. 6.155 für Leder nochmals mit eingezeichnet. Man erkennt, daß bei Mehrstoffriemen die Maximalwerte (bei $v = 80$ m/s) zwischen $8000 \dfrac{\text{kpm/s}}{\text{cm}^2}$ und $11250 \dfrac{\text{kpm/s}}{\text{cm}^2}$ liegen. Bei Leder beträgt der Maximalwert nach Abb. 6.155 nur etwas über $600 \dfrac{\text{kpm/s}}{\text{cm}^2}$ bei $\mu = 0.3$ bzw. $\approx 850 \dfrac{\text{kpm/s}}{\text{cm}^2}$ bei $\mu = 0.6$. *Praktisch* wird man — schon aus baulichen Gründen und wegen der Biegefrequenz — nicht bis an die Optimalgeschwindigkeit herankommen; die Diagramme für den Sieglingriemen Extremultus Bauart 80 und 81 gehen bis $v = 60$ m/s. Eine wesentliche Vereinfachung erhält man, wenn man in diesem Bereich die „Kurven" durch eine dazwischenliegende Gerade ersetzt, was bei niedrigen Geschwindigkeiten mehr dem kleineren μ-Wert und bei höheren Geschwindigkeiten mehr dem größeren μ-Wert entspricht. Die gestrichelt eingezeichnete Gerade deckt sich etwa mit den Angaben der Firma Sieglingriemen.

d) Die Gln. (14) und (15) stellen die Forderung nach *geringer Biegesteifigkeit* dar. Dicke Riemenprofile, wie z. B. Keilriemen, sind in dieser Hinsicht ungünstig; bei dünnen Flachriemen, vor allem bei solchen mit dünner Zugschicht, sind die Biegespannungen sehr gering, da die s/d_k-Werte meistens kleiner als $1/100$ sind. Die für die Lebensdauer maßgebende Biegefrequenz kann entsprechend Gl. (15)

---

[1] Zum Beispiel Extremultus der Firma Sieglingriemen, Hannover, s. Abschn. 6.4.2.1.

durch größere Riemen*länge*, d. h. größere Achsenabstände, oder geringere Riemen*geschwindigkeiten* niedrig gehalten werden. Bei der überschläglichen Bemessung von Flachriemengetrieben wird heute meistens von der zulässigen maximalen Biegefrequenz ausgegangen (s. Abschn. 6.4.2.1). Der Aufbau von Gl. (15) läßt ferner gut erkennen, warum man von Spannrollen, die zur Vergrößerung des Umschlin-

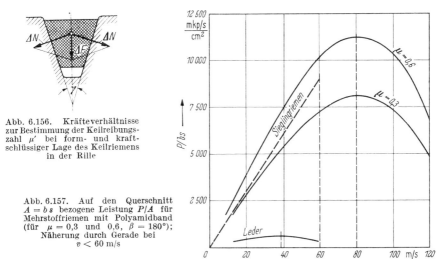

Abb. 6.156. Kräfteverhältnisse zur Bestimmung der Keilreibungszahl μ' bei form- und kraftschlüssiger Lage des Keilriemens in der Rille

Abb. 6.157. Auf den Querschnitt $A = bs$ bezogene Leistung P/A für Mehrstoffriemen mit Polyamidband (für $\mu = 0{,}3$ und $0{,}6$, $\beta = 180°$); Näherung durch Gerade bei $v < 60$ m/s

gungswinkels und zur Verringerung der Achskräfte früher häufig verwendet wurden, fast ganz abgekommen ist.

e) Aus Abb. 6.153 geht hervor, daß sich die Spannung über dem Umschlingungswinkel ändert; mit jeder Spannungsänderung ist auch eine Dehnungsänderung verbunden; dies bedeutet aber auch eine Geschwindigkeitsänderung, die eine unterschiedliche Relativbewegung der Riementeilchen gegenüber der Scheibe zur Folge hat. Diese Erscheinung wird als *Dehnschlupf* bezeichnet; er liegt im allgemeinen in der Größenordnung von 1 bis 2%. Der bei Überlast eintretende *Gleitschlupf* ist durch Gl. (1) gekennzeichnet.

f) Für die Erzeugung und Aufrechterhaltung der *Vorspannkräfte* ist beim „offenen Riemengetriebe mit Dehnungsspannung" das elastische Verhalten des Riemenwerkstoffs wichtig. Die geringe Elastizität und die bleibende Dehnung von Leder erfordern öfteres Kürzen oder Nachspannen bzw. den konstruktiven Aufwand einer Spannrolle. Auch für Keilriemen (mit in Gummi eingebetteten Cordfäden), die theoretisch mit geringeren Vorspannkräften auskommen, werden eine Überwachung der Riemenspannung und Nachspannvorrichtungen, evtl. auch eine von innen nach außen wirkende Spannrolle empfohlen. Die Mehrstoffriemen mit Polyamidband bzw. Polyamid- und Polyestercord besitzen dagegen eine sehr hohe Elastizität, so daß sie sich nicht bleibend dehnen und ein Nachspannen nicht erforderlich ist.

6.4.2 Bauarten für konstante Übersetzungen; Anwendung, Kennwerte, Berechnung

Die bisher aufgestellten, allgemeingültigen Betrachtungen ließen erkennen, daß für die Auslegung von Riemengetrieben außer dem Riemenprofil vor allem die Werkstoffe und die genannten Kennwerte ausschlaggebend sind. In Tab. 6.12 sind die wesentlichsten Richtwerte zusammengestellt. Für die nun folgende Behandlung der Bauarten, Berechnungen und Beispiele wurden hauptsächlich Firmenunterlagen und DIN-Normen benutzt.

Tabelle 6.12. *Richtwerte für die Kenngrößen von Riemenwerkstoffen**

	Werkstoff bzw. Riemenart	E [kp/mm²]	E_b [kp/mm²]	γ [p/cm³]	σ_{zul} [kp/mm²]	v_{max} [m/s]	f_{Bmax} [1/s]
Leder	HG (hochgeschmeidig)	45	3 ··· 7	0,9	0,44	50	25
	G (geschmeidig)	35	4 ··· 8	0,95	0,44	40	10
	S (Standard)	25	5 ··· 9	1,0	0,39	30	5
Balata	Gummi-Baumwolle	35 ··· 70	5	1,2	0,39	40	30
	Balata-Baumwolle	35 ··· 70	5	1,25	0,44	40	30
	Balata-Seilcord		3	1,25	0,55	40	20
Textil	Baumwolle	35 ··· 70	4	1,3	0,39	40	30
	Reyon (Kunstseide auf Zellulosebasis)	300 ··· 600			0,45	40	30
	Polyamid	100 ··· 200		1,1	2,5	60	100
	Polyester	400 ··· 800			2,5	80	80
Mehrstoffriemen	Polyamidband	55 ··· 100	55		2,5	80	100
	Polyamidcord	150 ··· 200			3,0	100	100
	Polyestercord	400 ··· 800			4,0	120	80
Stahlband		21000	21000	7,8	33	45	

* Nach NIEMANN, G.: Maschinenelemente, Bd. 2, Berlin/Heidelberg/New York: Springer 1965, S. 236, und TOPE, H.-G.: Werkstattblatt 385, München: Hanser.

6.4.2.1 Flachriemengetriebe[1]. Nach der äußeren Anordnung unterscheidet man (Abb. 6.158) offene Riemengetriebe, die gleichen Drehsinn der Wellen aufweisen, gekreuzte Riemengetriebe oder Getriebe mit Umlenkrollen für gegensinnige Drehrichtungen und geschränkte Riemengetriebe für sich kreuzende Wellen. Am meisten wird heute das *offene Riemengetriebe* (ohne Spann- und Umlenkrolle) verwendet, für das sich mit den Bezeichnungen nach Abb. 6.159 mit *gegebenem Achsabstand e* der Umschlingungswinkel β an der kleinen Scheibe ergibt zu

$$\boxed{\beta = 180° - 2\alpha} \quad \text{mit } \alpha \text{ aus } \quad \boxed{\sin\alpha = \frac{d_g - d_k}{2e}}. \tag{20}$$

Die genaue Riemenlänge (Innenlänge) wird dann

$$\boxed{L = 2e\cos\alpha + \frac{\pi}{2}(d_g + d_k) + \frac{\pi\alpha}{180°}(d_g - d_k)}. \tag{21}$$

Eine sehr gute Näherung erhält man mit $\cos\alpha \approx 1 - \dfrac{\alpha^2}{2}$ und α aus $\sin\alpha = \dfrac{d_g - d_k}{2e}$ (α im Bogenmaß):

$$\boxed{L \approx 2e + \frac{\pi}{2}(d_g + d_k) + \frac{(d_g - d_k)^2}{4e}}. \tag{21a}$$

---

[1] Vgl. auch Druckschrift AWF 21-1, herausgegeben vom Ausschuß für wirtschaftliche Fertigung e.V., 14. Aufl., Berlin/Köln: Beuth-Vertrieb 1964.

6.4 Kraftschlüssige Zugmittelgetriebe: Riemen- und Rollenkeilkettengetriebe 297

Hieraus läßt sich dann bei *gegebener Riemenlänge L* der Achsenabstand *e* berechnen:

$$e = p + \sqrt{p^2 - q}$$
mit $\quad p = 0{,}25 L - 0{,}393 (d_g + d_k)$ \hfill (21 b)
und $\quad q = 0{,}125 (d_g - d_k)^2.$

Bei anderen Getriebeanordnungen (mit Spann- oder Umlenkrollen) ermittelt man die Riemenlängen aus der Zeichnung.

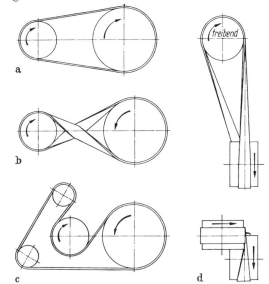

Abb. 6.158. Mögliche Riemenanordnungen
a) offenes Getriebe; b) gekreuztes Getriebe; c) Getriebe mit Umlenkrollen für Drehrichtungsumkehr; d) geschränktes Getriebe

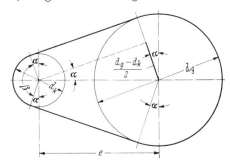

Abb. 6.159. Geometrische Verhältnisse zur Bestimmung der Riemenlänge L bzw. des Achsenabstandes e beim offenen Getriebe

Je nach Riemenbauart werden von den Herstellern *endliche* Riemen in abgepaßten Längen oder als Rollenware zum Endlosmachen mittels Verbindern geliefert; besser sind *endlos* hergestellte, möglichst endlos gewebte oder endlos gewickelte Riemen ohne Verbindungsstelle. Für die letzteren sind die Längen in mm (Innenlängen, gemessen unter anfänglicher Montagespannung) in DIN 387 nach der Reihe R 20 (250 · · · 10000) gestuft; eventuelle Zwischenwerte nach R 40. Riemenbreiten s. Tab. 6.13.

Auch die Hauptmaße der *Riemenscheiben* sind genormt, s. DIN 111 und Abb. 6.160. Die zu bevorzugenden Scheibendurchmesser d_1 sind nach der Reihe R 20 (40 · · · 5000) gestuft, Zwischenwerte nach R 40; Kranzbreite B und zugehörige größte Riemenbreite b sowie die Wölbhöhe h sind in Tab. 6.13 angegeben. Bei gewölbten Scheiben soll die Profilform kreisbogenförmig sein; meistens genügt es, die große Scheibe als gewölbte Scheibe auszuführen, um den Riemen in der Scheibenmitte zu halten.

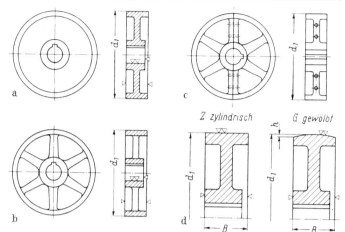

Abb. 6.160. Riemenscheiben nach DIN 111
Das Oberflächenzeichen ▽▽ kennzeichnet hier eine Rauhtiefe, die etwa dem Wert $R_t = 6{,}3$ μm entspricht
a) Bodenscheibe; b) einteilige; c) zweiteilige Armscheibe; d) Kranzformen

Tabelle 6.13. *Scheibenabmessungen nach DIN 111 (Entwurf Okt. 1967), Abb. 6.160*

Kranz-breite B [mm]	Größte Riemen-breite b [mm]	Durch-messer d_1 [mm]	Wölb-höhe* h [mm]	Durch-messer d_1 [mm]	Wölbhöhe** h [mm] bei Kranzbreite B [mm]					
					≦125	140 160	180 200	224 250	280 350	355	≧400
25	20	40	0,3	400	1	1,2	1,2	1,2	1,2	1,2	1,2
32	25	50	0,3	450	1	1,2	1,2	1,2	1,2	1,2	1,2
40	32	63	0,3	500	1	1,5	1,5	1,5	1,5	1,5	1,5
50	40	71	0,3	560	1	1,5	1,5	1,5	1,5	1,5	1,5
63	50	80	0,3	630	1	1,5	2	2	2	2	2
80	71	90	0,3	710	1	1,5	2	2	2	2	2
100	90	100	0,3	800	1	1,5	2	2,5	2,5	2,5	2,5
125	112	112	0,3	900	1	1,5	2	2,5	2,5	2,5	2,5
140	125	125	0,4	1000	1	1,5	2	2,5	3	3	3
160	140	140	0,4	1120	1,2	1,5	2	2,5	3	3	3,5
180	160	160	0,5	1250	1,2	1,5	2	2,5	3	3,5	4
200	180	180	0,5	1400	1,5	2	2,5	3	3,5	4	4
224	200	200	0,6	1600	1,5	2	2,5	3	3,5	4	5
250	224	224	0,6	1800	2	2,5	3	3,5	4	5	5
280	250	250	0,8	2000	2	2,5	3	3,5	4	5	6
315	280	280	0,8								
355	315	315	1,0								
400	355	355	1,0								

* bis $d_1 = 355$ unabhängig von Kranzbreite.
** ab $d_1 = 400$ abhängig von Kranzbreite.

Die treibende Scheibe und eventuelle Spann- und Umlenkrollen werden zwecks Schonung des Riemens zylindrisch ausgeführt. Die Laufflächen der Riemenscheiben sollen hohe Oberflächengüte aufweisen und ständig sauber gehalten werden. Betreffs Riemenpflege und -überwachung sei auf die Druckschrift AWF 21-1 verwiesen.

Für *Lederflachriemen* sind — ebenfalls vom AWF in Verbindung mit der Interessengemeinschaft Ledertreibriemen, Düsseldorf — ausführlichere Berechnungsanleitungen und zur einfachen Handhabung ein Tabellenschieber (AWF 21-L R, 1954) herausgegeben worden. Sie enthalten für verschiedene Ledersorten, Scheibendurchmesser, Riemendicken und Riemengeschwindigkeiten Leistungsangaben in PS pro cm Riemenbreite, woraus mittels Korrekturfaktoren die erforderliche Riemenbreite ermittelt werden kann.

Die Bedeutung der Lederriemen ist wegen der verhältnismäßig geringen übertragbaren Leistungen und des Nachteils der großen bleibenden Dehnung stark zurückgegangen. In diesem Zusammenhang sei jedoch auf die Möglichkeiten zur selbsttätigen Regelung der Spannkräfte hingewiesen. Außer der in Fußnote 3, S. 289, erwähnten Regelung der Bandkraft F_{T2} durch die Last F_{T1} im ziehenden Trumm mit Hilfe von zusätzlichen Spannrollen auf einem schwenkbaren Träger sind am bekanntesten die Poeschl-Wippe und die Sespa-Antriebe[1]. In beiden Fällen wird das Rückdrehmoment des Motors zur Erzeugung lastabhängiger Riemenspannkräfte benutzt. Die Hauptvorteile sind Anpassung aller Kräfte an das jeweils auftretende Drehmoment, also Schonung und Vergrößerung der Lebensdauer aller beteiligten Bauteile, wie Riemen, Lager und Wellen, indem vor allen Dingen die Belastung im Leerlauf und die im Stillstand nur sehr gering sind. Beim Poeschl-Antrieb sitzt der Motor auf einer Wippe, deren Drehpunkt in einem Ständer so angeordnet wird, daß bei zunehmendem Drehmoment sich der Achsenabstand und somit die Spannkräfte vergrößern. Bei den Sespa-Antrieben wird dasselbe dadurch erreicht, daß entweder der Motor exzentrisch gelagert wird (Sespa-Schwenkständer nach dem Prinzip der Abb. 6.161) oder daß die treibende Scheibe mit eingebauter Stirnradübersetzung schwenkbar gelagert ist (Sespa-Schwenkscheibe nach dem Prinzip der Abb. 6.162). Einzelheiten sind dem angeführten Schrifttum zu entnehmen.

Die *Mehrstoff-Flachriemen* (Sieglingriemen Extremultus[2]) werden hauptsächlich in zwei Bauarten geliefert. Bei der „Bauart 80" (Abb. 6.163) besteht die Zugschicht aus schmalen, nebeneinanderliegenden, bei größeren Querschnitten auch übereinander geschichteten *Bändern* aus gerecktem Polyamid; in den Typenbezeichnungen 1 A, 2 A, 1 B, 2 B . . . gibt die Zahl die Anzahl der Schichten an, und der Buchstabe kennzeichnet die einzelne Schichtdicke. Je nach dem Werkstoff der Lauf- und Deckschicht werden noch verschiedene „Ausführungen" unterschieden: LT, LL, L und MM, wobei L Chromleder, T PVC-beschichtetes Textilgewebe als Deckschicht und MM beidseitig Textilgewebe mit verstärkter PVC-Beschichtung bedeuten. Die Riemen dieser Bauart werden endlos in beliebigen Längen hergestellt, können aber auch zum Endlosmachen als Rollenware bezogen werden. Die „Bauart 81" (Abb. 6.164) besitzt eine Zugschicht aus endlos gewickelten Polyamid- oder Polyester*cordfäden*, Typenbezeichnungen: 1A (N), 1 B (N), 1 B (P) . . ., „Ausführungen" LN, LL und NN, wobei L wieder Chromleder und N Spezialgewebe mit Kunststoffbeschichtung bedeuten.

Bei der *Typenwahl* geht man vom kleinen Scheibendurchmesser und der zulässigen Biegefrequenz aus, für die die Zusammenhänge in dem Diagramm der Abb. 6.165 dargestellt sind. Die wirkliche Biegefrequenz — berechnet nach Gl. (15) —

---

[1] LEYER, A.: Der Sespa-Antrieb. Schw. Bauztg. 72 (1954) Nr. 4. — DAHL, A.: Selbstspannende Riementriebe. Z. Konstr. (1954) 296—299. — KONSTR. (1954) 296—299. — LEYER, A.: Das Problem des Riemenantriebs und seine Lösung. Schw. Bauztg. 78 (1960) Nr. 17. — Ferner: Der Sespa-Antrieb für Werkzeugmaschinen. Z. Konstr. 11 (1959) 112—114. — Beispiel s. auch VDI-Z. 102 (1960) 920 und Druckschrift der Sespa AG, Zürich.

[2] Vgl. Druckschrift S 8/66.

muß jeweils *unter* bzw. *rechts* von der zu wählenden Typengeraden liegen. Die Wahl des kleinen Scheibendurchmessers richtet sich nach der gewünschten Riemengeschwindigkeit bzw. nach den Platzverhältnissen. Der Achsenabstand wird vom Umschlingungswinkel, somit auch vom Übersetzungsverhältnis, und evtl. auch von der Biegefrequenz beeinflußt.

Für die Ermittlung der erforderlichen *Riemenbreite* ist vom Hersteller nach den Grundsätzen des Abschn. 6.4.1.5c das Diagramm der Abb. 6.166 entwickelt

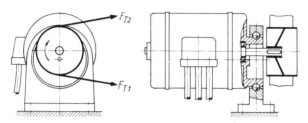

Abb. 6.161. Sespa-Schwenkständer (Prinzip)

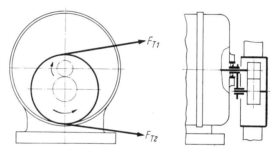

Abb. 6.162. Sespa-Schwenkscheibe (Prinzip)

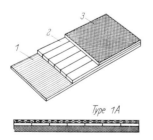

Abb. 6.163. Sieglingriemen Extremultus Bauart 80
1 Reibschicht aus Chromleder; *2* Zugschicht aus Polyamidbändern; *3* Deckschicht aus PVC-beschichtetem Textilgewebe oder aus Leder

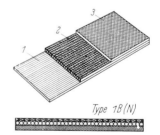

Abb. 6.164. Sieglingriemen Extremultus Bauart 81
1 Reibschicht aus Chromleder; *2* Zugschicht aus endlos gewickelten Polyamid- oder Polyestercordfäden; *3* Deckschicht aus Spezialgewebe mit Kunststoffbeschichtung oder aus Leder

worden, in dem für die verschiedenen Riementypen über der Riemengeschwindigkeit v die *je cm Riemenbreite* übertragbare Leistung P_1 in PS/cm bzw. in kW/cm aufgetragen ist. Da das Diagramm nur für $\beta = 180°$ gilt, müssen bei anderen Umschlingungswinkeln die P_1-Werte mit dem sog. Winkelfaktor c_2 nach Tab. 6.15 multipliziert werden. Bei der Berechnung der Riemenbreite sind ferner noch die Einflüsse von stoßartigen Belastungen, wie sie bei starken Beschleunigungen oder

6.4 Kraftschlüssige Zugmittelgetriebe: Riemen- und Rollenkeilkettengetriebe

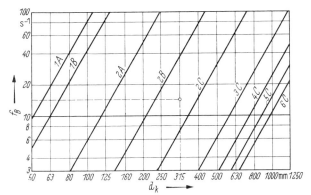

Abb. 6.165. Typenwahl nach Kleinscheibendurchmesser d_k und zulässiger Biegefrequenz f_B der Bauart 80 für offenen 2-Scheiben-Antrieb. Bei Bauart 81 — bis zur Type 3C — sind etwa 50% höhere Biegefrequenzen zulässig

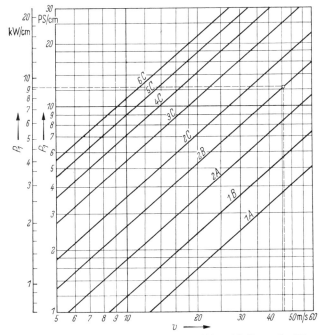

Abb. 6.166. Je cm Riemenbreite übertragbare Leistung P_1 in Abhängigkeit von der Riemengeschwindigkeit v bei $\beta = 180°$ für Bauart 80
Für die Bauart 81 gelten die gleichen Werte, jedoch nur bis einschließlich Type 3C

Verzögerungen u. ä. auftreten, durch einen Belastungsfaktor c_1 nach Tab. 6.14 zu berücksichtigen, so daß sich schließlich ergibt:

$$b = \frac{P\, c_1}{P_1\, c_2}. \tag{22}$$

Die erforderliche Auflegedehnung (Vorspannung) kann für *Bauart 80* ermittelt werden aus

$$\varepsilon \approx \varepsilon_1 + \varepsilon_2, \tag{23}$$

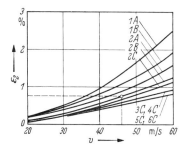

Abb. 6.167. Beitrag ε_2 zur Auflegedehnung für Bauart 80

Tabelle 6.14. *Belastungsfaktor c_1 und Beitrag ε_1 zur Auflegedehnung für Sieglingriemen Extremultus Bauart 80*

	Kurzzeitige Überbelastung* der Arbeitsmaschine im Verhältnis zur normalen Belastung [%]				
	bis 50	bis 100	bis 150	bis 200	über 200
c_1	1,2	1,4	1,6	1,8	auf Anfrage
ε_1	2,0	2,2	2,4	2,6	

* Das kurzzeitige Anlaufmoment (bis zum 2fachen Nennmoment) gilt nicht als Überbelastung.

Tabelle 6.15. *Winkelfaktor c_2 für Sieglingriemen Extremultus*

	Umschlingungswinkel β									
	180°	170°	160°	150°	140°	130°	120°	110°	100°	< 100°
c_2	1,0	0,97	0,94	0,91	0,88	0,85	0,82	0,79	0,76	auf Anfrage

Tabelle 6.16. *Bezugskraft F_{A1} in kp/cm für die Bestimmung der Achskraft bei Sieglingriemen Extremultus Bauart 80*

	Riementype							
	1A	1B	2A	2B	2C	3C	4C	5C	6C
F_{A1} [kp/cm]	6	9	13	19	26	39	52	65	78

wobei ε_1 der Tab. 6.14 und ε_2 dem Diagramm Abb. 6.167 zu entnehmen ist. Die Dehnung wird entweder durch Vergrößerung des Achsenabstandes oder — bei festem Achsenabstand — durch vorherige Verkürzung der Riemenlänge erzielt.

Die Achskraft im Betriebszustand ergibt sich dann aus

$$F_A = \varepsilon_1 c_2 F_{A1} b. \tag{24}$$

Hierin bedeutet F_{A1} die Bezugskraft in kp/cm nach Tab. 6.16.

Beispiel: Gegeben: Leistung $P = 75$ kW $= 7650$ kpm/s, kurzzeitige Überbelastung 50%; Motordrehzahl $n_1 = 2800$ U/min (d. h. $\omega_1 = 293$/s); $i = 5$ (d. h. $n_2 = 560$ U/min). Gewählt: Kleiner Scheibendurchmesser $d_k = 315$ mm; Achsenabstand $e = 1600$ mm. Damit wird $d_g = i\, d_k = 1600$ mm; $v = \dfrac{d_k}{2} \omega_1 = 0{,}158$ m $\cdot\, 293$/s $= 46$ m/s,

nach Gl. (21a) $L \approx 2e + \dfrac{\pi}{2}(d_g + d_k) + \dfrac{(d_g - d_k)^2}{4e} = 3200 + 1{,}571 \cdot 1915 + \dfrac{1285^2}{6400} = 6470$ mm,

nach Gl. (15) $f_B = \dfrac{v\,z}{L} = \dfrac{46 \text{ m/s} \cdot 2}{6{,}47 \text{ m}} = 14{,}2$/s.

Nach Diagramm Abb. 6.165 ergibt sich als geeigneter Riemen die Type 2B. Aus Gl. (20) folgt

$$\sin\alpha = \frac{d_g - d_k}{2e} = \frac{1285}{3200} = 0{,}401; \quad \alpha = 23{,}7°; \quad \beta = 132{,}6°.$$

Damit liefert Tab. 6.15 $c_2 = 0{,}86$, und nach Tab. 6.14 ist $c_1 = 1{,}2$.

Aus Diagramm Abb. 6.166 liest man über $v = 46$ m/s bei Type 2B ab: $P_1 = 9{,}1$ kW/cm. Nach Gl. (22) wird also

$$b = \frac{P\,c_1}{P_1\,c_2} = \frac{75 \text{ kW} \cdot 1{,}2}{9{,}1 \text{ kW/cm} \cdot 0{,}86} = 11{,}5 \text{ cm}.$$

Nach Tab. 6.13 wird gewählt: $b = 112$ mm; $B = 125$ mm.
Aus
$$M_{t1} = \frac{P}{\omega_1} = \frac{7650 \text{ kpm/s}}{293/\text{s}} = 26{,}1 \text{ kpm}$$
folgt
$$F_U = \frac{M_{t1}}{d_k/2} = \frac{26{,}1 \text{ kpm}}{0{,}158 \text{ m}} = 166 \text{ kp}.$$

Nach Gl. (23) wird $\varepsilon = \varepsilon_1 + \varepsilon_2 \approx 2{,}0 + 0{,}7 = 2{,}7\%$, und mit $F_{A1} = 19$ kp/cm aus Tab. 6.16 ergibt sich

nach Gl. (24) $F_A = \varepsilon_1 c_2 F_{A1} b = 2{,}0 \cdot 0{,}86 \cdot 19 \dfrac{\text{kp}}{\text{cm}} \cdot 11{,}2 \text{ cm} = 366 \text{ kp} \ (= 2{,}2 F_U)$.

Die mit Mehrstoff-Flachriemen erreichbaren Grenzwerte liegen heute bei etwa $P = 4000$ kW, Übersetzungen bis $i = 20$, Riemengeschwindigkeiten bis 100 m/s und mehr. (Über Leistungsgetriebe mit $v > 60$ m/s gibt der Hersteller Auskunft.) Für leichte Antriebs- und Transportaufgaben ist das Extremultus-Maschinenband aus Polyamidspezialgeweben und -bändern ohne und mit Gummi- oder Lederbeschichtung geeignet.

Für besonders hohe Ansprüche an Gleichlaufgenauigkeit, d. h. möglichst drehfehlerfreie Bewegungsübertragung, wie sie bei hochwertigen Werkzeugmaschinen zur Erzielung hoher Oberflächengüte, Teilgenauigkeit u. dgl. verlangt wird, ist der Siegling-Präzisionsriemen Extremultus „DG" entwickelt worden. Bei diesem werden durch hohen Fertigungsaufwand die Form- und Strukturfehler auf ein Minimum reduziert; außerdem werden auf einem Drehfehlerprüfstand mit Seismometer-Drehschwingungsaufnehmern[1] die Drehfehler gemessen (DG = drehfehlergeprüft).

6.4.2.2 Keilriemengetriebe. Die weite Verbreitung von Keilriemenantrieben, vor allem im Werkzeugmaschinen-, Motoren- und Kraftfahrzeugbau beruht in erster Linie darauf, daß der *Leder*flachriemen die höheren Anforderungen an Leistungsübertragung, Übersetzungsverhältnisse, geringe Achsenabstände und besonders hinsichtlich Platzbedarf nicht erfüllen konnte. Hinzu kommen als Vorteile die

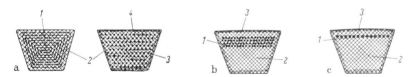

Abb. 6.168. Aufbau von Keilriemen (aus Continental-Informationen)
a) Vollgewebekeilriemen. *1* Gewebepaket; *2* Gummi; *3* Textilfäden; *4* gummiertes Gewebe
b) Paketfadenkeilriemen. *1* Zugfadenpaket; *2* Gummipolster; *3* gummiertes Gewebe
c) Kabelcordkeilriemen. *1* in einer Lage schraubenförmig gewickelter Kabelcordfaden; *2* Gummipolster; *3* gummiertes Gewebe

geringen Achskräfte, die Laufruhe, der weiche Anlauf und die bequeme Anpassung an geforderte Leistung durch Mehrstranganordnung. Schwierigkeiten bereitete die Ermittlung der günstigsten Abmessungen und der geeignetsten Werkstoffkombinationen für Zugstrang, Einbettung und Umhüllung und nicht zuletzt die Fertigungsgenauigkeiten sowohl der Riemen selbst als auch der Riemenscheiben. Die Entwicklung führte von dem Vollgewebekeilriemen über den Paketfaden- zum Kabel- und Seilcordkeilriemen (Abb. 6.168); bei letzteren ist der Zugstrang in der

---

[1] Vgl. TOPE, H.-G.: Die Übertragungsgenauigkeit der Drehbewegung von Keil- und Flachriemen und deren Prüfung mit seismischen Drehschwingungsaufnehmern. Z. Konstr. 20 (1968) 59—62.

neutralen Faser angeordnet. Bemerkenswert ist auch (Abb. 6.169) der Übergang vom Normalkeilriemen in klassischer Ausführung mit dem Höhen-/Breitenverhältnis von $\approx 1:1,6$ nach DIN 2215 zum *Schmalkeilriemen* nach DIN 7753 mit dem Höhen-/Breitenverhältnis von $\approx 1:1,23$, der wesentlich biegeweicher ist, also kleinere Scheibendurchmesser ermöglicht, Biegefrequenzen bis etwa 80/s und

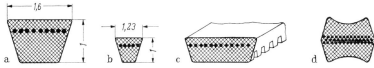

Abb. 6.169. Keilriemenprofile
a) Normalkeilriemen nach DIN 2215; b) Schmalkeilriemen nach DIN 7753 (für gleiche Leistung wie a); c) Breitkeilriemen (mit und ohne Zahnung auf der Unterseite), vorwiegend für Verstellgetriebe; d) Doppelkeilriemen für Getriebe mit Drehrichtungsumkehr

Riemengeschwindigkeiten bis 40 m/s zuläßt und dabei auf den Querschnitt bezogen höhere Leistungen überträgt, so daß sich beachtliche Raum-, Gewichts- und Preisersparnisse ergeben. Im Maschinenbau werden daher kaum noch Normalkeilriemen, nur in Sonderfällen die in Abb. 6.169 noch dargestellten Breitkeilriemen und Doppelkeilriemen verwendet[1]. Ein kritischer Vergleich zwischen Schmalkeilriemen und Mehrstoff-Flachriemen wurde von B. HOROVITZ und N. GHEORGHIU[2] angestellt; Meßergebnisse über die Gleichlaufgenauigkeit enthält die Veröffentlichung von H.-G. TOPE[3]. In einer Aufsatzreihe von P. SCHRIMMER[4] sind nach einer amerikanischen Arbeit sehr ausführliche Bauarten, Einsatzbereiche und Berechnung von Keilriemen behandelt.

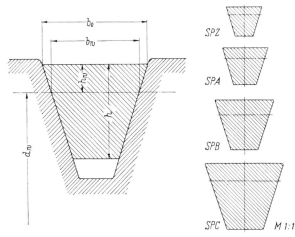

Abb. 6.170. Schmalkeilriemenprofile nach DIN 7753, Bl. 1

Die *endlosen Schmalkeilriemen* sind in DIN 7753 (März 1967) genormt, die zugehörigen Keilriemenscheiben in DIN 2211 (Juli 1967). Die ISO-Typenbezeichnungen und die Abmessungen entsprechend Abb. 6.170 sind in Tab. 6.19 zusammengestellt; die Wirkbreite b_w ist die Breite eines Keilriemens, die unverändert bleibt, wenn der Riemen senkrecht zur Basis seines Profils gekrümmt wird (Breite der neutralen

---

[1] Keilriemen werden hergestellt bzw. vertrieben von: Continental Gummi-Werke AG, Hannover (Multiflex, Ultraflex, Variflex, Duploflex); Heinrich Desch KG, Neheim-Hüsten; A. Friedr. Flender & Co., Bocholt (Blauri); Höxtersche Gummifädenfabrik Emil Arntz KG, Höxter (Optibelt); Hilger & Kern GmbH, Mannheim (Poly-V-Riemen); H. Rost & Co., Hamburg-Harburg (Balatros-Werke).
[2] HOROVITZ, B., u. N. GHEORGHIU: Ein kritischer Vergleich zwischen Schmalkeilriemen und Compound-Flachriemen. Maschinenmarkt 72 (1966), Nr. 81, S. 22–26.
[3] TOPE, H.-G.: Die Übertragungsgenauigkeit der Drehbewegung von Keil- und Flachriemen und deren Prüfung mit seismischen Drehschwingungsaufnehmern. Z. Konstr. 20 (1968) 59–62.
[4] SCHRIMMER, P.: Entwurfsrichtlinien für Keilriementriebe. Maschinenmarkt 72 (1966) Nr. 62, S. 17–21; Nr. 73, S. 25–33; Nr. 81, S. 17–19.

Schicht); die Wirklänge ist die Länge in Höhe seiner Wirkbreite b_w (Länge der neutralen Schicht). Die unter Spannung (entsprechend vorgeschriebener Meßkraft) zu messenden Wirklängen L_w sind nach der Reihe R 20 (630 ··· 12500) gestuft. Die Außenlänge ergibt sich dann zu $L_a = L_w + 2\pi h_w$. Für die Berechnung der geometrischen Abmessungen gelten dieselben Beziehungen wie beim Flachriemen, nur sind jeweils die *Wirk*durchmesser d_{wg}, d_{wk}, die auch für das Übersetzungsverhältnis maßgebend sind, und die *Wirk*länge einzusetzen, also (Abb. 6.171)

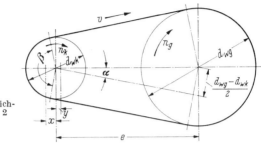

Abb. 6.171
Wirkdurchmesser und Bezeichnungen nach DIN 7753, Bl. 2

Umschlingungswinkel

$$\boxed{\beta = 180° - 2\alpha \quad \text{mit } \alpha \text{ aus} \quad \sin\alpha = \frac{d_{wg} - d_{wk}}{2e}}, \tag{25}$$

genaue Wirklänge

$$\boxed{L_w = 2e \cos\alpha + \frac{\pi}{2}(d_{wg} + d_{wk}) + \frac{\pi\alpha}{180°}(d_{wg} - d_{wk})}, \tag{26}$$

angenäherte Wirklänge

$$\boxed{L_w \approx 2e + \frac{\pi}{2}(d_{wg} + d_{wk}) + \frac{(d_{wg} - d_{wk})^2}{4e}}. \tag{26a}$$

Mit *genormter* Wirklänge L_w wird dann der Achsenabstand berechnet:

$$\boxed{\begin{array}{l} e = p + \sqrt{p^2 - q} \\ \text{mit} \quad p = 0{,}25 L_w - 0{,}393(d_{wg} + d_{wk}) \\ \text{und} \quad q = 0{,}125(d_{wg} - d_{wk})^2. \end{array}} \tag{27}$$

Als Richtwert wird angegeben: $e = 0{,}7(d_{wg} + d_{wk}) \cdots 2{,}0(d_{wg} + d_{wk})$.

Für die Verstellbarkeit des Achsenabstandes werden empfohlen

zum Spannen und Nachspannen des Riemens $\quad x \geqq 0{,}03 L_w$,

zum zwanglosen Auflegen des Riemens $\quad y \geqq 0{,}015 L_w$.

Für die Typenwahl und die Bestimmung der Anzahl der Riemen müssen die tägliche Betriebsdauer und die Art der Antriebs- und Arbeitsmaschine durch den

Belastungsfaktor c_2 nach Tab. 6.17, ferner der Umschlingungswinkel durch den Winkelfaktor c_1 nach Tab. 6.18 und die Riemenlänge durch den Längenfaktor c_3 nach Tab. 6.19 berücksichtigt werden, da die Leistungswerte P_N (Nennleistung je

Tabelle 6.17. *Belastungsfaktor c_2 nach DIN 7753*

Arbeitsmaschine	Laufzeit pro Tag [Std.]	Antriebsmaschine A*	B**
Leichte Antriebe: Kreiselpumpen und -kompressoren, Bandförderer (leichtes Gut), Ventilatoren und Pumpen bis 10 PS	bis 10 10 ··· 16 über 16	1 1,1 1,2	1,1 1,2 1,3
Mittelschwere Antriebe: Blechscheren, Pressen, Ketten- und Bandförderer (schweres Gut), Schwingsiebe, Generatoren und Erregermaschinen, Knetmaschinen, Werkzeugmaschinen, Waschmaschinen, Druckereimaschinen, Ventilatoren und Pumpen über 10 PS	bis 10 10 ··· 16 über 16	1,1 1,2 1,3	1,2 1,3 1,4
Schwere Antriebe: Mahlwerke, Kolbenkompressoren, Hochlast-, Wurf- und Stoßförderer (Schneckenförderer, Plattenbänder, Becherwerke, Schaufelwerke), Aufzüge, Brikettpressen, Textilmaschinen, Papiermaschinen, Kolbenpumpen, Sägegatter, Hammermühlen	bis 10 10 ··· 16 über 16	1,2 1,3 1,4	1,4 1,5 1,6
Sehr schwere Antriebe: Hochbelastete Mahlwerke, Steinbrecher, Kalander, Mischer, Winden, Krane, Bagger	bis 10 10 ··· 16 über 16	1,3 1,4 1,5	1,5 1,6 1,8

* A = Wechsel- und Drehstrommotoren mit normalem Anlaufmoment (bis 2faches Nennmoment), z. B. Synchron- und Einphasenmotoren mit Anlaßhilfsphase, Drehstrommotoren mit Direkteinschaltung, Stern-Dreieck-Schalter oder Schleifringanlasser; Gleichstromnebenschlußmotoren, Verbrennungsmotoren und Turbinen (n über 600 U/min).

** B = Wechsel- und Drehstrommotoren mit hohem Anlaufmoment (über 2faches Nennmoment), z. B. Einphasenmotoren mit hohem Anlaufmoment; Gleichstromhauptschlußmotoren in Serienschaltung und Kompound; Verbrennungsmotoren und Turbinen (n bis 600 U/min).

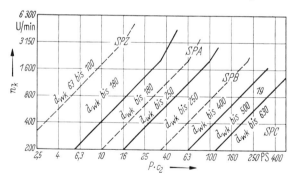

Abb. 6.172. Diagramm für Typenwahl von Schmalkeilriemen (aus DIN 7753, Bl. 2)

Tabelle 6.18
Winkelfaktor c_1 nach DIN 7753

$\dfrac{d_{wg} - d_{wk}}{e}$	Umschlingungswinkel $\beta \approx$	Winkelfaktor c_1
0	180°	1
0,15	170°	0,98
0,35	160°	0,95
0,5	150°	0,92
0,7	140°	0,89
0,85	130°	0,86
1	120°	0,82
1,15	110°	0,78
1,3	100°	0,73
1,45	90°	0,68

Riemen) in Tab. 6.20 für die verschiedenen Typen in Abhängigkeit von d_{wk}, i und n_k jeweils nur für $\beta = 180°$ und für eine bestimmte Wirklänge L_w angegeben sind. Mit Hilfe des Diagramms der Abb. 6.172 kann das Riemenprofil gewählt werden; für die Wirkdurchmesser d_{wk} der kleinen Scheibe sind dabei entsprechend DIN 2211 nach der Reihe R 20 (63 ···) gestufte Werte zu nehmen. Die erforderliche Anzahl

6.4 Kraftschlüssige Zugmittelgetriebe: Riemen- und Rollenkeilkettengetriebe

Tabelle 6.19. *Abmessungen der Schmalkeilriemenprofile und Längenfaktor c_3 nach DIN 7753*

Profil:	SPZ	SPA	SPB	SPC
$b_o \approx$	9,7	12,7	16,3	22
$b_w =$	8,5	11	14	19
$h \approx$	8	10	13	18
$h_w \approx$	2	2,8	3,5	4,8

L_w [mm] ↓	SPZ	SPA	SPB	SPC
	\multicolumn{4}{c}{Längenfaktor c_3}
630	0,82			
710	0,84			
800	0,86	0,81		
900	0,88	0,83		
1000	0,90	0,85		
1120	0,93	0,87		
1250	0,94	0,89	0,82	
1400	0,96	0,91	0,84	
1600	**1,00**	0,93	0,86	
1800	1,01	0,95	0,88	
2000	1,02	0,96	0,90	
2240	1,05	0,98	0,92	0,83
2500	1,07	**1,00**	0,94	0,86
2800	1,09	1,02	0,96	0,88
3150	1,11	1,04	0,98	0,90
3550	1,13	1,06	**1,00**	0,92
4000		1,08	1,02	0,94
4500		1,09	1,04	0,96
5000			1,06	0,98
5600			1,08	**1,00**
6300			1,10	1,02
7100			1,12	1,04
8000			1,14	1,06
9000				1,08
10000				1,10
11200				1,12
12500				1,14

der Riemen ergibt sich dann aus

$$z = \frac{P\, c_2}{P_N\, c_1\, c_3} \tag{28}$$

Als Richtwert für die erforderliche Achskraft gilt $F_A \approx 2 F_U \cdots 2{,}5 F_U$.

Beispiel: Gegeben: Antriebsmaschine: Drehstrommotor mit normalem Anlaufmoment $P = 45$ kW $= 61$ PS $= 4600$ kpm/s, $n_1 = 1450$ U/min (d. h. $\omega_1 = 152/\mathrm{s}$). Arbeitsmaschine: Pumpe mit $n_2 \approx 580$ U/min; tägliche Betriebsdauer 8 Std., d. h. nach Tab. 6.17 $c_2 = 1{,}1$. Mit $P c_2 = 61 \cdot 1{,}1 = 67$ PS folgt aus Diagramm Abb. 6.172 Riemenprofil SPA mit d_{wk} bis 250 mm. Gewählt $d_{wk} = 250$ mm (nach DIN 2211); daraus folgt

$$v = \frac{d_{wk}}{2}\,\omega_1 = 0{,}125\ \mathrm{m} \cdot 152/\mathrm{s} = 19\ \mathrm{m/s}.$$

Mit $i = n_1/n_2 = 1450/580 = 2{,}5$ wird $d_{wg} = i\, d_{wk} = 2{,}5 \cdot 250 \approx 630$ mm (nach DIN 2211). Achsenabstand: vorläufig $e = 0{,}8(d_{wg} + d_{wk}) = 0{,}8 \cdot 880 = 700$ mm. Nach Gl. (26a)

$$L_w \approx 2e + \frac{\pi}{2}(d_{wg} + d_{wk}) + \frac{(d_{wg} - d_{wk})^2}{4e} = 1400 + 1{,}571 \cdot 880 + \frac{380^2}{2800} = 2832\ \mathrm{mm}.$$

Gewählt nach DIN 7753, Bl. 1, $\underline{L_w = 2800\ \mathrm{mm}}$.

Nach Gl. (27) wird

$$p = 0{,}25 L_w - 0{,}393(d_{wg} + d_{wk}) = 700 - 0{,}393 \cdot 880 = 354\ \mathrm{mm}; \quad p^2 = 125\,200\ \mathrm{mm}^2,$$

$$q = 0{,}125(d_{wg} - d_{wk})^2 = 0{,}125 \cdot 380^2 = 18\,080\ \mathrm{mm}^2,$$

$$e = p + \sqrt{p^2 - q} = 354 + \sqrt{107\,120} = 681\ \mathrm{mm}.$$

Verstellbarkeit des Achsenabstandes

$$x \geqq 0{,}03 L_w = 0{,}03 \cdot 2800 = 84\ \mathrm{mm},$$

$$y \geqq 0{,}015 L_w = 42\ \mathrm{mm}.$$

Aus Gl. (25) folgt

$$\sin \alpha = \frac{d_{wg} - d_{wk}}{2e} = \frac{380}{1362} = 0{,}279; \quad \alpha = 16{,}2°; \quad \beta = 147{,}6°.$$

Aus Tab. 6.18 ergibt sich der Winkelfaktor $c_1 \approx 0{,}91$, aus Tab. 6.19 der Längenfaktor $c_3 = 1{,}02$, aus Tab. 6.20 (für $d_{wk} = 250$ mm, $i = 2{,}5$ und $n_k = 1450$ U/min) $P_N = 15{,}2$ PS.

Tabelle 6.20. *Leistungswerte P_N in PS für endlose*

d_{wk} [mm]	i oder $1/i$	Profil **SPZ** P_N [PS] für $\beta=180°$ und $L_w=1600$ mm bei Drehzahl n_k der kleinen Scheibe [U/min]						d_{wk} [mm]	i oder $1/i$	Profil **SPA** P_N [PS] für $\beta=180°$ und $L_w=2500$ mm bei Drehzahl n_k der kleinen Scheibe [U/min]					
		200	400	700	950	1450	2800			200	400	700	950	1450	2800
63	1,00	0,27	0,47	0,73	0,93	1,27	1,97	90	1,00	0,58	1,02	1,60	2,01	2,74	4,07
	1,20	0,29	0,53	0,83	1,06	1,47	2,36		1,20	0,64	1,15	1,81	2,31	3,19	4,95
	1,50	0,31	0,55	0,88	1,13	1,57	2,56		1,50	0,67	1,21	1,92	2,46	3,42	5,39
	$\geq$3,00	0,32	0,58	0,93	1,19	1,67	2,75		$\geq$3,00	0,71	1,27	2,03	2,61	3,65	5,83
71	1,00	0,34	0,60	0,96	1,22	1,70	2,72	100	1,00	0,72	1,28	2,02	2,57	3,55	5,43
	1,20	0,36	0,66	1,05	1,35	1,90	3,11		1,20	0,78	1,40	2,24	2,87	4,00	6,30
	1,50	0,38	0,69	1,10	1,42	2,00	3,31		1,50	0,81	1,47	2,35	3,02	4,23	6,74
	$\geq$3,00	0,39	0,72	1,15	1,49	2,10	3,50		$\geq$3,00	0,84	1,53	2,46	3,17	4,46	7,18
80	1,00	0,42	0,75	1,20	1,55	2,17	3,54	112	1,00	0,88	1,58	2,52	3,23	4,50	7,00
	1,20	0,44	0,81	1,30	1,68	2,37	3,94		1,20	0,94	1,71	2,74	3,53	4,96	7,87
	1,50	0,46	0,84	1,35	1,75	2,48	4,13		1,50	0,97	1,77	2,85	3,68	5,18	8,31
	$\geq$3,00	0,47	0,86	1,40	1,81	2,58	4,33		$\geq$3,00	1,00	1,83	2,96	3,83	5,41	8,75
90	1,00	0,50	0,92	1,47	1,90	2,69	4,44	125	1,00	1,05	1,91	3,06	3,94	5,52	8,62
	1,20	0,53	0,97	1,57	2,04	2,89	4,83		1,20	1,11	2,03	3,28	4,24	5,97	9,50
	1,50	0,54	1,00	1,62	2,10	3,00	5,02		1,50	1,14	2,09	3,39	4,39	6,20	9,93
	$\geq$3,00	0,56	1,03	1,67	2,17	3,10	5,22		$\geq$3,00	1,17	2,16	3,50	4,54	6,43	10,4
100	1,00	0,59	1,08	1,74	2,26	3,20	5,30	140	1,00	1,24	2,28	3,86	4,75	6,67	10,4
	1,20	0,62	1,13	1,84	2,39	3,41	5,69		1,20	1,31	2,40	3,90	5,05	7,12	11,3
	1,50	0,63	1,16	1,89	2,46	3,51	5,89		1,50	1,34	2,47	4,01	5,19	7,35	11,7
	$\geq$3,00	0,64	1,19	1,94	2,52	3,61	6,08		$\geq$3,00	1,37	2,53	4,12	5,34	7,58	12,1
112	1,00	0,69	1,27	2,06	2,68	3,81	6,30	160	1,00	1,50	2,77	4,49	5,80	8,16	12,6
	1,20	0,72	1,33	2,16	2,81	4,01	6,69		1,20	1,57	2,89	4,71	6,10	8,62	13,4
	1,50	0,73	1,35	2,21	2,88	4,11	6,89		1,50	1,60	2,96	4,82	6,25	8,84	13,9
	$\geq$3,00	0,75	1,38	2,26	2,94	4,22	7,08		$\geq$3,00	1,63	3,02	4,93	6,40	9,07	14,3
125	1,00	0,80	1,48	2,41	3,13	4,45	7,34	180	1,00	1,76	3,25	5,29	6,84	9,61	14,5
	1,20	0,83	1,53	2,50	3,26	4,66	7,73		1,20	1,83	3,38	5,51	7,14	10,1	15,4
	1,50	0,84	1,56	2,55	3,33	4,76	7,93		1,50	1,86	3,44	5,62	7,29	10,3	15,8
	$\geq$3,00	0,85	1,59	2,60	3,39	4,86	8,12		$\geq$3,00	1,89	3,50	5,73	7,44	10,5	16,3
140	1,00	0,92	1,71	2,80	3,64	5,18	8,48	200	1,00	2,02	3,73	6,07	7,86	11,0	16,2
	1,20	0,95	1,77	2,89	3,77	5,39	8,87		1,20	2,08	3,86	6,28	8,16	11,5	17,1
	1,50	0,97	1,80	2,94	3,84	5,49	9,06		1,50	2,11	3,92	6,40	8,31	11,7	17,5
	$\geq$3,00	0,98	1,82	2,99	3,90	5,59	9,26		$\geq$3,00	2,14	3,98	6,51	8,46	11,9	18,0
160	1,00	1,09	2,02	3,31	4,31	6,13	9,88	224	1,00	2,32	4,30	7,00	9,06	12,6	17,9
	1,20	1,12	2,08	3,41	4,44	6,33	10,3		1,20	2,38	4,43	7,22	9,36	13,1	18,7
	1,50	1,13	2,11	3,46	4,51	6,44	10,5		1,50	2,42	4,49	7,33	9,50	13,3	19,2
	$\geq$3,00	1,15	2,13	3,50	4,57	6,54	10,7		$\geq$3,00	2,45	4,55	7,44	9,65	13,5	19,6
180	1,00	1,25	2,33	3,81	4,96	7,05	11,1	250	1,00	2,65	4,91	8,00	10,3	14,3	19,2
	1,20	1,28	2,39	3,91	5,10	7,25	11,5		1,20	2,71	5,04	8,21	10,6	14,8	20,1
	1,50	1,30	2,41	3,96	5,16	7,36	11,7		1,50	2,74	5,10	8,32	10,8	15,0	20,5
	$\geq$3,00	1,31	2,44	4,01	5,23	7,46	11,9		$\geq$3,00	2,77	5,16	8,43	10,9	15,2	21,0

Schmalkeilriemen nach DIN 7753 (Auszug)

		Profil **SPB**								Profil **SPC**					
d_{wk} [mm]	i oder $1/i$	P_N [PS] für $\beta = 180°$ und $L_w = 3550$ mm bei Drehzahl n_k der kleinen Scheibe [U/min]						d_{wk} [mm]	i oder $1/i$	P_N [PS] für $\beta = 180°$ und $L_w = 5600$ mm bei Drehzahl n_k der kleinen Scheibe [U/min]					
		200	400	700	950	1450	2800			200	400	700	950	1450	2800
140	1,00	1,46	2,61	4,10	5,20	7,06	9,72	224	1,00	3,94	7,05	11,0	13,8	18,0	16,2
	1,20	1,59	2,87	4,57	5,83	8,02	11,6		1,20	4,26	7,70	12,2	15,4	20,3	20,7
	1,50	1,66	3,01	4,80	6,15	8,50	12,5		1,50	4,42	8,03	12,8	16,2	21,5	23,0
	≧3,00	1,73	3,14	5,03	6,46	8,98	13,4		≧3,00	4,59	8,35	13,3	16,9	22,7	25,3
160	1,00	1,86	3,35	5,33	6,80	9,31	12,9	250	1,00	4,75	8,58	13,5	17,0	22,0	18,5
	1,20	1,99	3,62	5,80	7,43	10,3	14,8		1,20	5,08	9,23	14,7	18,5	24,4	23,0
	1,50	2,05	3,75	6,03	7,75	10,8	15,7		1,50	5,24	9,55	15,2	19,3	25,6	25,3
	≧3,00	2,12	3,88	6,26	8,06	11,2	16,7		≧3,00	5,40	9,88	15,8	20,1	26,8	27,6
180	1,00	2,25	4,09	6,54	8,37	11,5	15,8	280	1,00	5,68	10,3	16,3	20,5	26,4	19,2
	1,20	2,38	4,35	7,01	9,00	12,5	17,6		1,20	6,01	11,0	17,5	22,1	28,8	23,7
	1,50	2,44	4,48	7,24	9,32	12,9	18,6		1,50	6,17	11,3	18,0	22,8	30,0	26,0
	≧3,00	2,51	4,62	7,47	9,63	13,4	19,5		≧3,00	6,33	11,6	18,6	23,6	31,1	18,3
200	1,00	2,63	4,81	7,74	9,92	13,6	18,2	315	1,00	6,76	12,3	19,5	24,5	31,1	
	1,20	2,76	5,08	8,20	10,6	14,6	20,1		1,20	7,08	13,0	20,7	26,0	33,4	
	1,50	2,83	5,21	8,43	10,9	15,1	21,0		1,50	7,24	13,3	21,2	26,8	34,6	
	≧3,00	2,90	5,34	8,66	11,2	15,5	21,9		≧3,00	7,41	13,6	21,8	27,6	35,8	
224	1,00	3,09	5,68	9,15	11,7	16,1	20,6	355	1,00	7,97	14,6	23,1	28,8	35,7	
	1,20	3,22	5,94	9,61	12,4	17,0	22,4		1,20	8,30	15,2	24,2	30,3	38,1	
	1,50	3,29	6,07	9,84	12,7	17,5	23,4		1,50	8,46	15,6	24,8	31,1	39,3	
	≧3,00	3,36	6,21	10,1	13,0	18,0	24,3		≧3,00	8,62	15,9	25,3	31,9	40,5	
250	1,00	3,59	6,60	10,7	13,6	18,6	22,3	400	1,00	9,33	17,1	26,9	33,3	40,0	
	1,20	3,72	6,87	11,1	14,3	19,5	24,2		1,20	9,65	17,7	28,0	34,9	42,4	
	1,50	3,78	7,00	11,3	14,6	20,0	25,1		1,50	9,81	18,0	28,6	35,6	43,6	
	≧3,00	3,85	7,13	11,6	14,9	20,5	26,1		≧3,00	9,98	18,4	29,2	36,4	44,8	
280	1,00	4,15	7,66	12,4	15,8	21,3	23,3	450	1,00	10,8	19,8	31,0	38,0	43,6	
	1,20	4,28	7,92	12,8	16,4	22,2	25,1		1,20	11,1	20,4	32,1	39,5	45,9	
	1,50	4,35	8,05	13,0	16,7	22,7	26,1		1,50	11,3	20,8	32,7	40,3	47,1	
	≧3,00	4,41	8,19	13,3	17,1	23,2	27,0		≧3,00	11,5	21,1	33,3	41,1	48,3	
315	1,00	4,80	8,87	14,3	18,2	24,2		500	1,00	12,3	22,4	34,9	42,2	45,6	
	1,20	4,93	9,13	14,8	18,8	25,1			1,20	12,6	23,1	36,0	43,7	48,0	
	1,50	5,00	9,27	15,0	19,2	25,6			1,50	12,8	23,4	36,6	44,5	49,2	
	≧3,00	5,07	9,40	15,2	19,5	26,1			≧3,00	12,9	23,8	37,2	45,3	50,3	
355	1,00	5,54	10,2	16,4	20,8	27,1		560	1,00	14,0	25,6	39,3	46,6	46,0	
	1,20	5,67	10,5	16,9	21,5	28,1			1,20	14,4	26,2	40,4	43,7	48,3	
	1,50	5,74	10,6	17,1	21,8	28,6			1,50	14,5	26,5	41,0	48,9	49,5	
	≧3,00	5,80	10,8	17,4	22,1	29,0			≧3,00	14,7	26,9	41,6	49,7	50,7	
400	1,00	6,36	11,7	18,8	23,6	29,9		630	1,00	16,0	29,1	44,0	50,8		
	1,20	6,49	12,0	19,2	24,3	30,9			1,20	16,4	29,8	45,1	52,3		
	1,50	6,56	12,1	19,5	24,6	31,4			1,50	16,5	30,1	45,7	53,1		
	≧3,00	6,62	12,3	19,7	24,9	31,8			≧3,00	16,7	30,4	46,3	53,9		

Nach Gl. (28) wird dann

$$z = \frac{P c_2}{P_N c_1 c_3} = \frac{61 \cdot 1{,}1}{15{,}2 \cdot 0{,}91 \cdot 1{,}02} = 4{,}75,$$

also $z = 5$; Scheibenbreite $b_2 = 80$ mm (nach DIN 2211).

Aus

$$M_{t1} = \frac{P}{\omega_1} = \frac{4600 \text{ kpm/s}}{152/\text{s}} = 30{,}2 \text{ kpm}$$

folgt

$$F_U = \frac{M_{t1}}{d_{wk}/2} = \frac{30{,}2 \text{ kpm}}{0{,}125 \text{ m}} = 242 \text{ kp},$$

d. h.

$$F_A \approx 2 F_U \cdots 2{,}5 F_U = 484 \cdots 600 \text{ kp}.$$

Nach Gl. (15) wird

$$f_B = \frac{v z}{L_w} = \frac{19 \text{ m/s} \cdot 2}{2{,}8 \text{ m}} = 13{,}6/\text{s}.$$

Die Keilriemenscheiben für Schmalkeilriemen werden nach DIN 2211, Bl. 1, einrillig und mehrrillig, als Bodenscheiben und als Armscheiben, einteilig oder zweiteilig (s. Abb. 6.173) mit folgenden Keilwinkeln α ausgeführt:

Riemenprofil:	SPZ	SPA	SPB	SPC
$\alpha = 34°$ für Wirkdurchmesser	63 $\cdots$ 80	90 $\cdots$ 118	140 $\cdots$ 190	224 $\cdots$ 315
$\alpha = 38°$ für Wirkdurchmesser	80	118	190	315

Im allgemeinen wird als Werkstoff GG-20 nach DIN 1691 verwendet; die Firma Heinrich Desch, Neheim-Hüsten, liefert jedoch auch sog. Zweistoff-Keilriemen-

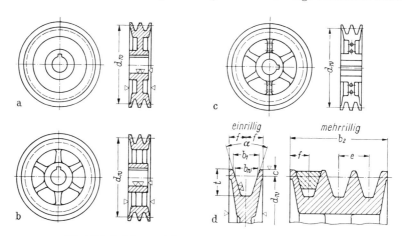

Abb. 6.173. Keilriemenscheiben für Schmalkeilriemen nach DIN 2211
Das Oberflächenzeichen ▽▽ kennzeichnet hier eine Rauhtiefe, die etwa dem Wert $R_t = 6{,}3$ μm entspricht
a) Bodenscheibe; b) einteilige; c) zweiteilige Armscheibe; d) Kranzformen

scheiben, bei denen um einen Graugußkern für die Nabe im Kokillenverfahren eine Aluminiumsonderlegierung gegossen wird, so daß bei nur ganz leichtem Nachdrehen der Rillen lediglich der Gußgrat, jedoch nicht die harte und verschleißfeste Gußhaut, entfernt wird. Für Sonderfälle werden auch Leichtscheiben aus dünnen Profilblechen, einteilig oder gelötet oder punktgeschweißt, hergestellt.

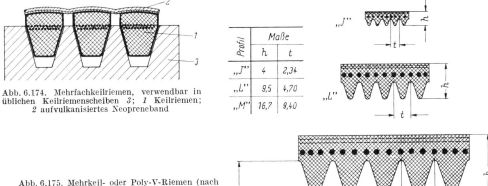

Abb. 6.174. Mehrfachkeilriemen, verwendbar in üblichen Keilriemenscheiben 3; 1 Keilriemen; 2 aufvulkanisiertes Neoprenband

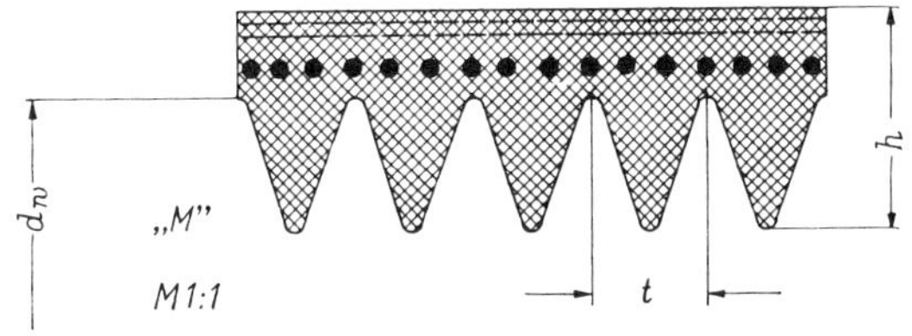

Abb. 6.175. Mehrkeil- oder Poly-V-Riemen (nach Druckschrift von Hilger & Kern GmbH)

Bei *Mehrfachkeilriemen*[1] (Abb. 6.174) sind die Oberseiten einzelner Riemen (z. B. Schmalkeilriemen) durch ein aufvulkanisiertes Band aus Neoprene derart verbunden, daß die Riemenkombination in übliche Keilriemenscheiben paßt. Der Zweck dieser Riemenkonstruktion ist es, das Verdrehen einzelner Stränge oder ihr Abspringen bei pulsierender oder plötzlicher Stoßbelastung zu vermeiden. Das Neoprenband bewirkt eine Querversteifung und bietet einen gewissen Schutz gegen Öl und Witterungseinflüsse; der *tragende* Querschnitt wird durch das Neoprenband *nicht* vergrößert.

Anders ist die Wirkungsweise der *Mehrkeil-* oder *Poly-V-Riemen*[2] (Abb. 6.175), bei denen in die Deckplatte ein endloser Kunstfaserstrang mit hoher Reißfestigkeit als eigentliches Zugorgan eingebettet ist, während für die reibschlüssige Kraftübertragung auf der Deckplattenunterseite keilförmige Rippen angeordnet sind, die die entsprechenden Scheibenrillen voll ausfüllen. Es handelt sich also mehr um einen über die ganze Breite gleichmäßig tragenden *Flach*riemen, bei dem die Unterseite zur Erhöhung des Reibschlusses keilförmig profiliert ist. Als Grundwerkstoff wird Neoprene[3] verwendet, das ölunempfindlich und bis 80 °C hitzefest ist. Für den gesamten Leistungsbereich von 0,01 bis 1700 PS genügen die drei in Abb. 6.175 maßstäblich dargestellten Profile „J, L und M", indem jeweils die Riemenbreite, ausgedrückt durch die Rippenanzahl, der zu übertragenden Leistung angepaßt wird. Die Berechnung erfolgt wie bei Keilriemen mit Hilfe des Belastungsfaktors c_2, einem Diagramm zur Profilwahl, dem Winkelfaktor c_1, dem Längenfaktor c_3 und den Nennleistungstabellen der drei Typen (P'_R für je 10 Rippen mit bestimmten Übersetzungszuschlägen). Für die Anzahl der erforderlichen Rippen gilt dann

$$z = \frac{10 P c_2}{P'_R c_1 c_3}.$$

Als Wirkdurchmesser wird im allgemeinen der *Scheibenaußen*durchmesser benutzt. Es sind Übersetzungsverhältnisse bis $i = 40$ möglich, und als maximale Riemen-

---

[1] Vgl. Z. Die Maschine 21 (1967) Nr. 3, S. 46; Erzeugnis einer amerikanischen Gummifabrik.
[2] Geschützte Bezeichnung der Raybestos-Manhattan Inc. in New Jersey (USA); Vertrieb durch Hilger & Kern GmbH, Mannheim, Druckschrift 102.12-AO1 = Konstruktionsblätter. — Vgl. ferner SOCHA, H.: Hülltriebe. Z. Antriebstechnik 6 (1967) 92/93.
[3] Neoprene, ein synthetischer Kautschuk, ist der Gattungsname für Polymerisate des Chloropren (2-Chlor-1,3-Butadien), die von I. E. du Pont de Nemours & Co., Wilmington, Delaware (USA) hergestellt werden.

geschwindigkeiten werden für Profil „J" 50 m/s, für Profil „L" 35 m/s und für Profil „M" 28 m/s angegeben.

Für die Daten des letzten *Beispiels* ergeben sich als geeignete Werte: $d_{wk} = 315$ mm; $d_{wg} = 800$ mm; Profil „M"; $L_w = 4089$ mm (Standardlänge); somit $p = 549$ mm; $q = 29400$ mm²; $e = 1071$ mm; $x = 51$ mm; $y = 47$ mm; $v = 24$ m/s; $\sin\alpha = 0{,}226$; $\alpha = 13{,}1°$; $\beta = 153{,}8°$; $c_1 = 0{,}925$; $c_2 = 1{,}1$; $c_3 = 1{,}10$. Mit $P'_R = 124$ PS wird dann

$$z = \frac{10 P\, c_2}{P'_R\, c_1\, c_3} = \frac{10 \cdot 61 \cdot 1{,}1}{124 \cdot 0{,}925 \cdot 1{,}1} = 5{,}32, \quad \text{also} \quad \underline{\underline{z = 6}};\ b = 56{,}4 \text{ mm},$$

Scheibenbreite $b_2 \approx 70$ mm.

Für die Bestimmung der Achslast wird ein genaueres Verfahren angegeben, das in dem Beispiel den Wert $F_A = 494$ kp ($\approx 2{,}6 F_U$) liefert.

6.4.3 Bauarten für stufenlos verstellbare Übersetzungen

6.4.3.1 Getriebe mit Flach- und Keilriemen.
Das einfachste stufenlos verstellbare Zugmittelgetriebe ist schematisch in Abb. 6.176 dargestellt. Es besteht aus zwei gegensinnig angeordneten Kegelstumpfscheiben, über die ein schmaler *Flachriemen* läuft, der durch eine Verschiebeeinrichtung senkrecht zur Umlaufrichtung verstellt wird. Es sind keine großen Kegelwinkel und somit nur sehr geringe Verstellbereiche und nur sehr geringe Leistungsübertragungen möglich. Außerdem ist eine Spannrolle erforderlich, oder es müssen Kegelscheiben mit besonderen Wölbungen ausgeführt werden.

Eine stufenlos verstellbare Übersetzung mit *Keilriemen* läßt sich leicht dadurch erreichen, daß auf einer oder auf beiden Wellen die Keilriemenscheibe in zwei Kegelscheiben aufgelöst wird, die durch Federn oder mechanische Verstelleinrichtungen einander genähert oder voneinander entfernt werden, so daß der Keilriemen auf verschiedenen Radien arbeitet. Die Ausführungsformen verschiedener Firmen[1] werden genauer in dem Buch von SIMONIS[2] und in zwei Veröffentlichungen von SCHLUMS[3] beschrieben.

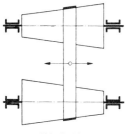

Abb. 6.176
Schema eines Flachriemen-Verstellgetriebes

Wird nur auf einer Welle, meistens auf der Antriebswelle, eine veränderliche Keilscheibe mit Federanpressung und auf der zweiten Welle eine feste Keilscheibe benutzt, so erfolgt die Verstellung der Übersetzung durch *Veränderung des Achsenabstandes*, indem der Motor auf einem Schlitten mittels Gewindespindel verschoben wird; bei einseitig öffnenden Scheiben (Schema Abb. 6.177a) muß dann der Verstellschlitten schräg gelegt werden, um die Riemenflucht aufrecht zu erhalten; bei beidseitig öffnenden Verstellscheiben (Schema Abb. 6.177b; Simplabelt von Lenze, Schaerer, Heinkel) liegt der Verstellschlitten parallel zu dem (sich axial nicht verschiebenden) Keilriemen,

---

[1] Maschinenfabrik C. & W. Berges, Marienheide/Rhld.; Heinrich Desch KG, Neheim-Hüsten; A. Friedr. Flender, Bocholt; E. Heinkel AG, Stuttgart-Zuffenhausen; Maschinenfabrik Hans Lenze, Bösingfeld/Lippe (Simplabelt); Lomo-Getriebebau GmbH, Gebr. Lohmann, Werdohl; Maschinenfabrik Marbaise & Co. KG, Dortmund; Ringspann A. Maurer KG, Bad Homburg v. d. H.; Schaerer-Werke GmbH, Karlsruhe; SEW, Süddeutsche Elektromotoren-Werke GmbH, Bruchsal; Maschinenfabrik Hans Weber, Kronach/Oberfranken; Wira GmbH, Hannover (Mulco, TVB); Eisenwerk Wülfel, Hannover-Wülfel.
[2] SIMONIS, F. W.: Stufenlos verstellbare mechanische Getriebe, 2. Aufl., Berlin/Göttingen/Heidelberg: Springer 1959.
[3] SCHLUMS, K.-D.: Stufenlos verstellbare mechanische Getriebe. Z. Antriebstechnik 2 (1963) 281–298. — SCHLUMS, K.-D.: Konstruktion stufenlos verstellbarer Keilscheiben-Umschlingungsgetriebe. Z. Antriebstechnik 5 (1966) 18–23.

oder der Motor wird auf eine verstellbare Wippe montiert. Die Getriebe mit *einer* Verstellscheibe ermöglichen nur geringe Verstellbereiche bis 1:3.

Häufiger werden daher *zwei* veränderliche Keilscheiben benutzt, wobei die auf der einen Welle sitzende mit Federanpressung und die auf der zweiten Welle mechanisch verstellbar ausgeführt wird. Bei diesen Getrieben ist der *Achsenabstand konstant,*

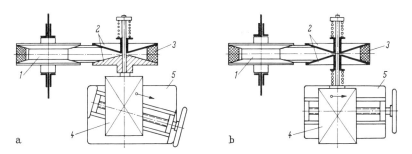

Abb. 6.177. Keilriemengetriebe mit Achsenabstandsänderung
1 feste Keilscheibe; *2* Verstellscheibe; *3* Keilriemen; *4* Motor; *5* Verstellschlitten
a) *eine* Verstellscheibe, einseitig öffnend; b) *eine* Verstellscheibe, beidseitig öffnend

und es sind Verstellbereiche bis 1:10 möglich. Auch hier können entweder einseitig öffnende Scheiben verwendet werden, wobei die Anordnung nach Abb. 6.178a oder b vorgenommen werden kann, oder es können beidseitig öffnende Scheiben benutzt werden, bei denen Keilriemenmitte und Riemenflucht immer in ein- und derselben Ebene liegen (Abb. 6.179).

Die *Zugmittel* sind bei vollen Keilscheiben Breitkeilriemen, die auf der Innenseite zahnartige Aussparungen besitzen, um kleine Krümmungsradien bei niedrigen Biegespannungen zu ermöglichen; man kann jedoch auch Normal- und Schmalkeilriemen verwenden, wenn man die Keilscheiben als Kammscheiben mit radialen Aussparungen so ausbildet, daß sie sich fingerartig ineinanderschieben lassen. Bei Sonderausführungen (Flender-Variator) werden auf einem flachriemenartigen Zugband außen und innen Querstollen mit schrägen Stirnflächen aufgeschraubt; bei diesen Getrieben wird durch ein Hebelverstellsystem bewirkt, daß die Keilscheiben auf der einen Welle zusammengepreßt werden, während sich die auf der anderen Welle um den gleichen Betrag jeweils symmetrisch zur Mitte öffnen; Keilscheiben und Verstellmechanismus befinden sich in einem geschlossenen Gehäuse.

Die *Keilscheiben mit Federanpressung* werden mit zylindrischen Schraubenfedern (mit Kreis- und Rechteckquerschnitt; Berges, Heinkel, Desch, Lomo), mit Spezialtellerflachfedern (Simplabelt), mit geschlitzten Ringspannfedern (SEW) oder auch mit Gummihohlfedern (Mulco) ausgerüstet. Bei der Desch- und Lomo-Verstellscheibe werden durch Kurvenbahnen zusätzliche, dem Drehmoment proportionale Anpreßkräfte erzeugt.

Außer den bisher betrachteten Zweiwellengetrieben gibt es auch noch *Getriebe mit einer Zwischenwelle* (Schema Abb. 6.180; Weber, Wülfel), wobei praktisch zwei verstellbare Keilriemengetriebe hintereinandergeschaltet werden. An- und Abtriebswelle sind fluchtend angeordnet, die Zwischenhohlwelle in einer Wippe, die über eine Federspannvorrichtung die beiden Keilriemen spannt. Verstellt werden gleichzeitig die inneren Keilscheiben auf An- und Abtriebswelle, wobei sich selbsttätig die über eine Schiebewelle fest miteinander verbundenen äußeren Keilscheiben der Zwischenwelle in der gleichen Richtung verschieben.

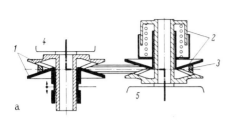

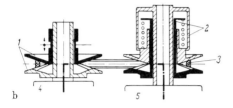

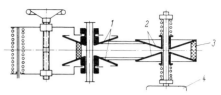

Abb. 6.179. Keilriemengetriebe mit konstantem Achsenabstand und beidseitig öffnenden Scheiben

1 mechanisch verstellbare Keilscheiben; *2* Verstellscheiben mit Federanpressung; *3* Keilriemen; *4* Motor

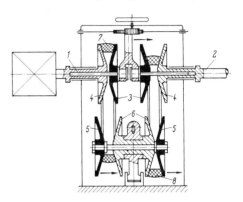

Abb. 6.178. Keilriemengetriebe mit konstantem Achsenabstand und jeweils zwei einseitig öffnenden Verstellscheiben

1 mechanisch verstellbare Keilscheibe; *2* Verstellscheibe mit Federanpressung; *3* Keilriemen; *4/5* Motor bzw. angetriebene Maschine

a) ⌐-Anordnung; b) ⌐-Anordnung

Abb. 6.180. Keilriemengetriebe mit Zwischenwelle

1 Antriebswelle; *2* Abtriebswelle; *3* verstellbare innere Keilscheiben; *4* mit An- und Abtriebswelle verbundene feste Keilscheiben; *5* durch Schiebewelle miteinander verbundene äußere Keilscheiben; *6* in Federwippe gelagerte innere Keilscheiben; *7/8* Keilriemen

6.4.3.2 Rollenkeilkettengetriebe (PIV-Getriebe System R, RS, RH)[1]. Bei diesen Getriebearten handelt es sich um keilförmige Umschlingungsgetriebe für stufenlos verstellbare Übersetzungen, bei denen sich möglichst viele Reibglieder besonderer Stahlketten zwischen glatten Kegelscheiben auf veränderlichen Halbmessern einkeilen; es werden also viele Kraftübertragungsstellen mit ruhender Reibung parallelgeschaltet, so daß große Umfangskräfte übertragen werden können. Die Höhe der Einkeilung nimmt mit dem Anwachsen der Zugkraft im Umschlingungsbogen zu.

Als *Zugmittel* haben sich zwei Bauarten bewährt:

Die *PIV-Zylinderrollenkette* nach Abb. 6.181 enthält in jedem Kettenglied ein *Paar* gehärtete und geschliffene zylindrische Rollen, die sich in Kettenlaufrichtung an den sie käfigartig umschließenden Gelenklaschen abstützen; quer zur Laufrichtung können sie sich frei um ihre Achsen drehen, so daß beim Einlaufen durch Abwälzen der Einkeilvorgang unterstützt und beim Auslaufen durch Abrollen das Lösen erleichtert wird und auch eine Verstellung im Stillstand möglich ist.

Die *PIV-Ringrollenkette* nach Abb. 6.182 besitzt als Reibkörper ringförmige Rollen, von denen jede *außen* auf einem Gleitkörper drehbar, jedoch axial unverschiebbar gelagert ist. Die Gliedkörper sind durch Wiegegelenke miteinander verbunden, die ein Minimum an Verlusten und Verschleiß gewährleisten. Trotz verhältnismäßig

---

[1] Hersteller: PIV-Antrieb Werner Reimers KG, Bad Homburg v. d. H. Siehe auch Fußnote 2, S. 285.

großer Breite der Rollen, d. h. großer nutzbarer Oberfläche beim Einkeilen, ist die Teilung des Zugstrangs sehr klein. Für Rollenbreite und Teilung ist der kleinste Krümmungsradius maßgebend. Die Ringrollenkette eignet sich besonders für die Übertragung größerer Leistungen. Da sie auch in einer unsymmetrischen Keilrille laufen kann, lassen sich Getriebe mit zwei parallelen Ketten bauen, wobei die aufgebrachte Anpreßkraft zweimal ausgenutzt wird (Abb. 6.184).

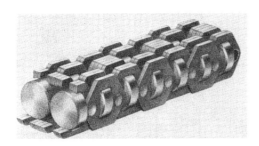
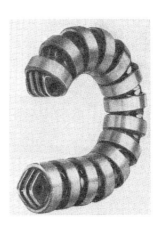

Abb. 6.181. PIV-Zylinderrollenkette
Vorderes Kettenglied teilweise aufgeschnitten

Abb. 6.182. PIV-Ringrollenkette

Die *Getriebebauarten* unterscheiden sich im wesentlichen durch die Erzeugung der Anpreßkräfte und die Größen des Verstell- und des Leistungsbereichs.

Das *PIV-Getriebe System R* ist — von der Funktion abgesehen — im Aufbau dem System A (Abschn. 6.3.1, Abb. 6.144) gleich. Es benutzt die Zylinderrollenkette; die notwendige Kettenvorspannung wird durch Tellerfedern auf der Spanneinrichtung bewirkt. Bei einer maximalen Antriebsdrehzahl von 950 U/min ist ein Verstellbereich 1:10 möglich; bei $n_1 = 1450$ U/min beträgt der Verstellbereich 1:4. Maximale Leistung etwa 6 PS.

Das *PIV-Getriebe System RS* unterscheidet sich von der Bauart R dadurch, daß die notwendige Anpressung der Kegelscheiben an die Kette dem jeweiligen An- und Abtriebsdrehmoment angepaßt wird. Die axialen Anpreßkräfte werden durch Kugeln zwischen den schrägen Anlaufflächen an den Andrückmuffen und den Scheibenhälsen erzeugt; sie sind daher den jeweiligen Drehmomenten proportional und werden durch ein Scherenhebelsystem auf An- und Abtriebsscheiben übertragen (Abb. 6.183a und b). Die Vorteile der RS-Getriebe bestehen darin, daß die Kette auch bei Überlast nicht durchrutschen kann und daß daher bei relativ kleinem Einbauraum große Leistungen übertragen werden können. Im unteren Leistungsbereich wird die Zylinderrollenkette, bei größeren Leistungen (bis etwa 30 PS) eine Ringrollenkette verwendet. RS-Getriebe mit zwei Ringrollenketten (Abb. 6.184) erreichen Leistungen bis zu 80 PS. Die maximale Antriebsdrehzahl beträgt 1450 U/min, wobei Verstellbereiche bis zu 1:7 vorgesehen sind; bei $n_1 = 1200$ U/min ist der Verstellbereich 1:10 möglich. Die Wirkungsgrade ändern sich nur wenig mit der Drehzahl der Abtriebswelle; sie liegen auch bei Halblast über 90%.

Die Getriebe werden komplett in geschlossenen Gehäusen und auch als Einbausätze geliefert. Durch Kombination mit einem Planetengetriebe ist eine Erweiterung

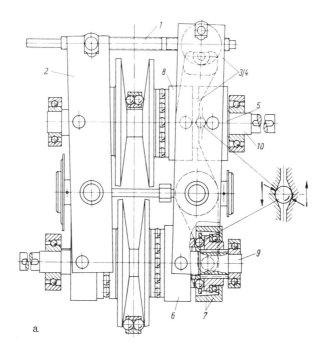

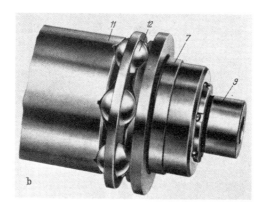

Abb. 6.183. PIV-Getriebe System RS
a) Schematischer Aufbau
1 Regelspindel mit Rechts- und Linksgewinde; *2* linker Verstellhebel (wie beim System A, Abb. 6.144); *3/4* rechtes Scherenhebelsystem, das die in den Andrückvorrichtungen entstehenden Kräfte jeweils von der Andrückmuffe *5* auf die Verschiebehülse *6* bzw. von der Andrückmuffe *7* auf die Verschiebehülse *8* überträgt
b) Drehmomentabhängige Andrückvorrichtung
Die Andrückmuffe *7* (bzw. *5*) ist axial verschiebbar, aber drehfest mit der Welle *9* (bzw. *10*) verbunden. Der Scheibenhals *11* ist auf der Welle *9* axial verschiebbar *und* drehbar. Die Kugeln *12* befinden sich zwischen den schrägen Anlaufflächen der Andrückmuffen und der Scheibenhälse

6.4 Kraftschlüssige Zugmittelgetriebe: Riemen- und Rollenkeilkettengetriebe

des Verstellbereichs möglich, z. B. für Drehzahlen von 0 bis 1000 U/min oder auch Drehrichtungsumkehr von -100 U/min über 0 nach $+100$ U/min. Mit zusätzlichen Zahnrädergetrieben (Baukastenprinzip) kann jedes praktisch vorkommende

Abb. 6.184. Einbausatz eines PIV-Getriebes System RS mit zwei Ringrollenketten. Die axial frei verschiebbaren, schwach kegeligen Mittelscheiben verteilen die Umfangskraft gleichmäßig auf beide Ketten

Drehzahlniveau (bis 11500 U/min der Abtriebswelle) erreicht werden. Die Verstelleinrichtungen können mechanisch, elektrisch, hydraulisch oder pneumatisch, auch über Fernsteuerung, betätigt werden.

Beim *PIV-Getriebe System RH* ist die Hebelkonstruktion zur gegenläufigen Verbindung der Keilscheiben durch eine hydraulische Verstellvorrichtung und Lageregelung ersetzt worden, wobei gleichzeitig eine Anpreßkraftverstärkung erfolgt. Bei diesem Getriebe ist eine Vorwahl der gewünschten Drehzahl im Stillstand möglich; die Drehzahl stellt sich aber erst beim Anlauf des Getriebes selbsttätig ein[1].

---

[1] Genauere Beschreibung mit Schnittzeichnung und Schema der hydraulischen Steuereinrichtung s. Z. Konstr. 18 (1966) S. 307/08.

Sachverzeichnis

Abtriebsdrehmoment beim Zahnrad 163
Abweisklauenkupplung 112
Achsabstandsabmaße bei Zahnrädergetrieben 221
Achsen 2
—, feststehende 2
—, umlaufende 2
Aero-Kupplung 122
Almar-Kupplung 127
Amolix-Kupplung 133
Anlaufkupplungen 132
Anlauf- und Schutzkupplung Imostat 131
Antriebswelle bei schrägverzahnten Stirnrädergetrieben 215
Äquivalente Belastung, dynamische 84
— —, statische 83
Arter-Getriebe 278
Aufspannbuchsen für Gleitlager 62
Augenlager 65
Ausgleichskupplungen 100
AVAU-Getriebe 236
Axialdruckringe 71
Axialkugellager 80
Axiallager, Gleitlager 38, 71
Axial-Pendelrollenlager 80
Axial-Rillenkugellager 80
Axialrollenlager 80

Backenkupplung 121
Balata-Bänder 296
Bamag-Gummiring-Kupplung 109
Bandgeschwindigkeit 291
Bandspannungen 290
Bauarten von Zahnrädergetrieben 156
Beier-Getriebe 275
Bemessungsgrundlagen 240
— beim schrägverzahnten Stirnrad 212
— von Kegelrädern 229
— von Zahnrädergetrieben 185
Berechnung der Zahndicke geradverzahnter Stirnräder 175
— von Kurbelwellen 27
— von Schraubenrädern 240
Berechnungsgrundlagen für Reibrädergetriebe 269
Berührungsnormale der Evolventenverzahnung 168
Betriebsbeiwert f_B, Richtwerte für Zahnradgetriebe 186
Bezeichnungen bei schrägverzahnten Stirnrädern 203
Bezugsprofil nach DIN 867 172

Bibby-Kupplung 108
Biegelinie bei Wellen 12
Biegemomente beim schrägverzahnten Stirnrad 215
— bei Zahnrädergetrieben 197
Biegemomentenverlauf der Zahnradwelle 198
Biegeschwingungen von Wellen 19
Biegespannung im Zahnfuß 188
—, zulässige, für Zahnfuß 189
Biegesteifigkeit von Riemenprofilen 294
Biegsame Wellen 22
Blocklager für Flachführungen 147
Boflex-Kupplung 110
Bogenzahnkupplung 105
Boge-Silentbloc 109
Bolzenketten 279
Bootswendegetriebe mit Zahnrad- und Kettenradstufe 285
Böttcher-Kreisbogenverzahnung 233
Breitkeilriemen 304
Buchsenketten 279
Buchsenzahnkette 283

Cardeflex-Kupplung 107
Cavex-Getriebe 243
Centri-Kupplung 133
Conax-Reibungskupplung 122
C-Werte, zulässige, bei Schraubenrädergetrieben 240

Dampfturbinenlager 74
Deckellager 65
Deflex-Kupplung 109
Dehnschlupf 295
Deli-Kupplung 108
Diagramm für Überschlags- und Kontrollrechnungen für schrägverzahnte Stirnräder 211
Dichtungen bei Wälzlagern 91
Dochtschmierung 34
Doppelflex-Kupplung 109
Doppelgelenkwellen 104
Doppelkegel-Reibungskupplung 125
Doppelkeilriemen 304
Doppelzahnkupplung 105
Dorstener-Zahnradgetriebe 219
Drahtkugellager 81
Drehdrucklager 72
Drehschwingungen von Wellen 18
Drehungshyperboloide 236, 237
Drehzahlen bei Zahnrädern 157
Drehzahlgeschaltete Kupplungen 132
Druckschmierung 35

Sachverzeichnis

Durchbiegung von Wellen 12
Dynamische Tragfähigkeit 83
— Tragzahl 84
— Viskosität 31

Eflex-Kupplung 109
Eingriffsdauer 161
Eingriffsfeld 204
Eingriffsgeraden der Evolventenverzahnung 168
Eingriffslänge 159, 161
— bei der Zykloidenverzahnung 165
Eingriffslinie 159, 161
— bei der Evolventenverzahnung 168
Eingriffspunkt 160
— bei Verzahnungen 159
Eingriffsstrecke 159, 161
— beim Stirnrädergetriebe mit Innenverzahnung 201
— bei der Zykloidenverzahnung 165
—, Berechnung 181
Eingriffsverhältnisse bei der Evolventenverzahnung 179
Eingriffswinkel bei der Evolventenverzahnung 168
Einscheibenkupplungen 123
Einscheibentrockenkupplung 126
Einspannbuchsen für Gleitlager 62
Einzeleingriff 163
Einzeleingriffspunkt, innerer, bei Innengetriebe 203
Einzelfehler beim Zahnrad 220, 221
Elastische Kupplungen 105
— —, Prodan-Kupplung 109
— —, Record-Kupplung 107
— —, Tschan-Kupplung 109
— —, Voith-Kupplung 110
Elastizitätsmodul, mittlerer, für Flankentragfähigkeit 192
Elastoflex-Kupplung 110
Elco-Kupplung 110
Elektromagnet-Einscheibenkupplung 125
Elektromagnet-Zahnkupplungen 114
Elisol-Lederringkupplung 109
Eloid-Kegelräder 235
Empfehlung für Profilverschiebung 185
Endspurlager 73
Entlastungsübergang 10
Entlastungskerben 10
Entlastungsmulden 10
Entlastungsrillen 10
Entstehung der Evolvente mit geradflankigem Zahnstangenwerkzeug 172
Epizykloide 164
Ermittlung der Eingriffslinie 160
Ersatzverzahnung bei schrägverzahnten Stirnrädern 207
Eupex-Kupplung 110
Evolut 167
Evolvente 167
Evolventenfunktion 167
— ev α, Tabelle 169
Evolventenkonstruktion 167
Evolventenverzahnung 167, 170

Evolventenverzahnung, Empfindlichkeit gegen Achsenabstandsänderung 170
—, kennzeichnende Eigenschaften 170
Extremultus, Sieglingriemen 294, 299

Fawick Airflex-Kupplung 123
Federbandkupplungen 123
Feste Kupplungen 97
Festigkeitsberechnung schrägverzahnter Stirnräder 205
Festlager 89
Fettschmierung 35
Flachführungen 137
— durch Blocklager 147
Flachriemengetriebe 296
Flankenform der Zähne 161
Flankenlinienverlauf auf dem Planrad bei Sonderkegelrädergetrieben 234
Flankenrichtungsfehler beim Zahnrad 221
Flankenspiel 221
— bei schrägverzahnten Stirnrädern 220
—, Richtwerte 222
Flankentragfähigkeit 187, 191
— beim Kegelrad 230
— beim schrägverzahnten Stirnrad 213
— beim Stirnrädergetriebe mit Innenverzahnung 201
Flanschkupplung 97
Flanschlager 65, 67
Fleyerketten 279
Fliehkraftkupplungen 132
Fliehkraftschmierung 35
Förderketten, Treibketten 280
Formschlüssige Schaltkupplungen 112
Formzahlen α_k für Wellen 9
Forst-Kupplung 107
Freilaufkupplung 134
Fremdgeschaltete Reibungskupplungen 121
Führungen für begrenzte Schiebewege 145
— für unbegrenzte Schiebewege 146
—, hydrostatisch geschmiert 141
— mit Gleitlagerungen 137
— mit Wälzlagerungen 144
FWZ-Ne-Massiv-Kupplung 109

Gallketten 279
Gegenflanke 159
Gegenprofil zur Zahnflanke 161
Gekreuzte Getriebe 297
Gelenkige Ausgleichskupplung 100
Gelenklager 61
Gelenkwellen 102, 104
Geschlossene Schlittenführung 145
Geschränkte Getriebe 297
Geschwindigkeitsplan bei Stirnräder-Umlaufgetrieben 255
Gestaltung der Kolben 151
— der Zylinder 151
— von Wellen 8
Getriebe mit Flach- und Keilriemen 312
Getriebemotor mit drei Stirnräderstufen 224
Gleason-Bogenverzahnung 233
Gleason-Curvic-Kupplung 99

Gleiten der Zahnflanken 162
Gleitführung eines Säulengestells 149
Gleitgeschwindigkeit bei Schraubenrädern 238
Gleitlager 30
Gleitschlupf 295
Gleitverhältnisse an der Zahnflanke 161
Gleitwerkstoffe 56
Globoidschnecke und Schrägstirnrad 241
Globoidschneckengetriebe 241
Grenzkurve für Zahnbreite beim Kegelrad 230
Grenzzähnezahl bei geradverzahnten Stirnrädern 171
—, praktische, bei geradverzahnten Stirnrädern 173
—, rechnerische, bei geradverzahnten Stirnrädern 173
Grübchenbildung 193
— bei geradverzahnten Stirnrädern 187, 188
Grundbegriffe bei schrägverzahnten Stirnrädern 203
Grundbeziehungen bei schrägverzahnten Stirnrädern 203
— für die Paarung von V-Rädern beim Stirnrädergetriebe mit Innenverzahnung 200
Gummigelenk-Kupplung 109
Gummireibräder, Bauform 272
—, Umfangsgeschwindigkeiten 272
Gummiwälzräder, Anwendung 272
—, Schlupf 272

Hadeflex-Kupplung 109
Herstellung einzelner Räder mit zahnstangenförmigem Werkzeug bei geradverzahnten Stirnrädern 171
— schrägverzahnter Stirnräder 220
— von Kegelrädern 226
Hertzsche Pressung im Wälzpunkt, Berechnung 194
— — P_c im Wälzpunkt 191
Heynau-Getriebe 275
Hildebrandt-Klauenkupplung 113
Hirth-Verzahnung 98
Hochleistungszahnketten, Allgemeines 284
—, Beanspruchungsarten 284
Hohlflankenschnecke 243
Hüllkurve, Entstehung beim Verzahnen 171
Hülsenfederkupplung 108
Hülsenketten 280
Hydrodynamische Axiallager 41
— Radiallager 48
Hydrostatische Axiallager 38
— Radiallager 47
Hydrostatisch geschmierte Führungen 141
Hypozykloide 164

Innen-Geradverzahnung 199
Innengetriebe, geometrische Verhältnisse 202
Innen-Schrägverzahnung bei Stirnrädergetrieben 218

Kado-Kupplung 110
Kardangelenke 100
Kegelflex-Kupplung 111

Kegelräder, Bemessungsgrundlagen 229
—, geradverzahnt, geometrische Grundlagen 225
— mit Schräg- und Bogenverzahnung 233
Kegelrädergetriebe 225
Kegelräder-Umlaufgetriebe 268
Kegelreibungskupplungen 123
Kegelrollenlager 78, 79
Kegelscheibe bei Reibrädergetrieben 271
Keilreibungszahl bei Keilriemen 295
Keilriemen, Aufbau 303
—, Wirkbreite 304
—, Wirklänge 305
Keilriemengetriebe 303
—, Achskraft 307
— mit Zwischenwelle 313
—, stufenlos verstellbar mit konstantem Achsenabstand 313
—, stufenlos verstellbar mit Achsenabstandsänderung 312
Keilriemenprofile 304
Keilriemenscheiben für Schmalkeilriemen 310
Keilscheiben mit Federanpressung 313
Kenngrößen für Riemenwerkstoffe 296
Kerbwirkungszahlen β_k für Wellen 8
Kettenbauarten 279
Kettenberechnung 282
Kettengeschwindigkeiten 279
Kettengetriebe 279
—, Bestimmungsgrößen 283
—, Leistungsbereiche und Schmierung 282
— mit stufenlos verstellbarer Übersetzung 285
Kettenlängen 282
Kettenräder 281
—, Berechnungsgrundlagen 281
Kippsegmente für Axiallager 72
Klauenkupplungen 100, 112
Klauen-Überholkupplung 116
Klemmrollen-Freilauf 134
Klemmstück-Freilauf 134
Klingelnberg-Palloidverzahnung 234
Klingelnberg-Verfahren nach SCHICHT für Herstellung von Kegelrädern 233
Klinkengesperre 117
Kolben und Zylinder 150
Kolbengestaltung 151
Kometfreilauf 135
Kopfkreisradien am Zahnrad 178
—, Ermittlung bei geradverzahnten Stirnrädern 179
Kopfkürzung am Zahnrad 178
Kopp-Turator 278
Korrigierte Evolventenverzahnung, s. Profilverschiebung 175
Kraftangriff am Zahnkopf 188
Kräfte am schrägverzahnten Stirnrad 216
— am Schrägzahnstirnrad 215
— an den Zähnen 163
— bei Kegelrädergetrieben, schräg- oder bogenverzahnt 233
— und Momente an den Zähnen 162
Kräfteverhältnisse am Schneckengetriebe 246
— an senkrechter Rundführung 149

Sachverzeichnis

Kräfteverhältnisse an waagerechter Rundführung 150
— beim Kegelrädergetriebe 232
— bei Schraubenrädergetrieben 238
Kraftschlüssige Schaltkupplungen 118
Kratzerketten 280
Kreuzgelenk 103
Kreuzgelenkkupplungen 100, 103
Kreuzkopf mit Zylinderführung 151
Kreuzkopfführungen 142, 150
Kreuzrollenkette 148
Kritische Drehzahl 18, 20
Kugelbüchse 153
Kugeldrehverbindungen 82
Kugelevolvente 227
Kugelevolventenverzahnung 227
Kugelführung 153
— für Prismenschienen 147
Kugelgelenkkupplungen 100
Kugelgleitlager 61
Kugellager zur Prismenführung 146
— zur Seitenführung 146
Kugeloberfläche bei Kegelrädergetrieben 226
Kugelschiebewelle 153
Kunstharzlagerbuchsen 62
Kupplungen 96
—, elastische 105
—, feste 97
—, gelenkige Ausgleichs- 100
—, Schalt- 112
Kupplungskennlinien 106
Kurbelgetriebe 27
Kurbelschleifen 143
Kurbelwellen 23
Kurbelwellenlager 68
Kürzung der Zahnkopfhöhe 201

Lager 30
Lagerdeckel 64
Lagerdruck, spezifischer 52
Lagerkennzahlen 37, 38, 40, 47, 49
Lagerkörper 64
Lagerkräfte beim schrägverzahnten Stirnrad 215
— bei Zahnrädergetrieben 197
Lagerreaktionen am schrägverzahnten Stirnrad 216
— bei Kegelrädergetrieben, schräg- oder bogenverzahnt 233
Lagerschalen 63
Lagerspiel 48
—, relatives 49, 51
Lagertemperatur 53
Lagerung beim Kegelrädergetriebe 232
Lamellenkupplungen 124
Lamellen-Reibüberholkupplung 135
Lamellenverzahnungskette 285
Längsführungen, kugelgelagert 145, 146
—, rollengelagert 145, 146
Laschenketten 280
Lastketten 279
Lastverteilung auf zwei Zahnpaare 196
Laufringe 71

Lebensdauer in Stunden 85
— der Wälzlager 83
—, nominelle 84
Lederflachriemen 299
Lederriemen 292
—, Spannungen in Abhängigkeit von v 293
—, übertragbare Leistung 293
Loslager 89
Luftkühlung 37, 53

MAAG-Verzahnung 180
Maybach-Abweisklauenkupplung 112
Medex-Kupplung 133
Mehrfachkeilriemen, Aufbau 311
Mehrgleitflächen-Lager 70
Mehrkeilriemen, s. Poly-V-Riemen 311
Mehrstoff-Flachriemen 299
—, Achskraft 302
—, Belastungsfaktoren 301
—, erreichbare Leistungen 303
—, Typenwahl 299
Metallastik-Doppel-Konus-Kupplung 109
Metalluk-Kupplung 132
Michell-Lager 72
Mischreibung 55
Modul 158
— und Ritzelzähnezahl bei Zahnrädern 187
Momente an den Zähnen 162
Momentgeschaltete Reibungskupplungen 131
Multicross-Kupplung 109

Nadelflachkäfige 146
Nadellager 78
Neigungswinkel bei Wellen 12
Normale der Zahnflanken 159
Normalkeilriemen 304
Normalschnitt schrägverzahnter Stirnräder 205, 207
Normalverzahnung geradverzahnter Stirnräder 170
Nullgetriebe 177
— geradverzahnter Stirnräder 170
— mit Innenverzahnung 202

Oktoidenverzahnung 227
Oldham-Kupplung 100
Ölkühlung 37, 53
Ölsorten 32
Ortiflex-Kupplung 109

Paarungen ,,Kolben—Zylinder" 148
— schrägverzahnter V-Räder 209
— von V-Rädern 176
Passungen für Wälzlager 87
Pendelkugellager 77
Pendelrollenlager 79
Periflex-Flanschkupplung 111
Periflex-Wellenkupplung 111
PIV-Anlauf- und Überlast-Rutschkupplung 131
PIV-Getriebe, System A, schematischer Aufbau 286
—, System R, RS, RH 314

PIV-Lamellenverzahnungskette 286
PIV-Regelgetriebe 285
PIV-Ringrollenkette 314
PIV-Zylinderrollenkette 314
Planetenräder 253
Planrad für Kegelrad mit Schräg- oder Bogenverzahnung 233
Poeschl-Wippe 299
Polygonkupplung 111
Poly-V-Riemen, s. Mehrkeilriemen 311
Profilabrückung bei geradverzahnten Stirnrädern 171
— bei schrägverzahnten Stirnrädern, s. Profilverschiebung 208
—, s. Profilverschiebung 173
Profilformen bei verschiedenen Profilabrückungen 181
Profilüberdeckung schrägverzahnter Stirnräder 210
Profilverschiebung, allgemeine Anwendung 174
—, Aufteilung in x_1 und x_2 183, 184
— beim Kegelrädergetriebe 228
Profilverschiebungsfaktor geradverzahnter Stirnräder 173
—, Wahl der Summe 183, 184
Prym-Getriebe SK, SH, PK 275
Pulvis-Kupplung 132

Qualitäten schrägverzahnter Stirnräder 220

Radaflex-Kupplung 112
Rädergetriebe, formschlüssig 155
—, kraftschlüssig 269
Radialkugellager 76
Radiallager, Gleitlager 47, 65
Radialrollenlager 77
Ratsche 118
Reibrädergetriebe 269
—, Bauart Ströter 275
—, Berechnung der Wälzpressung 270
—, Berechnungsgrundlagen 269
—, Kennwerte 269
— mit stufenlos verstellbarer Übersetzung 275
—, Werkstoffpaarungen 269
Reibstoffpaarungen bei Kupplungen 119
Reibungsbeiwerte bei Riemenwerkstoffen 294
Reibungskennzahl 49
Reibungskupplungen 118
—, drehzahlgeschaltete 132
—, fremdgeschaltete 121
—, momentgeschaltete 131
—, richtungsgeschaltete 134
Reibungsleistung 37, 49
Relativgeschwindigkeit der Zahnflanken 162
Richtführungen 149
Richtungsgeschaltete Reibungskupplungen 134
Richtungskupplungen 116
Riemenanordnung bei Riemengetrieben 297
Riemenbauart 297
Riemengeschwindigkeit, optimale 294
Riemengetriebe 287
—, Achsenabstand 296
—, Anwendung 295

Riemengetriebe, Bandkräfte 288
—, Bauarten für konstante Übersetzungen 295
—, Berechnung 288, 295
—, Biegefrequenz 291, 294
—, Biegespannung 291
—, Einfluß der Fliehkraft 290
—, Gesamtspannung 291
—, Kennwerte 295
—, offene 296
—, theoretische Grundlagen, Begriffe 288
—, Vorspannkräfte 295
—, Vorteile, Nachteile 287
Riemenlänge 296
Riemenscheiben 297
—, Abmessungen 298
—, Formen 298
Riementypen, übertragbare Leistung 300
Riemenwerkstoffe, elastisches Verhalten 295
—, Richtwerte für die Kenngrößen 296
Rillenkugellager 76
Ringkammerlager 39
Ringschmierlager 66, 67, 68
Ringschmierung 34
Ringspann-Schaltkupplung mit Verriegelung 126
Ringspann-Wellenausgleichskupplung 105
Ringwulstscheibe 271
Ritzeleingriffsfaktor 196
Ritzelzähnezahl geradverzahnter Stirnräder 187
Rollastic-Kupplung 111
Rollenkeilketten 288
Rollenkeilkettengetriebe 287, 314
Rollenketten 279
— als Führung 148
— mit erhöhten Leistungen 280
—, normal 280
Rollenumlaufführungen 147
Rollkreis bei der Zykloidenverzahnung 164
Rontex-Aufsteck-Getriebe 225
Rückenkegel beim Kegelrad 228
Ruckgleiten 141
Rundführungen, belastet 149
— mit Wälzlagerungen 152
— — — für begrenzte Schiebewege 152
— — — für unbegrenzte Schiebewege 153
Rundlingspaarungen 148
—, gleitende 149
Rupex-Kupplung 110

Sammelfehler beim Zahnrad 220, 221
Schalenkupplung 98
Schaltgetriebe 258
Scheibenkupplung 97
Schichtdicke bei Gleitlagern 37, 43, 49
—, Mindest- 56
Schmalkeilriemen 304
—, Belastungsfaktoren 306
—, endlose 304
—, Leistungswerte 308
Schmalkeilriemenprofile 304
—, Abmessungen 307
—, Typenwahl 306

Sachverzeichnis

Schmiernippel 34
Schmierschichtdicke, relative 52
Schmierstoffe 31
Schmierung der Wälzlager 90
— von Gleitführungen 139
Schmierverfahren 34
Schnecken 241
—, Achsteilung 244
—, Formzahl 245
—, Herstellung 242
—, Normmodul 243
—, Steigungshöhe 244
Schneckengetriebe 241
—, Bauarten 241
—, Bestimmungsgrößen 243
—, Empfehlungen für die Bemessung 248
—, empfohlene Zuordnung von Achsenabständen und Übersetzungen 246
—, geometrische Grundlagen 243
—, konstruktive Einzelheiten 252
—, Kräfteverhältnisse 246
—, überschlägliche Bemessung 248
—, Übersetzungsverhältnisse 241
—, Werkstoffpaarungen 241
—, Wirkungsgrad 246
Schneckenrad 241
—, Axialkraft 247
—, Mittelstirnschnitt 243
—, Profilverschiebung 245
—, Umfangskraft 247
—, Zahnkranzausführungen 252
Schneckenradwelle, Beanspruchung 250
—, Lagerkräfte 250
Schneckenwelle, Beanspruchungen 250
—, Durchbiegung 251
—, Lagerungen 252
Schrägkugellager 77
Schrägungswinkel schrägverzahnter Stirnräder 203
Schrägverzahnte Stirnräder 203
— —, Entstehung 204
— —, Funktionswerte 206
— V-Räder, Paarung 209
Schraubenkegelrädergetriebe 237
Schraubenräder, Bemessungsgrundlagen 240
Schraubenrädergetriebe 235
Schraubenstirnrädergetriebe 237
Schubstange 69
Schulterkugellager 77
Schwalbenschwanzführungen 138
Sespa-Antriebe 299
Sieglingriemen Extremultus 300
Simplabelt 312
Simplaflex-Wellenkupplung 109
Sommerfeld-Zahl 49
Sonderketten 279
Sonnenräder 253
Spaltformen bei Gleitlagern 43, 46
Spannrolle für Riemengetriebe 295
Spannungsdarstellung für das Band 292
Sperradbremse 117
Spezifischer Lagerdruck 52

Spielausgleich bei Kugelführungen 147
— von Rollenlagerführungen 146
Spieth-Führungsbuchse 149
Spindellager 70
Sprungüberdeckung beim schrägverzahnten Stirnrad 212
Spurlager 73
Statische Tragfähigkeit 83
— Tragzahl 83
Staufferbüchse 35
Stehlager 66
Stick-slip 141
Stirnräder, Grundbegriffe und Bezeichnungen 156
—, schrägverzahnt 203
—, Zeichnungsangaben 222
Stirnrädergetriebe, Anordnung 200
— mit Innen-Geradverzahnung 199
— mit Innen-Schrägverzahnung 218
Stirnräder-Umlaufgetriebe, Drehzahlen 253
—, Kräfte 264
—, Leistungen 264
—, mögliche Betriebsarten 256
—, Momente 264
—, Überlagerungsmethode 254
—, Übersetzungsverhältnisse 253
—, wichtigste Typen 257
—, Zahnreibungsverluste 265
Stirnschnitt schrägverzahnter Stirnräder 205, 208
Stirnzahnkupplungen 99
Stoeckicht-Getriebe 258
Stoeckicht-Schiffsuntersetzungs- und -wendegetriebe 262
Stufenlos verstellbare Übersetzungsgetriebe, Bauarten 312
Synchroflex-Zahnriemen 286

Tangentialschnitt schrägverzahnter Stirnräder 207
Tauchschmierung 35
Teilkegel 225
Teilkreisdurchmesser 158
Teilkreise bei Kegelrädern 225
Teilkreislänge 225
Teilung 157
Tellerlager 38
Toleranzen schrägverzahnter Stirnräder 220
Tonnenlager 79
Tragfähigkeitsberechnung für Zahnräder 187
Tragfilm in Gleitlagern 36
Tragzahl, dynamische 84
—, statische 83
Triebstockverzahnung 166
Tropföler 34
Tychoway-Rollenumlaufführung 148

Überdeckungsgrad 159, 161
— bei geradverzahnten und korrigierten Stirnrädern 179
— bei nichtkorrigierten Nullgetrieben 181
— bei schrägverzahnten Stirnrädern 210
Übergangsdrehzahl 55

Überholkupplungen 116, 135
Überschlagsrechnungen für die Bestimmung des Achsabstandes bei Zahnrädern 178
Übersetzung bei Getrieben 155
Übersetzungsgetriebe, stufenlos verstellbar 312
Übersetzungsverhältnis bei Schraubenrädergetrieben 237
— bei Zahnradgetrieben 186
UKF-Lager 81
Umfangsgeschwindigkeit, maximale, für Lederriemen, s. Riemengeschwindigkeit 293
Umfangskraft am Teilkreis, Berechnung 186
— beim schrägverzahnten Stirnrad 212
Umlaufgetriebe 253
— mit Kegelrädern 268
— mit Stirnrädern 253
Umlaufräder-Wendegetriebe, Schema und Geschwindigkeitsplan 261
Umlaufschmierung 35
Unterschnitt an der Zahnflanke 173
— bei geradverzahnten Stirnrädern 171

Verbindungsglieder für Rollenketten 281
Verdrehflankenspiel 221
Verdrehwinkel bei Wellen 11
Vergleichsspannung bei Wellen 7
Vermeidung von Unterschnitt an Zahnflanken 174
Verschleiß an Gleitflächen 140
Verstellbereich bei Reibrädergetrieben mit stufenlos verstellbarer Übersetzung 275
Verzahntoleranzsystem 221
Verzahnungen 157
Verzahnungsgesetz 160
—, allgemein 158
V-Getriebe, allgemein 176
— beim Stirnrädergetriebe mit Innenverzahnung 201
Vieleckwirkung der Kettenräder 279
Vierpunktlager 77
Virtuelle Zähnezahl 207
Viskosität 31
V-Minus-Rad geradverzahnter Stirnräder 173
V-Nullgetriebe 177
— beim Stirnrädergetriebe mit Innenverzahnung 201
— mit Innenverzahnung 202
Voith-Maurer-Kupplung 107
V-Plus-Rad geradverzahnter Stirnräder 173
V-Räder, Paarung 176
Vulkan-EZ-Kupplung 112
Vulkan-Megiflex-Kupplung 109

Wälzbewegung ohne Gleiten 157
Wälzebene schrägverzahnter Stirnräder 203
Wälzkegel 225
Wälzkörper, umlaufend 147
Wälzkreis 156
Wälzlager 74
—, Berechnung 82
—, Dichtungen 91
—, Lebensdauer 83
—, Passungen 87
—, Schmierung 90

Wälzlagereinbau 87
Wälzpunkt 156, 159
— bei der Verzahnung 161
Wälzpunktfaktor 192
— bei Geradverzahnung 193
Wälzzylinder 156
Wärmeübergangszahl bei Gleitlagern 53
Wellen 5
—, Beanspruchung durch Biegemomente 6
—, Beanspruchung durch Drehmoment 5
—, Bemessung auf Tragfähigkeit 5
—, Biegelinie 12
—, Biegeschwingungen 19
—, biegsame 22
—, Drehschwingungen 18
—, dreifach gelagert 17
—, Ermittlung der Verformungen 5
—, zusammengesetzte Beanspruchung 7
—, zweifach gelagert 13
Wellengelenk 102, 103
Wellenwerkstoffe 56
Wendegetriebe 258
Werkstoffe für Gleitführungen 139
Werkstoffpaarung bei Schraubenrädergetrieben 240
Werkzeugmaschinenlager 70
Wesselmann-Getriebe 275
Wiegegelenk-Zahnkette 283
Wirkungsgrad bei Schraubenrädergetrieben 238

Zahnbreite geradverzahnter Stirnräder 187
—, Richtwerte 196
—, Teilkreisdurchmesser-Verhältnis, Richtwerte 187
— von Schraubenrädern 240
Zahndicke bei Profilverschiebung 174
— schrägverzahnter Stirnräder 209
Zahndickenabmaße beim Zahnrad 221
Zahndruckkraft 163
Zähnezahlen 157
Zähnezahlsummen für $x_1 + x_2 \approx 1$ 185
Zahnflankenformen, Bedingung 158
Zahnformfaktor 190
Zahnfußfestigkeit geradverzahnter Stirnräder 189
Zahnfußtragfähigkeit 187, 188
— beim Stirnrädergetriebe mit Innenverzahnung 201
— schrägverzahnter Stirnräder 212
— von Kegelrädern 229
Zahnketten 279, 283
Zahnkettenräder 284
Zahnkupplungen, Elektromagnet- 114
—, schaltbare 113
Zahnräder, Ausführungsbeispiele 222
—, gegossen 223
—, geschweißt 223
—, konstruktive Einzelheiten 222
Zahnrädergetriebe 155
—, Gehäusegestaltung 224
— mit geradverzahnten Stirnrädern 156

Zahnradwerkstoffe aus Stahl und Gußeisen 190
—, metallisch 192
—, nichtmetallisch 196
Zahnriemen 287
Zahnriemengetriebe 286
Zahnschäden 185
Zahnstangengetriebe 171
— bei geradverzahnten Stirnrädern 170
Zeitfestigkeit der Zähne, Berechnung 193
Ziehbankketten 279
Zugmittel für Keilriemengetriebe 313
Zugmittelgetriebe 155
—, formschlüssig 279
—, kraftschlüssig 287
Zulässige Biegespannung am Zahnfuß 190
— — bei Wellen 7
Zulässige Hertzsche Pressung an der Zahnflanke 190

Zulässige Torsionsspannung bei Wellen 6
Zulässiger Verdrehwinkel bei Wellen 11
Zulässige Vergleichsspannung bei Wellen 7
Zweiflankenwälzprüfung 220
Zwischenwelle schrägverzahnter Stirnrädergetriebe 215
Zykloiden, punktweise Konstruktion 164
Zykloidenverzahnung 164
— für Zahnstangenwinden 166
—, geometrische Verhältnisse 165
Zyklo-Palloid-Kegelräder 235
Zylinderführungen für Spindelschlitten 151
Zylindergestaltung 151
Zylinderrollenlager 77
Zylinderschnecken, Flankenformen 242
Zylinderschneckengetriebe 241
—, Bezeichnungen 244

721/22/69—III/18/203